月球卫片分析最新发现

YUEQIU WEIPIAN FENXI ZUIXIN FAXIAN

韩同林 编著

中山大学出版社
SUN YAT-SEN UNIVERSITY PRESS

·广州·

版权所有　翻印必究

图书在版编目（CIP）数据

月球卫片分析最新发现 / 韩同林编著. ——广州：中山大学出版社，2025.7.
ISBN 978-7-306-08345-6
Ⅰ. P184
中国国家版本馆 CIP 数据核字第 2024KA7306 号

出 版 人：王天琪
策划编辑：曾育林
责任编辑：曾育林
封面设计：曾　斌
责任校对：石玉珍　高津君　马萌萌
责任技编：靳晓虹
出版发行：中山大学出版社
电　　话：编辑部 020-84113349，84110776，84111997，84110779，84110283
　　　　　发行部 020-84111998，84111981，84111160
地　　址：广州市新港西路 135 号
邮　　编：510275　　　　　传　真：020-84036565
网　　址：http://www.zsup.com.cn　　E-mail：zdcbs@mail.sysu.edu.cn
印 刷 者：广州小明数码印刷有限公司
规　　格：787 mm×1092 mm　1/16　54.75 印张　1300 千字
版次印次：2025 年 7 月第 1 版　2025 年 7 月第 1 次印刷
定　　价：328.00 元

如发现本书因印装质量影响阅读，请与出版社发行部联系调换

月球"水""水冰""石油"和"石煤"等形成的典型地貌和沉积卫星影像图

(图片来源:ESA/NASA)

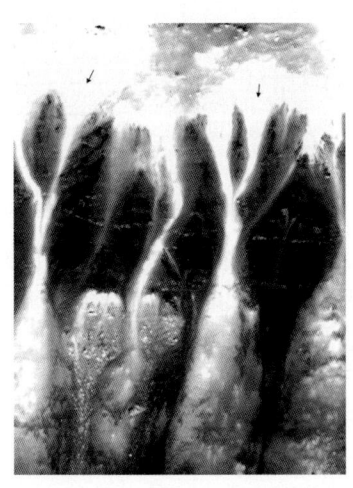

图1 月球静海西边缘丢尼修(Dionysius)月坑坑壁上部"现代水冰冰川"的支冰川、主冰川和冰坨冰川堆积卫星影像(局部1)

箭头示水冰冰川流动方向

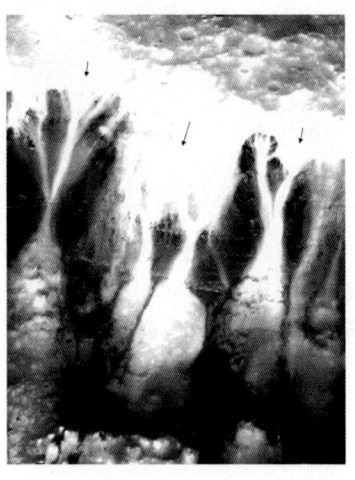

图2 月球静海西边缘丢尼修(Dionysius)月坑坑壁上部"现代水冰冰川"的支冰川、主冰川和冰坨冰川堆积卫星影像(局部2)

箭头示水冰冰川流动方向

图3 月球雨海南西皮西亚斯(Pytheas)月坑坑壁上部"现代水冰冰川"的支冰川、主冰川和冰坨冰川堆积卫星影像(局部)

箭头示水冰冰川流动方向

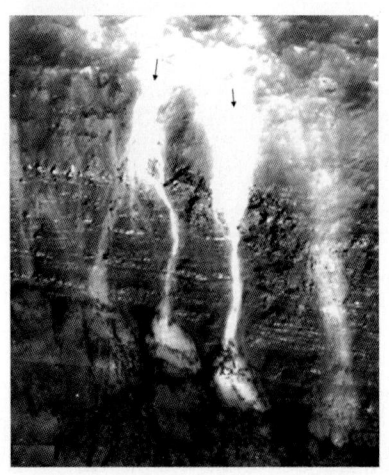

图4 月球雨海南西皮西亚斯(Pytheas)月坑坑壁上部"现代水冰冰川"正在急剧退缩过程和形成冰坨冰川堆积过程卫星影像(局部)

箭头示水冰冰川流动方向

1

月球卫片分析最新发现

图5 月球雨海南西皮西亚斯（Pytheas）月坑坑壁上部"现代水冰冰川"及冰坨冰川堆积卫星影像（局部）

箭头示水冰冰川流动方向

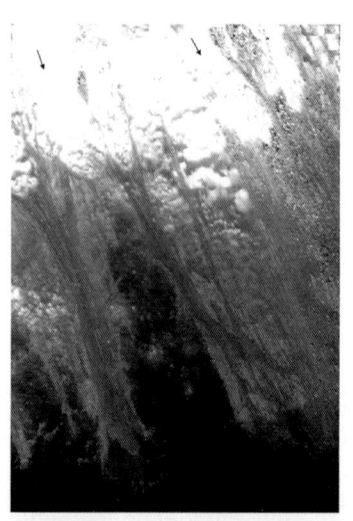

图6 月球风暴洋之南赫尔曼B（Hermann B）月坑坑壁上部"现代水冰冰川"在"消融平衡线"附近急剧消融和形成上粗下细冰水砂砾堆积扇卫星影像（局部1）

箭头示水冰冰川流动方向

图7 月球风暴洋之南赫尔曼B（Hermann B）月坑坑壁上部"现代水冰冰川"在"消融平衡线"附近急剧消融和形成上粗下细冰水砂砾堆积扇卫星影像（局部2）

箭头示水冰冰川流动方向

图8 月球正面南半球李四光（Li Siguang）月坑坑底马蹄形"现代湖泊"（李四光湖大部分）卫星影像

月球"水""水冰""石油"和"石煤"等形成的典型地貌和沉积卫星影像图

图9 月球正面南半球李四光（Li Siguang）月坑坑底"现代湖泊"（见图8方框区域局部放大）及湖底淤泥沉积和岛屿分布特征卫星影像

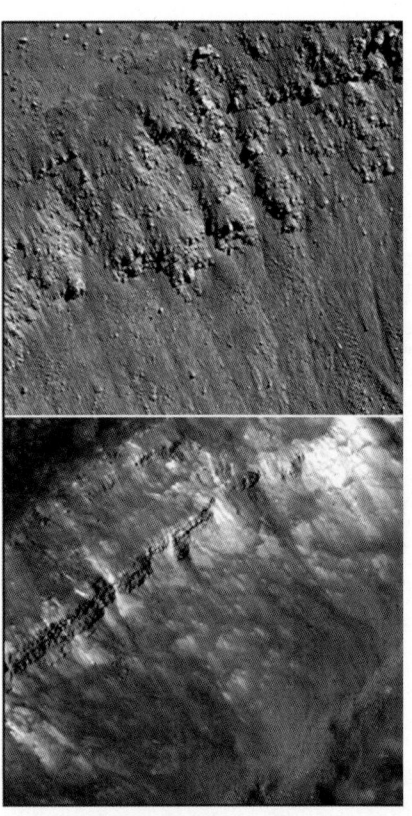

图10 月球雨海北东皮东B（Piton B）月坑北东坑壁松散状碎屑水平沉积岩层（局部）（上）和开普勒（Kepler）月坑半胶结状细碎屑沉积水平岩层（局部）（下）卫星影像

图11 月球澄海贝塞尔（Bessel）月坑半胶结状粗碎屑水平沉积岩层（局部）卫星影像

图12 月球道斯（Dawes）月坑半胶结状粗碎屑水平沉积岩层（局部）卫星影像

图13 月球雨海（Mare Imbrium）南西欧拉月坑胶结紧密状粗细碎屑互层状水平沉积岩层（局部）卫星影像

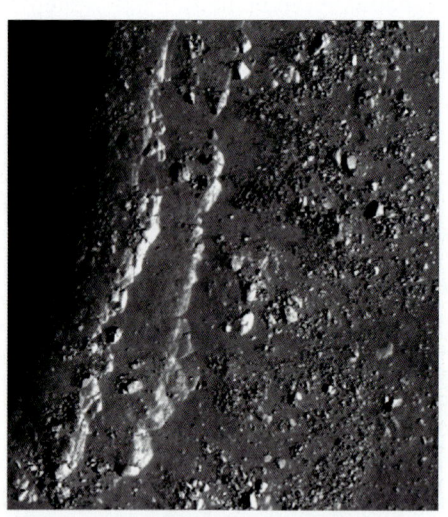

图14 "阿波罗15号"（Apollo 15）降落点附近哈德利"月溪"南段北岸胶结紧密状泥质水平沉积岩层（局部）卫星影像

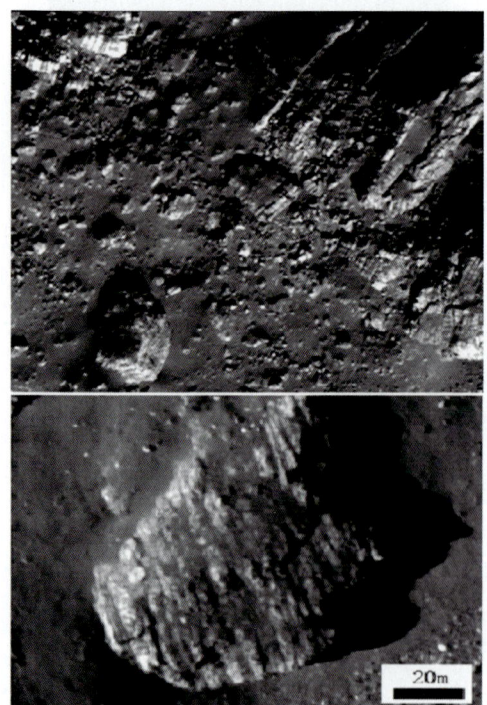

图15 月球阿利斯塔克（Aristarchus）月坑撞击溅射堆积沉积变质岩块具互层状（上图）及其局部放大特征（下图）卫星影像

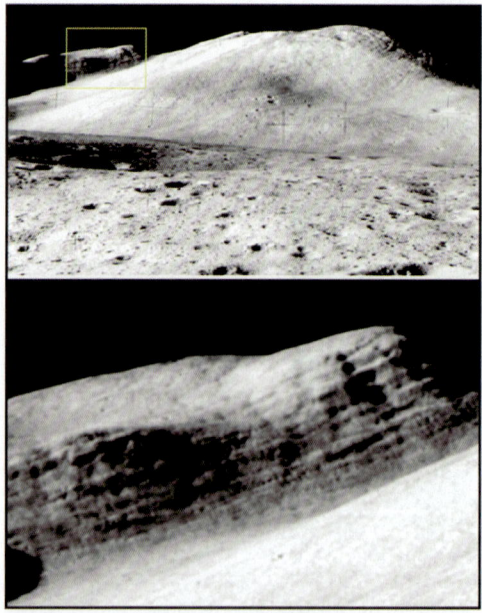

图16 月球亚平宁山脉残留原始沉积变质倾斜岩层山体（上图）及其局部放大特征（下图）卫星影像（"阿波罗15号"登月点录像截屏资料）

月球"水""水冰""石油"和"石煤"等形成的典型地貌和沉积卫星影像图

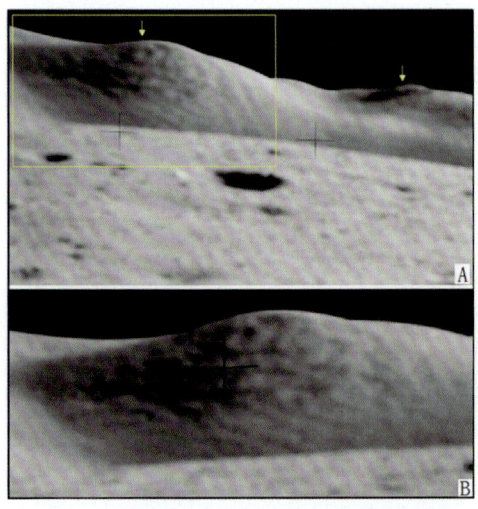

图17 月球亚平宁山脉残留原始沉积变质"不整合"岩层山体（如图A箭头所示）和"不整合"局部放大分布特征（见图B）卫星影像（据"阿波罗15号"登月点录像截屏资料）

图18 月球第谷（Tycho）月坑坑壁"泥冰川"（局部1）卫星影像

箭头示泥冰川流动方向

图19 月球第谷（Tycho）月坑坑壁"泥冰川"（局部2）卫星影像

箭头示泥冰川流动方向

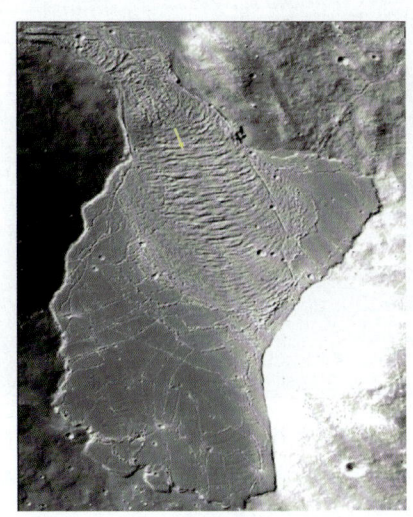

图20 月球第谷（Tycho）月坑坑缘外山间盆地"泥冰川"（局部）卫星影像

箭头示泥冰川流动方向

5

图21　月球第谷（Tycho）月坑坑壁阶梯状边界断层上扇状泥石流群（局部）卫星影像
箭头示泥石流流动方向

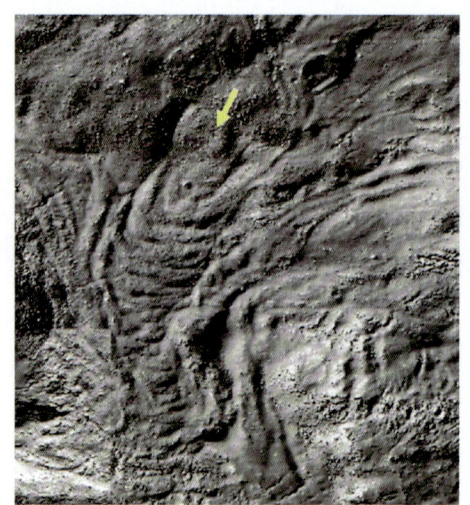
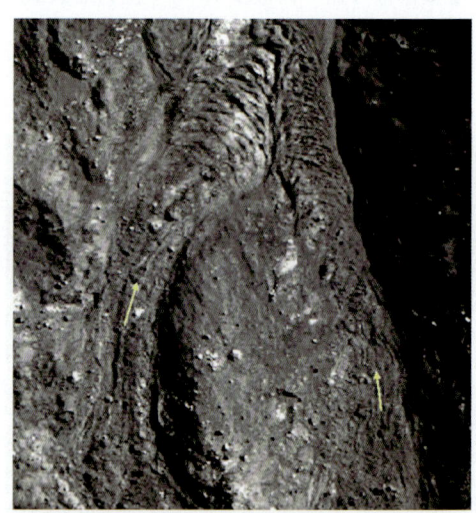

图22　月球第谷（Tycho）月坑坑壁阶梯状边界断层上以浅色细碎屑为主要组成的扇状泥石流（局部）卫星影像
箭头示泥石流流动方向，以往资料认为是"绳状熔岩"

图23　月球焦尔达诺·布鲁诺（Giordano Bruno）月坑坑底热融扇状泥石流（局部）卫星影像
箭头示泥石流流动方向

月球"水""水冰""石油"和"石煤"等形成的典型地貌和沉积卫星影像图

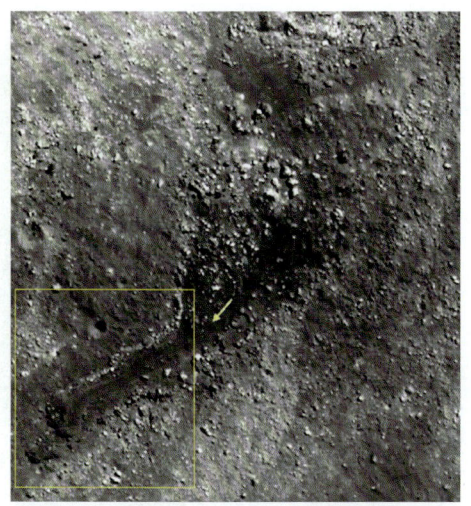

图24 月球背面小月坑外撞击溅射碎屑堆积形成的热融扇状泥石流（局部）卫星影像图
箭头示泥石流流动方向

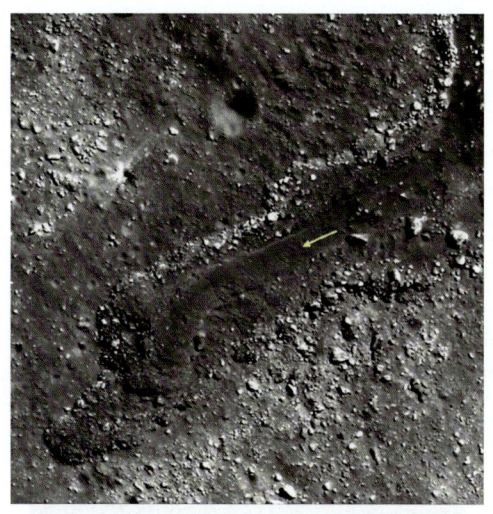

图25 月球背面小月坑外撞击溅射碎屑堆积形成的热融扇状泥石流（见图24方框局部放大）卫星影像图
箭头示泥石流流动方向

图26 月球季霍米罗夫K（Tikhomirov K）月坑坑底不同发育阶段的冻胀丘和冻胀裂隙（上）及第谷（Tycho）月坑坑底冻胀丘和冻胀裂隙（下）（局部）卫星影像图

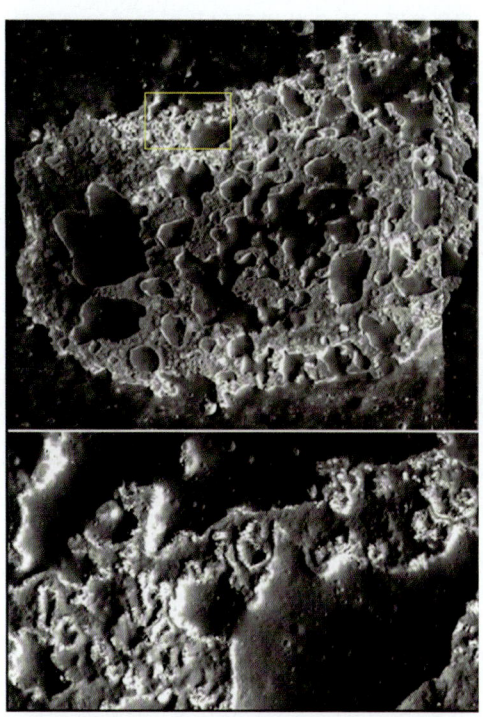

图27 月球汽海北"福湖盐湖沉积盆地"（上）及局部放大部分（下）卫星影像图（白色为盐结晶体）

7

月球卫片分析最新发现

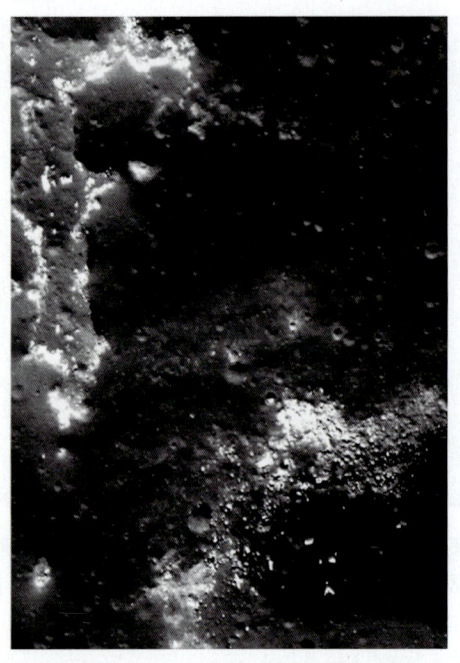

图28 月球汽海北"福湖盐湖沉积盆地"卫星影像图（白色盐湖沉积及板状或柱状结晶体疑为石膏）

图29 雨海（Mare Imbrium）南西丢番图（Diophantus）月坑北侧坑壁上部沉积岩层流出的黑色"石油"泥流（可能是月球早期低等生物形成的"石油"）卫星影像图（局部）
箭头示黑色"石油"泥流流动方向

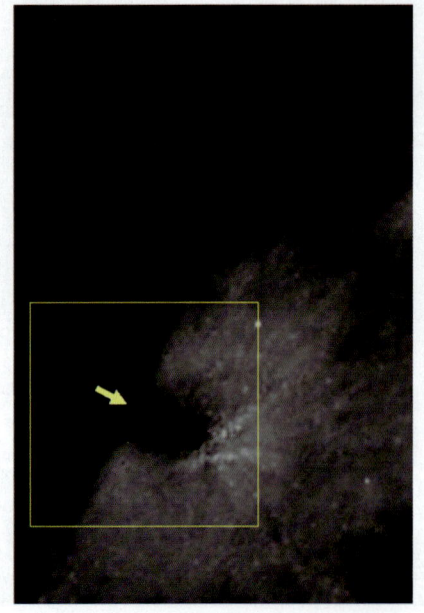

图30 湿海多佩尔迈尔J（Doppelmayer J）月坑附近月表"冻融石油泥流"因冻融的"融沉作用"使分布于月表的白色岩屑和岩块沉积于月表之下以漏斗状"浸润"方式流入小月坑
箭头示"冻融石油泥流"流动方向

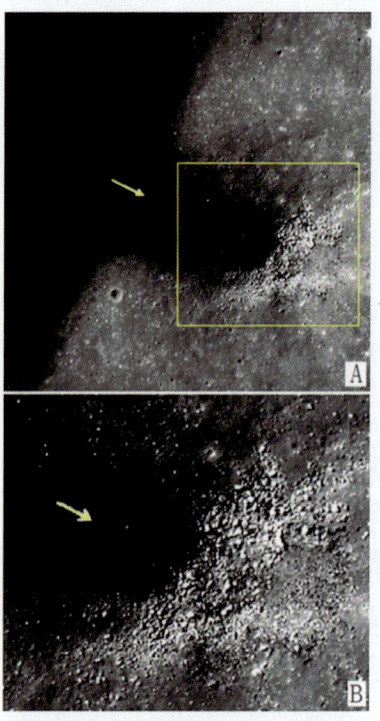

图31 为图30方框区域局部放大
A图示"冻融石油泥流"以"浸润"方式流入小月坑
B图为A图方框区域局部放大，示"冻融石油泥流"以"浸润"方式流入小月坑，箭头示"冻融石油泥流"流动方向

月球"水""水冰""石油"和"石煤"等形成的典型地貌和沉积卫星影像图

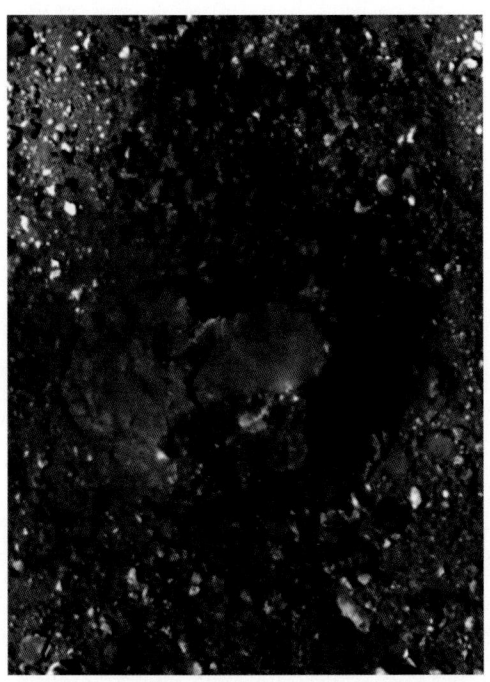

图32 月球黑色"石煤"(相当于陕南寒武纪,"石炭"由低等生物与沉积岩同时形成)卫星影像图(局部)

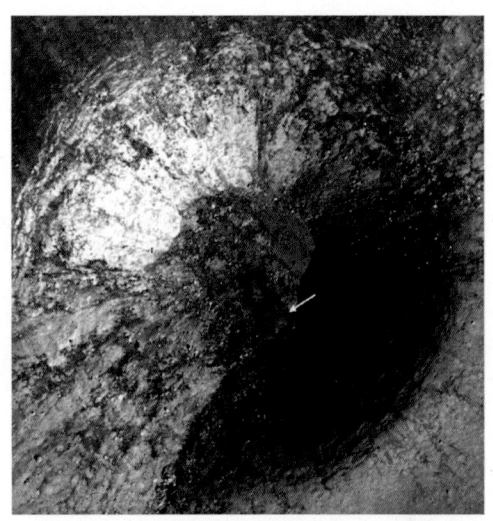

图33 冷海阿特拉斯(Atlas)月坑东约70 km小"陆地月坑"黑色"石煤"坑底露头(箭头所示)卫星影像图

图34 为图33箭头所示区域局部放大示"石煤"露头表面光滑细腻裂隙较发育特征

图35 月球上的玄武质灰绿色火山碎屑岩可能为月海形成过程中"泛岩洋"时期的深部火山碎屑岩,据阿波罗17降落点附近实拍影像图片资料

9

内容简介

《月球卫片分析最新发现》一书在现有海量资料的基础上，利用现今已取得的月球卫星影像及相关数据，结合高分辨率月球卫片资料，通过解析月球水与水冰形成的地貌和沉积特征，首次揭示出水或水冰在月球演化进程中扮演的重要角色，并发现其与地球演化存在显著相似性。

半个多世纪以来，人类一直认为月球是一个无风、无水、无生命、无声响、冷热剧变、非常干旱的"寂静世界"。然而研究结果首次证实，月球存在"现代湖泊""现代水冰冰川""石油""石煤""盐湖沉积"等地貌和沉积物。研究也发现了大量与月球"水"和"水冰"形成相关的地貌和沉积"遗迹"，如"月溪地貌""沉积平原地貌""泥石流地貌""液化沙垄地貌""液化沙丘地貌""泥冰川地貌""冻胀地貌""热融地貌""冻融地貌"等。根据月坑形成时月表含水量的多少，将月坑划分为"深水月坑""滨海月坑""湿地月坑"（或浅水-沼泽月坑）和"陆地月坑"四种类型。本书将月球"水"或"水冰"的形成和演化过程与地球进行对比，首次提出月球年代与地球年代的最新划分方案。同时针对月球"水""水冰""石油""石煤"和"盐湖沉积矿产"的分布特征和勘探策略提出建议，并对嫦娥六号降落地及附近地质地貌和采集的样品进行了预判。为便于读者查阅，本书设有3个附录。全书共13章，分40节，计130万字。本书的写作目的是尽可能将目前搜集到的月表各种地质地貌现象和沉积物，分门别类地作出初步判断和解释，以丰富月球研究的基础资料。本书可作为月球和行星学科工作者和月球爱好者的重要研究和参考资料。

序 一

韩同林同志是中国地质科学院地质研究所研究员，长期从事第四纪地质研究，是第四纪即晚近时期地球地表沉积动力作用研究的老专家。退休后，他将心沉到月球研究之中，在2016—2023年的8年中下载了几万张月球遥感探测的照片，并从微区、微观上对这些遥感图片进行精细判读和解译，在对月坑地貌和沉积物特征的研究中发现月球上多处地点显示了可能有水、石油、石煤等物质存在的遗迹，如果能进一步得到证实，这将是月球研究中的一大贡献，具有里程碑的意义。如：

1. 发现水动力作用造成的沉积和地貌遗迹。在月球正面中低纬度区内的小月坑中发现有许多水动力作用造成的沉积和地貌遗迹，提出月球湖泊规模一般在直径数千米以内，均分布于月球正面的中低纬度区。月海中众多小月坑的岩石组成均为杂色岩石碎屑和淤泥沉积物。小月坑在这些湖泊地区都未直接见到真正的湖水存在，见到的是小月坑物质形成的"沉积平原"。作者已发现的6个发育较好的、形成于哥白尼纪最晚期或现代纪的湖泊中，"湖泊A"规模最大，具有最高分辨率的影像数据。

2. 发现月球上沉积层之间或月球表层存在黑色、黏稠、能流动的"物质流"，推测它可能是"原油"残留物质。依据是，这些黑色、能流动的物质表面糙度低、流动性较强，明显形成"负地貌"。而熔岩流表面糙度高、流动性较差，与地表呈覆盖关系，形成"正地貌"。这些区域目前发现在16个陨石坑的边壁，区域内并未发现火山口分布。

3. 关于月球"石煤"确定依据。陕西南部存在的石煤，即在距今约5.7亿年的寒武纪，由低等生物死亡后，在隔绝空气和高温高压作用下形成的一种含有机碳的"岩石"，可以用来作为日常烧水、做饭和冬季取暖的燃料。它呈黑色、黑褐色，致密块状，坚硬如岩石，有如煤矿区的"煤矸石"。作者在月球影像上也发现了4处具有这类特征的岩块，主要是月坑形成时溅射出来的堆积物岩块和碎屑物质，并发现阿利斯塔克（Aristarchus）月坑的中央峰为凸出的基岩露头，由黑色的"石煤"层与沉积变质岩层互层组成。

碳、氢、氧元素在月球上是广泛存在的，因而这些物质在月球的演化过程中是可能生成的。

作者将其初步研究成果撰写成《月球卫片分析最新发现》一书，全书共13章，分40节，计130万字，各个目标点都有精确的经纬度，内容十分丰富，对认识月球及其演化是有启发性的。不足的是，作者仅仅是从图像的灰度和形态上作出解译，而没有从波谱角度去验证，更没有与登月取得的资料（如果有的话）作对比。但是，本书提出的许多问题，正是今后探月要考虑的。

推荐人
中国工程院资深院士
原国土资源部探月科学家小组首席科学家
中国遥感应用协会专家委员会主任
2024年3月18日

韩同林《月球卫片分析最新发现》学术评述

韩同林所著《月球卫片分析最新发现》一书，是我国乃至全球第一部以地球科学的理论详细研究月球的科学著作，全书共13章，分40节，计130万字。如此丰富的卫片资料，从下载到判读、解译等研究工作，需要耗用大量的时间！韩同林这种沉下心去踏踏实实地研究学问的精神，应当大力弘扬。

韩同林首次发表关于月球的研究成果，是在2016年4月发表在《地质学报》（英文版）第90卷第4期上的一篇题为《依据月球上发现的融冻泥流扇揭示月球上可能有水和冰》（"Possible Water and Ice on the Moon Revealed by Discovery of a Congeliturbated Fan"）的文章。文章发表后，国外相关专业杂志纷纷给韩同林、丁孝忠等发来电子邮件，索要关于月球研究的稿件，并许诺可以优先发表。可国内却有人说"那个可能不是融冻泥流扇，而是玄武岩流"。但是，韩同林下载的卫片不仅显示了清楚的水状波纹，还见其表面有粗细不均的砂砾石，所以显得粗糙，不像玄武岩流那样表面光滑均一；其底部还有数期泥质沉积历历可见，这极可能是融冻泥流扇在高温熔融时向其底部沉积下来的细粒沉积物。因此，它应该是融冻泥流扇（congeliturbated fan），而不是玄武岩流。应当说，确认融冻泥流扇的存在，就能揭示月球上可能有水与冰的存在［详见书中的月球"水""水冰""石油"和"石煤"等形状的典型地貌和沉积卫星影像图：图19 月球第谷（Tycho）月坑坑壁"泥冰川"（局部）卫星影像图］。后续的国内外研究者，也证明了月球上确实有水存在。由此可见，韩同林这种从月球的沉积影像资料出发，解读出月球上存在水与冰的科学精神，非常可贵。这也应了程裕院士生前的一句话："研究地质问题，地质记录是第一位的。"

从2016年始至2023年中，韩同林的巨著《月球卫片分析最新发现》终于完成了，这本书是韩同林历时八年系统研究月球遥感影像的成果结晶，内容非常丰富，包含了对月球的几个最新发现——水和冰、石油与石煤，月球的基本特征，月球地貌，月球构造，月球"亮温度"，月球年代，月球的矿产等科学问题的详细论述。作为月球科学研究的重要参考资料，该专著既可为专业学者提供前沿的影像分析成果，也可为天文爱好者建立系统的月球地质认知体系，具有跨层次的学术传播价值。

中国地质科学院地质研究所研究员

北京大学学士

比利时布鲁塞尔自由大学硕士、博士、博士后、教授

中国科学院大学兼职教授

曾任国际环境问题科学委员会中国委员会（SCOPE CAST CHINA）委员

现任中国老教授协会边缘学科专业委员会秘书长

2023 年 12 月 2 日

自　　序

　　月球是几个世纪以来人类在地球之外最早、最直接进行探测和取得资料最多、最详细的天体。也是有关文化、神话故事和传说等最丰富多彩的天体。纵览月球探索的整个过程，人类对月球水或水冰的探索、认识和观察极具戏剧性。最初人们认为月球有大量"海洋"分布，后来这种观点遭到前所未有的颠覆性"全部否定"，人们转而认为月球表面一滴水都不存在，最多认为在月球南北极区的阴暗部分，可能有太阳风吹来的结晶水产生的"水冰"分布。大概自阿波罗计划之后，原先被认定为月球表面的"海洋"分布区域，全部被认定为由玄武熔岩覆盖的"熔岩盆地"，并一直延续到今天。直至今日，绝大多数研究者还是坚持"熔岩盆地"的认识。

　　我们通过对月球表面的地貌和沉积物证据的研究，发现月球与地球基本相同，在形成过程中确实曾经历过广泛的"海洋"分布阶段，现今月表不但局部地区有"现代湖泊"，还有"现代水冰冰川"分布，完全打破了现今世界绝大多数研究者认为月球无水（或水冰）的认识。

　　纵观人类对月球水和水冰的认识过程，大致可划分出三个主要的认识阶段。

一、最初认为月球存在大量月海、湖泊、峡湾、月沼等的阶段

　　人类对月球的认识，最初依靠肉眼和借助于望远镜进行观测和研究，把月球上阴暗的部分识别为月海、湖泊、峡湾、月沼等，把明亮的区域识别为月球上的陆地。这是人类认为月球上有大量水存在的最初认识阶段。

　　人们认为，在月球上的各种地貌中，面积较大的月海有 22 个之多，如雨海、风暴洋、澄海、静海、丰富海、酒海、危海、云海、湿海、成功海、浪海、泡海、界海、史密斯海等，约占月球正面总面积的 50%。其中最大的风暴洋面积约 $5\times10^6 \text{ km}^2$，相当于中国陆地面积的一半还多。较大的月湖有 5 个，分别是梦湖、死湖、夏湖、秋湖、春湖。较大的峡湾有 5 个，分别是露湾、暑湾、中央湾、虹湾、眉月湾。较大的月沼有 3 个，分别是腐沼、疫沼、梦沼。月球上这些月海、月湖、峡湾和月沼的判定，是当时人们认为月球上有大量水存在的理论依据。

二、大约自 1952 年开始，认为月球上广泛分布火山和玄武岩的阶段

　　大约自 1952 年起，人类开始将长期确认的月海、月湖、月沼等在月球上广泛分布的阴暗部分，全都认定为由火山和玄武熔岩覆盖的区域。

　　大约在 1952 年 2 月 12 日，苏联的"月球 1 号"探测器第一次接触月球表面。1969 年 7 月 20 日，美国"阿波罗 11 号"（Apollo 11）载人航天器搭载人类第一次登

上月球。2019年1月3日，中国的"嫦娥四号"探测器"定点、定时、精确"地着陆在月球背面预选着陆区——冯·卡门月坑坑内。自月球月岩直接得到研究后，人们开始把月球上原先认定的月海、月湖、峡湾和月沼等区域，即月球上暗色浓重区，全部重新认定为岩浆喷发覆盖的玄武岩平原或玄武岩盆地，抑或是火山分布区。毫不夸张地说，在这个阶段，人们几乎把月球绝大多数的地形、地貌的产生，全都归因于火山作用或陨击作用产生的熔融物覆盖。例如，把陨石撞击月表形成月坑时水冰产生的"融溶物"归结为撞击高温形成的"熔融物"，把黑色"石油"认定为"火山熔岩"等。

三、大约自2016年开始，"水"和"水冰"形成的地貌和沉积物以及"石油""石煤"和"盐湖沉积矿产"等被发现的阶段

自2016年中国《地质学报》第90卷第4期刊发了题名为《依据月球上发现的融冻泥流扇揭示月球上可能有水和冰》的文章以来，随着对月球地貌、沉积物研究的逐步深入，以及取得的成果，可以肯定所谓的玄武岩平原或玄武岩盆地，确实曾经是月球上的"大海"或"大洋"，并形成层理水平的沉积岩层，成为现今干涸的沉积平原或盆地。深入研究发现，月球上存在着大量由水和水冰形成的地貌和沉积物的证据，如"现代湖泊""现代水冰冰川""泥冰川（遗迹）""月溪（遗迹）""泥石流（遗迹）""冻胀丘（遗迹）""冻胀裂隙（遗迹）""热融塌陷坑（遗迹）""冻融泥流（遗迹）""盐湖沉积矿"和由低等生物死亡后形成的"石油""石煤"等。

我国对月球的探测和研究，相对于一些欧美国家来说起步较晚，但自21世纪以来发展迅速，并取得许多重要成果（Han et al.，2016；欧阳自远，2004，2005，2019；张健 等，2011；周琴 等，2010；李泳泉 等，2007；平劲松，2010；孟治国 等，2009；肖智勇 等，2010；丁绍忠 等，2013；丁绍忠 等，2012；赵文津，2009；《地球科学大辞典》编委会编，2006）。

月球研究史上，人类也曾提出过月球上有水（或水冰）存在的假设。这最早是由美国科学家 Watson 等（1961）提出的。20世纪90年代开始，美国先后发射了多种探测仪，对月球水（或水冰）进行了3次探测。一些研究者提出月球极地一些陨击坑可能存在水（或水冰）的设想（Watson et al.，1961；Arnold，1979；Butler，1997；Vasavada，1999）。但由于探测深度（最大约0.5 m）和所取得的资料极为有限，并不能完全令人信服，也未得到广泛接受（Stacy et al.，1997）。2009年10月9日，美国利用半人马座火箭和卫星相继撞击月球南极的 Calbeus 月坑，证实月球极地水（或水冰）的存在，但水（或水冰）的含量和分布范围等还存在较大争论（孟治国 等，2009）。2021年，中国的"嫦娥五号"在月球正面的风暴洋、吕姆克山附近取得的月壤样品，经中国科学院地球化学研究所科研团队通过红外光谱和纳米离子探针分析，发现该矿物表层存在大量太阳风成因水，估算出太阳风质子注入为该月壤贡献的水含量至少为170 ppm。然而，尽管通过仪器探测可以取得水（或水冰）存在与否的比较直接的证据，但由于仪器探测结果受各种因素的影响，往往存在着多解性，

争议也较大,甚至于得出完全相反的看法。到目前为止,针对月球是否存在水或水冰问题的研究和探索,绝大多数都是采用仪器探测和样品分析,尚未见到对水或水冰形成的地貌和沉积物进行具体分析的有效方法。我们通过对数以万计的高分辨率月球卫星照片进行详细解读,筛选出与月球水和水冰形成的地貌和沉积物有关的照片做进一步的分析研究。初步研究结果表明,月球表面不但有"现代湖泊""现代水冰冰川"和"石油""石煤"及"盐湖沉积矿产"分布,同时还发现大量由"水"和"水冰"形成的各种地貌类型和沉积物遗迹,如月溪、沉积平原、冲积扇、泥裂、冻融泥流、冻胀丘、冻胀裂隙和热融塌陷等,分布十分广泛,特征也十分明显。目前确认的月球上水和水冰形成的地貌和沉积物类型最少有 20 种。尽管目前采用地貌和沉积物分析的方法研究月球水和水冰的存在和演化才刚刚开始,但已取得十分喜人的成果。可以预料,随着对月球水和水冰研究的进一步深入,必将对月球的探测提出崭新的思路,对月球的形成和发展历史提供重要和全新的视角资料。笔者认为,月球水从无到有,从小到大,又由多变少的演化历程,以及大量水和水冰形成的地貌和"石油""石煤"和"盐湖沉积物"证据的发现,将为人类认识和研究月球发展历史、寻找地外生命和进行深空探测、矿产寻找,提供新方法和新见解。现将月球水和水冰形成的地貌和沉积物证据简介如下,供讨论。

文中所附卫星照片,除我国现有大量卫星照片外,很多是从专业网站上下载,在此对该网站(http://target.lroc.asu.edu/q3/#)提供大量的高精度照片表示由衷的谢意!

需要特别说明的是,本书中所呈现的研究结论与理论论述,很大程度上是作者基于当前可获取的学术文献、实证资料、研究方法以及逻辑推演所进行的推测与假说构建。科学探索的本质在于不断逼近真相,而非即刻抵达终点。作者力求在现有认知边界内进行严谨的思考与论证,但必须坦诚承认的是,书中提出的诸多观点仍处于探索性阶段,其有效性、准确性、普适性及最终解释力,均有赖于未来更深入、更广泛的实证研究与学术批判来加以检验、修正或扬弃。本书的价值,或许正在于为后续研究提供一个可资讨论、验证乃至反驳的起点,共同推动该领域认知的深化与拓展。

前　言

月球在中国又称月亮、婵娟，也以嫦娥、玉兔、广寒宫等借指。在古希腊文化中，月球被人格化为女神，称月亮女神、光芒的女神、驾月车的女神等。人类从地球遥望太空，除太阳外，月球是人类肉眼能见到的最大天体，也是人类最早认识和接触的天体。

2007年，笔者基于欧洲航天局的火星探测器"火星快车"和美国发射的火星探测器"勇往直前号"和"机遇号"取得的相关火星照片与所取得的资料进行详细解释，编著出版了《火星地貌与地质》一书，这是笔者第一本涉及地外星球地貌与地质的著作。此后，笔者开始开展月球有关方面资料的搜集工作。

2013年，在参加中国科技部国家高科技研究发展计划（"863"计划）"绕月探测工程科学数据应用与研究"项目中的"月球数字地质图编制与月球演化模型综合研究"课题时，笔者利用嫦娥一号（CE-1）卫星CCD影视图数据、干涉成像光谱仪IIM（数据）、数字高度模型（DEM）数据以及数据分析处理结果等资料，结合美国20世纪六七十年代编制完成的月球正面1:1000000地质图有关资料，参与完成了虹湾幅（LQ-4）《月球地质图》的编制和出版工作。依据搜集到的有关月球的大量资料，笔者撰写了《月球水动力作用形成地貌特征的发现和意义》一文（待刊）。

2016年参与北极幅（LQ-1）地质图的修编和说明书初稿的编写工作。2017年参加月球1:2500000佩塔维厄斯幅（LQ-21）、齐奥尔科夫斯基幅（LQ-22）和艾特肯幅（LQC-23）资料的搜集和说明书初稿的编写工作。搜集到有关该区的丰富的月球资料。在前述工作的基础上，先后参与撰写和发表了《依据月球上发现的融冻泥流扇揭示月球上可能有水和水冰》（《地质学报（英文版）》，第90卷第4期，第1535—1536页）和《月球第谷撞击坑'冻融地貌'的发现》（《地球学报》，第38卷第6期，第971—980页）、《英戈尔斯（Ingalls G）月坑附近冲积物和冲积扇的发现是月球有水和水冰存在的重要证据》（待刊）、《嫦娥三号降落地附近湖相沉积物和地貌的发现表明月球雨海曾有水和水冰的存在》（待刊）和《月球雨海皮西亚斯（Pytheas）月坑沉积岩层和冲洪积的发现及意义》（待刊）。

至于本书工作的开展，2016—2017年为前期准备工作，主要是从网上下载月球有关卫星照片；2018—2023年，对已搜集到的大量资料和图片进行深入的分析、研究、对比，参阅前人已取得的有关月球的大量资料，历经八年完成本专著。写作本书是试图通过对目前发现的大量水和水冰形成的地貌和沉积物证据，以及首次发现的月球可能存在"石油""石煤"和盐湖沉积矿产的证据进行分析，为探索月球的形成机制、历史演化，以及为寻找月球上水资源及有关矿产资源提供线索和依据。

也许有人提出质疑，在白昼温度高达150 ℃，黑夜温度可降至-180 ℃，昼夜温差高达330 ℃的月球表面，不可能有现代湖泊和冰川存在。但是地球极端地区最低气温可达-90 ℃，最高气温可达61 ℃，在这样的气候条件下，地球上不但有广阔的海洋和湖泊分布，在南北两极还有大面积的冰川覆盖，就连赤道上，也可见冰川出现，这就不难理解月球局部地区有现代湖泊和现代水冰冰川保存的可能了。

在对月球进行探索和认识的历史长河中，《月球卫片分析最新发现》一书不过是沧海一粟，与当今月球研究所取得的众多成果虽然无法相提并论，但这或许是以李四光教授为代表的中国科学家在地学研究思维上一贯秉持的实事求是、坚持不懈的科学作风的结果，其创新性发现值得月球科学界关注和探讨。《月球卫片分析最新发现》这本书是作者近十年来对目前取得的月球照片进行初步解释后的一些粗浅认识，只能算是一孔之见，加之笔者认识水平有限，不妥和错误在所难免，敬请批评指正！

目 录

第一章 月球"现代湖泊"和"现代水冰冰川"地貌和沉积特征 …………… 1
 第一节 月球"现代湖泊"地貌和沉积特征 …………………………………… 1
  第二节 月球"现代水冰冰川"地貌和沉积特征 ……………………………… 21

第二章 月球"水"形成的地貌和沉积（遗迹）特征 ……………………… 40
 第一节 月球"月溪"地貌和沉积特征 ……………………………………… 40
 第二节 月球"沉积平原"地貌和沉积特征 ………………………………… 56
 第三节 月球"泥石流"地貌和沉积特征 …………………………………… 132
 第四节 月球"液化沙垄"地貌和沉积特征 ………………………………… 185
 第五节 月球"液化沙丘"地貌和沉积特征 ………………………………… 258
 第六节 月球"盐湖"地貌和沉积特征 ……………………………………… 298

第三章 月球"水冰"形成的地貌和沉积（遗迹）特征 …………………… 311
 第一节 月球山间盆地"泥冰川"地貌特征 ………………………………… 311
 第二节 月球月坑坑壁"泥冰川"地貌和沉积特征 ………………………… 324

第四章 月球"冻胀作用形成的地貌"（遗迹）特征 ……………………… 335
 第一节 月球"冻胀丘""冻胀脊"和"冻胀裂隙"地貌特征 …………… 335
 第二节 月球冻胀"岩屑堆""滚石""石笋""石环""石线"
    和"多边土"地貌特征 ……………………………………………… 366
 第三节 月球"滑坡崩塌堆积"地貌特征 …………………………………… 379

第五章 月球"热融作用形成的地貌"（遗迹）特征 ……………………… 419
 第一节 月球热融"塌陷坑"地貌特征 ……………………………………… 419
 第二节 月球热融"塌陷槽"地貌特征 ……………………………………… 440
 第三节 月球热融"塌陷漏斗"地貌特征 …………………………………… 446

第六章 月球"冻融作用形成的地貌"（遗迹）特征 ……………………… 450
 第一节 月球"冻融地貌"概念、分布及类型划分 ………………………… 450
 第二节 月球"冻融地貌"特征 ……………………………………………… 451

第七章 月球"月坑地貌"（遗迹）特征 ········ 492
第一节 月球"深水月坑"地貌特征 ········ 493
第二节 月球"滨海月坑"地貌特征 ········ 501
第三节 月球"湿地月坑"（浅水－沼泽）地貌特征 ········ 525
第四节 月球"陆地月坑"地貌特征 ········ 549
第五节 月球"月坑地貌"特征对比 ········ 560

第八章 月球"线形"构造地貌（遗迹）特征 ········ 566
第一节 月球区域"线形"构造概念、分布和类型划分 ········ 566
第二节 月球区域"内动力"线形构造特征 ········ 567
第三节 月球区域"外动力"线形构造特征 ········ 659
第四节 月球"线形"构造的特征对比 ········ 716

第九章 月球矿产资源 ········ 719
第一节 月球"石油" ········ 719
第二节 月球"石煤" ········ 745
第三节 月球盐湖沉积矿产 ········ 755

第十章 月球"亮温度"分布与月球"水"和"水冰"形成的地貌关系 ········ 760
第一节 全月球"亮温度"概念和分布特征 ········ 760
第二节 全月球"亮温度"与月球"水""水冰"形成的地貌、沉积和盐湖沉积地貌、"石油""石煤"的关系 ········ 762

第十一章 月球地质年代的初步划分 ········ 769
第一节 月球"水""水冰"的形成和演化及月球地质年代划分 ········ 769
第二节 月球地质年代与地球地质年代划分对比 ········ 773
第三节 月球形成和历史演化 ········ 776

第十二章 月球"水""水冰""石油""石煤"的初步预测、寻找和几点初步认识 ········ 782
第一节 月球"水"和"水冰"的初步预测与寻找 ········ 782
第二节 月球"石油"和"石煤"与"盐湖沉积矿产"的初步预测与寻找 ········ 790
第三节 《月球卫片分析最新发现》研究的几点初步认识 ········ 792

第十三章 关于嫦娥六号降落地及附近地质地貌和采集样品的预判 ········ 794
第一节 嫦娥六号降落地及附近地质地貌特征 ········ 794
第二节 嫦娥六号降落地采集样品初步预测 ········ 797

参考文献 ………………………………………………………………………… 800

附录Ⅰ 月球和地球典型地貌类型卫片影像对比汇集 ……………………… 805

附录Ⅱ 月球"雨海不是熔岩盆地,是沉积平原"(讨论稿) ……………… 814

附录Ⅲ 月球概况 ……………………………………………………………… 837

后记和致谢 …………………………………………………………………… 844

第一章 月球"现代湖泊"和"现代水冰冰川"地貌和沉积特征

所谓月球的"现代湖泊"和"现代水冰冰川",是指目前所取得的卫星影像显示有"水"覆盖的湖泊和仍然在流动、消融的"水冰"形成的"冰川"。

第一节 月球"现代湖泊"地貌和沉积特征

地球上的湖泊,是指地表上洼地积水形成的水域比较宽广、封闭、水流缓慢的储水地。月球上的湖泊也应该是这样——月表洼地积水形成的比较宽阔和封闭的储水地称为湖泊。月球"现代湖泊"大多分布于小型或微型月坑的坑底,在低洼处积"水"成湖泊。

一、月球"现代湖泊"分布

在人类对月球发展的研究过程中,曾经有过关于月湖的描述和命名。如东海之东的春湖、夏湖,雨海东南的福湖、恨湖、悲湖、悦湖、冬湖、善湖和死湖,等等。但这些湖都未直接见到有真正的湖水存在,现今这些描述过的所谓"湖泊",都已定性为干涸的"沉积平原"。目前我们发现的湖泊,是由透明"水"层直接覆盖的与地球相似的现代湖泊,均分布于小月坑的坑底。此类小月坑的规模均极小,直径一般在数千米以内,多发现于月球正面的中低纬度区。湖泊为数不多,发育较好的有6个(见图1.1.1),形成时间均为哥白尼纪最晚期或现代纪。其中"湖泊A"保存最完好、规模最大,它的发现对于月球研究具有里程碑意义。为方便论述及纪念我国著名地质学家李四光教授在地学上作出的巨大贡献,笔者在本书中特将其命名为"李四光湖"(简称为"李氏湖"或"四光湖")。把"李四光湖"所在的月坑,特命名为"李四光(Li Siguang)月坑"(简称为"李氏月坑"或"四光月坑")。现对李氏月坑坑底分布的李氏湖的主要特征作重点介绍,其他湖泊规模小,只作简要叙述。为了进一步证实李四光湖影像解释的可靠性,还将通过模拟实验结果作详细对比。

二、月球"现代湖泊"地貌和沉积主要特征

(一)月球"湖泊A"地貌和沉积主要特征

月球"湖泊A"即目前命名的李四光湖,位于李四光月坑的坑底。为更好地了解李四光湖形成的特征,首先对李四光月坑作简单介绍。

1. 李四光月坑的主要特征

李四光月坑分布于月球正面的南半球，纬度为 49.6°S，经度为 4.2°E（见图 1.1.2）。位于第谷月坑之东南约 370 km，赫拉克利特 D（Heraclitus D）月坑之西北坑缘上（见图 1.1.3、图 1.1.3A、图 1.1.3B），近圆形或椭圆形（见图 1.1.4）。其东西向直径最长约 3.7 km，南北直径宽约 2.3 km，平均直径约 3 km，深约 1 km。月坑面积约 7 km^2。

李氏月坑坑外，由撞击形成的辐射状溅射堆积物十分清晰明显（见图 1.1.5），岩石组成复杂，以浅色岩块及碎屑为主，深色岩块及碎屑分布较少。坑缘西高东低，高度相差约 90 m（见图 1.1.6 上图），南北高度相差不大（见图 1.1.6 下图）。

李氏月坑坑壁保存完好，在形态上，以坑底中心为界，大致可分东、西两部分，二者明显不同：西部和东南小部分坑壁为灰白色—浅灰色，表面平滑、坚硬完整，很少见岩块和碎屑分布，可能为冰与岩块、岩屑、粉尘的混合物，即所谓的"脏冰"覆盖，显示"冻融泥流地貌"特征（见图 1.1.7 左图）；东部为灰色—深灰色，沟谷纵横，有大量岩块和碎屑分布，结构显松软，显示"流水侵蚀地貌"特征（见图 1.1.7 右图）。坑底是水覆盖的湖泊，这充分表明，一个月坑不同方向的气候环境条件变化极大，形成的地貌类型和特征有着天壤之别。

李氏月坑坑底呈近圆形，由撞击溅落形成的大小杂色岩块和碎屑组成的平缓小丘（见图 1.1.8 区域 B）与马蹄形湖泊组成（见图 1.1.8 区域 A）。平缓小丘之间可见洼地淤泥沉积的小平原（见图 1.1.8 区域 B 箭头所示）与中心凸起较高形成的低矮堆积型中央峰（见图 1.1.8 中△所示）。组成月坑坑底的岩石为杂色岩石碎屑和淤泥沉积物，可见巨大的黑色玄武岩块（也有可能是"石煤"岩块）（见图 1.1.9 向上箭头所示）和浅色的斜长岩（见图 1.1.9 向下箭头所示），并且岩块和岩屑均呈棱角状，可能说明李四光月坑形成很晚，属现代纪晚期。

2. 李四光湖的特征

李四光湖是目前月球上发现的面积最大、保存最好和特征最明显的"现代湖泊"。其主要特征如下。

（1）李四光湖分布位置、形态和规模特征。李四光湖位于李氏月坑的坑底低洼处，形态上呈近东西向分布的"马蹄形"（见图 1.1.8）。东西长约 0.6 km，南北宽约 0.5 km，面积约 0.3 km^2。

（2）李四光湖湖面色调、反照率和糙度特征。李四光湖"湖水"覆盖区色调均匀、较深，且色差较小，主要呈深灰、灰黑色或黑色色调，"水"面平滑如镜，"水"层晶莹透亮、清澈见底。从色调判断，"水"层东厚西薄，南厚北薄。无"水"层覆盖的溅射堆积物分布区色调普遍较浅，色差大，以灰、浅灰为主，表面粗糙且反照率普遍偏高，两者形成鲜明对比（见图 1.1.10、图 1.1.11、图 1.1.12）。

（3）"李四光湖"湖心岛屿特征。"李四光湖"湖面上，分布较多岛屿（暂称"湖心岛屿"）。岛屿露出湖面部分与水下部分在色调、反照率和沉积淤泥分布特征上有明显差别。岛屿露出水面部分色调浅，以浅灰色为主，反照率高，无淤泥沉积物分布，与陆地上的堆积物基本一致。而岛屿的水下部分，色调深，呈深灰－黑色，反照率低,有较多淤泥沉积物覆盖,与湖泊水下部分沉积淤泥完全相同。两者形成强烈对比(见图 1.1.12)。

(4)"李四光湖"湖底淤泥沉积物分布特征。"李四光湖"湖底,主要由细砂、粉砂及淤泥物质组成。较粗粒的砂及粉砂物集中分布于湖岸附近,淤泥较集中分布于湖中心。由湖岸边向湖中心方向,砂粒大小随湖深度增加而变小,而湖底淤泥沉积物则逐渐增加。反映在色调上,由湖岸向湖中心方向,色调由浅逐渐变深(见图 1.1.10、图 1.1.12)。淤泥物质不但在平坦湖底广泛发育,而且所有分布的岩块上,也为厚厚的淤泥物质所覆盖(见图 1.1.11、图 1.1.12)。淤泥物质色调深,呈灰黑-黑色,反照率低。然而无湖水覆盖的陆地上,无任何淤泥沉积物存在,色调浅,呈灰白-白色,反照率高。两者形成鲜明对比。并且与地球上湖泊与陆地分布特征完全一致。

(5)"李四光湖"湖底微地貌特征。湖面下的湖床上,除了有深灰色或灰黑色松软淤泥沉积物和大量岩块广泛分布外,局部区域(主要位于湖的北部和东部)地貌上表现为在一些小坑周边,分布浅色或深色、环状或分散状不同色调和形态的沉积物,推断为较多的热泉点分布(见图 1.1.13、图 1.1.14),在湖底的微地貌上也十分显眼。表明这些热泉点可能是部分湖水来自月表之下的通道。

考虑到地球大洋热泉或黑烟囱附近常有大量与之相适应的生物出现,月球上目前见到的这些热泉点附近分布的沉积物十分奇特。除了围绕热泉眼周边新分布的岩石碎屑和淤泥物质外,有的热泉眼为浅灰色淤泥堆积,呈丘状(见图 1.1.15A)或圆盘状(见图 1.1.15D),有的周边呈分散的灰黑色沉积物(见图 1.1.15B)分布,有的泉眼为深的圆形小坑(见图 1.1.15C)。推断其中可能有生物存在,这是十分值得进一步研究的。

(6)"李四光湖"湖水深度变化特征。"李四光湖"湖水深度,从色调上可以作出初步推断,湖的周边色调浅,以灰色为主,可能表明这里的湖水较浅。向湖的中心方向色调逐渐加深,以灰黑色为主,可能表明湖水在逐渐加深。基本上与湖底淤泥沉积厚度的变化一致,即是从陆地周边向湖中心,湖底淤泥沉积逐渐加厚(见图 1.1.10、图 1.1.11、图 1.1.12)。这与地球湖泊深度及湖底沉积物的变化特征基本相同,也与实验结果基本一致(见图 1.1.40)。

(二)月球"现代湖泊B、C、D、E、F"的主要特征

月球湖泊B、C、D、E、F,由于面积均较小,同时也受到照片分辨率的限制,很多详细的地貌特征无法清晰地显示出来。但它们均具有与"李四光湖"的色调和反照率基本相同的特征。现简述如下。

1. 月球"湖泊B"的主要特征

分布于月球正面(纬度、经度暂不详),近圆形,东西长和南北宽相当,均约 150 m,面积约 0.02 km^2。湖底局部见有泥裂及较大岩块分布。周边冲沟发育,沟口常见有小冲洪积扇分布,其前沿沉积淤泥分布较多。以往研究者曾将泥石流确定为

"熔体流"分布于小月坑的坑壁上,把水流入坑底成湖泊误认为是"熔体聚集的火山口中心"(见图1.1.16、图1.1.17)。周边为灰白色淤泥堆积(见图1.1.18),中心灰色水体下可见树枝状裂隙有较多黑色淤泥充填(见图1.1.18A)。实际可能是,处于月夜时形成的小月坑坑底堆积物已冻结成冰;当进入月昼时,由于气温骤升,坑底中心发生塌陷,冰冻堆积局部融溶,坑壁局部形成小型泥石流,融水汇聚坑底,并在低洼处积水成湖(见图1.1.16、图1.1.17、图1.1.18)。当月夜再次来到,湖底淤泥干涸并产生泥裂(见图1.1.17、图1.1.18)。而湖底淤泥堆积和分布状况,与"李四光湖"具有基本一致特征。

2. 月球"湖泊C"的主要特征

分布于月球背面南半球,苏博京(Subbotin)月坑西部外侧坑缘边的陨石撞击形成的溅射堆积物上。纬度为-30.1463,经度为134.1415(见图1.1.19、图1.1.20)。湖泊C所在的小月坑呈圆形,直径约1.3 km,周边辐射纹清晰(见图1.1.21)。湖泊C分布于小月坑坑底,近圆形,东西长约100 m,南北宽150 m,面积比月球湖泊B略小,不超过0.02 km^2。湖泊底部均有较厚的淤泥覆盖,其特征与"李四光湖"基本一致。即湖面下的湖床上,沉积淤泥覆盖所有的岩块表面,而出露湖面上的岛屿,则无任何淤泥分布。湖泊西侧和南侧,冲沟发育,沟口发育小冲洪扇体(见图1.1.22箭头所示)。湖底岩块大多为深色淤泥覆盖,出露湖面岛屿呈灰白色,无任何淤泥分布(见图1.1.23)。从湖中心部分有凸起影像特征,可能表明湖泊C成像时处于月夜,湖面可能为"冰面湖"。

3. 月球"湖泊D"的主要特征

分布于月球背面的南半球,伊萨耶夫(Isacv)月坑之西,加加林T(Gagarin T)月坑之北。纬度为-17.68199,经度为144.40542(见图1.1.24、图1.1.25)。湖泊D所在的小月坑,近圆形,口径约2 km(见图1.1.26)。坑底分布的岩屑、岩块均具棱角状,受月壤化影响很小,可能说明小月坑形成很晚。湖泊D东西长约260 m,南北宽225 m,面积约0.06 km^2。湖岸线清晰,湖底全为黑色淤泥所覆盖(见图2.1.27),地形地貌分布较复杂。湖泊周边冲沟发育,沟口小冲洪扇发育明显,且多为重叠扇体。西北部湖底,可见少量小的圆形鼓包,见一大长条状湖心岛屿分布,岛的顶部露出水面,色调浅,大多呈灰白色或浅灰色,个别呈白色。水覆盖部分因有淤泥覆盖,色调深,呈深灰黑色为主(见图1.1.28、图1.1.29)。北部湖底,在西侧可见白色岩块组成的小岛屿,规模小,露出湖面部分色调与陆地基本相同,呈白色-浅灰白色。南侧小岛屿规模大,呈近南北延伸,露出湖面部分色调稍深,呈灰-浅灰色,湖水覆盖以下部分,呈灰黑-深灰色。湖底淤泥沉积高低不平,呈现出被搅动尚未完全沉淀的状态(见图1.1.30)。西部湖底,在右侧上部有双凸出湖面湖心岛屿分布,露出湖面部分色调呈瓷灰白色,湖面以下部分色调稍深,呈深灰色。同样湖底淤泥沉积有被搅动后尚未愈合的迹象(见图1.1.31)。南部湖底,特征与北部湖底基本相同,岛屿出露湖面部分色调呈浅灰白色,湖面以下的淤泥沉积色调深,呈灰黑色。淤泥大多呈颗粒状分布(见图1.1.32)。

4. 月球"湖泊 E"的主要特征

分布于月球正面的利里乌斯（Lilius）月坑之西坑底，纬度为 -54.3370，经度为 -7.0096（见图 1.1.33A）。呈椭圆形，东西长约 160 m，南北宽 80 m，面积小，约 0.01 km²，湖底东北部分布的岩块较多，浅色淤泥分布普遍。湖泊西部冲沟发育明显，并在湖面下形成小冲洪扇。湖盆分布的岩屑和岩块均呈棱角状（见图 1.1.33），说明湖泊形成很晚。

5. 月球"湖泊 F"的主要特征

月球湖泊 F 分布于月球正面的南半球，所在的月坑，位于维尔纳（Werner）"月陆月坑"北坑壁之上（见图 1.1.34）。维尔纳（Werner）月坑，纬度为 -27.1337，经度为 3.1765。其形成时代可能属爱拉托逊纪。湖泊 F 所在月坑，近圆形，直径大小约 1.7 km（见图 1.1.35）。坑底近圆形，东西长约 400 m，南北宽 375 m，面积较大，约 0.15 km²，湖泊周边冲沟发育，沟口小冲洪扇发育明显（见图 1.1.36）。湖水仅淹没坑底的中心部分，见有较多淤泥由周边向中心汇集（见图 1.1.37），湖泊周边已基本干涸。

三、"李四光湖"形成的实验结果及初步解释

为了证实月球上"李四光月坑"中的马蹄形"李氏湖"确实存在，我们做了一次简单的实验。实验形成的"湖泊"及周边"陆地"，在色调、反照率、糙度、淤泥沉积物和粒度分布及水的深度等变化特征，如果能与月球上的马蹄形"李四光湖"的基本特征取得基本一致，即可认为"李四光湖"确实存在。现将实验材料的选择、实验过程和实验结果的初步解释简介如下。

1. 实验材料的选择

实验只选用一个口径约 30 cm 的搪瓷盆，里面按需要放置适量的砾石、砂、粉砂和淤泥物质，然后用水（为了使浑浊的水很快澄清，在水中加入适量硼砂）混合成糊状，即相当于"李四光月坑"形成时产生的溅落堆积物（见图 1.1.38）。并将这些糊状物质塑造成大致与马蹄形"李四光湖"东南部相似的地形地貌特征，即两侧为较高的陆地，中间为较低的湖盆地形区域（见图 1.1.39），并放置室外进行冻结（冬季）。

2. 实验过程

实验开始，将置于室外冻结好的实验材料移入温度较高的空调房间，冻结的混合岩块、泥沙和淤泥物质表面开始融溶，溶水汇聚后从高处向低洼处流动，不断冲刷"陆地"表面，并逐渐形成表流。表流及其携带的淤泥和少量泥沙物质，自地形高处向低处流动，并充填到低洼区形成"湖泊"。随后随时间的推移，淤泥、泥沙物质逐渐沉淀，浑浊的湖水逐渐变清，产生的淤泥沉积覆盖湖底，形成与月球"李四光湖"相似的特征。即形成"陆地"区岩石裸露、色调浅、反照率高，而"湖泊"区岩石为大量淤泥沉积覆盖、色调深和反照率低等，显示出陆地与湖泊之间具有明显不同的特征（见图 1.1.40、图 1.1.41）。

3. 实验结果的初步解释

从实验结果可以看出，"陆地"区与"湖泊"区之间，在岩石和淤泥的分布、色调、反照率等方面，显示出明显不同的特征，即"陆地"区岩石裸露、色调浅、反照率高，而"湖泊"区岩石为大量淤泥沉积覆盖、色调深和反照率低，与月球上的马蹄形"李四光湖"的基本特征完全一致（见图1.1.40、图1.1.41、图1.1.42）。这充分说明，月球上的马蹄形"李四光湖"完全可以与地球上的现代湖泊进行对比。至于湖面上覆盖的是"水"还是"冰"，实验结果显示，水面（见图1.1.43左）和冰面（见图1.1.43右）覆盖的湖泊，除了在色调和反照率上略有差异外，其他特征基本相同，只是水面比冰面显得更加透亮和清晰。地球上的陆地与湖泊，在色调、反照率、糙度、淤泥沉积物和粒度分布及水的深度变化特征等各方面，均与月球上的马蹄形"李四光湖"十分相似。地球上的陆地与湖泊随着湖水不断蒸发、干涸，色调逐渐变浅和反照率不断加强十分明显，与月球上的马蹄形"李四光湖"实验结果完全一致。实验结果的反照率与地表的湿度成反比，与色调成正比。即地表湿度大，反照率低，而色调深。地表湿度小，反照率高，而色调浅。另外，地球上的现代湖泊和河流中，作为有水覆盖的沉积区，必然会有淤泥沉积物覆盖（见图1.1.44、图1.1.45），而周边分布的陆地为侵蚀区，不可能有沉积淤泥分布。这是月球和地球上分布的湖泊，共同存在的普遍规律。月球"李四光湖"湖底淤泥沉积的广泛分布（沉积区）和周边陆地岩石碎破裸露（侵蚀区），与实验结果完全一致，因此有力地证明了现今月球上确实有现代湖泊存在。

四、月球现代湖泊地貌和沉积的形成演化

从上述目前发现的现代湖泊分布、特征可以看出，它们的形成都与陨击作用下形成的月坑有关，并且大多分布于月陆区（见图1.1.46），一些规模小的月坑坑底。因此可以推断，当细小的陨石撞击月表产生巨大热量，使得含水冰的月壤或岩层发生融溶成水，通过表流或热泉方式，汇聚于低洼的月坑底形成湖泊。

五、月球湖泊地貌和沉积发现的意义

月球现代湖泊的发现，彻底颠覆了人类研究月球以来的传统观念，完全打破了关于以往"月球是一个无风、无水、无生命、无声响、冷热剧变和非常干旱的寂静世界"的看法和认识。尽管分布的湖泊不多、湖泊的面积不大，但为研究月球历史演化和在月球建立科学实验站提供了极其重大的贡献，因此具有极其重要的科学价值和实际意义。

第一章 月球"现代湖泊"和"现代水冰冰川"地貌和沉积特征

以下为第一章第一节附图：

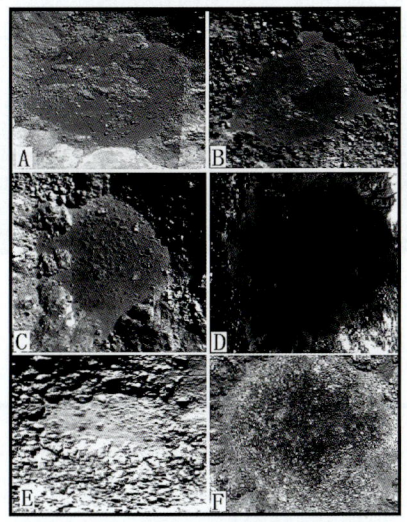

图 1.1.1 月球正面"湖泊 A、B、C、D、E、F"的分布特征对比

A 为"李四光湖"

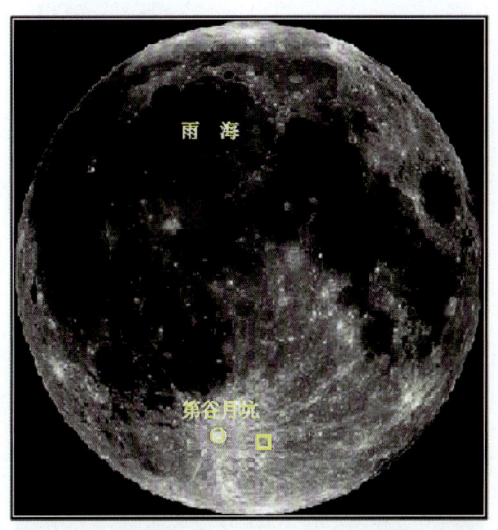

图 1.1.2 "李四光（Li Si Gong）月坑"和"李四光湖"（方框）在月球正面分布位置图

图 1.1.3 李四光月坑位于第谷月坑之东南约 370 km 的赫拉克利特 D（Heraclitus D）月坑之西北坑缘上（箭头所示小方框）

图 1.1.3A 为图 1.1.3 大方框局部放大

7

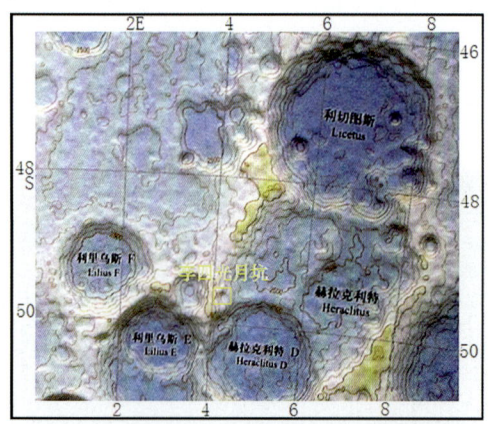

图1.1.3B 李四光月坑（方框）及附近地形图分布特征

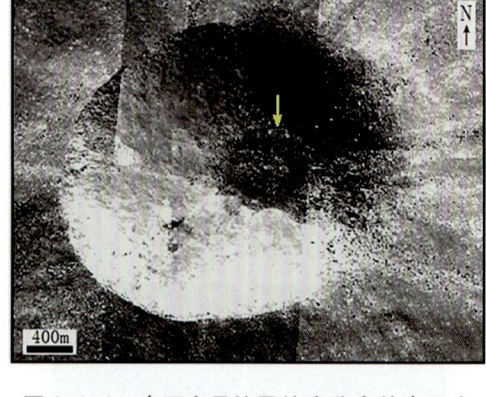

图1.1.4 李四光月坑及坑底分布的李四光湖（箭头所示）形貌特征

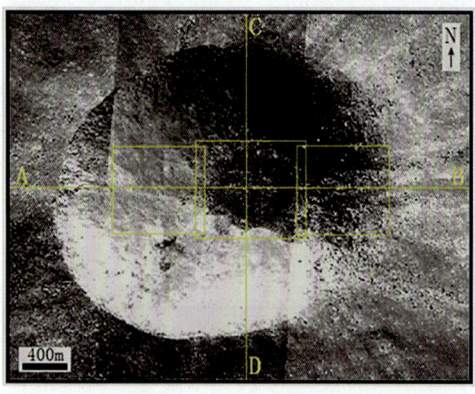

图1.1.5 李四光月坑坑外辐射状溅射堆积物分布特征

AB 为东西向轴线，CD 为南北向轴线

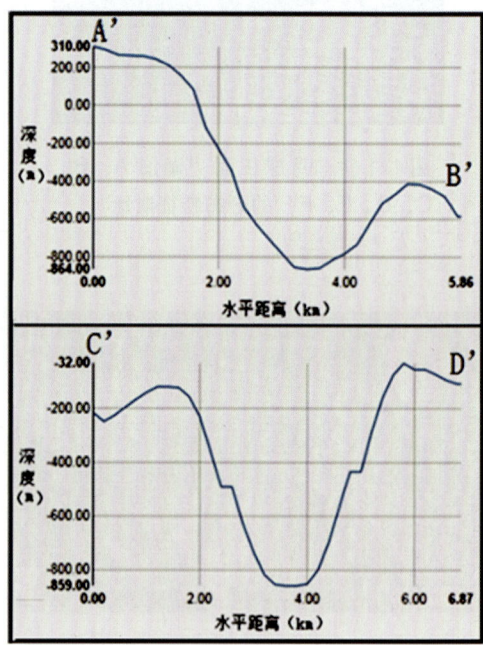

图1.1.6 图1.1.5AB 剖面图（上图）和图1.1.5CD 剖面图（下图）

第一章 月球"现代湖泊"和"现代水冰冰川"地貌和沉积特征

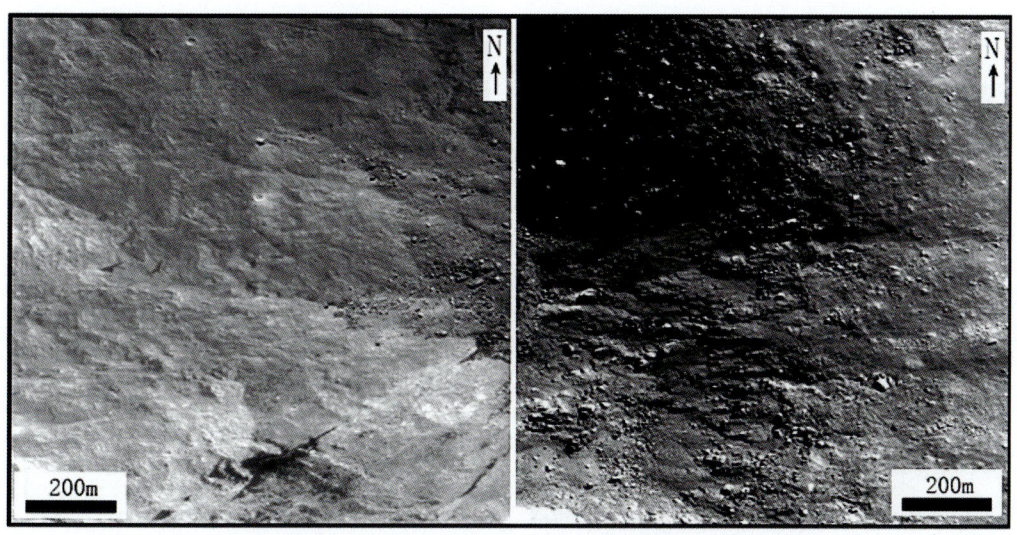

图 1.1.7　图 1.1.5 右、左方框局部放大

右图对应图 1.1.5 右方框，坑壁显示"流水侵蚀地貌"特征

左图为图 1.1.5 左方框，坑壁显示"冻融泥流地貌"特征

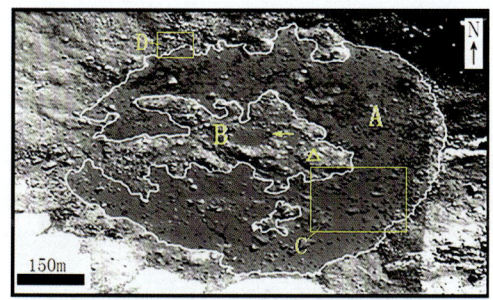

图 1.1.8　为图 1.1.5"李四光湖"（中间方框）放大特征

A 为马蹄形"李四光湖"、B 为溅射堆积物、水平箭头示堆积物间小沉积平原、空三角示堆积型中央峰

图 1.1.9　图 1.1.8 方框 D 局部放大

李四光月坑坑底溅射堆积物全由杂色岩块和岩屑组成，向上箭头示黑色玄武岩块，向下箭头示白色斜长岩块（注：岩块和岩屑均呈棱角状，表明形成年代极晚）

9

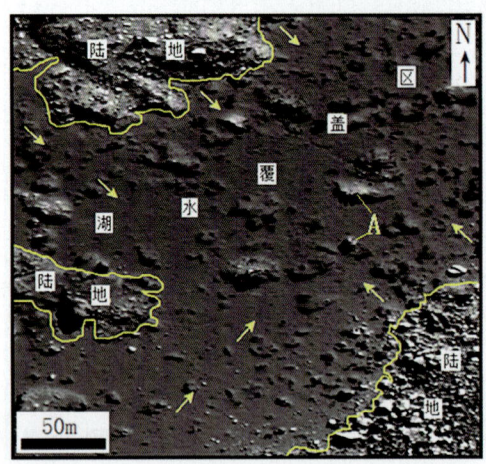

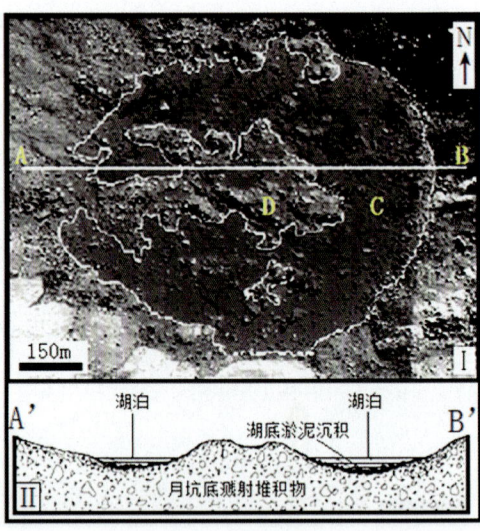

图1.1.10 李四光湖西南（图1.1.8方框C和图1.1.13方框2）局部放大特征，陆地与湖面在色调和反照率上有明显不同，由陆地向湖中心方向（箭头所示）随湖水逐渐加深，湖底淤泥沉积逐渐加厚、色调逐渐加深的变化特征

A为湖心岛屿

图1.1.11 李四光月坑坑底溅射堆积物（Ⅰ图D处）及湖泊（Ⅰ图C处）平面分布与剖面（Ⅱ）特征

AB为剖面线

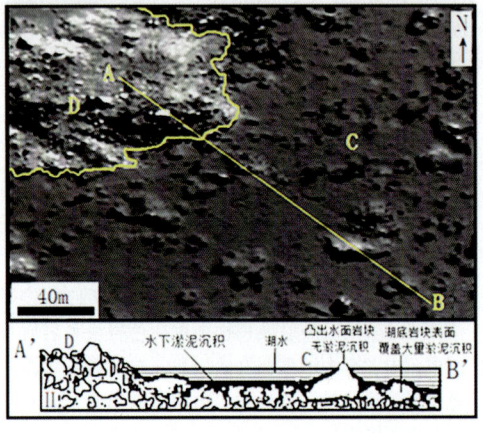

图1.1.12 为图1.1.8方框C局部放大

上图示李四光湖AB剖面线位置，下图为剖面图示意（注：D为坑底溅射堆积，色调浅，表面粗糙，无任何淤泥沉积。C为湖水覆盖区，色调深，表面光滑，淤泥沉积广泛分布。两者形成鲜明对比）

图1.1.13 李四光湖湖底热泉点分布（A、B、C、D小方框）

第一章 月球"现代湖泊"和"现代水冰冰川"地貌和沉积特征

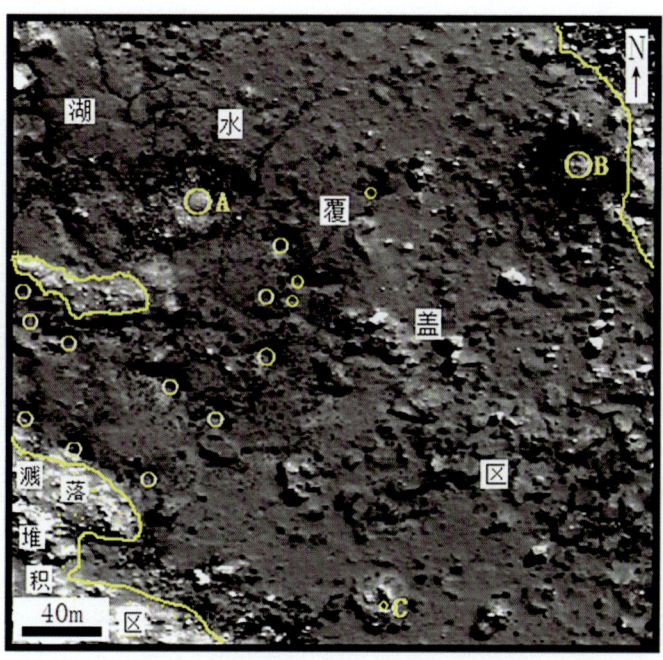

图1.1.14 为图1.1.13方框1局部放大
示湖底热泉点A、B及热泉口(○)分布特征

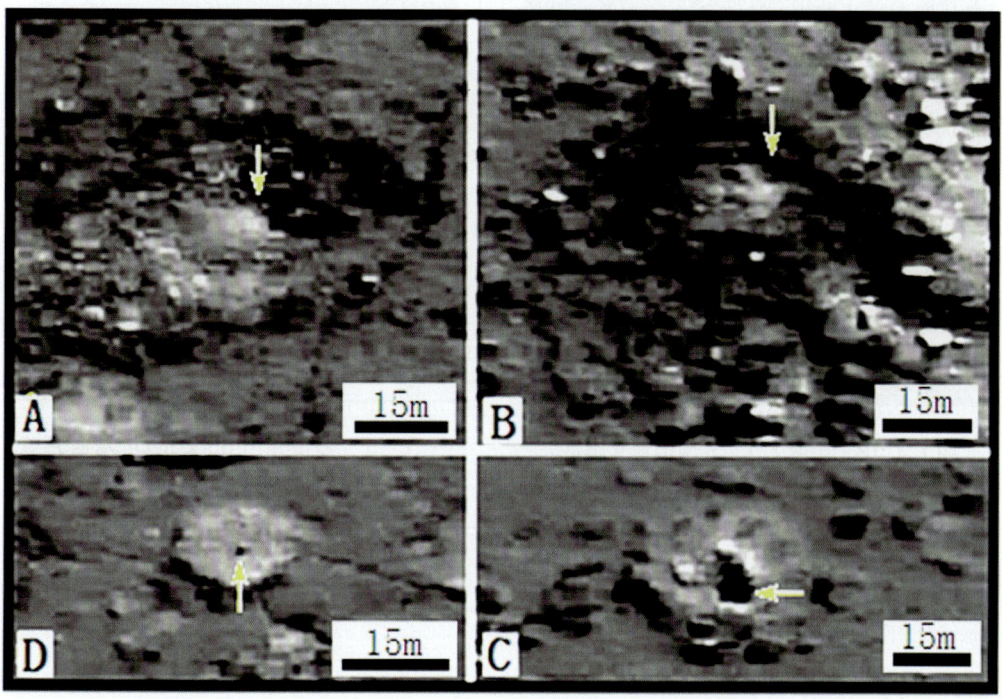

图1.1.15 为图1.1.13 A、B、C、D小方框热泉点局部放大特征
箭头示热泉口附近地貌及堆积物

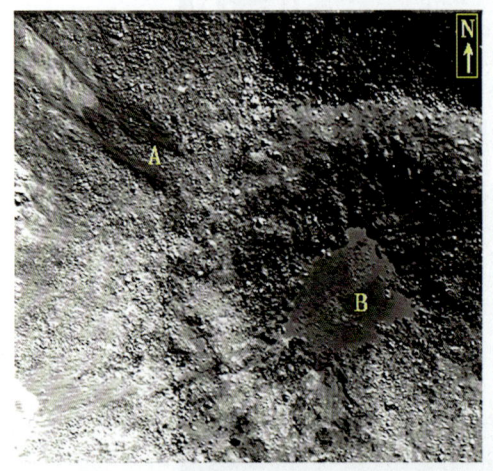

图 1.1.16 "月球湖泊 B"分布特征
A 为泥石流堆积（即所谓的"熔体流"），B 为湖泊（即所谓的"熔体聚集的火山口中心"）

图 1.1.17 为图 1.1.16 B 湖泊放大特征
示湖底见"泥裂"及湖周边见大量小的冲积扇分布特征

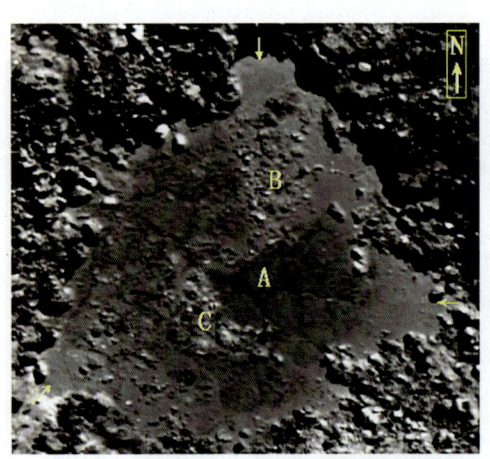

图 1.1.18 为图 1.1.17 湖泊放大特征
周边为灰白色淤泥冲积扇堆积（箭头所示），中心灰色水体下可见树枝状裂隙（A）有较多黑色淤泥充填，B、C 为凸出水面的岛状溅落堆积物

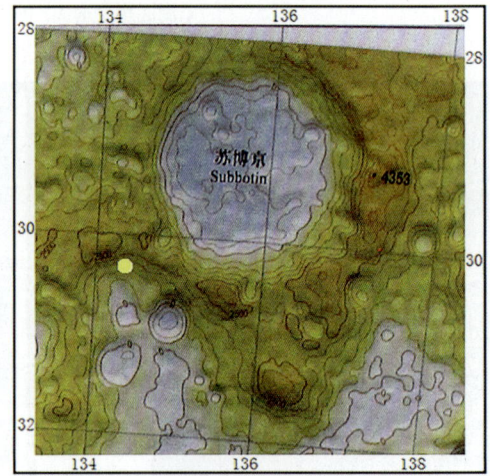

图 1.1.19 苏博京（Subbotin）南西月球"湖泊 C"及附近地形图

第一章 月球"现代湖泊"和"现代水冰冰川"地貌和沉积特征

图1.1.20 苏博京月坑西南月球"湖泊C"在卫星影像图上分布位置（箭头所示）

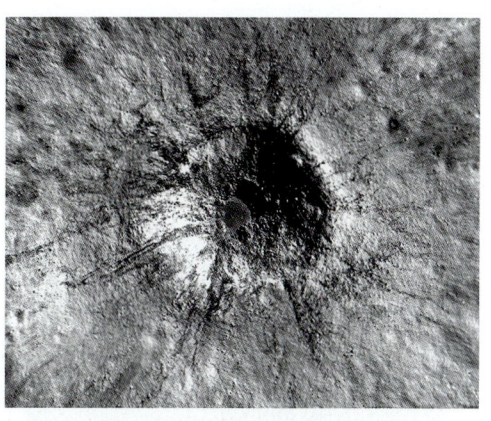

图1.1.21 苏博京月坑西南月球"湖泊C"所在小月坑在卫星影像图上辐射纹分布特征

图1.1.22 为图1.1.21月球"湖泊C"放大分布特征

示湖泊C南和西边缘冲洪积扇（箭头所示）分布特征

图1.1.23 为图1.1.22月球"湖泊C"局部放大

示湖底岩块大多为深色淤泥覆盖，出露湖面岛屿呈灰白色（箭头所示），无任何淤泥分布

13

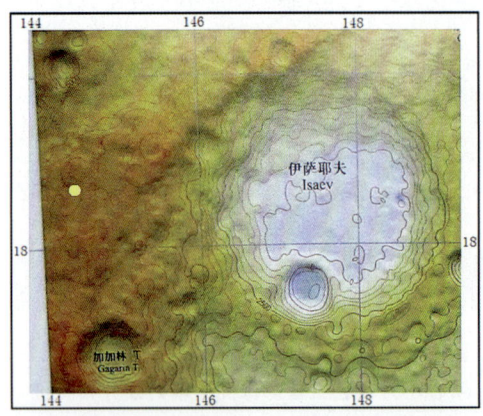

图 1.1.24 伊萨耶夫（Isacv）月坑之西月球"湖泊 D"（圆点）在地形图上的分布特征

图 1.1.25 伊萨耶夫（Isacv）月坑之西月球"湖泊 D"（星点）在卫星影像上的分布特征

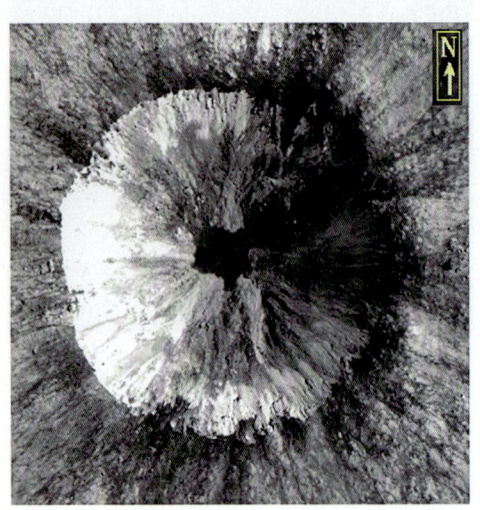

图 1.1.26 为图 1.1.25 月球"湖泊 D"所在月坑放大分布特征

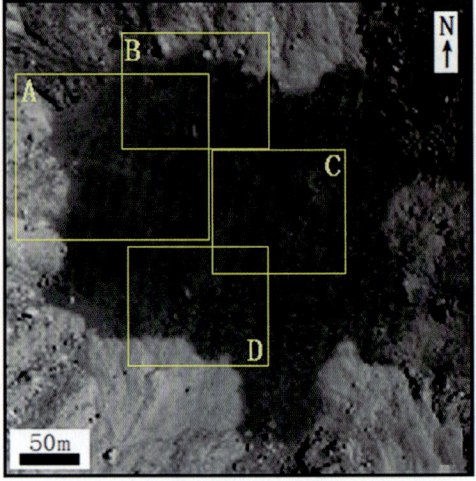

图 1.1.27 为图 1.1.26 小月坑底月球"湖泊 D"放大分布特征

第一章 月球"现代湖泊"和"现代水冰冰川"地貌和沉积特征

图1.1.28 为图1.1.27方框A局部放大
示月球"湖泊D"西北部湖底淤泥局部分布特征

图1.1.29 为图1.1.28方框局部放大
示月球"湖泊D"局部湖底淤泥分布特征

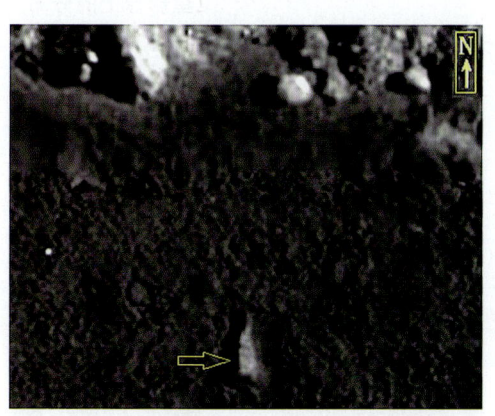

图1.1.30 为图1.1.27方框B局部放大
示月球"湖泊D"湖心岛（箭头所示）露出水面部分色调呈浅灰白色，水下部分为沉积淤泥覆盖，呈灰黑色

图1.1.31 为图1.1.27方框C局部放大
示月球"湖泊D"西部湖底局部分布特征

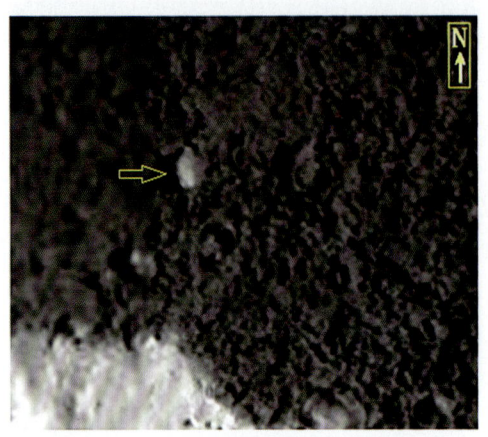

图1.1.32 为图1.1.27方框D局部放大
示月球"湖泊D"湖心岛（箭头所示）露出水面部分色调呈浅灰白色，水下部分为沉积淤泥覆盖，呈灰黑色

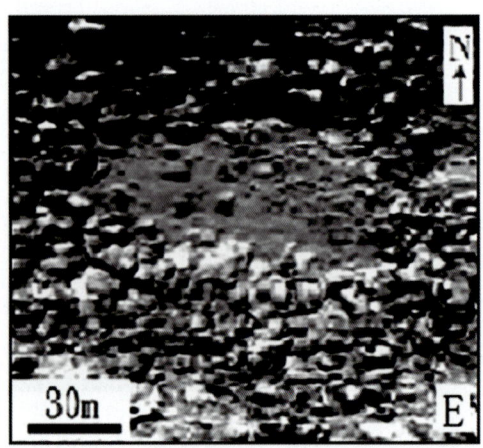

图1.1.33 利里乌斯（Lilius）月坑之西月球"湖泊E"分布特征
湖水呈透明状，湖底大部分岩块为灰色淤泥覆盖，露出湖面岩块呈灰白色，无淤泥覆盖

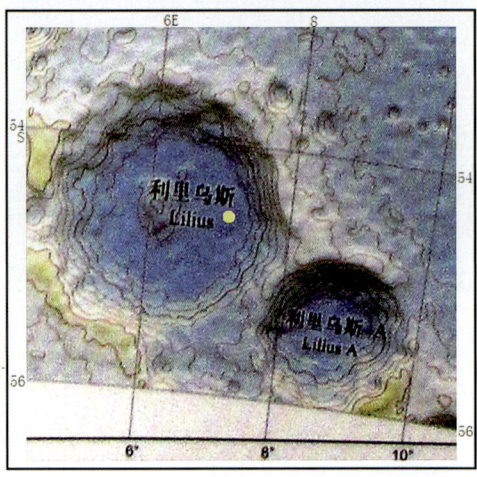

图1.1.33A 利里乌斯（Lilius）月坑坑底东月球"湖泊E"（黄点）及附近地形图

图1.1.34 月球"湖泊F"位于维尔纳（Werner）"月陆月坑"北坑壁之上的小月坑坑底之中（箭头所示）

第一章 月球"现代湖泊"和"现代水冰冰川"地貌和沉积特征

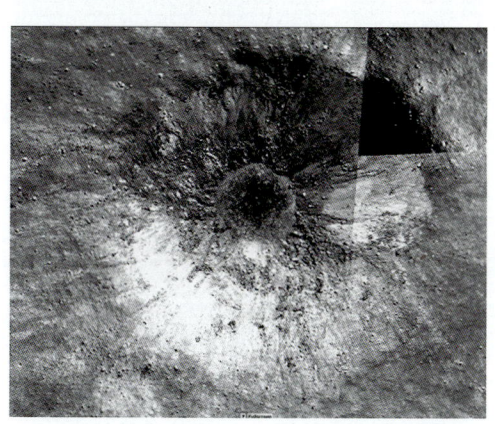

图1.1.35 月球"湖泊F"所在的小月坑分布特征

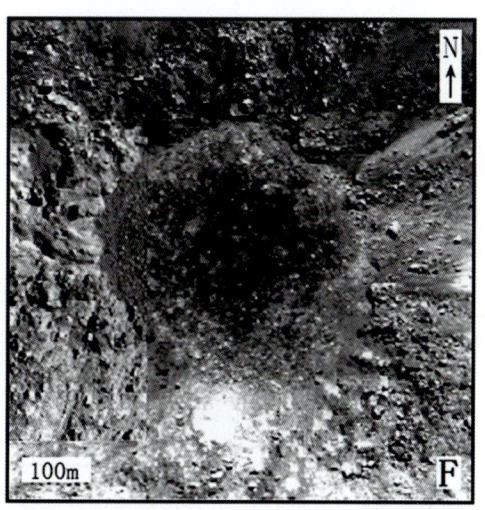

图1.1.36 月球"湖泊F"周边冲洪积物分布特征

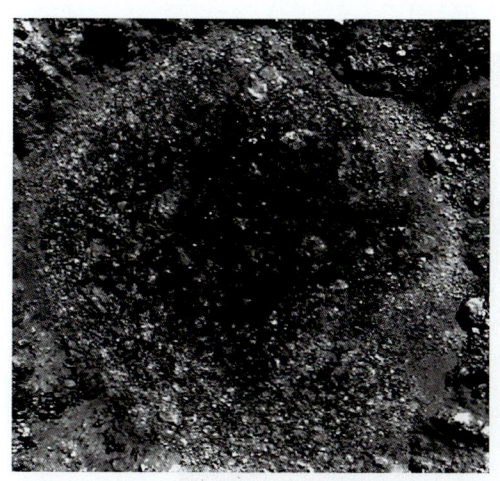

图1.1.37 月球"湖泊F"湖底中心部分有较多黑色淤泥沉积，呈现由周边向中心汇集的分布特征

图1.1.38 实验湖泊形成前湖底溅落堆积地貌特征

17

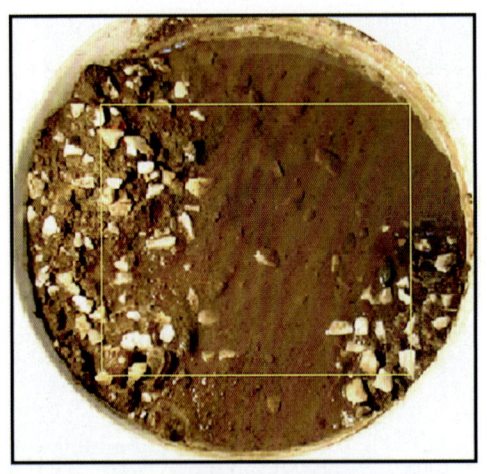

图 1.1.39 为图 1.1.38 坑底溅落冻结的堆积物经月昼时融溶水的冲刷流动形成陆地（见图左、右两侧）与湖泊（中间）地貌特征

示"陆地"与"湖泊"在色调、反照率、糙度、淤泥沉积物及粒度分布特征等明显不同

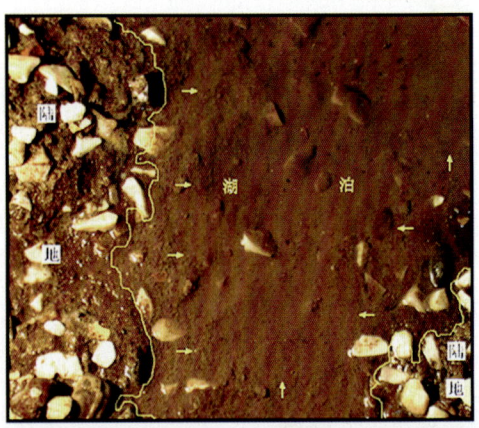

图 1.1.40 为图 1.1.39 方框局部放大

示由陆地向湖中心方向（箭头所示），随湖水逐渐加深，沉积物粒度由粗逐渐变细、淤泥沉积厚度逐渐增厚等特征，与图 1.1.10（"李四光湖"西南）十分相似

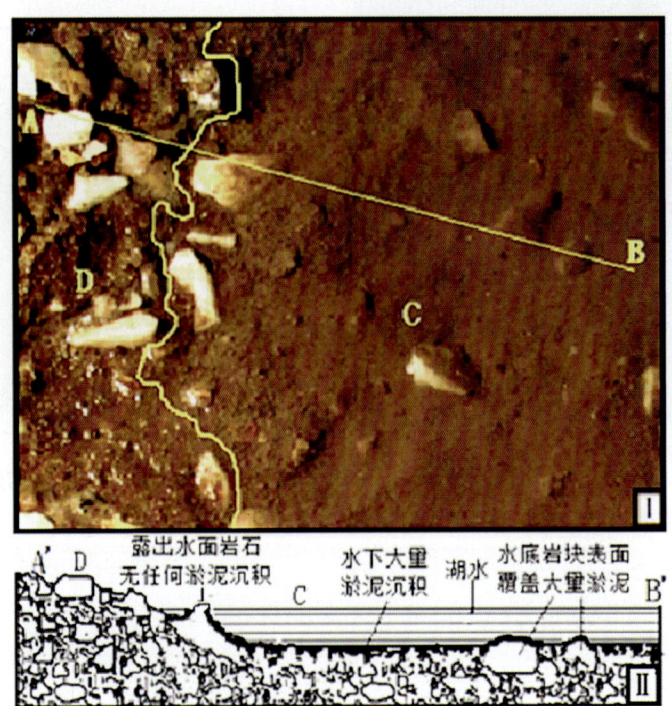

图 1.1.41 实验形成的陆地（Ⅰ图 D 处）与湖泊（Ⅰ图 C 处）平面图（Ⅰ）

A′、B′剖面图（Ⅱ）特征与图 1.1.12（"李四光湖"西南）基本一致

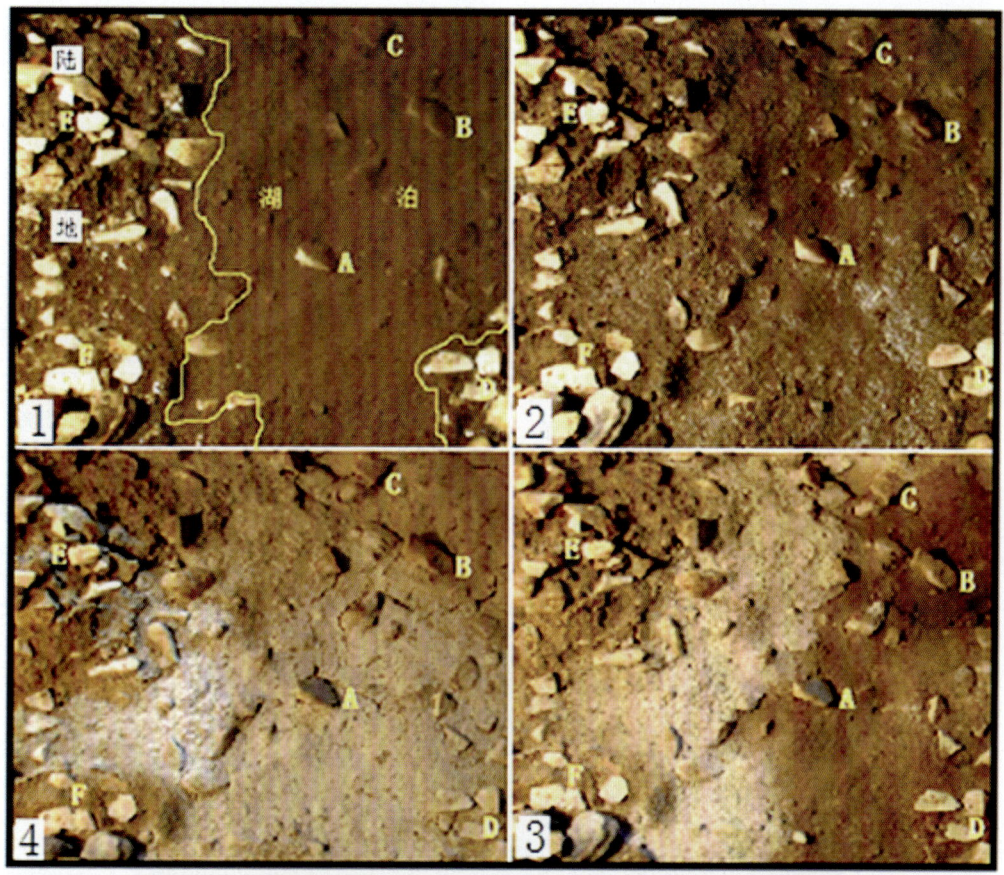

图 1.1.42　人工实验的陆地与湖泊在逐渐干涸过程中，色调逐渐变浅和反照率不断加强变化图（由图 1→图 2→图 3→图 4）

见图 1 实线为陆地与湖泊分界限）A、B、C、D、E、F、G 为相应岩石色调和反照率特征变化对比

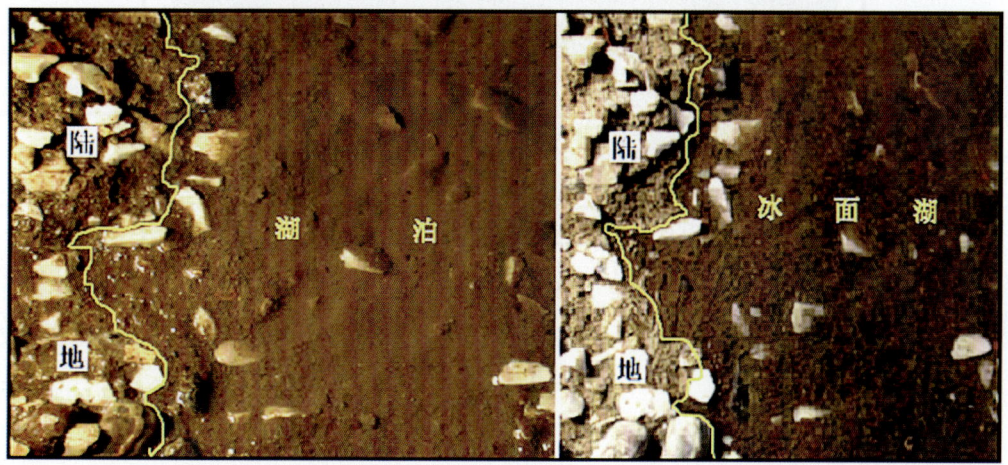

图 1.1.43　人工实验的结果陆地与充满水的湖泊和陆地与冻结成冰的冰面湖在色调上的变化对比

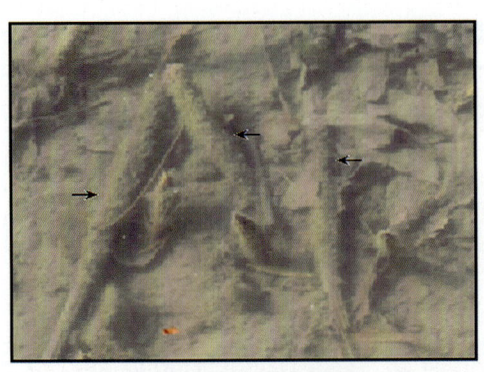

图 1.1.44 北京紫竹院公园秋季湖底和附着在败落荷茎上的淤泥及藻类分布特征（箭头所示）

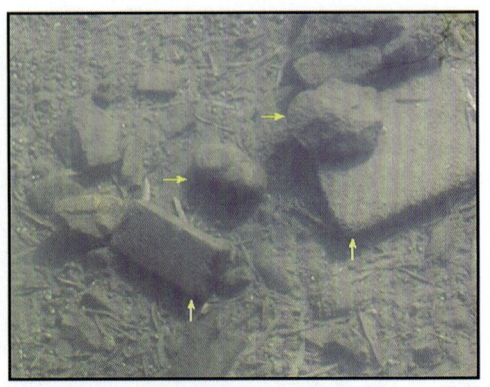

图 1.1.45 北京紫竹院公园长河中岩块（箭头所示）表面的淤泥沉积及附着的低级藻类沉积物

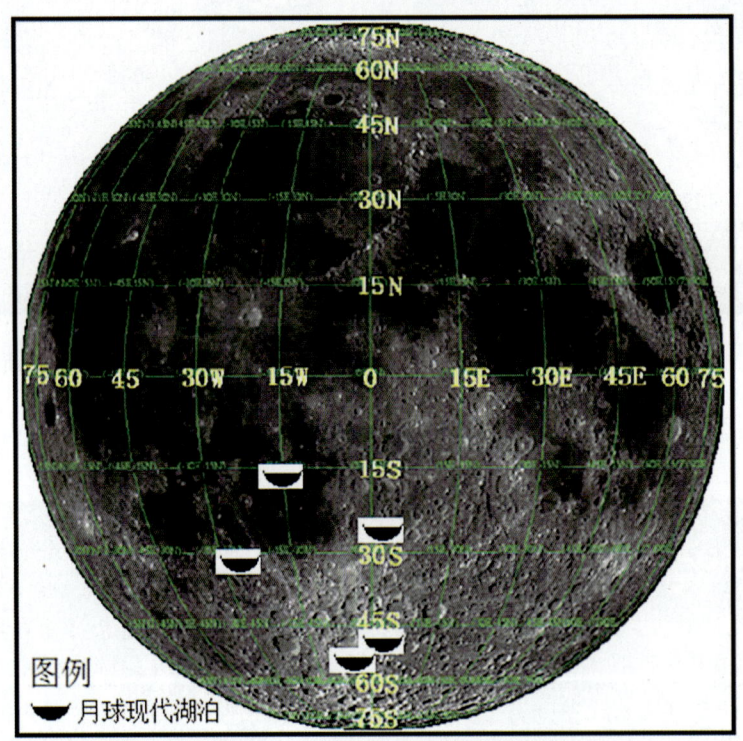

图 1.1.46 月球正面"现代湖泊"分布图

（图片来源：ESA/NASA）

第二节　月球"现代水冰冰川"地貌和沉积特征

一、关于月球"现代水冰冰川"地貌概念、分布和划分

1. 月球"现代水冰冰川"地貌概念

水冰冰川，是指埋藏于月坑壁上部的水冰层，因受热融溶渗出、汇集并堆积成冰，在自身重力作用下沿坑壁斜坡向下进行缓慢塑性流动，并产生似地球冰川地貌形态的结果（目前尚未见表面冰川裂隙分布），称之为"水冰冰川"，也可简称为"水冰川"。水冰冰川的平衡线，是指水冰冰川的产生量与消融量达到基本平衡的分界限。

2. 月球"现代水冰冰川"地貌和沉积分布

水冰冰川地貌，在月球研究史上属首次发现和提出。目前发现的水冰冰川，均分布于"陆地月坑"的坑壁上部，呈宽窄不同的带状。水冰冰川本身多呈白色、亮白色。具有极高的"反照率"和"亮度"为其主要特征，是月球其他堆积物所无法具有的。目前均限于月球正面较多月坑壁上部发现。

3. 月球"现代水冰冰川"地貌和沉积划分

按水冰冰川自身空间分布和特征，自上而下暂可划分为"源区""聚集区"（相当于地球冰川的"冰窖"分布区）、"流通区"（相当于地球冰川的"支冰川""主冰川"）、"前缘区"（相当于地球冰川的"冰舌"分布区）和"堆积区"（相当于地球冰川冰舌前沿的冰碛和冰水砂砾堆积分布区）。岩块、岩屑堆积物与水冰冻结在一起成为"冰坨"堆积物。同一条"冰坨"堆积物，自下而上，由老到新，色调由深至浅，由残缺状至完好状。地球上的"冰坨"，是指水或含水的物质在零度以下与其他物质冻结成的硬块。

二、月球"现代水冰冰川"地貌和沉积特征

1. 雨海南西皮西亚斯（Pytheas）"陆地月坑"中"现代水冰冰川"特征

皮西亚斯（Pytheas）月坑，分布于月球正面雨海沉积平原南西。近圆形，直径约 18 km。纬度为 20.6640，经度为 –22.1697（见图 1.2.1、图 1.2.2A）。月坑中心为大量滑落岩块所充填（见图 1.2.2），说明月坑可能仍处于较活跃时期。月坑东西方向剖面地形呈"碗形"（见图 1.2.3），"水冰冰川"在整个坑壁上部均有所分布，于东坑壁分布最多最好（见图 1.2.4）。"水冰冰川"发育良好，"源区""冰窖""主冰川""支冰川""冰舌"和冰川堆积均有分布。

"源区"，由凹凸不平的热融塌陷洼地和丘陵组成。色调稍深，以灰色 – 浅灰色色调为主（见图 1.2.4—图 1.2.12）。

"冰窖"，水冰呈白色或浅灰白色，水冰汇集地区呈不规则小片状或伞状分布

(见图 1.2.5—图 1.2.12)。

"主冰川""支冰川",水冰色调浅,呈白色为主,局部呈灰白色,呈带状、宽带状(见图 1.2.5—图 1.2.12)。

"冰舌",在形态上大多呈扫帚状、棒槌状或蝌蚪状,有的呈长扇状(见图 1.2.5—图 1.2.12)。水冰色调较暗,以浅灰色为主,间少量灰色,表面稍粗糙。

冰川堆积,呈"冰坨"、岛状、串珠状堆积。冰坨融化后为大量冰水砂砾堆积于"冰坨"的前沿地带(见图 1.2.5—图 1.2.12)。有的"冰坨"堆积物上可见与冰流近垂向分布的"X"节理裂纹出现(见图 1.2.6)。皮西亚斯(Pytheas)月坑水冰支冰川分布不多。

2. 湿海之西月陆区比尔吉乌斯 A(Bygius A)"陆地月坑"中"现代水冰冰川"特征

比尔吉乌斯 A(Bygius A)月坑,分布于月球正面的南半球,湿海之西月陆区。纬度为 -24.71545,经度为 -63.18157。近圆形,直径约 18 km(见图 1.2.13、图 1.2.13A)。月坑坑壁、坑外泥流发育,类型齐全。

坑壁现代水冰冰川,较集中分布于月坑南坑壁上部(见图 1.2.13、图 1.2.14)。亮度极大,对比度低,反照率极强,呈白色条带状为主。

"源区",由凹凸不平的热融塌陷洼地和丘陵组成。洼地和丘陵色调多较深,呈灰或深灰色(见图 1.2.15、图 1.2.17)。

"冰窖",常由多条细而弯曲的水冰川构成网络状分布(见图 1.2.15、图 1.2.17),延伸较短。

"主冰川",较平直,延伸较长,多呈宽带状(见图 1.2.15、图 1.2.17)。

"冰舌",多呈上窄下宽的棒槌状,色调稍深,尤其是下端部,多呈灰色 - 白色(见图 1.2.15、图 1.2.17)。早期水冰川堆积分布十分广泛。

水冰冰川消融后的地貌特征多形成小冲沟沟谷,流通区多峡谷地貌(见图 1.2.16)。

坑壁现代水冰冰川的形成,可能是由于坑缘下部的冰冻层在月昼时发生融溶并渗出坑壁和不断顺坡堆积产生的。

3. 静海西边缘丢尼修(Dionysius)"陆地月坑""现代水冰冰川"特征

丢尼修月坑位于月球正面的北半球,静海西边缘地带。纬度为 2.7248,经度为 17.5143。呈近圆形(见图 1.2.18、图 1.2.19),剖面呈碗形(见图 1.2.20)。坑壁"现代水冰冰川",较集中分布于月坑东坑壁上部(见图 1.2.21、图 1.2.22)。

"源区",色调较暗,呈灰色或暗灰色。地形上呈凹凸不平丘陵分布区(见图 1.2.23、图 1.2.25)。

"冰窖",水冰色调浅,呈白色、亮白色,表面光亮,向下"支冰川"与其相接(见图 1.2.23、图 1.2.25)。

"主冰川""支冰川",水冰色调浅,呈白色为主,局部呈灰白色,表面光亮,多较狭窄、单一而平直(见图 1.2.21—图 1.2.25)。

"冰舌",水冰色调较暗,以浅灰色为主,间少量灰色。表面稍粗糙,呈长扇状或扇状体（见图1.2.21、图1.2.22、图1.2.25）。明显可见晚期冰川切割早期形成的冰坨冰水砂砾堆积以及冰水砂砾堆积，颗粒自上而下逐渐变小（见图1.2.24）。

"冰川堆积""冰坨"，岛状冰川堆积，色调较暗，呈灰色、深灰色为主。冰水砂砾堆积，色调不均，以灰色为主（见图1.2.22）。

坑壁现代水冰冰川的形成，可能是由于坑缘上覆盖层（厚200～300 m）中局部含冰冻层发生融溶并渗出坑壁、不断顺坡堆积产生的。

4. 风暴洋之南赫尔曼B（Hermann B）"陆地月坑""现代水冰冰川"特征

赫尔曼B（Hermann B）月坑，分布于月球正面风暴洋沉积平原之南，纬度为0.2770，经度为302.8140（见图1.2.26）。水冰川分布于赫尔曼B月坑，及其东壁上的一个小月坑（见图1.2.26、图1.2.27）。水冰冰川，发育十分典型，"源区""冰窖""主冰川""冰舌""冰坨"堆积、冰水砂砾堆积等样样齐全（见图1.2.26 A、图1.2.26 B、图1.2.26 C），尤其"冰舌"发育显著，其上形成大量条纹状溶化坑，十分显眼（见图1.2.26 A）。分布于东壁上一个小月坑的水冰冰川，"源区"和"冰窖"较明显，而"主冰川""支冰川"和堆积区却难于细分。但早期堆积区分布面积大（见图1.1.28、图1.2.29）。

5. 澄海南东道斯（Dawes）"陆地月坑""现代水冰冰川"特征

道斯（Dawes）月坑位于澄海东南边上，近圆形（见图1.2.30），纬度为17.1910，经度为26.4030。水冰冰川，分布于道斯（Dawes）月坑东北坑壁的上部（见图1.2.31），分布断续（见图1.2.32）。水冰冰川的"源区""冰窖""主冰川""支冰川""冰舌"和冰川堆发育良好（见图1.2.33—图1.2.35）。但水冰冰川分布不多，有不少已完全退缩，仅留下"空谷"和扇形"冰坨"堆积。尽管扇形"冰坨"形体与"冰舌"相似，但色调明显变暗（见图1.2.35），呈深灰色。冰川含冰量较少，色调较暗，呈灰白色，少量呈亮白色。

6. 雨海西南欧拉（Euler）"陆地月坑""现代水冰冰川"特征

欧拉（Euler）月坑，分布于在雨海西南，纬度为23.1300，经度为330.93，近圆形，大小约7 km，具明显和大的中央峰（见图1.2.36、图1.2.37）。坑缘滑塌堆积显著。环形阶梯状断裂分布较多。坑壁东南水冰冰川分布最多、最连续。但目前无法取得高分辨率照片。月坑北水冰冰川，分布零星，局部可见"源区""冰窖""主冰川""冰舌""冰坨"堆积，以及正在退缩及已完全退缩的水冰冰川空谷分布（见图1.2.38、图1.2.39）。堆积区冰坨分布较多，表面多有横向暗色折状裂隙发育。冰坨融水形成大量冰水砂砾堆积层，砂砾颗粒具上粗下细分布特征（见图1.2.40、图1.2.41）。

7. 雨海南西丢番图（Diophantus）"陆地月坑""现代水冰冰川"特征

丢番图月坑位于雨海之西南浅海区，纬度为27.7100，经度为325.6600（见图1.2.42—图1.2.43A）。水冰冰川发育较差，分布零星。大多仅分布"冰窖"，或一些规模小的"主冰川"，"支冰川"不发育。不同程度退缩的水冰冰川分布较多。"冰川空谷"也较常见，但规模均不大（见图1.2.44—图1.2.46）。但均可找到水冰冰川源区（A）、"冰窖"（B）、"主冰川"（C）、"冰舌"（D）、"冰坨"堆积（E）、退缩中的水冰冰川（G）和已退缩的水冰冰川空冰谷（F）、冰水砂砾堆积（S）和有机沉积"石油"（W）（见图1.2.47—图1.2.51）。黑色有机沉积"石油"只是沉积层的一部分，有的分布较宽、较连续，大多断续出现。黑色有机沉积"石油"是月球首次发现，表明月球沉积盆地的形成过程中，在浅海区可能曾有过大量低等生物繁殖，死后腐烂成为黑色沉积物，成为"石油"的一部分。这对于寻找月球生物存在提供了重要线索。

三、月球"现代水冰冰川"地貌和沉积的形成演化

月球"现代水冰冰川"主要分布于月海中一些中小型月坑，少数分布于月陆区一些月坑坑壁上部（见图1.2.52）。水冰冰川的"源区""冰窖""主冰川""支冰川""冰舌"和冰川堆积在空间上的分布和特征，说明水冰冰川形成的水源是来自月坑坑壁上部的月壤层。因此，完全有理由推断，水冰冰川的形成是月壤层中存在的水冰层，因受热发生融溶作用，从月壤中渗出，并顺低洼处向下流动、聚集，直到产生"支冰川"变成狭窄单一的"主冰川"。到达"冰舌"时因地形变缓，冰川迅速变宽，形成扫帚状、扇状、棒槌状等（见图1.2.21、图1.2.23、图1.2.24）。"冰舌"的冰川，在不断向下移动到达消融平衡线或地形雪线时，表面开始发生融溶作用和再冻结作用，形成含大量沙砾和碎屑物质的"冰坨"堆积或冰碛和冰水砂砾堆积（见图1.2.24、图1.2.26、图1.2.29）。沙砾颗粒自上而下由粗到细。

四、月球"现代水冰冰川"发现的意义

月球"现代水冰冰川"的首次发现，完全颠覆以往对月球水或水冰的认识，为研究月球发展历史提供了可靠的实际材料，具有极大的科学意义。为人类进一步进行深空探测，在月球建立实验基地，提供最方便、廉价的水资源，因此具有重要的实际价值。

以下附第一章第二节图：

第一章 月球"现代湖泊"和"现代水冰冰川"地貌和沉积特征

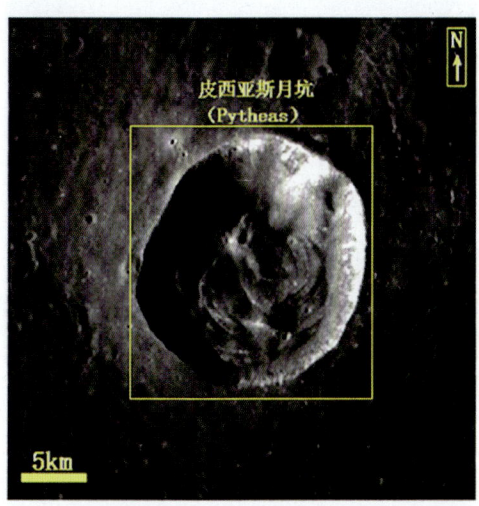

图1.2.1 雨海西南皮西亚斯（Pytheas）"陆地月坑"分布特征

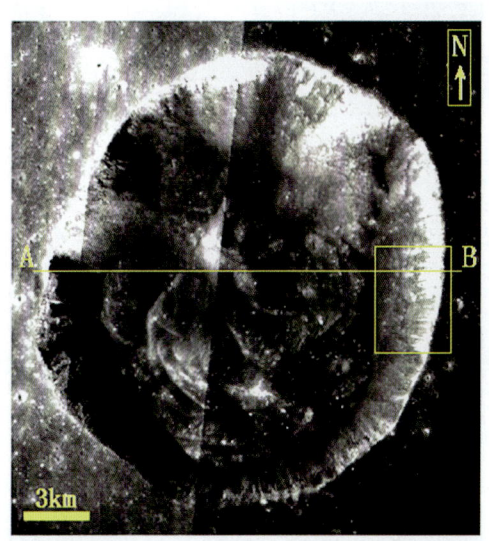

图1.2.2 为图1.2.1方框局部放大示雨海西南皮西亚斯（Pytheas）"陆地月坑"水冰冰川（白色）多分布于坑壁东、西和北侧，AB为剖面线位置

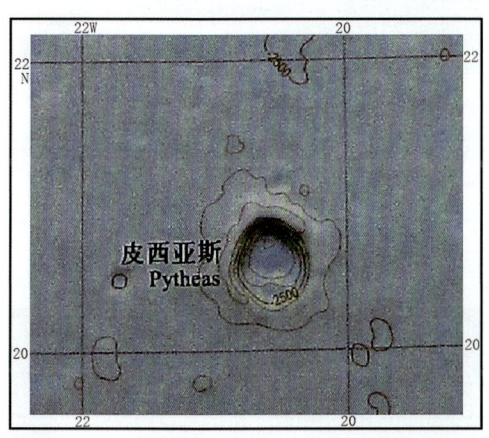

图1.2.2A 雨海西南皮西亚斯（Pytheas）"陆地月坑"及附近地形图

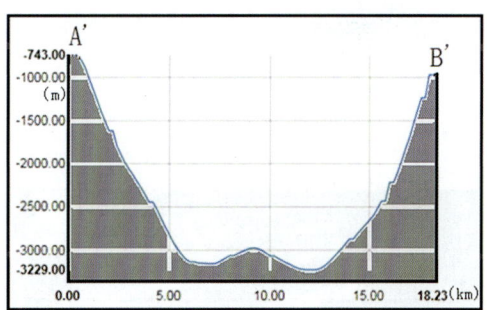

图1.2.3 为图1.2.2皮西亚斯"陆地月坑"东西向剖面（A'B'）呈碗状分布特征

25

月球卫片分析最新发现

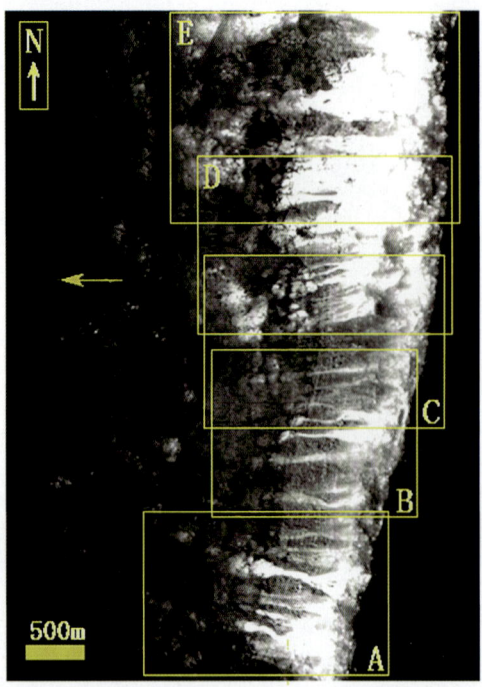

图1.2.4　为图1.2.2方框局部放大

示皮西亚斯"陆地月坑"东坑壁水冰冰川（白色）及水冰冰川堆积（灰色）分布特征，箭头示水冰冰川流动方向

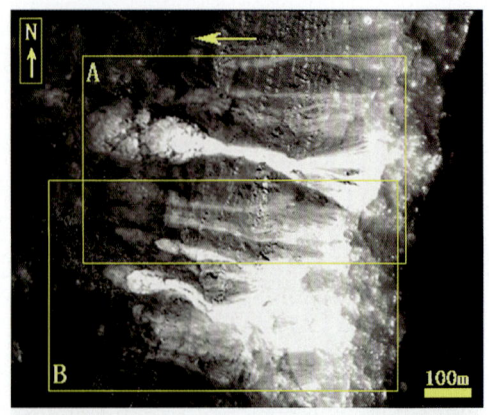

图1.2.5　为图1.2.4方框A局部放大

示皮西亚斯"陆地月坑"水冰冰川（白色）分布特征，箭头示水冰冰川流动方向

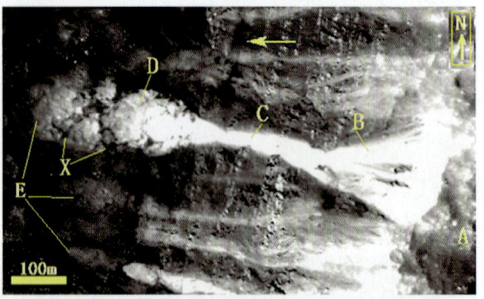

图1.2.6　为图1.2.5方框A局部放大

示皮西亚斯"陆地月坑"水冰冰川"源区"（A）、"冰窖"（B）、"主冰川"（C）、"冰舌"（D）及"冰坨"堆积（E）及"X"节理，箭头示水冰冰川流动方向

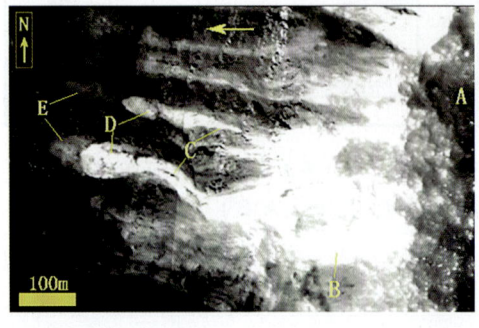

图1.2.7　为图1.2.5方框B局部放大

示皮西亚斯"陆地月坑""水冰冰川"源区（A）、"冰窖"（B）、"主冰川"（C）、"冰舌"（D）及"冰坨"堆积（E），箭头示水冰冰川流动方向

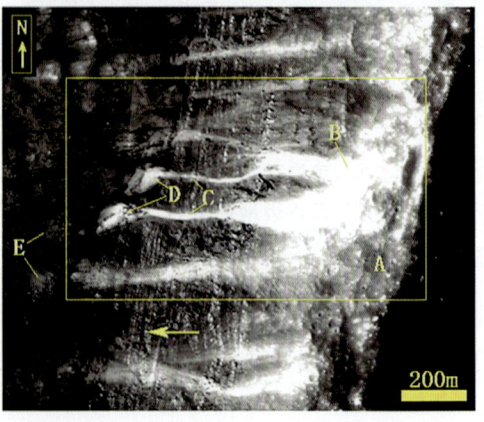

图1.2.8　为图1.2.4方框B局部放大

示皮西亚斯"陆地月坑"水冰冰川"源区"（A）、"冰窖"（B）、"主冰川"（C）、"冰舌"（D）和"冰坨"堆积（E）分布特征，箭头示水冰冰川流动方向

第一章 月球"现代湖泊"和"现代水冰冰川"地貌和沉积特征

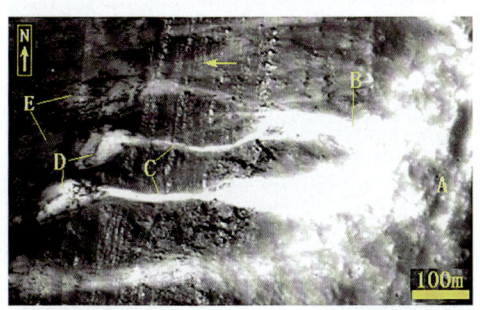

图 1.2.9 为图 1.2.8 方框局部放大
示皮西亚斯"陆地月坑"水冰冰川"源区"(A)、"冰窖"(B)、"主冰川"(C)、"冰舌"(D) 及"冰坨"堆积 (E),箭头示水冰冰川流动方向

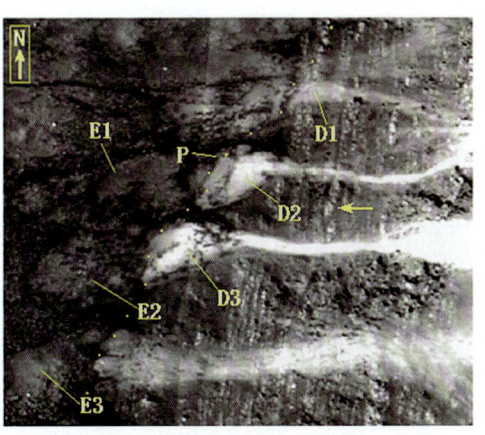

图 1.2.10 为图 1.2.9 水冰冰川局部放大
示皮西亚斯"陆地月坑"水冰冰川"冰舌"(D1、D2、D3) 呈扫帚状,坨状冰川堆积物(E1、E2、E3) 和"平衡线"(相当地球上冰川的"雪线")(点线 P) 分布特征,箭头示水冰川流动方向

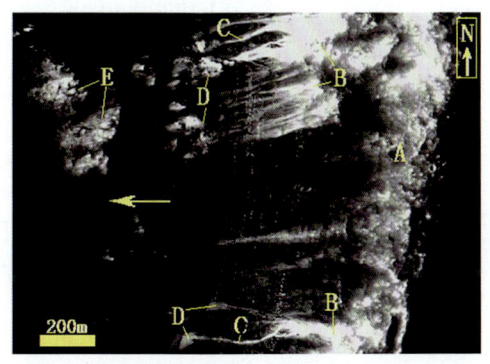

图 1.2.10A 为图 1.2.4 方框 C 局部放大
示皮西亚斯"陆地月坑"水冰冰川"源区"(A)、"冰窖"(B)、"主冰川"(C)、"冰舌"(D) 及"冰坨"堆积 (E),箭头示水冰冰川流动方向

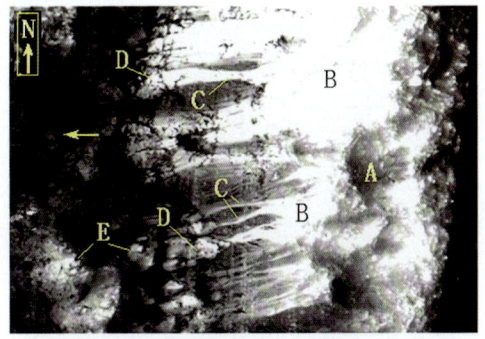

图 1.2.11 为图 1.2.4 方框 D 局部放大
示皮西亚斯"陆地月坑"水冰冰川"源区"(A)、"冰窖"(B)、"主冰川"(C)、"冰舌"(D) 及"冰坨"堆积 (E),箭头示水冰冰川流动方向

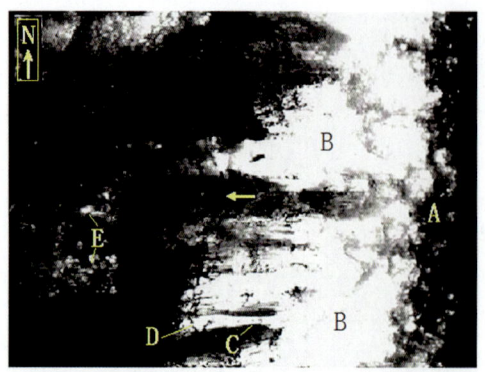

图1.2.12 为图1.2.4方框E局部放大

示皮西亚斯"陆地月坑"水冰冰川"源区"（A）、"冰窖"（B）、"主冰川"（C）、"冰舌"（D）及"冰坨"堆积（E），箭头示水冰冰川流动方向

图1.2.13 湿海之西月陆区比尔吉乌斯A（Bygius A）"陆地月坑"坑壁上部水冰冰川（白色）分布特征

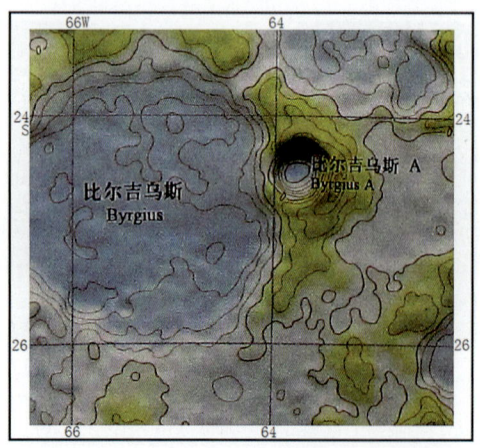

图1.2.13A 湿海之西月陆区比尔吉乌斯A（Bygius A）"陆地月坑"及附近地形图

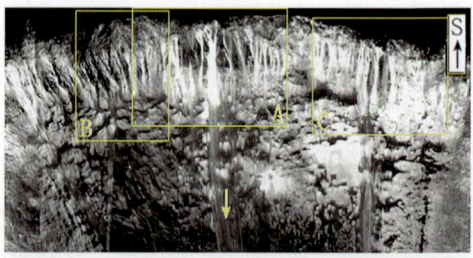

图1.2.14 为图1.2.13方框局部放大部分

示湿海之西月陆区比尔吉乌斯A月坑南坑壁上部水冰冰川（白色）分布特征，箭头示水冰冰川流动方向

第一章 月球"现代湖泊"和"现代水冰冰川"地貌和沉积特征

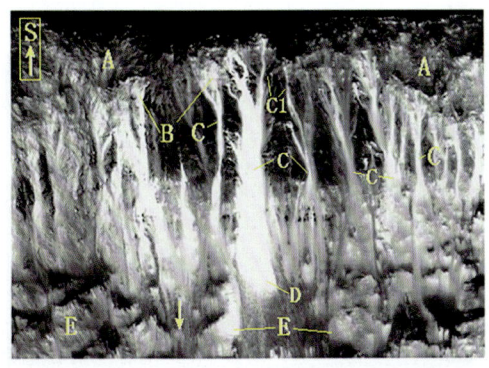

图 1.2.15 为图 1.2.14 方框 A 局部放大部分

示比尔吉乌斯 A 月坑南坑壁上部水冰冰川"源区"(A)、"冰窖"(B)、"主冰川"(C)、"冰舌"(D)及"冰坨"堆积(E)分布特征,箭头示水冰冰川流动方向

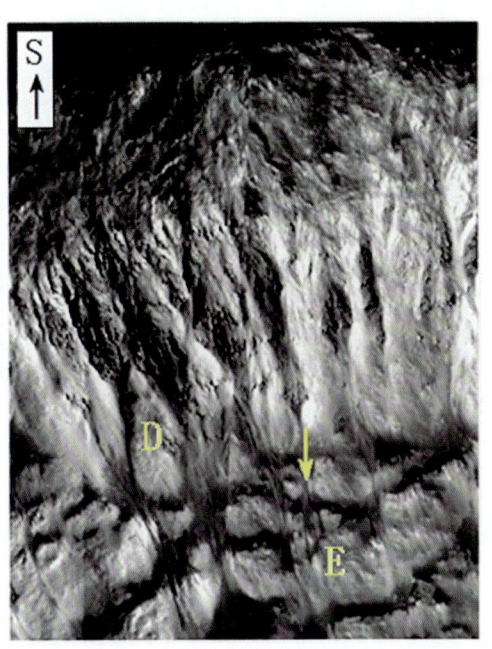

图 1.2.16 为图 1.2.14 方框 B 局部放大

示比尔吉乌斯 A (Bygius A) 月坑坑壁水冰冰川消融后"冰舌"(D)、"冰坨"堆积(E)分布特征,箭头示原水冰冰川流动方向

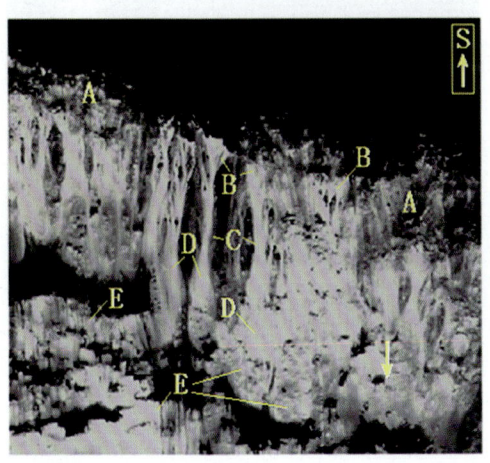

图 1.2.17 为图 1.2.14 方框 C 局部放大

示比尔吉乌斯 A (Bygius A) 月坑南坑壁上部水冰冰川"源区"(A)、"冰窖"(B)、"主冰川"(C)、"冰舌"(D)及"冰坨"堆积(E)分布特征,箭头示水冰冰川流动方向

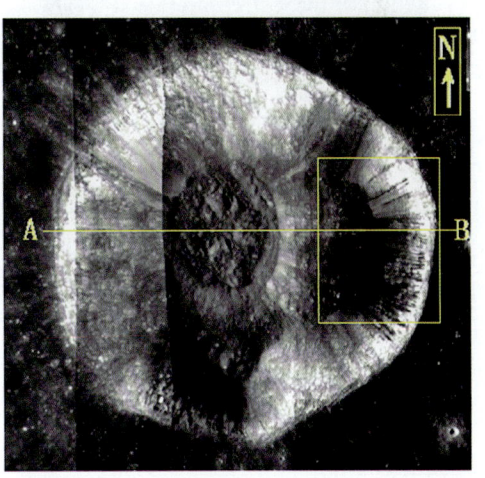

图 1.2.18 静海西边缘丢尼修(Dionysius)"陆地月坑"坑壁上部

水冰冰川(白色)分布特征

29

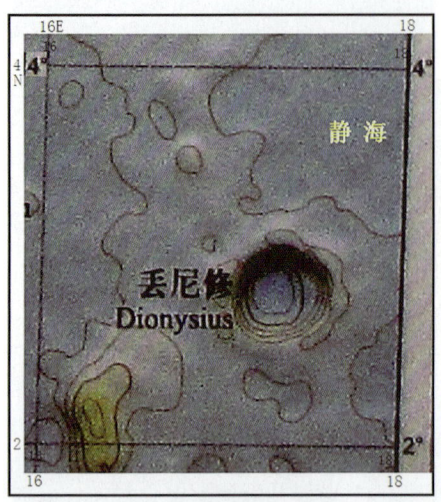

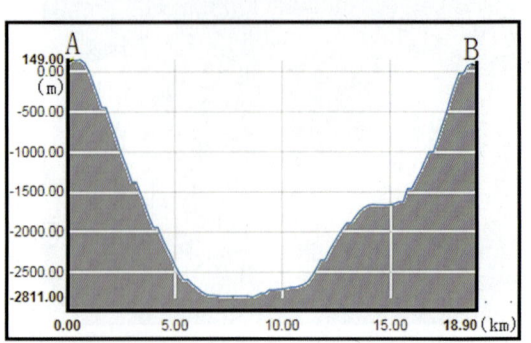

图1.2.20 为图1.2.18AB线剖面图

图1.2.19 静海西边缘丢尼修（Dionysius）"陆地月坑"及附近地形图

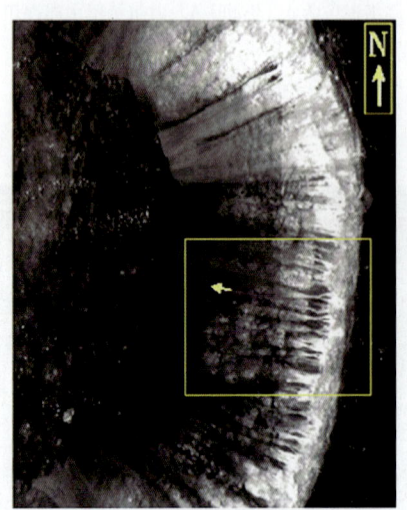

图1.2.21 为图1.2.18方框局部放大
示静海西边缘丢尼修月坑东壁上部水冰冰川（白色）及冰坨堆积（灰色）分布特征，箭头示水冰冰川流动方向

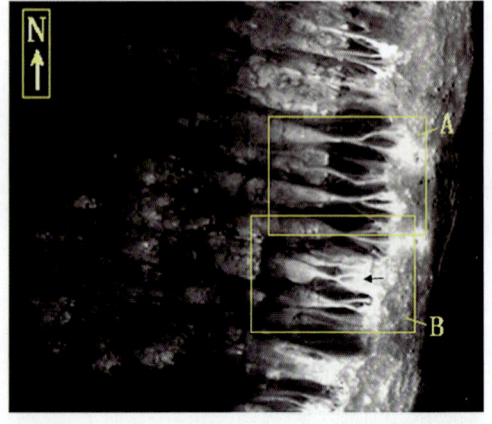

图1.2.22 为图1.2.21方框局部放大
示丢尼修月坑东壁上部水冰冰川（右侧白色）及冰坨堆积（左侧灰色断续分布）分布特征，箭头示水冰冰川流动方向

第一章 月球"现代湖泊"和"现代水冰冰川"地貌和沉积特征

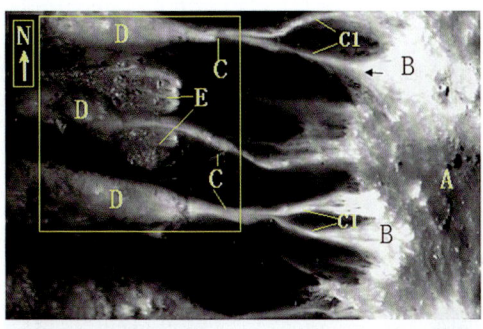

图 1.2.23 为图 1.2.22 方框 A 局部放大

示丢尼修月坑东壁上部水冰冰川"源区"（A）、"冰窖"（B）、"主冰川"（C）、"支冰川"（C1）、"冰舌"（D）和"冰坨冰水砂砾"堆积（E）分布特征，箭头示水冰冰川流动方向

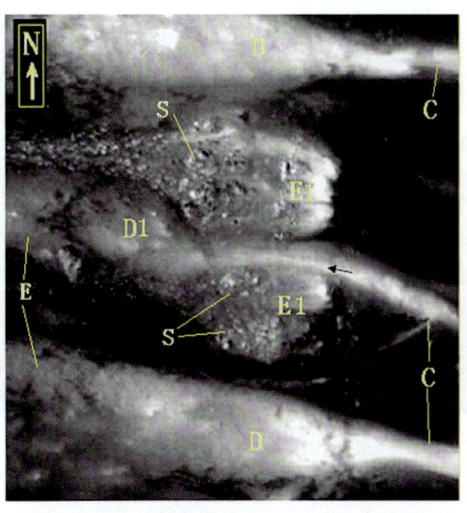

图 1.2.24 为图 1.2.23 方框局部放大

示丢尼修月坑东壁上部水冰冰川"主冰川"（C）、"冰舌"（D）和"冰坨"堆积（E）、"冰水砂砾"堆积（S），明显可见晚期冰川（D1）切割早期形成的"冰坨冰水砂砾"堆积（S）和"冰坨"堆积（E1），箭头示水冰冰川流动方向

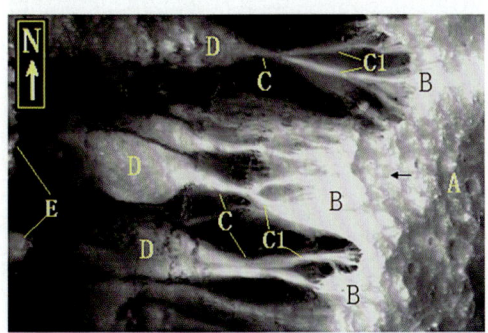

图 1.2.25 为图 1.2.22 方框 B 局部放大

示丢尼修月坑东壁上部水冰冰川"源区"（A）、"冰窖"（B）、"主冰川"（C）、"支冰川"（C1）、"冰舌"（D）和"冰坨"堆积（E）分布特征，箭头示水冰冰川流动方向

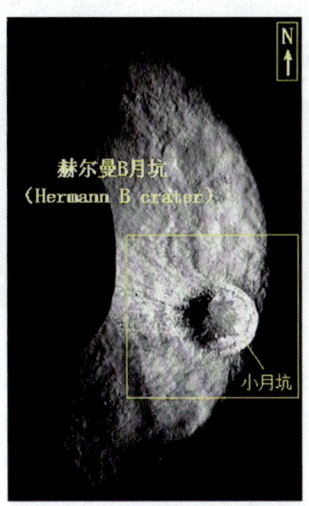

图 1.2.26 风暴洋之南赫尔曼 B（Hermann B）月坑之东壁小月坑分布位置

31

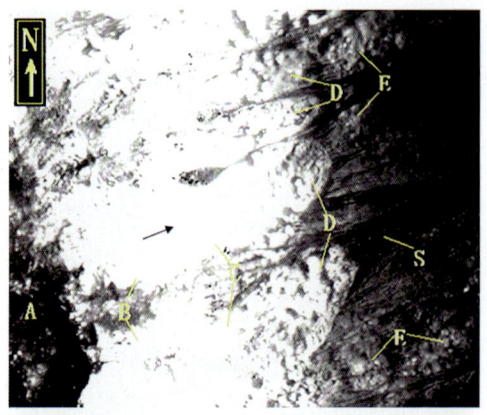

图1.2.26A 风暴洋之南赫尔曼B（Hermann B）月坑西南坑壁水冰冰川"源区"（A）、"冰窖"（B）、"主冰川"（C）、"冰舌"（D）、"冰坨"（E）和"冰水砂砾"堆积（S）分布特征，箭头示水冰冰川流动方向

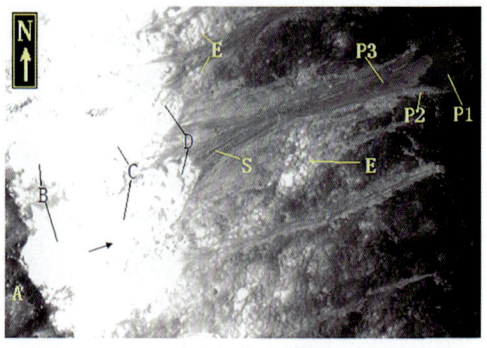

图1.2.26B 赫尔曼B（Hermann B）月坑水冰冰川"源区"（A）、"冰窖"（B）、"主冰川"（C）、"冰舌"（D）、"冰坨"（E）和"冰水砂砾"堆积（S）、冰川粉和冰川乳扇状堆积（P1——早期、P2——中期和P3——晚期）分布特征，箭头示水冰冰川流动方向

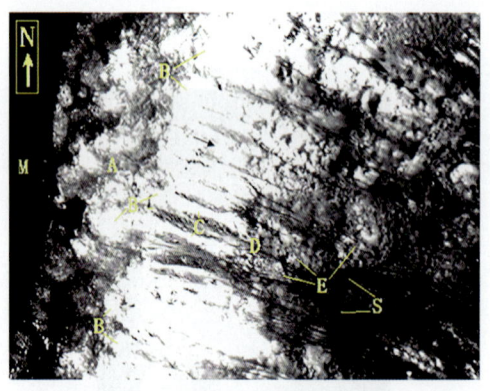

图1.2.26C 赫尔曼B（Hermann B）月坑月表（M）、水冰冰川"源区"（A）、"冰窖"（B）、"主冰川"（C）、"冰舌"（D）、"冰坨"堆积（E）和"冰水砂砾"堆积（S）分布特征，箭头示水冰冰川流动方向

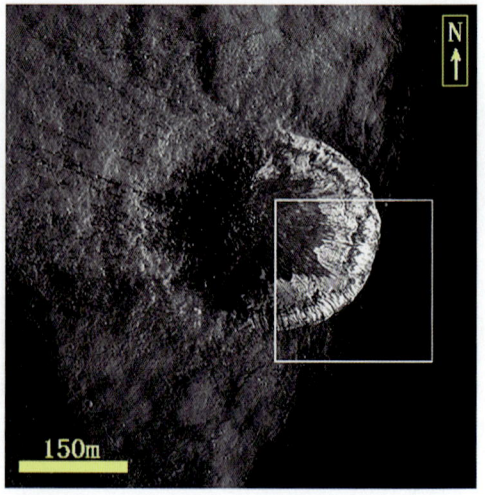

图1.2.27 为图1.2.26方框局部放大示小月坑分布特征

第一章 月球"现代湖泊"和"现代水冰冰川"地貌和沉积特征

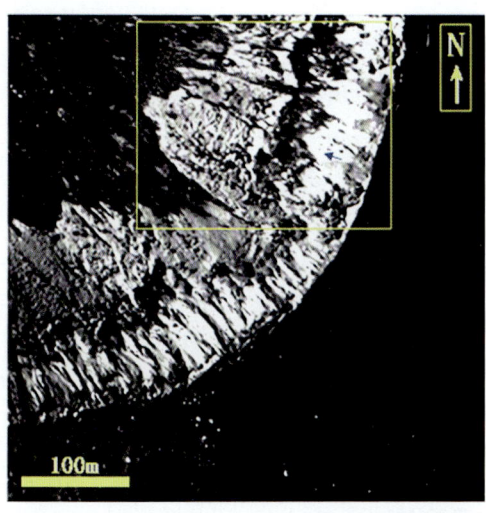

图 1.2.28 为图 1.2.27 方框局部放大
示小月坑水冰冰川(白色)分布特征,箭头示水冰冰川流动方向

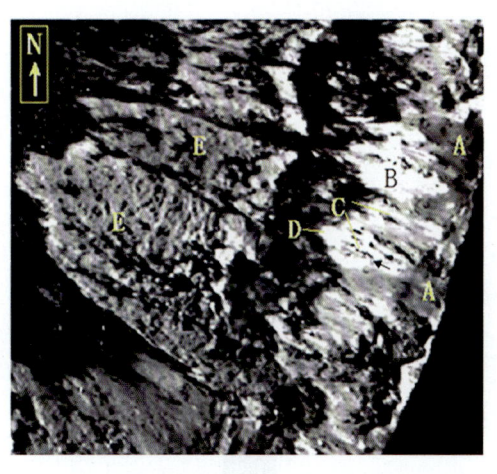

图 1.2.29 为图 1.2.28 方框局部放大
示小月坑水冰冰川"源区"(A)、"冰窖"(B)、"主冰川"(C)、"冰舌"(D)和"冰坨"堆积(E)分布特征,箭头示水冰冰川流动方向

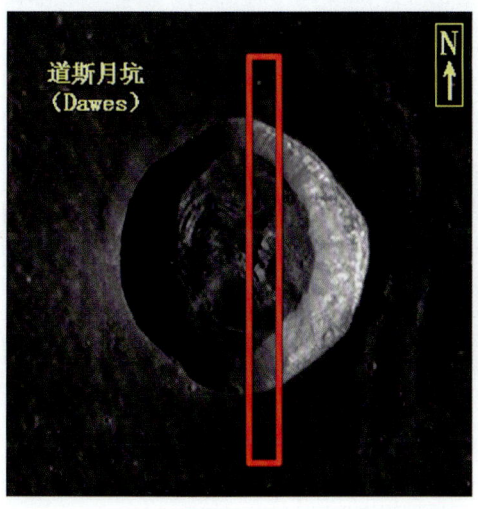

图 1.2.30 道斯(Dawes)"陆地月坑"卫片分布特征

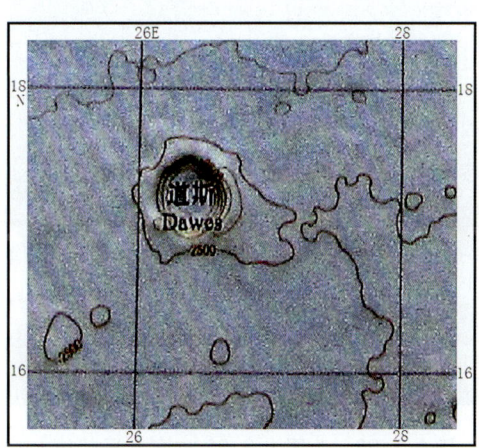

图 1.2.30A 道斯(Dawes)"陆地月坑"及附近地形图

33

图 1.2.31 为图 1.2.30 方框局部放大
示水冰冰川（方框中白色）分布特征

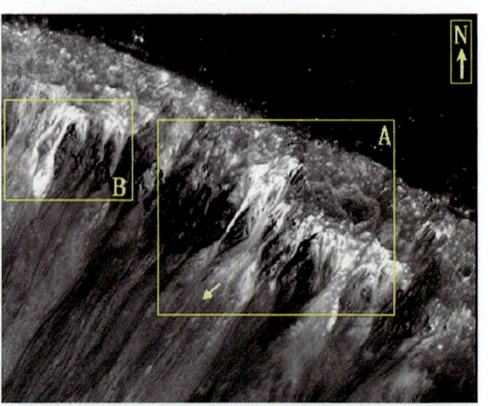

图 1.2.32 为图 1.1.31 方框局部放大
示水冰冰川（白色）分布特征，箭头示水冰冰川流动方向

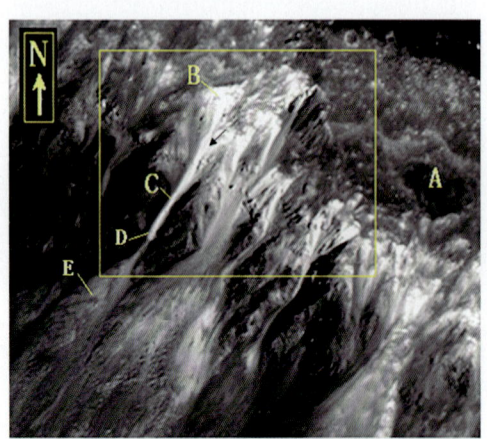

图 1.2.33 为图 1.2.32 方框 A 局部放大
示水冰冰川"源区"（A）、"冰窖"（B）、"主冰川"（C）、"冰舌"（D）和"冰坨"堆积（E）分布特征，箭头示水冰冰川流动方向

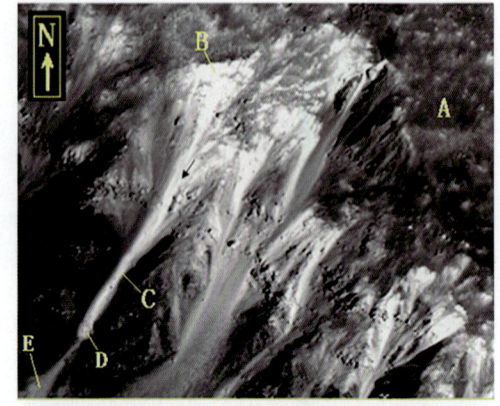

图 1.2.34 为图 1.2.33 方框局部放大
示水冰冰川"源区"（A）、"冰窖"（B）、"主冰川"（C）、"冰舌"（D）和"冰坨"堆积（E）分布特征，箭头示水冰冰川流动方向

第一章 月球"现代湖泊"和"现代水冰冰川"地貌和沉积特征

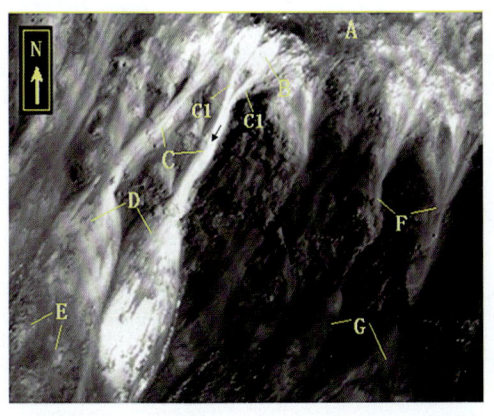

图 1.2.35 为图 1.2.32 方框 B 局部放大示水冰冰川"源区"（A）、"冰窖"（B）、"主冰川"（C）、"冰舌"（D）和"冰坨"堆积（E）和已退缩的空冰谷（F）和扇形"冰坨"堆积（G）分布特征，箭头示水冰冰川流动方向

图 1.2.36 雨海西南欧拉（Euler）"陆地月坑"坑壁水冰冰川（白色）分布特征

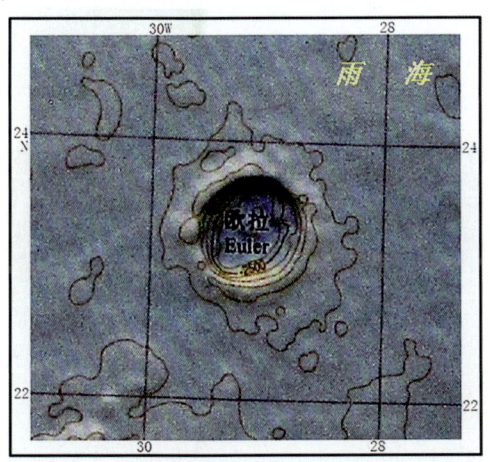

图 1.2.37 雨海西南欧拉（Euler）"陆地月坑"及附近地形图

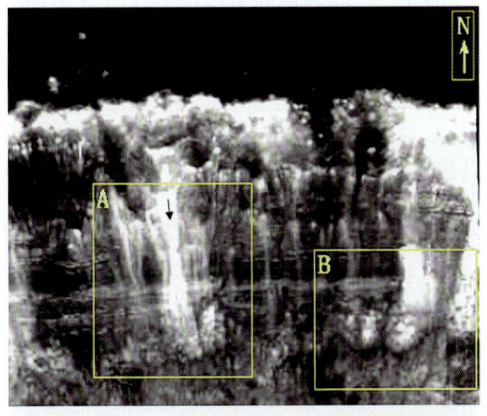

图 1.2.38 为图 1.2.36 方框局部放大示雨海西南欧拉（Euler）"陆地月坑"坑壁水冰冰川断续出现（白色）分布特征，箭头示水冰冰川流动方向

35

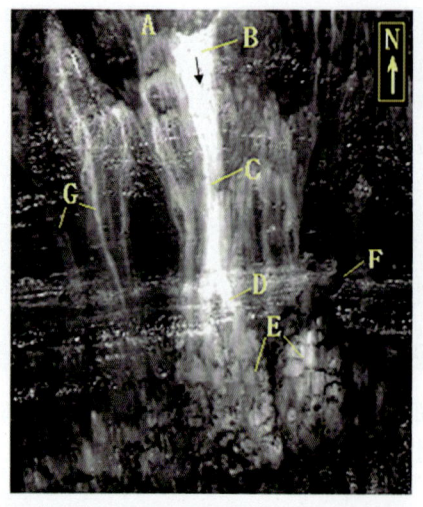

图 1.2.39　为图 1.2.38 方框 A 局部放大

示欧拉（Euler）月坑坑壁水冰冰川"源区"（A）、"冰窖"（B）、"主冰川"（C）、"冰舌"（D）、"冰坨"堆积（E）、正在退缩中的水冰冰川（G）和已退缩的水冰冰川空谷（F）分布特征，箭头示水冰冰川流动方向

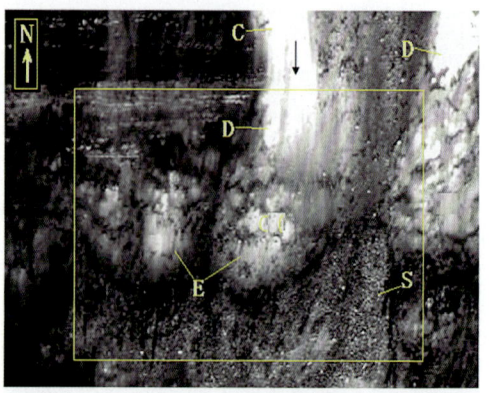

图 1.2.40　为图 1.2.38 方框 B 局部放大

示欧拉（Euler）月坑坑壁水冰冰川"主冰川"（C）、"冰舌"（D）、"冰坨"堆积（E）、"冰水砂砾"堆积（S）分布特征，箭头示水冰冰川流动方向

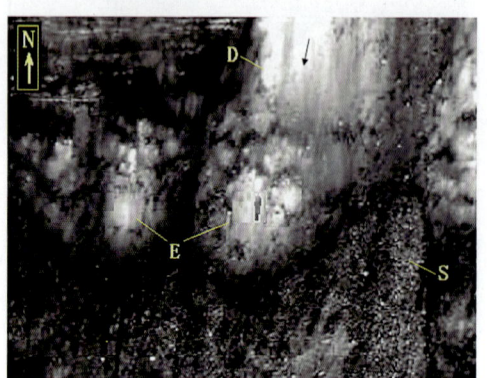

图 1.2.41　为图 1.2.40 方框局部放大

示欧拉（Euler）月坑坑壁水冰冰川"冰舌"（D）、"冰坨"堆积（E）、"冰水砂砾"堆积（S）分布特征，箭头示水冰冰川流动方向

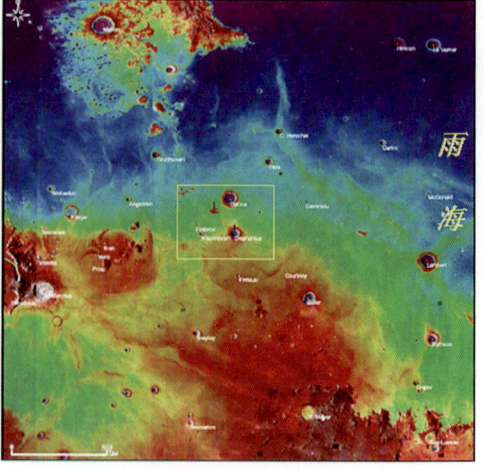

图 1.2.42　丢番图（Diophantus）"陆地月坑"在雨海中的位置图

第一章 月球"现代湖泊"和"现代水冰冰川"地貌和沉积特征

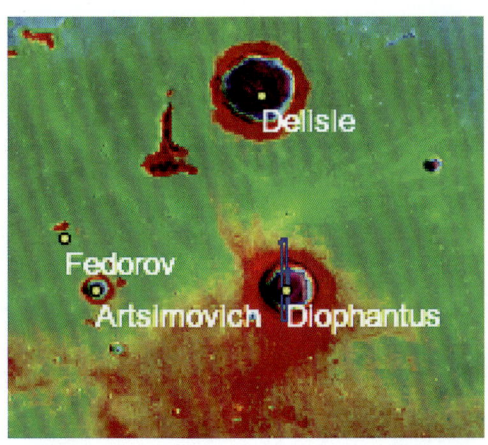

图1.2.43 为图1.2.42方框局部放大
示丢番图（Diophantus）"陆地月坑"坑壁水冰冰川位置图，兰色方框

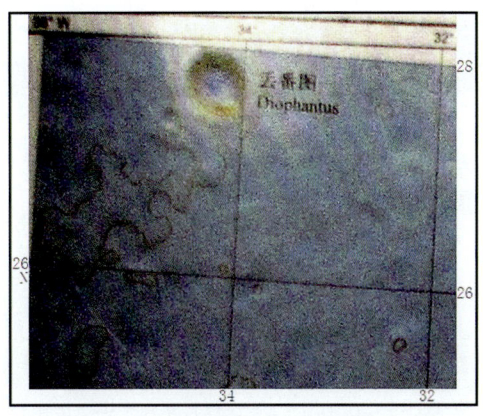

图1.2.43A 丢番图（Diophantus）"陆地月坑"及附近地形图

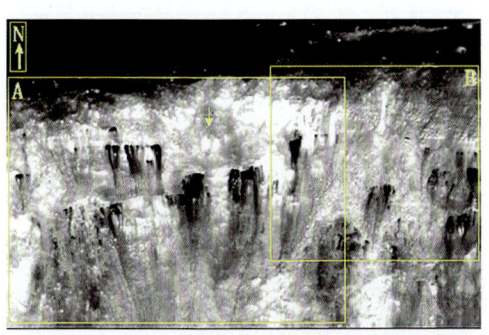

图1.2.44 丢番图"陆地月坑"北坑壁水冰冰川（白色）及不同有机沉积"石油"泥流（黑色）分布特征
箭头示水冰冰川流动方向

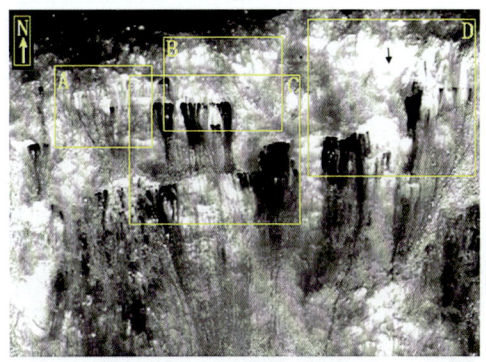

图1.2.45 为图1.2.44方框A局部放大
示丢番图"陆地月坑"坑壁水冰冰川（白色）及不同有机沉积"石油"泥流（黑色）分布特征，箭头示水冰冰川流动方向

37

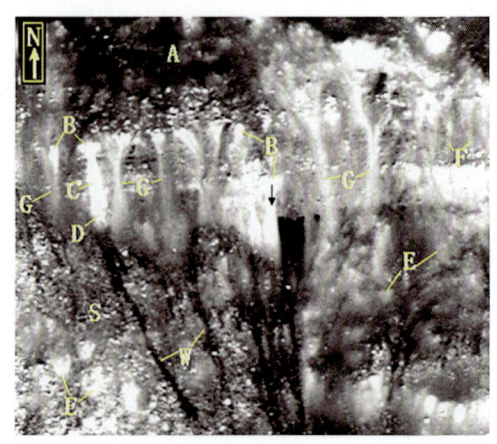

图 1.2.46　为图 1.2.44 方框 B 局部放大
示丢番图"陆地月坑"坑壁水冰冰川（白色）及不同有机沉积"石油"泥流（黑色）断续分布于沉积层界面特征，箭头示水冰冰川流动方向

图 1.2.47　为图 1.2.45 方框 A 局部放大
示丢番图"陆地月坑"坑壁水冰冰川"源区"（A）、"冰窖"（B）、"主冰川"（C）、"冰舌"（D）、"冰坨"堆积（E）、正在退缩中的水冰冰川（G）和已退缩的水冰冰川空谷（F）、"冰水砂砾"堆积（S）和有机沉积"石油"泥流（W）分布特征，箭头示水冰冰川流动方向

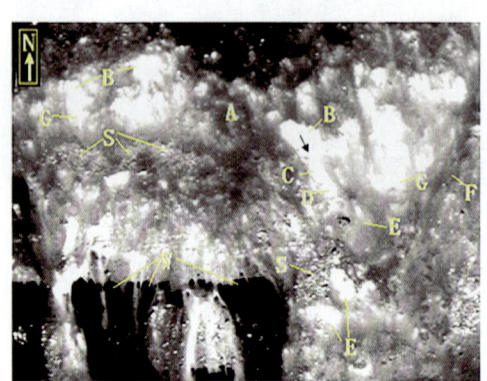

图 1.2.48　为图 1.2.45 方框 B 局部放大
示丢番图"陆地月坑"坑壁水冰冰川"源区"（A）、"冰窖"（B）、"主冰川"（C）、"冰舌"（D）、"冰坨"堆积（E）、正在退缩中的水冰冰川（G）和已退缩的水冰冰川空谷（F）、"冰水砂砾"堆积（S）和有机沉积"石油"泥流（W）分布特征，箭头示水冰冰川流动方向

图 1.2.49　为图 1.2.45 方框 C 局部放大
示丢番图"陆地月坑"坑壁水冰冰川（白色）和有机沉积"石油"泥流（黑色）分布特征，箭头示水冰冰川流动方向

第一章 月球"现代湖泊"和"现代水冰冰川"地貌和沉积特征

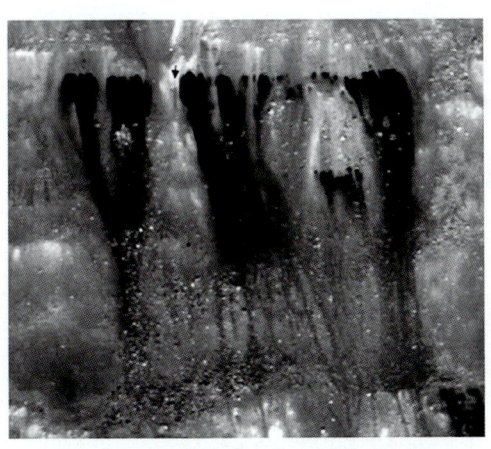

图 1.2.50　为图 1.2.49 方框局部放大

示丢番图"陆地月坑"坑壁水冰冰川（白色）和有机沉积"石油"泥流（黑色）分布特征，箭头示水冰冰川流动方向

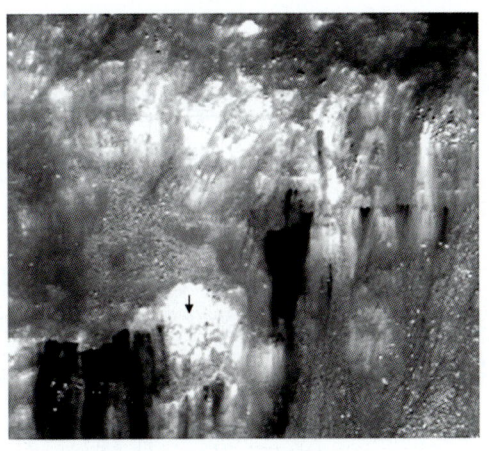

图 1.2.51　为图 1.2.45 方框 D 局部放大

示丢番图"陆地月坑"坑壁水冰冰川（白色）和有机沉积"石油"泥流（黑色）分布特征，箭头示水冰冰川流动方向

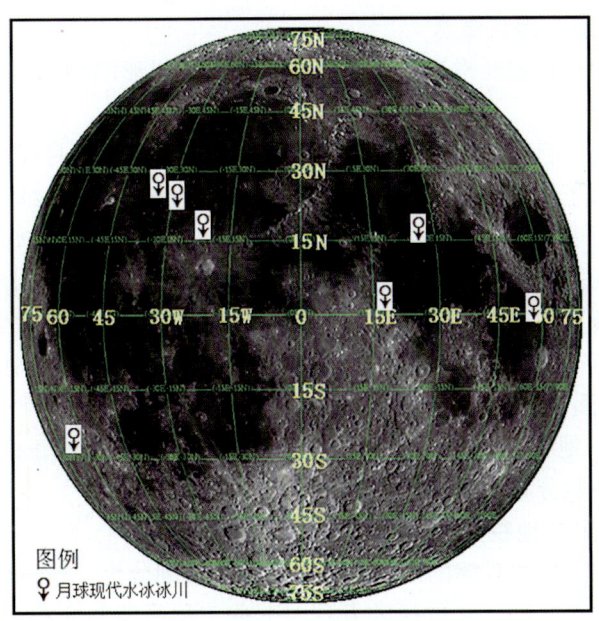

图 1.2.52　月球正面"现代水冰冰川"分布图

（图片来源：ESA/NASA）

第二章 月球"水"形成的地貌和沉积(遗迹)特征

月球水作用下形成的地貌和沉积类型十分丰富，分布广泛，主要有"月溪""沉积平原""泥石流""液化沙垄""液化沙丘"和"盐湖沉积"等地貌。现依次简述如下。

第一节 月球"月溪"地貌和沉积特征

一、关于月球"月溪"地貌概念、分布和类型划分

1. 月球"月溪"地貌概念

河流，是指地球地表经常有水或周期性有水流的线形凹槽。地球上的"溪"，是指规模较小的河流。

月球上的月溪，目前尚无明确定义，早期研究者用于描述月球表面上出现的任何一种细长的、类似于地球上河床的凹槽，或指月球表面一些暗色细长的裂隙，都称为"月溪"。最早的月溪由荷兰科学家慧更斯于684年首次发现，并命名为"慧更斯月溪"。我们定义的月溪是：形态特征上，均显示弯曲和深切程度不同的线状特征；海拔高度上，均自源头向下游逐渐降低；组成物质上，碎屑物颗粒大小，显示上游粗向下游逐渐变细的特征；河谷特征上，在河床两侧有河岸和/或有阶地出现。

2. 月球"月溪"地貌分布

月球"月溪"地貌，目前研究结果表明其主要分布于月球正面的月海区及周边的溅射堆积区，少数分布于月坑之中。

3. 月球"月溪"地貌类型的初步划分

月球早期研究者根据月溪的形态特征，曾将月溪划分为：蜿蜒形月溪、弓形月溪和直形月溪三种类型。进一步的研究发现，上述三种月溪并非都是真正意义上的月溪，有许多是断层、冰裂、泥裂或冻胀裂隙等。以下讨论的月溪，主要指具有源头宽（常与热泉坑相连接）、下游窄，源头海拔高、下游海拔低，大部分由月陆区流入月海的滨海区等特征的一些线形沟槽地貌。

按月溪空间上的分布，暂可分为三种类型：

1. 月陆（或溅射堆积带）月溪

月陆（或溅射堆积带）月溪是指发源于巨大撞击坑周边溅射堆积带中的月溪。流通区主要在月陆区，最终流入月海的滨海区。主要分布于雨海北及周边的溅射堆积区。

2. 月坑月溪

月坑月溪是指发源和流通区域主要在月坑中的月溪。河曲发育较多,因受月坑限制,规模较小,分布不多。目前仅见于静海东北边缘上的波西多尼乌斯(Posidonius)月坑中。

3. 月海月溪

月海月溪是指发源和流通于月海中的月溪。河曲发育,规模较大,延伸长。主要分布于风暴洋之南部。

二、月球"月溪"地貌和主要沉积特征

不同类型的月溪,在形态特征、海拔高度、物质组成和河谷发育方面均有不同的特征。现将不同类型月陆月溪特征简述如下。

(一)月陆"月溪"地貌和主要沉积特征

目前发现的主要有:阿利斯塔克北月溪群、雨海北柏拉图之西月溪群、克里格(Krieger)月溪等。

1. 阿利斯塔克(Aristarchus)之北月陆月溪群主要特征

分布于雨海和风暴洋之间的溅射堆积区,纬度为 $22°N \sim 30°N$,经度为 $45°W \sim 54°W$。初步统计最少有 15 条月溪之多(见图 2.1.1、图 2.1.2)。月溪大多自南向北流入雨海,少量先向北,再折向西和西南,流入风暴洋中(见图 2.1.2)。月溪源大部分具明显热泉坑地貌,但大小不同、形态各异,月溪上游段较宽,向下游逐渐变窄,变化明显(见图 2.1.3)。月溪进入平原区河曲发育明显加强(见图 2.1.4)。

(1)克里格(Krieger)月陆月溪特征。克里格(Krieger)月溪位于风暴洋与雨海之间靠雨海一侧,溪源正好是克里格(Krieger)月坑。纬度约为 $29.0°N$,经度约为 $45.5°W$(见图 2.1.2、图 2.1.5)。月溪出口清晰,位于月坑之西偏北,主体弯曲向西北方向流动(见图 2.1.6、图 2.1.7)。月溪的形成可能与克里格之南小月坑形成时产生大量热量,使克里格月坑下水冰融水,并沿克里格之西较低的坑缘流出有关。因此其形成时代很晚,可能为哥白尼纪晚期。

(2)施勒特尔月陆月溪(谷)(Vallis Schroteri)特征。施勒特尔月溪位于风暴洋之东阿利斯塔克月坑的西北约 30 km。月溪源纬度约为 $24.5°N$,经度约为 $49.3°W$(见图 2.1.2、图 2.1.8)。月溪自源头向北流动,后转向西北,再转向西北方向,之后急转向西南方向,最后到达风暴洋滨海地带消失。宽度也自源头向下游,由宽到窄,河曲发育程度由强到弱,一级阶地由宽到窄(见图 2.1.2、图 2.1.9、图 2.1.10),至下游段一级阶地很少见及。上游段河谷两侧为大片分布的河流冲洪积物,下游段河谷切割月坑溅射堆积区(见图 2.1.2、图 2.1.11)。组成河谷阶地的物质,主要为略带磨圆和分选的浅色岩石沉积碎屑(见图 2.1.2、图 2.1.12)。

2. 雨海之北月陆月溪群主要特征

雨海北月溪群，为雨海形成之初在溅射堆积区发育的月溪群，由月溪源的多个热泉坑和相互勾连的月溪联结成网状分布（见图2.1.13），是目前发现的最早的月溪群。有的月溪因后期掩埋破坏等原因，有些地段受损严重而断续分布。在月溪分布区周边及进入雨海前形成广阔的冲积平原。热泉坑A坑底平缓，东南有一明显的热泉水出口（见图2.1.14）。热泉坑物质组成主要为浅色的略带磨圆和分选的岩石碎屑，并且碎屑颗粒自▲1→▲2→▲3→▲4由粗逐渐变细，变化明显（见图2.1.15）。

3. 柏拉图两侧月陆月溪群主要特征

柏拉图两侧月溪群，位于雨海之东北，有A、B、C、D、E 5条明显月溪分布，在柏拉图月坑沉积平原之东分布4条，之西仅分布1条。A为柏拉图月溪，E为阿尔卑斯月溪。B、C、D月溪尚未命名。月溪A、C、E自西南流向东北，进入冷海之滨。月溪B、D自东北流入雨海（见图2.1.16）。溪流多较弯曲，每条月溪源头，均具明显大小不同和形态各异的"热泉坑"。宽度均自溪源向下游，由宽到窄，海拔高度由高到低，沉积物颗粒由粗到细，变化明显。月溪D尤其凸出，如自该月溪源向下游，海拔高度变化明显，由高到低，由源区海拔−2392 m→中游−2488 m→下游−2633 m（见图2.1.17）。月溪沉积物颗粒大小变化，自月溪源向下游，由粗变细（见图2.1.18）。组成月溪沉积物岩石，也以浅色的岩屑和岩块为主，并且大多略具磨圆和分选，只有表层含深色玄武岩块（或石煤）和岩屑较多（见图2.1.19）。在柏拉图月坑沉积平原两侧分布的月溪源中，可见以浅色为主的、略具磨圆和分选的沉积砾石分布（见图2.1.20）。

（二）月坑"月溪"地貌和主要沉积特征

月坑月溪，是指在空间上分布于月坑中的月溪。月坑月溪目前发现很少。澄海东北边缘波西多尼乌斯（Posidonius）月坑，中心纬度为32.0°N，经度为30.1°E，分布的月溪发育最好、最典型。

波西多尼乌斯（Posidonius）月坑近圆形，口径约90 km。月坑月溪的溪源、溪流及终结地均受月坑所在范围控制，但月溪最终在月坑东部切割坑缘后流入澄海之滨（见图2.1.21、图2.1.22）。

波西多尼乌斯月坑月溪，发源于该月坑的北部坑底近坑壁处，有较小热泉坑发育，海拔高度约−2420 m；然后向西南延伸约50 km，海拔为−2509 m；再向南延伸约70 km，局部地段河曲特别发育（见图2.1.23），海拔为−2543 m；后折向东南约10 km，又向北延伸约30 km，海拔为−2650 m，折向西约5 km进入澄海后，海拔为−2770 m（见图2.1.23）。除月溪向北30 km段因受边界断层影响曾一度上左右外，整条月溪的海拔高度，自源头到进入澄海都显示出逐渐降低的变化特征。两地相对高差为350 m，月溪全长约170 km，平均坡降为2.06 m/km。

月溪沉积物与构成月坑的岩石基本相同，组成月溪的岩石主要为浅灰色、灰白色的斜长岩类，黑色或深灰色的玄武岩类岩石很少见到。在月溪的河床上很少见明显的月溪沉积物出现，很可能与溪流河床因发生"冻融"作用时"融沉"使溪流岩块沉积有关。

依据保留较好的月溪形态，推断月溪形成年代可能为哥白尼纪晚期。然而，波西多尼乌斯（Posidonius）月坑形成较早，可能为爱拉托逊之前的"湿地月坑"。

（三）月海"月溪"地貌和主要沉积特征

月海月溪，是指在空间上分布于月海中的月溪。目前主要发现于风暴洋和雨海之西南一带。主要有4条月溪，特征如下：

1. 风暴洋月坑附近月溪主要特征

月溪位于哥白尼月坑之西南，岛海东南霍腾休斯（Hortensius）一带（见图2.1.24、图2.1.25），风暴洋沉积平原上的霍腾休斯K、E（Hortensius K、E）月坑附近（见图2.1.26、图2.1.27）。月溪共3条，溪源分别为A、B、C 3个热泉坑，且A、B月溪最终汇入C月溪，在平面上形成"Y"字形。3条月溪河曲均较发育（见图2.1.26、图2.1.27）。

2. 风暴洋马里乌斯B月坑附近月溪分布特征

月溪位于阿利斯塔克（Aristarchus）月坑之南（见图2.1.28），马里乌斯（Marius）月坑和马里乌斯A、D（Marius A、D）月坑之北（见图2.1.29—图2.1.31）。马里乌斯B、C月坑之西侧，月溪呈近南北或北东东方向延伸，月溪南宽，向北逐渐变细（见图2.1.32），表明月溪是自南向北流动。河曲较平缓，河床较单一和平滑（见图2.1.33、图2.1.34）。月溪源有3处热泉坑分布，但已不相连接。组成月溪物质多为浅色略具磨圆和分选的沉积碎屑（见图2.1.35）。

3. 风暴洋马里乌斯U、V（Marius U、V）月坑西南月溪分布特征

月溪目前尚未取得分布的具体纬度和经度，但从其分布于马里乌斯U、V（Marius U、V）月坑西南来看，其应在马里乌斯（Marius）月坑附近（见图2.1.28、图2.1.29）。

月溪由3条组成，以月溪A保存最好，延伸最长（见图2.1.36、图2.1.37）。月溪B源头保存完好，但南段呈断续分布，保存较差（见图2.1.38、图2.1.39）。月溪C仅保存不太长的一段。

马里乌斯P（Marius P）月坑附近的月溪位于风暴洋之东，纬度为17.90°N，经度为51.00°W（见图2.1.40）。有2条月溪分布于马里乌斯P（Marius P）月坑南北两侧（见图2.1.41、图2.1.42）。且北侧月溪较南侧月溪河曲发育要好得多，南月溪似切割北北西向液化砂垄，说明月溪形成晚于液化砂垄。

（四）"月溪"地貌和主要沉积特征对比

综上所述，月陆月溪、月坑月溪和月海月溪，具有许多共同特征又存在着许多明显差异，现列表对比如表2.1.1所示。

表 2.1.1 月球月陆月溪、月坑月溪和月海月溪特征对比

月溪	月陆月溪	月坑月溪	月海月溪	备注
月溪形态特征	月溪多呈直线形	月溪呈弯曲线形	月溪呈弯曲线形	—
月溪宽度变化	上宽下窄变化大	上宽下窄变化中等	上宽下窄变化小	可能与月表地形高差有关
月溪海拔高度变化	源头海拔高,向下游逐渐变低,变化大	源头海拔高,向下游逐渐变低	源头海拔高,向下游逐渐变低,变化小	—
月溪物质组成	略具磨圆和分选浅色沉积碎屑为主	略具磨圆和分选浅色沉积碎屑为主	略具磨圆和分选浅色沉积碎屑为主	—
月溪河曲变化	早期平缓,晚期多弯曲	多弯曲	多弯曲	—
"热泉坑"	多明显发育	发育不明显	明显或不发育	—

按照原月溪的定义,通过较深入的研究和对比,结合溪流的一般发展规律,同时考虑到月球上特有的环境条件,即昼夜之间温差极大和月表下存在水冰层的特点,把早期对月溪的认识进行梳理,认为具有真正意义上的月溪,主要有如下七方面特征:

1. 月溪源头的空间分布特征

几乎所有月溪的源头均分布于月坑溅射堆积区(或"山区"),并主要集中分布于雨海周边的溅射堆积区范围内,其次是风暴洋和澄海的沉积平原区,分布于月坑中的月溪极为少见。

2. 月溪的宽度变化特征

月溪自源头向下游,溪流的宽度由宽到窄。

3. 月溪的海拔高度及沉积物颗粒变化特征

月溪的海拔高度,自源头向下游逐渐降低,沉积物颗粒由粗到细。

4. 月溪源头的地貌特征

初步研究结果表明,大多月溪源头均有大小不同、形态各异的凹坑分布(即"热泉坑"),它是月溪水流的主要来源。有的"热泉坑"见有沉积碎屑物保留。

5. 月溪的流向变化特征

所有分布于雨海周边溅射堆积物的月溪,几乎最终都流入月海(雨海和冷海)。

6. 月溪在月陆区(或溅射堆积区)因地形高差变化大,多较平直和深切,与地球溪流地貌相同

在平原区,因地形平缓,溪流多弯曲发育。

7. 月溪河谷或河床中,至今未见大量河流堆积,所谓的月溪只是一条深切的空谷

这种情况很可能与河床发生冻融时融沉作用有关。

由于月溪所处地貌单元不同,地形的差异使得形成的月溪形态特征有所不同。在落差较大的溅落堆积区,因地形高差大,月溪河谷较平直,河曲不发育,多形成深切地貌。地形平坦的平原区,河曲多较发育,河道下切浅。

三、月球"月溪"的形成演化

为了讨论月溪的成因,首先要从月溪自身存在的特征与地球上的溪流进行对比,理清它们之间有哪些相似特征,又有哪些不同之处,以及产生这些相似和不同之处的原因是什么。

初步研究发现,月溪与地球溪流之间,相似之处主要有:①形态特征上,均显示弯曲和深切程度不同的线状特征;②海拔高度上,均自源头向下游逐渐降低;③组成物质上,碎屑物颗粒上游粗,向下游逐渐变细;④河谷特征上,在河床两侧均有河岸和不同阶地分布。

月球上的月溪与地球溪流之间不同之处主要有:①月溪的源头均有或大小和形态各异的凹坑(即热泉坑)分布,而地球上溪流多不存在;②月溪宽度变化,多上游宽、向下游逐渐变窄,而地球溪流则相反,上游窄、向下游逐渐变宽;③月溪支流极少(大多不见分布),而地球溪流的支流多异常发育。

很明显,地球上的溪流形态特征上的变化与月溪不同,其主要原因与地球溪流水的补给源主要来自天然降水有关,因上游流水面积远较下游小,对地表侵蚀力弱,形成的溪流谷地就窄。而下游溪流集水面积大,水量就大,侵蚀力强,形成的溪流宽度大,并在入海口常形成明显和宽大的三角洲沉积扇。

然而月球上无降雨,月溪的补给源全靠"热泉坑"喷出的高温热泉水,这些高温热泉水喷出后,向下游流动过程中水量不断消耗和逐渐变少,对月表的侵蚀力不断减弱,形成的月溪宽度就逐渐变窄,并最终消失在月海之滨,是形成月溪宽度自上游向下游逐渐变窄的最重要原因之一。

至于月溪终点至今未见明显的三角洲沉积,或冲洪积扇状堆积的原因,很可能是由于月溪热泉水流量太小,搬运和侵蚀的能力弱,运载的泥沙物质太少,也就无法形成足够大的三角洲沉积,在影像分辨率上无法识别所致。

因此,尽管月溪的源头地貌、月溪的宽度和月溪的支流发育特征上,因补给源不同(即月溪的补给源是"热泉坑",而地球溪流的补给源是大气降水),而造成在月溪的源头均有大小和形态各异的凹坑(即热泉坑)分布、月溪宽度变化多上游宽向下游逐渐变窄及月溪支流极少等与地球溪流不同的特征,但在总体的形态特征、海拔高度、组成物质和河谷特征上,都与地球上的溪流地貌十分相似,因此,将月球上这些与地球溪流相似的线状地貌认定为月溪应该是可信的,是月球历史发展过程中,月球水形成的特有重要地貌特征之一。

月球月溪与地球溪流(河流)在形态分布特征、溪流宽度变化、源头区特征和海拔高度变化上,同样具有相似特征,又存在很大差别。现将两者列表对比如表 2.1.2 所示。

表 2.1.2 月球"月溪"与地球溪流（河流）特征对比

特征	月球月溪	地球河流
形态分布特征	多单一河谷	多树枝状或网状河谷
溪流宽度变化	上宽下窄	上窄下宽
河床海拔高度变化	源区向下游逐渐降低	源区向下游逐渐降低
源头区特征	常具有"热泉坑"	无
河曲变化	陡峭区河曲平直，平坦区河曲和阶地发育	陡峭区河曲平直，平坦区河曲和阶地发育
水源补给方式	全靠"月泉坑"补给	降雨补给为主
沉积颗粒大小变化	上游颗粒粗，向下游逐渐变细	上游颗粒粗，向下游逐渐变细
溪流终结地	月海滨海区	海洋滨海区
溪流性质	均为干河谷，有些不连续	大多有流水或干河谷，多连续分布
三角洲沉积	尚未发现	多有明显分布

根据月溪特征，并考虑到月球上的昼夜温差极大的特点，可对月溪的产生和形成过程做如下推断：当月表下水冰层受到局部融溶并出露月表后，高温热泉水沿着月表低洼处向下流动。热泉水流经处，一方面很快对月表的月壤进行侵蚀和搬运；另一方面热泉流向下传导使沿线月表下的水冰发生融溶和塌陷作用，进一步使月溪加深和加宽。热泉水的水温随时间逐渐降低，水量也逐渐消耗，侵蚀力也随之减弱，造成月溪自源头向下游的宽度明显变窄，深度也随之变浅。因此，月球月溪谷地具有上游宽、向下游逐渐变窄，上游海拔高度高、向下游逐渐变低，沉积物颗粒上游粗、向下游逐渐变细的变化特征。

四、月球"月溪"地貌和沉积发现的意义

月球月溪地貌是月表流水的产物，因此月球表面大量月溪的发现，证明月球曾有表面水流的存在，为研究月球水的形成和演化提供了重要依据。

以下附第二章第一节图：

第二章 月球"水"形成的地貌和沉积（遗迹）特征

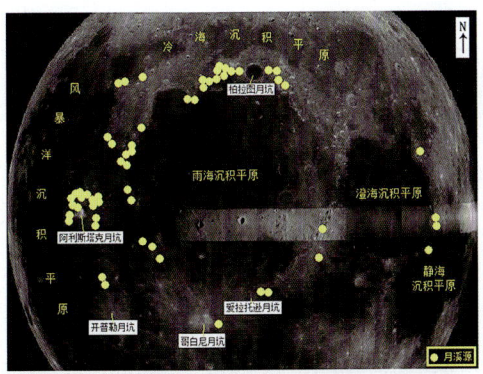

图2.1.1 月溪源（圆点）集中于雨海、风暴洋和澄海等的周边溅射堆积带分布特征

图2.1.2 阿利斯塔克（Aristarchus）月坑之北密集分布的月溪

源头宽、向下游逐渐变窄，源头海拔高、向下游逐渐降低分布的特征，均发源于溅射堆积区最后流入风暴洋和雨海沉积平原区，箭头示月溪流动方向

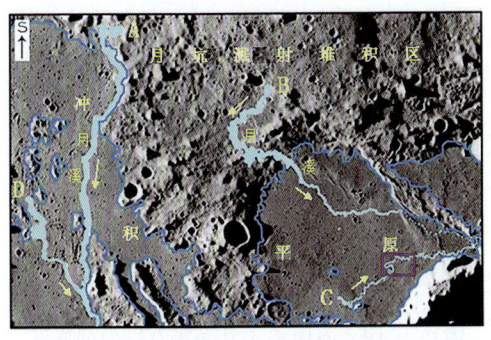

图2.1.3 为图2.1.2方框局部放大

示月溪（A、B、C、D）上游河谷宽阔、向下游逐渐变窄，上游海拔高、向下游逐渐降低的分布特征（卫片解释图），箭头示月溪流动方向

图2.1.4 为图2.1.3方框局部放大

示月溪C在平原区河曲发育特征，箭头示月溪流动方向

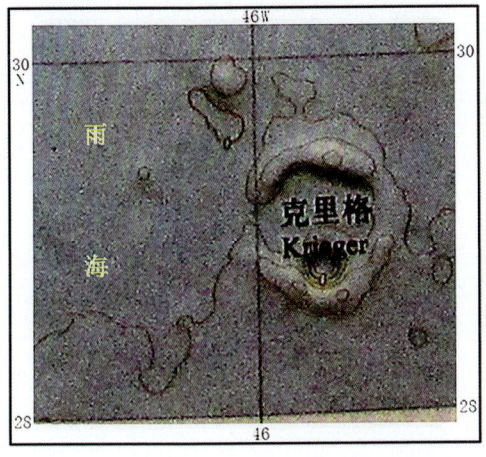

图2.1.5 克里格（Krieger）月坑附近地形分布特征

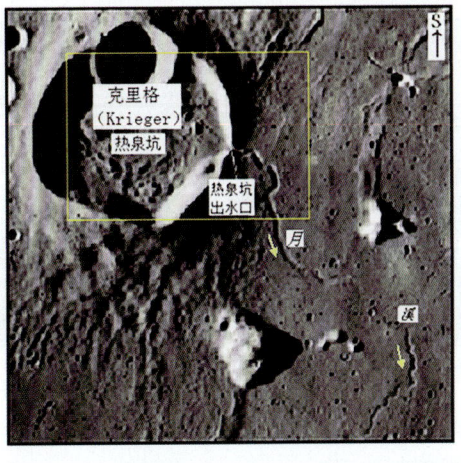

图2.1.6 克里格（Krieger）热泉坑与月溪之间以"出水口"相连接的分布特征

箭头示月溪流动方向

47

月球卫片分析最新发现

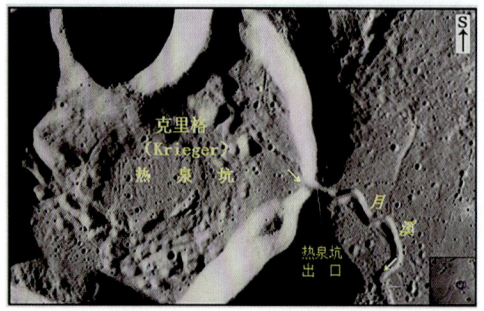

图2.1.7　为图2.1.6方框局部放大
示克里格（Krieger）热泉坑与"热泉坑出口"和月溪相连一体分布特征，箭头示月溪流动方向

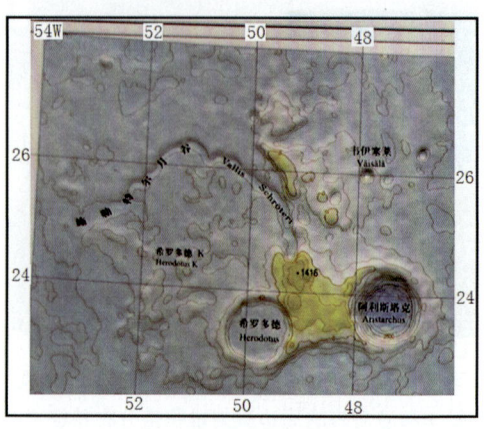

图2.1.8　施勒特尔月溪（谷）（Vallis Schroteri）及周边地形分布图

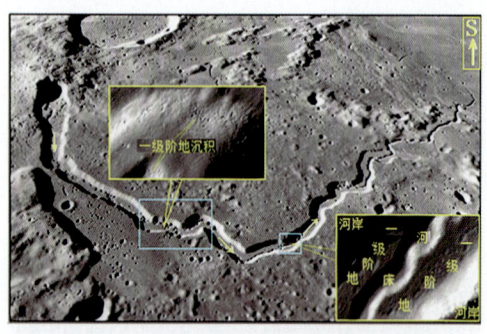

图2.1.9　阿利斯塔克施勒特尔月溪（Vallis Schroteri）上宽下窄和一级阶地（右下）及沉积（左上）分布特征（箭头示月溪流动方向）

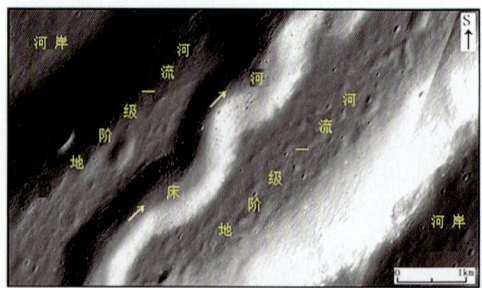

图2.1.10　为图2.1.9右侧方框局部放大
示月溪河岸一阶地和河床地貌分布特征，箭头示月溪流动方向

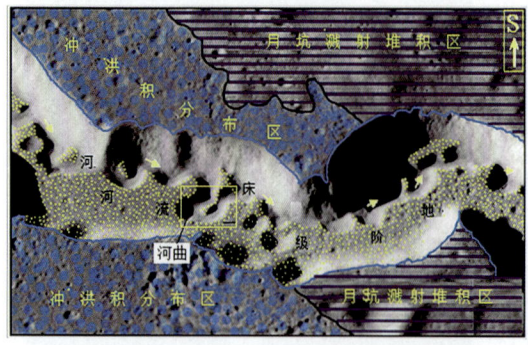

图2.1.11　为图2.1.9左侧方框局部放大
示月溪阶地及两侧地貌卫片地貌解释图，箭头示月溪流动方向

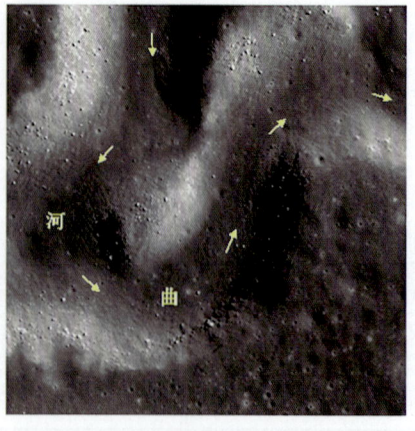

图2.1.12　为图2.1.11方框局部放大
示"河曲"中沉积物以浅色岩石沉积碎屑为主的分布特征，箭头示月溪流动方向

第二章 月球"水"形成的地貌和沉积（遗迹）特征

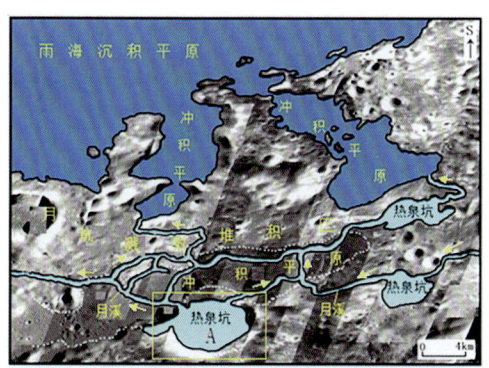

图2.1.13 雨海北热泉坑及月溪相互联结成网状流入雨海及形成冲积平原卫片解释图

箭头示月溪流动方向

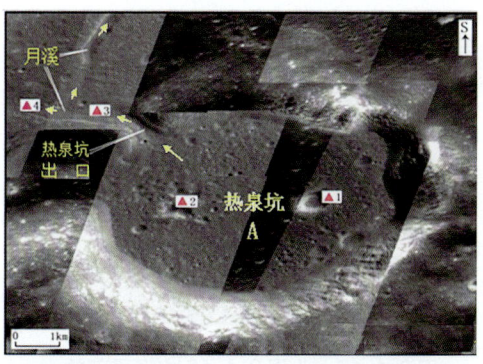

图2.1.14 为图2.1.13方框局部放大

示热泉坑与出水口分布特征及沉积物照片采集位置（▲），箭头示月溪流动方向

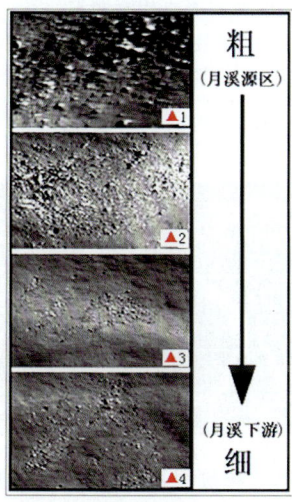

图2.1.15 为图2.1.14"▲"沉积物照片采集位置

示月溪沉积物颗粒自源区向下游逐渐变细的变化特征

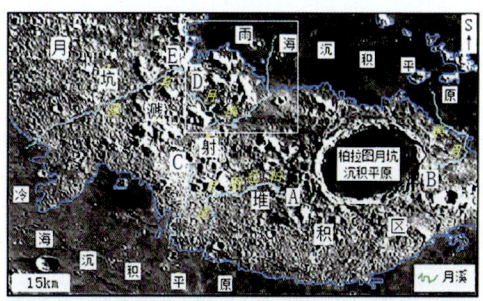

图2.1.16 柏拉图月坑沉积平原两侧月溪群卫片解释分布图（蓝线为溅射堆积区界限）

49

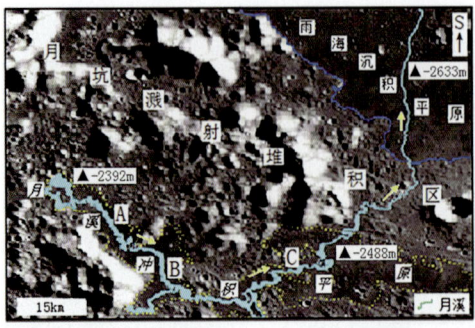

图 2.1.17　为图 2.1.16 方框局部放大

示雨海之北柏拉图月坑沉积平原之南东月溪海拔高度自上游向下游逐渐降低卫片解释。图 A、B、C 为月溪沉积物照片位置，"▲"旁边数字为海拔高度，箭头示月溪流动方向

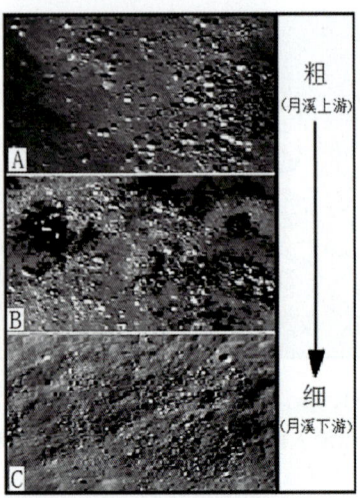

图 2.1.18　为图 2.1.17 中 A、B、C 点月溪沉积物照片

示月溪沉积物颗粒自源头向下游逐渐由粗变细的变化特征

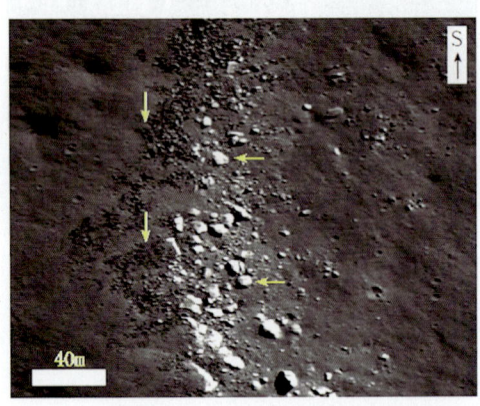

图 2.1.19　月溪阶地中沉积物以浅色斜长类岩石（水平箭头所示）为主

表层可见大量黑色玄武岩月壤碎屑（垂直箭头所示）分布

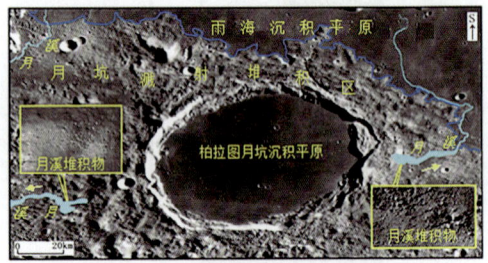

图 2.1.20　柏拉图月坑两侧分布的月溪源中均有沉积碎屑物（方框）分布

箭头示月溪流动方向

第二章 月球"水"形成的地貌和沉积（遗迹）特征

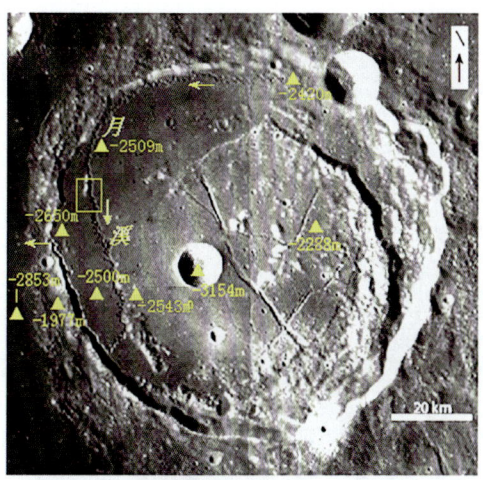

图 2.1.21 澄海东北波西多尼乌斯（Posidonius）月坑中月溪

自源头向下游海拔高度逐渐降低分布特征，箭头示月溪流动方向

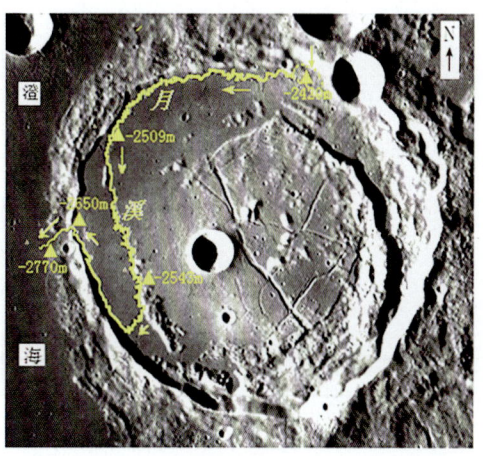

图 2.1.22 澄海东北波西多尼乌斯（Posidonius）月坑中月坑月溪卫片解释图

▲旁数字示月溪海拔高度，箭头示月溪流动方向

图 2.1.23 为图 2.1.21 方框局部放大

澄海东北波西多尼乌斯（Posidonius）月坑中月溪河曲（箭头所示）特别发育分布特征

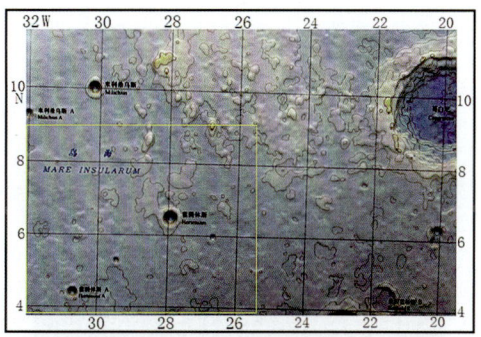

图 2.1.24 岛海和哥白尼月坑附近的地形图分布特征

51

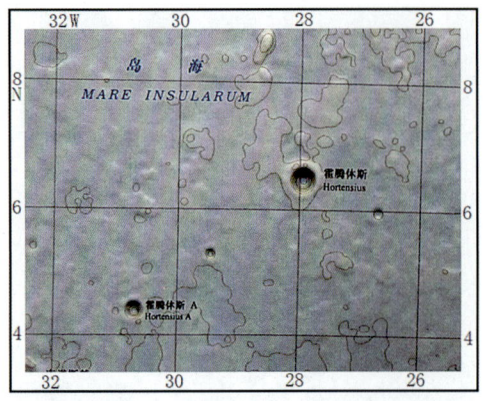

图2.1.25 为图2.1.24方框局部放大
示岛海东南霍腾休斯（Hortensius）和霍腾休斯A（Hortensius A）附近地形图

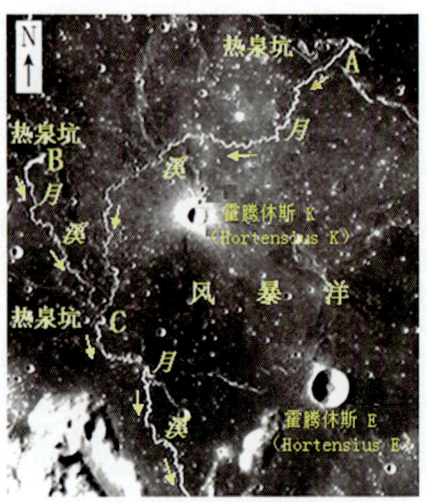

图2.1.26 风暴洋霍腾休斯K、E（Hortensius K、E）月坑附近
月溪分布特征（A、B、C为热泉坑位置），箭头示月溪流动方向

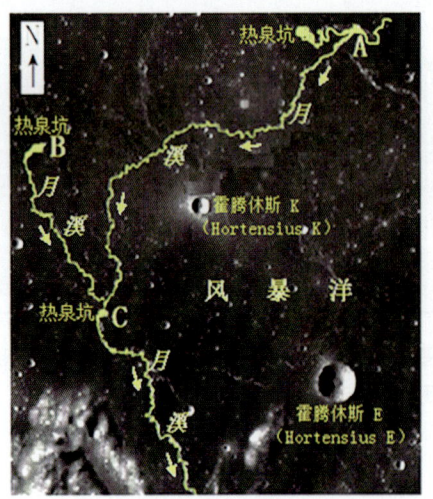

图2.1.27 风暴洋霍腾休斯K、E（Hortensius K、E）月坑附近
月溪卫片解释图（A、B、C为热泉坑位置），箭头示月溪流动方向

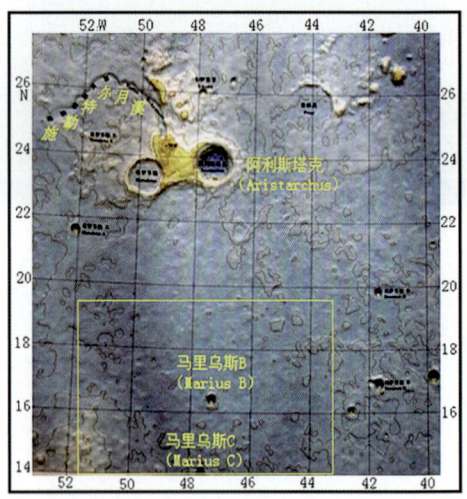

图2.1.28 阿利斯塔克－马里乌斯B、C一带地形分布图

第二章 月球"水"形成的地貌和沉积（遗迹）特征

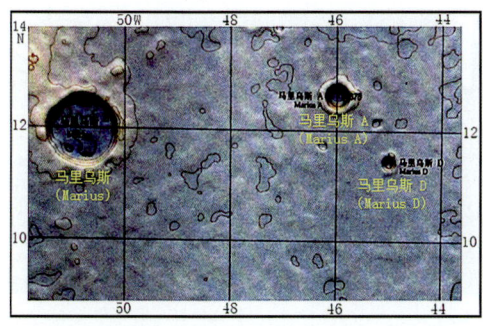

图 2.1.29 马里乌斯月坑和马里乌斯 A、D 月坑附近地形图分布特征

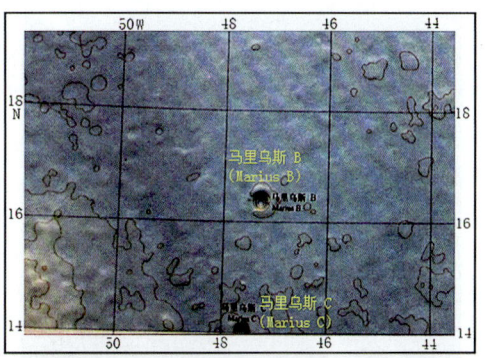

图 2.1.30 为图 2.1.28 方框局部放大
示马里乌斯 B、C 月坑附近地形图分布特征

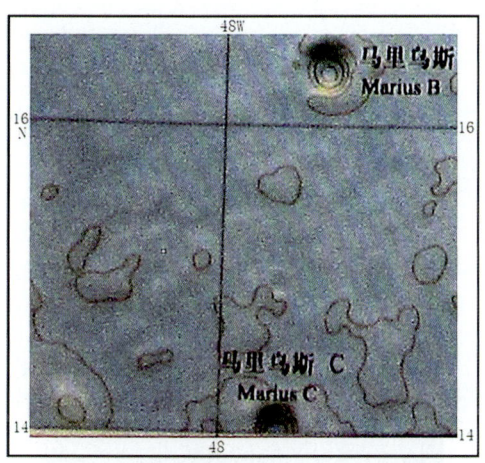

图 2.1.31 马里乌斯 C（Marius C）北—马里乌斯 B（Marius B）地形分布图

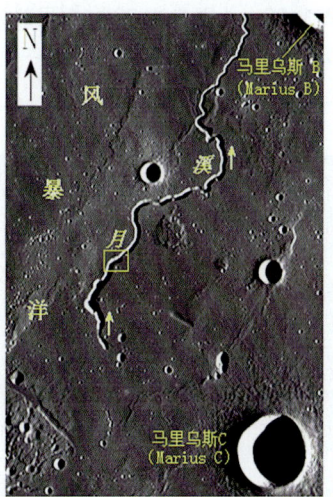

图 2.1.32 马里乌斯 C（Marius C）北—马里乌斯 B（Marius B）
月溪分布特征，箭头示月溪流动方向

53

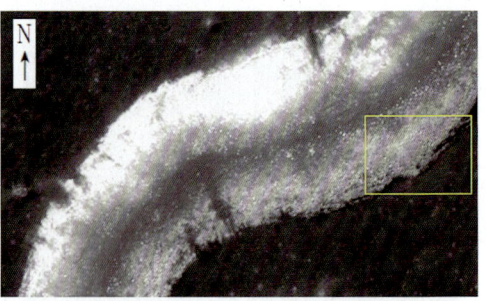

图 2.1.34　为图 2.1.33 方框局部放大
示月溪分布特征

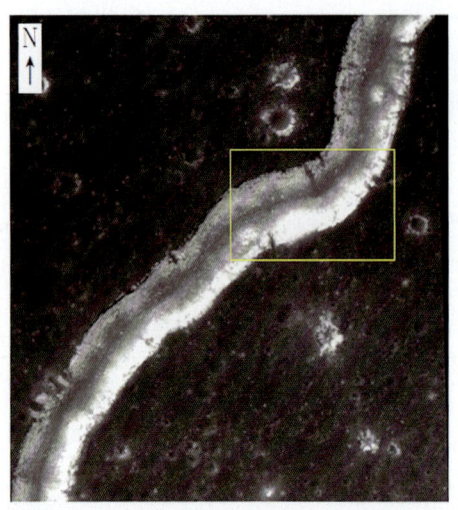

图 2.1.33　为图 2.1.32 方框局部放大
示月溪分布特征

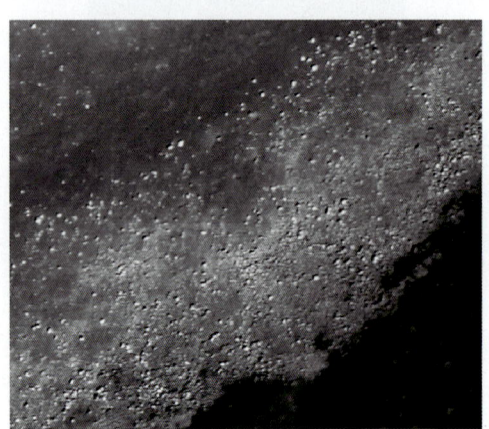

图 2.1.35　为图 2.1.34 方框局部放大
示月溪岸上主要由浅色的、略具分选和磨圆的沉积岩石碎屑物质所组成

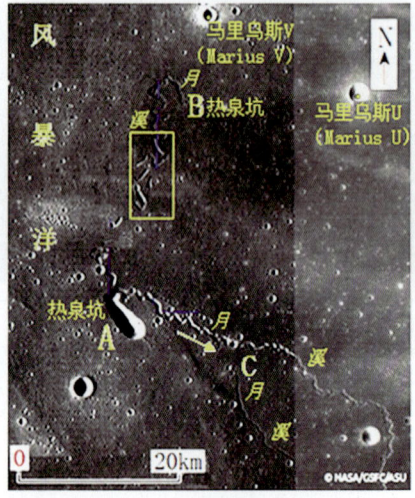

图 2.1.36　风暴洋马里乌斯 U、V（Marius U、V）月坑南西部
月溪及残留状月溪（方框）分布特征，箭头示月溪流动方向

第二章 月球"水"形成的地貌和沉积（遗迹）特征

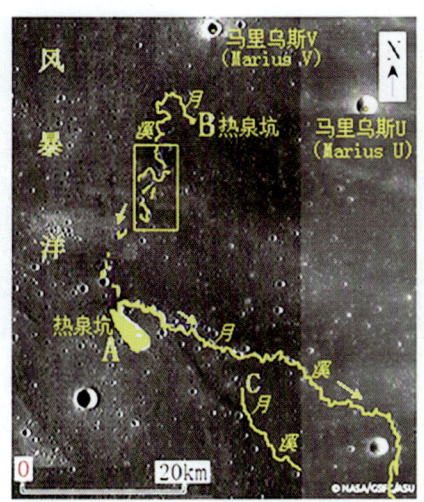

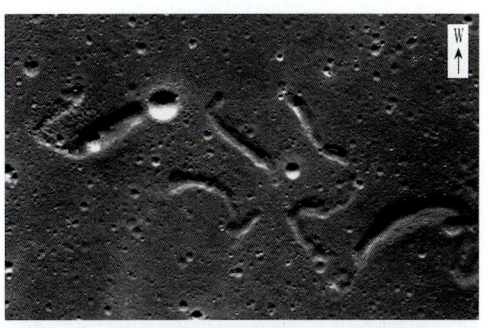

图 2.1.38 为图 2.1.36、图 2.1.37 方框局部放大
示马里乌斯 V（Marius V）月坑南残留状月溪分布特征

图 2.1.37 马里乌斯 U、V（Marius U、V）月坑南西
月溪及残留状月溪（方框）卫片解释图
箭头示月溪流动方向

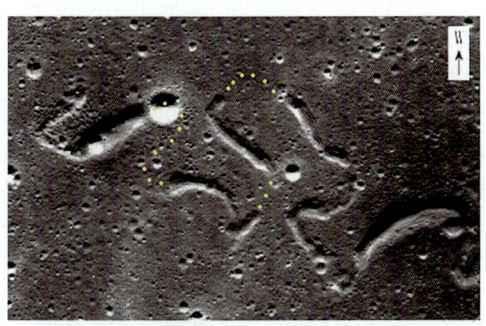

图 2.1.39 为图 2.1.38 残留状月溪卫片解释图特征（圆点线推断为原月溪流通位置）

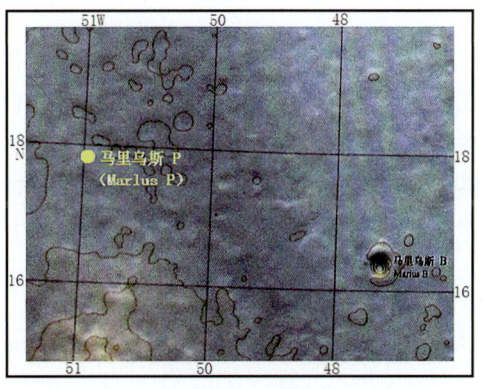

图 2.1.40 风暴洋马里乌斯 P（Marius P）月坑附近月溪地形图分布特征

55

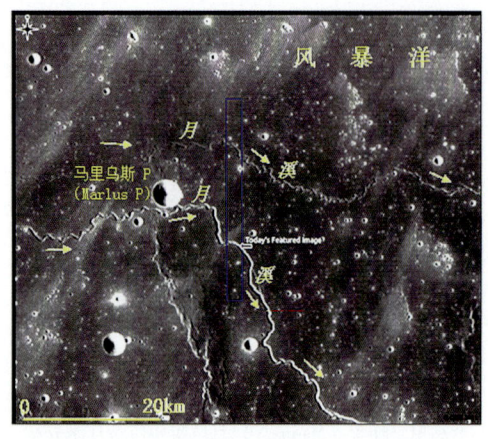
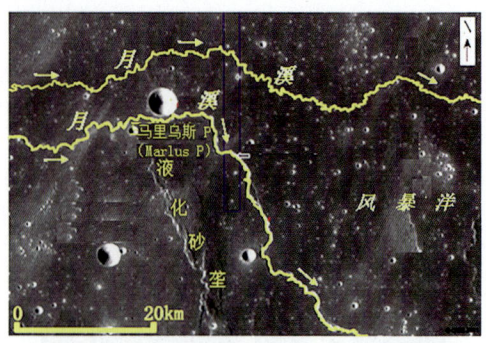

图 2.1.41　风暴洋马里乌斯 P（Marius P）月坑附近月溪分布特征
箭头示月溪流动方向

图 2.1.42　为图 2.1.41 月溪卫片解释图特征
示风暴洋马里乌斯 P（Marius P）月坑附近月溪分布特征（从地形图确定月溪流动方向），箭头示月溪流动方向

（图片来源：ESA/NASA）

第二节　月球"沉积平原"地貌和沉积特征

　　沉积平原，在地球上是指被流水侵蚀、搬运到平缓的地面上沉积的岩石碎屑，形成面积宽广和平坦的地面。沉积物分选性和成层性较好，常发育成较明显的水平层理构造。有的平原组成的物质虽然不见水平层理发育，但组成物质为沉积碎屑物，即略具磨圆和分选的碎屑沉积物。如果发现具有上述特征，就可以认为这是由水参与侵蚀、搬运和沉积作用形成的沉积平原。经初步研究，月球上就存在这种平原，如月球上的"雨海"等所谓"月海"，就是属于月球的"沉积平原"。

一、关于月球"沉积平原"地貌概念、分布和类型划分

1. 月球"沉积平原"地貌概念

　　月球"沉积平原"，是指由于陨石撞击，月表下水冰发生融溶作用形成水流、泥流充填月海、月坑或山间盆地地区，形成平坦的地貌特征，称之为月球"沉积平原"。研究表明，月球"沉积平原"大多形成水平沉积层理特征。

2. 月球"沉积平原"地貌分布

　　月球"沉积平原"，主要分布于月球正面的月海和周边的月坑，及月陆区一些洼地或山间盆地之中。月坑沉积平原在月坑分类中，大多属于"湿地月坑"和"浅水月坑"。

3. 月球"沉积平原"地貌类型划分

　　月球"沉积平原"地貌，依据其形成的类型不同，大致可划分为三种基本类型："月海沉积平原""月坑沉积平原"和"山间盆地沉积平原"。

（1）"月海沉积平原"，即分布于月海区的面积巨大的沉积平原，其面积可达数十万至百万平方千米以上，从本质上也是属于"巨大月坑"沉积平原，只不过是面积巨大且广泛发育"液化砂垄"而已。如雨海、澄海、静海等沉积平原。

（2）"月坑沉积平原"，指在月坑坑底范围内形成的沉积平原，分布面积较小，多为数十至数千平方千米左右。但至今未发现水平沉积层理，组成平原的物质为经过一定程度磨圆和分选的沉积碎屑物。形成"月坑沉积平原"的月坑大多属于前酒海纪和雨海纪晚期，爱拉托逊纪之前的"湿地月坑"类型。

（3）"山间盆地沉积平原"，指分布于月陆区的月表山间盆地之间低洼处，由月坑形成时含水溅射堆积物充填产生的沉积平原。分布面积变化较大，由数十平方千米以下至数百平方千米不等。形态较不规则，多为长条形和不甚规则形，平原面常有泥裂或裂隙分布。

现将"月海沉积平原""月坑沉积平原"和"山间盆地沉积平原"的地貌和沉积的主要特征简介如下。

二、月球"沉积平原"地貌和沉积的主要特征

（一）"月海沉积平原"地貌和沉积的主要特征

月海，是人类最早利用肉眼和借助于望远镜研究确定的，是指月球月面上比较低洼肉眼能看到的阴暗区，认为其像地球一样的大海而得名。苏联在人类历史上首次于1959年9月发射登月器登上月球，依据取得的资料，开始认为月海全是由玄武岩浆覆盖的平原。21世纪初，首次发现月海存在大量水平岩层，且月海周边分布的月溪均流入月海之中。月海一些小月坑中大量水和水冰形成的地貌和沉积物相继被发现后，人们才认识到月海曾经历过真正"海"的发育阶段，因此月海确实一度曾为"汪洋大海"所淹没，并形成水平沉积岩层，从而证明它曾经是由水的搬运和沉积作用而形成的真正的沉积平原，而不是目前流行的火山溢出覆盖的玄武岩熔岩平原（详见附录Ⅱ）。

月海沉积平原主要分布于月球的正面，已确定的有19个，如："雨海沉积平原""风暴洋沉积平原""澄海沉积平原""静海沉积平原""丰富海沉积平原""酒海沉积平原""危海沉积平原""云海沉积平原""知海沉积平原"和"湿海沉积平原"等（见图2.2.1）。月海沉积平原在月球背面分布不多，主要有"莫斯科海沉积平原""东海沉积平原""洪保德海沉积平原""界海沉积平原"和"南海沉积平原"等。

月海沉积平原大小相差极大，一般在数十至数百万平方千米。最大的风暴洋沉积平原面积达500万平方千米，最小的月海沉积平原仅数十万平方千米。月海沉积平原的"平原面"一般比周边月陆要低得多，如静海沉积平原和澄海沉积平原比月球平均水准低1700米左右，最低的是雨海东南部的"平原面"，深达6000多米。月海沉

积平原中，以雨海和风暴洋发现小月坑出露的水平沉积岩层最多、最好，其次是澄海。

现就月球正面的雨海、风暴洋、澄海、静海、丰富海、酒海、知海、云海、湿海等几个有代表性的月海沉积平原简介如下。

1. 雨海"沉积平原"地貌和沉积的主要特征

"雨海"，是意大利天文学家里希奥利于1651年命名的，一直沿用至今。雨海沉积平原是目前资料最丰富的沉积平原。

（1）雨海沉积平原及周边地形地貌特征。雨海沉积平原，位于月球正面的西北部，纬度介于15°N～50°N之间，经度介于10°E～40°W之间。

雨海沉积平原近圆形，直径达1123 km，面积达83万平方千米，在全月月海沉积平原中，面积仅次于风暴洋，位居第二。大约形成于39亿年前，是由巨大的陨石（或小行星）撞击月球正面形成的。

雨海平原面（据网络资料），平均比周边月陆区低2～3 km。它和风暴洋、冷海、澄海、静海、云海、酒海和湿海等沉积平原构成月海沉积平原带（见图2.2.1），并以典型的环形月海沉积平原为特征。它的北面以一处高地为界，与近东西走向的冷海沉积平原为邻；东边地势起伏很大，高山深谷，峭壁悬崖，由弗雷斯内尔海角与澄海沉积平原相通。东南是雄伟的亚平宁山脉，长640 km，是月球上最大的古月表残留的山脉。向着雨海的一侧坡度陡急，形成悬崖峭壁，高出雨海3000多米，而向外一侧则比较平缓，是月球古老倾斜岩层组成的山脉；南部同著名的哥白尼环形山为中心的高地和伸向陆地的暑湾毗连；西侧主要同浩瀚的风暴洋沉积平原相连。雨海从地形的角度看是封闭的圆环形，它被群山环抱，是一个典型的盆地结构。它的东北部有阿尔卑斯山脉；东边有高加索山脉和亚平宁山脉；南面有喀尔巴阡山脉；西部虽然与风暴洋连成一片，但是有较小的前驱山脉；西北方有朱拉山脉；正北有直列山脉和泰纳里夫山脉；在东部海中有斯皮兹柏金西斯山脉。目前已知整个月球上共有15条山脉，而雨海周围就有9条，这在月海中是独一无二的。月海沉积平原区中，小月坑分布的数量明显较月陆区要少得多，可以说只是零星分布。应该看到，目前因照片的分辨率的限制，水平沉积岩层还发现不多，但可以预见，随着高分辨率照片不断获得，一定会发现更多和更好的水平沉积岩层。

（2）雨海沉积平原的沉积物特征。主要是指沉积的结构构造和沉积物的成分等。目前了解不多。主要见于雨海沉积平原西南边缘地区，一些口径7～17 km的小月坑（见图2.2.2），也见于沉积平原东北边缘地带的一些月溪岸上。而平原北和中心部分一些口径在数十千米以上的较大月坑（或较老月坑），则很少见有水平沉积岩层分布。出露较好的水平沉积岩层的小月坑主要有：皮西亚斯月坑、欧拉月坑、丢番图月坑、卡罗林·赫歇尔月坑和哈德利月溪岸壁等。现将雨海沉积平原小月坑及出露的水平岩层分布特征，依次简述如下。

——皮西亚斯（Pytheas）月坑水平岩层和沉积物特征

皮西亚斯小月坑，分布于雨海西南。月坑大小约17 km（见图2.2.3）。纬度为20.5°N，经度为20.5°W（见图2.2.4），月坑底部全部为大量滑落堆积物占据。水平岩层于月坑西南侧坑壁的上部出露较好，岩层顶部月表部分常发育热融崩塌区，相应的崩塌物质形成明显的扫帚状堆积扇（见图 2.2.5）。其水平层理清晰，胶结较紧，层厚较大，颗粒较粗。组成水平岩层的岩石，由深色和浅色岩屑物质组成（见图 2.2.6）。沉积岩层风化产物为略具磨圆和经过一定分选的碎屑物质（见图 2.2.7）。

——欧拉（Euler）月坑水平岩层和沉积物特征

分布在雨海西南，口径大小约 7 km（见图 2.2.8），纬度为 23.4°N，经度为 29.1°W（见图 2.2.9）。小月坑中心堆积明显，周边滑落堆积少。坑壁的北部水平沉积岩层出露较好（见图 2.2.10）。层理基本水平，但局部也见小幅度弯曲（见图 2.2.11）。层厚变化较大。每层之间间隔较宽，但较不均匀，宽窄变化较大。组成岩层的岩石以浅色岩屑为主（见图 2.2.12）。岩层之间岩石颗粒粗细变化明显，似具规律沉积变化特征（见图 2.2.11）。水平沉积岩层风化碎屑物，普遍具有略具磨圆和一定分选的特征（见图 2.2.13）。

——丢番图（Diophantus）月坑水平岩层和沉积物特征

分布于雨海西南，口径大小约 17.5 km（见图 2.2.14）。纬度为 27.3°N，经度为 34.2°W（见图 2.2.15）。水平沉积岩层于月坑北和东北侧上部出露较好（见图 2.2.16）。岩层间分布较紧，组成水平岩层岩石以浅色岩屑为主，黑色"石油"泥流沿较细沉积层水平分布，浅色岩屑可能为斜长类岩石岩屑和风化物质。黑色岩屑和岩粉流上部颜色深，向下逐渐变浅，可能为黑色"石油"和淤泥物质（见图 2.2.17—图 2.2.20）。其分布局限且与沉积层出露有关，可能是月球早期沉积盆地有机生物的衍生物，或有机生物遗体腐烂的产物，因此推断它们和地球上的石油一样。水平沉积岩层的风化岩屑略具磨圆和分选特征，组成沉积水平岩层的物质以浅色岩屑为主，也见少量暗色岩屑分布（见图 2.2.20A）。从目前出露的剖面看，黑色"石油"主要与下部较细沉积物分布有关（见图 2.2.18—图 2.2.20）。

——卡罗林·赫歇尔（Caroline Herschel）月坑水平岩层和沉积物特征

分布于雨海西南，口径大小约 10 km（见图 2.2.21）。纬度为 34.36°N，经度为 31.39°W（见图 2.2.22）。水平岩层于月坑西北侧上部出露较好，岩层之间岩石颗粒粗细变化明显，似具规律沉积变化特征（见图 2.2.23）。水平沉积岩层风化的碎屑物，普遍略具磨圆和分选的特征（见图 2.2.24、图 2.2.25）。

——哈德利月溪（HadleyRille）岸壁水平岩层和沉积物特征

分布于雨海沉积平原东北边缘地带，所谓的"哈德利月溪"西南段。纬度为 24.6500，经度为 2.4700（见图 2.2.26、图 2.2.27）。月溪宽约 1 km，深约 400 m，水平岩层以月溪西岸出露较好（见图 2.2.28—图 2.2.30）。岩层间分布紧密，组成水平岩层岩石为浅色层状 9 - 13，可能为"浅变质板岩"（见图 2.2.31），为泥质沉积变质岩层组成。胶结紧密的泥质为主的水平沉积岩层，风化碎屑物大小混杂，均呈棱角状特征（见图 2.2.32）。与沉积碎屑略具磨圆和分选的松散分布沉积完全不同，碎屑物均以棱角状为主（见图 2.2.7、图 2.2.13、图 2.2.20A、图 2.2.25）。

2. 风暴洋（Oceanus Procellarum）沉积平原地貌和沉积的主要特征

（1）风暴洋（Oceanus Procellarum）沉积平原地貌的特征。风暴洋位于月球西半球，是一片广阔的灰色沉积平原。风暴洋是月球最大的月海，南北直径约 2500 km，面积约 400 万平方千米。以往认为风暴洋是充满 32 亿年～40 亿年月海玄武岩和含钾、稀土元素及含磷酸盐较高的特殊岩石——克里普岩的平原。但是对高识别度照片的研究结果显示，实际上风暴洋是水平分布着沉积岩层的沉积平原，而不是由火山喷发形成的玄武熔岩覆盖的平原，不过组成平原的沉积物中，含大量玄武岩屑和岩块，但不是熔岩流，而是略具磨圆和分选的沉积碎屑物。

（2）风暴洋（Oceanus Procellarum）沉积平原的沉积物特征。风暴洋目前发现有沉积水平岩层分布的地方，同样是在风暴洋沉积平原形成之后，一些天外小陨石撞击形成的小月坑的坑壁上出露所见。小月坑有 11 处之多，主要有：①C. 利希腾贝格（C. Lichtenberg）月坑；②B. 利希腾贝格（B. Lichtenberg）月坑；③E. 斯基亚帕雷利（E. Schiaparelli）月坑；④阿利斯塔克（Aristarchus）月坑；⑤F. 马吕斯（F. Mariu）月坑；⑥伽利略（Galilaei）月坑；⑦B. 开普勒（B. Kepler）月坑；⑧C. 开普勒（C. Kepler）月坑；⑨颗粒流 A（Granular Flow）月坑；⑩塌陷槽；⑪K. 埃里戈纽斯（K. Heregonius）月坑等（见图 2.2.33），现依次简述如下。

——C. 利希腾贝格（C. Lichtenberg）月坑水平沉积岩层和沉积物特征

C. 利希腾贝格（C. Lichtenberg）月坑，分布于风暴洋西南（见图 2.2.33、图 2.2.34），从所提供的纬度和经度数据推断，可能就是地形图上所标注的利希腾贝格（Lichtenberg）月坑（见图 2.2.35），或附近的更小的月坑。月坑直径约 5 km。纬度为 31.73，经度为 292.61。小月坑周边滑落堆积较多和连续，并延伸至月坑中心。沉积水平岩层出露于月坑西南坑缘最好（见图 2.2.36），但成层性和岩层延伸较差，胶结较紧，风化作用较弱，风化沟谷浅，形成的堆积扇不发育。组成岩层主要为深色粗颗粒岩块和岩屑物质（见图 2.2.37—图 2.2.39）。水平沉积岩层风化碎屑物，普遍略具磨圆和分选的特征（见图 2.2.40）。

——B. 利希腾贝格（B. Lichtenberg）月坑水平沉积岩层和沉积物特征

B. 利希腾贝格（B. Lichtenberg）月坑，分布于风暴洋南西（见图 2.2.33），月坑直径约 2 km（见图 2.2.41）。纬度为 33.2320，经度为 -61.4950（见图 2.2.42）。月坑中心堆积近圆形，全为撞击溅落融溶泥沙堆积物占据，并形成较广泛平坦的平原地貌。局部呈长条形丘陵出现。水平沉积岩层出露于月坑南北坑壁上部（见图2.2.43），断续延伸较好，层间较宽，但胶结较差（见图 2.2.44、图 2.2.45）。组成沉积层以杂色岩块、岩屑物质为主。水平沉积层分布区坑壁下方风化松散岩屑物质大量分布，并形成岩屑堆积扇和堆积裙。但扇顶明显为坑底堆积平原所覆盖，表明坑底堆积平原形成晚于堆积扇裙。水平沉积岩层风化碎屑物，均略具磨圆和分选特征（见图 2.2.46）。

——E. 斯基亚帕雷利（E. Schiaparelli）月坑水平沉积岩层和沉积物特征

E. 斯基亚帕雷利（E. Schiaparelli）月坑，分布于风暴洋西南（见图 2.2.33），直径大小约 2.5 km（见图 2.2.47），中心纬度为 27.0900，中心经度为 297.9300（见图 2.2.48）。月坑底近圆形，属于"干"坑底。中心为堆积丘陵，周边属沉积平原。水平沉积岩层出露于月坑南、北坑壁上部（见图 2.2.49）。北侧坑壁水平沉积岩层出露好且连续发育，层间隔较密集（见图 2.2.50、图 2.2.51）。南侧坑壁水平沉积岩层出露较差，断续分布，成层性较差（见图 2.2.52、图 2.2.53）。组成沉积层以浅色岩块、岩屑物质为主。水平沉积层分布区坑壁下方风化松散岩屑物质大量分布，并形成岩屑堆积扇和堆积裙。扇体前缘大多明显为坑底堆积平原所覆盖，但后期少量岩屑物质又覆盖于坑底形成的环形沉积平原之上，表明坑底堆积平原主要形成时期晚于堆积扇裙，但堆积扇后来又重新活动。水平岩沉积层风化碎屑物，均略具磨圆特征（见图 2.2.54）。

——阿利斯塔克（Aristarchus）月坑巨岩块水平沉积岩层和沉积物特征

阿利斯塔克（Aristarchus）月坑，分布于风暴洋东南（见图 2.2.33），月坑直径约 40 km（见图 2.2.55）。纬度为 23.9100，经度为 312.7600（见图 2.2.56）。月坑底呈不甚规则圆形，属于"干"坑底，地势较平缓，为撞击溅落堆积物组成，具明显小的中央峰，坑壁阶梯状滑落断裂十分发育。水平沉积岩层呈巨大岩块零星分布于北坑壁之上，未见基岩出露水平岩层，故推断该具水平层理岩块系坑底基岩经撞击溅落堆积岩块。依据岩块经强烈撞击和降落层理仍保存完好，推断其为胶结紧密变质岩层形成的。并由此推断阿利斯塔克（Aristarchus）月坑坑底存在较厚互层状沉积变质岩层和白色大理岩层。组成沉积层物质以浅色岩石为主，间较细粒黑色岩石，可能相当于地球上陕西南部的寒武纪"石煤"（见图 2.2.59B）。浅色岩层层厚较大，深色岩层层厚较薄（见图 2.2.57—图 2.2.59）。溅落堆积全由大小不同的沉积变质岩屑和岩块所组成（见图 2.2.59A）。表明阿利斯塔克月坑所在区域的基岩，为沉积变质岩石。岩层风化碎屑物，多大小混杂和具棱角状特征（见图 2.2.59B）。

——马吕斯 A（Marius A）月坑水平沉积岩层和沉积物特征

A. 马吕斯（A. Marius）月坑，分布于风暴洋东南（见图 2.2.33），根据原图所提供的 F. 马吕乌斯（F. Marius）月坑纬度和经度数据推测，它可能就是地形图上所标注的 A. 马吕乌斯（A. Marius）月坑（见图 2.2.60）。月坑直径约 4 km。纬度为 12.6510，经度为 −45.8070（见图 2.2.61）。东南坑壁见少量规模小的滑落堆积。水平沉积岩层出露于月坑东部坑壁上部，成层性好，胶结紧密，延伸长且连续，层间隔小（见图 2.2.62）。组成沉积层以浅色岩层为主，间较细粒深灰色岩层。浅色岩层层厚较大，深色岩层层厚较薄（见图 2.2.63、图 2.2.64）。水平沉积岩层分布区坑壁下方风化松散岩屑物质大量分布，并形成岩屑堆积扇和堆积裙。水平沉积岩层风化碎屑物，均略具磨圆和分选特征（见图 2.2.65）。

——伽利略（Galilaei）月坑水平沉积岩层和沉积物特征

伽利略（Galilaei）月坑，分布于风暴洋之中部（见图 2.2.33），月坑直径约 3 km（见图 2.2.66）。纬度为 10.4570，经度为 297.3210（见图 2.2.67），月坑底近圆形，属于"干"坑底。月坑西、南滑落堆积明显，中心及东北一带地势平缓，水平沉积岩层出露于月坑东北坑壁上部最好，层理密集、清晰，断面多平直。胶结较紧（见图 2.2.68—图 2.2.70），以浅色岩石为主。水平沉积岩层出露区之下的岩壁上有较多风化碎屑物质，呈小扇状堆积分布。水平沉积岩层风化碎屑物，均略具磨圆和分选特征（见图 2.2.71）。

——开普勒（Kepler）月坑西北坑缘水平沉积岩层和沉积物特征

B. 开普勒（B. Kepler）月坑，分布于风暴洋东南（见图2.2.33），从所提供的纬度和经度数据看，它可能就是地形图上所标注的开普勒（Kepler）月坑（见图2.2.72）。月坑直径约30 km。纬度为8.1500，经度为321.7300（见图2.2.73）。月坑底近圆形，属于"干"坑底。水平沉积岩层出露于月坑北和西北坑壁上部最好，层理密集、清晰，胶结较紧，以浅色岩石为主（见图2.2.74—图2.2.77）。水平沉积岩层出露区之下的岩壁上有少量风化碎屑物质在陡峭的水平沉积岩层之下，呈小扇状堆积分布。水平沉积岩层风化碎屑物，均略具磨圆和分选特征（见图2.2.78）。

——C. 开普勒（C. Kepler）月坑东北缘水平沉积岩层和沉积物特征

开普勒（Kepler）月坑东北缘，分布于风暴洋东南（见图2.2.33），从所提供的纬度和经度数据看，可能就是地形图上所标注的开普勒（Kepler）月坑的不同部位。月坑近圆形，口径大小约30 km。纬度为8.0500，经度为322.0200（见图2.2.79）。月坑壁下有大量滑落堆积岩块分布于月坑底部。水平沉积岩层出露于月坑北坑壁上部最好，层理密集、清晰，胶结较紧，以浅色岩石为主。水平沉积岩层出露区之下的岩壁上有少量风化碎屑物质，呈小扇状堆积分布（见图2.2.80—图2.2.82）。水平沉积岩层风化碎屑物，均略具磨圆和分选特征（见图2.2.83）。

——颗粒流A（Granular Flow）月坑水平沉积岩层和沉积物特征

颗粒流A（Granular Flow）月坑，分布于风暴洋西南（见图2.2.33），从所提供的经度、纬度位置，在地形图上为无显示的极小月坑。近圆形，口径大小约1 km。纬度为0.5800，经度为289.9900。水平沉积岩层出露月坑的东南坑壁上部（见图2.2.84），呈断续分布。层理成层性较差，但胶结尚紧（见图2.2.85—图2.2.87），以浅色岩石为主。风化产物以常形成长舌状颗粒流为特征。水平沉积岩层风化碎屑物，均略具磨圆和分选特征（见图2.2.88）。

——塌陷槽水平沉积岩层和沉积物特征

塌陷槽，分布于风暴洋西南滨岸带附近（见图2.2.33），D. Lohrmann月坑中心之南约20 km（见图2.2.89、图2.2.90）。纬度为-0.8100，经度为294.6500，塌陷槽呈西北-东南走向，横断面呈"V"形（见图2.2.91），宽约3 km，断续延长约27 km。水平沉积岩层于塌陷槽上部，层理发育较差，由粗大岩块堆积形成，胶结松散（见图2.2.92）。槽底岩块冻胀作用十分明显，并形成冻胀岩屑堆和石环构造（见图2.2.93）。岩层风化碎屑物磨圆度明显较差（见图2.2.94、图2.2.95）。

——K. 埃里戈纽斯（K. Heregonius）月坑水平沉积岩层和沉积物特征

K. 埃里戈纽斯（K. Heregonius）月坑，分布于风暴洋东南（见图2.2.33），近圆形，口径大小约30 km（见图2.2.96）。纬度为-12.5880，经度为323.5670，月坑底近圆形，属于"有水"坑底。南北月坑壁水平沉积岩层出露较好（见图2.2.97），层理不甚明显，胶结松散（见图2.2.98、图2.2.99）。组成岩层物质以浅色岩屑为主，水平沉积岩层风化碎屑物，均略具磨圆和分选特征（见图2.2.100）。

3. 澄海（Mare Serenitatis）沉积平原

（1）澄海（Mare Serenitatis）沉积平原地貌特征。澄海（Mare Serenitatis）沉积

平原位于月球东半球,是一片广阔的灰色沉积平原。澄海(Mare Serenitatis)沉积平原近圆形,直径约 620 km,面积约 30 万平方千米。以往认为澄海(Mare Serenitatis)沉积平原,是充满月海玄武岩的平原。但是通过高识别度照片研究结果,实际上澄海(Mare Serenitatis)沉积平原,是大量发育水平岩层的沉积平原,而不是由火山喷发形成的玄武熔岩覆盖的平原,不过组成平原的沉积物中含大量玄武岩屑和岩块。

(2)澄海(Mare Serenitatis)沉积平原的沉积物特征。目前发现有沉积水平岩层分布的小月坑有 7 处之多,主要有:F. 林耐(F. Linne)、Y. 波西多尼乌斯(Y. Posidonius)月坑、宋梅月溪(Rima Sung-Mei)、热融塌陷坑、热融塌陷带、贝塞尔(Bessel)月坑和道斯(Dawes)月坑等(见图 2.2.101)。现分别简述如下。

——F. 林耐(F. Linne)月坑水平沉积岩层和沉积物特征

F. 林耐月坑,分布于澄海沉积平原之北(见图 2.2.101),近圆形,直径约 4.3 km(见图 2.2.102)。纬度为 32.9340,经度为 13.8790(见图 2.2.103)。水平沉积岩层于月坑的南北出露较好(见图 2.2.104)。但岩层成层性和胶结较差,主要由浅色粗碎屑和岩块组成(见图 2.2.105、图 2.2.106)。水平沉积岩层风化碎屑物,均略具磨圆和分选特征(见图 2.2.107)。

——Y. 波西多尼乌斯(Y. Posidonius)月坑水平沉积岩层和沉积物特征

Y. 波西多尼乌斯(Y. Posidonius)月坑,分布于澄海沉积平原之东侧(见图 2.2.101),纬度为 30.0800,经度为 24.9400(见图 3.2.108)。圆形,直径约数千米(见图 3.2.109)。水平沉积岩层于月坑的东南坑缘上部分布较好(见图 2.2.110)。水平沉积岩层分布较连续,胶结中等或松散(见图 2.2.111),主要由粗颗粒的岩屑和岩块组成。水平沉积岩层风化碎屑物,均略具磨圆和分选特征(见图 2.2.112)。

——宋梅月溪(Rima Sung-Mei)水平沉积岩层和沉积物特征

宋梅月溪水平沉积岩层,分布于澄海沉积平原之西(见图 2.2.101、图 2.2.113),纬度为 25.2000,经度为 11.3000(见图 2.2.114)。实际上不是月溪,而是一条热融断陷带岸边的上部(见图 2.2.114)。出露较差,水平沉积岩层分布较断续,岩层胶结较紧,主要由浅色粗碎屑和岩块组成(见图 2.2.115)。水平沉积岩层风化碎屑物,均略具磨圆和分选特征(见图 2.2.116)。

——热融塌陷坑水平沉积岩层和沉积物特征

热融塌陷坑水平沉积岩层,分布于澄海沉积平原之西边缘地区(见图 2.2.101、图 2.2.117)。中心纬度为 19.6900,中心经度为 10.2700(见图 2.2.118)。热融塌陷坑形态呈椭圆形(见图 2.2.119),水平沉积岩层出露较差,分布断续,但岩层胶结较紧(见图 2.2.120),主要由浅色粗碎屑和岩块组成(见图 2.2.121)。水平沉积岩层风化碎屑物,均略具磨圆和分选特征(见图 2.2.122)。

——热融塌陷带水平沉积岩层和沉积物特征

热融塌陷带水平沉积岩层,分布于澄海沉积平原之南近中心地区(见图 2.2.101、图 2.2.123)。纬度为 19.5800,经度为 14.9500(见图 2.2.124)。整条塌陷带分布较长。水平沉积岩层仅出露于某些地段(见图 2.2.125)。岩层胶结较紧,主要由浅色粗碎屑和岩块组成(见图 2.2.126)。水平沉积岩层风化碎屑物,均略具磨圆和分选特征（见图2.2.127）。

——贝塞尔（Bessel）月坑水平沉积岩层和沉积物特征

贝塞尔月坑，分布于澄海沉积平原中部偏东（见图2.2.101），近圆形，直径约16 km（见图2.2.128）。纬度为21.6300，经度为18.0800（见图2.2.129）。水平沉积岩层仅出露于月坑南、北某些地段（见图2.2.130）。岩层分布有的连续，有的断续（见图2.2.131—图2.2.134），但胶结均较紧，主要由浅色粗碎屑和岩块组成。水平沉积岩层风化碎屑物，均略具磨圆和分选特征（见图2.2.135）。

——道斯（Dawes）月坑水平沉积岩层和沉积物特征

道斯月坑，分布于澄海沉积平原之南边缘地带（见图2.2.101），近圆形，直径约16 km（见图2.2.136）。纬度为17.1910，经度为26.4030（见图2.2.137）。水平沉积岩层出露于月坑南、北较好。岩层分布连续，胶结均较紧，主要由浅色粗碎屑和岩块组成（见图2.2.138—图2.2.144）。冲沟发育普遍，冲洪积扇分布广泛。水平沉积岩层风化碎屑物大多略具磨圆和分选，浅色为主的岩屑组成为特征（见图2.2.145）。水平岩层上部局部见水冰冰川分布。

4．静海（Mare Tranquillitatis）沉积平原地貌和沉积的主要特征

（1）静海（Mare Tranquillitatis）沉积平原的特征。月球静海（Mare Tranquillitatis），又称宁静海，位于宁静盆地之内。

静海（Mare Tranquillitatis）沉积平原位于月球东半球，月球正面的东侧，澄海（Mare Serenitatis）沉积平原的东南，西北紧邻澄海之东南，是一片广阔的灰色沉积平原。静海（Mare Tranquillitatis）沉积平原，呈不甚规则圆形，直径约640 km，面积约32万平方千米。以往认为静海沉积平原是充满月海玄武岩的平原，但是通过高识别度照片研究结果，它实际上是分布着水平沉积岩层的沉积平原，而不是由火山喷发形成的玄武熔岩覆盖的平原，不过组成平原的沉积物中含大量玄武岩屑和岩块。

（2）静海（Mare Tranquillitatis）沉积平原的沉积物特征。目前发现有沉积水平岩层分布的小月坑和月溪不多，仅有3处，即卡雷尔（Carrel）月坑、阿里埃代斯（Rima Ariadaeus）月溪和丢尼修（Detourl）月坑（见图2.2.146）。现依次简述如下。

——卡雷尔（Carrel）月坑水平沉积岩层和沉积物特征

卡雷尔（Carrel）月坑，分布于静海沉积平原中部偏北地区（见图2.2.146）。纬度为10.6300，经度为26.6500（见图2.2.147）。形态近圆形，直径约16 km（见图2.2.148）。月坑东侧坑壁有大块滑坡堆积分布。水平沉积岩层出露于月坑之北坑壁上部（见图2.2.149）。沉积岩层层理发育较差，但胶结较紧（见图2.2.150），主要由浅色岩碎屑和岩块组成。水平沉积岩层风化碎屑物，均略具磨圆和分选特征（见图2.2.151）。

——阿里埃代斯月溪（Rima Ariadaeus）碎屑沉积岩层和沉积物特征

所谓的阿里埃代斯月溪（Rima Ariadaeus），实际上是呈西北延伸的槽形带状热融断陷带（见图2.2.152）。分布于静海沉积平原西南边缘地带（见图2.2.146〈2〉）。纬度为5.6800，经度为15.3300（见图2.2.153）。碎屑沉积岩层出露于月溪东北岸上（见图2.2.154），层理发育尚好，胶结较紧，主要由深色和浅色岩碎屑和岩块组成（见图 2.2.155）。风化碎屑物，均略具磨圆和分选特征（见图 2.2.156）。可能因位于静南西边缘地带，颗粒较粗。

——丢尼修（Dionysius）月坑水平沉积岩层和沉积物特征

丢尼修（Dionysius）月坑，分布于静海沉积平原西南边缘地带（见图 2.2.146〈3〉、图 2.2.157），呈近圆状，东侧坑壁可见有巨大的和较完整的滑塌体分布，且坑壁上部有大量水冰冰川发育。纬度为 2.6640，经度为 17.1810（见图 2.2.158）。水平沉积岩层出露于月坑东北坑壁上部。沉积岩层层理发育尚好，胶结较紧，主要由深色和浅色岩碎屑和岩块组成（见图 2.2.159—图 2.2.163）。风化碎屑物大多略具磨圆和分选，浅色为主岩屑组成，也见较多黑色玄武岩砾石出现（见图 2.2.164）。

5. 丰富海（Mare Fecunditatis）沉积平原地貌和沉积的主要特征

（1）丰富海（Mare Fecunditatis）沉积平原的特征。丰富海，又称丰饶海、丰海，位于月球的东南半球，纬度为 7.8°S，经度为 51.3°E。直径 909 km，面积约 65 km^2（见图 2.2.165）。我国首颗人造绕月探测卫星，在累计飞行 494 天后，于北京时间 2009 年 3 月 1 日 16 时 13 分 10 秒成功落在丰富海区域。

以往认为丰富海沉积平原是充满月海玄武岩的平原，但是通过高识别度照片研究发现，丰富海沉积平原实际上是分布着水平沉积岩层的沉积平原，而不是由火山喷发形成的玄武熔岩覆盖的平原，不过组成平原的沉积物中，含大量玄武岩屑和岩块。

（2）丰富海（Mare Fecunditatis）沉积平原的沉积物特征。目前发现有水平沉积岩层分布的小月坑，仅有 2 处：西奇 X（Secchi X）月坑和梅西耶 A（Messier A）月坑（见图 2.2.165〈1〉、〈2〉）。现依次简述如下。

——西奇 X（Secchi X）月坑水平沉积岩层和沉积物特征

西奇 X（Secchi X）月坑，分布于丰富海沉积平原北西（见图 2.2.165〈1〉），纬度为 -0.4920，经度为 24.2140，近圆形（见图 2.2.166—图 2.2.168）。水平沉积岩层出露于月坑之西南和北。分布于月坑之西南的水平沉积岩层，成层性好，分布较连续，胶结较紧（见图 2.2.169—图 2.2.171）。分布于月坑之北的水平沉积岩层，成层性较差，分布较断续（见图 2.2.172—图 2.2.174）。岩层主要由浅色岩石碎屑和岩块组成。岩层风化碎屑物大多由略具磨圆和浅色为主岩屑组成（见图 2.2.175）。

——梅西耶 A（Messier A）月坑水平沉积岩层和沉积物特征

梅西耶 A（Messier A）月坑，分布于丰富海沉积平原北部近中心地带（见图 2.2.165〈2〉），纬度为 -1.8500，经度为 46.8900，近圆形（见图 2.2.176、图 2.2.177）。水平沉积岩层出露于月坑南壁上部（见图 2.2.178）。成层性好，分布较连续，胶结较紧（见图 2.2.179—图 2.2.181）。岩层主要由浅色岩石碎屑和岩块组成。风化碎屑物大多由略具磨圆的浅色岩屑组成（见图 2.2.182）。

6. 酒海（Mare Nectaris）沉积平原地貌和沉积的主要特征

（1）酒海（Mare Nectaris）沉积平原的特征。酒海沉积平原位于月球正面东南，其北与静海相邻，其东北与丰富海相接。色调明显较暗，以往认为是火山熔岩覆盖所造成的，但是根据高识别度照片研究结果，酒海实际上是分布着水平沉积岩层的沉积平原。酒海沉积平原，形态近圆形，最大直径约 333 km，面积约 10 万平方千米（见

图2.2.183）。

(2) 酒海（Mare Nectaris）沉积平原的沉积物特征。酒海沉积平原目前发现有水平沉积岩层分布的月坑仅1处，即达盖尔（Daguerre）月坑之西的一个小月坑（见图2.2.184箭头所示）。达盖尔（Daguerre）月坑为一个仅见有坑缘出露的满充填"深水月坑"。小月坑纬度为-11.6700，经度为33.1200（见图2.2.185）。水平沉积岩层于小月坑之南坑壁上部分布最好，主要由被黑色"石油"浸染成深色和浅色的岩屑和岩块组成。岩层成层性较好，胶结较紧（见图2.2.186—图2.2.188）。小月坑无论是深色的还是浅色的水平沉积岩层，风化碎屑物大多略具磨圆和分选特征（见图2.2.189）。

7. 知海（Mare Cognitum）沉积平原地貌和沉积的主要特征

(1) 知海（Mare Cognitum）沉积平原的特征。知海（Mare Cognitum）原先没有名称，是美国首艘发回近距离月表照片的航天器——徘徊者7号空间探测器撞击目标后而获名。后来因阿波罗12号着陆地点位于知海中勘测者3号坠落点附近处，被统称为"知海基地"。

(2) 知海（Mare Cognitum）沉积平原的沉积物特征。知海（Mare Cognitum）沉积平原位于风暴洋东南，云海之西北（见图2.2.190）。阿勒佩特尔吉斯E（Alpetraius E）月坑，近圆形，直径约376 km，面积约7.3万平方千米（见图2.2.191）。纬度为-15.1330，经度为353.2420（见图2.2.192）。岩层在月坑北坑壁分布较多，但成层性较差，分布断续（见图2.2.193—图2.2.195），主要由浅色岩石碎屑和岩块组成。水平沉积岩层风化碎屑物，均略具磨圆和分选特征（见图2.2.196）。

8. 云海（Mare Nubium）沉积平原地貌和沉积的主要特征

(1) 云海（Mare Nubium）沉积平原的特征。云海（Mare Nubium）沉积平原，分布于月球正面南半球之西南，曾被认为是一块古老、布满凝固岩浆或熔岩的平原，最大直径约715 km，面积约25.4万平方千米（见图2.2.197）。但是根据高识别度照片研究结果，云海实际上是分布着水平沉积岩层的沉积平原。

(2) 云海（Mare Nubium）沉积平原的沉积物特征。云海（Mare Nubium）沉积平原，目前仅在一南北长约125 km，高约240 m的正断裂上见到水平沉积岩层出露（见图2.2.198）。纬度为-21.7000，经度为352.2400（见图2.2.199）。断层附近一小月坑的坑壁上水平沉积岩层出露较多，其次是沿断崖有较多分布。层理发育较差，胶结较松散。岩层主要由浅色岩屑和岩块组成（见图2.2.200—图2.2.202）。水平沉积岩层风化碎屑物均略具磨圆和分选特征（见图2.2.203）。

9. 湿海（Mare Humorum）沉积平原地貌和沉积的主要特征

(1) 湿海（Mare Humorum）沉积平原的特征。湿海（Mare Humorum）沉积平原，是一个位于月球正面的小型环状月海，近圆形，直径约389 km，面积约12万平方千米（见图2.2.204）。它曾被认为是一个古老的撞击盆地，后来被火山熔岩淹没和填满。但是根据高识别度照片研究结果，湿海实际上是分布着水平沉积岩层的沉积平原。

(2) 湿海（Mare Humorum）沉积平原的沉积物特征。湿海（Mare Humorum）沉积平原，目前仅在边界断层附近大量泥裂发育区见到李比希 J（Liebig J）月坑坑壁上有水平沉积岩层分布。李比希 J（Liebig J）月坑，呈圆形，位于湿海之西，纬度约为 24.7°，经度约为 45.8°（见图 2.2.205）。月坑东北坑壁上部所见水平沉积岩层出露尚好，但层理发育较差，胶结较紧（见图 2.2.206、图 2.2.207、图 2.2.208）。岩层主要由浅色岩屑和岩块组成。水平沉积岩层风化碎屑物均略具磨圆特征（见图 2.2.209）。

10. 云海东南让森 K（Janssen K）（月陆区）水平沉积岩层和沉积物特征

云海东南让森 K（Janssen K）月坑，分布于云海东南月陆区上的一个较大月坑中（见图 2.2.210、图 2.2.211）。纬度为 -46.5700，经度为 42.2300（见图 2.2.212、图 2.2.213）。

堆积层分布于月坑南坑壁上部（见图 2.2.214），层理发育较差，断续和零星分布（见图 2.2.215、图 2.2.216）。岩层胶结较差，主要由浅色岩屑和岩块组成。堆积层风化碎屑物具棱角状和略具磨圆岩屑分布特征（见图 2.2.217）

（二）"月坑沉积平原"地貌和沉积的主要特征

月坑沉积平原，是指月坑底全为碎屑堆积物所覆盖的平原，表面多平坦且光滑。早期月坑堆积平原面上，分布较多和较大的月坑，一般色调较浅，在月球背面有较广泛分布。

现就"柏拉图月坑沉积平原"和"阿基米德月坑沉积平原"简介如下。

1. 柏拉图月坑沉积平原地貌和沉积的主要特征

（1）柏拉图月坑沉积平原地貌特征。柏拉图月坑沉积平原，在月坑分类上属于"湿地月坑"。近圆形，直径约 106 km，平均坑深 1.8 km。平原面平坦（见图 2.2.218），分布于月球正面的北半球，纬度为 51.6°N，经度为 9.5°W（Lat：50.0314，Lon：-8.4017）（见图 2.2.219）。东西坑壁陡峭而平直。两坑壁与水平面夹角分别为 85.5°和 84.5°（见图 2.2.220）。东西向平原面宽约 90 km，东侧平原面比西侧略高出约 240 m（见图 2.2.221），坑壁最高约 2500 m；南北向平原面宽约 85 km，北侧平原面比南侧略高出约 350 m，南北向坑壁陡峭，坑壁最高约 2000 m（见图 2.2.222）。

（2）柏拉图月坑沉积平原的沉积物特征。柏拉图月坑沉积平原上，后期形成的小月坑不多。从目前小月坑的组成物质看，全为沉积碎屑岩。碎屑物大小相差不大，并且均以浅色的碎屑岩为主。组成柏拉图沉积平原的碎屑物质大多具棱角状（见图 2.2.223—图 2.2.226）。

柏拉图月坑沉积平原均分布于雨海边缘或近海区域，说明它们很可能是当时为雨海海水所淹没之下的浅水区，或湿地区。月坑类型应属于"湿地月坑"或"浅水月坑"。

2．阿基米德月坑沉积平原地貌和沉积的主要特征

（1）阿基米德月坑沉积平原地貌特征。阿基米德月坑沉积平原，月坑分类上属于"湿地月坑"（见图2.2.227）。分布于月球正面的北半球，纬度为29.5°N，经度为4.0°W（见图2.2.228）。与柏拉图月坑沉积平原十分相似。近圆形，直径约75 km。平原面平坦，东西向宽70 km，南北向宽约65 km。坑壁平直。平原面西侧比东侧高出150 m，平原面与坑壁最大高差1931 m（见图2.2.229）。平原面北侧比南侧只高出66.5 m。平原面与坑壁最大高差2100 m（见图2.2.230）。按照水平比例为千米（km），垂直比例为米（m），东西两坑壁与水平面夹角均为84.5°（见图2.2.231）。

（2）阿基米德月坑沉积平原的沉积物特征。阿基米德月坑沉积平原的沉积物，也主要见于一些小月坑中（见图2.2.232、图2.2.234）。目前见到的小月坑的组成物质，主要也是浅色沉积岩屑和岩块（见图2.2.233、图2.2.235），具棱角状，磨圆的碎屑不多（见图2.2.236）。

阿基米德月坑沉积平原均分布于雨海边缘或近海区域，说明它们很可能是当时为雨海海水所淹没之下的浅水区，或湿地区。月坑类型应属于"湿地月坑"。

除上述月坑沉积平原外，在月球的正、反面也见不少分布，尤其在月海周边和艾肯盆地、南海盆地中，有大量出现。但它们形成时代都比较早。在这些月坑堆积平原上普遍存在较多的小月坑分布。如月球背面北半球的门捷列夫（Mendeleev）"湿地月坑"（纬度5.1°N，经度142.2°E）（见图2.2.237）；奥本海默（Oppenheimer）"湿地月坑"（纬度35.1°S，经度165.9W）（见图2.2.238）；艾肯盆地中的汤姆孙（Thomson）"湿地月坑"（纬度32.10S，经度166.2°E）（见图2.2.239）；月球正面风暴洋西南周边形成的克鲁格（Cruger）"湿地月坑"堆积平原（纬度16.9°S，经度66.8°W）；等等。相当于本专著的月球"浅水月坑"和"湿地月坑"（详见第八章），发育都十分典型。

（三）"山间盆地沉积平原"地貌和沉积的主要特征

山间盆地沉积平原，是指较大陨石撞击月表，使月表下水冰融溶水与泥沙混合，并溅射到月球周边附近的山间盆地或一些坑壁上较宽处堆积产生的。目前保存较多较好的山间盆地沉积平原，主要是哥白尼纪及以后形成的"陆地月坑"，分布比较普遍，特征大同小异。因受分辨率限制，仅就第谷月坑周边分布的山间盆地沉积平原作较详细介绍。

1．第谷月坑周边山间盆地沉积平原特征

第谷月坑，呈近圆形（见图2.2.240），周边分布的山间盆地沉积平原，多分布于月坑的东侧和北侧。盆地大小不一，形态各异（见图2.2.244、图2.2.246、图2.2.247～图2.2.252），有的形成相互联结的沉积平原分布网络（见图2.2.241—图2.2.243、图2.2.248）。受当地地形制约，多为长条状、近圆状和不甚规则状等。山间盆地沉积平原面，常见有"泥裂"（见图2.2.244—图2.2.246、图2.2.251）或裂隙（见图2.2.249、图2.2.250）分布。

2. 第谷月坑周边山间盆地沉积平原的沉积物特征

关于组成山间盆地沉积平原的物质，以往研究者大多或一致认为是喷发的玄武岩形成的（即火山熔浆充填的熔岩池的简称）或形成第谷月坑时因撞击高温岩石熔融充填产生的所谓"熔池"。而实际上，从撞击形成的一些小月坑物质组成可以看出，它们都是由浅色的泥沙和岩石碎屑物质所组成（见图2.2.243、图2.2.245、图2.2.247），大小相差不大，是经历过明显垂向沉积和粗略分选作用过程，因此多具下粗上细碎屑物质分布特征，而不是黑色块状玄武熔岩。

除上述山间盆地沉积平原外，在月球的正、反面也见不少分布。平原面上常有较多小月坑在沉积平原面上出现，如危海东浪海（Mare Undarum）早期山间盆地沉积平原（纬度7.5°N，经度69.4°E）（见图2.2.253、图2.2.254）；危海东界海（Mare Marginis）早期山间盆地沉积平原（纬度14.1°N，经度83.2°E）（见图2.2.255）；史蜜斯海（Mare Smythii）早期山间盆地沉积平原（纬度1.5°S，经度87.0°E）（见图2.2.256）；月球背面南半球艾肯早期山间盆地沉积平原（纬度48.0°S，经度168.0°W）（见图2.2.257）；等等。

三、"月海沉积平原""月坑沉积平原"和"山间盆地沉积平原"特征对比

综上所述，月海沉积平原、月坑沉积平原和山间盆地沉积平原，在平原面积大小、形态特征、伴生地貌、沉积物色调、沉积物磨圆度和分选性、沉积物构造、中央峰和分布范围等方面，都有明显差异，现列表对比，见表2.2.1。

表2.2.1 "月海沉积平原""月坑沉积平原"和"山间盆地沉积平原"特征对比

沉积平原	分布面积（km^2）	形态特征	伴生地貌	沉积物色调	沉积物磨圆度	沉积物构造	中央峰	分布范围
"月海沉积平原"	12万~40万	近圆形和不甚规则形	液化砂垄、裂隙和断裂	以浅色为主	略具磨圆和分选性	沉积水平层理发育	无	广泛分布
"月坑沉积平原"	400~1400	近圆形	液化砂垄少见	以浅色为主	略具分选性、颗粒棱角状为主	未分（混杂堆积）	有明显中央峰	分布有限
"山间盆地沉积平原"	0.1~2	多为不甚规则形	大量分布中、小型月坑沉积平原、次生构造发育（泥裂和裂隙、"推覆构造"）	以浅色为主	略具分选性、颗粒棱角状为主	垂向重力分选	无	分布有限

四、月球沉积平原地貌和沉积历史演化

通过对月球上与水或水冰有关的地貌和沉积的研究发现，在月球历史发展过程中，月球水从无到有，从少到多，又从多变少。沉积平原地貌和沉积物大约延续到雨海纪后期。因为月海中目前分布的最大月坑大多都比哥白尼月坑小，且几乎全为"陆地月坑"，表明月海中哥白尼纪这一时期产生的月坑都因月海有大量水体分布，致使无法保留正常月坑的形态特征，仅有少量"深水月坑"保留，造成月海区的月坑分布上较之月陆区，缺少像哥白尼月坑那样规模的月坑出现。大约直至哥白尼纪中晚期，湖水才逐渐蒸发干涸成为广阔无垠的陆地平原，并开始进入"陆地月坑"形成阶段。目前月球正面月海中小月坑坑壁分布的水平沉积岩层普遍存在，风化物质大多以浅色调、略具磨圆和分选特征的岩屑和岩块所组成。其中雨海有5处，风暴洋有11处，澄海有7处，静海有3处，丰富海有2处，酒海、知海、云海、湿海等各有1处。这充分说明月海为沉积作用形成的沉积平原，而绝不可能是火山喷发熔浆充填的"熔岩盆地"。因为迄今为止不见有熔岩分布，也不见有熔岩通道火山口出现。

掘《月球新观》一书资料，"月球探测者"伽马射线能谱钍 Th 浓度，显示出最高浓度在月球正面的雨海-风暴洋区域和月球背面的艾肯盆地中（见图 2.2.258、图 2.2.259）。"月球探测者"伽马射线能谱 FeO 浓度，显示出最高浓度在雨海-风暴洋区域和月球背面的艾肯盆地中。（见图 2.2.260、图 2.2.261）。可能表明，其是由于月海沉积平原有利的氧化环境所致。因为黏土矿物对钍的选择性吸附，以及钍在稳定矿物中的存在，是控制沉积岩中钍的分布的主要因素。钍常作为黏土矿物指示剂，钍铀比可作为沉积环境的指示。因此，从钍和 FeO 伽马射线能谱浓度分布特征，也说明月海是沉积平原而不是"熔岩盆地"。

五、月球沉积平原地貌和沉积发现的意义

月球沉积平原地貌和沉积，是在水的参与作用下产生的，因此它的发现表明形成沉积平原时月表曾有大量水体分布，为研究月球水的形成和演化历史提供重要依据。

以下附第二章第二节图：

第二章 月球"水"形成的地貌和沉积（遗迹）特征

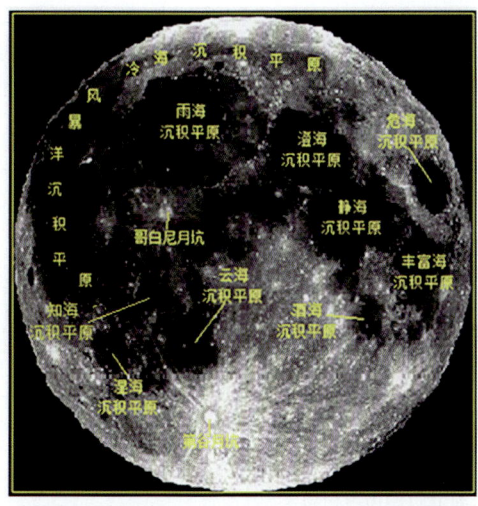

图2.2.1 月球正面主要月海沉积平原分布图

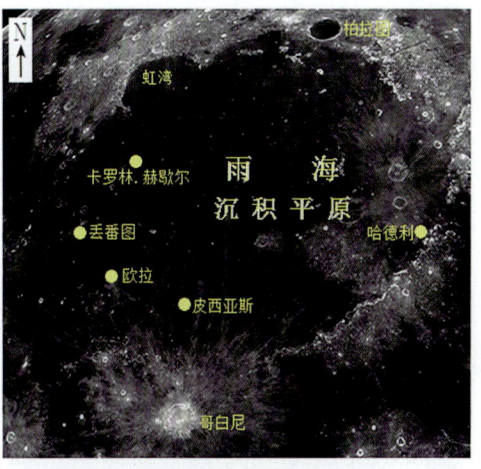

图2.2.2 雨海沉积平原卫星影像图（圆点示有水平沉积层分布的小月坑）

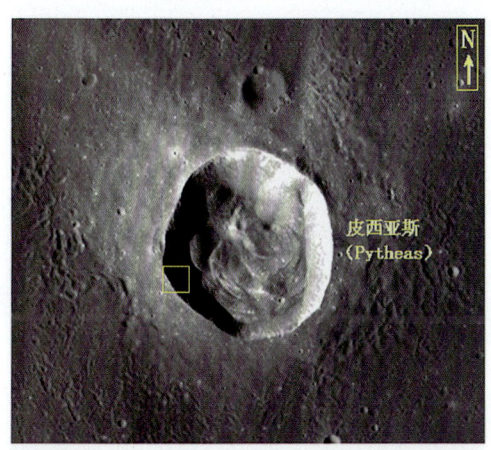

图2.2.3 雨海沉积平原西南皮西亚斯（Pytheas）"陆地月坑"卫星影像图

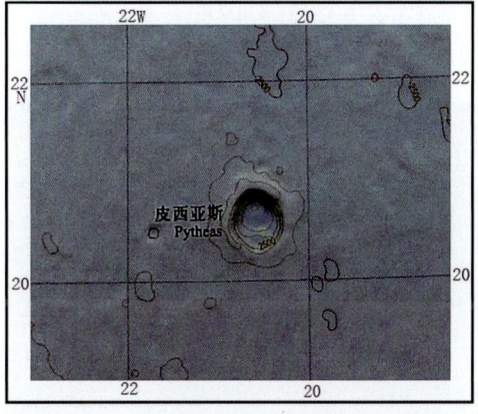

图2.2.4 雨海沉积平原西南皮西亚斯（Pytheas）"陆地月坑"及附近地形分布图

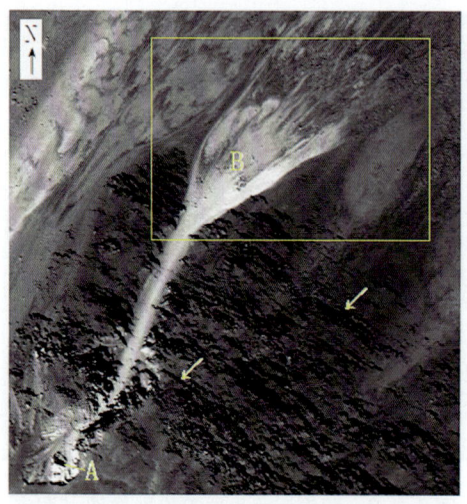

图2.2.6 为图2.2.5方框局部放大

示皮西亚斯"陆地月坑"西南一侧的坑壁上部水平沉积岩层由深色和浅色岩屑物质组成,白色扫帚状可能为堆积物含水冰所致

图2.2.5 为图2.2.3方框局部放大

示雨海沉积平原皮西亚斯（Pytheas）"陆地月坑"水平沉积岩层构造十分明显和清晰：A 为热融崩塌区,B 为热融崩塌堆积扇,箭头所示

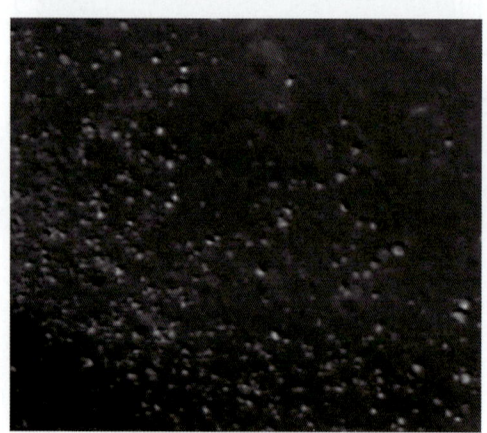

图2.2.7 皮西亚斯（Pytheas）"陆地月坑"水平沉积岩层风化碎屑物

大多以浅色调、略具磨圆和分选的岩块和岩屑物质组成

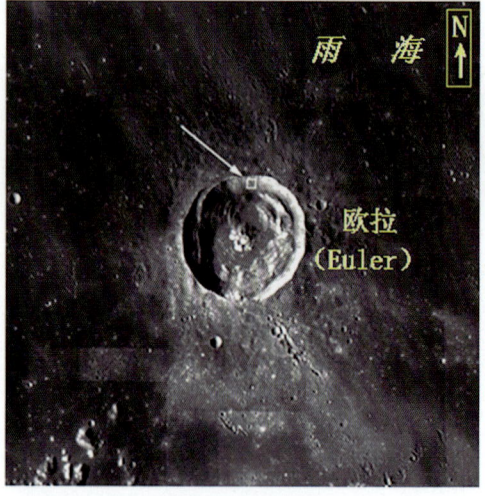

图2.2.8 雨海沉积平原西南欧拉（Euler）"陆地月坑"卫星影像图

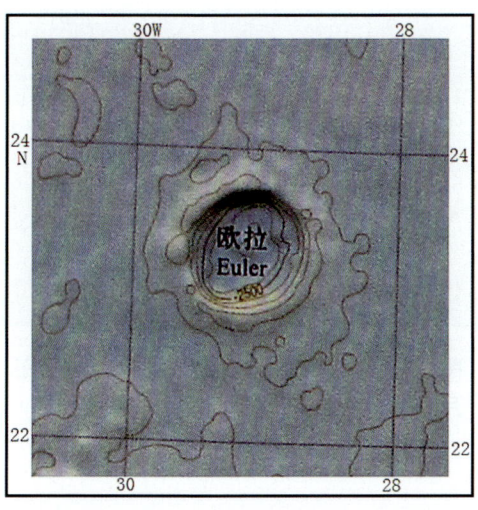

图2.2.9 雨海沉积平原西南欧拉（Euler）"陆地月坑"及附近地形分布图

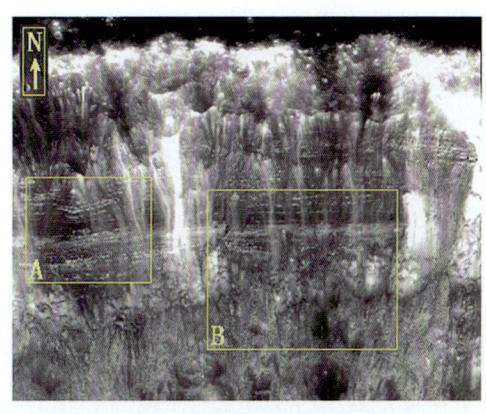

图2.2.10 为图2.2.8方框局部放大
示雨海沉积平原西南欧拉（Euler）"陆地月坑"北坑壁水平沉积岩层分布特征，白色为水冰冰川和冰坨堆积

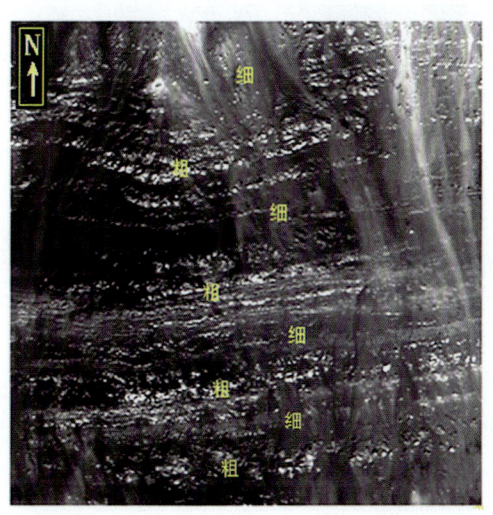

图2.2.11 为图2.2.10方框A局部放大
示欧拉（Euler）"陆地月坑"北坑壁上部水平沉积岩层粗细互层分布特征

图2.2.12 为图2.2.10方框B局部放大
示欧拉（Euler）"陆地月坑"北坑壁上部水平沉积岩层以浅色岩屑为主的组成特征（箭头所示），白色为水冰冰川和冰坨堆积

图 2.2.13 欧拉（Euler）"陆地月坑"北坑壁上部水平沉积岩层风化碎屑物

大多以浅色调、略具磨圆和分选的岩块和岩屑物质组成

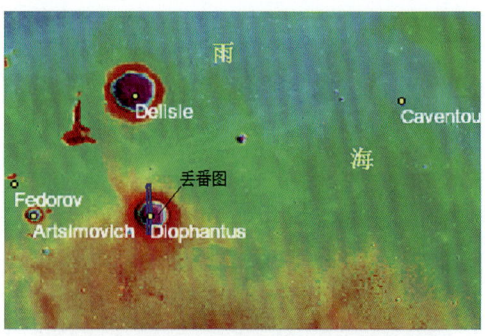

图 2.2.14 雨海沉积平原西南边缘丢番图月坑分布特征

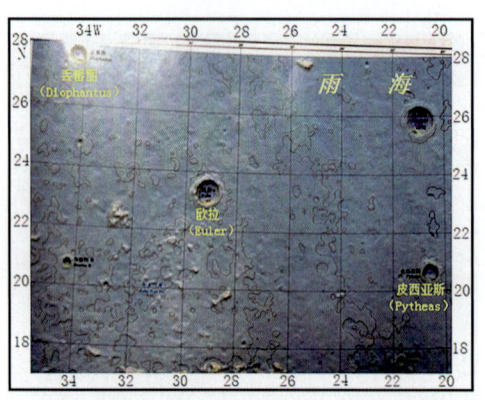

图 2.2.15 雨海沉积平原西南丢番图"陆地月坑"及附近地形分布图

图 2.2.16 雨海沉积平原中丢番图小月坑西南一侧的坑壁上水平沉积岩层构造特征

箭头所示

第二章 月球"水"形成的地貌和沉积（遗迹）特征

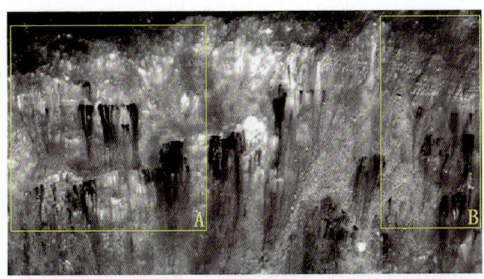

图2.2.17 雨海西南丢番图"陆地月坑"北侧坑壁上部水平沉积岩层及溢出的黑色泥流，推断可能是低等动植物形成的"石油"

图2.2.18 为图2.2.17方框A局部放大
示雨海西南丢番图"陆地月坑"北侧坑壁上部水平沉积岩层中黑色泥流沿较细沉积层水平分布特征，黑色泥流推断可能是低等动植物形成的"石油"

图2.2.19 为图2.2.17方框B局部放大
示雨海西南丢番图"陆地月坑"北侧坑壁上部溢出的黑色泥流均沿较细沉积层分布特征，黑色泥流推断可能是低等动植物形成的"石油"

图2.2.20 为图2.2.18方框局部放大
示雨海西南丢番图"陆地月坑"北侧坑壁上部溢出的黑色泥流均沿较细沉积水平层面分布特征，黑色泥流推断可能是低等动植物形成的"石油"

75

图2.2.20A 示雨海西南丢番图"陆地月坑"北侧坑壁水平沉积岩层风化碎屑物
大多以浅色调、略具磨圆和分选的岩块和岩屑物质组成

图2.2.21 雨海沉积平原西南边缘卡罗林·赫歇尔"陆地月坑"分布特征
箭头示近南北走向的液化砂垄被月坑切割

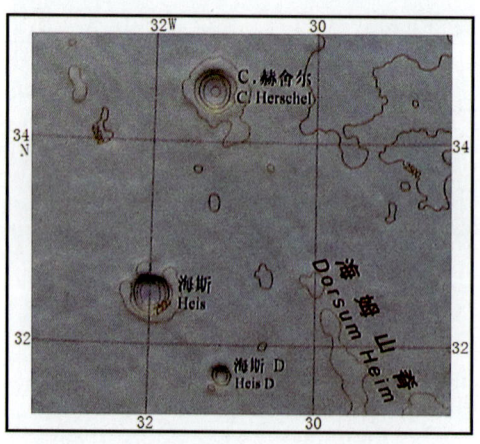

图2.2.22 雨海沉积平原西南缘卡罗林·赫歇尔（Caroline Herschel）"陆地月坑"及附近地形分布图

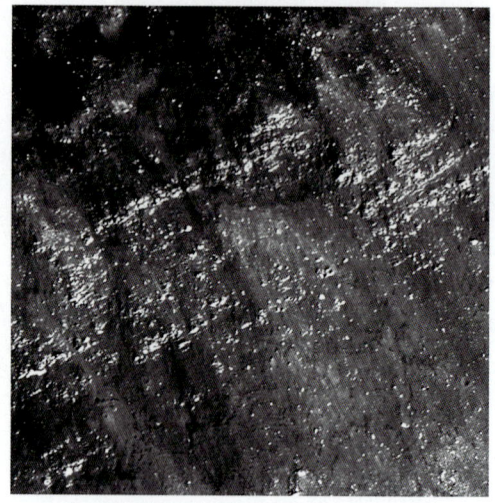

图2.2.23 为图2.2.21方框局部放大
示卡罗林·赫歇尔"陆地月坑"西北坑壁上部水平沉积岩层分布特征

第二章 月球"水"形成的地貌和沉积（遗迹）特征

图2.2.24 卡罗林·赫歇尔"陆地月坑"水平沉积岩层风化碎屑物均略具磨圆和分选特征

图2.2.25 卡罗林·赫歇尔月坑水平沉积岩层风化碎屑物

大多以浅色调、略具磨圆和分选的岩块和岩屑物质组成

图2.2.26 雨海沉积平原东北Apollo15降落点附近

哈德利月溪分布特征，水平箭头所示

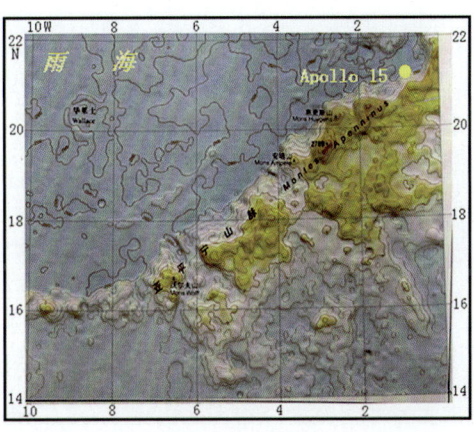

图2.2.27 雨海沉积平原东北Apollo15降落点及附近月球早期形成的亚平宁山脉地形分布图

77

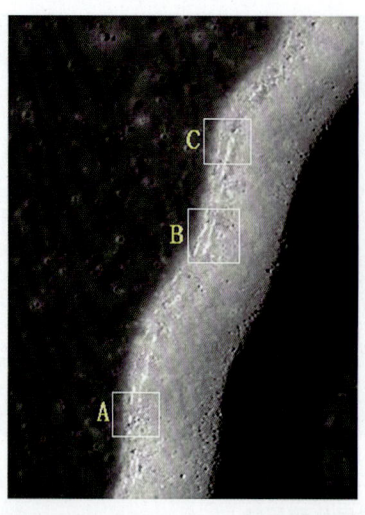

图 2.2.28 为图 2.2.26 方框局部放大
示雨海哈德利月溪分布胶结紧密水平岩层部分河谷特征

图 2.2.29 为图 2.2.28 方框 A 局部放大
示雨海哈德利月溪岸壁上部胶结紧密的水平沉积层理构造特征

图 2.2.30 为图 2.2.28 方框 B 局部放大
示雨海哈德利月溪岸壁上部胶结紧密泥质为主水平沉积层理构造特征

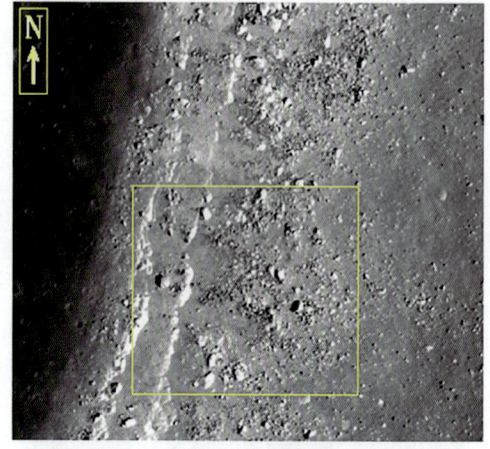

图 2.2.31 为图 2.2.28 方框 C 局部放大
示雨海哈德利月溪岸壁上部胶结紧密的泥质为主水平沉积层理构造特征

第二章 月球"水"形成的地貌和沉积（遗迹）特征

图 2.2.32 为图 2.2.31 方框局部放大
示哈德利月溪岸壁上部胶结紧密的泥质为主水平沉积岩层风化碎屑物均呈棱角状特征

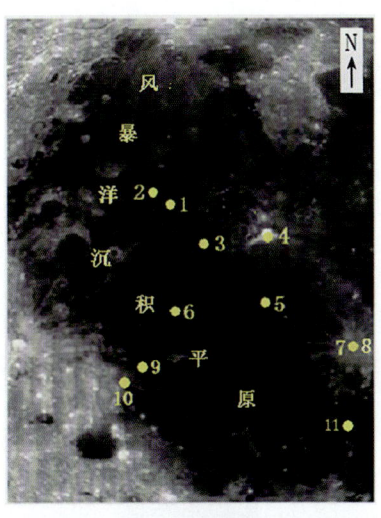

图 2.2.33 风暴洋沉积平原卫星影像图
（圆点示有水平沉积层的小月坑编号）
1. 利希腾贝格 C（Lichtenberg C），2. 利希腾贝格 B（Lichtenberg B），3. 斯基亚帕雷利 E（Schiaparelli E），4. 阿利斯塔克（Aristarchus），5. 马吕斯 F（Marius F），6. 伽利略（Galilaei），7. 开普勒 B（Kepler B），8. 开普勒 C（Kepler C），9. 颗粒流 A（Granular Flow），10. 塌陷槽（116B），11. 埃里戈纽斯 K（Heregonius K）等月坑和塌陷槽

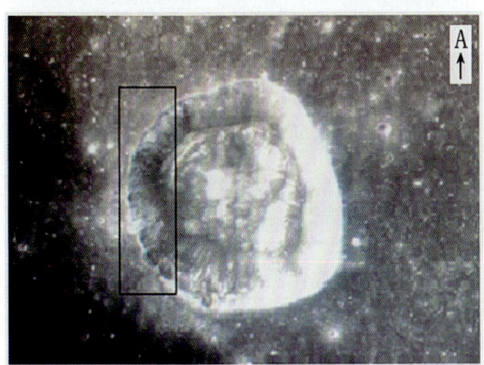

图 2.2.34 风暴洋利希腾贝格 C（Lichtenberg C）"陆地月坑"卫星影像图

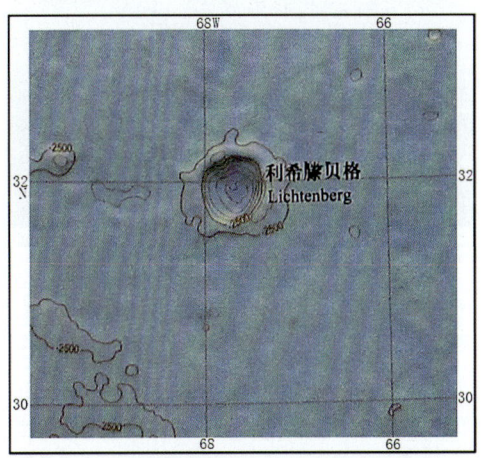

图 2.2.35 风暴洋利希腾贝格 C（Lichtenberg C）"陆地月坑"（纬度：31.7300，经度：292.6100）地形分布图

79

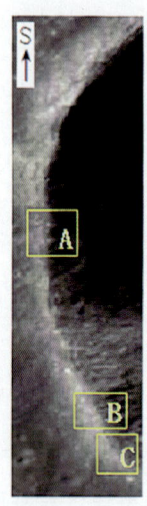

图2.2.36 为图2.2.34方框局部放大

示利希腾贝格C（Lichtenberg C）"陆地月坑"水平沉积岩层出露位置

图2.2.37 为图2.2.36方框A局部放大

示利希腾贝格C（Lichtenberg C）"陆地月坑"水平沉积层理构造特征

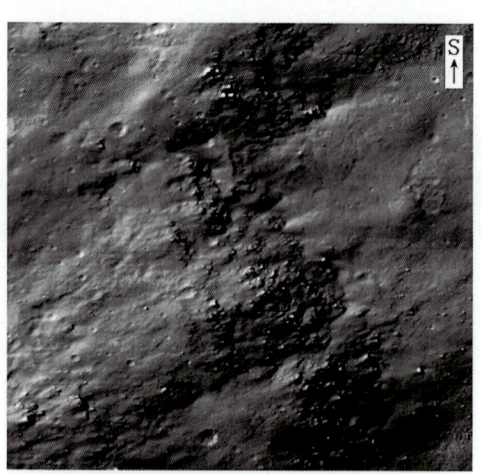

图2.2.38 为图2.2.36方框B局部放大

示利希腾贝格C（Lichtenberg C）"陆地月坑"水平沉积层理构造特征

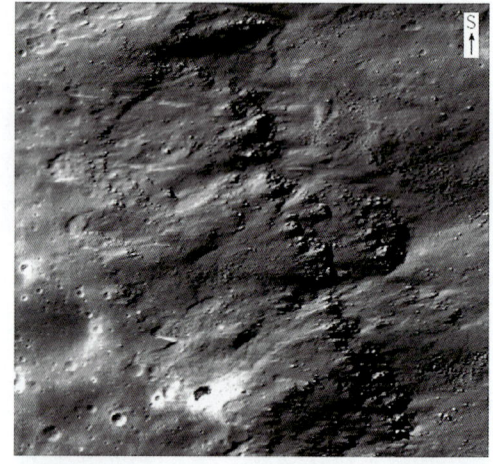

图2.2.39 为图3.2.36方框C局部放大

示利希腾贝格C（Lichtenberg C）"陆地月坑"水平沉积层理构造特征

第二章 月球"水"形成的地貌和沉积（遗迹）特征

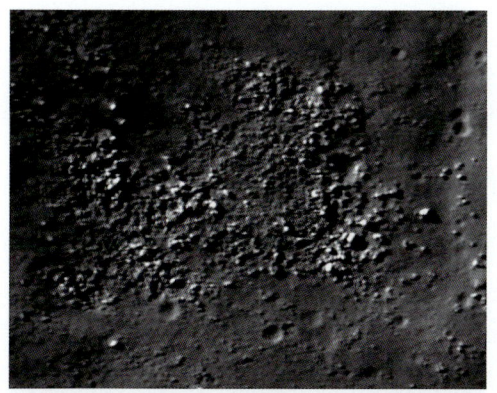

图2.2.40 利希腾贝格C（Lichtenberg C）"陆地月坑"水平沉积岩层风化碎屑物
大多以浅色调、略具磨圆和分选的岩块和岩屑物质组成

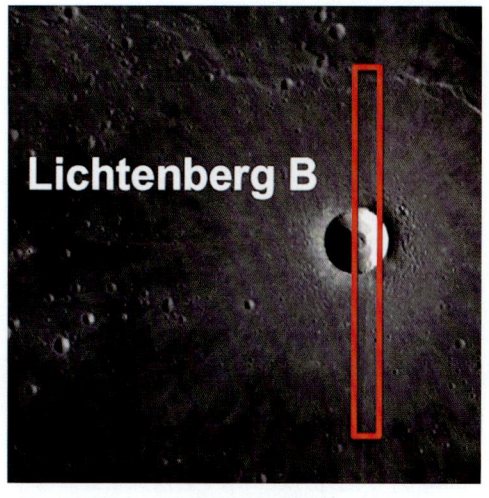

图2.2.41 风暴洋利希腾贝格B（Lichtenberg B）"陆地月坑"卫星影像图

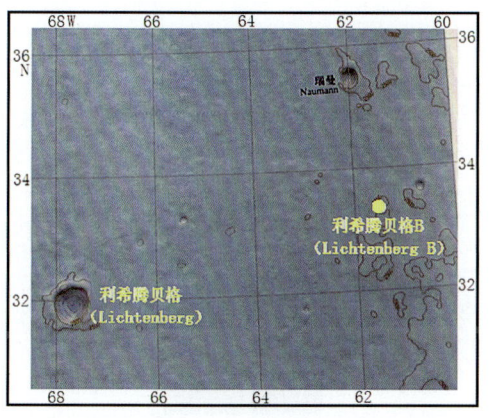

图2.2.42 风暴洋利希腾贝格B（Lichtenberg B）"陆地月坑"地形分布图

图2.2.43 为图2.2.41方框局部放大 示利希腾贝格B（Lichtenberg B）"陆地月坑"卫星影像图

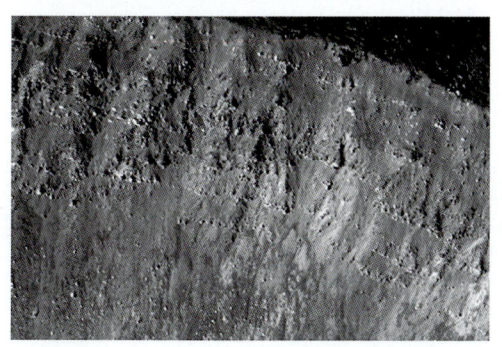

图2.2.44 为图2.2.43方框A局部放大 示利希腾贝格B（Lichtenberg B）"陆地月坑"水平岩层特征

图2.2.45 为图2.2.43方框B局部放大 示利希腾贝格B（Lichtenberg B）"陆地月坑"水平岩层特征

图2.2.46 风暴洋利希腾贝格B（Lichtenberg B）"陆地月坑"水平岩层风化碎屑物

大多以浅色调、略具磨圆和分选的岩块和岩屑物质组成

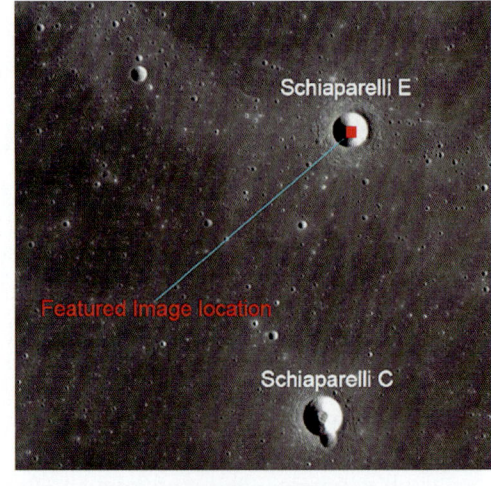

图2.2.47 风暴洋斯基亚帕雷利E（Schiaparelli E）"陆地月坑"卫星影像图

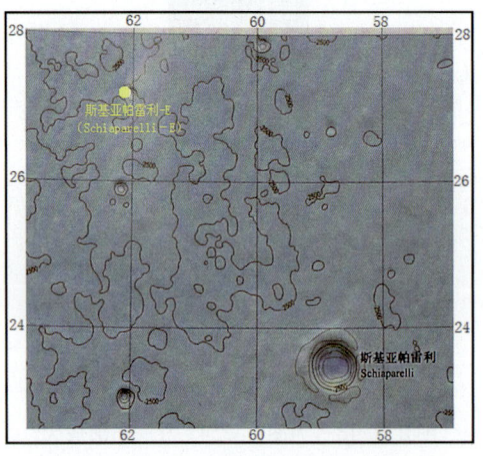

图2.2.48 斯基亚帕雷利E（Schiaparelli E）"陆地月坑"地形分布图

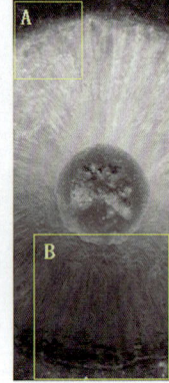

图2.2.49 斯基亚帕雷利E（Schiaparelli E）"陆地月坑"水平岩层特征

第二章 月球"水"形成的地貌和沉积（遗迹）特征

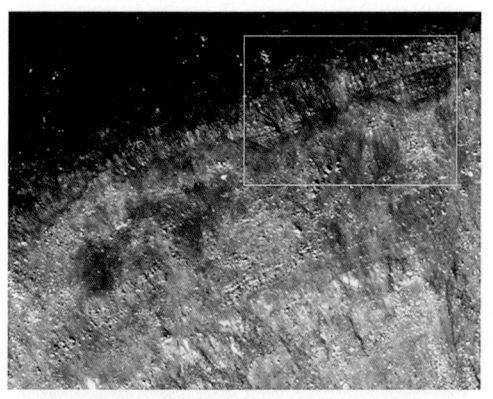

图 2.2.50 为图 2.2.49 方框 A 局部放大
示斯基亚帕雷利 E（Schiaparelli E）"陆地月坑"水平岩层规律式沉积特征

图 2.2.51 为图 2.2.50 方框局部放大
示斯基亚帕雷利 E（Schiaparelli E）"陆地月坑"水平岩层下部规律式沉积特征

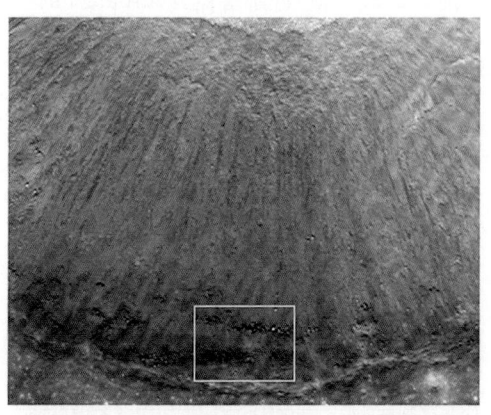

图 2.2.52 为图 2.2.49 方框 B 局部放大
示斯基亚帕雷利 E（Schiaparelli E）"陆地月坑"水平岩层出露坑壁下方风化岩屑堆积物分布特征

图 2.2.53 为图 2.2.52 方框局部放大
示斯基亚帕雷利 E（Schiaparelli E）"陆地月坑"水平岩层分布特征

图 2.2.54 斯基亚帕雷利 E（Schiaparelli E）"陆地月坑"水平岩层风化碎屑物

大多以浅色调、略具磨圆和分选的岩块和岩屑物质组成

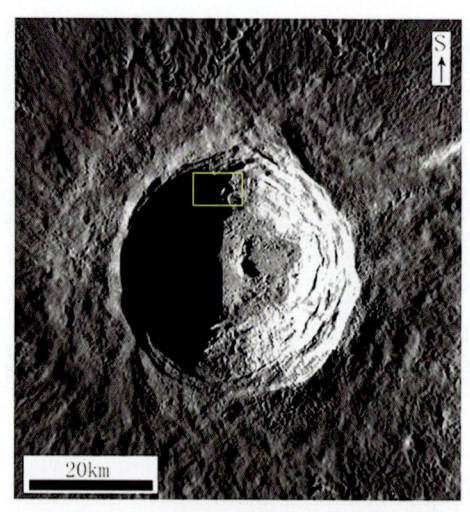

图 2.2.55 阿利斯塔克（Aristarchus）"陆地月坑"卫星影像图

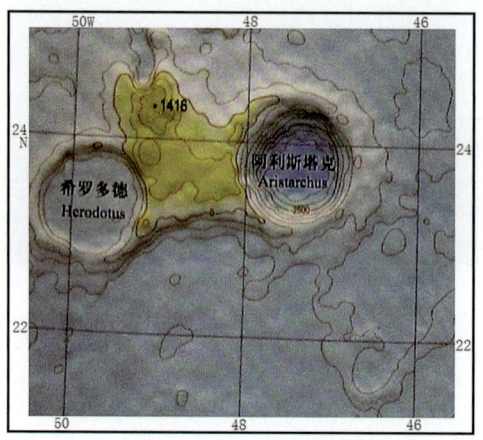

图 2.2.56 阿利斯塔克（Aristarchus）"陆地月坑"及附近地形分布图

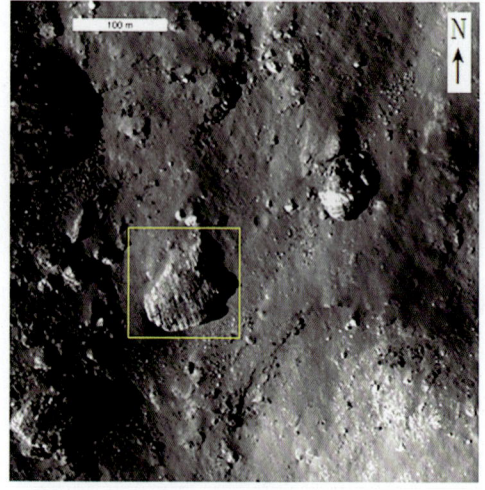

图 2.2.57 为图 2.2.55 方框局部放大

示阿利斯塔克（Aristarchus）"陆地月坑"巨大岩块水平层理分布特征

第二章 月球"水"形成的地貌和沉积（遗迹）特征

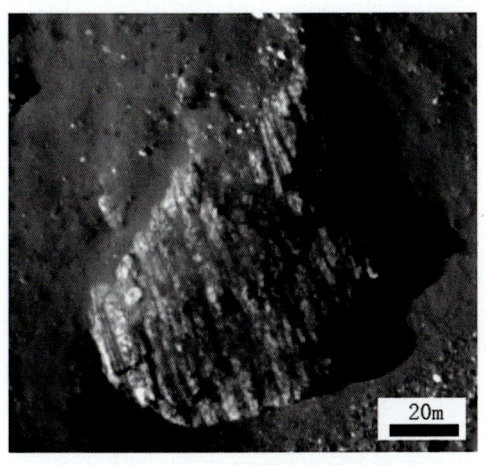

图2.2.58 为图2.2.57方框局部放大

示阿利斯塔克（Aristarchus）"陆地月坑"巨大岩块水平层理特征

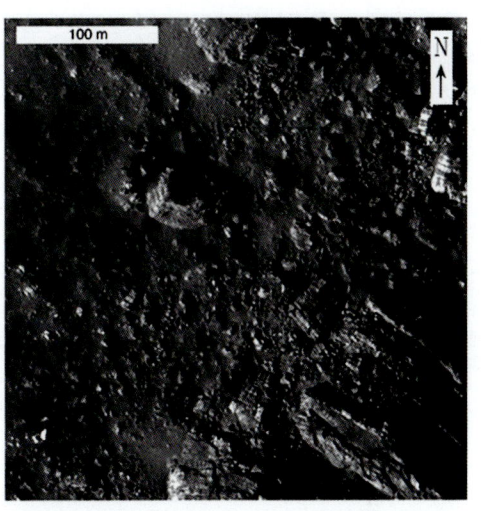

图2.2.59 为图2.2.55方框局部放大

示阿利斯塔克（Aristarchus）"陆地月坑"巨大岩块水平层理特征

图2.2.59A 阿利斯塔克（Aristarchus）"陆地月坑"溅落堆积

全由大小不同的棱角状沉积变质岩屑和岩块所组成，箭头所示

图2.2.59B 阿利斯塔克（Aristarchus）"陆地月坑"溅落堆积

全由沉积变质岩屑和岩块所组成，多具棱角状，大小混杂，黑色岩块和碎屑可能为"石煤"，箭头所示

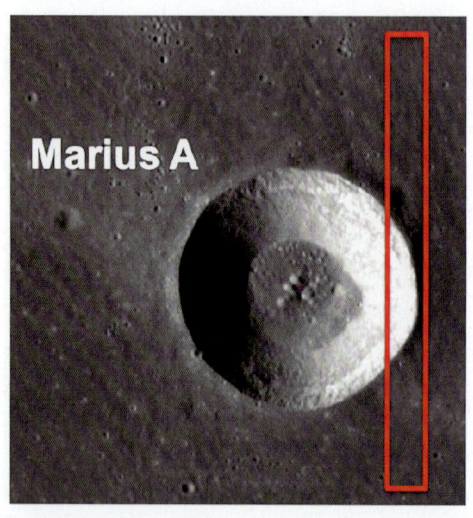

图2.2.60 马吕斯A（Marius A）"陆地月坑"卫星影像图

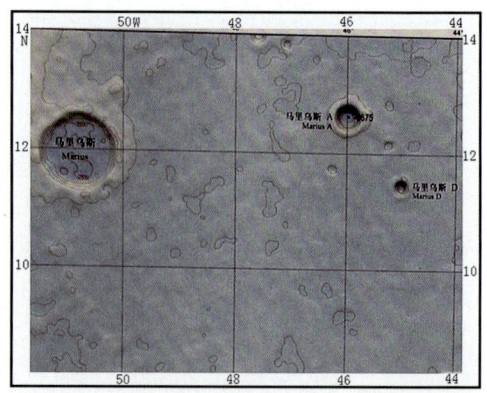

图2.2.61 马吕斯A（Marius A）"陆地月坑"及附近地形分布图

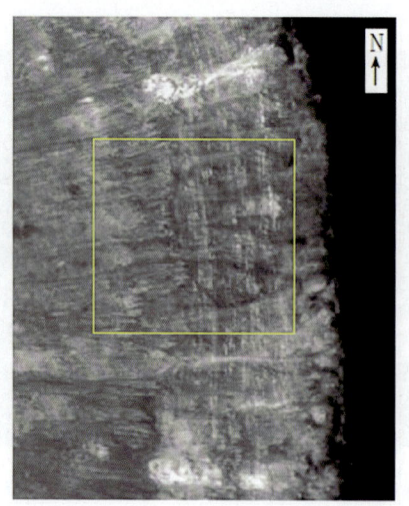

图2.2.62 为图2.2.60方框局部放大 示马吕斯A（Marius A）"陆地月坑"水平岩层特征

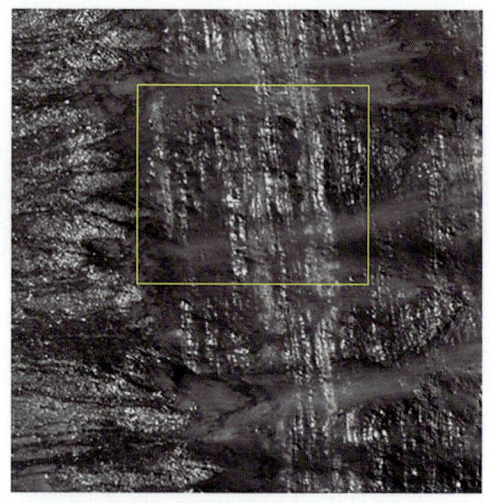

图2.2.63 为图2.2.62方框局部放大 示马吕斯A（Marius A）"陆地月坑"胶结紧的水平岩层特征

第二章 月球"水"形成的地貌和沉积(遗迹)特征

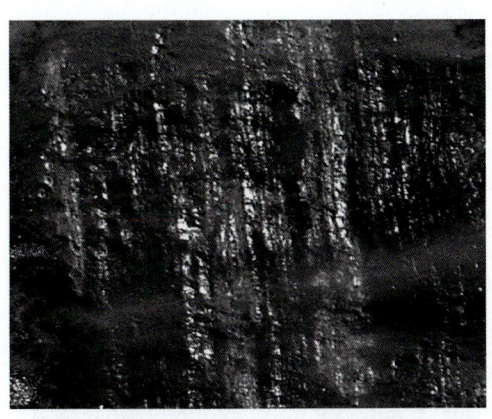

图 2.2.64 为图 2.2.63 方框局部放大示马吕斯 A (Marius A) "陆地月坑"胶结紧的水平岩层特征

图 2.2.65 马吕斯 A (Marius A) "陆地月坑"水平岩层风化碎屑物

大多以浅色调、略具磨圆和分选的岩块和岩屑物质组成

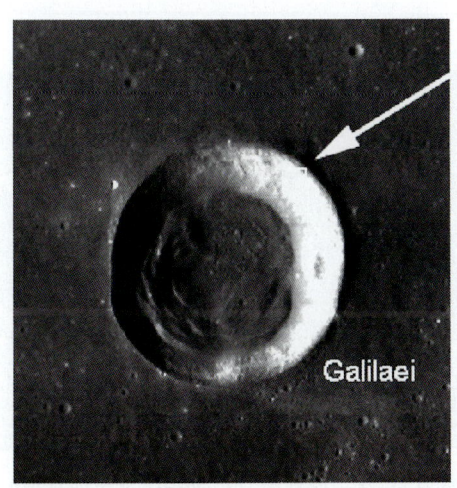

图 2.2.66 伽利略 (Galilaei) "陆地月坑"卫星影像图

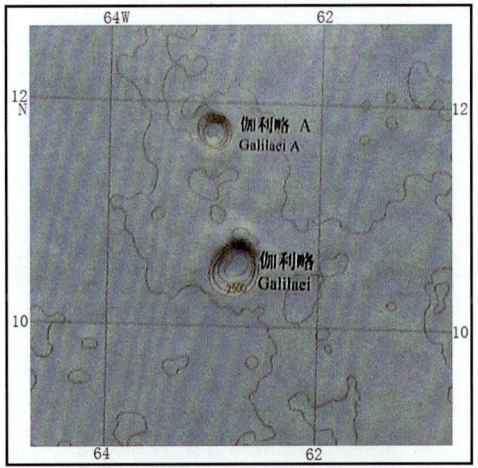

图 2.2.67 伽利略 (Galilaei) "陆地月坑"及附近地形分布图

87

月球卫片分析最新发现

图2.2.68　为图2.2.66方框（箭头所示）放大部分

示伽利略（Galilaei）"陆地月坑"水平岩层特征

图2.2.69　为图2.2.68方框放大部分

示伽利略（Galilaei）"陆地月坑"水平岩层特征

图2.2.70　为图2.2.69方框放大部分

示伽利略（Galilaei）"陆地月坑"水平岩层特征

图2.2.71　伽利略（Galilaei）"陆地月坑"水平岩层风化碎屑物

大多以浅色调、略具磨圆和分选的岩块和岩屑物质组成

第二章 月球"水"形成的地貌和沉积（遗迹）特征

图 2.2.72 开普勒（Kepler）"陆地月坑"卫星影像图

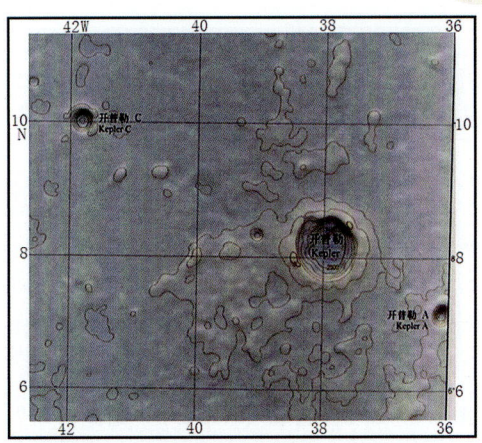

图 2.2.73 开普勒（Kepler）"陆地月坑"及附近地形分布图

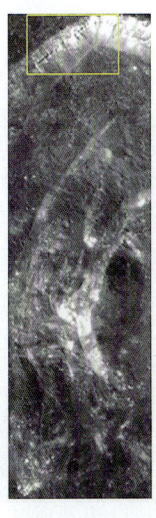

图 2.2.74 为图 2.2.72 方框 A 放大部分
示开普勒（Kepler）"陆地月坑"水平岩层分布特征

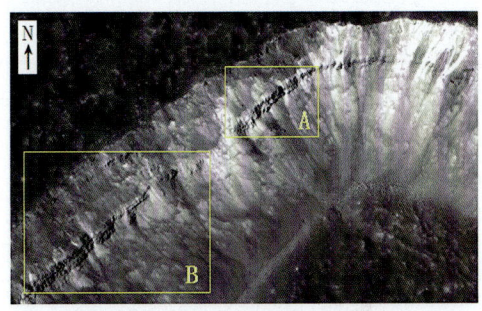

图 2.2.75 为图 2.2.74 方框放大部分
示开普勒（Kepler）"陆地月坑"水平岩层分布特征

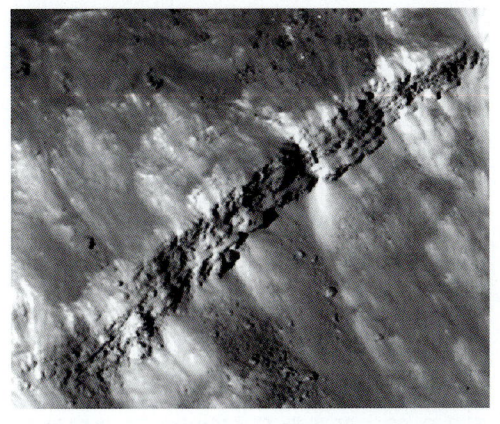

图 2.2.76 为图 2.2.75 方框 A 放大部分
示开普勒（Kepler）"陆地月坑"水平岩层分布特征

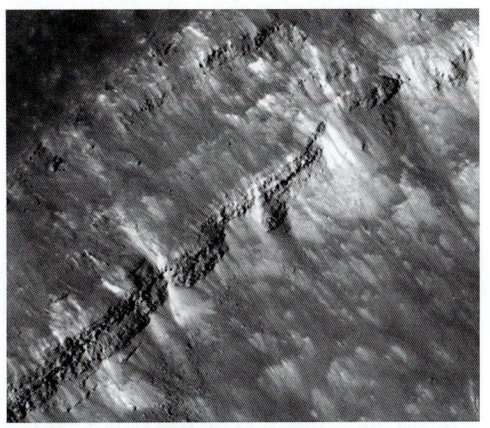

图 2.2.77 为图 2.2.75 方框 B 放大部分
示开普勒（Kepler）"陆地月坑"水平岩层分布特征

89

图2.2.78 开普勒（Kepler）"陆地月坑"水平岩层风化碎屑物
大多以浅色调、略具磨圆和分选的岩块和岩屑物质组成

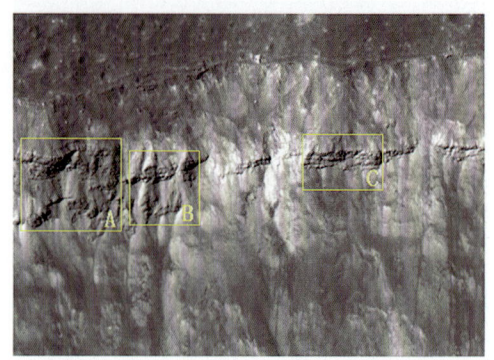

图2.2.79 为图2.2.72方框B放大部分
示开普勒C（Kepler C）"陆地月坑"水平岩层分布特征

图2.2.80 为图2.2.79方框A放大部分
示开普勒C（Kepler C）"陆地月坑"水平岩层分布特征

图2.2.81 为图2.2.79方框B放大部分
示开普勒C（Kepler C）"陆地月坑"水平岩层分布特征

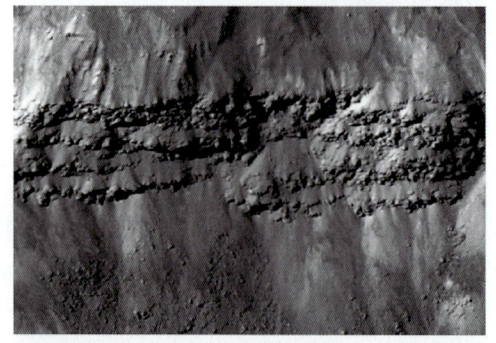

图2.2.82 为图2.2.79方框C放大部分
示开普勒C（Kepler C）"陆地月坑"水平岩层分布特征

图2.2.83 开普勒C（Kepler C）"陆地月坑"水平岩层风化碎屑物
大多以浅色调、略具磨圆和分选的岩块和岩屑物质组成

第二章 月球"水"形成的地貌和沉积(遗迹)特征

图 2.2.84 颗粒流 A（Granular Flow）"陆地月坑"部分分布特征

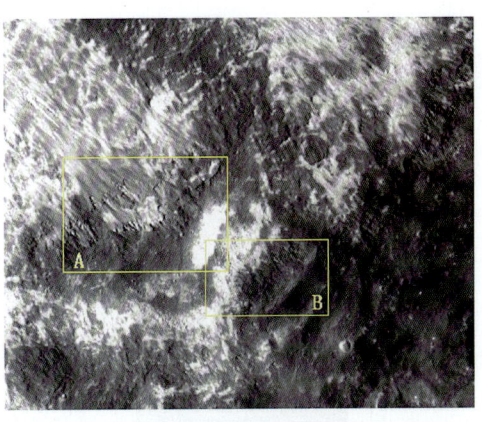

图 2.2.85 为图 2.2.84 方框放大部分

颗粒流 A（Granular Flow）"陆地月坑"水平岩层分布特征

图 2.2.86 为图 2.2.85 方框 A 放大部分

示颗粒流 A（Granular Flow）"陆地月坑"水平岩层分布特征

图 2.2.87 为图 2.2.85 方框 B 放大部分

示颗粒流 A（Granular Flow）"陆地月坑"水平岩层分布特征

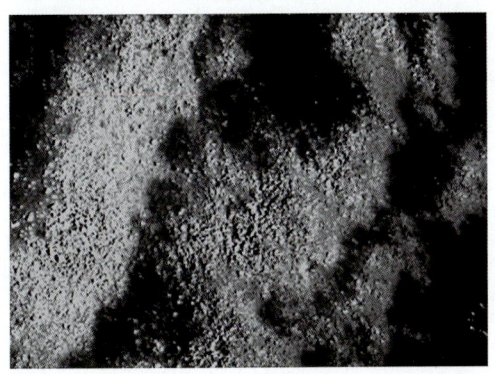

图 2.2.88 颗粒流 A（Granular Flow）"陆地月坑"水平岩层风化碎屑物

大多以浅色调、略具磨圆和分选的岩块和岩屑物质组成

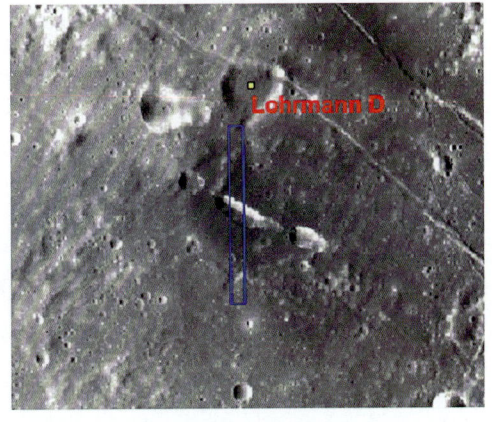

图 2.2.89 火成碎屑沉积和发泄 – B（Pyroclastics and vent）塌陷槽（116B）

91

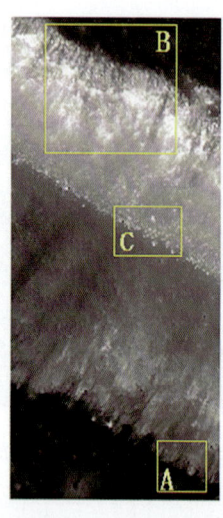

图 2.2.90 为图 2.2.89 蓝色方框中部塌陷槽放大部分

图 2.2.91 为图 2.2.90 方框 A 局部放大部分
示塌陷槽南岸上部水平岩层分布特征

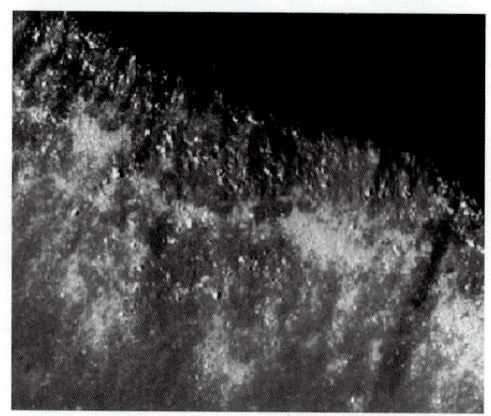

图 2.2.92 为图 2.2.90 方框 B 放大部分
示塌陷槽北岸上部水平岩层分布特征

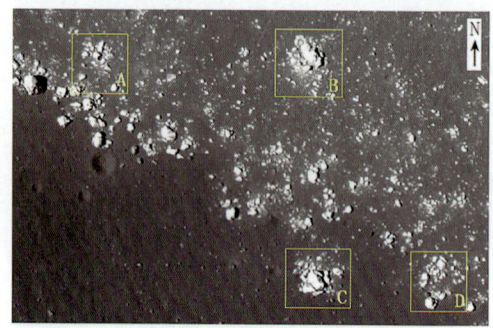

图 2.2.93 为图 2.2.90 方框 C 放大部分
示塌陷槽底部风化岩块发生冻胀作用形成的岩屑堆和石环构造特征

第二章 月球"水"形成的地貌和沉积（遗迹）特征

图 2.2.94 塌陷槽北岸上部水平岩层风化碎屑物磨圆度大多极差（推断为滨岸堆积）

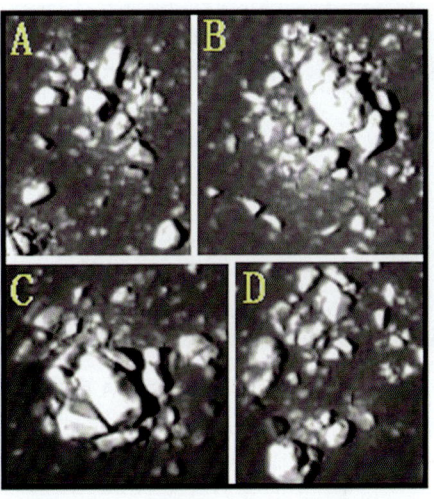

图 2.2.95 为图 2.2.94 方框 A、B、C、D 放大部分

示巨大岩块经风化作用呈大小差别大、棱角状分布的特征，与水平沉积岩层风化产物呈略具磨圆和分选有明显不同

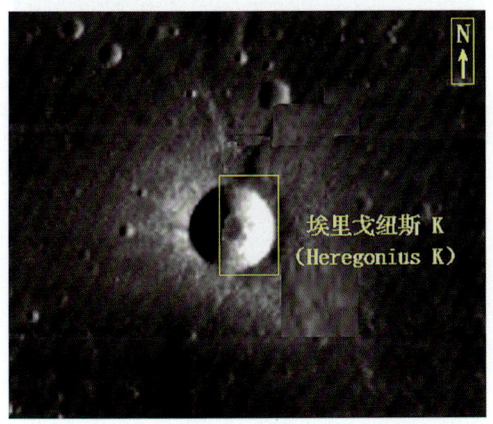

图 2.2.96 埃里戈纽斯 K（Heregonius K）"陆地月坑"在风暴洋沉积平原上分布特征

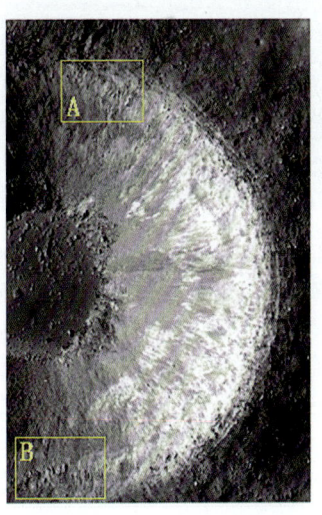

图 2.2.97 为图 2.2.96 方框局部放大部分

示埃里戈纽斯 K（Heregonius K）"陆地月坑"西半部放大特征

93

图 2.2.98　为图 2.2.97 方框 A 局部放大

示埃里戈纽斯 K（Heregonius K）"陆地月坑"北缘水平沉积岩层分布特征

图 2.2.99　为图 2.2.97 方框 B 局部放大

示埃里戈纽斯 K（Heregonius K）"陆地月坑"南缘水平沉积岩层分布特征

图 2.2.100　埃里戈纽斯 K（Heregonius K）"陆地月坑"水平沉积岩层风化碎屑物

大多以浅色调、略具磨圆和分选的岩块和岩屑物质组成

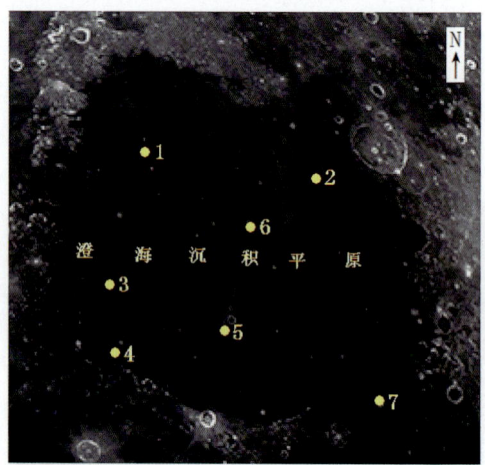

图 2.2.101　澄海沉积平原卫星影像图（圆点示有水平沉积层的小月坑编号）

1. 林耐 F（Linne F）；2. 波西多尼乌斯 Y（Posidonius Y）；3. 宋梅月溪（Rima Sung-Mei）；4. 热融塌陷坑；5. 热融塌陷带；6. 贝塞尔（Bessel）；7. 道斯（Dawes）等月坑和热融塌陷坑及热融塌陷带

第二章 月球"水"形成的地貌和沉积（遗迹）特征

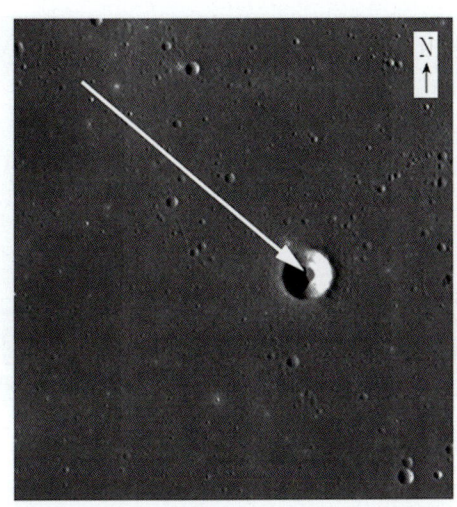

图2.2.102 为图2.2.101〈1〉局部放大
示澄海林耐F"陆地月坑"（箭头所示）卫星影像图

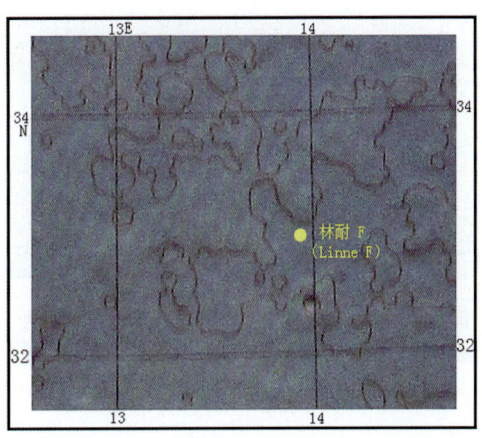

图2.2.103 林耐F"陆地月坑"及附近地形分布图

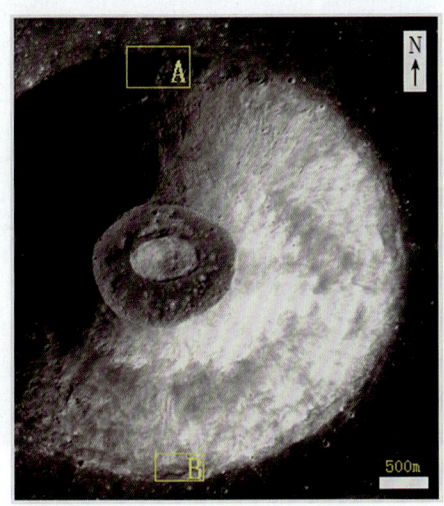

图2.2.104 为图2.2.102 林耐F"陆地月坑"东局部放大
示月坑水平沉积岩层主要出露于南北坑缘分布特征

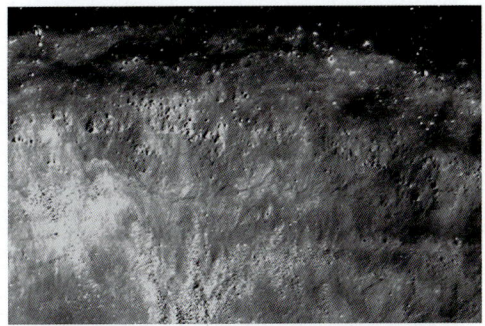

图2.2.105 为图2.2.104 方框A局部放大
示林耐F"陆地月坑"水平沉积岩层断续分布特征

95

图 2.2.106　为图 2.2.104 方框 B 局部放大
示林耐 F "陆地月坑" 水平沉积岩层断续分布特征

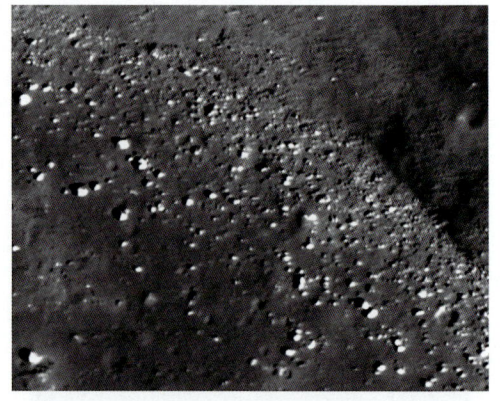

图 2.2.107　林耐 F "陆地月坑" 水平沉积岩层风化碎屑物
大多以浅色调、略具磨圆和分选的岩块和岩屑物质组成

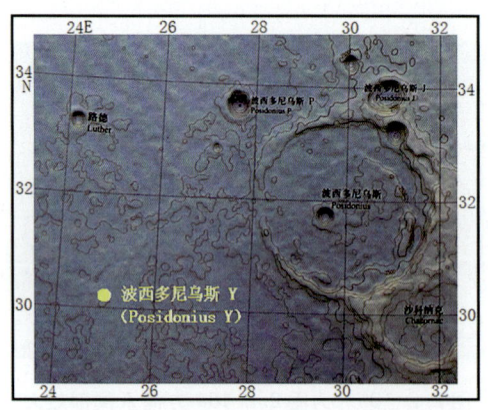

图 2.2.108　波西多尼乌斯 Y（Posidonius Y）"陆地月坑" 及附近地形分布图

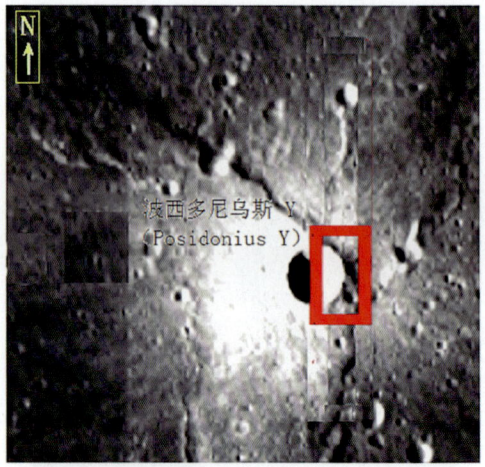

图 2.2.109　为图 2.2.101〈2〉局部放大
示澄海波西多尼乌斯 Y（Posidonius Y）"陆地月坑" 卫星影像图

第二章 月球"水"形成的地貌和沉积（遗迹）特征

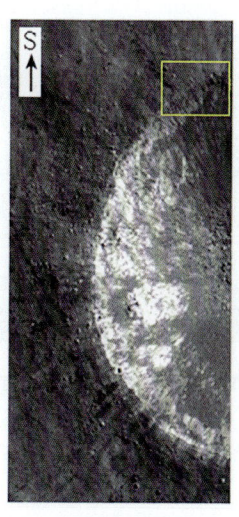

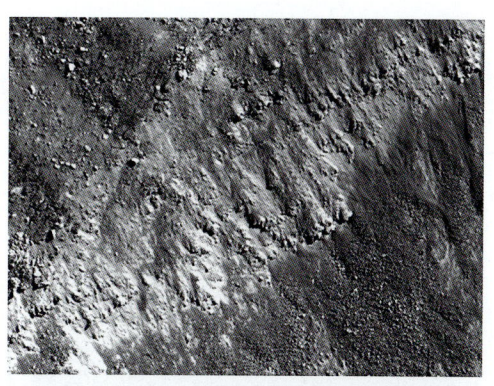

图 2.2.111　为图 2.2.110 方框局部放大
示波西多尼乌斯 Y "陆地月坑" 水平沉积岩层较连续分布特征

图 2.2.110　为图 2.2.108 方框局部放大
示波西多尼乌斯 Y "陆地月坑" 水平沉积岩层主要分布于月坑的东南

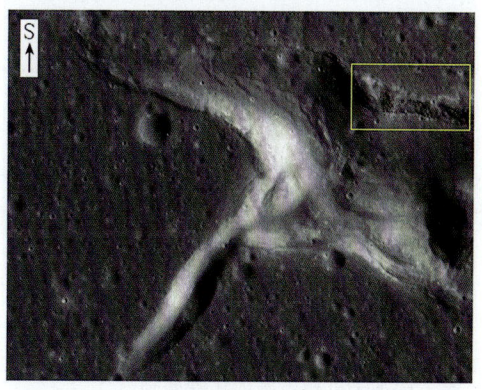

图 2.2.112　波西多尼乌斯 Y "陆地月坑" 水平沉积岩层风化碎屑物
大多以浅色调、略具磨圆和分选的岩块和岩屑物质组成

图 2.2.113　为图 2.2.101〈3〉局部放大
示宋梅月溪（Rima Sung-Mei）水平沉积岩层（方框）卫星影像图

97

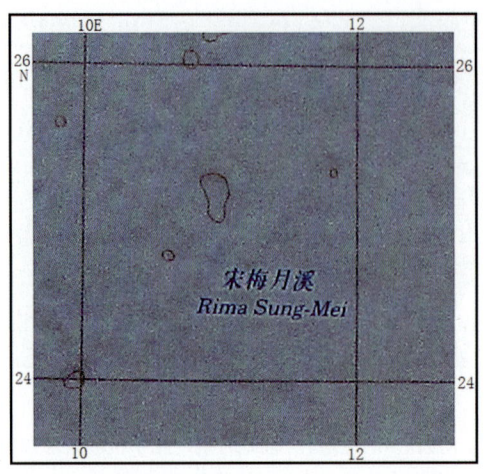

图 2.2.114 宋梅月溪（Rima Sung-Mei）及附近地形分布图

图 2.2.115 为图 2.2.113 方框局部放大
示宋梅月溪（Rima Sung-Mei）岸上部水平沉积岩层断续分布特征

图 2.2.116 宋梅月溪（Rima Sung-Mei）岸上部水平沉积岩层风化碎屑物
大多以浅色调、略具磨圆和分选的岩块和岩屑物质组成

图 2.2.117 为图 2.2.101〈4〉局部放大
示澄海（Mare Serenitatis）沉积平原西边缘卫星影像图

第二章 月球"水"形成的地貌和沉积（遗迹）特征

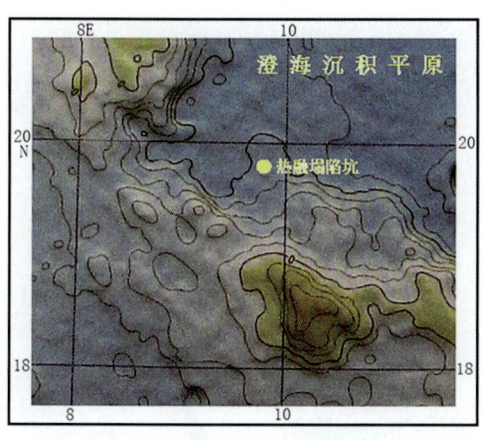

图 2.2.118 澄海（Mare Serenitatis）沉积平原西边缘及附近地形分布图

图 2.2.119 为图 2.2.117 方框局部放大示热融塌陷坑分布特征

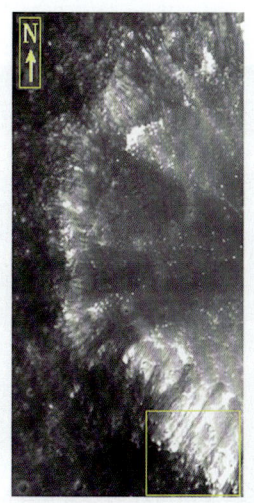

图 2.2.120 为图 2.2.119 方框局部放大示热融塌陷坑西侧分布特征

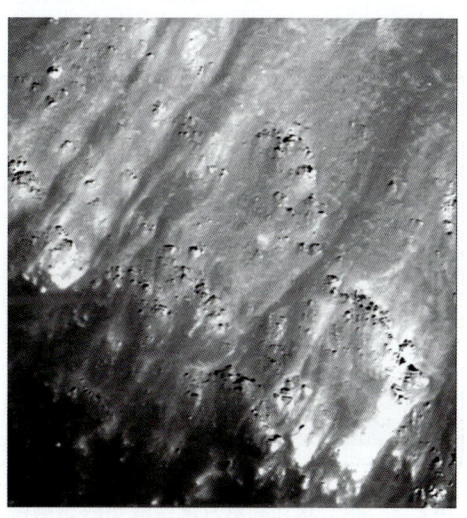

图 2.2.121 为图 2.2.120 方框局部放大示热融塌陷坑西侧沉积岩层分布特征

99

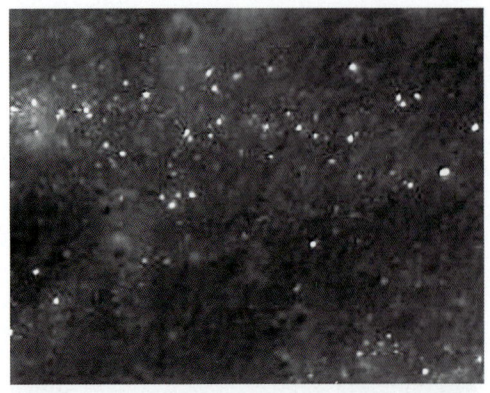

图 2.2.122 热融塌陷坑西南的水平沉积岩层风化碎屑物

大多以浅色调、略具磨圆和分选的岩块和岩屑物质组成

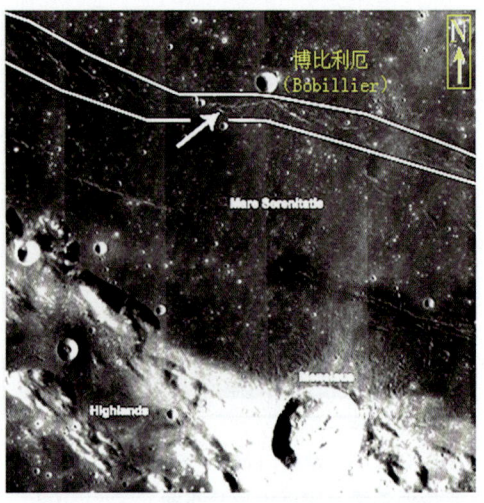

图 2.2.123 为图 2.2.101〈5〉局部放大

示博比利厄（Bobillier）月坑南西热融塌陷带卫星影像图，箭头所示

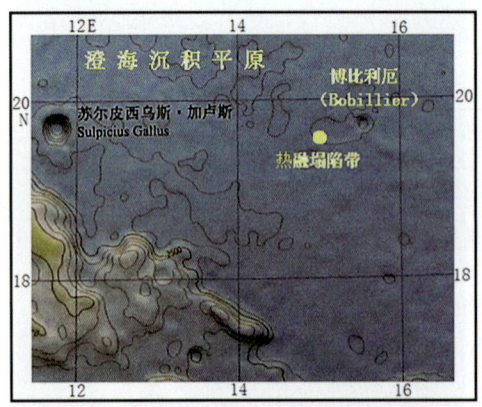

图 2.2.124 博比利厄月坑西南热融塌陷带及附近地形分布图

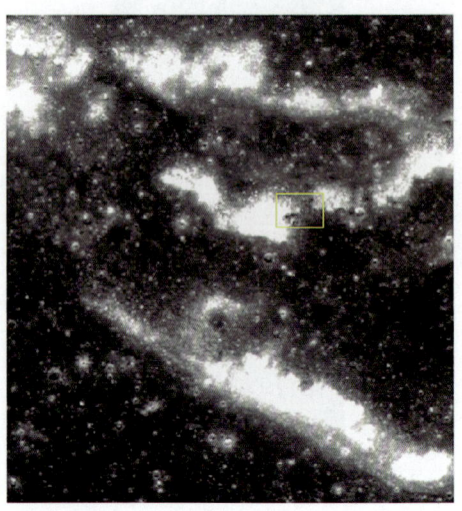

图 2.2.125 博比利厄（Bobillier）月坑西南热融塌陷带分布特征

见图 2.2.123 箭头所示处局部放大

第二章 月球"水"形成的地貌和沉积（遗迹）特征

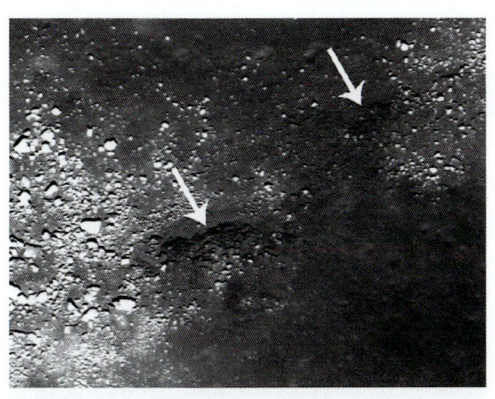

图 2.2.126　为图 2.2.125 方框局部放大
示热融塌陷带断崖上水平沉积岩层出露特征，箭头所示

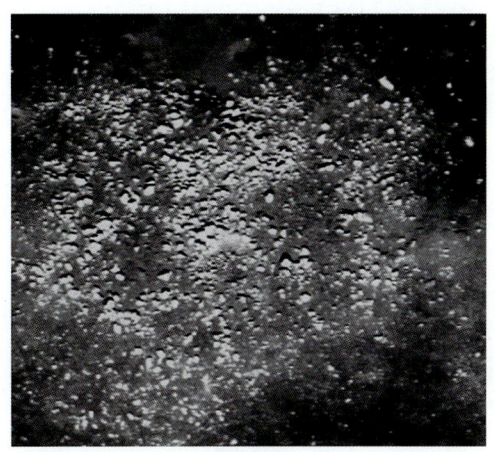

图 2.2.127　博比利厄（Bobillier）月坑西南热融塌陷带水平沉积岩层风化碎屑物
大多以浅色调、略具磨圆和分选的岩块和岩屑物质组成

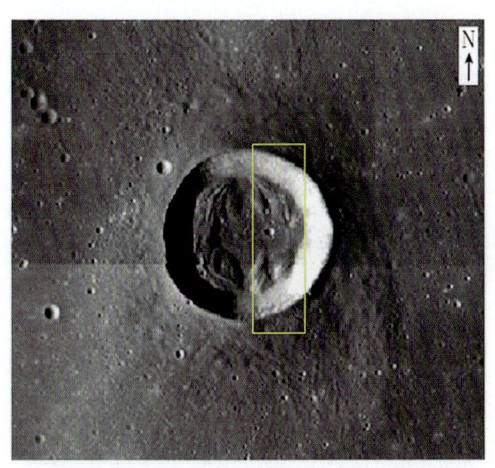

图 2.2.128　为图 2.2.101〈6〉局部放大
示贝塞尔（Bessel）"陆地月坑"卫星影像图

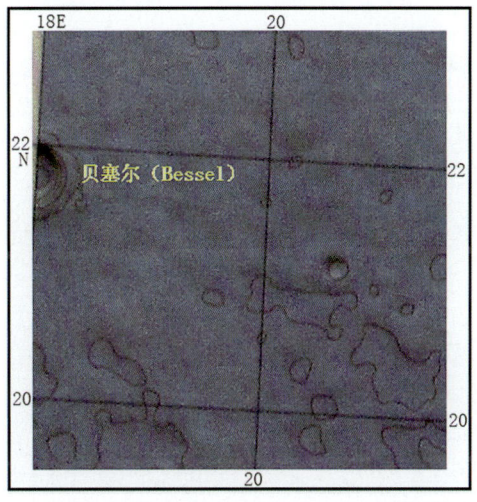

图 2.2.129　贝塞尔（Bessel）"陆地月坑"及附近地形分布图

101

 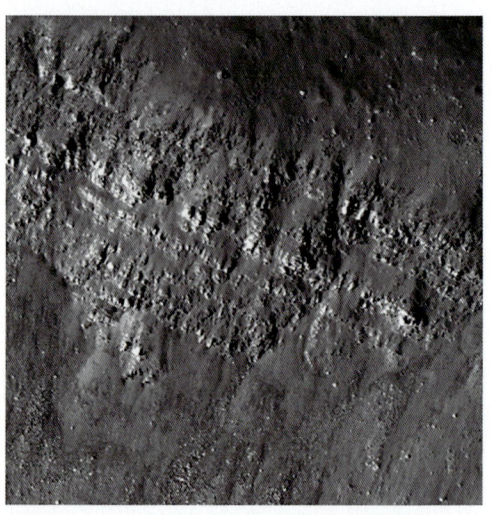

图 2.2.130　为图 2.2.128 方框局部放大
示贝塞尔（Bessel）"陆地月坑"东部月坑部分放大特征

图 2.2.131　为图 2.2.130 方框 A 局部放大
示贝塞尔（Bessel）"陆地月坑"水平沉积岩层分布特征，其显示坑壁上部山谷有物质滑落到地面形成堆积扇

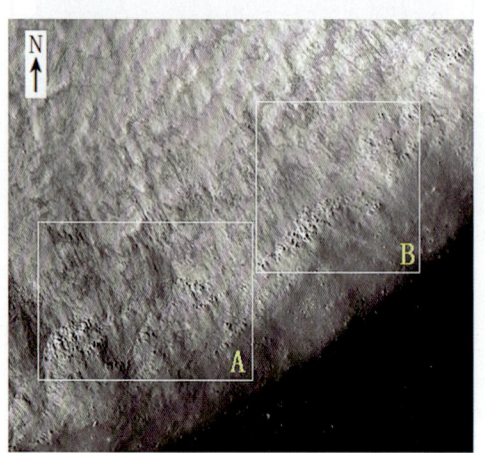 

图 2.2.133　为图 2.2.132 方框 A 局部放大
示贝塞尔（Bessel）"陆地月坑"水平沉积岩层分布特征

图 2.2.132　为图 2.2.130 方框 B 局部放大
示贝塞尔（Bessel）"陆地月坑"东南水平沉积岩层断续分布特征

第二章 月球"水"形成的地貌和沉积（遗迹）特征

图2.2.134 为图2.2.132方框B局部放大
示贝塞尔（Bessel）"陆地月坑"水平沉积岩层分布特征

图2.2.135 贝塞尔（Bessel）"陆地月坑"水平沉积岩层风化碎屑物
大多以浅色调、略具磨圆和分选的岩块和岩屑物质组成

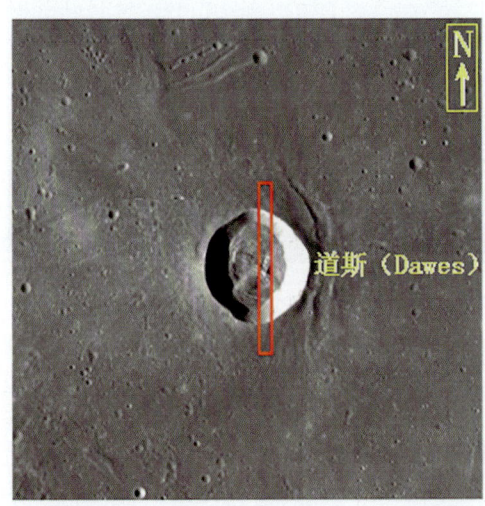

图2.2.136 为图2.2.101〈7〉局部放大
示道斯（Dawes）"陆地月坑"卫星影像图

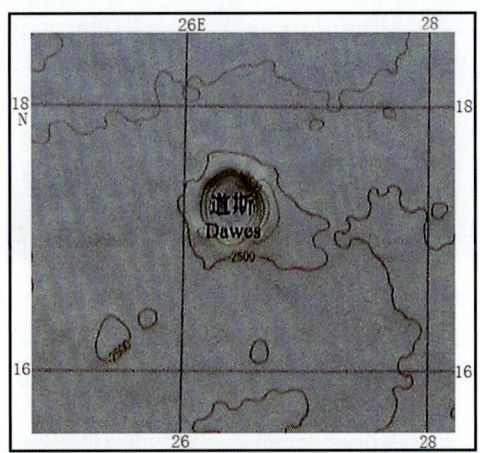

图2.2.137 道斯（Dawes）"陆地月坑"及附近地形分布图

103

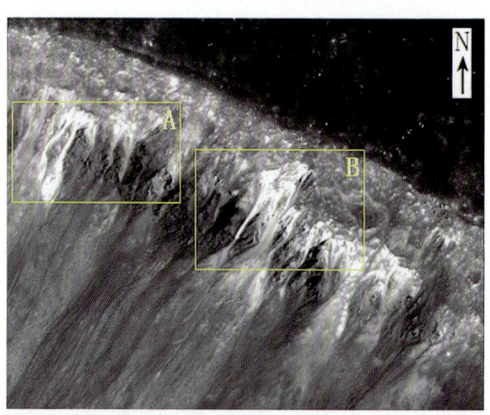

图 2.2.139　为图 2.2.138 方框 A 局部放大

示道斯（Dawes）"陆地月坑"水平沉积岩层在月坑北分布特征

图 2.2.138　为图 2.2.136 红色长框局部放大

示道斯（Dawes）"陆地月坑"水平沉积岩层在月坑南北分布特征

图 2.2.140　为图 2.2.139 方框 A 局部放大

示道斯（Dawes）"陆地月坑"水平沉积岩层在月坑北分布特征

图 2.2.141　为图 2.2.139 方框 B 局部放大

示道斯（Dawes）"陆地月坑"水平沉积岩层在月坑北分布特征

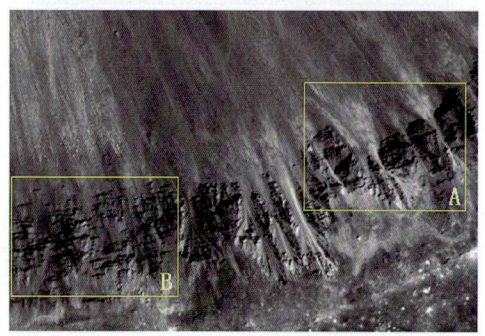

图 2.2.142　为图 2.2.138 方框 B 局部放大

示道斯（Dawes）"陆地月坑"水平沉积岩层在月坑南分布特征

图 2.2.143　为图 2.2.142 方框 A 局部放大

示道斯（Dawes）"陆地月坑"水平沉积岩层在月坑南分布特征

第二章　月球"水"形成的地貌和沉积（遗迹）特征

图 2.2.144　为图 2.2.142 方框 B 局部放大
示道斯（Dawes）"陆地月坑"水平沉积岩层在月坑南分布特征

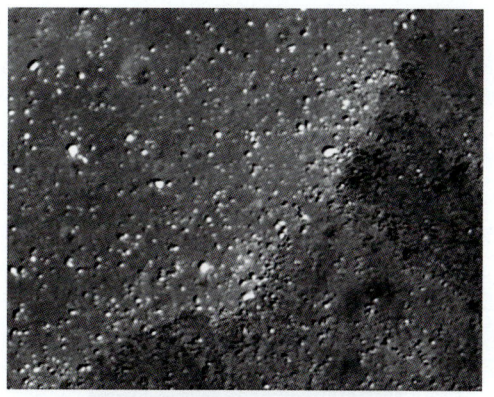

图 2.2.145　道斯（Dawes）"陆地月坑"水平沉积岩层风化碎屑物
大多以浅色调、略具磨圆和分选的岩块和岩屑物质组成

图 2.2.146　静海沉积平原卫星影像图
1. 卡雷尔（Carrel）；2. 阿里埃代斯月溪（Rima Ariadaeus）；3. 丢尼修（Dionysius）

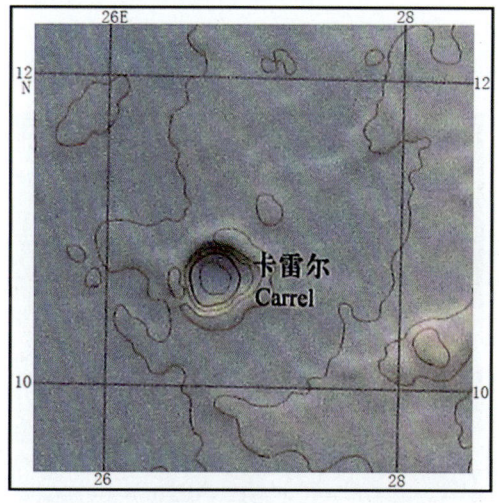

图 2.2.147　静海卡雷尔（Carrel）"陆地月坑"及附近地形分布图

105

月球卫片分析最新发现

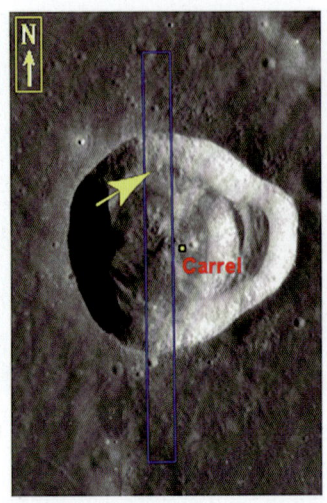

图 2.2.148　为图 2.2.146〈1〉局部放大

示静海卡雷尔（Carrel）"陆地月坑"东侧坑壁有大块滑塌体分布卫星影像图

图 2.2.149　为图 2.2.147 蓝色长方框月坑上部坑壁局部放大

示静海卡雷尔（Carrel）"陆地月坑"水平沉积岩层分布特征

图 2.2.150　为图 2.2.149 方框局部放大

示静海卡雷尔（Carrel）"陆地月坑"水平沉积岩层分布特征

图 2.2.151　静海卡雷尔（Carrel）"陆地月坑"水平沉积岩层风化碎屑物

大多以浅色调、略具磨圆和分选的岩块和岩屑物质组成

第二章 月球"水"形成的地貌和沉积（遗迹）特征

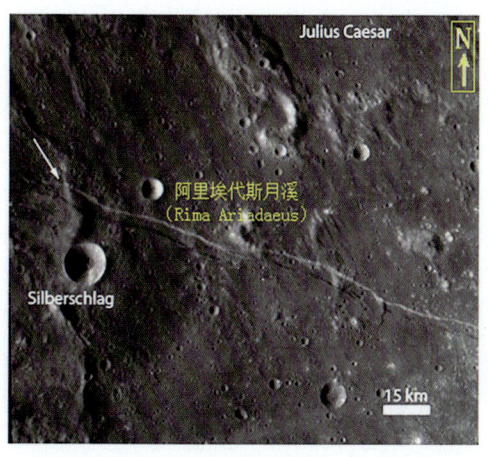

图 2.2.152　为图 2.2.146〈2〉局部放大
示阿里埃代斯月溪（Rima Ariadaeus）水平沉积岩层分布位置，箭头所示处

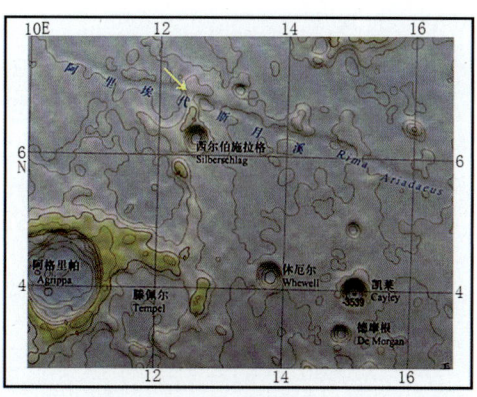

图 2.2.153　阿里埃代斯月溪（Rima Ariadaeus）及附近地形分布图

图 2.2.154　为图 2.2.152 箭头所示处局部放大
示阿里埃代斯月溪（Rima Ariadaeus）北岸水平沉积岩层分布位置

图 2.2.155　为图 2.2.154 方框局部放大
示阿里埃代斯月溪（Rima Ariadaeus）水平沉积岩层分布特征

107

图 2.2.156 阿里埃代斯月溪（Rima Ariadaeus）水平沉积岩层风化碎屑物
大多以浅色调略具磨圆和分选的岩块和岩屑物质组成特征

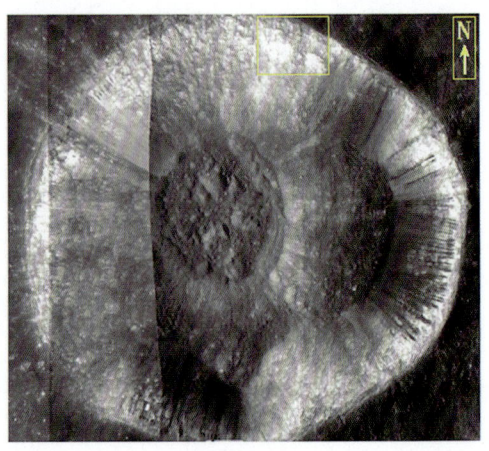

图 2.2.157 为图 2.2.146〈3〉局部放大
示静海丢尼修（Dionysius）"陆地月坑"卫星影像图

图 2.2.158 静海丢尼修（Diony-sius）"陆地月坑"及附近地形分布图

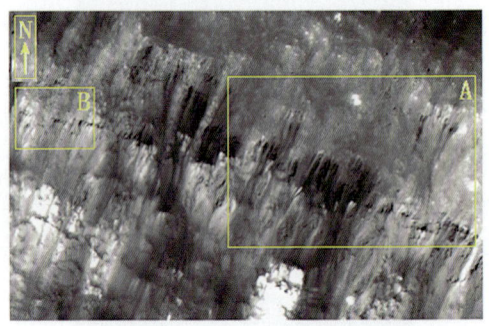

图 2.2.159 为图 2.2.157 方框局部放大
示静海丢尼修（Dionysius）"陆地月坑"水平沉积岩层分布特征

第二章 月球"水"形成的地貌和沉积（遗迹）特征

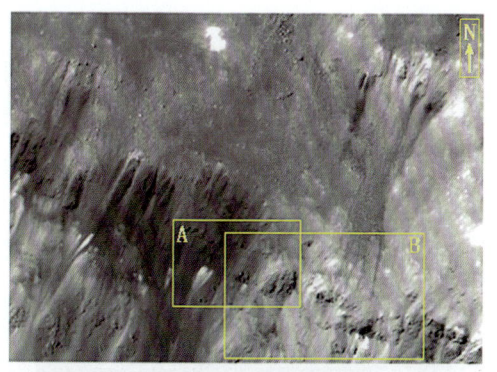

图 2.2.160 为图 2.2.159 方框 A 局部放大
示静海丢尼修（Dionysius）"陆地月坑"水平沉积岩层分布特征

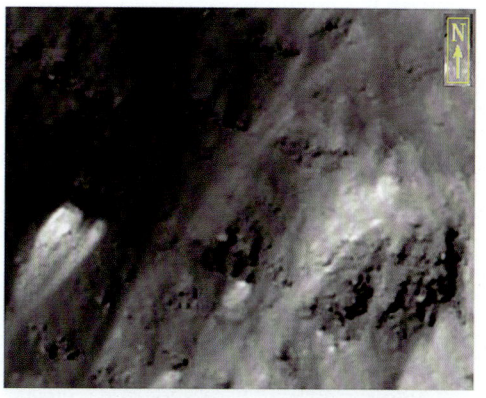

图 2.2.161 为图 2.2.160 方框 A 局部放大
示静海丢尼修（Dionysius）"陆地月坑"水平沉积岩层分布特征

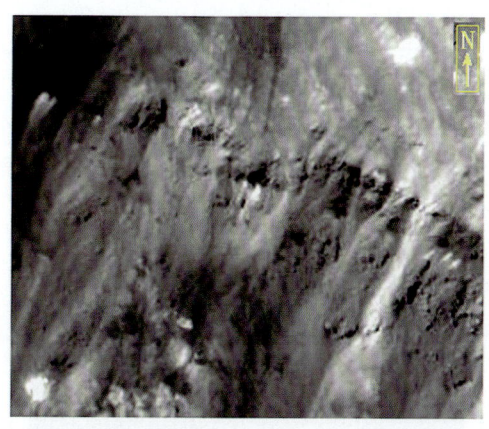

图 2.2.162 为图 2.2.160 方框 B 局部放大
示静海丢尼修（Dionysius）"陆地月坑"水平沉积岩层分布特征

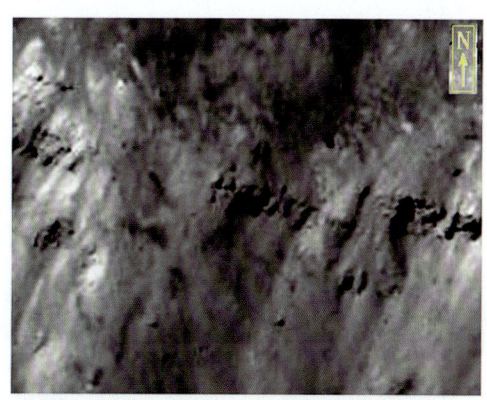

图 2.2.163 为图 2.2.159 方框 B 局部放大
示静海丢尼修（Dionysius）"陆地月坑"水平沉积岩层分布特征

109

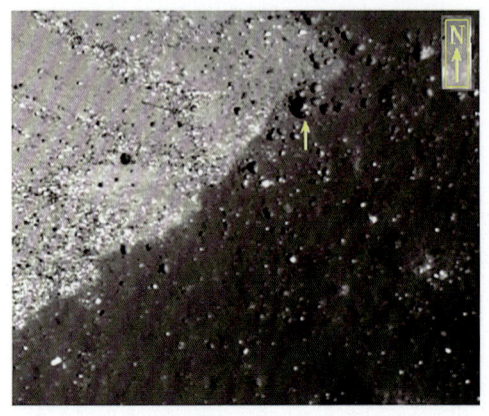

图 2.2.164　静海丢尼修（Dionysius）"陆地月坑"水平沉积岩层风化碎屑物

大多以浅色调、略具磨圆和分选的岩块和岩屑物质组成，也见较多黑色玄武岩砾石出现，箭头所示

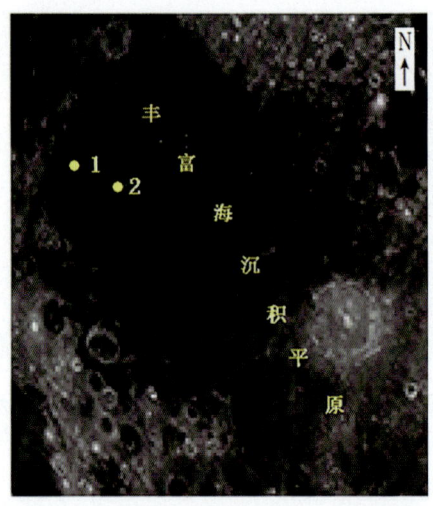

图 2.2.165　丰富海沉积平原卫星影像图

1. 西奇 X（Secchi X）；2. 梅西耶 A（Messier A）

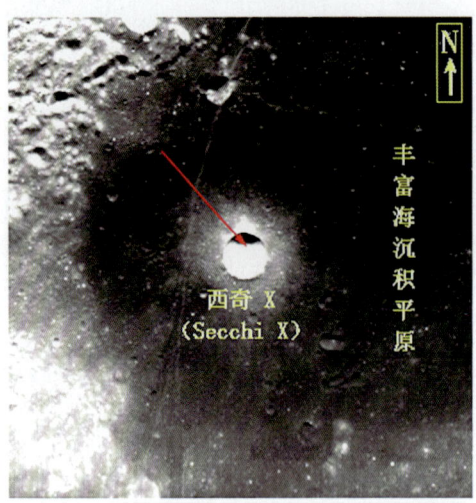

图 2.2.166　为图 2.2.165〈1〉局部放大

示丰富海西奇 X（Secchi X）"陆地月坑"卫星影像图

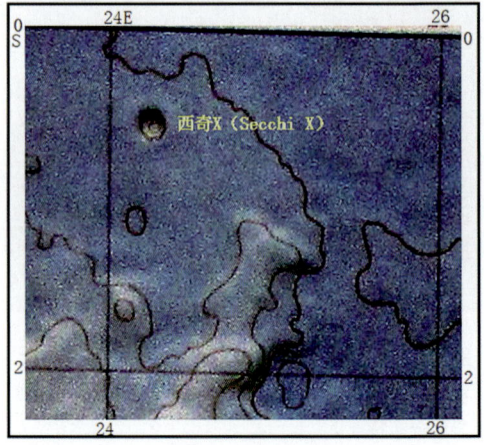

图 2.2.167　丰富海西奇 X（Secchi X）"陆地月坑"及附近地形分布图

第二章　月球"水"形成的地貌和沉积（遗迹）特征

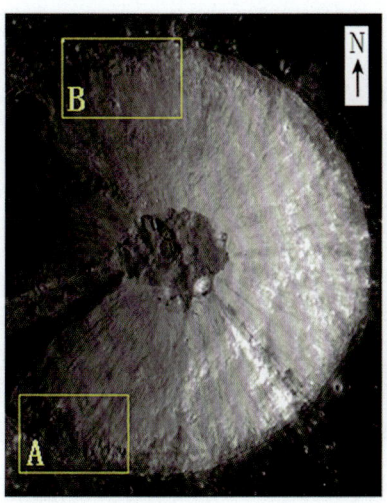

图 2.2.168　为图 2.2.166 西奇 X "陆地月坑"局部放大
示丰富海水平沉积岩层分布位置

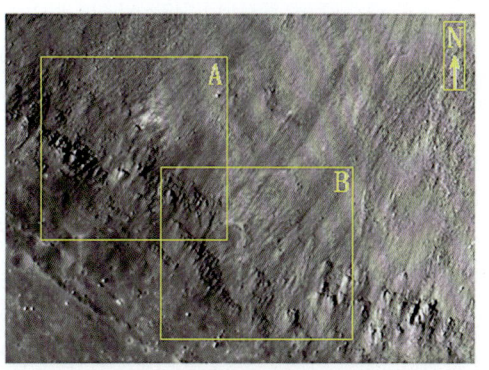

图 2.2.169　为图 2.2.168 方框 A 局部放大
示丰富海西奇 X "陆地月坑"水平沉积岩层分布特征

图 2.2.170　为图 2.2.169 方框 A 局部放大
示丰富海西奇 X（Secchi X）"陆地月坑"水平沉积岩层分布特征

图 2.2.171　为图 2.2.169 方框 B 局部放大
示丰富海西奇 X "陆地月坑"水平沉积岩层分布特征

111

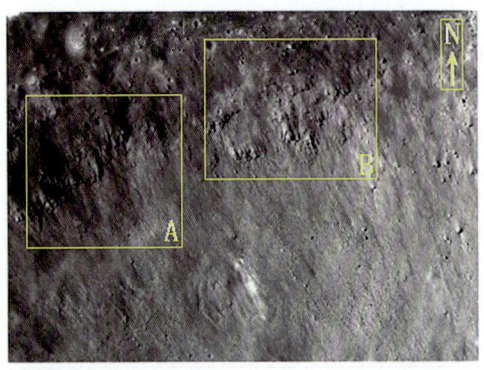

图2.2.172 为图2.2.168方框B局部放大

示丰富海西奇X"陆地月坑"水平沉积岩层分布特征

图2.2.173 为图2.2.172方框A局部放大

示丰富海西奇X"陆地月坑"水平沉积岩层分布特征

图2.2.174 为图2.2.172方框B局部放大

示丰富海西奇X"陆地月坑"水平沉积岩层分布特征

图2.2.175 丰富海西奇X"陆地月坑"水平沉积岩层风化碎屑物

大多以浅色调、略具磨圆和分选的岩块和岩屑物质组成

第二章 月球"水"形成的地貌和沉积（遗迹）特征

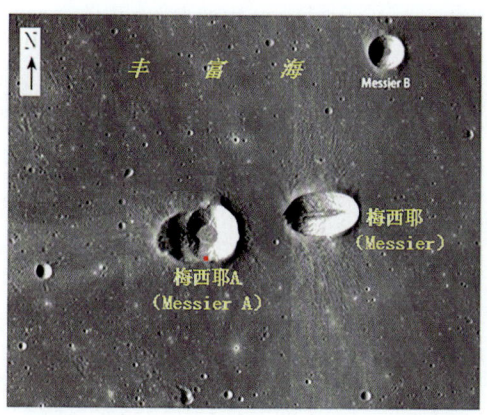

图 2.2.176　为图 2.2.165〈2〉局部放大
示丰富海梅西耶 A（Messier A）"陆地月坑"卫星影像图

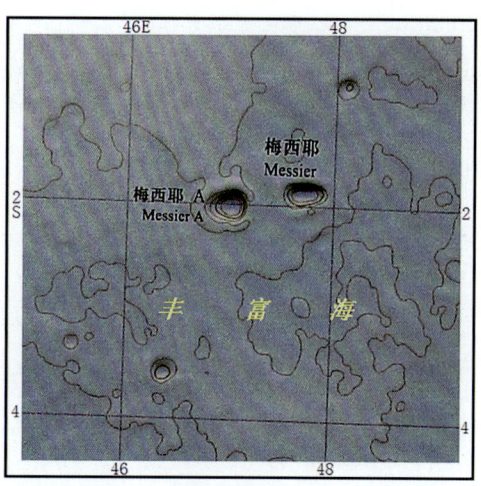

图 2.2.177　丰富海梅西耶 A（Messier A）"陆地月坑"及附近地形分布图

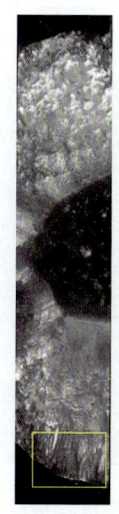

图 2.2.178　为图 2.2.176 梅西耶 A（Messier A）月坑局部放大
示丰富海梅西耶 A（Messier A）"陆地月坑"水平沉积岩层分布位置（方框）

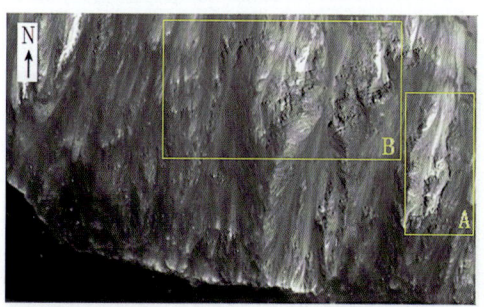

图 2.2.179　为图 2.2.178 方框局部放大
示丰富海梅西耶 A"陆地月坑"水平沉积岩层分布特征

113

图 2.2.181　为图 2.2.179 方框 B 局部放大
示丰富海梅西耶 A "陆地月坑" 水平沉积岩层分布特征

图 2.2.180　为图 2.2.179 方框 A 局部放大
示丰富海梅西耶 A "陆地月坑" 水平沉积岩层分布特征

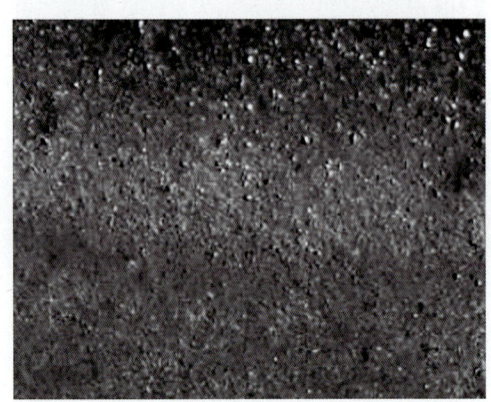

图 2.2.182　丰富海梅西耶 A "陆地月坑" 水平沉积岩层风化碎屑物
大多以浅色调、略具磨圆和分选的岩块和岩屑物质组成

图 2.2.183　酒海沉积平原水平沉积卫星影像图

第二章 月球"水"形成的地貌和沉积（遗迹）特征

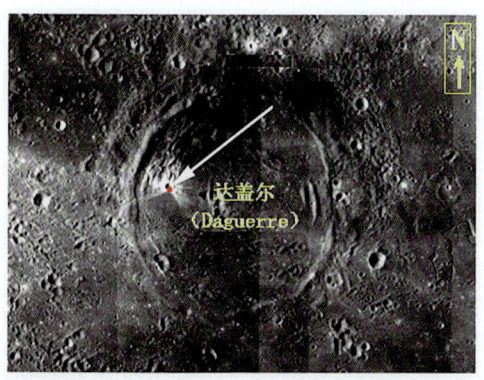

图 2.2.184　为图 2.2.183 方框局部放大
示酒海达盖尔（Daguerre）月坑中的小"陆地月坑"分布位置，箭头所示

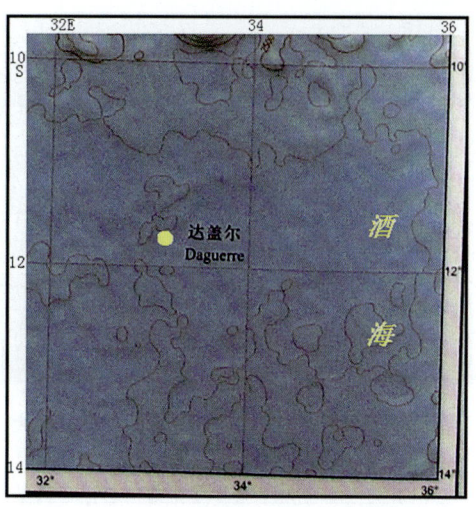

图 2.2.185　酒海达盖尔（Daguerre）月坑中的小"陆地月坑"及附近地形分布图

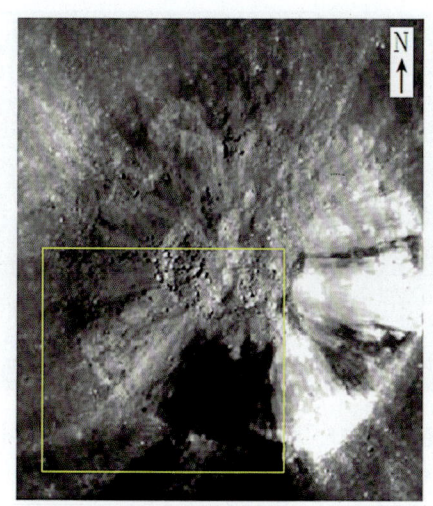

图 2.2.186　为图 2.2.184 小"陆地月坑"（箭头所示）放大特征
示酒海小"陆地月坑"水平沉积岩层分布特征

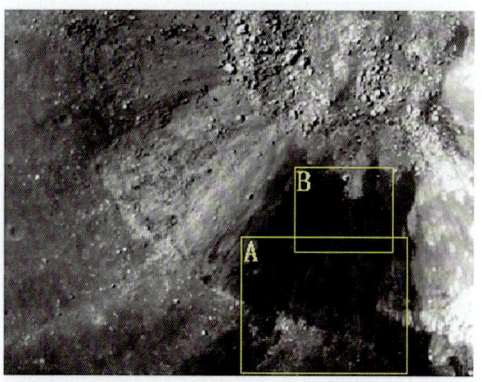

图 2.2.187　为图 2.2.186 方框局部放大特征
示酒海小"陆地月坑"水平沉积岩层局部，主要由深色岩石碎屑和岩块组成，黑色能流动和污染岩石的可能就是石油

115

图2.2.188　为图2.2.187方框A局部放大
示酒海达盖尔（Daguerre）月坑中的小"陆地月坑"局部，水平沉积岩层主要由被"石油"污染的深色岩石碎屑和岩块组成，黑色能流动和污染岩石的可能就是石油

图2.2.189　为图2.2.187方框B局部放大
示酒海达盖尔月坑中的小"陆地月坑"局部深色水平沉积岩层风化碎屑物大多略具磨圆和分选特征，黑色能流动和污染岩石的可能就是石油

图2.2.190　知海沉积平原卫星影像图

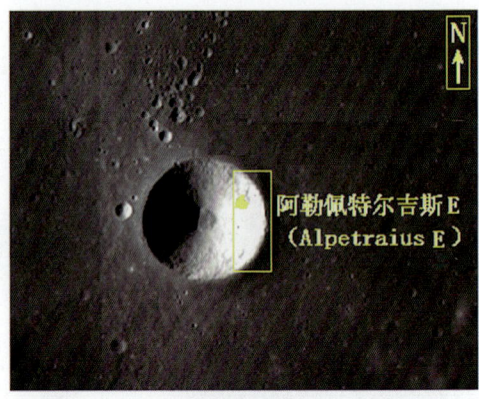

图2.2.191　知海阿勒佩特尔吉斯E（Alpetraius E）"陆地月坑"卫星影像图

116

第二章 月球"水"形成的地貌和沉积（遗迹）特征

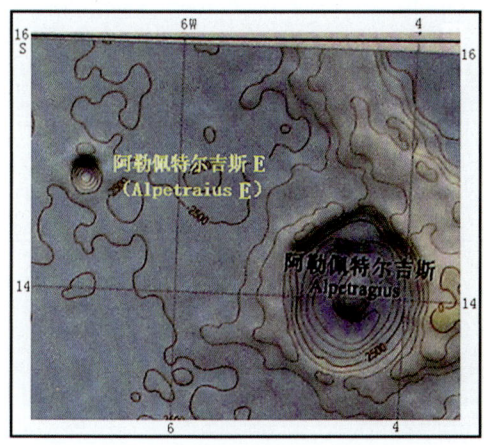

图 2.2.192　知海阿勒佩特尔吉斯 E（Alpetraius E）"陆地月坑"及附近地形分布图

图 2.2.193　为图 2.2.191 方框局部放大
示知海阿勒佩特尔吉斯 E（Alpetraius E）"陆地月坑"东侧局部放大特征

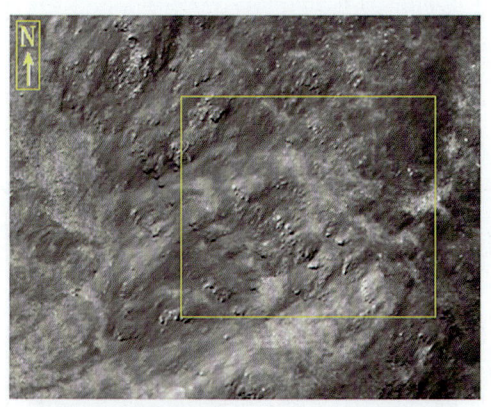

图 2.2.194　为图 2.2.193 方框局部放大
示知海阿勒佩特尔吉斯 E（Alpetraius E）"陆地月坑"水平沉积岩层分布特征

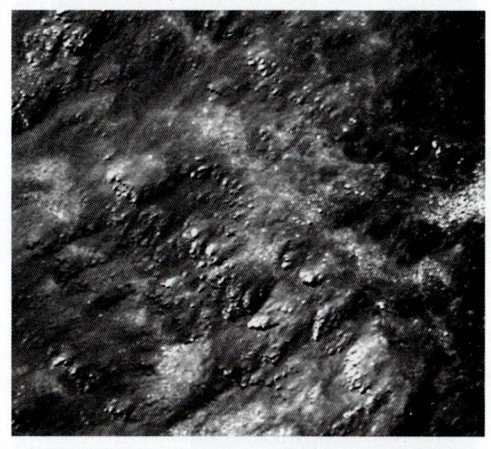

图 2.2.195　为图 2.2.194 方框局部放大
示知海阿勒佩特尔吉斯 E（Alpetraius E）"陆地月坑"水平沉积岩层分布特征

117

图 2.2.196　知海阿勒佩特尔吉斯 E（Alpetraius E）"陆地月坑"水平沉积岩层风化碎屑物

大多以浅色调、略具磨圆和分选的岩块和岩屑物质组成

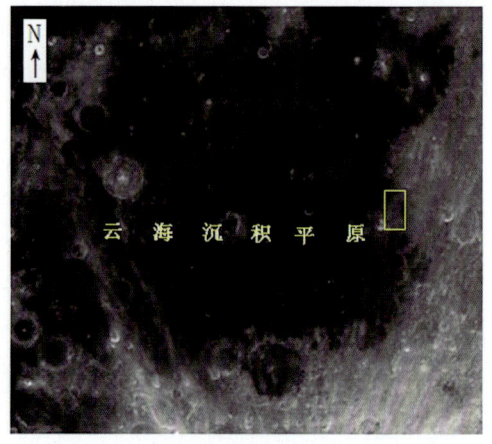

图 2.2.197　云海沉积平原卫星影像图

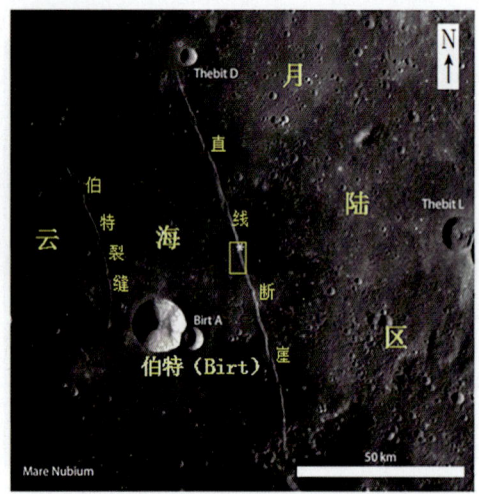

图 2.2.198　为图 2.2.197 方框局部放大

示云海东近直线断崖（向南南西倾斜的正断层）分布图

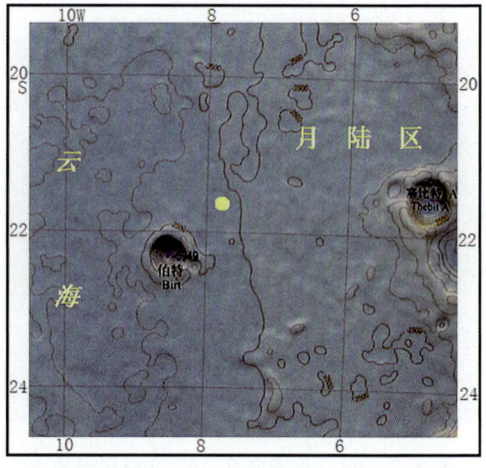

图 2.2.199　云海东近直线断崖（向南南西倾斜的正断层）及附近地形分布图

第二章 月球"水"形成的地貌和沉积（遗迹）特征

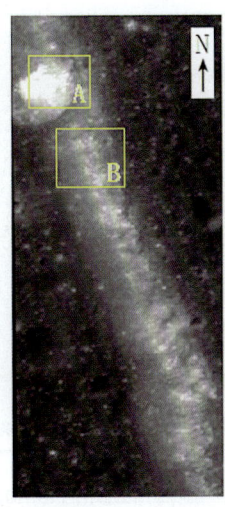

图 2.2.200　为图 2.2.198 方框局部放大
示水平沉积岩层沿直线断崖（向南南西倾斜的正断层）分布特征

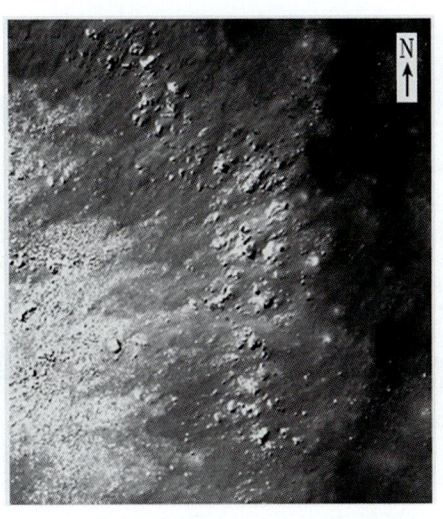

图 2.2.201　为图 2.2.200 方框 A 局部放大
示直线断崖（向南南西倾斜的正断层）水平沉积岩层分布特征

图 2.2.203　水平沉积岩层风化碎屑物
大多以浅色调、略具磨圆和分选的岩块和岩屑物质组成

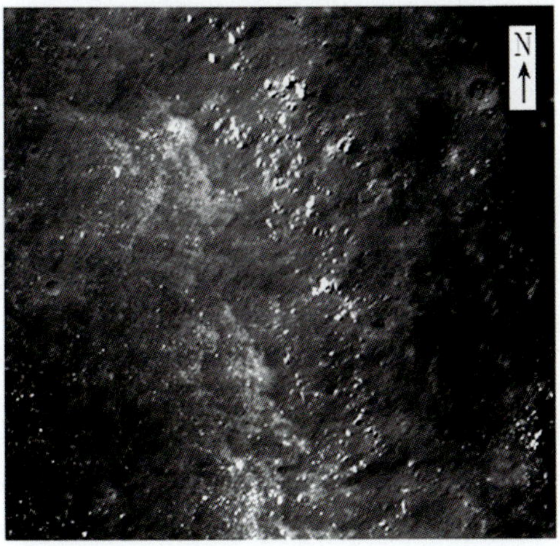

图 2.2.202　为图 2.2.200 方框 B 局部放大
示直线断崖（向南南西倾斜的正断层）水平沉积岩层分布特征

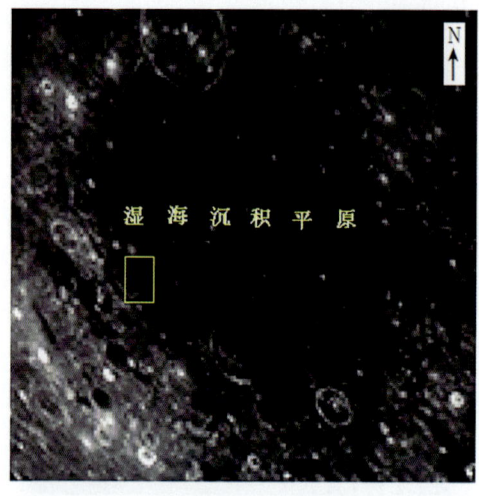

图 2.2.204　湿海（Mare Humorum）沉积平原卫星影像图

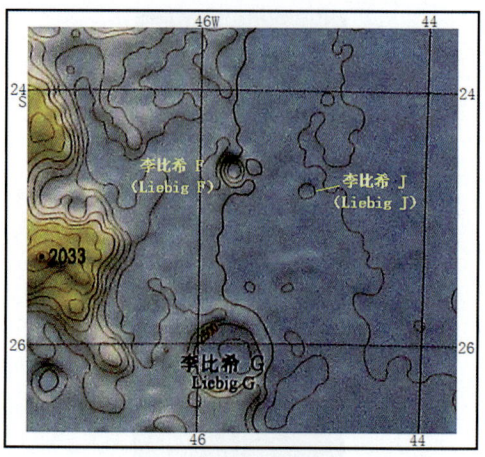

图 2.2.205　湿海（Mare Humorum）李比希 J（Liebig J）"陆地月坑"及附近地形分布图

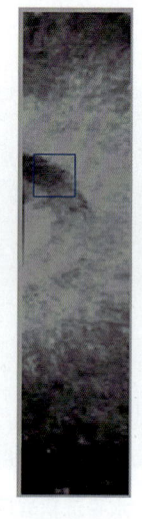

图 2.2.206　为图 2.2.204 方框局部放大示湿海（Mare Humorum）李比希 J（Liebig J）"陆地月坑"西部特征

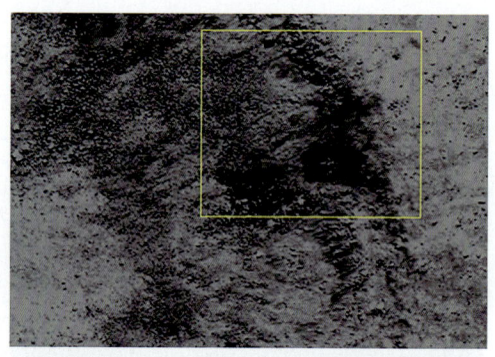

图 2.2.207　为图 2.2.206 方框局部放大示湿海李比希 J（Liebig J）"陆地月坑"水平沉积岩层分布特征

第二章 月球"水"形成的地貌和沉积（遗迹）特征

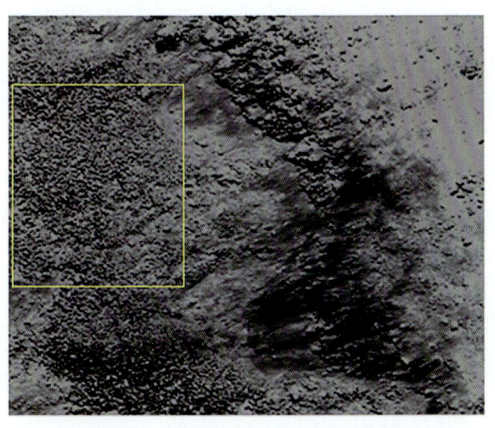

图 2.2.208　为图 2.2.207 方框局部放大
示湿海李比希 J（Liebig J）"陆地月坑"水平沉积岩层分布特征

图 2.2.209　为图 2.2.208 方框局部放大
示湿海李比希 J（Liebig J）"陆地月坑"水平沉积岩层风化碎屑物大多以浅色调、略具磨圆和分选的岩块和岩屑物质组成

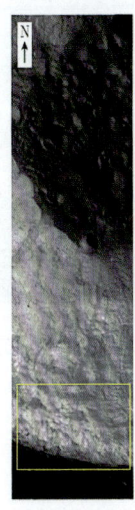

图 2.2.210　云海东南让森 K（Janssen K）"陆地月坑"（月陆区）堆积层

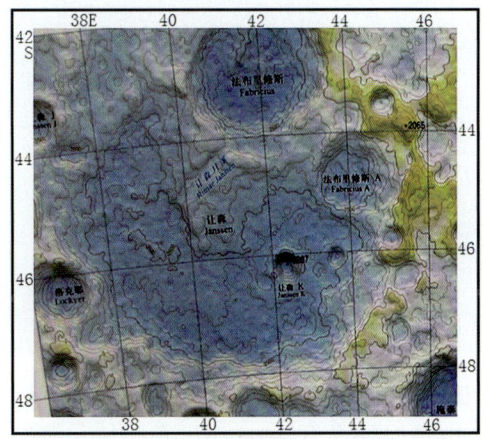

图 2.2.211　云海东南让森 K（Janssen K）早期"湿地月坑"及附近地形分布图

121

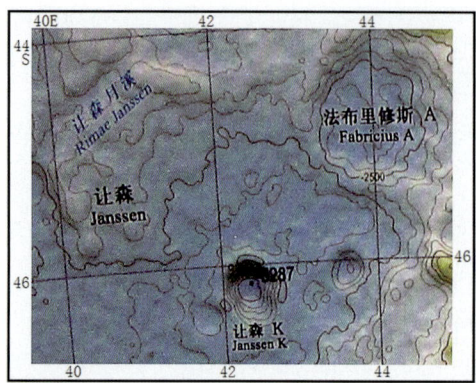

图2.2.212 云海东南让森K（Janssen K）"陆地月坑"及附近地形分布图

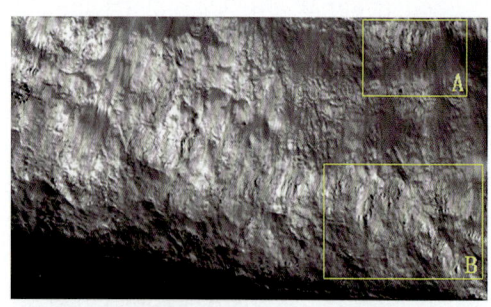

图2.2.213 为图2.2.211方框局部放大
示云海东南让森K（Janssen K）"陆地月坑"堆积层分布特征

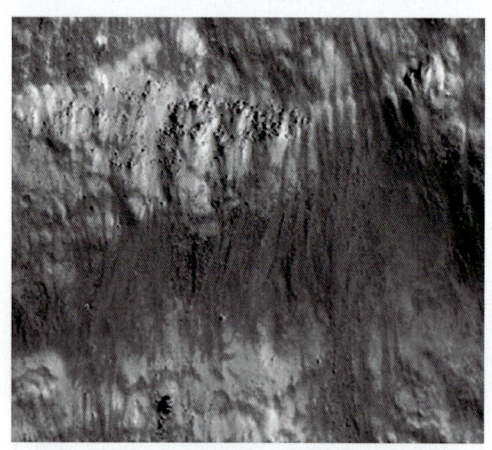

图2.2.214 为图2.2.214方框A局部放大
示云海东南让森K（Janssen K）"陆地月坑"堆积层分布特征

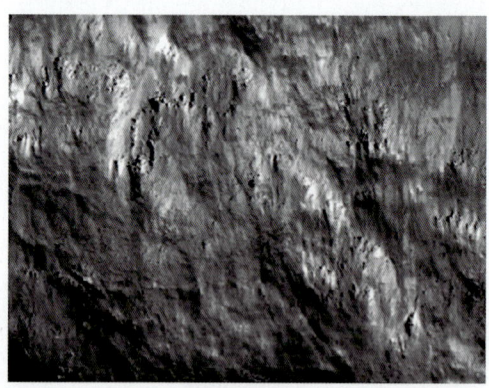

图2.2.215 为图2.2.214方框B局部放大
示云海东南让森K（Janssen K）"陆地月坑"堆积层分布特征

第二章 月球"水"形成的地貌和沉积（遗迹）特征

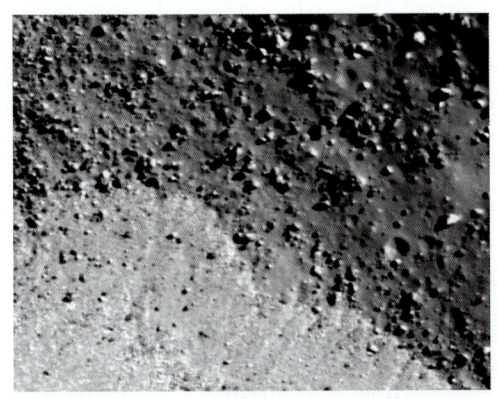

图 2.2.216　云海东南让森 K（Janssen K）"陆地月坑"堆积层风化碎屑物

大多以浅色调、略具磨圆和分选的岩块和岩屑物质组成

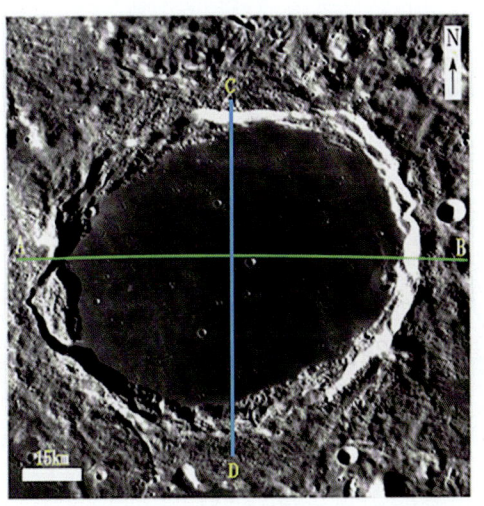

图 2.2.217　柏拉图"湿地月坑"沉积卫星影像图

AB、CD 为剖面线位置

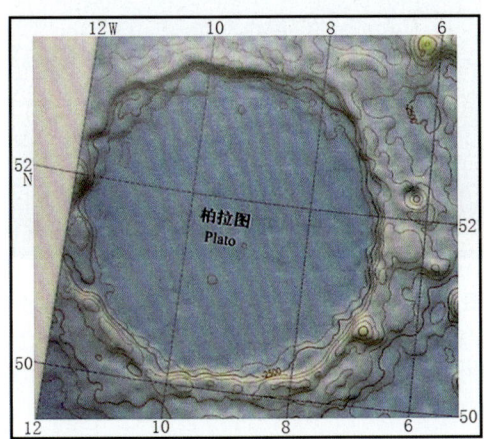

图 2.2.218　柏拉图"湿地月坑"沉积平原及附近地形分布图

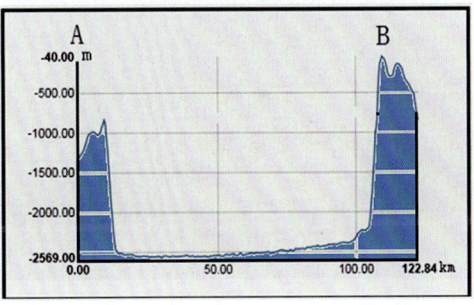

图 2.2.219　为图 2.2.217 剖面线 AB 垂直剖面图

示柏拉图沉积平原特征，平原面与月表面最大高差：2529 m

123

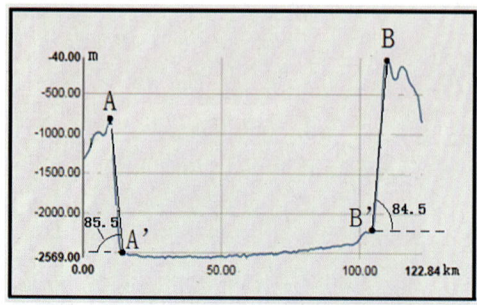

图2.2.220 柏拉图月坑坑壁坡度图（东壁84.5°，西壁85.5°）

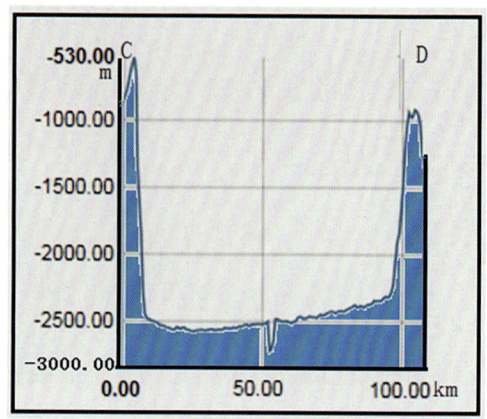

图2.2.221 为图2.2.218剖面线CD垂直剖面图

示柏拉图沉积平原南北向剖面特征

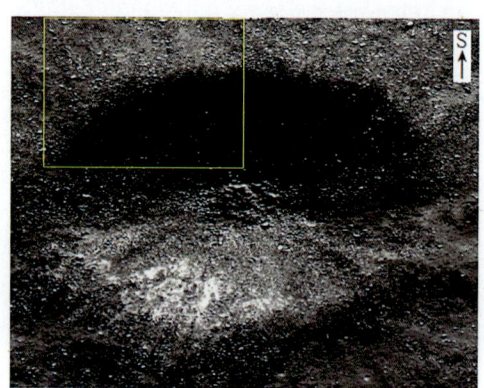

图2.2.222 柏拉图沉积平原上的小月坑（A）坑壁和溅射堆积物

大多以浅色调、略具磨圆和分选的岩块和岩屑物质组成

图2.2.223 为图2.2.223方框局部放大部分

示柏拉图沉积平原上的小月坑（A）坑壁和溅射堆积物大多以浅色调、略具磨圆和分选的岩块和岩屑物质组成

第二章 月球"水"形成的地貌和沉积（遗迹）特征

图 2.2.224 柏拉图沉积平原上的小月坑（B）坑壁和溅射堆积物

大多以浅色调、略具磨圆和分选的岩块和岩屑物质组成

图 2.2.225 柏拉图沉积平原上的小"陆地月坑"（C）坑壁和溅射堆积物

大多以浅色调、略具磨圆和分选的岩块和岩屑物质组成

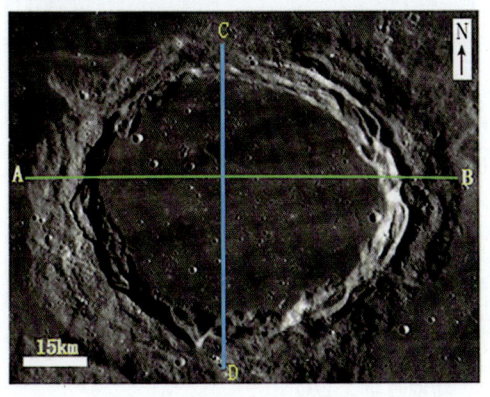

图 2.2.226 阿基米德"湿地月坑"卫星影像图

AB、CD 为剖面线位置

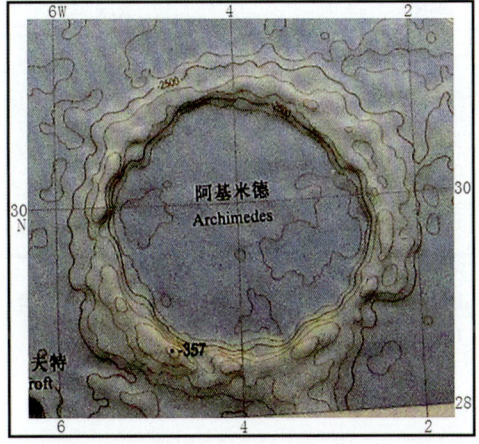

图 2.2.227 阿基米德"湿地月坑"及附近地形分布图

125

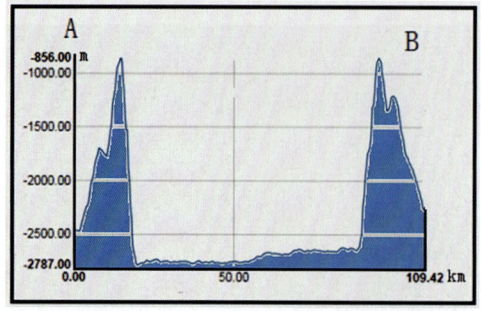

图 2.2.228　为图 2.2.227 剖面线 AB 垂直剖面图

示阿基米德"湿地月坑"东西向沉积平原面分布特征，平原面与月表最大高差 1931 m

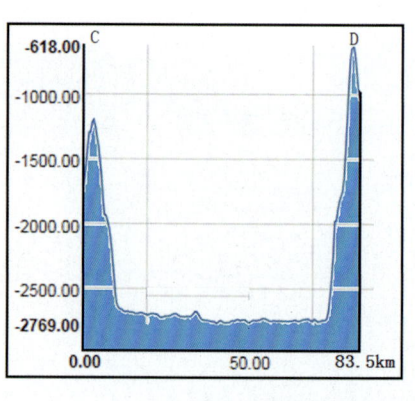

图 2.2.229　为图 2.2.227 剖面线 CD 垂直剖面图

示阿基米德"湿地月坑"南北向沉积平原面分布特征，平原面与月表最大高差 2100 m

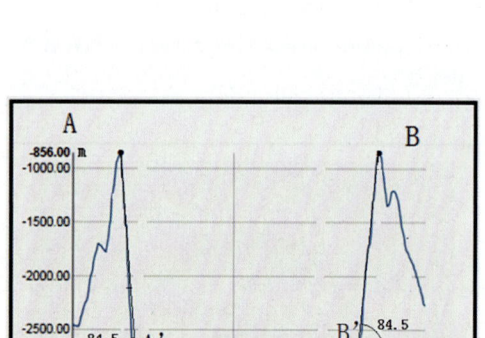

图 2.2.230　阿基米德"湿地月坑"东西两坑壁坡度图（东壁 84.5°，西壁 84.5°）

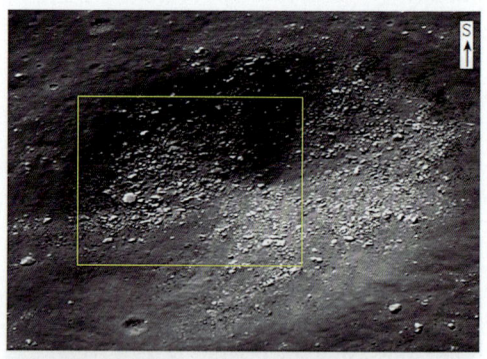

图 2.2.231　阿基米德"湿地月坑"中的小"陆地月坑"（A）

大多以浅色调、略具磨圆和分选的岩块和岩屑物质组成

图 2.2.232　为图 2.2.232 方框局部放大部分

示阿基米德"湿地月坑"中的小"陆地月坑"中沉积碎屑物具棱角状，磨圆的碎屑不多

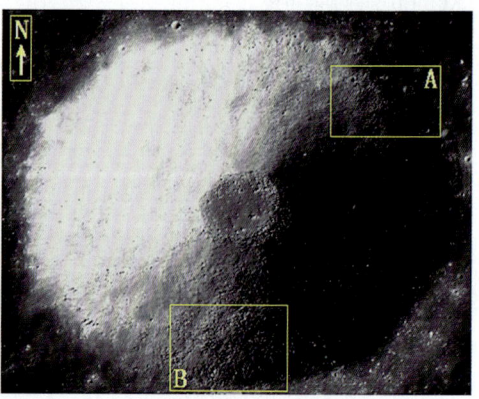

图 2.2.233　阿基米德"湿地月坑"中的小"陆地月坑"（B）由沉积碎屑物组成特征

第二章 月球"水"形成的地貌和沉积（遗迹）特征

图 2.2.234　为图 2.2.233 方框 A 局部放大部分

示阿基米德"湿地月坑"中的小"陆地月坑"B 大多以浅色调、棱角状，磨圆性差的岩块和岩屑物质组成

图 2.2.235　为图 2.2.234 方框 B 局部放大部分

示阿基米德"湿地月坑"中的小"陆地月坑"（B）大多以浅色调、略具磨圆和分选的岩块和岩屑物质组成

图 2.2.236　月球背面早期月坑门捷列夫（Mendeleev）沉积平原卫星影像图

Ⅰ、Ⅱ、Ⅲ、Ⅳ、Ⅴ示沉积平原Ⅰ形成后产生的"陆地月坑"先后顺序

图 2.2.237　月球背面奥本海默（Oppenheimer）早期月坑沉积平原卫星影像图

示月坑沉积平原面形成后"陆地月坑"和断裂产生

127

图 2.2.238 月球背面南半球的艾肯盆地中的汤姆孙（Thomson）"湿地月坑"沉积平原卫星影像图

图 2.2.239 月球正面风暴洋西南周边形成的克鲁格（Cruger）"湿地月坑"沉积平原卫星影像图

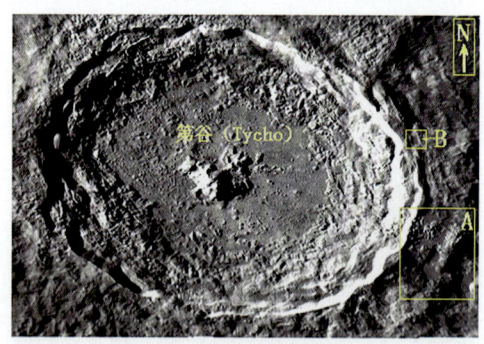

图 2.2.240 第谷月坑卫星影像图
示山间盆地沉积平原（A、B）分布于月坑东部附近

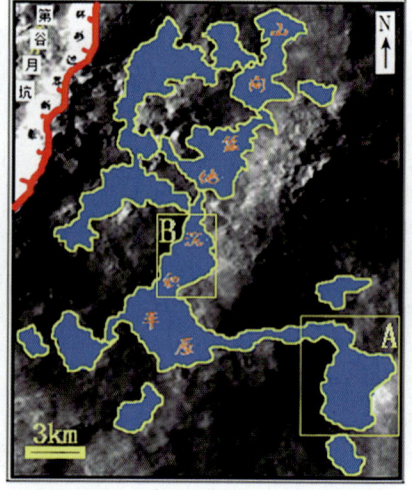

图 2.2.241 为图 2.2.240 方框 A 局部放大
示第谷月坑之东山间盆地沉积平原分布图

第二章 月球"水"形成的地貌和沉积(遗迹)特征

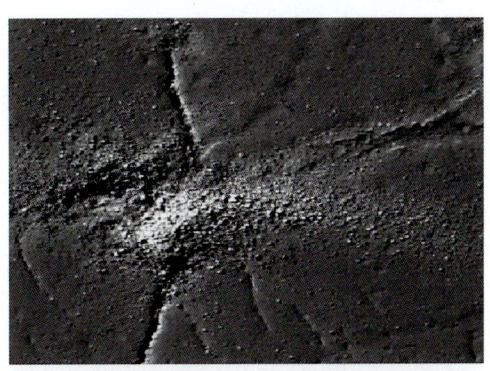

图 2.2.243 为图 2.2.242 方框局部放大
示山间盆地沉积平原组成物质大多以浅色调略具分选的泥沙和岩石碎屑物质组成

图 2.2.242 为图 2.2.241 方框 A 局部放大
示山间盆地沉积平原呈扇形分布特征

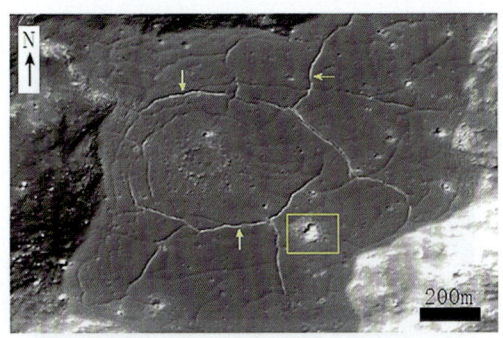

图 2.2.244 第谷月坑之东山间盆地沉积平原上泥裂分布特征

图 2.2.245 为图 2.2.244 方框局部放大
示山间盆地沉积平原组成物质大多以浅色调略具磨圆和分选的岩块和岩屑物质组成

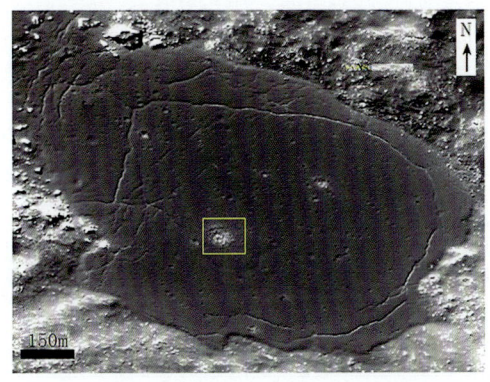

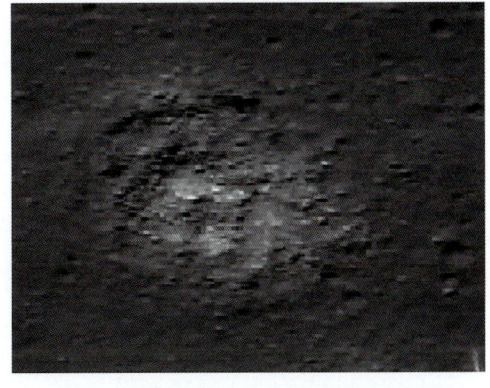

图 2.2.246 第谷月坑之东山间盆地沉积平原上泥裂分布特征

图 2.2.247 为图 2.2.246 方框局部放大
示山间盆地沉积平原组成物质大多以浅色调略具磨圆和分选的岩块和岩屑物质组成

129

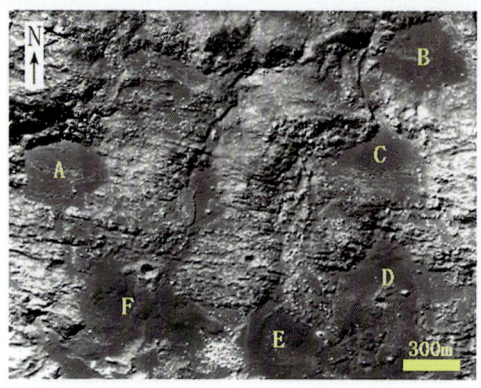

图 2.2.248 第谷月坑之北小型沉积平原分布图（A、B、C、D、E、F）

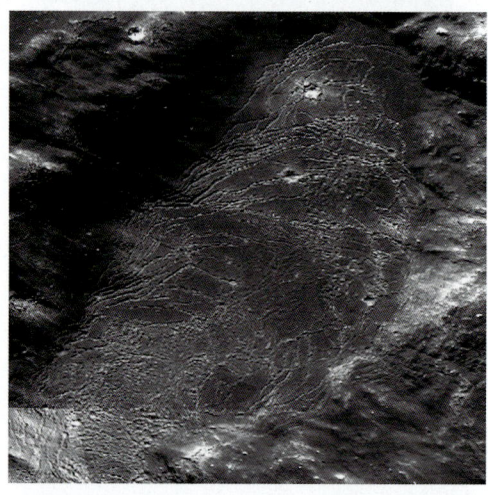

图 2.2.249 为图 2.2.241 方框 B 局部放大示山间盆地沉积平原形成过程中因流动产生的裂隙分布特征

图 2.2.250 为图 2.2.240 方框 B 局部放大示山间盆地沉积平原形成过程中因流动产生的裂隙分布特征

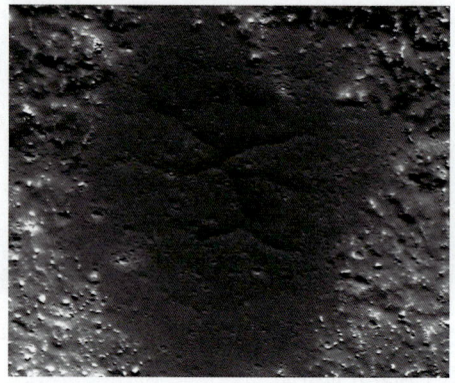

图 2.2.251 第谷月坑之东山间盆地沉积平原分布特征

第二章 月球"水"形成的地貌和沉积（遗迹）特征

图2.2.252 第谷月坑之东山间盆地沉积平原分布特征

图2.2.253 危海东浪海（Mare Undarum）早期山间盆地（A、B方框）沉积平原卫星影像图 F014

图2.2.254 为图2.2.253方框A局部放大示危海东浪海（Mare Undarum）早期山间盆地沉积平原卫星影像图

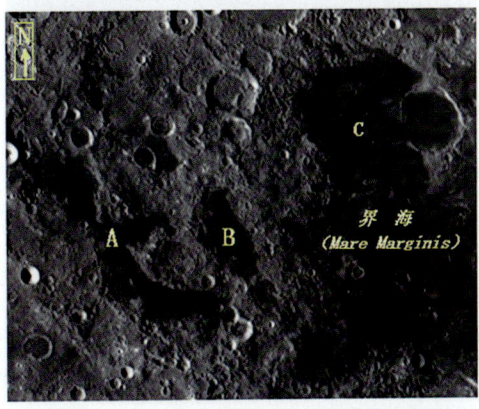

图2.2.255 为图2.2.253方框B局部放大示危海东界海早期（Mare Marginis）山间盆地沉积平原（A、B、C）卫星影像图

图2.2.256 史蜜斯海（Mare Smythii）早期山间盆地沉积平原卫星影像图

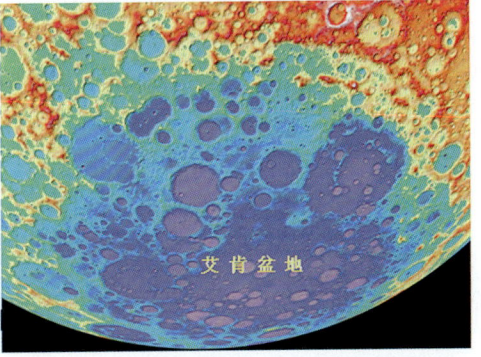

图2.2.257 月球背面南半球艾肯早期山间盆地在雨海纪前海水已退出成"湿地"大量"湿地月坑"沉积平原卫星影像图

131

图 2.2.258 雨海东南亚平宁山脉山体中"倾斜岩层"分布特征（据阿波罗 15 降落点录像截屏资料）

图 2.2.259 为图 2.2.258 方框局部放大

示倾斜岩层间层理近平行分布特征，据阿波罗 15 降落点录像截屏资料

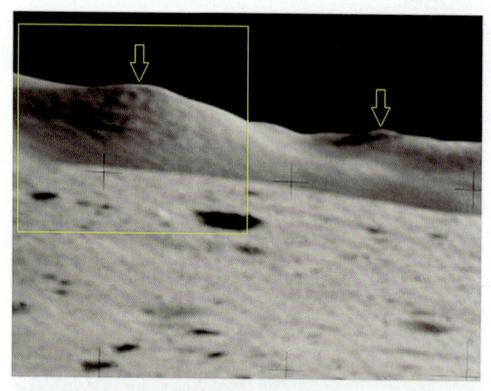

图 2.2.260 雨海东南亚平宁山脉山体中"倾斜岩层"顶部为"水平岩层""不整合"覆盖（方框）

或为巨型岩块覆盖（箭头所示）分布特征，据阿波罗 15 降落点录像截屏资料

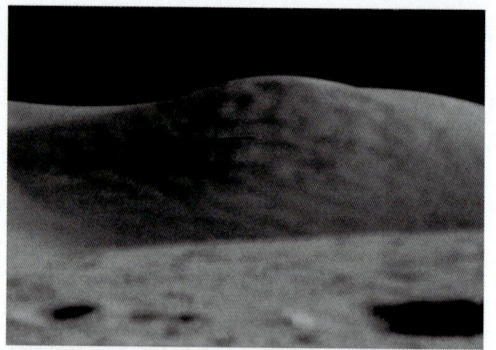

图 2.2.261 为图 2.2.260 方框局部放大

示"倾斜岩层"顶部为"水平岩层""不整合"覆盖分布特征，据阿波罗 15 降落点录像截屏资料

第三节 月球"泥石流"地貌和沉积特征

一、关于月球"泥石流"的概念、分布和类型划分

1. 关于月球"泥石流"的概念

在地球上，泥石流是一种十分常见的在水流参与作用下形成的地质、地貌现象之一，是指在山区和一些地形险峻或沟谷深邃的地区，因为暴雨、暴雪或其他自然灾害引发的山体滑坡并携带有大量泥沙、石块的特殊洪流。研究发现，月球上也有广泛的泥石流分布。

2. 月球"泥石流"的分布

月球"泥石流"在空间分布上有"月表泥石流"和"月坑泥石流"。"泥石流"本身也可进一步划分为"形成区""流通区"和"堆积区"三部分，即大量碎屑、岩块分布的形成区，陡峭的峡谷流通区和山前平坦、开阔的堆积区。泥石流在地球上具有突然性、流速快、流量大、物质容量大和破坏力强等特点，常常冲毁或掩埋公路、铁路等交通设施甚至村镇等，给人类造成巨大损失。月球上的泥石流主要分布于陡峭的月坑坑壁之上，其次是月坑坑底，少量分布于山间盆地之中。

3. 月球"泥石流"类型划分

月球上的泥石流，以往报道不多。且大部分人认为其是火山熔岩流或撞击熔融流，很少有人认为是水产生的泥石流。初步研究结果表明，月球上的泥石流普遍存在于中低纬度区，在月球两极及高纬度区极少分布。并且泥石流的形成区、流通区和堆积区与地球上的泥石流对比，也有明显不同。

月球上的泥石流形成的原因复杂多样，根据目前初步研究结果，可进行如下几类划分。

(1) 按"泥石流"空间分布可划分为二大类，即"月表泥石流"和"月坑泥石流"。而月坑泥石流按分布位置可进一步划分为坑壁泥石流和坑底泥石流。

所谓"月表石泥流"，是指泥石流分布于月表。其重要特征是流通区地势较平缓，流通距离较长。按地貌特征不同和形成原因差异，可进一步划分为月表融溶泥石流和月表冻融泥石流。

所谓"月坑泥石流"，是指局限分布于月坑之中的泥石流。按泥石流在月坑中分布的位置可进一步划分为坑壁泥石流和坑底泥石流。所谓"坑壁泥石流"，是指发育于月坑坑壁之上的泥石流。其最重要特征是流通区陡峻，距离较短。流石流多呈近垂直分布的线状窄带状。按含水量多少，可进一步划分为干泥石流、稠泥石流、中泥石流和水泥石流四种类型。所谓"坑底泥石流"，是指泥石流的形成区、流通区和堆积区均分布于月坑坑底之中。其最重要特征是源区多为坑壁滑落的含水冰岩块，融溶水与泥砂岩块混合成为泥石流最原始物质。流通区地势较缓，最终堆积于坑底低洼处，常形成一系列扇形脊图案。多属于稠泥石流和中泥石流。

其中以月表泥石流和坑壁泥石流为主。坑底泥石流少见。

(2) 按"泥石流"成因可划分为二大类，即"月表撞击泥石流"和"月表热融泥石流"。

所谓"月表撞击泥石流"，是由撞击形成的含水溅射物质直接产生的泥石流，可简称为"月表撞击泥流"。

所谓"月表热融泥石流"，是由于夜间陨石撞击月表时，产生大量冰冻溅射堆积物质，因进入月表白昼时，高温融溶水携带泥沙、岩块和岩屑物质，自高处向低处流动而形成的泥石流，可简称为"月表融水泥流"。

(3) 按"泥石流"形态特征可划分为二大类，即"扇状泥石流"和"舌状泥石流"。

所谓"扇状泥石流"，是指泥石流的形态上部窄、下部宽，酷似扇状而得名。

所谓"舌状泥石流",是指形成的泥石流形态酷似舌头状而得名。

月球上的泥石流,主要为扇状泥石流、舌状泥石流。

(4)按"泥石流"含水量多少可划分为四大类,即"水泥石流""中泥石流""粘泥石流"和"干泥石流"。

所谓"水泥石流",是指泥石流中含水量特别高的泥石流。其最重要特点是流通距离常较长、流通区宽度较窄,两侧多形成明显堤状堆积。多属于坑壁泥石流。

所谓"中泥石流",是指泥石流中含水量中等的泥石流。其最重要特征是流通距离较短,泥石流两侧多形成明显岩块、碎石堆积堤,堆积区下部常形成扇形脊,上部扇形脊多不发育等。

所谓"粘泥石流",是指泥石流中含水量极少的泥石流。其最重要特征是流通区和堆积物常形成明显的扇形脊。

所谓"干泥石流",或坡积崩塌堆积,是指坑壁泥石流不含水,或含极少量水,泥石流的形成靠崩塌的岩块和碎屑物质在自身重力作用下沿陡峻的坑壁向下进行重力分选作用,大的、重的岩块,由于获得较大动能,沿坑壁向下滚动远,在接近坑底区域按颗粒大小呈带状分布,而细小的岩屑岩粉物质,沿坑壁向下滚动和滑动形成的泥流。其最重要特点是"干泥石流"带叠加在坑壁下部带状粗颗粒分布区上。整条"干泥石流"大多呈凸起的正地貌。

月球上以"中泥石流""粘泥石流"和"干泥石流"分布较多,"水泥石流"分布较少。

二、月球"泥石流"类型的特征

按泥石流空间分布可划分为"月表泥石流"和"月坑泥石流",现分别简述如下。

(一)月表"泥石流"特征

月表泥石流,按成因可进一步划分为"月表溅射泥石流"(或"月表撞击溅射泥石流")和"月表热融泥石流"(或"月表融水泥石流")。

月球因昼、夜巨大温差的影响,当陨石撞击发生在月夜时,形成的含水溅射堆积物必然会被冻结成"冰冻土"。当这些"冰冻土"进入月球白昼时(约相当地球连续27个白天),因高温(平均约180℃)而发生融溶作用,融水及所含泥沙、岩屑和岩块物质,在自身重力作用下,自高处向低处发生流动和堆积作用产生的泥石流,称为"月表热融水泥石流",简称为"月表热融泥石流"。

月表泥石流,多分布于月球的中低纬度区,在不同大小月坑周边的溅射堆积区均有所发现,是分布最多的泥石流之一。

目前发现最典型的有6处。现依次简述如下。

1. 英戈尔斯 G（Ingalls G）月坑东南热融"泥石流"特征

英戈尔斯 G（Ingalls G）月坑位于月球背面的北半球，纬度为 25.50°N，经度为 150.40°W（见图 2.3.1）。热融泥石流位于英戈尔斯 G（Ingalls G）月坑东南约 45 km 的一个小月坑溅射堆积附近（见图 2.3.2、图 2.3.3）。小月坑直径约 2.5 km（暂称为"小月坑 A"）。

"小月坑 A"溅射堆积形成的热融扇状泥流，分布于小月坑东北外侧（见图 2.3.4），明显呈东北—西南带状分布。两侧伴有堤岸状泥、砂和砾石堆积（见图 2.3.4—图 2.3.6）。热融扇状泥石流由大小不一和色调不同的岩石碎屑物质所组成（见图 2.3.6、图 2.3.7）。但仍以浅色的岩屑和岩块为主，纯黑色岩块分布不多（见图 2.3.7）。

扇状泥石流（泥石流扇），呈多次叠加的扇状。早期泥流扇颗粒较粗，晚期逐渐变细。同一期泥流扇，前方颗粒较粗，向后方逐渐变细。按照相互切割或叠加关系，最少可分出三期不同泥流扇，且由老到新，规模逐渐变小（见图 2.3.6）。泥流扇源头为大小不同、岩石类型各异的岩块散落的高地（见图 2.3.7 箭头所示）。初步研究结果表明，泥流扇是小月坑形成时产生的溅射冰冻堆积物（见图 2.3.4 水平箭头所示）因受月球白昼热使冰冻土发生融溶作用，融溶水及所含泥流和岩屑、岩块物质，在自身重力作用下，自月表高处向低处流动和堆积而产生的。泥石流扇物质组成与"小月坑 A"坑底物质基本相同（见图 2.3.8）。在泥石流的分类中属于热融"水泥石流"。

2. 洛厄尔（Lowell）月坑南东热融"泥石流"特征

洛厄尔（Lowell）月坑位于东海西北，纬度为 13.0°S，经度为 103.4°W（见图 2.3.9—图 2.3.11）。热融泥石流分布于洛厄尔月坑东南坑缘边上一个小月坑（暂称为"小月坑 B"）。

"小月坑 B"近圆形，直径约 9 km。热融泥石流即分布于小月坑坑缘的西北一侧（见图 2.3.12、图 2.3.13），是由发育多条和多期次的扇状泥石流群所组成（见图 2.3.13）。不同期次的泥石流相互叠加和切割十分明显，尤其最晚两次泥石流相互叠加和切割，显示最为清晰（见图 2.3.13—图 2.3.16）。扇状泥石流的发源地，为一片大小岩块分布的平缓高地（见图 2.3.17）。高地及其分布的巨大岩块，即上述融水泥石流的发源地，是月夜时形成"小月坑 B"产生的溅射冰冻堆积物，在月昼时发生融水产生泥石流群。从泥石流相互叠置关系看，泥石流最少经历过月球连续白昼 5 次以上（见图 2.3.16）。组成泥石流的岩屑和岩块以浅色为主，受风化作用较强已开始形成岩屑堆。在泥石流的分类中属于热融"水泥石流"。

3. 杰克逊（Jackson）月坑热融"泥石流"特征

杰克逊（Jackson）月坑位于月球背面北半球。纬度为 21.9°N，经度为 163.1°W，直径约 71 km（见图 2.3.18、图 2.3.19）。融水泥石流分布于杰克逊（Jackson）月坑里的东侧坑壁上的小月坑（暂称为"小月坑 C"）之西南出口处。小月坑极小，直径约 5 km（见图 2.3.20）。泥石流是来自小月坑西南一侧坑缘附近的泥石流源，融水携带泥沙和岩屑物质，顺坡而下流动，并最终形成舌状泥石流堆积

（见图2.3.21）。并在泥石流流动路径的两侧，留下近平行的明显堤坝状堆积（见图2.3.22）。组成泥石流的物质，主要为浅色的均具棱角状的岩块、岩屑和泥沙物质（见图2.3.22），未见岩块受到风化作用，可能说明泥石流形成很晚。在泥石流的分类中属于热融"水泥石流"。

4. 阿特拉斯（Atlas）月坑东热融"泥石流"特征

阿特拉斯（Atlas）月坑位于月球正面北半球，纬度为47.1°N，经纬为44.1°E。"小月坑D"位于阿特拉斯A（Atlas A）月坑之北约44 km，距阿特拉斯（Atlas）月坑之东坑缘约67 km（见图2.3.23、图2.3.24）。月坑近圆形，直径约3 km。月表撞击泥石流主要分布于月坑的北侧坑缘边上（见图2.3.26A、B、C），部分流入坑底（见图2.3.25D、图2.3.29）。泥流多呈舌状（见图2.3.26—图2.3.29），组成泥石流的物质多为黑色泥沙和岩屑，少量为浅色泥沙和岩屑、岩块物质（见图2.3.29）。坑底见有"石煤"基岩露头分布。泥石流分类中应属于热融"中泥石流"或"稠泥石流"。

5. 吉尔（Gill）月坑之西热融"泥石流"特征

吉尔（Gill）月坑位于月球正面的南半球。"小月坑E"位于吉尔（Gill）月坑之西。近圆形，直径约1.2 km（见图2.3.30、图2.3.31）。融溶泥石流，呈近东西走向，与月坑撞击溅射辐射方向约呈45°角相交（见图2.3.30）。热融泥流发生过二次。第一次规模较大，泥石流长约275 m，宽约28 m（见图2.3.32）。第二次泥石流规模稍小，长约200 m，宽约18 m（见图2.3.33）。泥石流堆积体呈扇状。组成泥石流的物质多为黑色泥沙和岩屑，少量为浅色泥沙和岩屑、岩块（见图2.3.33）。泥石流分类中应属月坑撞击溅射热融"水泥石流"。

6. 第谷（Tycho）月坑北月表热融"泥石流"特征

第谷（Tycho）月坑位于月球正面的南半球，纬度为43.3°S，经度为11.1°W。融溶泥石流，分布于第谷月坑之北坑缘不远处（见图2.3.34—图2.3.36）。泥石流自南向北流动，至顶端附近向东南拐弯（见图2.3.37），宽约0.5 km，长约4 km。泥石流两侧形成明显泥沙堆积堤（见图2.3.38、图2.3.39）。依据泥石流相互叠加、切割和影像特征的差别，由老到新，大致可划分出A、B、C三次不同泥流（见图2.3.39）。组成泥流的物质，除大量黑色泥沙和岩屑物质外，还有大量浅色岩屑和岩块（见图2.3.40箭头所示）。第谷月坑之北坑外缘的热融泥石流物质组成为结构松散和杂乱堆积的泥沙和砾石（见图2.3.40A）。泥石流分类中应属热融崩塌"水泥石流"。

（二）月坑"泥石流"特征

1. 月坑坑壁"泥石流"特征

（1）赖纳（Reiner）月坑坑壁"泥石流"特征。赖纳（Reiner）小陆地月坑，位于月球正面北半球风暴洋南部，纬度为7.0°N，经度为55.0°W（见图2.3.41、图2.3.42）。坑壁南北窄条带状"坑壁泥石流"分布较多，多成群出现，呈裙状分布十分明显。单个泥石流大多呈长舌状，有的呈掌状分布。几乎所有泥石流均覆盖或切割早期形成的冻融石流坡。组成石流坡和泥流的物质，全以略具磨圆和分选的浅色岩屑和岩块（见图2.3.43—图2.3.52）为主。南坑壁泥流十分发育（见图2.3.43—图2.3.47），北坑壁泥石流分布也十分广泛（见图2.3.48—图2.3.52）。它的源头均有不甚规则的热融塌陷凹地分布（见图2.3.43、图2.3.48）。从晚期泥石流覆盖和切割早期大量粗岩屑、岩块堆积和流通区底部平滑呈带状特征来看，早期堆积应属于崩塌和坡积的重力堆积。产生直而密集泥石流可能与坑壁陡峭和最初为"干泥石流"后转为水泥石流有关。泥石流分类中应属热融"水泥石流"。

（2）亨利兄弟（Henry Freres）月坑中小月坑坑壁"泥石流"特征。亨利兄弟（Henry Freres）"陆地月坑"位于月球正面南半球，东海之东的月陆区上，分布热融"坑壁泥石流"的陆地小月坑，位于亨利兄弟（Henry Freres）陆地月坑中心之北，纬度为23.5°S，经度为59.0°W（见图2.3.53—图2.3.56）。泥流源区位于坑壁上部接近坑缘，呈侵蚀区，多为由基岩组成的大小不规则的浅坑或浅槽（见图2.3.60）。泥石流在坑壁上的总体形态呈上宽下窄的尖锥状。流通区明显切割早期形成的石流坡堆积。堆积区明显覆盖早期形成的石流坡，并形成长舌状堆积特征。组成石流坡和泥流堆积物的物质主要为浅色的岩屑和岩块（见图2.3.57—图2.3.62）。从晚期泥石流覆盖和切割早期大量粗岩屑、岩块堆积和流通区底部平滑呈带状的特征看，早期堆积应属于崩塌和坡积的重力堆积，后转为热融水泥石流。

（3）克勒克（Clerke）月坑坑壁"泥石流"特征。克勒克（Clerke）小陆地月坑，位于月球正面北半球，澄海之东南边缘地带（见图2.3.63），纬度为21.7°N，经度为29.8°E（见图2.3.64）。泥石流在坑的各方均有较多分布（见图2.3.65）。泥石流总体或单个形态基本上呈上宽下窄的锥状（或辫状、漏斗状）（见图2.3.65、图2.3.66、图2.3.70、图2.3.73、图2.3.74、图2.3.75）。泥石流源区、汇聚区、流通区和堆积区，在地貌上也有明显不同。

泥石流源区，接近月坑坑缘，呈基岩裸露沟纵岩壁发育地，很少见有岩屑和岩块分布（见图2.3.70、图2.3.71）。

汇聚区，多分布沟谷，基岩裸露，也少见岩屑和岩块分布，属于地形相对较平缓地带，是众多沟谷汇合之处。整体形态呈上宽下窄分布（见图2.3.68、图2.3.74、图2.3.75）。

流通区，多较单一沟槽，槽底中常见有较大岩块出现，两侧常形成明显岩屑层岩块组成的堤坝（见图2.3.67、图2.3.68、图2.3.74、图2.3.75）。

堆积区，处于泥石流最下部，是泥石流最终堆积之处，形态多呈尖锥状。堆积物组成以浅色岩屑和岩块为主（见图2.3.68、图2.3.69、图2.3.72、图2.3.74、图2.3.75）。热融泥流上源颗粒粗，向下游逐渐变细，从流通区底部多窄而深的"峡谷"地貌特征看，应为属于热融水泥石流颗粒分布典型特征。

（4）喜帕恰斯G（Hipparchu G）月坑坑壁"泥石流"特征。喜帕恰斯G（Hipparchu G）小陆地月坑，分布于月球正面南半球，知海东北的月陆区，喜帕恰斯（Hipparchu）月坑之东边缘地带，纬度为5.0°S，经度为7.2°E（见图2.3.76）。"坑壁泥石流",目前仅取得下半部影像(见图 2.3.77)。泥流总体呈瓣状。依据泥石流色调差别和互相切割、覆盖的关系,明显可分早期和晚期。但两者分布范围基本一致。早期较晚期泥石流分布范围稍宽,早期泥石流色调浅,呈白色为主,晚期泥石流色调稍深(见图 2.3.77),多呈灰色为主,且在低洼处常汇合在一起,至高处又分叉多条泥石流向前流淌(见图 2.3.78—图 2.3.80)。组成泥石流的岩屑和岩块物质,可能也是以浅色为主。热融泥石流上源颗粒粗,向下游逐渐变细,从流通区底部多窄而深的"峡谷"地貌特征看,应为热融水泥石流颗粒分布典型特征。

(5)艾庇肯 A(Epigenes A)月坑坑壁"泥石流"特征。艾庇肯 A(Epigenes A)小陆地月坑,分布于月球正面北半球,冷海东北的月陆区,位于艾庇肯(Epigenes)月坑之东的边缘上,近圆形,直径约 18 km,纬度为 66.9°N,经度为 0.3°W(见图 2.3.81)。"坑壁泥石流",目前仅取得中部影像(见图 2.3.82)。泥流呈瓣状。依据泥流色调差别和互相切割、覆盖关系,明显可分早期和晚期。但两者分布范围基本一致。早期较晚期泥流分布范围稍宽。早期泥流色调浅,呈白色为主,以大量岩块和岩屑物质组成(见图 2.3.83)。晚期泥流色调稍深,以浅灰为主,主要以略具磨圆和分选的浅色岩屑物质组成。在宽阔的泥流槽面上,可见较多巨石零星分布(见图 2.3.84)。在泥石流的分类中属于热融"水泥石流"。

(6)加德纳(Gardner)月坑坑壁"泥石流"特征。加德纳(Gardner)小陆地月坑,分布于月球正面北半球,澄海东南月陆区,马拉迪月坑西南,纬度为 17.8°,经度为 33.9°(见图 2.3.85、图 2.3.86)。"坑壁泥石流"分布普遍(见图 2.3.87),形态多呈长舌状,线状为主。组成泥流物质大多为略磨圆和分选的浅色岩屑和岩块(见图 2.3.88—图 2.3.94、图 2.3.96)。

依据泥流相互切割和覆盖关系,有些泥流的形成可明显划分出三期。Ⅰ期泥流多分布于前缘,色调较暗,呈灰色或灰黑色,有较多岩块出现。Ⅱ期泥流色调稍浅,呈浅灰褐色,堆积区呈舌状。Ⅲ期泥流色调稍深,呈浅灰色,规则明显变小(见图 2.3.95)。有的早期崩塌坡积泥石流堆积因冻融作用产生明显"石环"构造(见图 2.3.89)。在泥石流的分类中属于热融"水泥石流"。

(7)库德(Couder)月坑坑壁"泥石流"特征。库德(Couder)也可能为小陆地月坑,坑壁泥石流具体分布位置尚不清楚。但从月球泥流产生主要在中低纬度区看,其分布于中低纬度区应该是可以肯定的。泥流之色调极浅,推测其堆积物中含水冰量极高。晚期产生小规模的泥流,色调稍深,呈浅灰褐色为主,上源流通区细小,而堆积区呈宽的舌状为主(见图 2.3.97)。可能为含水冰泥流融溶水产生产后水泥流类型。在泥石流的分类中属于热融"水泥石流"。

(8)拉朗德 C(Lalande C)月坑坑壁"泥石流"特征。拉朗德 C(Lalande C)小陆地月坑,位于月球南半球,纬度为-5.70,经度为6.90°W(见图 2.3.98—图 2.3.100)。"坑壁泥石流"分布较多。拉朗德 C(Lalande C)月坑,同一月坑不同方向的坑壁,产生不同类型的泥流,包括水冰冰川流、热融泥石流、冻融坑壁石流坡、冻融石流扇等。

泥石流形态复杂,以长漏斗状和长舌状为主(见图 2.3.101、图 2.3.102)。泥石流类型也十分复杂多变。有的泥石流源区呈现为"水冰川"（见图 2.3.103、图 2.3.104），源区热融塌陷凹地广泛分布，但到了中段、下段显示为泥石流特征。一般泥石流大多显示有早、晚两期。分布于西北侧坑壁的早期泥石流，规模较大，泥石流表层为大量岩屑和岩块分布，色调较浅；晚期规模较小，表层分布的岩屑和岩块不多，色调较深（见图 2.3.106）。源区地形多为崩塌作用形成的沟谷。分布于东南侧坑壁的早期泥石流，规模较大，泥石流表层为大量岩屑和岩块分布，色调较深；晚期规模较小，表层分布的岩屑和岩块不多，色调较浅（见图 2.3.105）。

拉朗德 C（Lalande C）月坑"坑壁泥石流"末端形态，在西北侧坑壁多形成尖锥状（见图 2.3.107），而东南侧坑壁多形成长舌状（见图 2.3.108）。在泥石流的分类中属于热融"水泥石流"。

（9）戈丹（Godin）月坑坑壁"泥石流"特征。戈丹（Godin）属于小型"陆地月坑"，分布于月球正面北半球，纬度为 2°N，经度为 10°E（见图 2.3.109—图 2.3.111）。"坑壁泥石流"分布普遍，主要由埋藏水冰经热融作用融溶水形成水冰冰川和"坑壁泥石流"（见图 2.3.116—图 2.3.125）。从泥石流色调、相互切割和覆盖关系，可明显划分出三期（见图 2.3.114、图 2.3.115），表明它们可能是三次月昼、月夜交替作用的结果。三期泥流规模由老到新逐渐变小。泥流从源头向下游，所产生的岩块由粗到细（见图 2.3.112、图 2.3.113），推测为溶水水量由大到小的作用结果。热融泥流源区为"水冰冰川"融化后巨大的冰碛岩块堆积（见图 2.3.113A、B、C）自上向下逐渐变细。在泥石流的分类中属于热融"水泥石流"。

（10）西尔伯施拉格（Silberschlag）东北小月坑 A 坑壁"泥石流"特征。西尔伯施拉格（Silberschlag）月坑位于月球正面的北半球，汽海东南的月陆上。分布有"坑壁泥石流"的小月坑 A，位于西尔伯施拉格（Silberschlag）月坑的东北，以"阿里埃代斯月溪（Rima Ariadaeus）"为界遥相对应。纬度为 6.9°，经度为 13.1°（见图 2.3.126—图 2.3.128）。小月坑 A "坑壁泥石流"分布十分广泛且密集，多数延伸直抵坑底（见图 2.3.129），表明坑壁陡峭而平滑。

泥石流源区，均呈不甚规则的热融凹陷地貌特征（见图 2.3.130、图 2.3.131）。坑底局部见巨大白色冻胀岩块（见图 2.3.132、图 2.3.133、图 2.3.135、图 2.3.138、图 2.3.139）和少量方形或长方形黑色岩块分布（见图 2.3.134）。泥石流端部大多呈长舌状、扇状，少量呈尖锥状（见图 2.3.136—图 2.3.140）。依据泥石流相互切割和覆盖关系，大致可划分出三个不同时期的泥流。早期泥石流一般规模较大，色调呈白色，可能含水冰量高；中期规模次之，色调稍深，多呈灰色；晚期规模最小，色调较深，多呈深灰色（见图 2.3.137）。在泥石流的分类中属于热融"水泥石流"。

（11）第谷月坑坑壁"泥石流"特征。第谷月坑坑壁"泥石流"，主要分布于第谷月坑坑壁的南、西南坑壁之上，少量分布于北侧坑壁上。南坑壁泥石流多为撞击时产生的含水溅射物所产生。泥石流前端表面较粗糙，反照率较低，形态以不同扇状脊分布为特征（见图 2.3.141—图 2.3.143）。形态多呈牛舌状或长舌状（见图 2.3.144、图 2.3.145）。实际它们均分布于月坑环形边界阶梯断裂上（见图

2.3.146)。有的数条泥石流在坑底构成"泥石流裙"(见图 2.3.147)。扇状脊大多位于舌状泥石流前端(见图 2.3.148)。有的泥石流整体都发育扇状脊(见图 2.3.148)。北侧坑壁泥石流多形成溅射叠覆状宽扇形泥石流堆积,且源区"U"宽谷保存较多、较明显(见图 2.3.150、图 2.3.151)。西坑壁泥石流多形成热融叠覆长舌状泥石流堆积(见图 2.3.149、图 2.3.152)。在同一区域可见叠覆的泥石流发育次数达 8 次以上(见图 2.3.153)。

分布于第谷月坑东坑壁的"泥石流",发育特征十分明显。以往资料曾误认为是火山喷发形成的"绳状熔岩",但从组成这些泥石流的物质全由浅色略具有磨圆和分选的岩屑和岩块看,不可能是"绳状熔岩",而是沉积的碎屑岩(见图 2.3.153A、B、C)。在泥石流的分类中属于热融"中泥石流"或"稠泥石流"。

2. 月坑坑底"泥石流"特征

(1) 焦尔达诺·布鲁诺(Giordano Bruno)"陆地月坑"坑底热融"泥石流"特征。焦尔达诺·布鲁诺(Giordano Bruno)"陆地月坑"位于月球背面北半球,呈近圆形,直径约 25 km,纬度为 36.1°N,经度为 102.8°E(见图 2.3.154、图 2.3.155)。坑底热融泥石流主要分布于坑底的北半部。源区多位于坑底边缘地区,为坑缘含水冰滑落岩块堆积。泥石流流动方向不定,但均向坑底中心方向流动。大多泥石流前方形成扇泼弧形脊(见图 2.3.156—图 2.3.162),推测可能是泥石流十分黏稠状态下流动的结果。泥石流形成后,一些白色巨大岩块因冻融作用产生白色长条带状冻融堆积,十分显眼(见图 2.3.163、图 2.3.164)。在泥石流的分类中属于热融"稠泥石流"。

(2) 阿特拉斯 A(Atlas A)"陆地月坑"坑底热融"泥石流"特征。阿特拉斯 A(Atlas A)"陆地月坑"北小月坑 A,位于月球正面的北半球,纬度为 46.9°N,经度为 49.8°E(见图 2.3.165、图 2.3.166)。坑底热融泥石流分布十分有限,仅见于坑底的西南一侧。泥石流前方形成扇泼弧形脊,显示是泥石流十分黏稠状态下流动的结果(见图 2.3.167、图 2.3.168)。阿特拉斯 A(Atlas A)"陆地月坑"坑底见有黑色"石煤"露头分布。在泥石流的分类中属于热融"中泥石流"或"水泥石流"。

(3) 怀尔德 J(Wyld J)月坑坑底热融"泥石流"特征。怀尔德 J(Wyld J)东北小月坑 A,位于月球背面南半球,纬度为 3.3°S,经度为 100.2°E(见图 2.3.169、图 2.3.170)。坑底热融泥石流仅见于坑底的西侧中部(见图 2.3.171),分布范围不大。泥流前方凸出形成扇状弧形脊不多,显示是泥流十分黏稠状态下流动的结果(见图 2.3.172、图 2.3.173)。在泥石流的分类中属于热融"中泥石流"或"水泥石流"。

三、"月球泥石流"特征对比

依据目前取得的月表"泥石流"、月坑坑壁"泥石流"和月坑坑底"泥石流"的特征,现列表对比,见表 2.3.1。

表 2.3.1　月球"泥石流"特征对比

特征	月表"泥石流"	月坑坑壁"泥石流"	月坑坑底"泥石流"
分布位置	月坑坑缘外月表	月坑坑壁	月坑坑底
规模	一般较大	小—中等	较小
分布月坑类型	"陆地月坑"	"陆地月坑"	"陆地月坑"
形态特征	扇形	线形、扇形	扇形
物质来源	月坑溅射物质	坑壁水冰热融物质	月坑滑坡崩塌堆积
类型	水泥石流	中泥石流、稠泥石流	稠泥石流
物质组成	浅色岩屑和岩块	浅色岩屑和岩块	浅色岩屑和岩块

四、月球"泥石流"的形成和发展

月球泥石流在空间上主要分布于月陆区的"陆地月坑"（见图2.3.174），这与"陆地月坑"的形成和演化有关。即主要与形成月坑时的溅射堆积物和月坑形成后月坑坑壁上部月表下存在的水冰融溶水不断渗出和坑底含水冰滑落体的融溶水，夹带泥砂岩块物质流动、搬运和堆积作用产生的。并且主要形成过程与爱拉托逊纪和哥白尼纪以后形成的"陆地月坑"关系最为密切。也可以说，月球泥石流的形成与月表下已存在的水冰层有关。因此，可以认为，当月球发生陨击作用时，巨大的撞击作用使月表下已存在的水冰层融溶并随溅射物降落到月坑周边的月表区，如果撞击发生于月昼，直接产生泥石流；如果撞击发生于月夜，溅射物降落月表后，则冻结成冰，待进入月昼时，高温使冻结成冰的堆积物发生融溶，溶水夹带泥沙、岩块物质在自身重力作用下流动、搬运和堆积，形成目前见到的泥石流。

当月坑形成后，分布于月坑内坑缘附近月表下水冰冰层，因受月昼时高温影响，发生融溶，溶水夹带泥沙和岩屑物质顺着陡峭的坑壁向坑底方向流动、搬运和堆积，产生目前见到的坑壁泥石流，与地球上冰冻区热融泥石流形成的特征完全可以对比（见图2.3.175、图2.3.176）。当月坑坑壁上部发生巨大滑塌，而滑塌体内富含水冰层时，在月昼时也会因高温，水冰层发生融溶，溶水夹带大量泥沙、岩块和岩屑物质向低处流动形成坑底泥石流。充分说明，月表下约几米、几十米或百米以上存在不连续或连续分布的水冰冰层，是月球表层普遍存在的特征。如果在倾斜木板上铺上一薄层泥土，在上方滴水。水滴顺板面流动、侵蚀、搬运和堆积，留下的地貌和沉积物（见图2.3.177）与月球小月坑壁分布的"热融泥石流"地貌和沉积基本一致（见图2.3.178）。

五、月球"泥石流"发现的意义

泥石流是在水的参与作用下形成的，因此它的发现证明月球曾经有过大量水和水冰的存在，为研究月球水的形成和演化提供重要依据。

以下附第二章第三节图：

图 2.3.1　月球背面英戈尔斯 G（Ingalls G）月坑的分布位置（方框）

图 2.3.2　"小月坑 A"（方框）位于英戈尔斯 G（Ingalls G）月坑之东南约 45 km

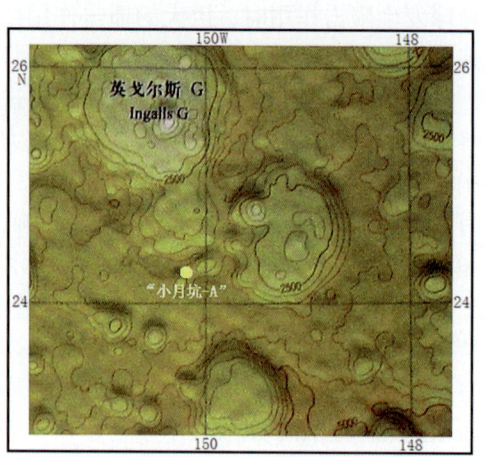

图 2.3.3　英戈尔斯 G（Ingalls G）月坑与"小月坑 A"附近地形分布特征

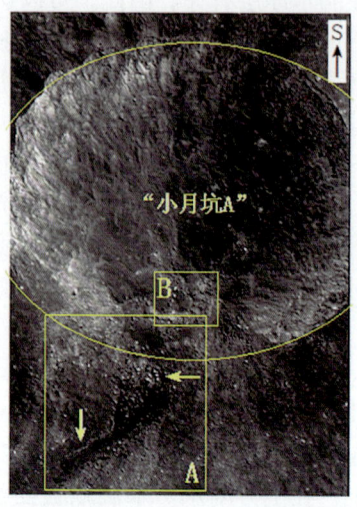

图 2.3.4　"小月坑 A"（直径约 2.5 km）分布特征

垂直箭头示融水泥石流，水平箭头示热融泥石流源区

第二章 月球"水"形成的地貌和沉积（遗迹）特征

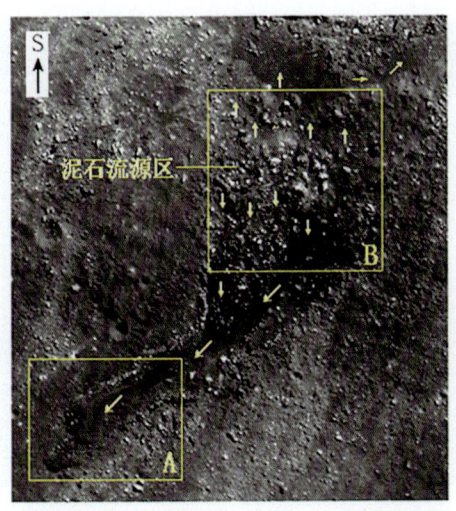

图 2.3.5　为图 2.3.4 方框 A 局部放大

垂直箭头示泥石流源区融溶水流动方向，倾斜箭头示泥石流流动方向

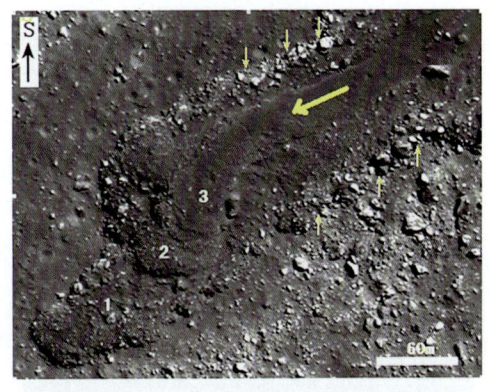

图 2.3.6　为图 2.3.5 方框 A 局部放大

倾斜箭头示泥石流流动方向，垂直箭头示泥石流两侧堆积堤）示泥石流堆积由老→新，由 1→2→3，颗粒由粗→细，泥石流流动长约 150 m

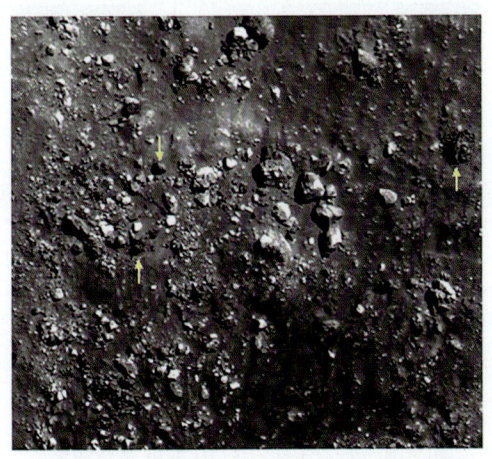

图 2.3.7　为图 2.3.5 方框 B 局部放大

示泥石流源区残留物大多为巨大的浅色调的岩块，只有少量全黑色的岩块（箭头所示）分布

图 2.3.8　为图 2.3.4 方框 B 局部放大

示"小月坑 A"坑底中心区堆积物未经融溶水的搬运和分选的溅落堆积物大小杂乱与"泥石流源区"（见图 2.4.7）明显不同分布特征

143

图 2.3.9　东海西北洛厄尔（Lowell）陆地月坑分布图

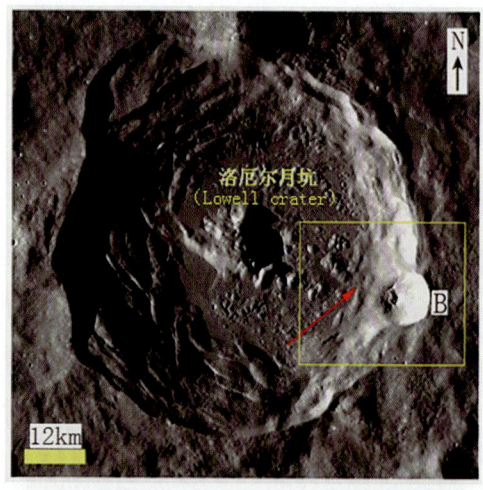

图 2.3.10　为图 2.3.9 方框局部放大示洛厄尔（Lowell）陆地月坑边上的"小月坑 B"分布位置图

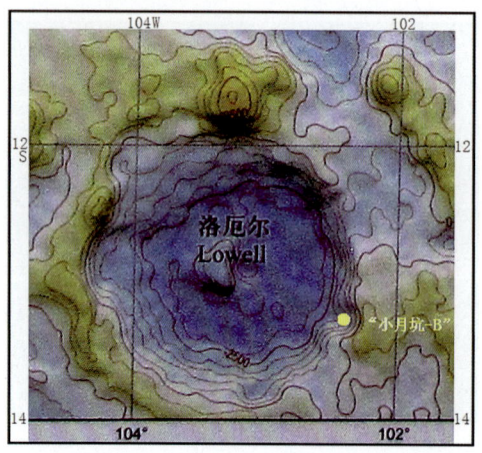

图 2.3.11　洛厄尔（Lowell）月坑及附近地形分布特征

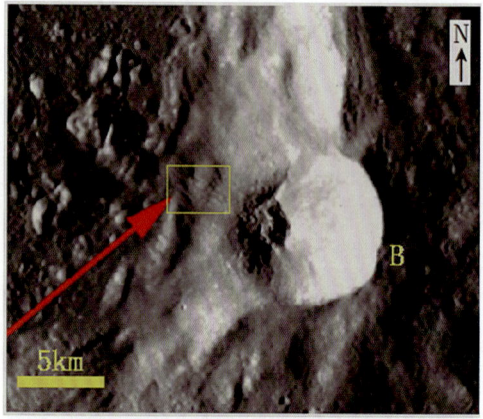

图 2.3.12　为图 2.3.10 方框局部放大示"小月坑 B"分布特征，红色箭头示图 2.3.13—图 2.3.17 扇状泥石流位置

第二章 月球"水"形成的地貌和沉积（遗迹）特征

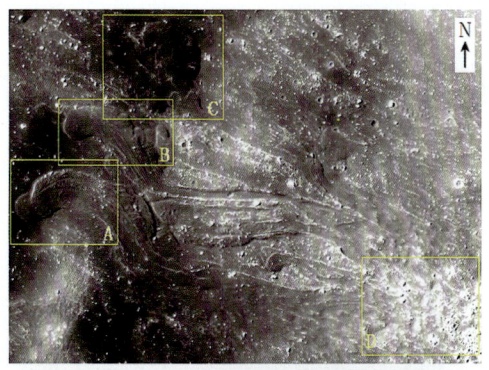

图 2.3.13 为图 2.3.12 方框局部放大部分
示热融扇状泥石流群分布特征，方框 D 为热融泥流源区

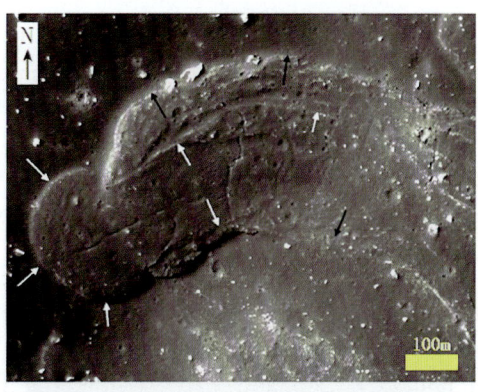

图 2.3.14 为图 2.3.13 方框 A 局部放大
示最晚两次扇状泥石流相互叠加和切割十分清晰，白色箭头示最晚次，黑色箭头示次晚次

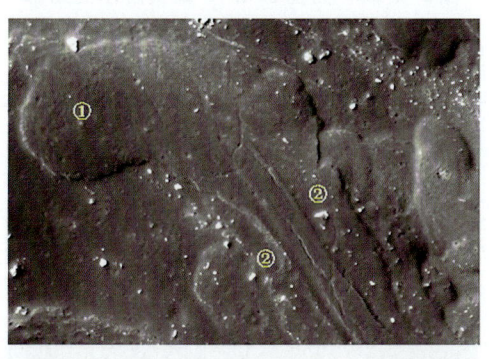

图 2.3.15 为图 2.3.13 方框 B 局部放大
示最晚次热融扇状泥石流①和次晚次泥流②分布特征

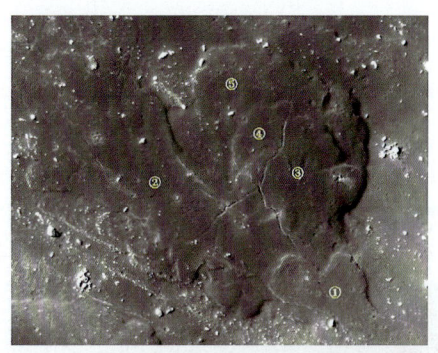

图 2.3.16 为图 2.3.13 方框 C 局部放大
示热融扇状泥石流由新到老（①→②→③→④→⑤）分布特征

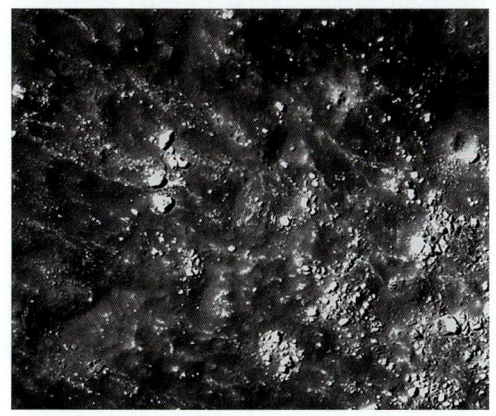

图 2.3.17 为图 2.3.13 方框 D 局部放大
示"小月坑 B"溅射堆积源区细小的岩屑物质已为泥石流搬运堆积，残留下巨大岩块

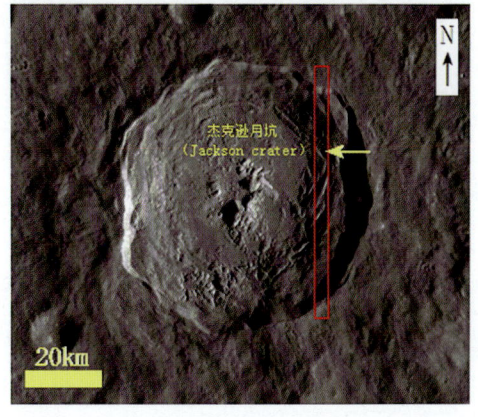

图 2.3.18 月球背面北半球杰克逊（Jackson）月坑内
"小月坑 C"分布位置，箭头所示

145

月球卫片分析最新发现

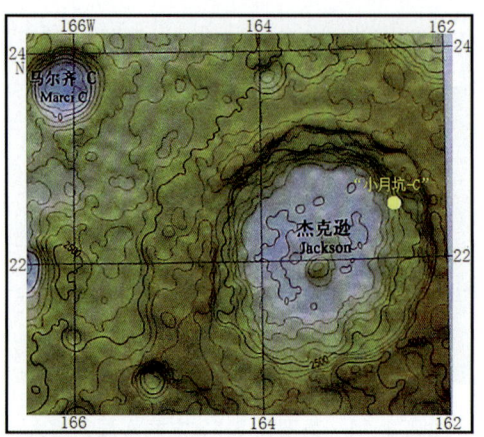

图 2.3.19 杰克逊（Jackson）月坑及附近地形分布特征

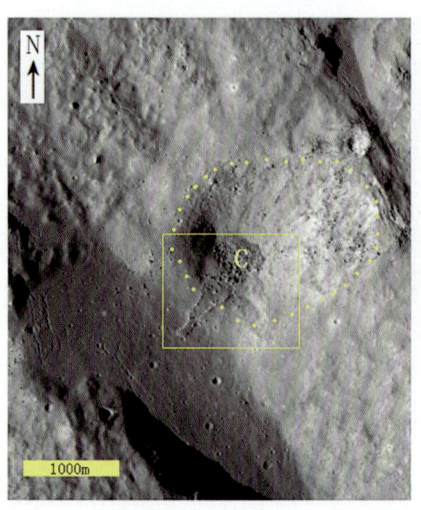

图 2.3.20 为图 2.3.18 箭头所示处局部放大

示"小月坑 C"（点线范围）及其西南一侧的坑缘水泥石流分布特征

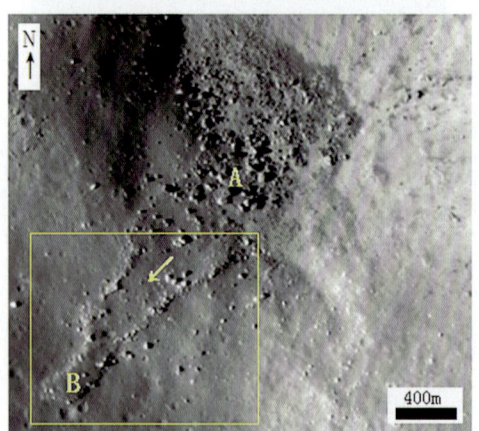

图 2.3.21 为图 2.3.20 方框局部放大部分

示热融水泥石流源区（A）融溶水携带泥沙和岩屑物质顺坡面下（长箭头所示）形成泥石流堆积（B），由 A 到 B 岩块和岩屑颗粒大小由粗到细及两侧堆积堤的分布特征

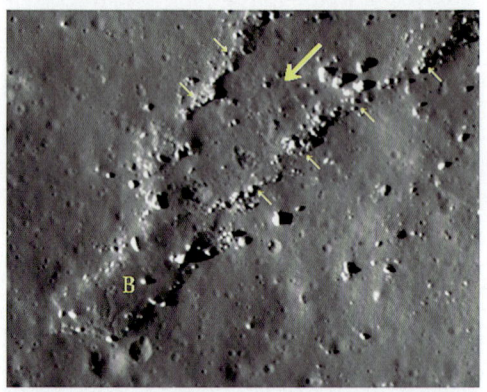

图 2.3.22 为图 2.3.21 方框局部放大部分

示热融水泥石流流动过程中产生近平行的两侧堤坝（细箭头所示）分布特征，粗箭头示泥石流流动方向，B 为水泥石流堆积

第二章 月球"水"形成的地貌和沉积（遗迹）特征

图 2.3.23　阿特拉斯 A（Atlas A）月坑
北约 30 km "小月坑 D"（箭头所示）分布特征
【D010】

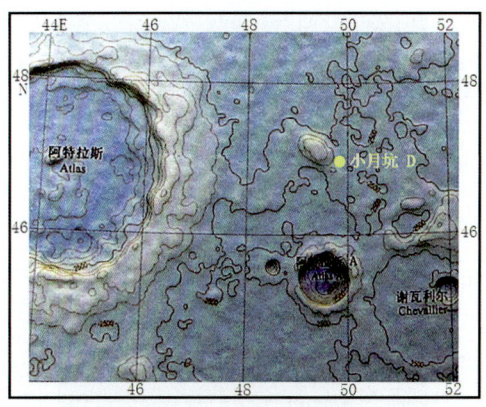

图 2.3.24　阿特拉斯（Atlas）月坑之东"小月坑 D"及附近地形图

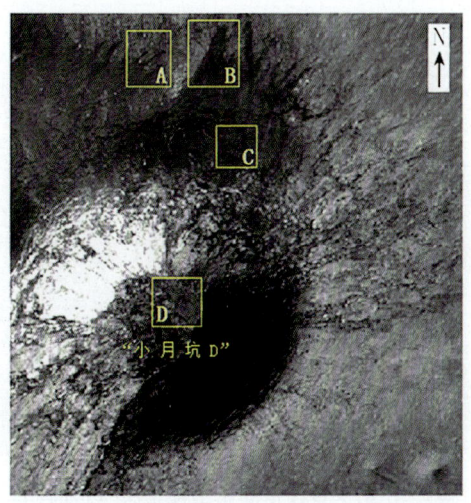

图 2.3.25　为图 2.3.23 箭头所示方框局部放大
示"小月坑 D"溅射泥石流（方框 A、B、C、D）分布图

图 2.3.26　为图 2.3.25 方框 A 局部放大
示"小月坑 D"（宇宙神月坑）溅射水泥石流堆积之一，箭头示泥流流动方向

147

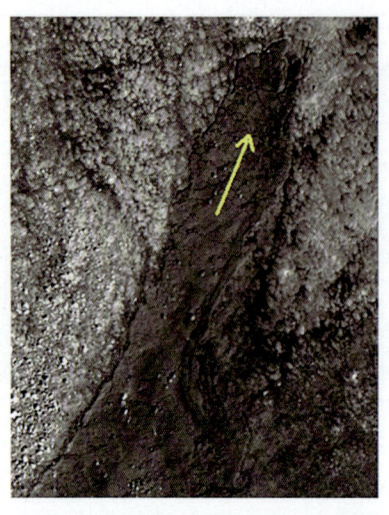

图 2.3.27　为图 2.3.25 方框 B 局部放大

示"小月坑 D"（宇宙神月坑）溅射泥石流堆积之二，箭头示泥流流动方向

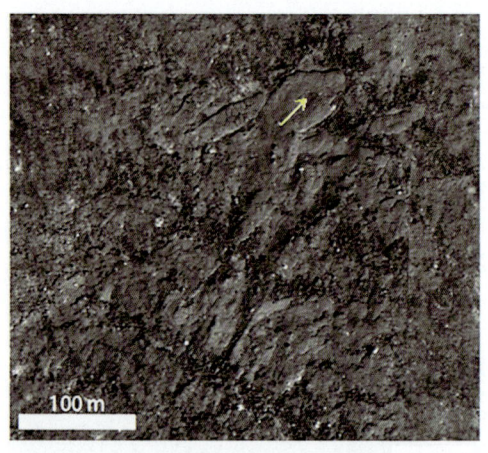

图 2.3.28　为图 2.3.25 方框 C 局部放大

示"小月坑 D"（宇宙神月坑）溅射泥石流堆积之三，箭头示泥流流动方向

图 2.3.29　为图 2.3.25 方框 D 局部放大

示"小月坑 D"（宇宙神月坑）溅射稠泥石流扇形脊堆积之四，箭头示泥流流动方向

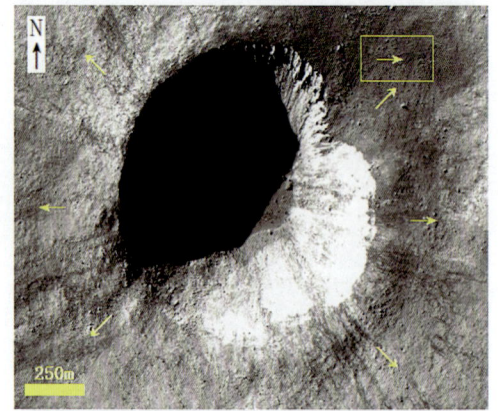

图 2.3.30　月球正面南半球吉尔（Gill）月坑之西"小月坑 E"

辐射状溅射泥石流与热融泥石流（方框）分布图，方框内箭头示溅射热融泥石流流动方向，其他箭头示月坑溅射辐射方向

第二章 月球"水"形成的地貌和沉积（遗迹）特征

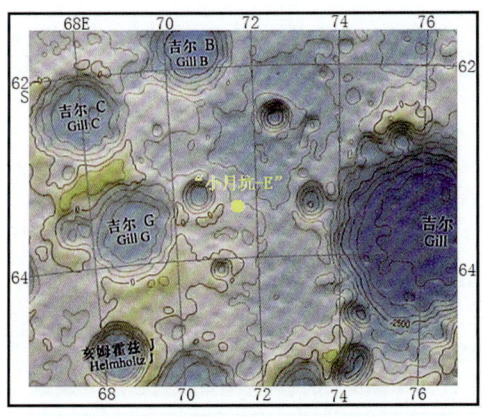

图 2.3.31 月球正面南半球吉尔（Gill）月坑之西"小月坑 E"及附近地形图

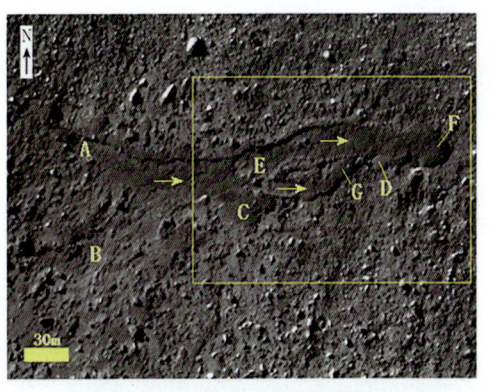

图 2.3.32 为图 2.3.30 方框局部放大
示月表溅射热融泥石流分布特征
A、B 为第一次热融泥石流源区，C、D 为第一次热融泥石流堆积
E 为第二次热融泥石流源区，F、G 为第二次热融泥石流堆积，箭步示泥石流流动方向

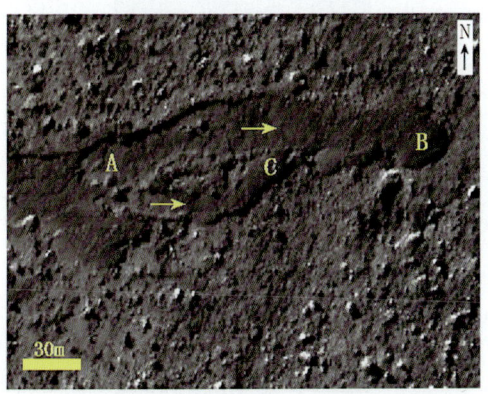

图 2.3.33 为图 2.3.32 方框局部放大
示月表撞击热融泥石流分布特征
A 为二次热融泥石流源区，B、C 为水泥石流堆积，箭头示泥石流流动方向

图 2.3.34 第谷（Tycho）月坑在月球正面上的位置（方框）

149

图 2.3.35　为图 2.3.34 方框局部放大
示第谷月坑分布特征

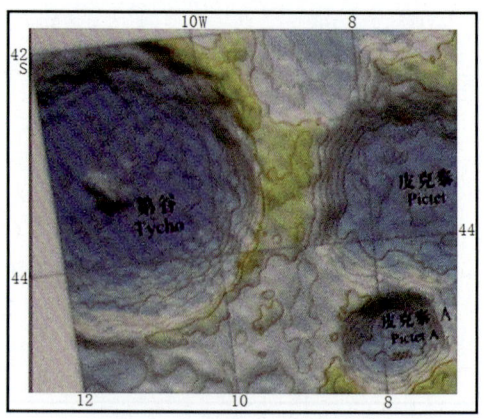

图 2.3.36　第谷月坑及附近地形图

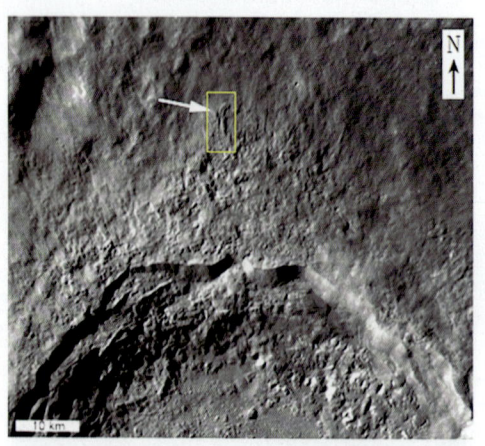

图 2.3.37　为图 2.3.35 方框局部放大
箭头示第谷月坑溅射热融泥石流堆积特征

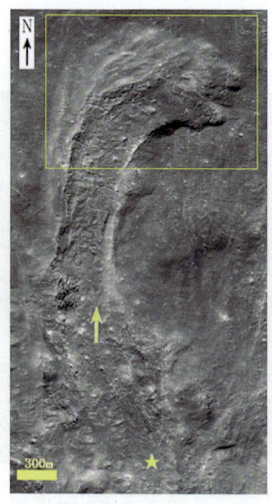

图 2.3.38　为图 2.3.37 方框局部放大
示第谷月坑溅射热融泥石流源区（星形）堆积及泥石流流动方向，箭头所示

第二章　月球"水"形成的地貌和沉积（遗迹）特征

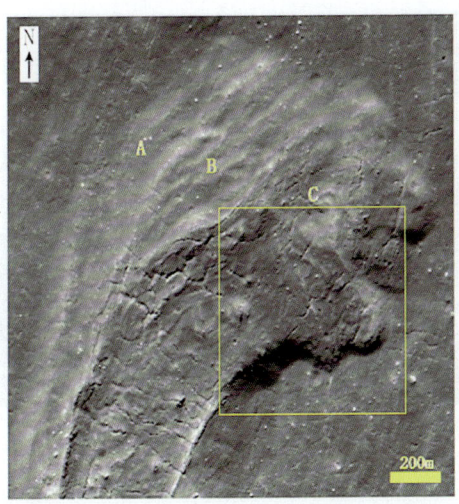

图 2.3.39　为图 2.3.38 方框局部放大
示第谷月坑三次不同溅射热融泥石流相互叠置（A、B、C）堆积特征

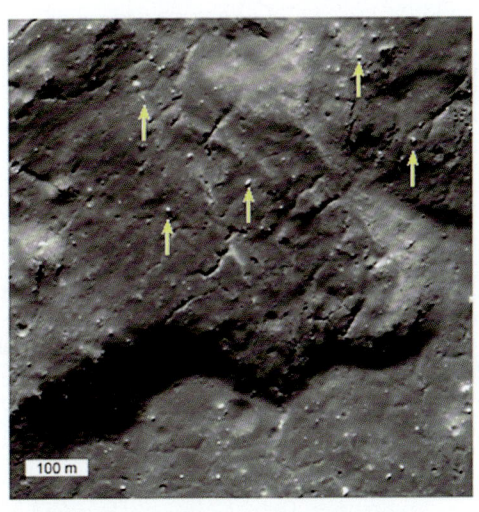

图 2.3.40　为图 2.3.39 方框局部放大
示第谷月坑溅射热融泥石流堆积物，除黑色泥沙物质外，还含相当多的白色岩块（箭头所示）和岩屑物质

图 2.3.40A　第谷月坑之北坑外缘的热融崩塌泥石流
物质组成为结构松散和杂乱堆积的泥沙和砾石
箭头示稠泥石流流动方向

图 2.3.41　赖纳（Reiner）月坑及附近地形图

151

图2.3.42 赖纳（Reiner）月坑局部卫片分布特征

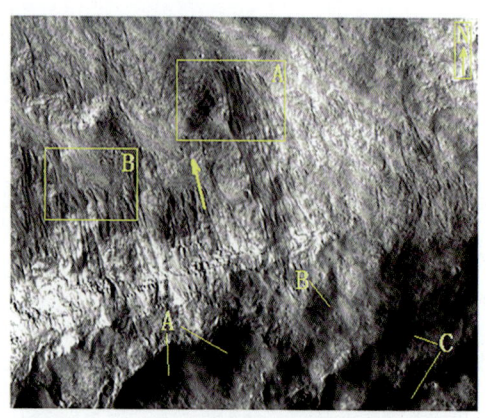

图2.3.43 为图2.3.42方框A局部放大
示赖纳（Reiner）月坑南坑壁热融泥石流"裙"及源区形成不甚规则的热融塌陷凹地（A、B、C）分布特征，箭头示泥流流动方向

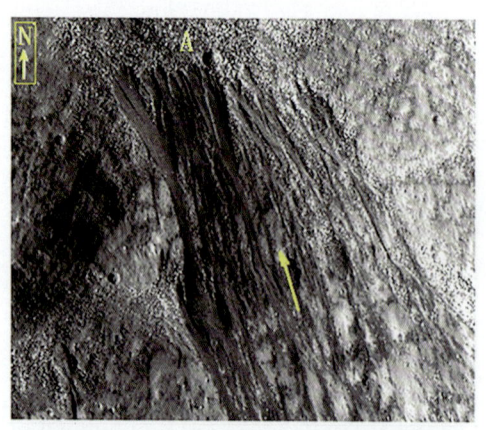

图2.3.44 为图2.3.43方框A局部放大
示赖纳（Reiner）月坑南坑壁热融泥流"裙"覆盖和切割冻融石流坡（A）分布特征，箭头示泥石流流动方向

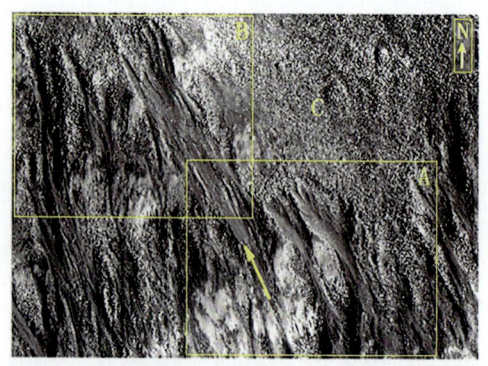

图2.3.45 为图2.3.43方框B局部放大
示热融泥流覆盖和切割冻融石流坡（C）分布特征，箭头示泥石流流动方向

第二章 月球"水"形成的地貌和沉积（遗迹）特征

图 2.3.46　为图 2.3.45 方框 A 局部放大
示热融泥流沟谷流通区（A）和指状堆积区（B）分布特征，箭头示泥石流流动方向

图 2.3.47　为图 2.3.45 方框 B 局部放大
示长舌状热融泥流覆盖和切割冻融石流坡（A）分布特征，箭头示泥石流流动方向

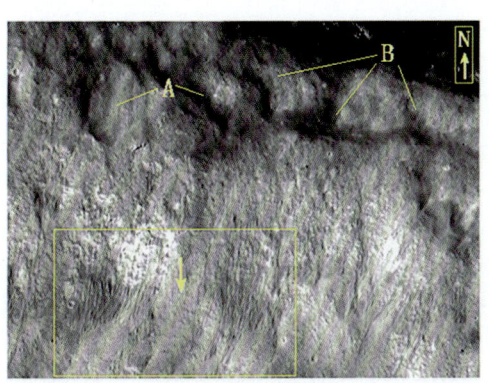

图 2.3.48　为图 2.3.42 方框 B 局部放大
示赖纳（Reiner）月坑北坑壁热融泥石流"裙"及源区形成不甚规则的热融塌陷凹地（A、B）分布特征，箭头示泥石流流动方向

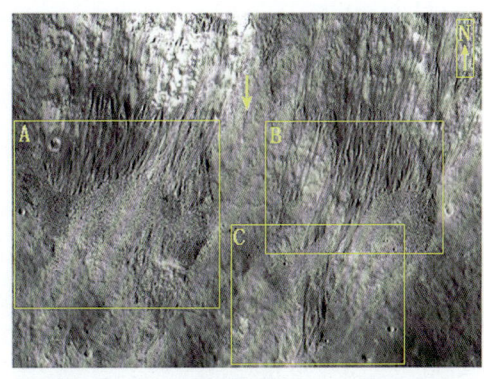

图 2.3.49　为图 2.3.48 方框局部放大
示赖纳（Reiner）月坑北坑壁长舌状热融泥流裙状分布特征，箭头示泥石流流动方向

153

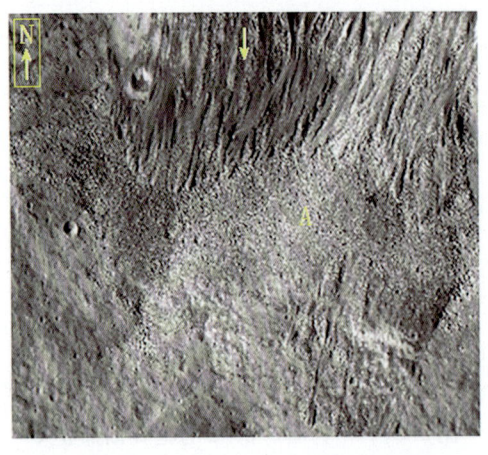

图 2.3.50　为图 2.3.49 方框 A 局部放大

示长舌状热融泥流"裙"覆盖和切割冻融石流坡（A）分布特征，箭头示泥流流动方向

图 2.3.51　为图 2.3.49 方框 B 局部放大

示长舌状热融泥流"裙"覆盖和切割冻融石流坡（A）分布特征，箭头示泥石流流动方向

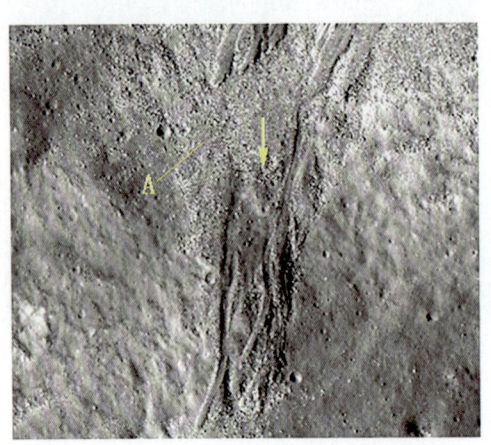

图 2.3.52　为图 2.3.49 方框 C 局部放大

示赖纳（Reiner）月坑北坑壁热融泥流覆盖和切割冻融石流坡（A）分布特征，箭头示泥石流流动方向

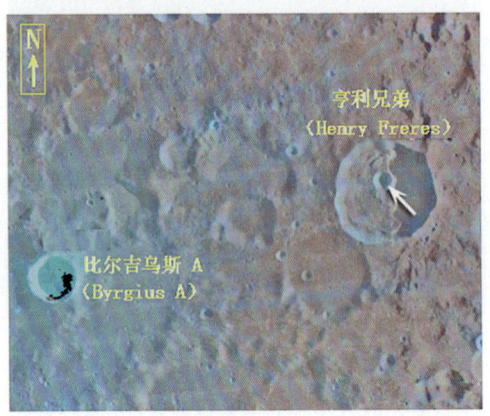

图 2.3.53　亨利兄弟（Henry Freres）月坑彩色卫星影像图

箭头示分布热融坑壁泥石流的小月坑

第二章 月球"水"形成的地貌和沉积（遗迹）特征

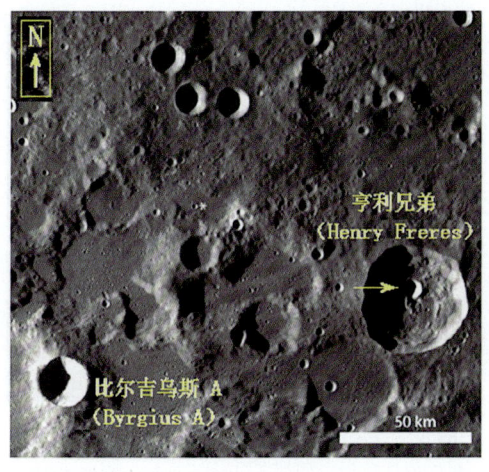

图 2.3.54　亨利兄弟（Henry Freres）和比尔吉乌斯 A（Byrgius A）月坑卫星影像图

箭头示分布热融坑壁泥石流的小月坑

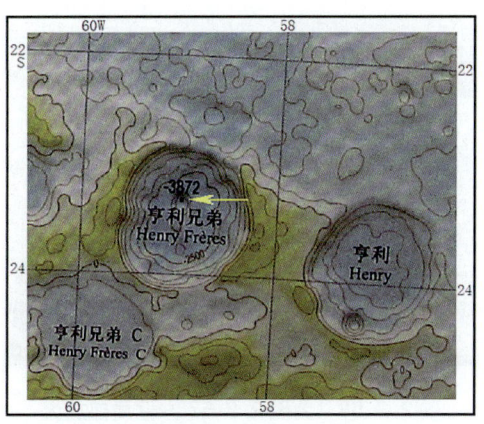

图 2.3.55　亨利兄弟（Henry Freres）月坑及附近地形图

箭头示分布热融坑壁泥石流的小月坑

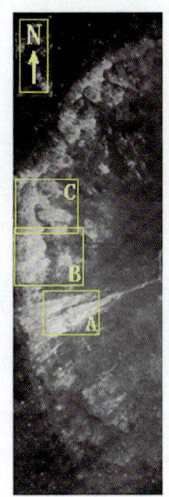

图 2.3.56　亨利兄弟（Henry Freres）月坑中分布热融坑壁泥石流小月坑的西侧卫星影像图

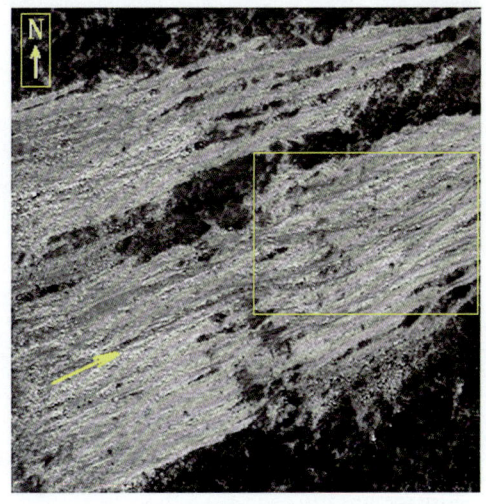

图 2.3.57　为图 2.3.56 方框 A 局部放大

示亨利兄弟（Henry Freres）月坑热融泥流下切形成的沟槽分布特征，颗粒总体上源粗向下游逐渐变细，箭头示泥石流流动方向

155

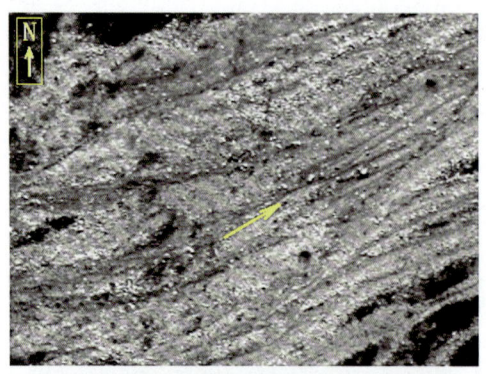

图 2.3.58　为图 2.3.57 方框局部放大

示亨利兄弟（Henry Freres）月坑热融泥流流通区为泥流下切形成的沟槽分布特征，颗粒总体上源粗向下游逐渐变细，箭头示泥石流流动方向

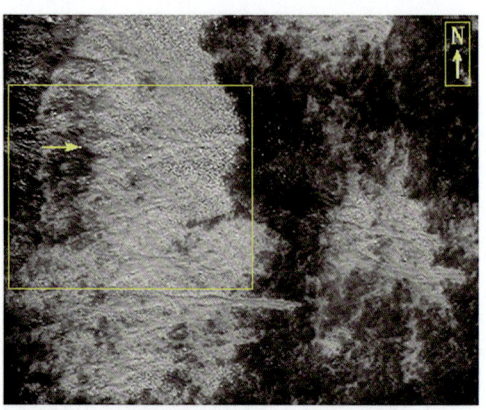

图 2.3.59　为图 2.3.56 方框 B 局部放大

示亨利兄弟（Henry Freres）月坑热融泥流覆盖和切割早期形成的冻融石流坡分布特征，箭头示泥石流流动方向

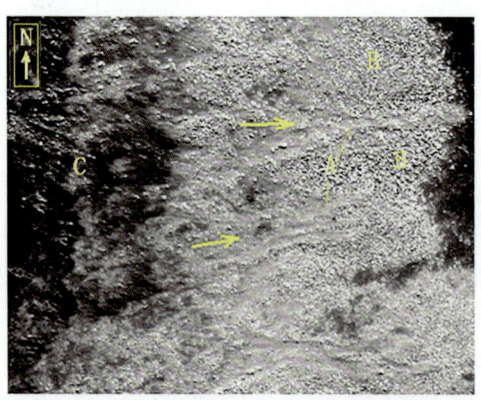

图 2.3.60　为图 2.3.59 方框局部放大

示亨利兄弟（Henry Freres）月坑后期形成的热融泥流（A）覆盖和切割早期形成的冻融石流坡（B），C 为冻融泥流和热融泥流源区，箭头示泥流流动方向

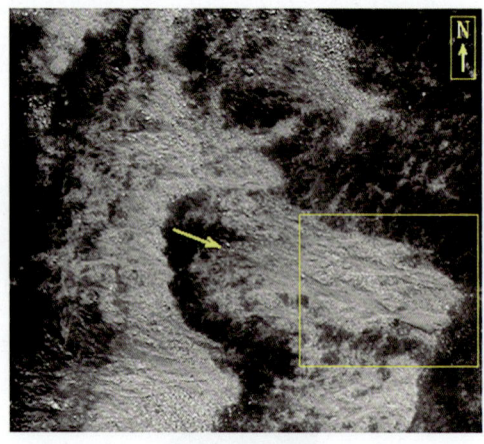

图 2.3.61　为图 2.3.56 方框 C 局部放大

示亨利兄弟（Henry Freres）月坑热融泥流覆盖和切割早期形成的冻融石流坡分布特征，箭头示泥石流流动方向

第二章 月球"水"形成的地貌和沉积（遗迹）特征

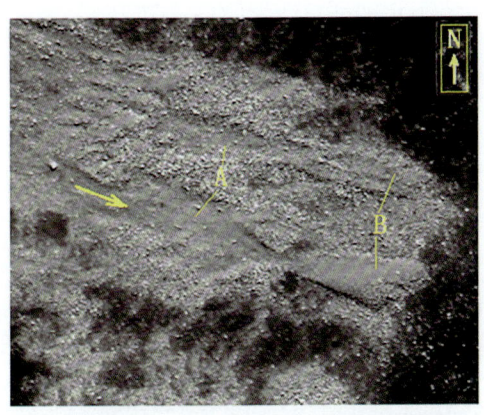

图2.3.62 为图2.3.61方框局部放大
示亨利兄弟（Henry Freres）月坑覆盖和切割早期形成的冻融石流坡，热融泥流流通区为沟谷（A），堆积区为堆积扇（B），箭头示泥石流流动方向

图2.3.63 克勒克（Clerke）月坑卫星影像图

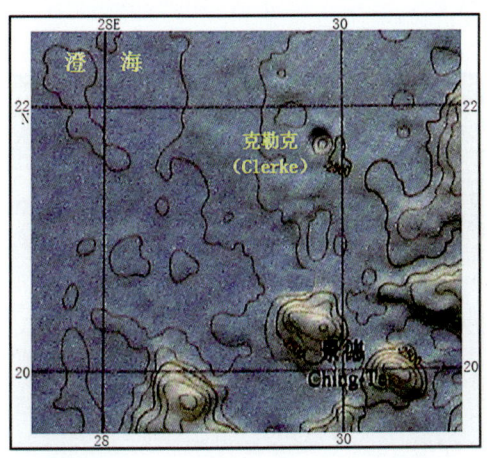

图2.3.64 克勒克（Clerke）月坑及附近地形图

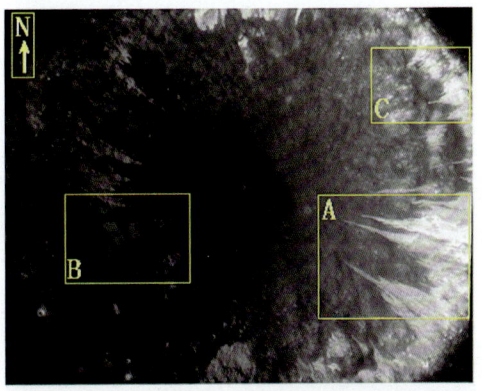

图2.3.65 克勒克（Clerke）月坑浅色含冰"坑壁泥石流"水泥石流卫星影像图

157

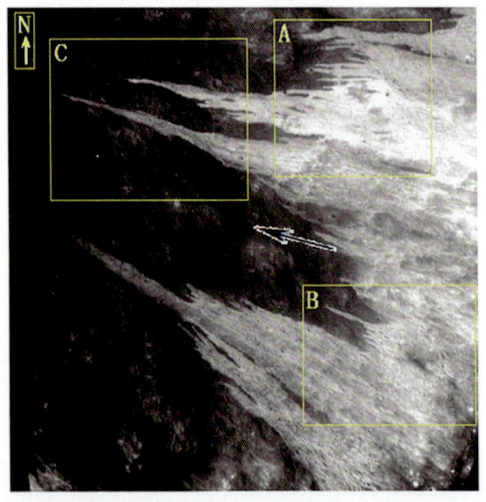

图2.3.66　为图2.3.65方框A局部放大
示克勒克（Clerke）月坑浅色含冰热融泥流总体形态呈漏斗状水泥石流分布特征，箭头示泥石流流动方向

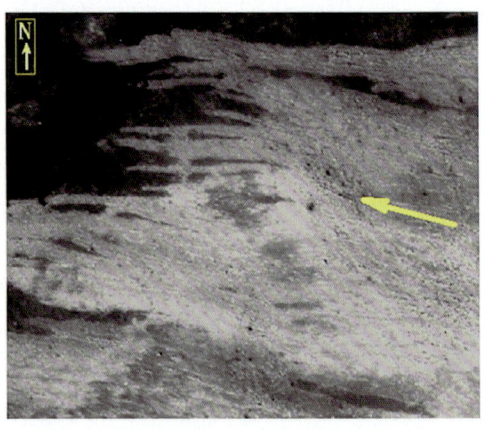

图2.3.67　为图2.3.66方框A局部放大
示克勒克（Clerke）月坑浅色含冰热融泥流上源颗粒粗向下游逐渐变细的水泥石流分布特征，箭头示泥石流流动方向

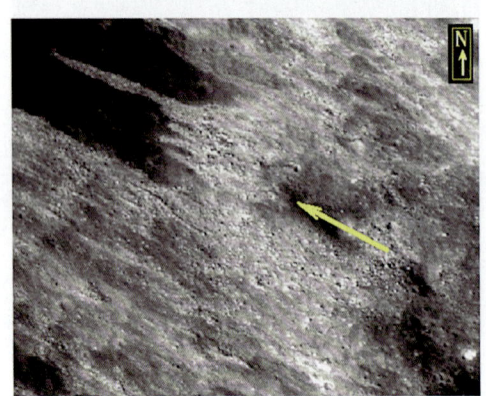

图2.3.68　为图2.3.66方框B局部放大
示克勒克（Clerke）月坑浅色含冰热融泥流上源颗粒粗向下游逐渐变细的分布特征，箭头示泥石流流动方向

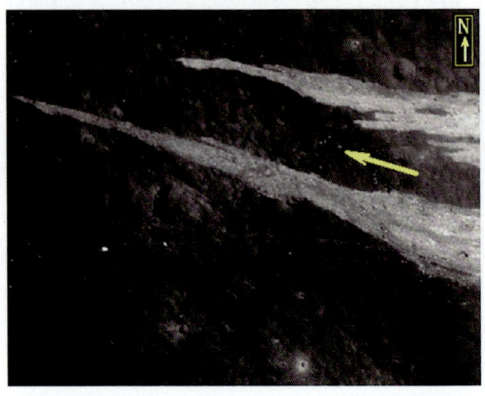

图2.3.69　为图2.3.66方框C局部放大
示克勒克（Clerke）月坑浅色含冰热融泥流上源颗粒粗向下游逐渐变细的水泥石流分布特征，箭头示泥石流流动方向

第二章 月球"水"形成的地貌和沉积（遗迹）特征

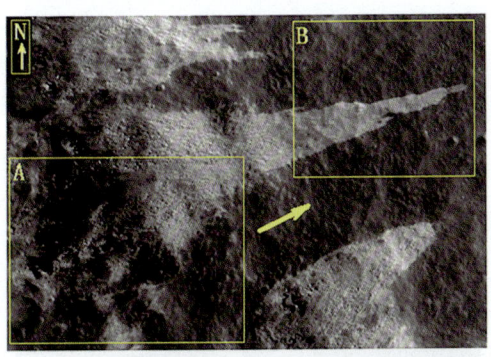

图 2.3.70　为图 2.3.65 方框 B 局部放大
示克勒克（Clerke）月坑浅色含冰热融泥流总体形态呈漏斗状、颗粒上粗下细的水泥石流分布特征，箭头示泥石流流动方向

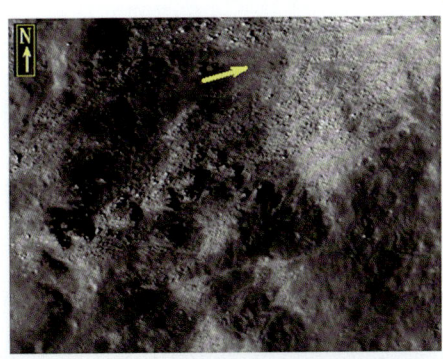

图 2.3.71　为图 2.3.70 方框 A 局部放大
示克勒克（Clerke）月坑热融泥流源区裸露、基岩发育、大量沟谷的分布特征，箭头示泥石流流动方向

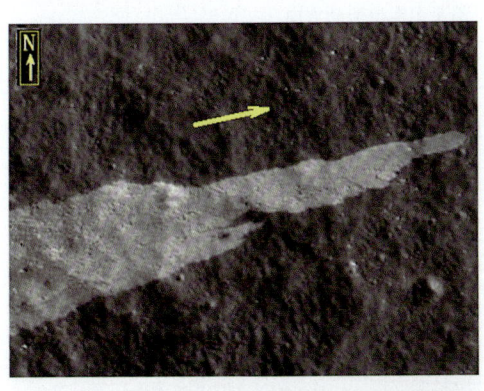

图 2.3.72　为图 2.3.70 方框 B 局部放大
示克勒克（Clerke）月坑浅色含冰热融泥流堆积区呈上宽下窄、颗粒上粗下细的水泥石流分布特征，箭头示泥石流流动方向

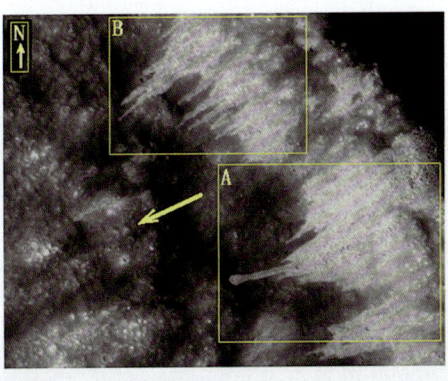

图 2.3.73　为图 2.3.65 方框 C 局部放大
示克勒克（Clerke）月坑浅色含冰热融泥流总体形态呈漏斗状的水泥石流分布特征，箭头示泥石流流动方向

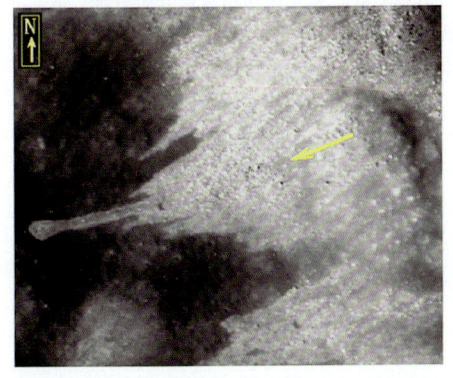

图 2.3.74　为图 2.3.73 方框 A 局部放大
示克勒克（Clerke）月坑浅色含冰热融泥流总体形态呈漏斗状、颗粒上粗下细的水泥石流分布特征，箭头示泥石流流动方向

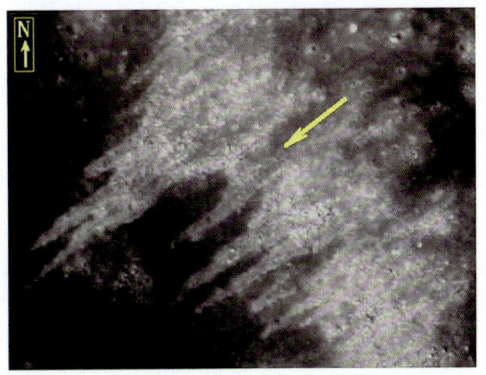

图 2.3.75　为图 2.3.73 方框 B 局部放大
示克勒克（Clerke）月坑浅色含冰热融泥流总体形态呈漏斗状、颗粒上粗下细的水泥石流分布特征，箭头示泥石流流动方向

159

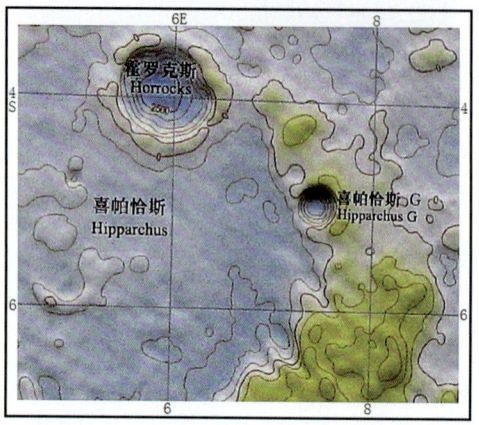

图 2.3.76 喜帕恰斯 G（Hipparchu G）月坑及附近地形图

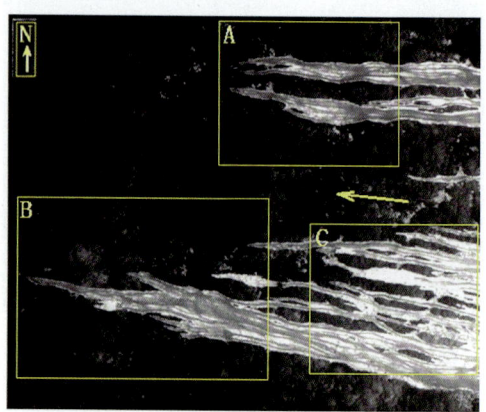

图 2.3.77 喜帕恰斯 G（Hipparchu G）月坑坑壁浅色含冰热融水泥石流分布特征
箭头示泥流流动方向

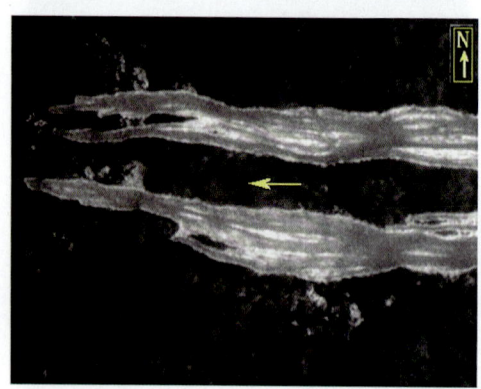

图 2.3.78 为图 2.3.77 方框 A 局部放大
示喜帕恰斯 G 月坑早期浅色含冰、晚期（灰色）热融水泥石流相互切割和覆盖分布特征，箭头示泥流流动方向

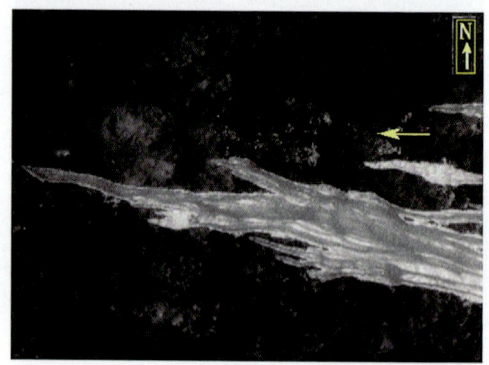

图 2.3.79 为图 2.3.77 方框 B 局部放大
示喜帕恰斯 G 月坑早期浅色含冰、晚期（灰色）热融水泥石流相互切割和覆盖分布特征，箭头示泥流流动方向

第二章 月球"水"形成的地貌和沉积（遗迹）特征

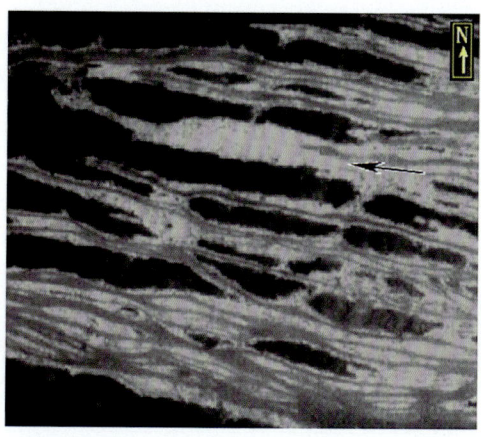

图 2.3.80　为图 2.3.77 方框 C 局部放大
示喜帕恰斯 G 月坑坑壁早期浅色含冰、晚期（灰色）热融水泥石流相互切割和覆盖分布特征，箭头示泥流流动方向

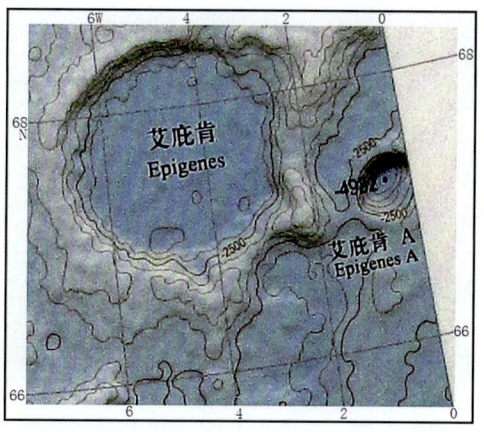

图 2.3.81　艾庇肯 A（Epigenes A）月坑及附近地形图

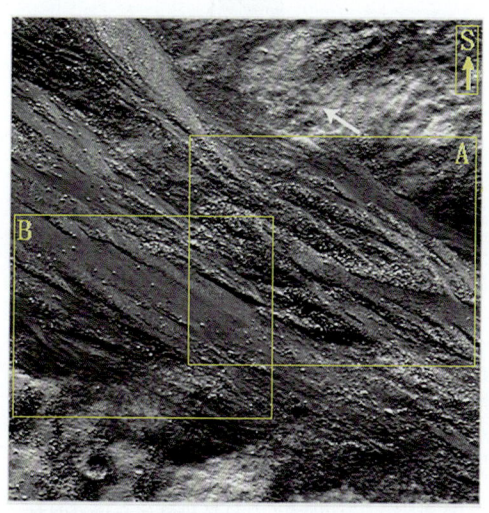

图 2.3.82　艾庇肯 A（Epigenes A）月坑坑壁热融泥流中部分布特征
箭头示泥流流动方向

图 2.3.83　为图 2.3.82 方框 A 局部放大
示艾庇肯 A 月坑坑壁热融泥流主要由浅色岩屑和石块组成，箭头示泥流流动方向

图 2.3.84 为图 2.3.82 方框 B 局部放大示艾庇肯 A 月坑坑壁热融泥流形成宽槽状或浅沟状，箭头示泥流流动方向

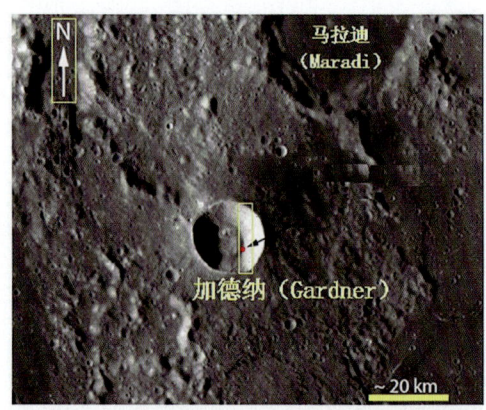

图 2.3.85 加德纳（Gardner）月坑卫星影像图

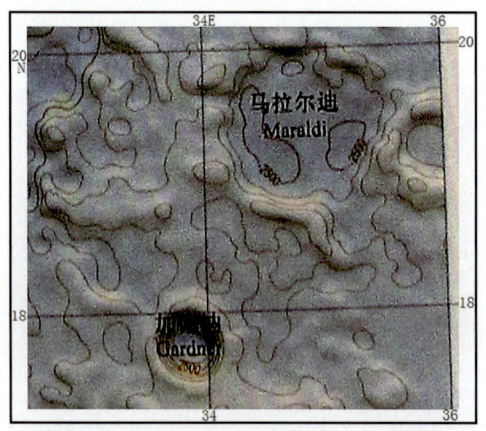

图 2.3.86 加德纳（Gardner）月坑及附近地形图

图 2.3.87 为图 2.3.85 方框局部放大示加德纳（Gardner）月坑壁热融泥石流分布特征，箭头示泥石流流动方向

第二章 月球"水"形成的地貌和沉积（遗迹）特征

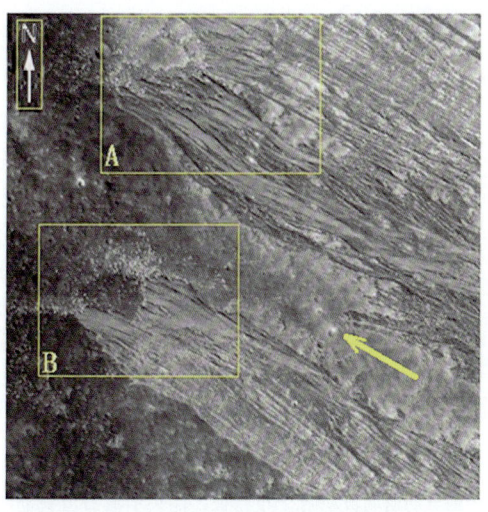

图 2.3.88 为图 2.3.87 方框 A 局部放大
示加德纳（Gardner）月坑壁崩塌热融泥石流分布特征，箭头示泥石流流动方向

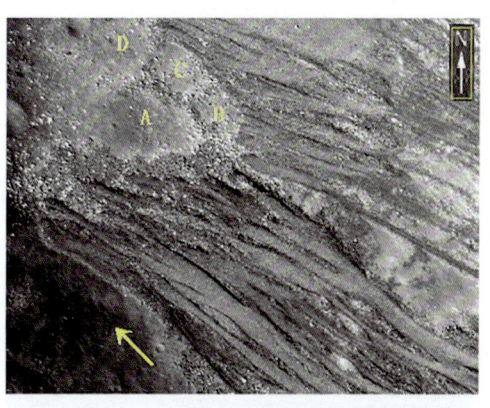

图 2.3.89 为图 2.3.88 方框 A 局部放大
示加德纳（Gardner）月坑壁热融泥石流分布特征（A、B、C、D 为早期崩塌坡积物形成的"石环"构造），箭头示泥石流流动方向

图 2.3.90 为图 2.3.87 方框 B 局部放大
示加德纳（Gardner）月坑壁热融泥石流覆盖和切割早期崩塌坡积物分布特征，箭头示泥石流流动方向

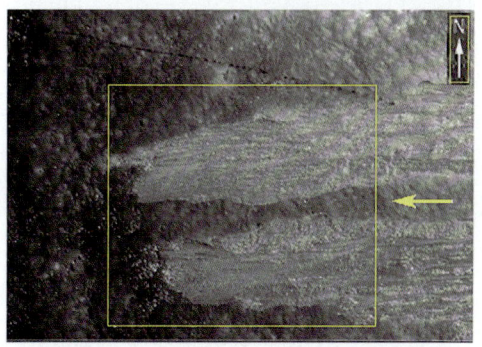

图 2.3.91 为图 2.3.87 方框 C 局部放大
示加德纳（Gardner）月坑壁热融泥石流分布特征，箭头示泥石流流动方向

163

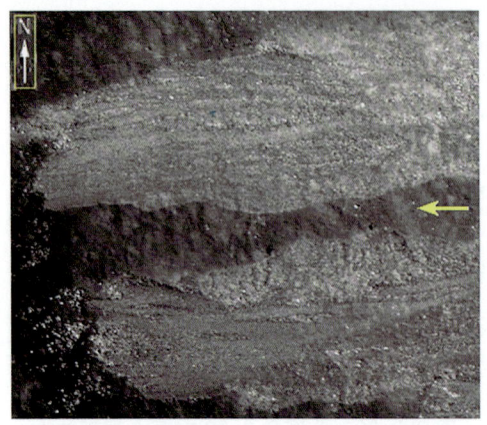

图2.3.92 为图2.3.91方框局部放大
示加德纳（Gardner）月坑壁热融泥石流分布特征，箭头示泥石流流动方向

图2.3.93 为图2.3.88方框B局部放大
示加德纳（Gardner）月坑壁热融泥石流覆盖和切割早期崩塌坡积物分布特征，箭头示泥石流流动方向

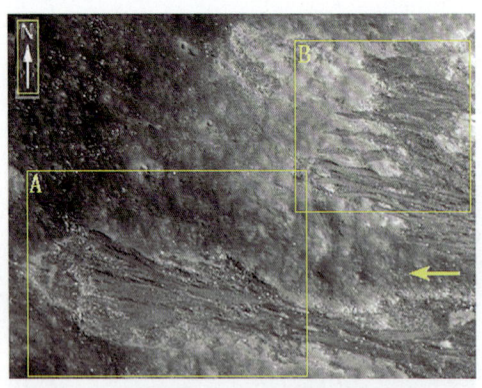

图2.3.94 为图2.3.87方框D局部放大
示加德纳（Gardner）月坑壁热融泥石流分布特征，箭头示泥石流流动方向

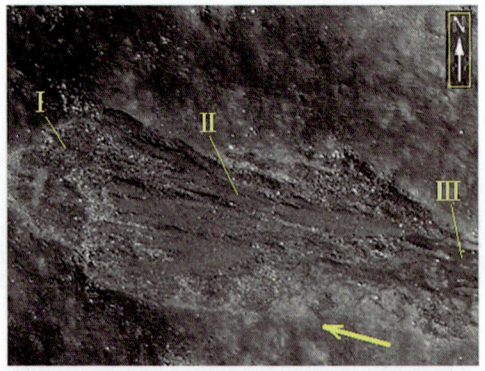

图2.3.95 为图2.3.94方框A局部放大
示加德纳（Gardner）月坑壁热融泥石流由老到新最少可划分出三期（Ⅰ、Ⅱ、Ⅲ），箭头示泥石流流动方向

第二章 月球"水"形成的地貌和沉积(遗迹)特征

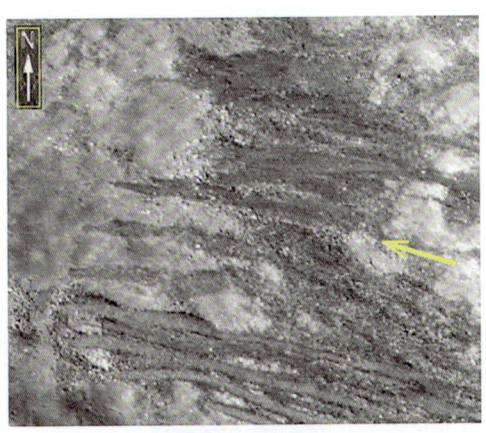

图 2.3.96 为图 2.3.94 方框 B 局部放大
示加德纳(Gardner)月坑壁热融泥石流覆盖和切割早期崩塌坡积物分布特征,箭头示泥石流流动方向

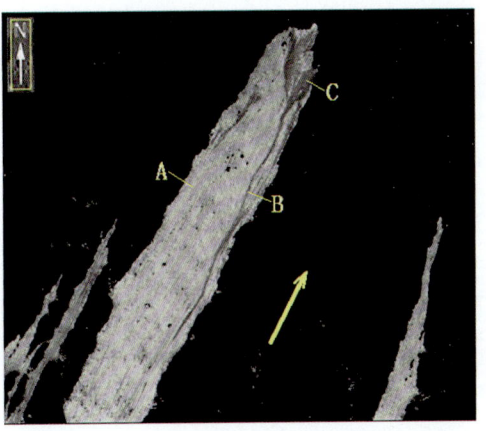

图 2.3.97 库德(Couder)月坑壁热融泥石流分布特征

A 为早期含水冰量极高泥流,B 为晚期规则小泥流,C 为小泥石流舌状堆积物,箭头示泥石流流动方向

图 2.3.98 拉朗德 C(Lalande C)及附近月坑卫星影像图

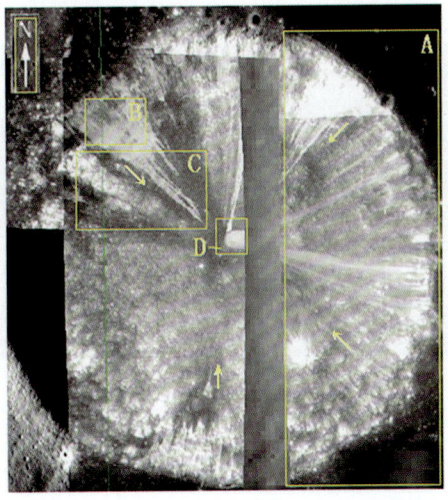

图 2.3.99 拉朗德 C(Lalande C)月坑含水冰量极高泥石流卫星影像图

165

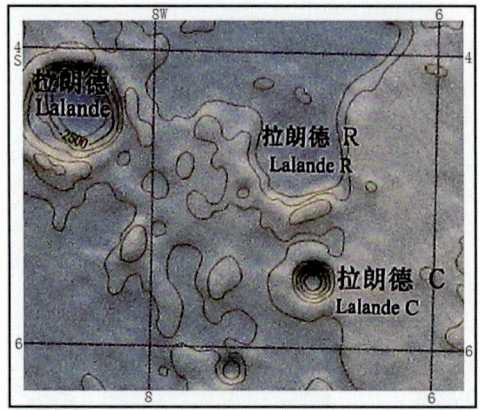

图 2.3.100　拉朗德 C（Lalande C）月坑及附近地形图

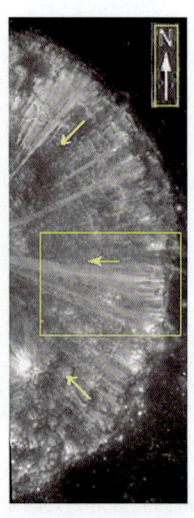

图 2.3.101　为图 2.3.99 方框 A 局部放大

示拉朗德 C（Lalande C）月坑东侧坑壁含水冰量极高泥石流热融泥流分布特征，箭头示泥石流流动方向

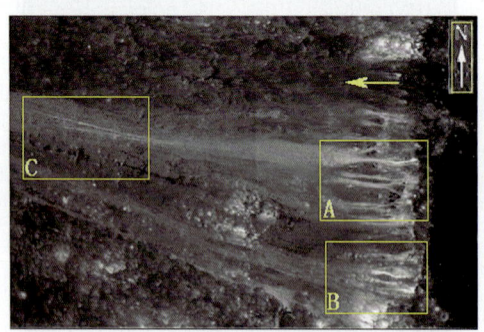

图 2.3.102　为图 2.3.101 方框局部放大

示拉朗德 C（Lalande C）月坑东侧坑壁含水冰量极高泥石流热融泥流分布特征，箭头示泥石流流动方向

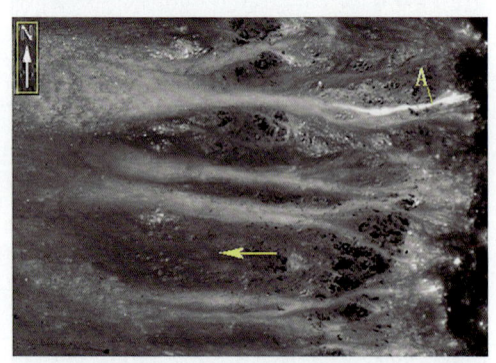

图 2.3.103　为图 2.3.102 方框 A 局部放大

示拉朗德 C（Lalande C）月坑东侧坑壁含水冰量极高热融泥石流分布特征（A 为水冰冰川），箭头示泥石流流动方向

第二章 月球"水"形成的地貌和沉积（遗迹）特征

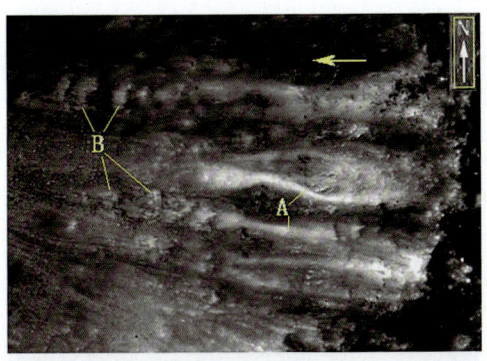

图 2.3.104　为图 2.3.102 方框 B 局部放大示拉朗德 C（Lalande C）月坑东侧坑壁含水水冰量极高热融泥石流分布特征（A 为水冰冰川，B 为埋藏水冰冰坨），箭头示泥石流流动方向

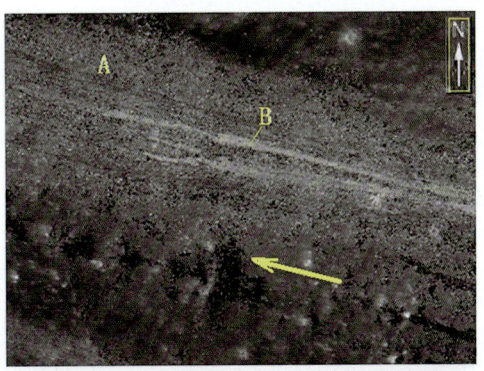

图 2.3.105　为图 2.3.102 方框 C 局部放大示东侧坑壁热融泥石流分布特征（A 为早期泥石流，色调稍深；B 为晚期泥石流，色调稍浅），箭头示泥石流流动方向

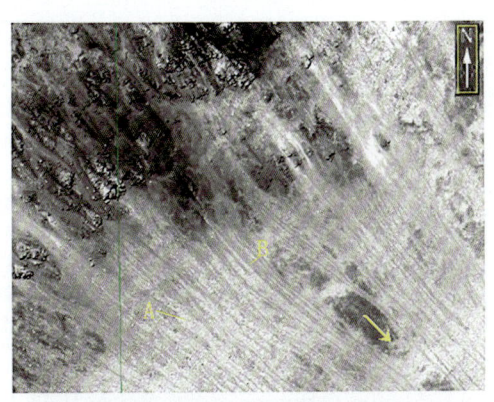

图 2.3.106　为图 2.3.99 方框 B 局部放大示北西侧坑壁含水水冰量极高热融泥石流源区（A 为早期泥石流，色调浅；B 为晚期泥石流，色调稍深）分布特征，箭头示泥石流流动方向

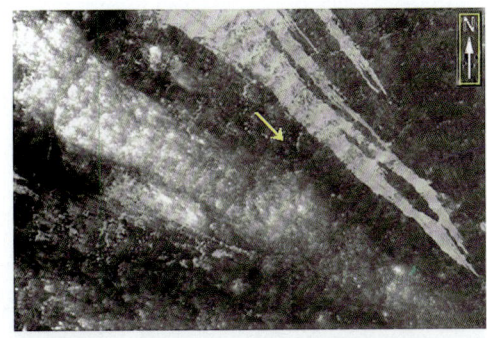

图 2.3.107　为图 2.3.99 方框 C 局部放大示拉朗德 C（Lalande C）月坑西北侧坑壁含水冰量极高热融泥石流呈尖锥状分布特征，箭头示泥石流流动方向

167

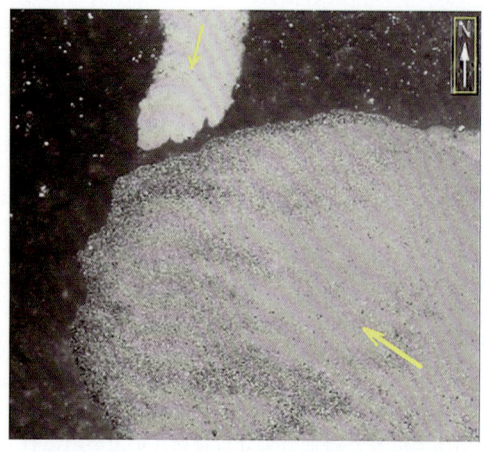

图 2.3.108　为图 2.3.99 方框 D 局部放大

示拉朗德 C（Lalande C）月坑东南侧坑壁含水冰量极高热融泥石流呈舌状分布特征，箭头示泥石流流动方向

图 2.3.109　戈丹（Godin）及附近月坑卫星影像图

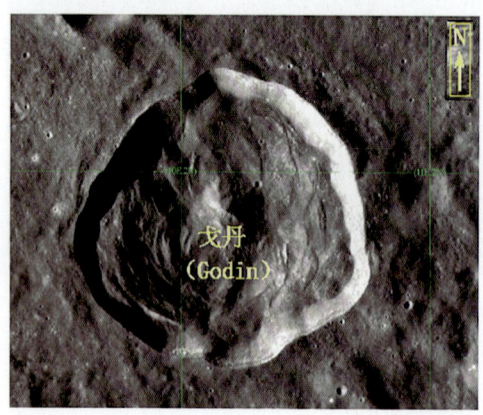

图 2.3.110　戈丹（Godin）月坑卫星影像图

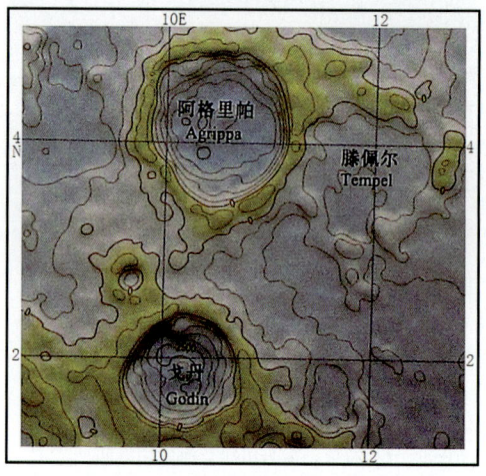

图 2.3.111　戈丹（Godin）月坑及附近地形图

第二章 月球"水"形成的地貌和沉积（遗迹）特征

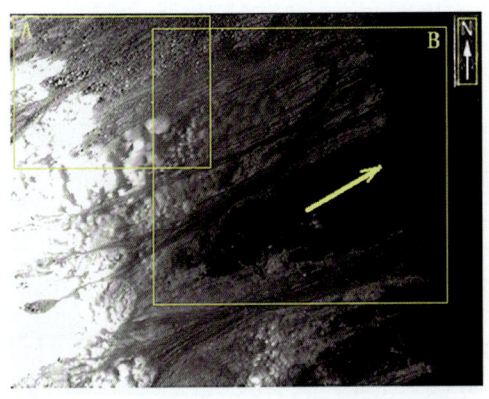

图 2.3.112　为图 2.3.110 南西坑壁局部放大

示戈丹（Godin）月坑上源区为水冰冰川、下游区为热融泥流分布特征，箭头示泥流流动方向

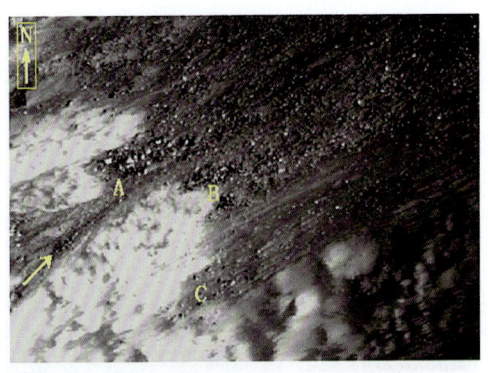

图 2.3.113　为图 2.3.112 方框 A 局部放大

示热融泥流源区为"水冰冰川"融化后的冰碛巨大岩块堆积（A、B、C）自上向下逐渐变细分布特征，箭头示泥流流动方向

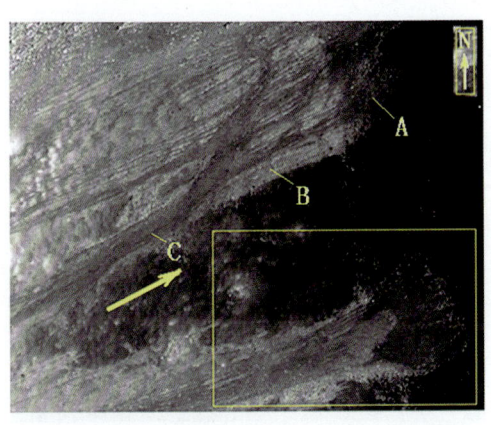

图 2.3.114　为图 2.3.112 方框 B 局部放大

示戈丹（Godin）月坑不同期（A、B、C）含冰量差异显示色调不同热融泥流分布特征，箭头示泥流流动方向

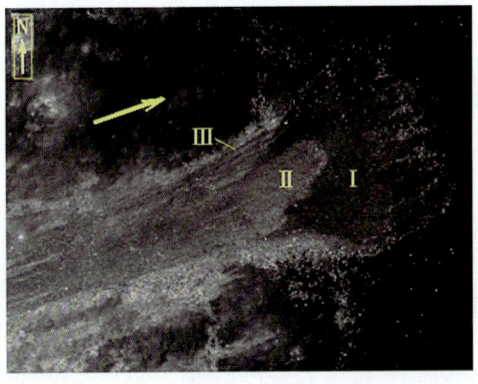

图 2.3.115　为图 2.3.114 方框局部放大

示戈丹（Godin）月坑由老到新的 I – III 期热融泥流分布特征，箭头示泥流流动方向

169

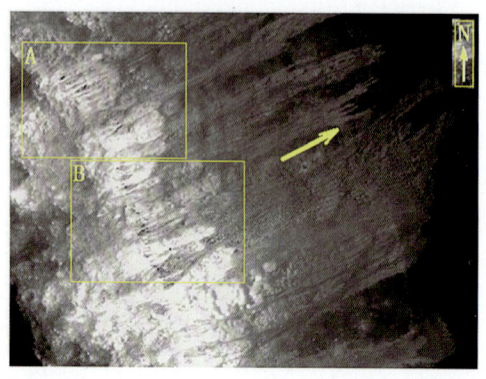

图2.3.116 戈丹（Godin）月坑西南坑壁水冰冰川、热融泥流及源区水冰（白色）分布特征

箭头示泥流流动方向

图2.3.117 为图2.3.116方框A局部放大

示戈丹（Godin）月坑西南坑壁水冰冰川、热融泥流及源区水冰（白色）分布特征，箭头示泥流流动方向

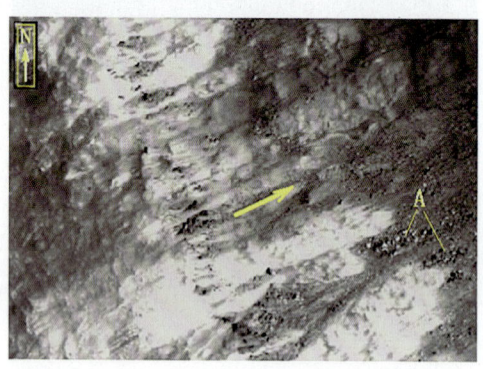

图2.3.118 为图2.3.116方框B局部放大

示戈丹（Godin）月坑西南坑壁水冰冰川热融泥流及源区水冰（白色）分布特征，冰川融化后留下大量岩块、岩屑堆积（A），箭头示泥流流动方向

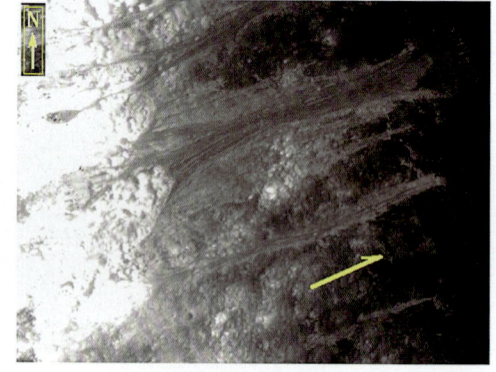

图2.3.119 戈丹（Godin）月坑西南坑壁水冰冰川、热融泥流及源区水冰（白色）分布特征

箭头示泥流流动方向

第二章 月球"水"形成的地貌和沉积（遗迹）特征

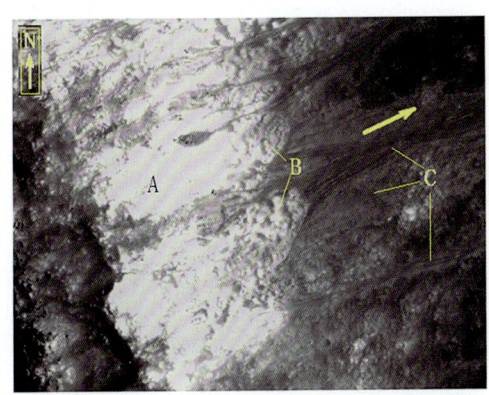

图 2.3.120 戈丹（Godin）月坑西南坑壁水冰冰川源区（A）、水冰冰川（B）、热融泥流（C）分布特征
箭头示泥流流动方向

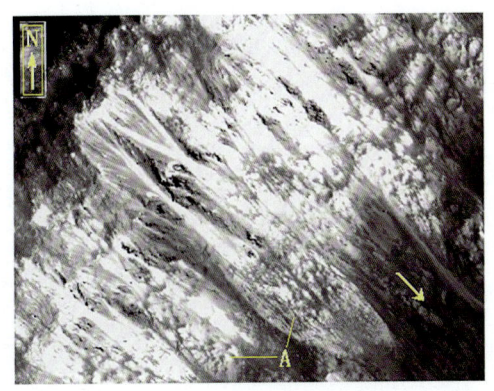

图 2.3.121 戈丹（Godin）月坑西北坑壁水冰冰川、埋藏水冰层、热融崩塌形成扫帚状堆积扇（A）分布特征
箭头示泥流流动方向

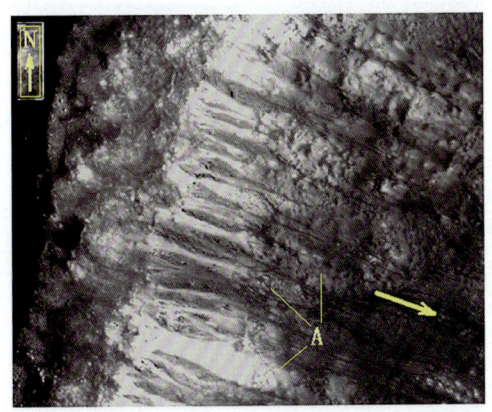

图 2.3.122 戈丹（Godin）月坑西北坑壁水冰冰川、埋藏水冰层、热融崩塌形成扫帚状堆积扇（白色）分布特征
箭头示泥流流动方向

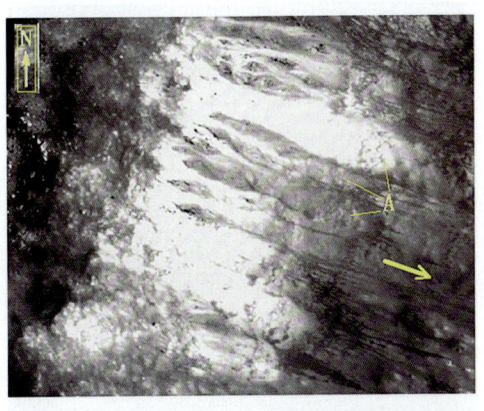

图 2.3.123 戈丹（Godin）月坑西北坑壁水冰冰川、埋藏水冰层、热融崩塌形成扫帚状堆积扇（白色）分布特征
箭头示泥流流动方向

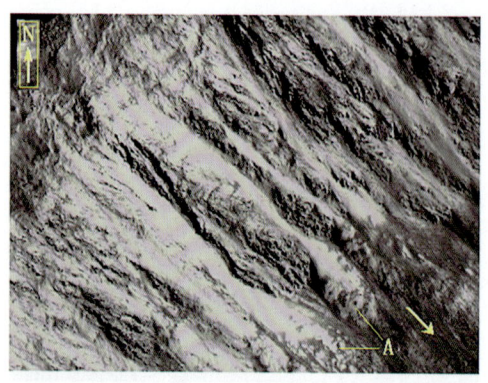

图2.3.124 戈丹（Godin）月坑西北坑壁水冰冰川、埋藏水冰层、热融崩塌形成扫帚状堆积扇（A）分布特征
箭头示泥流流动方向

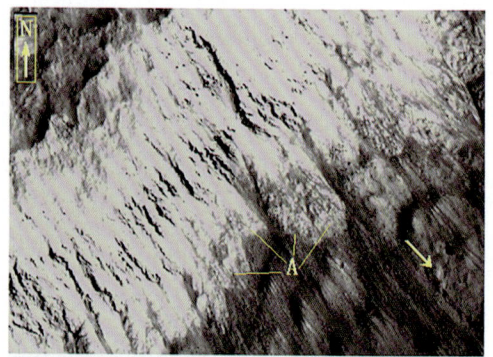

图2.3.125 戈丹（Godin）月坑西北坑壁水冰冰川、埋藏水冰层、热融崩塌形成扫帚状堆积扇（白色）分布特征
箭头示泥流流动方向

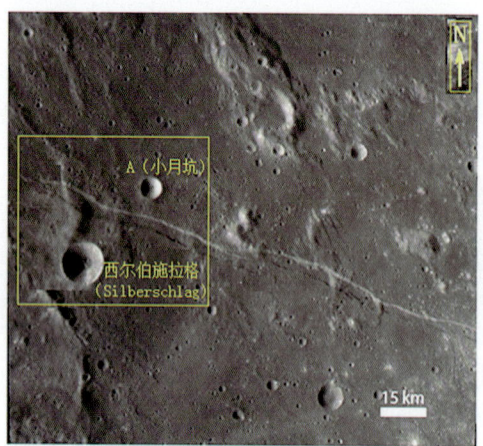

图2.3.126 西尔伯施拉格（Silberschlag）年轻的小月坑A及附近卫星影像图

图2.3.127 西尔伯施拉格（Silberschlag）月坑和年轻的小月坑A卫星影像图

第二章 月球"水"形成的地貌和沉积（遗迹）特征

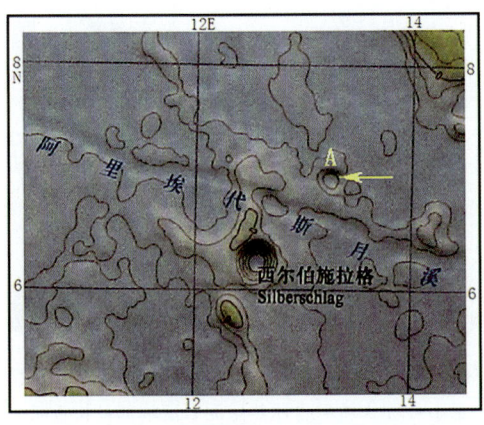

图 2.3.128 西尔伯施拉格（Silberschlag）和小月坑 A（箭头所示）及附近地形图

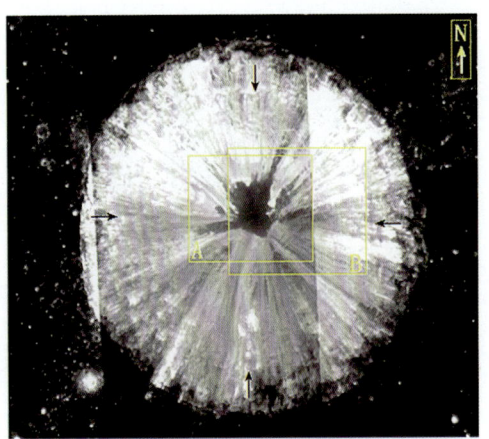

图 2.3.129 年轻的小月坑 A 辐射状坑壁水冰冰川和含冰泥石流分布特征

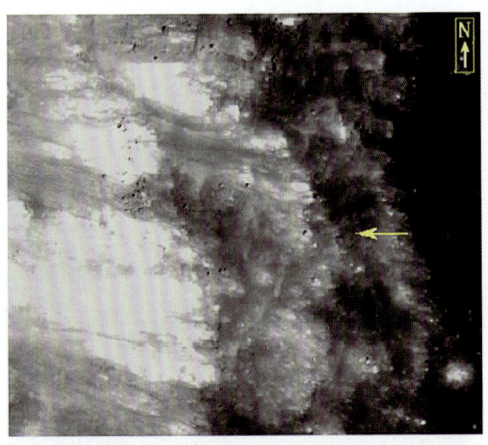

图 2.3.130 小月坑 A 东坑壁水冰冰川和含冰泥石流源区呈热融凹陷（左侧）地貌特征

箭头示泥石流流动方向

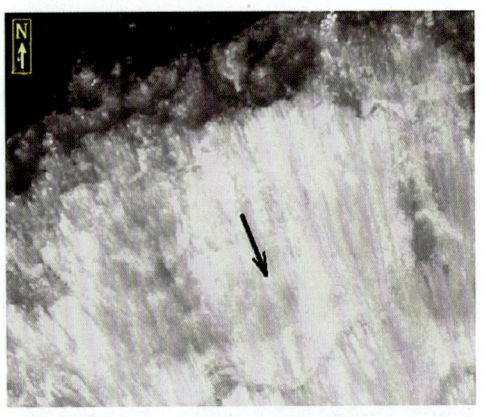

图 2.3.131 小月坑 A 西北坑壁水冰冰川和含冰泥石流源区呈热融凹陷（右上）地貌特征

箭头示泥石流流动方向

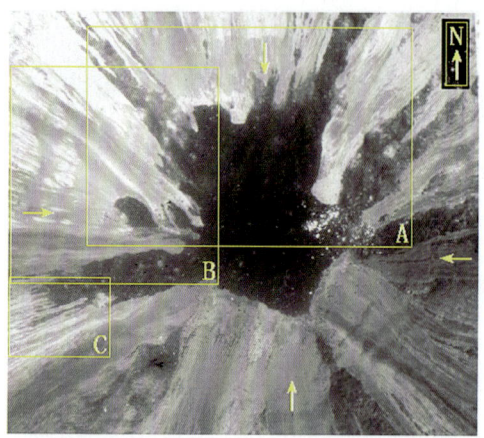

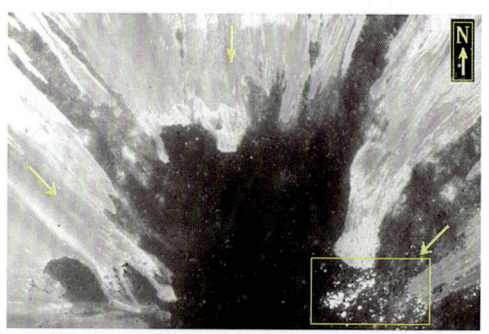

图 2.3.132 为图 2.3.129 方框 A 局部放大
示小月坑 A 下半部坑壁水冰冰川热融泥石流呈长舌状、扇状，少量呈尖锥状分布特征，箭头示泥石流流动方向

图 2.3.133 为图 2.3.132 方框 A 局部放大
示小月坑 A 坑壁含冰热融泥石流端部呈长舌状、扇状，少量呈尖锥状分布特征，箭头示泥石流流动方向

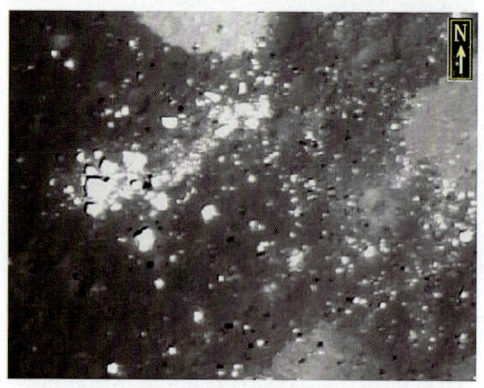

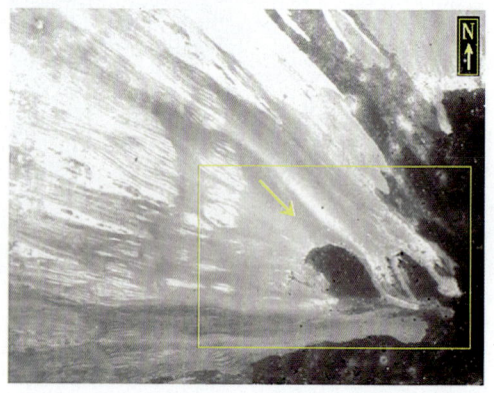

图 2.3.134 小月坑 A 坑底分布的白色巨大岩块和少量黑色方形或长方形小岩块（存有可能为"石煤"）混合堆积

图 2.3.135 为图 2.3.132 方框 B 局部放大
示小月坑 A 坑壁水冰冰川和含冰热融水泥石流端部呈长舌状、扇状，少量呈尖锥状分布特征，箭头示泥石流流动方向

第二章 月球"水"形成的地貌和沉积（遗迹）特征

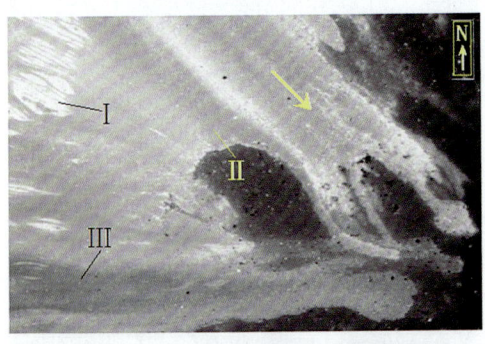

图 2.3.136　为图 2.3.135 方框局部放大
示小月坑 A 坑壁水冰冰川和含冰热融泥石流端部呈长舌状、扇状，少量呈尖锥状分布特征，箭头示泥流石流动方向

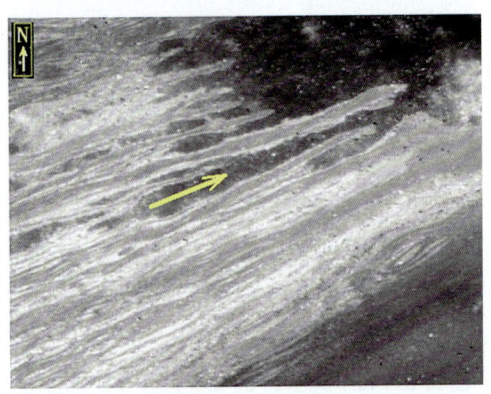

图 2.3.137　为图 2.3.132 方框 C 局部放大
示小月坑 A 坑壁含冰热融水泥石流端部少量呈尖锥状分布特征，箭头示泥石流流动方向

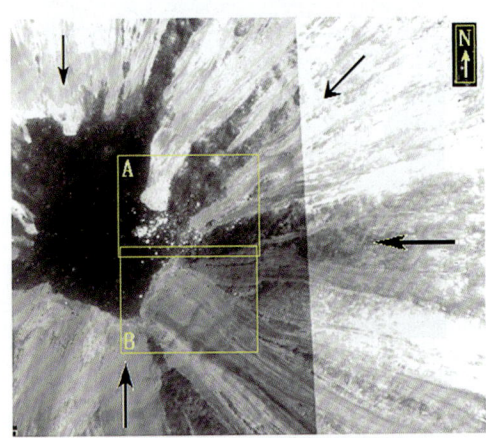

图 2.3.138　为图 2.3.129 方框 B 局部放大
示小月坑 A 坑壁含冰热融水泥石流端部呈长舌状、扇状，少量呈尖锥状布特征，箭头示泥石流流动方向

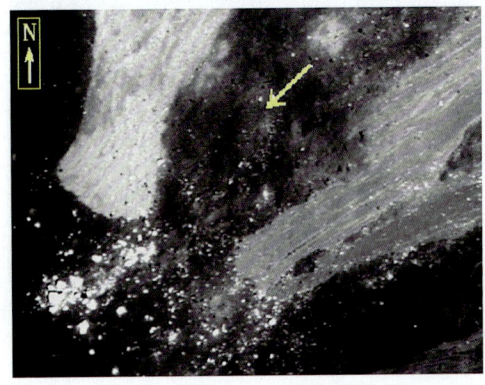

图 2.3.139　为图 2.3.138 方框 A 局部放大
示小月坑 A 坑壁含冰热融泥石流端部呈长舌状分布特征，箭头示泥石流流动方向

175

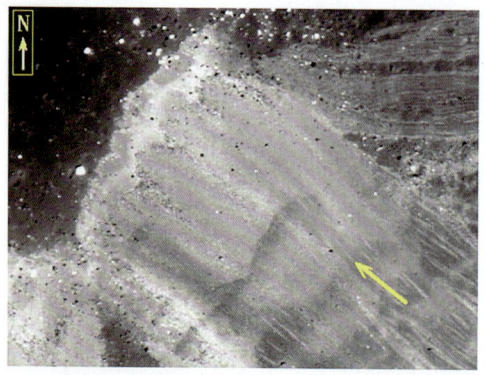

图 2.3.140 为图 2.3.138 方框 B 局部放大
示小月坑 A 坑壁含冰热融泥石流端部呈长舌状分布特征，箭头示泥石流流动方向

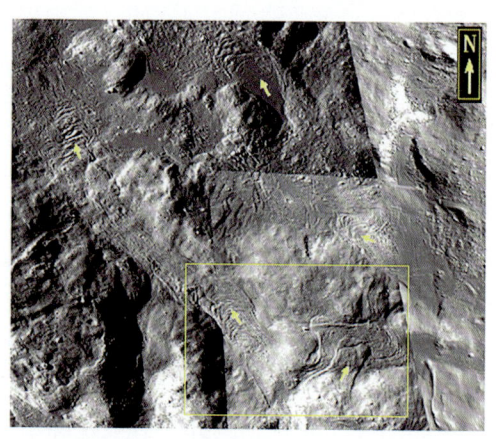

图 2.3.141 第谷月坑南坑壁溅射扇形脊稠泥石流堆积分布特征
箭头示泥石流流动方向

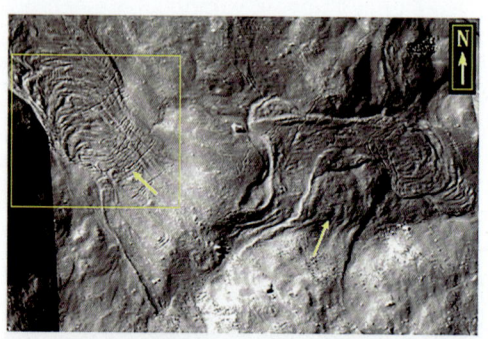

图 2.3.142 为图 2.3.141 方框局部放大
示第谷月坑坑壁溅射扇形脊稠泥石流堆积分布特征，箭头示泥石流流动方向

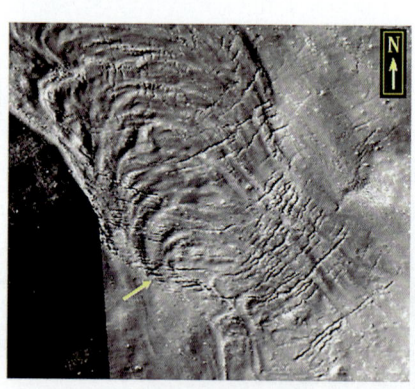

图 2.3.143 为图 2.3.142 方框局部放大
示第谷月坑南坑壁溅射扇形脊稠泥石流堆积局部热融"U"滑脱裂隙群分布特征，箭头所示

图 2.3.144 第谷月坑南坑壁溅射牛舌状（A）和长舌状（B）扇形脊稠泥石流堆积分布特征
箭头示泥石流流动方向

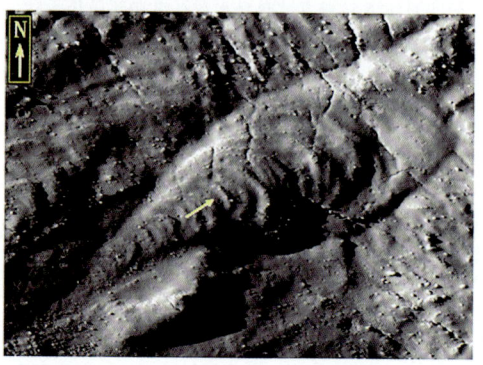

图 2.3.145 为图 2.3.144 方框局部放大
示第谷月坑南坑壁溅射牛舌状扇形脊稠泥石流堆积分布特征，箭头示泥石流流动方向

第二章 月球"水"形成的地貌和沉积（遗迹）特征

图 2.3.146 牛舌状扇形脊稠泥石流堆积分布于第谷月坑南坑壁环形边界断裂阶梯状之上
箭头示泥石流流动方向

图 2.3.147 为图 2.3.146 方框 A 局部放大
示多条牛舌状扇形脊泥石流形成"牛舌状扇形脊稠泥石流堆积裙"分布特征，箭头示泥石流流动方向

图 2.3.148 为图 2.3.146 方框 B 局部放大
示第谷月坑南坑壁溅射牛舌状扇形脊稠泥石流堆积分布特征，箭头示泥石流流动方向

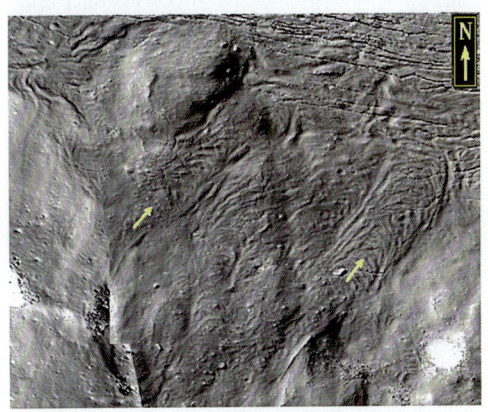

图 2.3.149 第谷月坑南坑壁溅射长舌状扇形脊稠泥石流堆积分布特征
箭头示泥石流流动方向

177

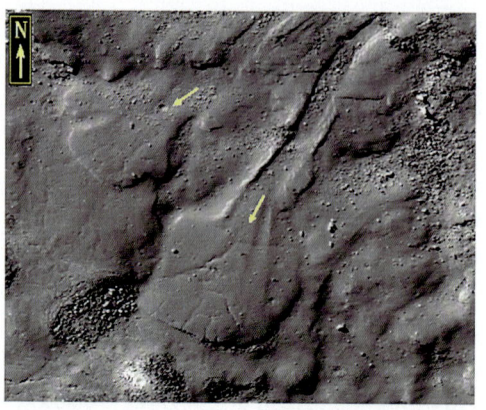

图 2.3.150 第谷月坑北侧坑壁溅射叠覆状宽扇形泥石流堆积分布特征
箭头示泥石流流动方向

图 2.3.151 第谷月坑北侧坑壁溅射叠覆状宽扇形泥石流堆积分布特征
箭头示泥石流流动方向

图 2.3.152 第谷月坑西坑壁溅射叠覆长舌状中泥石流堆积分布特征
箭头示泥石流流动方向

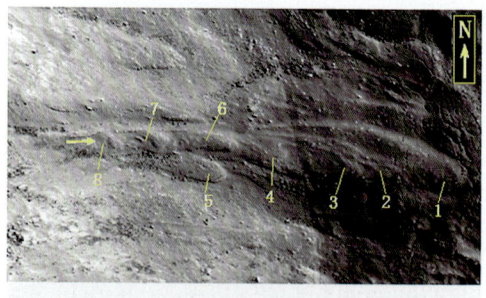

图 2.3.153 为图 2.3.151 方框局部放大
示第谷月坑西坑壁溅射叠覆长舌状中泥石流堆积曾发生次数最少 8 次以上（1、2、3、4、5、6、7、8）分布特征，箭头示泥石流流动方向

图 2.3.153A 第谷月坑东坑壁热融泥石流分布特征
箭头示泥石流流动方向

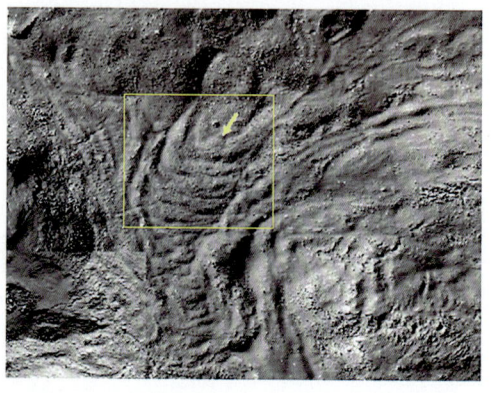

图 2.3.153B 为图 2.3.153A 方框局部放大
示第谷月坑东坑壁热融泥石流分布特征，箭头示泥石流流动方向

第二章 月球"水"形成的地貌和沉积（遗迹）特征

图 2.3.153C 为图 2.3.153B 方框局部放大
示第谷月坑东坑壁热融泥石流物质组成为浅色岩屑和泥沙，箭头示泥石流流动方向

图 2.3.154 焦尔达诺·布鲁诺（Giordano Bruno）月坑卫星影像图

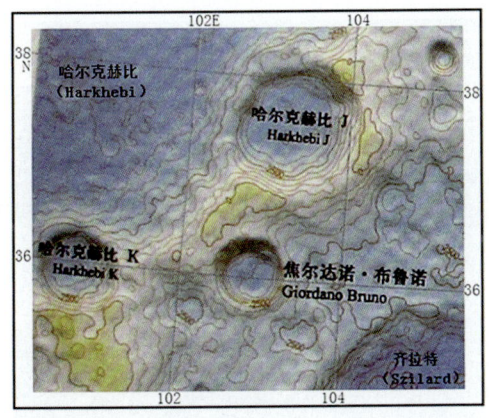

图 2.3.155 焦尔达诺·布鲁诺（Giordano Bruno）月坑及附近地形图

图 2.3.156 为图 2.3.154 方框局部放大
示焦尔达诺·布鲁诺（Giordano Bruno）月坑底扇形脊热融泥石流分布特征，箭头示泥石流流动方向

179

图 2.3.157　为图 2.3.156 方框 A 局部放大

示焦尔达诺·布鲁诺月坑坑底扇形脊热融稠泥石流分布特征，箭头示泥石流流动方向

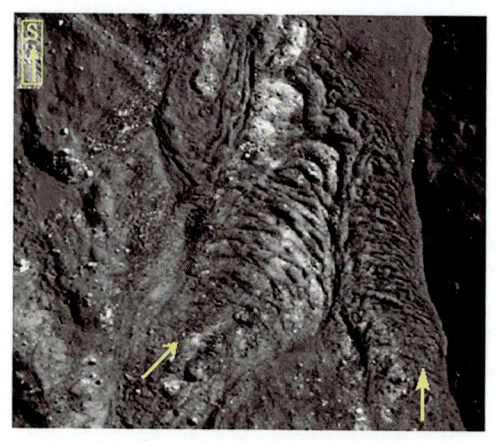

图 2.3.158　为图 2.3.156 方框 B 局部放大

示焦尔达诺·布鲁诺月坑坑底扇形脊热融稠泥石流分布特征，箭头示泥石流流动方向

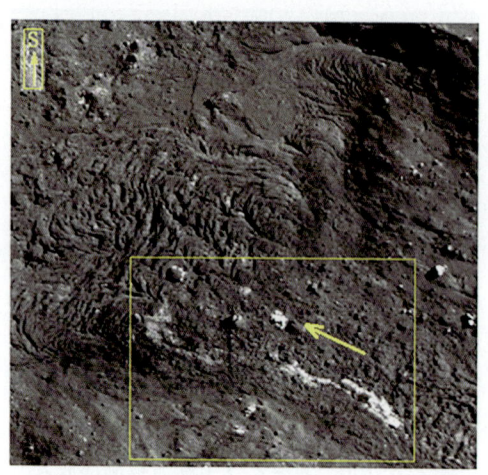

图 2.3.159　为图 2.3.156 方框 C 局部放大

示焦尔达诺·布鲁诺月坑坑底扇形脊热融稠泥石流中局部含冰（白色）分布特征，箭头示泥石流流动方向

图 2.3.160　为图 2.3.156 方框 D 局部放大

示焦尔达诺·布鲁诺月坑坑底扇形脊热融稠泥石流分布特征，箭头示泥石流流动方向

第二章 月球"水"形成的地貌和沉积（遗迹）特征

图 2.3.161　为图 2.3.156 方框 E 局部放大
示焦尔达诺·布鲁诺月坑坑底扇形脊热融稠泥石流分布特征，箭头示泥石流流动方向

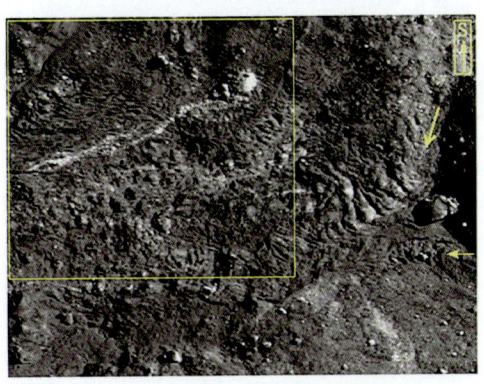

图 2.3.162　为图 2.3.156 方框 F 局部放大
示焦尔达诺·布鲁诺月坑坑底扇形脊热融稠泥石流中局部含冰（白色）分布特征，箭头示泥石流流动方向

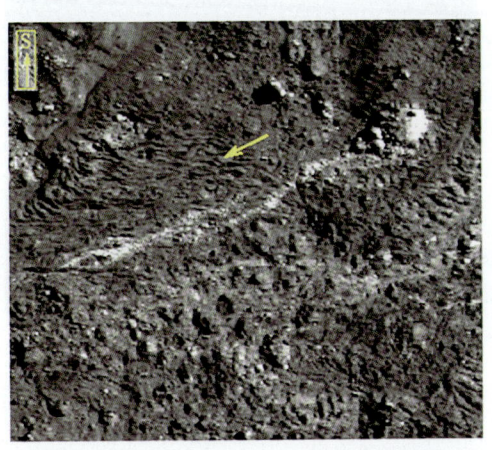

图 2.3.163　为图 2.3.162 方框局部放大
示焦尔达诺·布鲁诺月坑坑底扇形脊热融泥石流中局部含冰（白色）分布特征，箭头示泥石流流动方向

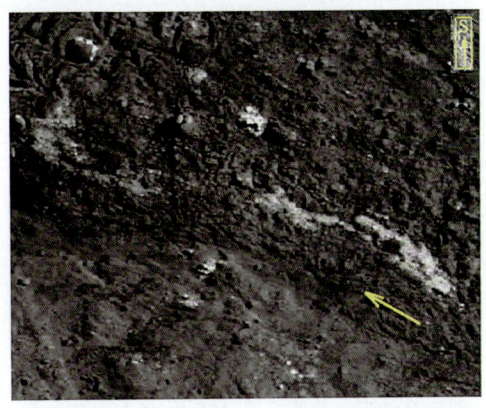

图 2.3.164　为图 2.3.159 方框局部放大
示焦尔达诺·布鲁诺月坑坑底冻融泥石流中局部含冰（白色）分布特征，箭头示泥石流流动方向

181

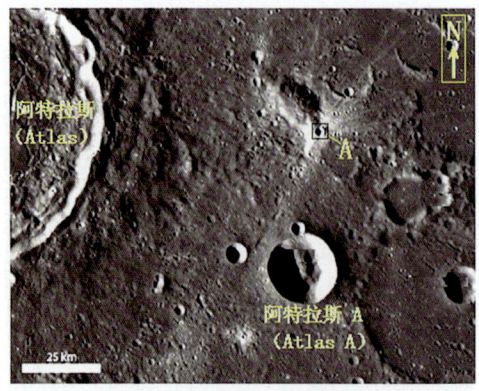

图 2.3.165　阿特拉斯 A（Atlas A）月坑北小月坑 A 及附近卫星影像图

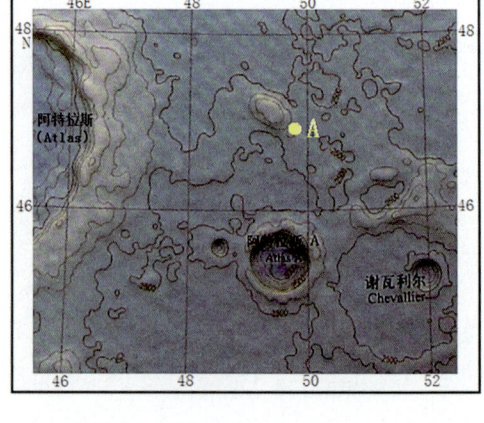

图 2.3.166　阿特拉斯 A（Atlas A）月坑北小月坑 A 及附近地形图

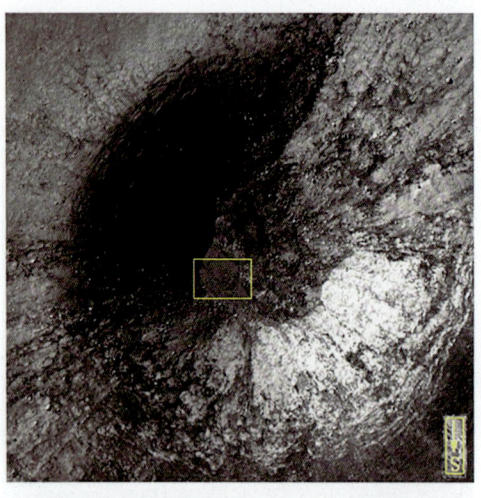

图 2.3.167　为图 2.3.165 方框 A 局部放大
示小月坑 A 卫星影像图分布特征

图 2.3.168　为图 2.3.167 方框局部放大
示小月坑 A 坑底扇形脊热融稠泥石流分布特征，箭头示泥石流流动方向

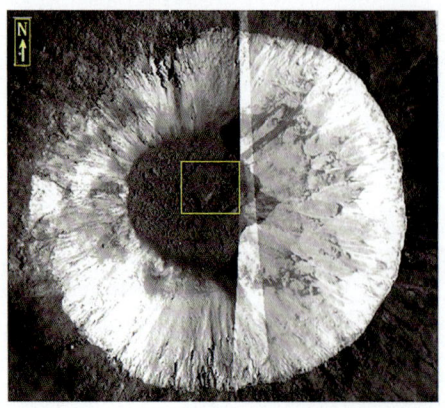

图 2.3.169　怀尔德 J（Wyld J）东北小月坑 A 卫星影像图

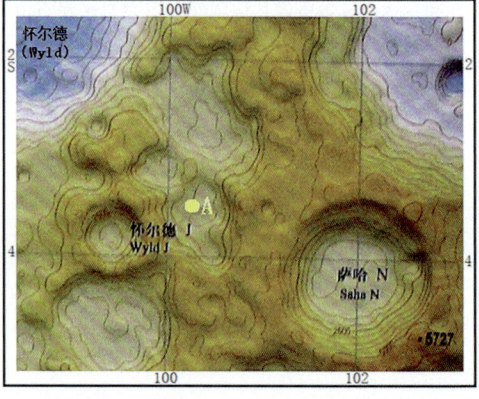

图 2.3.170　怀尔德 J（Wyld J）东北小月坑 A 及附近地形图

第二章 月球"水"形成的地貌和沉积（遗迹）特征

图 2.3.171　为图 2.3.169 方框局部放大

示怀尔德 J（Wyld J）东北小月坑 A 坑底扇形脊热融泥石流分布特征

图 2.3.172　为图 2.3.171 方框 A 局部放大

示怀尔德 J（Wyld J）东北小月坑 A 坑底扇形脊热融稠泥石流分布特征，箭头示泥石流流动方向

图 2.3.173　为图 3.3.171 方框 B 局部放大

示怀尔德 J（Wyld J）东北小月坑 A 坑底扇形脊热融稠泥石流分布特征

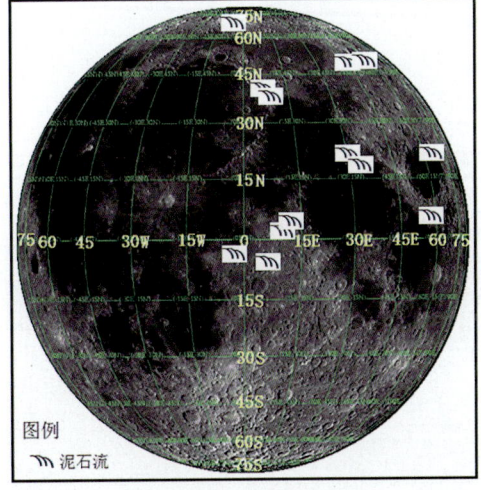

图 2.3.174　月球正面"泥石流"分布图

183

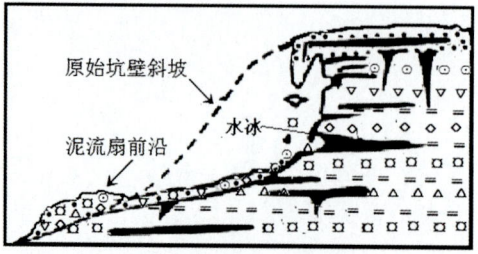

图 2.3.175 月球上热融泥石流形成示意剖面图（据网上资料下载修改）

图 2.3.176 地球上热融泥石流分布特征（据网上资料下载修改）

A - 源区支泥石流（白色为晚期支泥石流，灰色为早期支泥石流），B - 晚期冰冻泥石流主流通区（白色），B1 - 早期泥石流主流通区（灰色），C - 晚期冰冻泥石流堆积区（白色），C1 - 早期泥石流堆积区（灰色），D - 泥石流晏塞湖，E - 浑浊泥石流河水，F - 废弃的原河道

图 2.3.177 "滴流"的实验结果与月球小月坑壁分布的"热融泥石流"（见图 2.3.174）地貌和沉积基本一致

图 2.3.178 月球上热融泥石流分布特征

T - 热融塌陷区，
A - 水泥石流源区（支泥石流）
B - 水泥石流流通区（主泥石流）
C - 水泥石流堆积区，箭头示泥石流流动方向

第四节　月球"液化沙垄"地貌和沉积特征

一、关于月球"液化沙垄"地貌概念、分布和类型划分

1. 关于月球"液化沙垄"地貌概念

液化沙垄，是指月海中心区周边，少数分布于月坑坑底和山间盆地平原上，呈垄状或呈脊状条带分布的，以泥、沙或沙砾组成的条带状堆积地貌。在以往有关文献中称之为"皱纹脊""皱纹"或"皱褶"等。组成液化沙垄的岩石，主要是浅色变质的沉积岩屑和岩块。岩屑和岩块颗粒的磨圆度，大多具次圆状，略带分选性。从目前现有资料分析，它们可能是月表下，尤其是月海区和规模较大的月坑底，由于受来自周边的挤压应力作用，月海底或月坑底的水冰发生融溶（或液化），或已存在的沉积泥沙物质，沿张裂上侵和充填形成的特有垄状地貌。如地球地震发生时，在河漫滩或湖漫滩区形成"砂涌""泥涌"或"泥沙涌"一样，地震发生的区域在挤压应力的作用下，促使河漫滩或湖漫滩下储存的泥沙物质，沿地震形成的裂隙向上侵入和充填并到达地表的结果。故称之为"液化沙垄"。

2. 月球"液化沙垄"地貌分布

月球"液化沙垄"地貌，主要分布于月海区，其次是少数规模较大的"湿地月坑"的坑底，也见少量分布于山间盆地区。

3. 月球"液化沙垄"地貌类型划分

液化沙垄地貌，在月表分布颇为广泛。按其所在地貌类型，暂可划分为"月海液化沙垄""月坑液化沙垄"和"山间盆地液化沙垄"。其中主要以月海液化沙垄为主，月坑液化沙垄和山间盆地液化沙垄分布极为有限。

现将液化沙垄的主要特征简述如下。

二、液化沙垄的主要特征

（一）月海"液化沙垄"地貌特征

月海液化沙垄在较大的月海中均有分布，规模大，类型多种多样，复杂且变化大。限于精度，目前只能对某一条液化沙垄局部地段较详细资料进行描述，尚无法取得对每条液化沙垄全貌的认识。现就有代表性的月海液化沙垄作简介如下。

1. 危海"液化沙垄"地貌特征

（1）危海"液化沙垄"地貌特征之一。危海液化沙垄之一，位于危海之南，纬度为16.1°N，经度为61.7°E。沙垄走向以东北、西北和近南北为主（见图2.4.1）。沙垄本身多呈豆荚状、"S"形和不规则垄状。在大致相同的方向上，由多期次不同

形态、不同规模和不同方向的沙垄组成（见图2.4.2、图2.4.3、图2.4.4、图2.4.6）。组成沙垄的物质主要为浅色的岩屑和岩块，深色玄武岩很少见（见图2.4.5）。局部地段沙垄形成后再次热融产生似泥流扇（见图2.4.7）。在液化沙垄上出露的岩屑、岩块，大小较均一，具一定磨圆度和分选性（见图2.4.5），推断它们是经过河流较长距离搬运作用的沉积产物。液化沙垄上出露的岩屑、岩块，多朝太阳一侧分布，可能说明在白昼时受太阳光照较强表层融溶流失而显露出岩石和岩屑物质。

（2）危海"液化沙垄"地貌特征之二。液化沙垄之二，位于危海之南，纬度为10.9°，经度为58.7°，是众多沙垄呈西北向分布的一部分（见图2.4.8方框A），呈脊状（见图2.4.9、图2.4.10）。其上可见少量热融塌陷坑分布和发育良好的"石环"构造（见图2.4.12）。组成沙垄的物质，主要为浅色的岩屑、岩块和少量深色玄武岩（见图2.4.11至图2.4.14）。液化沙垄上出露的岩屑、岩块，多朝太阳一侧分布，可能说明在白昼时受太阳光照较强表层融溶流失而显露出岩石和岩屑物质。

（3）危海"液化沙垄"地貌特征之三。危海液化沙垄（皱纹脊）之三（有关资料曾称为"危海南部的幽灵火山口"），位于危海之南，纬度为10.9°N，经度为58.5°E（见图2.4.8方框B）。沙垄呈较稳定的脊状分布（见图2.4.15）。组成沙垄的物质主要为棱角状浅色岩块和岩屑物质（见图2.4.16—图2.4.18）。脊状沙垄上还可见少量较大热融塌陷坑分布（见图2.4.19）。液化沙垄上出露的岩屑、岩块，多朝太阳一侧分布，可能说明在白昼时受太阳光照较强表层融溶而流失。

2. 风暴洋"液化沙垄"地貌特征

（1）风暴洋之东"液化沙垄"地貌特征之一。液化沙垄位于风暴洋东南，纬度为2.0°N，经度为48.6°W（见图2.4.20）。这条沙垄，在有关文献中被称为"斑马线"。实际上是指沙垄上一些浅色岩块和岩屑物质呈横向排列，似人行道上的"斑马线"（见图2.4.25）。沙垄总体走向为北北西，或近南北。沙垄本身由不同形态、不同方向、高低不同、大小不等和时有热融塌陷坑分布等地貌所组成（见图2.4.21——图2.4.29）。液化沙垄上出露的岩屑、岩块，多朝太阳一侧分布，可能说明在白昼时受太阳光照较强表层融溶而流失。特别强烈的反照率，可能由残留的水冰分布引起的。岩屑、岩块略具分选和磨圆。

（2）风暴洋之东"液化沙垄"地貌特征之二。风暴洋之东"液化沙垄"之二，是由液化沙垄与热融塌陷坑组成的"链条"状地貌，位于风暴洋之东，纬度为34.4700，经度为316.6800（见图2.4.30、图2.4.52）。液化沙垄，在南段保留完整（见图2.4.32、图2.4.33），向北则与热融塌陷坑相间分布形成特有的"链条"状地貌特征（见图2.4.31、图2.4.34、图2.4.38、图2.4.43、图2.4.45、图2.4.54、图2.4.55），最北段则以热融塌陷坑和地堑式冰裂为主，同时可见少量液化沙丘出现（见图2.4.56、图2.4.57）。并且后者明显切割前者（见图2.4.36、图2.4.37、图2.4.39、图2.4.40、图2.4.44、图2.4.46、图2.4.48、图2.4.50）。组成液化沙垄和热融塌陷坑的物质均为浅色的岩屑和岩块（见图2.4.36、图2.4.41、图2.4.42、图2.4.49、图2.4.51）。根据相互切割关系，沙垄最少可分出两期（见

图2.4.32、图2.4.33、图2.4.47)。从整体看,近北段热融塌陷坑分布居多(见图2.4.30、图2.4.56、图2.4.57),南段液化沙垄分布为主(见图2.4.30、图2.4.32、图2.4.33、图2.4.52、图2.4.53)。

关于"链条"中的液化沙垄成因,以往资料认为是火山岩浆喷发作用形成的。热融塌陷坑被认为是火山"熔岩管"坍塌而成。但是从组成"链条"的物质成分全为浅色的岩屑和岩块,可以肯定其形成与火山作用无关,而最可能是由于月震月表产生张性裂隙时,月表下存在的水冰冻层发生融溶液化后,沿裂隙上侵和充填形成液化沙垄。当月夜来临温度骤降,液化沙垄冻结成冰。当再次进入月昼时,月表温度骤升,冻结成冰的沙垄,因组成物质受热不均发生局段融溶,体积缩小发生局部坍塌形成热融塌陷坑,最终形成目前见到的由液化沙垄与热融塌陷坑组成的"链条"状地貌。液化沙垄与热融塌陷坑组成的岩屑、岩块略具分选和磨圆。

(3) 风暴洋南西"液化沙垄"地貌特征之三。风暴洋西南液化沙垄,分布十分广泛,呈不同方向带状分布。在赫尔曼(Hermann)和达穆瓦索(Damoiseau)月坑之间所见的液化沙垄,主要呈北北东和北北西向分布,局部呈近南北向(见图2.4.58)。每一条沙垄构成十分复杂多变,大多可划分出早期和晚期沙垄。两者在地形地貌上有较明显差异。早期液化沙垄,在地形上多较平缓,其上发育的热融塌陷坑较多,很少有浅色岩屑和岩块出露;相反,晚期液化沙垄在地形上常以高耸山背出现,表面皱纹少,常见有大量浅色岩屑和岩块分布。早期形成的平缓的液化沙垄上浅的热融塌陷坑多,晚期形成的液化沙垄,明显呈"雁行"式分布。大量裸露的大石头聚集在轮廓分明的山脊顶端,就像冰激淋蛋卷上的糖霜。液化沙垄上出露的岩屑、岩块,多朝太阳一侧分布,可能说明在白昼时受太阳光照较强表层融溶而流失(详见风暴洋"液化沙垄"地貌之四、五、六、七)。

(4) 风暴洋"液化沙垄"地貌特征之四。风暴洋液化沙垄之四,纬度为-4.1000,经纬为300.7500(见图2.4.58箭头所示)。整段沙垄分布近SN向。但其中早期和晚期沙垄走向十分复杂多样(见图2.4.59)。有的局部呈东西向(见图2.4.60),有的近南北向。晚期沙垄呈明显"雁行"式分布(见图2.4.61)。早期液化沙垄,在地形上多较平缓,其上发育的热融塌陷坑较多,很少有浅色岩屑和岩块分布;相反,晚期液化沙垄在地形上常以高耸山背出现,表面皱纹少,常见有大量浅色岩屑和岩块分布(见图2.4.62、图2.4.63)。液化沙垄上出露的岩屑、岩块,多朝太阳一侧分布,可能说明在白昼时受太阳光照较强表层融溶而流失。

(5) 风暴洋"液化沙垄"地貌特征之五。风暴洋液化沙垄之五,纬度为-2.7800,经纬为302.6200(见图2.4.58星形处)。整段沙垄分布近南北向(见图2.4.64)。早期和晚期沙垄之间界限较不明显。早期液化沙垄,在地形上多较平缓,其上发育的热融塌陷坑较多,很少有浅色岩屑和岩块分布,局部地段可见由东北和西北向沙垄组成"X"形分布出现(见图2.4.68、图2.4.69)。相反,晚期液化沙垄在地形上常以高耸山脊断续出现,表面皱纹少,常见有大量浅色岩屑和岩块分布(见图2.4.65—图2.4.68、图2.4.70—图2.4.76)。液化沙垄上出露的岩屑、岩块,多朝太阳一侧分布,可能说明在白昼时受太阳光照较强表层融溶而流失。岩屑、岩块略具分选和磨圆。

(6) 风暴洋"液化沙垄"地貌特征之六。风暴洋液化沙垄之六,分布于风暴洋南汉斯廷山(Mons Hansteen)东北,纬度约 11.5°N,经度约 49.5°W(见图 2.4.77)。沙垄呈近南北向反"S"形分布为主。沙垄本身由一系列弯曲的大小不等的岛状山连接而成(见图 2.4.78),其间有较多小的热融塌陷坑出现。在岛状山脊上,一般均有较多浅色岩屑和岩块分布(见图 2.4.79—图 2.4.86),并均匀分布于山脊的西北坡上,与区域光照来自西北方向完全一致。这可能表明,沙垄上分布的大量浅色的岩屑和岩块,是沙垄在强烈太阳光照下,已冻结的液化沙垄发生融溶和蒸发,水分丧失后才裸露出来的,特别强烈的反照率,可能由残留的水冰分布引起的。沙垄尚无法进一步分期,在地形上较圆滑,可能形成时代较早。裸露的岩屑和岩块分布区的反照率特别高,可能说明其含有较多水冰。

(7) 风暴洋(Oceanus Procellarum)西南"液化沙垄"地貌特征之七。液化沙垄分布于风暴洋西南"液化沙垄"地貌之七,位于达穆瓦索 E(Damoiseau E)月坑东南约 45 km,纬度为 −6.3600,经度为 302.5100(见图 2.4.87)。沙垄走向以北北西为主。主要由南、北两条沙垄组成(见图 2.4.88)。南沙垄呈燕尾状,凸起较高(见图 2.4.89),常形成由浅色岩屑和岩块组成的断续山脊出现(见图 2.4.90—图 2.4.93)。北沙垄较宽阔和平缓,有较多大小不同的漏斗状、盘状热融塌陷坑分布(见图 2.4.94)。液化沙垄上出露的岩屑、岩块,多朝太阳一侧分布,可能说明在白昼时受太阳光照较强表层融溶而流失。

3. 冷海"液化沙垄"地貌特征

(1) 冷海东"液化沙垄"地貌特征之一。冷海东液化沙垄之一,分布于平缓的冷海平原面上,位于伊及德 A(Egede A)月坑之北,纬度为 52.7200,经纬为 11.0600。液化沙垄呈北北西向反"S"形延伸(见图 2.4.95、图 2.4.96)。从相互切割关系,可划分出最少两期沙垄。早期沙垄多宽大,变化较小,延伸较稳定,表面皱纹多较发育;晚期沙垄规模小,变化大,延伸方向极不稳定(见图 2.4.97、图 2.4.98、图 2.4.103),有的地段明显呈麻花状特征(见图 2.4.103、图 2.4.104)。沿沙垄常可见漏斗状或锅底状热融塌陷坑出现(见图 2.4.107、图 2.4.108)。当沙垄分布区发生热融塌陷坑时,原凸出沙垄地貌明显呈薄饼状平铺于塌陷坑中(见图 2.4.99、图 2.4.102)。有的早期液化沙垄(北北西向)为线形冰裂(东北向)所切割(见图 2.4.100、图 2.4.101)。沙滩向南时隐时现,有时出现宽阔的热融塌陷槽(见图 2.4.105、图 2.4.106)。

(2) 冷海东"液化沙垄"地貌的主要特征之二。液化沙垄之二,分布于冷海之东,纬度约为 54.1400,经纬约为 35.6400。沙垄在大范围内总体呈西北向,其间包括西北、东北和近南北均有不同程度出现,走向变化十分复杂(见图 2.4.109、图 2.4.110、图 2.4.115)。沙垄本身变化也十分多样。热融塌陷坑分布广泛(见图 2.4.113、图 2.4.115—图 2.4.119),沿沙垄边缘滑塌现象也频频出现(见图 2.4.110—图 2.4.112)。这里的浅色岩屑和岩块大面积分布,除少量在山脊和向阳坡分布外,大多分布于太阳光照射的背面(见图 2.4.110—图 2.4.112、

图 2.4.114），可能与成像时间较晚有关。

（3）冷海北"液化沙垄"地貌特征和沙丘之三。液化沙垄和沙丘之三，分布于冷海之北边缘地带，纬度约 62.4120，经纬约 350.1080，走向呈北西和西北为主（见图 2.4.120、图 2.4.121）。沙垄表面皱纹发育不多，但有的液化沙垄表面皱纹特别发育（见图 2.4.128、图 2.4.129）。一般可划分出早、晚两期沙垄。早期沙垄一般较宽且多平缓；晚期沙垄规模较小，较窄，常形成较高山脊。在南西太阳光照射下，高处山脊常分布大量浅色岩屑和岩块（见图 2.4.123—图 2.4.127）。局部地段沙垄可见热融塌陷坑分布（见图 2.4.122—图 2.4.124）。液化沙垄上出露的岩屑、岩块，多朝太阳一侧分布，可能说明在白昼时受太阳光照较强表层融溶而流失。

（4）冷海北"液化沙垄"地貌特征和沙丘之四。液化沙垄和沙丘之四，分布于冷海之北边缘地带，纬度约 59.2000，经纬约 331.3000。主要有两条，近平行分布（见图 2.4.130、图 2.4.131、图 2.4.137）。液化沙垄发育区热融塌陷坑分布较多，有的液化沙垄明显通过热融塌陷坑（见图 2.4.139—图 2.4.142）。液化沙垄一般可划分出早、晚两期沙垄。早期沙垄一般较宽且多平缓。晚期沙垄规模较小，较窄，常形成较高山脊。在西南太阳光照射下，高处山脊常分布大量浅色岩屑和岩块（见图 2.4.134、图 2.4.135、图 2.4.136、图 2.4.143）沙垄表面皱纹发育不多，但近液化沙丘处表面皱纹特别发育（见图 2.4.132—图 2.4.134）。局部地段的沙垄明显分布于热融塌陷槽中（见图 2.4.138）。当沙垄通过热融塌陷坑时，被融溶后呈残丘状（见图 2.4.143、图 2.4.144）、残余状（见图 2.4.145）或残壳状（见图 2.4.146）分布。液化沙垄上出露的岩屑、岩块，多朝太阳一侧分布，可能说明在白昼时受太阳光照较强表层融溶而流失。

4. 澄海"液化沙垄"地貌特征

液化沙垄分布于澄海之西，纬度约 23.6°N，经度约 8.1°E（见图 2.4.147）。沙垄呈近东西向分布为主，并明显可见其延伸到月陆区中，沙垄规模变小（见图 2.4.148）。沙垄本身由一系列弯曲的大小不等的岛状山连接而成（见图 2.4.148—图 2.4.156），其间有较多小的热融塌陷坑出现。在岛状山脊上，一般均有较多浅色岩屑和岩块分布，并均匀分布于山脊的东北坡，与区域光照来自东北方向完全一致。这可能表明，沙垄上分布的大量浅色的岩屑和岩块，是沙垄在强烈太阳光照下，已冻结的液化沙垄发生融溶和蒸发，水分丧失后才裸露出来的，特别强烈的反照率，可能由残留的水冰分布引起的。脊上大量白色裸露岩屑大小相差不大、略具磨圆和分选。沙垄尚无法进一步分期，在地形上较圆滑，可能形成时代较早。

5. 雨海"液化沙垄"地貌特征

（1）雨海北东"液化沙垄"地貌特征之一。雨海北东"液化沙垄"之一，分布于雨海北东，柏拉图 KA 月坑和柏拉图 K 月坑之南约 40 km，纬度约 45.5°N，经度约 2.5°W（见图 2.4.157〈圆点〉）。液化沙垄主要呈西北向延伸（见图 2.4.158、图 2.4.159、图 2.4.165—图 2.4.167），局部地段呈近南北向（见图 2.4.162、图 2.4.163、图 2.4.164）。沙垄明显可划分为早、晚两期。早期较宽大，走向变化不大，较稳定；晚期沙垄规模较小，分布断续，延伸方向变化大，有些地段以近南北延伸为主（见图 2.4.158—图 2.4.160、图 2.4.166）。沙垄本身常可见较大热融塌陷坑分布。沙垄在热融塌陷坑中厚度变薄或趋于消失（见图 2.4.159—图 2.4.162、图 2.4.168—图 2.4.171）。组成沙垄的物质，主要为浅色岩屑和岩块（见图 2.4.162、图 2.4.169）。液化沙垄上出露的岩屑、岩块，多朝太阳一侧分布，可能说明在白昼时受太阳光照较强表层融溶而流失。

（2）雨海东北"液化沙垄"地貌特征之二。雨海东北液化沙垄之二，分布于雨海东北，柏拉图 KA 月坑和柏拉图 K 月坑之东南约 80 km，纬度约 44.9°N，经度约 1.5°W（见图 2.4.157〈方块〉）。液化沙垄主要呈北北西和北西方向延伸（见图 2.4.172、图 2.4.173、图 2.4.179）。沙垄明显可划分为早、晚两期。早期较宽大，走向变化不大，较稳定；晚期沙垄规模较小，分布断续，延伸方向变化大，有些地段以近南北向延伸为主（见图 2.4.174、图 2.4.176—图 2.4.178）。沙垄本身常可见较大热融塌陷坑分布。沙垄在热融塌陷坑中厚度变薄或趋于消失，常残留下较多浅色为主的岩屑和岩块（见图 2.4.175）。组成沙垄的物质，主要为浅色岩屑和岩块（见图 2.4.175）。沙垄主体呈北西方向延伸为主（见图 2.4.179），凸起高度变化大，时高时低，时隐时现，变化复杂多样（见图 2.4.180—图 2.4.183）。局部见近南北方向延伸（见图 2.4.180）。

（3）雨海东北"液化沙垄"地貌特征之三。雨海东北液化沙垄之三，分布于雨海东北，柏拉图 KA 月坑和柏拉图 K 月坑之东南约 80 km。纬度约 43.1°N，经度约 0.5°W（见图 2.4.184）。液化沙垄主要呈北北西和西北方向延伸（见图 2.4.188、图 2.4.191、图 2.4.193、图 2.4.195、图 2.4.198）。沙垄明显可划分为早、晚两期。早期较宽大，走向变化不大，较稳定；晚期沙垄规模较小，分布断续，延伸方向变化大，有些地段以近南北向延伸为主（见图 2.4.185、图 2.4.186）。有的晚期液化沙垄局部地段呈明显麻花状和蠕虫状分布特征（见图 2.4.195、图 2.4.197、图 2.4.198）。沙垄本身常可见较大热融塌陷坑分布。沙垄在热融塌陷坑中厚度变薄或趋于消失，常残留状较多（见图 2.4.187、图 2.4.189、图 2.4.190、图 2.4.192）。组成沙垄的物质，主要为浅色岩屑和岩块（见图 2.4.195、图 2.4.198）。局部地段早期液化沙垄表面见有较多北东和北西向冰裂分为（见图 2.4.194）。液化沙垄上出露的岩屑、岩块，多朝太阳一侧分布，且略具磨圆和分选特征（见图 2.4.187、图 2.4.190、图 2.4.198），可能说明在白昼时受太阳光照较强表层融溶而流失。

6. 云海"液化沙垄"地貌特征

尼科莱（Nicollet）月坑东北"液化沙垄"地貌特征：液化沙垄位于尼科莱（Nicollet）月坑东北约 50 km，纬度约 -19.5828，经度约 -11.1864。沙垄走向呈北东或北东东向（见图 2.4.199、图 2.4.200）。沙垄比较平缓，皱纹多不发育（见图 2.4.201）。局部地段见少量晚期液化沙垄分布（见图 2.4.202）。在早期液化沙垄侧面可见热融滑塌分布，顶面也见热融塌陷坑出现。组成沙垄的物质主要为浅色岩屑和岩块（见图 2.4.203、图 2.4.204）。液化沙垄上出露的岩屑、岩块，多朝太阳一侧分布，可能说明在白昼时受太阳光照较强表层融溶而流失。

7. 静海"液化沙垄"地貌特征

（1）静海之西"液化沙垄"地貌特征之一。静海之西液化沙垄，位于阿拉戈月坑（Arago crater）之东一带（见图2.4.205）。阿拉戈月坑（Arago crater）属于"陆地月坑"，纬度约6.07°N，经度约21.5°E，直径约26 km。液化沙垄规模较大，由数条近南北向和北东向沙垄组成，变化十分复杂。大部分可分出早、晚两期液化沙垄（见图2.4.206、图2.4.207）。早期液化沙垄一般规模大，地形上较平缓，变化较稳定，局部地段呈"X"形（见图2.4.208、图2.4.214），是构成沙垄的主体；晚期沙垄规模小，变化大，延伸较不稳定，沙垄之间相交接呈"T"字形分布特征（见图2.4.205、图2.4.211）。在沙垄的一侧或两侧，局部地段可见有少量或群体液化沙丘和热融塌陷坑分布（见图2.4.208—图2.4.213）。在阿拉戈月坑之南，还可见数条近南北向的线形冰裂出现（见图2.4.212）。阿拉戈月坑撞击辐射物明显覆盖沙垄，说明沙垄形成于阿拉戈月坑之前（见图2.4.216）。撞击月坑与热融塌陷坑之间有明显差别，前者具明显辐射纹和凸出的坑缘（见图2.4.215、图2.4.216），后者则无辐射纹，也不具有凸起的坑缘（见图2.4.209、图2.4.210）。沙垄的向阳面（南西西→北东东）高处山脊和山坡，普遍广泛分布以浅色为主的岩屑和岩块。组成沙垄的物质，也是以浅色的岩屑和岩块为主。

（2）静海之西"液化沙垄"地貌特征之二。鲍耶月坑（Bolyai crater）西缘液化沙垄，明显受"X"形裂隙所控制分布（见图2.4.217、图2.4.219）。沙垄局部地段呈麻花状或雁行状分布（见图2.4.221）。发育于沙垄上的热融塌陷坑，明显呈漏斗状（见图2.4.220）。从分布于沙垄上的热融塌陷坑的物质看，主要为浅色、略具分选和磨圆的岩屑和岩块（见图2.4.218）。

（3）静海之西之三詹纳月坑（Jenner crater）附近的"液化沙垄"地貌特征。液化沙垄比较单一，呈西北向分布（见图2.4.222），明显可分早、晚两期。早期沙垄较平缓宽阔，其上可见分布锅底状（见图2.4.223）或漏斗状（见图2.4.224、图2.4.225）热融塌陷坑。晚期沙垄较窄、地势较高。并在向阳山背和山坡上，有较多略具分选和磨圆的浅色岩屑和岩块分布（见图2.4.222—图2.4.224）。

（二）月坑"液化沙垄"地貌特征

月坑液化沙垄，是指分布于月坑坑底沉积平上的液化沙垄。目前发现很少，仅见于卡勒月坑（Karrer crater）和艾特肯月坑（Aitken crater）两个月坑坑底。其地貌特征与月海液化沙垄无异。现将月坑坑底液化沙垄的主要特征简述如下。

（1）卡勒月坑（Karrer crater）坑底"液化沙垄"地貌特征。卡勒月坑（Karrer crater）位于月球背面的南半球，艾肯盆地之东边缘地带。纬度为52.13°S，经度为142.31°W。液化沙垄，分布于卡勒月坑（Karrer crater）平缓的坑底，走向近南北（见图2.4.226至图2.4.228、图2.4.253、图2.4.254、图2.4.256）。沙垄通过月坑时，规模大，地貌复杂多变，形态各异，有的明显呈直角状（见图2.4.237、图2.4.238）、折线状（见图2.4.234）和蠕虫状（见图2.4.238—图2.4.243）等。到达月坑壁后急剧变小，至坑缘外则呈线状，可能与坑外下部已无沉积物分布有关，即使那时有"地震"发生也无法形成"液化沙垄"（见图2.4.229、图2.4.230）。依据相互切割关系和地貌特征不同，大致可区分为早、晚两期沙垄。早期规模大，地势多平缓（见图2.4.244、图2.4.245、图2.4.253、图2.4.254、图2.4.255）；晚期沙垄规模较小，地势较陡峻，向阳坡面和山脊浅色裸露岩屑和岩块广泛分布（见图2.4.238—图2.4.245）。沙垄本身及周边附近热融塌陷坑发育（见图2.4.231—图2.4.236、图2.4.241）。沙垄通过热融塌陷坑时多呈薄饼状、残余状和薄膜状分布（见图2.4.235、图2.4.236、图2.4.246—图2.4.252）。

（2）艾特肯月坑（Aitken crater）坑底"液化沙垄"地貌特征。艾特肯（Aitken crater）月坑位于月球背面的南半球，艾肯盆地北缘，纬度约16.1°S，经度约173.0°E。月坑直径约130 km。月坑底南部为沉积平原。液化沙垄和沙丘分布于平原的东北（见图2.4.257）。沙垄总体呈北东向分布（见图2.4.258、图2.4.259）。依据沙垄相互切割关系和地貌特征上的差异，可划分为早期和晚期沙垄。早期沙垄一般规模较大，但在地形上较平缓；晚期沙垄规模较小，但地形上较高、较陡峻。沙垄高处的山脊或山坡，向阳面多有浅色岩屑和岩块分布（见图2.4.260—图2.4.269）。坑底沉积物主要为浅色岩屑和岩块（见图2.4.260、图2.4.264、图2.4.265、图2.4.270）。液化沙丘分布于艾特肯（Aitken crater）月坑坑底东南近坑壁处，均呈群体分布（见图2.4.257、图2.4.258、图2.4.271—图2.4.278）。在沙丘上可见少量漏斗状热融塌陷坑分布（见图2.4.279）。

（三）山间盆地"液化沙垄"地貌特征

山间盆地位于月球正面南半球的湿海南端，卓湖东北，为一近南北向、中间宽两端窄的断陷盆地（见图2.4.280）。盆地面较平坦。液化沙垄分布于维泰洛R（Vitello R）月坑之南，纬度为-33.1700，经纬为323.0040（见图2.4.282、图2.4.283、图2.4.293）。沙垄在盆地外转为北东和近南北向的线形冰裂（见图2.4.281）。由于已不处于盆地之下有泥沙和淤泥分布区，裂隙已无上侵和充填的"液化沙垄"出现。盆地中的沙垄依据相互切割关系和地貌特征上的差异，可划分为早期和晚期沙垄。早期沙垄一般规模较大，但在地形上较平缓；晚期沙垄规模较小，但地形上较高、较陡峻。沙垄的山脊或山坡，向阳面多有浅色岩屑和岩块分布（见图2.4.286、图2.4.287、图2.4.288、图2.4.289、图2.4.293、图2.4.294）。陨击坑在沙垄上溅射作用明显减弱，溅射距离明显变小。小月坑中大多分布有浅色岩屑和岩块，略具磨圆和分选（见图2.4.284、图2.4.285、图2.4.290、图2.4.291）。局部早期沙垄表面，有密集冰裂分布（见图2.4.287）。液化沙垄通过热融塌陷坑时受到融溶作用明显变小（见图2.4.284、图2.4.285、图2.4.289—图2.4.292）。

三、"液化沙垄"的形成与演化

液化沙垄在空间上几乎都分布于月海平原、月坑平原和山间盆地平原范围,并多分布于月海中心周围(见图 2.4.295),可能表明液化沙垄的形成受这些平原所制约。液化沙垄均呈宽窄不同、高低不一的线状,走向呈北东、北西和南北方向为主,可能表明液化沙垄沿区域构造裂隙所控制。同一条沙垄可由多次不同时期产生,各自的形态特征、规模大小和延伸方向,也可有所差异或很大不同。液化沙垄形成区,早期常有较多热融塌陷坑出现。当沙垄通过它们时,沙垄常发生急剧变化,沙垄大多形态变宽,厚度变薄或变小。组成液化沙垄的物质,大多为略具磨圆和分选的沉积碎屑,可能证明液化沙垄形成的物质,来源于沉积作用形成的、尚未完全胶结的沉积物或沉积物虽已冻结成冰。因此,液化沙垄的产生大致如下。

当月球历史发展到了泛海洋期结束后,月表和一些月坑、山间盆地变成干涸的平原。由于月球的自转产生离心力,自月球正面的赤道附近向周边形成挤压应力,致使平原区产生一系列北东、北西和南北方向的线状构造裂隙,在平原区下部埋藏的水冰冰层,因受到挤压发生融溶、液化,或业已存在的沉积的泥沙物质,沿裂隙上侵和充填形成现今的液化沙垄(见图 2.4.296)。在山间盆地以外区域,尽管有裂隙分布,但因其已离开盆地,裂隙下无泥沙、淤泥物质,也就无法形成"液化沙垄"地貌。

四、"液化沙垄"发现的意义

由于液化沙垄是在水的参与作用下产生的,因此它的发现为研究月球水的形成和演化提供了重要材料。月球月海分布区,少量月坑和山间盆地分布区,"液化沙垄"的大量发现,可能说明月球历史发展早期,即雨海纪晚期,地震或构造运动仍十分频繁和强烈。

以下附第二章第四节图:

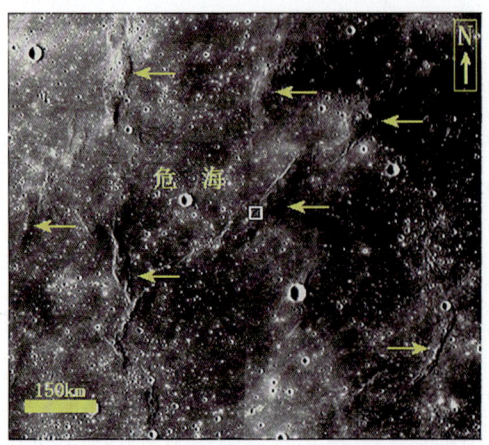

图 2.4.1 危海液化沙垄之一（箭头所示）呈北东、北西和近 SN 方向分布特征

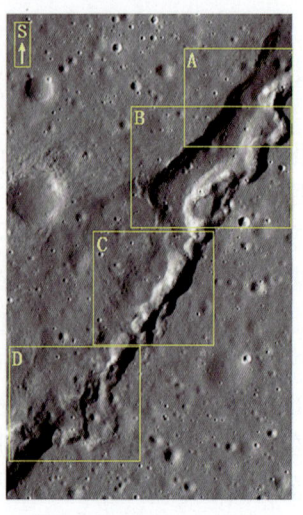

图 2.4.2 为图 2.4.1 方框局部放大

示危海液化沙垄之一沿 NE 向构造裂隙分布特征

图 2.4.3 为图 2.4.2 方框 A 局部放大

示危海液化沙垄之一早期（A）呈宽垄状、晚期（B）呈"S"形分布特征

图 2.4.4 为图 2.4.2 方框 B 局部放大

示危海液化沙垄之一早期（A）呈宽垄状、晚期（B）呈"S"形并明显切割早期沙垄 A 分布特征

第二章 月球"水"形成的地貌和沉积（遗迹）特征

图 2.4.5 为图 2.4.4 方框局部放大
示危海液化沙垄之一由略具磨圆和分选的浅色岩屑和岩块组成

图 2.4.6 为图 2.4.2 方框 C 局部放大
示危海液化沙垄之一呈不规则的脊状分布特征

图 2.4.7 为图 2.4.2 方框 D 局部放大
示危海液化沙垄之一晚期液化沙垄热融产生新的泥石流 A 和泥石流 B 分布特征，箭头示泥石流流动方向

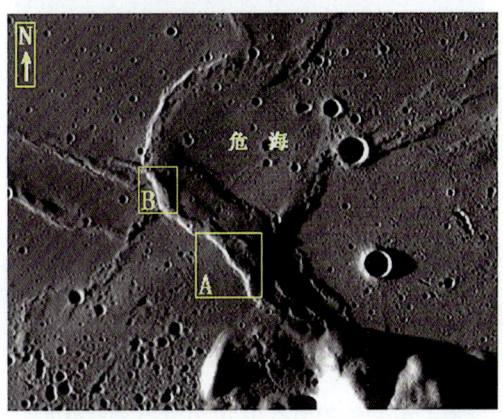

图 2.4.8 危海液化沙垄之二呈北东、北西和相互切割分布特征

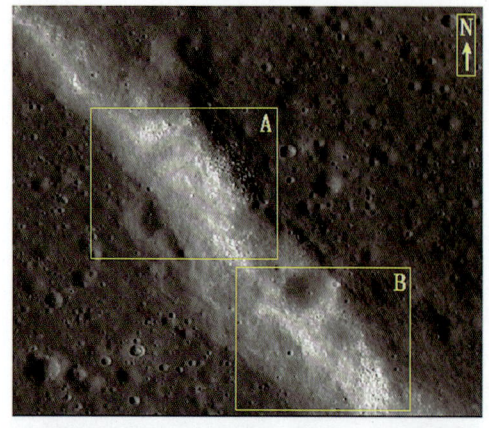

图 2.4.9　为图 2.4.8 方框 A 局部放大
示危海液化沙垄之二脊状分布特征

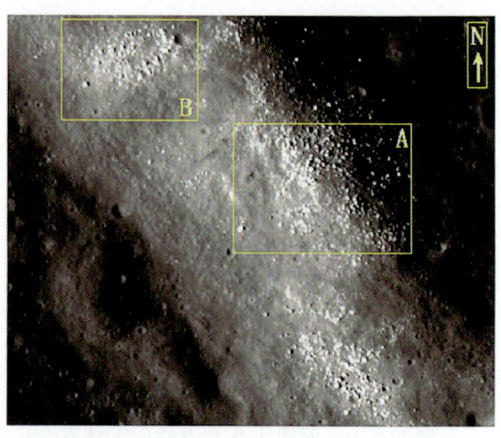

图 2.4.10　为图 2.4.9 方框 A 局部放大
示危海液化沙垄之二脊状分布特征

图 2.4.11　为图 2.4.10 方框 A 局部放大
示危海液化沙垄之二近月陆区物质主要由带棱角状浅色岩块、岩屑组成

图 2.4.12　为图 2.4.10 方框 B 局部放大
示危海液化沙垄之二由浅色岩块、岩屑组成的"石环"构造特征，箭头示石环形成时石块向外蠕动方向

第二章 月球"水"形成的地貌和沉积（遗迹）特征

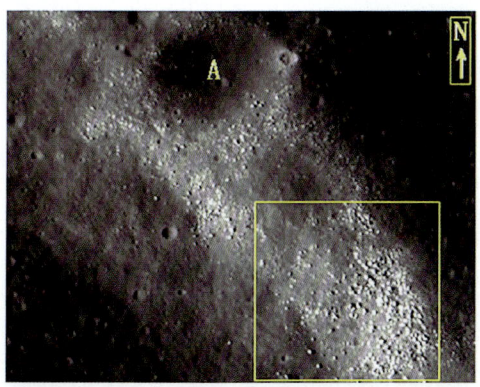

图 2.4.13　为图 2.4.9 方框 B 局部放大
示危海液化沙垄之二上分布的热融塌陷坑（A）特征

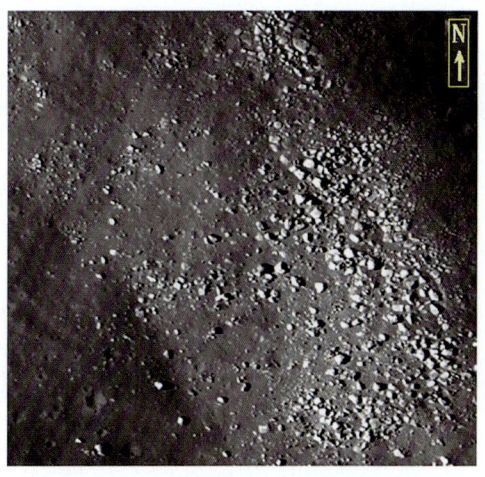

图 2.4.14　为图 2.4.13 方框局部放大
示危海液化沙垄之二主要由浅色岩块和深色玄武岩块组成

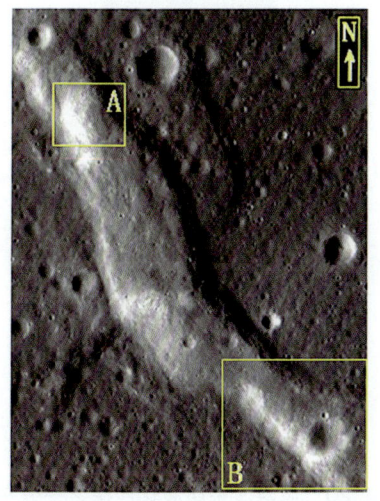

图 2.4.15　为图 2.4.8 方框 B 局部放大
示危海液化沙垄之三分布特征

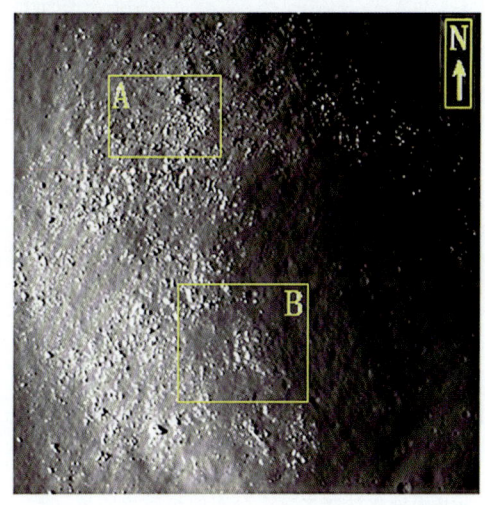

图 2.4.16　为图 2.5.15 方框 A 局部放大
示危海液化沙垄之三分布特征

197

图 2.4.17 为图 2.4.16 方框 A 局部放大

示危海液化沙垄之三主要由大小悬殊的浅色岩块和岩屑物质所组成

图 2.4.18 为图 2.4.16 方框 B 局部放大

示危海液化沙垄之三主要由大小悬殊的浅色岩块和岩屑物质所组成

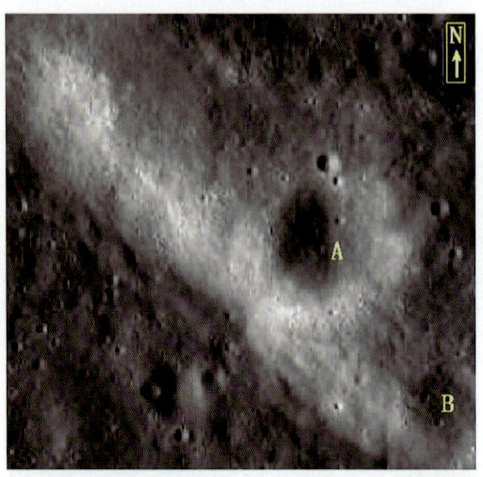

图 2.4.19 为图 2.4.15 方框 B 局部放大

示危海液化沙垄之三上分布的热融塌陷坑（A、B）分布特征

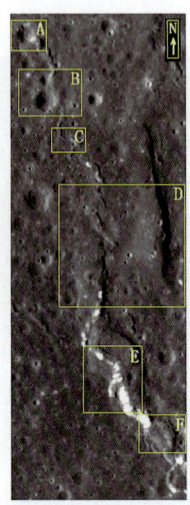

图 2.4.20 风暴洋东南液化沙垄之一分布特征

第二章　月球"水"形成的地貌和沉积（遗迹）特征

图 2.4.21　为图 2.4.20 方框 A 局部放大
示风暴洋脊状液化沙垄之一与热融塌陷坑重叠分布特征

图 2.4.22　为图 2.4.20 方框 B 局部放大
示风暴洋脊状液化沙垄之一局部形成热融塌陷坑（箭头所示）分布特征

图 2.4.23　为图 2.4.20 方框 C 局部放大

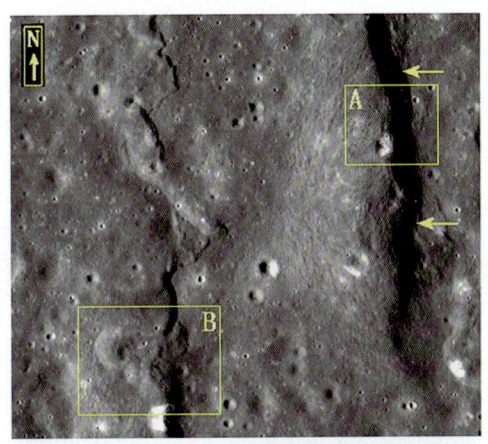

图 2.4.24　为图 2.4.20 方框 D 局部放大
示风暴洋脊状液化沙垄之一由正断层状、条状、涡流状等组成特征

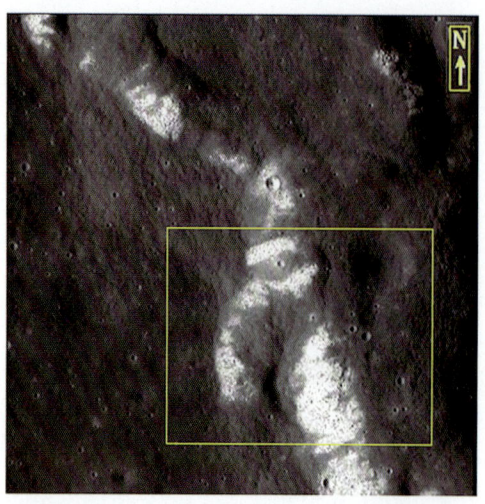

图 2.4.25　为图 2.4.20 方框 E 局部放大
示风暴洋脊状液化沙垄之一主要由浅色的岩块和岩屑（白色）物质组成，似"斑马线"特征

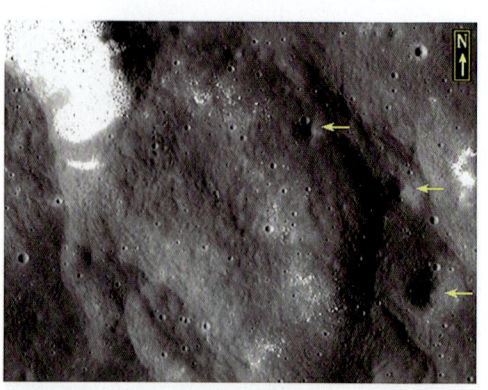

图 2.4.26　为图 2.4.20 方框 F 局部放大
示风暴洋脊状液化沙垄之一局部形成热融塌陷坑（箭头所示）分布特征

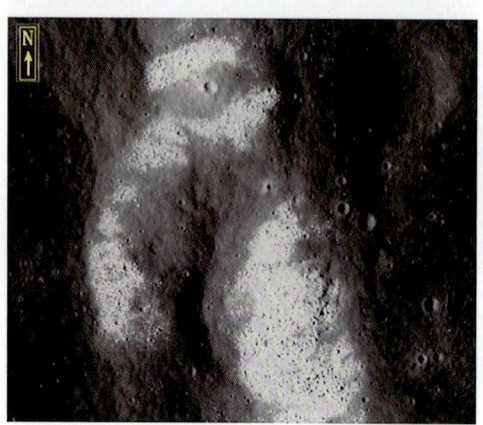

图 2.4.27　为图 2.4.25 方框局部放大
示风暴洋脊状液化沙垄之一主要由浅色的岩块和岩屑（白色）物质所组成

图 2.4.28　为图 2.4.24 方框 A 局部放大
示风暴洋脊状液化沙垄之一一侧形成正断层状特征，组成沙垄物质为略具分选和磨圆浅色岩屑和岩块

第二章 月球"水"形成的地貌和沉积（遗迹）特征

图 2.4.29　为图 2.4.24 方框 B 局部放大
示风暴洋脊状液化沙垄之一形成涡流状特征

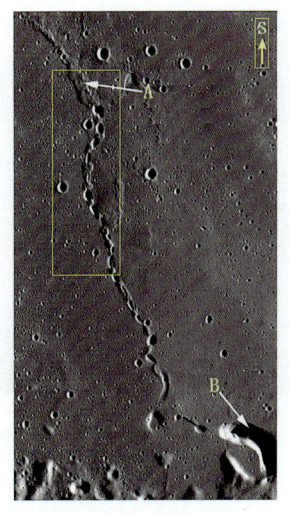

图 2.4.30　风暴洋之东液化沙垄之二与热融塌陷坑呈链条状分布特征
A 为早期液化沙垄，B 为晚期热融塌陷坑

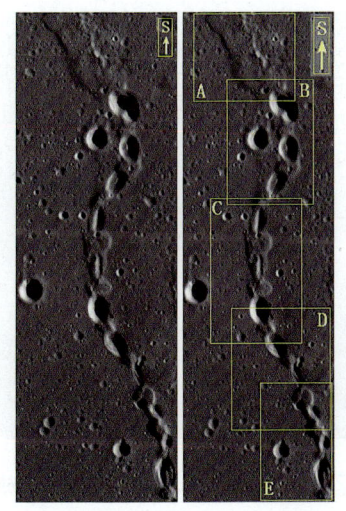

图 2.4.31　为图 2.4.30 方框局部放大
示风暴洋液化沙垄之二与热融塌陷呈链条状分布特征

图 2.4.32　为图 2.4.31 方框 A 局部放大
示风暴洋液化沙垄之二南段液化沙垄分布特征

图 2.4.33　为图 2.4.32 方框局部放大
示风暴洋液化沙垄之二南段 A、B 两期液化沙垄分布特征

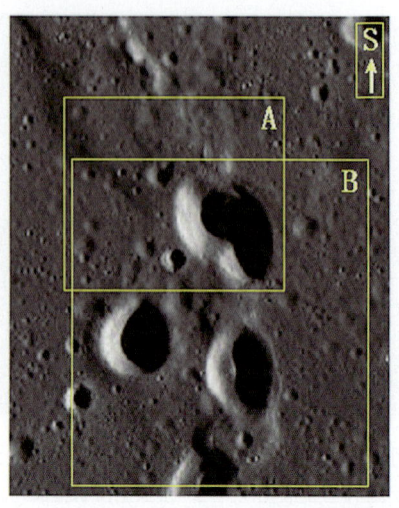

图 2.4.34　为图 2.4.31 方框 B 局部放大
示风暴洋液化沙垄之二南段液化沙垄与热融塌陷呈链条状分布特征

图 2.4.35　为图 2.4.34 方框 A 局部放大
示风暴洋液化沙垄之二南段液化沙垄为热融塌陷坑所切割特征

图 2.4.36　为图 2.4.35 方框局部放大
示风暴洋液化沙垄之二热融塌陷坑主要由浅色岩屑、岩块所组成特征

第二章 月球"水"形成的地貌和沉积（遗迹）特征

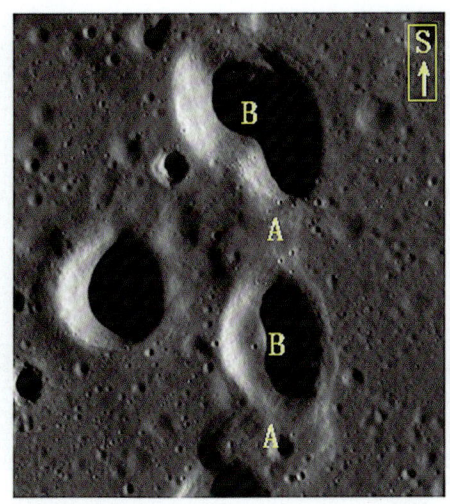

图 2.4.37　为图 2.4.34 方框 B 局部放大
示风暴洋液化沙垄之二（A）明显为热融塌陷坑（B）所切割特征

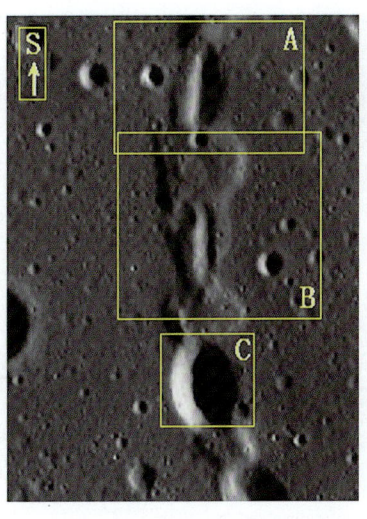

图 2.4.38　为图 2.4.31 方框 C 局部放大
示风暴洋液化沙垄之二与热融塌陷呈链条状分布特征

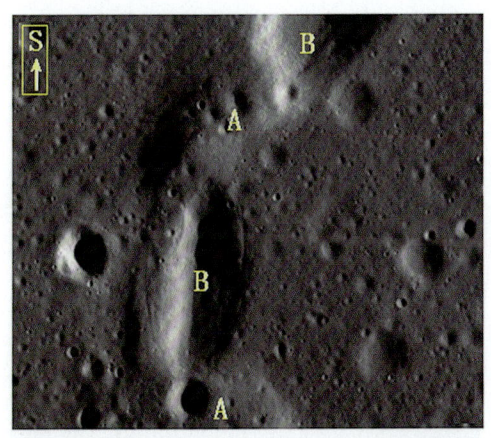

图 2.4.39　为图 2.4.38 方框 A 局部放大
示风暴洋液化沙垄之二（A）明显为热融塌陷坑（B）所切割特征

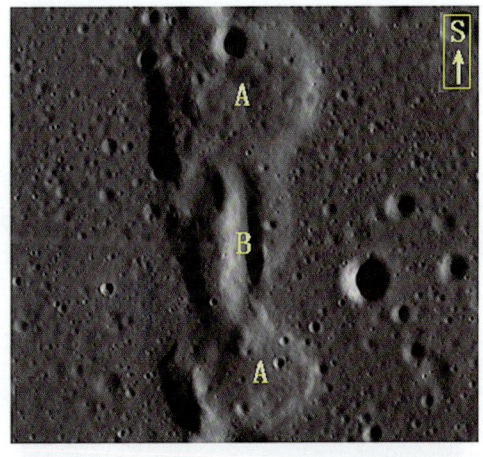

图 2.4.40　为图 2.4.38 方框 B 局部放大
示风暴洋液化沙垄之二（A）明显为热融塌陷坑（B）所切割特征

203

图2.4.41　为图2.4.38方框C局部放大
示风暴洋液化沙垄之二热融塌陷坑由浅色岩屑、岩块物质组成

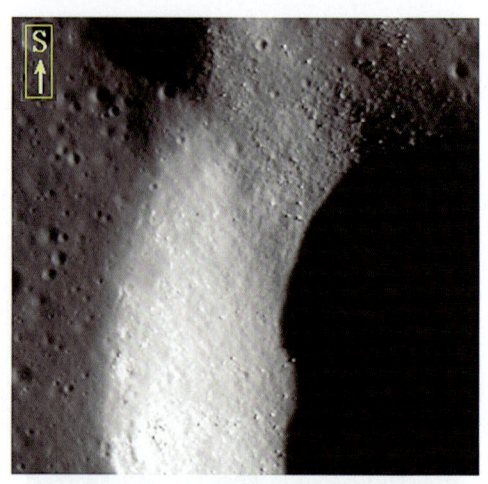

图2.4.42　为图2.4.41方框局部放大
示风暴洋液化沙垄之二热融塌陷坑由浅色岩屑、岩块物质组成

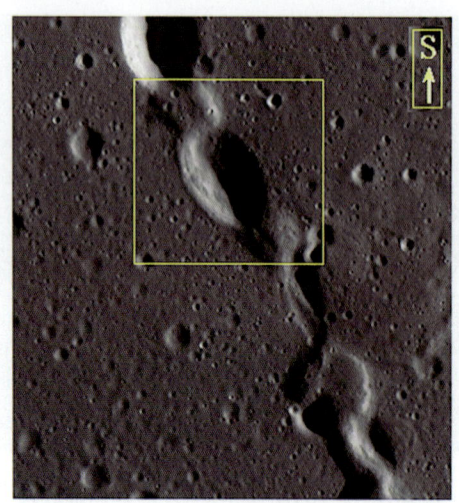

图2.4.43　为图2.4.31方框D局部放大
示风暴洋液化沙垄之二与热融塌陷坑呈链条状分布特征

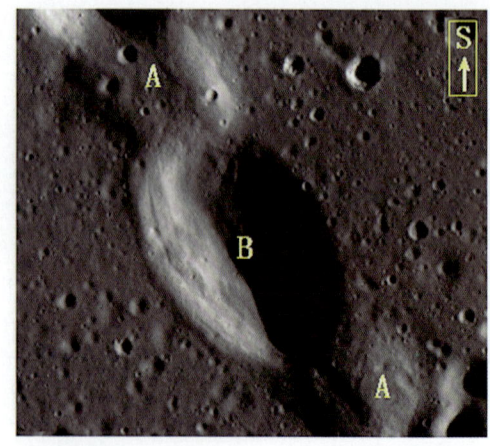

图2.4.44　为图2.4.43方框局部放大
示风暴洋液化沙垄之二（A）明显为热融塌陷坑（B）所切割特征

第二章 月球"水"形成的地貌和沉积（遗迹）特征

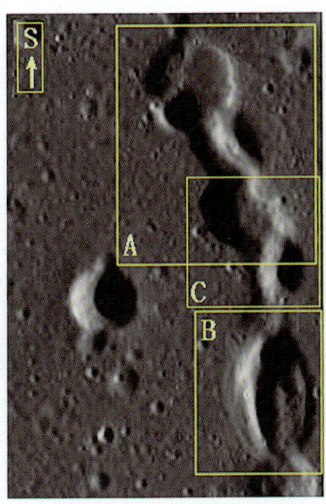

图 2.4.45　为图 2.4.31 方框 E 局部放大
示风暴洋液化沙垄之二与热融塌陷坑呈链条状分布特征

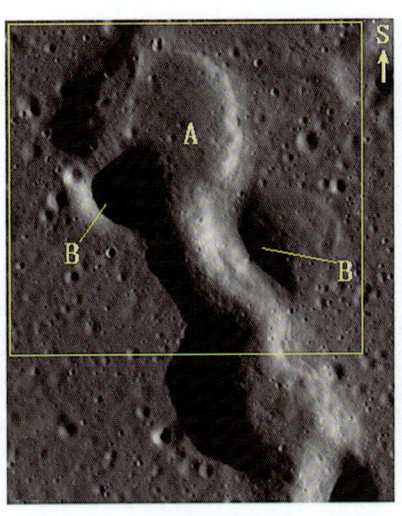

图 2.4.46　为图 2.4.45 方框 A 局部放大
示风暴洋液化沙垄之二（A）明显为热融塌陷坑（B）所切割特征

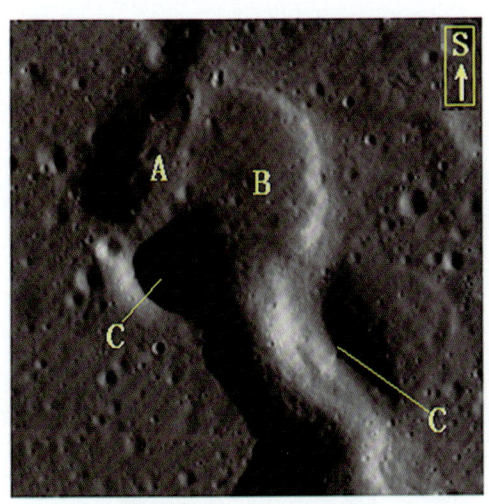

图 2.4.47　为图 2.4.46 方框局部放大
示风暴洋液化沙垄之二早期液化沙垄（A）为晚期液化沙垄（B）所切割分布特征，C 为热融塌陷坑

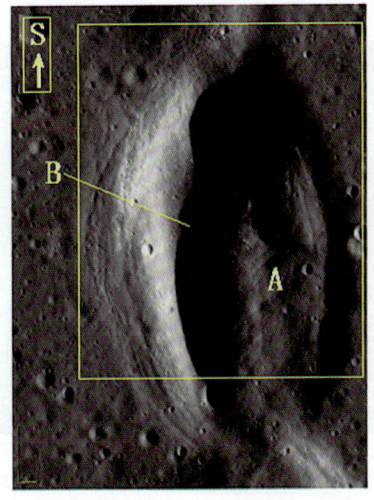

图 2.4.48　为图 2.4.45 方框 B 局部放大
示风暴洋液化沙垄之二（A）明显为热融塌陷坑（B）所切割特征

205

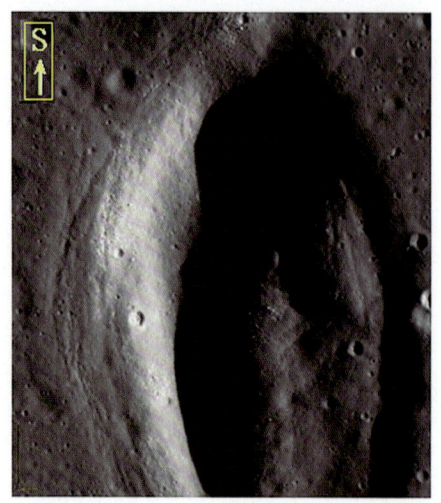

图 2.4.49　为图 2.4.48 方框局部放大

示风暴洋液化沙垄之二与热融塌陷坑由大量细小的浅色岩屑、岩块物质组成

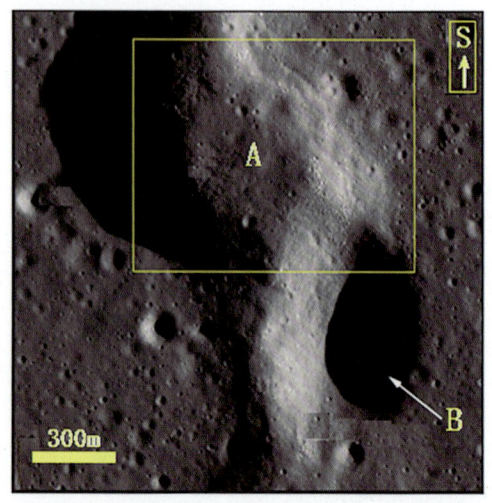

图 2.4.50　为图 2.4.45 方框 C 局部放大

示风暴洋液化沙垄之二（A）明显为东西向宽 0.53 km，南北向宽约 1.0 km 的热融塌陷坑（B）所切割特征

图 2.4.51　为图 2.4.50 方框局部放大

示风暴洋液化沙垄之二由大量细小的浅色岩屑、岩块物质组成

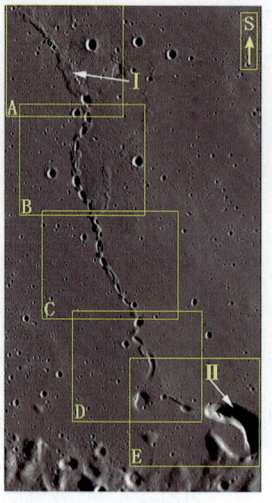

图 2.4.52　风暴洋之东液化沙垄之二与热融塌陷坑呈链条状分布特征

Ⅰ 为液化沙垄，Ⅱ 为热融塌陷坑

第二章 月球"水"形成的地貌和沉积（遗迹）特征

图 2.4.53　为图 2.4.52 方框 A 局部放大
示风暴洋液化沙垄之二"链条"中的液化沙垄分布特征，箭头所示

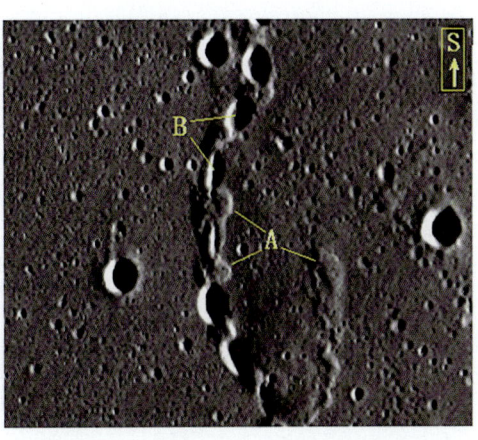

图 2.4.54　为图 2.4.52 方框 B 局部放大
示风暴洋液化沙垄之二"链条"中的液化沙垄（A）为热融塌陷坑（B）所切割特征

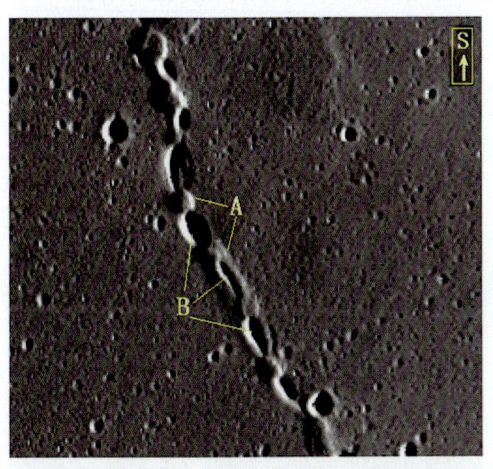

图 2.4.55　为图 2.4.52 方框 C 局部放大
示风暴洋液化沙垄之二"链条"中的液化沙垄（A）为热融塌陷坑（B）所切割特征

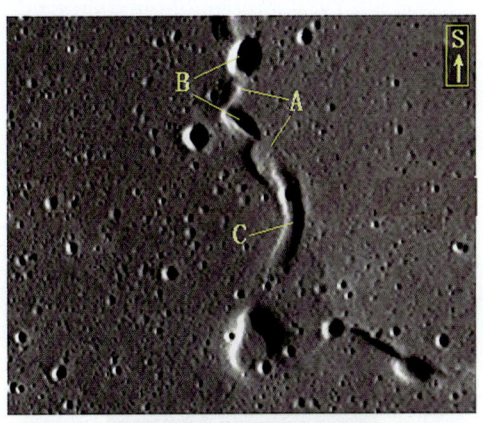

图 2.4.56　为图 2.4.52 方框 D 局部放大
示风暴洋液化沙垄之二"链条"中的液化沙垄（A）为热融塌陷坑（B）"地堑"式冰裂（C）所切割特征

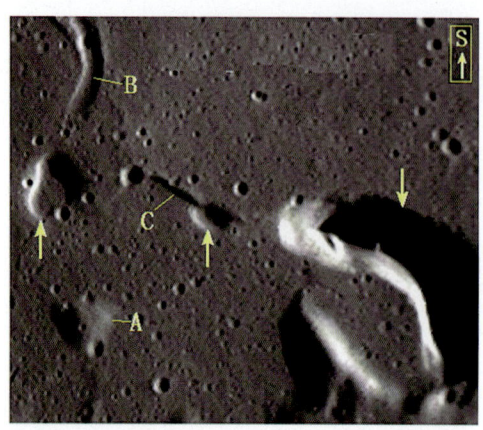

图 2.4.57　为图 2.4.52 方框 E 局部放大
示风暴洋液化沙垄之二"链条"北端的"正断层式"液化沙垄（C）、热融塌陷坑（箭头所示）和"地堑"式冰裂（B）分布特征，A 为液化沙丘

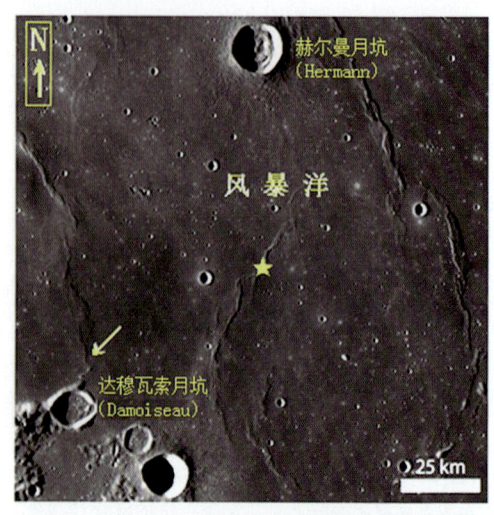

图 2.4.58　风暴洋南西赫尔曼（Hermann）月坑和达穆瓦索（Damoiseau）月坑之间液化沙垄呈东北、西北和南北向分布特征

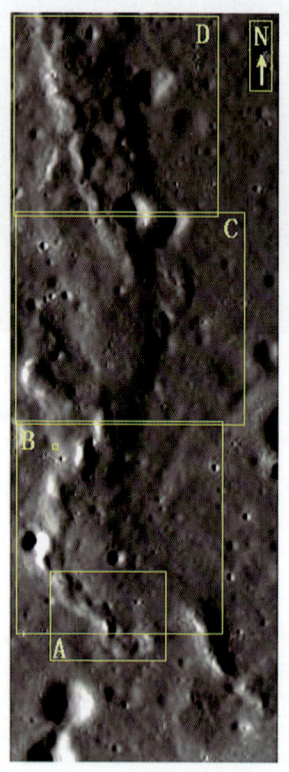

图 2.4.59　为图 2.4.58 箭头所示处局部放大
示风暴洋液化沙垄之四总体呈北北西方向延伸分布特征

图 2.4.60　为图 2.4.59 方框 A 局部放大
示风暴洋液化沙垄之四早期形成的平缓的液化沙垄（A）浅的热融塌陷坑多，晚期形成的液化沙垄（B）皱纹少，常见较多浅色岩屑和岩块（箭头所示）分布

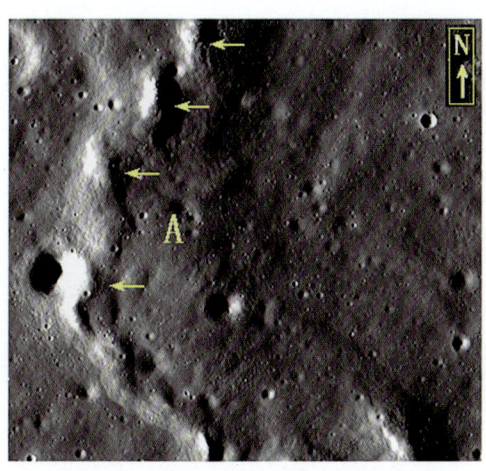

图 2.4.61　为图 2.4.59 方框 B 局部放大
示风暴洋液化沙垄之四早期形成的平缓的液化沙垄（A）浅的热融塌陷坑多，晚期形成的液化沙垄（箭头所示）明显呈"雁行"式分布，皱纹少，常见较多浅色岩屑和岩块分布

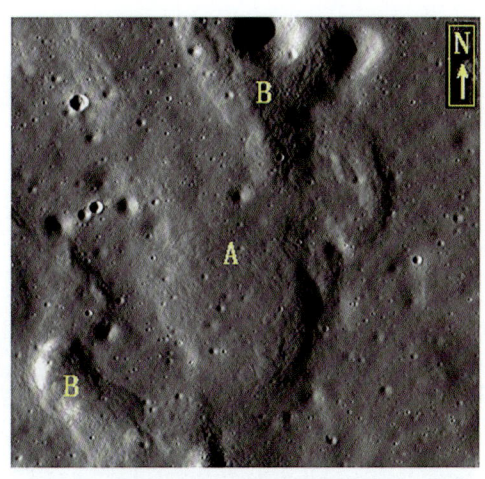

图 2.4.62　为图 2.4.59 方框 C 局部放大
示风暴洋液化沙垄之四早期形成的平缓的液化沙垄（A）浅的热融塌陷坑多，晚期形成的液化沙垄（B）皱纹少，常见较多浅色岩屑和岩块分布

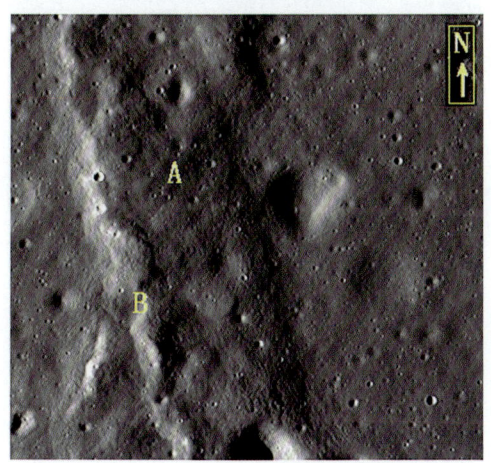

图 2.4.63　为图 2.4.59 方框 D 局部放大
示风暴洋液化沙垄之四早期形成的平缓的液化沙垄（A）浅的热融塌陷坑多，晚期形成的液化沙垄（B）皱纹少，常见较多浅色岩屑和岩块分布

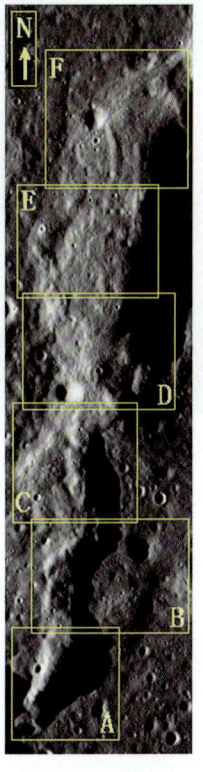

图 2.4.64　为图 2.4.58 星形所示处局部放大
示风暴洋液化沙垄之五分布特征

月球卫片分析最新发现

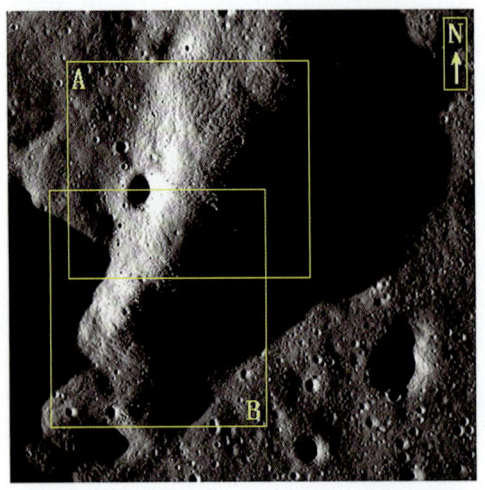

图 2.4.65　为图 2.4.64 方框 A 局部放大
示风暴洋液化沙垄之五分布特征

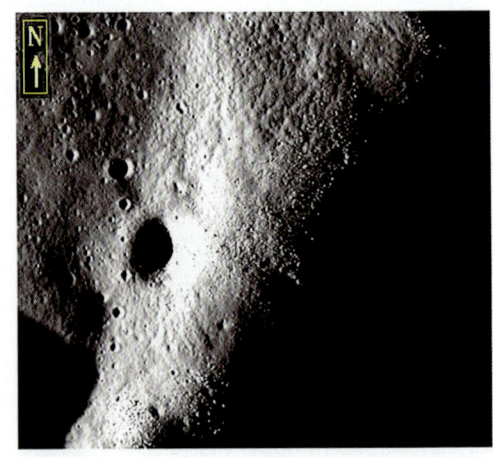

图 2.4.66　为图 2.4.65 方框 A 局部放大
示风暴洋液化沙垄之五晚期形成的山脊上以浅色岩屑和岩块为主的分布特征

图 2.4.67　为图 2.4.65 方框 B 局部放大
示风暴洋液化沙垄之五晚期形成的山脊上以浅色岩屑和岩块为主的分布特征

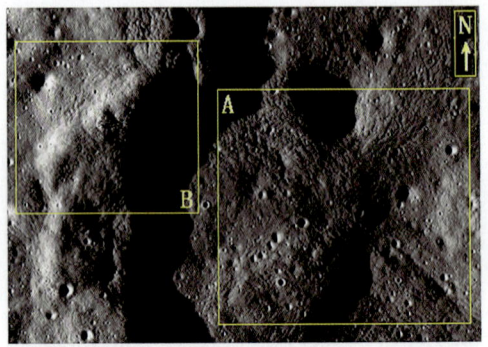

图 2.4.68　为图 2.4.64 方框 B 局部放大
示风暴洋液化沙垄之五分布特征

第二章 月球"水"形成的地貌和沉积（遗迹）特征

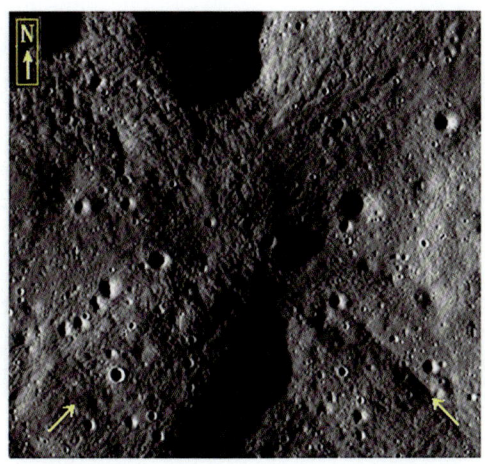

图 2.4.69 为图 2.4.68 方框 A 局部放大
示风暴洋液化沙垄之五早期形成由东北、西北向组成"X"形（箭头所示）分布特征

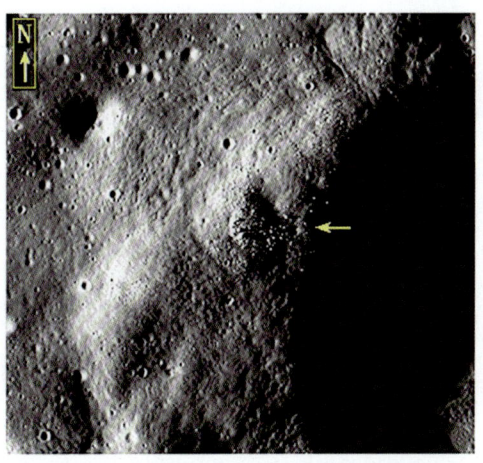

图 2.4.70 为图 2.4.68 方框 B 局部放大
示风暴洋液化沙垄之五晚期形成的山脊上主要由略具磨圆和分选的浅色岩屑和岩块组成，箭头所示

图 2.4.71 为图 2.4.64 方框 C 局部放大
示风暴洋液化沙垄之五晚期形成高耸的山脊（A），早期形成的液化沙垄多较平缓（B）分布特征

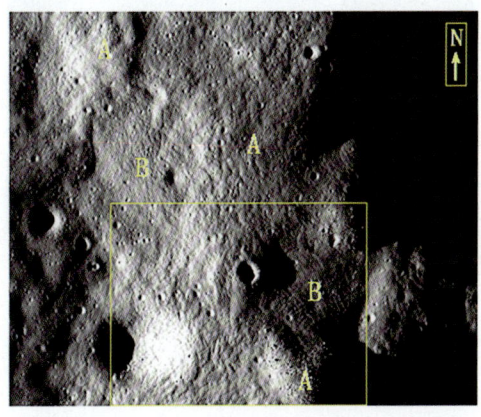

图 2.4.72 为图 2.4.64 方框 D 局部放大
示风暴洋液化沙垄之五分布特征

图2.4.73 为图2.4.72方框局部放大
示风暴洋液化沙垄之五晚期形成高耸的山脊，多浅色岩屑和岩块（A），早期形成的液化沙垄多较平缓、皱纹较多（B）

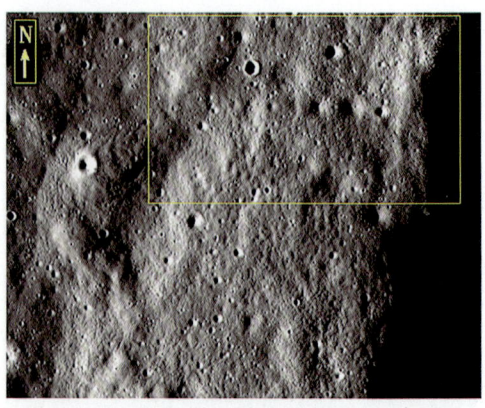

图2.4.74 为图2.4.64方框E局部放大
示风暴洋液化沙垄之五分布特征

图2.4.75 为图2.4.74方框局部放大
示风暴洋液化沙垄之五晚期形成高耸的山脊（A），早期形成的液化沙垄多较平缓，热融塌陷坑多且大（B）

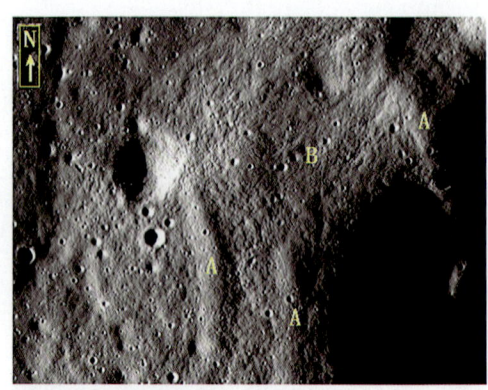

图2.4.76 为图2.4.64方框F局部放大
示风暴洋液化沙垄之五晚期形成高耸的山脊（A），早期形成的液化沙垄多较平缓，热融塌陷坑多且大（B）

第二章 月球"水"形成的地貌和沉积（遗迹）特征

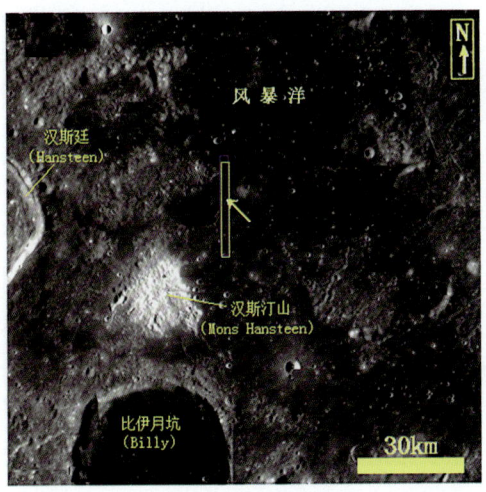

图2.4.77 风暴洋南汉斯廷山东北液化沙垄之六（箭头所示）分布特征

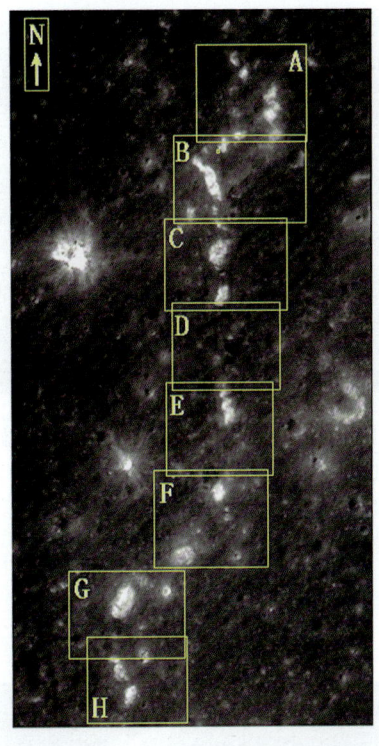

图2.4.78 为图2.4.77方框局部放大
示风暴洋液化沙垄之六岛链状液化沙垄特征

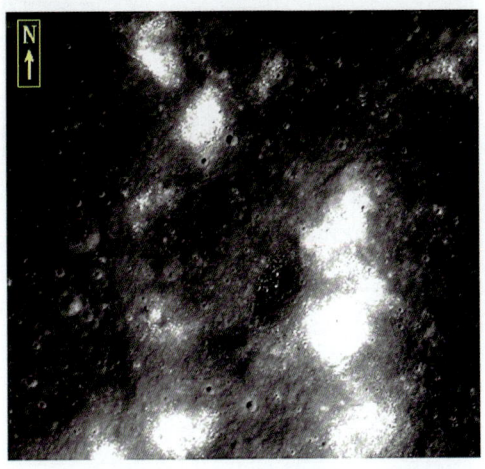

图2.4.79 为图2.4.78方框A局部放大
示风暴洋液化沙垄之六向阳液化沙垄山脊和山坡反照率特别高（可能有水冰存在），浅色岩屑和岩块裸露

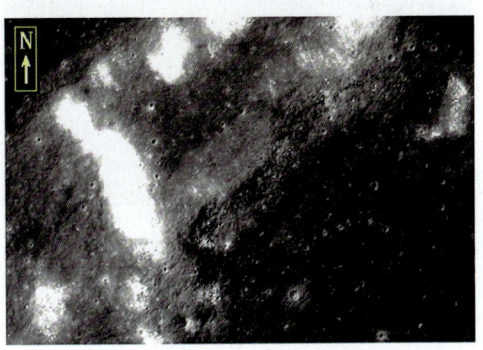

图2.4.80 为图2.4.78方框B局部放大
示风暴洋液化沙垄之六向阳液化沙垄山脊和山坡反照率特别高，浅色岩屑和岩块裸露

213

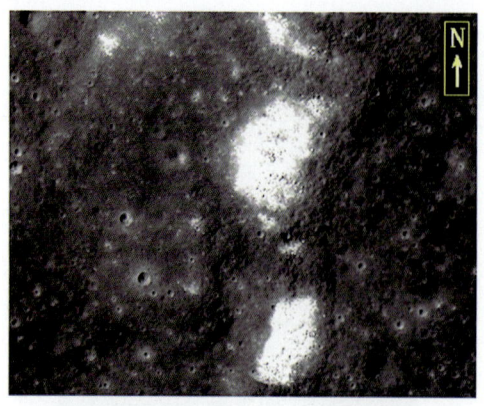

图 2.4.81　为图 2.4.78 方框 C 局部放大
示风暴洋液化沙垄之六向阳液化沙垄山脊和山坡反照率特别高，浅色岩屑和岩块裸露

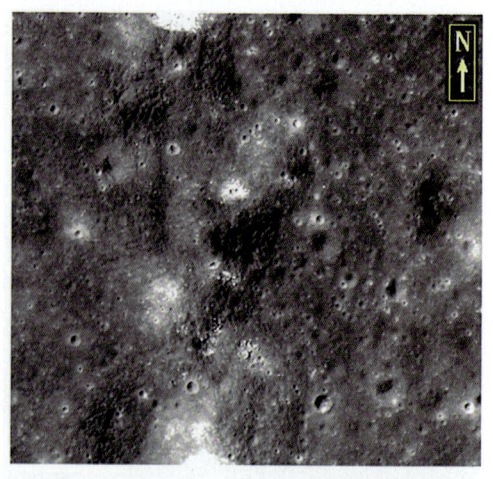

图 2.4.82　为图 2.4.78 方框 D 局部放大
示风暴洋液化沙垄之六低矮的液化沙垄山脊不显反照率特高，裸露岩屑和岩块

图 2.4.83　为图 2.4.78 方框 E 局部放大
示风暴洋液化沙垄之六向阳液化沙垄山脊和山坡反照率特别高，浅色岩屑和岩块裸露

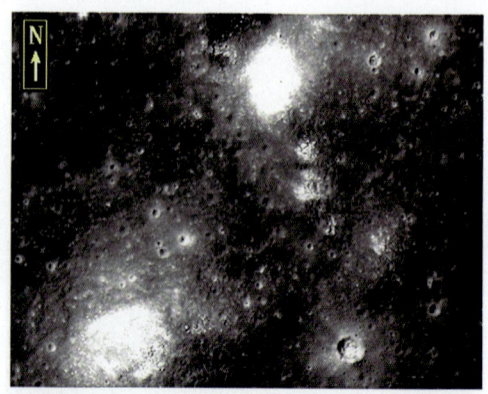

图 2.4.84　为图 2.4.78 方框 F 局部放大
示风暴洋液化沙垄之六向阳液化沙垄山脊和山坡反照率特别高，浅色岩屑和岩块裸露

第二章 月球"水"形成的地貌和沉积(遗迹)特征

图2.4.85 为图2.4.78方框G局部放大
示风暴洋液化沙垄之六向阳液化沙垄山脊和山坡反照率特别高,浅色岩屑和岩块裸露

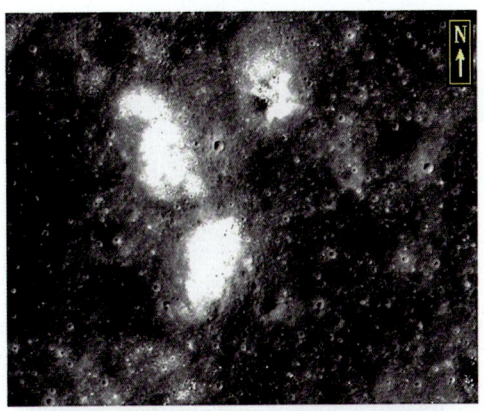

图2.4.86 为图2.4.78方框H局部放大
示风暴洋液化沙垄之六向阳液化沙垄山脊和山坡反照率特别高,浅色岩屑和岩块裸露

图2.4.87 风暴洋液化沙垄之七西南分布特征

图2.4.88 为图2.4.87星形处局部放大
示风暴洋液化沙垄之七呈(下方)狭窄"X"形分布特征

215

图2.4.89　为图2.4.88方框A局部放大
示风暴洋液化沙垄之七燕尾状液化沙垄分布特征

图2.4.90　为图2.4.89方框A局部放大
示风暴洋液化沙垄之七山脊浅色岩屑和岩块分布特征

图2.4.91　为图2.4.89方框B局部放大
示风暴洋液化沙垄之七山脊浅色岩屑和岩块分布特征

图2.4.92　为图2.4.89方框C局部放大
示风暴洋液化沙垄之七山脊浅色岩屑和岩块分布特征

第二章 月球"水"形成的地貌和沉积（遗迹）特征

图 2.4.93　为图 2.4.89 方框 D 局部放大
示风暴洋液化沙垄之七山脊浅色岩屑、岩块和漏斗状热融塌陷坑分布特征

图 2.4.94　为图 2.4.88 方框 B 局部放大
示风暴洋液化沙垄之七上盘状和漏斗状热融塌陷坑分布特征

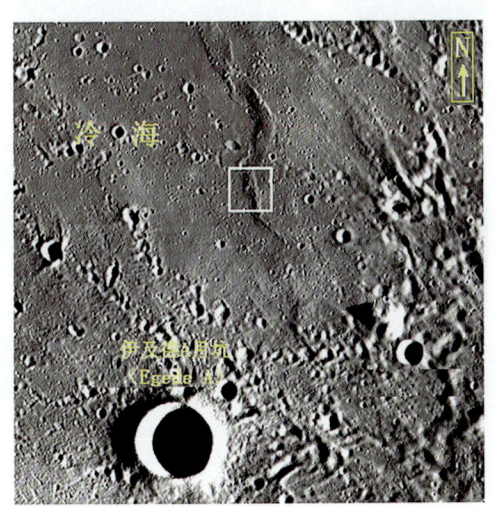

图 2.4.95　冷海东液化沙垄之一（方框）呈反"S"形分布特征

图 2.4.96　为图 2.4.95 方框局部放大
示冷海东液化沙垄之一呈反"S"形分布特征

217

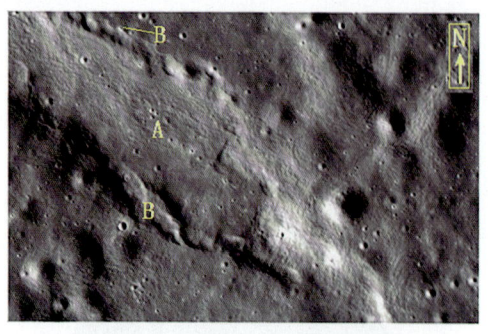

图 2.4.97 为图 2.4.96 方框 A 局部放大
示冷海东液化沙垄之一早期液化沙垄分布宽而平缓、皱纹较多（A），晚期呈麻花状（B）或雁行状

图 2.4.98 为图 2.4.96 方框 B 局部放大
示冷海东液化沙垄之一早期液化沙垄分布宽而平缓、皱纹较多（A），晚期呈麻花状（B）、方向变化无常的分布特征

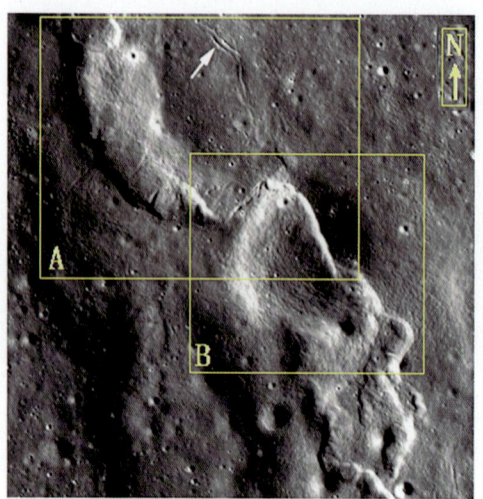

图 2.4.99 为图 2.4.96 方框 C 局部放大
示冷海东液化沙垄之一分布特征

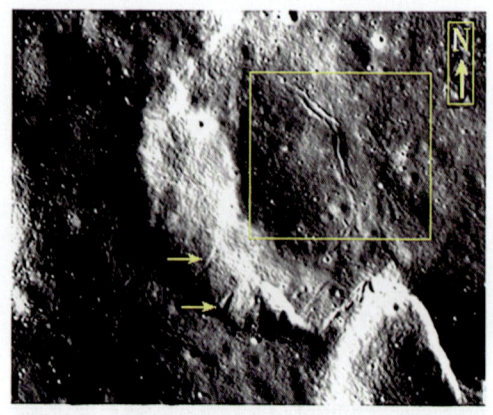

图 2.4.100 为图 2.4.99 方框 A 局部放大
示冷海东液化沙垄之一早期液化沙垄上发育近平行分布线形冰裂（箭头所示）特征

第二章 月球"水"形成的地貌和沉积（遗迹）特征

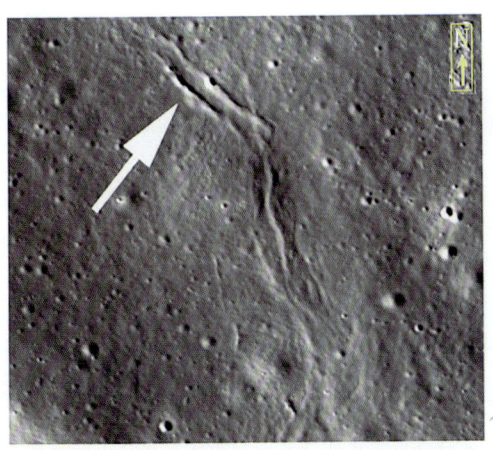

图 2.4.101　为图 2.4.100 方框局部放大
示冷海东液化沙垄之一液化沙垄与近平行分布的裂隙或冰裂

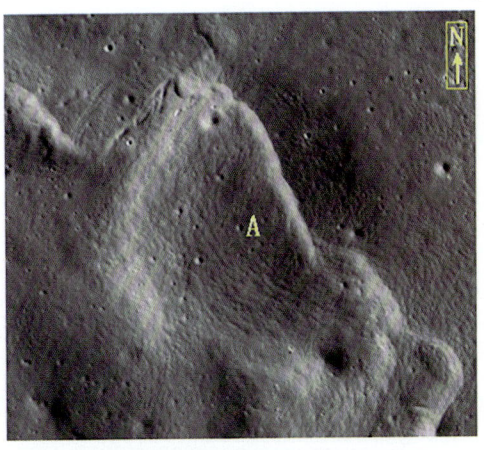

图 2.4.102　为图 2.4.99 方框 B 局部放大
示冷海东液化沙垄之一液化沙垄通过热融塌陷坑时呈薄饼状（A）分布特征

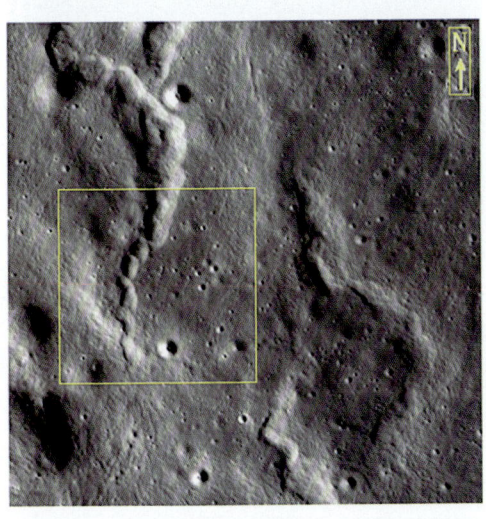

图 2.4.103　为图 2.4.96 方框 D 局部放大
示冷海东液化沙垄之一晚期液化沙垄延伸方向极不稳定、呈雁行状分布特征

图 2.4.104　为图 2.4.103 方框局部放大
示冷海东液化沙垄之一晚期液化沙垄呈麻花状或雁行状分布特征

图 2.4.105　为图 2.4.96 方框 E 局部放大
示冷海东液化沙垄之一液化沙垄时隐时现分布特征

图 2.4.106　为图 2.4.96 方框 F 局部放大
示冷海东液化沙垄之一液化沙垄（箭头所示）分布区附近也发育宽阔的热融塌陷槽地貌（A）特征

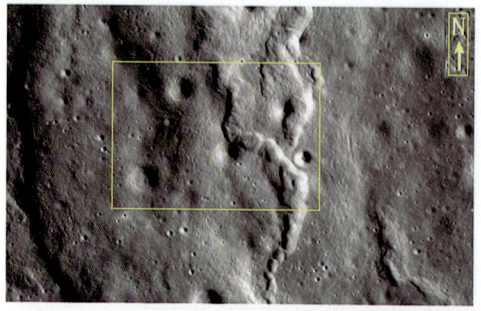

图 2.4.107　为图 2.4.96 方框 D 局部放大
示冷海东液化沙垄之一雁行状液化沙垄分布特征

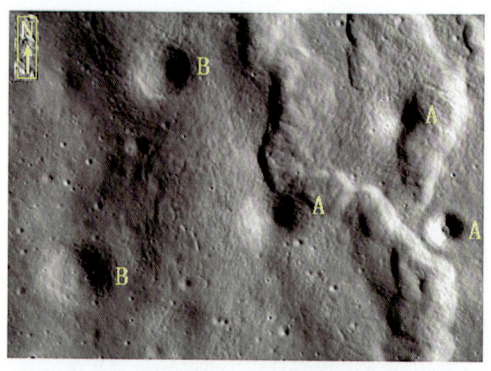

图 2.4.108　为图 2.4.107 方框局部放大
示冷海东液化沙垄之一分布区发育众多漏斗状（A）和锅底状（B）塌陷坑特征

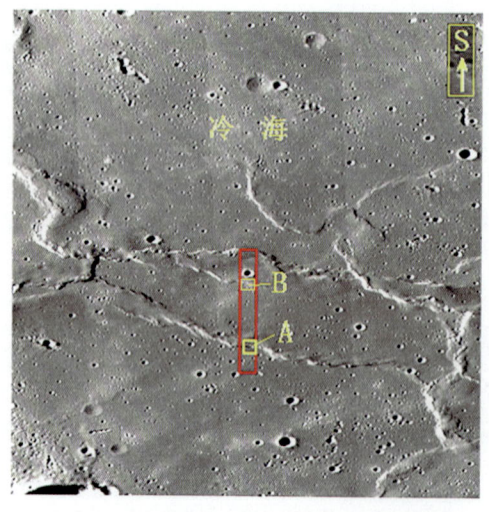

图 2.4.109　冷海东液化沙垄之二分布特征

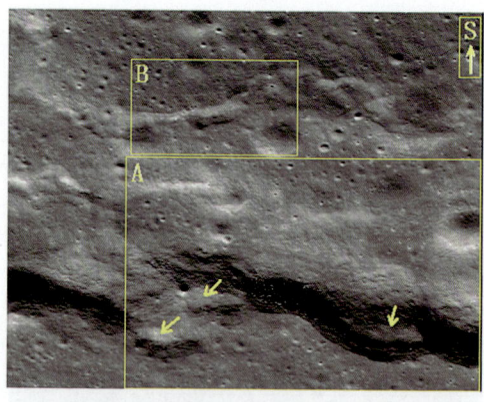

图 2.4.110　为图 2.4.109 方框 A 局部放大
示冷海东液化沙垄之二及边缘分布的滑塌体，箭头所示

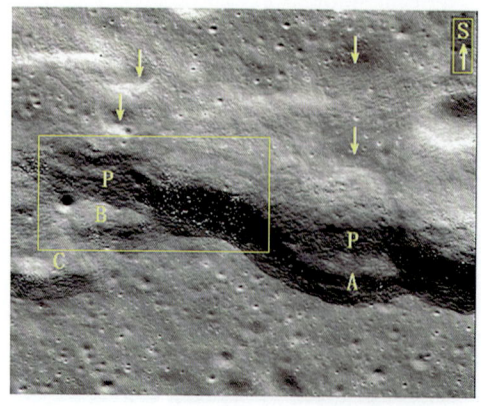

图 2.4.111　为图 2.4.110 方框 A 局部放大
示冷海东液化沙垄之二边缘分布的滑塌体（A、B、C）、滑塌壁（P）和热融塌陷坑，箭头所示

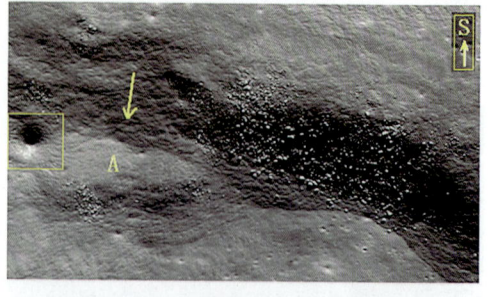

图 2.4.112　为图 2.4.111 方框局部放大
示冷海东液化沙垄之二边缘分布的滑塌体（A）、滑塌壁（箭头所示）和浅色岩屑和岩块大小相差不大，略具磨圆和分选分布特征

第二章 月球"水"形成的地貌和沉积（遗迹）特征

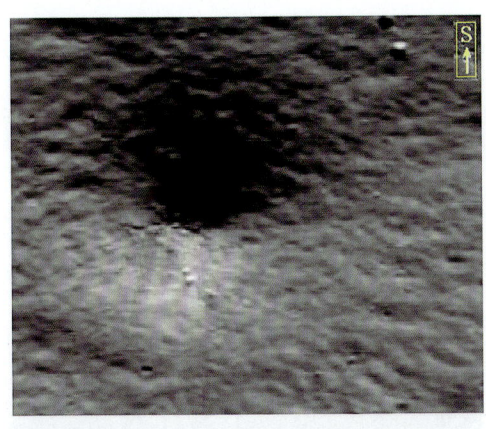

图2.4.114 为图2.4.110方框B局部放大
示冷海东液化沙垄之二山脊上分布的浅色岩屑和岩块，箭头所示

图2.4.113 为图2.4.112方框局部放大
示冷海东液化沙垄之二边缘分布的漏斗状热融塌陷坑

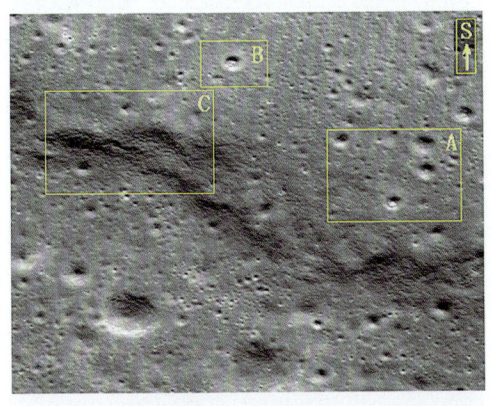

图2.4.115 为图2.4.109方框B局部放大
示冷海东液化沙垄之二分布特征

图2.4.116 为图2.4.115方框A局部放大
示冷海东液化沙垄之二上锅底状热融塌陷坑分布特征

图2.4.117 为图2.4.116方框局部放大
示冷海东液化沙垄之二锅底状热融塌陷坑底大量月堆积物分布特征

图2.4.118 为图2.4.115方框B局部放大
示冷海东液化沙垄之二锅底状热融塌陷坑底大量月堆积物分布特征

图 2.4.119　为图 2.4.115 方框 C 局部放大
示冷海东液化沙垄之二热融塌陷坑及局部滑塌堆积分布特征

图 2.4.120　冷海北液化沙垄和沙丘之三分布特征

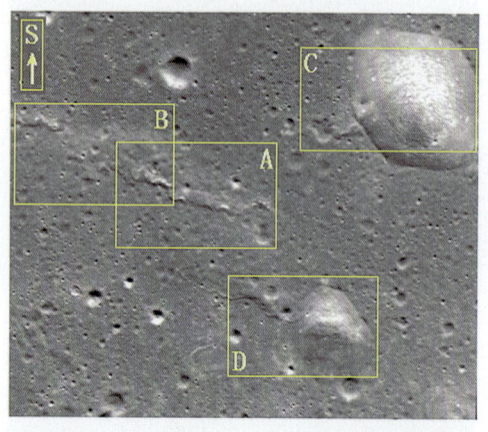

图 2.4.121　为图 2.4.120 方框局部放大
示冷海北液化沙垄之三和沙丘分布特征

图 2.4.122　为图 2.4.121 方框 A 局部放大
示冷海北液化沙垄之三分布特征

第二章 月球"水"形成的地貌和沉积（遗迹）特征

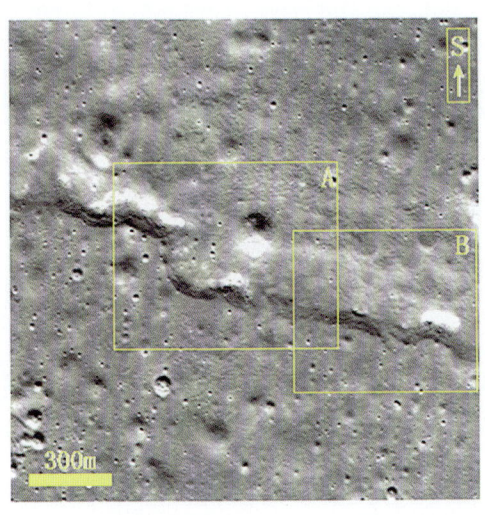

图 2.4.123　为图 2.4.122 方框局部放大
示冷海北液化沙垄之三分布特征

图 2.4.124　为图 2.4.123 方框 A 局部放大
冷海北液化沙垄之三 A、B 示早期和晚期液化沙垄，箭头示液化沙垄上分布的漏斗状热融塌陷坑

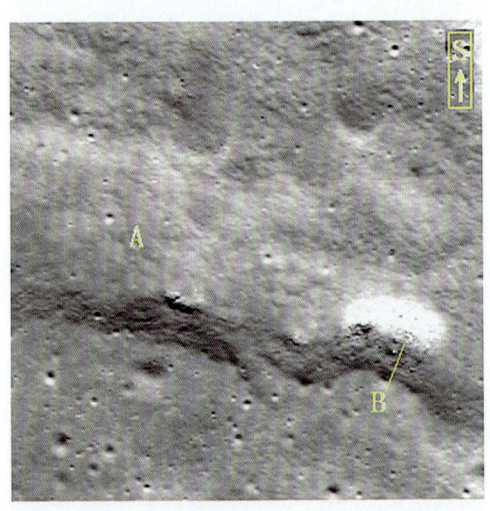

图 2.4.125　为图 2.4.123 方框 B 局部放大
示冷海北液化沙垄之三早期液化沙垄（A）和晚期液化沙垄（B）分布特征

图 2.4.126　为图 2.4.121 方框 B 局部放大
示冷海北液化沙垄之三早期液化沙垄（箭头所示）和晚期液化沙垄（方框）分布特征

223

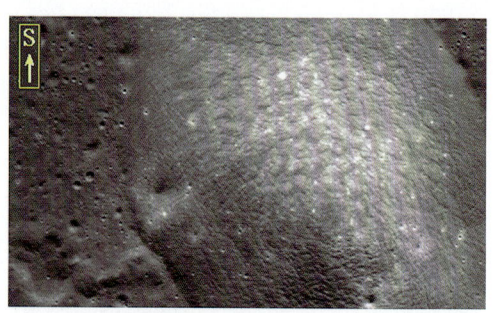

图 2.4.127　为图 2.4.126 方框局部放大
示冷海北液化沙垄之三早期（A）、晚期（箭头所示）液化沙垄分布特征

图 2.4.128　为图 2.4.121 方框 C 局部放大
示冷海北液化沙垄之三液化沙丘表面呈大象皮肤状皱纹分布特征

图 2.4.129　为图 2.4.121 方框 D 局部放大
示冷海北液化沙垄之三液化沙垄（箭头所示）和近三角形状沙丘（A）分布特征

图 2.4.130　冷海北液化沙垄之四分布特征

第二章 月球"水"形成的地貌和沉积（遗迹）特征

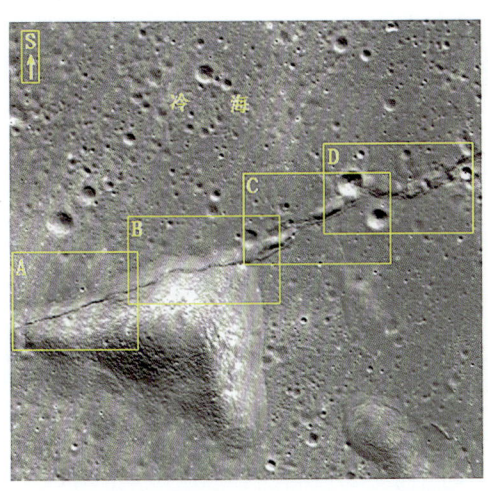

图2.4.131 为图2.4.130方框A局部放大
示冷海北液化沙垄和沙丘之四分布特征

图2.4.132 为图2.4.131方框A局部放大
示冷海北液化沙垄之四沿近三角形液化沙丘边缘呈北东向分布特征

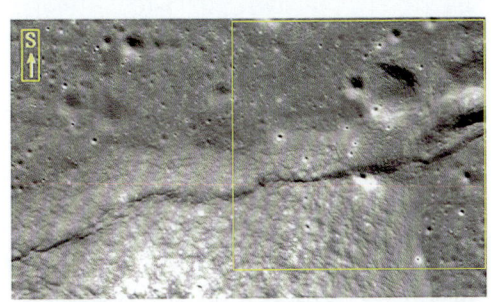

图2.4.133 为图2.4.131方框B局部放大
示冷海北液化沙垄之四沿近三角形液化沙丘边缘呈北东向分布特征

图2.4.134 为图2.4.133方框局部放大
示冷海北液化沙垄之四早期液化沙垄（A）和晚期液化沙垄（箭头所示）垄脊由浅色、略具分选和磨圆的岩屑所组成

225

图 2.4.135　为图 2.4.131 方框 C 局部放大
示冷海北液化沙垄之四早期液化沙垄（A）和晚期液化沙垄（箭头所示）分布特征

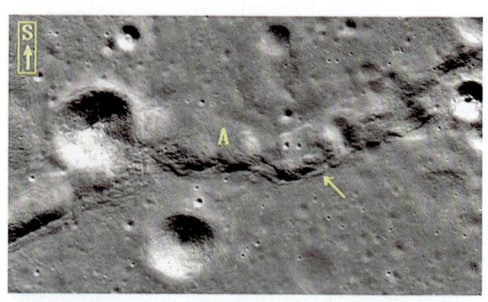

图 2.4.136　为图 2.4.131 方框 D 局部放大
示冷海北液化沙垄之四液化沙垄和热融塌陷坑分布特征

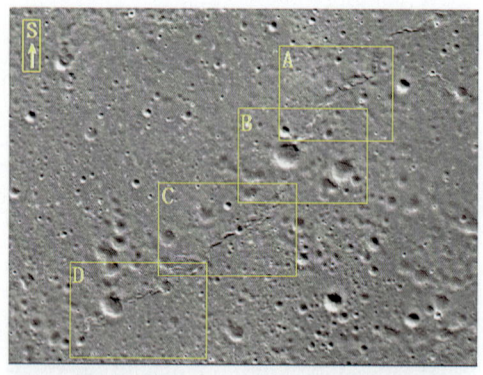

图 2.4.137　为图 2.4.130 方框 B 局部放大
示冷海北液化沙垄之四和热融塌陷坑分布特征

图 2.4.138　为图 2.4.137 方框 A 局部放大
示冷海北液化沙垄和沙丘之四沿热融塌陷槽（箭头所示）分布特征

图 2.4.139　为图 2.4.137 方框 B 局部放大
示冷海北液化沙垄之四和切割热融塌陷坑分布特征

图 2.4.140　为图 2.4.137 方框 C 局部放大
示冷海北液化沙垄之四和切割热融塌陷坑分布特征

第二章 月球"水"形成的地貌和沉积（遗迹）特征

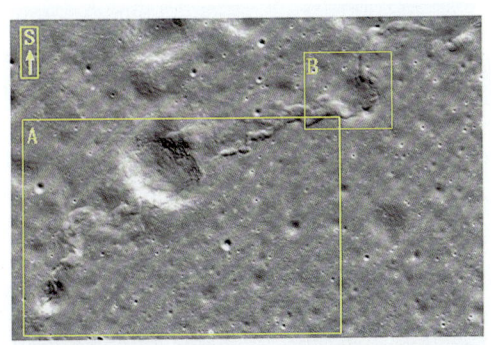

图 2.4.141　为图 2.4.137 方框 D 局部放大
示冷海北液化沙垄之四和切割热融塌陷坑分布特征

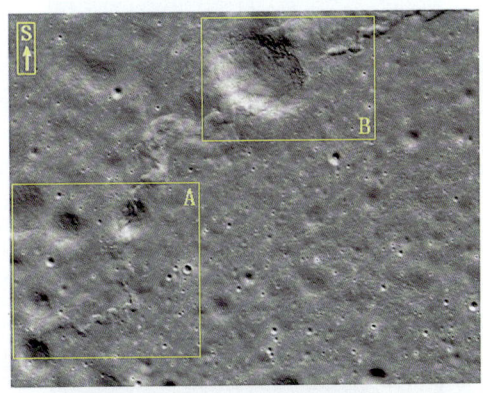

图 2.4.142　为图 2.4.141 方框 A 局部放大
示冷海北液化沙垄之四和切割热融塌陷坑分布特征

图 2.4.143　为图 2.4.142 方框 A 局部放大
示冷海北液化沙垄之四和切割热融塌陷坑分布特征

图 2.4.144　为图 2.4.143 方框局部放大
示冷海北液化沙垄之四切割热融塌陷坑发生融溶作用呈残丘状分布

图 2.4.145　为图 2.4.142 方框 B 局部放大
示冷海北液化沙垄之四通过热融塌陷发生融溶作用呈残余状分布特征

图 2.4.146　为图 2.4.141 方框 B 局部放大
示冷海北液化沙垄之四通过热融塌陷坑发生融溶作用呈残壳状分布特征

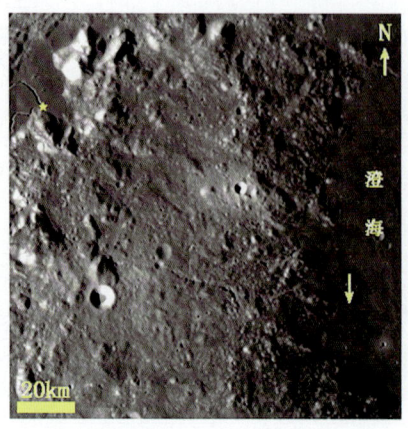

图2.4.147 澄海西液化沙垄分布位置，箭头所示

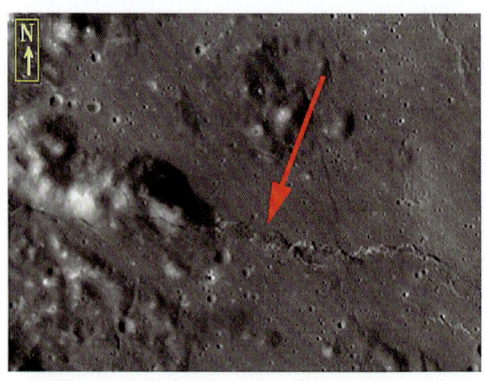

图2.4.148 为图2.4—147箭头所示局部放大
示液化沙垄（箭头所示）向西延伸至月陆区明显变小，变窄局部地段为裂隙分布特征

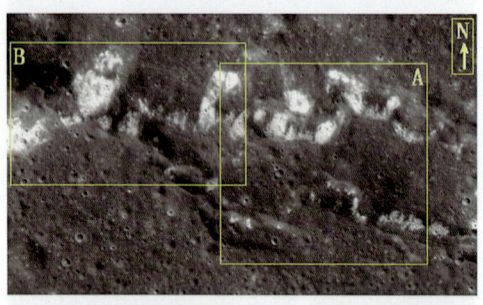

图2.4.149 澄海西液化沙垄呈极度弯曲状，沙垄脊上大量白色裸露岩屑大小相差不大、略具磨圆和分选特征

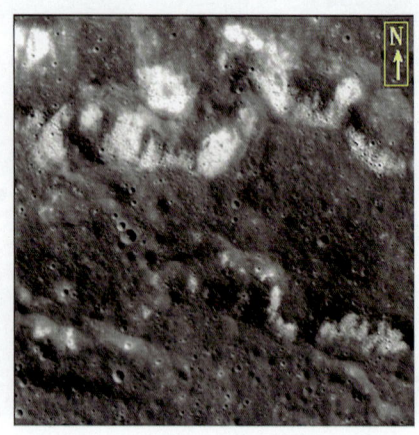

图2.4.150 为图2.4.149方框A局部放大
示液化沙垄脊上大量白色裸露岩屑大小相差不大、略具磨圆和分选特征

图2.4.151 为图2.4.149方框B局部放大
示液化沙垄脊上大量白色裸露岩屑大小相差不大、略具磨圆和分选特征

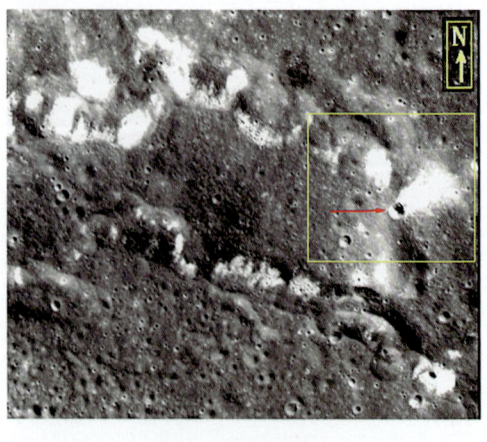

图2.4.152 澄海西液化沙垄脊上大量白色裸露岩屑大小相差不大、略具磨圆和分选特征

第二章 月球"水"形成的地貌和沉积（遗迹）特征

图2.4.153 为图2.4.152方框局部放大
示液化沙垄（箭头所示）脊上大量白色裸露岩屑大小相差不大、略具磨圆和分选分布特征

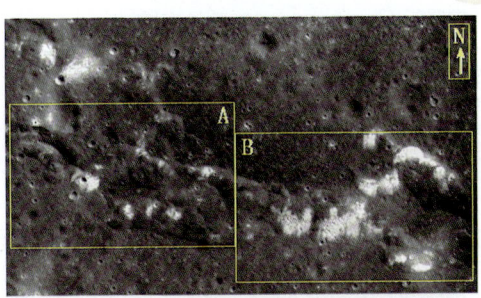

图2.4.154 为图2.4.148箭头所示局部放大
示液化沙垄脊上大量岛状白色裸露岩屑大小相差不大、略具磨圆和分选特征

图2.4.155 为图2.4.154方框A局部放大
示液化沙垄脊上岛状白色裸露岩屑大小相差不大、略具磨圆和分选特征

图2.4.156 为图2.4.154方框B局部放大
示液化沙垄脊上大量白色裸露岩屑大小相差不大、略具磨圆和分选特征

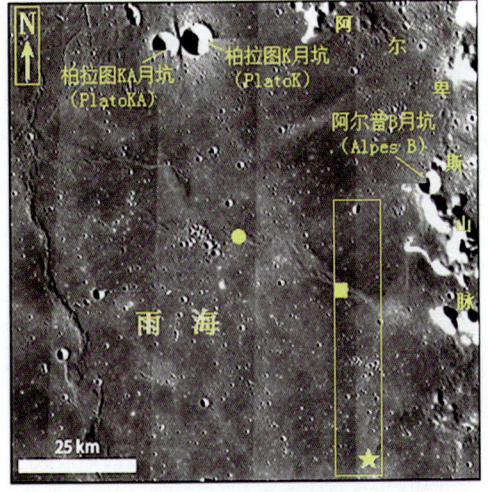

图2.4.157 雨海东北液化沙垄之一（圆点）、之二（方块）和之三（星形）分布特征

图2.4.158 为图2.4.157圆点处附近局部放大
示雨海东北液化沙垄之一呈西北和近东西向分布特征

229

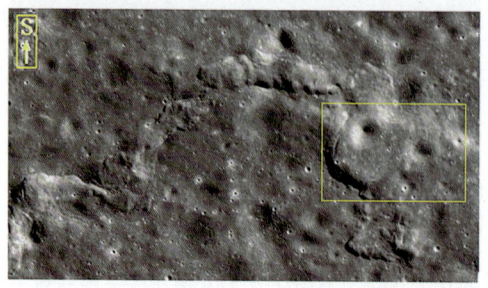

图 2.4.159　为图 2.4.158 方框 A 局部放大
示雨海东北液化沙垄之一呈弯曲状分布特征

图 2.4.160　为图 2.4.159 方框局部放大
示雨海东北液化沙垄之一上的热融塌陷坑分布特征

图 2.4.161　为图 2.4.158 方框 B 局部放大
示雨海东北液化沙垄之一近东西向分布特征

图 2.4.162　为图 2.4.161 方框局部放大
示雨海东北液化沙垄之一通过热融塌陷坑时分布特征，组成塌陷坑的物质全为浅色的大小相差不大和略具分选的岩屑

图 2.4.163　为图 2.4.158 方框 C 局部放大
示雨海东北液化沙垄之一分布特征

图 2.4.164　为图 2.4.163 方框局部放大
示雨海东北液化沙垄之一呈近南北分布的麻花状切割西北向宽带状液化沙垄分布特征

第二章 月球"水"形成的地貌和沉积（遗迹）特征

图2.4.165　为图2.4.158方框D局部放大
示雨海东北液化沙垄之一局部地段分布于热融塌陷槽之中

图2.4.166　为图2.4.158方框E局部放大
示雨海东北液化沙垄之一局部地段分布于热融塌陷槽之中

图2.4.167　为图2.4.158方框F局部放大
示雨海东北液化沙垄之一局部地段分布于热融塌陷槽之中

图2.4.168　为图2.4.158方框G局部放大
示雨海东北液化沙垄之一局部地段走向变化极大特征

图2.4.169　为图2.4.168方框局部放大
示雨海东北液化沙垄之一晚期液化沙垄横切早期形成的热融塌陷坑

图2.4.170　雨海东北液化沙垄之一呈北东雁行状和豆荚状分布特征

图 2.4.171　为图 2.4.170 方框局部放大
示雨海东北液化沙垄之一通过热融塌陷坑时有明显充填

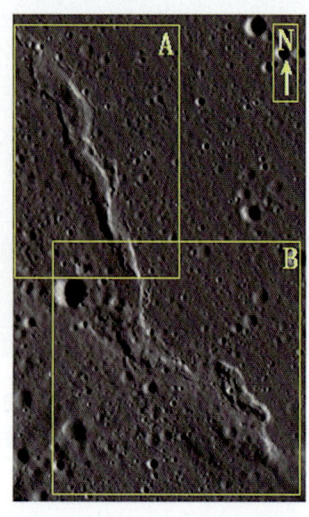

图 2.4.172　为图 2.4.157 方块处附近局部放大
示雨海东北液化沙垄之二分布特征

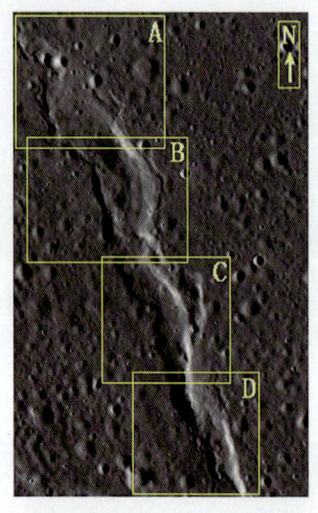

图 2.4.173　为图 2.4.172 方框 A 局部放大
示雨海东北液化沙垄之二分布特征

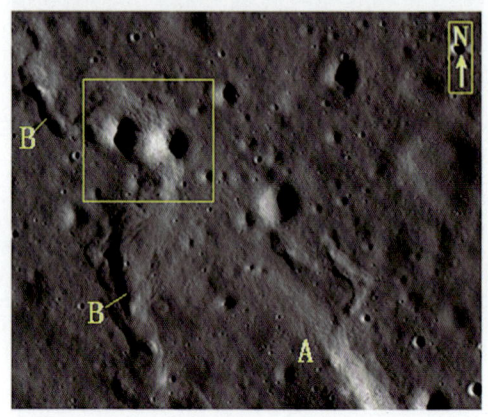

图 2.4.174　为图 2.4.173 方框 A 局部放大
示雨海东北液化沙垄之二早期液化沙垄（A）与晚期液化沙垄（B）分布特征

第二章 月球"水"形成的地貌和沉积（遗迹）特征

图 2.4.175　为图 2.4.174 方框局部放大
示雨海东北液化沙垄之二上的热融塌陷坑组成物质以浅色岩屑和岩块为主

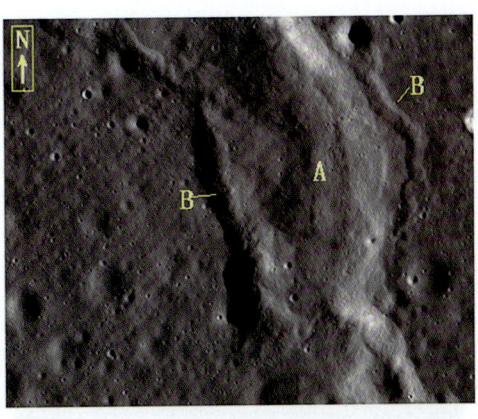

图 2.4.176　为图 2.4.173 方框 B 局部放大
示雨海东北液化沙垄之二早期液化沙垄（A）与晚期液化沙垄（B）分布特征

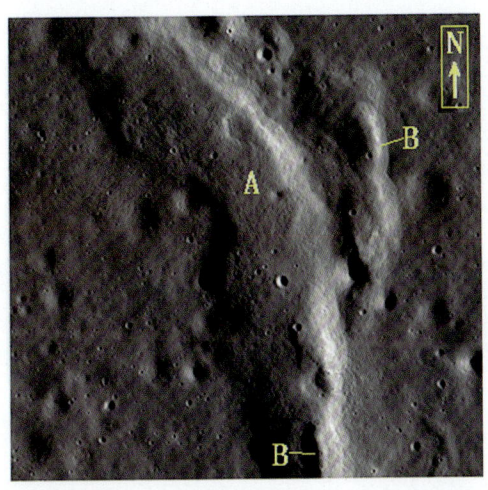

图 2.4.177　为图 2.4.173 方框 C 局部放大
示雨海东北液化沙垄之二早期液化沙垄（A）与晚期液化沙垄（B）分布特征

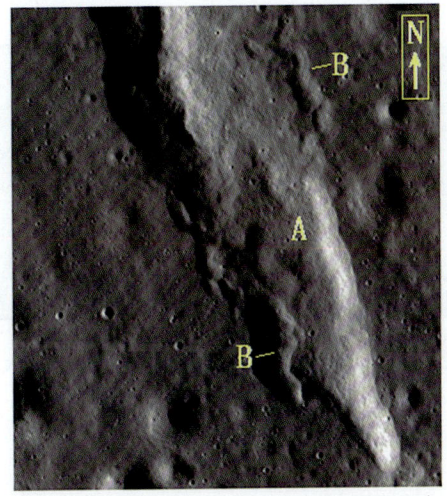

图 2.4.178　为图 2.4.173 方框 D 局部放大
示雨海东北液化沙垄之二早期液化沙垄（A）与晚期液化沙垄（B）分布特征

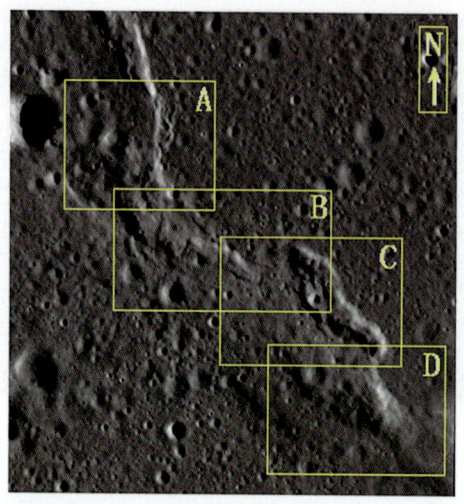

图2.4.179　为图2.4.172方框B局部放大
示雨海东北液化沙垄之二分布特征

图2.4.180　为图2.4.179方框A局部放大
示雨海东北液化沙垄之二分布特征

图2.4.181　为图2.4.179方框B局部放大
示雨海东北液化沙垄之二分布特征

图2.4.182　为图2.4.179方框C局部放大
示雨海东北液化沙垄之二分布特征

第二章 月球"水"形成的地貌和沉积（遗迹）特征

图 2.4.183 为图 2.4.179 方框 D 局部放大
示雨海东北液化沙垄之二分布特征

图 2.4.185 为图 2.4.184 星形局部放大
示雨海东北液化沙垄之三分布特征

图 2.4.184 为图 2.4.157 长方框局部放大
示雨海东北液化沙垄之三（星形处及附近）分布特征

图 2.4.186 为图 2.4.184 五星处局部放大
示雨海东北液化沙垄之三呈近 SN 向分布特征

图 2.4.187 为图 2.4.186 方框局部放大
示雨海东北液化沙垄之三通过热融塌陷坑时变宽、变薄、向坑中心一侧流动，岩屑和岩块略具磨圆和分选特征

235

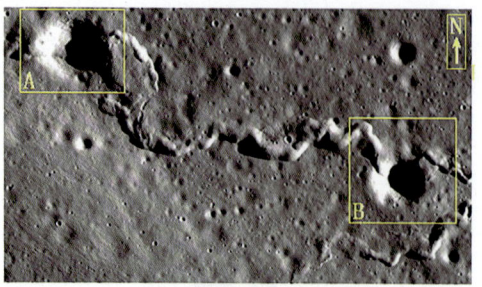

图 2.4.188　为图 2.4.184 五星处局部放大
示雨海东北液化沙垄之三呈近东西向折线状分布特征

图 2.4.189　为图 2.4.188 方框 A 局部放大
示雨海东北液化沙垄之三通过热融塌陷坑时呈充填状分布特征

图 2.4.190　为图 2.4.188 方框 B 局部放大
示雨海东北液化沙垄之三通过热融塌陷坑时呈充填状，岩屑和岩块略具磨圆和分选特征

图 2.4.191　为图 2.4.184 五星处局部放大
示雨海东北液化沙垄之三呈西北向多期相互切割分布特征

图 2.4.192　为图 2.4.191 方框 A 局部放大
示雨海东北液化沙垄之三通过热融塌陷坑时呈充填状分布特征

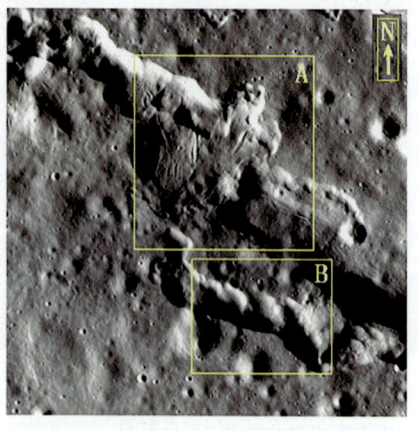

图 2.4.193　为图 2.4.191 方框 B 局部放大
示雨海东北液化沙垄之三呈西北向多期相互切割分布特征

第二章 月球"水"形成的地貌和沉积（遗迹）特征

图 2.4.194　为图 2.4.193 方框 A 局部放大
示雨海东北液化沙垄之三北东切割北西分布特征

图 2.4.195　为图 2.4.193 方框 B 局部放大
示雨海东北液化沙垄之三呈麻花状或雁行状分布特征

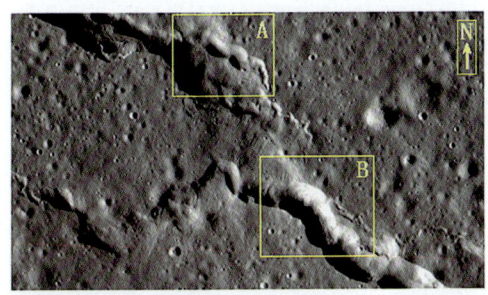

图 2.4.196　为图 2.4.157 五星处局部放大
示雨海东北液化沙垄之三不同期沙垄相互切割分布特征

图 2.4.197　为图 2.4.196 方框 A 局部放大
示雨海东北液化沙垄之三呈麻花状分布特征

图 2.4.198　为图 2.4.196 方框 B 局部放大
示雨海东北液化沙垄之三呈蠕虫状，组成物质为略具磨圆和分选特征的浅色岩屑和岩块

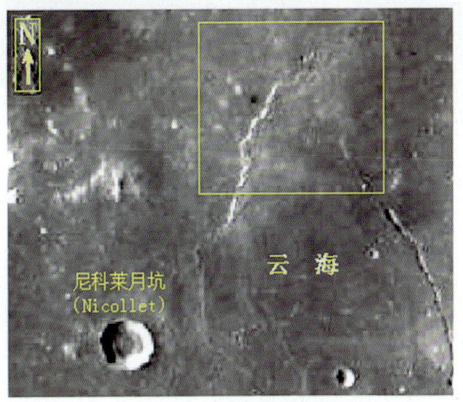

图 2.4.199　云海尼科莱月坑东北液化沙垄（方框）分布特征

237

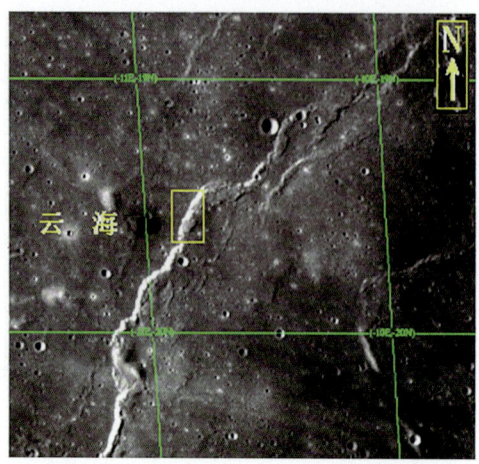

图 2.4.200　为图 2.4.199 方框局部放大

示云海尼科莱月坑东北液化沙垄呈北北东向弧形分布特征

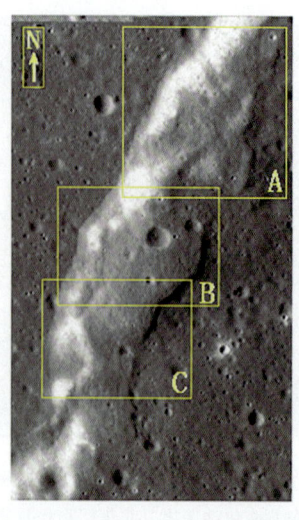

图 2.4.201　为图 2.4.200 方框局部放大

示云海尼科莱月坑东北液化沙垄呈扁平状，向太阳光一侧有大量裸露岩屑和岩块分布特征

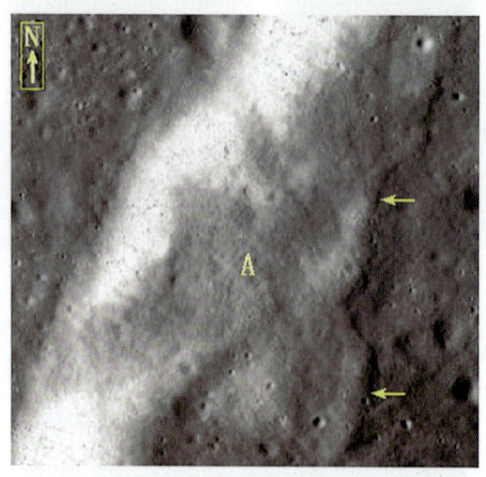

图 2.4.202　为图 2.4.201 方框 A 局部放大

示云海尼科莱月坑东北晚期液化沙垄（箭头所示）切割早期液化沙垄（A）特征

图 2.4.203　为图 2.4.201 方框 B 局部放大

示云海尼科莱月坑东北液化沙垄分布少量热融溶塌陷坑，主要由浅色岩屑和岩块物质所组成

第二章 月球"水"形成的地貌和沉积（遗迹）特征

图 2.4.204　为图 2.4.201 方框 C 局部放大
示云海尼科莱月坑东北液化沙垄发生局部热融滑塌作用（箭头所示）分布特征

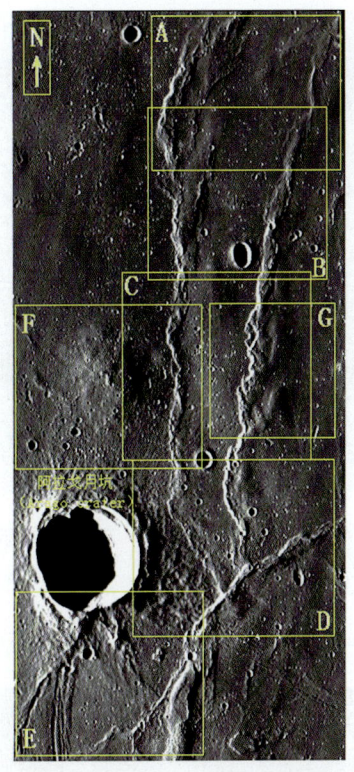

图 2.4.205　静海西阿拉戈月坑（Arago crater）附近
静海之西液化沙垄之一北东向切割近南西向分布特征

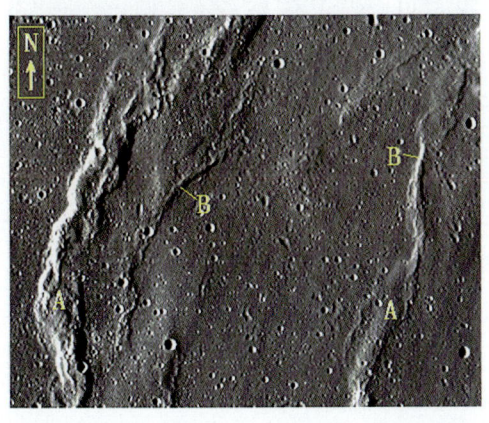

图 2.4.206　为图 2.4.205 方框 A 局部放大
示静海之西液化沙垄之一早期（A）与晚期（B）液化沙垄分布特征

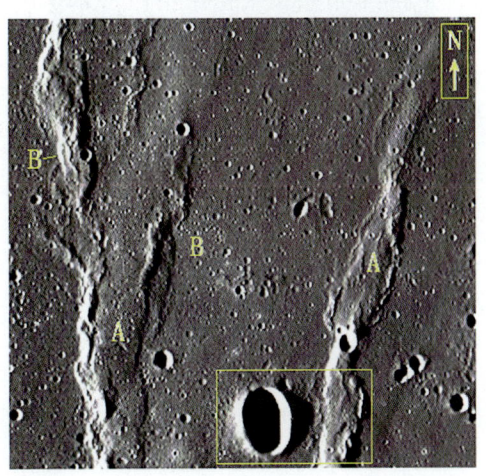

图 2.4.207　为图 2.4.205 方框 B 局部放大
示静海之西液化沙垄之一早期（A）与晚期（B）液化沙垄分布特征

239

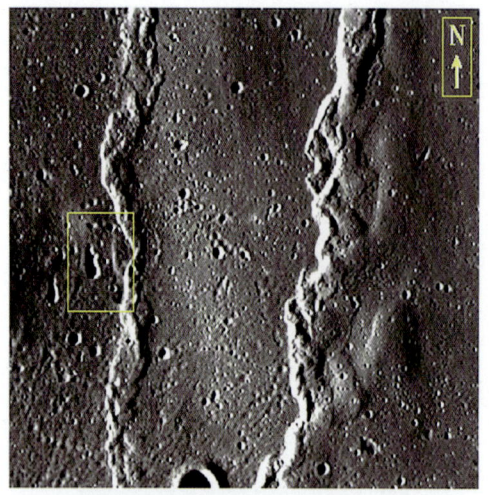

图 2.4.208 为图 2.4.205 方框 C 局部放大
示静海之西液化沙垄之一呈"X"形连续分布（右）特征

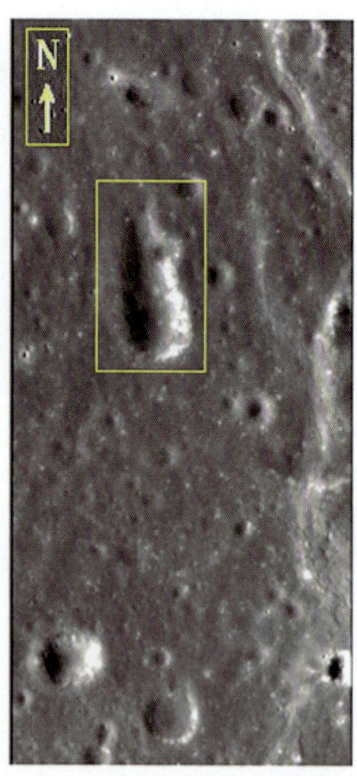

图 2.4.209 为图 2.4.208 方框局部放大
示静海之西液化沙垄之一西侧热融塌陷槽分布特征

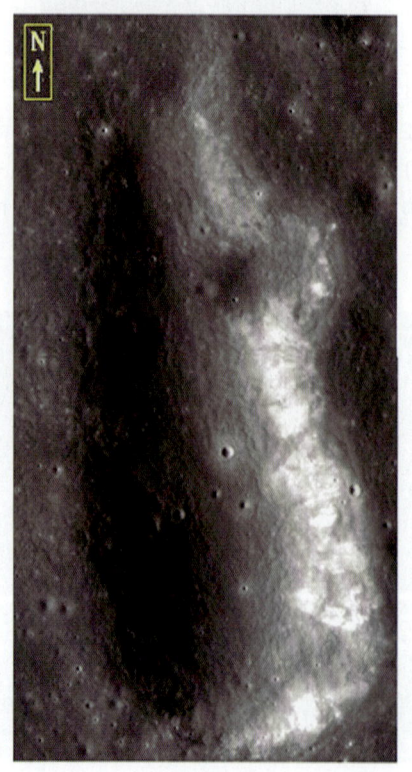

图 2.4.210 为图 2.4.209 方框局部放大
示静海之西液化沙垄之一西侧热融塌陷槽分布特征

图 2.4.211 为图 2.4.205 方框 D 局部放大
示静海之西液化沙垄之一呈"T"字形相接分布特征

第二章 月球"水"形成的地貌和沉积（遗迹）特征

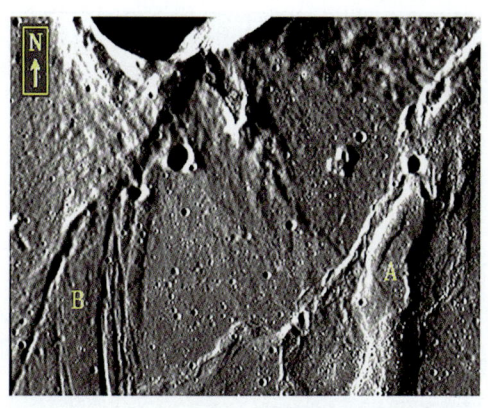

图 2.4.212　为图 2.4.205 方框 E 局部放大
示静海之西液化沙垄之一（A）和线形冰裂、地堑式冰裂（B）分布特征

图 2.4.213　为图 2.4.205 方框 F 局部放大
示静海之西液化沙垄之一西侧液化沙丘分布特征

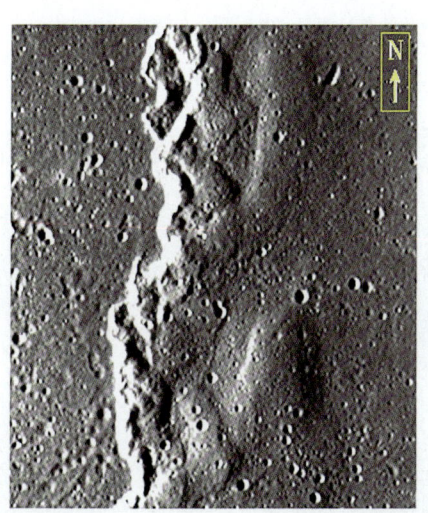

图 2.4.214　为图 2.4.205 方框 G 局部放大
示静海之西液化沙垄之一东侧液化沙丘分布特征

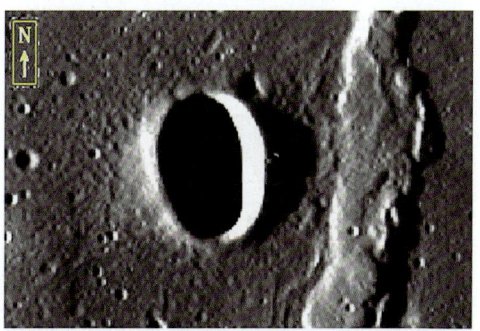

图 2.4.215　为图 2.4.207 方框局部放大
示静海之西液化沙垄之一撞击"陆地月坑"分布特征

241

图 2.4.216　为图 2.4.205 阿拉戈"陆地月坑"（Arago crater）局部放大

示静海之西液化沙垄之一撞击"陆地月坑"分布特征

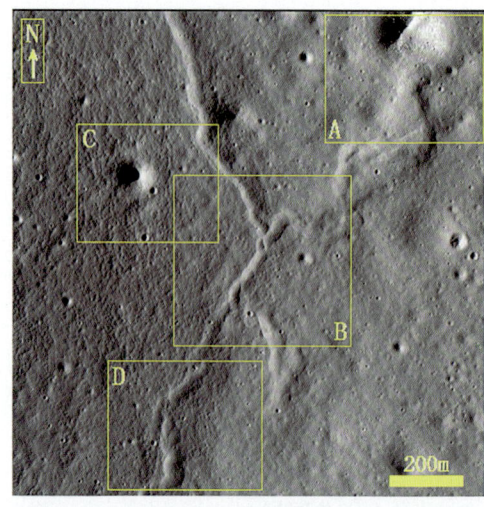

图 2.4.217　静海之西液化沙垄之二鲍耶月坑（Bolyai crater）西缘

液化沙垄呈明显"X"形分布特征

图 2.4.218　为图 2.4.217 方框 A 局部放大

示静海之西液化沙垄之二热融塌陷坑分布大量略具分选和磨圆的浅色岩屑和岩块

图 2.4.219　为图 2.4.217 方框 B 局部放大

示静海之西液化沙垄之二呈明显"X"形分布特征

第二章 月球"水"形成的地貌和沉积（遗迹）特征

图 2.4.220　为图 2.4.217 方框 C 局部放大
示静海之西液化沙垄之二呈漏斗状分布的热融塌陷坑

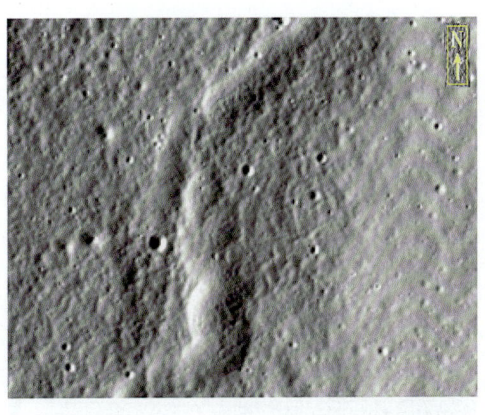

图 2.4.221　为图 2.4.217 方框 D 局部放大
示静海之西液化沙垄之二局部地段明显呈麻花状
或雁行状分布特征

图 2.4.222　静海之西液化沙垄之三詹纳月坑（Jenner crater）附近的液化沙垄分布特征

图 2.4.223　为图 2.4.222 方框 A 局部放大
示静海之西液化沙垄之三可分早（A）、晚（B）两期，晚期沙垄上有大量浅色岩屑和岩块分布

243

图 2.4.224　为图 2.4.222 方框 B 局部放大
示静海之西液化沙垄之三早期沙垄上分布的锅底状热融塌陷坑（左上）

图 2.4.225　为图 2.4.222 方框 C 局部放大
示静海之西液化沙垄之三早期沙垄上分布的漏斗状热融塌陷坑（箭头所示），组成热融塌陷坑物质主要是浅色的岩屑和岩块

图 2.4.226　卡勒"湿地月坑"（Karrer crater）中的液化沙垄分布于平坦的坑底

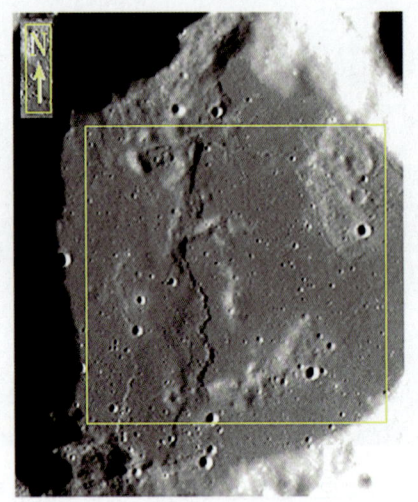

图 2.4.227　为图 2.4.226 方框 A 局部放大
示液化沙垄分布于平缓的卡勒"湿地月坑"（Karrer crater）坑底

第二章 月球"水"形成的地貌和沉积（遗迹）特征

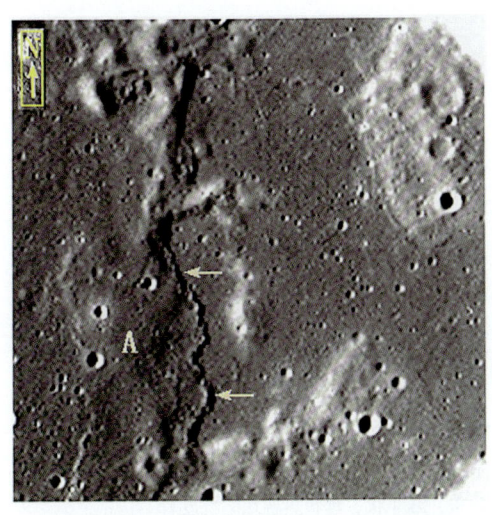

图 2.4.228　为图 2.4.227 方框局部放大
示卡勒"湿地月坑"（Karrer crater）坑底早期沙垄（A）和晚期沙垄（箭头所示）分布特征

图 2.4.229　为图 2.4.226 方框 B 局部放大
示卡勒"湿地月坑"（Karrer crater）南坑缘液化沙垄转为线状（箭头所示）分布特征

图 2.4.230　为图 2.4.226 方框 C 局部放大
示卡勒"湿地月坑"（Karrer crater）北坑缘液化沙垄转为线状（箭头所示）分布特征

图 2.4.231　为图 2.4.228 液化沙垄局部放大
示卡勒"湿地月坑"液化沙垄附近热融塌陷坑普遍分布特征

图 2.4.232　为图 2.4.231 方框局部放大
示卡勒"湿地月坑"液化沙垄呈折线状和盘状热融塌陷坑分布特征

图 2.4.233　为图 2.4.228 液化沙垄局部放大
示卡勒"湿地月坑"底液化沙垄呈北东和北北东向分布，漏斗状、盘状热融塌陷坑发育

图 2.4.234　为图 2.4.233 方框局部放大
示卡勒"湿地月坑"液化沙垄呈近南北折线状弯曲分布特征

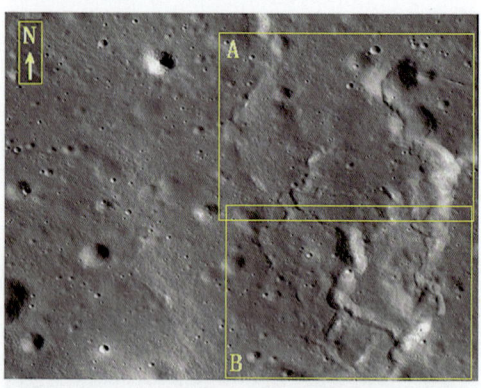

图 2.4.235　为图 2.4.228 液化沙垄局部放大
示卡勒"湿地月坑"坑底液化沙垄分布特征

图 2.4.236　为图 2.4.235 方框 A 局部放大
示卡勒"湿地月坑"液化沙垄通过热融塌陷坑呈薄饼状分布特征

图 2.4.237　为图 2.4.235 方框 B 局部放大
示卡勒"湿地月坑"液化沙垄沿 X 状、网格状和近南北追踪状张裂分布特征

第二章　月球"水"形成的地貌和沉积（遗迹）特征

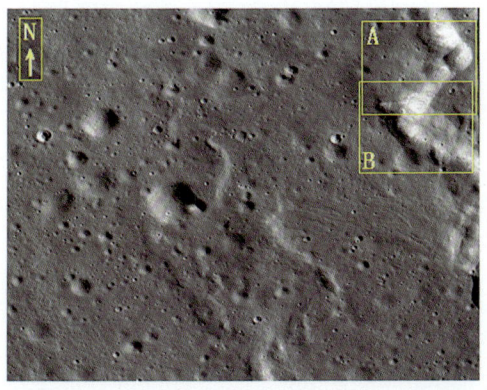

图2.4.238　为图2.4.228液化沙垄局部放大
示卡勒"湿地月坑"液化沙垄沿近南北向、X状、追踪状张裂分布特征

图2.4.239　为图2.4.238方框A局部放大
示卡勒"湿地月坑"呈蠕虫状，向阳坡面和山脊浅色裸露岩屑和岩块广泛分布特征

图2.4.240　为图2.4.238方框B局部放大
示卡勒"湿地月坑"呈蠕虫状，向阳坡面和山脊浅色裸露岩屑和岩块广泛分布特征

图2.4.241　为图2.4.228液化沙垄局部放大
示卡勒"湿地月坑"坑底液化沙垄分布特征

图2.4.242　为图2.4.241方框A局部放大
示卡勒"湿地月坑"液化沙垄呈蠕虫状，向阳坡面和山脊浅色裸露岩屑和岩块广泛分布特征

图2.4.243　为图2.4.241方框B局部放大
示卡勒"湿地月坑"液化沙垄浅色裸露岩屑和岩块广泛分布特征

247

图 2.4.244　为图 2.4.228 液化沙垄局部放大

示卡勒"湿地月坑"坑底液化沙垄主体呈北西向延伸分布特征

图 2.4.245　为图 2.4.244 方框局部放大

示卡勒"湿地月坑"坑底液化沙垄局部呈面状（A）、主体呈北西向延伸（箭头所示）分布特征

图 2.4.246　为图 2.4.228 液化沙垄局部放大

示卡勒"湿地月坑"液化沙垄附近热融塌陷坑分布广泛，沙垄明显切割或充填塌陷坑特征

图 2.4.247　为图 2.4.246 方框 A 局部放大

示卡勒"湿地月坑"液化沙垄通过塌陷坑时呈融塑状分布特征

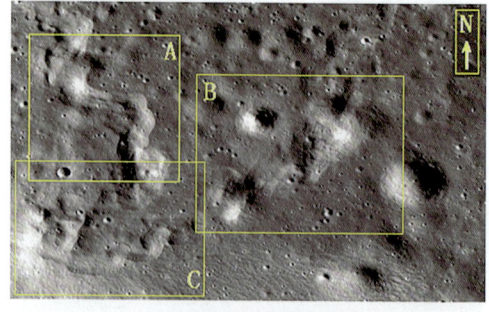

图 2.4.248　为图 2.4.247 方框局部放大

示卡勒"湿地月坑"坑底液化沙垄通过热融塌陷坑时呈薄饼状（左下）和残余状（右上）分布特征

图 2.4.249　为图 2.4.246 方框 B 局部放大

示卡勒"湿地月坑"液化沙垄呈北东、北西弯曲状，沙垄明显切割或充填塌陷坑特征

第二章　月球"水"形成的地貌和沉积（遗迹）特征

图 2.4.251　为图 2.4.249 方框 B 局部放大

示卡勒"湿地月坑"液化沙垄呈北东向弯曲，沙垄明显切割或充填塌陷坑分布特征

图 2.4.250　为图 2.4.249 方框 A 局部放大

示卡勒"湿地月坑"液化沙垄呈直角状分布特征

图 2.4.252　为图 2.4.249 方框 C 局部放大

示卡勒"湿地月坑"液化沙垄呈弯曲状和岛状分布特征

图 2.4.253　为图 2.4.228 液化沙垄局部放大

示卡勒"湿地月坑"平缓的早期液化沙垄（左侧）分布特征

图 2.4.254　为图 2.4.228 液化沙垄局部放大

示卡勒"湿地月坑"平缓的早期液化沙垄（左侧）分布特征

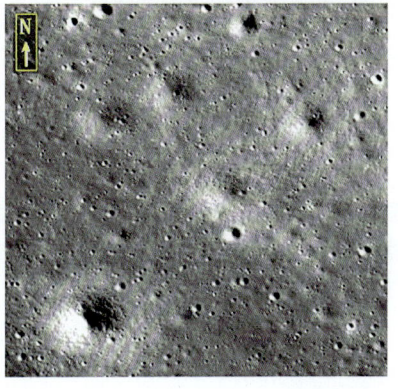

图 2.4.255　为图 2.4.254 方框局部放大

示卡勒"湿地月坑"平缓的早期液化沙垄上分布众多漏斗状热融塌陷坑特征

249

图 2.4.256　为图 2.4.228 液化沙垄局部放大

示卡勒"湿地月坑"液化沙垄分布特征

图 2.4.257　艾特肯"湿地月坑"（Aitken crater）坑底液化沙垄分布位置

箭头所示方框

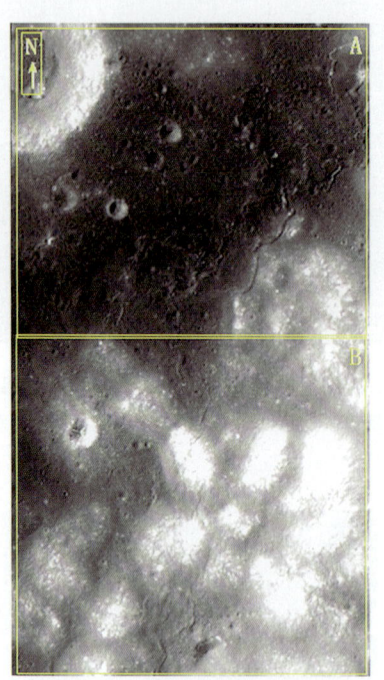

图 2.4.258　为图 2.4.257 方框局部放大

示艾特肯"湿地月坑"坑底液化沙垄（上）和液化沙丘群（下）分布特征

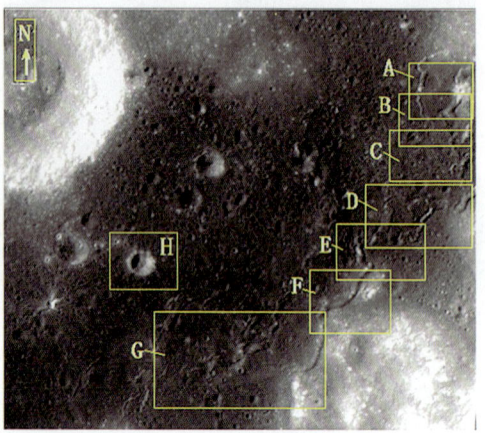

图 2.4.259　为图 2.4.258 方框 A 局部放大

示艾特肯"湿地月坑"坑底液化沙垄（方框分布区）和部分液化沙丘（右下）分布特征

第二章 月球"水"形成的地貌和沉积（遗迹）特征

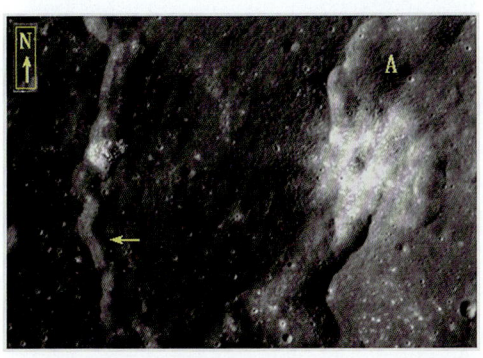

图2.4.260 为图2.4.259方框A局部放大
示艾特肯"湿地月坑"坑底早期（A）、晚期（箭头所示）液化沙垄近SN方向分布特征

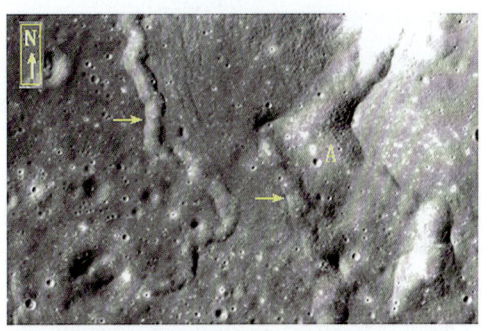

图2.4.261 为图2.4.259方框B局部放大
示艾特肯"湿地月坑"坑底早期（A）、晚期（箭头所示）液化沙垄分布特征

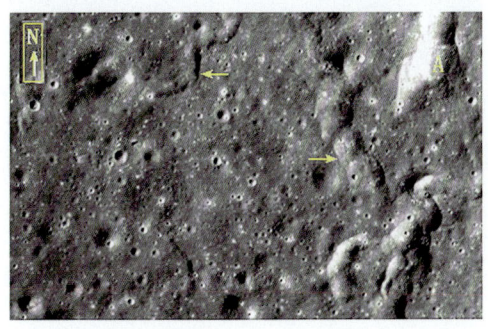

图2.4.262 为图2.4.259方框C局部放大
示艾特肯"湿地月坑"坑底早期（A）、晚期（箭头所示）液化沙垄分布特征

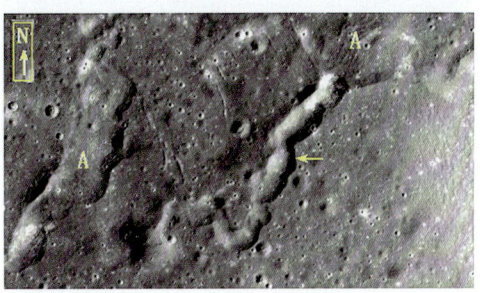

图2.4.263 为图2.4.259方框D局部放大
示艾特肯"湿地月坑"坑底早期（A）、晚期（箭头所示）液化沙垄分布特征

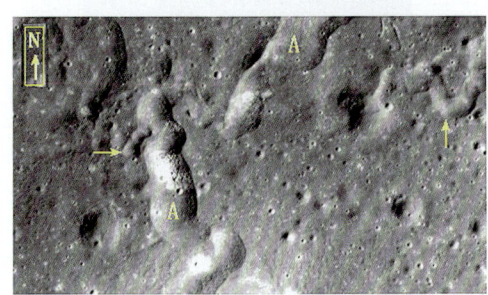

图2.4.264 为图2.4.259方框E局部放大
示艾特肯"湿地月坑"坑底液化沙垄分布特征

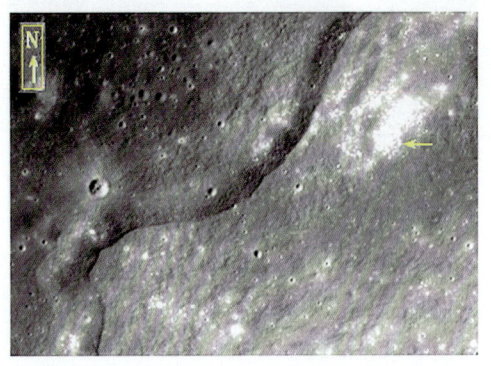

图2.4.265 为图2.4.259方框F局部放大
示艾特肯"湿地月坑"坑底早期液化沙垄分布特征

图 2.4.266　为图 2.4.259 方框 G 局部放大
示艾特肯"湿地月坑"坑底液化沙垄分布特征

图 2.4.267　为图 2.4.266 方框 A 局部放大
示艾特肯"湿地月坑"坑底液化沙垄分布特征

图 2.4.268　为图 2.4.266 方框 B 局部放大
示艾特肯"湿地月坑"坑底液化沙垄分布特征

图 2.4.269　为图 2.4.266 方框 C 局部放大
示艾特肯"湿地月坑"坑底早期（A）、晚期（箭头所示）液化沙垄分布特征

图 2.4.270　为图 2.4.259 方框 H 局部放大
示艾特肯"湿地月坑"坑底撞击月坑呈溅射环状堆积和岩石分布特征

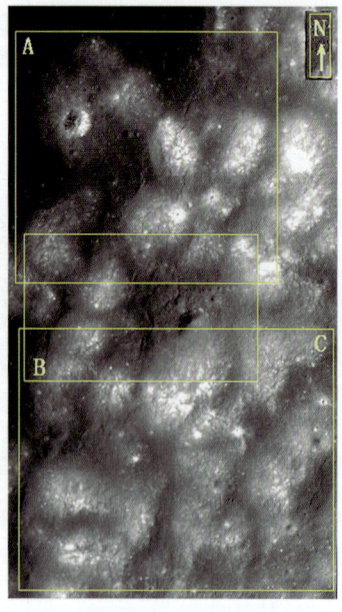

图 2.4.271　为图 2.4.258 方框 B 局部放大
示艾特肯"湿地月坑"坑底液化沙丘群和沙垄分布特征

252

第二章　月球"水"形成的地貌和沉积（遗迹）特征

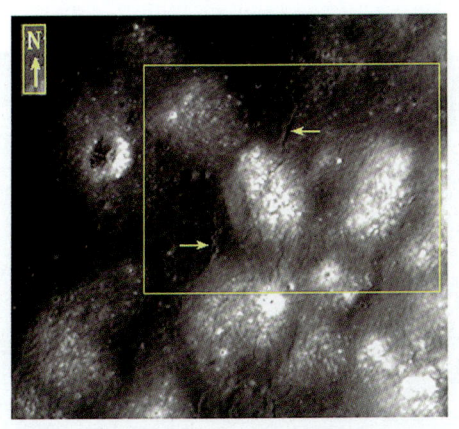

图 2.4.272　为图 2.4.271 方框 A 局部放大
示艾特肯"湿地月坑"坑底液化沙丘群（白色）和沙垄（箭头所示）分布特征

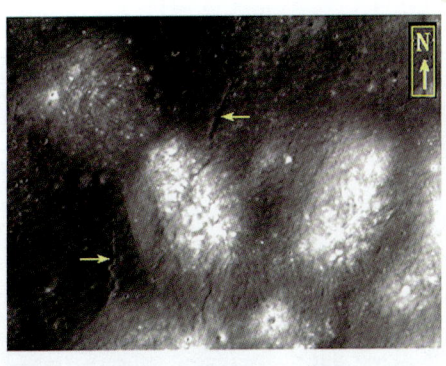

图 2.4.273　为图 2.4.272 方框局部放大
示艾特肯"湿地月坑"坑底液化沙丘群（白色）和沙垄（箭头所示）分布特征

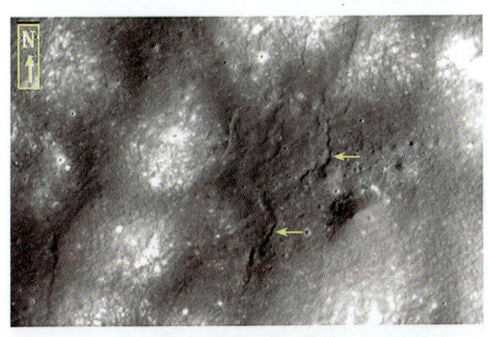

图 2.4.274　为图 2.4.271 方框 B 局部放大
示艾特肯"湿地月坑"坑底液化沙丘群（白色）和沙垄（箭头所示）分布特征

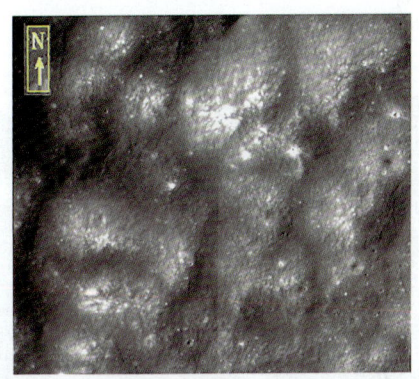

图 2.4.275　为图 2.4.271 方框 C 局部放大
示艾特肯"湿地月坑"坑底液化沙丘群（白色）分布特征

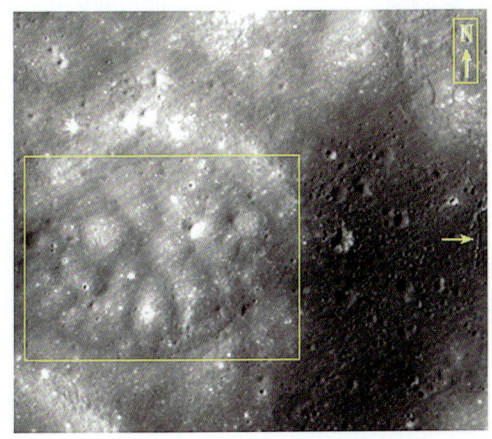

图 2.4.276　为图 2.4.257 艾特肯"湿地月坑"坑底局部放大
示液化沙丘群（方框）和沙垄（箭头所示）分布特征

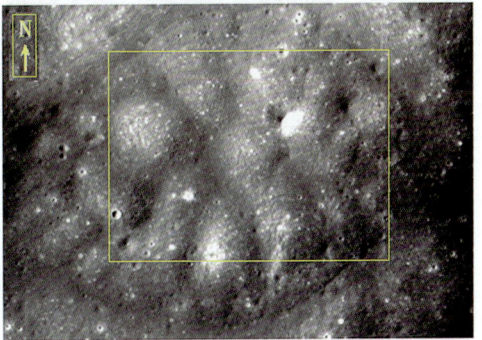

图 2.4.277　为图 2.4.276 方框局部放大
示艾特肯"湿地月坑"坑底液化沙丘群分布特征

253

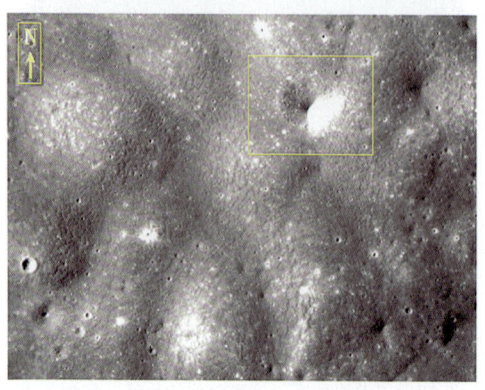

图2.4.278　为图2.4.277方框局部放大
示艾特肯"湿地月坑"坑底液化沙丘群分布特征

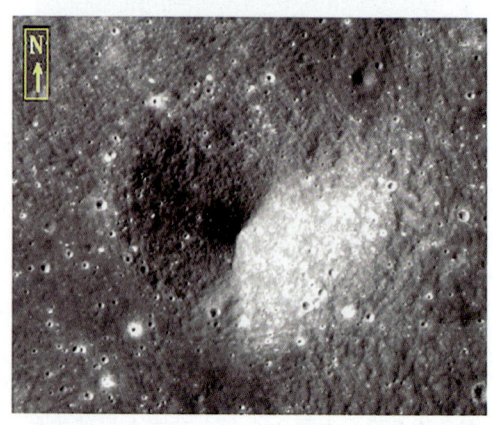

图2.4.279　为图2.4.278方框局部放大
示艾特肯"湿地月坑"坑底液化沙丘群中分布的漏斗状热融塌陷坑特征

图2.4.280　山间盆地液化沙垄分布特征
（黑色箭头区段为液化沙垄分布区）

图2.4.281　为图2.4.280方框A局部放大
示液化沙垄延伸到山间盆地之外为北东线状裂隙分布特征

第二章 月球"水"形成的地貌和沉积（遗迹）特征

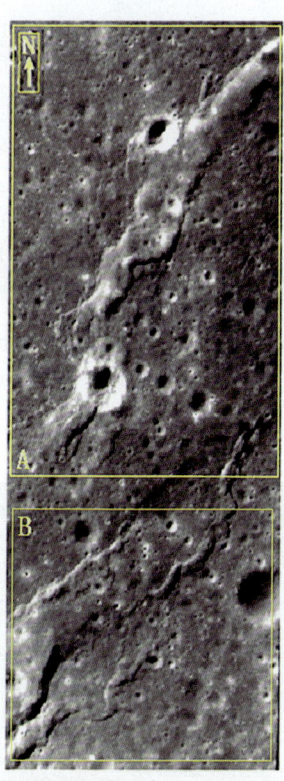

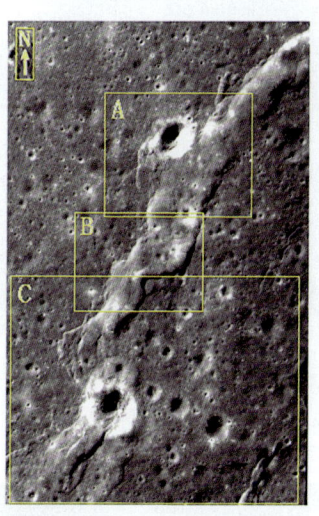

图 2.4.283　为图 2.4.282 方框 A 局部放大
示"歹"字形液化沙垄为扁平状分布特征

图 2.4.282　为图 2.4.280 方框 B 局部放大
示液化沙垄呈北东向、"多"字形分布特征

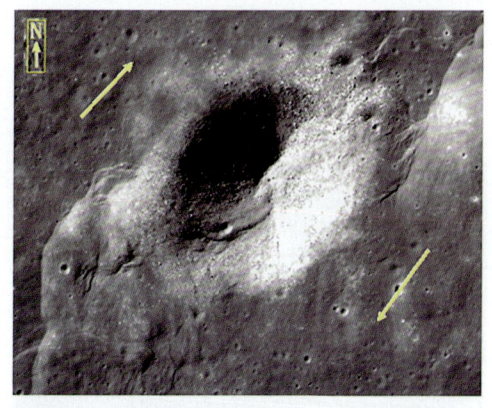

图 2.4.284　为图 2.4.283 方框 A 局部放大
示早期扁平液化沙垄上形成的陨击坑为后期液化沙垄所切割分布特征

图 2.4.285　为图 2.4.284 方框局部放大
示早期扁平液化沙垄为后期陨击坑切割，主要由浅色岩屑和岩块组成，箭头示右旋扭力使热融塌陷坑轻微变形

255

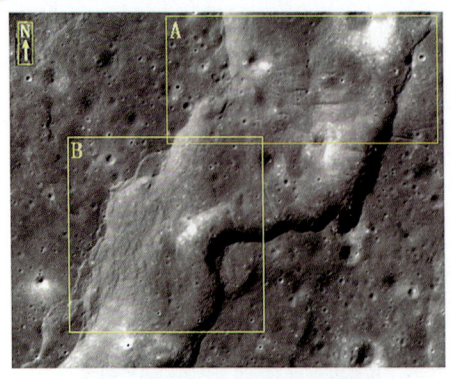

图 2.4.286　为图 2.4.283 方框 B 局部放大
示早期扁平液化沙垄分布特征

图 2.4.287　为图 2.4.286 方框 A 局部放大
示液化沙垄局部形成近东西向密集冰裂隙分布特征

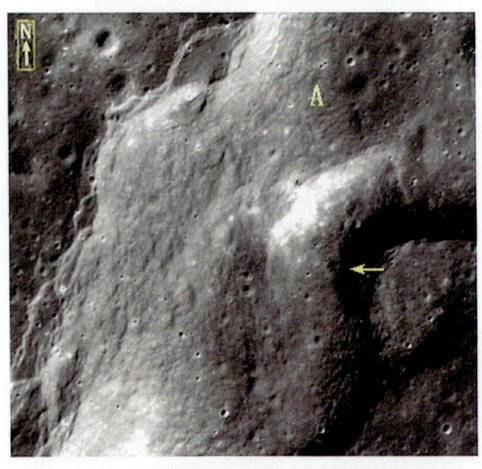

图 2.4.288　为图 2.4.286 方框 B 局部放大
示液化沙垄早期（A）呈扁平状，晚期（箭头所示）呈弯曲垄状特征

图 2.4.289　为图 2.4.283 方框 C 局部放大
示液化沙垄"歹"字形分布特征

图 2.4.290　为图 2.4.289 方框 A 局部放大
示液化沙垄通过热融塌陷坑变小和变少分布特征

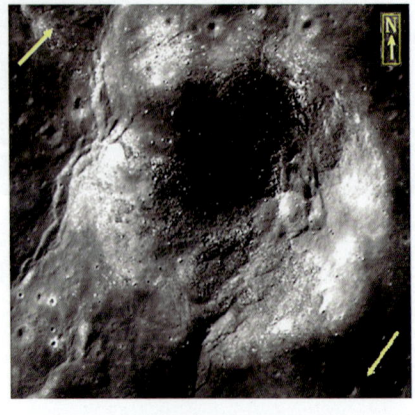

图 2.4.291　为图 2.4.290 方框局部放大
示液化沙垄通过热融塌陷坑发生轻微变形，沙垄变小和变少，主要为浅色岩屑和岩块组成，箭头示右旋扭力使热融塌陷坑轻微变形

第二章 月球"水"形成的地貌和沉积（遗迹）特征

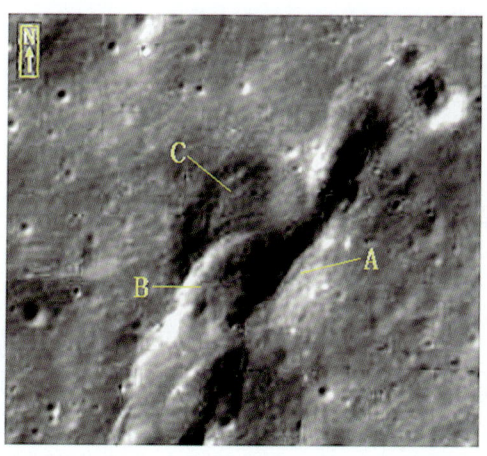

图 2.4.292　为图 2.4.289 方框 B 局部放大

示早期液化沙垄（B）通过热融塌陷坑（A）时受到融溶作用明显变小，晚期液化沙垄（C）充填热融塌陷坑（A）和覆盖早期液化沙垄（B）特征

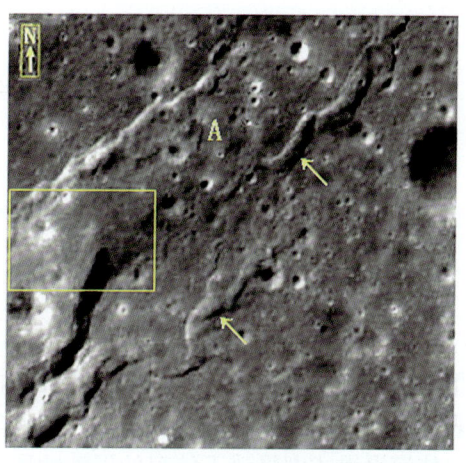

图 2.4.293　为图 2.4.282 方框 B 局部放大

示液化沙垄早期（A）平缓和晚期（箭头所示）规模小、呈弯曲状分布特征

图 2.4.294　为图 2.4.293 方框局部放大

示早期（A）和晚期（箭头所示）液化沙垄分布特征

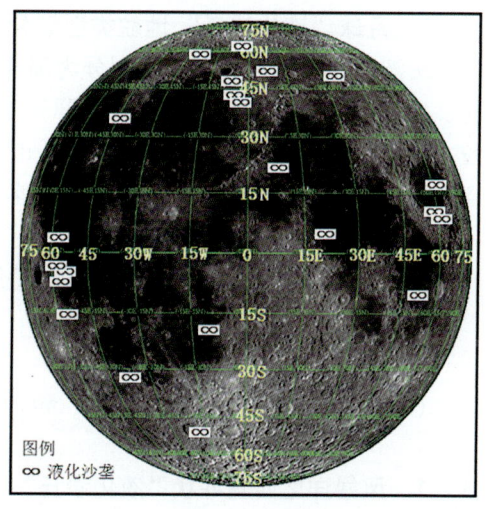

图 2.3.295　月球正面"液化沙垄"分布图

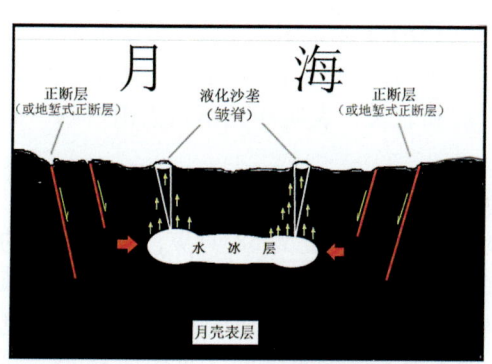

图 2.4.296　液化沙垄形成示意图

257

第五节　月球"液化沙丘"地貌和沉积特征

一、关于月球"液化沙丘"地貌概念、分布和类型划分

1. 月球"液化沙丘"地貌概念

液化沙丘主要分布于月海区周边地区，少数分布于月坑坑底和山间盆地底部，是指由于区域应力作用使月表下泥沙沉积物或水冰发生融溶并沿裂隙上侵和充填到达月表，形成凸起的丘状堆积地貌。有如地球地震发生时，因地震产生的区域挤压应力，促使河漫滩或湖漫滩下储存的泥沙物质，沿地震形成的裂隙向上侵入和充填并到达地表，即形成"沙涌丘""泥涌丘"或"泥沙涌丘"这种特有的地质地貌现象。如果沙丘顶部通道口发生塌陷或收缩形成小漏斗状坑，称漏斗状"液化沙丘"。

2. 月球"液化沙丘"地貌分布

液化沙丘主要分布于月海滨海区，其次是月坑坑底，少量在山间盆地区出现。

3. 月球"液化沙丘"地貌类型划分

按液化沙丘形态特征暂可划分为漏斗状液化沙丘、扁平状液化沙丘、球状液化沙丘、岛状液化沙丘和饼状液化沙丘群等。沙丘形态差异可能与沉积物含水量多少和颗粒大小有关，即含水量高、细颗粒沉积物形成的沙丘可能呈扁平状为主，相反沉积物含水量少、大颗粒沉积物可能产生个体较高大的沙丘，以球状为主。

二、"液化沙丘"和沙地主要特征

（一）风暴洋"液化沙丘"和沙地特征

1. 风暴洋之西漏斗状"液化沙丘"

风暴洋之西漏斗状液化沙丘，位于埃丁顿（Eddington）月坑之东坑缘，距坑缘约 11 km，为基岩山向东南突出端（见图 2.5.1、图 2.5.3）。沙丘呈凸起半球状，大小约 1.5 km。有的顶部发育较大的热融漏斗状塌陷坑（见图 2.5.2、图 2.5.3），有的沙丘上分布略具磨圆和分选的、以浅色岩屑和岩块为主的碎屑物（见图 2.5.4、图 2.5.5）。沙丘上分布的碎屑物全为浅色岩屑和岩块，表明沙丘不是火山产物，而是由沉积物形成的。

2. 风暴洋之北吕姆克山（Mons Rumker）饼状"液化沙丘"群

液化沙丘位于风暴洋的东北部，纬度为 40.8°N，经度为 58.1°W，底部直径约 70 km，高度约 1100 m，看上去就像一座高耸的土丘。以往有关资料认为它是一座孤立的火山，而实际上它是由于月海下沉积物液化长期喷溢而成的复杂沙丘群（见图 2.5.6、图 2.5.7）。从结构看最少可划分出 4 次不同的喷溢期（见图 2.5.7）。最

早两期（Ⅰ、Ⅱ）规模大，是形成吕姆克山的主体，第Ⅲ期规模明显变小，但喷溢次数多，重叠次数最少可分出6层（见图2.5.11）。这些喷溢堆积表面平缓，可能是由于Ⅰ—Ⅲ期喷溢时还处于"泛海洋"期之末，喷溢而出的堆积物仍受到上层海水重压而变扁平，也有可能是因为喷出的沉积物颗粒细、含水量高，无法支持产生球体（见图2.5.8、图2.5.11）。第Ⅳ期沙丘与Ⅰ—Ⅲ期有明显不同。前者规模小且多分散，表面凸起明显呈半球状，且多光滑（见图2.5.8—图2.5.10、图2.5.12）。后者表面多平坦而较粗糙，多呈饼状（见图2.5.7、图2.5.8、图2.5.10—图2.5.12）。区内分布的月坑多为"泛海洋"期后形成的"陆地月坑"，具明显辐射纹和凸起的坑缘。区内发育的液化沙垄，多呈北西向为主，其次是北北西、北东、北北东（见图2.5.6、图2.5.15）。沙垄均为沙丘和月坑所切割或覆盖，说明沙垄形成于海洋沉积平原之后、沙丘和月坑形成之前（见图2.5.11—图2.5.14）。

3. 风暴洋东"液化沙丘"群

液化沙丘位于风暴洋岛海（Mare Insularum）之东，霍腾休斯（Hortensius）月坑之北，纬度为7.1600，经度为332.4100，主要由披（Phi）液化沙丘、塔乌（Tau）液化沙丘、西格马（Sigma）液化沙丘、欧米加（Omega）液化沙丘和液化沙丘A等组成（见图2.5.16）。五个沙丘共同特点是，丘顶较平坦，丘顶中心均有一个较大的热融塌陷坑分布。大小相差不大（见图2.5.19—图2.5.22）。各丘体靠拢分布但并不相连接。其中披（Phi）沙丘（见图2.5.17），据现有资料，海拔高度约1350 m，丘体相对高约300 m，丘顶塌陷坑深约150 m（见图2.5.18）。并且在中心塌陷坑周边有较多大小不等的漏斗状塌陷坑发育（见图2.5.23）。有的漏斗状塌陷坑，由于坑壁与月昼时太阳光（西北）照射夹角差异，坑壁上的堆积物形成明显不同的地貌特征。在背光处（阴影）的西南一侧形成融冻堆积。其特征是表面粗糙，凹凸不平，整体向下滑落（见图2.5.19A）。在背光对应的另一侧，即西北侧，因坑壁受光照更少局部受冻融影响，仅在一些沟谷产生冻融堆积（见图2.5.19B）。受光照稍强的坑壁C处，则形成明显"泥冰川"特征，向下滑动明显（见图2.5.19C）。直对太阳光的坑壁，因受热强烈，水冰融溶成水而下渗并带动碎屑和岩块向下堆积，呈略具分选扇状堆积（见图2.5.19D）。而坑壁E，受太阳光仅次于坑壁D，坑壁物质以泥石流方式向下流动。石块大小混杂，分选性差（见图2.5.19E）。

4. 风暴洋东北"圆屋顶""液化沙丘"

"圆屋顶"液化沙丘位于风暴洋东北月陆区附近，露湾东南，纬度为43.7600，经度为310.0960。有关资料称之为"第四个梅朗圆屋顶（The Fourth Mairan Dome）"（见图2.5.24）。沙丘近圆形，规模较大，其上分布大小不等的漏斗状、锅底状等热融塌陷坑（见图2.5.25—图2.5.28、图2.5.30、图2.5.31）。无论是沙丘本身还是沙丘附近月表，其物质组成，都是浅色的岩屑和岩块（见图2.5.28、图2.5.29、图2.5.32、图2.5.33）。除上述保存较好的沙丘外，沿月陆浅滩，还可见发育较差的沙丘分布，有的沙丘顶上有呈巨大"脆性"的塌陷坑出现（见图2.5.33A），有的则为受侵蚀较多残留状沙丘分布（见图2.5.34），有的则形态不甚规则，但顶部均有漏斗状塌陷坑分布（见图2.5.35），有的规模较小，但顶部完好呈穹顶状沙丘（见

图2.5.36）。浅海区还可见"泛月海"时形成的残缺不全的"浅水月坑"分布（见图2.5.37、图2.5.38），也见有"泛月海"期后形成的延伸很长和弯曲的"地堑式"冰裂出现（见图2.5.39）。它是月海浅海区上层冰裂后下部热融水上侵的结果。

（二）雨海"液化沙丘"和沙地特征

1. 雨海南东"液化沙丘"

液化沙丘分布于雨海阿基米德（Archimedes）月坑之东南和奥托吕科斯（Autolycus）月坑的西南之间，呈北西走向月陆带的端部，纬度为29.0520，经度为359.5070（见图2.5.40）。以往资料认为，它是"一个坐落在直径3.7 km的圆形土丘上的直径700 m的圆形洼地"，怀疑是"一个完美的撞击坑"，或者是似"靶心"一样的火山口。实际上从其物质组成以浅色岩屑和岩块看，它应该是一个直径约3.7 km，近圆形的"液化沙丘"，其顶面形成直径约700 m的热融塌陷坑，或为沙丘形成时的喷液口收缩产生的，不可能是火山堆积和"火山口"。三个大的沙丘，近东西向并排分布。中部沙丘发育极好，基座呈近圆形，直径约3.7 km，顶部有发育极好的塌陷坑，坑口径0.7 km（见图2.5.41、图2.5.42、图2.5.44、图2.5.49、图2.5.50）。东、西两个沙丘形态呈长条状，顶部未见有塌陷坑分布（见图2.5.43、图2.5.47）。围绕液化沙丘周边，主要在沙丘的北和北东的沙丘脚，可见较多漏斗状塌陷坑出现（见图2.5.42、图2.5.45、图2.5.46、图2.5.48）。在中部与东部沙丘相接处，见有一条近北西向液化沙垄分布，且沙垄明显为漏斗状塌陷坑所"掩埋"和切割（见图2.5.47、图2.5.48），说明沙垄形成在前，沙丘形成在后。液化沙丘多分布于断裂的一端两侧（见图2.5.51、图2.5.52）。"泛海洋"期形成的"浅水月坑"，多仅保留部分环状坑缘凸出部分（即"浅水月坑"），坑里形成月坑平原，且平原面与月海平原面保持基本一致（见图2.5.53、图2.5.53A）。

2. 雨海虹湾之北"液化沙丘"和冻融岩壤丘群

液化沙丘和冻融岩壤丘群，位于虹湾之北边界阶梯状断裂最南段，纬度约48.0300，经度约328.2900（见图2.5.54—图2.5.56）。液化沙丘，可能只有一个（见图2.5.57、图2.5.58），处于阶梯状边界断裂一横向裂隙的出口处，可能由于横向裂隙地下热融泥流上涌喷溢形成的。沙丘表面具大小不等和形态各异的冻融堆积物，顶部有一小漏斗状塌陷坑分布（见图2.5.57）。

除此之外，其他主要断裂岩块经长期冻融作用形成月壤化的产物–冻融岩壤丘群（见图2.6.59）。冻融岩丘上一些较宽的沟谷，可能是原始岩块的裂隙。现今见到的岩块表面，均为长期冻融作用的产物——大小不同、形态各异的月壤斑块所覆盖。这些斑块，一般靠丘顶大，向四周逐渐变小（见图2.5.60）。有的形成明显的冻融蠕动堆积带（见图2.5.61、图2.5.63）。局部冻融产物仍保存较多、较好的原始岩石的层理或劈理方向的特征。有的残留较多孤立的岩块（见图2.5.62—图2.5.64）。但是，漏斗状热融塌陷坑在冻融岩丘群上部很少见，在冻融蠕动堆积带上却常见有分布（见图2.5.65、图2.5.66）。总体上看，冻融作用的强度，自北向南逐渐加强（见

图2.5.66、图2.5.67)。对单个岩壤丘而言,自丘顶向外月壤化增加。丘顶或附近,常见月壤化残留的岩屑和岩块。

在液化沙丘之西北,虹湾沉积平原早期月坑的坑内缘上,见到较多以浅色岩屑和岩块为主的沉积物分布(见图2.5.68)。液化沙丘之西,见一属于哥白尼纪晚期形成的"陆地月坑",辐射纹十分发育、明亮。坑中及坑壁仅见少量岩屑和岩块分布(见图2.5.69),推断形成时虹湾浅层存在水冰所致。

(三) 静海"液化沙丘"和沙地特征

1. 静海西北"液化沙丘"和沙地

沙丘和沙地位于静海西北边缘地带,纬度为12.2200,经度为18.7100(见图2.5.70),主要由北、中、南三块岛状沙地组成(见图2.5.60)。各沙地两侧均较平直,似受北西向断陷所制约(见图2.5.71—图2.5.74)。每块沙地大小不等,组成略有差异。北块以沙地为主,有较多不同时期和大小不等的漏斗状热融塌陷坑分布(见图2.5.72、图2.5.74、图2.5.76、图2.5.77)。东南角有两个沙丘显示较明显。中沙地最少有6~7个沙丘显示清晰,呈沙丘群体分布(见图2.5.74、图2.5.75)。中部一个较大的漏斗状热融塌陷坑出现(见图2.5.72、图2.5.76)。东北侧沙体陡坡下,可见热融堆积带分布,图像的反照率、糙度、含小坑的多少和表面的纹饰等,与原月表和沙地有明显不同。原月表含大量不同大小热融塌陷坑,明显不同于堆积带和沙地。而堆积带表面纹饰细、糙度低,明显与沙地相区别(见图2.5.79)。在沙地之东北,见锅底状热融塌陷坑分布(见图2.5.78)。在一些沙地的陡坎一侧还见滑落堆积形成(见图2.5.80)。沙丘和沙地相互联结的液化沙丘群表面呈"皱纹"或"皱褶"(见图2.5.81)。沙丘和沙地表面仅见极小和极少陨击坑分布,可能说明沙丘和沙地形成的时代晚,属于哥白尼纪晚期—现代期。

2. 静海东"液化沙丘"和"浅水月坑"环状残迹

液化沙丘位于静海之东海岸带附近,柯西断裂西南一侧,柯西(Cauchy)月坑西南和策林格(Zahringer)月坑西北(见图2.5.82),纬度为9.7870,经度为36.1860。沙丘大小不同,地貌特征差异较大。按表面反照率特征和大小不同,可分三类。其一,规模大,底部直径约1300 m。具多层状,表面粗糙,有较多的小漏斗状塌陷坑(见图2.5.83A)。另一个较小,底部直径约320 m。其二,呈古币状。外极圆,中部有下陷坑,底部直径最大的为300 m,较小的一个约200 m(见图2.5.83B,图2.5.84A、B)。其三,表面光亮,个体小,底部直径一般在数百米(见图2.5.84—图2.5.86箭头所示)。在沙丘附近有较多"泛海洋"期形成的"浅水月坑"残迹。规模较大,直径一般在数百千米(见图2.5.83—图2.5.86)。同时还发育液化沙垄(见图2.5.85、图2.5.86)。

（四）澄海（Mare Serenitates）液化沙丘和沙地特征

液化沙丘，分布于澄海（Mare Serenitates）之北，梦湖（Lacus Somniorum）之西，纬度为38.4800，经度为21.8700。液化沙丘十分发育，大小俱全。基本上沿冰裂及其附近分布（见图2.5.87）。沙丘大多呈半球状、海岛状和不甚规则状（见图2.5.87、图2.5.91—图2.5.94），大小悬殊，高低差别巨大。冰裂不但控制沙丘发育，也控制串珠状热融塌陷坑分布。孤立出现于月海平原上的沙丘，显示其由喷溢形成的"锥形"特征（见图2.5.91）。丘顶有的形成很大的热融塌陷坑（见图2.5.88、图2.5.95），有的则几乎不存在，仅残留较多浅色岩屑和岩块（见图2.5.90）。沙丘表面"皱褶"发育（见图2.5.88、图2.5.89），有的则很少见及（见图2.5.90）。一些沙丘周边形成明显"热融蠕动堆积带"（见图2.5.89），但有的资料认为是"雨水撞击的残留物"，色调稍浅而"小坑"明显少于月表。"泛海洋"后期形成的"沼泽月坑"坑缘凸起，且保存完好，具月坑沉积平原，但无辐射纹分布（见图2.5.94）。澄海之北液化沙丘呈大小不同的球状（见图2.5.96）。

（五）云海东北"液化沙丘"

液化沙丘位于拉塞尔（Lassell）月坑之西北拉塞尔地块南端，纬度为－15.0100，经度为350.9200（见图2.5.97）。沙丘近圆形，西北和东南略向外伸展（见图2.5.98、图2.5.99）。中心为锅底状塌陷坑所占据。周边有较多浅色岩屑和岩块分布（见图2.5.100、图2.5.101）。塌陷坑可能为原沙丘溢出口（或喷发口）收缩的结果。塌陷坑东侧有一较晚热融漏斗状塌陷坑。地块南端西侧陡坎和顶部见较多浅色岩屑和岩块分布（见图2.5.102、图2.5.103）。

对于"液化沙丘"，以往研究资料尚无法确认是"火山渣堆"还是撞击坑或是别的什么。从组成沙丘和地块的物质均以浅色的岩屑和岩块为主来看，它是属于碎屑沉积，是月表下含水冰沉积物经液化上侵和充填产生的，而不可能是火山产物。

（六）死湖"液化沙丘"和沙地特征

液化沙丘位于死湖西南边缘地带，"地堑式"冰裂与死湖岸相交汇的南岸附近（见图2.5.104）。冰裂主要在死湖沉积区分布，部分伸入月陆区。纬度为44.1100，经度为23.9000。有关资料认为该液化沙丘是属于"死火山"，分布其上的凹坑是"火山口湖"（见图2.5.105—图2.5.108）。相邻的两个液化沙丘整体均呈半球状，大小相差不大，顶部均为漏斗状热融塌陷坑所占有。其中左下漏斗状坑，表面较粗糙，西北侧局部布满平行状条纹，其余为斑纹状。漏斗坑中较平滑，未见岩屑和岩块分布（见图2.5.106）。另一沙丘（右上）表面较光滑，糙度较低，皱纹明显较浅。漏斗坑东侧可见较多浅色为主的岩屑和岩块分布（见图2.5.108）。在两个沙丘之间的南侧，可见发育较好的泥流扇分布（见图2.5.109）。

（七）风暴洋（Oceanus Procellarum）之东穹丘链

穹丘链位于风暴洋之东，虹湾之西南，纬度为36.4100，经度为319.7200。穹丘主要由德尔塔（Delta）穹丘、伽马（Gamma）穹丘和西北穹丘组成（见图2.5.110、图2.5.111）。并且以德尔塔（Delta）穹丘面积最大，海拔高度最少在2000 m以上（见图2.5.112）。其次是伽马（Gamma）穹丘，海拔高度最少在1500 m以上（见图2.5.113）。西北穹丘面积最小，海拔高度最低，约1000 m以上。实际上所谓的"穹丘"是月球原始地貌残留的山丘。三个穹丘呈北西向排列。除了三个穹丘及周边高原区外，漏斗状热融塌陷坑分布很少。在穹丘链的斜坡脚，可见因冻融向斜坡下蠕动而形成的堆积带。有的蠕动堆积物充填到斜坡月坑中（见图2.5.111—图2.5.114）。在高原堆积的南端，形成椭圆形热融塌陷坑，并有一条月溪与塌陷坑相连，月溪宽度向南逐渐变小（见图2.5.114、图2.5.115）。在塌陷坑南坑壁上，可见月海平原主要由浅色岩屑和岩块组成的沉积层（见图2.5.116—图2.5.121、图2.5.125），从其产状变化大概可看出最少是中间为"背斜"、两侧为"向斜"的"褶皱"构造（见图2.5.119）。残留的高原堆积物表面较光滑，有大量早期月坑分布（见图2.5.115—图2.5.117、图2.5.122—图2.5.124）。在德尔塔西侧见一条近南北向分布的液化沙垄，但沙垄显得十分平坦，实际上可称为"液化沙坪"（见图2.5.114、图2.5.117、图2.5.126、图2.5.127）。高原堆积之北段，可见一条呈北西向分布的弯曲月溪（见图2.5.128、图2.5.129、图2.5.131）和早期形成的月坑（见图2.5.130）。在高原堆积物一侧山坡下，冻融蠕动堆积带也十分发育（见图2.5.132）。

德尔塔穹丘和伽马穹丘顶面，及平均海拔最少在500 m的高原面上，密集分布大量陨击坑，并且坑缘大多受侵蚀强烈，呈低矮混圆形。穹丘周边斜坡表面受到强烈雨水侵蚀，沟谷十分发育，质体显坚硬，表面粗糙。伽马穹顶上分布的陨击坑坑壁上含白色水冰泥流（见图2.5.112、图2.5.113、图2.5.133—图2.5.142）。而雨水的侵蚀堆积物全为"泛海洋"期形成的平原面所覆盖（见图2.5.110、图2.5.111、图2.5.113），说明穹丘形成于"泛海洋"期之前，即"前酒海期"，可能属于"岩浆洋"期之后陨击作用形成的溅射堆积物。并且堆积物中含黑色"石油"物质。因此，它们是月表最古老的堆积物。伽马穹丘西南海岸十分陡峭，高度最少在500 m以上（见图2.5.111、图2.5.135），可能说明当时的海浪作用强烈。

依据区域各种地貌类型相互切割和覆盖关系，区域地貌形成的顺序由老到新，大致为：穹丘→高原堆积平原→月海平原→液化沙垄→液化沙丘→冻融蠕动堆积带。

三、月球"液化沙丘"的形成演化

液化沙丘多分布于月海滨海区（见图2.5.143）。"浅水月坑"产生之后。大约形成于雨海纪晚期，爱拉托逊纪之前。可能是月球自转产生强大离心应力时，在一些应力集中区月表下的水冰发生融溶，或业已形成的沉积泥沙物质沿裂隙上侵和充填形成的。早期研究者将液化沙丘误认为是岩浆分异产生的流纹岩丘（见图2.5.144）。但液化沙丘的物质成分，主要是略具磨圆和分选的浅色沉积碎屑和岩块，足以证明沙丘不可能是岩体分异的流纹岩丘，而应该是当时月震产生的"液化沙丘"。

四、月球"液化沙丘"发现的意义

液化沙丘，是月球区域应力作用下，在月海滨海区产生裂隙时，月表下已存在的水冰因应力集中而融溶，或业已形成的沉积泥沙物质沿裂隙上侵和充填产生的。因此它的发现表明月表下存在水冰或含水的泥沙物质，为研究月球水和水冰的形成和演化提供重要材料。

以下附第二章第五节图：

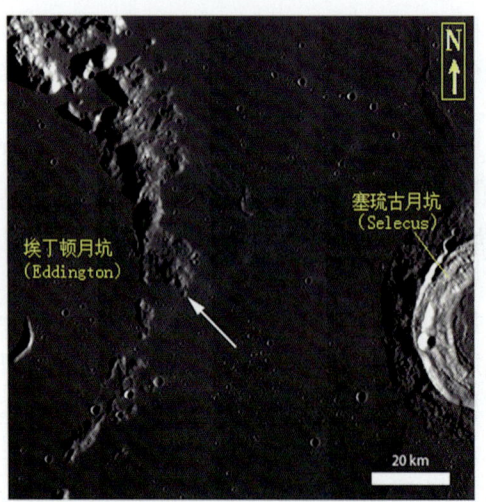

图2.5.1 风暴洋之西埃丁顿（Eddington）月坑之东液化沙丘分布特征（箭头所示）

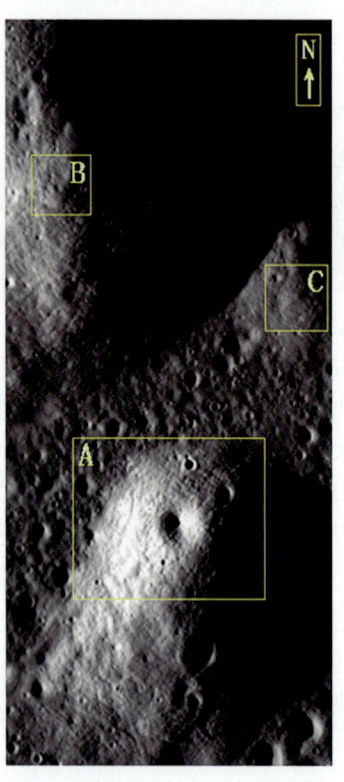

图2.5.2 为图2.5.1箭头所示处局部放大
示风暴洋埃丁顿月坑之东漏斗状液化沙丘（A、B、C）分布特征

第二章 月球"水"形成的地貌和沉积（遗迹）特征

图 2.5.3　为图 2.5.2 方框 A 局部放大

示风暴洋埃丁顿月坑之东漏斗状液化沙丘及其顶部分布的漏斗状热融塌陷坑分布特征

图 2.5.4　为图 2.5.2 方框 B 局部放大

示风暴洋埃丁顿月坑之东液化沙丘顶部浅色岩屑和岩块（沉积物略具磨圆和分选）分布特征

图 2.5.5　为图 2.5.2 方框 C 局部放大

示风暴洋埃丁顿月坑之东液化沙丘顶部浅色岩屑和岩块（沉积物略具磨圆和分选）分布特征

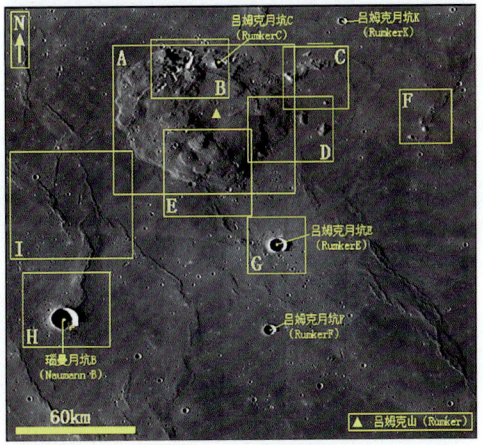

图 2.5.6　风暴洋之北吕姆克山（Mons Rumker）地区

示液化沙丘群、液化沙垄和"陆地"月坑分布特征

265

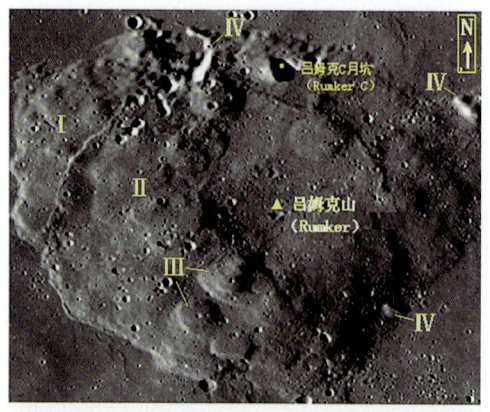

图 2.5.7　为图 2.5.6 方框 A 局部放大
示风暴洋之北"泛海洋"期形成的Ⅰ—Ⅳ期扁平状液化沙丘群地貌上呈不同大小分布特征

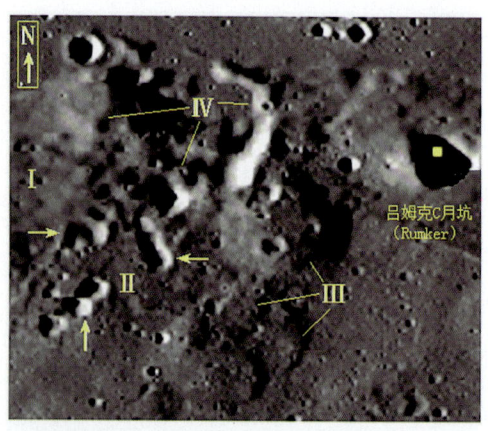

图 2.5.8　为图 2.5.6 方框 B 局部放大
示风暴洋之北Ⅰ—Ⅳ期液化沙丘和热融塌陷坑（箭头所示）分布特征

图 2.5.9　为图 2.5.6 方框 C 局部放大
示风暴洋之北Ⅳ期液化沙丘群呈长条状堆积体（向上箭头所示）和孤立的个体出现（水平箭头所示）分布特征

图 2.5.10　为图 2.5.6 方框 D 局部放大
示风暴洋之北Ⅱ期液化沙丘上形成的锅底状热融塌陷坑（倾斜箭头所示）、液化沙丘堆积群（向上箭头所示）和孤立液化沙丘（水平箭头所示）分布特征

第二章 月球"水"形成的地貌和沉积（遗迹）特征

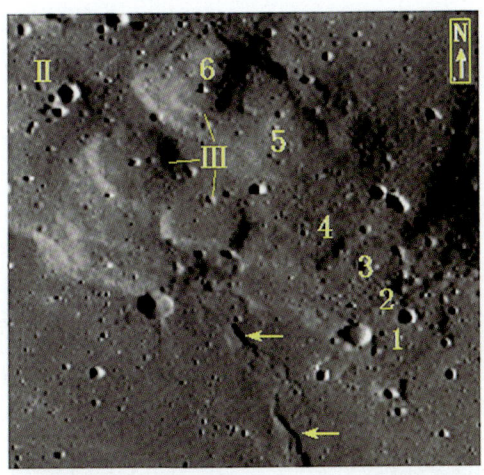

图 2.5.11 为图 2.5.6 方框 E 局部放大

示风暴洋之北Ⅱ期液化沙丘上形成的Ⅲ期扁平状液化沙丘群呈叠层状（1—6）分布特征并切割液化沙垄，箭头所示

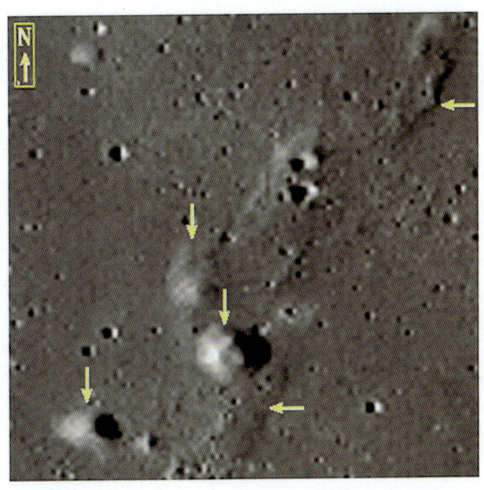

图 2.5.12 为图 2.5.6 方框 F 局部放大

示风暴洋之北Ⅳ期球状液化沙丘（向下箭头所示）切割液化沙垄（水平箭头所示）分布特征

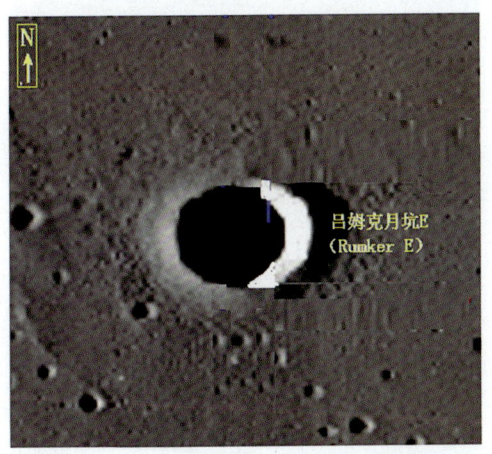

图 2.5.13 为图 2.5.6 方框 G 局部放大

示风暴洋之北"陆地月坑"分布特征

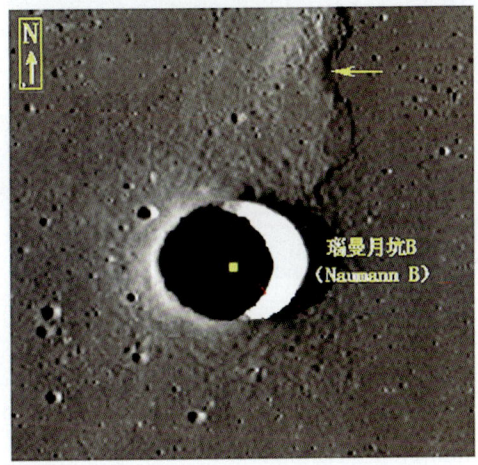

图 2.5.14 为图 2.5.6 方框 H 局部放大

示风暴洋之北"陆地"月坑切割液化沙垄（箭头所示）分布特征

267

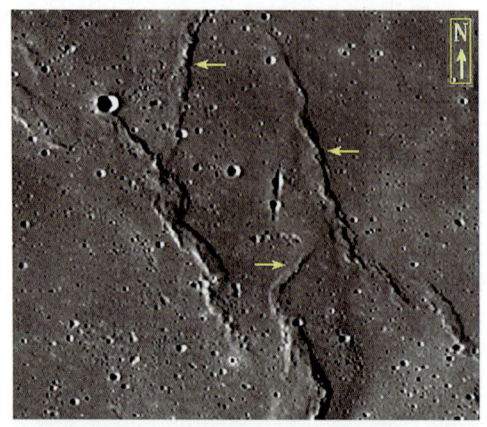

图 2.5.15　为图 2.5.6 方框 I 局部放大
示风暴洋之北液化沙垄（箭头所示）主要受北西、北东和北北东向裂隙所控制

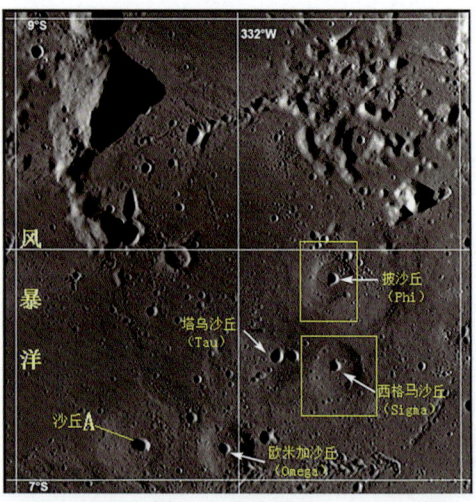

图 2.5.16　风暴洋东霍腾休斯月坑之北铜币状液化沙丘群分布特征

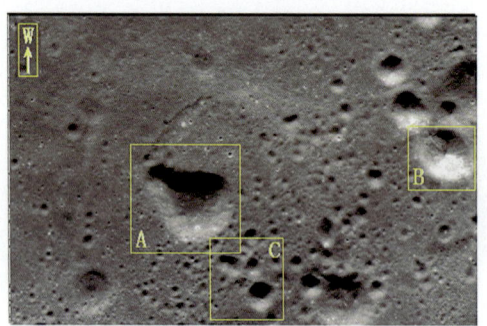

图 2.5.17　为图 2.5.16 披（Phi）液化沙丘局部放大
示披液化沙丘及密集分布的热融塌陷坑分布特征

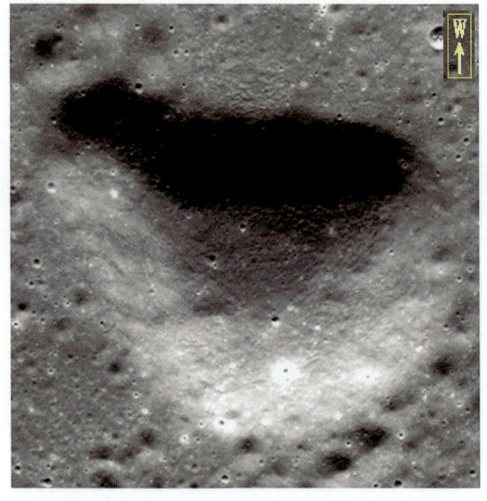

图 2.5.18　为图 2.5.17 方框 A 局部放大
示披液化沙丘顶部热融塌陷坑及周边分布特征

第二章 月球"水"形成的地貌和沉积（遗迹）特征

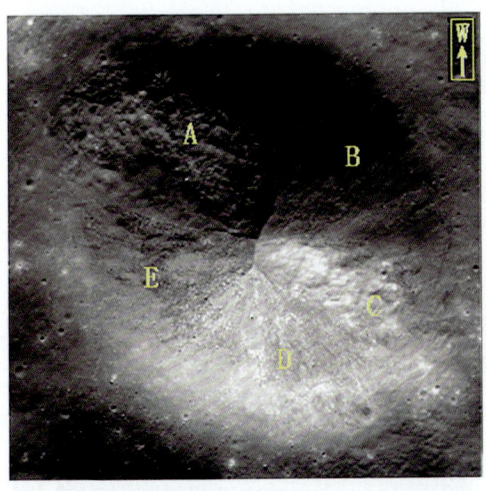

图 2.5.19　为图 2.5.17 方框 B 局部放大
示披液化沙丘边热融塌陷坑壁因月昼时受热不同产生 5 种不同类型（A、B、C、D、E）地貌差异分布特征

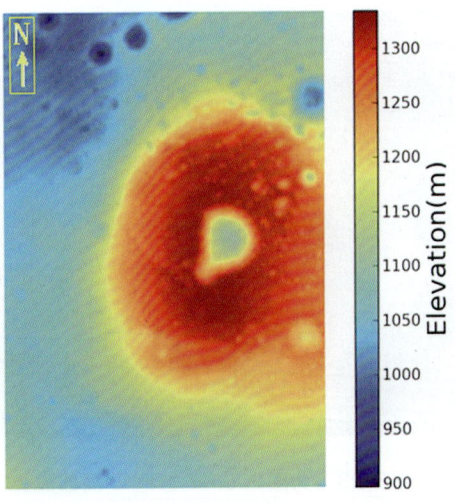

图 2.5.20　披（Phi）沙丘及周边海拔高度分布特征

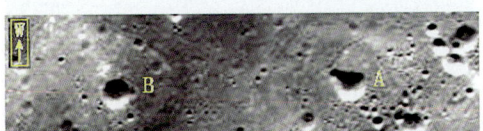

图 2.5.21　披（Phi）沙丘（A）和西格马（Sigma）沙丘（B）分布特征

图 2.5.22　为图 2.5.21 方框 B 局部放大
示西格马沙丘分布特征

图 2.5.23　为图 2.5.17 方框 C 局部放大
示披沙丘平坦顶面分布大小不同的漏斗状热融塌陷坑群

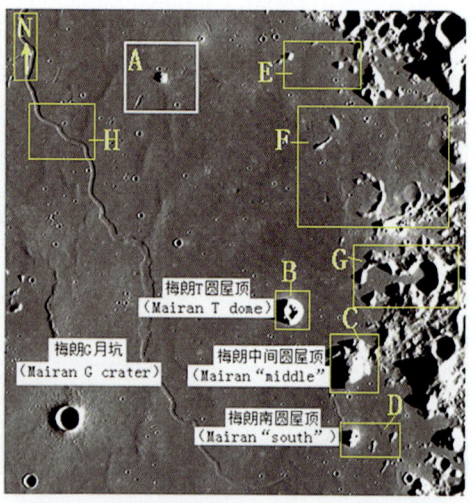

图 2.5.24　风暴洋东北梅朗圆屋顶（Mairan dome）状液化沙丘（方框）分布位置

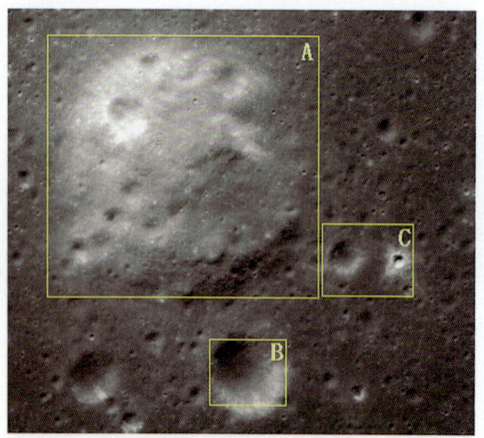

图 2.5.25　为图 2.5.24 方框 A 局部放大
示风暴洋东北梅朗圆屋顶状或饼状液化沙丘分布特征

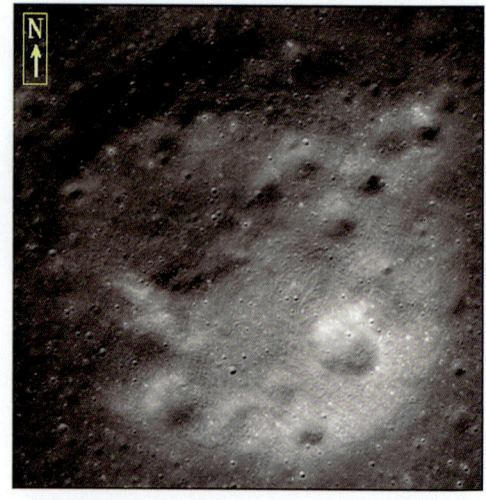

图 2.5.25A　为图 2.5.25 方框 A 局部放大
示风暴洋东北梅朗圆屋顶状或饼状液化沙丘分布特征

第二章 月球"水"形成的地貌和沉积（遗迹）特征

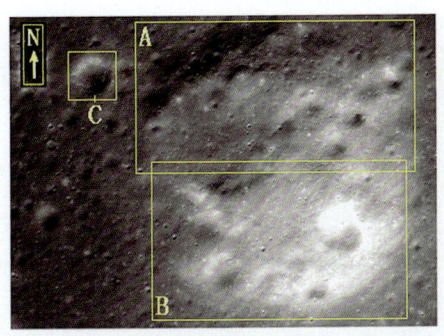

图 2.5.26　为图 2.5.24 方框 A 局部放大
示风暴洋东北梅朗圆屋顶状或饼状液化沙丘（A、B）及附近热融塌陷坑（C）分布特征

图 2.5.27　为图 2.5.26 方框 A 局部放大
示风暴洋东北液化沙丘上分布的漏斗状热融塌陷坑特征

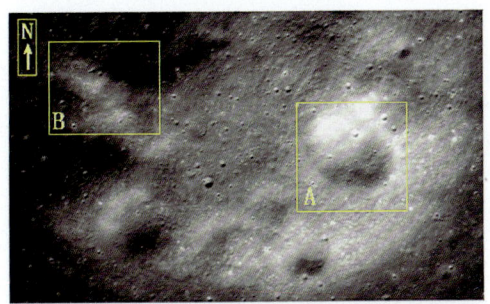

图 2.5.28　为图 2.5.26 方框 B 局部放大
示风暴洋东北圆屋顶状或饼状液化沙丘分布特征

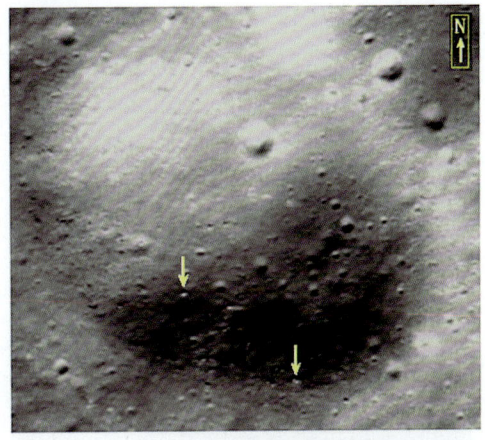

图 2.5.29　为图 2.5.28 方框 A 局部放大
示风暴洋东北圆屋顶状液化沙丘锅底状热融塌陷坑分布的浅色岩屑（箭头所示），大小均匀、略具分选和磨圆的沉积物

271

图 2.5.30 为图 2.5.28 方框 B 局部放大

示风暴洋东北圆屋顶状液化沙丘浅色岩屑和岩块（箭头所示）分布特征，大小均匀、略具分选和磨圆的沉积物

图 2.5.31 为图 2.5.27 方框局部放大

示风暴洋东北液化沙丘上分布的漏斗状和锅底状热融塌陷坑特征

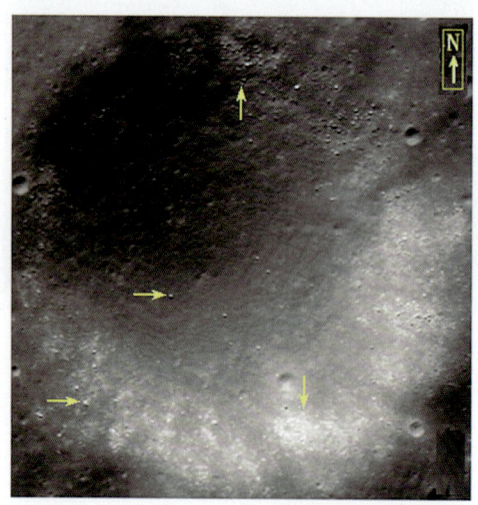

图 2.5.32 为图 2.5.25 方框 B 局部放大

示风暴洋东北液化沙丘附近月表锅底状热融塌陷坑分布的浅色岩块（箭头所示）特征，大小均匀、具次圆状的沉积物

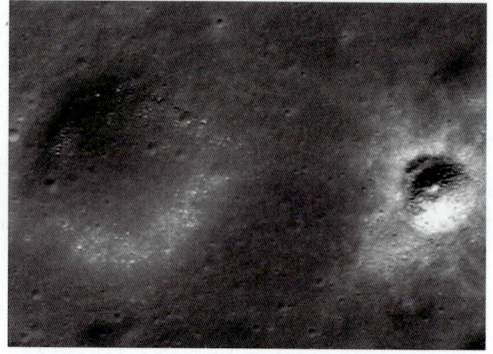

图 2.5.33 为图 2.5.25 和 26 方框 C 局部放大

示风暴洋东北液化沙丘附近月表锅底状热融塌陷坑分布的浅色岩块特征，大小均匀、具次圆状的沉积物

第二章 月球"水"形成的地貌和沉积（遗迹）特征

图 2.5.33A　为图 2.5.24 方框 B 局部放大
示风暴洋东北具热融塌陷坑的圆屋顶状球状液化沙丘分布特征

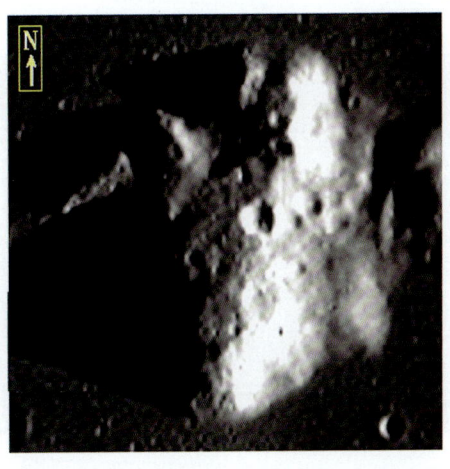

图 2.5.34　为图 2.5.24 方框 C 局部放大
示风暴洋东北早期形成的岛状液化沙丘分布特征

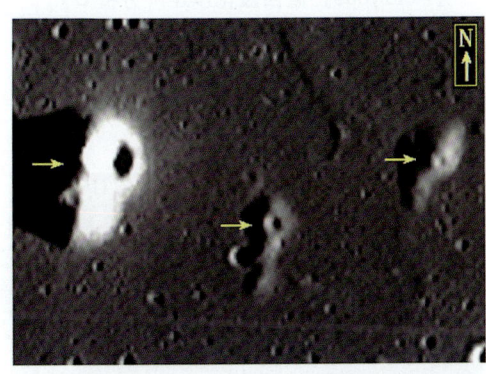

图 2.5.35　为图 2.5.24 方框 D 局部放大
示风暴洋东北具热融塌陷坑的圆屋顶状球状液化沙丘（箭头所示）分布特征

图 2.5.36　为图 2.5.24 方框 E 局部放大
示风暴洋东北圆屋顶或球状状液化沙丘分布特征

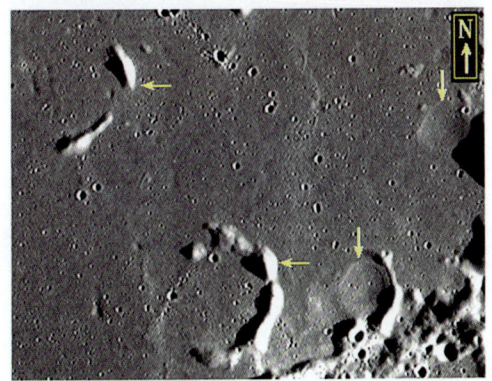

图 2.5.37　为图 2.5.24 方框 F 局部放大
示风暴洋东北"泛海洋"时期"浅水月坑"（箭头所示）分布特征

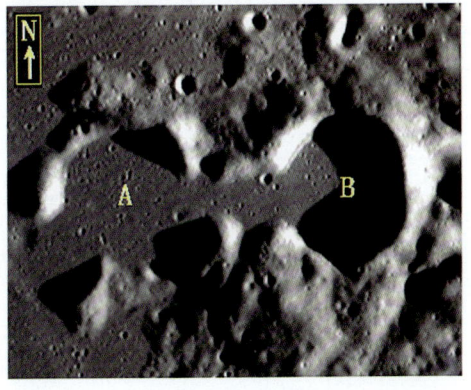

图 2.5.38　为图 2.5.24 方框 G 局部放大
示风暴洋东北"泛海洋"时期近海形成的"浅水月坑"（A、B）分布特征

273

月球卫片分析最新发现

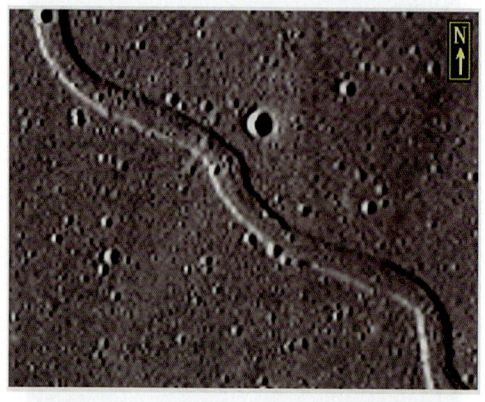

图 2.5.39　为图 2.5.24 方框 H 局部放大
示风暴洋东北"泛海洋"形成后产生的"地堑式"冰裂分布特征

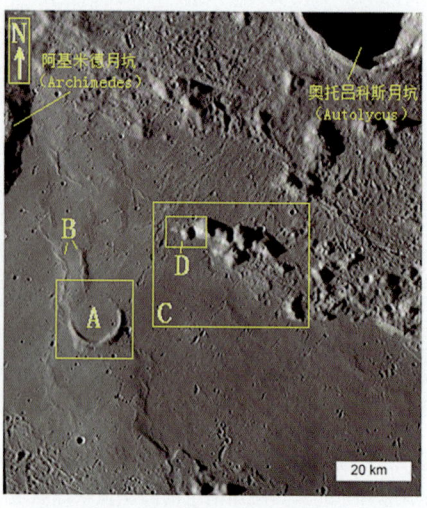

图 2.5.40　雨海东南奥托吕科斯（Autolycus）南西液化沙丘（方框 D）
A 为"泛海洋"期形成的"浅水月坑"，B 为"泛海洋"期后形成的液化沙垄

图 2.5.41　为图 2.5.40 方框 D 局部放大
示雨海东南沙丘顶部发育热融塌陷坑（C），东、西（A、B）两沙丘顶部则不发育热融塌陷坑

图 2.5.42　为图 2.5.41 方框 A 局部放大
示雨海东南漏斗状液化沙丘分布特征

第二章 月球"水"形成的地貌和沉积（遗迹）特征

图 2.5.43　为图 2.5.42 方框 A 局部放大
示雨海东南西侧液化沙丘顶部无热融塌陷坑分布特征

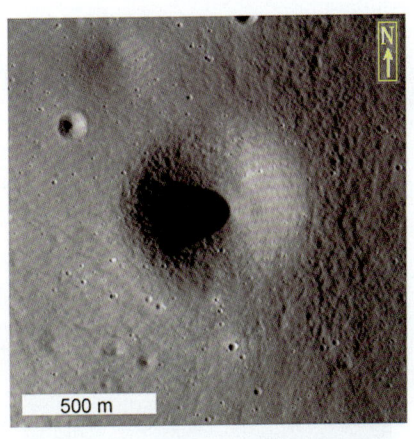

图 2.5.44　为图 2.5.42 方框 B 局部放大
示雨海东南中部漏斗状液化沙丘顶部分布的漏斗状热融塌陷坑特征

图 2.5.45　为图 2.5.42 方框 C 局部放大
示雨海东南液化沙丘旁分布的双心漏斗状热融塌陷坑特征

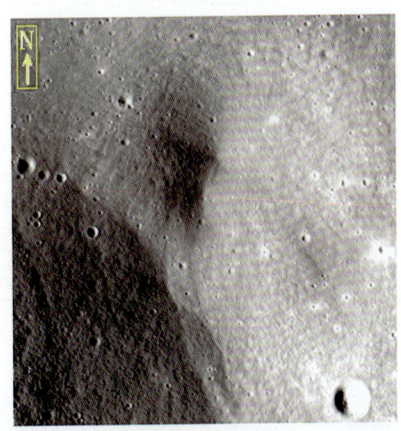

图 2.5.46　为图 2.5.42 方框 D 局部放大
示雨海东南液化沙丘旁分布的漏斗状热融塌陷坑特征

275

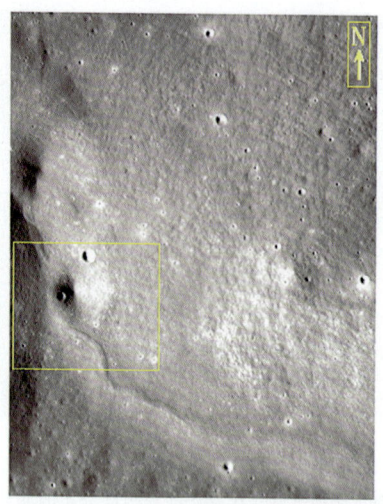 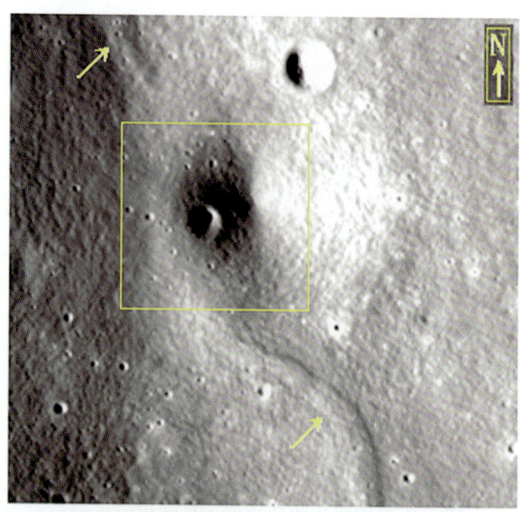

图2.5.47　为图2.5.41方框B局部放大　　　图2.5.48　为图2.5.47方框局部放大
示雨海东南东侧液化沙丘顶部无明显热融塌陷坑分　　示雨海东南液化沙丘旁分布的漏斗状热融塌陷坑明显
布特征　　　　　　　　　　　　　　　　　　　　　切割液化沙垄，箭头所示

图2.5.49　为图2.5.41方框C局部放大　　　图2.5.50　为图2.5.48方框局部放大
示雨海东南中部漏斗状液化沙丘基座及其顶部分布　　示雨海东南漏斗状小液化沙丘顶部分布的漏斗
的漏斗状热融塌陷坑特征　　　　　　　　　　　　　状热融塌陷坑特征

第二章 月球"水"形成的地貌和沉积（遗迹）特征

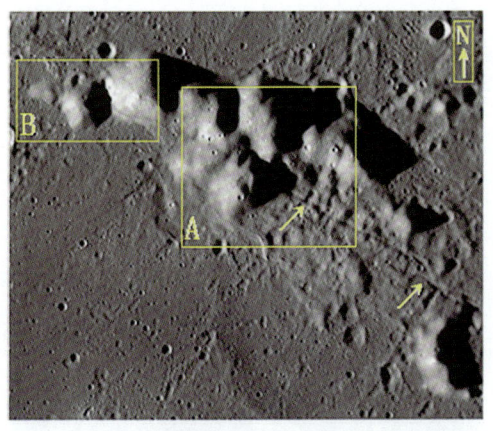

图 2.5.51　为图 2.5.40 方框 C 局部放大
示雨海东南岛状液化沙丘沿断裂（箭头所示）西北一端（方框 A、B）分布特征

图 2.5.52　为图 2.5.51 方框 A 局部放大
示雨海东南液化沙丘顶部大多分布漏斗状热融塌陷坑特征

图 2.5.53　为图 2.5.40 方框 A 局部放大
示雨海东南"泛海洋"期形成的月坑沉积平原与月海沉积平原相连通特征

图 2.5.53A　为图 2.5.51 方框 B 局部放大
雨海东南岛状液化沙丘沿断裂（箭头所示）西北一端（方框 B）分布特征

277

图 2.5.54 虹湾（Sinus Iridum）北边界阶梯状断裂前缘
岩丘群（黄点）分布特征

图 2.5.55 为图 2.5.54 黄点处局部放大
示雨海虹湾之北岩丘群及北边界断裂（箭头所示）分布特征

图 2.5.56 为图 2.5.55 方框局部放大
示雨海虹湾之北岩丘群（A）及其地貌分布特征

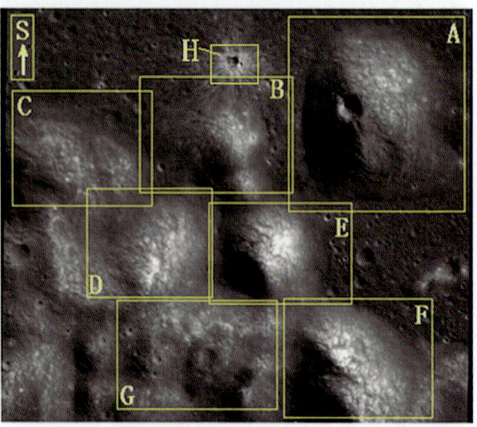

图 2.5.57 为图 2.5.56 方框 A 局部放大
示雨海虹湾之北岩丘群表面具"大象皮肤"皱褶分布特征

第二章 月球"水"形成的地貌和沉积（遗迹）特征

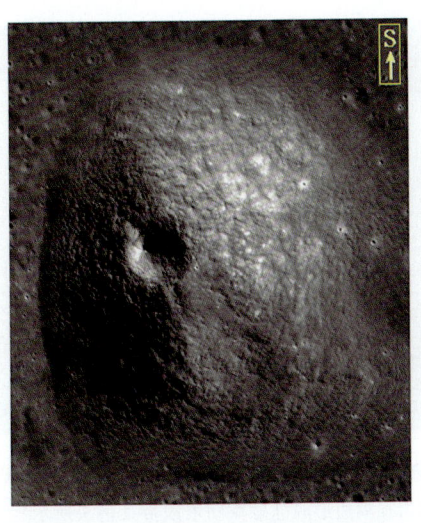

图 2.5.58　为图 2.5.57 方框 A 局部放大
示雨海虹湾之北漏斗状岩丘表面具"大象皮肤"皱褶分布特征

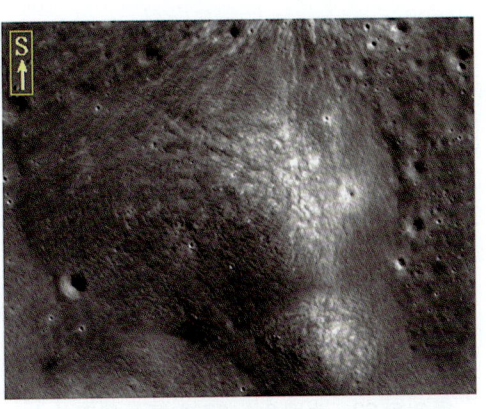

图 2.5.59　为图 2.5.57 方框 B 局部放大
示岩丘群表面具"大象皮肤"皱褶分布特征

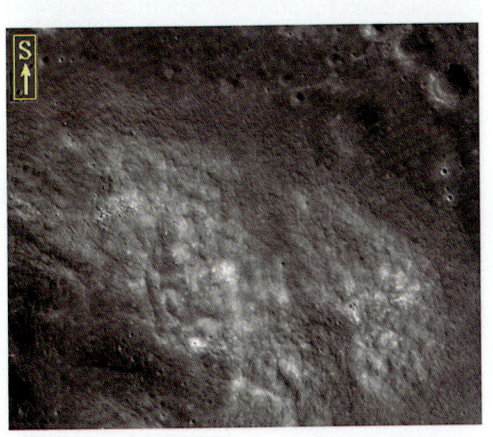

图 2.5.60　为图 2.5.57 方框 C 局部放大
示岩丘表面具"大象皮肤"皱褶分布特征

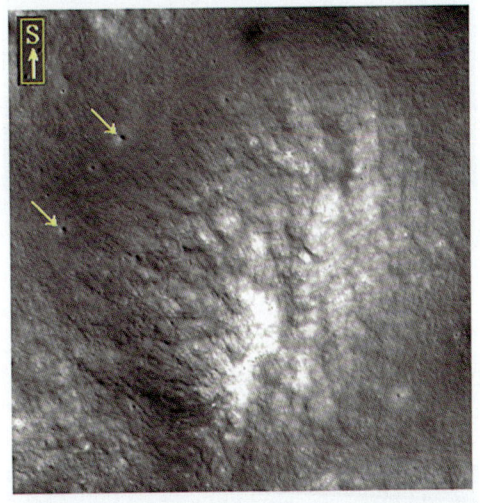

图 2.5.61　为图 2.5.57 方框 D 局部放大
示岩丘周边形成冻融蠕动堆积带上漏斗状热融塌陷坑（箭头所示）表面具"大象皮肤"皱褶分布特征

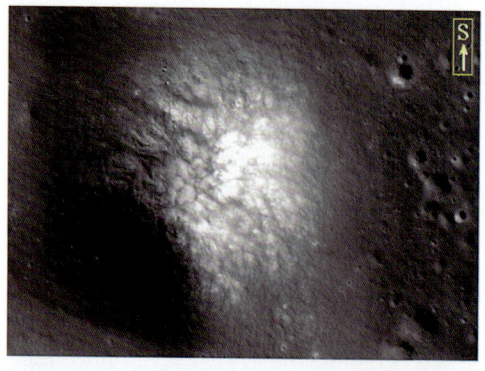

图2.5.62 为图2.5.57方框E局部放大
示岩丘表面具"大象皮肤"皱褶分布特征

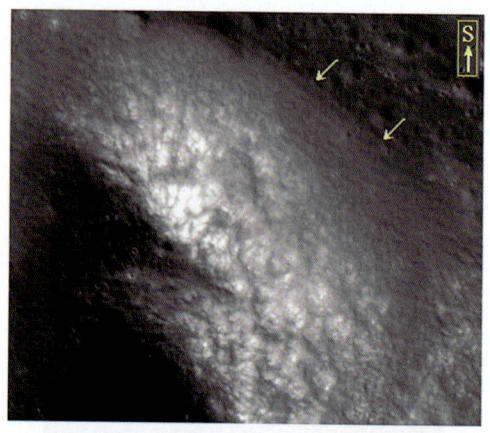

图2.5.63 为图2.5.57方框F局部放大
示岩丘周边形成冻融蠕动堆积带（箭头所示）表面具"大象皮肤"皱褶分布特征

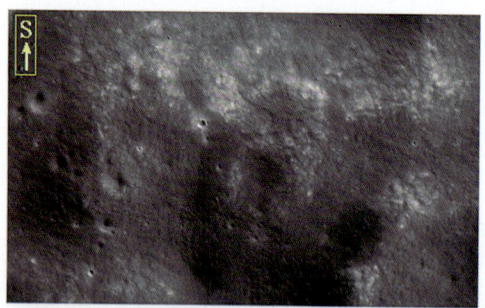

图2.5.64 为图2.5.57方框G局部放大
示岩丘群地貌分布特征

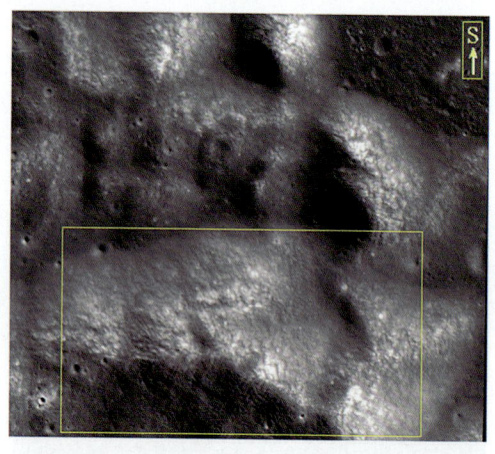

图2.5.65 为图2.5.56方框B局部放大
示冻融岩尘堆群间沟谷为原始岩块裂隙地貌分布特征

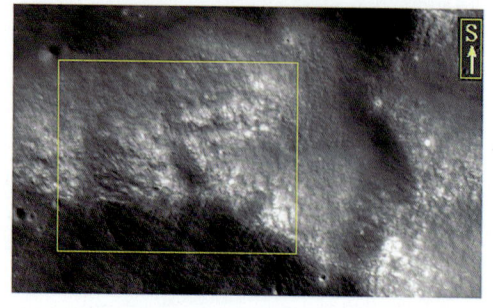

图2.5.66 为图2.5.65方框局部放大
示岩丘群表面具"大象皮肤"皱褶分布特征

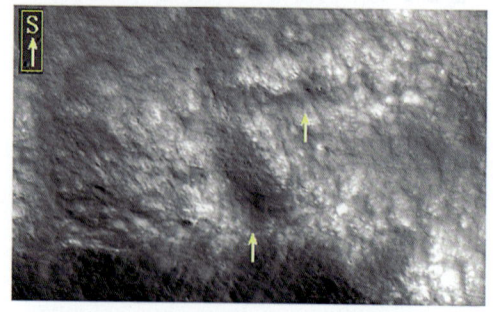

图2.5.67 为图2.5.66方框局部放大
示冻融岩尘堆上沟谷可能是原始岩石的裂隙，（箭头所示）表面具"大象皮肤"皱褶分布特征

第二章 月球"水"形成的地貌和沉积（遗迹）特征

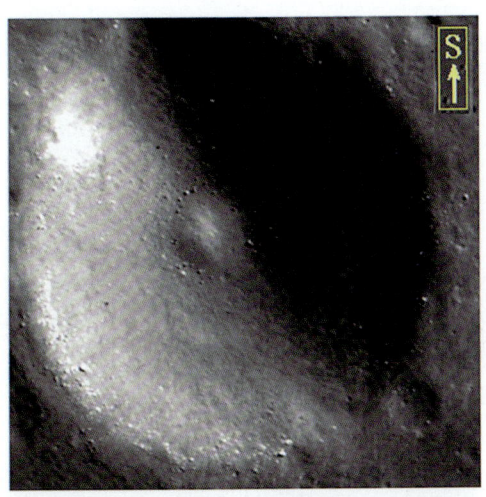

图 2.5.68　为图 2.5.56 方框 C 局部放大
示虹湾沉积平原上的月坑坑缘浅色岩屑和岩块（大小均匀、具次圆状的沉积物）分布特征

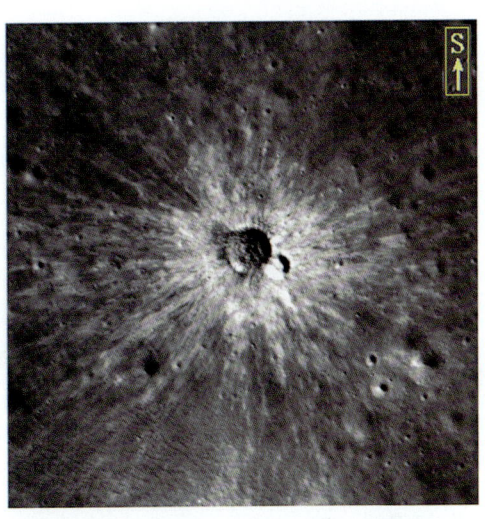

图 2.5.69　为图 2.5.57 方框 H 局部放大
示虹湾沉积平原上哥白尼纪晚期"陆地月坑"具强辐射纹分布特征

图 2.5.70　静海西北液化沙丘和沙地分布位置（方框）

图 2.5.71　为图 2.5.70 方框局部放大
示静海西北岛状液化沙丘和沙地地貌呈近平行分布特征

281

图2.5.72 为图2.5.71方框A局部放大
示静海西北液化沙丘和沙地有大小不同热融塌陷坑分布特征

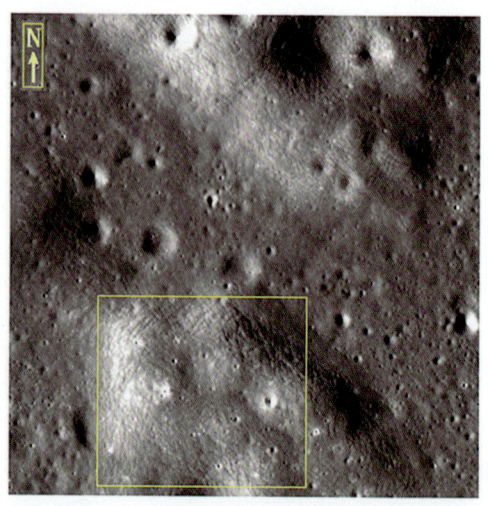

图2.5.73 为图2.5.71方框B局部放大
示静海西北液化沙丘和沙地表面发育皱纹状分布特征

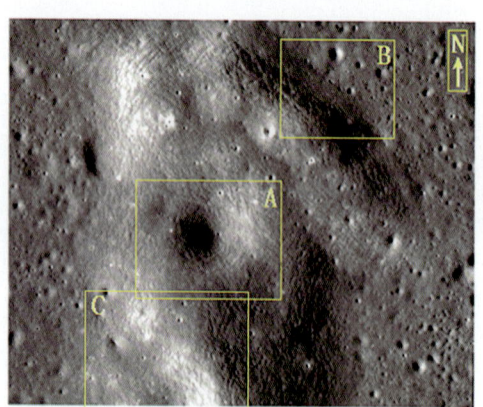

图2.5.74 为图2.5.71方框C局部放大
示静海西北液化沙丘和沙地上热融塌陷坑分布特征

图2.5.75 为图2.5.71方框D局部放大
示静海西北液化沙丘和沙地周边有大量大小不同热融塌陷坑分布特征

第二章 月球"水"形成的地貌和沉积（遗迹）特征

图 2.5.76　为图 2.5.72 方框局部放大
示静海西北液化沙地上漏斗状热融塌陷坑分布特征

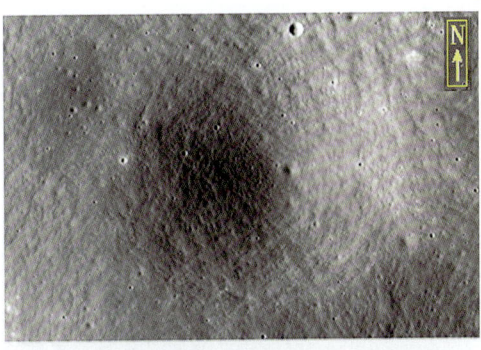

图 2.5.77　为图 2.5.74 方框 A 局部放大
示可能是原沙丘顶部的碟状塌陷坑分布特征

图 2.5.78　为图 2.5.71 方框 E 局部放大
示静海西北液化沙地上锅底状热融塌陷坑分布特征

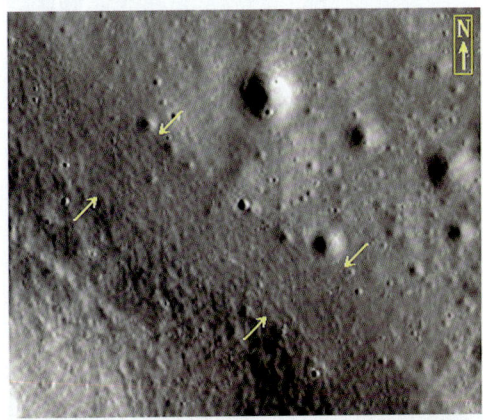

图 2.5.79　为图 2.5.74 方框 B 局部放大
示静海西北液化沙地东北侧陡坡下热融堆积带（箭头所示）及沉积变质岩层岩石风化"线理"（左下）分布特征

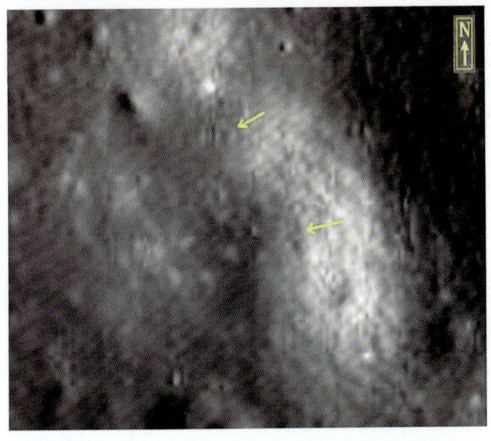

图 2.5.80　为图 2.5.74 方框 C 局部放大
示静海西北液化沙地西南侧陡坡热融滑落堆积分布特征，箭头所在处为滑落面

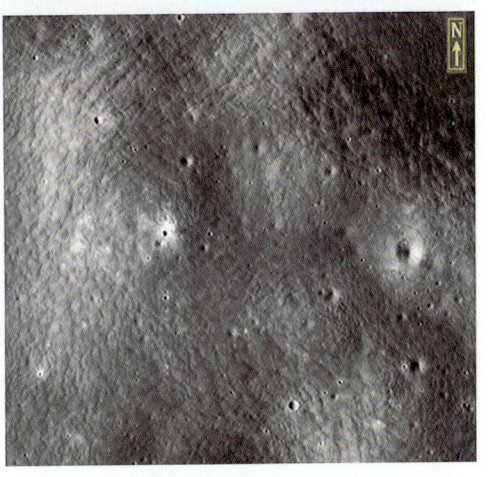

图 2.5.81　为图 2.5.73 方框局部放大
示静海西北相互联结的液化沙丘群表面呈皱纹状或皱褶状分布特征

283

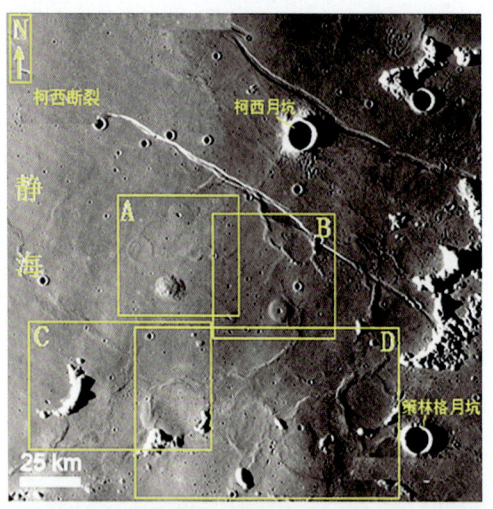

图 2.5.82　静海东饼状液化沙丘群和"泛海洋"形成的"浅水月坑"环状残迹分布特征

图 2.5.83　为图 2.5.82 方框 A 局部放大

示静海东饼状沙丘（A、B）和"泛海洋"形成的月坑环状残迹（"深水月坑"）（C、D）分布特征

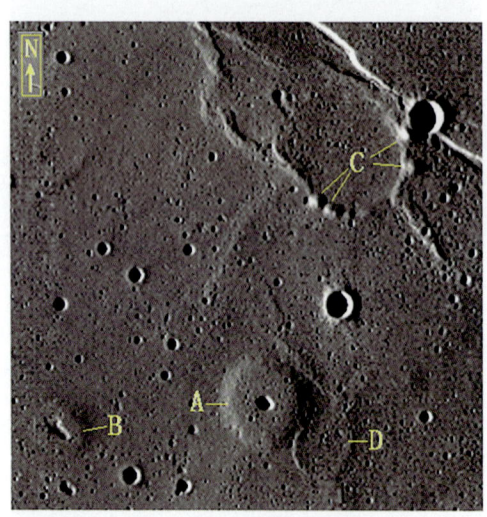

图 2.5.84　为图 2.5.82 方框 B 局部放大

示静海东铜钱状（A、B）、球状沙丘（C）和"深海月坑"（D）分布特征

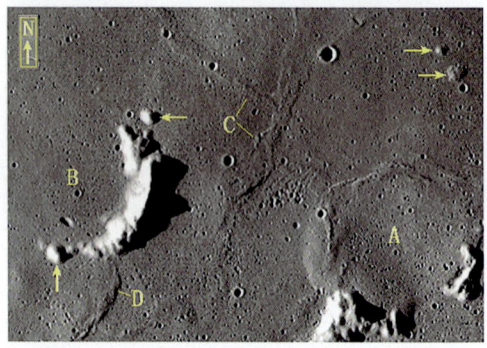

图 2.5.85　为图 2.5.82 方框 C 局部放大

示静海东球状沙丘（箭头所示）、"泛海洋"形成的"浅水月坑"（A、B）和液化沙垄（C、D）分布特征

第二章　月球"水"形成的地貌和沉积（遗迹）特征

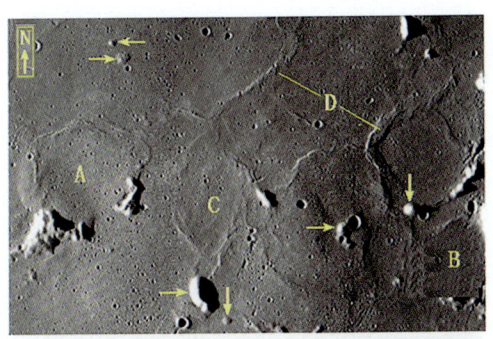

图 2.5.86　为图 2.5.82 方框 D 局部放大
示静海东球状沙丘（箭头所示）、"泛海洋"形成的"浅水月坑"（A、B、C）和液化沙垄（D）分布特征

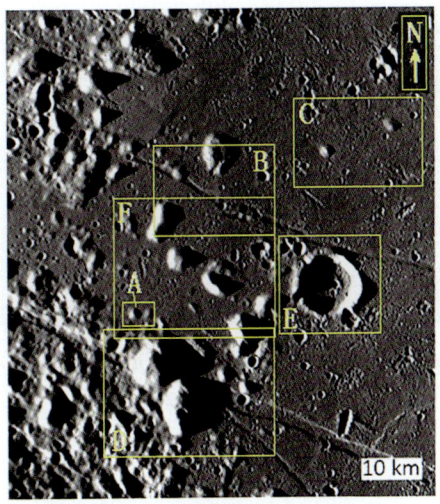

图 2.5.87　澄海（Mare Serenitates）之北滨海区
梦湖之西球状液化沙丘与冰裂关系密切

图 2.5.88　为图 2.5.87 方框 A 左侧局部放大
示澄海之北漏斗状液化沙丘及顶部漏斗状热融塌陷坑表面"皱褶"较发育特征

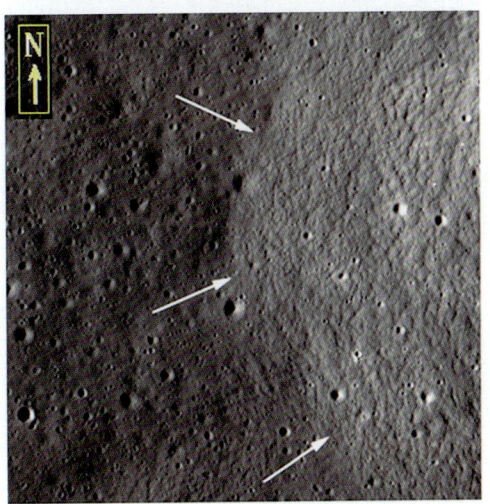

图 2.5.89　为图 2.5.88 方框 A 局部放大
示澄海之北液化沙丘西侧热融蠕动堆积（箭头所示）分布特征

285

图 2.5.90　为图 2.5.87 方框 A 右侧局部放大
示澄海之北球状液化沙丘及顶部残留浅色岩屑和岩块堆积特征

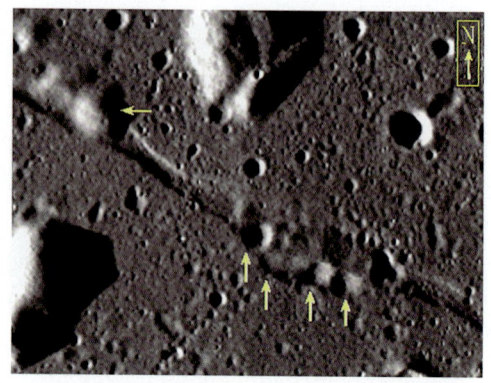

图 2.5.91　为图 2.5.87 方框 B 局部放大
示澄海之北滨海区球状液化沙丘（水平箭头所示）和热融塌陷坑（向上箭头所示）沿冰裂分布特征

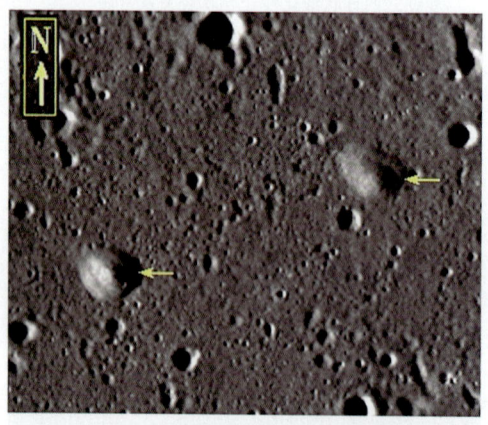

图 2.5.92　为图 2.5.87 方框 C 局部放大
示澄海之北具明显中心喷溢的小型球状液化沙丘孤立分布于月海平原之上（箭头所示）特征

图 2.5.93　为图 2.5.87 方框 D 局部放大
示澄海之北大小不同球状和岛状液化沙丘沿冰裂及其两侧分布特征

第二章 月球"水"形成的地貌和沉积（遗迹）特征

图2.5.94 为图2.5.87方框E局部放大
示澄海之北"泛海洋"后期形成的"沼泽月坑"坑缘凸起、有月坑沉积平原、无辐射纹分布的特征

图2.5.95 为图2.5.88方框B局部放大
示澄海之北热融塌陷坑附近分布浅色岩屑和岩块（箭头所示）特征

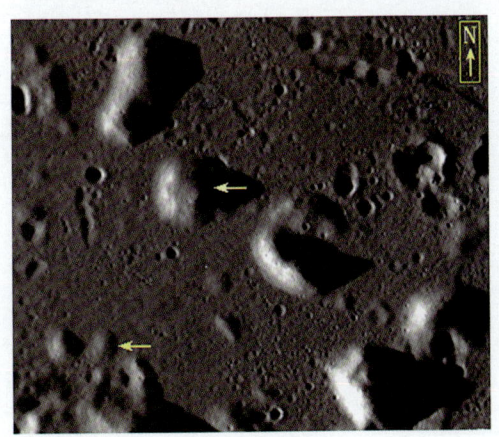

图2.5.96 为图2.5.87方框F局部放大
示澄海之北大小不同的球状液化沙丘（箭头所示）分布特征

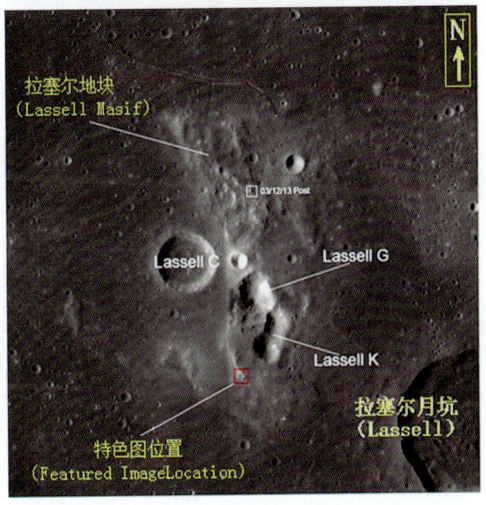

图2.5.97 云海东北液化沙丘和沙地（特色图位置）分布特征

287

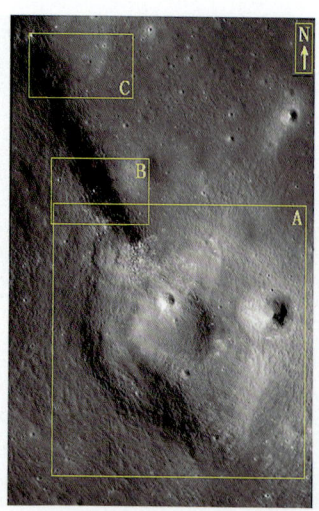

图2.5.98 为图2.5.97 红色方框局部放大
示云海东北液化沙丘和沙地及附近地貌分布特征

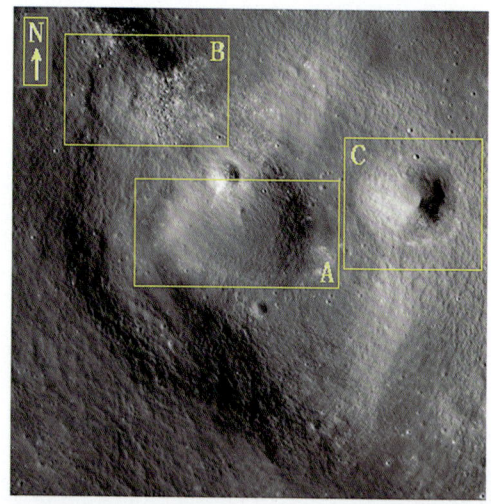

图2.5.99 为图2.5.98 方框A局部放大
示云海东北液化沙丘顶热融塌陷坑分布特征

图2.5.100 为图2.5.99 方框B局部放大
示云海东北液化沙丘周边浅色岩屑和岩块略具磨圆和分选特征

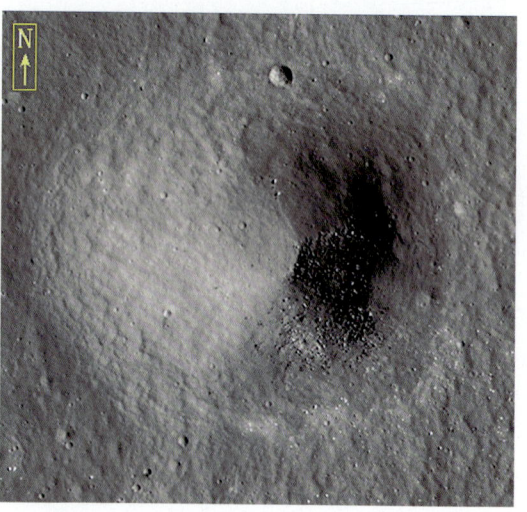

图2.5.101 为图2.5.99 方框C局部放大
示云海东北漏斗状液化沙丘周边浅色岩屑和岩块略具磨圆和分选特征

第二章 月球"水"形成的地貌和沉积（遗迹）特征

图2.5.102 为图2.5.98方框B局部放大
示云海东北拉塞尔地块南端浅色岩屑和岩块略具磨圆和分选特征

图2.5.103 为图2.5.98方框C局部放大
示云海东北拉塞尔地块南端浅色岩屑和岩块略具磨圆和分选特征

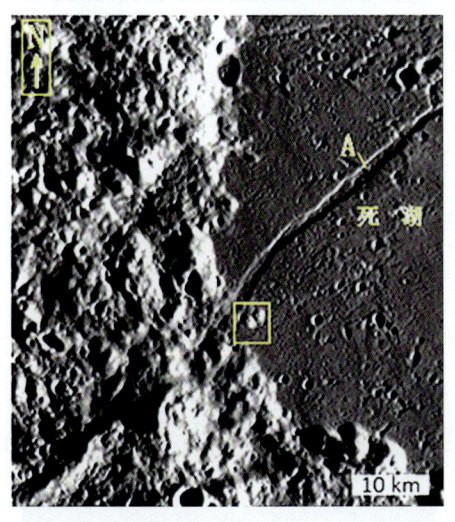

图2.5.104 死湖西南漏斗状液化沙丘分布位置（方框）
（A为"地堑式"冰裂）向西南延伸至月陆区转化为断裂

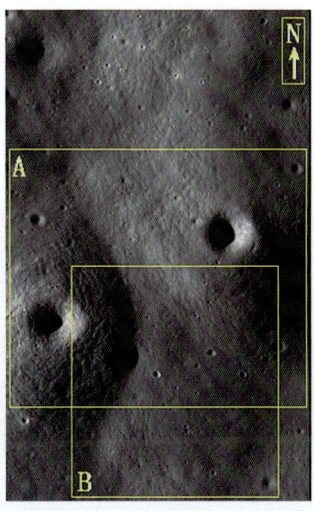

图2.5.105 为图2.5.104方框局部放大
示死湖西南液化沙丘分布特征

289

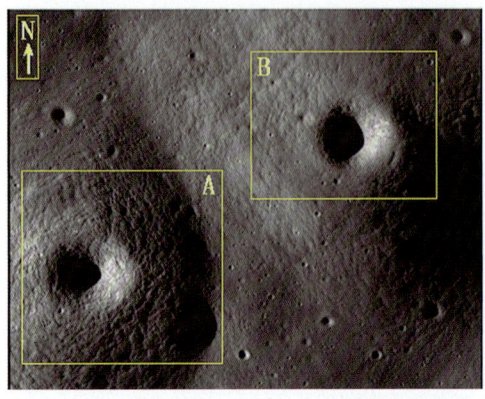

图 2.5.106　为图 2.5.105 方框 A 局部放大
示死湖西南液化沙丘顶部漏斗状热融塌陷坑分布特征

图 2.5.107　为图 2.5.106 方框 A 局部放大
示死湖西南液化沙丘顶部漏斗状热融塌陷坑表面"皱纹"似大象皮肤特征

图 2.5.108　为图 2.5.106 方框 B 局部放大
示死湖西南液化沙丘顶部漏斗状热融塌陷坑浅色岩屑和岩块略具磨圆和分选特征

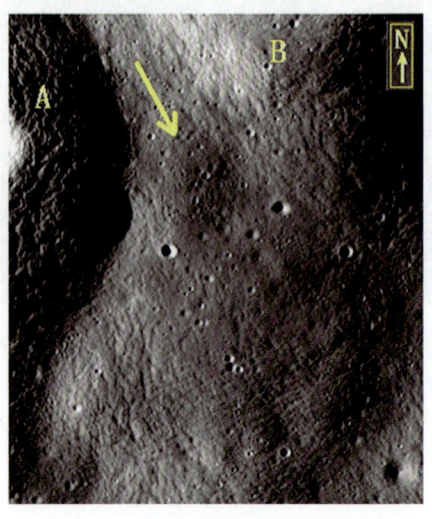

图 2.5.109　为图 2.5.105 方框 B 局部放大
示两液化沙丘（A、B）之间形成的泥流扇分布特征，箭头示泥流流动方向

第二章 月球"水"形成的地貌和沉积（遗迹）特征

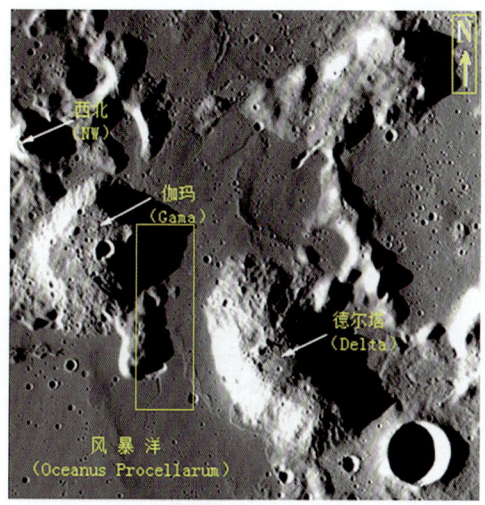

图 2.5.110 风暴洋（Oceanus Procellarum）之东岛状原始沙丘
示德尔塔、伽马和西北穹丘分布特征

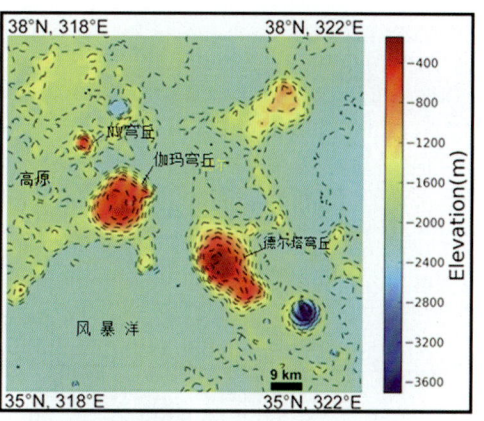

图 2.5.111 德尔塔、伽马和西北原始穹丘及周边地貌
等高线间距为 220 m 的彩色地形图

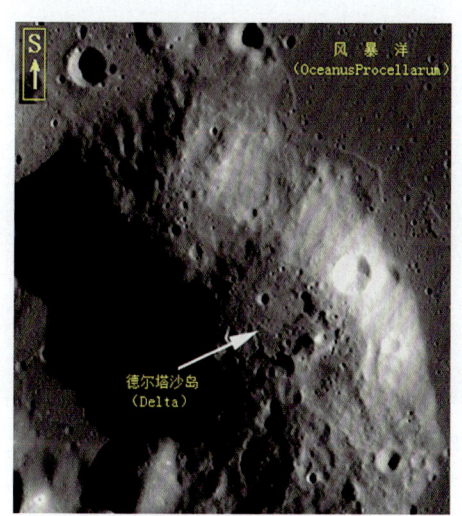

图 2.5.112 为图 2.5.110 德尔塔原始穹丘局部放大
示德尔塔穹丘周边表面受雨水强烈侵蚀地貌特征

图 2.5.113 为图 2.5.110 伽马原始穹丘局部放大
示伽马穹丘周边表面受雨水强烈侵蚀地貌特征

291

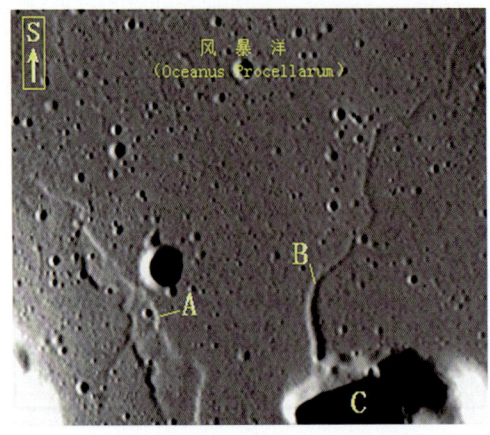

图 2.5.114　为图 2.5.110 方框南段液化沙垄（A）、月溪（B）和热泉坑（C）分布特征

图 2.5.115　为图 2.5.110 方框局部放大
示伽马穹丘东侧高原堆积分布特征

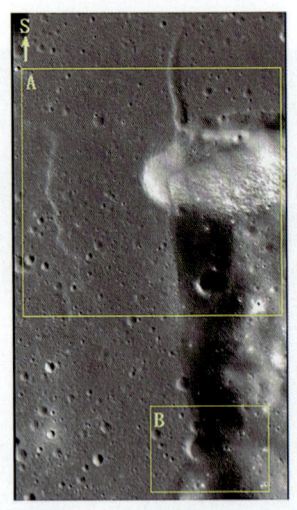

图 2.5.116　为图 2.5.115 方框 A 局部放大
示伽马穹丘东侧高原堆积（右侧）分布特征

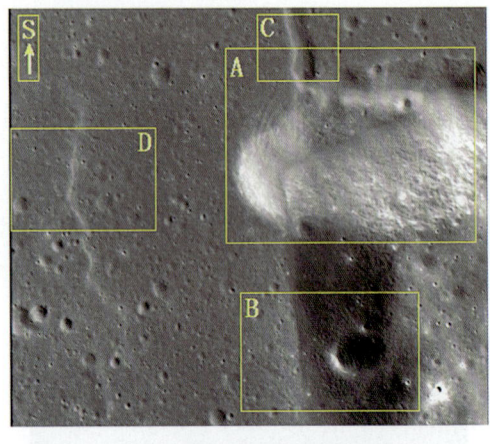

图 2.5.117　为图 2.5.116 方框 A 局部放大
示伽马穹丘东侧高原堆积分布的热泉坑（A）、冻融蠕动堆积带（B）、月溪（C）和液化沙垄（D）分布特征

第二章 月球"水"形成的地貌和沉积（遗迹）特征

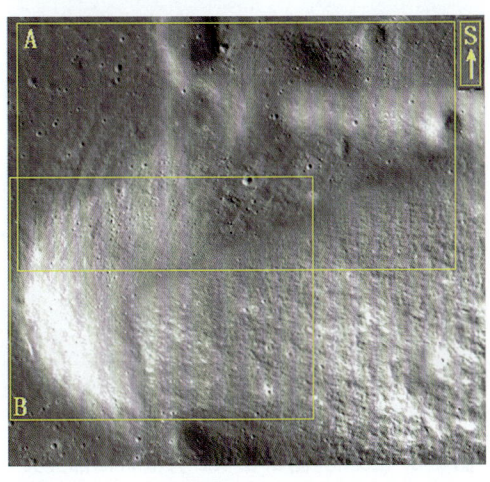

图 2.5.118　为图 2.5.117 方框 A 局部放大
示伽马穹丘东侧不甚规则的热泉口分布特征

图 2.5.119　为图 2.5.118 方框 A 局部放大
示伽马穹丘东侧热泉坑壁浅色岩屑和岩块沉积层组成褶皱背、向斜构造分布特征

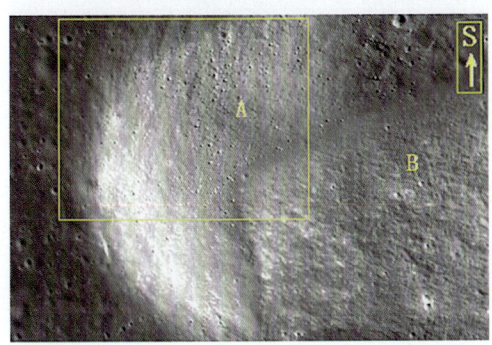

图 2.5.120　为图 2.5.118 方框 B 局部放大
示热泉坑壁浅色岩屑和岩块（A）为浅海沉积与高原堆积（B）地貌上显示完全不同

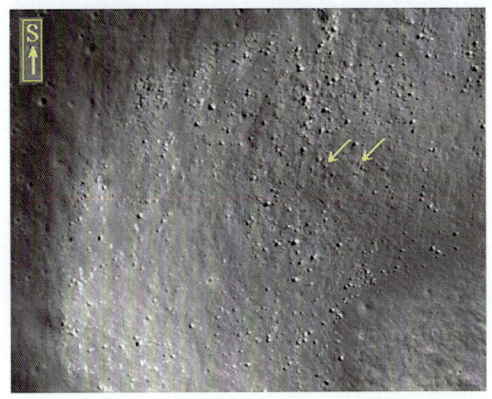

图 2.5.121　为图 2.5.120 方框局部放大
示热泉坑壁浅色岩屑和岩块组成的层理（箭头所示）分布特征

月球卫片分析最新发现

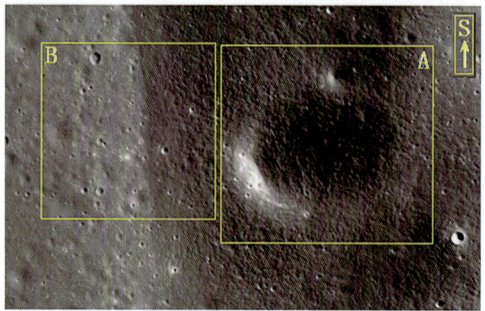

图 2.5.122　为图 2.5.117 方框 B 局部放大
示热泉坑和冻融蠕动堆积带分布特征

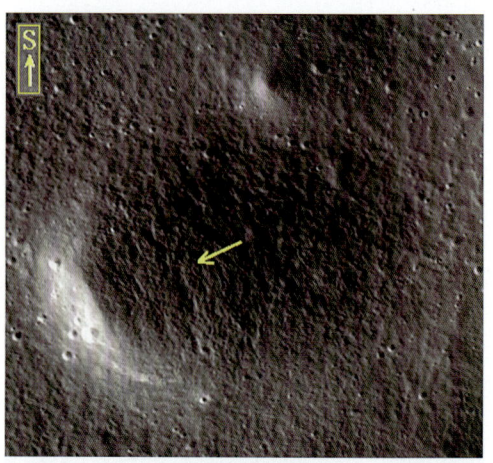

图 2.5.123　为图 2.5.122 方框 A 局部放大
示高原堆积坡面下冻融蠕动堆积物流入早期月坑中（箭头所示）分布特征

图 2.5.124　为图 2.5.122 方框 B 局部放大
示高原堆积坡面下冻融蠕动堆积物带（箭头所示）分布于风暴洋沉积平原上特征

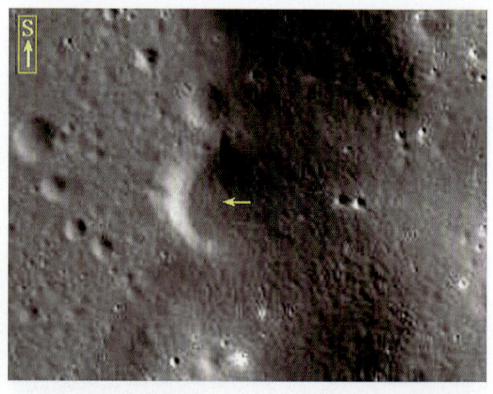

图 2.5.125　为图 2.5.116 方框 B 局部放大
示高原堆积坡面下冻融蠕动堆积物流入早期月坑中（箭头所示）分布特征

图 2.5.126　为图 2.5.117 方框 C 局部放大
示月海平原上形成的月溪源头分布特征

图 2.5.127　为图 2.5.117 方框 D 局部放大
示月海平原上液化沙垄（左侧）分布特征

第二章 月球"水"形成的地貌和沉积（遗迹）特征

图 2.5.129 为图 2.5.128 方框 A 局部放大
示高原堆积（右侧）东侧月溪及锅底状月坑分布特征

图 2.5.128 为图 2.5.115 方框 B 局部放大
示高原堆积（右侧）及其东侧分布的月溪和月坑等地貌分布特征

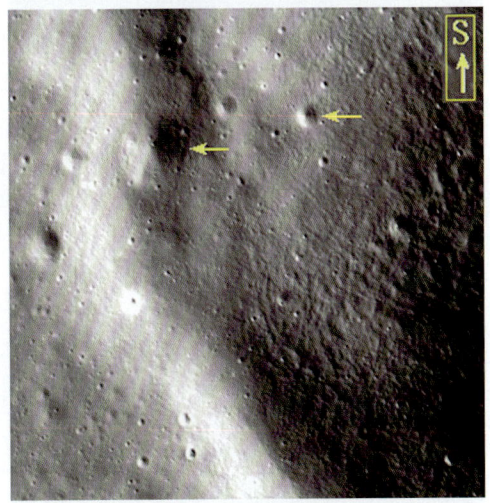

图 2.5.130 为图 2.5.129 方框局部放大
示"泛海洋"期后不久平原面产生的撞击坑坑缘微凸分布特征

图 2.5.131 为图 2.5.117 方框 B 局部放大
示高原堆积（右侧）东侧月溪及漏斗状热融塌陷坑（箭头所示）分布特征

295

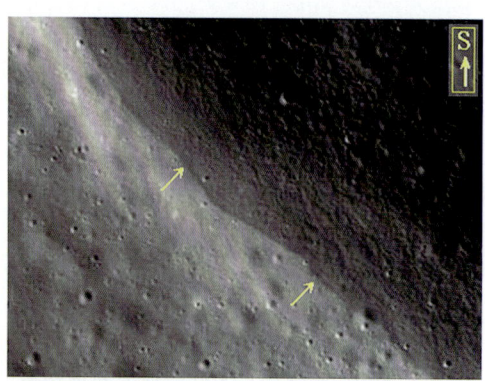

图2.5.132　为图2.5.128方框C局部放大
示高原堆积（右侧）底部冻融蠕动堆积带（箭头所示）分布特征

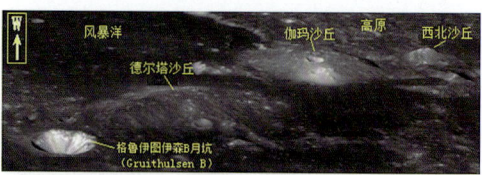

图2.5.133　风暴洋东德尔塔、伽马和西北原始穹丘斜向图像

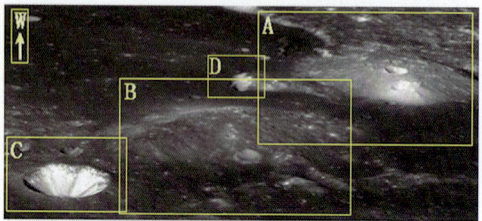

图2.5.134　风暴洋东德尔塔、伽马原始穹丘斜向图像

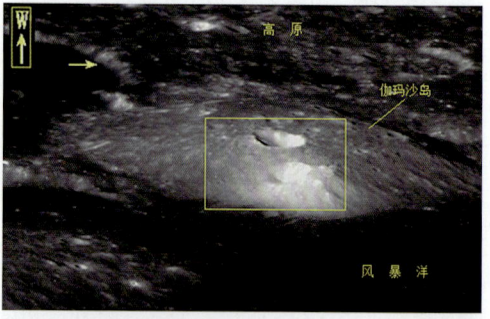

图2.5.135　为图2.5.134方框A局部放大
示伽马原始穹丘西南一侧陡峭的海岸线（箭头所示）斜向图像分布特征

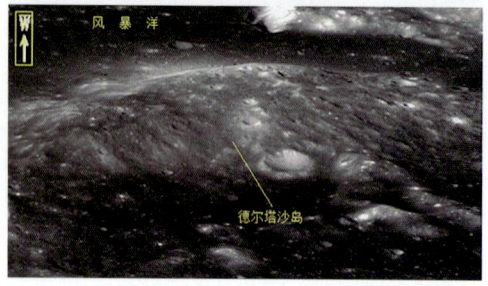

图2.5.136　为图2.5.134方框B局部放大
示德尔塔原始穹丘斜向图像分布特征

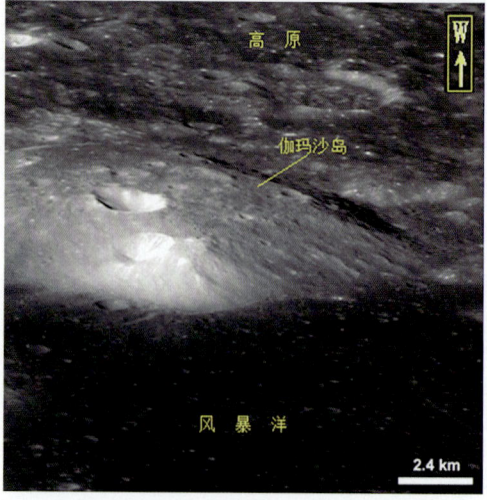

图2.5.137　为图2.5.123方框A局部放大
示伽马原始穹丘斜向图像分布特征

第二章 月球"水"形成的地貌和沉积（遗迹）特征

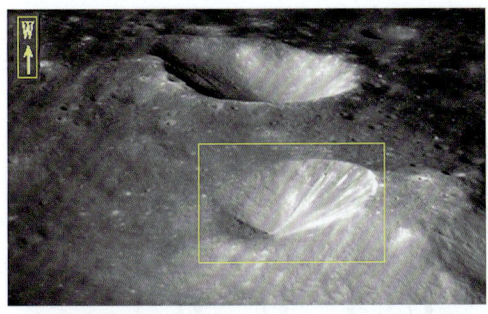

图 2.5.138　为图 2.5.135 方框局部放大
示伽马原始穹顶上分布的陨击坑（方框）白色含水冰坑壁泥流特征

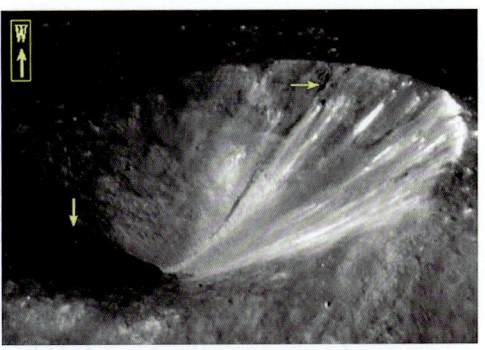

图 2.5.139　为图 2.5.138 方框局部放大
示陨击坑坑壁有少量黑色"石油"泥流物质（箭头所示）白色含水冰坑壁泥流分布特征

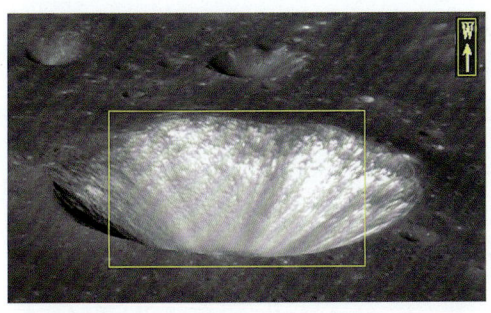

图 2.5.140　为图 2.5.134 方框 C 局部放大
示德尔塔南东格鲁伊图伊森 B 月坑坑缘凸起白色含水冰坑壁泥流

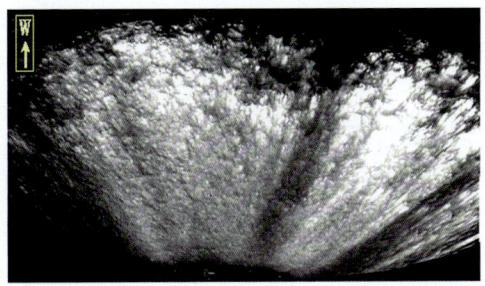

图 2.5.141　为图 2.5.140 方框局部放大
示格鲁伊图伊森 B 月坑坑缘产生的热融塌陷坑斜向图像分布特征

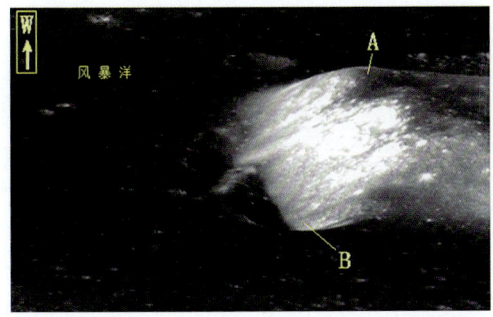

图 2.5.142　为图 2.5.134 方框 D 局部放大
示高原堆积南端热泉坑斜向图像分布特征（A - 高原原始堆积，B - 热融塌陷坑）白色含水冰坑壁泥流

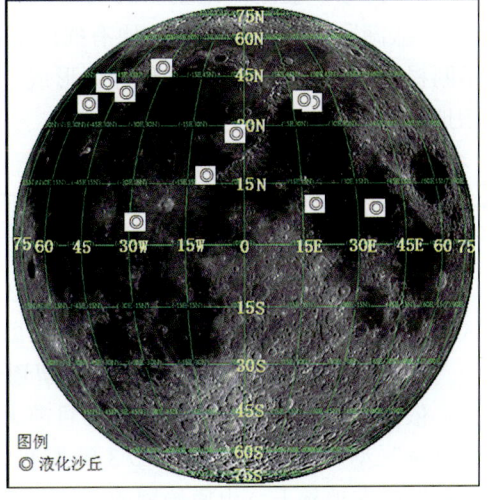

图 2.5.143　月球正面"液化沙丘"分布图

297

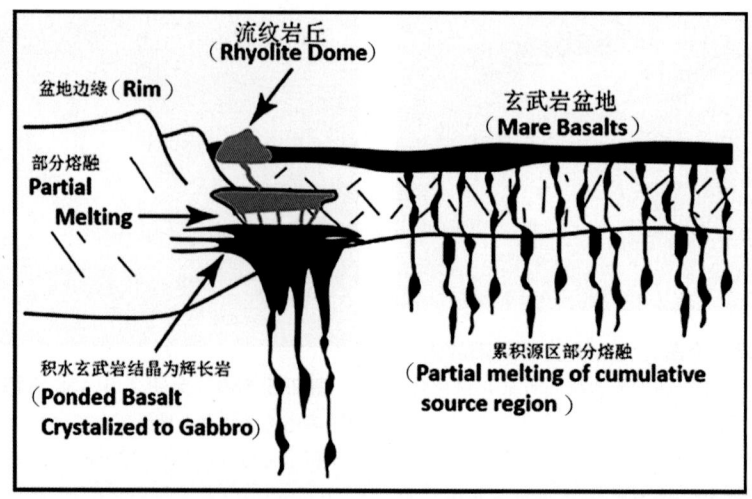

图 2.5.144　早期研究者将液化沙丘误认为是岩浆分异产生的流纹岩丘
所谓的"玄武岩盆地"实质上是水平沉积岩层广泛分布的"沉积盆地"（详见附录Ⅱ）

（图片来源：ESA/NASA）

第六节　月球"盐湖"地貌和沉积特征

一、月球"盐湖"地貌和沉积概念、分布和类型划分

1. 月球"盐湖"地貌和沉积概念

"盐湖"地貌是指月球上原有的广阔海水淹没区，随水体蒸发不断减少，盐碱度不断提高，周边分布的一些低洼处形成"卫星湖泊"（或潟湖）干涸后产生的盐湖沉积地貌。

2. 月球"盐湖"地貌和沉积分布

月球盐湖地貌主要发现于月球的中低纬度月海区周边，似地球上的所谓"潟湖"所在位置。目前发现最多最集中的是"福湖盐湖沉积盆地"，盆地具体位于福湖之北缘，而福湖则处于汽海之北缘。从大的区域而言，汽海处于雨海和澄海之西南边缘地区。正是这样，目前发现最多盐湖分布区，围绕汽海周边形成的"潟湖"分布。

3. 月球"盐湖"地貌和沉积类型划分

依据盐湖地貌空间分布特征，目前大致可划分为"福湖盐湖沉积盆地"型、"分散月坑"型和"线状沟槽"型 3 种类型。"福湖盐湖沉积盆地"型，按"盐湖沉积"过程反映在地貌上，由原始湖面到结晶体出现，大致可划分为 5 种表面类型，即湖平面（Ⅰ）、光滑球面（Ⅱ）、粗糙面（Ⅲ）、凹凸面（Ⅳ）、白色条纹面（Ⅴ）等。其主要特征如下。

(1) 湖平面（Ⅰ）——指湖水干涸后暴露于月表的平缓的湖面。面上可见少量溅射纹极少或极不明显的"湿地月坑"和溅射纹较明显的"陆地月坑"。而小型碗形热融塌陷坑分布很少。湖平面的沉积物中可能含盐湖物质浓度极高，但未能达到"饱和"状态。

(2) 光滑球面（Ⅱ）——指干涸后平缓的湖面（Ⅰ），经进一步蒸发、浓缩，形成饱和盐湖液体，具明显球面，其产生可能似地球上水滴于玻璃板上，因水的表面张力所形成。表面光滑，呈岛屿状分布。面上多具小碗形热融塌陷坑。而小"陆地月坑"偶见。

(3) 粗糙面（Ⅲ）——指光滑球面（Ⅱ）经进一步蒸发、浓缩，表面变粗糙面。

(4) 凹凸面（Ⅳ）——指粗糙面（Ⅲ）经进一步蒸发、浓缩，盐湖矿物不断沉积，也不排除大量低等级生物（如藻类）参与作用，表面凹凸加剧，局部开始出现白色板状或柱状矿物和结晶体。开始析出沉淀盐碱矿物，也很可能有少量低级生物参与作用。产生大量近圆圈状沉积物。图形似地球震旦纪迭层石化石的横切面，有的还排列有序。

(5) 白色条纹面（Ⅴ）——指凹凸面（Ⅳ）进一步蒸发、浓缩，白色板状或柱状矿物单个晶体多近垂直于凹凸界面分布，成集合体组成白色条纹充填凹槽。有如地球上很多化学沉积晶体近垂直于界面分布。

二、月球"盐湖"地貌和沉积特征

1. "福湖盐湖沉积盆地"地貌和沉积特征

福湖盐湖沉积盆地，分布于月球正面的北半球，东西长约3.0 km，南北宽约2.0 km，纬度为18.5°～19.9°，经度为3.5°～4.5°。位于两海、澄海和汽海之间的三角形地区之中（见图2.6.1），诚湾和恨湖之间，福湖之北（见图2.6.2）。盐湖沉积盆地近圆形（见图2.6.3、图2.6.4）。盐碱沉积过程反映在地貌上，由原始湖面到结晶体出现，大致可划分为五种表面类型，即湖平面（Ⅰ）、光滑球面（Ⅱ）、粗糙面（Ⅲ）、凹凸面（Ⅳ）、白色条纹面（Ⅴ）等（见图2.6.7）。盐湖沉积板状或柱状集合体分布于洼地和向阳边界呈条带状（见图2.6.5—图2.6.11、图2.6.13—图2.6.15、图2.6.17）。盐湖沉积盆地中有的在凹凸面（Ⅳ）中分布大量疑似地球震旦纪迭层石化石的横切面近圆形图形（见图2.6.12、图2.6.18、图2.6.19）。在白色条纹面（Ⅴ）分布的白色板状或柱状晶体规模巨大，单个晶体大小一般在1～2 m，最大可达数米以上（见图2.6.16）。从地球化学沉积晶体规模看，福湖盐湖沉积盆地的巨大晶体很可能属于硫酸钙的石膏巨型晶体（见图2.6.20、图2.6.21）。

2. 马斯基林（Maskelyne）月坑东北"盐湖沉积盆地"地貌和沉积特征

"盐湖沉积盆地"，分布于静海之南马斯基林（Maskelyne）月坑东北附近，纬度为4.33°N，经度为33.75°E（见图2.6.22）。它曾被认为是"月球上许多新发现的年轻火山沉积物"（见图2.6.23—图2.6.27），实际上与火山作用没有任何联系。这是因为组成这些所谓"年轻火山沉积物"的，是由盐湖液体析出的白色晶体（见

图 2.6.28、图 2.6.29），而不是深色的火山岩块。经进一步研究表明，它们与福湖盐湖沉积盆地基本相同，从原始湖平面到白色条纹面产生，也基本上经历过五个阶段，即湖平面（Ⅰ）、光滑球面（Ⅱ）、粗糙面（Ⅲ）、凹凸面（Ⅳ）和白色条纹面（Ⅴ）等（见图 2.6.25—图 2.6.27）。

3. 希吉努斯（Hyginus）月坑及周边"盐湖沉积盆地"地貌和沉积特征

希吉努斯（Hyginus）月坑，分布于月球正面的北半球，汽海之东南，纬度为 4.36°N，经度为 33.75°E（见图 2.6.30）。以往研究者曾认为它是"火山口内的崩塌"。实际上它们是规模大小不同、形态各异的"盐湖沉积盆地"（见图 2.6.31—图 2.6.34）。其特征与"福湖盐湖沉积盆地"和马斯基林（Maskelyne）"盐湖沉积盆地"地貌和沉积特征基本一致，也形成湖平面（Ⅰ）、光滑球面（Ⅱ）、局部形成粗糙面（Ⅲ）、凹凸面（Ⅳ）和白色条纹面（Ⅴ）分布特征（见图 2.6.33），只是在发育程度和规模上略差而异。

4. 南极区"盐湖沉积盆地"地貌和沉积特征

南极区"盐湖沉积盆地"地貌和沉积，目前尚缺方位、经纬度信息。图片显示似地球震旦纪迭层石化石的横切面，近圆分布特征。有很多热融小坑中心，存在小的凸起残留物分布，似月坑的中央峰（见图 2.6.35—图 2.6.40）。它们是否有可能为月球"泛海洋期低级藻类植物所形成"，有待进一步探索和研究。

5. 南极附近"盐湖沉积盆地"地貌和沉积

具体位置暂不详，"盐湖沉积盆地"地貌和沉积如图 2.6.41 所示，与南极区"盐湖沉积盆地"地貌和沉积特征基本相同，但分布范围有限。

三、月球"盐湖"地貌和沉积发展历程

月球"盐湖"地貌和沉积是月球水形成和发展的阶段性产物。因此，在月海区周边分布的潟湖中均有可能发现。而潟湖将成为月球沉积盐类矿产寻找的最重要地区。与地球潟湖的形成和发展基本相同，它们是月海或湖泊周边潟湖形成和发展的必然结果。

四、月球"盐湖"地貌和沉积发现的重要意义

月球"盐湖"地貌和沉积的发现，不但证实月球曾经有大量水的存在，同时为在月球寻找与潟湖有关的沉积盐类矿产提供重要线索，因此有重要的科学价值和实际意义。

以下附第二章第六节图：

第二章 月球"水"形成的地貌和沉积（遗迹）特征

图 2.6.1 福湖盐湖沉积盆地分布于汽海（Mare Vaporum）、雨海（Mare Imbium）和澄海（Mare Serenitatis）之间福湖之中（星形）

图 2.6.2 为图 2.6.1 方框局部放大
示福湖盐湖沉积盆地分布于福湖之北湖滨地带，箭头所示方框

图 2.6.3 图 2.6.2 方框局部放大
示福湖盐湖沉积盆地呈近圆形分布特征

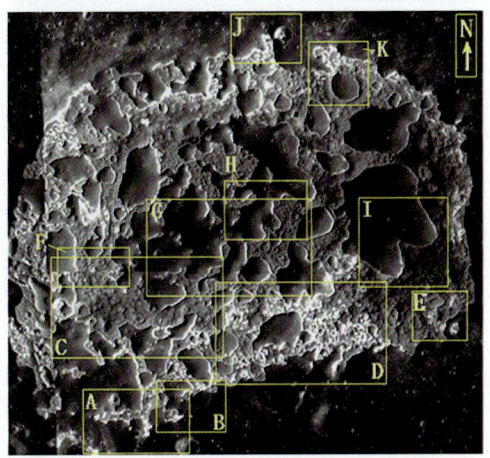

图 2.6.4 为图 2.6.3 方框局部放大
示福湖盐湖沉积盆地中盐碱沉积分布特征

301

图2.6.5 为图2.6.4方框A局部放大
示福湖盐湖沉积盆地南缘湖平面（Ⅰ）、光滑球面（Ⅱ）、凹凸面（Ⅳ）和白色条纹面（Ⅴ）中盐湖沉积板状或柱状集合体分布于洼地和向阳边界，呈条带状分布特征

图2.6.6 为图2.6.4方框B局部放大
示福湖盐湖沉积盆地北缘湖平面（Ⅰ）、光滑球面（Ⅱ）、凹凸面（Ⅳ）和白色条纹面（Ⅴ）中盐湖沉积板状或柱状集合体分布于洼地和向阳边界，呈条带状分布特征

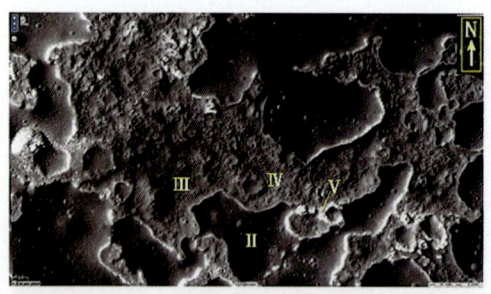

图2.6.7 为图2.6.4方框C局部放大
示福湖盐湖沉积盆地中光滑球面（Ⅱ）、粗糙面（Ⅲ）、凹凸面（Ⅳ）、白色条纹面（Ⅴ）分布特征

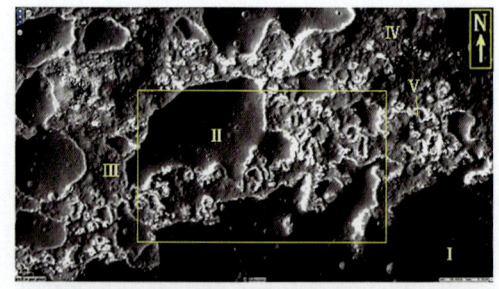

图2.6.8 为图2.6.4方框D部放大
示福湖盐湖沉积盆地中湖平面（Ⅰ）、光滑球面（Ⅱ）、粗糙面（Ⅲ）、凹凸面（Ⅳ）和白色条纹面（Ⅴ）中盐湖沉积板状或柱状集合体分布于洼地和向阳边界，呈条带状分布特征

第二章 月球"水"形成的地貌和沉积（遗迹）特征

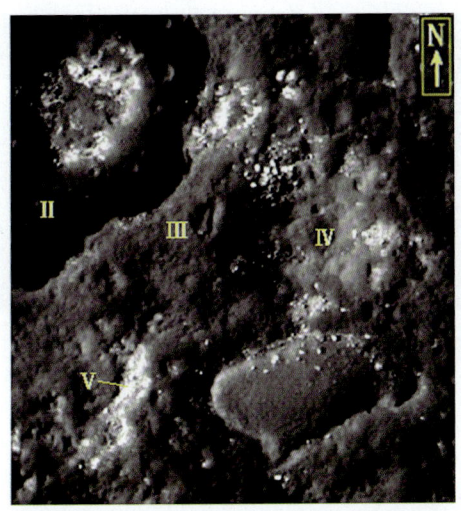

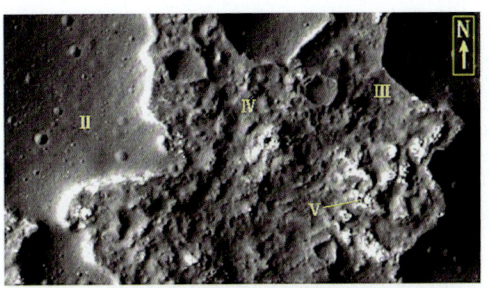

图2.6.10 为图2.6.4方框F局部放大
示福湖盐湖沉积盆地中光滑球面（Ⅱ）、粗糙面（Ⅲ）、凹凸面（Ⅳ）和白色条纹面（Ⅴ）中盐湖沉积板状或柱状集合体分布于洼地、向阳洼地和边界，呈条带状分布特征

图2.6.9 为图2.6.4方框E部放大
示福湖盐湖沉积盆地中光滑球面（Ⅱ）、粗糙面（Ⅲ）、凹凸面（Ⅳ）和白色条纹面（Ⅴ）中盐碱沉积板状或柱状集合体分布于洼地、向阳洼地和边界，呈条带状分布特征

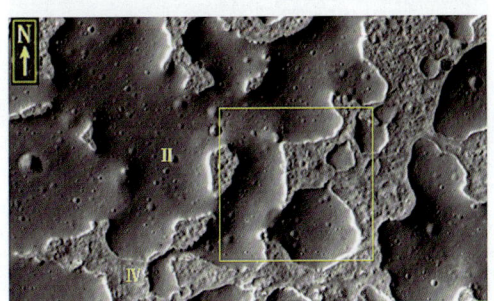

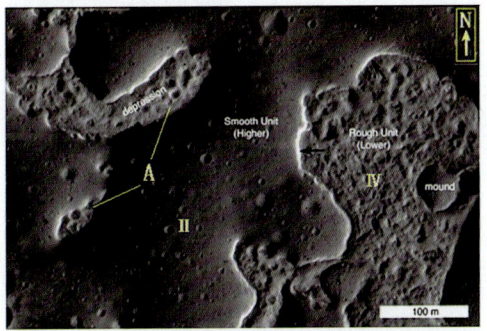

图2.6.11 为图2.6.4方框G局部放大
示福湖盐湖沉积盆地中光滑球面（Ⅱ）、凹凸面（Ⅳ）分布特征

图2.6.12 为图2.6.4方框H局部放大
示福湖盐湖沉积盆地中光滑球面（Ⅱ）、凹凸面（Ⅳ）中分布大量疑似地球震旦纪迭层石化石的横切面近圆形（A）分布特征

303

图 2.6.13　为图 2.6.4 方框 I 局部放大

示福湖盐湖沉积盆地中光滑球面（Ⅱ）、粗糙面（Ⅲ）局部地段光滑球面向阳面边缘开始出现白色盐湖沉积

图 2.6.14　为图 2.6.4 方框 J 局部放大

示福湖盐湖沉积盆地北边缘区"陆地月坑"（A）溅射物为白色晶体碎屑，湖平面（Ⅰ）、凹凸面（Ⅳ）和白色条纹面（Ⅴ）中盐湖沉积板状或柱状集合体分布于洼地和向阳边界，呈条带状分布特征

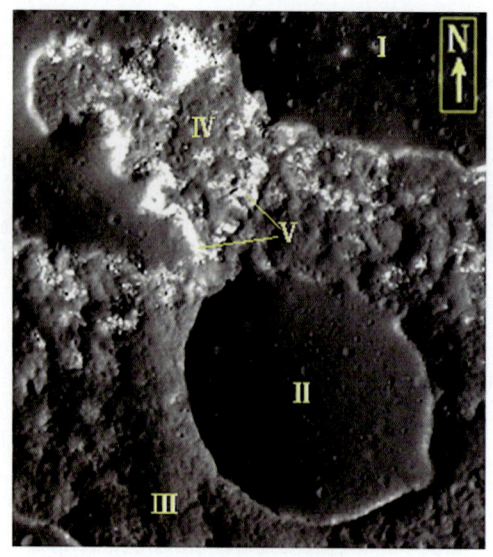

图 2.6.15　为图 2.6.4 方框 K 局部放大

示福湖盐湖沉积盆地中湖平面（Ⅰ）、光滑球面（Ⅱ）、粗糙面（Ⅲ）、凹凸面（Ⅳ）和白色条纹面（Ⅴ）中盐湖沉积板状或柱状集合体分布于洼地和向阳边界，呈条带状分布特征

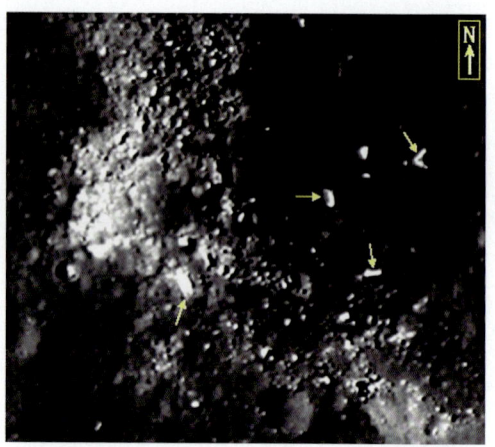

图 2.6.16　为图 2.6.5 方框局部放大

示福湖盐湖沉积盆地南缘巨大的白色板状或柱状晶体（箭头所示），单个晶体大小一般在 1～2 m，最大可达数米以上

第二章 月球"水"形成的地貌和沉积（遗迹）特征

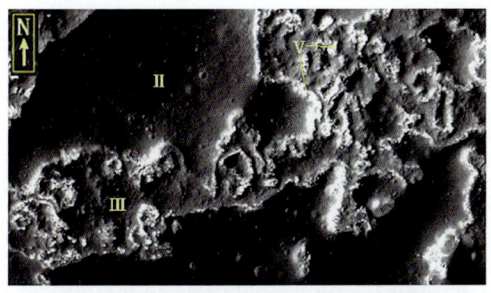

图2.6.17　为图2.6.8方框局部放大

示福湖盐湖沉积盆地中光滑球面（Ⅱ）、粗糙面（Ⅲ）和白色条纹面（Ⅴ）盐湖沉积板状或柱状集合体分布于洼地和向阳边界，呈条带状分布特征

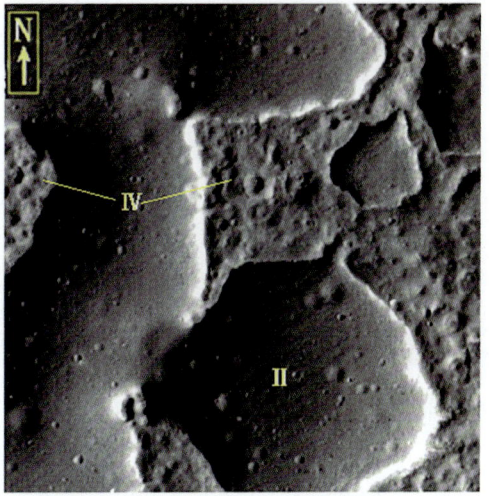

图2.6.18　为图2.6.11方框局部放大

示福湖盐湖沉积盆地中光滑球面（Ⅱ）、凹凸面（Ⅳ）产生大量近圆圈状沉积物，图形似地球震旦纪迭层石化石的横切面（见图2.6.19）

图2.6.19　地球震旦纪迭层石化石的横切面近圆形图形分布特征

图2.6.20　地球上的巨型石膏晶体分布特征

305

图2.6.21 地球上的巨型石膏晶体分布特征

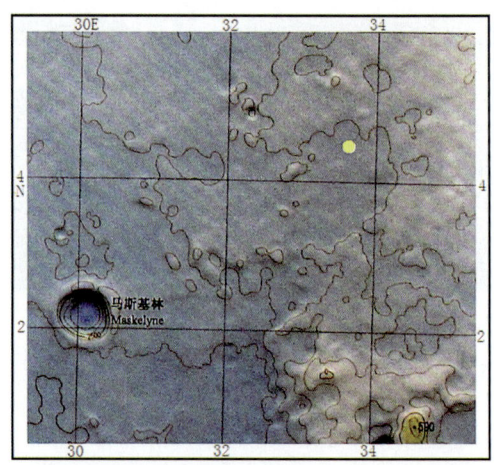

图2.6.22 "盐湖沉积盆地"分布于马斯基林（crater Maskelyne）东北附近（黄色圆点）

图2.6.23 马斯基林（crater Maskelyne）月坑东北附近
"盐湖沉积盆地"（浅色部分）分布特征

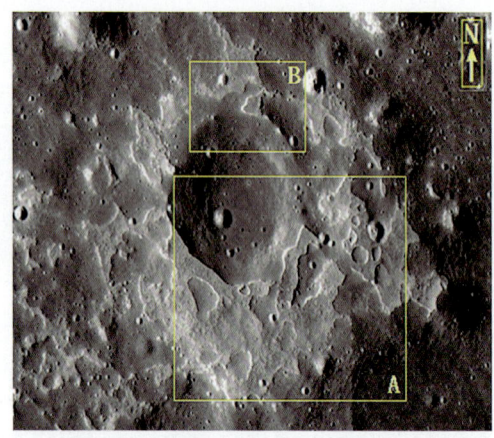

图2.6.24 为图2.6.23方框A局部放大
示马斯基林月坑东北附近"盐湖沉积盆地"呈环带状（箭头所示）分布特征

第二章 月球"水"形成的地貌和沉积（遗迹）特征

图 2.6.25　为图 2.6.24 方框 A 局部放大
示马斯基林"盐湖沉积盆地"形成的湖平面（Ⅰ）、光滑球面（Ⅱ）、粗糙面（Ⅲ）、凹凸面（Ⅳ）和白色条纹面（Ⅴ）分布特征

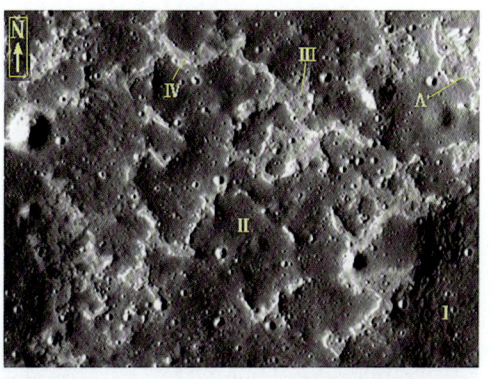

图 2.6.26　为图 2.6.23 方框 B 局部放大
示马斯基林"盐湖沉积盆地"形成的湖平面（Ⅰ）、光滑球面（Ⅱ）、局部形成粗糙面（Ⅲ）、凹凸面（Ⅳ）和白色条纹面（Ⅴ）分布特征

图 2.6.27　为图 2.6.23 方框 C 局部放大
示马斯基林"盐湖沉积盆地"形成的湖平面（Ⅰ）、光滑球面（Ⅱ）、局部形成粗糙面（Ⅲ）、凹凸面（Ⅳ）和白色条纹面（Ⅴ）分布特征

图 2.6.28　为图 2.6.25 方框局部放大
示马斯基林"盐湖沉积盆地"析出物质是白色的晶体（箭头所示），而不是深色的火山岩块

307

图2.6.29 为图2.6.24方框B局部放大
示马斯基林"盐湖沉积盆地"析出物质是白色的晶体（箭头所示），而不是深色的火山岩块

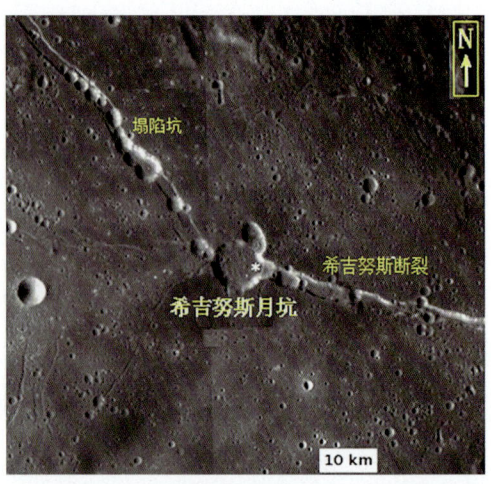

图2.6.30 希吉努斯（Hyginus）月坑位于串珠状塌陷坑与希吉努斯断裂交叉处

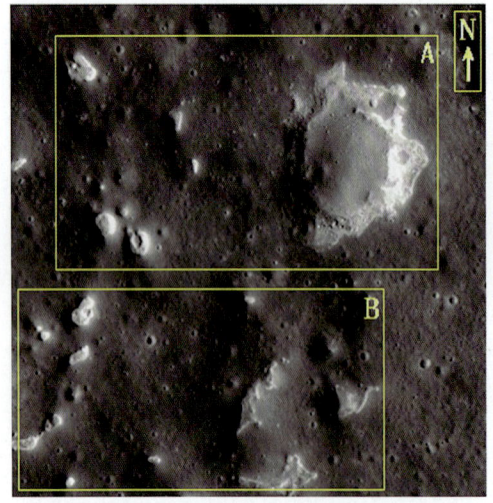

图2.6.31 希吉努斯（Hyginus）月坑中规模大小不同、形态各异的"盐湖沉积盆地"分布特征

图2.6.32 为图2.6.31方框A局部放大
示希吉努斯月坑内"盐湖沉积盆地"规模不同、形态各异的分布特征

第二章 月球"水"形成的地貌和沉积（遗迹）特征

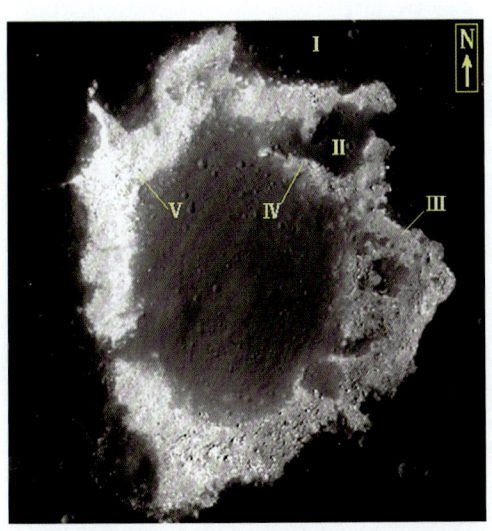

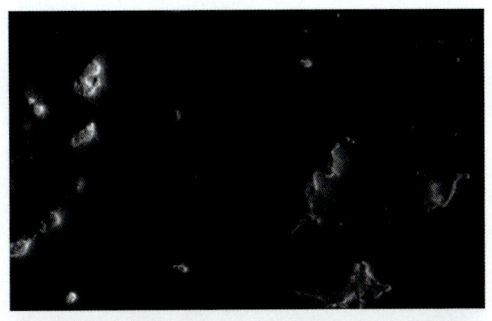

图 2.6.34 为图 2.6.31 方框 B 局部放大
示希吉努斯月坑内"盐湖沉积盆地"规模大小不同、形态各异分布特征

图 2.6.33 为图 2.6.32 方框局部放大
示希吉努斯月坑内"盐湖沉积盆地"形成的湖平面（Ⅰ）、光滑球面（Ⅱ）、局部形成粗糙面（Ⅲ）、凹凸面（Ⅳ）和白色条纹面（Ⅴ）分布特征

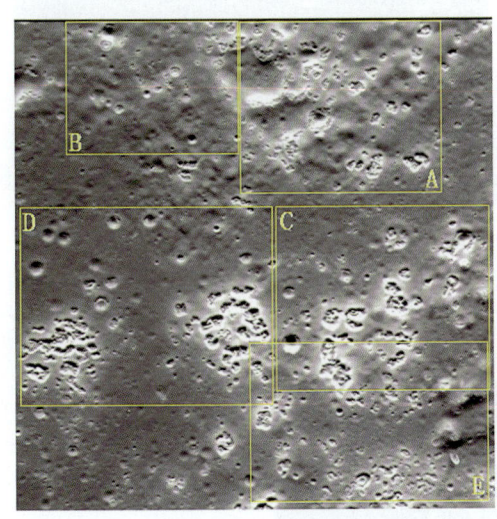

图 2.6.36 为图 2.6.35
示南极附近"盐湖沉积盆地"
坑，似地球震旦纪迭层石化石
特征

图 2.6.35 南极附近"盐湖沉积盆地"地貌和沉积
似地球震旦纪迭层石化石的横切面，近圆形分布特征

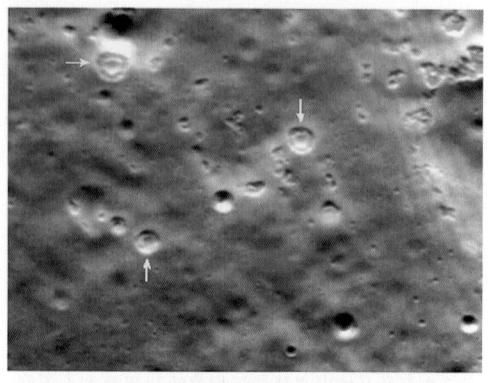

图 2.6.37　为图 2.6.35 方框 B 局部放大
示南极附近"盐湖沉积盆地"地貌和沉积呈双环状，似地球震旦纪迭层石化石的横切面，近圆形分布特征，箭头所示

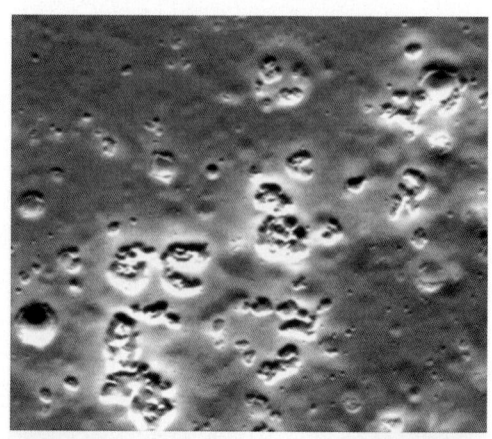

图 2.6.38　为图 2.6.35 方框 C 局部放大
示南极附近"盐湖沉积盆地"地貌和沉积似地球震旦纪迭层石化石的横切面，近圆形分布特征

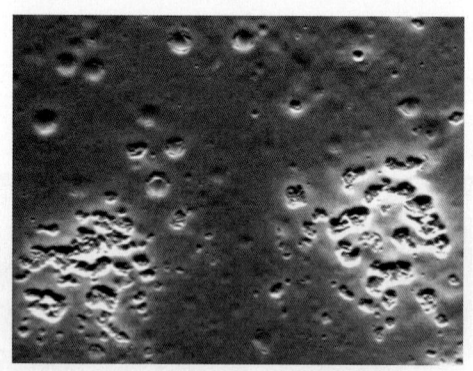

图 2.6.39　为图 2.6.35 方框 D 局部放大
示南极附近"盐湖沉积盆地"地貌和沉积似地球震旦纪迭层石化石的横切面，近圆形分布特征

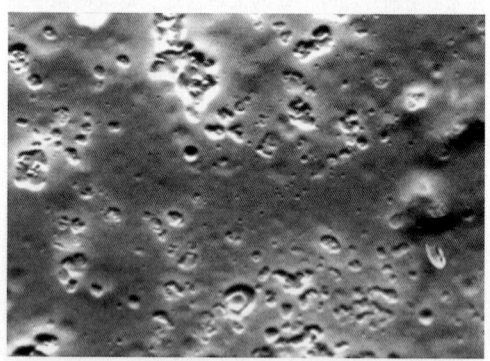

图 2.6.40　为图 2.6.35 方框 E 局部放大
示南极附近"盐湖沉积盆地"地貌和沉积似地球震旦纪迭层石化石的横切面，近圆形分布特征

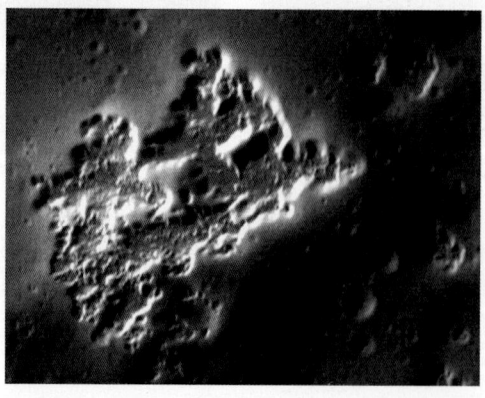

图 2.6.41　南极附近"盐湖沉积盆地"地貌和沉积似地球震旦纪迭层石化石的横切面，近圆形分布特征

第三章 月球"水冰"形成的地貌和沉积(遗迹)特征

地球上的冰分"水冰"和"冰川冰"。所谓"水冰"是由水或融水在低温下固结的冰,称为水冰。所谓"冰川冰",是指山区大气降粒雪经高压下成冰作用产生的冰,称为"冰川冰"。因月球上没有降雪,所以发现的冰应该属于"水冰"。目前月球上"水冰"形成的地貌和沉积,主要是"水冰冰川"和"泥冰川"。"水冰冰川"属现代纪,是现今月球上仍存在的冰川(详见第一章第二节),"泥冰川"属哥白尼纪,属地质遗迹。依据"泥冰川"的空间分布特征,可进一步划分为山间盆地"泥冰川"和月坑坑壁"泥冰川"。现依次简述如下。

第一节 月球山间盆地"泥冰川"地貌特征

一、月球山间盆地"泥冰川"地貌概念、分布和类型划分

1. 月球山间盆地"泥冰川"地貌概念

月球山间盆地"泥冰川"地貌,是指形成月坑时含水或水冰的溅射堆积物汇聚于山间盆地后,因月昼时高温融溶成塑性流动,从高海拔盆地流向低海拔盆地,即像泥石流一样自高处向低处流动,表面产生一系列裂隙,以及类似于地球陆地冰川那样的表面特征,故称之为山间盆地"泥冰川"。目前最典型的是第谷月坑东边缘地区。A、B、C 三个山间盆地的深度分别为 265 m、310 m 和 950 m。A、B 两盆地之间的深度相差约 45 m,B、C 两盆地之间深度相差约 640 m。像地球冰川流动时那样,表面产生"冰裂";或像地球冬天河流形成"流凌"那样,表层相互挤压产生复杂裂隙,即与地球现代冰川运动机制和表面产生的裂隙特征基本相同。

2. 月球山间盆地"泥冰川"地貌分布

月球山间盆地"泥冰川"地貌,目前仅发现于哥白尼纪第谷"陆地月坑"的周边地区山间盆地之中。

3. 月球山间盆地"泥冰川"地貌类型划分

山间盆地"热融泥冰川",目前仅发现于第谷月坑之东坑外山间盆地中。依据泥冰川表面裂隙分布特征,暂可划分为"冰凌"型"泥冰川"和"漂移"型"泥冰川"。简述如下。

二、月球山间盆地"泥冰川"地貌和沉积特征

1. "冰凌"型"泥冰川"地貌和沉积特征

"冰凌"型"泥冰川",分布于第谷月坑东侧三个不同方向但首尾相接的山间盆地（见图3.1.1、图3.1.2），纬度为 -44.2390，经度为 -9.0562。以往一些研究者曾认为它是由于撞击产生的岩石发生熔融的"熔池"。从所谓的"熔池"组成物质主要为浅色岩屑和岩块而未见任何熔融的"熔岩"来看，它不可能是"熔岩池"。初步研究表明，实际上它是由于月球表面温度的昼、夜变化，使业已形成的溅射含水沉积物随月球昼、夜温度的更替而发生冻融和流动的结果。当月球进入白昼时，气温上升，冻结的溅射堆积物发生融溶，一方面，"融沉"作用使表面岩块沉积到下面基岩面上，细小的泥沙物质分布于表面；另一方面，各盆地间因存在高差，沉积物在自身重力作用下从浅盆地向深盆地流入（见图3.1.2、图3.1.3），使已干涸的泥流表面产生一系列不同性质、不同方向的裂隙构造，就像地球河流冬季来临时"冰凌"顺河流动，相互挤压和碰撞的效果。

盆地A，走向北东向。三个盆地中所处深度最浅（265 m），是下方B盆地"泥冰川"来源。"泥冰川"流动的结果，上部几乎都顺"泥冰川"流动方向产生滑脱型张性裂隙或走滑型张性裂隙（见图3.1.4—图3.1.8）。下部局部地区产生小规模拼压性质的皱褶（见图3.1.9—图3.1.11）。整个盆地A"泥冰川"形成的构造结局是沿中心向两侧流动以产生滑脱型张性和张扭性裂隙为主，主流线前方以形成横向皱褶居多（见图3.1.12）。

盆地B，走向北西向。进口处近南北向，而出口处走向近东西向，深度次之（310 m）。顺"泥冰川"主流线，在进口处以产生横向皱褶为主，两侧多形成张性和张扭性滑脱型裂隙构造，东侧和南部多发育挤压性推覆块体构造（见图3.1.13—图3.1.22）。

连接盆地B和C近东西向河谷，可能因宽度小，目前所见"泥冰川"构造主要为凌乱的挤压脊和近东西向分布的走滑型断裂（见图3.1.23—图3.1.25）。其中部见一小型"陆地月坑"分布，其溅射物全部都是以浅色的岩屑和岩块组成（见图3.1.26）。

盆地C，走向近南北向，呈扇状分布。"泥冰川"构造明显可分三部分不同特征。其一，沿"泥冰川"主流线中上部以形成横向皱褶为主（见图3.1.27—图3.1.29）。其二，东南部以产生张性和张扭性及推覆块体和少量挤压脊线为特征（见图3.1.30—图3.1.35、图3.1.37、图3.1.38）。其三，东部以产生挤压脊状线形构造、挤压走滑构造和张扭线形构造为特征（见图3.1.38A）。

组成泥石流的物质也以浅色的岩屑和岩块为主（见图3.1.29、图3.1.36）。因此，分布于第谷月坑东侧的山间盆地，绝不可能是由于撞击产生的所谓"熔岩池"，而是由撞击形成第谷月坑时含水溅射堆积物形成的泥冰川堆积物。

2. "漂移"型"泥冰川"地貌和沉积特征

"漂移"型"泥冰川",分布于第谷月坑东北坑缘附近,呈近南北向长方形,推断可能为最初形成第谷月坑时,巨大冲击波对月表强烈侵蚀产生的洼地,后被含水的溅射堆积物充填而成。

"漂移"型"冻融泥冰川",是指"泥塘沉积冰冻层"(或"山间盆地沉积平原")由于月球白昼温度上升,冰冻泥塘底部溅射堆积物发生融溶,并从盆地边缘高处向低处的盆地中心方向移动,使表层已经干涸的"硬壳"产生破裂,形成不同大小的岩块或条块,自盆地边缘向盆地中心漂动,并在中心附近全部或大部融溶成一体。

"漂移"型"冻融泥冰川",目前仅发现于第谷月坑东侧坑缘边上,一个近南北向延伸的近长方形山间盆地之中。纬度为 -42.9968,经度为 -9.2724,深度约20 m。(见图 3.1.39)。不同大小的岩块或条块在盆地北部分布较多(见图 3.1.40—图 3.1.42),在盆地南部分布较少。大小块体的长轴与"冻融泥冰川""漂移"方向基本一致。不同大小"漂移"块体到达盆地南部中心多融溶成平原地貌。平原干涸后产生辐射状泥裂(见图 3.1.44、图 3.1.45)。组成"冻融泥冰川"的物质以浅色岩屑和岩块为主(见图 3.1.43)。

三、月球山间盆地"泥冰川"的发展历程

依据"泥冰川"的特征,其形成可能是因月夜期溅落形成的冰冻堆积物,进入月昼期,在月表高温作用下,堆积物表层发生强烈蒸发而干涸形成一层薄薄的"硬壳层"。当进入第二次月昼期,月表高温使堆积物下部发生融溶,并在自身重力作用下,由盆地边缘高处向盆地中心低处发生缓慢移动,致使"硬壳层"表层发生破裂"漂移"。有的就像地球冬季"凌汛期"到来时那样,大小不同、形态各异的冰块顺着河流流动方向漂移,各冰块之间发生碰撞、叠置、拉张和错动等现象。

四、月球山间盆地"泥冰川"发现的重要意义

"泥冰川"是在水和水冰的参与下产生的。它的发现同样证明在月球历史发展的进程中,曾经有过大量水和水冰的存在,为研究月球发展史提供重要的实际材料。

应当着重指出的是,"泥冰川"发生次数的多少,取决于堆积物的厚度和月昼温度之间是否能达到形成融溶物的程度,以及运动的相对高程是否已达到平衡,即如月昼期堆积物下部能达到融溶,而周围存在的相对高差足以使其在自身重力作用下发生运动,那么"月昼融溶运动"和月夜冻结的交替作用将继续,直至达到平衡才有可能停止。

以下附第三章第一节图：

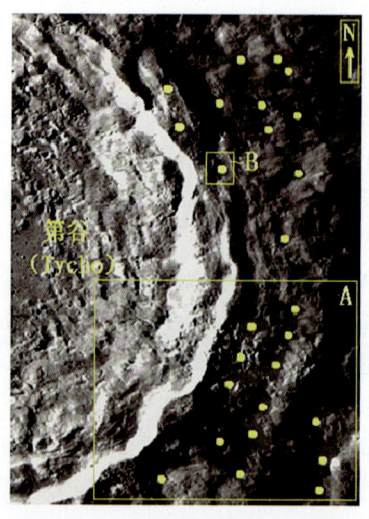

图3.1.1 第谷月坑东侧坑缘外山间盆地溅射沉积泥塘（圆点）分布特征

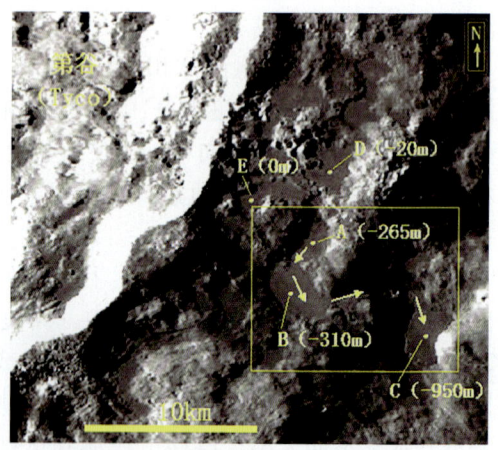

图3.1.2 为图3.1.1方框局部放大
示第谷月坑东南坑缘外山间盆地深度由 A（265 m）—B（310 m）—C（950 m）快速降低，箭头示山间盆地泥冰川流动方向

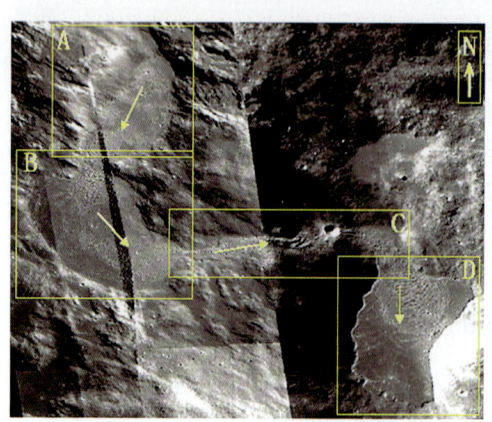

图3.1.3 为图3.1.2方框局部放大
示第谷月坑东南坑缘外山间盆地（方框A、B、D）及盆地间连接通道（C）分布特征，箭头示山间盆地冻融泥冰川流动方向

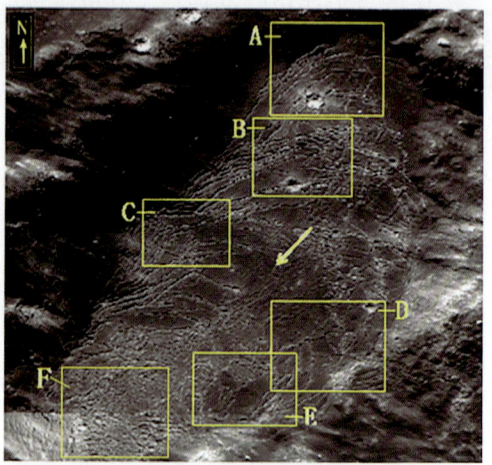

图3.1.4 为图3.1.3方框A局部放大
示山间盆地冻融泥冰川流动时产生不同形态、不同大小的构造块体、构造裂隙分布特征，箭头示泥冰川流动方向

第三章 月球"水冰"形成的地貌和沉积（遗迹）特征

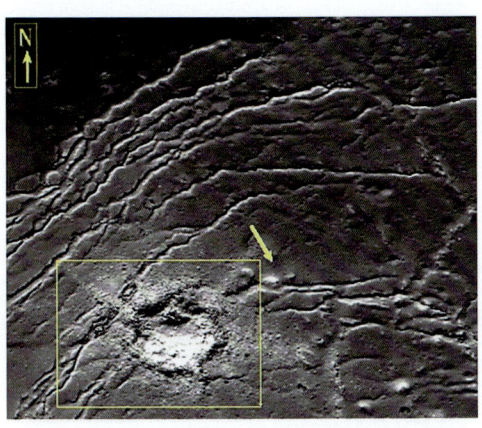

图 3.1.5　为图 3.1.4 方框 A 局部放大

示泥冰川表层"破裂"成不同大小弧形构造块体、构造裂隙沿箭头所示方向移动

图 3.1.6　为图 3.1.5 方框局部放大

示组成泥冰川的物质主要是浅色的岩屑和岩块，仅有少量黑色玄武岩块分布

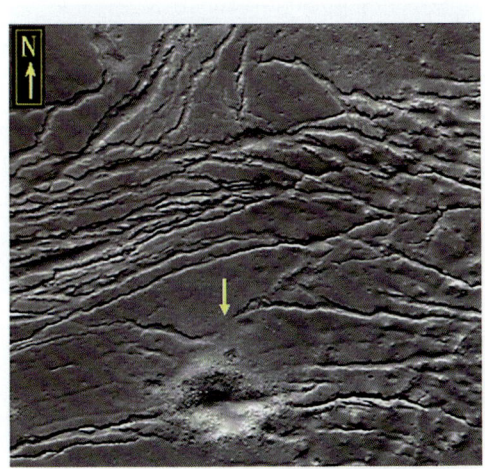

图 3.1.7　为图 3.1.4 方框 B 局部放大

示泥冰川表层"破裂"成不同大小弧形构造块体、构造裂隙沿箭头所示方向移动

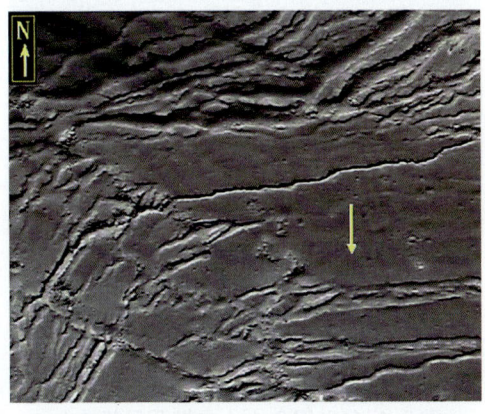

图 3.1.8　为图 3.1.4 方框 C 局部放大

示泥冰川表层"破裂"成不同大小和不同形状的构造块体、构造裂隙沿箭头所示方向移动

315

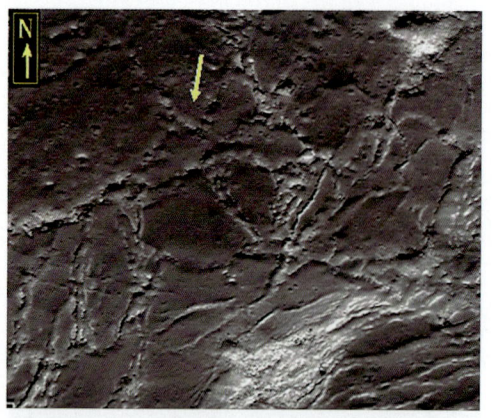

图3.1.9 为图3.1.4方框D局部放大
示泥冰川表层"破裂"成不同大小和不同形状的构造块体、构造裂隙沿箭头所示方向移动

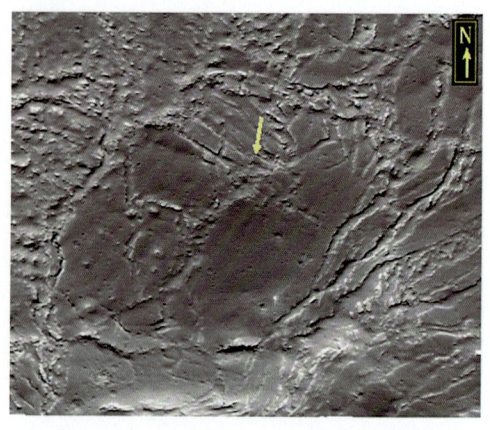

图3.1.10 为图3.1.4方框E局部放大
示泥冰川表层"破裂"成不同大小和不同形状的构造块体、构造裂隙沿箭头所示方向移动

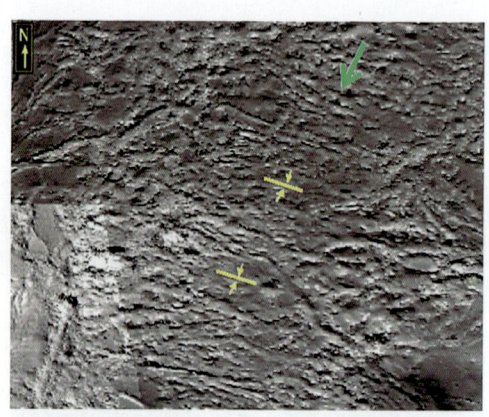

图3.1.11 图3.1.4方框F局部放大
示山间盆地出口冻融泥冰川主流线方向（蓝色箭头示）形成挤压性横向凸起，两侧多发生张性或张扭性裂隙

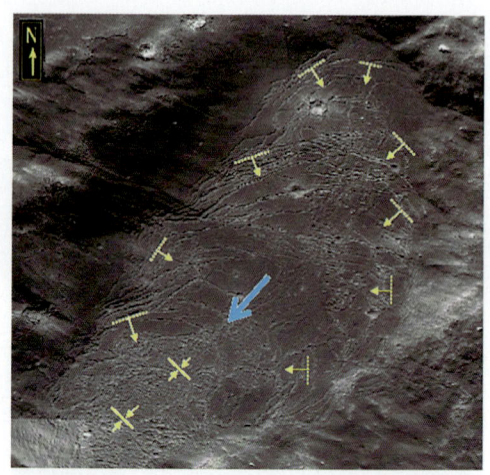

图3.1.12 图3.1.3方框A局部放大
示冻融泥冰川表层沿主流线方向移动时（蓝色箭头）盆地边缘区的构造块体、构造裂隙多发生张性或张扭性裂隙，而出口处中心部分形成挤压性横向凸起

第三章 月球"水冰"形成的地貌和沉积（遗迹）特征

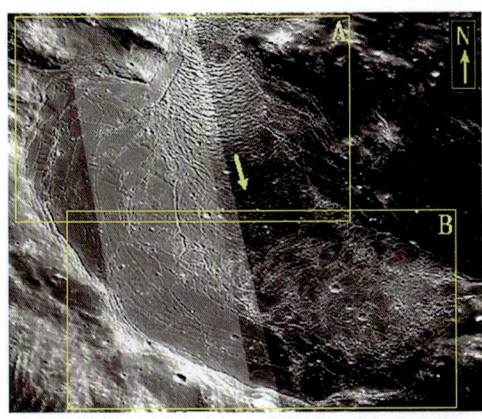

图 3.1.13　为图 3.1.3 方框 B 局部放大
示山间盆地冻融泥冰川流动时产生不同形态和不同大小的构造块体、构造裂隙分布特征，箭头示泥冰川主流线方向

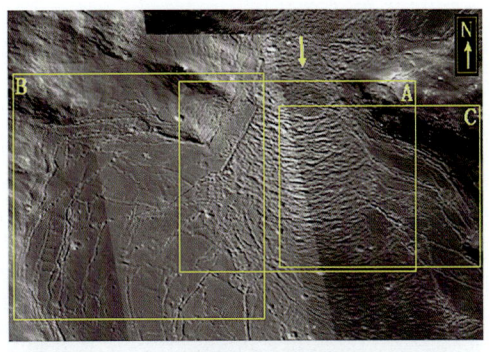

图 3.1.14　为图 3.1.13 方框 A 局部放大
示冻融泥冰川流动时产生不同形态和不同大小的构造块体、构造裂隙分布特征，箭头示泥冰川主流线方向

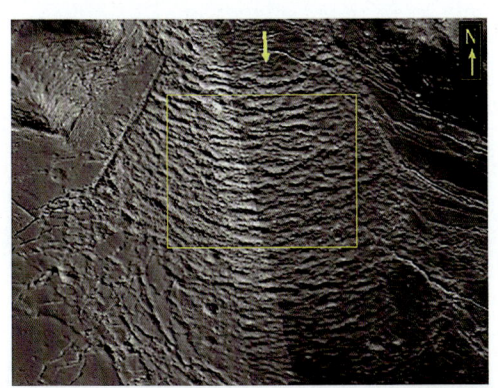

图 3.1.15　为图 3.1.14 方框 A 局部放大
示冻融泥冰川流动时产生不同形态和不同大小的构造块体、构造裂隙分布特征，主流线方向形成弧形脊状凸起，两侧产生张扭性裂隙，箭头示泥冰川主流线方向

图 3.1.16　为图 3.1.15 方框局部放大
示冻融泥冰川主要由浅色、略具分选和磨圆的粗岩屑和岩块物质所组成

317

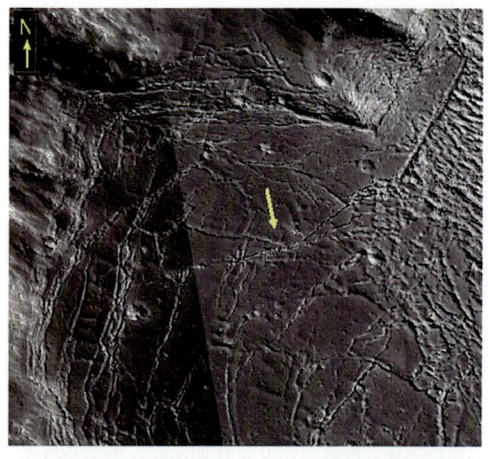

图 3.1.17　为图 3.1.14 方框 B 局部放大

示冻融泥冰川流动时产生不同形态和不同大小的构造块体、构造裂隙分布特征，箭头示泥冰川流动方向

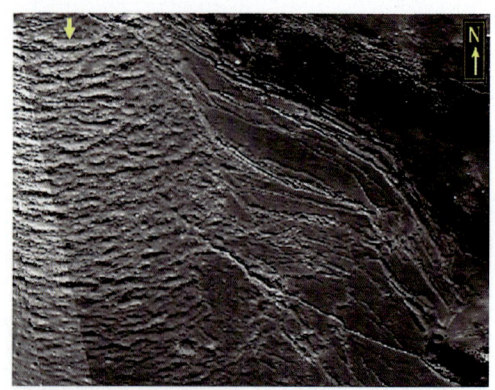

图 3.1.18　为图 3.1.14 方框 C 局部放大

示冻融泥冰川流动时产生不同形态和不同大小的构造块体、构造裂隙分布特征，主流线方向形成弧形脊状凸起（左侧），两侧产生张扭性裂隙（右侧），箭头示泥冰川主流线方向

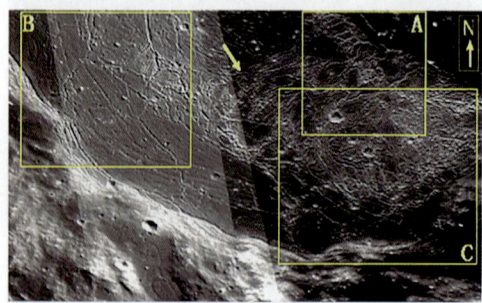

图 3.1.19　为图 3.1.13 方框 B 局部放大

示冻融泥冰川流动时产生不同形态和不同大小的构造块体、构造裂隙分布特征，箭头示泥冰川流动方向

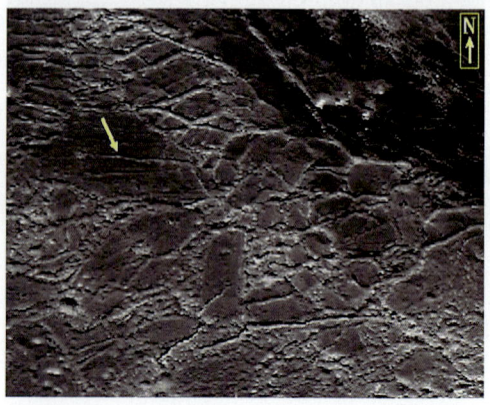

图 3.1.20　为图 3.1.19 方框 A 局部放大

示冻融泥冰川流动时产生不同形态和不同大小的构造块体、构造裂隙分布特征，箭头示泥冰川流动方向

第三章 月球"水冰"形成的地貌和沉积（遗迹）特征

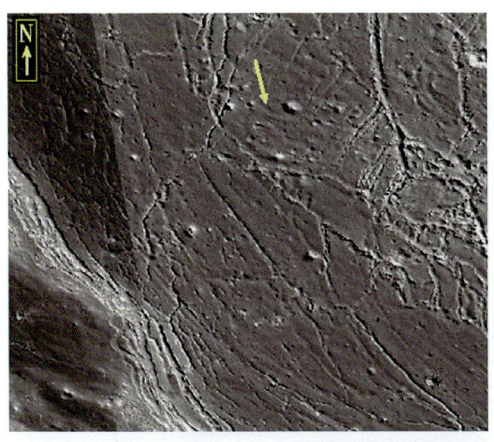

图 3.1.21　为图 3.1.19 方框 B 局部放大
示冻融泥冰川流动时产生不同形态和不同大小的构造块体、构造裂隙分布特征，箭头示泥冰川流动方向

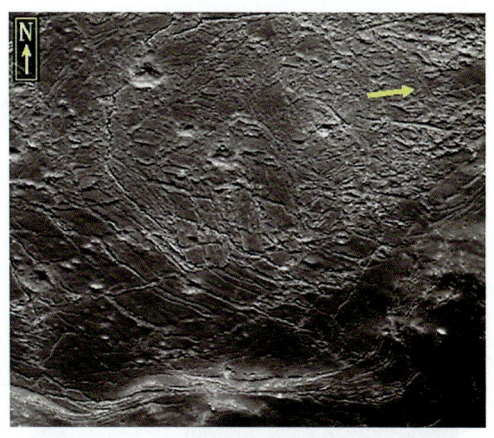

图 3.1.22　为图 3.1.19 方框 C 局部放大
示冻融泥冰川流动时产生不同形态和不同大小的构造块体、构造裂隙分布特征，箭头示泥冰川流动方向

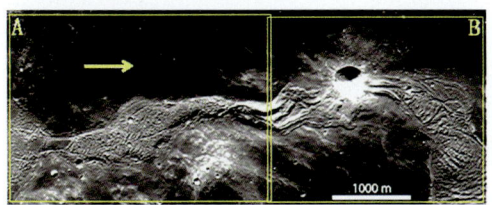

图 3.1.23　为图 3.1.3 方框 C 局部放大
示冻融泥冰川通过山间盆地连接通道时产生不同裂隙构造分布特征，箭头示泥冰川流动方向

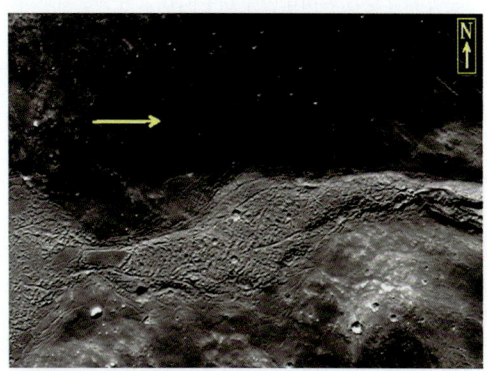

图 3.1.24　为图 3.1.23 方框 A 局部放大
示冻融泥冰川通过连接通道时产生不同裂隙构造分布特征，箭头示泥冰川流动方向

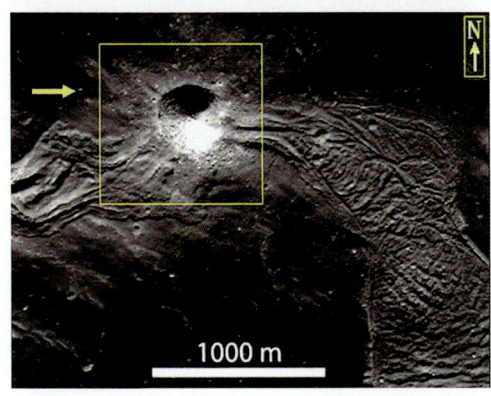

图 3.1.25　为图 3.1.23 方框 B 局部放大
示冻融泥冰川通过连接通道时产生不同裂隙构造分布特征，箭头示泥冰川流动方向

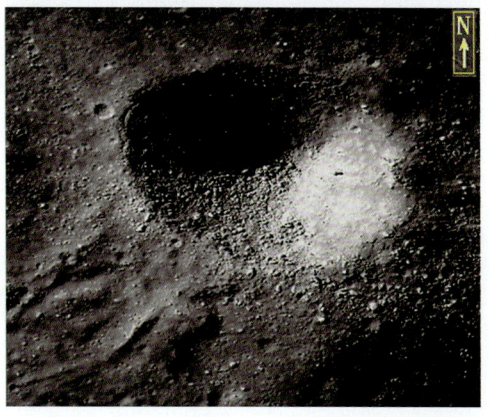

图 3.1.26　为图 3.1.25 方框局部放大
示冻融泥冰川形成后陨石坑溅射物主要由浅色岩屑和岩块物质所组成

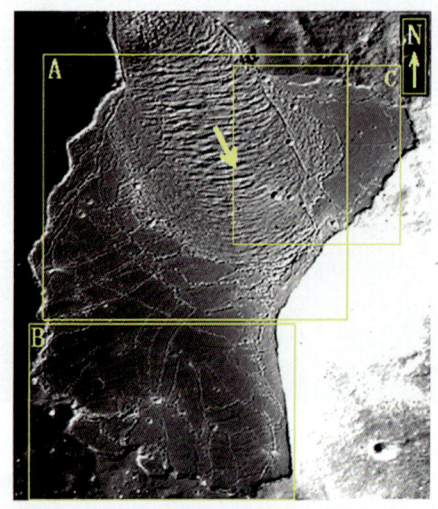

图 3.1.27　为图 3.1.3 方框 D 局部放大

示泥冰川主流线及周边产生的不同构造分布特征，箭头示泥冰川主流线流动方向

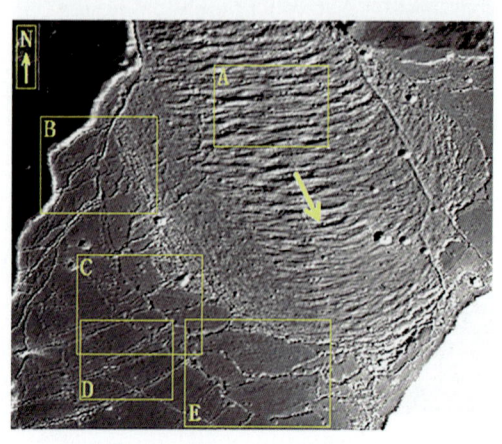

图 3.1.28　为图 3.1.27 方框 A 局部放大

示泥冰川主流线及周边产生的不同构造分布特征，箭头示泥冰川主流线流动方向

图 3.1.29　为图 3.1.28 方框 A 局部放大

示泥冰川组成物质主要是浅色、略具分选和磨圆的细岩屑和岩块，粒径明显比上源（见图 3.1.16）要小得多

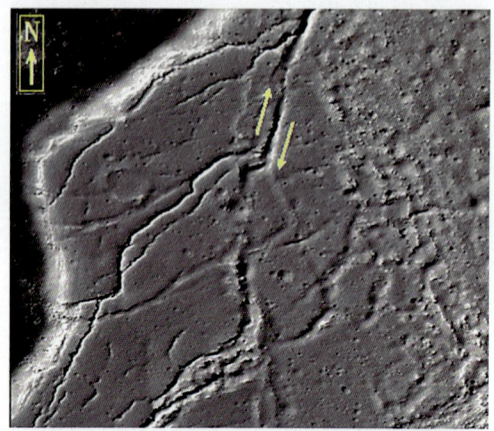

图 3.1.30　为图 3.1.28 方框 B 局部放大

示泥冰川流动时产生的侧向挤压力形成的走滑断裂分布特征

第三章 月球"水冰"形成的地貌和沉积（遗迹）特征

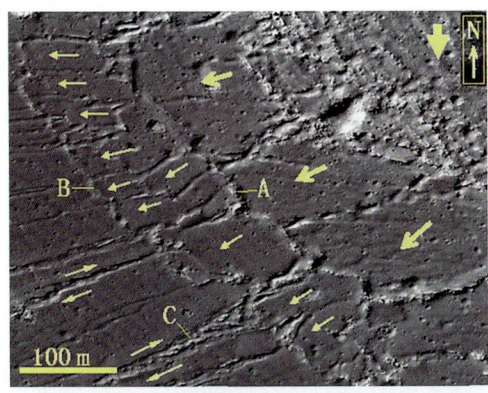

图 3.1.31　为图 3.1.28 方框 C 局部放大
示泥冰川流动产生的侧向挤压力使表层发生挤压脊状凸起（A）、推覆块体（B）和走滑断裂构造（C）分布特征，箭头示各块体运动方向

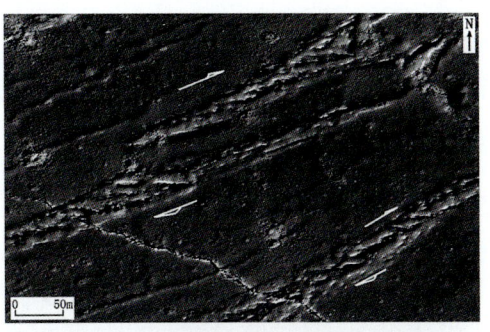

图 3.1.32　为图 3.1.28 方框 D 局部放大
示泥冰川流动时产生的侧向挤压力形成的走滑断裂，箭头示走滑断裂错动方向

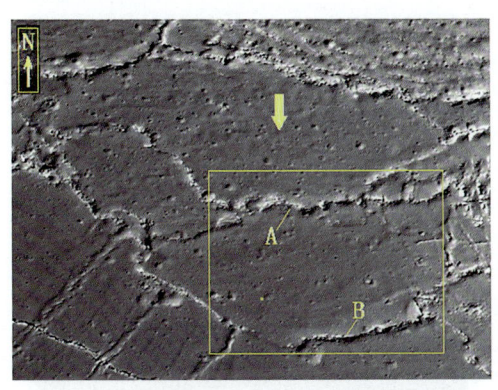

图 3.1.33　为图 3.1.28 方框 E 局部放大
示泥冰川流动时产生的侧向挤压力形成的弧形脊状凸起（A、B）分布特征，箭头示泥冰川流动方向

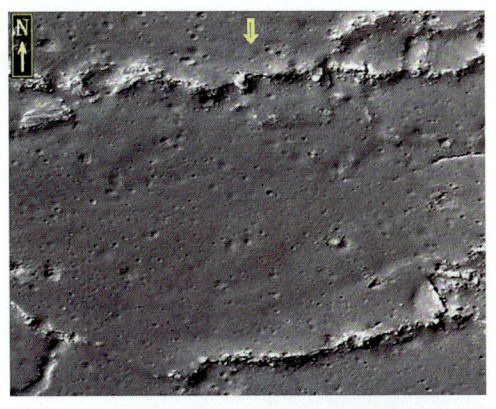

图 3.1.34　为图 3.1.33 方框局部放大
示泥冰川流动时产生的侧向挤压力形成的弧形脊状凸起分布特征，箭头示泥冰川流动方向

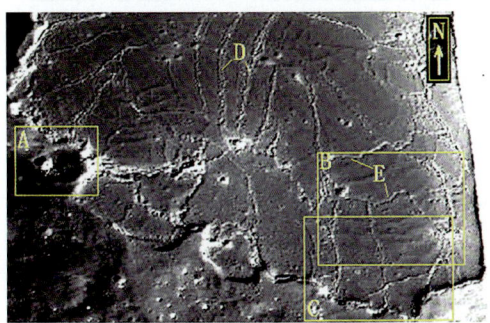

图 3.1.35　为图 3.1.27 方框 B 局部放大
示泥冰川流动时产生的侧向挤压力形成的张性、张扭性裂隙（D）和弧形脊状凸起（E）分布特征，箭头示泥冰川流动方向

图 3.1.36　为图 3.1.35 方框 A 局部放大
示冻融泥冰川（左侧）和陨石（右侧）组成物质均为浅色岩屑和岩块为主

321

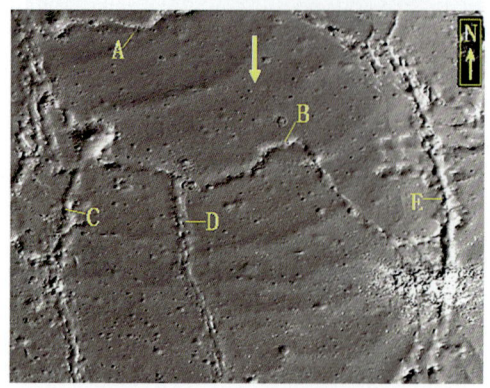

图 3.1.37 为图 3.1.35 方框 B 局部放大

示与冻融泥冰川主流线垂直方向上形成横向压性脊状凸起（A、B）为主，两侧多产生张性和张扭性裂隙（C、D、E），箭头示泥冰川流动方向

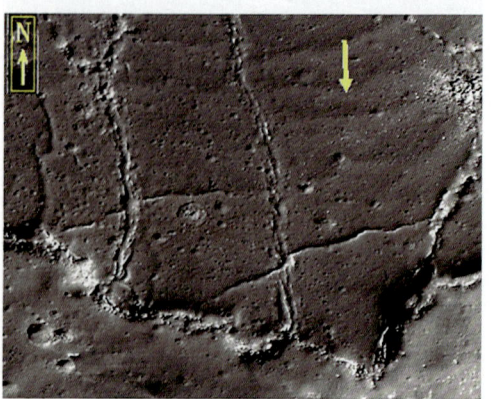

图 3.1.38 为图 3.1.35 方框 C 局部放大

示冻融泥冰川前端以产生南北向张性和张扭性裂隙为主，箭头示冰川流动方向

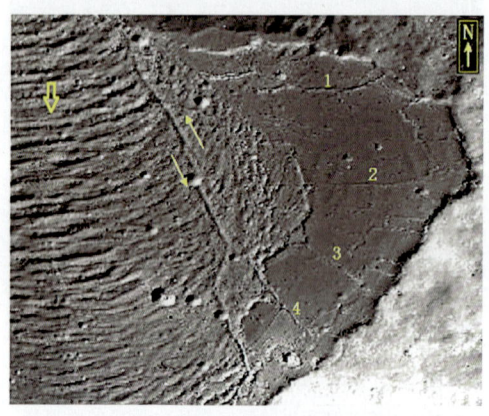

图 3.1.38A 为图 3.1.27 方框 C 局部放大

示盆地"D"泥冰川表面挤压脊状线形构造、挤压走滑构造和张扭线形构造分布特征，空心箭头示泥冰川流动方向，小箭头示北西向挤压走滑断裂滑动方向及其产生的 1、2、3、4 次级张裂隙

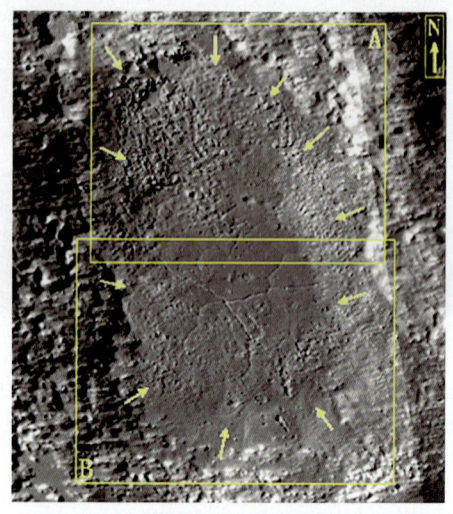

图 3.1.39 为图 3.1.1 方框 B 局部放大

示盆地周边泥冰川向盆地中心区方向流动并在中心区融溶成盆地平原区，箭头示泥冰川流动方向

第三章 月球"水冰"形成的地貌和沉积（遗迹）特征

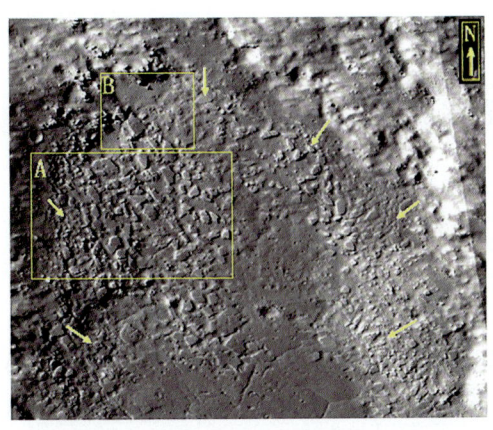

图3.1.40　为图3.1.39方框A局部放大

示盆地上半部周边泥冰川向盆地中心区方向流动，箭头示泥冰川流动方向

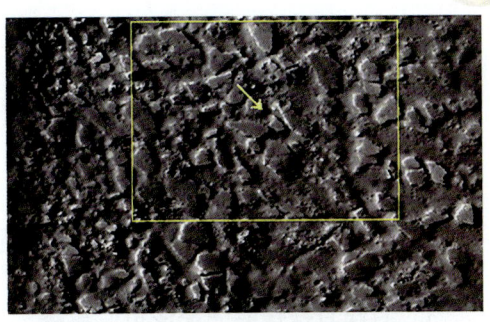

图3.1.41　为图3.1.40方框A局部放大

示泥冰川表层破裂成大小不同块体并顺泥冰川流动方向"漂移"，箭头示泥冰川流动方向

图3.1.42　为图3.1.41方框局部放大

示泥冰川表层破裂成大小不同块体并顺泥冰川流动方向"漂移"，箭头示泥冰川流动方向

图3.1.43　为图3.1.40方框B局部放大

示泥冰川物质组成为浅色、略具分选和磨圆的岩屑和岩块，箭头所示

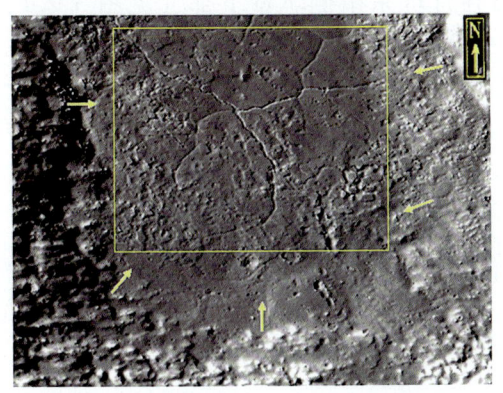

图3.1.44　为图3.1.39方框B局部放大

示盆地下半部周边泥冰川向盆地中心区方向流动，箭头示泥冰川流动方向

图3.1.45　为图3.1.44方框局部放大

示盆地中心泥冰川堆积物干涸后产生的辐射状泥裂，箭头所示

323

第二节　月球月坑坑壁"泥冰川"地貌和沉积特征

一、月球月坑坑壁"泥冰川"概念、分布和类型划分

1. 月球月坑坑壁"泥冰川"概念

所谓月球月坑坑壁"泥冰川"是指月球上局部地区或地段，月坑坑壁是由冰和泥沙组成的混合体，因受热发生融溶作用，形成像地球冰川那样，下部进行塑性流动的同时，表层产生脆性变形的一系列裂隙，即为"泥冰川"，具有与地球现代冰川运动机制和表面产生的裂隙基本相同的特征。

2. 月球月坑坑壁"泥冰川"的分布

月坑坑壁"泥冰川"，目前仅见于时代属哥白尼纪第谷"陆地月坑"坑壁之下部。"泥冰川"的物质来源，为月坑形成时溅落的含水岩屑和岩块。

3. 月球月坑坑壁"泥冰川"类型划分

月坑型"泥冰川"依据泥冰川形态特征，可进一步划分为扇状"泥冰川"和舌状"泥冰川"。

二、月球月坑坑壁"泥冰川"的主要特征

"泥冰川"的特征，主要包括"泥冰川"的形态、色调、粗糙度、表面裂隙和物质组成等方面。

"泥冰川"，表面横向或弧形裂隙分布特征与现代冰川十分相似，表明"泥冰川"具有与现代冰川一样的运动条件，即底部具塑性，表层具脆性变形的特征。现简述如下。

1. 第谷月坑坑壁裂隙型舌状"泥冰川"之一

第谷月坑"泥冰川"之一，分布于第谷月坑东南侧坑壁下部（见图3.2.1、图3.1.2），约纬度：-44.1840，经纬：-10.7203，和纬度：-44.2713，经纬：-10.6888（见图3.2.3—图3.2.7）。泥流自东南向北方西向流动，共2条。

其一，为单一长舌状。上部较宽，向前端稍窄，宽150～500 m，延长约2.0 km。整条"泥冰川"按表面分布特征大致可划分为"源区""流通区"和"堆积区"（见图3.2.3）。"源区"整体有些下陷，横向弧形裂隙分布不多，裂隙多有少量充填和覆盖（见图3.2.4）。"流通区"泥冰川冰体表面扇体有大量密集横向裂隙或弧形裂隙分布（见图3.2.5）。"堆积区"表面细小堆积层破裂成大小不同碎屑和岩块，但仍可见有少量放射状裂隙保留。组成泥流物质，主要为浅色泥沙、岩屑和岩块（见图3.2.6）。

其二，为宽带状"泥冰川"，位于舌状裂隙型"泥冰川"之上游区（见图3.2.2）。其特征总体上与舌状"泥冰川"相同（见图3.2.7）。"源区"整体有些凸

起，分布少量横向裂隙，也见少量纵向裂隙出现（见图3.2.8）。"流通区"以大量密集横向或弧形裂隙分布为特征，局部有纵向条带凹陷槽出现。凹陷槽为横向裂隙所切割，表明凹陷槽形成在先（见图3.2.9）。"堆积区"隆起明显，呈向前凸起相连的两弧形。并且弧后明显凹陷，很少见横向裂隙出现（见图3.2.10）。

2. 第谷月坑坑壁裂隙型扇状"泥冰川"之二

扇状"泥冰川"，分布于第谷月坑东南侧坑壁之中部（见图3.2.1），纬度为 -43.9318，经度为 -10.2385。坑壁坡度较缓。泥流呈东西向分布，自西向东流动，呈长扇状。为单一扇状体。上部较窄，前端稍宽，宽80～340 m，延长0.5～0.6 km（见图3.2.11）。

"源区"弧形裂隙分布较多，且后期有少量充填（见图3.2.12）。"流通区"交叉弧形裂隙发育，北侧边界附近可见一条规模较大、近东西向的走滑断裂分布（见图3.2.13—图3.1.15）。"堆积区"具放射状裂隙。组成泥流物质具上细下粗垂向分选和以浅色泥沙、岩屑和岩块为主（见图3.2.15）。

3. 第谷月坑坑壁裂隙型扇状"泥冰川"之三

扇状"泥冰川"，分布于第谷月坑东南侧坑壁之下部，由两条"泥冰川"组成。纬度为 -43.6232，经度为 -10.148116。"泥冰川"的"源区""流通区"和"堆积区"分布明显（见图3.2.16）。

"源区"冰谷明显较窄，以分布少量横向裂隙为主（见图3.2.17）。"流通区"由多条泥冰川并列分布，冰谷明显变宽，羽状裂隙分布密集（见图3.2.18）。"堆积区"呈扇状分布特征。组成泥冰川的物质均以浅色岩屑和岩块为主。（见图3.2.17、图3.1.18）。分布"泥冰川"的地面坡度较小，前方与坑底冻胀丘和冻胀裂隙等地貌分布区相连（见图3.2.19、图3.1.20）。

4. 第谷月坑坑壁裂隙型扇状"泥冰川"之四（见图西部部分与"之三"重叠）

裂隙型扇状"泥冰川"之四，分布于第谷月坑东南侧坑壁之下部，由两条"泥冰川"组成，纬度为 -43.6232，经度为 -10.148116（见图3.2.21）。"热融泥冰川""源区"（见图3.2.22）、"流通区"和"堆积区"（见图3.2.23、图3.1.24）分布清晰明显。实际它可能是最后一期泥冰川。从堆积区泥冰川相互切割和叠加特征看，隐约有多条泥冰川残留，推测此前可能有多次泥冰川发育（见图3.2.23、图3.1.24）。

第谷月坑除以上所述的泥冰川之外，还有大量泥冰川分布，有些是发育初期，有些明显遭多次泥冰川相互叠加或切割，样式多样（见图3.2.25—图3.1.33）。并且都与现代冰川流动时产生的裂隙十分相似（见图3.2.34—图3.1.37）。

三、月球月坑坑壁"泥冰川"的发展历程

依据"泥冰川"的特征，"泥冰川"的形成可能是因月夜期溅落形成的冰冻堆积物，在进入月昼期后，月表高温使堆积物表层发生强烈蒸发而干涸形成一层薄薄的"硬壳层"。当进入第二次月昼期，月表高温使堆积物下部发生融溶，并在自身重力作用下，由盆地边缘高处向盆地中心低处发生缓慢移动，致使"硬壳层"表层发生

破裂"漂移"。有的就像地球冬季"凌汛期"到来时那样，大小不同、形态各异的冰块顺着河流流动方向漂移。各冰块之间发生相互碰撞、叠置、拉张和错动等构造现象。裂隙型"泥冰川"，则与现代山谷冰川运动表面产生的斜向、横向或弧形裂隙特征十分相似（见图 3.2.34—图 3.1.37）。

四、月球月坑坑壁"泥冰川"发现的重要意义

"泥冰川"是在水和水冰的参与作用下产生的。它的发现同样证明在月球历史发展的进程中，曾经有过大量水和水冰的存在，为研究月球发展史提供重要的实际材料。

应当着重指出的是，"泥冰川"发生次数的多少取决于堆积物的厚度和月昼温度之间是否达到形成融溶物的程度，以及运动的相对高程是否已达到平衡。即如月昼期堆积物下部能达到融溶，而周围存在的相对高差足以使其在自身重力作用下发生运动，"月昼融溶运动"和月夜冻结的交替作用将继续，直至达到平衡才有可能停止。

以下附第三章第二节图：

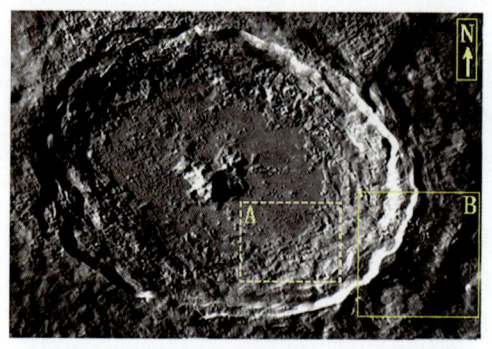

图 3.2.1 第谷月坑东南坑壁（A）与坑外山间盆地（详见第三章第一节）"泥冰川"分布位置

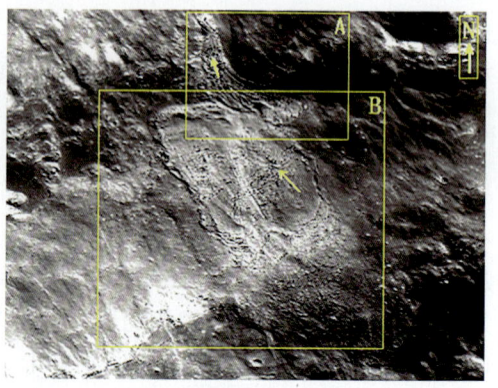

图 3.2.2 第谷月坑东南坑壁裂隙型"泥冰川"之一的长舌状裂隙型（A）和短舌状裂隙型（B）分布特征

箭头示泥冰川流动方向

第三章 月球"水冰"形成的地貌和沉积（遗迹）特征

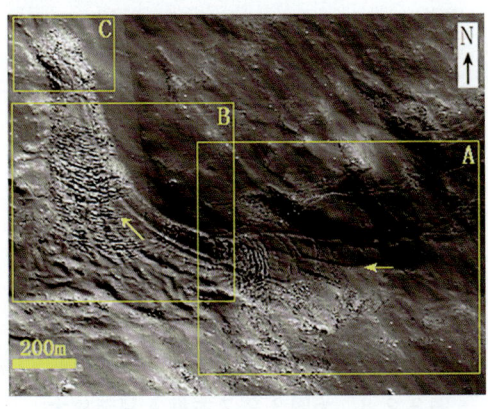

图 3.2.3　为图 3.2.2 方框 A 局部放大
示"泥冰川"之一的"源区"（A）、"流通区"（B）和"堆积区"（C）分布特征，箭头示泥冰川流动方向

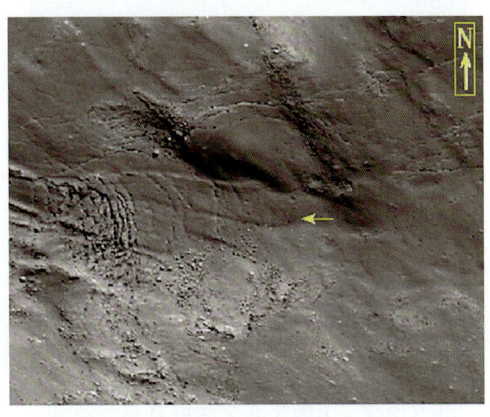

图 3.2.4　为图 3.2.3 方框 A 局部放大
示第谷月坑长舌状裂隙型"泥冰川"之一的"源区"仅有少量横向或弧形裂隙分布特征，箭头示泥冰川流动方向

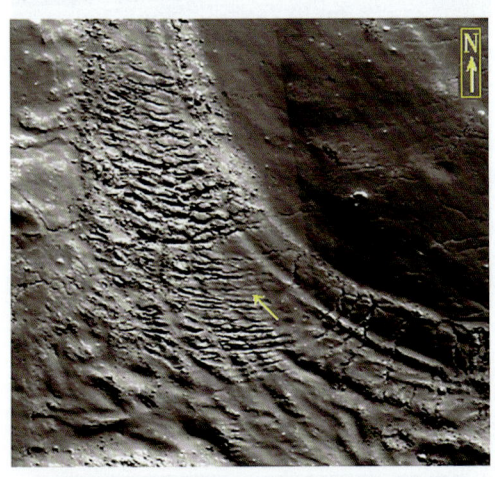

图 3.2.5　为图 3.2.3 方框 B 局部放大
示第谷月坑长舌状裂隙型"泥冰川"之一的"流通区"有大量横向弧形裂隙分布特征，箭头示泥冰川流动方向

图 3.2.6　为图 3.2.3 方框 C 局部放大
示第谷月坑长舌状裂隙型"泥冰川"之一的"堆积区"组成物质主要为浅色岩屑和岩块，箭头示泥冰川流动方向

327

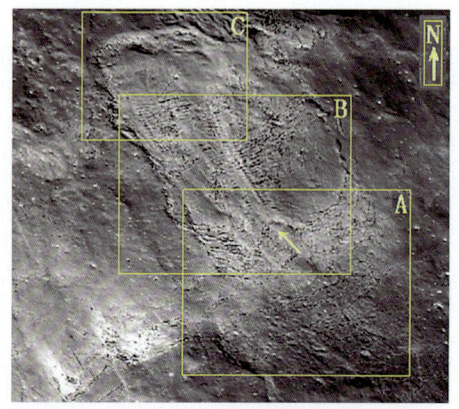

图 3.2.7　为图 3.2.2 方框 B 局部放大

示第谷月坑宽带状裂隙型"泥冰川"之一的分布特征，箭头示泥冰川流动方向

图 3.2.8　为图 3.2.7 方框 A 局部放大

示宽带状裂隙型"泥冰川"之一的"源区"以少量横向裂隙为主，也见少量纵向裂隙出现，箭头示泥冰川流动方向

图 3.2.9　为图 3.2.7 方框 B 局部放大

示宽带状裂隙型"泥冰川"之一的"流通区"有大量密集横向或弧形裂隙分布，箭头示泥冰川流动方向

图 3.2.10　为图 3.2.7 方框 C 局部放大

示宽带状裂隙型"泥冰川"之一的"堆积区"组成物质主要为浅色岩屑和岩块，箭头示泥冰川流动方向

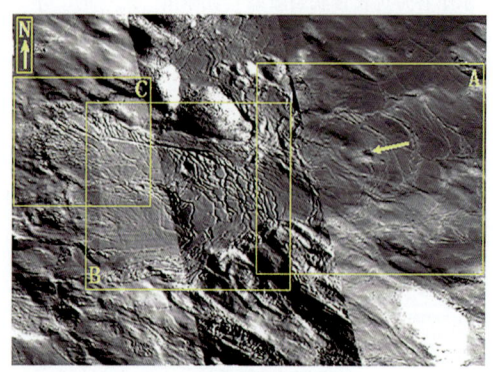

图 3.2.11　第谷月坑坑壁裂隙型"泥冰川"之二

"源区"（方框 A）、"流通区"（方框 B）和"堆积区"（方框 C）分布特征，箭头示泥冰川流动方向

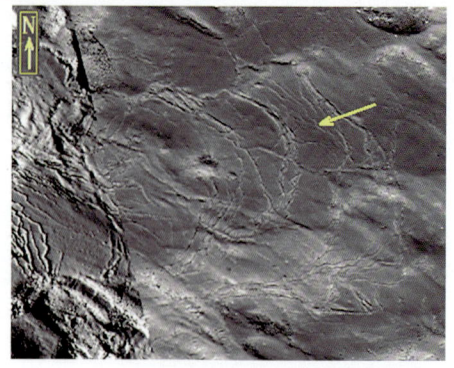

图 3.2.12　为图 3.2.11 方框 A 局部放大

示裂隙型"泥冰川"之二的"源区"弧形裂隙分布较多，且后期有少量充填特征，箭头示冻融泥冰川流动方向

第三章 月球"水冰"形成的地貌和沉积(遗迹)特征

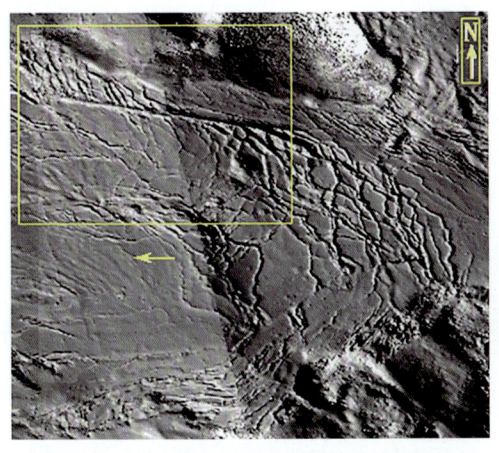

图 3.2.13　为图 3.2.11 方框 B 局部放大

示裂隙型"泥冰川"之二的"流通区"交叉弧形裂隙发育,北侧边界附近可见一条规模较大、近东西向的走滑断裂分布,箭头示泥冰川流动方向

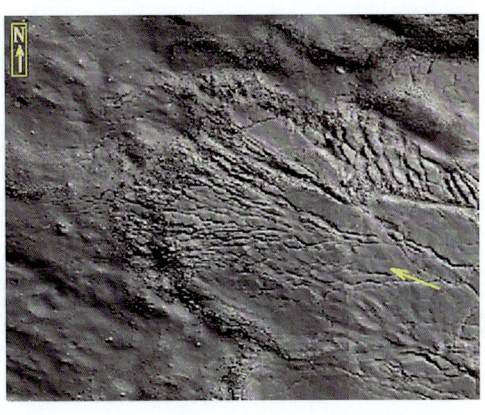

图 3.2.14　为图 3.2.11 方框 C 局部放大

示裂隙型"泥冰川"之二的"堆积区"具放射状裂隙分布特征,组成泥流物质具上细下粗垂向分选特征,以浅色泥沙、岩屑和岩块为主,箭头示热融泥冰川流动方向

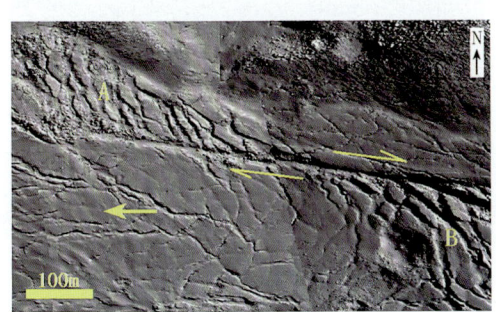

图 3.2.15　为图 3.2.13 方框局部放大

示裂隙型"泥冰川"之二的"流通区"向前流动时表层产生的走滑剪切断裂(单边箭头所示),A、B 分别为走滑剪切断裂形成时北、南两侧产生的次生张裂隙,箭头示泥冰川流动方向

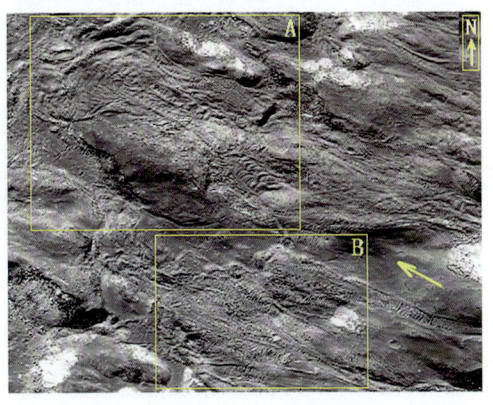

图 3.2.16　第谷月坑东南坑壁裂隙型"泥冰川"之三"源区""流通区"和"堆积区"分布特征

箭头示泥冰川流动方向

329

图3.2.17　为图3.2.16方框A局部放大

示第谷月坑东南坑壁裂隙型"泥冰川"之三"流通区"由多条泥冰川并列分布,"堆积区"呈扇状分布特征,箭头示泥冰川流动方向

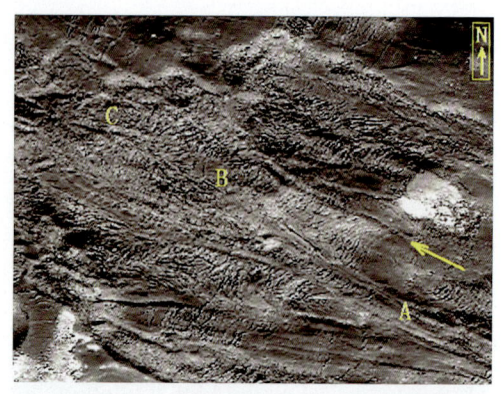

图3.2.18　为图3.2.16方框B局部放大

示第谷月坑东南坑壁裂隙型"泥冰川"之三"源区"(A)、"流通区"(B)和"堆积区"(C)分布特征,箭头示泥冰川流动方向

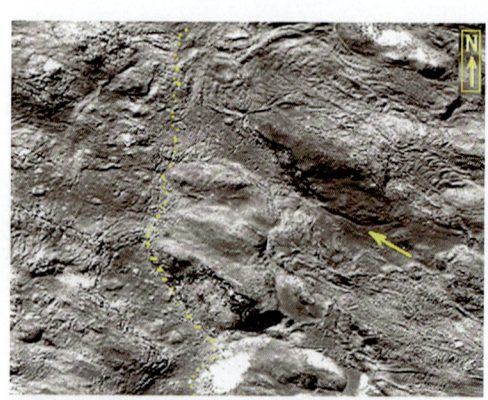

图3.2.19　第谷月坑东南坑壁裂隙型"泥冰川"之三（右侧部分）

与坑底冻胀丘和冻胀裂隙（左侧部分）分界处（点线）分布特征,箭头示泥冰川流动方向

图3.2.20　第谷月坑东南坑壁裂隙型"泥冰川"之三（右侧部分）

与坑底冻胀丘和冻胀裂隙（左侧部分）分界处（点线）分布特征,箭头示泥冰川流动方向

第三章 月球"水冰"形成的地貌和沉积（遗迹）特征

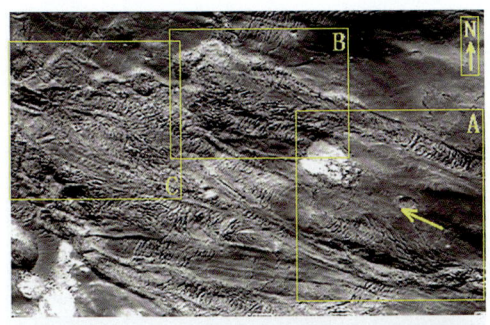

图 3.2.21　为图 3.2.16 方框 B 及以东地区局部放大

示第谷月坑东南坑壁裂隙型"泥冰川"之四"源区（框 A）、"流通区"和"堆积区"（框 B、C）分布特征，箭头示泥冰川流动方向

图 3.2.22　为图 3.2.21 方框 A 局部放大

第谷月坑东南坑壁裂隙型"泥冰川"之四裂隙型"热融泥冰川""源区"（右侧）和"流通区"（左侧大部）分布特征，箭头示泥冰川流动方向

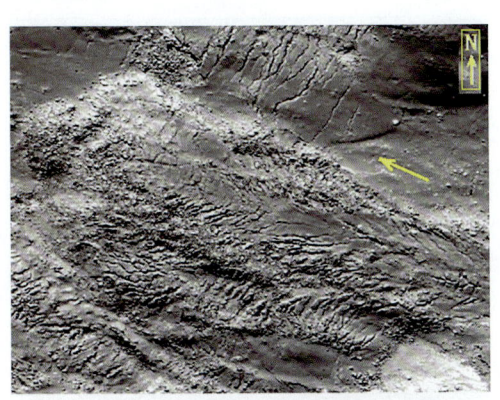

图 3.2.23　为图 3.2.21 方框 B 局部放大

示第谷月坑东南坑壁"泥冰川"之四"流通区"（右侧）和"堆积区"（左侧）均有大量裂隙分布特征，组成物质以浅色岩屑和岩块为主，箭头示泥冰川流动方向

图 3.2.24　为图 3.2.21 方框 C 局部放大

示第谷月坑东南坑壁裂隙型"泥冰川"之四"堆积区"组成物质以浅色岩屑和岩块为主，箭头示泥冰川流动方向

331

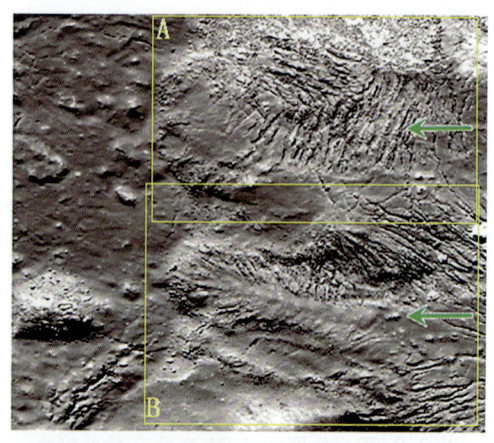

图 3.2.25　第谷月坑东南坑壁下部
裂隙型"泥冰川"横向和弧形裂隙分布特征，箭头示泥冰川流动方向

图 3.2.26　为图 3.2.25 方框 A 局部放大
示第谷月坑东南坑壁下部裂隙型"泥冰川"横向和弧形裂隙分布特征，箭头示泥冰川流动方向

图 3.2.27　为图 3.2.25 方框 B 局部放大
示第谷月坑东南坑壁下部裂隙型"泥冰川""堆积区"放射状裂隙和横向、弧形裂隙分布特征，箭头示泥冰川流动方向

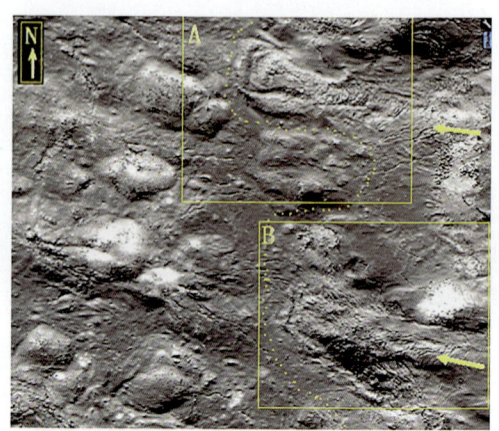

图 3.2.28　第谷月坑东南坑壁下部
裂隙型"泥冰川"前端（点线右侧）与坑底冻胀丘和冻胀裂隙（点线左侧）分布区相接，箭头示泥冰川流动方向

图 3.2.29　为图 3.2.28 方框 A 局部放大

示第谷月坑东南坑壁下部裂隙型"泥冰川"前端形成垄状弧形凸起分布特征，箭头示泥冰川流动方向

图 3.2.30　为图 3.2.29 方框局部放大

示第谷月坑东南坑壁下部裂隙型"泥冰川"前端堆积区呈三道垄状弧形凸起分布特征，箭头示泥冰川流动方向

图 3.2.31　为图 3.2.28 方框 B 局部放大

示第谷月坑东南坑壁下部裂隙型"泥冰川""堆积区"放射状裂隙分布特征，箭头示泥冰川流动方向

图 3.2.32　第谷月坑东南坑壁下部

裂隙型"泥冰川"分布特征，箭头示泥冰川流动方向

图 3.2.33　第谷月坑东南坑壁下部

裂隙型"泥冰川"横向和弧形裂隙分布特征，箭头示泥冰川流动方向

图 3.2.34　冰岛现代冰川"源区""流通区"和"堆积区"分布特征

箭头示现代冰川流动方向

333

月球卫片分析最新发现

图3.2.35 冰岛现代冰川"源区""流通区"和"堆积区"分布特征
箭头示现代冰川流动方向

图3.2.36 为图3.2.35方框局部放大
示冰岛现代冰川"源区"和"流通区"流动冰面横向或弧形裂隙分布特征，箭头示现代冰川流动方向

图3.2.37 为图3.2.36方框局部放大
示冰岛现代冰川"流通区"冰面横向或弧形裂隙分布特征，箭头示冰川流动方向

（图片来源：ESA/NASA）

第四章 月球"冻胀作用形成的地貌"(遗迹)特征

所谓"冻胀地貌",是指由于土中水的冻结和冰体(特别是凸镜状冰体)的增长引起土体膨胀、地表不均匀隆起所形成的地貌,称为"冻胀地貌"。

第一节 月球"冻胀丘""冻胀脊"和"冻胀裂隙"地貌特征

一、月球"冻胀丘""冻胀脊"和"冻胀裂隙"地貌概念、分布和类型划分

1. 月球"冻胀丘""冻胀脊"和"冻胀裂隙"地貌概念

冻胀丘(又称"冰堆丘""冰隆""冰丘""冰肿""冰皋"等,英文叫 Pingo 或 Hydrolaccolit)是由于地下水受冻结,在地面和下部多年冻土层的遏阻下,薄弱地带冻结膨胀,使地表变形隆起,形成冻胀丘。与之不同的是,冰锥是在寒冷季节流出封冻地表或冰面的地下水或河水冻结后形成丘状隆起的冰体。中国境内已知最大的冰丘出现在昆仑山垭口(青藏公路62道班),它底部直径 40~50 m,高达 20 m。世界上最漂亮的冻胀丘是在加拿大北方与西北(例如,Tuktoyaktuk)和美国阿拉斯加(例如,Kadleroshilik)。冻胀丘甚至成为加拿大的国家地标(Pingo National Landmark,加拿大冻胀丘国家公园,内有8个规模较大的冻胀丘)。此外,格陵兰、俄罗斯的西伯利亚以及挪威的 Spitsbergen 地区也有很多冻胀丘。全球有名的冻胀丘就有11000个。

2. "冻胀丘""冻胀脊"和"冻胀裂隙"地貌分布

"冻胀丘""冻胀脊"和冻胀裂隙常相伴出现于形成年代较晚(爱拉托逊纪及以后)和较大月坑的坑底,少量分布于月坑边缘一些山间盆地之中,如哥白尼月坑、第谷月坑等。

3. "冻胀丘""冻胀脊"和"冻胀裂隙"地貌类型划分

依据月球"冻胀丘""冻胀脊"顶部有无裂隙、岩块分布,暂可划分为"裂隙型冻胀丘和冻胀脊""岩块型冻胀丘和冻胀脊"和"光滑型冻胀丘和冻胀脊"。

二、"冻胀丘""冻胀脊"和"冻胀裂隙"地貌特征

1. 哥白尼"陆地月坑""冻胀丘""冻胀脊"和"冻胀裂隙"地貌特征

哥白尼月坑位于月球正面的北半球,纬度为 10.9451,经度为 -18.6295,形成时代可能属哥白尼纪早期。冻胀丘和冻胀裂隙,分布于哥白尼月坑的坑底,尤其于坑壁受到严重热融作用区前缘地带平坦的坑底平原上出露最多,即哥白尼月坑坑底的西北地区,分布最为密集(见图 4.1.1—图 4.1.3)。

冻胀丘以"圆丘"状为主,少数呈不甚规则状(见图 4.1.4—图 4.1.7)。丘顶有的十分光滑,但大多都有浅色岩屑物质分布(见图 4.1.5—图 4.1.7、图 4.1.11—图 4.1.13),但岩屑很少跌落到丘的周边。

冻胀裂隙多分布于冻胀丘周边或附近,呈直线、折线或树枝状(见图 4.1.8—图 4.1.10、图 4.1.12、图 4.1.13)。有的相互切割明显,局部形成近六角状或三叉状(见图 4.1.9、图 4.1.10),但很少见在丘顶上分布。总体上在哥白尼月坑坑底分布的冻胀丘和冻胀裂隙发育不多,也不是十分典型。

2. 第谷"陆地月坑""冻胀丘""冻胀脊"和"冻胀裂隙"地貌特征

第谷月坑位于月球正面的南半球,纬度为 -43.3169,经度为 -12.1403,形成时代可能属哥白尼纪中期。月坑最深可达 4457 m。冻胀丘、冻胀脊和冻胀裂隙,分布于第谷月坑的坑底局部溅落堆积平原上(见图 4.1.14、图 4.1.15),于坑底东部平原发育较典型,并且多于"泥冰川"的前沿地区开始分布(见图 4.1.29—图 4.1.32)。西部坑底平原的冻胀丘和冻胀裂隙因受后期热融作用,形态变得模糊。在第谷月坑外东北的泥塘中,偶见少量冻胀丘分布。泥塘中冻胀丘沿冻胀裂隙一端或中部分布(见图 4.1.16—图 4.1.18)。丘体由泥沙和岩块、岩屑物质组成,且有些岩屑和岩块明显从丘顶滚落在丘体周边(见图 4.1.19)。

冻胀丘大多发育较典型,以"圆丘"状为主。丘顶及周边多有冻胀裂隙分布,形态各异,复杂多变。有的冻胀丘和周边形成辐射状冻胀裂隙(见图 4.1.19、图 4.1.20)。冻胀脊和纵贯冻胀脊的冻胀裂隙分布特征十分明显(见图 4.1.21、图 4.1.22)。一般环丘周边多形成较粗大的辐射状或环状冻胀裂隙(见图 4.1.23—图 4.1.28、图 4.1.30),丘顶有的被"十"字形裂隙所分割(见图 4.1.34),有的丘顶为"辐射线"所占据(见图 4.1.35),有的丘顶发育较细小的网状裂隙(见图 4.1.36)。它们可能为原盖层被丘体上顶时所产生(见图 4.1.23、图 4.1.35)。在平坦的坑底平原上,可见由多条近平行冻胀裂隙组成的多角形分布特征(见图 4.1.28、图 4.1.33)。

3. 季霍米罗夫 K(Tikhomirov K)"陆地月坑""冻胀丘""冻胀脊"和"冻胀裂隙"地貌特征

季霍米罗夫 K(Tikhomirov K)月坑位于月球背面,纬度为 21.76318,经度为 -163.90000,形成时代可能属哥白尼纪晚期(见图 4.1.37)。冻胀丘和冻胀裂隙发育十分典型,从最初形成顶部冻胀裂隙开始,到形成完好的冻胀丘体,到丘顶部受到热

融作用部分融溶，都有系统和连续的发育和分布，分别称之为冻胀丘"形成初期"、冻胀丘"形成期"和冻胀丘"融化期"三个发育阶段（见图 4.1.38—图 4.1.40）。丘顶部仍保留原坑底地貌特征。有的早期形成的岩屑、岩块冻胀丘，明显为晚期冻胀裂隙所切割（见图 4.1.42—图 4.1.45），或丘顶开始形成巨大破裂和发生热融受到不同程度的破坏（见图 4.1.46—图 4.1.51）。冻胀裂隙，除在冻胀丘的丘顶和周边分布外，在坑底的小平原上也可见多角形冻胀裂隙分布（见图 4.1.41）。

4. 爱拉托逊（Eratosthenes）"陆地月坑""冻胀丘""冻胀脊"和"冻胀裂隙"地貌特征

爱拉托逊（Eratosthenes）月坑位于月球正面的北半球，纬度为 14.5826，经度为 -11.1429（见图 4.1.52、图 4.1.53），形成时代属爱拉托逊纪。目前仅可见保留有冻胀丘，未见明显冻胀裂隙分布。冻胀丘多呈圆丘状，或不甚规则状。丘顶及周边均未见冻胀裂隙发育，但表面有大量皱纹分布（见图 4.1.54—图 4.1.60）。但在丘顶及周边，可见呈浅色的岩屑和岩块分布（见图 4.1.61—图 4.1.63）。

5. 阿里斯蒂卢斯（Aristillus）"陆地月坑""冻胀丘""冻胀脊"和"冻胀裂隙"地貌特征

阿里斯蒂卢斯（Aristillus）月坑位于月球正面的北半球，雨海东部，（约）纬度为 33.9°N，经度为 0.9°E（见图 4.1.64、图 4.1.65），形成时代可能属哥白尼纪早期，或爱拉托逊纪晚期。坑底见较多近圆丘状，或不甚规则状冻胀丘分布，很明显是冻胀丘形成后经历过较长时期的月壤化，致使丘顶和丘体周边的岩屑和岩块大部已不复存在，也使多角形和辐射状冻胀裂隙多数已被融溶泥沙物质所充填，影像已变得模糊不清（见图 4.1.66—图 4.1.70）。仅在丘顶残留少量浅色岩块和岩屑物质（见图 4.1.71、图 4.1.72）。

6. 泰利斯（Thales）月坑"冻胀丘""冻胀脊"和"冻胀裂隙"地貌特征

泰利斯（Thales）月坑位于月球正面的北半球高纬度区，纬度为 61.7°N，经度为 50.3°E（见图 4.1.73、图 4.1.74）。月坑坑底分布大量长条状冻胀脊、近圆形的冻胀丘和线状为主的冻胀裂隙。冻胀脊多分布于坑底近坑壁的边缘地带，脊顶部多分布与脊延伸方向一致的冻胀裂隙（见图 4.1.76—图 4.1.78、图 4.1.83—图 4.1.85、图 4.1.87、图 4.1.88）。冻胀丘多分散分布于月坑中心外侧至坑壁一带。丘顶多分布辐射状冻胀裂隙，或分布大小不同的岩屑和岩块，有的则呈光滑状（见图 4.1.75、图 4.1.79—图 4.1.82、图 4.1.86、图 4.1.89—图 4.1.97）。

7. 杰克逊（Jackson）"陆地月坑""冻胀丘""冻胀脊"和"冻胀裂隙"地貌特征

杰克逊（Jackson）月坑分布于月球背面，纬度为 22.5°N，经度为 195.6°E。近圆形，直径 72 km（见图 4.1.98）。冻胀丘和冻胀裂隙分布于坑底沉积层区。凸起的冻胀丘常将沉积层顶起并产生破裂，似"刚出锅的开花馒头"。裂口向外扩散，张口逐渐变小（见图 4.1.99—图 4.1.103）。

8. 焦尔达诺·布鲁诺（Giordano Bruno）"陆地月坑""冻胀丘""冻胀脊"和"冻胀裂隙"地貌特征

焦尔达诺·布鲁诺（Giordano Bruno）月坑位于月球正面的北半球，呈近圆形，直径约25 km，纬度为36.1°N，经度为102.8°E。冻胀丘和冻胀裂隙分布于坑底三个小沉积盆地中（见图4.1.104、图4.1.105）。小沉积盆地A冻胀丘多呈馒头状，丘顶很少见冻胀裂隙分布（见图4.1.105、图4.1.106、图4.1.110）。小沉积盆地B冻胀丘有的也呈馒头状，丘顶很少见冻胀裂隙分布。但大部分似"刚出锅的开花馒头"，丘顶辐射状冻胀裂隙十分发育（见图4.1.105、图4.1.107）。小沉积盆地C冻胀丘，大多似"刚出锅的开花馒头"，丘顶辐射状冻胀裂隙大量分布（见图4.1.105、图4.1.108、图4.1.109、图4.1.111）。在小盆地A中可以看出形成初期的冻胀丘似"刚出锅的开花馒头"，形成中期的冻胀丘丘顶冻胀裂隙开始扩大，有少量岩屑和岩块出露，成熟的冻胀丘丘顶布满岩屑和岩块，最后产生的冻胀丘色调浅，以白-灰白色为主，分布的岩屑和岩块不多（见图4.1.112）。

9. 阿那克萨哥拉（Anaxagoras）"陆地月坑""冻胀丘""冻胀脊"和"冻胀裂隙"地貌特征

阿那克萨哥拉（Anaxagoras）月坑属于"陆地月坑"，位于月球正面的北半球高纬度区，纬度为73.50，经度为349.70（见图4.1.113—图4.1.115）。坑底分布较多椭圆形冻胀丘（见图4.1.116、图4.1.119、图4.1.120）。但冻胀裂隙在坑底分布极少。少数"刚冒头的"冻胀丘丘顶分布辐射状冻胀裂隙（见图4.1.117）和大量不甚规则的冻胀裂隙（见图4.1.118）。

10. 南极区巴伊G东南"陆地月坑"坑底"冻胀丘""冻胀脊"和"冻胀裂隙"地貌特征

南极区巴伊G东南月坑底冻胀丘位于高纬度区，纬度为-66.39039，经度为54.56267（见图4.1.121）。冻胀丘分布于坑底原平缓沉积区，形态多近圆形。丘顶多呈光滑状，见有少量岩屑和岩块分布（见图4.1.122—图4.1.124）。

11. 南极区牛顿A西北"陆地月坑""冻胀丘""冻胀脊"和"冻胀裂隙"地貌特征

南极区牛顿A西北冻胀丘位于月球正面的南半球高纬度区，纬度为-78.84250，经度为23.27071（见图4.1.125）。冻胀丘分布于坑底原平缓的沉积区，形态多近圆形。丘顶多呈粗糙状，见有大量岩屑和岩块分布（见图4.1.126—图4.1.128）。冻胀丘切割冻胀裂隙（见图4.1.127、图4.1.128），有的见冻胀裂隙明显切割冻胀丘（见图4.1.129）。

总之，冻胀丘和冻胀裂隙在中低纬度区常相伴而生，丘顶多岩屑和岩块分布在平缓的丘底多角形冻胀裂隙常见，冻胀丘热融作用频繁发生。而中高纬度区常多发育冻胀丘，冻胀裂隙很少分布或不分布。冻胀丘顶常为光滑状或有少量岩屑和岩块出现。

三、"冻胀丘""冻胀脊"和"冻胀裂隙"地貌形成和演化

地球的冻胀丘英文叫 Pingo 或 Hydrolaccolit,翻译成中文叫冰隆、冰丘、冰肿、冰皋、冻胀丘等。

"冻胀丘""冻胀脊"和"冻胀裂隙"地貌主要分布于月陆区较大的"陆地月坑"的坑底(见图 4.1.130)。从冻胀丘和冻胀裂隙在空间分布上大多位于月坑坑底周边、坑壁脚之下,或月坑外一些山间盆地之中,我们认为它的形成与地球上的冻胀丘和冻胀裂隙的产生基本一致,即"地下水经冻胀作用形成,是由于土中水分冻结所造成的地表局部隆起现象"。

光滑状冻胀丘曾被早期研究者确定为地下基性玄武岩浆分异结果产生的"流纹岩丘"(见图 4.1.106、图 4.1.110)。根据生长期长短,分为季节性冻胀丘和多年生冻胀丘。季节性冻胀丘冬季隆起夏季消失,既可以发生于季节冻土区,也可以发生于多年(永久)冻土区。冬季融化层由上而下和由下而上冻结,过水断面缩小,冻结层上水处于承压状态,同时冻结过程中水分发生迁移产生聚冰层。随冻结面向下发展,当冻结层上水的压力大于上覆土层强度时,地表就发生隆起,形成冻胀丘及丘顶分布的冻胀裂隙(见图 4.1.106、图 4.1.110)。

冻胀丘是我国冻年冻土区经常可以看到的一种冻土地貌。冻胀丘底部的直径由几米到几十米;高 1~2 m,有的可达 3~5 m。冻胀丘表面经常存在纵横交错的裂隙。

冻胀丘与液化沙丘,在形态上十分相似,均呈近圆形丘状,但它们形成条件有明显差别,主要表现在丘面的色调、糙度,丘顶有无裂隙和岩块岩屑分布、共生地貌特征和空间分布特征等。现列表 4.1.1 对比如下。

表 4.1.1 "冻胀丘"与"液化沙丘"地貌的对比

地貌	冻胀丘	液化沙丘
形态	近圆形凸起丘状	近圆形凸起丘状
糙度	粗糙或光滑状	常呈光滑状
裂隙	丘顶多有冻胀裂隙相伴分布	丘顶无裂隙相伴分布
岩屑和岩块	丘顶常有岩块和岩屑分布	丘顶很少有岩块和岩屑分布
色调	色调多较深	色调常较浅
共生地貌	常与冻胀裂隙伴生出现	常与液化砂垄"冰裂"同时出现
丘顶特征	常有冻胀裂隙分布	常有小型热融塌陷坑出现
空间分布	多分布于月坑坑底	多分布月海周边浅海带附近

四、"冻胀丘""冻胀脊"和"冻胀裂隙"地貌发现的意义

由于冻胀丘和冻胀裂隙的形成是在水和水冰的参与作用下产生的，因此它的发现再次证明，月球历史发展过程中曾经有过大量水和水冰，对研究月球发展历史提供重要依据。

以下附第四章第一节图：

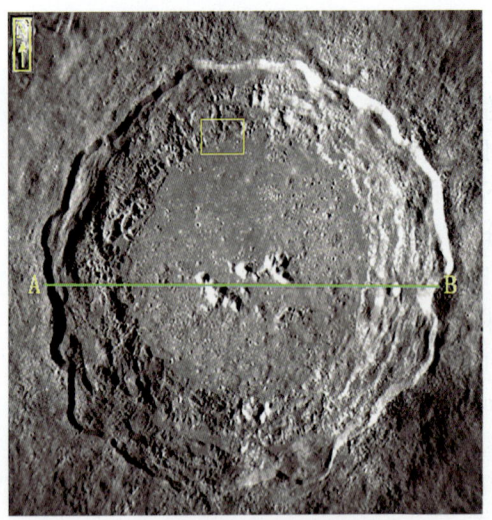

图 4.1.1　哥白尼月坑卫星影像图（AB 为剖面线）

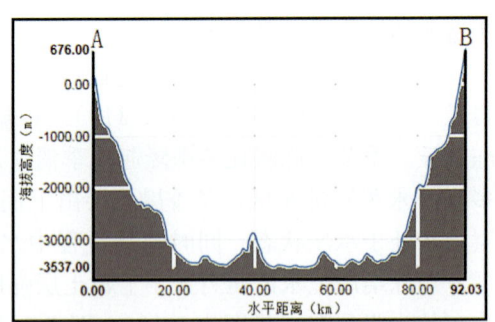

图 4.1.2　为图 4.1.1 AB 剖面线剖面

示哥白尼月坑 AB 剖面线剖面图

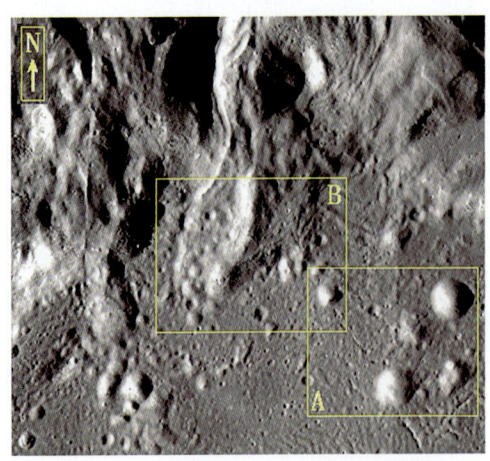

图 4.1.3　为图 4.1.1 方框局部放大

示哥白尼月坑坑底北部冻胀丘位于坑壁前缘地下泉水出露最有利部位

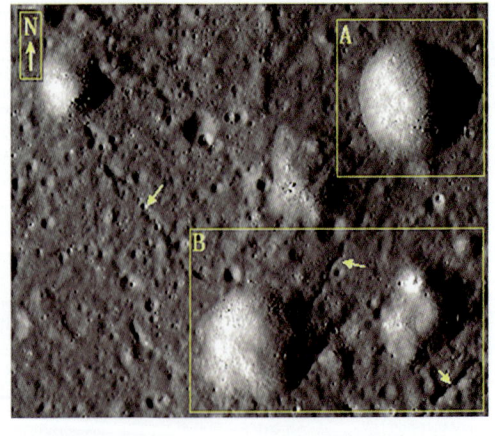

图 4.1.4　为图 4.1.3 方框 A 局部放大

示哥白尼月坑坑底北部"馒头"状冻胀丘和坑底平原少量线状冻胀裂隙（箭头所示）分布特征

第四章 月球"冻胀作用形成的地貌"（遗迹）特征

图 4.1.5　为图 4.1.4 方框 A 局部放大
示哥白尼月坑坑底北部"馒头"状冻胀丘顶分布浅色岩屑和岩块特征

图 4.1.6　为图 4.1.4 方框 B 局部放大
示哥白尼月坑坑底北部冻胀丘（A、B）明显切割坑底早期形成的冻胀裂隙（箭头所示）分布特征

图 4.1.7　为图 4.1.3 方框 B 局部放大
示哥白尼月坑坑底北部冻胀丘群分布特征

图 4.1.8　哥白尼月坑坑底部分冻胀裂隙明显切割冻胀丘分布特征

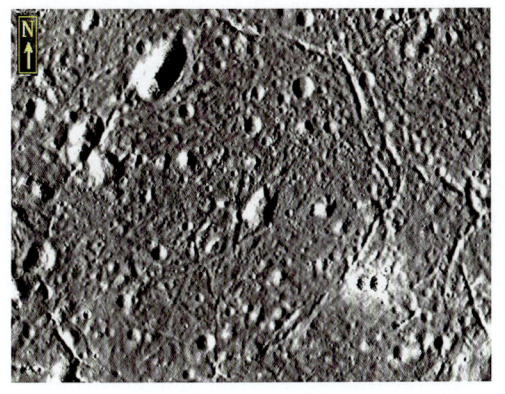

图 4.1.9　哥白尼月坑坑底近六角状冻胀裂隙明显切割冻胀丘分布特征

图 4.1.10　哥白尼月坑坑底三叉状冻胀裂隙和冻胀丘分布特征

341

图 4.1.11 哥白尼月坑坑底受轻微热融作用后的冻胀丘和冻胀裂隙分布特征

图 4.1.12 哥白尼月坑坑底受轻微热融作用后的冻胀丘和冻胀裂隙分布特征

图 4.1.13 为图 4.1.12 方框局部放大
示哥白尼月坑坑底受轻微热融作用后的冻胀丘和冻胀裂隙分布特征

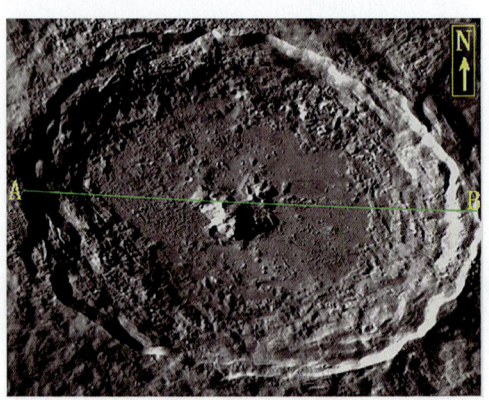

图 4.1.14 第谷月坑卫星影像图分布特征（AB 为剖面线）

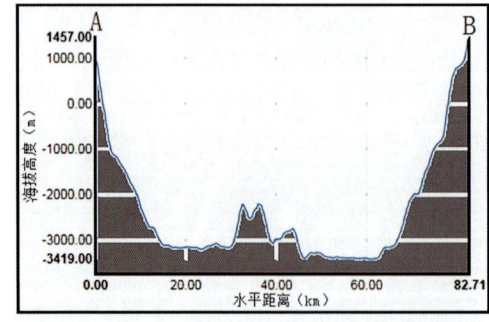

图 4.1.15 为图 4.1.14 AB 剖面线剖面
示第谷月坑 AB 剖面线剖面图

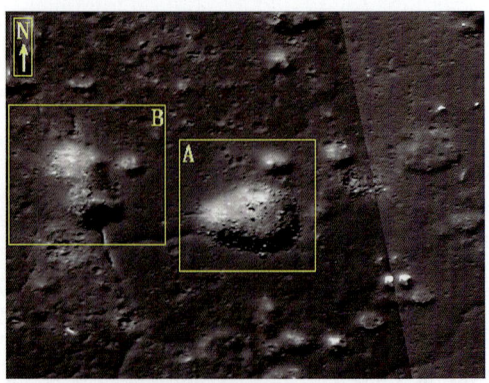

图 4.1.16 第谷月坑东北坑外泥塘中见冻胀丘沿冻胀裂隙形成分布特征

第四章 月球"冻胀作用形成的地貌"（遗迹）特征

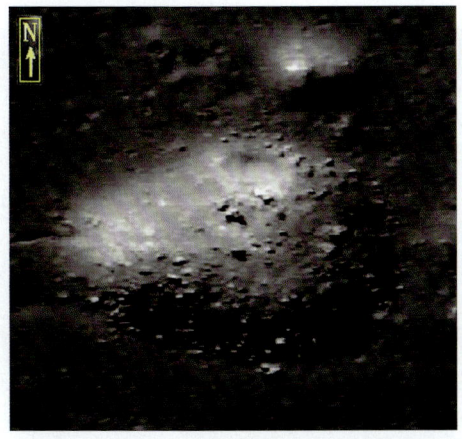

图 4.1.17 为图 4.1.16 方框 A 局部放大示第谷月坑东北坑外泥塘中偶见冻胀丘沿冻胀裂隙一端分布特征

图 4.1.18 为图 4.1.16 方框 B 局部放大示第谷月坑东北坑外泥塘中偶见冻胀丘沿冻胀裂隙中部分布特征

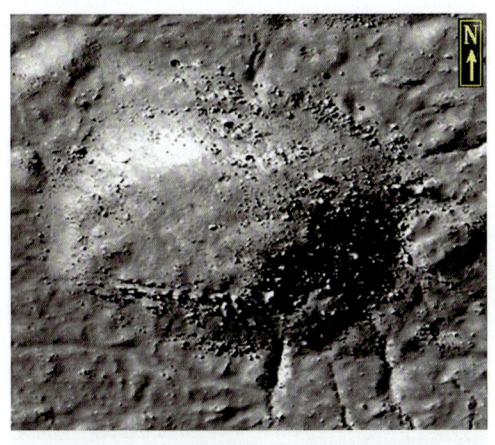

图 4.1.19 第谷月坑坑底冻胀丘和冻胀裂隙分布特征

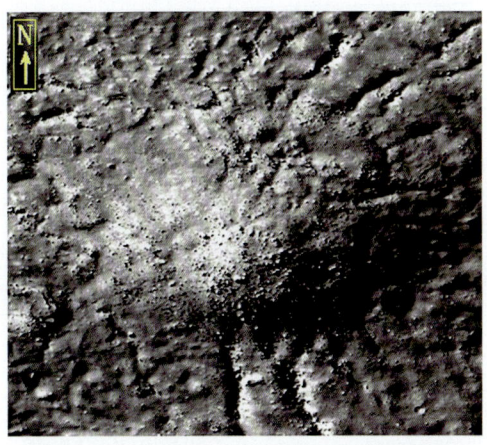

图 4.1.20 第谷月坑坑底冻胀丘和周边形成辐射状冻胀裂隙分布特征

图 4.1.21 第谷月坑坑底冻胀脊和纵贯冻胀脊的冻胀裂隙分布特征

图 4.1.22 第谷月坑坑底冻胀脊、冻胀丘和冻胀裂隙分布特征

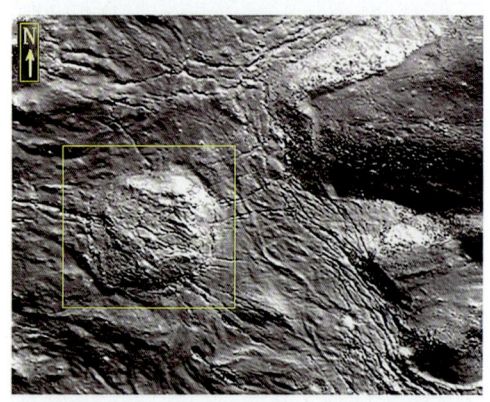

图4.1.23 第谷月坑坑底冻胀脊、冻胀丘和冻胀裂隙分布特征

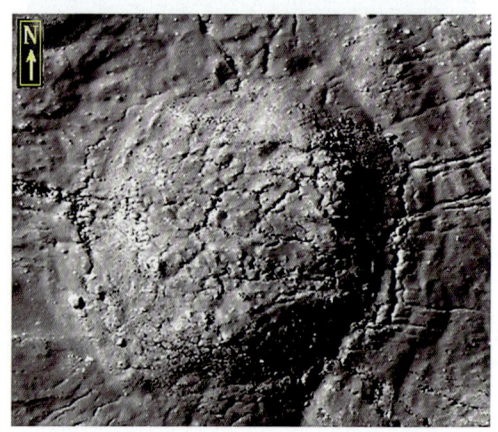

图4.1.24 为图4.1.23方框局部放大示第谷月坑坑底冻胀丘和周边形成环状、辐射状冻胀裂隙分布特征

图4.1.25 第谷月坑坑底冻胀丘和冻胀裂隙分布特征

图4.1.26 为图4.1.25方框A局部放大示第谷月坑坑底晚形成的泥沙质冻胀丘分布特征

第四章 月球"冻胀作用形成的地貌"（遗迹）特征

图 4.1.27　为图 4.1.25 方框 B 局部放大
示第谷月坑坑底早形成的岩屑、岩块冻胀丘和冻胀裂隙分布特征

图 4.1.28　第谷月坑坑底平原多角形冻胀裂隙和少量冻胀小丘分布特征

图 4.1.30　为图 4.1.29 方框局部放大
示第谷月坑坑底分布于热融泥流前缘地区的冻胀丘体局部融溶，周边有大量滚落的岩块分布特征

图 4.1.29　第谷月坑坑底冻胀丘（方框）分布于热融泥流（箭头所示）前缘地区特征

图 4.1.31　第谷月坑坑底热融泥冰川（箭头所示）前缘分布大量冻胀丘和冻胀裂隙特征

图 4.1.32　为图 4.1.31 方框局部放大
示第谷月坑坑底热融泥流前缘分布大量冻胀丘和冻胀裂隙特征

345

图4.1.33 第谷月坑坑底平原上多角形冻胀裂隙（左侧）和冻胀小丘（右侧）分布特征

图4.1.34 第谷月坑坑底冻胀丘（B）部分沿冻胀裂隙发生热融（A）分布特征

图4.1.35 第谷月坑坑底冻胀丘形成初期顶部辐射状冻胀裂隙分布特征

图4.1.36 第谷月坑坑底冻胀丘形成初期顶部为网状裂隙覆盖分布特征

图4.1.37 季霍米罗夫K（Tikhomirov K）（月球背面）月坑卫片影像图

图4.1.38 季霍米罗夫K（Tikhomirov K）月坑坑底冻胀丘和冻胀裂隙分布特征
①冻胀丘形成初期；②冻胀丘形成期；③冻胀丘初融化期

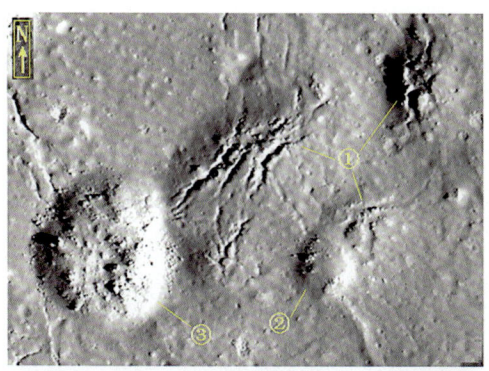

图 4.1.39　为图 4.1.38 方框 A 局部放大

季霍米罗夫 K 月坑坑底：①冻胀丘形成初期；②冻胀丘形成期；③冻胀丘初融化期

图 4.1.40　为图 4.1.38 方框 B 局部放大

示季霍米罗夫 K 月坑坑底"发育成熟"的冻胀丘（左下）和顶部刚刚形成冻胀裂隙（右上）分布特征

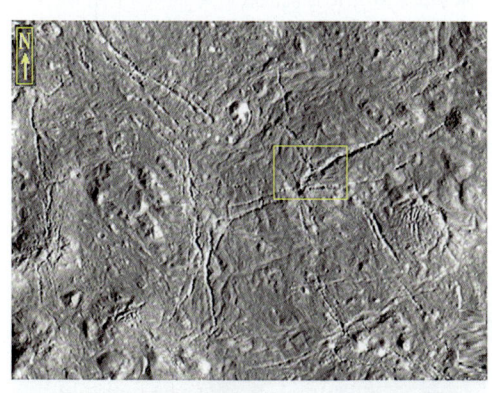

图 4.1.41　季霍米罗夫 K（Tikhomirov K）月坑坑底平原多角形冻胀裂隙和冻胀小丘分布特征

图 4.1.42　为图 4.1.41 方框局部放大

示季霍米罗夫 K 月坑坑底剖面呈"V"形冻胀裂隙分布特征

图 4.1.43　季霍米罗夫 K（Tikhomirov K）月坑坑底冻胀丘和冻胀裂隙分布特征

图 4.1.44　为图 4.1.43 方框局部放大

示季霍米罗夫 K 月坑坑底冻胀丘局部融溶呈光滑状和冻胀裂隙分布特征

图 4.1.45 季霍米罗夫 K（Tikhomirov K）月坑坑底冻胀丘和方向杂乱的冻胀裂隙

图 4.1.46 为图 4.1.45 方框局部放大

示季霍米罗夫 K 月坑冻胀丘局部融溶呈光滑状和残留以浅色岩屑和岩块为主的分布特征

图 4.1.47 季霍米罗夫 K（Tikhomirov K）月坑坑底冻胀丘周边发生局部融溶和残留冻胀裂隙分布特征

图 4.1.48 为图 4.1.47 方框 A 局部放大

示季霍米罗夫 K 月坑坑底冻胀丘顶部局部融溶和残留大小不同冻胀裂隙及以浅色岩屑和岩块的分布特征

第四章 月球"冻胀作用形成的地貌"（遗迹）特征

图 4.1.49　为图 4.1.47 方框 B 局部放大
示季霍米罗夫 K 月坑坑底冻胀丘局部融溶特征

图 4.1.50　为图 4.1.49 方框 A 局部放大
示季霍米罗夫 K 月坑坑底冻胀丘局部融溶和残留以浅色岩屑和岩块为主的分布特征

图 4.1.51　为图 4.1.49 方框 B 局部放大
示季霍米罗夫 K 月坑坑底冻胀丘局部下陷融溶和残留以浅色岩屑和岩块为主的分布特征

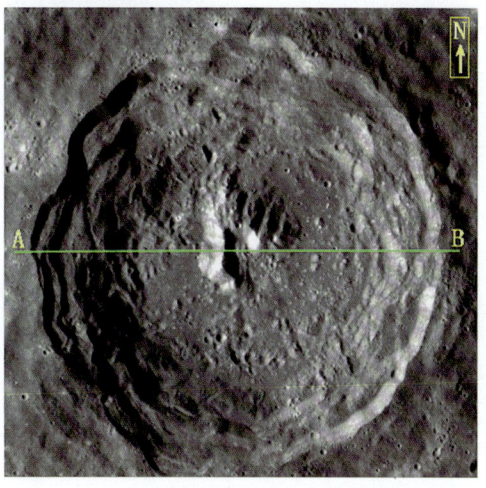

图 4.1.52　爱拉托逊（Eratosthenes）月坑卫片影像图（AB 为横切剖面线位置）

349

图 4.1.53 爱拉托逊（Eratosthenes）月坑 AB 横切剖面分布图

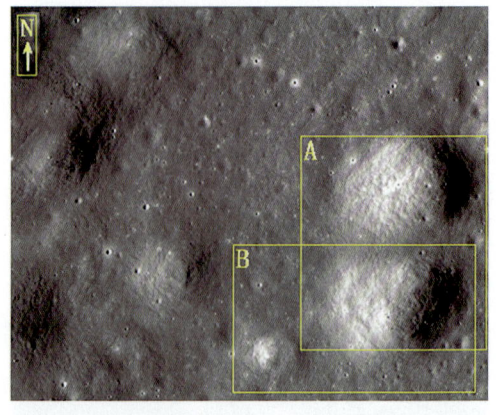

图 4.1.54 爱拉托逊（Eratosthenes）月坑坑底近圆形冻胀丘表面大量皱纹分布特征

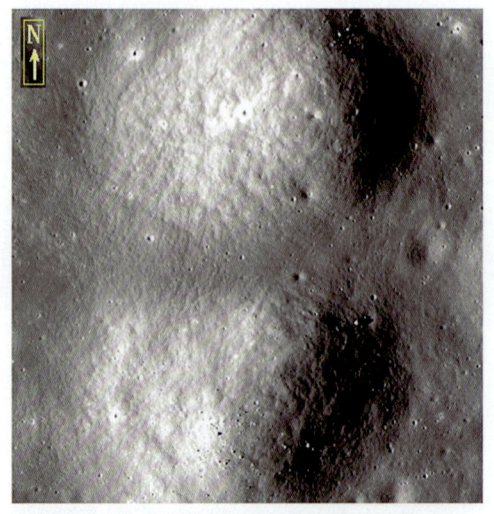

图 4.1.55 为图 4.1.54 方框 A 局部放大
示爱拉托逊月坑坑底近圆形冻胀丘和分散状浅色岩屑和岩块表面大量皱纹分布特征

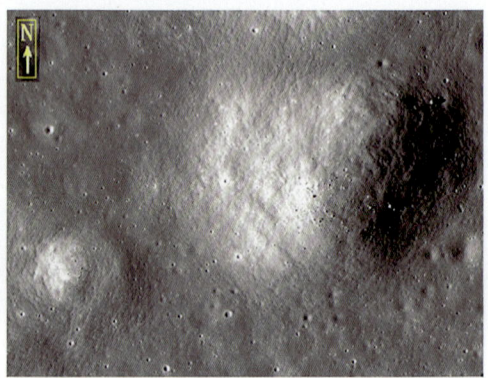

图 4.1.56 为图 4.1.54 方框 B 局部放大
示爱拉托逊月坑坑底近圆形冻胀丘和分散状浅色岩屑和岩块表面大量皱纹分布特征

第四章 月球"冻胀作用形成的地貌"（遗迹）特征

图 4.1.57 爱拉托逊月坑坑底不甚规则形态冻胀丘表面大量皱纹分布特征

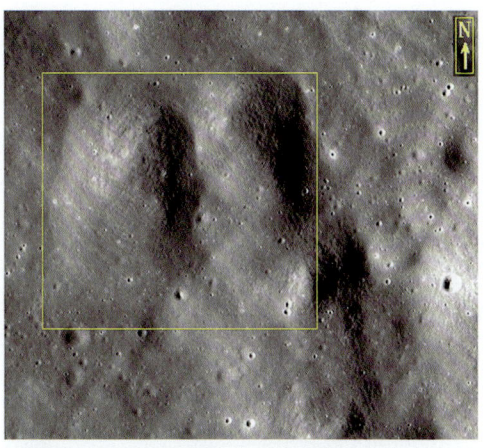

图 4.1.58 爱拉托逊月坑坑底不甚规则形态冻胀丘表面大量皱纹分布特征

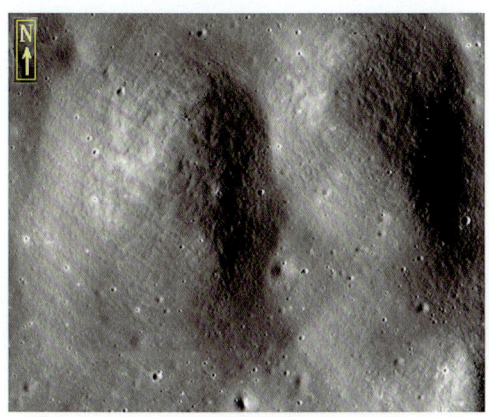

图 4.1.59 为图 4.1.58 方框局部放大示爱拉托逊月坑坑底不甚规则形态冻胀丘表面大量皱纹分布特征

图 4.1.60 爱拉托逊月坑坑底不甚规则形态冻胀丘和分散状浅色岩屑和岩块表面大量皱纹分布特征

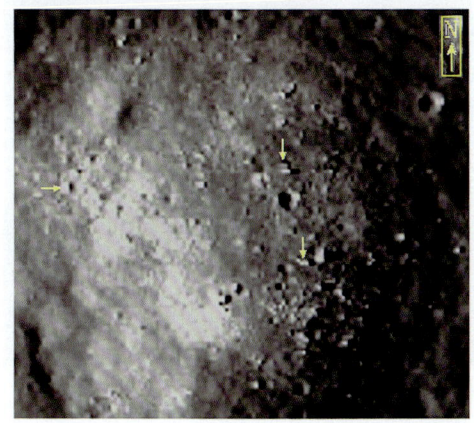

图 4.1.61 爱拉托逊月坑坑底冻胀丘上呈浅色的岩屑和岩块（箭头所示）分布特征

图 4.1.62 爱拉托逊月坑坑底冻胀丘上呈浅色的岩屑和岩块（箭头所示）分布特征

351

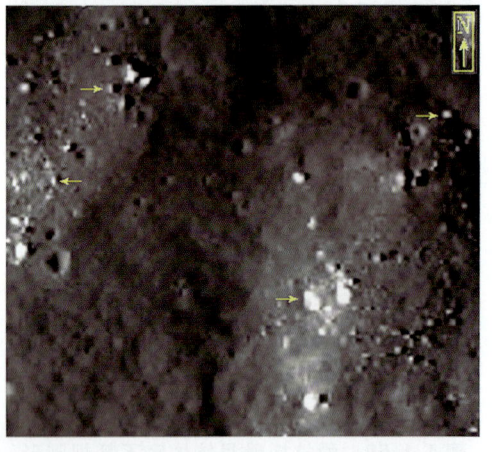

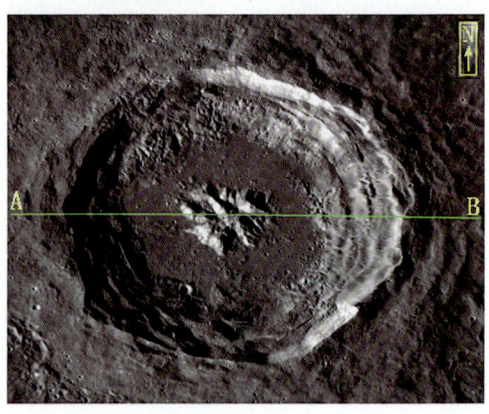

图 4.1.63 爱拉托逊月坑坑底冻胀丘上呈浅色的岩屑和岩块（箭头所示）分布特征

图 4.1.64 阿里斯蒂卢斯（Aristillus）"陆地月坑"分布特征

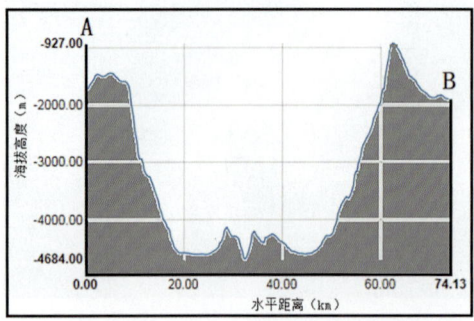

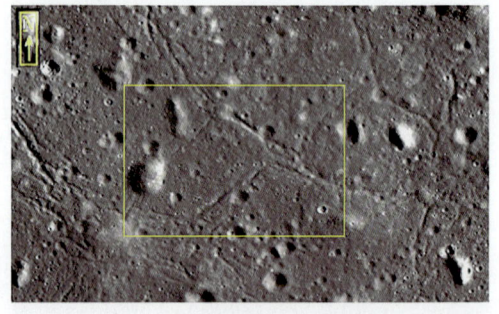

图 4.1.65 为图 4.1.64AB 线剖面图示
示阿里斯蒂卢斯月坑剖面特征

图 4.1.66 阿里斯蒂卢斯月坑坑底多角形冻胀裂隙和零星小冻胀丘分布特征

图 4.1.67 为图 4.1.66 方框局部放大
示阿里斯蒂卢斯月坑坑底冻胀裂隙和零星小冻胀丘分布特征

图 4.1.68 为图 4.1.67 方框局部放大
示阿里斯蒂卢斯月坑坑底冻胀裂隙已为部分热融泥沙物质充填

第四章 月球"冻胀作用形成的地貌"（遗迹）特征

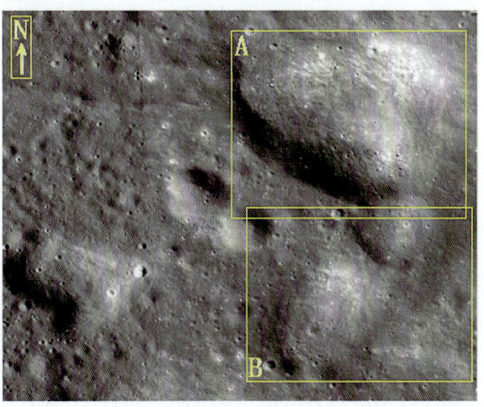

图 4.1.70　为图 4.1.69 方框局部放大
示阿里斯蒂卢斯月坑坑底不甚规则冻胀丘表面有大量皱纹分布特征

图 4.1.69　阿里斯蒂卢斯月坑坑底冻胀丘周边分布的辐射状冻胀裂隙特征

图 4.1.71　阿里斯蒂卢斯月坑坑底冻胀丘丘顶少量浅色岩块和岩屑分布特征

图 4.1.72　阿里斯蒂卢斯月坑坑底冻胀丘丘顶少量浅色岩块和岩屑分布特征

353

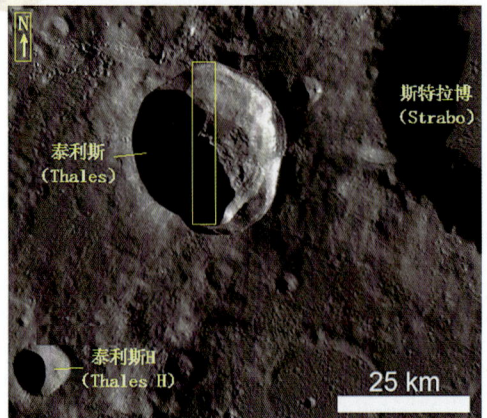

图 4.1.73 泰利斯（Thales crater）月坑分布特征

图 4.1.74 为图 4.1.73 方框局部放大
示泰利斯月坑（局部）分布特征

图 4.1.75 为图 4.1.74 方框局部放大
示泰利斯月坑坑底密集冻胀丘群分布特征

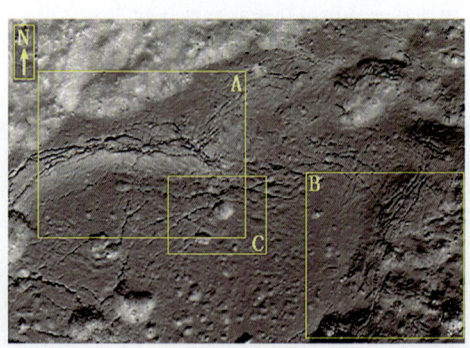

图 4.1.76 泰利斯（Thales crater）月坑坑底冻胀脊、冻胀丘和冻胀裂隙分布特征

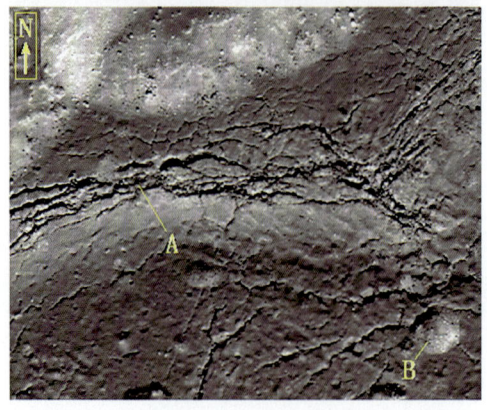

图 4.1.77 为图 4.1.76 方框 A 局部放大
示泰利斯月坑坑底冻胀脊、冻胀裂隙（A）和冻胀丘（B）分布特征

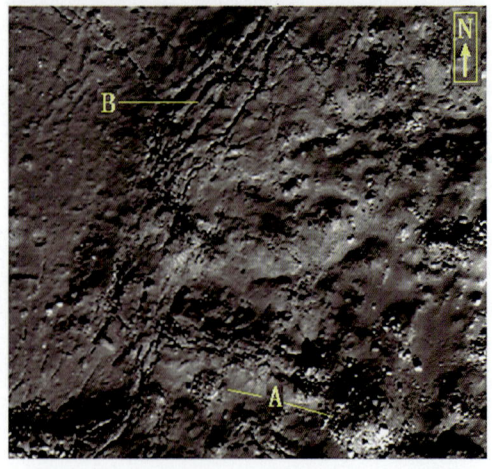

图 4.1.78 为图 4.1.76 方框 B 局部放大
示月坑坑底最近形成的冻胀丘（A）和冻胀脊、冻胀裂隙（B）分布特征

第四章 月球"冻胀作用形成的地貌"（遗迹）特征

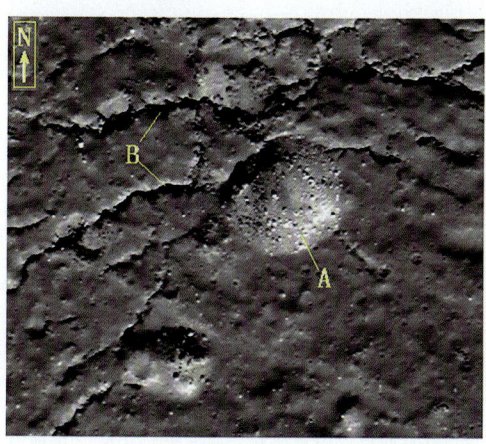

图 4.1.79　为图 4.1.76 方框 C 局部放大
示月坑坑底岩屑和岩块状冻胀丘（A）和明显被切割的冻胀裂隙（B）

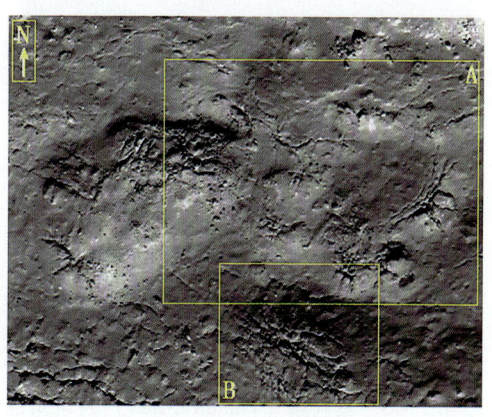

图 4.1.80　泰利斯（Thales crater）月坑刚冒头的冻胀丘丘顶辐射状冻胀裂隙

图 4.1.81　为图 4.1.80 方框 A 局部放大
示泰利斯月坑刚冒头的冻胀丘顶为大量辐射状冻胀裂隙分布特征（A）

图 4.1.82　为图 4.1.80 方框 B 局部放大
示泰利斯月坑刚冒头的冻胀丘丘顶为辐射状冻胀裂隙覆盖分布特征

355

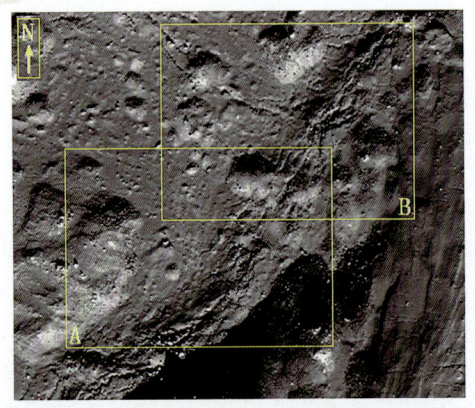

图 4.1.83 泰利斯（Thales crater）月坑坑底冻胀脊、冻胀丘和冻胀裂隙分布特征

图 4.1.84 为图 4.1.83 方框 A 局部放大
示坑底早期形成的岩块和岩屑冻胀丘（A）、冻胀脊（B）和晚期形成的光滑状冻胀丘（C）分布特征

图 4.1.85 为图 4.1.83 方框 B 局部放大
示坑底早期形成的岩块和岩屑冻胀丘（A）、冻胀脊和冻胀裂隙（B）分布特征

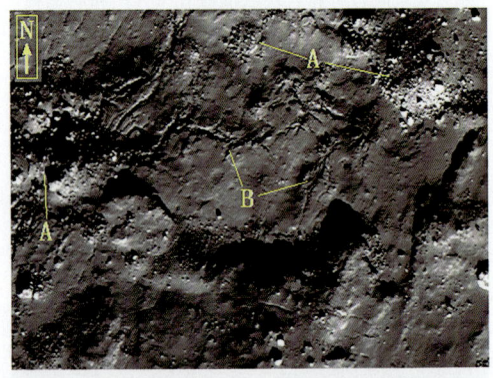

图 4.1.86 泰利斯（Thales crater）月坑冻胀丘（A）和冻胀裂隙（B）分布特征

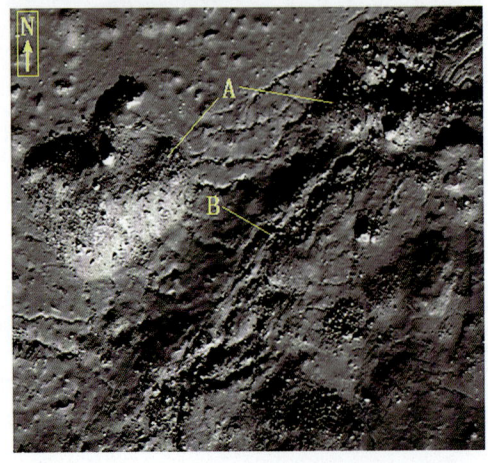

图 4.1.87 泰利斯（Thales crater）月坑坑底冻胀丘（A）、冻胀脊和冻胀裂隙（B）分布特征

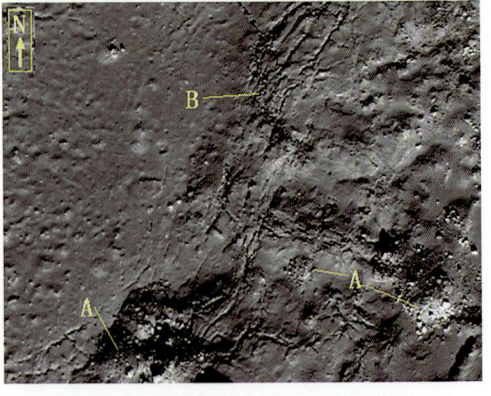

图 4.1.88 泰利斯（Thales crater）月坑坑底冻胀丘（A）、冻胀脊和冻胀裂隙（B）分布特征

第四章 月球"冻胀作用形成的地貌"（遗迹）特征

图 4.1.89　泰利斯（Thales crater）月坑坑底形成的复杂冻胀丘群体（A）和周边分布的冻胀裂隙（B）

图 4.1.90　泰利斯（Thales crater）月坑坑底复杂冻胀丘群体（A）、辐射状冻胀裂隙（B）和冻胀丘群体边缘形成的岩屑和岩块带（C）

图 4.1.91　泰利斯（Thales crater）月坑坑底丘顶呈岩块和岩屑状冻胀丘（下）和丘顶呈辐射状冻胀裂隙（上）

图 4.1.92　泰利斯（Thales crater）月坑坑底光滑状冻胀丘（A）、岩屑和岩块状冻胀丘（B）、脊状冻胀裂隙（C）

图 4.1.93　泰利斯（Thales crater）月坑坑底光滑状冻胀丘（A）和辐射状冻胀裂隙（B）分布特征

图 4.1.94　泰利斯（Thales crater）月坑坑底形成的冻胀丘、冻胀裂隙和丘顶分布的岩屑和岩块

357

图 4.1.95　为图 4.1.94 方框 A 局部放大
示泰利斯月坑坑底形成的冻胀丘、冻胀裂隙和丘顶分布的岩屑和岩块

图 4.1.96　为图 4.1.94 方框 B 局部放大
示泰利斯月坑坑底形成的冻胀丘、冻胀裂隙和丘顶分布的岩屑和岩块

图 4.1.97　泰利斯（Thales crater）月坑坑底冻胀丘和丘顶分布大量岩屑和岩块，周边分布辐射状冻胀裂隙分布特征

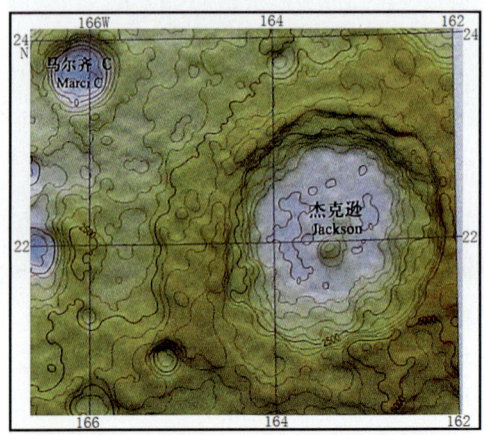

图 4.1.98　杰克逊（Jackson）月坑及附近地形图

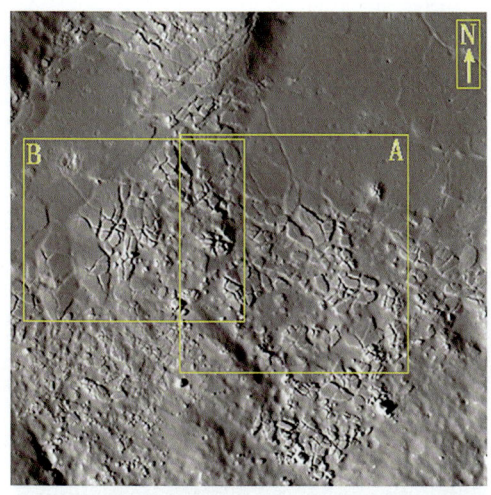

图 4.1.99 杰克逊（Jackson）月坑坑底西部冻胀丘似"刚出锅的开花馒头"，呈辐射状冻胀裂隙分布特征

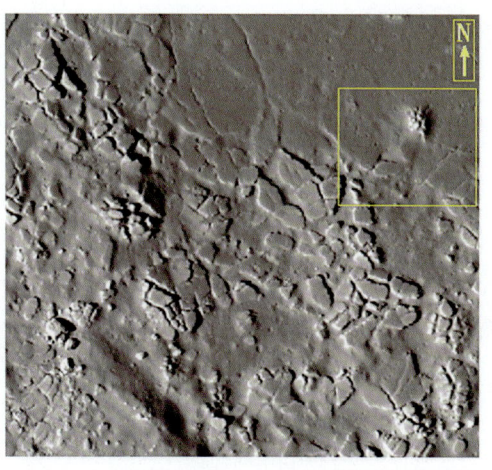

图 4.1.100 为图 4.1.99 方框 A 局部放大示杰克逊月坑坑底西部冻胀丘似"刚出锅的开花馒头"，呈辐射状冻胀裂隙分布特征

图 4.1.101 为图 4.1.100 方框局部放大示杰克逊月坑坑底西部冻胀丘似"刚出锅的开花馒头"（箭头所示），呈辐射状冻胀裂隙分布特征

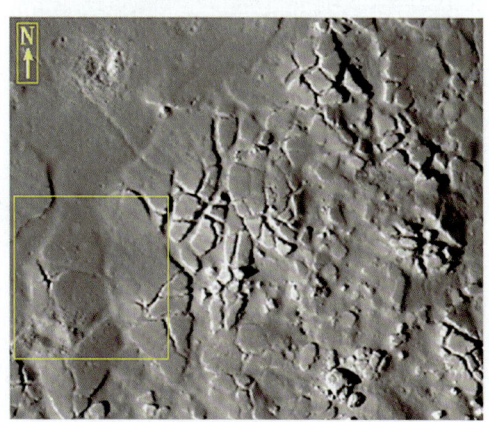

图 4.1.102 为图 4.1.99 方框 B 局部放大示杰克逊月坑坑底西部冻胀丘大多似"刚出锅的开花馒头"，呈辐射状冻胀裂隙分布特征

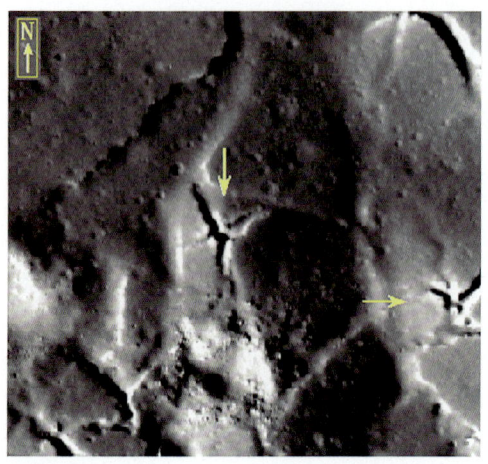

图4.1.103 为图4.1.102方框局部放大

示杰克逊月坑坑底西部冻胀丘似"刚出锅的开花馒头"（箭头所示），呈辐射状冻胀裂隙分布特征

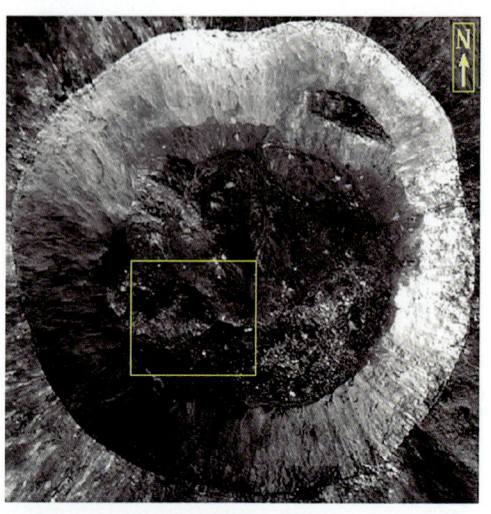

图4.1.104 焦尔达诺·布鲁诺（Giordano Bruno）月坑卫星影像图

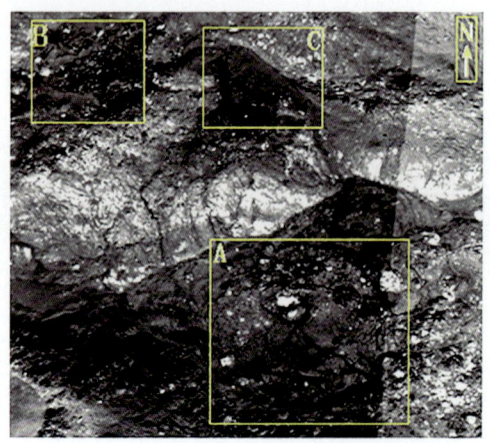

图4.1.105 为图4.1.104方框局部放大

示焦尔达诺·布鲁诺月坑冻胀丘和辐射状冻胀裂隙分布于坑底小沉积盆地（A、B、C）特征

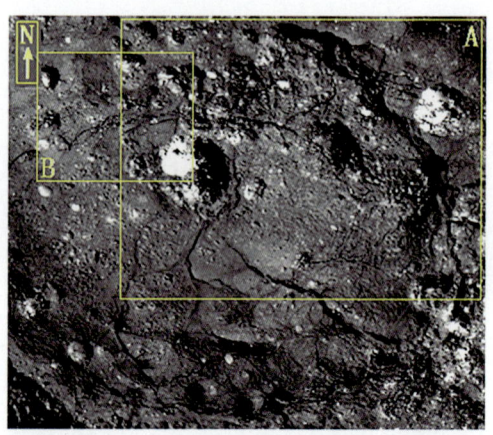

图4.1.106 为图4.1.105小沉积盆地A局部放大

示焦尔达诺·布鲁诺月坑坑底小沉积盆地A冻胀丘多呈馒头状，丘顶很少见冻胀裂隙分布

第四章 月球"冻胀作用形成的地貌"（遗迹）特征

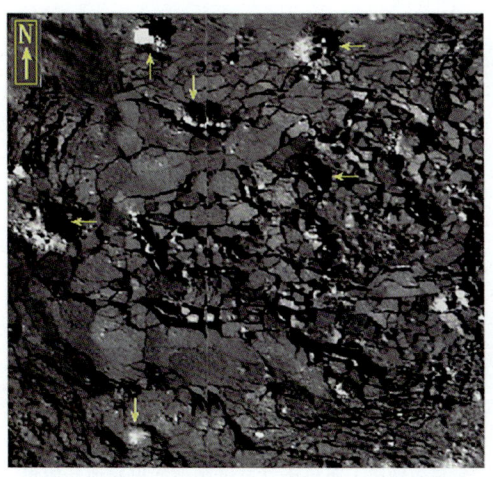

图 4.1.107　为图 4.1.105 小沉积盆地 B 局部放大
示焦尔达诺·布鲁诺月坑坑底小沉积盆地 B 冻胀丘似"刚出锅的开花馒头"和辐射状冻胀裂隙大量分布（箭头所示）特征

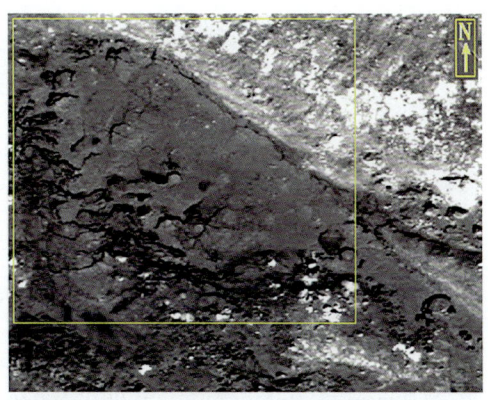

图 4.1.108　为图 4.1.105 小沉积盆地 C 局部放大
示焦尔达诺·布鲁诺月坑坑底小沉积盆地 C 冻胀丘似"刚出锅的开花馒头"和辐射状冻胀裂隙大量分布（箭头所示）特征

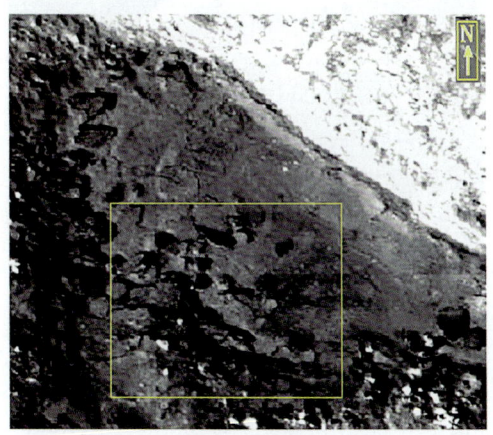

图 4.1.109　为图 4.1.108 方框局部放大
示焦尔达诺·布鲁诺月坑坑底小沉积盆地 C 冻胀丘似"刚出锅的开花馒头"和辐射状冻胀裂隙大量分布

图 4.1.110　为图 4.1.106 方框 A 局部放大
示焦尔达诺·布鲁诺月坑坑底小沉积盆地 A 冻胀丘多呈馒头状，丘顶很少见冻胀裂隙分布

361

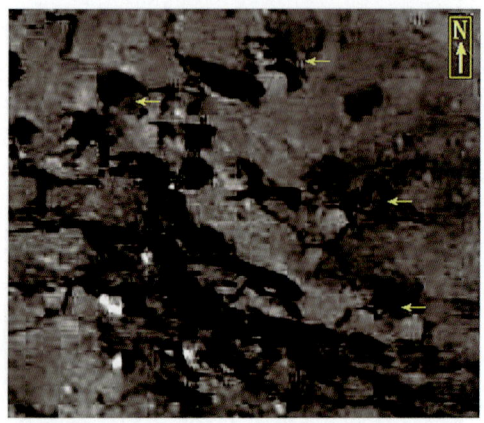

图 4.1.111　为图 4.1.109 方框局部放大
示焦尔达诺·布鲁诺月坑坑底小沉积盆地 C 冻胀丘似"刚出锅的开花馒头"和辐射状冻胀裂隙大量分布（箭头所示）特征

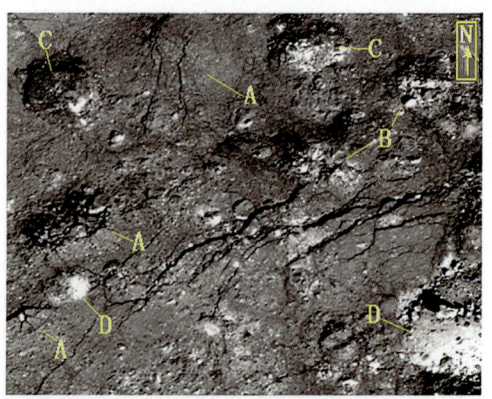

图 4.1.112　为图 4.1.106 方框 B 局部放大
示焦尔达诺·布鲁诺月坑坑底小沉积盆地开始形成的冻胀丘似"刚出锅的开花馒头"（A）、初期发育的冻胀丘（B）、成熟的冻胀丘（C）和最后形成的冻胀丘（D）

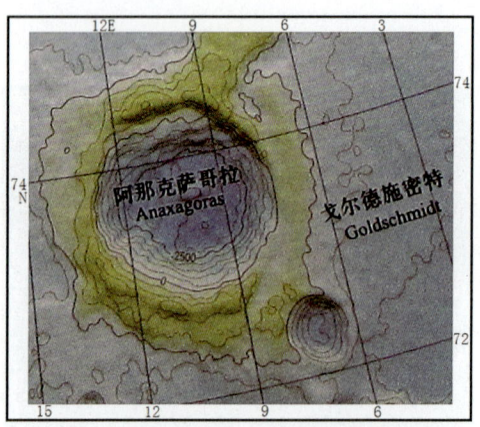

图 4.1.113　阿那克萨哥拉（Anaxagoras）月坑及附近地形图

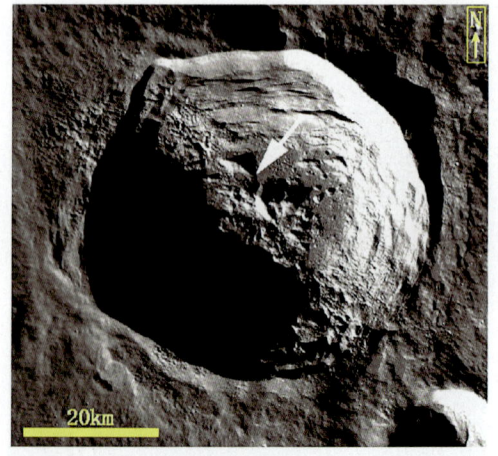

图 4.1.114　阿那克萨哥拉（Anaxagoras）"陆地月坑"卫星影像图

第四章 月球"冻胀作用形成的地貌"（遗迹）特征

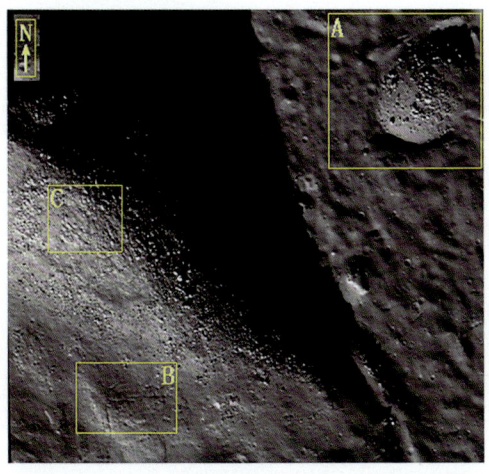

图 4.1.115 阿那克萨哥拉（Anaxagoras）月坑坑底冻胀丘（A、B、C）分布特征

图 4.1.116 为图 4.1.115 方框 A 局部放大 示阿那克萨哥拉月坑坑底椭圆形冻胀丘布满岩屑和岩块

图 4.1.117 为图 4.1.115 方框 B 局部放大 示阿那克萨哥拉月坑坑底"刚冒头的"冻胀丘顶分布辐射状冻胀裂隙

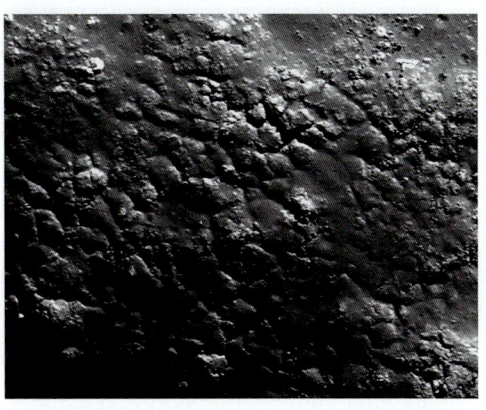

图 4.1.118 为图 4.1.115 方框 C 局部放大 示阿那克萨哥拉月坑坑底冻胀丘顶分布大量不甚规则的冻胀裂隙

图 4.1.119 阿那克萨哥拉（Anaxagoras）月坑坑底椭圆形冻胀丘布满岩屑和岩块

图 4.1.120 阿那克萨哥拉（Anaxagoras）月坑坑底椭圆形冻胀丘群分布少量岩屑和岩块

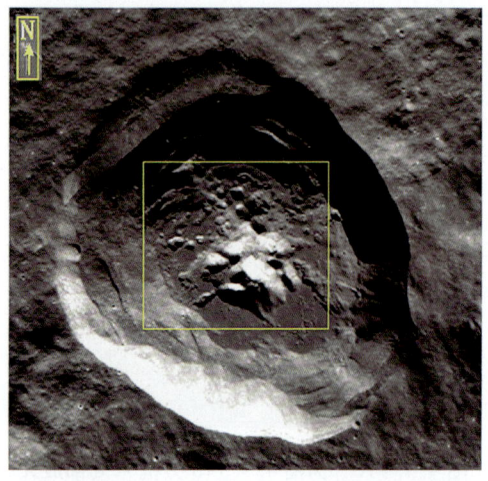

图 4.1.121 南极区巴伊 G 东南 "陆地月坑" 卫星影像图

图 4.1.122 为图 4.1.121 方框局部放大
示南极区巴伊 G 东南月坑坑底只见冻胀丘分布，未见冻胀裂隙发育

图 4.1.123 为图 4.1.122 方框 A 局部放大
示南极区巴伊 G 东南月坑坑底只见冻胀丘分布，未见冻胀裂隙发育

图 4.1.124 为图 4.1.122 方框 B 局部放大
示南极区巴伊 G 东南月坑坑底只见冻胀丘分布未见冻胀裂隙发育

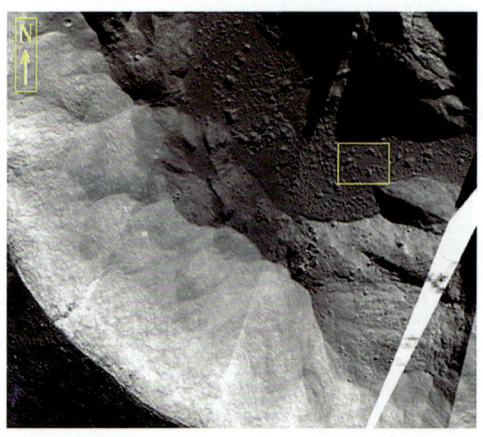

图 4.1.125 南极区牛顿 A 西北月坑部分卫星影像图

图 4.1.126 为图 4.1.125 方框局部放大
示南极区牛顿 A 西北月坑坑底冻胀丘和冻胀裂隙分布特征

第四章 月球"冻胀作用形成的地貌"(遗迹)特征

图4.1.127 为图4.1.126方框局部放大
示南极区牛顿A西北月坑坑底冻胀丘切割冻胀裂隙分布特征

图4.1.128 为图4.1.125方框局部放大
示南极区牛顿A西北月坑坑底冻胀丘切割冻胀裂隙分布特征

图4.1.129 为图4.1.125方框局部放大
示南极区牛顿A西北月坑坑底冻胀裂隙切割冻胀丘分布特征

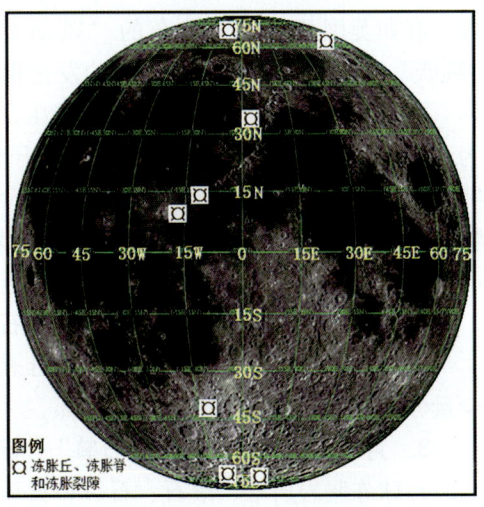

图4.1.130 月球正面"冻胀丘""冻胀脊"和"冻胀裂隙"分布图

(图片来源:ESA/NASA)

365

第二节　月球冻胀"岩屑堆""滚石""石笋""石环""石线"和"多边土"地貌特征

一、月球冻胀"岩屑堆""滚石""石笋"和"石环"地貌概念、分布和类型划分

1. 月球冻胀"岩屑堆""滚石""石笋""石环""石线"和"多边土"地貌概念

冻胀岩屑堆，是指月球昼（127 ℃）夜（-183 ℃）极大的温差（约310 ℃），严重影响岩石的风化破碎作用，在有水参与作用下使岩石冻结、膨胀、崩解，并向外不断蠕动形成岩屑堆积，称为"冻胀岩屑堆"。

较大岩块在冻胀作用下发生崩解，并顺陡坡滚落到平缓坡脚下堆积，称为"滚石"。"滚石"在滚落过程中，从原地到堆积地常留下明显的跳跃滚动移动和蠕动轨迹，有如美国死亡谷中分布的"风动石"。但"风动石"只有"移动"轨迹而无"跳跃"和"滚动"轨迹。轨迹的发育程度与坡度及长度有关。

岩石或岩块在冻胀作用下相互挤压，使一些岩块成直立状，与竹笋状态相似，称为"石笋"。岩块在冻胀作用下相互挤压使大的岩块自中心被挤压向外移动形成环状特征，称为"石环"。岩块在冻胀作用下相互挤压使岩块顺沟谷下移成"一"字排列特征，称为"石线"。岩块在冻胀作用下相互挤压，使岩块、岩屑被推移到外围，中心留下细小的泥沙物质，称为"多边土"。

2. 月球冻胀"岩屑堆""石笋""石环""石线"和"多边土"地貌分布

岩屑堆、石笋、石环地貌，属于月表冻胀地貌，在月球主要分布于中低纬度区，少量分布于高纬度区月坑坑壁的下部。

3. 月球冻胀"岩屑堆""石笋""石环""石线"和"多边土"地貌类型划分

月球冻胀岩屑堆、滚石、石笋和石环地貌，在月表有广泛分布。按照冻胀岩石的来源，大致可分三大类。其一，岩石由形成月坑时的溅射堆积形成的。其二，由一些月坑、热融塌陷坑、热融塌陷槽的坑缘的崩塌作用滚落的（即"滚石"）。其三，是一些月坑的高峻中央峰岩石崩塌产生的（即"滚石"）。

二、月球冻胀"岩屑堆""滚石""石笋""石环""石线""多边土"地貌特征

(一) 月球冻胀"岩屑堆"地貌特征

1. 第谷(Tycho)月坑冻胀"岩屑堆"地貌特征

第谷月坑位于月球正面的南半球,纬度为 -43.3169,经度为 -12.1403。冻胀岩屑堆,主要分布于第谷月坑东部的坑壁之上,其次是坑外(见图 4.2.1)。岩屑堆主要由壁上的一些巨大溅落岩块,经冻胀作用不断产生胀裂,岩块不断变小,形成小的岩屑,并在自身重力作用下向外滑蠕所形成的(见图 4.2.2—图 4.2.18)。岩屑堆由中心向外,岩屑颗粒总体上由大到小,有的围绕中心尚未完全破裂的较大岩块形成类似"石环"的地貌特征(见图 4.2.7)。岩块、岩屑均呈棱角状。形成大面积的岩屑群,发育十分典型。各岩屑堆发育程度可以差别很大,一些是刚开始发育,或进巅峰期,一些则已进入岩屑高度细化的"月壤化"阶段(见图 4.2.19)。

2. 焦尔达诺·布鲁诺(Giordano Bruno)月坑坑底冻胀"岩屑堆"地貌特征

焦尔达诺·布鲁诺(Giordano Bruno)月坑位于月球背面的北半球,纬度为 36.1°N,经度为 102.8°E。冻胀岩屑堆分布于月坑坑底的溅落堆积物之上,由巨大岩块经冻胀作用所产生(见图 4.2.20)。

3. 道斯(Dawes)月坑冻胀"岩屑堆"地貌特征

冻胀岩屑堆分布于道斯(Dawes)月坑的外侧边缘,可能为形成道斯月坑时溅落的巨大岩块,经冻胀作用产生的(见图 4.2.21)。岩屑堆由中心向外,岩屑由大到小。岩屑均呈棱角状,分散范围较大,但岩块分布的密度较小。

4. 分布于月球背面冻胀"岩屑堆"地貌特征

冻胀岩屑堆分布于月坑的外侧边缘,纬度为 27.60045,经度为 -148.15518,可能为形成月坑时溅落的巨大岩块,经冻胀作用产生的(见图 4.2.22)。岩屑堆由中心向外,岩屑由大到小变化不明显。分散范围较小,但岩块分布的密度较大。

5. 席勒 T(Schiller T)月坑坑底"滚石"形成的冻胀"岩屑堆"地貌特征

席勒 T(Schiller T)月坑(纬度为 -50.9000,经度为 318.7100)坑底"滚石"形成的冻胀岩屑堆分布不多,但发育十分典型(见图 4.2.23)。岩屑堆由中心向外,岩屑由大到小变化不明显,分散范围较小,但岩块分布的密度较大。

6. 静海西南热融塌陷槽"滚石"形成的冻胀"岩屑堆"地貌特征

冻胀岩屑堆,分布于静海西南的一个热融塌陷槽底部,纬度为 1.13°S,经度为 295.09°E。槽缘崩塌的"滚石"形成大量小型冻胀岩屑堆群(见图 4.2.24、图 4.2.25)。由中心向外,颗粒大小由粗到细。

7. 摩瑞图斯（Moretus）月坑中央峰崩塌"滚石"产生的冻胀"岩屑堆"地貌特征

冻胀岩屑堆，分布于摩瑞图斯（Moretus）月坑中央峰北侧，纬度为 -71.0440，经度为 354.1550（见图4.2.26）。冻胀岩屑堆发育程度差别较大。有的冻胀岩屑堆已进入"月壤化"初期，有的正处于冻胀作用高峰期。一般滚石轨迹仍保留较好，其冻胀作用程度较差，滚石受冻胀作用微弱（见图4.2.27—图4.2.29）。

8. 冯·卡门（Von Karman）月坑中央峰崩塌"滚石"形成的冻胀"岩屑堆"地貌特征

冯·卡门（Von Karman）月坑，分布于月球背面的南半球，是嫦娥4号降落地月坑，纬度为 -42.52872，经度为 -177.71374。中央峰崩塌"滚石"形成的冻胀岩屑堆，分布不多，但"碎屑化"十分强烈（见图4.2.30）。

（二）月球"滚石"地貌特征

月球"滚石"地貌，是指月表一些凸出的岩块发生崩塌，在自身重力作用下，顺坡面向下滚动、跳动、滑动和蠕动等形成的岩块、岩屑的堆积物，并在月表的月壤中留下明显的线状运动轨迹，这些岩块即为"滚石"。目前所知，"滚石"主要分布于月球的中低纬度区，或在中低亮温带区较普遍分布，在高纬度区很少见到。"滚石"是形成冻胀岩屑堆地貌的最主要物质来源之一（见图4.2.23—图4.2.25、图4.2.27—图4.2.29）。

（三）月球"石笋"地貌特征

月球"石笋"地貌，是指由于月面土壤因冻胀作用，使岩块近直立于月面的地貌特征。目前见到的有：

1. 阿利斯塔克月坑附近"石笋"地貌

阿利斯塔克月坑附近，由冻胀作用形成的"石笋"地貌，分布于月面上，纬度为23.4290，经度为312.3250，呈棱角状巨大岩块近直立于月面上（见图4.2.31、图4.2.32）。

2. 阿波罗11降落点附近冻胀作用形成的"石笋"地貌

"石笋"地貌，分布于静海南阿波罗11降落点附近，岩块受到较强烈的风化作用，已呈近圆柱状（见图4.2.33），凸出月面较高。

3. 嫦娥三号降落点附近冻胀作用形成的"石笋"地貌

"石笋"地貌分布于雨海北侧近虹湾附近的月面上。直立的变质花岗闪长岩十分显眼（见图4.2.34）。

(四) 月球"石环"地貌特征

石环地貌仅见于月球南半球一月坑底,发育较好,围绕中心由 7 块较大岩块近等距离分布(见图 4.2.35)。地处高纬度区(纬度为 -72.50239,经度为 118.74233),由溅射堆积岩石形成的"菊花"状石环地貌(见图 4.2.36)。静海南西边缘丢尼修(Dionysius)月坑坑底,由于冻胀和冻融作用,许多大的岩屑和岩块由中心破向外,被推到边缘形成石环地貌(见图 4.2.37)。

(五) 月球"石线"地貌特征

石线地貌分布于静海西南边缘丢尼修(Dionysius)月坑坑底。冻胀和冻融作用形成的"石线"沿箭头上连续近直线分布的 8 岩块以上(见图 4.2.38)。

(六) 月球"多边土"地貌特征

多边土是指月面土壤因冻胀作用形成以细小的泥沙物为主的多边形地貌特征。如维泰洛(Vitello)月坑中的多边土(纬度为 -30.3900,经度为 322.4600)(见图 4.2.39)。构成多边土本身色调浅,表面较粗糙,岩块和岩屑分布较少或极少。围绕多边土周边的泥土则色调较深,表面多光滑(见图 4.2.40、图 4.2.41)。

三、月球冻胀"岩屑堆""滚石""石笋""石环""石线"和"多边土"地貌形成过程

冻胀岩屑堆、滚石、石笋和石环等地貌主要分布于中高纬度的月陆区的"陆地月坑"中(见图 4.2.42),均为月表岩石或土壤因受月球昼夜间温差影响,在有水参与下产生冻胀和冻融,使岩石破裂、粉碎和月面局部发生蠕动形成的。

四、月球冻胀"岩屑堆""滚石""石笋""石环""石线"和"多边土"地貌发现的意义

由于冻胀岩屑堆、滚石、石笋和石环地貌,大多都是有水参与作用下产生的,因此它的发现说明月球在产生这些地貌类型时有水的存在,对研究月球发展历程提供了有用的资料。

以下附第四章第二节图:

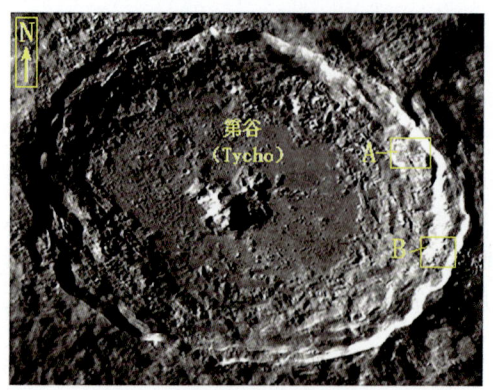

图4.2.1 第谷月坑卫星影像图

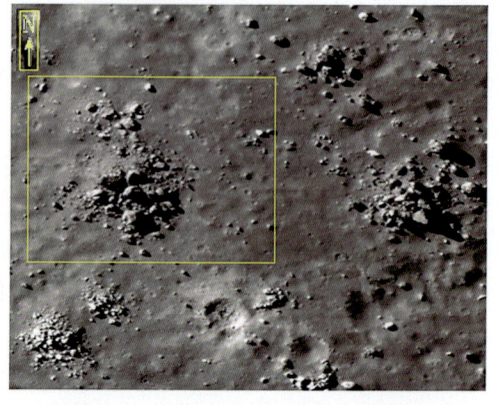

图4.2.2 为图4.2.1方框A局部放大

示第谷月坑内北坑壁上的冻胀岩屑堆群产生过程中,颗粒大小由中心向外,由粗到细变化明显

图4.2.3 为图4.2.2方框局部放大

示第谷月坑内北坑壁上的冻胀岩屑堆产生过程中,颗粒大小由中心向外,由粗到细变化明显

图4.2.4 为图4.2.1方框B局部放大

示第谷月坑内北坑壁上冻胀岩屑堆群产生过程中,颗粒大小由中心向外,由粗到细变化明显

图4.2.5 为图4.2.1方框A局部放大

示第谷月坑内北坑壁上的冻胀岩屑堆产生过程中,颗粒大小由中心向外,由粗到细变化明显

图4.2.6 为图4.2.1方框B局部放大

示第谷月坑内北坑壁上形成的冻胀岩屑堆(A)和沿冻胀裂隙分布的冻胀丘,箭头所示

第四章 月球"冻胀作用形成的地貌"（遗迹）特征

图4.2.7 为图4.2.6方框局部放大
示第谷月坑内北坑壁上的冻胀岩屑堆产生过程中，岩屑和岩块呈棱角状，颗粒大小由中心向外，由粗到细变化明显

图4.2.8 为图4.2.1方框B局部放大
示第谷月坑内北坑壁上最初形成的冻胀岩屑堆（右上角）

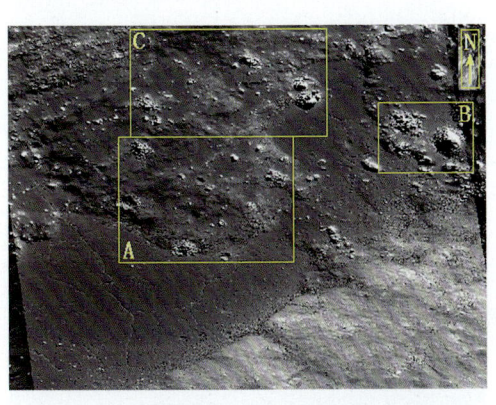

图4.2.9 为图4.2.1方框B局部放大
示第谷月坑内东坑壁上最初形成的冻胀岩屑堆群分布特征

图4.2.10 为图4.2.9方框A局部放大
示第谷月坑内东坑壁上形成的冻胀岩屑堆产生过程中，颗粒大小由中心向外，由粗到细变化明显

图4.2.11 为图4.2.9方框B局部放大
示第谷月坑内东坑壁上冻胀岩屑堆产生过程中，颗粒大小由中心向外，由粗到细变化明显

图4.2.12 为图4.2.9方框C局部放大
示第谷月坑内东坑壁上冻胀岩屑堆产生过程中，颗粒大小由中心向外，由粗到细

图4.2.13 为图4.2.1方框B局部放大

示第谷月坑内东坑壁上冻胀岩屑堆形成初期仅有少量岩块边角开始形成冻胀岩屑物质特征

图4.2.14 第谷月坑外北边缘冻胀岩屑堆产生过程

颗粒大小由中心向外,由粗到细

图4.2.15 第谷月坑外北边缘冻胀岩屑堆产生过程

颗粒大小由中心向外,由粗到细

图4.2.16 第谷月坑外北边缘冻胀岩屑堆

第四章 月球"冻胀作用形成的地貌"（遗迹）特征

图4.2.17 第谷月坑外北边缘冻胀岩屑堆崩塌的岩块顺坡滚落形成下粗上细分布特征

图4.2.18 第谷月坑北坑壁上分布的冻胀岩屑堆崩塌的岩块顺坡滚落形成下粗上细分布特征

图4.2.19 第谷月坑外北边缘冻胀岩屑堆有的已开发性进入"月壤化"（A），有的正进入冻胀岩屑堆形成的高峰期（B）
由中心向外，颗粒大小，由粗到细

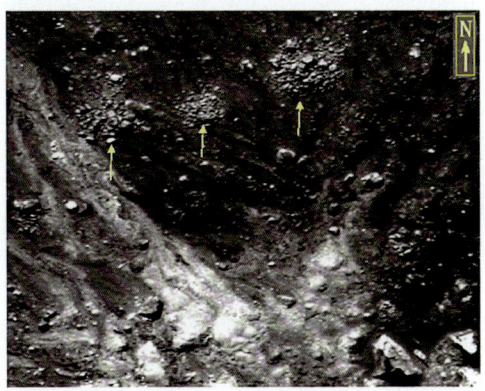

图4.2.20 焦尔达诺·布鲁诺（Giordano Bruno）月坑坑底冻胀岩屑堆（箭头所示）
由中心向外，颗粒大小，由粗到细分布特征

373

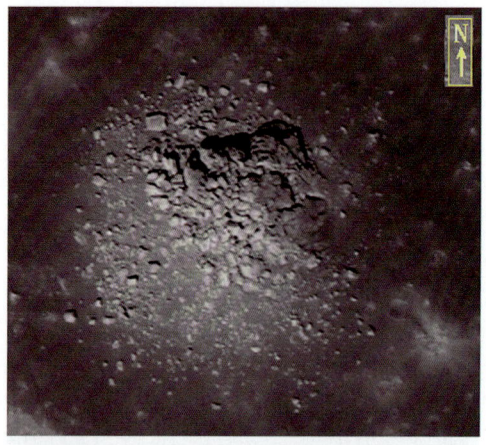

图 4.2.21 道斯月坑（Dawes crater）坑缘外侧溅落的巨大岩块形成的冻胀岩屑堆

由中心向外，颗粒大小，由粗到细

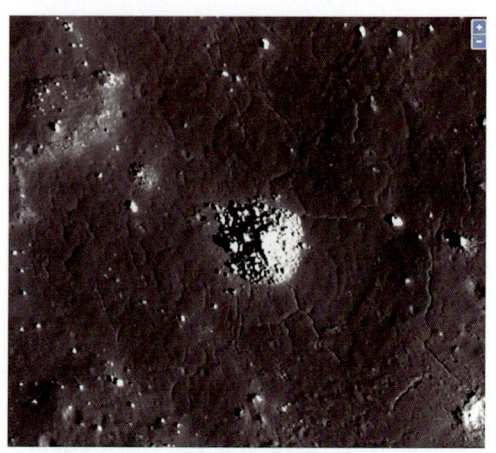

图 4.2.22 月球背面溅落岩块冻胀岩屑堆由中心向外，颗粒大小，由粗到细

图 4.2.23 席勒 T（Schiller T）月坑底"滚石"形成的冻胀岩屑堆

细小的岩屑向外蠕动范围大（A、B），由中心向外，颗粒大小，由粗到细，滚落轨迹保留较好，箭头所示

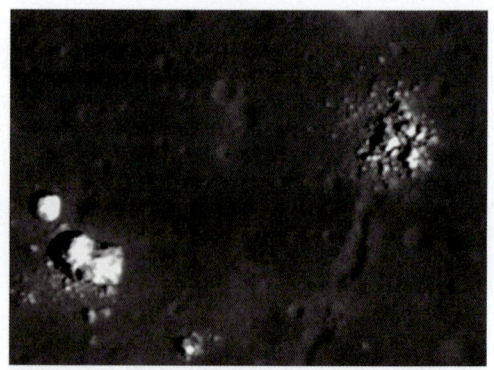

图 4.2.24 静海西南热融塌陷槽"滚石"形成的冻胀岩屑堆

由中心向外，颗粒大小，由粗到细分布特征

第四章 月球"冻胀作用形成的地貌"(遗迹)特征

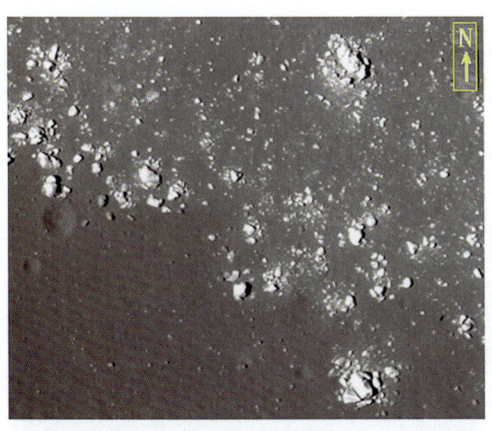

图 4.2.25 静海西南热融塌陷槽"滚石"形成的冻胀岩屑堆

由中心向外，颗粒大小，由粗到细分布特征

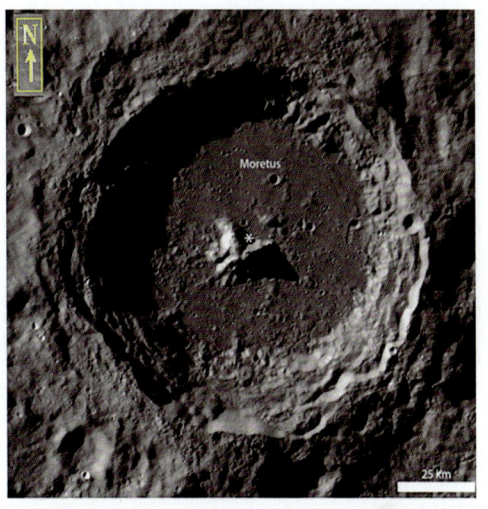

图 4.2.26 摩瑞图斯（Moretus）月坑中央峰崩塌"滚石"（星）分布特征

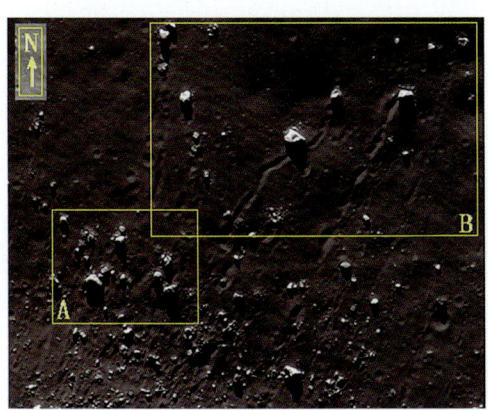

图 4.2.27 摩瑞图斯月坑中央峰北侧崩塌"滚石"形成的冻胀岩屑堆分布特征

图 4.2.28 为图 4.2.27 方框 A 局部放大

示摩瑞图斯月坑中央峰北侧崩塌"滚石"形成的冻胀岩屑堆由中心向外，颗粒大小，由粗到细分布特征

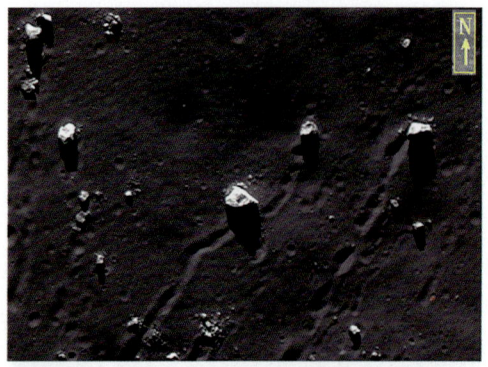

图 4.2.29　为图 4.2.27 方框 B 局部放大

示摩瑞图斯月坑中央峰北侧崩塌"滚石"形成的冻胀岩屑堆由中心向外，颗粒大小，由粗到细分布特征

图 4.2.30　冯·卡门（Von Karman）中央峰崩塌"滚石"形成的冻胀岩屑堆

个别碎屑化十分强烈（箭头所示），由中心向外，颗粒大小，由粗到细

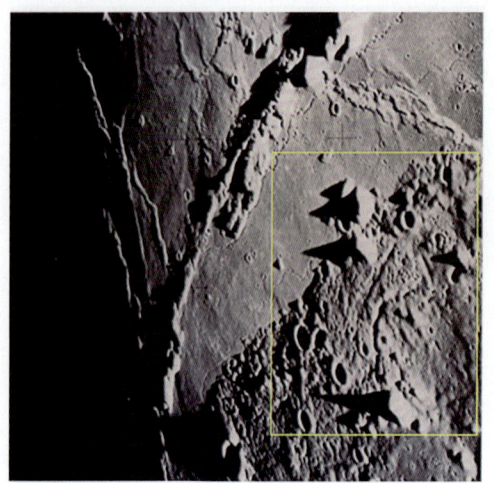

图 4.2.31　阿利斯塔克月坑附近"石笋"及液化沙垄地貌分布特征

图 4.2.32　为图 4.2.31 方框局部放大

示冻胀作用形成的"石笋"地貌（箭头所示）分布特征

第四章 月球"冻胀作用形成的地貌"（遗迹）特征

图4.2.33 阿波罗11降落点附近月壤化强烈区冻胀作用形成的"石笋"地貌（箭头所示）分布特征

图4.2.34 嫦娥三号降落点附近冻胀作用形成的"石笋"地貌（箭头所示）分布特征

见图片来源：嫦娥三号

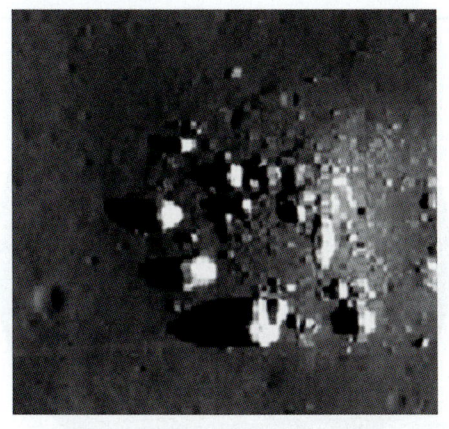

图4.2.35 月球南半球月坑底的"石环"地貌分布特征

图4.2.36 地处高纬度区溅射堆积岩石形成的菊花状石环地貌分布特征

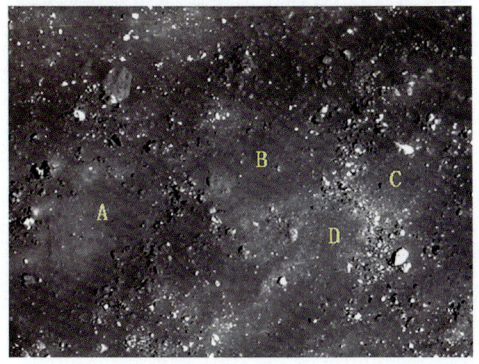

图4.2.37 静海西南边缘丢尼修（Dionysius）月坑坑底冻融石环（A、B、C、D）分布特征

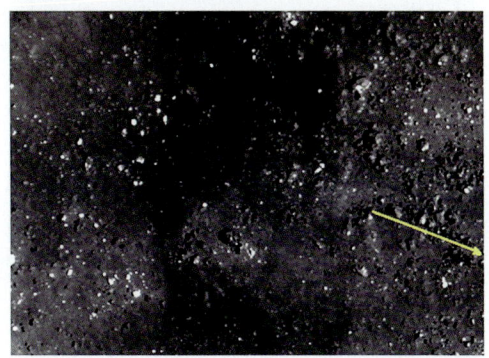

图4.2.38 静海西南边缘丢尼修（Dionysius）月坑坑底冻融作用形成的"石线"沿箭头上连续近直线分布的8岩块以上

377

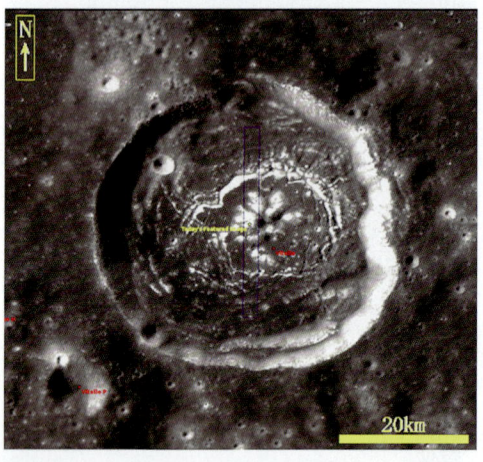

图4.2.39 维泰洛（Vitello）月坑卫星影像图

图4.2.40 维泰洛（Vitello）月坑中的多边土分布特征

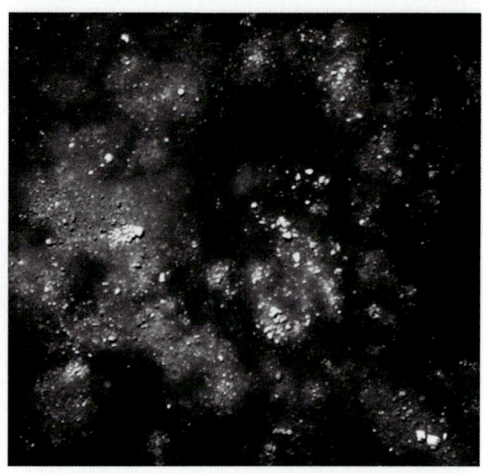

图4.2.41 维泰洛（Vitello）月坑中的多边土分布特征

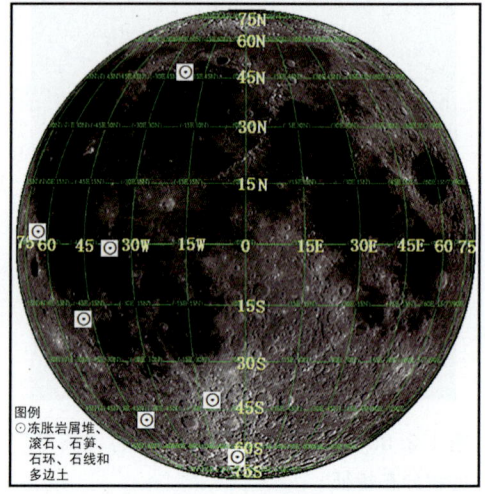

图4.2.42 月球正面冻胀"岩屑堆""滚石""石笋""石环""石线"和"多边土"分布图

（图片来源：ESA/NASA）

第三节 月球"滑坡崩塌堆积"地貌特征

初步研究结果表明,月球上由"水"和"水冰"形成的地貌和沉积(即泥石流、泥冰冰川等),与滑坡崩塌地貌和堆积(即所谓"干泥石流"),在空间分布和形态特征等方面,有着许多相似之处,也存在着明显的差别。为了将它们很好地加以区分,特对"滑坡崩塌地貌和堆积"作初步研究。下面就滑坡崩塌地貌和堆积作简单介绍如下。

一、月球"滑坡崩塌堆积"地貌概念、分布和类型划分

1. 月球"滑坡崩塌堆积"地貌概念

所谓的月球滑坡崩塌地貌和堆积(或称"干泥石流"),主要是指月球月坑坑壁上部尚未胶结或胶结差的月壤层发生滑坡和崩塌,滑坡或崩塌物质沿陡峭的坑壁向下滑动、滚动和跳动,并按颗粒或岩块大小进行重力分选。粗大的岩屑和岩块因获得的动能大,滚动距离远,分布于坡脚的最前面。随之向上颗粒逐渐变细,最后是细小的颗粒或粉尘物质。这些干的、细小的颗粒或粉尘物质,汇聚成干泥流穿过先前形成的较粗粒堆积区形成堆积扇。从形成区到流通区到堆积区,均形成正地貌。然而流水产生的泥石流,则源区和流通区多产生"负地貌",只有堆积区产生"正地貌",且颗粒大的在上,向下游逐渐变细。这成为区分滑坡崩塌和泥石流最重要的标志之一。

2. 月球"滑坡崩塌堆积"地貌分布

滑坡崩塌地貌和堆积主要分布于月球月坑的坑壁,其次是一些月坑的中央峰和月表山脉的周边地区。月坑坑壁的滑坡崩塌地貌和堆积分布十分普遍,且类型多种多样,变化也异常复杂。大多都反复经历多次滑坡、崩塌作用,不同时期的堆积物相互叠置和切割。规模大小也相差极大,有的滑坡崩塌堆积可直至坑底。而分布于中央峰和月表高山区的滑坡崩塌地貌和堆积,发育较差,且多简单,产生的次数也屈指可数。滑坡崩塌堆积与坡的陡缓、长短、平坦度和岩屑大小有关。

3. 月球"滑坡崩塌堆积"地貌类型划分

按照空间分布特征,暂可将滑坡崩塌地貌和堆积划分为月坑型、中央峰型、月表高山型和塌陷悬崖型四种类型。其中以月坑型分布最多、发育最好和最为典型。简单介绍如下。

二、月球"滑坡崩塌堆积"地貌特征

(一) 月坑坑壁型"滑坡崩塌堆积"地貌特征

1. 怀尔德 J (Wyld J) 东北小月坑坑壁"滑坡崩塌堆积"地貌特征

怀尔德 J (Wyld J) 东北小月坑位于怀尔德 (Wyld) 月坑和萨哈 N (Saha N) 月坑之间,纬度为 3.3°S,经度为 -100.2°。其卫星影像图可能为月球处于月夜期间所拍摄,因此月坑内特别明亮,而坑外漆黑一片(见图 4.3.1)。坑内东坑壁以冻融泥流为主,西侧坑壁则以滑坡崩塌地貌和堆积最多(见图 4.3.2—图 4.3.9、图 4.3.11、图 4.3.12)。堆积物分选多较好,从肉眼观察,坑壁越陡、越长,堆积物分选性越好。颗粒大小自坑底向坑壁方向,最明显可分为 A、B、C、D 四级。A 级颗粒最粗,D 级最细(见图 4.3.7—图 4.3.9)。其中 A、B 两级颗粒多分布于坑底边缘,围绕坑底边缘成带状分布,两者之间没有明显界限。而 C、D 两级颗粒,则多呈大小不同、长短各异堆积扇状。其中 D 级颗粒分布最多、最广和最长。颗粒上细下粗,由最细颗粒 D "穿越"分布至最粗粒级 A 之上。坑壁短、坡度缓,颗粒分选较差,一般 C 级颗粒分布较少。滑坡崩塌地貌和堆积源区,多呈近垂直坑缘的槽状沟谷(见图 4.3.10、图 4.3.13、图 4.3.14),也常见与坑缘近平行的长条状块体滑落分布特征(见图 4.3.15、图 4.3.16)。

2. 弗内留斯 A (Furnerius A) 月坑坑壁"滑坡崩塌堆积"地貌特征

菲内留斯 A (Furnerius A) 月坑位于月球正面南半球的月陆区上,纬度为 -33.4°S,经度为 59.0°E(见图 4.3.17、图 4.3.18)。坑壁北侧滑坡崩塌地貌和堆积分布较多(见图 4.3.19)。颗粒大小肉眼所见,明显可划分为 A、B、C、D 四个级别(见图 4.3.20)。其中 A、B 两级颗粒多分布于坑底边缘区,C 级颗粒多分布于坑壁坡脚,D 级颗粒多分布于坑壁中上部。最细颗粒 D "穿越"分布至最粗粒级 A 或 B、C 之上(见图 4.3.21—图 4.3.23)。

3. 威尔逊 E (Wilson E) 北小月坑坑壁"滑坡崩塌堆积"地貌特征

威尔逊 E (Wilson E) 月坑位于月球正面南半球高纬度区的月陆区上,纬度为 -70.0°,经度为 -57.7°。坑壁滑坡崩塌地貌和堆积,分布于月坑东南坑壁下部(见图 4.3.24、图 4.3.25)。组成滑坡崩塌地貌和堆积颗粒大小,肉眼所见,明显可划分为 A、B、C、D 四个级别。其中以 B 级分布最多,C 级和 D 级分布少。最细颗粒 D "穿越"分布至最粗粒级 A 或 B、C 之上(见图 4.3.26、图 4.3.27)。

4. 德朗德尔 (Deslandres) 月坑坑壁"滑坡崩塌堆积"地貌特征

德朗德尔 (Deslandres) 月坑位于月球正面南半球的月陆区上,纬度为 -32.0°,经度为 -4.0°(见图 4.3.28)。分布滑坡崩塌地貌和堆积的小月坑,位于德朗德尔 (Deslandres) 月坑中心的东南,纬度为 -33.0°,经度为 -4.5°(见图 4.3.29)。滑坡崩塌地貌和堆积物多呈长牛舌状,下粗上细分 A、B、C、D 四级,特征明显。细颗粒 D "穿越" 分布至粗粒级 A、B、C 之上（见图 4.3.30—图 4.3.32）。滑坡崩塌地貌和堆积的源区，为一系列近垂直于坑缘的侵蚀沟槽（见图 4.3.30、图 4.3.33），并且与坑缘月表之间的界限清晰。侵蚀沟槽区色调呈浅灰白色，月表区呈黑色或灰黑色（见图 4.3.33）。

5. 马吉努斯（Maginus）月坑坑壁"滑坡崩塌堆积"地貌特征

马吉努斯（Maginus）月坑位于月球正面南半球的月陆区上，纬度为 -50.0°，经度为 -6.0°（见图 4.3.34）。分布滑坡崩塌地貌和堆积的小月坑，位于马吉努斯（Maginus）月坑坑底中心的东北，纬度为 -49.5°，经度为 -3.7°（见图 4.3.34）。滑坡崩塌地貌和堆积物具有明显的分选性（见图 4.3.35），自下而上肉眼所见大致可划分为 A、B、C、D 四个级别（见图 4.3.36—图 4.3.40）。由于坑壁坡度较缓、距离较短，各粒级之间并不完全按高度分布，而是有相互交错和重叠。但总体上四个级别仍可分辨出来。其中 A、B、C 三级多分布于坑底边缘或坑壁底部，且多呈分散分布。而最细的 D 级颗粒多自坑壁上部向下"穿越"至下部粗粒级分布区之上，且多呈扇状或舌状（见图 4.3.37—图 4.3.40）。细颗粒 D 组成的堆积表面平滑，多为形态多变的扇状。

6. 冯·卡门（Von Karman）月坑坑壁"滑坡崩塌堆积"地貌特征

冯·卡门（Von Karman）月坑位于月球背面南半球的月陆区上，纬度为 -45.3°S，经度为 176.1°E，是我国嫦娥 4 号降落地（纬度为 45.4°S，经度为 177.6°E，高程 -5935 m）。

分布滑坡崩塌地貌和堆积的小月坑位于冯·卡门（Von Karman）月坑之南（见图 4.3.41、图 4.3.42）。滑坡崩塌地貌和堆积，在小月坑坑壁均见有分布（见图 4.3.43、图 4.3.44）。北侧坑壁可见由滑坡堆积物形成的滑坡阶地，并且最少可划分出早、晚两期（见图 4.3.45）。在东侧坑壁的滑坡崩塌堆积，颗粒大小自下（坑底）而上（坑壁），最少可划分为 A、B、C、D 四级。细颗粒 D "穿越"分布至粗粒级 A、B、C 之上（见图 4.3.46）。

7. 风暴洋吕姆克山（Mons Rumker）、吕姆克 E（Rumker E）月坑坑壁"滑坡崩塌堆积"地貌特征

吕姆克山（Mons Rumker）位于风暴洋的东北，纬度为 40.1°N，经度为 58.2°W（见图 4.3.47）。嫦娥 5 号采样点位于吕姆克山（Mons Rumker）之东，纬度为 43.1°，经度为 51.8°（见图 4.3.48）。

分布滑坡崩塌地貌和堆积的小月坑——吕姆克 E（Rumker E）位于吕姆克山（Mons Rumker）液化沙丘之南（见图 4.3.47、图 4.3.48—图 4.3.50）。滑坡崩塌堆积几乎遍布整个月坑坑壁（见图 4.3.51）。以北侧坑壁最为发育，颗粒分选较好，明显可划分出由粗到细 A、B、C、D 四级，以 C、D 两级分布最多，并常形成滑坡堆积扇和堆积阶地（见图 4.3.52—图 4.3.55）。南侧相对分布较差，颗粒分选最多为 B、D 两级，A、C 两级分布较少（见图 4.3.56、图 4.3.57）。细颗粒 D "穿越"分布至粗粒级 A、B、C 之上（见图 4.3.54、图 4.3.57）。

8. 静海丢尼修（Dionysius）月坑坑壁"滑坡崩塌堆积"地貌特征

丢尼修（Dionysius）月坑位于月球正面北半球的静海南西边缘上，纬度为2.7°N，经度为17.2°E（见图4.3.58、图4.3.59）。坑壁滑坡崩塌地貌和堆积，主要分布于月坑的西侧（见图4.3.58、图4.3.60、图4.3.61、图4.3.68、图4.3.69）。因发生次数频繁，不同时期的堆积物相互叠置现象广泛分布。并且每一次形成的堆积物颗粒自下而上由粗到细变化十分明显。不同期次滑坡堆积的色调变化十分显著。细颗粒"穿越"分布于粗颗粒之上十分常见（见图4.3.62—图4.3.67、图4.3.70）。

9. 克拉维斯E（Clavius E）月坑坑壁"滑坡崩塌堆积"地貌特征

克拉维斯E（Clavius E）月坑位于月球正面南半球，近圆形（见图4.3.71）。分布牛舌状滑坡崩塌地貌和堆积的"小月坑"，位于克拉维斯E（Clavius E）月坑之南偏西坑缘坑壁上（见图4.3.72、图4.3.73），纬度为-51.6°，经度为13.0°。滑坡崩塌堆积呈牛舌状，其源区、流通区和堆积区的地貌和堆积物颗粒大小有所不同。源区多分布滑坡磨光面，堆积物颗粒最细，分布极少（见图4.3.74、图4.3.75）。流通区堆积物呈直线分布，颗粒稍粗（见图4.3.76）。堆积区呈长牛舌状。总体变化是，堆积物颗粒大小自下而上由粗到细变化十分明显。并且牛舌状堆积物明显切割早期分选好的粗颗粒堆积。这里的滑坡崩塌地貌和堆积，从感觉上似已被冻结。坑壁滑坡崩塌堆积颗粒由粗到细可分A、B、C、D四级。细颗粒D"穿越"分布至粗粒级A、B、C之上（见图4.3.77）。

10. 焦尔达诺·布鲁诺（Giordano Bruno）月坑坑壁"滑坡崩塌堆积"地貌特征

焦尔达诺·布鲁诺（Giordano Bruno）月坑位于月球背面北半球，呈近圆形，直径约25 km，纬度为36.1°N，经度为102.8°E（见图4.3.78）。滑坡崩塌地貌和堆积，在月坑东北坑壁下部仍保存早、晚两期巨型滑坡岩块（见图4.3.79）。在月坑东坑壁下部，滑坡崩塌堆积主要由浅色岩屑和岩块组成，分选性较好，自下而上，由粗到细也十分清晰（见图4.3.80、图4.3.81）。

11. C.赫舍尔（Caroline Herschel）月坑坑壁"滑坡崩塌堆积"地貌特征

C.赫舍尔（Caroline Herschel）月坑位于月球正面北半球雨海之西，近圆形，纬度为43.3600，经度为328.6100（见图4.3.82）。滑坡崩塌堆积多呈牛舌状（见图4.3.83）。堆积物颗粒自下而上由粗到细（见图4.3.83—图4.3.85），不同时期相互叠置、切割，复杂多变。但最晚一期颗粒较小，坑壁西北侧滑坡崩塌堆积呈分散状分布，但颗粒大小自下而上由粗到细也清晰可见（见图4.3.86）。

（二）中央峰型"滑坡崩塌堆积"地貌特征

中央峰型"滑坡崩塌堆积"地貌特征主要见于哥白尼纪形成的月坑中央峰附近。现择其中重要月坑中央峰滑坡崩塌地貌和堆积特征简述如下。

1. 第谷月坑中央峰"滑坡崩塌堆积"地貌特征

第谷月坑位于月球正面的南半球，纬度为-43.3169，经度为-12.1403（见

图4.3.87）。滑坡崩塌地貌和堆积不但在中央峰上有广泛分布，且多形成长扇状，颗粒分选性一般较好。但由于滑坡壁多较长，坡度较陡，形成的堆积物，颗粒大小自下而上由粗到细变化明显（见图4.3.88—图4.3.92）。滑坡崩塌地貌和堆积在月坑的坑壁上也时有发育，但由于坑壁多较短，坡度较缓，形成的堆积物多分散分布，颗粒大小自下而上也明显由粗到细，可分A、B、C、D四级。最细的D级"穿越"分布不明显（见图4.3.93—图4.3.99）。

2. 莫瑞图斯（Moretus）月坑中央峰"滑坡崩塌堆积"地貌特征

莫瑞图斯（Moretus）月坑位于月球正面的南极地区。中央峰滑坡崩塌地貌和堆积，分布于中央峰之北侧，纬度为－70.0440，经度为354.1550（见图4.3.100、图4.3.101）。滑坡崩塌堆积分布有限，但十分典型。堆积物颗粒自下而上由粗到细变化明显（见图4.3.102、图4.3.103）。滑坡崩塌堆积"滚石"发生后留下的"跳动""滚动"和"滑动"轨迹明显而清晰（见图4.3.104、图4.3.105、图4.3.107—图4.3.111）。中央峰顶部滑坡崩塌现象强烈，并形成大的堆积扇体（见图4.3.106）。由于月坑处于高纬度区，滑坡崩塌堆积岩块，冻胀作用强烈，形成岩屑堆现象十分普遍（见图4.3.103—图4.3.105）。未见颗粒最细"穿越"分布现象出现。

3. 阿那克萨哥拉（Anaxagoras）"滑坡崩塌堆积"地貌特征

阿那克萨哥拉（Anaxagoras）月坑位于月球正面的南半球，纬度为73.5300，经度为349.7800（见图4.3.112）。月坑底中小的冻胀丘，顶部岩屑和岩块顺北坡向下滚落形成滑坡崩塌堆积物，颗粒大小自下而上由粗到细变化也明显可见。但由于滑坡面短而缓，堆积物数量不多。颗粒大小自下而上由粗到细可分A、B、C、D四级，颗粒最细的D"穿越"分布明显，但规模极小（见图4.3.113、图4.3.114）。

4. 哥白尼（Copernicus）中央峰"滑坡崩塌堆积"地貌特征

哥白尼（Copernicus）月坑位于月球正面北半球，纬度为9.6200，经度为－20.0800（见图4.3.115）。中央峰滑坡崩塌地貌和堆积分布较多。南西一侧的滑坡崩塌堆积扇较发育。堆积物颗粒大小自下而上由粗到细（见图4.3.116、图4.3.117）变化明显，可划分为A、B、C、D四级。颗粒最细的D"穿越"分布明显，但规模极小，并且常形成堆积扇（见图4.3.117）。

（三）月表巨型岩块"滑坡崩塌堆积"地貌特征

巨型岩块分布于阿波罗17降落地附近的月表上，岩石为火山岩。在较大倾斜的岩石面上（见图4.3.118），可见由滑坡崩塌形成的堆积物，堆积物颗粒自下而上由粗到细（见图4.3.119）。由于滑坡面短，不同级别颗粒之间界限难以区分。

（四）塌陷悬崖型"滑坡崩塌堆积"地貌特征

1. 希吉努斯断裂（Rima Hyginus）塌陷悬崖型"滑坡崩塌堆积"地貌特征

希吉努斯断裂位于月球正面北半球，纬度为7.3720，经度为7.9370，为一复合冰裂。滑坡崩塌地貌和堆积分布不多，主要在断陷的南北断崖一侧（见图4.3.120、图4.3.121）。零星滑坡崩塌堆积物分散分布，堆积物颗粒下粗上细（见图4.3.122、图4.3.123）。堆积物中巨大的岩块受冻胀作用形成岩屑堆，分布局限（见图4.3.123、图4.3.124）。

2. 哈德利"月溪"（Rima Hadley）水平岩层边"滑坡崩塌堆积"地貌特征

哈德利"月溪"（Rima Hadley）位于月球正面北半球，纬度为24.65，经度为2.4700（见图4.3.125）。滑坡崩塌堆积主要分布于"月溪"的西岸一侧水平岩层之下部（见图4.3.126），略具分选性，下粗上细分A、B、C、D四级，颗粒最细的D级分布不多，"穿越"分布不明显（见图4.3.127、图4.3.128）。

3. 云海（Mare Nubium）东边界限状断裂一侧"滑坡崩塌堆积"地貌特征

云海（Mare Nubium）东边界限状断裂一侧滑坡崩塌地貌和堆积，位于月球正面南半球，纬度为－21.7000，经度为352.2400（见图4.3.129）。滑坡崩塌地貌和堆积，分布有限。有的下粗上细分A、B、C、D四级，颗粒最细的D级分布不多，"穿越"分布不明显（见图4.3.130）；有的略具下粗上细，但分布零星分散（见图4.3.131、图4.3.132）。这是坡度短且缓的原因造成的。

三、月球"滑坡崩塌堆积"地貌与"水""水冰"形成的地貌和沉积物的对比

由于分布于月坑坑壁之上的滑坡崩塌堆积，与水冰冰川、泥冰川、泥石流等地貌和堆积，在界限和特征上的区别有时并非十分明显，因此列表对比是十分必要的。

初步研究结果表明，滑坡崩塌堆积与水冰冰川、泥冰川、泥石流地貌和堆积等之间的差异，主要表现在空间分布，形态特征，表面的色调和糙度，发源地、流通区和堆积区的地形、地貌，堆积物的粒级变化和形成时代上。现列表对比见表4.3.1。

表4.3.1　月球水和水冰形成的地貌和堆积物与"滑坡崩塌堆积"和堆积地貌的对比

类型	水冰冰川	泥冰川	泥石流	滑坡崩塌堆积
分布	月坑坑壁上部	月坑坑壁下部	月坑坑壁	月坑坑壁或山间盆地、塌陷槽岸
形态	线状或带状	带状为主	线状	带状或线状
表面	光滑	光滑或多组小裂隙分布	岩屑和岩块多裸露	岩屑和岩块多分选好
反照率	高或极高	中等	中等或低	中等或低
色调	白色	灰色为主	灰色或深灰色	灰色或深灰色
糙度	低	中等	中等或高	高或中等

续上表

类型		水冰冰川	泥冰川	泥石流	滑坡崩塌堆积
源区	地形	塌陷凹凸丘陵	盆地或塌陷槽	塌陷凹凸丘陵	崩塌崖或线状滑坡体
	地貌	负地貌	负地貌	正负地貌	正地貌
流通区	地形	线状峡谷	宽谷	线状凹槽	线状
	地貌	负地貌	负地貌	负地貌	正地貌通过凸起区呈梳状负地貌
堆积区	地形	冰坨、冰碛和冰水砂砾堆积	砂砾堆积或极少堆积	尖状或突然膨胀扇状砂砾堆积	宽柄扇状砂砾堆积
	地貌	正或负地貌	正地貌	正地貌	正地貌
粒度变化		上粗（源区）下细（堆积区）	未见变化	上粗（源区）下细（堆积区）	上细（源区）下粗（堆积区）
太阳光照		向阳区	向阳区	向阳区	背阳区
形成时代		哥白尼纪晚期—现代	哥白尼纪晚期—现代	哥白尼纪晚期—现代	哥白尼纪晚期—现代

四、"滑坡崩塌堆积"地貌的形成和演化

滑坡崩塌地貌和堆积，初步研究结果表明，在月球主要分布于"陆地月坑"的坑壁上（见图4.3.133）和月坑外的山间盆地。在月球表面一些巨大岩块及月球上分布的断裂、断陷带断崖一侧也见有分布，但大多规模较小，分布的堆积物不多，分选性也较差。形成滑坡崩塌堆积的条件主要是有足够的空间条件，即有凸起的岩石地形，存在着一定坡面和具有产生滑坡崩塌的气候条件。目前所见到的大都形成于哥白尼纪以至现代纪的月坑坑壁之上。如果坑壁较陡、较长，形成的滑坡崩塌堆积物的分选性就较好，并且以肉眼就足以划分出至少A、B、C、D四级。最细粒的D级常于"穿越"方式分布于粗粒的A、B、C级之上。滑坡面越短，坡度越缓，产生的堆积物就越少，颗粒分选性就越差。滑坡崩塌堆积与水冰冰川、泥冰川、泥石流之间在空间分布、表面特征、堆积物颗粒变化等所产生的不同特征，主要原因在于前者是在完全干燥的环境条件下进行，而后者是在有水或水冰的参与下形成。

五、"滑坡崩塌堆积"地貌发现的意义

滑坡崩塌地貌和堆积是月球无水参与作用下产生的，它的发现为进一步证实有水或水冰参与作用下形成的水冰冰川、泥冰川、泥石流的存在，为研究月球演化提供了佐证。

以下附第四章第三节图：

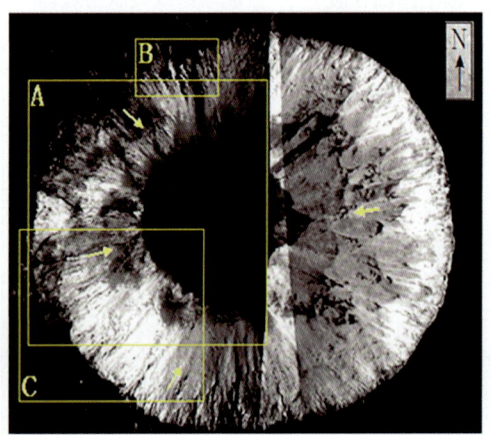

图 4.3.1　怀尔德 J（Wyld J）东北小月坑 A 卫星影像图

左侧（方框）主要分布"滑坡崩塌堆积"，右侧分布光滑型"冻融泥流"，箭头示滑坡崩塌堆积和"冻融泥流"堆积方向

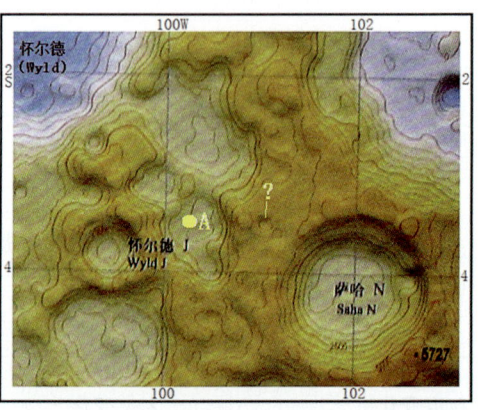

图 4.3.1A　怀尔德 J（Wyld J）东北小月坑 A 及附近地形图

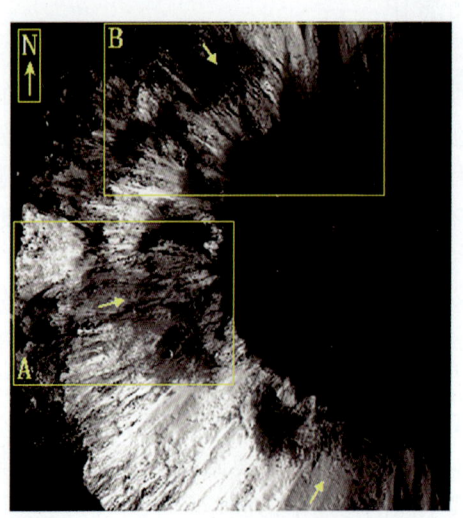

图 4.3.2　为图 4.3.1 方框 A 局部放大

示怀尔德 J 东北小月坑 A "滑坡崩塌堆积"分布特征，箭头示滑坡崩塌堆积方向

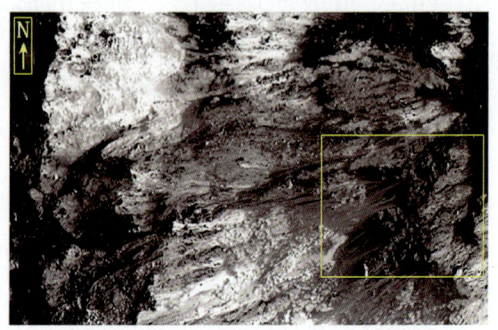

图 4.3.3　为图 4.3.2 方框 A 局部放大

示怀尔德 J 东北小月坑 A "滑坡崩塌堆积扇"分布特征，箭头示滑坡崩塌方向

第四章　月球"冻胀作用形成的地貌"（遗迹）特征

图 4.3.4　为图 4.3.3 方框局部放大
示怀尔德 J 东北小月坑 A "滑坡崩塌堆积扇"颗粒上细下粗，细颗粒"穿越"分布至最粗粒级之上，箭头示滑坡崩塌堆积方向

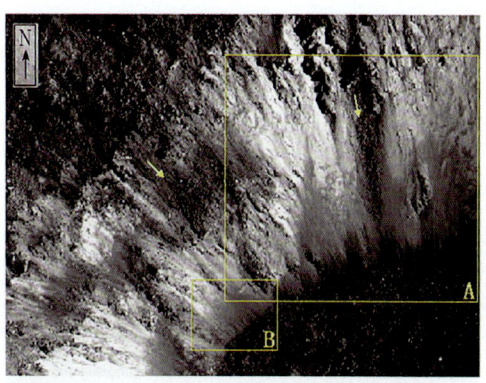

图 4.3.5　为图 4.3.2 方框 B 局部放大
示怀尔德 J 东北小月坑 A "滑坡崩塌堆积扇"细颗粒"穿越"分布特征（颗粒下粗上细），箭头示滑坡崩塌堆积方向

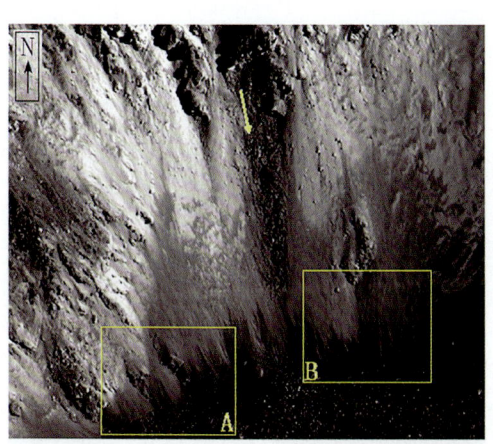

图 4.3.6　为图 4.3.5 方框 A 局部放大
示怀尔德 J 东北小月坑 A "滑坡崩塌堆积扇"细颗粒"穿越"分布特征（颗粒下粗上细），箭头示滑坡崩塌堆积方向

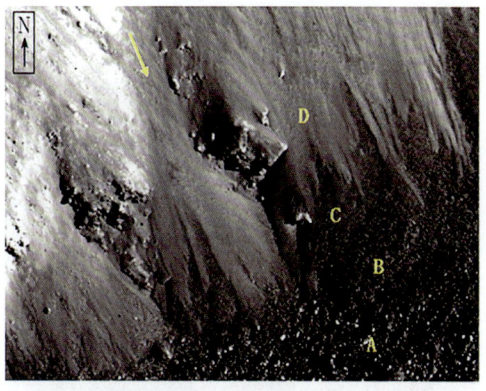

图 4.3.7　为图 4.3.6 方框 A 局部放大
示怀尔德 J 东北小月坑 A "滑坡崩塌堆积扇"颗粒上细下粗，由（A→B→C→D）细颗粒"穿越"分布至最粗粒级 A 之上，箭头示滑坡崩塌堆积方向

387

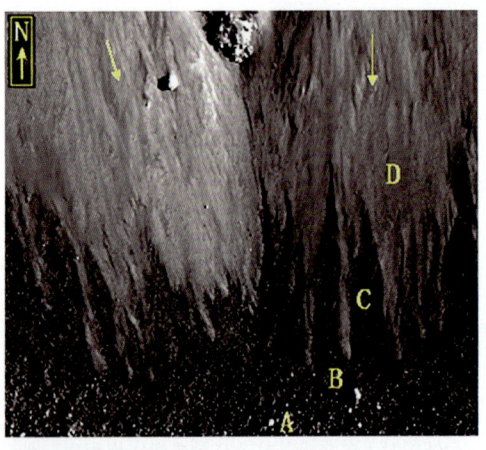

图 4.3.8　为图 4.3.6 方框 B 局部放大

示怀尔德 J 东北小月坑 A"滑坡崩塌堆积扇"颗粒上细下粗，由（A→B→C→D）细颗粒"穿越"分布至最粗粒级 B 之上，箭头示滑坡崩塌堆积方向

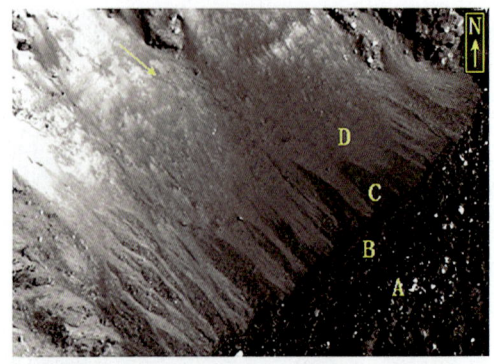

图 4.3.9　为图 4.3.5 方框 B 局部放大

示怀尔德 J 东北小月坑 A"滑坡崩塌堆积扇"分选特征（颗粒由粗到细，由 A→B→C→D，色调由深到浅，分布由低到高），箭头示滑坡崩塌堆积方向

图 4.3.10　为图 4.3.1 方框 B 局部放大

示怀尔德 J 东北小月坑 A"滑坡崩塌堆积源区"呈近垂直坑缘槽状沟谷分布特征，箭头示滑坡崩塌堆积方向

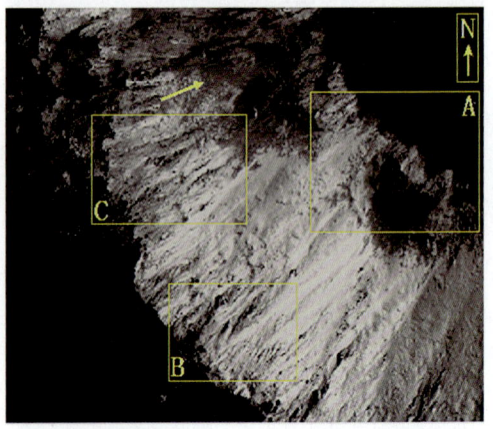

图 4.3.11　为图 4.3.1 方框 C 局部放大

示怀尔德 J 东北小月坑 A"滑坡崩塌堆积源区"分选特征，箭头示滑坡崩塌堆积方向

第四章 月球"冻胀作用形成的地貌"（遗迹）特征

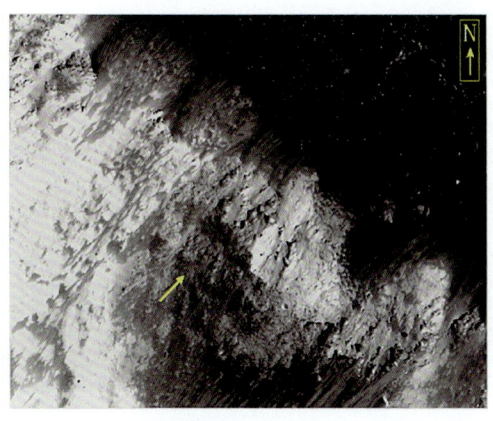

图 4.3.12　为图 4.3.11 方框 A 局部放大
示怀尔德 J 东北小月坑 A "滑坡崩塌堆积源区"分选特征，箭头示滑坡崩塌堆积方向

图 4.3.13　为图 4.3.11 方框 B 局部放大
示怀尔德 J 东北小月坑 A "滑坡崩塌堆积源区"呈近垂直坑缘槽状沟谷分布特征，箭头示滑坡崩塌堆积方向

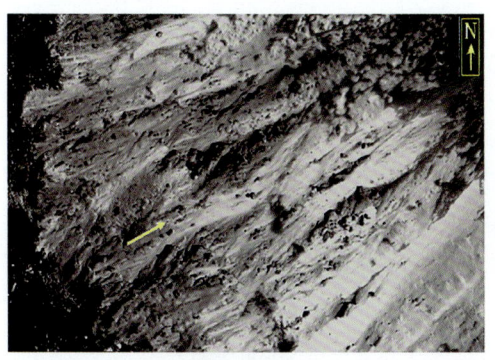

图 4.3.14　为图 4.3.11 方框 C 局部放大
示怀尔德 J 东北小月坑 A "滑坡崩塌堆积源区"呈近垂直坑缘槽状沟谷分布特征，箭头示滑坡崩塌堆积方向

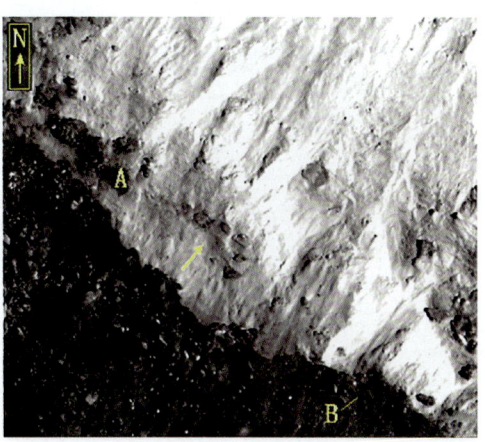

图 4.3.15　怀尔德 J（Wyld J）东北小月坑 A 滑塌堆积源区与坑缘近平行的长条状块体滑落（A）和形成地裂缝（B）分布特征
箭头示滑坡崩塌堆积方向

389

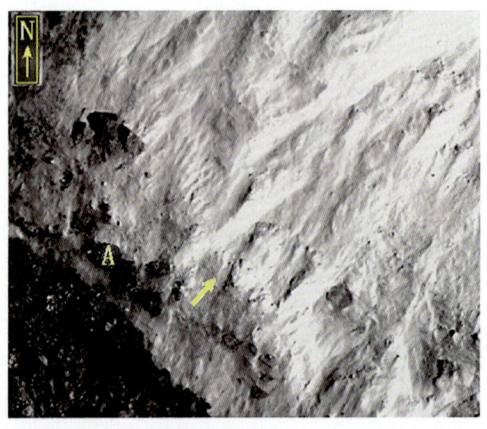

图 4.3.16 怀尔德 J（Wyld J）东北小月坑 A 滑坡堆积源区、与坑缘近平行的长条状块体（A）滑落分布特征
箭头示滑坡崩塌堆积方向

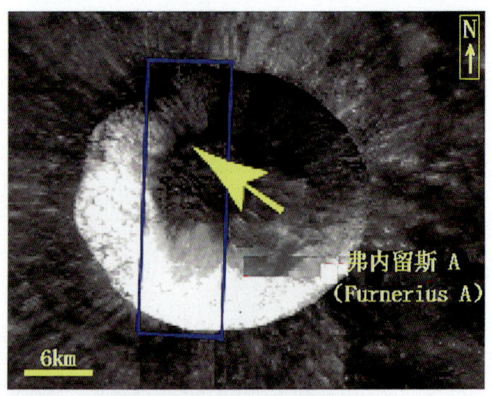

图 4.3.17 弗内留斯 A（Furnerius A）月坑滑坡崩塌堆积区（箭头所示）

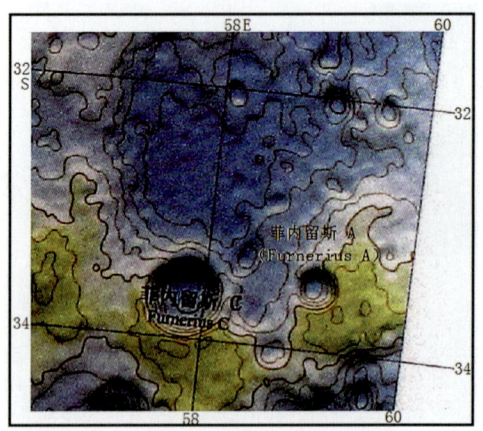

图 4.3.18 弗内留斯 A（Furnerius A）月坑及附近地形图

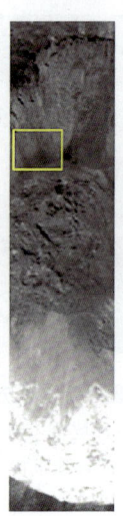

图 4.3.19 为图 4.3.17 方框局部放大
示弗内留斯 A 月坑滑坡崩塌堆积局部分布特征

第四章 月球"冻胀作用形成的地貌"（遗迹）特征

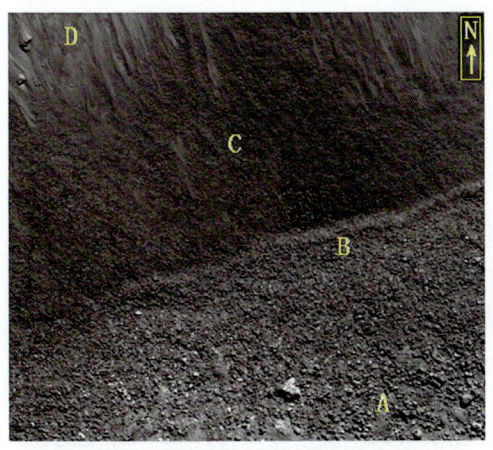

图 4.3.20　为图 4.3.19 方框局部放大
示弗内留斯 A 北侧坑壁滑坡崩塌堆积颗粒大小自下而上由粗到细可分四级，由 A→B→C→D，细颗粒"穿越"分布至粗粒级 C 之上

图 4.3.21　为图 4.3.19 方框局部放大
示弗内留斯月坑坑壁滑坡崩塌堆积细颗粒 D "穿越"分布至粗粒级 B、C 之上

图 4.3.22　为图 4.3.21 方框 A 局部放大
示滑坡崩塌堆积颗粒自下而上由 A 级到 B 级由粗到细分界限较明显

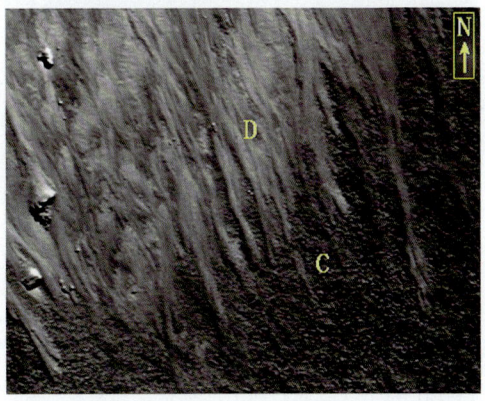

图 4.3.23　为图 4.3.21 方框 B 局部放大
示滑坡崩塌堆积颗粒自下而上由粗到细（由 C 级到 D 级），细颗粒"穿越"分布至粗粒级 C 之上

391

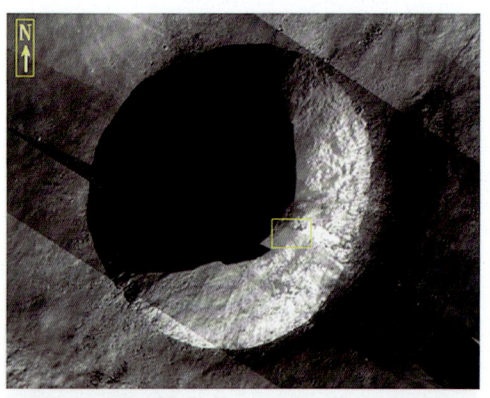

图 4.3.24 威尔逊 E（Wilson E）月坑之北小月坑坑壁滑坡崩塌堆积卫星影像图

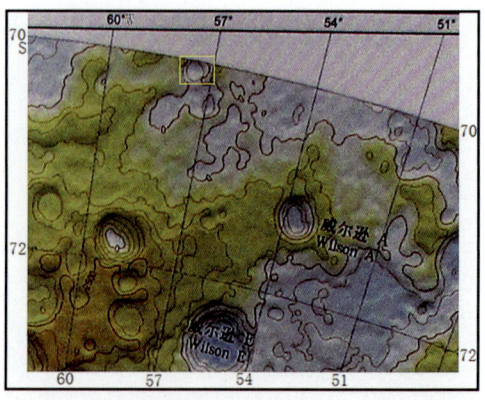

图 4.3.25 威尔逊 E（Wilson E）北小月坑（方框）及附近地形图

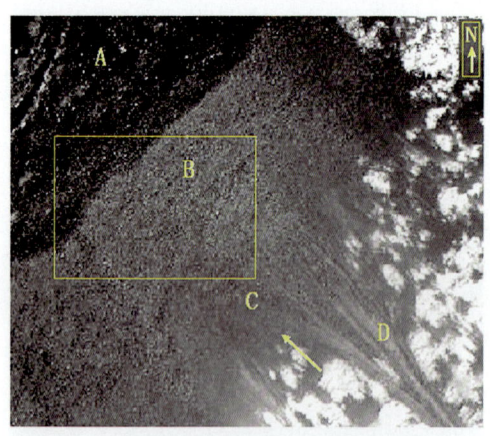

图 4.3.26 为图 4.3.24 方框局部放大

示威尔逊 E 北小月坑坑壁滑坡崩塌堆积颗粒由粗到细，自下（坑底）向上（坑壁）细颗粒"穿越"分布至粗粒级 A、B、C 之上，箭头示滑坡崩塌堆积方向

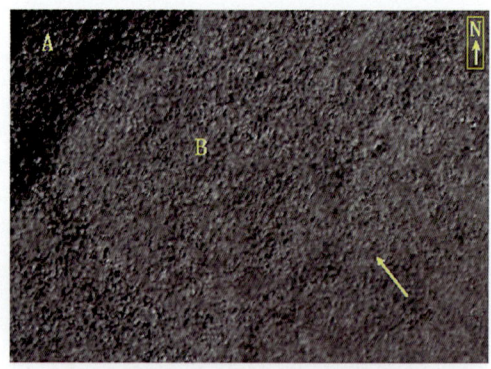

图 4.3.27 为图 4.3.26 方框局部放大

示威尔逊 E 北小月坑坑壁滑坡崩塌堆积颗粒 A、B 级分布界限不清特征，箭头示滑坡崩塌堆积方向

第四章 月球"冻胀作用形成的地貌"（遗迹）特征

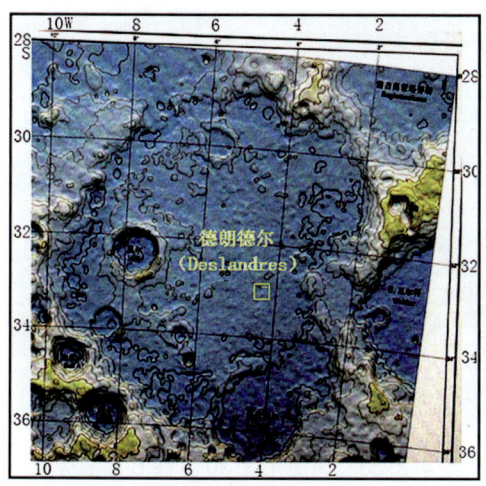

图 4.3.28 德朗德尔（Deslandres）月坑及附近地形图
方框为分布坑壁滑坡崩塌堆积的小月坑

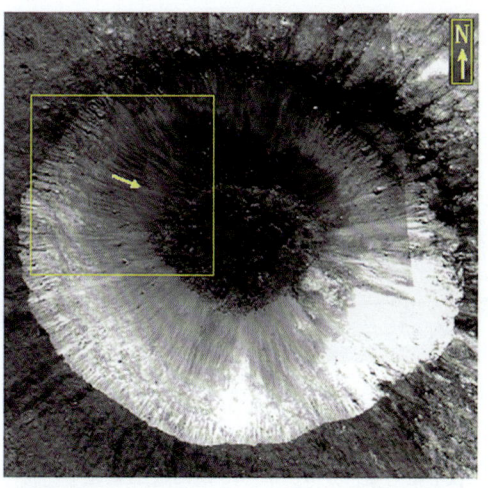

图 4.3.29 德朗德尔（Deslandres）月坑坑底中的小月坑滑坡崩塌堆积卫星影像图
箭头示滑坡崩塌堆积方向

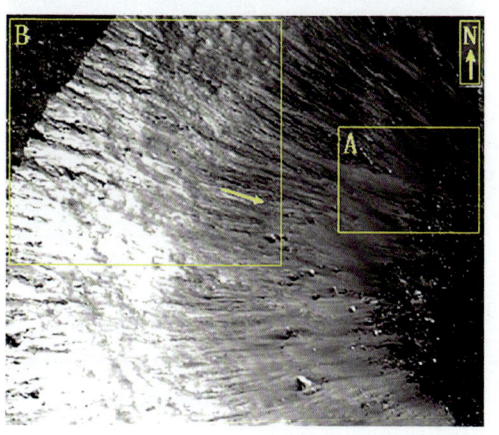

图 4.3.30 为图 4.3.29 方框局部放大
示德朗德尔月坑坑底中的小月坑滑坡崩塌堆积颗粒下粗上细分布特征，箭头示滑坡崩塌堆积方向

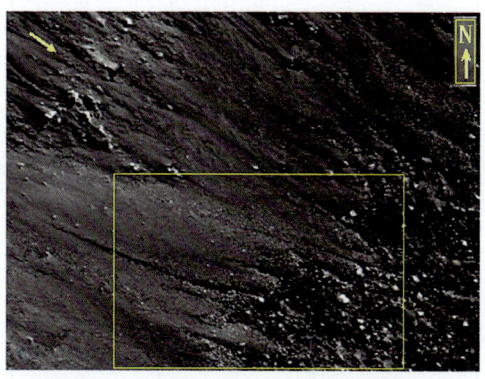

图 4.3.31 为图 4.3.30 方框 A 局部放大
示德朗德尔月坑坑底中的小月坑滑坡崩塌堆积颗粒下粗上细分布特征，箭头示泥流流动方向

393

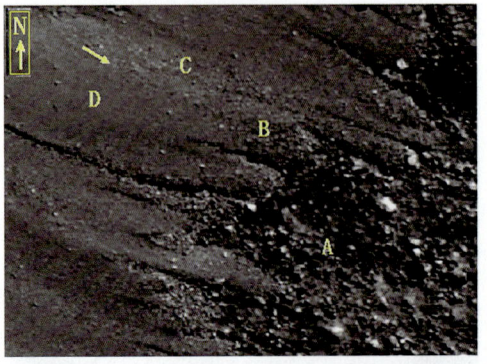

图4.3.32　为图4.3.31方框局部放大

示德朗德尔月坑坑底中的小月坑滑坡崩塌堆积颗粒下粗上细，分A、B、C、D四级细颗粒D"穿越"分布至粗粒级A、B、C之上，箭头示泥流流动方向

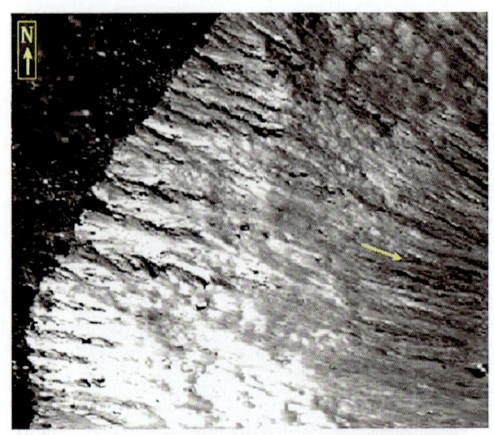

图4.3.33　为图4.3.30方框B局部放大

示德朗德尔月坑坑底中的小月坑滑坡崩塌堆积源区为大量侵蚀槽状沟谷分布特征，箭头示滑坡崩塌堆积方向

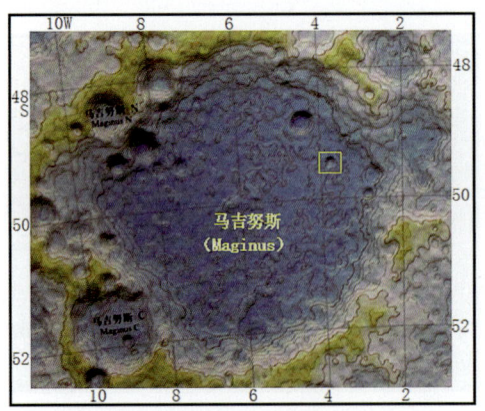

图4.3.34　马吉努斯（Maginus）月坑及附近地形图

方框为分布滑坡崩塌堆积的小月坑

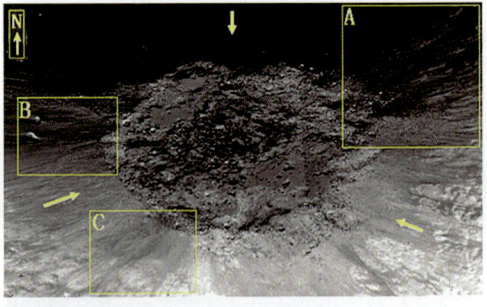

图4.3.35　为图4.3.34方框局部放大

示马吉努斯月坑坑底东北小月坑的坑壁滑坡崩塌堆积分布特征，箭头示滑坡崩塌堆积方向

第四章 月球"冻胀作用形成的地貌"（遗迹）特征

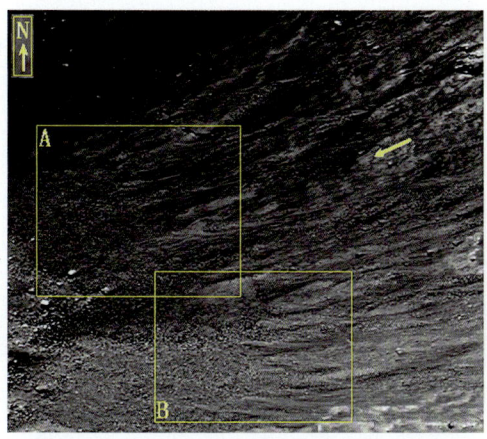

图 4.3.36　为图 4.3.35 方框 A 局部放大
示马吉努斯月坑坑底中的小月坑坑壁滑坡崩塌堆积细颗粒"穿越"分布于粗颗粒之上

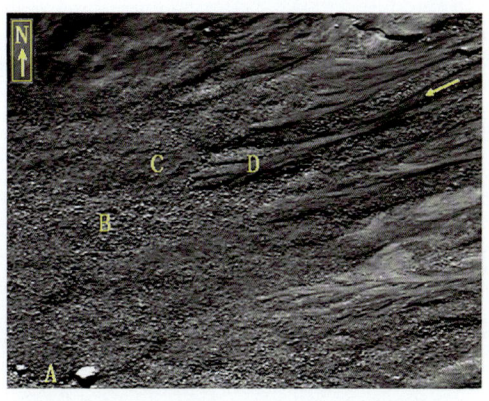

图 4.3.37　为图 4.3.36 方框 A 局部放大
示马吉努斯月坑坑底中的小月坑坑壁滑坡崩塌堆积物由粗到细可分 A、B、C、D 四级，细颗粒 D"穿越"分布至粗粒级 A、B、C 之上，箭头示滑坡崩塌堆积方向

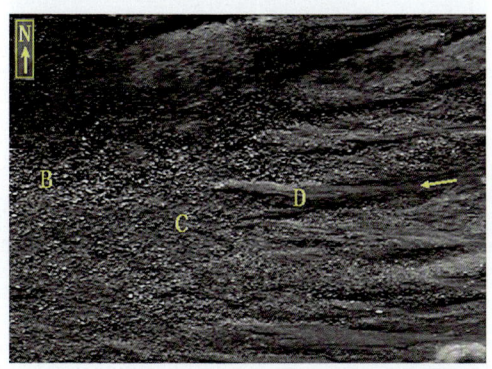

图 4.3.38　为图 4.3.36 方框 B 局部放大
示马吉努斯月坑坑底中的小月坑坑壁滑坡崩塌堆积物由粗到细可分 A、B、C、D 四级，细颗粒 D"穿越"分布至粗粒级 B、C 之上，箭头示滑坡崩塌堆积方向

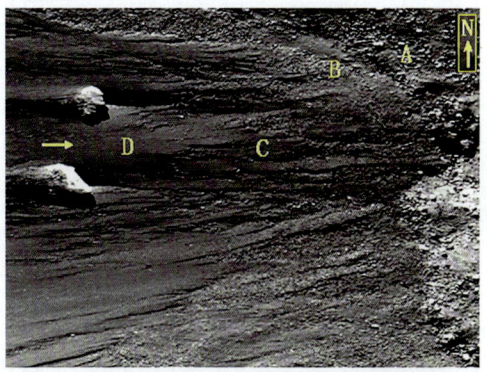

图 4.3.39　为图 4.3.35 方框 B 局部放大
示马吉努斯月坑坑底中的小月坑坑壁滑坡崩塌堆积物由粗到细可分 A、B、C、D 四级，细颗粒 D"穿越"分布至粗粒级 A、B、C 之上，箭头示滑坡崩塌堆积方向

395

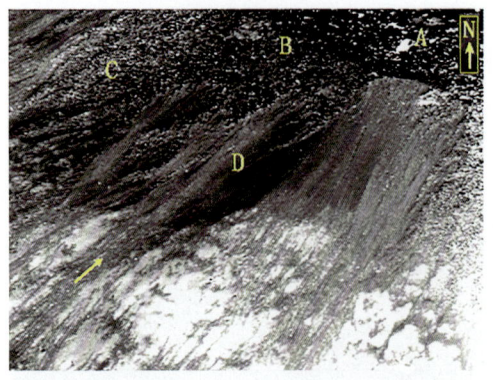

图 4.3.40　为图 4.3.35 方框 C 局部放大

示马吉努斯月坑坑底中的小月坑坑壁滑坡崩塌堆积物颗粒自下而上可分四级（A→B→C→D）分布特征，箭头示滑坡崩塌堆积方向

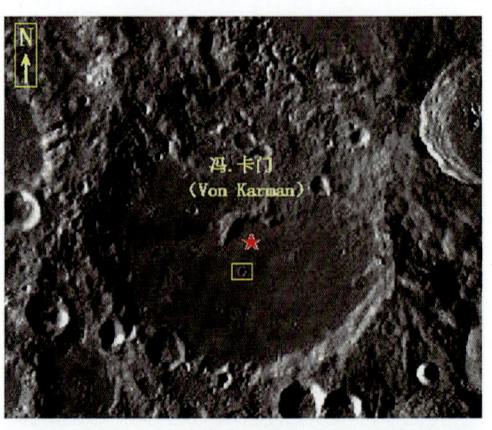

图 4.3.41　冯·卡门（Von Karman）月坑卫星影像图（★为嫦娥 4 号降落地）

方框为分布冻融石流阶地的小月坑

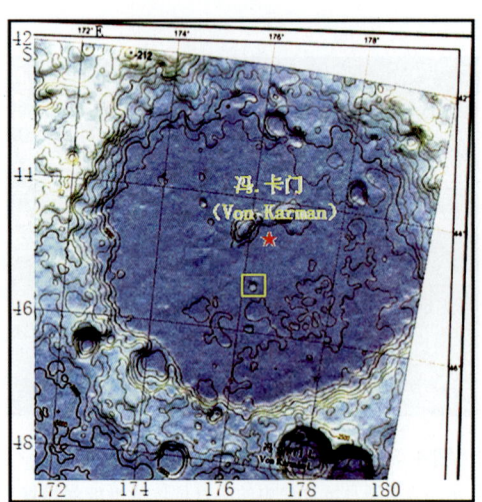

图 4.3.42　冯·卡门（Von Karman）月坑和小月坑（方框）及附近地形图

方框为分布滑坡崩塌堆积的小月坑，★为嫦娥 4 号降落地

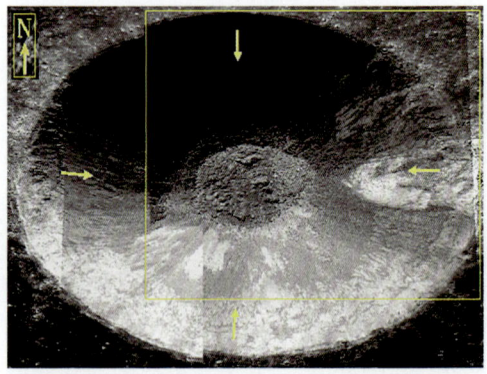

图 4.3.43　为图 4.3.41 方框局部放大

示冯·卡门月坑坑底中的小月坑坑壁滑坡崩塌堆积分布特征，箭头示滑坡崩塌堆积方向

第四章 月球"冻胀作用形成的地貌"（遗迹）特征

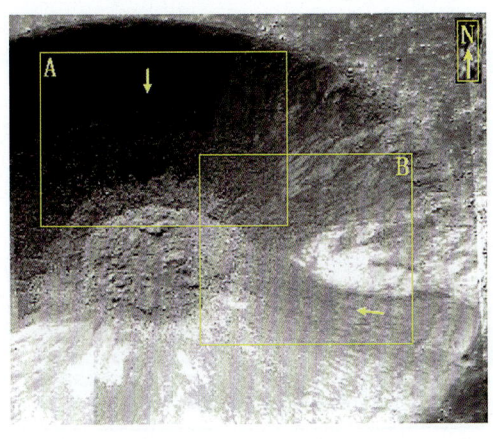

图4.3.44 为图4.3.43方框局部放大
示冯·卡门月坑坑底中小月坑滑坡崩塌堆积分布特征，箭头示滑坡崩塌堆积方向

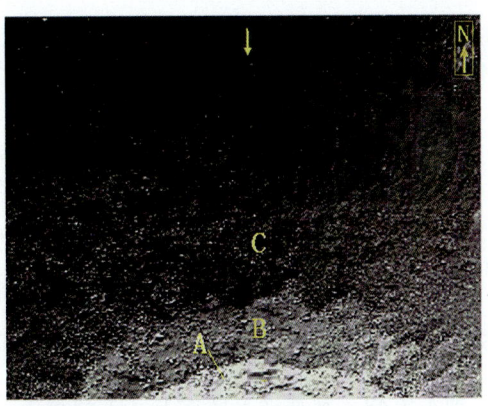

图4.3.45 为图4.3.44方框A局部放大
示冯·卡门月坑坑底中小月坑滑坡崩塌堆积分布特征，其中A为小月坑坑底堆积物，B为早期滑坡崩塌堆积物，C为晚期滑坡崩塌堆积阶地，箭头示滑坡崩塌堆积方向

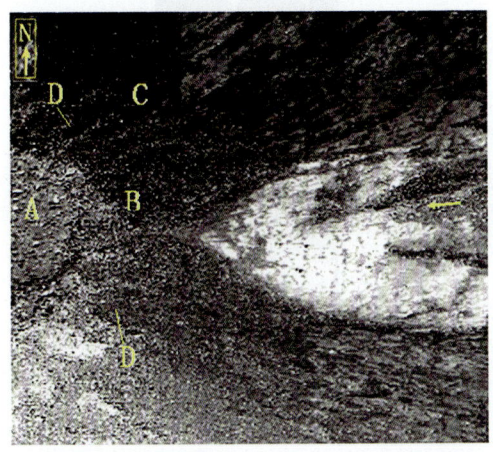

图4.3.46 为图4.3.44方框B局部放大
示小月坑滑坡崩塌堆积颗粒由粗到细可分四级（A→B→C→D），细颗粒D"穿越"分布至粗粒级A、B、C之上，箭头示滑坡崩塌堆积方向

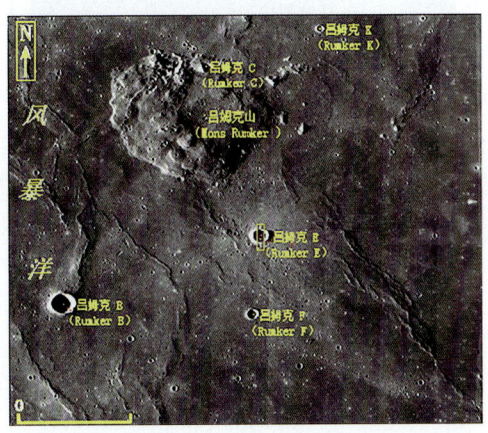

图4.3.47 风暴洋吕姆克山（Mons Rumker）和吕姆克E（Rumker E）月坑及附近液化沙垄卫星影像分布图

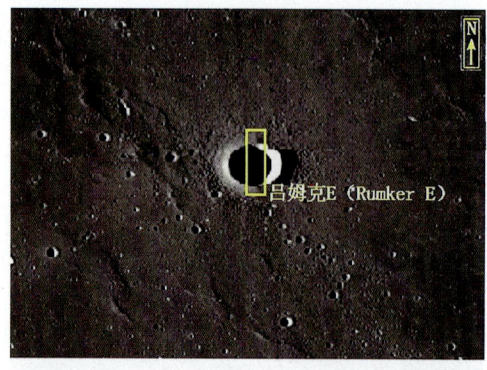

图 4.3.48　风暴洋吕姆克 E（Rumker E "陆地月坑"）卫星影像图

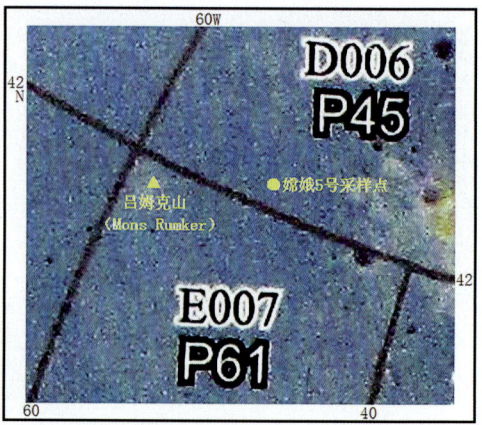

图 4.3.49　风暴洋吕姆克山（Mons Rumker）及嫦娥 5 号采样点附近地形图

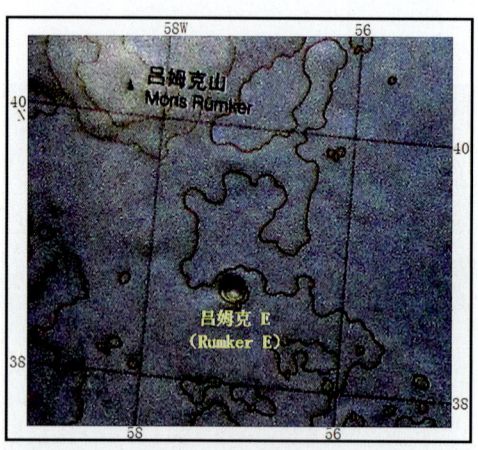

图 4.3.50　风暴洋吕姆克山和吕姆克 E（Rumker E）月坑及附近地形图

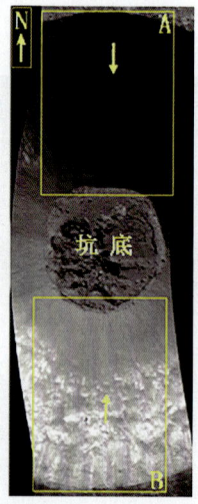

图 4.3.51　为图 4.3.48 方框局部放大
示风暴洋吕姆克 E "陆地月坑" 滑坡崩塌堆积几乎遍布整个月坑坑壁之上，箭头示滑坡崩塌堆积方向

第四章 月球"冻胀作用形成的地貌"（遗迹）特征

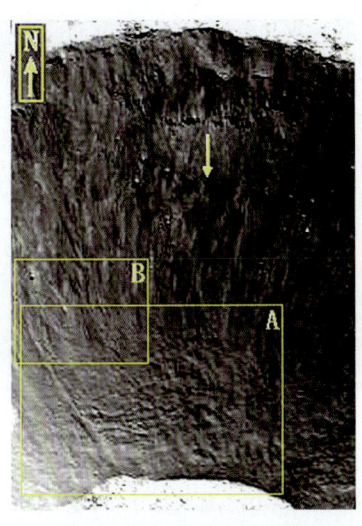

图 4.3.52　为图 4.3.51 方框 A 局部放大
示风暴洋吕姆克 E 月坑滑坡崩塌堆积分布特征，箭头示滑坡崩塌堆积方向

图 4.3.53　为图 4.3.52 方框 A 局部放大
示风暴洋吕姆克 E 月坑滑坡崩塌堆积扇和堆积阶地分布特征，箭头示滑坡崩塌堆积方向，A 为月坑坑底

图 4.3.54　为图 4.3.53 方框局部放大
示风暴洋吕姆克 E 月坑颗粒由粗到细可分四级（A→B→C→D），细颗粒 D "穿越"分布至粗粒级 A、B、C 之上，箭头示滑坡崩塌堆积方向

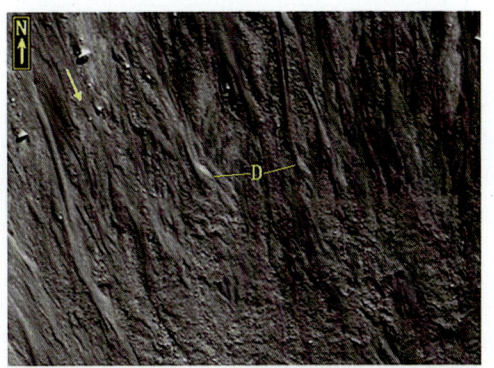

图 4.3.55　为图 4.3.52 方框 B 局部放大
示风暴洋吕姆克 E 月坑滑坡崩塌堆积细颗粒 D 形成堆积扇分布特征

399

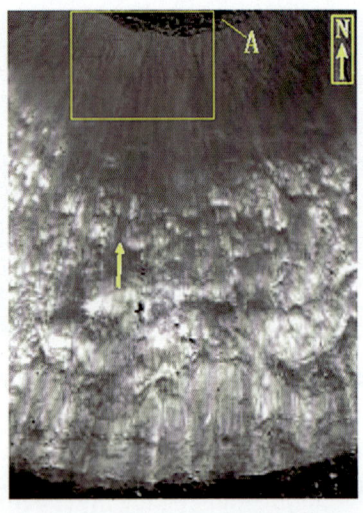

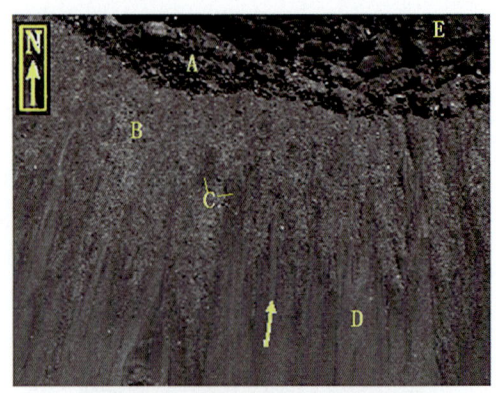

图 4.3.57　为图 4.3.56 方框局部放大
示风暴洋吕姆克 E 之南坑壁颗粒由粗到细可分四级（A→B→C→D），细颗粒 D"穿越"分布至粗粒级 A、B、C 之上，箭头示滑坡崩塌堆积方向，E 为月坑坑底

图 4.3.56　为图 4.3.51 方框 B 局部放大
示风暴洋吕姆克 E 月坑滑坡崩塌堆积分布特征，箭头示滑坡崩塌堆积方向，A 为月坑坑底

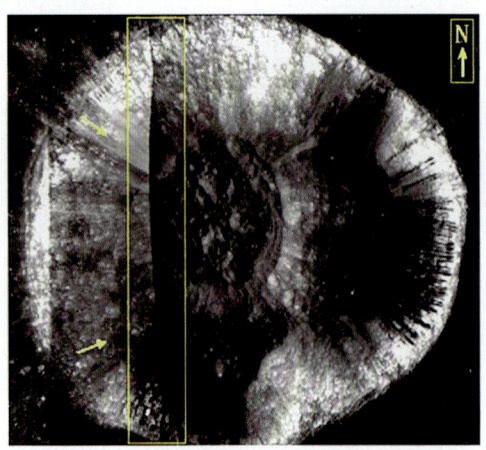

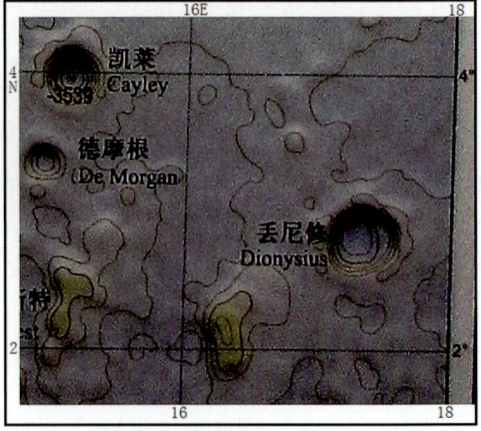

图 4.3.58　静海西南边缘丢尼修（Dionysius）月坑东侧坑壁分布水冰冰川，西侧坑壁分布滑坡崩塌堆积卫星影像图

图 4.3.59　静海西南边缘丢尼修（Dionysius）月坑及附近地形图

第四章 月球"冻胀作用形成的地貌"（遗迹）特征

图 4.3.60　为图 4.3.58 方框局部放大
示静海西南边缘丢尼修月坑滑坡崩塌堆积分布特征，箭头示滑坡崩塌堆积方向

图 4.3.61　为图 4.3.60 方框 A 局部放大
示静海西南边缘丢尼修月坑西北侧坑壁滑坡崩塌堆积分布特征，箭头示滑坡崩塌堆积方向

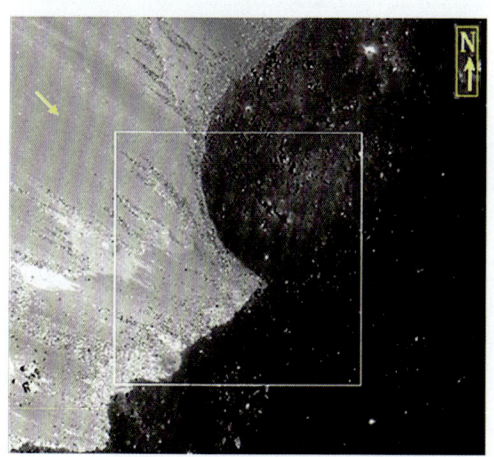

图 4.3.62　为图 4.3.61 方框 A 局部放大
示静海西南边缘丢尼修月坑西北侧坑壁滑坡崩塌堆积颗粒下大上小分布特征，箭头示滑坡崩塌堆积方向

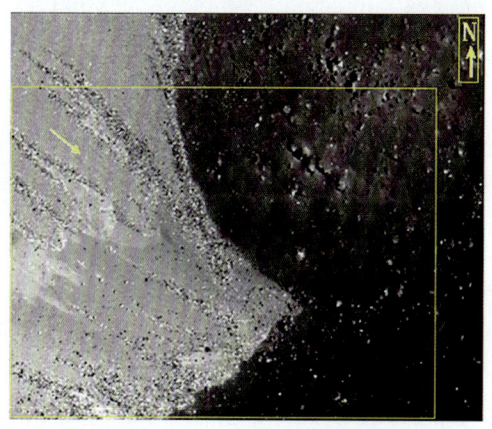

图 4.3.63　为图 4.3.62 方框局部放大
示丢尼修月坑西北侧坑壁滑坡崩塌堆积颗粒分选自下而上由粗到细分布特征，箭头示滑坡崩塌堆积方向

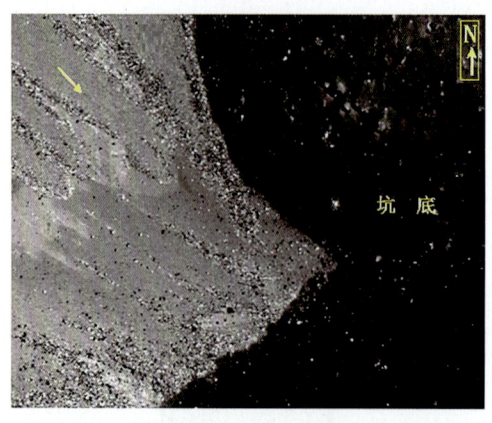

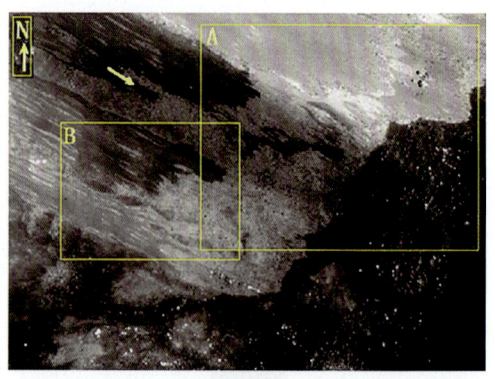

图 4.3.64　为图 4.3.63 方框局部放大
示丢尼修月坑西北侧坑壁滑坡崩塌堆积颗粒自下而上由粗到细，细颗粒"穿越"分布于粗颗粒之上，箭头示滑坡崩塌堆积方向

图 4.3.65　为图 4.3.61 方框 B 局部放大
示丢尼修月坑西北侧坑壁滑坡崩塌堆积颗粒分选自下而上由粗到细，细颗粒"穿越"分布于粗颗粒之上，箭头示滑坡崩塌堆积方向

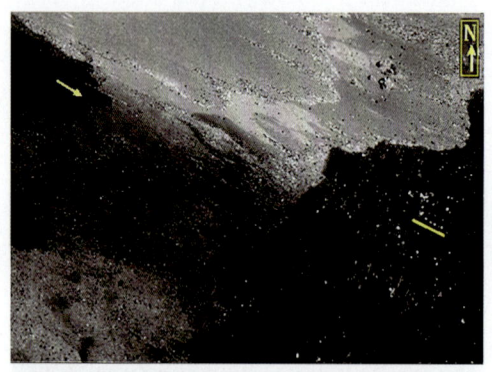

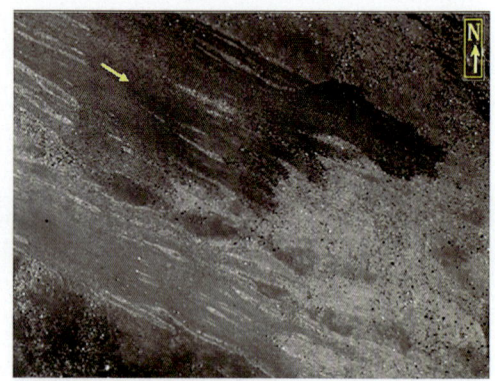

图 4.3.66　为图 4.3.65 方框 A 局部放大
示丢尼修月坑壁滑坡崩塌堆积颗粒分选自下而上由粗到细，细颗粒"穿越"分布于粗颗粒之上，箭头示滑坡崩塌堆积方向，短线示北侧石线排列方向

图 4.3.67　为图 4.3.65 方框 B 局部放大
示丢尼修月坑西壁滑坡崩塌堆积颗粒分选自下而上由粗到细，细颗粒"穿越"分布于粗颗粒之上，箭头示滑坡崩塌堆积方向

第四章　月球"冻胀作用形成的地貌"（遗迹）特征

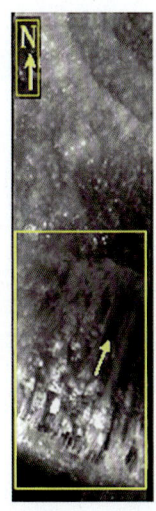

图 4.3.68　为图 4.3.60 方框 B 局部放大
示丢尼修月坑西南坑壁滑坡崩塌堆积分布特征，箭头示滑坡崩塌堆积方向

图 4.3.69　为图 4.3.68 方框局部放大
示丢尼修月坑西南坑壁滑坡崩塌堆积分布特征，箭头示滑坡崩塌堆积方向

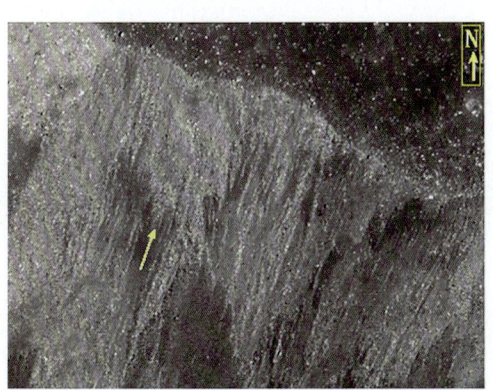

图 4.3.70　为图 4.3.69 方框局部放大
示丢尼修月坑西南坑壁滑坡崩塌堆积细颗粒"穿越"分布于粗颗粒之上，箭头示滑坡崩塌堆积方向

图 4.3.71　克拉维斯 E（Clavius E）月坑卫星影像图

403

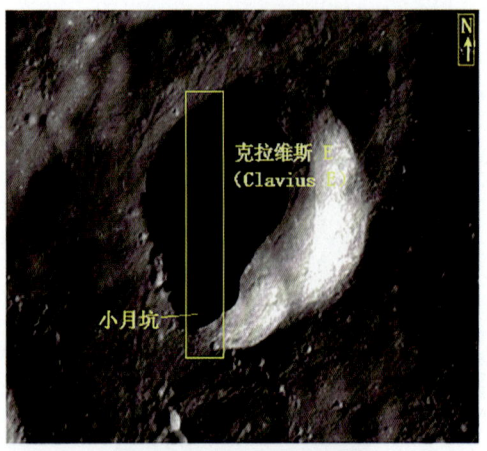

图 4.3.72　为图 4.3.71 方框局部放大
示克拉维斯 E 月坑及其南缘分布滑塌堆积的"小月坑"卫星影像图

图 4.3.73　为图 4.3.72 方框局部放大
示"小月坑"与克拉维斯 E 月坑之间切割关系，箭头示滑坡崩塌堆积方向

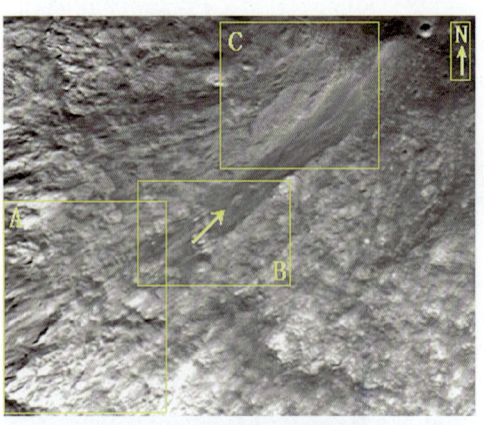

图 4.3.74　为图 4.3.73 方框局部放大
示"小月坑"中滑坡崩塌堆积源区（A 框）、"正地貌"的流通区（B 框）和堆积区（C 框）分布特征，箭头示滑坡崩塌堆积方向

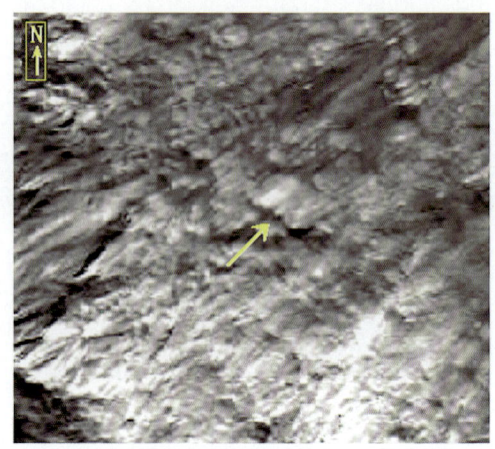

图 4.3.75　为图 4.3.74 方框 A 局部放大
示"小月坑"滑坡崩塌堆积源区大多为滑坡"磨光面"分布特征，箭头示滑坡崩塌堆积方向

第四章 月球"冻胀作用形成的地貌"（遗迹）特征

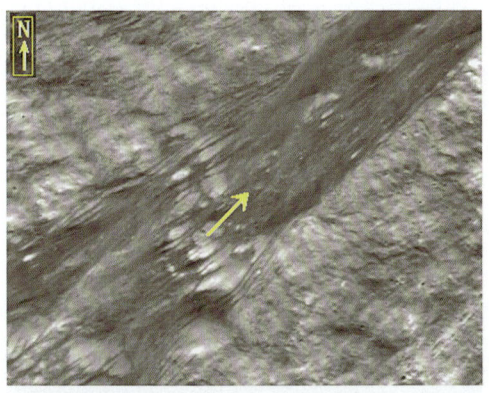

图 4.3.76　为图 4.3.74 方框 B 局部放大
示滑塌堆积源区、流通区滑塌堆积分布特征，箭头示滑坡崩塌堆积方向

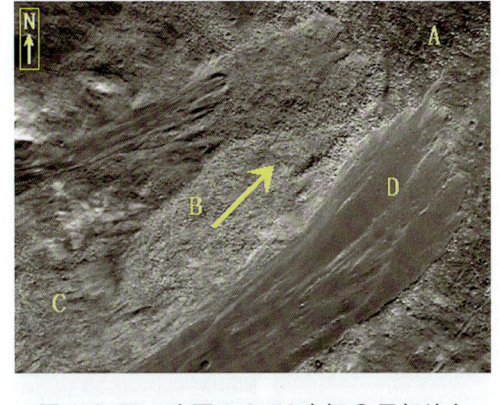

图 4.3.77　为图 4.3.74 方框 C 局部放大
示"小月坑"坑壁滑坡崩塌堆积颗粒由粗到细可分四级（A→B→C→D），细颗粒 D "穿越"分布至粗粒级 A、B、C 之上，箭头示滑坡崩塌堆积方向

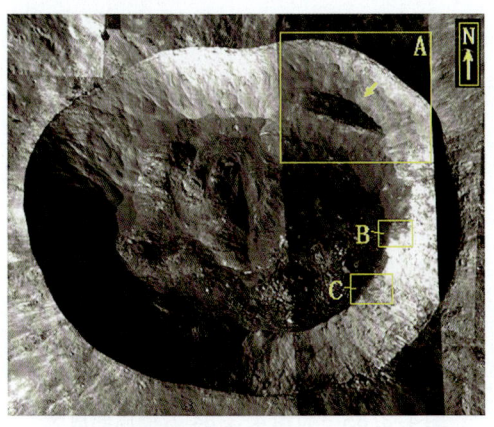

图 4.3.78　焦尔达诺·布鲁诺（Giordano Bruno）月坑卫星影像图

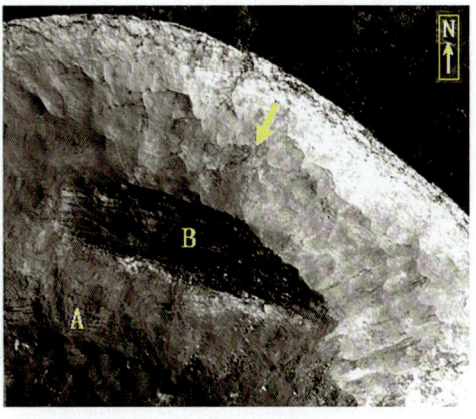

图 4.3.79　为图 4.3.78 方框 A 局部放大
示焦尔达诺·布鲁诺月坑早（A）、晚（B）两期巨型滑坡体分布特征，箭头示滑坡崩塌堆积方向

图 4.3.80　为图 4.3.78 方框 B 局部放大
示焦尔达诺·布鲁诺月坑滑坡崩塌堆积颗粒下粗上细、分选性特征明显，箭头示滑坡崩塌堆积方向

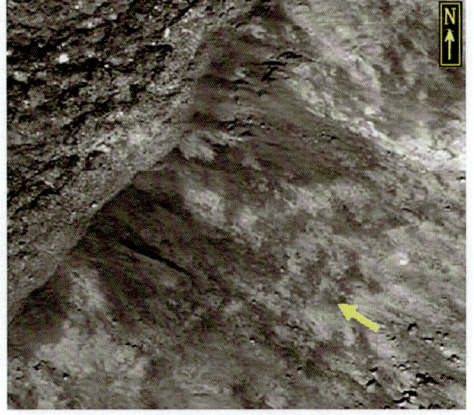

图 4.3.81　为图 4.3.78 方框 C 局部放大
示焦尔达诺·布鲁诺月坑滑坡崩塌堆积颗粒下粗上细、分选特征明显，箭头示滑坡崩塌堆积方向

405

图 4.3.82 雨海 C. 赫舍尔（Caroline Herschel）月坑卫星影像图

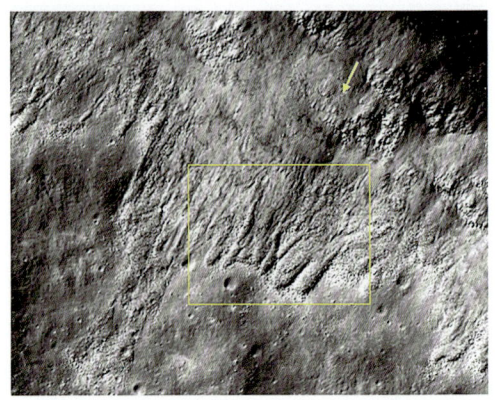

图 4.3.83 为图 4.3.82 方框局部放大
示 C. 赫舍尔月坑坑壁牛舌状滑坡崩塌堆积分布特征，箭头示滑坡崩塌堆积方向

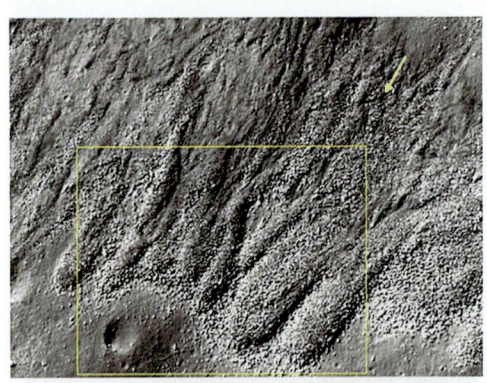

图 4.3.84 为图 4.3.83 方框局部放大
示 C. 赫舍尔月坑坑壁滑坡崩塌堆积颗粒自下而上由粗到细分布特征，箭头示滑坡崩塌堆积方向

图 4.3.85 为图 4.3.84 方框局部放大
示 C. 赫舍尔月坑坑壁滑坡崩塌堆积颗粒自下而上由粗到细分布特征，箭头示滑坡崩塌堆积方向

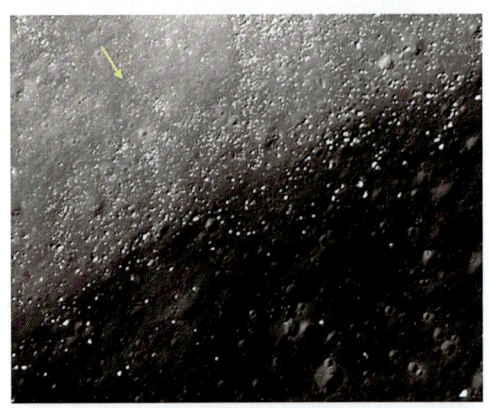

图 4.3.86 C. 赫舍尔（Caroline Herschel）月坑北西侧坑壁滑坡崩塌堆积
颗粒大小自下而上由粗到细分布特征，箭头示滑坡崩塌堆积方向

图 4.3.87 第谷月坑和中央峰（箭头所示）分布特征

第四章 月球"冻胀作用形成的地貌"（遗迹）特征

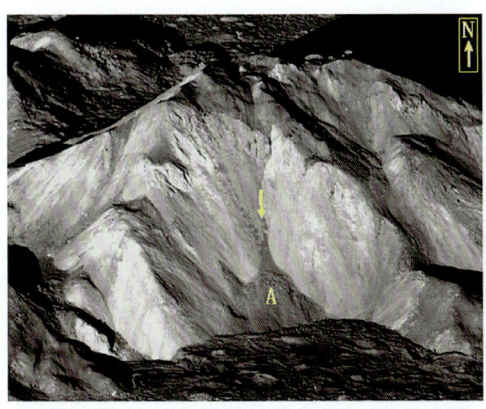

图 4.3.88 第谷月坑中央峰南侧滑坡崩塌堆积扇（A）分布特征
箭头示滑坡崩塌堆积方向

图 4.3.89 第谷月坑中央峰南侧颗粒大小不同的滑坡崩塌堆积扇（A、B）分布特征
箭头示滑坡崩塌堆积方向

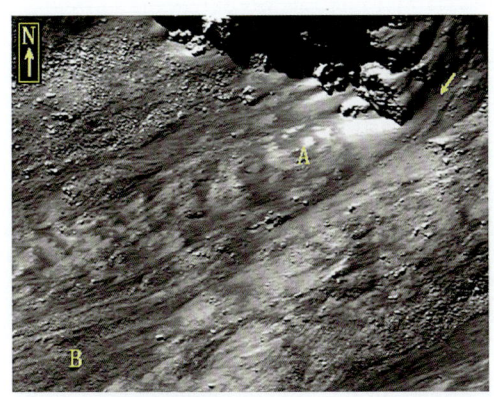

图 4.3.90 第谷月坑中央峰南侧颗粒大小不同的滑坡崩塌堆积扇（A、B）分布特征
箭头示滑坡崩塌堆积方向

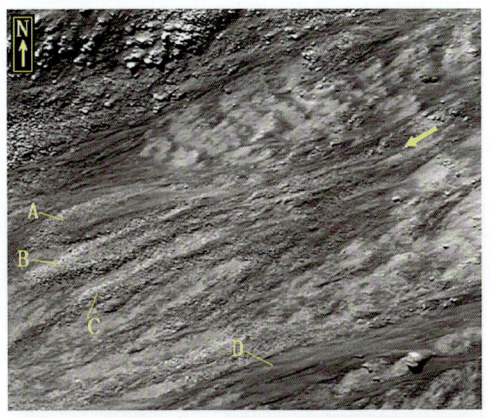

图 4.3.91 第谷月坑中央峰南侧颗粒大小不同的滑坡崩塌堆积扇（A、B、C、D）
颗粒最细的 D "穿越" 分布于粗颗粒 A、B、C 之上，箭头示滑坡崩塌堆积方向

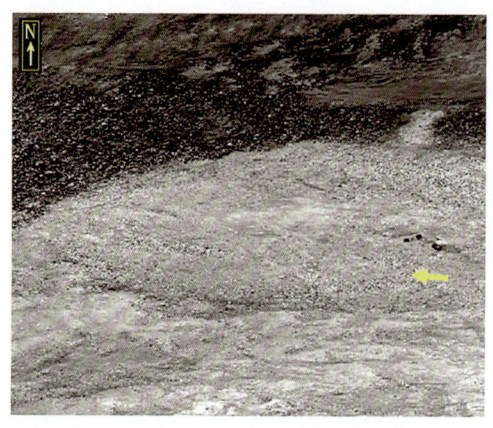

图 4.3.92 第谷月坑中央峰南侧颗粒大小不同的滑坡崩塌堆积扇相互叠置、切割分布特征

箭头示滑坡崩塌堆积方向

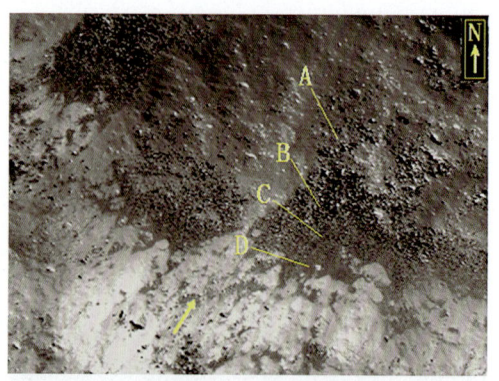

图 4.3.93 第谷月坑坑壁上滑坡面和滑坡堆积颗粒下粗上细，可分 A、B、C、D 四级

颗粒最细的 D "穿越" 分布不明显，箭头示滑坡崩塌堆积方向

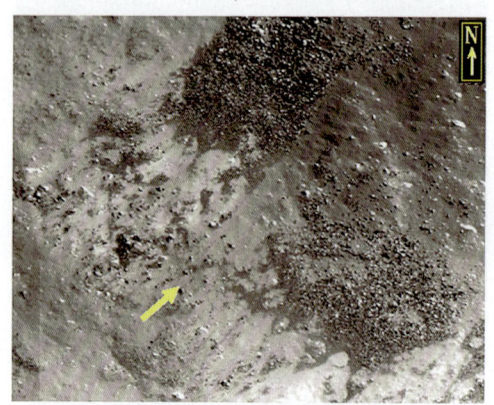

图 4.3.94 第谷月坑坑壁上滑坡面下滑坡堆积颗粒下粗上细，分选性好

箭头示滑坡崩塌堆积方向

图 4.3.95 第谷月坑坑壁上滑坡面下滑坡堆积颗粒下粗上细，可分 A、B、C、D 四级

颗粒最细的 D "穿越" 分布不明显，箭头示滑坡崩塌堆积方向

第四章 月球"冻胀作用形成的地貌"（遗迹）特征

图4.3.96 第谷月坑坑壁上长而陡的滑坡面产生的滑坡堆积（左下）分选性明显较好

颗粒大小自下而上由粗到细，箭头示滑坡崩塌堆积方向

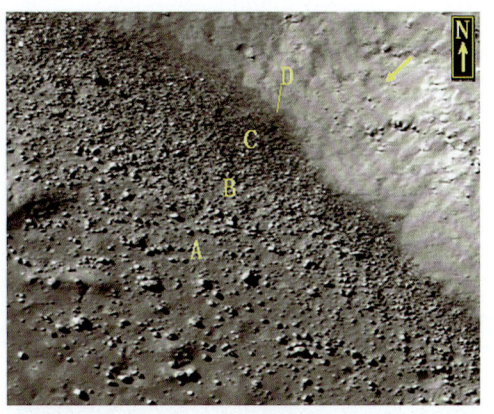

图4.3.97 第谷月坑坑壁上长而陡的滑坡面产生的滑坡堆积分选性明显较好

颗粒大小自下而上由粗到细，可分A、B、C、D四级，颗粒最细的D"穿越"分布不明显，箭头示滑坡崩塌堆积方向

图4.3.98 第谷月坑中长而陡的滑坡面产生的滑坡堆积（A）

颗粒大小自下而上由粗到细，分选性明显较好，箭头示滑坡崩塌堆积方向

图4.3.99 第谷月坑中短而缓的滑坡面产生的滑坡堆积（A）分选性明显差

箭头示滑坡崩塌堆积方向

月球卫片分析最新发现

图 4.3.100　莫瑞图斯（Moretus）月坑及中央峰滑坡崩塌地貌和堆积位置（方框）

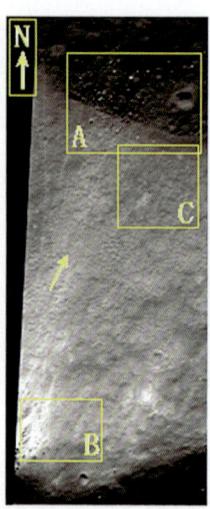

图 4.3.101　为图 4.3.100 方框局部放大
示莫瑞图斯月坑中央峰滑坡崩塌地貌和堆积分布特征，箭头示滑坡崩塌堆积方向

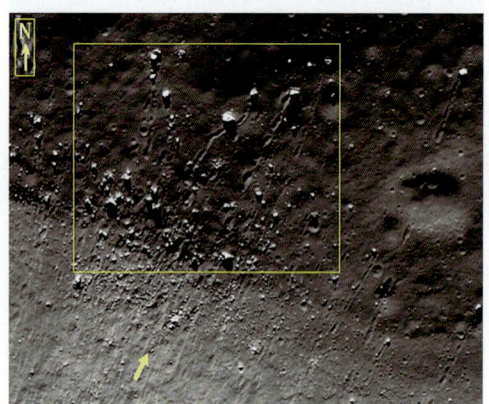

图 4.3.102　为图 4.3.101 方框 A 局部放大
示莫瑞图斯月坑中央峰滑坡崩塌堆积分选性好，颗粒大小自下而上由粗到细，箭头示滑坡崩塌堆积方向

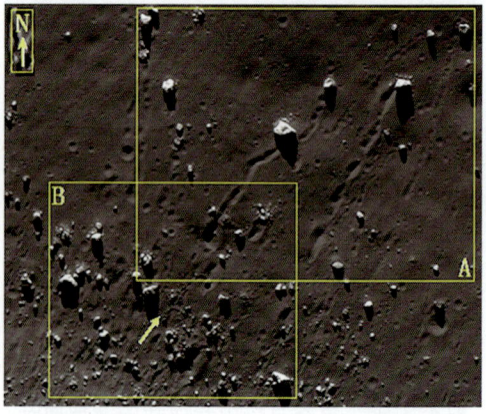

图 4.3.103　为图 4.3.102 方框局部放大
示莫瑞图斯月坑中央峰滑坡崩塌堆积分选性好，颗粒大小自下而上由粗到细，箭头示滑坡崩塌堆积方向

第四章 月球"冻胀作用形成的地貌"（遗迹）特征

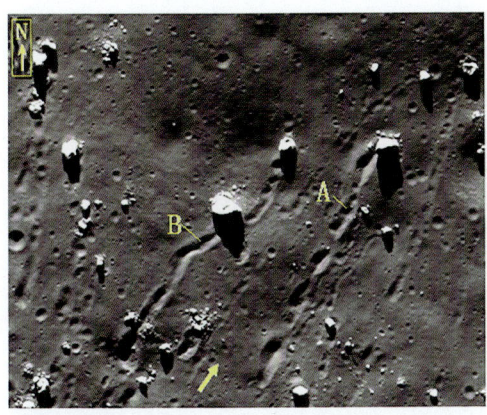

图 4.3.104 为图 4.3.103 方框 A 局部放大
示中央峰滑坡崩塌堆积"滚石"发生后留下的"滚动"（A）和"滑动"（B）轨迹分布特征，箭头示滑坡崩塌堆积方向

图 4.3.105 为图 4.3.103 方框 B 局部放大
示中央峰滑坡崩塌堆积岩块发生强烈冻胀作用形成"岩屑堆"分布特征，箭头示滑坡崩塌堆积方向

图 4.3.106 为图 4.3.101 方框 B 局部放大
示莫瑞图斯月坑中央峰滑坡崩塌形成的堆积物和堆积地貌分选性明显较好，颗粒大小自下而上由粗到细，箭头示滑坡崩塌堆积方向

图 4.3.107 为图 4.3.101 方框 C 局部放大
示莫瑞图斯月坑中央峰滑坡面地貌分布特征，箭头示滑坡崩塌堆积方向

411

月球卫片分析最新发现

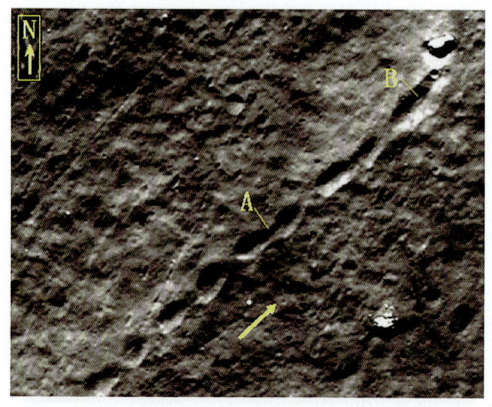

图4.3.108　为图4.3.107方框A局部放大示中央峰滑坡崩塌岩块（滚石）"滚动"（A）和"滑动"（B）轨迹分布特征，箭头示滑坡崩塌堆积方向

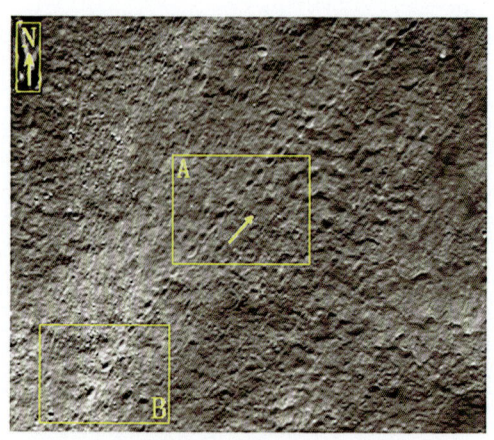

图4.3.109　为图4.3.107方框B局部放大示中央峰滑坡崩塌"滚石"发生后留下的"跳动"轨迹分布特征，箭头示滑坡崩塌堆积方向

图4.3.110　为图4.3.109方框A局部放大示中央峰滑坡崩塌"滚石"发生后留下短距"跳动"轨迹分布特征，箭头示滑坡崩塌堆积方向

图4.3.111　为图4.3.109方框B局部放大示中央峰滑坡崩塌"滚石"发生后留下最初段长距"跳动"轨迹分布特征，箭头示滑坡崩塌堆积方向

第四章 月球"冻胀作用形成的地貌"（遗迹）特征

图 4.3.112 阿那克萨哥拉（Anaxagoras）月坑及附近小冻胀丘一侧滑坡崩塌堆积位置（箭头所示）

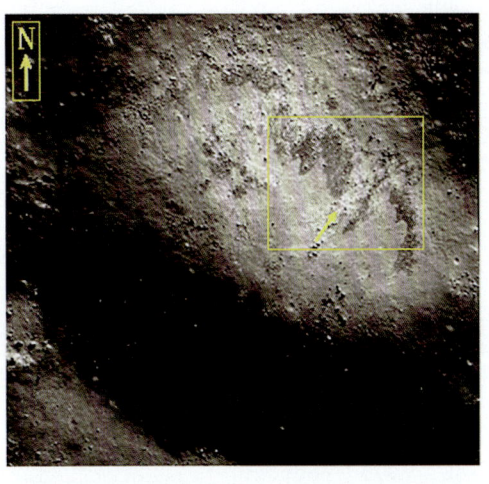

图 4.3.113 为图 4.3.112 箭头所示附近小冻胀丘局部放大

示小冻胀丘一侧滑坡崩塌堆积分布特征，箭头示滑坡崩塌堆积方向

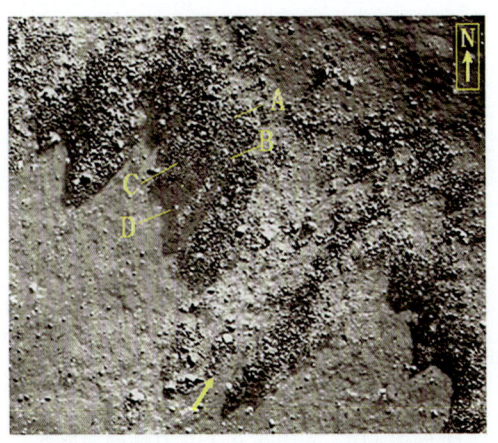

图 4.3.114 为图 4.3.113 方框局部放大
示小冻胀丘一侧滑坡崩塌堆积颗粒自下而上由粗到细可分 A、B、C、D 四级，颗粒最细的 D "穿越"分布明显，但规模极小，箭头示滑坡崩塌堆积方向

图 4.3.115 哥白尼（Copernicus）中央峰滑坡崩塌地貌和堆积位置（箭头所示）

413

图 4.3.116 哥白尼（Copernicus）中央峰滑坡崩塌堆积

分选性好，颗粒大小自下而上由粗到细，箭头示滑坡崩塌堆积方向

图 4.3.117 为图 4.3.116 方框局部放大

哥白尼中央峰滑坡崩塌堆积物分选性好，颗粒大小自下而上由粗到细可划分为 A、B、C、D 四级，颗粒最细的 D "穿越" 分布明显，但规模极小，箭头示滑坡崩塌堆积方向

图 4.3.118 阿波罗 17 登月点附近巨大岩块上滑坡崩塌堆积分布特征

箭头示滑坡崩塌堆积方向

图 4.3.119 为图 4.3.118 方框局部放大

示巨大岩块上滑坡崩塌堆积物分选性好，颗粒大小自下而上由粗到细分布特征，箭头示滑坡崩塌堆积方向

第四章 月球"冻胀作用形成的地貌"（遗迹）特征

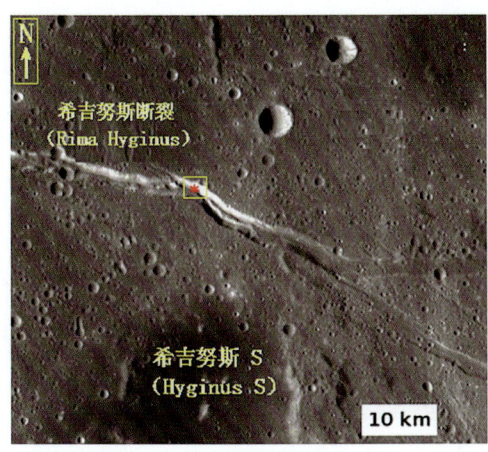

图4.3.120 希吉努斯"月溪"（Rima Hyginus）

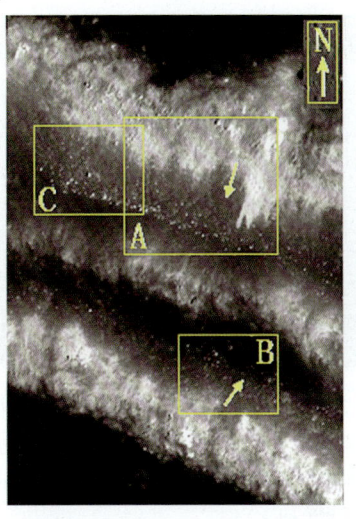

图4.3.121 为图4.3.120方框局部放大
示希吉努斯"月溪"滑坡崩塌堆积物分布特征，箭头示滑坡崩塌堆积方向

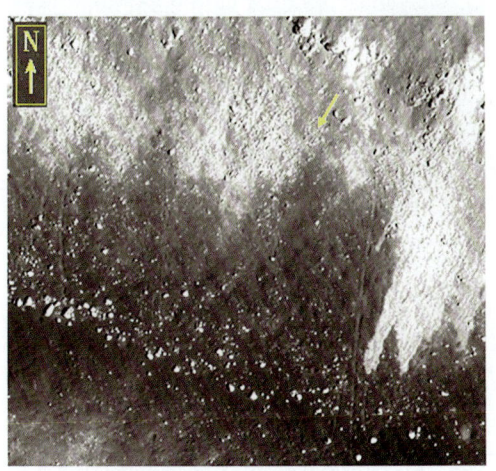

图4.3.122 为图4.3.121方框A局部放大
示希吉努斯"月溪"零星滑坡崩塌堆积物分散分布，堆积物颗粒下粗上细分布特征，箭头示滑坡崩塌堆积方向

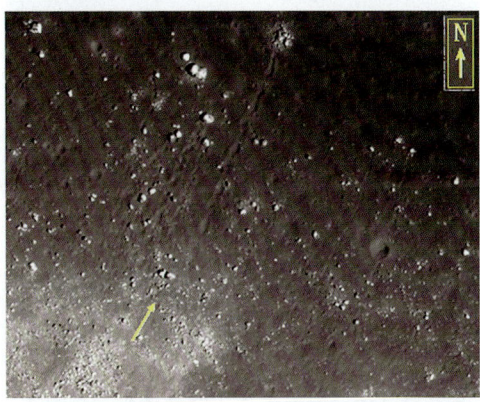

图4.3.123 为图4.3.121方框B局部放大
示希吉努斯"月溪"零星滑坡崩塌堆积物分散分布，堆积物颗粒下粗上细分布特征，箭头示滑坡崩塌堆积方向

415

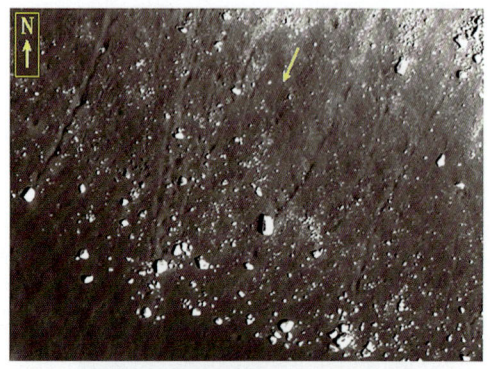

图 4.3.124　为图 4.3.121 方框 C 局部放大

示希吉努斯"月溪"零星滑坡崩塌堆积物分散分布，堆积物颗粒下粗上细分布特征，箭头示滑坡崩塌堆积方向

图 4.3.125　哈德利月溪（Rima Hadley）及滑坡崩塌堆积（星号）分布特征

箭头示滑坡崩塌堆积方向

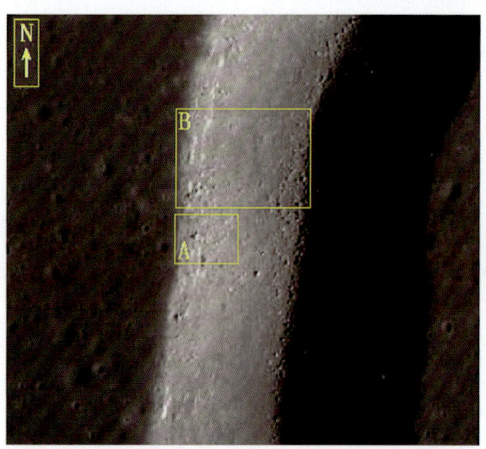

图 4.3.126　为图 4.3.125 星号处局部放大

示哈德利月溪分布特征，箭头示滑坡崩塌堆积方向

图 4.3.127　为图 4.3.126 方框 A 局部放大

示哈德利月溪滑坡崩塌堆积下粗上细分 A、B、C、D 四级，颗粒最细的 D 级分布不多，"穿越"分布不明显，箭头示滑坡崩塌堆积方向

第四章 月球"冻胀作用形成的地貌"（遗迹）特征

图 4.3.128　为图 4.3.126 方框 B 局部放大 示哈德利月溪滑坡崩塌堆积分布特征，箭头示滑坡崩塌堆积方向

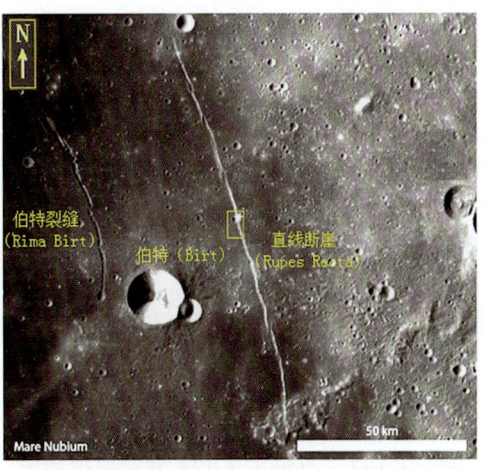

图 4.3.129　云海（Mare Nubium）线状断裂一侧的滑坡崩塌堆积位置（方框）分布特征

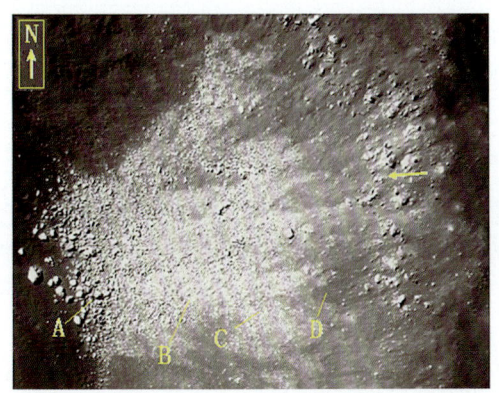

图 4.3.130　为图 4.3.129 方框局部放大之一 示云海线状断裂一侧的滑坡崩塌堆积下粗上细分 A、B、C、D 四级，颗粒最细的 D 级分布不多，"穿越"分布不明显，箭头示滑坡崩塌堆积方向

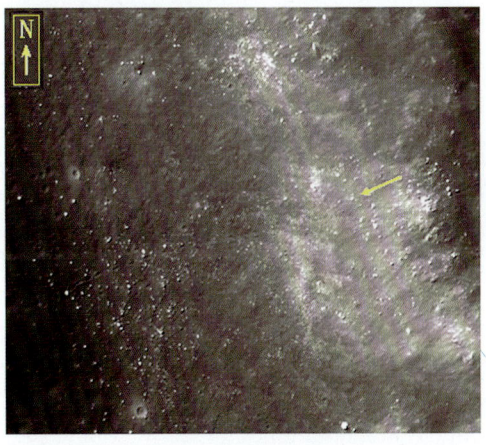

图 4.3.131　为图 4.3.129 方框局部放大之二 示云海线状断裂一侧的滑坡崩塌堆积略具下粗上细分布特征，箭头示滑坡崩塌堆积方向

417

月球卫片分析最新发现

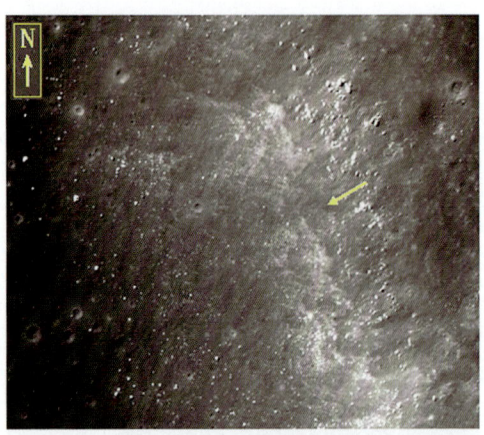

图 4.3.132　为图 4.3.129 方框局部放大之三

示云海线状断裂一侧的滑坡崩塌堆积略具下粗上细分布特征，箭头示滑坡崩塌堆积方向

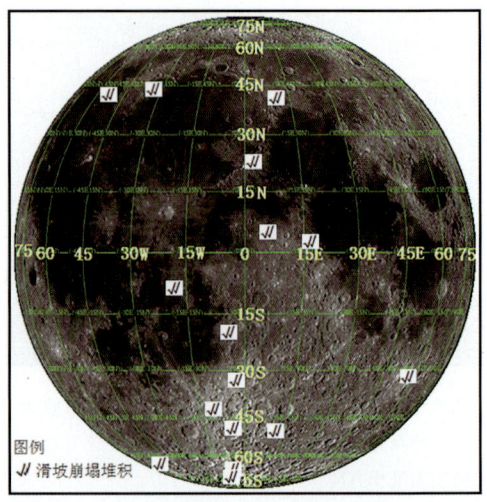

图 4.3.133　月球正面"滑坡崩塌堆积"分布图

（图片来源：ESA/NASA）

第五章 月球"热融作用形成的地貌"（遗迹）特征

所谓"热融地貌"，是指地下冰受热融作用形成的地形，又称热喀斯特地貌。热融作用是冻土中的冰融化后土体发生收缩、沉陷的过程。

第一节 月球热融"塌陷坑"地貌特征

一、月球热融"塌陷坑"概念、分布和类型划分

1. 月球热融"塌陷坑"地貌概念

所谓月球"热融塌陷坑"，是指月表下存在的局部水冰，因月昼的到来发生熔融，其上的覆盖层发生坍塌形成近圆形的洼地，即为"热融塌陷坑"，可简称"塌陷坑"。其形态与地球上的热融塌陷坑一样，但月球热融塌陷坑多已干涸，而地球上热融塌陷坑多有水分布（附录Ⅰ，图21、图22）。

2. 月球热融"塌陷坑"地貌分布

目前资料显示，热融塌陷坑主要分布于月坑的坑底平原区。其次是月表部分月陆区和山间盆地平原（或泥塘）分布区。

3. 月球热融"塌陷坑"地貌类型划分

月球"塌陷坑"地貌，按空间分布可暂划分为：月海热融"塌陷坑"、月坑热融"塌陷坑"和地堑式冰裂串珠状热融"塌陷坑"。按形态特征暂可划分为：圆柱状热融"塌陷坑"和漏斗状热融塌陷坑。

圆柱状热融塌陷坑是属于脆性塌陷的结果。剖面上呈近圆柱状，坑缘多呈锯齿状，坑壁陡峭，坑底宽而平坦。

漏斗状热融塌陷坑或称热融"塌陷漏斗"，是属于塑性塌陷的结果。坑缘多圆滑，坑壁剖面呈漏斗状，没有明显坑底。

二、月球热融"塌陷坑"地貌特征

（一）月球月海热融"塌陷坑"地貌特征

1. 风暴洋东南热融"塌陷坑"之一

热融塌陷坑分布于风暴洋之东一条月溪干涸的河床上，属月溪河床热融塌陷

（见图5.1.1），纬度为13.8300，经度为303.6500，呈圆形，直径约80 m（见图5.1.2）。组成塌陷坑的物质主要为浅色的岩屑和岩块（见图5.1.3）。以往有关资料认为它是地下"马略山坑熔岩管的天窗（Marius Hills Pit – Lava Tube Skylight?）"，但从组成塌陷坑物质为浅色岩屑和岩块来看，它不可能是熔岩管的天窗。

区域近南北向液化沙垄发育，有两条近东西向月溪分布（见图5.1.1、图5.1.6），月溪的源头均分布较大的热泉坑。北面月溪热泉坑近圆形，南面热泉坑是长纺锤状（见图5.1.6）。月溪均自西向东流动，并明显切割早已形成的宽大的液化沙垄（见图5.1.1、图5.1.6—图5.1.8），但局部可见月溪又为晚期细小的液化沙垄所充填（见图5.1.7、图5.1.8）。除上述地貌之外，该区域还见较多早期液化沙丘分布。沙丘形态各异，分布于早期溅射堆积物形成的丘陵之间（见图5.1.4、图5.1.5）。还见到月溪形成之初热泉坑与月溪尚未完全贯通的断续分布特征（见图5.1.8）。

综合区域地貌形成过程，基本上是由老到新，由正地貌到负地貌。规模由大到小的变化过程。

2. 风暴洋东南热融"塌陷坑"地貌特征之二

热融塌陷坑，分布于风暴洋之东南广阔的风暴洋沉积平原之上，纬度为14.1000，经度为303.2100（见图5.1.9、图5.1.10）。塌陷坑呈近圆形或椭圆形桶状，底部可见少量塌陷堆积。塌陷口缘似为层状沉积物（见图5.1.11）。以往资料认为它是月表下熔岩管因塌陷形成的"天窗"（见图5.1.12）。月夜照片显示，月坑坑缘内侧及坑内岩屑和岩块均为白色，可能表明它们是热红外成像中温度高的岩石和岩石碎屑或月夜时温度突然下降含水沉积层冻结成冰所致（见图5.1.13、图5.1.14）。暗色者可能是热温较低的月壤分布区。热融塌陷坑之西见一呈北东向分布的冰裂。沿冰裂两侧岩屑和岩块分布区色调最浅，说明岩屑和岩块在月夜时温度高。

3. 静海东热融"塌陷坑"地貌特征之一

热融塌陷坑之一分布于静海西纳斯（Sinas）月坑之东，纬度为8.5900，经度为33.2000，呈圆形，直径约72 m（见图5.1.15、图5.1.16）。从塌陷坑缘可见塌陷坑由水平状沉积层组成。塌陷坑底有大量塌陷堆积物，色调上显示其主要为浅色岩屑和岩块组成，即为浅色沉积岩崩塌产生的。同一区域附近分布的同一塌陷坑不同时段影像中同样表明，组成塌陷坑的岩石及其崩塌后产生的碎屑物质，同样为浅色水平沉积岩层（见图5.1.17、图5.1.18）。

4. 静海东热融塌陷坑地貌特征之二

热融塌陷坑之二，分布于静海之东，纬度为9.2400，经度为33.2200（见图5.1.19），呈圆形，直径约72 m（见图5.1.20）。以往研究者认为，似从上往下看夏威夷熔岩管中岩浆正在急速流动的"天窗"（见图5.1.21）。组成塌陷坑的岩石及其崩塌后产生的碎屑物质，同样为浅色水平沉积岩层（见图5.1.20）。另外，塌陷坑附近分布的月坑溅射堆积物的组成，也是以浅色的岩屑和岩块（见图5.1.22）。

5. 雨海西布雷利G（Brayley G）热融"塌陷坑"地貌特征

布雷利G（Brayley G）热融塌陷坑分布于雨海沉积平原之西，布雷利S（Brayley

S）月坑之南，约纬度为19.0，经度为33.0。以往把它确定为陨击作用形成的月坑，即"布雷利G（Brayley G）月坑"，呈鞋状（见图5.1.23—图5.1.25）。东南一侧稍窄稍深，西北侧较宽稍浅，未见任何陨击冲击产生的堆积分布。整个坑体由融溶塌陷而成（见图5.1.26）。组成坑体的物质主要为浅色的岩屑和岩块（见图5.1.27）。

（二）月球月坑热融"塌陷坑"地貌特征

1. 智海东南热融"塌陷坑"地貌特征

热融塌陷坑分布于月球背面艾肯盆地之西侧，智海之东南的一个平坦的月坑平原之上（见图5.1.28—图5.1.32）。从图像判断，平原是由于月坑形成时处于月夜，分布于月坑周边大量冰冻的溅射堆积物，在进入月昼时发生融溶形成坑底沉积平原（见图5.1.30）。热融塌陷坑在近垂直光照下图像呈圆形。同一热融塌陷坑，在不同光照和拍摄角度下，形态有很大不同（见图5.1.33—图5.1.37），但坑和坑底岩层、岩屑和岩块分布特征基本一致，均显示主要由浅色的岩屑和岩块所组成。

2. 金Y（King Y）月坑坑底热融"塌陷坑"地貌特征

金Y（King Y）月坑分布于月球背面的月陆高原之上，纬度为6.5°N，经度为119.9°E。热融塌陷坑分布于金Y（King Y）月坑坑底平原之上（见图5.1.38、图5.1.39），由左、右两个塌陷坑和中间一条"天生桥"所组成。左侧塌陷坑近圆形，深约12 m；右侧塌陷坑呈长圆形，深约6 m；"天生桥"桥面宽约7 m，桥底宽约9 m，桥长约20 m（见图5.1.40、图5.1.41）。两个塌陷坑分布整体区域原地貌应属于一个缓凸起的"冻胀丘"。后"冻胀丘"底部水冰蒸发干涸成空洞并发生坍塌。在"冻胀丘"之东北见较多线状冻胀裂隙分布（见图5.1.39），之南冻胀裂隙分布较少（见图5.1.40）。

3. 哥白尼月坑坑底热融"塌陷坑"地貌特征

哥白尼月坑坑底热融塌陷坑主要分布于坑底北部（见图5.1.42—图5.1.44）。约纬度为9.8850，经度为339.9860。以往有资料认为热融塌陷坑是"坑底部的岩石裂缝和坍塌经冲击熔化产生的"。目前发现主要有三个热融塌陷坑，现分别简述如下。

（1）坑底热融塌陷坑之一。呈圆形，直径约340 m，深度较大。坑底有大量大小不同，以浅色岩屑和岩块组成的坍塌堆积物分布（见图5.1.44—图5.1.46）。岩块和碎屑均呈棱角状，可能说明形成较晚。

（2）坑底热融塌陷坑之二。近圆形，直径较小，深度较浅。坑底堆积物少，也以浅色岩屑和岩块组成（见图5.1.44、图5.1.47、图5.1.48）。

（3）坑底热融塌陷坑之三。近圆形，直径较小，深度较浅。坑底堆积物少，主要为泥沙质覆盖，也以浅色岩屑和岩块组成为主（见图5.1.44、图5.1.49、图5.1.50）。

除上述分布的热融塌陷坑外，还可见发育良好的液化沙丘及冻胀裂隙地貌分布（见图5.1.51）和热融塌陷裂隙发育（见图5.1.51—图5.1.54）。

4. 第谷月坑坑底热融"塌陷坑"地貌特征

第谷月坑坑底热融塌陷地貌，主要分布有两种类型：其一是热融塌陷坑，其二是热融滑塌槽。

第谷月坑坑底热融塌陷坑分布不多，主要有三个，且发育较差（见图 5.1.55）。其中两个分布于坑底边堆积平坦面上，呈圆形，深度不大，但直径较长（见图 5.1.56—图 5.1.58）；另一个位于热融塌陷槽中，呈圆形，规模小（见图 5.1.59—图 5.1.62）。

（三）月球地堑式冰裂串珠状热融"塌陷坑"地貌特征

1. 希吉努斯（Hyginus）地堑式冰裂串珠状热融"塌陷坑"地貌特征

希吉努斯（Hyginus）地堑式冰裂，位于汽海南，走向呈北西-西北，纬度为 7.7020，经度为 6.3820。串珠状热融塌陷坑，即分布于北西向冰裂之中，分布密度大，约有 15 个。而西北向冰裂中分布少，不过数个（见图 5.1.63）。多数塌陷坑底平，但有的明显下凹呈漏斗状。北西与西北向相交的希吉努斯（Hyginus）热融塌陷坑的坑底，分布较多蒸发岩。希吉努斯（Hyginus）附近分布的热融塌陷坑，大小悬殊，形态各异，深度不大，坑底物质蒸发后残留物多呈白色（见图 5.1.64）。组成塌陷坑物质主要为浅色岩块和岩屑（见图 5.1.65、图 5.1.66）。

2. 风暴洋之东边缘串珠状热融"塌陷坑"地貌特征

串珠状热融塌陷坑，分布于风暴洋之东边缘区，纬度为 34.4700，经度为 316.6800，走向近南北向。塌陷坑与液化沙垄相间分布（见图 5.1.67），形态多呈椭圆形，长轴方向与断裂走向基本一致，近南北向（见图 5.1.68、图 5.1.69）。

三、月球热融"塌陷坑"地貌形成发展演化

月球热融塌陷坑地貌在月球正面主要分布于月海区周边（见图 5.1.70），少数分布于月坑坑底，是月表下业已存在的局部水冰层，可能因月昼时温度突然升高，受热的水冰发生局部融溶，并不断蒸发形成地下空洞，在无法承受上覆岩层重压的情况下发生塌陷而成。

四、月球热融"塌陷坑"地貌发现的意义

热融塌陷坑地貌，是月表下存在的水冰经融溶塌陷形成的，它的发现同样证明月球有水和水冰的存在，为研究月球水和水冰的形成和发展提供了重要材料。

以下附第五章第一节图：

第五章 月球"热融作用形成的地貌"（遗迹）特征

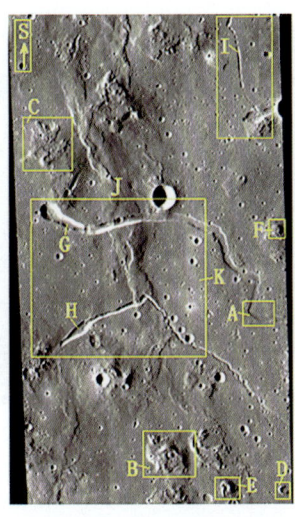

图 5.1.1 风暴洋东南热融塌陷坑之一、液化沙丘、液化沙垄和月溪等分布特征

图 5.1.2 为图 5.1.1 方框 A 局部放大
示热融塌陷坑（箭头所示）分布特征

图 5.1.3 为图 5.1.2 箭头所示局部放大
示热融塌陷坑分布特征

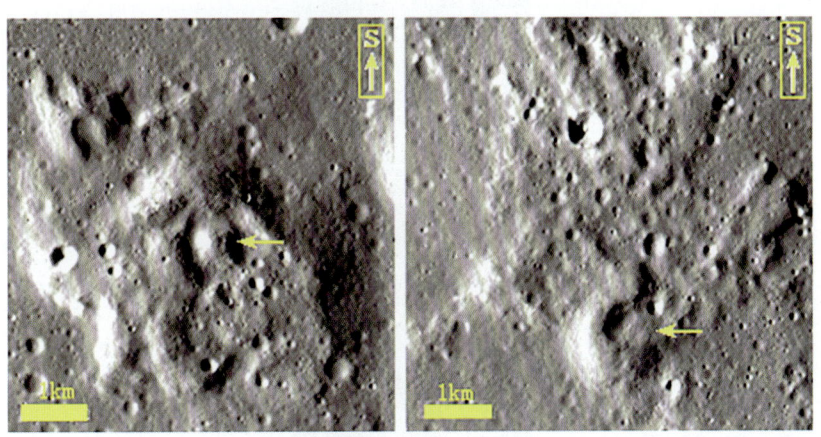

图 5.1.4 为图 5.1.1 方框 B（左）、C（右）局部放大
示液化沙丘（箭头所示）及早期溅射堆积物分布特征

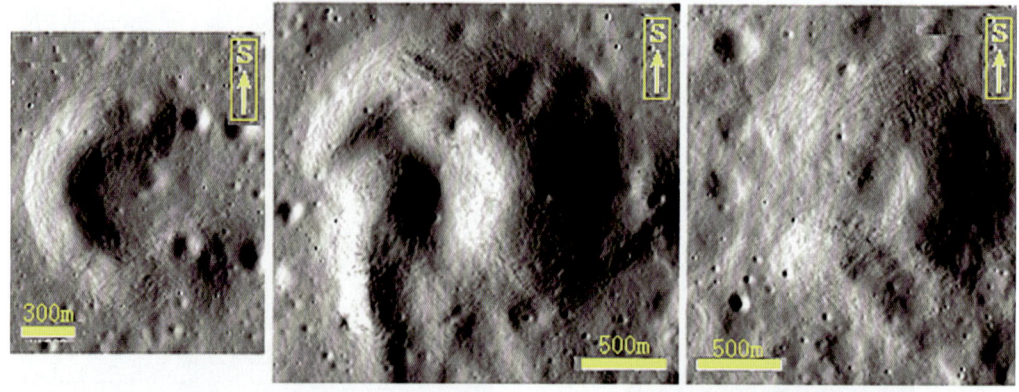

图 5.1.5　为图 5.1.1 方框 D（左）、E（中）、F（右）局部放大
示液化沙丘分布特征

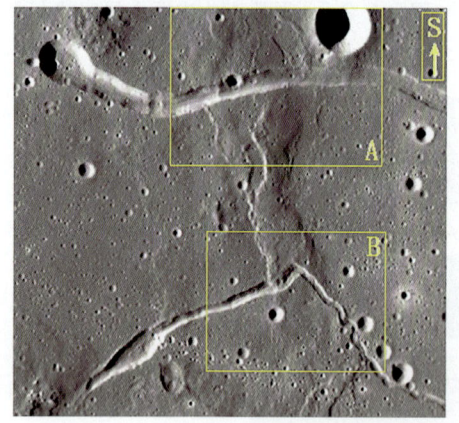

图 5.1.6　为图 5.1.1 方框 K 局部放大
示近东西向分布的月溪和近南北向分布的液化沙垄分布特征

图 5.1.7　为图 5.1.6 方框 A 局部放大
示月溪明显切割早期液化沙垄又为晚期液化沙垄所切割（箭头所示）分布特征

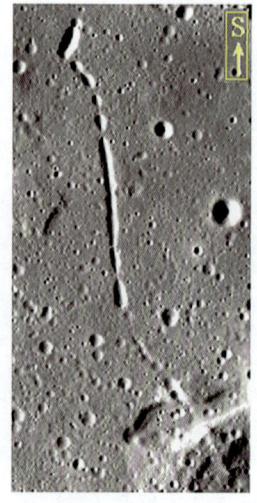

图 5.1.8　为图 5.1.1 方框 I 局部放大
示月溪形成初期分布特征

第五章 月球"热融作用形成的地貌"（遗迹）特征

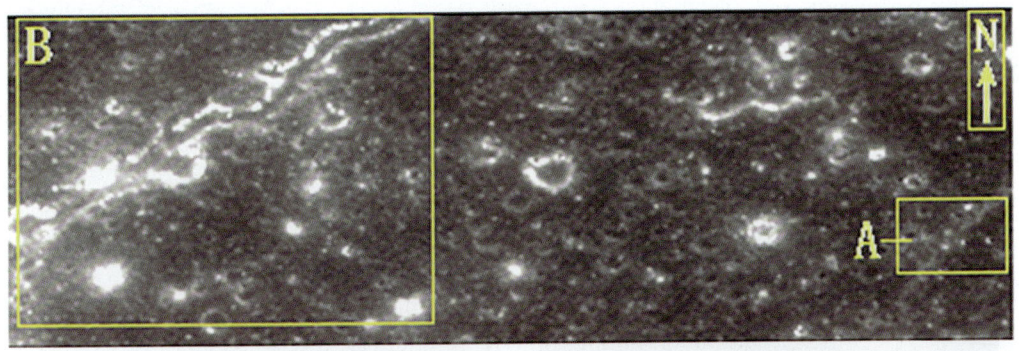

图5.1.9 风暴洋东南热融塌陷坑（A）之二及冰裂分布特征

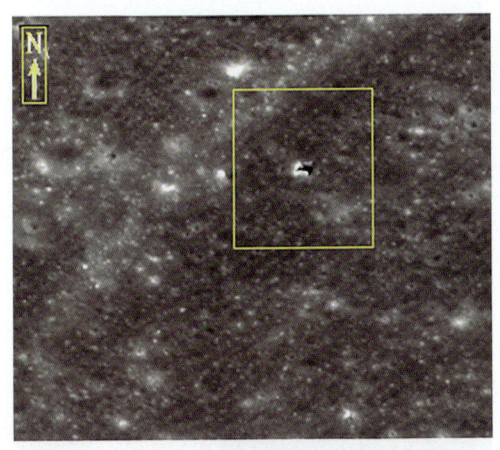

图5.1.10 为图5.1.9方框A局部放大
示热融塌陷坑分布于平坦的风暴洋沉积平原之上

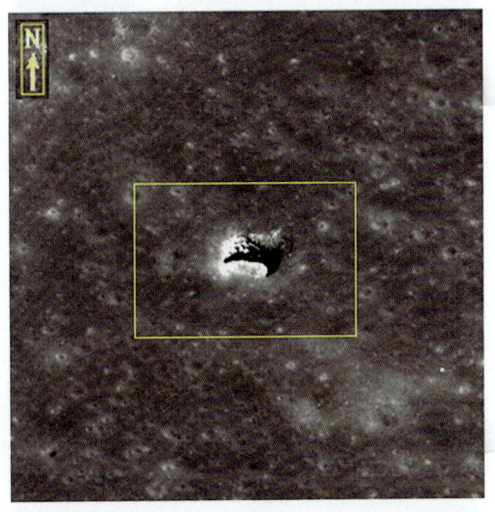

图5.1.11 为图5.1.10方框局部放大
示热融塌陷坑分布特征

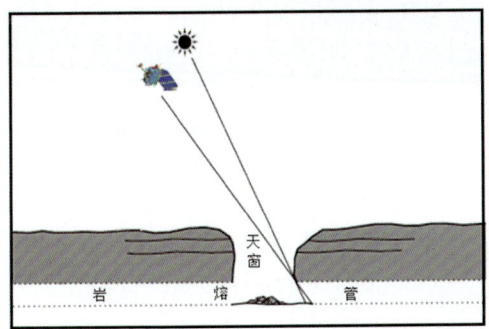

图5.1.12 为图5.1.11方框局部放大剖面示意图
示所谓由"岩熔管塌陷"形成"天窗"实际是"热融塌陷坑"剖面示意图解

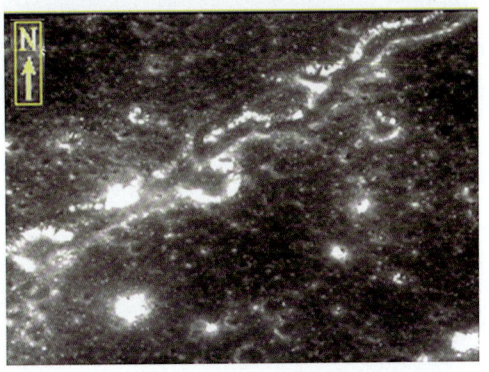

图5.1.13 为图5.1.9方框B局部放大
示热融塌陷坑西部风暴洋沉积平原之上北东向冰裂分布特征

425

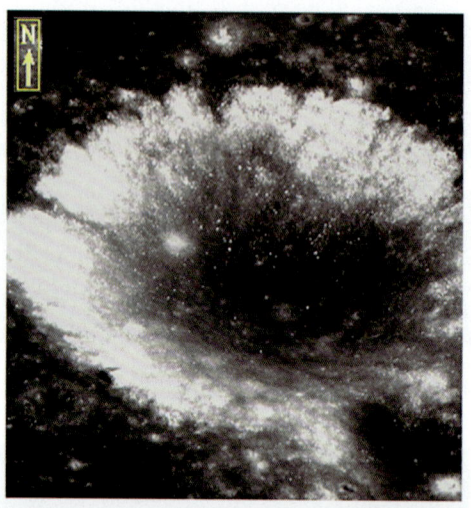

图 5.1.14 风暴洋沉积平原之上热融塌陷坑主要由浅色的岩屑和岩块组成特征

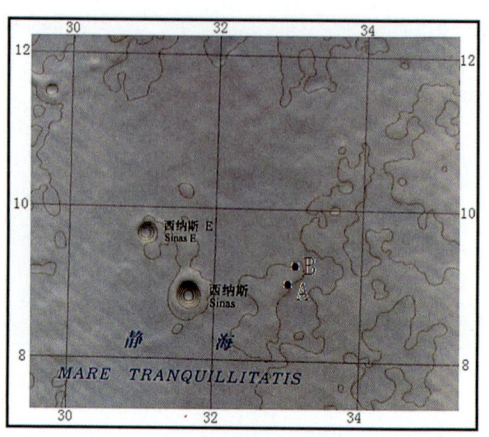

图 5.1.15 静海东热融塌陷坑之一（A）和之二（B）分布特征

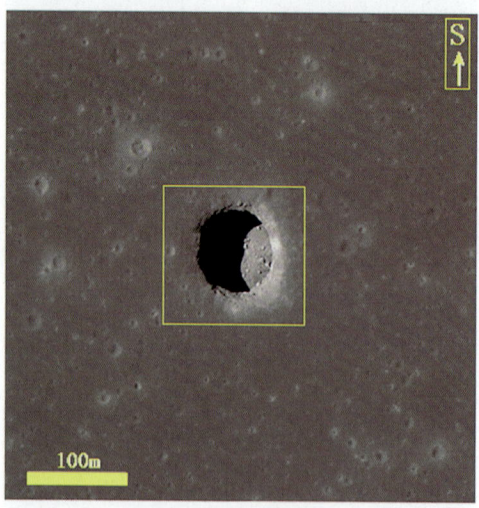

图 5.1.16 静海东热融塌陷坑之一在平坦的静海沉积平原之上分布特征

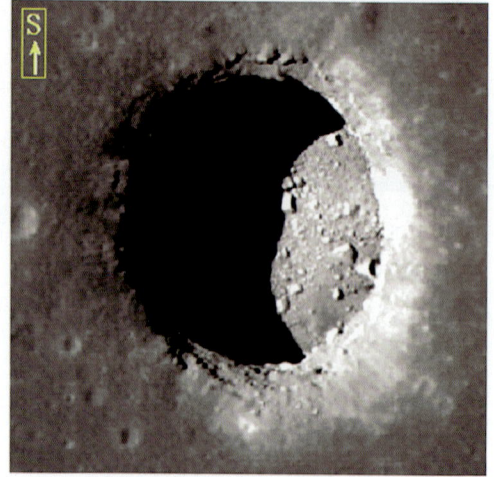

图 5.1.17 为图 5.1.16 方框局部放大示热融塌陷坑坑底以浅色塌陷岩屑和岩块组成为主

第五章 月球"热融作用形成的地貌"（遗迹）特征

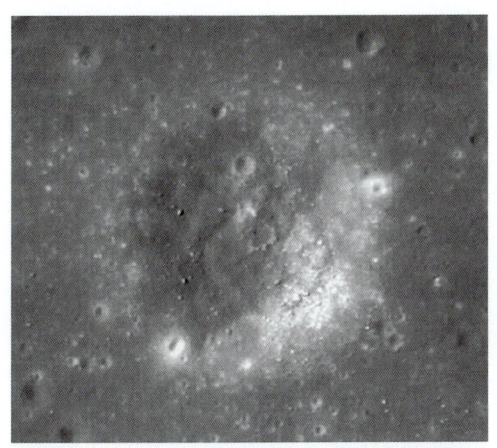

图5.1.18 静海东热融塌陷坑之一附近分布的月坑由浅色的岩屑和岩块组成为主的特征

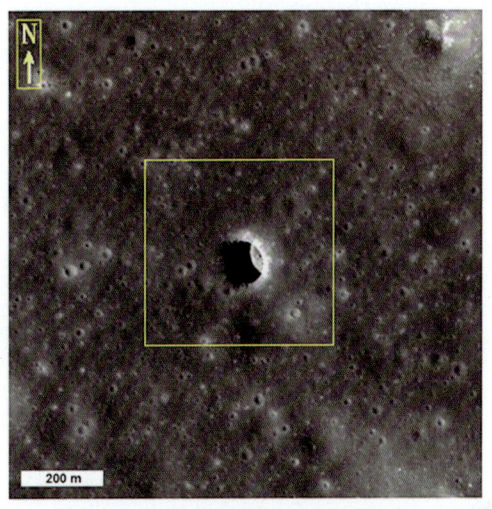

图5.1.19 静海东热融塌陷坑之二

在平坦的静海沉积平原之上分布特征

图5.1.20 为图5.1.19方框局部放大

示热融塌陷坑坑底以浅色塌陷岩屑和岩块组成为主的特征

图5.1.21 以往研究者认为静海东热融塌陷坑之二

似从上往下看夏威夷熔岩管中的岩浆正在急速流动的"天窗"

427

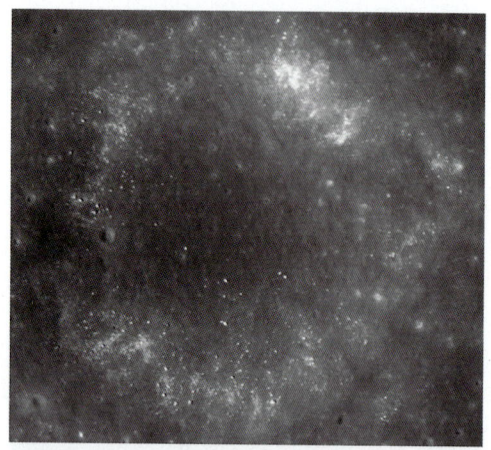

图 5.1.22 静海东热融塌陷坑之二附近分布的月坑由浅色的岩屑和岩块组成为主的特征

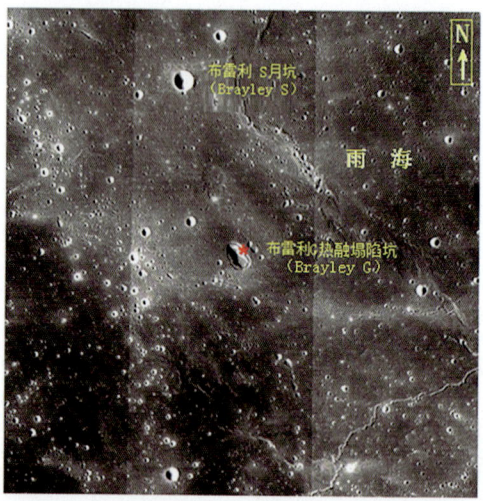

图 5.1.23 雨海西布雷利 G（Brayley G）热融塌陷坑分布特征

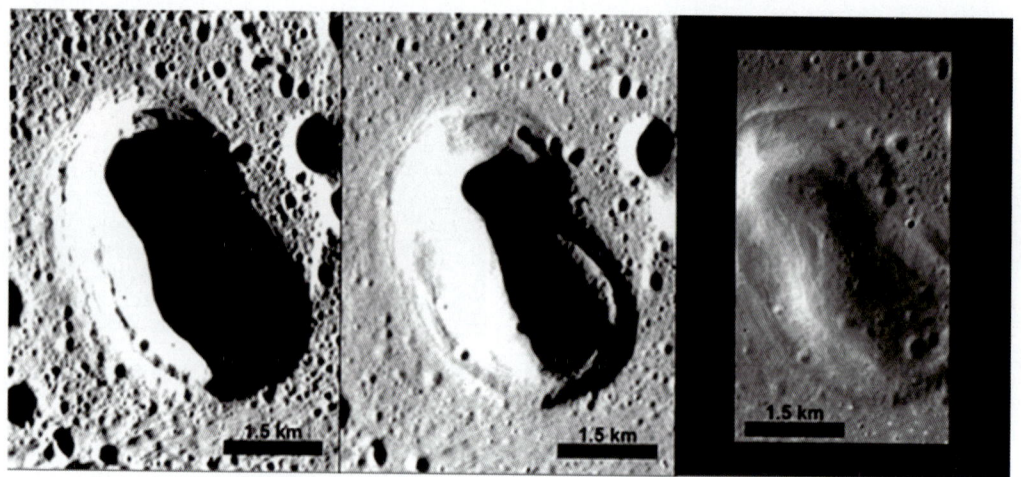

图 5.1.24 雨海西布雷利 G（Brayley G）鞋状热融塌陷坑不同时间和不同光照条件下照片特征

第五章 月球"热融作用形成的地貌"（遗迹）特征

图 5.1.25　为图 5.1.24 右侧图放大
示鞋状热融塌陷坑分布特征

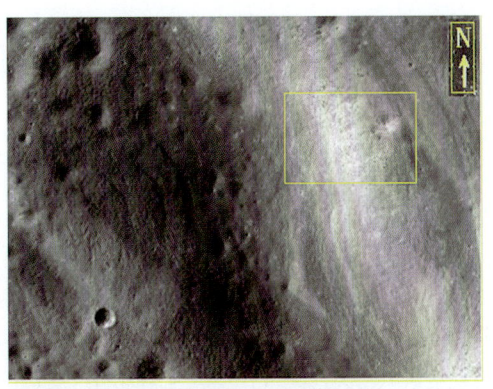

图 5.1.26　为图 5.1.25 方框局部放大
示鞋状热融塌陷坑分布特征

图 5.1.27　为图 5.1.26 方框局部放大
示热融塌陷坑主要由浅色岩屑和岩块组成

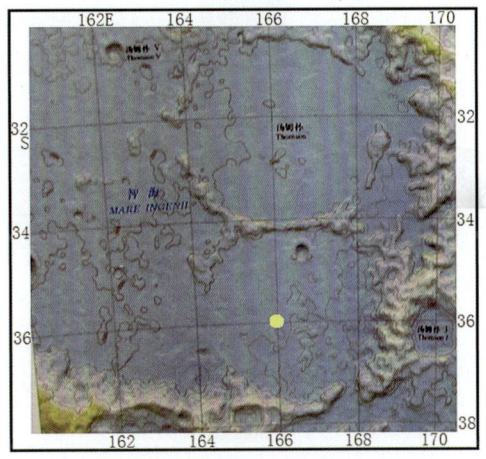

图 5.1.28　智海东南一个未名的"深水月坑"中部附近热融塌陷坑（圆点）分布特征

图 5.1.29　智海南东热融塌陷坑（圆点）在艾肯盆地西部分布特征

图 5.1.30　为图 5.1.29 方框局部放大
示热融塌陷坑在平坦的月坑平原上的分布特征，S 可能为水冰融溶产生的

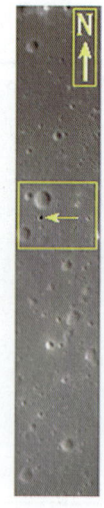

图 5.1.31　为图 5.1.30 方框局部放大
示热融塌陷坑在平坦的月坑平原上（箭头所示）的分布特征

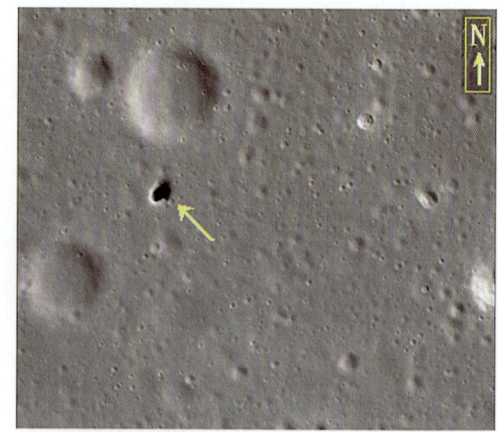

图 5.1.32　为图 5.1.31 方框局部放大
示热融塌陷坑在平坦的月坑平原上（箭头所示）的分布特征

第五章 月球"热融作用形成的地貌"（遗迹）特征

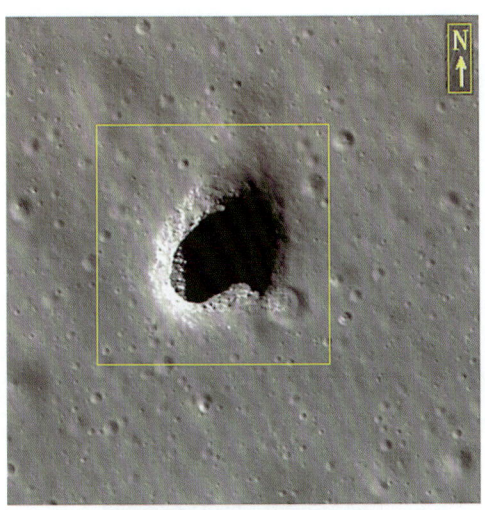

图5.1.33 为图5.1.32箭头所示局部放大
示热融塌陷坑在平坦的月坑平原上分布特征

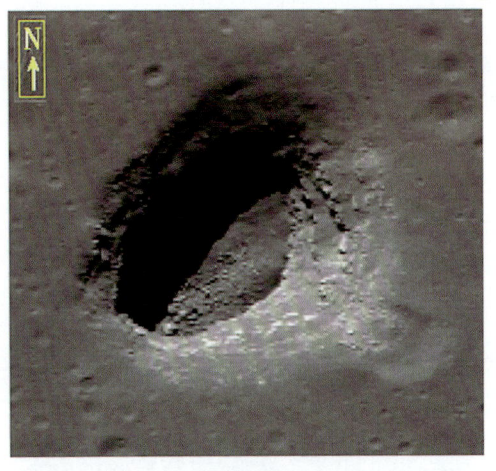

图5.1.34 为图5.1.33方框局部放大（同图5.1.37右）
示热融塌陷坑覆盖层由水平沉积岩层所组成的特征

图5.1.35 示同一热融塌陷坑在不同光照和拍摄角度下月坑形态有很大不同
但坑缘和坑底岩层、岩屑和岩块分布特征基本一致

图5.1.36 同图5.1.37左
示从右侧光照下的分布特征

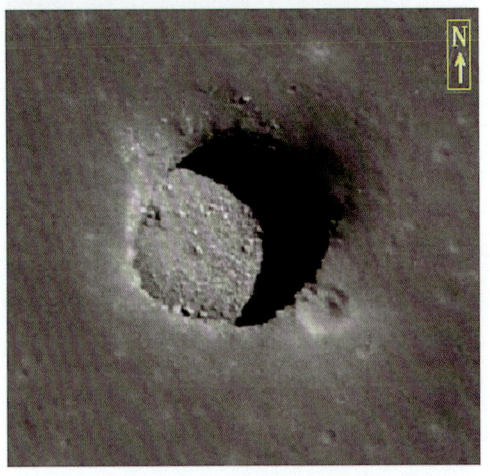

图5.1.37 同图5.1.37中
示近垂直光照下坑底由浅色岩屑和岩块组成的特征

431

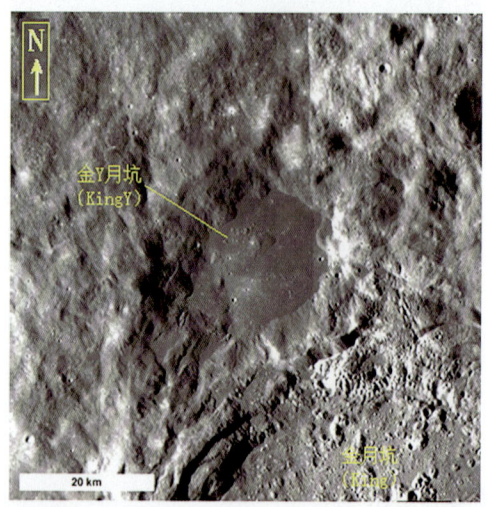

图5.1.38 静海平原之东金Y(King Y)月坑和金(King)月坑分布特征

图5.1.39 热融塌陷坑(方框)及线状冻胀裂隙在静海平原之东金Y(King Y)月坑坑底平原分布特征

图5.1.40 为图5.1.39方框局部放大
示以"天生桥"相连接的两个热融塌陷坑(中部和右上角)分布特征

图5.1.41 为图5.1.40方框局部放大
示以"天生桥"相连接的两个热融塌陷坑分布特征

第五章 月球"热融作用形成的地貌"（遗迹）特征

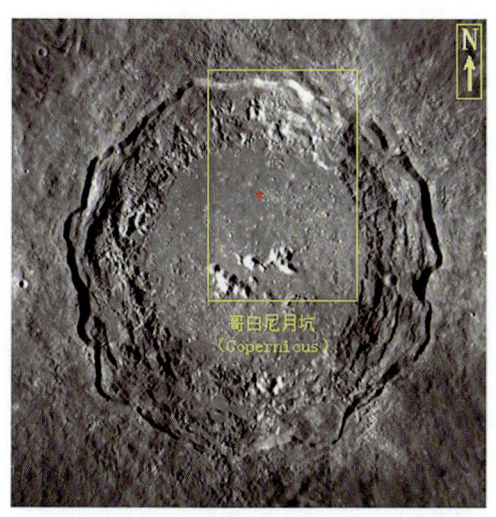

图 5.1.42 哥白尼月坑卫星影像分布特征

图 5.1.43 为图 5.1.42 方框局部放大
示哥白尼月坑北部坑底堆积平原分布特征

图 5.1.44 为图 5.1.43 方框局部放大
示热融塌陷坑分布于哥白尼月坑北部坑底堆积平原特征

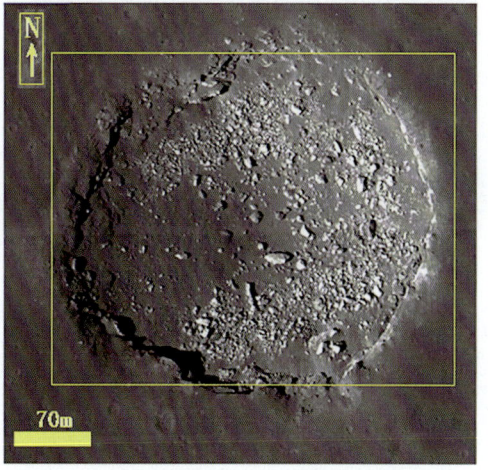

图 5.1.45 为图 5.1.44 方框 A 局部放大
示哥白尼月坑北部热融塌陷坑之一（直径约 340 m）地貌分布特征

433

图 5.1.46　为图 5.1.45 方框局部放大
示哥白尼月坑北部热融塌陷坑之一坑底由大小不同浅色岩屑和岩块组成的特征

图 5.1.47　为图 5.1.44 方框 B 局部放大
示哥白尼月坑北部热融塌陷坑之二地貌分布特征

图 5.1.48　为图 5.1.47 方框局部放大
示哥白尼月坑北部坑底热融塌陷坑之二由大小不同浅色岩屑和岩块组成的特征

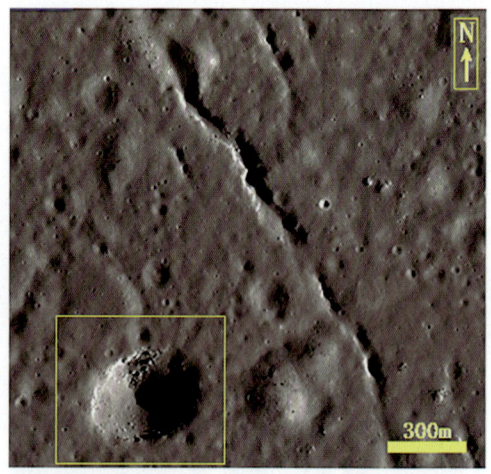

图 5.1.49　为图 5.1.44 方框 C 局部放大
示哥白尼月坑北部坑底热融塌陷坑之三及冻胀裂隙地貌分布特征

第五章 月球"热融作用形成的地貌"（遗迹）特征

图 5.1.50　为图 5.1.49 方框局部放大
示哥白尼月坑北部坑底热融塌陷坑之三由大小不同浅色岩屑和岩块组成的特征

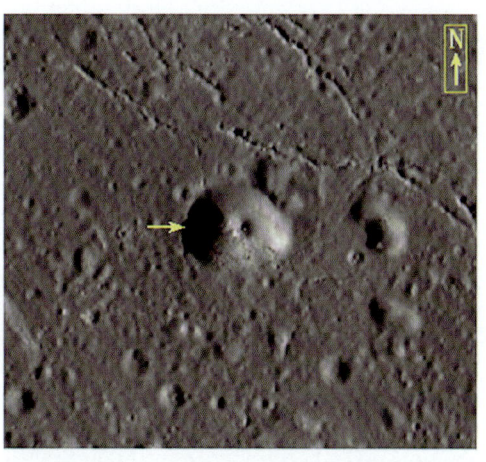

图 5.1.51　为图 5.1.44 方框 D 局部放大
示哥白尼月坑北部坑底液化沙丘（箭头所示）及冻胀裂隙地貌分布特征

图 5.1.52　哥白尼月坑北部坑底热融塌陷裂隙之一地貌分布特征

图 5.1.53　为图 5.1.52 方框局部放大
示哥白尼月坑北部坑底热融塌裂隙地貌分布特征

435

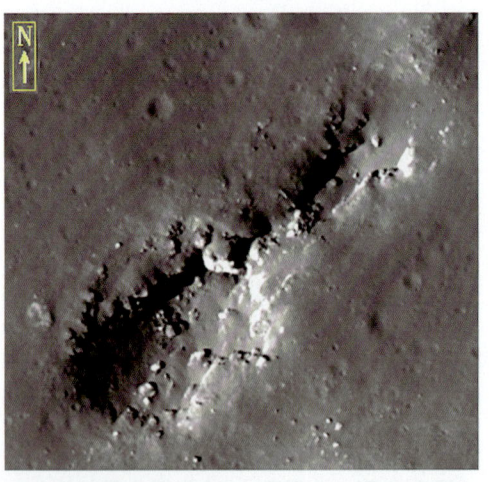

图 5.1.54 哥白尼月坑北部坑底热融塌陷裂隙之二地貌分布特征

图 5.1.55 第谷月坑分布特征

图 5.1.56 为图 5.1.55A 局部放大
示第谷月坑南部坑底热融塌坑地貌分布特征

图 5.1.57 为图 5.1.56 方框局部放大
示第谷月坑南部坑底热融塌陷坑地貌分布特征

第五章 月球"热融作用形成的地貌"（遗迹）特征

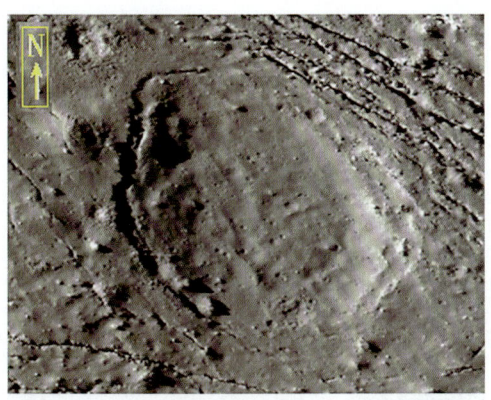

图5.1.58 第谷月坑南部坑底热融塌陷坑地貌分布特征

图5.1.59 第谷月坑西部坑底冻胀丘、冻胀裂隙、泥塘和热融塌陷槽（方框）地貌分布特征

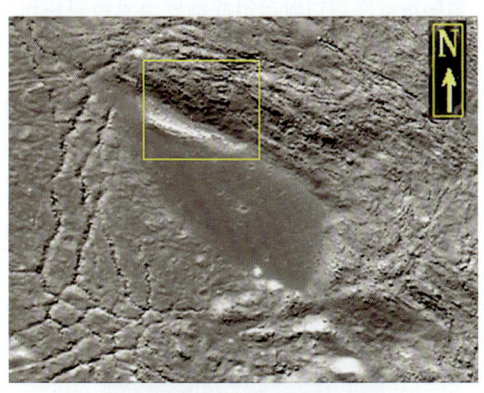

图5.1.60 为图5.1.59方框局部放大
示第谷月坑西部坑底热融塌陷槽地貌分布特征

图5.1.61 为图5.1.60方框局部放大
示第谷月坑西部坑底分布的热融塌陷槽地貌特征

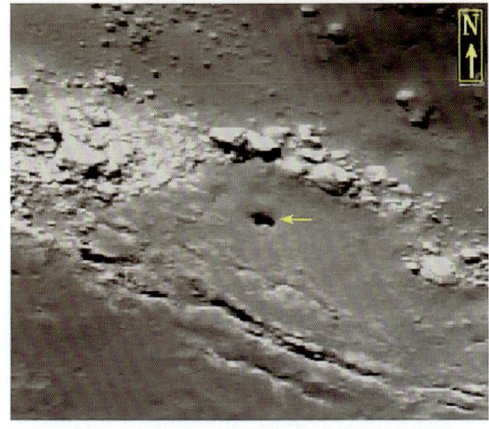

图5.1.62 为图5.1.61方框局部放大
示第谷月坑西部坑底热融塌陷槽中形成的热融塌陷坑（箭头所示）地貌分布特征

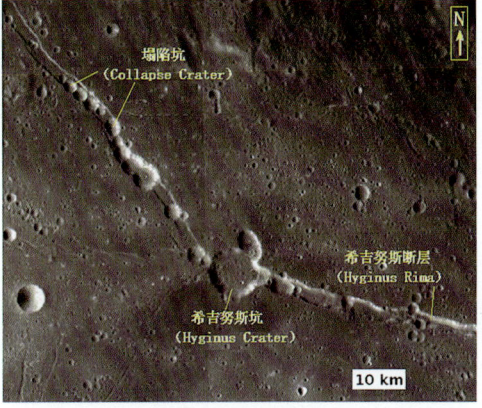

图5.1.63 希吉努斯（Hyginus）地堑式冰裂串珠状热融塌陷坑分布特征

437

图 5.1.64 希吉努斯（Hyginus））附近热融塌陷坑大小悬殊，形态各异，深度不大，蒸发后残留物多呈白色为特征

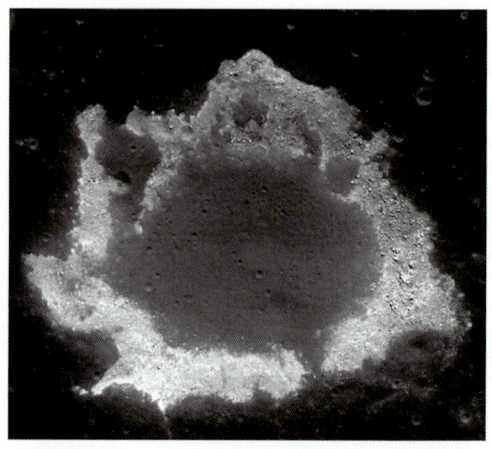

图 5.1.65 希吉努斯（Hyginus）附近热融塌陷坑坑底周边显示组成物质为浅色岩块和岩屑

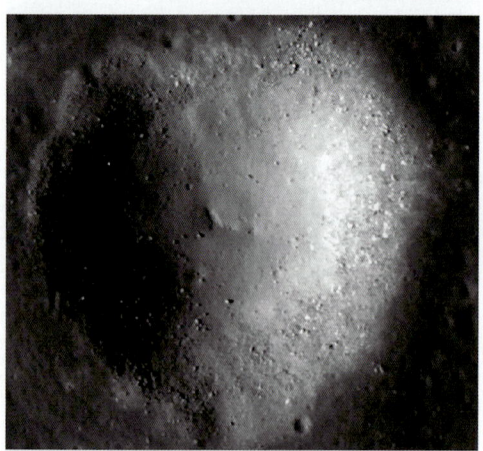

图 5.1.66 希吉努斯（Hyginus）附近热融塌陷坑坑底周边显示组成物质为浅色岩块和岩屑

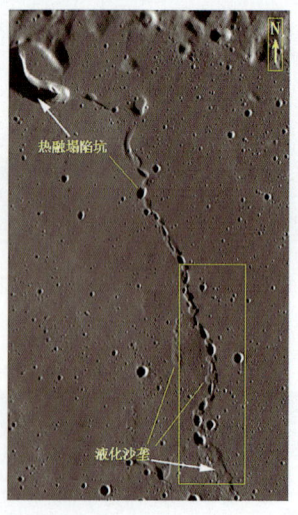

图 5.1.67 风暴洋之东串珠状热融塌陷坑和液化沙垄相间分布特征

第五章 月球"热融作用形成的地貌"(遗迹)特征

图 5.1.69 为图 5.1.68 方框局部放大示风暴洋之东串珠状热融塌陷坑物质组成主要为浅色岩屑和岩块

图 5.1.68 为图 5.1.67 方框局部放大示风暴洋之东串珠状热融塌陷坑和液化沙垄相间分布特征

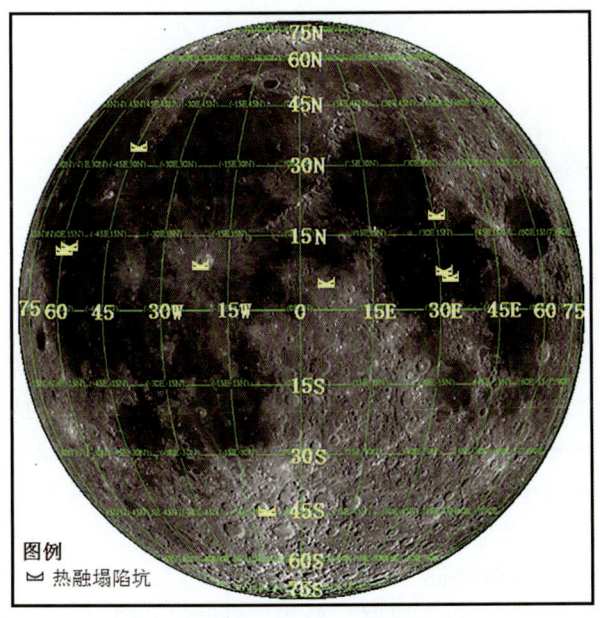

图 5.1.70 月球正面热融"塌陷坑"分布图

(图片来源:ESA/NASA)

439

第二节 月球热融"塌陷槽"地貌特征

一、月球热融"塌陷槽"地貌概念、分布和类型划分

1. 月球热融"塌陷槽"地貌概念

"热融塌陷槽"是指月表及其下面存在的局部水冰,因月昼的到来发生融溶,在自身重力作用下,顺坡面向月坑中心方向流动,致使源头留下槽状负地貌特征,即为"热融塌陷槽地貌",简称为"塌陷槽"。

2. 月球热融"塌陷槽"地貌分布

"塌陷槽"分布于月坑坑壁下部较多。月坑外磨蚀面(指撞击时溅射物对月坑周边的月面进行磨蚀形成的光滑面)之下水冰的熔融形成的塌陷槽,称为"磨蚀面热融塌陷槽",简称为"磨面塌陷槽"。

3. 月球热融"塌陷槽"地貌类型划分

按空间分布,其划分为月坑热融塌陷槽和月海热融塌陷槽地貌。

二、月球热融"塌陷槽"地貌特征

(一)月坑热融"塌陷槽"地貌特征

1. 第谷月坑坑底热融"塌陷槽"地貌特征

第谷月坑位于月球正面的南半球,近圆形,直径 80 km(见图 5.2.1),纬度为 -43.3200,经度为 -349.1600,是目前发现坑底热融塌陷槽分布最多的月坑。坑底热融塌陷槽,主要分布于月坑之东、南坑壁下部,与坑底过渡地带。塌陷槽一般上源深度大,向下游逐渐变浅,并开始出现正地貌的泥冰川(详见第三章第二节"月球泥冰川地貌和沉积特征")。塌陷槽后壁及两侧为陡峻的崖壁或斜坡(见图 5.2.2—图 5.2.6、图 5.2.8、图 5.2.9),底较平坦和光滑(见图 5.2.4、图 5.2.8),或具少量稀疏的横向裂隙(见图 5.2.7)和皱纹(见图 5.2.3—图 5.2.10)。

2. 第谷月坑坑缘外热融"塌陷槽"地貌特征

所谓第谷月坑坑缘外热融塌陷槽,形似"钉头鼠尾"形状。目前仅见到二处。

其一,位于第谷月坑坑缘东侧,纬度为 -42.9463,经度为 -9.1978。头部朝北,形成明显塌陷坑(见图 5.2.11、图 5.2.12),向南紧接着底呈"V"形(见图 5.2.13、图 5.2.14),平面上自北向南塌陷坑向外逐渐变细的"契"形地貌(见图 5.2.12),延伸较长。

其二,塌陷槽头朝南,头部近圆形漏斗状(见图 5.2.15),向北"V"形槽逐渐变小。并且槽西侧月面明显向东蠕动形成与槽方向平行裂隙。且裂隙宽度向北逐渐变

小直至消失（见图5.2.16—图5.2.18）。

另外，在泥流周边还可见到泥流溢出形成的"卷边堆积地貌"和热融塌陷坑（见图5.2.19—图5.2.21）。

（二）月海热融"塌陷槽"地貌特征

月海热融塌陷地貌，目前仅见塌陷槽，分布于雨海西南虹湾与赫拉克利特海角（Promontorium Heraclides）之间（见图5.2.22），纬度为41.1700，经度为326.5300。塌陷槽呈北东走向，宽带状（见图5.2.23）。北岸出露的岩石较粗，组成的物质以浅色岩石为主（见图5.2.23—图5.2.25）。南岸可见呈水平的沉积层分布，组成的物质同样以浅色岩石为主（见图5.2.25）。

三、月球热融塌陷地貌形成过程

热融塌陷地貌空间上可分布于月坑、月面和月海区，在时间上主要见于哥白尼纪，尤其晚期最多。虽然塌陷地貌在形态上各种各样，有"热融塌陷坑""热融塌陷槽"和"热融漏斗"等，但它们都是由于月表下存在的水冰或含水冰的沉积物受热融溶，使存在的空间突然缩小，在无法承受上覆岩层压力的情况下发生塌陷，而形成的塌陷负地貌。依据目前所见到的热融塌陷地貌特征，很明显，热融塌陷坑的形成，应属于脆性变形的条件下产生，而"热融塌陷槽"和"热融漏斗"的产生，应属于塑性条件下形成。

四、月球热融塌陷地貌发现的意义

由于热融塌陷地貌，都是在有水或水冰参与下形成的，因此它的发现，同样证明月球发展过程中有水和水冰的存在，为研究月球发展历史提供了重要材料。

以下附第五章第二节图：

图5.2.1　第谷月坑卫星影像图

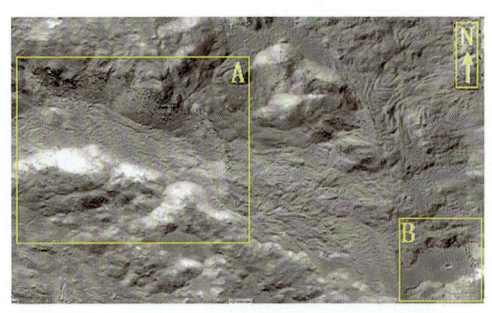

图5.2.2　第谷月坑东部坑底分布的热融塌陷槽

图 5.2.3　为图 5.2.2 方框 A 局部放大

第谷月坑东部坑底分布的热融塌陷槽地貌，箭头示泥冰川流动方向

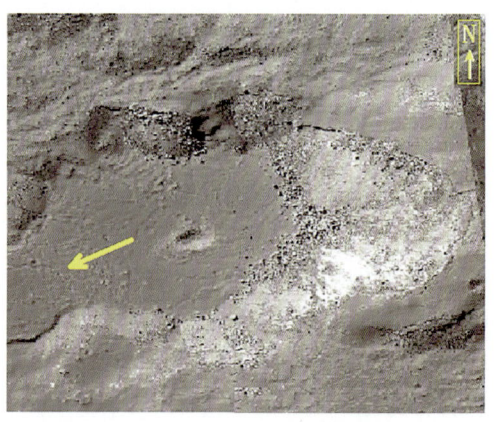

图 5.2.4　为图 5.2.2 方框 B 局部放大

第谷月坑东部坑底分布的热融塌陷槽地貌，箭头示泥冰川流动方向

图 5.2.5　第谷月坑南部坑底分布的热融塌陷槽地貌

箭头示泥冰川流动方向

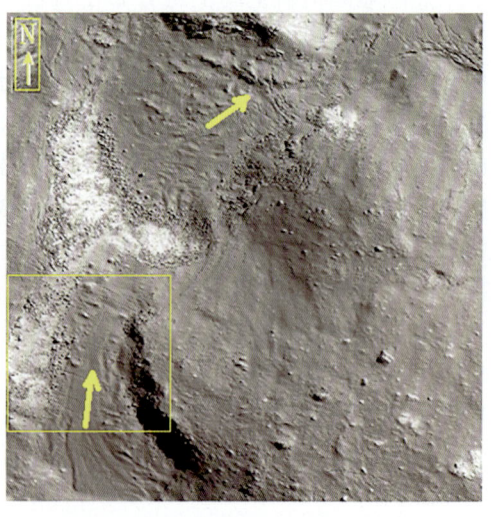

图 5.2.6　第谷月坑南部坑底分布的热融塌陷槽地貌

箭头示泥冰川流动方向

第五章 月球"热融作用形成的地貌"（遗迹）特征

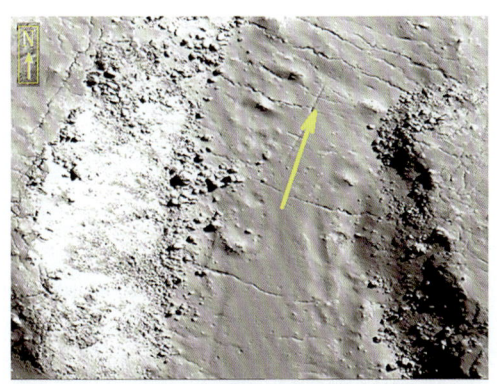

图 5.2.7 为图 5.2.6 方框局部放大
示第谷月坑南部坑底分布的热融塌陷槽地貌，箭头示泥冰川流动方向

图 5.2.8 第谷月坑南部坑底分布的热融塌陷槽地貌
箭头示泥冰川流动方向

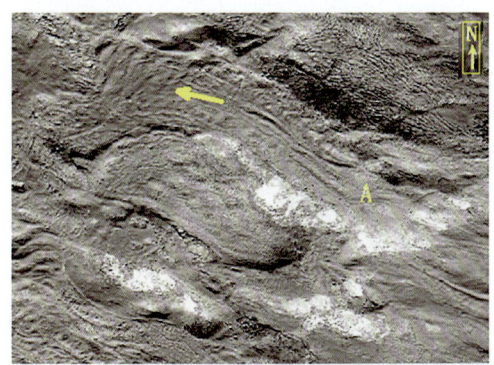

图 5.2.9 第谷月坑南部坑底分布的热融泥流
其上源形成热融塌陷槽（A），其下形成泥流堆积，箭头示泥冰川流动方向

图 5.2.10 第谷月坑南部坑底分布的热融泥流
其上源形成热融塌陷槽，箭头示泥冰川流动方向

图 5.2.11 第谷月坑坑缘外热融塌陷槽地貌

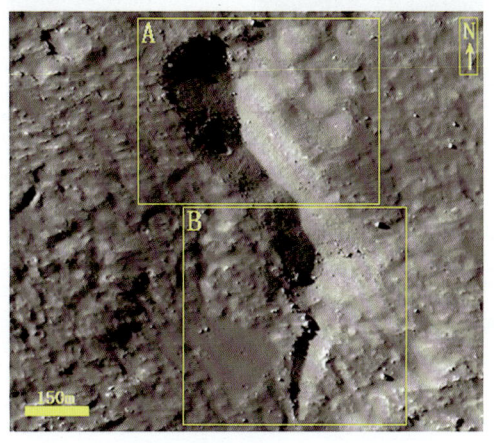

图 5.2.12 为图 5.2.11 方框局部放大
示第谷月坑缘外钉头鼠尾状、头朝北热融塌陷槽地貌分布特征

443

图 5.2.13　为图 5.2.12 方框 A 局部放大
示第谷月坑西部坑缘外钉头鼠尾状热融塌陷槽前半部底部呈"V"形分布特征

图 5.2.14　为图 5.2.12 方框 B 局部放大
示第谷月坑西部坑缘外钉头鼠尾状热融塌陷槽后半部底部呈鼠尾状分布特征

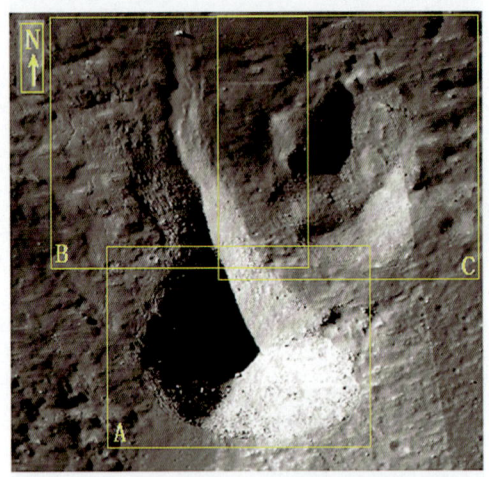

图 5.2.15　示第谷月坑坑缘外钉头鼠尾状、头朝南热融塌陷槽地貌分布特征

图 5.2.16　为图 5.2.15 方框 A 局部放大
示第谷月坑西部坑缘外钉头鼠尾状热融塌陷槽"钉头"呈漏斗状分布

第五章 月球"热融作用形成的地貌"(遗迹)特征

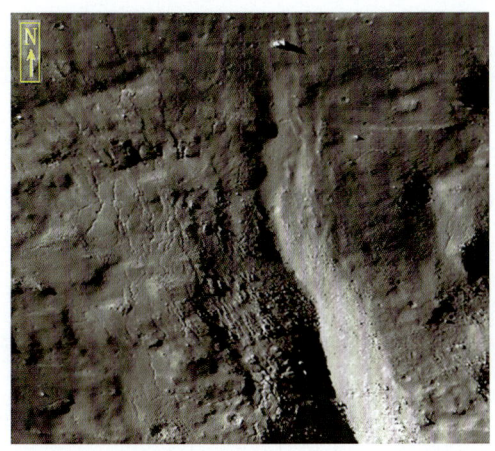

图 5.2.17 为图 5.2.15 方框 B 局部放大
示第谷月坑西部坑缘外热融塌陷槽"鼠尾"部分分布特征

图 5.2.18 为图 5.2.15 方框 C 局部放大
示第谷月坑西部坑缘外热融塌陷槽地貌分布特征

图 5.2.19 第谷月坑西部坑缘外热融冻"卷边"地貌分布特征

图 5.2.20 为图 5.2.19 方框局部放大
示第谷月坑西部坑缘外热融冻"卷边"地貌分布特征

图 5.2.21 第谷月坑西部坑缘外热融塌陷槽和融冻"卷边"地貌分布特征

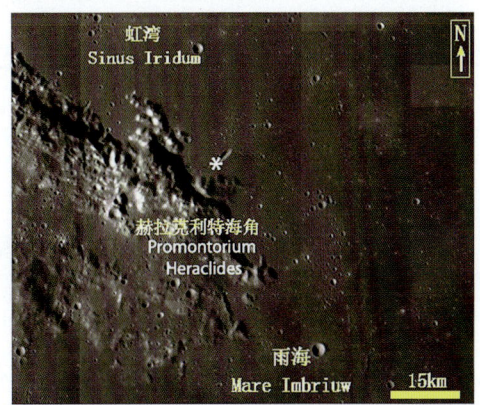

图 5.2.22 赫拉克利特海角(Promontorium Heraclides)分布的热融塌陷槽(星号处)

445

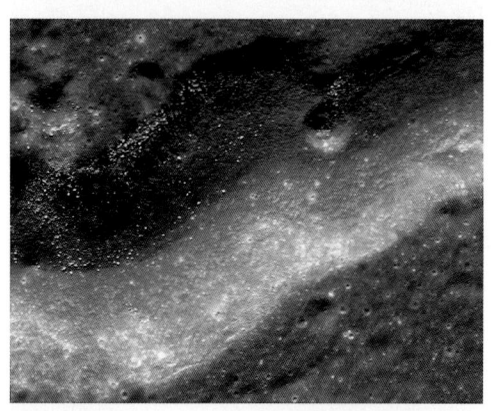

图 5.2.23 赫拉克利特海角（Promontorium Heraclides）分布的热融塌陷槽分布特征

图 5.2.24 赫拉克利特海角分布的热融塌陷槽由浅色岩屑和岩块组成

图 5.2.25 赫拉克利特海角分布的热融塌陷槽东南侧陡岸出露沉积水平岩层分布特征

（图片来源：ESA/NASA）

第三节 月球热融"塌陷漏斗"地貌特征

一、月球热融"塌陷漏斗"地貌概念、分布和类型划分

1. 月球热融"塌陷漏斗"地貌概念

"热融漏斗坑"是指月表及其下面存在的局部水冰，因月昼的到来发生融溶，形成开口宽向下逐渐收缩，形似漏斗状的凹陷，可简称为"漏斗坑"。

2. 月球热融"塌陷漏斗"地貌分布

热融"塌陷漏斗"地貌，在月面上分布不多，且规模都比较小，主要见于月坑坑底和月海中少数液化沙丘的顶部等。

3. 月球热融"塌陷漏斗"地貌类型划分

按形态特征暂可划分为：碟状"塌陷漏斗"、盘状"塌陷漏斗"和碗形"塌陷漏斗"。

二、月球热融"塌陷漏斗"地貌特征

1. 第谷月坑坑底热融"塌陷漏斗"地貌特征

热融"塌陷漏斗"位于第谷月坑东南坑壁下部，为大量热融泥冰川分布区（见图5.3.1—图5.3.4），纬度为 -43.8925，经度为 -10.0745。有的则位于月坑缘外月面上（见图5.3.5、图5.3.6）。"塌陷漏斗"均呈近圆形，形态似上宽下窄的"漏斗"状，有的塌陷深度浅，似碟状（见图5.3.5、图5.3.6）。"塌陷漏斗"主要由浅色的岩屑和岩块组成（见图5.3.2、图5.3.5、图5.3.6）。

2. 科罗廖夫X（Korolev X）月坑坑底热融"塌陷漏斗"地貌特征

科罗廖夫X（Korolev X）月坑，分布于巨大的科罗廖夫（Korolev）月坑之北的一个小月坑。热融塌陷坑即分布于该小月坑平坦的沉积平原上，纬度为0.7°N，经度为159.5°W（见图5.3.7），呈圆形，口径约100 m。组成物质以浅色岩屑和岩块为主，但分布不多（见图5.3.8）。

3. 阿基米德月坑中坑底热融"塌陷漏斗"地貌特征

阿基米德月坑位于月球正面的北半球，雨海之东，纬度为29.7603，经度为 -4.8294，圆形，直径约80.0 km。坑底为平坦的月坑沉积平原，平原面上可见发育很好的热融"塌陷漏斗"（见图5.3.9）。组成热融"塌陷漏斗"的物质成分，全为大小均匀、多具棱角状的浅色岩屑和岩块。

三、月球热融"塌陷漏斗"地貌形成过程

热融"塌陷漏斗"是月面下存在的水冰因受热发生局部融溶，使其上覆盖层发生塑性变形而下凹成漏斗状负地貌的结果。

四、月球热融"塌陷漏斗"地貌发现意义

热融"塌陷漏斗"是月面下有水冰存在的情况下产生的，因此它的发现，同样证明月球曾有水存在，对研究月球演化史提供了重要材料。

以下附第五章第三节图：

图 5.3.1 第谷月坑南部坑底热融"塌陷漏斗"(方框)和热融"泥冰川"分布特征

图 5.3.2 为图 5.3.1 方框局部放大
示热融"塌陷漏斗"全由大小均匀、多具棱角状的浅色岩屑和岩块组成

图 5.3.3 第谷月坑热融"塌陷漏斗"分布特征

图 5.3.4 为图 5.3.3 方框局部放大
示热融"塌陷漏斗"坑分布特征

图 5.3.5 第谷月坑西部坑缘外热融"塌陷漏斗"及冻胀岩屑分布特征

图 5.3.6 为图 5.3.5 方框局部放大
示第谷月坑西部坑缘外热融"塌陷漏斗"及冻胀岩屑(箭头所示)分布特征

第五章 月球"热融作用形成的地貌"(遗迹) 特征

图5.3.7 科罗廖夫X (Korolev X) 热融"塌陷漏斗"分布特征

图5.3.8 为图5.3.7方框局部放大示科罗廖夫X热融"塌陷漏斗"分布特征

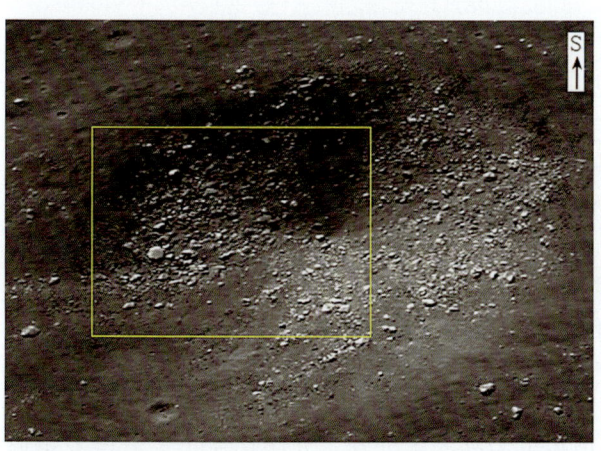

图5.3.9 阿基米德月坑中的热融"塌陷漏斗"全由浅色岩屑和岩块组成

(图片来源:ESA/NASA)

449

第六章 月球"冻融作用形成的地貌"（遗迹）特征

所谓"冻融地貌"，是指土层由于温度降到零度以下和升至零度以上而产生冻结和融化的一种地质作用和现象。由于温度周期性地发生正负变化，冻土层中的地下冰和地下水不断发生相变和位移，使冻土层发生冻胀、融沉、流变等一系列应力变形，所产生的地貌称为"冻融地貌"。"冻融地貌"形成过程中的"融沉"作用，使冻融作用面上大的岩块和岩屑向下沉淀，产生"垂直"分选，致使面上大的岩块和岩屑几乎全部"消失"，形成"无岩块和岩屑分布区"显著特征。

第一节 月球"冻融地貌"概念、分布及类型划分

一、"冻融地貌"概念

冰缘地貌是一种在气候严寒地区常见的地表形态，是以地下水长期冻结和冻融作用为主形成的冰缘沉积、冰缘构造和冰缘地形，统称冰缘地貌。"冰缘"一词由波兰W.洛津斯基于1909年提出。

冻融地貌在地球上属于冰缘地貌之一。冰缘地貌又称冻土地貌。产生冻融地貌的作用力，主要是冰缘作用，即冻胀作用、热融作用和冻融蠕流作用。在冻融作用和冻胀力推挤的影响下，地表堆积物发生运移、分选而形成的一定几何形态的构造和微地形现象，如基岩地区常形成坡积碎屑层、石条楔、石流阶地、石流扇、石条、石流坡、分选阶坎等，在平坦松散的堆积物表面常产生石环、石质构造土、石质多边形土、石玫瑰和泥质多边形土等。冻融地貌是冰缘气候条件下形成的重要地表标志之一。

依据月球冻融作用形成的地貌特征，暂可划分为：漏斗状冻融泥流、梳状冻融泥流、"冻融岩屑坡"、"冻融石流扇"、"冻融石流坡"等地貌类型。

冻融作用在陡坡具有较强向下侵蚀的冲击力，在前方形成冲击堆积，两侧产生堤状堆积特征。

二、"冻融地貌"分布

目前所知，冻融地貌分布有限。从大的区域而言，冻融地貌主要分布于月球的中低纬度区，分布面积有限，高纬度区分布不多，主要见于月坑坑壁、局部月表。"冻融多边形土"多见于平坦的月坑底上。

三、"冻融地貌"类型的初步划分

依据地球上冻融地貌产生的条件和形成的各种地貌类型，月球上的冻融地貌，在卫星影像上的形态，有很多与地球上的基本相同或相似，有的则具有独立的特性。如月球上的冻融泥流有的在俯视形态上源宽阔，向低处流动逐渐呈黑色"石油"泥流漏斗状特征。黑色可流动物质可能是月球形成之初大量低等生物死亡后产生的"石油"，与泥沙物质混合，故称"石油"泥石流。在陡崖边上则呈梳状深色条带状。

参照地球上的冻融地貌的形成和特征，月球上的冻融地貌按形态特征和组成的物质不同，暂可划分为两大类。

其一，由月表堆积物经冻融作用形成漏斗状冻融黑色"石油"泥流（可简称"漏斗"冻融泥流）、黑色"石油"、梳状冻融泥流、"冻融多边形土"等地貌。在月坑坑壁上则形成棒状或垅状冻融泥流等。

应着重指出，面状冻融泥流发生时，"融沉作用"显示特别明显，月球表面分布的大小岩块和岩屑，通过融化和下沉作用都沉积在月球表面之下，致使发生"冻融作用"后的月球表面十分光滑，几乎见不到浅色的大小岩块和岩屑分布。

同样，分布于月坑坑壁上的棒状或垅状冻融泥流，其表面大小岩块和岩屑通过融化和下沉作用都沉积在棒状或垅状冻融泥流面之下，发生"冻融作用"后的月球表面十分光滑，几乎也见不到浅色大小岩块和岩屑分布。

其二，由岩石经冻融作用形成"冻融岩屑坡""冻融石流扇""冻融石流坡"等。

第二节　月球"冻融地貌"特征

由于月球上月昼与月夜温差变化极大，因此冻融作用十分强烈且普遍。月球上的冻融地貌主要集中分布于中、低纬度区。冻融泥流对区域月表的地面形态影响并不十分明显。

月球上冻融地貌的主要类型有：黑色"漏斗状冻融石油泥流""楔状冻融泥流""冻融多边形土""冻融岩屑堆""冻融坡积岩屑层""冻融石流扇""冻融石流坡"等类型。现将各类地貌的特征简介如下。

一、月表黑色"漏斗状冻融石油泥流"地貌的特征

黑色"漏斗状冻融石油泥流"是指因冻融作用含有"石油"的泥流自月表高处向低处不断蠕动，形成在平面图形酷似漏斗状形态的泥流，可简称为"漏斗石油泥流"。

1. 菲尔米库斯 B（Pirmicus B）月坑东南月表黑色"漏斗状冻融石油泥流"地貌的特征

菲尔米库斯 B（Pirmicus B）月坑位于月球正面的北半球，浪海（Mare Undarum）之西北，近圆形（见图 6.2.1、图 6.2.2）。月表黑色"漏斗状冻融石油泥流"，分布于菲尔米库斯 B（Pirmicus B）月坑之东南一个坑底有水的小月坑东南的月表上，纬度为 6.8°N，经度为 67.0°E（见图 6.2.1、图 6.2.2），并向西北方迫近"坑底有水的小月坑"附近（见图 6.2.3、图 6.2.4）。在黑色漏斗状冻融"石油"泥流前端及两侧形成宽带状粗岩屑、岩块堆积组成的"U 形冻融岩屑和岩块堆积"（见图 6.2.4—图 6.2.8、图 6.2.10、图 6.2.11）。组成"U 形冻融岩屑和岩块堆积"的岩石，不论是北侧（见图 6.2.6）、南侧（见图 6.2.7）和前端（见图 6.2.8），色调均浅而均匀，对比度小，且具次磨圆状，大小混杂。与月坑原有的溅射堆积物对比，有明显不同。后者色调杂乱，对比度大，多具棱角状和次棱角状，受风化作用明显（见图 6.2.9、图 6.2.10、图 6.2.13、图 6.2.14）。"U 形冻融岩屑和岩块堆积"明显切割和覆盖溅射堆积物（见图 6.2.13、图 6.2.14）。另外，"U 形冻融岩屑和岩块堆积"，色调深，多为黑色、灰黑色。由于冻融作用进行垂直分选和推挤，使冻融区的月表岩屑和岩块顺坡而下堆积形成 U 形冻融岩屑和岩块堆积，表面显示十分"干净"，几乎无岩屑和岩块分布，与溅射堆积区形成鲜明对比（见图 6.2.4—图 6.2.8、图 6.2.11、图 6.2.12）。然而非黑色"漏斗状冻融石油泥流"区的溅射堆积物和月坑完好保存（见图 6.2.13、图 6.2.14）。

2. 多佩尔迈尔 J（Doppelmayer J）月坑南侧黑色"漏斗状冻融石油泥流"地貌的特征

多佩尔迈尔 J（Doppelmayer J）月坑位于月球正面的南半球，纬度为 -24.6°S，经度为 41.2°W（见图 6.2.15），圆形，直径约 6 km（见图 6.2.16）。黑色"漏斗状冻融石油泥流"，在原有资料上被认为是"黑暗物质流"（Dark Material Flows），分布于多佩尔迈尔 J（Doppelmayer J）月坑与小月坑 C 之间广阔的月表上（见图 6.2.17）。黑色"漏斗状冻融石油泥流"自西北向东南方向流入小月坑 C 的坑底，整体形态上酷似漏斗状，并可清晰见到黑色"漏斗状冻融石油泥流"推挤和覆盖坑底原有的沙砾堆积物（见图 6.2.18、图 6.2.19）。在黑色"漏斗状冻融石油泥流"通过之处小月坑 C 表面原分布的沙砾、岩块，全被泥石流所"吞噬"（见图 6.2.20、图 6.2.21）。在多佩尔迈尔 J（Doppelmayer J）月坑南壁，同样可以见到黑色"漏斗状冻融石油泥流"，大量"吞噬"原坑壁分布的砂岩和岩块物质，并且随黑色"漏斗状冻融石油泥流"色调越深，"吞噬"的砂岩和岩块物质越多和越显得"干净"（见图 6.2.22—图 6.2.24）。多佩尔迈尔 J（Doppelmayer J）月坑南侧黑色"漏斗状冻融石油泥流"的产生，很可能因"融沉"作用"吞噬"沙砾堆积物有关。

3. 卡里略（Carrillo）月坑月表黑色"漏斗状冻融石油泥流"地貌的特征

卡里略（Carrillo）月坑位于月球正面的南半球，纬度为 -2.3°S，经度为 81.7°，圆形，直径约 18 km（见图 6.2.25）。黑色"漏斗状冻融石油泥流"，位于卡里略（Carrillo）月坑之东南约 23 km 的小月坑 D 的坑壁之上（见图 6.2.26）。西南坑壁上的黑色"漏斗状冻融石油泥流"发育最好,整体形态呈漏斗状(见图6.2.27—图6.2.29)。黑色"漏斗状冻融石油泥流"进入小月坑的前端最深色部分呈截锥状。到达坑底前的最尖端部分,色较浅,呈宽锥状(见图6.2.27—图6.2.29)。北和东北壁上的"构造土"发育较差,局部呈宽带状外,大部呈分散线状直至坑底(见图6.2.33)。分布于东南坑壁上的黑色"漏斗状冻融石油泥流"发育最差,除局部较完整外,多分散出现(见图6.2.30、图6.2.31)。"构造土"分布区与非黑色"漏斗状冻融石油泥流"分布区在色调、粗糙度方面也有明显差异。前者色调深,多呈黑色-灰黑色,粗糙度较弱,白斑状岩屑、岩块分布极少;而后者色调较浅,呈深灰-灰色为主,粗糙度较高,白斑状岩屑、岩块分布较多(见图6.2.32)。

二、月表"蓆状冻融泥流"地貌的特征

蓆状冻融泥流是指泥流在月表上呈面状流动的泥流,在月球上所见较少。

1. 辛普利厄斯(Simpelius)"蓆状冻融泥流"地貌的特征

蓆状冻融泥流位于辛普利厄斯D(Simpelius D)月坑南约60 km,纬度为$-74.1°S$,经度为$8.5°E$(见图6.2.33、图6.2.35)。蓆状冻融泥流形成主要有三次,可能是三次月昼融溶的产物(见图6.2.34、图6.2.35、图6.2.37—图6.2.40、图6.2.43、图6.2.44)。泥流面上有大量小的热融"漏斗坑"分布,可能是泥流形成并进入月夜后再次进入月昼发生融溶作用形成的(见图6.2.36、图6.2.41、图6.2.42)。热融漏斗与陨击坑有明显差别。前者坑缘平坦,没有凸出的环状堆积,多未见有岩屑和岩块分布;后者坑缘常形成明显凸起的环状堆积,常有较多溅射岩屑和岩块分布(见图6.2.36、图6.2.41—图6.2.43)。

2. 齐克尔山脊(Dorsum Zirkel)东北月表"蓆状冻融泥流"地貌的特征

齐克尔山脊(Dorsum Zirkel)分布于雨海西南。蓆状冻融泥流位于齐克尔山脊(Dorsum Zirkel)东北,纬度为$30.90°N$,经度为$24.70°W$(见图6.2.45、图6.2.46)。冻融泥流向西北和东南方向流动为主,冻融泥流区较非冻融泥流区,晚期月坑分布规模和数量要小和少得多(见图6.2.47、图6.2.48)。在冻融泥流分布区,局部岩块(箭头所示)呈线形排列十分明显(见图6.2.48)。冻融泥流大部分组成物质为细小的浅色岩屑物质(见图6.2.49、图6.2.50)。

3. 艾特肯(Airken)月坑坑底"蓆状冻融泥流"地貌的特征

艾特肯(Airken crater)月坑位于月球背面的南半球,纬度为$-16.1°$,经度为$172.9°$(见图6.2.51)。蓆状冻融泥流,分布于艾特肯(Airken)月坑坑底,呈片状陡坡,自西北向东南方向流动(见图6.2.52)。泥流面上后期月坑或热融塌陷坑,分布的密度和规模,略小于原始月表。

三、月表"塌陷坑崖壁冻融泥流"地貌的特征

"梳状冻融泥流"是指泥流自月表向直线分布的陡坡方向流动,形似"梳子"而

得名。

1. 维泰洛（Vitello）月坑泥裂崖壁"梳状冻融泥流"地貌的特征

维泰洛（Vitello）月坑位于月球正面的南半球，纬度为30.5°，经度为37.7°，近圆形，直径约45 km（见图6.2.53）。月坑中泥裂十分发育（见图6.2.54）。"梳状冻融石油泥流"分布于巨大泥裂的崖壁上和月坑溅落的堆积物表层（见图6.2.55、图6.2.56）。有的泥裂壁上"梳状冻融石油泥流"的前端，可见形成明显的岩屑和岩块堆积体（见图6.2.56）；有的"梳状冻融石油泥流"的前端，巨大岩块以滑移方式直抵泥裂沟底（见图6.2.57、图6.2.58）；有的巨大岩块则以滚动方式至泥裂沟底，并留下明显滚动的痕迹（见图6.2.59）。这些滑移或滚动到达泥裂沟底的巨大岩块，有的形成冻胀岩屑带，有的则形成冻胀岩屑圈（见图6.2.60），有的"梳状冻融石油泥流"明显侵入泥裂断面的上部（见图6.2.60），有的"梳状冻融石油泥流"以"多边土"形式出现（见图6.2.61）。

2. 马里乌斯P（Marlus P）南月溪岸崖壁"梳状冻融石油泥流"地貌的特征

"梳状冻融石油泥流"位于风暴洋之东南，南月溪岸崖壁上（见图6.2.62），冻融石油泥流分布不多，但发育尚好。冻融石油泥流自溪两岸的广阔面状月表，突破月溪岸线呈梳状向下流动（见图6.2.63），把途经之处的粗粒岩屑和岩块几乎"吞噬"殆尽（见图6.2.64）。

四、月坑"冻融泥流"地貌的特征

1. 月坑坑壁"辐射状冻融泥流"和坑壁"冻融坡积岩屑层"地貌的特征

"坑壁辐射状冻融泥流"是指泥流自月表四面八方向小月坑方向流动，沿途因冻融的"融沉"作用，使月表绝大多数岩块被"吞噬"，形成以小月坑为中心的辐射状泥流。

（1）湿海月坑坑壁"辐射状冻融石油泥流"和"冻融坡积岩屑层"地貌的特征之一。湿海小月坑"辐射状冻融石油泥流"，在以往资料中被认为是"月球玄武岩流部分覆盖了一个火山口"。但根据泥流的来源、物质组成、流动方向和产生的次生地貌特征等推断，它不是玄武岩流，而是冻融作用形成的"冻融石油泥流"和"冻融坡积岩屑层"（见图6.2.65）。"冻融坡积岩屑层"是在小月坑形成后，区域冻融作用首先发生在小月坑的坑壁，使坑壁细小物质不断向坑底蠕动，而较大岩块和岩屑残留在坑壁之上，从而产生几乎全由浅色岩块和岩屑物质所组成的"冻融坡积岩屑层"（见图6.2.66）。此后，随着区域冻融作用不断扩大，小月坑外冻融作用大大加强，黑色"冻融石油泥流"向地形较低的小月坑方向流动，并"吞噬"沿途大量岩块和岩屑物质，从而形成目前见到具有辐射状特征的泥流。泥流大多停留在坑壁上部，少量到达坑底，"冻融坡积岩屑层"保存比较完整（见图6.2.65—图6.2.67）。

（2）湿海月坑坑壁"辐射状冻融石油泥流"和"冻融坡积岩屑层"地貌的特征之二。"辐射状冻融石油泥流"和"冻融坡积岩屑层"之二（见图6.2.68），其产生的原理与湿海小月坑"辐射状冻融石油泥流"和"冻融坡积岩屑层"之一基本相同。

但泥流大多到达坑壁上部,而未到达坑底,对坑壁"冻融坡积岩屑层"的推挤作用特别明显(见图6.2.69、图6.2.70)。

(3)湿海坑壁"辐射状冻融石油泥流"和"冻融坡积岩屑层"地貌的特征之三。其产生的原理与湿海小月坑"辐射状冻融石油泥流"和"冻融坡积岩屑层"之一基本一致。泥流宽窄差别大,到达坑底泥流较多(见图6.2.71—图6.2.75)。

(4)湿海詹森U(Jansen U)月坑坑壁"辐射状冻融石油泥流"和"冻融坡积岩屑层"地貌的特征之四。詹森U(Jansen U)小月坑"辐射状冻融石油泥流"和"冻融坡积岩屑层",分布于湿海广阔的沉积平原上(见图6.2.76)。发育较好,但泥流切穿"冻融坡积岩屑层"不多。有的在坑壁上断续分布,有的则从坑底边缘向上发育,局部可见泥流向下推挤坑壁岩块和岩屑现象。月坑东侧一条泥流较例外。泥流不但规模大且改变了小月坑面貌,使小月坑在近东西方向上明显拉长,色调显著变深(见图6.2.77)。泥流通过之处几乎全部"吞噬"浅色的"冻融坡积岩屑层"(见图6.2.78、图6.2.79)。

(5)湿海月坑坑壁"辐射状冻融石油泥流"和"冻融坡积岩屑层"地貌的特征之五。除上述外,湿海区域"辐射状冻融石油泥流"和"冻融坡积岩屑层"仍有不少分布,且发育良好,特征明显(见图6.2.80、图6.2.81)。艾特肯N月坑附近的小月坑形成的"辐射状冻融石油泥流"(黑色)和坑壁环状"冻融坡积岩屑层"(巨石坑)(白色)(见图6.2.82)。

2. 月坑坑壁"棒槌状冻融泥流"地貌的特征

棒槌状冻融泥流是指分布于月坑坑壁上的冻融泥流呈棒槌状,即形态上泥流上部较细,向下逐渐变粗,前端呈圆弧状分布特征,多分布于中高纬度地区,年代多为哥白尼纪晚期。月坑类型均属"陆地月坑"。

(1)焦尔达诺·布鲁诺(Giordano Bruno)月坑坑壁"棒槌状冻融泥流"地貌的特征。焦尔达诺·布鲁诺(Giordano Bruno)月坑位于月球正面北半球,纬度为36.1°N,经度为102.8°(见图6.2.83、图6.2.84)。位于月坑间溅射堆积地区(见图6.2.85),近圆形,直径约25 km。棒槌状冻融泥流,主要分布于月坑之西及北坑壁上(见图6.2.86)。冻融泥流长短不一。有的堆积区可直达坑底,有的则在坑壁不同高度上停留,形态各异。大多前端呈"犁头"形、"盾"形或不甚规则形等。表面较光滑,很少见岩屑、岩块分布。流通区与源区、堆积区界限不明显,呈逐渐过渡。色调稍浅,呈灰或浅灰为主。源区均在坑缘内侧数百米坑壁之上。地形较不平坦,常有较多小沟谷分布。(见图6.2.87—图6.2.91)。坑内、坑外界限十分明显和清晰。

(2)李四光月坑坑壁"棒槌状冻融泥流"地貌的特征。李四光月坑属于首次发现的坑底存在现代湖泊的月坑,位于月球正面南半球,第谷月坑东南,纬度为49.6°S,经度为4.2°E(见图6.2.92、图6.2.93),近圆形,直径约3 km。棒槌状冻融泥流分布于月坑的西南壁。表面光亮,很少见有岩屑和岩块出露,厚度薄。前端多呈犁头状(见图6.2.94、图6.2.95)。早期形成的泥流表面局部融溶后,常可见少量岩块和岩屑零星分布。棒槌状冻融泥流表面融溶后,表面有大量岩块和岩屑物质分布,颗粒大小自下而上由细到粗(见图6.2.96—图6.2.98)。

（3）比尔吉乌斯 A（Bygius A）月坑坑壁"棒槌状冻融泥流"地貌的特征。比尔吉乌斯 A（Bygius A）月坑位于月球正面南半球，纬度为 24.6°S，经度为 63.8°W（见图 6.2.99、图 6.2.100）。棒槌状冻融泥流，主要分布于坑壁之南，以东南侧发育较好。早期形成的棒槌状冻融泥流已开始（见图 6.2.101、图 6.2.102）或全部溶化（见图 6.2.103），有的已全部成为以浅色为主的岩块和岩屑堆积物（见图 6.2.103、图 6.2.104）。明显见到晚期形成的棒槌状冻融泥流覆盖早期形成的冻融岩块和岩屑堆积层。

（4）怀尔德 J（Wyld J）东北小月坑 A 坑壁"冻融泥流"地貌的特征。怀尔德 J（Wyld J）月坑位于月球背面南半球，纬度为 3.9°，经度为 -99.2°。冻融泥流分布于怀尔德 J 西北的一个小月坑中，纬度为 3.31621，经度为 -100.20438（见图 6.2.105、图 6.2.106）。冻融泥流大多呈纺锤状。按融溶程度可明显分出早、中、晚（Ⅰ、Ⅱ、Ⅲ）三期（见图 6.2.107、图 6.2.108）。Ⅰ期冻融泥流已全部溶化成岩块和岩屑堆积；Ⅱ期冻融泥流表层已开始熔融，已有少量岩块和岩屑物质出露；Ⅲ期冻融泥流基本表面保存完好，未见融溶现象（见图 6.2.111）。目前见到的冻融泥流表面局部为冻胀岩屑形成的黑色岩屑物质所覆（见图 6.2.109—图 6.2.111）。

（5）月球背面月坑坑壁"冻融泥流"地貌的特征（暂缺纬、经度）。冻融泥流分布于一个小月坑的东侧坑壁上。大多呈透镜状或纺锤状、棒槌状，分布密集。按形成先后，最少可分早、中、晚或Ⅰ、Ⅱ、Ⅲ三期（见图 6.2.112、图 6.2.113）。

另一处分布的冻融泥流也是小月坑的东侧坑壁，泥流多呈蠕虫状（见图 6.2.114、图 6.2.115）。

（6）朔姆贝格尔 A（Schomberger A）月坑坑壁"冻融泥流"地貌的特征。朔姆贝格尔 A（Schomberger A）月坑位于月球正面南半球高纬度区，纬度为 -78.84250，经度为 23.27071，近圆形。冻融泥流分布于朔姆贝格尔 A 小月坑西南坑壁上。泥流多呈蠕虫状或不甚规则的坨状（见图 6.2.116—图 6.2.118）。

（7）阿廖欣（Alckhin）月坑坑壁"冻融泥流"地貌的特征。冻融泥流位于月球背面南半球，阿廖欣（Alckhin）月坑东北小月坑 A 中，纬度为 -66.58429，经度为 128.71595。冻融泥流，分布于月坑西侧和北侧。泥流多呈蠕虫状或不甚规则的坨状（见图 6.2.119—图 6.2.121）。按形成先后，最少可分早、中、晚或Ⅰ、Ⅱ、Ⅲ三期。Ⅰ期融溶物已有大量分布，Ⅱ、Ⅲ期已开始融溶，有少量岩屑和岩块分布（见图 6.2.121、图 6.2.122）。

3. 断壁和坑壁牛舌状、冻融泥流地貌的特征

坑壁牛舌状冻融泥流是指分布于月坑坑壁上的冻融泥流呈较长的牛舌状，其源头与末端宽度变化不大。

（1）断陷坑牛舌状、冻融泥流地貌的特征。塌陷坑 A 位于苏尔皮西乌斯·加卢斯（Sulpicius Gallus）月坑之西约 38.5 km，纬度为 19.7°，经度为 10.3°。塌陷坑长约 5 km，宽约 2.7 km（见图 6.2.123、图 6.2.124）。牛舌状冻融泥流分布于塌陷坑西南壁之上（见图 6.2.125）。前端多呈牛舌状，延长 1～2 km，宽数百米。色调较暗，呈灰-浅灰色。源区，只见浅侵蚀谷地，色调较深，以深灰色为主。流通区呈较

平直宽带状，色调较浅，以灰色–浅灰色为主。堆积区，呈牛舌状，灰色–浅灰色为主（见图6.2.126、图6.2.127）。泥流表面很少见有岩屑和岩块分布。

（2）克拉维斯 E（Clavius E）坑壁牛舌状、冻融泥流地貌的特征。克拉维斯 E（Clavius E）月坑位于月球正面南半球，近圆形（见图6.2.128、图6.2.129）。牛舌状冻融泥流分布于克拉维斯 E（Clavius E）月坑之南偏西坑缘的一个无名小月坑 C 西南坑壁上（见图6.2.130），纬度为 –51.6°，经度为13.0°，呈扁平带状（见图6.2.131、图6.2.132）。源区可见较多侵蚀沟谷分布（见图6.2.132、图6.2.133）。流通区多分叉沟谷组成，能见到的堆积物极少（见图6.2.133）。堆积区多为泥沙物质。泥冰川明显切割和覆盖早期形成的岩屑和岩块组成的具重力分选作用堆积形成的冻融泥流，泥流表面很少见有岩屑和岩块分布，但泥流明显切割具有下粗上细滑坡崩塌陷堆积（见图6.2.134），可能表明该冻融泥流是在原滑坡崩塌堆积的基础上发展形成的。

五、月表"冻融泥质多边形土"地貌的特征

"冻融泥质多边形土"是指冻融作用力在松散的堆积物表面形成的具有几何形态的多边形土。

维泰洛（Vitello）月坑位于湿海南的边缘上，纬度为30.5°，经度为37.5°（见图6.2.135、图6.2.136）。"冻融多边形土"分布于坑底中心相对平缓地带。以往资料认为它是"火山口中央山峰的一部分"。多边土呈狭窄带状，为不等五边形、四边形或不甚规则状，色调深，多以黑色或深灰黑色为主（可能为"石油"和泥沙物质混合物）（见图6.2.137—图6.2.139）。在深色的多边土区域内，极少见浅色的岩屑和岩块分布。在"冻融泥质多边形土"周边可见"石线"分布，同一石线上最多可见有8个大小石块排列成直线出现（见图6.2.140），也可见到发育较好的多个"石环"（见图6.2.141），在坑中成层状的变质岩块也频频出现（见图6.2.142）。

六、月球"冻融地貌"的形成和发展

"冻融地貌"在月表上分布较分散，在高纬度区、赤道附近和月海中均有分布（见图6.2.143）。冻融泥流不是一次形成的，而是经历多次反复作用而成。分布于平坦月表上的冻融石油泥流，多为漏斗状或片状、面状，而分布于月坑坑壁上的冻融泥流多呈棒状、透镜状或蠕虫状等。总体上早期冻融泥流多位于月坑坑壁下部坑底之上，融溶成为岩块和岩屑堆积，中期冻融泥流大多表面开始融溶，有较多岩块和岩屑露出表面，晚期多保存较完好，很少见有岩块和岩屑出露。一般晚期冻融泥流形成后，常可见小规模冻胀岩屑散落其表面，可能表明月球内部月温逐渐上升。

七、月球"冻融"地貌发现的意义

冻融泥流是在有水和水冰参与作用下产生的,因此它的发现对于研究月球水或水冰的形成、演化提供了重要依据。它的研究对了解月球地形地貌的形成和历史发展,提供了实际材料。

以下附第六章第二节图:

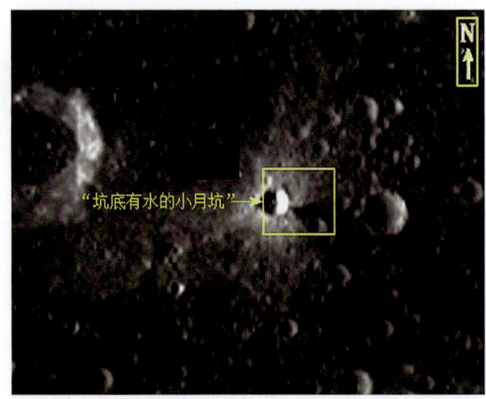

图 6.2.1 菲尔米库斯 B(Pirmicus B)月坑东南月表黑色"漏斗状冻融石油泥流"分布位置图

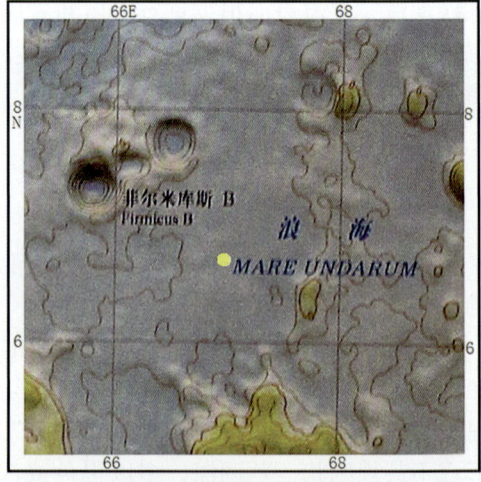

图 6.2.2 菲尔米库斯 B(Pirmicus B)月坑东南月表黑色"漏斗状冻融石油泥流"(圆点)及附近地形图

第六章 月球"冻融作用形成的地貌"(遗迹) 特征

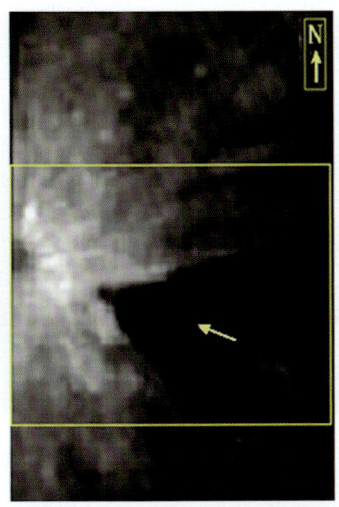

图 6.2.3 为图 6.2.1 方框局部放大

示黑色"漏斗状冻融石油泥流"分布特征,箭头示"石油泥流"流动方向

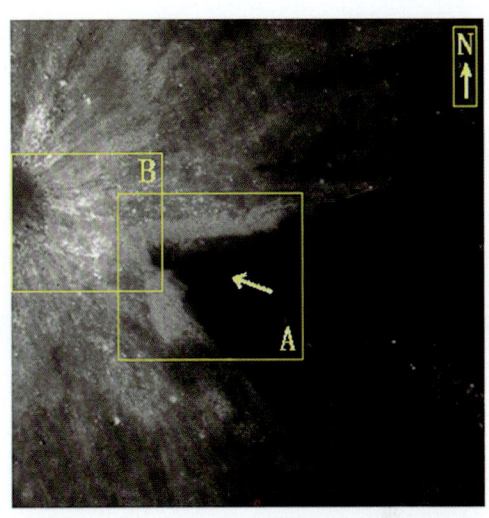

图 6.2.4 为图 6.2.3 方框局部放大

示黑色"漏斗状冻融石油泥流"分布特征,箭头示"石油泥流"流动方向

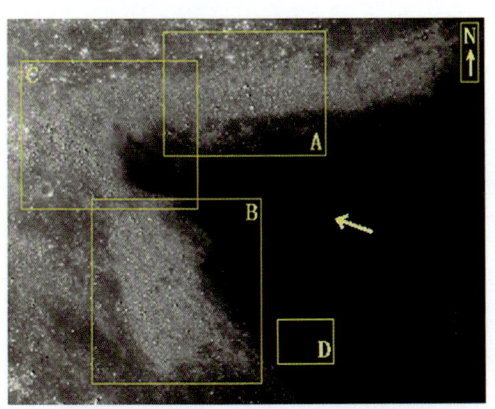

图 6.2.5 为图 6.2.4 方框 A 局部放大

示黑色"漏斗状冻融石油泥流"前进方向两侧堆积的岩屑和岩块分布特征,箭头示"石油泥流"流动方向

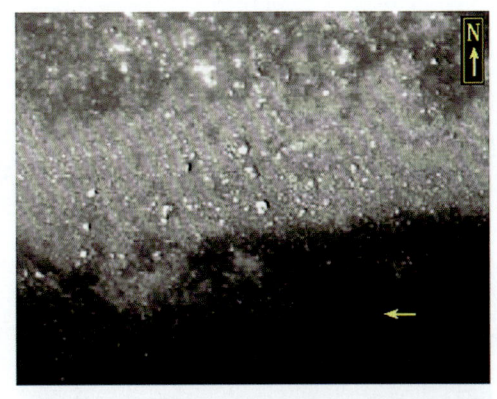

图 6.2.6 为图 6.2.5 方框 A 局部放大

示黑色"漏斗状冻融石油泥流"北侧的泥沙、岩屑和岩块杂乱堆积分布特征,箭头示"石油泥流"流动方向

459

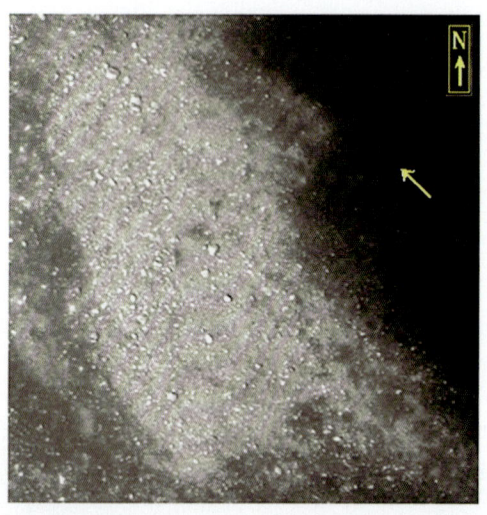

图6.2.7 为图6.2.5方框B局部放大

示黑色"漏斗状冻融石油泥流"南侧泥沙、岩屑和岩块堤分布特征,箭头示"石油泥流"流动方向

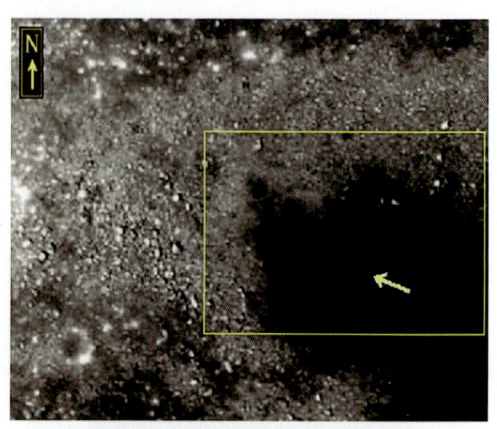

图6.2.8 为图6.2.5方框C局部放大

示黑色"漏斗状冻融石油泥流"前端泥沙、岩屑和岩块分布特征,箭头示"石油泥流"流动方向

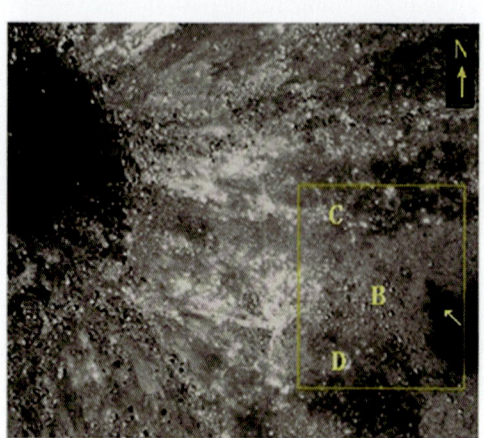

图6.2.9 为图6.2.4方框B局部放大

示黑色"漏斗状冻融石油泥流"前端泥沙、岩屑和岩块堤(B)明显切割和覆盖月坑溅射堆积(C、D)特征,箭头示"石油泥流"流动方向

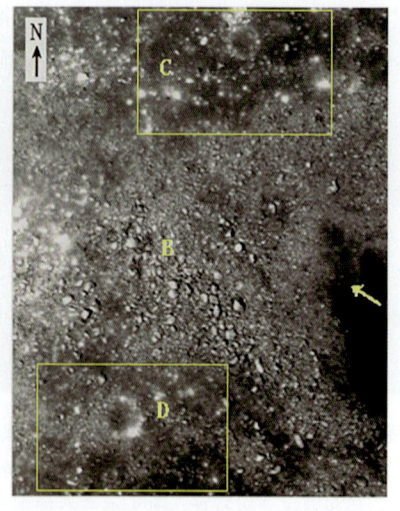

图6.2.10 为图6.2.9方框局部放大

示黑色"漏斗状冻融石油泥流"前端泥沙、岩屑和岩块堤(B)明显切割和覆盖月坑溅射堆积(C、D)特征,箭头示"石油泥流"流动方向

第六章 月球"冻融作用形成的地貌"（遗迹）特征

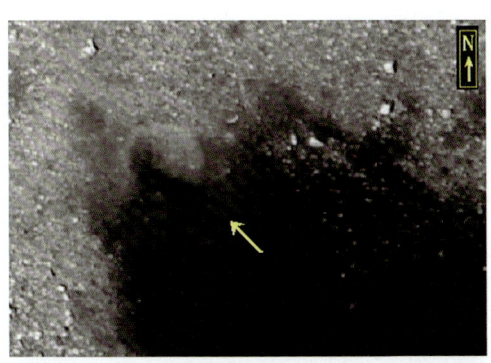

图6.2.11 为图6.2.8方框局部放大

示黑色"漏斗状冻融石油泥流"前端分布的月坑形态顺"漏斗状冻融泥流"流动方向略有拉长变形，箭头示"石油泥流"流动方向

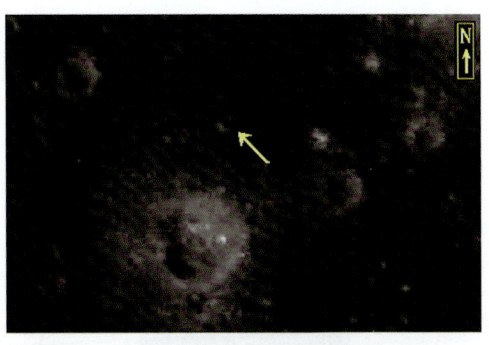

图6.2.12 为图6.2.5方框D局部放大

示溅射堆积物在"漏斗状冻融石油泥流"分布区全部消失殆尽，月坑形态略有变化特征，箭头示"泥流"流动方向

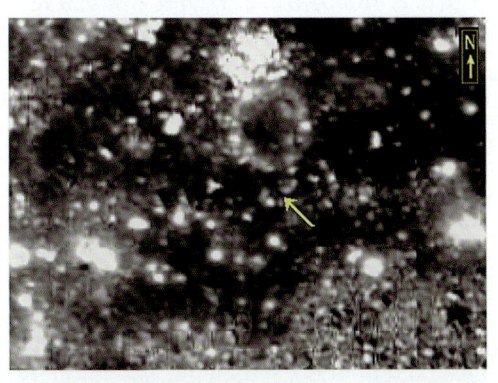

图6.2.13 为图6.2.10方框C局部放大

示非黑色"漏斗状冻融石油泥流"区的溅射堆积物和月坑保存完好特征，箭头示"石油泥流"流动方向

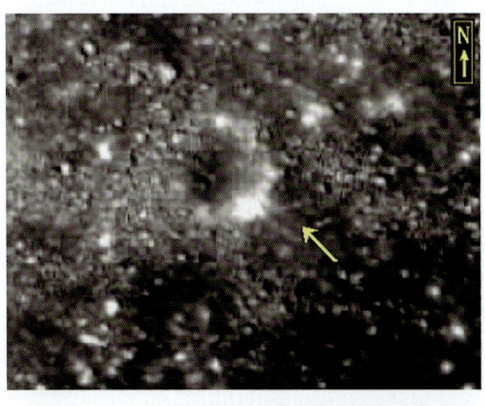

图6.2.14 为图6.2.10方框D局部放大

示非黑色"漏斗状冻融石油泥流"区的溅射堆积物和月坑保存完好特征，箭头示"石油泥流"流动方向

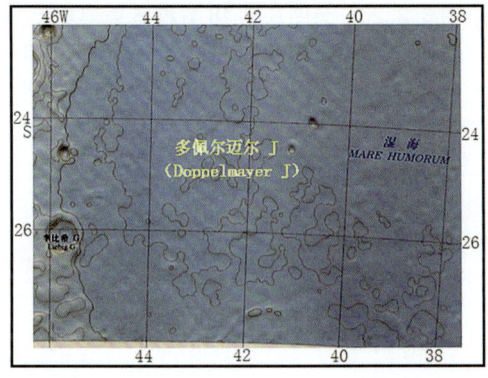

图6.2.15 多佩尔迈尔J（Doppelmayer J）月坑及附近地形图

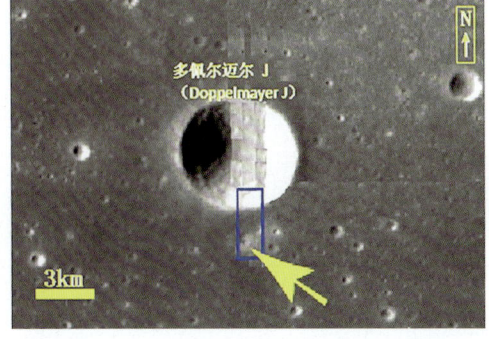

图6.2.16 多佩尔迈尔J（Doppelmayer J）月坑南侧和小月坑C（箭头所示）卫星影像分布

461

月球卫片分析最新发现

图 6.2.17　为图 6.2.15 蓝色方框局部放大
示小月坑 C 黑色"漏斗状冻融石油泥流"分布特征，箭头示"石油泥流"流动方向

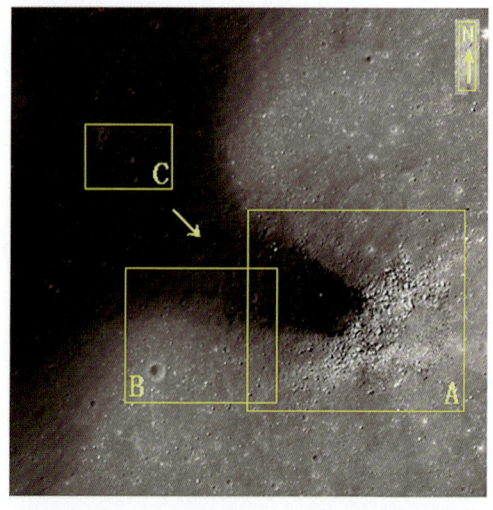

图 6.2.18　为图 6.2.17 方框 A 局部放大
示黑色"漏斗状冻融石油泥流"分布特征，箭头示"石油泥流"流动方向

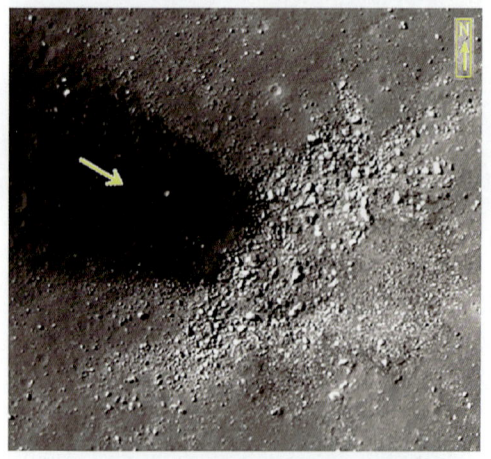

图 6.2.19　为图 6.2.18 方框 A 局部放大
示黑色"漏斗状冻融石油泥流"前端明显推挤和覆盖小月坑 C 坑底沙砾堆积特征，箭头示"石油泥流"流动方向

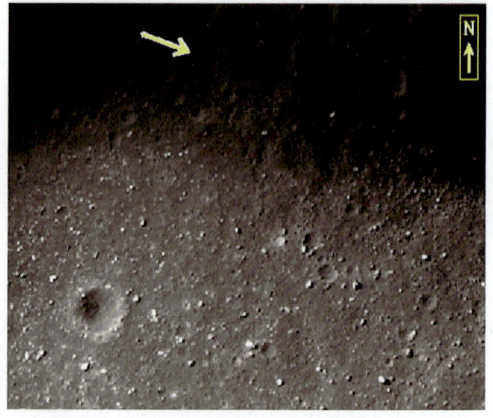

图 6.2.20　为图 6.2.18 方框 B 局部放大
示黑色"漏斗状冻融石油泥流"（见图上方）因"融沉"作用"吞噬"小月坑 C 坑壁沙砾堆积（见图下方）特征，箭头示"石油泥流"流动方向

第六章 月球"冻融作用形成的地貌"（遗迹）特征

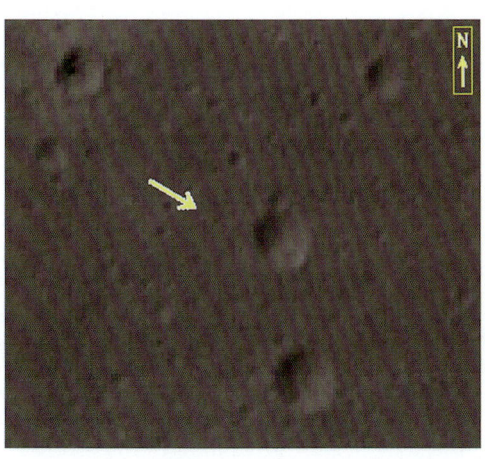

图 6.2.21　为图 6.2.18 方框 C 局部放大

示黑色"漏斗状冻融石油泥流"因"融沉"作用完全"吞噬"小月坑 C 周边分布的沙砾堆积物并且顺泥流流动方向小月坑略有拉长变形特征，箭头示"石油泥流"流动方向

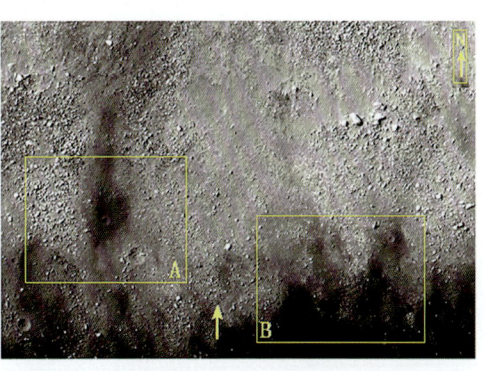

图 6.2.22　为图 6.2.17 方框 B 局部放大

示多佩尔迈尔 J 月坑南坑壁上"楔状冻融石油泥流"因"融沉"作用"吞噬"沙砾堆积物特征，箭头示"石油泥流"流动方向

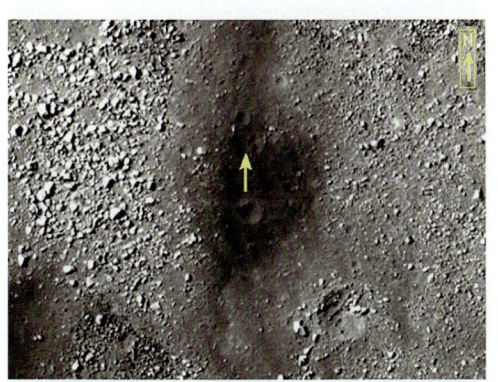

图 6.2.23　为图 6.2.22 方框 A 局部放大

示多佩尔迈尔 J 月坑南坑壁上"梳状冻融石油泥流"色调越深，"吞噬"的沙砾堆积物越"干净"，箭头示"石油泥流"流动方向

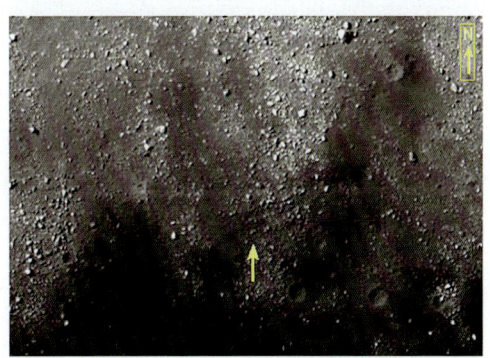

图 6.2.24　为图 6.2.22 方框 B 局部放大

示多佩尔迈尔 J 月坑南坑壁上"梳状冻融石油泥流"色调越深，"吞噬"的沙砾堆积物越多、越"干净"，箭头示"石油泥流"流动方向

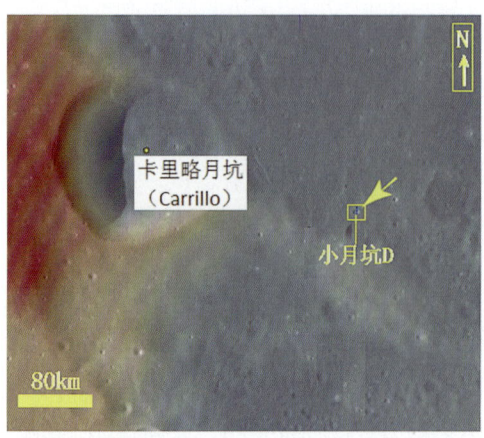

图 6.2.25 卡里略（Carrillo）月坑及小月坑 D 卫星影像图

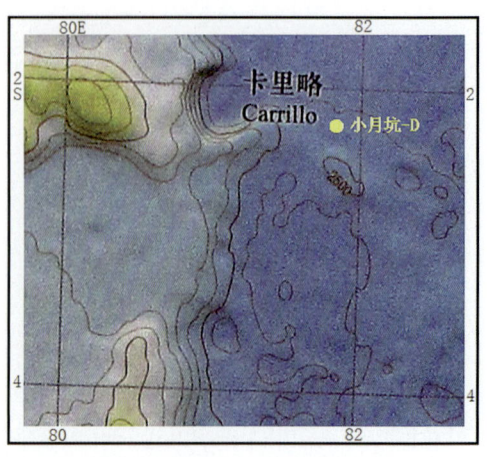

图 6.2.26 卡里略（Carrillo）月坑、小月坑 D 及附近地形图

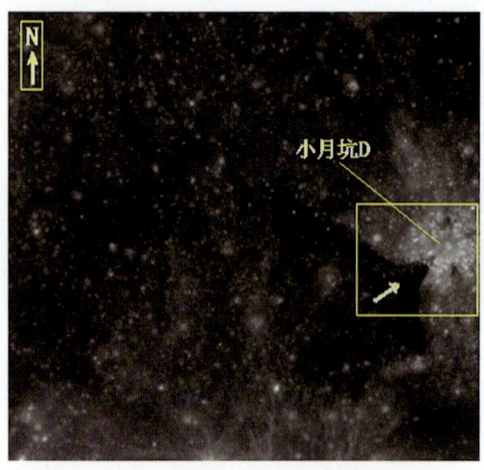

图 6.2.27 为图 6.2.25 方框局部放大
示小月坑 D 及"漏斗状冻融石油泥流"分布特征，箭头示"石油泥流"流动方向

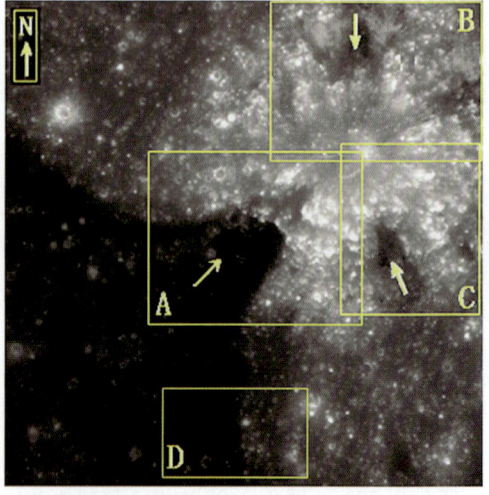

图 6.2.28 为图 6.2.27 方框局部放大
示小月坑 D 坑壁"漏斗状冻融石油泥流"（暗色区）岩屑、岩块大多被泥石流沉浸特征，箭头示"石油泥流"流动方向

第六章 月球"冻融作用形成的地貌"(遗迹)特征

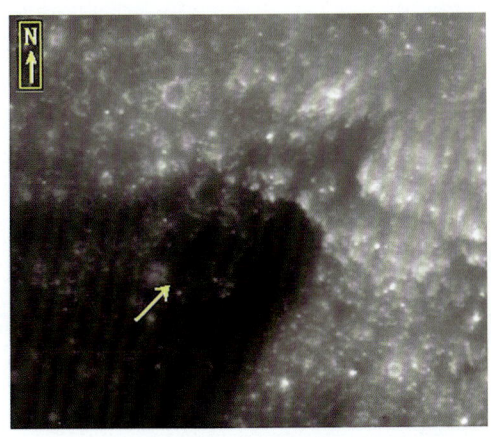

图6.2.29 为图6.2.28方框A局部放大

示小月坑D西南侧坑壁"漏斗状冻融石油泥流"(暗色区)岩屑、岩块大多被泥石流沉浸特征,箭头示"石油泥流"流动方向

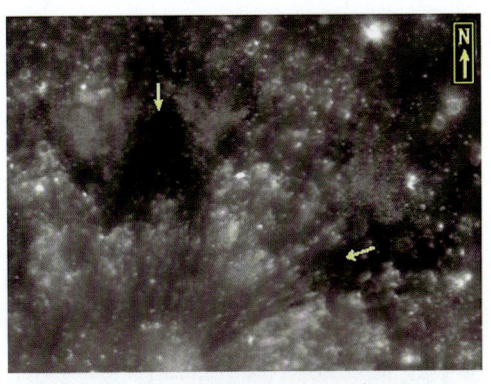

图6.2.30 为图6.2.28方框B局部放大

示小月坑D北侧坑壁"楔状冻融石油泥流"(暗色区)岩屑、岩块大多被泥石流沉浸特征,箭头示"石油泥流"流动方向

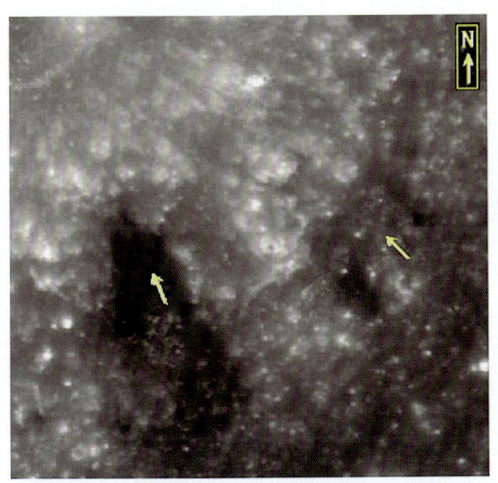

图6.2.31 为图6.2.28方框C局部放大

示小月坑D东南侧坑壁"楔状冻融石油泥流"(暗色区)岩屑、岩块大多被泥石流沉浸特征,箭头示"石油泥流"流动方向

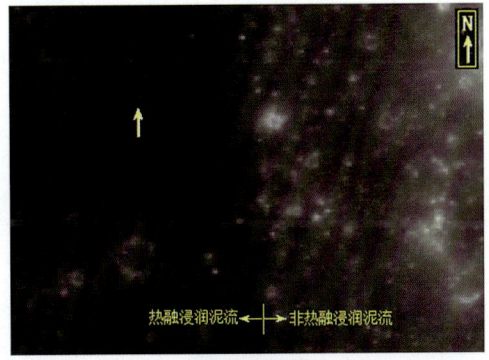

图6.2.32 为图6.2.28方框D局部放大

示小月坑D南侧"漏斗状冻融石油泥流"(左侧)与非"楔状冻融泥流"(右侧)特征对比,箭头示"石油泥流"流动方向

465

图 6.2.33 辛普路斯（Simpelius）蓆状冻融泥流位置（箭头所示）

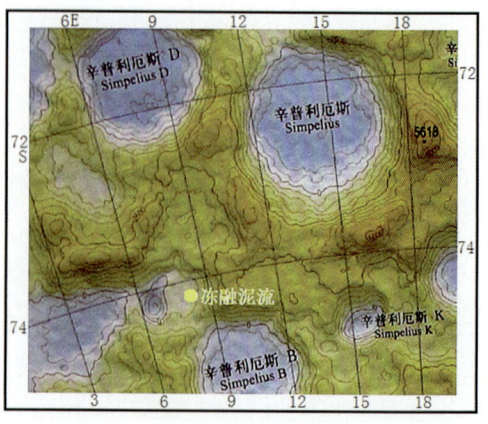

图 6.2.34 辛普路斯（Simpelius）月坑及冻融泥流（圆点）附近地形图

图 6.2.35 为图 6.2.33 箭头所示局部放大示第 Ⅰ、Ⅱ、Ⅲ 次蓆状冻融泥流分布特征

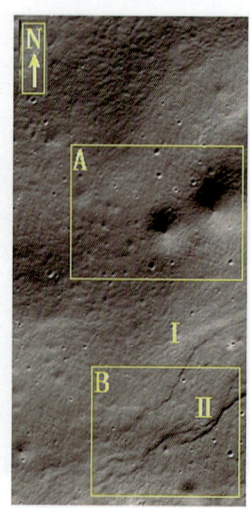

图 6.2.36 为图 6.2.35 方框 A 局部放大示第 Ⅰ、Ⅱ 次蓆状冻融泥流分布特征

第六章 月球"冻融作用形成的地貌"（遗迹）特征

图6.2.37 为图6.2.36方框A局部放大
示席状冻融泥流面上分布的漏斗状热融塌陷坑特征

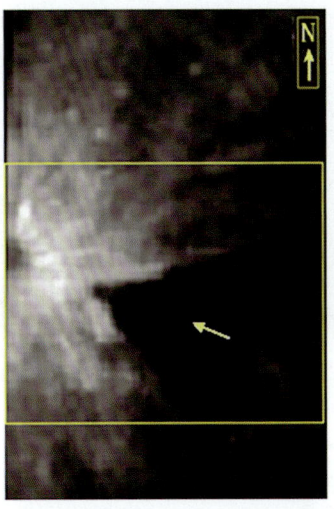

图6.2.38 为图6.2.36方框B局部放大
示第Ⅰ、Ⅱ次席状冻融泥流分布特征

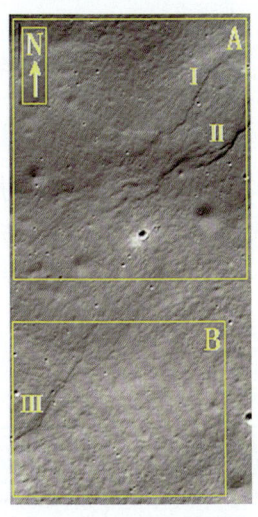

图6.2.39 为图6.2.35方框B局部放大
示第Ⅰ、Ⅱ、Ⅲ次席状冻融泥流分布特征

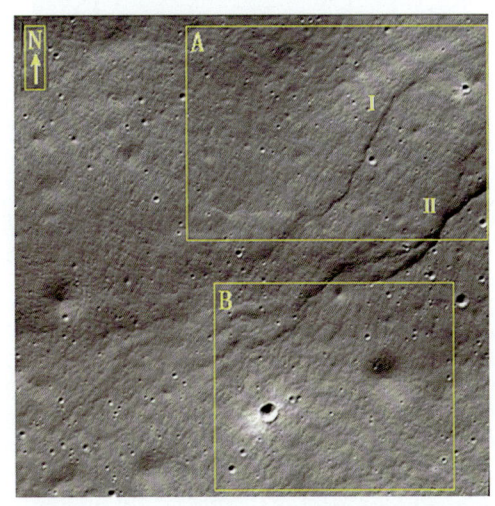

图6.2.40 为图6.2.39方框A局部放大
示第Ⅰ、Ⅱ席状冻融泥流分布特征

467

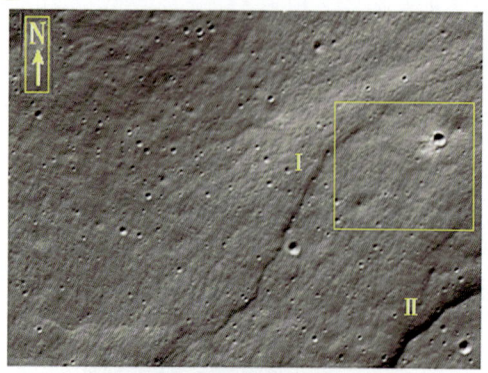

图6.2.41 为图6.2.40方框A局部放大
示第Ⅰ、Ⅱ蓆状冻融泥流分布特征

图6.2.42 为图6.2.41方框局部放大
示冻融泥流面上漏斗状热融塌陷坑（左下）和陨石坑（右上）有明显不同

图6.2.43 为图6.2.40方框B局部放大
示蓆状冻融泥流、漏斗状热融塌陷坑（右上）和陨石坑（左下）有明显不同

图6.2.44 为图6.2.39方框B局部放大
示第Ⅲ次冻融蓆状泥流分布特征

图6.2.45 齐克尔山脊（Dorsum Zirkel）东北月表蓆状冻融泥流（方框）分布特征

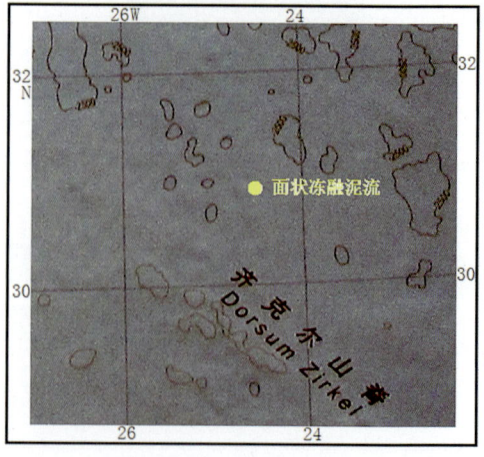

图6.2.46 齐克尔山脊（Dorsum Zirkel）东北月表蓆状冻融泥流及附近地形图

第六章 月球"冻融作用形成的地貌"（遗迹）特征

图 6.2.47 齐克尔山脊（Dorsum Zirkel）席状冻融泥流（或液化沙席）（箭头所示）向西北和东南方向流动，冻融泥流区较非冻融泥流区，晚期月坑要小和少得多

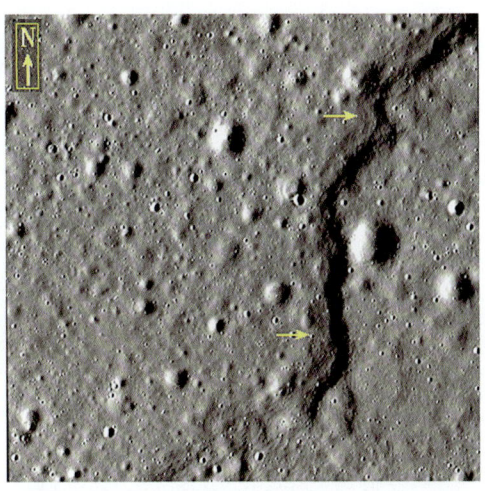

图 6.2.48 齐克尔山脊（Dorsum Zirkel）东北月表席状冻融泥流（箭头所示）分布特征

图 6.2.49 齐克尔山脊（Dorsum Zirkel）东北月表席状冻融泥流中局部线形排列岩块（箭头所示）分布特征

图 6.2.50 齐克尔山脊（Dorsum Zirkel）东北月表席状冻融泥流大部分组成物质为小的浅色岩屑

469

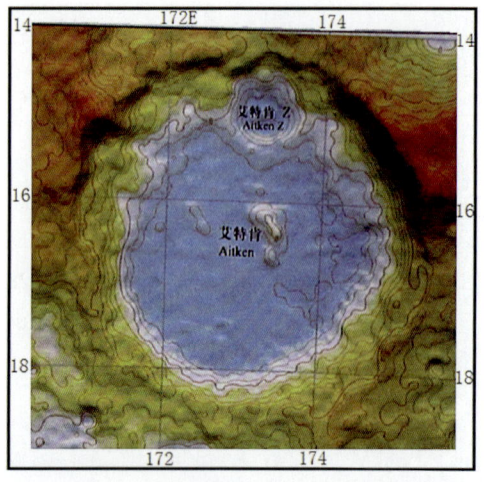

图 6.2.51 艾特肯(Airken)月坑及附近地形图

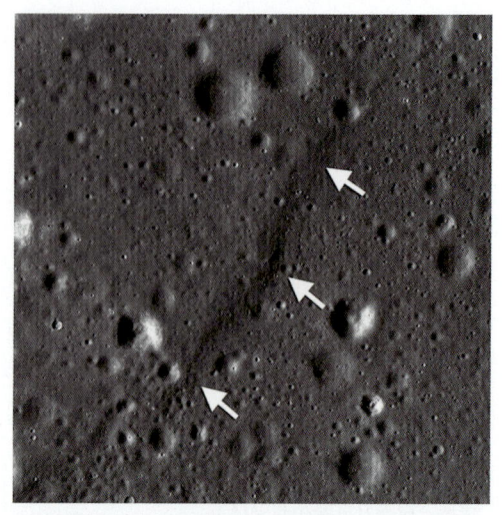

图 6.2.52 艾特肯(Airken)月坑中蓆状冻融泥流(箭头所示)分布特征

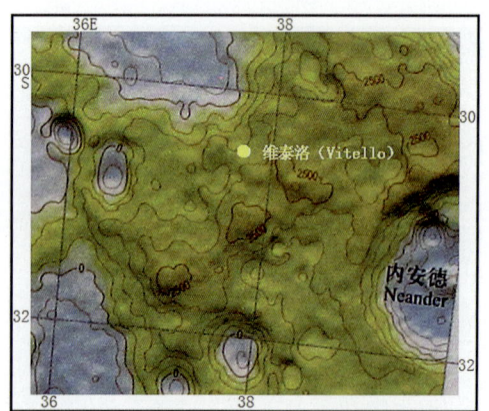

图 6.2.53 维泰洛(Vitello)月坑及附近地形图

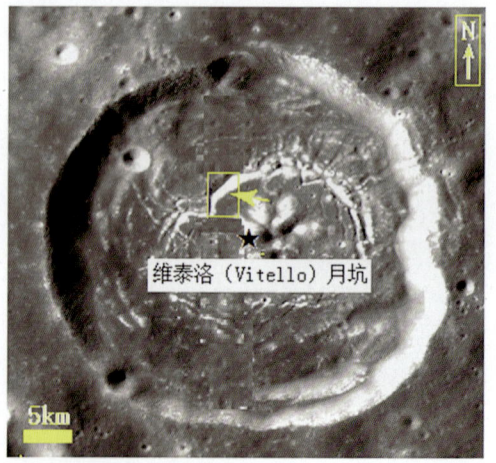

图 6.2.54 维泰洛(Vitello)月坑及其坑底泥裂地貌卫星影像图

第六章 月球"冻融作用形成的地貌"（遗迹）特征

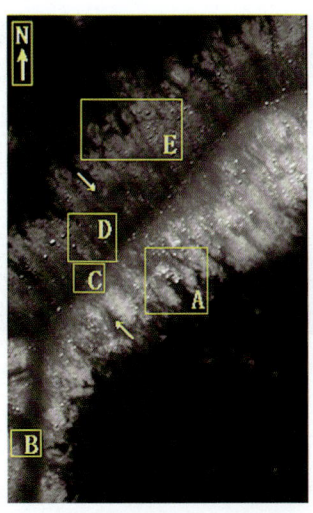

图 6.2.55　为图 6.2.53 方框局部放大

示维泰洛月坑中泥裂崖壁上分布的"梳状冻融石油泥流"特征，箭头示冻融"石油泥流"流动方向

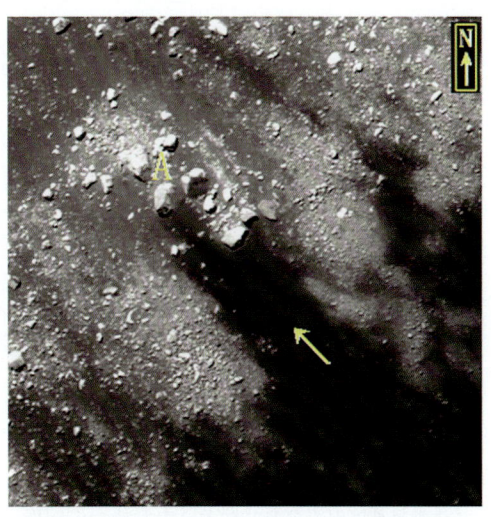

图 6.2.56　为图 6.2.55 方框 A 局部放大

示维泰洛月坑中泥裂东南崖壁上"梳状冻融石油泥流"前端因推挤作用形成的岩屑和岩块堆积（A），箭头示"石油泥流"流动方向

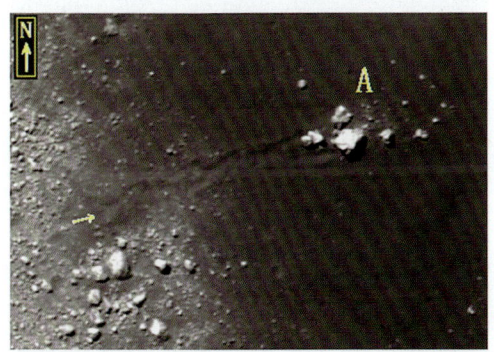

图 6.2.57　为图 6.2.55 方框 B 局部放大

示维泰洛月坑中泥裂西壁上分布的热融滑落岩块和形成的冻胀岩屑堆（A）特征，箭头示"梳状冻融泥流"流动方向

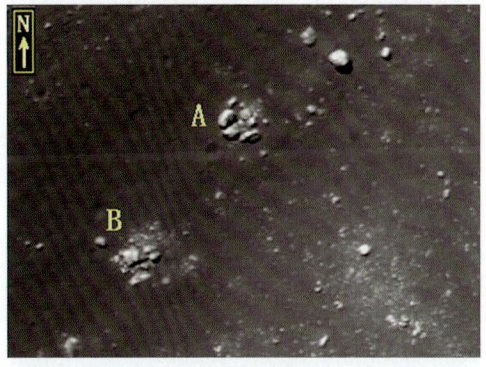

图 6.2.58　为图 6.2.55 方框 C 局部放大

示维泰洛月坑中泥裂底上分布的冻胀岩屑堆（A、B）分布特征

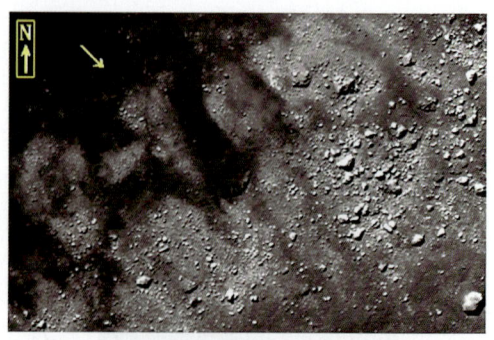

图 6.2.59　为图 6.2.55 方框 D 局部放大
示维泰洛月坑中泥裂西北壁上巨大岩块产生的冻胀岩屑带（B）和岩块自 A 处到 A'处滚落轨迹特征，箭头示"石油泥流"流动方向

图 6.2.60　为图 6.2.55 方框 E 局部放大
示维泰洛月坑泥裂西北壁上"梳状冻融石油泥流"色调越深，因"融沉"作用浸润"吞噬"的岩屑和岩块物质就越多的特征，箭头示"石油泥流"流动方向

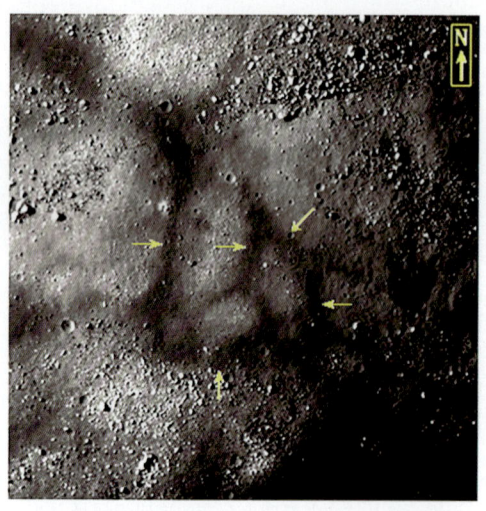

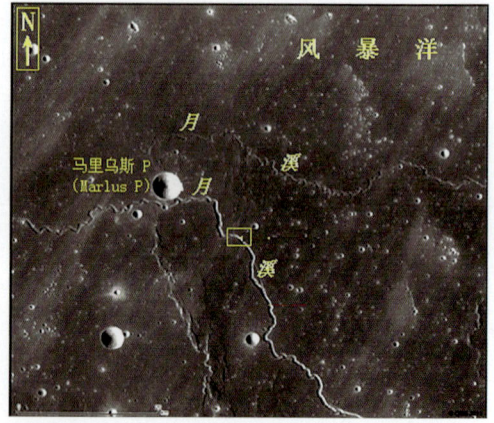

图 6.2.61　为图 6.2.53 五角星处局部放大
示"冻融石油多边形土"（箭头所示）及周边岩屑和岩块分布特征

图 6.2.62　风暴洋马里乌斯 P（Marlus P）南月溪岸上"梳状冻融石油泥流"分布位置（方框）

第六章 月球"冻融作用形成的地貌"（遗迹）特征

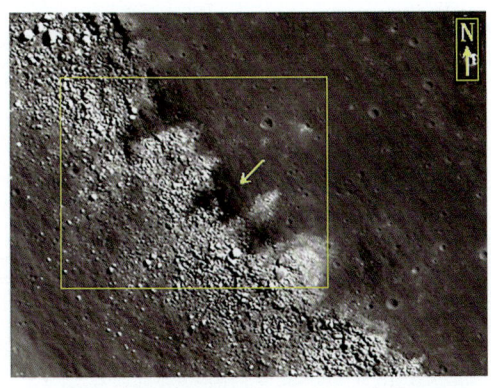

图 6.2.63　为图 6.2.62 方框局部放大

示马里乌斯 P 南月溪岸崖壁上"梳状冻融石油泥流"分布特征，箭头示"石油泥流"流动方向

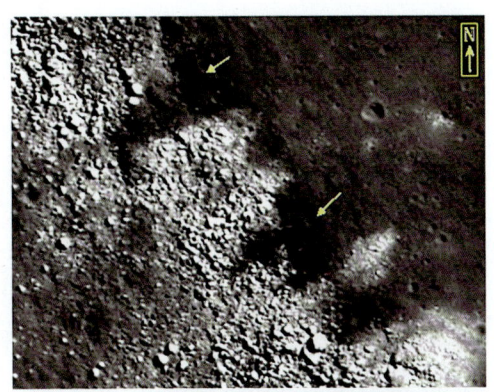

图 6.2.64　为图 6.2.63 方框局部放大

示马里乌斯 P 南月溪岸崖壁上"梳状冻融泥流"途经之处的粗粒岩屑和岩块因"融沉"作用几乎都被"吞噬"殆尽，箭头示"石油泥流"流动方向

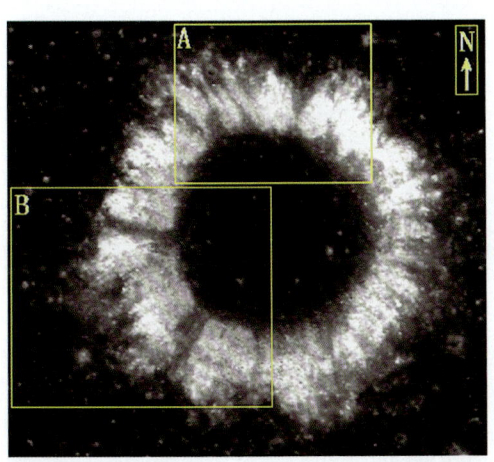

图 6.2.65　湿海（Mare Humorum）中一个小月坑形成的"辐射状冻融石油泥流"（黑色）之一和坑壁"冻融坡积岩屑层"（白色）分布特征

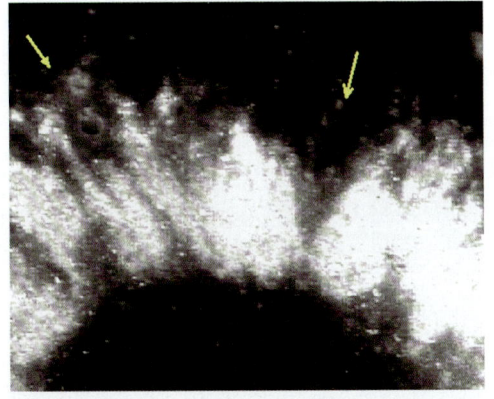

图 6.2.66　为图 6.2.65 方框 A 局部放大

示辐射状冻融石油泥流（黑色）之一和坑壁"冻融坡积岩屑层"（白色）分布特征，箭头所示冻融"石油泥流"流动方向

473

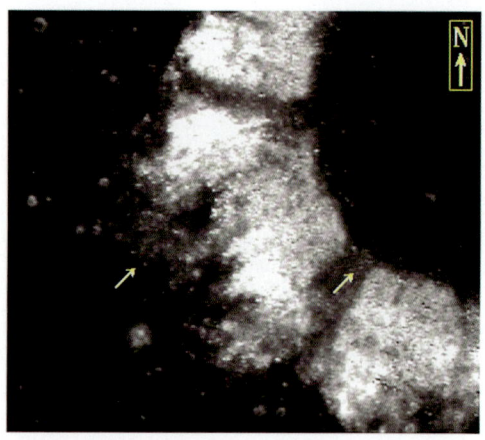

图 6.2.67　为图 6.2.65 方框 B 局部放大

示辐射状冻融石油泥流之一"吞噬"大量岩屑和岩块分布特征,箭头示冻融"石油泥流"流动方向

图 6.2.68　湿海（Mare Humorum）中一个小月坑（方框）形成（"辐射状冻融泥流"之二）

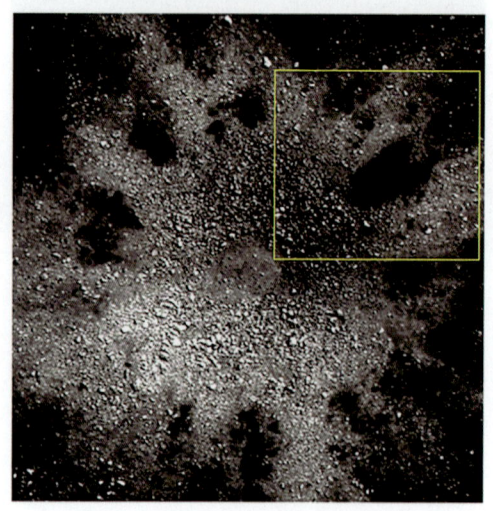

图 6.2.69　为图 6.2.68 方框局部放大（"辐射状冻融石油泥流"之二）

示辐射状冻融石油泥流（黑色）和坑壁"冻融坡积岩屑层"（白色）分布特征

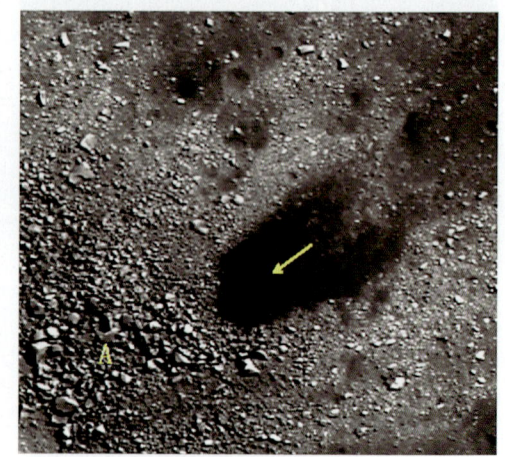

图 6.2.70　为图 6.2.69 方框局部放大（"辐射状冻融石油泥流"之二）

示辐射状冻融石油泥流前端推挤"冻融坡积岩屑层"和局部形成"石流阶地"（A）分布特征,箭头示冻融"石油泥流"流动方向

第六章 月球"冻融作用形成的地貌"（遗迹）特征

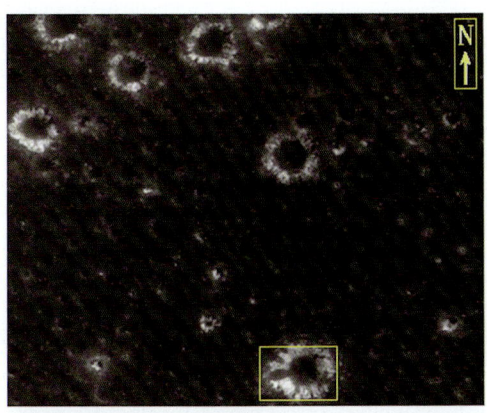

图 6.2.71　湿海（Mare Humorum）中小月坑形成的"辐射状冻融石油泥流"之三和坑壁环状"冻融坡积岩屑层"（白色环状）分布特征

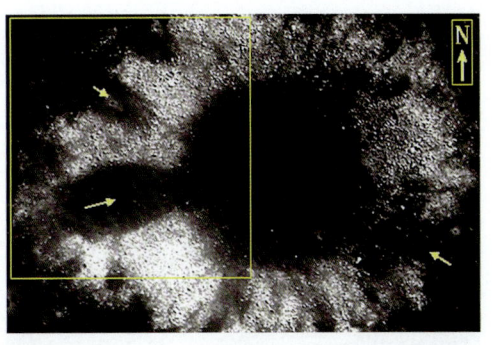

图 6.2.72　为图 6.2.71 方框局部放大（"辐射状冻融石油泥流"之三）

示辐射状冻融"石油泥流"（黑色）和坑壁"冻融坡积岩屑层"（白色）分布特征，箭头示冻融"石油泥流"流动方向

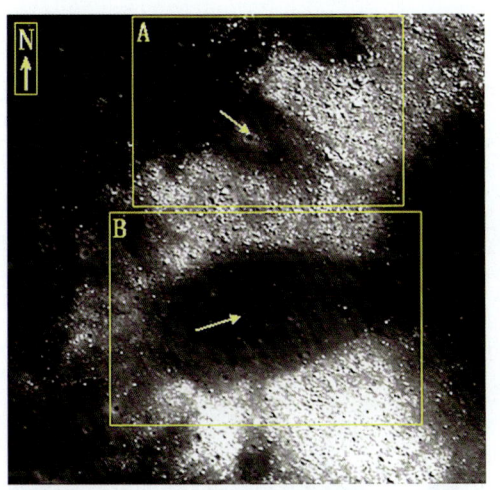

图 6.2.73　为图 6.2.72 方框局部放大（"辐射状冻融石油泥流"之三）

示辐射状冻融石油泥流（黑色）因"融沉"作用"吞噬"大量坡积岩屑层（白色）分布特征，箭头示冻融"石油泥流"流动方向

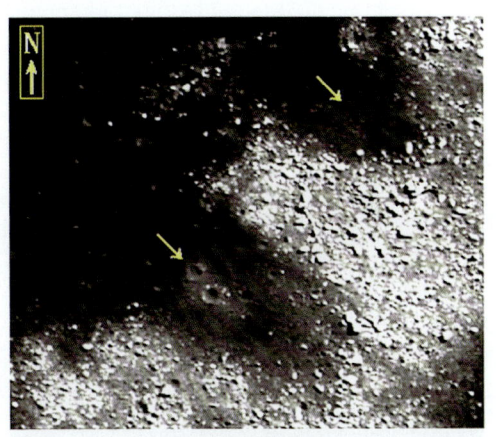

图 6.2.74　为图 6.2.73 方框 A 局部放大（"辐射状冻融石油泥流"之三）

示辐射状冻融石油泥流（黑色）因"融沉"作用几乎"吞噬"全部白色坡积岩屑和岩块分布特征，箭头示冻融"石油泥流"流动方向

475

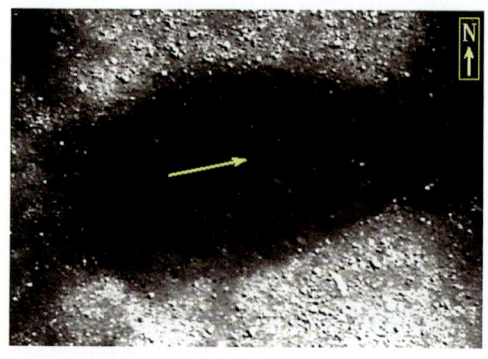

图 6.2.75　为图 6.2.73 方框 B 局部放大（"辐射状冻融石油泥流"之三）

示辐射状冻融石油泥流（黑色）因"融沉"作用几乎"吞噬"全部白色坡积岩屑和岩块分布特征，箭头示冻融"石油泥流"流动方向

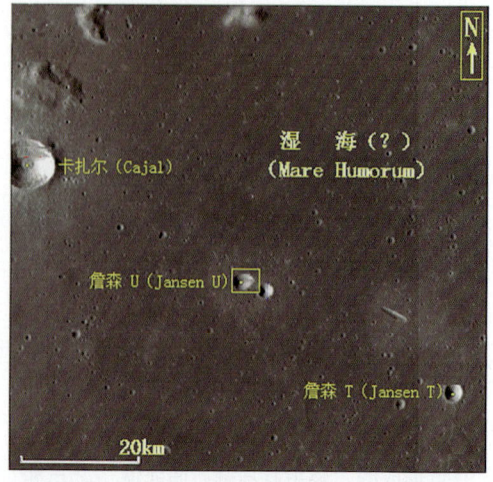

图 6.2.76　湿海（Mare Humorum）中一个小月坑卡扎尔（Cajal）、詹森 U（Jansen U）（"辐射状冻融石油泥流"之四）

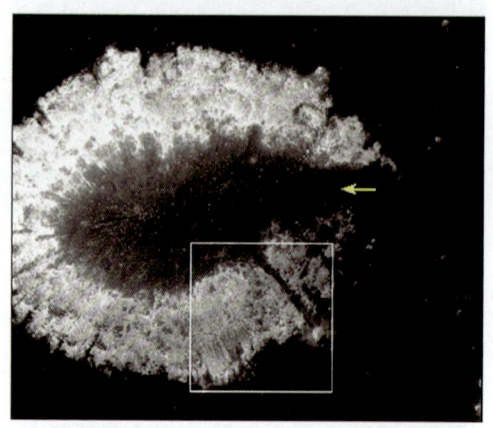

图 6.2.77　为图 6.2.76 方框局部放大（"辐射状冻融石油泥流"之四）

示詹森 U 小月坑形成的"辐射状冻融石油泥流"（黑色）和坑壁环状"冻融坡积岩屑层"（白色环状）分布特征，箭头示冻融"石油泥流"流动方向

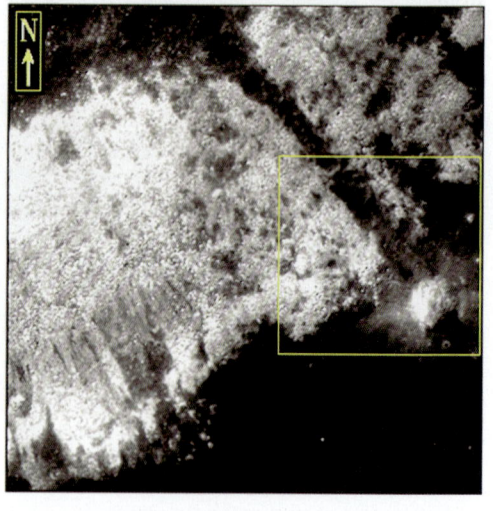

图 6.2.78　为图 6.2.77 方框局部放大（"辐射状冻融石油泥流"之四）

示詹森 U 小月坑形成的"辐射状冻融石油泥流"（黑色）和坑壁环状"冻融坡积岩屑层"（白色）分布特征，箭头示冻融"石油泥流"流动方向

第六章 月球"冻融作用形成的地貌"（遗迹）特征

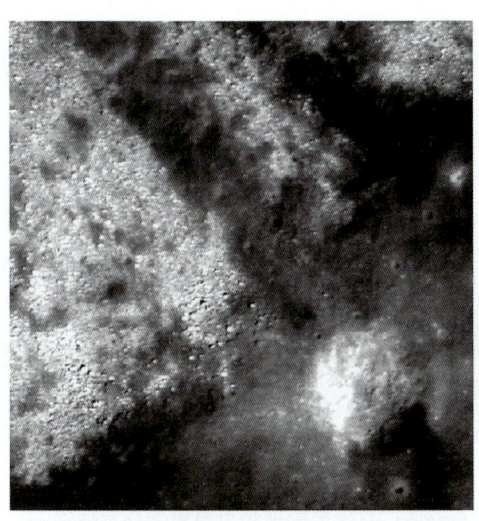

图 6.2.79 为图 6.2.78 方框局部放大（"辐射状冻融石油泥流"之四）

示詹森 U 小月坑形成的"辐射状冻融石油泥流"（黑色）和坑壁环状"冻融坡积岩屑层"（白色）分布特征，箭头示冻融"石油泥流"流动方向

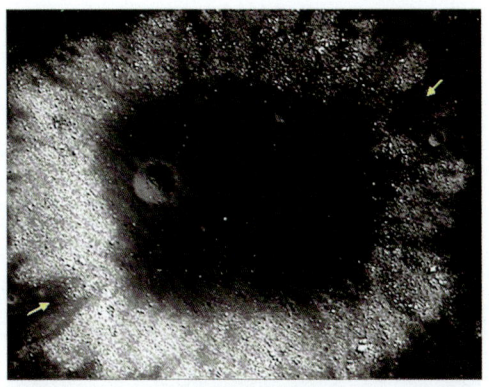

图 6.2.80 湿海（Mare Humorum）中一个小月坑形成的"辐射状冻融石油泥流"（黑色）和坑壁环状"冻融坡积岩屑层"（白色）分布特征（"辐射状冻融石油泥流"之五）

箭头所示冻融"石油泥流"流动方向

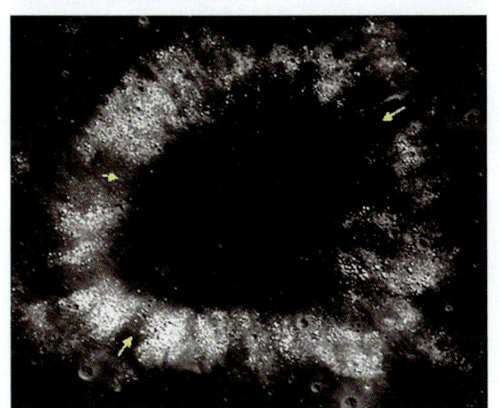

图 6.2.81 湿海（Mare Humorum）中一个小月坑形成的"辐射状冻融石油泥流"（黑色）和坑壁环状"冻融坡积岩屑层"（白色）分布特征（"辐射状冻融石油泥流"之五）

箭头示冻融"石油泥流"流动方向

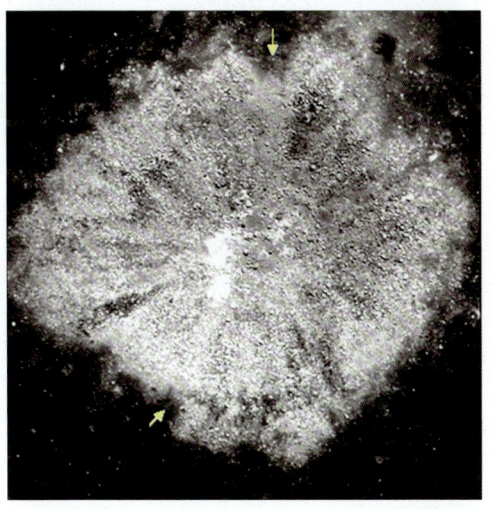

图 6.2.82 艾特肯 N 月坑附近的小月坑形成的"辐射状冻融石油泥流"（黑色）和坑壁环状"冻融坡积岩屑层"（巨石坑）（白色）分布特征（"辐射状冻融石油泥流"之五）

箭头示冻融"石油泥流"流动方向

477

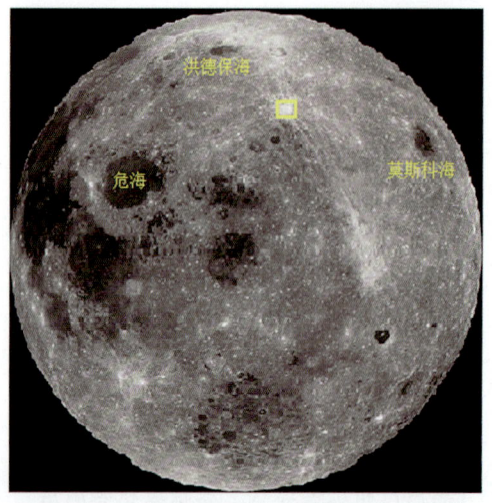

图 6.2.83 焦尔达诺·布鲁诺（Giordano Bruno）月坑（方框）在月球上的位置

图 6.2.84 焦尔达诺·布鲁诺（Giordano Bruno）月坑周围地貌卫星影像分布特征

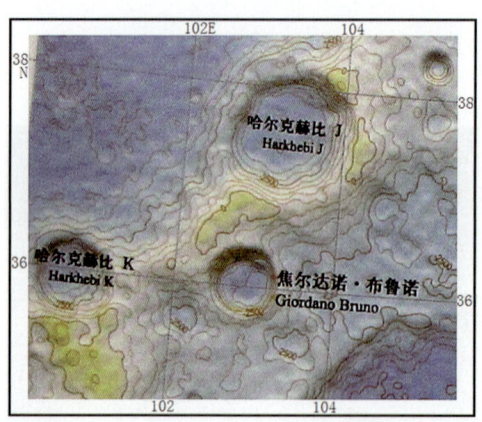

图 6.2.85 焦尔达诺·布鲁诺（Giordano Bruno）月坑及附近地形图

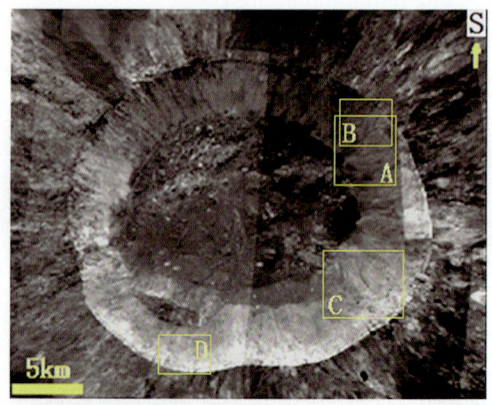

图 6.2.86 为图 6.2.84 方框局部放大
焦尔达诺·布鲁诺月坑分布特征

第六章 月球"冻融作用形成的地貌"（遗迹）特征

图 6.2.87　为图 6.2.86 方框 A 局部放大
示焦尔达诺·布鲁诺月坑棒槌状冻融"石油泥流"特征，箭头示冻融"石油泥流"流动方向

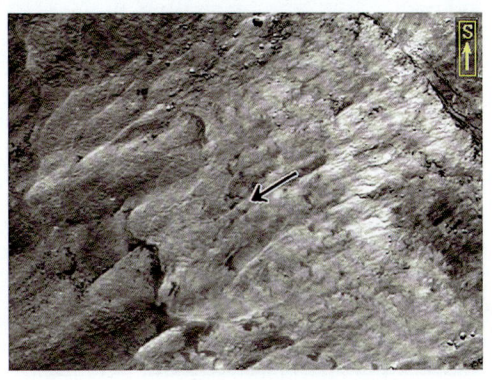

图 6.2.88　为图 6.2.86 方框 B 局部放大
示焦尔达诺·布鲁诺月坑Ⅲ期棒槌状冻融泥流特征，箭头示棒槌状冻融"石油泥流"流动方向

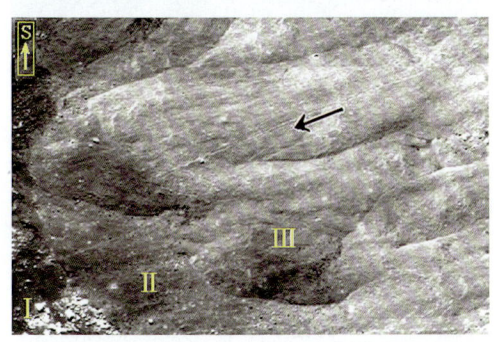

图 6.2.89　为图 6.2.87 方框局部放大
示焦尔达诺·布鲁诺月坑Ⅰ期泥流已全部溶化，大小岩块和岩屑杂乱堆积；Ⅱ期已开始溶化，露出少量岩块和岩屑物质；Ⅲ期明显覆盖在Ⅱ期泥流之上，岩块和岩屑物质少量分布，箭头示冻融"石油泥流"流动方向

图 6.2.90　为图 6.2.86 方框 C 局部放大
示焦尔达诺·布鲁诺月坑Ⅲ期棒槌状冻融"石油泥流"特征，箭头示冻融"石油泥流"流动方向

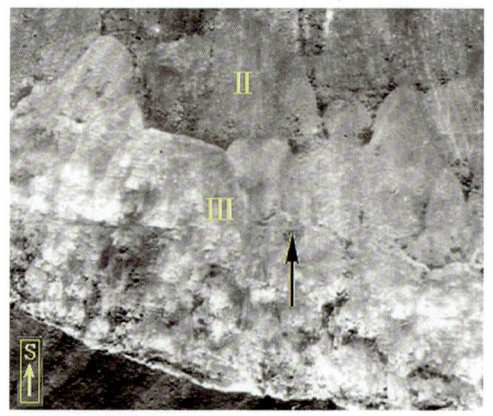

图6.2.91　为图6.2.86方框D局部放大
示焦尔达诺·布鲁诺月坑Ⅲ期棒槌状冻融"石油泥流"明显覆盖在Ⅱ期之上分布特征，箭头示冻融"石油泥流"流动方向

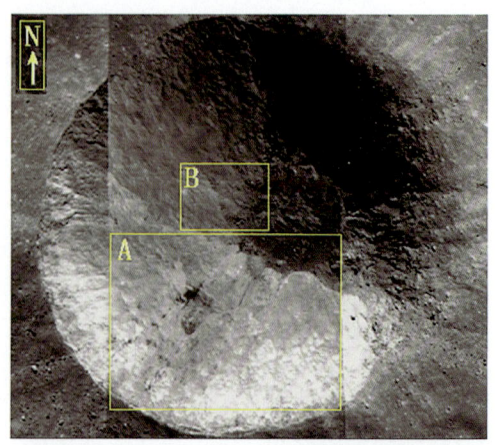

图6.2.92　李四光月坑卫星影像图

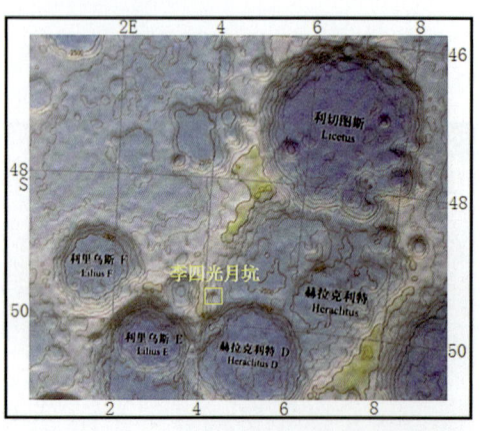

图6.2.93　李四光月坑及附近地形图

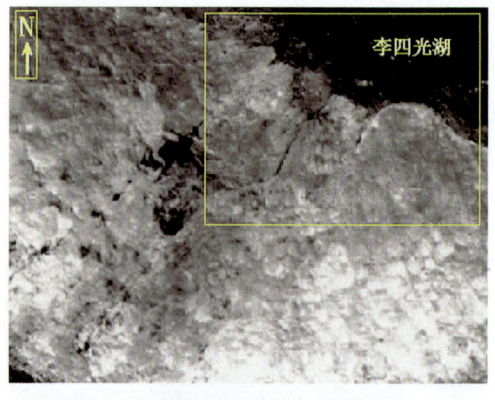

图6.2.94　为图6.2.92方框A局部放大
示李四光月坑坑壁棒槌状冻融"石油泥流"分布特征

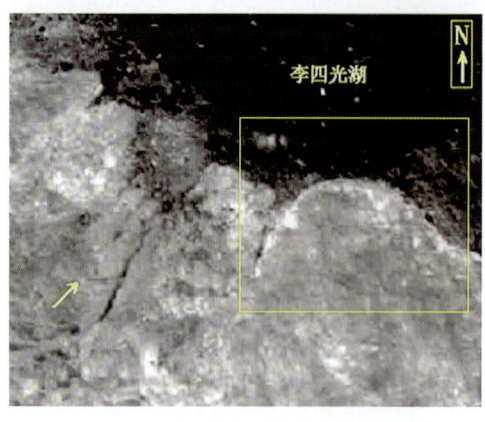

图6.2.95　为图6.2.94方框局部放大
示李四光月坑坑壁棒槌状冻融"石油泥流"分布特征

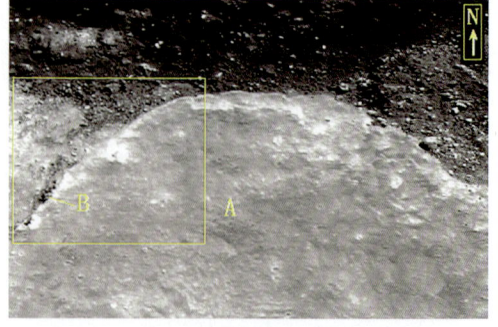

图6.2.96　为图6.2.95方框局部放大
示李四光月坑坑壁棒槌状冻融"石油泥流"表面（A）光滑无岩块和岩屑物质分布，熔融后（B）表面有大量岩块和岩屑物质分布，颗粒大小自下而上、由细到粗分布特征

第六章 月球"冻融作用形成的地貌"（遗迹）特征

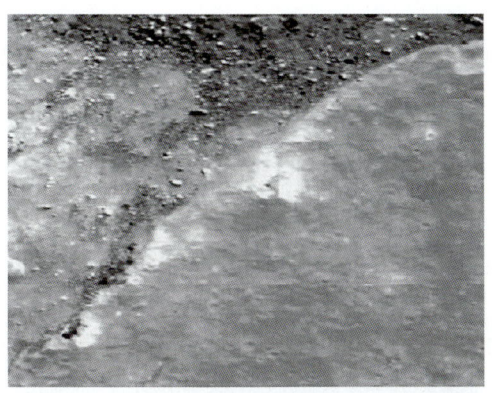

图6.2.97 为图6.2.96方框局部放大
示李四光月坑坑壁棒槌状冻融"石油泥流"表面融溶后，表面有大量岩块和岩屑物质分布，颗粒大小自下而上、由细到粗分布特征

图6.2.98 为图6.2.92方框B局部放大
示李四光月坑坑壁棒槌状冻融"石油泥流"表面融溶后，表面有大量岩块和岩屑物质分布，颗粒大小自下而上、由细到粗分布特征

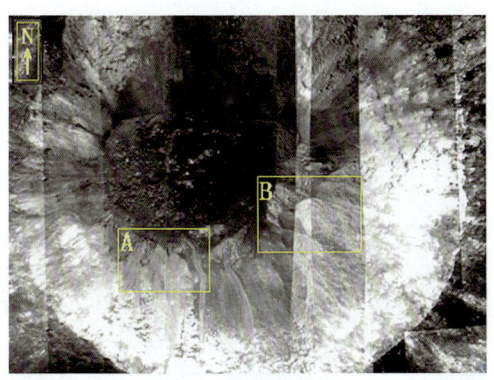

图6.2.99 比尔吉乌斯A（Bygius A）月坑卫星影像图

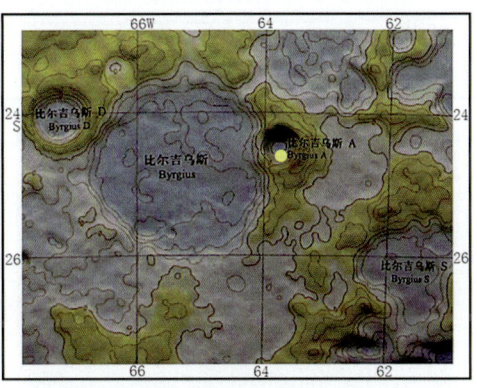

图6.2.100 比尔吉乌斯A（Bygius A）月坑及附近地形图

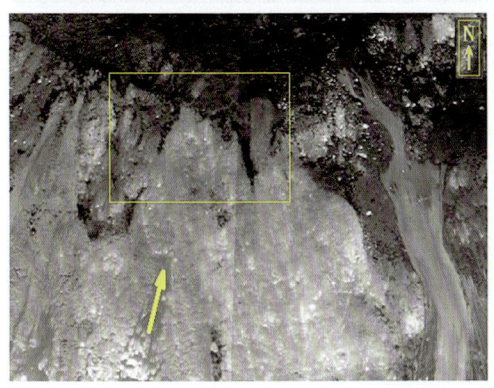

图6.2.101 为图6.2.99方框A局部放大
示比尔吉乌斯A月坑南坑壁棒槌状冻融"石油泥流"分布特征，箭头示冻融泥流流动方向

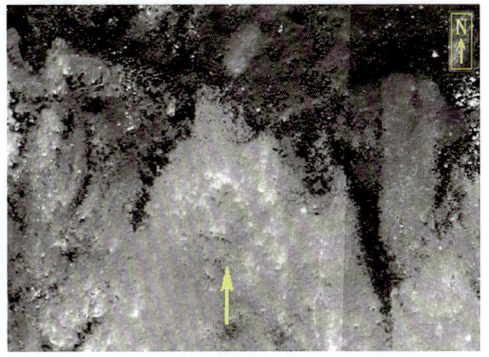

图6.2.102 为图6.2.101方框局部放大
示比尔吉乌斯A月坑坑壁棒槌状冻融"石油泥流"已开始溶化，岩块和岩屑物质已开始出露，箭头示冻融"石油泥流"流动方向

481

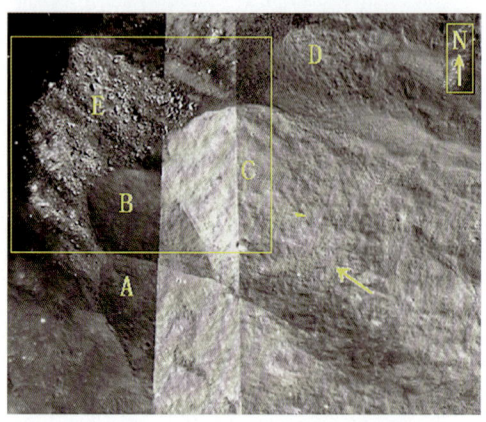

图 6.2.103 为图 6.2.99 方框 B 局部放大
示比尔吉乌斯 A 月坑坑壁棒槌状冻融泥流（A、B、C、D）地貌特征，E 为早期已全部溶化的冻融"石油泥流"，岩块和岩屑堆积物略具上粗下细分布特征，箭头示"石油泥流"流动方向

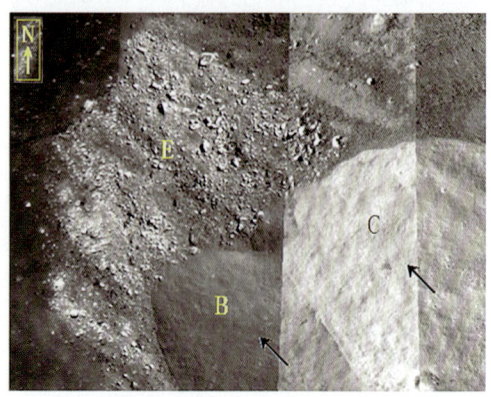

图 6.2.104 为图 6.2.103 方框局部放大
示比尔吉乌斯 A 月坑坑壁棒槌状冻融"石油泥流"（B、C）地貌特征，E 为早期已全部溶化的冻融"石油泥流"，岩块和岩屑堆积物略具上粗下细分布特征，箭头示冻融"石油泥流"流动方向

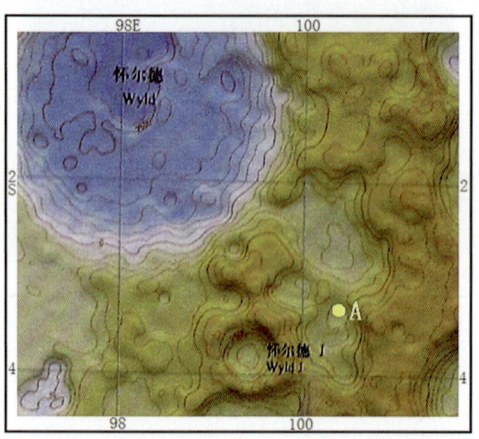

图 6.2.105 怀尔德 J（Wyld J）东北小月坑 A 及附近地形图

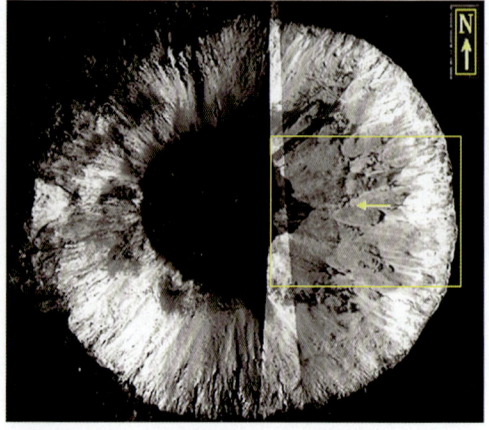

图 6.2.106 怀尔德 J（Wyld J）东北小月坑 A 卫星影像图
箭头示冻融"石油泥流"流动方向

第六章　月球"冻融作用形成的地貌"（遗迹）特征

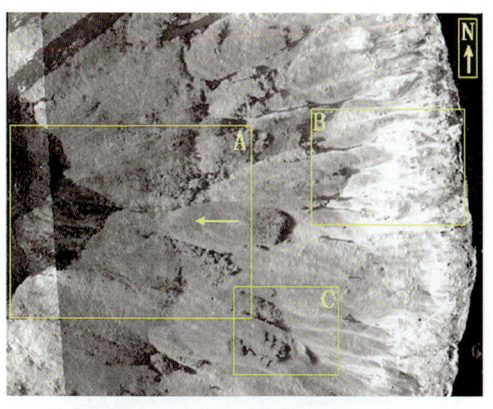

图 6.2.107　为图 6.2.106 方框局部放大

示怀尔德 J 东北小月坑 A 冻融"石油泥流"分布特征，箭头示冻融"石油泥流"流动方向

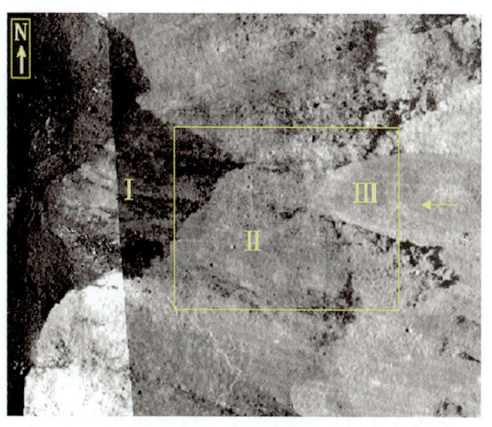

图 6.2.108　为图 6.2.107 方框 A 局部放大

示怀尔德 J 东北小月坑 A 冻融"石油泥流"早期（Ⅰ）、中期（Ⅱ）和晚期（Ⅲ）分布特征，早期（Ⅰ）已开始融溶，有较多岩屑和岩块出露，箭头示冻融"石油泥流"流动方向

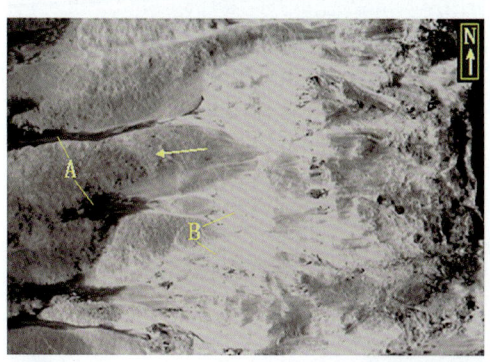

图 6.2.109　为图 6.2.107 方框 B 局部放大

示冻融"石油泥流"为晚期冻胀岩屑流物质（A 黑色和 B 白色）局部覆盖分布特征，箭头示冻融"石油泥流"流动方向

图 6.2.110　为图 6.2.107 方框 C 局部放大

示冻融"石油泥流"为晚期冻胀岩屑流物质（A 黑色和 B 白色）局部覆盖分布特征，箭头示冻融"石油泥流"流动方向

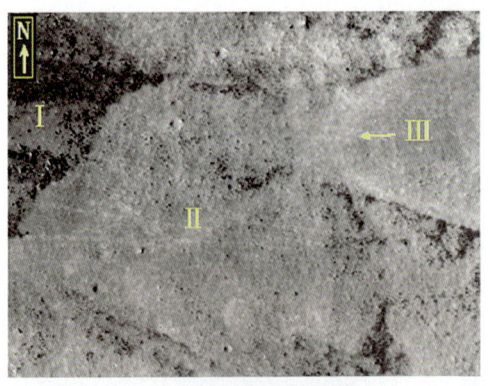

图 6.2.111　为图 6.2.108 方框局部放大

示怀尔德 J 东北小月坑 A 冻融"石油泥流"由老到新可分为 Ⅰ、Ⅱ、Ⅲ 三期，早期（Ⅰ、Ⅱ）已开始融溶，有较多岩屑和岩块出露分布特征，箭头示冻融"石油泥流"流动方向

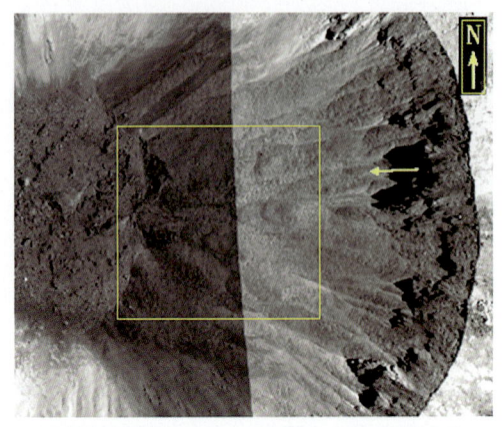

图 6.2.112　月球背面冻融"石油泥流"分布特征

箭头示冻融"石油泥流"流动方向

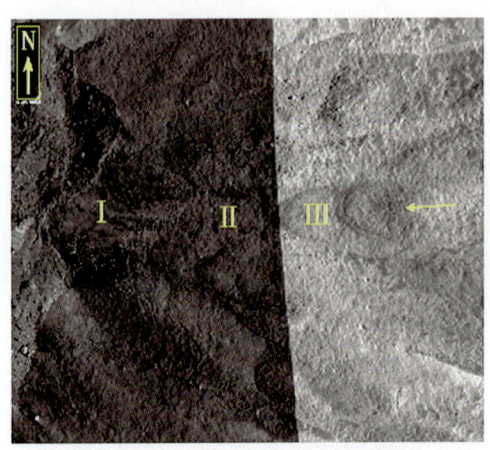

图 6.2.113　为图 6.2.112 方框局部放大

示月球背面冻融"石油泥流" Ⅰ、Ⅱ、Ⅲ 期冻融"石油泥流"分布特征，箭头示冻融"石油泥流"流动方向

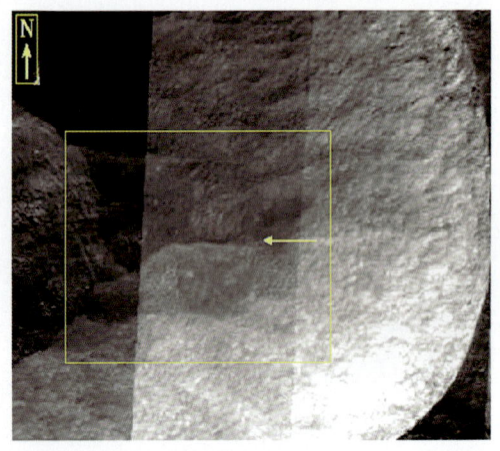

图 6.2.114　月球背面冻融"石油泥流"分布特征

箭头示冻融"石油泥流"流动方向

第六章　月球"冻融作用形成的地貌"（遗迹）特征

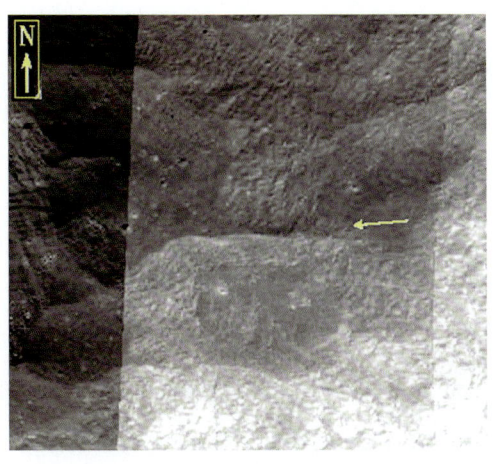

图 6.2.115　为图 6.2.114 方框局部放大

示月球背面冻融"石油泥流"分布特征，箭头示冻融"石油泥流"流动方向

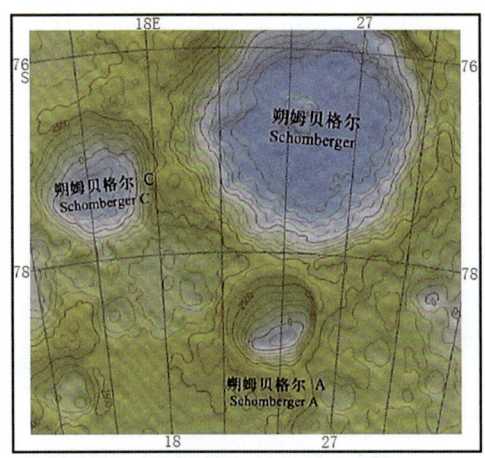

图 6.2.116　朔姆贝格尔 A（Schomberger A）及附近地形图

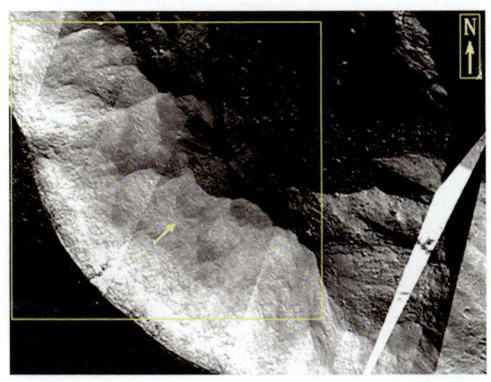

图 6.2.117　朔姆贝格尔 A（Schomberger A）西南坑壁冻融泥流呈蠕虫状或不甚规则的坨状分布特征

箭头示冻融"石油泥流"流动方向

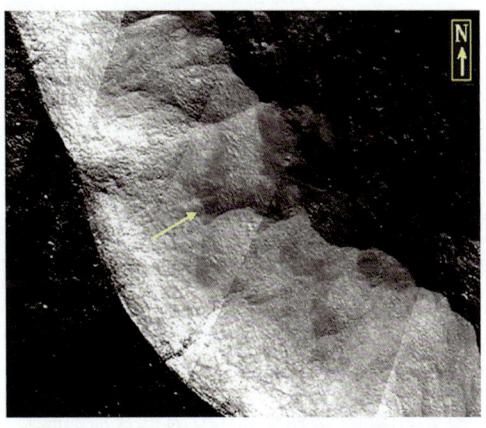

图 6.2.118　为图 6.2.117 方框局部放大

示朔姆贝格尔 A 西南坑壁冻融"石油泥流"呈蠕虫状或不甚规则的坨状分布特征，箭头示冻融"石油泥流"流动方向

485

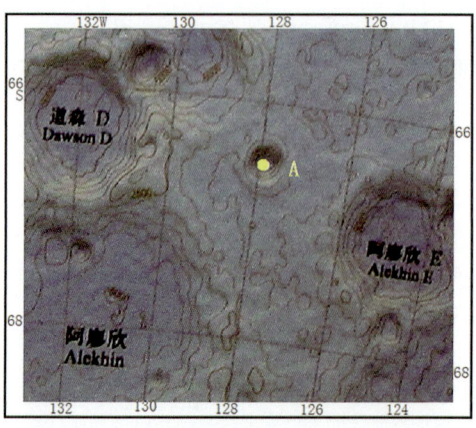

图 6.2.119 阿廖欣（Alckhin）月坑东北小月坑 A

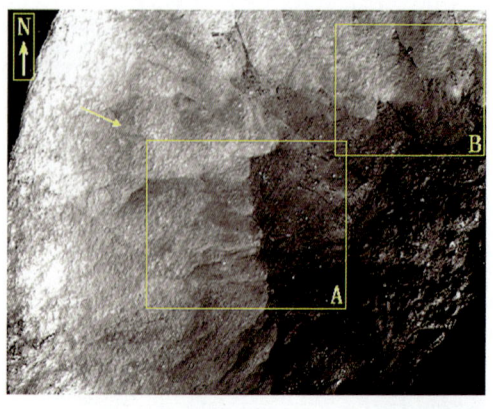

图 6.2.120 阿廖欣（Alckhin）月坑东北小月坑 A 西北坑壁冻融"石油泥流"分布特征

箭头示冻融"石油泥流"流动方向

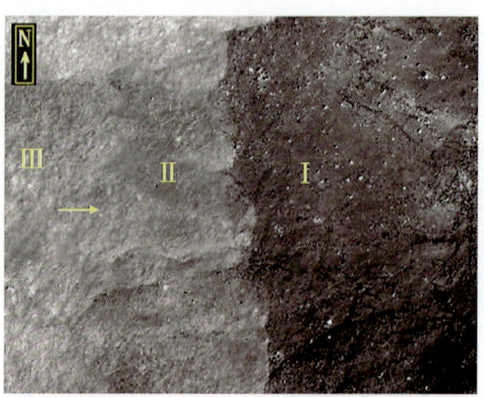

图 6.2.121 为图 6.2.120 方框 A 局部放大

示阿廖欣月坑东北小月坑 A 西坑壁冻融"石油泥流"由老到新可分为Ⅰ、Ⅱ、Ⅲ三期，早期（Ⅰ、Ⅱ）已开始融溶，有较多岩屑和岩块出露分布，箭头示冻融"石油泥流"流动方向

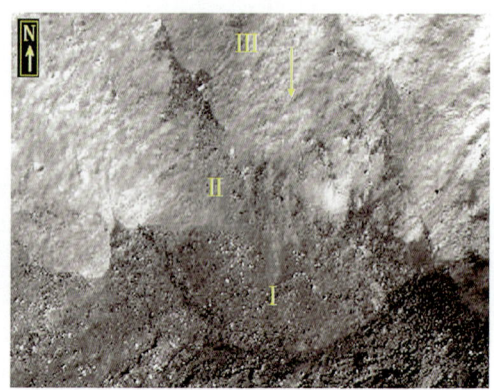

图 6.2.122 为图 6.2.120 方框 B 局部放大

示阿廖欣月坑东北小月坑 A 北坑壁冻融"石油泥流"由老到新可划分为Ⅰ、Ⅱ、Ⅲ三期，Ⅰ期融溶物已有大量分布，Ⅱ、Ⅲ期已开始融溶，有少量岩屑和岩块分布，箭头示冻融"石油泥流"流动方向

第六章 月球"冻融作用形成的地貌"（遗迹）特征

图 6.2.123 苏尔皮西乌斯·加卢斯（Sulpicius Gallus）月坑之西塌陷坑 A 卫星影像分布图

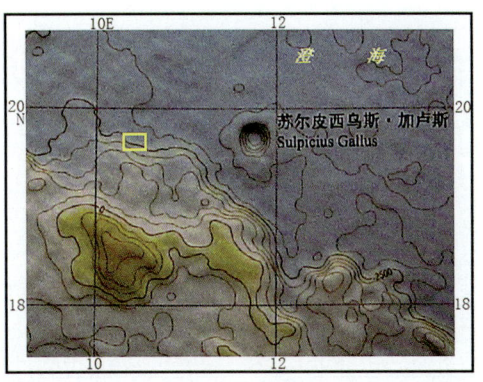

图 6.2.124 苏尔皮西乌斯·加卢斯（Sulpicius Gallus）月坑之西塌陷坑 A（方框）及附近地形图

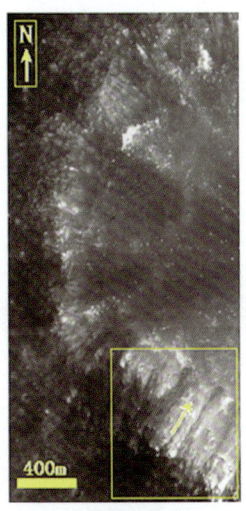

图 6.2.125 为图 6.2.123 方框局部放大
示塌陷坑 A 西南壁上牛舌状冻融"石油泥流"分布特征，箭头示冻融"石油泥流"流动方向

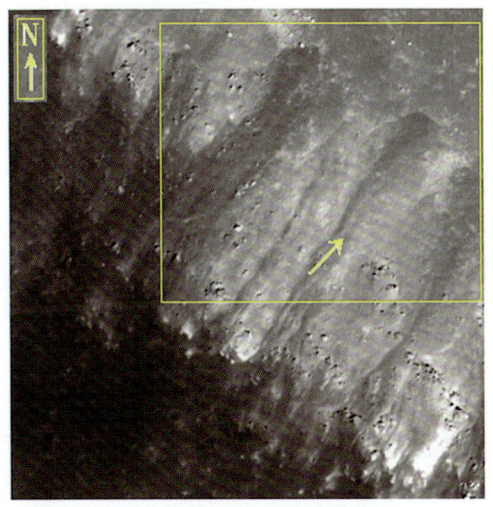

图 6.2.126 为图 6.2.125 方框局部放大
示牛舌状冻融"石油泥流"分布特征，箭头示冻融"石油泥流"流动方向

487

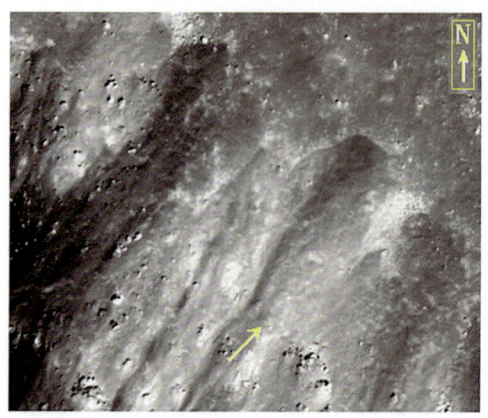

图 6.2.127　为图 6.2.126 方框局部放大
示牛舌状冻融"石油泥流"分布特征，箭头示冻融"石油泥流"流动方向

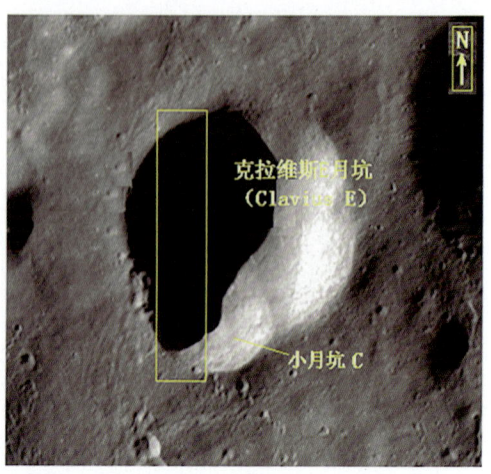

图 6.2.128　克拉维斯月坑 E（Clavius E）月坑及其南缘小月坑 C 卫星影像分布图

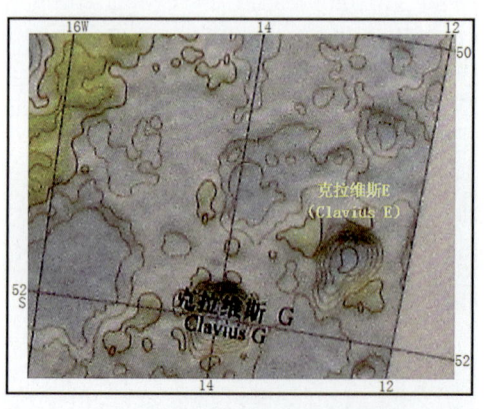

图 6.2.129　克拉维斯月坑 E（Clavius E）月坑及附近地形图

图 6.2.130　为图 6.2.128 方框局部放大
示小月坑 C 牛舌状冻融"石油泥流"分布特征，箭头示冻融"石油泥流"流动方向

第六章 月球"冻融作用形成的地貌"（遗迹）特征

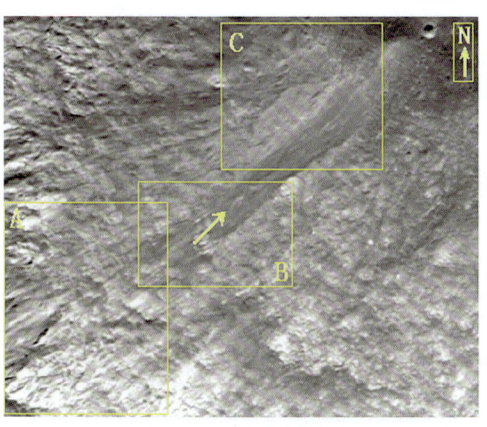

图 6.2.131　为图 6.2.130 方框局部放大
示小月坑 C 中牛舌状冻融"石油泥流"分布特征，箭头示冻融"石油泥流"流动方向

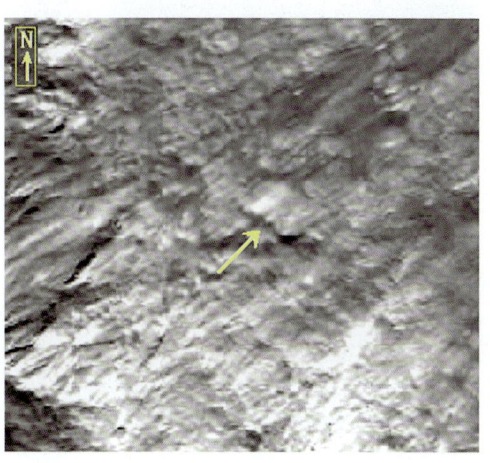

图 6.2.132　为图 6.2.131 方框 A 局部放大
示小月坑 B 中牛舌状冻融"石油泥流""源区"分布特征，箭头示冻融"石油泥流"流动方向

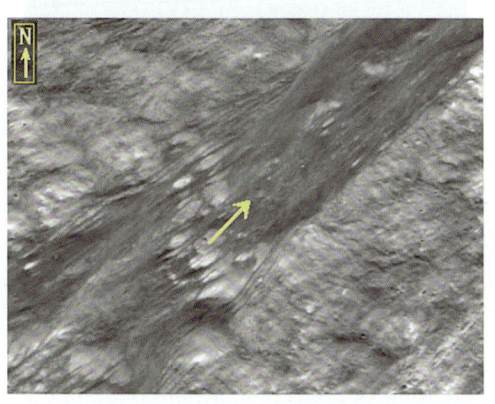

图 6.2.133　为图 6.2.131 方框 B 局部放大
示小月坑 C 中牛舌状冻融"石油泥流""源区""流通区"分布特征，箭头示冻融"石油泥流"流动方向

图 6.2.134　为图 6.2.131 方框 C 局部放大
示小月坑 C 中牛舌状冻融"石油泥流""堆积区"分布特征，箭头示冻融"石油泥流"流动方向

489

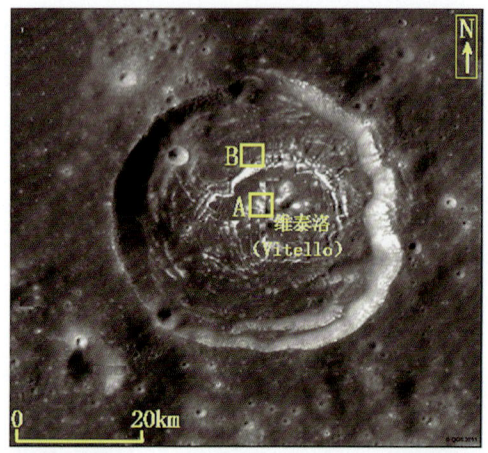

图 6.2.135 维泰洛（Vitello）月坑卫星影像分布图

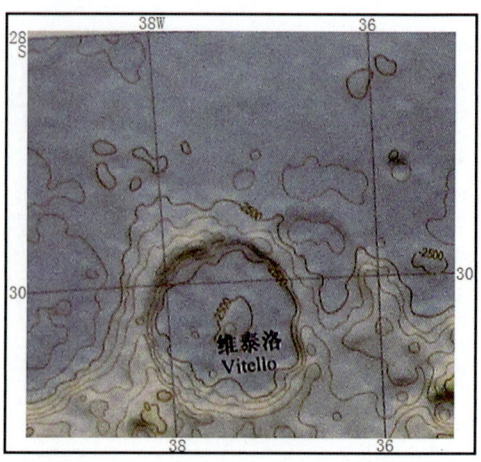

图 6.2.136 维泰洛（Vitello）月坑及附近地形图

图 6.2.137 为图 6.2.135 方框 A 局部放大示维泰洛月坑"冻融泥质多边形土"分布特征

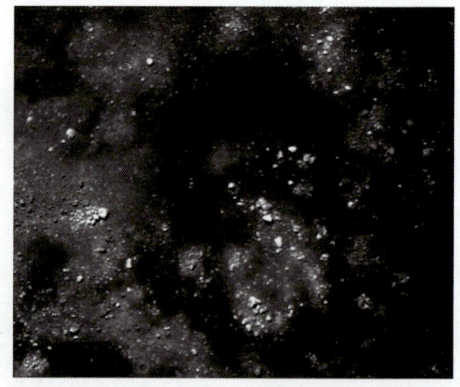

图 6.2.138 为图 6.2.135 方框 B 局部放大示维泰洛月坑"冻融泥质多边形土"分布特征

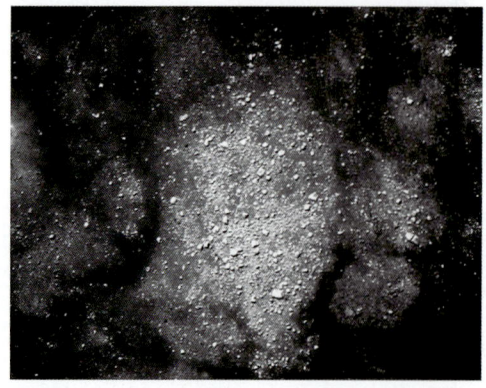

图 6.2.139 为图 6.2.135 方框 B 局部放大示维泰洛月坑"冻融泥质多边形土"分布特征

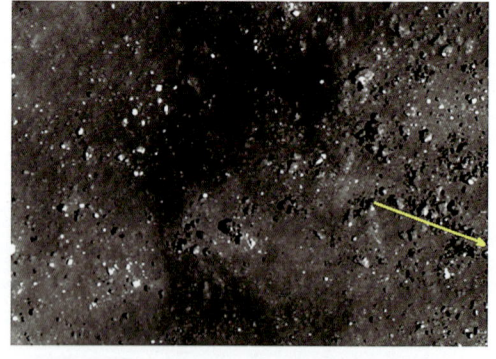

图 6.2.140 静海西南边缘丢尼修（Dionysius）月坑坑底冻融作用形成的"石线"（箭头上 8 个岩块排列成直线）分布特征

第六章　月球"冻融作用形成的地貌"（遗迹）特征

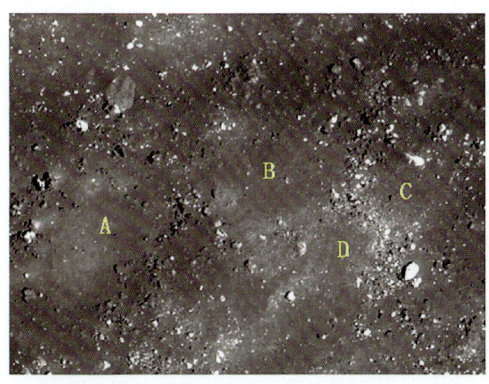

图6.2.141　静海西南边缘丢尼修（Dionysius）月坑坑底冻融石环（A、B、C、D）分布特征

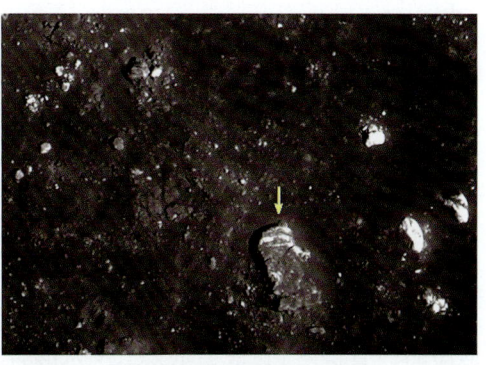

图6.2.142　静海西南边缘丢尼修月坑坑底胶结紧密的层状岩块分布特征（箭头所示）

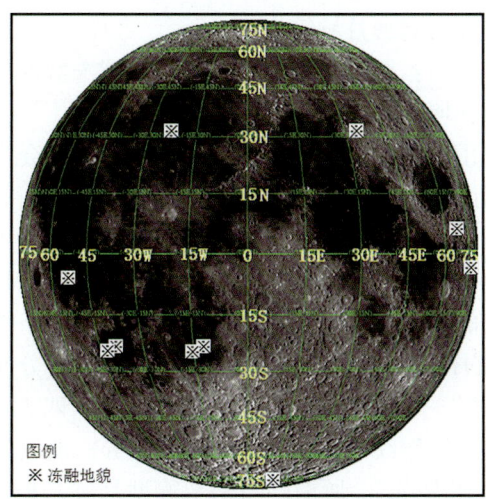

图6.2.143　月球正面"冻融地貌"分布图

（图片来源：ESA/NASA）

491

第七章 月球"月坑地貌"（遗迹）特征

所谓"月坑"，是指月球上看到的许多大大小小、坑坑洼洼的凹坑，称之为月坑。

初步研究结果表明，月坑主要是由小行星撞击产生的。目前尚未见到由火山喷发形成的"月坑"。月坑大小不一，小的直径只有几十厘米甚至更小，最大的直径可达千米以上。估计月面上直径大于1000米的月坑总数在3.3万个以上。形态千变万化，有碗形、双环状、单环状，有的形成高大的"中央峰"，有的形成平坦的"沉积平原"等。

月球月坑以往大多按形态特征进行划分，有克拉维型月坑、哥白尼型月坑、阿基米德型月坑、碗形月坑和酒窝形月坑等。

最新的月坑形态划分为：简单月坑、复合月坑、撞击盆地。但均未考虑到陨石撞击的月表区域的地质和环境条件。

试想，如果陨击作用发生在不同的地质环境条件，是否会产生不一样的效果。如在坚硬裸露的岩石，沼泽湿地的淤泥，有水覆盖的大海、湖泊等，所形成的月坑形态特征无疑是有很大不同的。初步研究表明，由月海中心向边缘再到月陆区，撞击作用发生在基本属同一时期的月坑，其形态特征却明显不同，这就是很好的例证。因此可以认为月坑的不同形态的产生，基本上是受陨击区地质环境条件所制约。通过对月球月坑形成的环境条件和月表含水量的研究，可将月球表面分布的月坑大致划分为："深水月坑""浅水月坑""湿地月坑"和"陆地月坑"四大类。它们在空间分布、形态特征、月坑充填物、辐射纹等方面均有明显的差异。所谓的克拉维型月坑，相当于"深水月坑"和"浅水月坑"。所谓的阿基米德型月坑，相当于"湿地月坑"。所谓的哥白尼型月坑、碗形月坑和酒窝形月坑等，相当于"陆地月坑"。毫无疑问，按月球月坑形成的区域地质和环境条件进行划分，为月球古地质环境的探讨提供了重要依据。

如果按月坑充填物多少可将月坑大致划分为：无充填月坑、少充填月坑、半充填月坑、全充填月坑和满充填月坑五种类型。

无充填月坑是指月坑坑底极少见有产生月坑时溅落的堆积物分布，一般多为小或极小月坑。常为"陆地月坑"类型。

少充填月坑是指月坑坑底可见有少量产生月坑时溅落的堆积物分布，可见局部堆积平原分布。常为"陆地月坑"类型。

半充填月坑是指月坑坑底可见有较多产生月坑时溅落的堆积物分布。但堆积高度一般不超过边界阶梯状断裂，形成较完好的坑底堆积平原。多为"浅水月坑"，少量为"陆地月坑"。

全充填月坑是指月坑坑底全都被溅落堆积物填满，形成明显坑底平原，但坑壁上部仍保存相当完好。常为"湿地月坑"。

满充填月坑是指月坑为溅落的堆积物填满整个月坑，仅见极窄的坑缘分布。常为"深水月坑"。

月球月坑类型的划分和研究，为探讨月球水和水冰的形成发展历史提供重要证据。现将月球月坑按形成的环境条件不同，即月表水量的深浅和含水量的多少划分为"深水月坑""滨海月坑""湿地月坑"和"陆地月坑"四大类，各类月坑之间没有明显或绝缘界限。简介如下。

第一节 月球"深水月坑"地貌特征

一、月球"深水月坑"地貌概念、分布及类型划分

1. 月球"深水月坑"地貌概念

"深水月坑"是指月球在泛海洋期的雨海纪，陨石撞击深水体覆盖的月表时形成的月坑。由于陨击作用产生的冲击力、冲击波和溅射物，均受到覆盖水体不同程度的阻挡，已无法形成辐射纹、环状边界断裂、中央峰和坑底溅落堆积物等。月坑只是呈圆环状，或坑缘低矮。"深水月坑"的存在，说明月球曾经有过大量水体覆盖。

2. 月球"深水月坑"地貌分布

"深水月坑"空间上的分布与月海、大型盆地和地形低洼地区的中心部分密切相关。一般分布不多。水体越厚，或水越深，"深水月坑"就保存越少。"深水月坑"与月陆月坑在地貌特征、分布上形成鲜明对比。

3. 月球"深水月坑"地貌类型划分

资料尚不足，暂时不做划分。

二、月球"深水月坑"地貌特征

1. 雨海西南"深水月坑"地貌特征

雨海西南"深水月坑"分布于雨海卡利尼（Carlini）月坑西南，平坦的雨海沉积平原面上（见图 7.1.1、图 7.1.2）。分布深度达 -2500 m。目前所见"深水月坑"仅为环形低平的垄状坑缘（见图 7.1.3—图 7.1.5）。环内显有凹陷迹象，深度略深于环外。其组成物质全为浅色的岩屑和岩块。另外，从环形坑缘内一些哥白尼纪小月坑所揭露的物质，也毫无例外全由略具分选和磨圆的浅色岩屑与岩块组成（见图 7.1.6、图 7.1.7）。

2. 雨海北"深水月坑"地貌特征

雨海北"深水月坑"分布于雨海沉积平原之北。纬度为 46.1°N，经度为 21.1°W（见图 7.1.8、图 7.1.9）。分布深度达 -3000 m 以下。环内显有凹陷迹象，深度略深于环外。有关资料认为这是"雨海的幽灵火山口（Ghost Crater in Mare Imbrium）"

（见图 7.1.10、图 7.1.12、图 7.1.13）。目前所见月坑仅残留月坑的环状坑缘部分。坑内和坑外地形平坦，基本处于同一沉积平原面上。坑缘呈低平的环状。主要由浅色岩屑和岩块物质所组成（见图 7.1.11、图 7.1.14、图 7.1.15）。月坑内充填物质与坑缘基本一致，均由略具分选和磨圆的浅色岩屑与岩块组成（见图 7.1.16）。

3. 丰富海南"深水月坑"地貌特征

（1）丰富海南"深水月坑"地貌特征。"深水月坑"分布于丰富海伊本·巴图塔（Ibn Battuta）月坑之南。深度约 1500 m。区域内有 A、B 两个"深水月坑"。

A"深水月坑"，纬度为 9.3°N，经度为 51.5°E。B"深水月坑"，纬度为 8.5°N，经度为 50.5°E（见图 7.1.17、图 7.1.18）。"深水月坑"，近圆形，整体向上微凸起，形似两个"大月饼"（见图 7.1.19）。其中 B"深水月坑"明显切割扁平的液化沙垄（箭头所示），可能表明早期"液化沙垄"形成之后，曾再次发生海浸，使垄状液化沙垄变扁平。

（2）丰富海之南梅西耶 A（Messier A）月坑西南"深水月坑"地貌特征。"深水月坑"分布于丰富海之南，梅西耶 A（Messier A）西南，纬度为 3.2°S，经度为 44.4°E（见图 7.2.20、图 7.1.21）。近圆形，或不甚规则形。无中央峰，无环状断裂带。坑中部较平坦。坑缘较宽，具外陡里缓分布特征（见图 7.2.22）。

（3）丰富海之北塔伦修斯 V（Taruntius V）"孪生""深水月坑"地貌特征。"孪生""深水月坑"分布于丰富海之北，呈南北向相互联结的"深水月坑"。纬度为 3.7°N。经度为 48.8°E（见图 7.2.23、图 7.1.24）。从形成时间看，北略晚于南（见图 7.2.25），靠南的"深水月坑"坑缘局部缺失明显。

三、月球"深水月坑"地貌形成演化

天外陨石撞击有厚层水体覆盖的月海时，由于撞击时和撞击后产生的巨大能量，受到水体介质的吸收和阻挡，使月坑的辐射作用大大减弱以致消失，因此在月坑周边已无动力产生辐射纹地貌。月坑内则为大量溅落物质所充填，形成与坑外沉积平原面持平或略缺损的微凹地面，产生的坑缘则为低矮的环状地貌特征，而坑壁已不复存在。很显然，一些规模较小的陨石因其撞击力受到水体的消耗后过小，已无力产生"深水月坑"。取而代之的是在中心区附近见到的一些圆环状地貌。当海水蒸发殆尽，即形成现今月海分布区内，月坑的分布数量明显比月陆区要少得多，月坑的规模也要小得多。因此，"深水月坑"的发现有力地证明了月球历史发展过程中，曾经为大量水体所覆盖，即存在"泛海洋"期。现今的月陆地区范围，因历史时期曾处于深海环境，尚可见到"深水月坑"。如哥白尼月坑东南已不在雨海范围，但可见到发育极好的"深水月坑"（见图 7.1.26）。毫不夸张地说，那时的月球就像一个"大水球"！规模小的天外陨石，已无法在水体覆盖的月海区产生月坑，是造成月海区月坑分布数量大大少于月陆区的最重要原因，而绝不是因"熔岩"覆盖所致。

第七章 月球"月坑地貌"(遗迹)特征

四、月球"深水月坑"地貌发现意义

"深水月坑"是在月表存在厚层水体的条件下产生的,因此它的发现足以证明月球历史发展进程中曾有过大量水的存在,为研究月球水的形成和发展提供了重要依据。

以下附第七章第一节图:

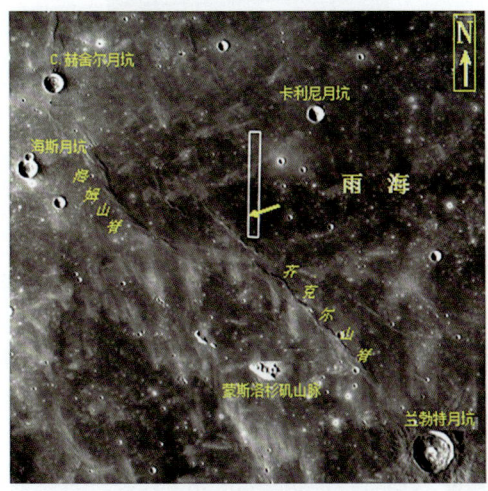

图 7.1.1 雨海西南"深水月坑"(箭头所示)分布位置

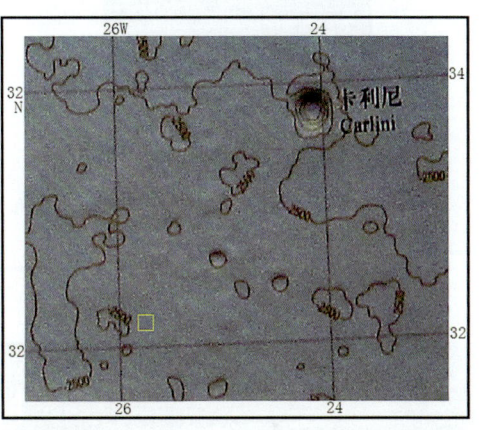

图 7.1.2 雨海西南"深水月坑"(方框)及附近地形图

示"深水月坑"分布于深度约 –2500 m 深海平原区

图 7.1.3 为图 7.1.1 箭头所示处局部放大

示雨海西南"深水月坑"分布于平坦的雨海沉积平原上

图 7.1.4 为图 7.1.3 方框局部放大

示雨海西南"深水月坑"坑缘呈环形低平垄状分布特征

495

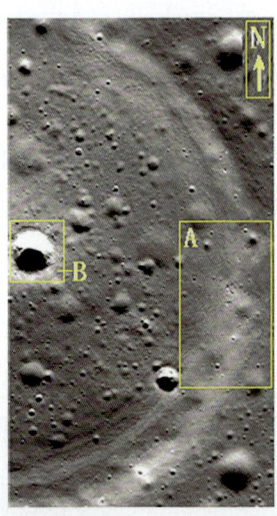

图 7.1.5 为图 7.1.4 方框局部放大
示雨海西南"深水月坑"坑缘呈环形低平垄状分布特征

图 7.1.6 为图 7.1.5 方框 A 局部放大
示雨海西南"深水月坑"环形低平垄状坑缘全由浅色岩屑和岩块组成

图 7.1.7 为图 7.1.5 方框 B 局部放大
示雨海西南"深水月坑"内一些小"陆地月坑"全由略具分选和磨圆的浅色岩屑与岩块组成

图 7.1.8 雨海北"深水月坑"（方框）卫星影像图分布特征

第七章 月球"月坑地貌"(遗迹)特征

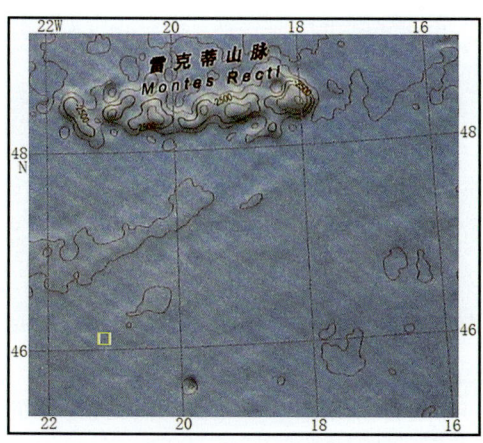

图7.1.9 雨海北"深水月坑"(方框)及附近地形图
示"深水月坑"分布于深度约-3000 m深海平原区

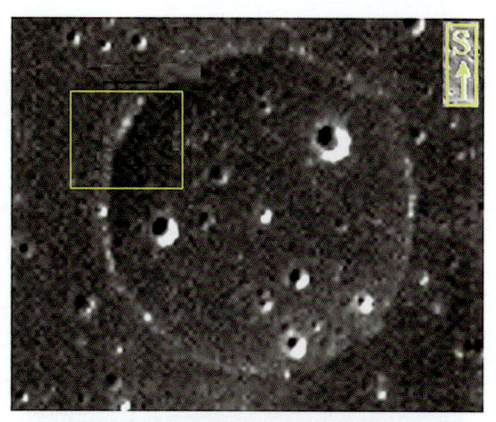

图7.1.10 为图7.1.8方框局部放大
示雨海北"深水月坑"坑缘呈低矮的圆环状,坑内和坑外基本处于同一沉积平原面分布特征

图7.1.11 为图7.1.10方框局部放大
示雨海北"深水月坑"环状坑缘全由略具分选和磨圆的浅色岩屑与岩块组成

图7.1.12 雨海北"深水月坑"分布于广阔平坦的沉积平原面上
南部有北东走向液化沙垄分布

497

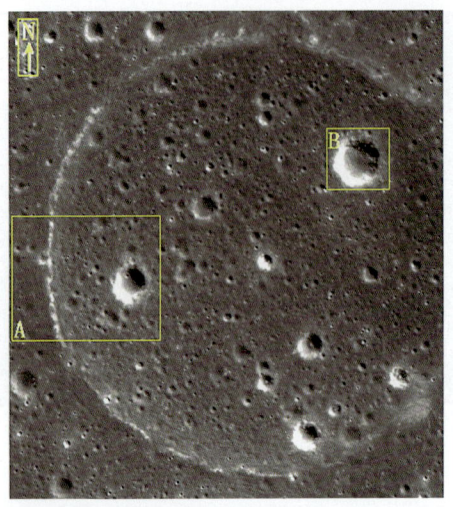

图 7.1.13　为图 7.1.12 方框局部放大

示雨海北"深水月坑"坑内和坑外基本处于同一沉积平原面分布特征

图 7.1.14　为图 7.1.13 方框 A 局部放大

示雨海北"深水月坑"口全由略具分选和磨圆的浅色岩屑与岩块组成

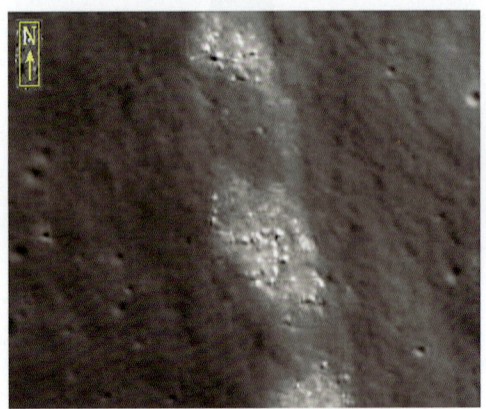

图 7.1.15　为图 7.1.14 方框局部放大

示雨海北"深水月坑"坑缘主要由略具分选和磨圆的浅色岩屑与岩块组成

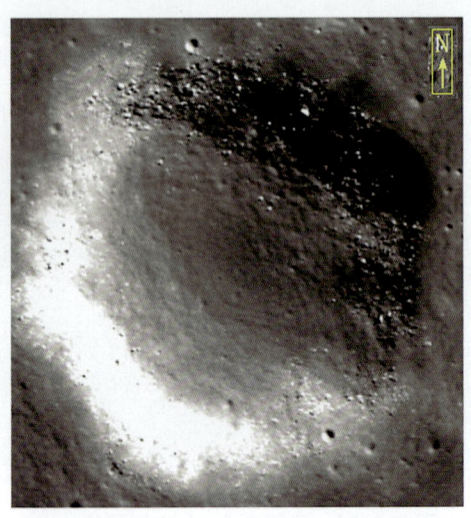

图 7.1.16　为图 7.1.13 方框 B 局部放大

示雨海北"深水月坑"内主要由略具分选和磨圆的浅色岩屑与岩块组成

第七章　月球"月坑地貌"（遗迹）特征

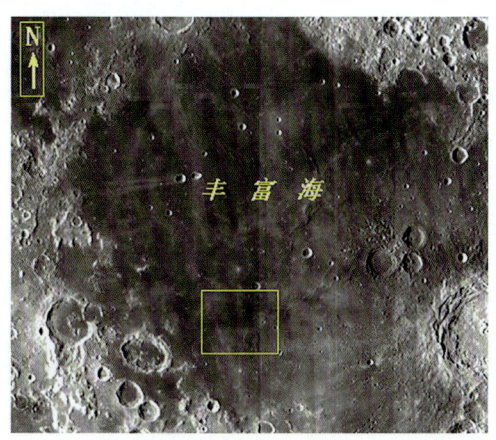

图 7.1.17　丰富海南"深水月坑"（方框）卫星影像图分布特征

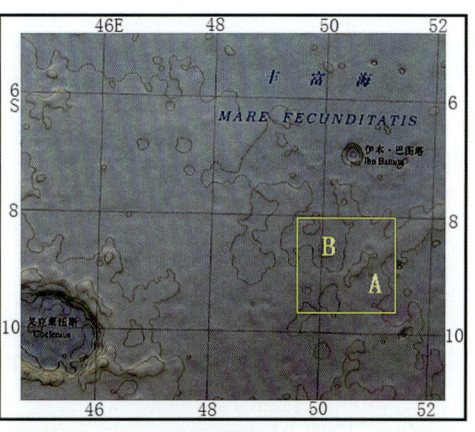

图 7.1.18　丰富海南"深水月坑"A、B（方框）及附近地形图

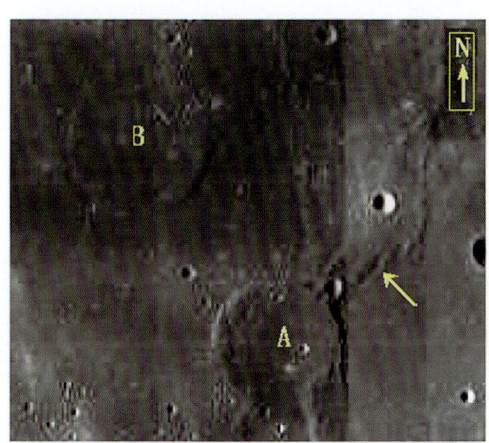

图 7.1.19　为图 7.1.17 方框局部放大

示丰富海南"深水月坑"（A、B）分布特征，其中 B "深水月坑"明显切割扁平的液化沙垄（箭头所示），可能表明早期形成"液化沙垄"之后，再次发生海浸

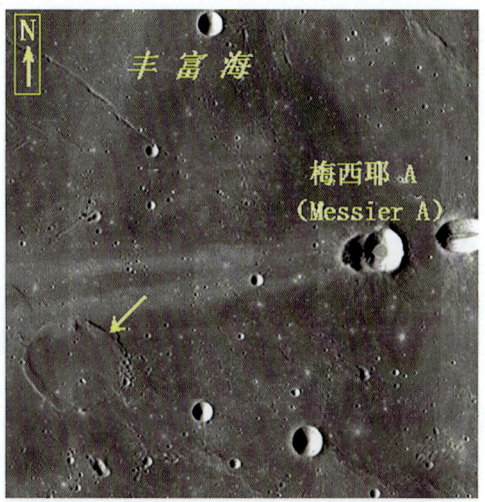

图 7.1.20　丰富海之南梅西耶 A（Messier A）西南"深水月坑"（箭头所示）卫星影像图

499

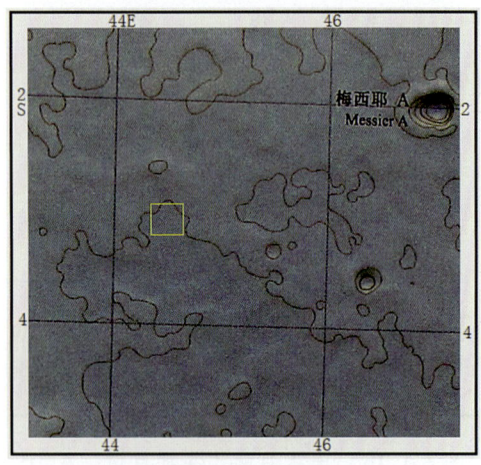

图 7.1.21 丰富海之南"深水月坑"(方框)及附近地形图

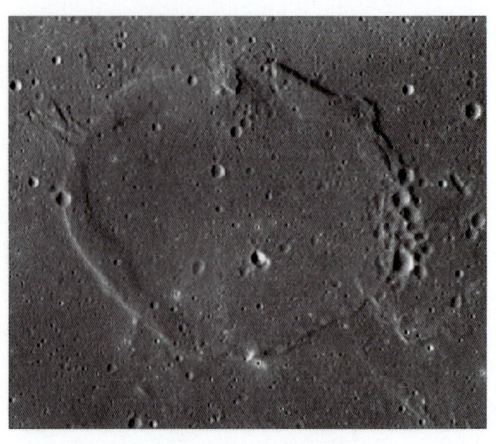

图 7.1.22 为图 7.1.20 箭头所示"深水月坑"局部放大

示"深水月坑"卫星影像图

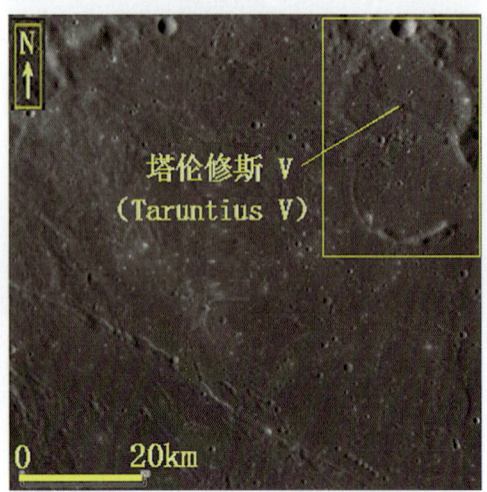

图 7.1.23 丰富海之北塔伦修斯V(Taruntius V)"孪生""深水月坑"卫星影像图

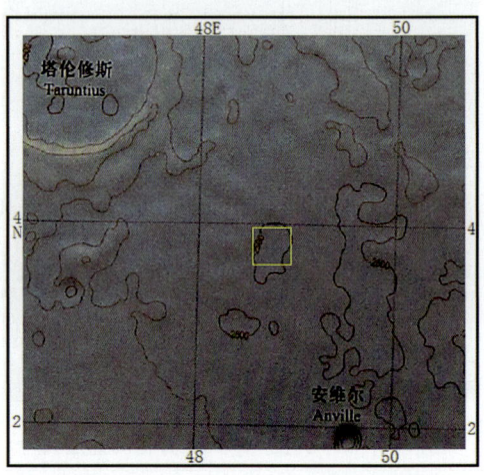

图 7.1.24 塔伦修斯V(Taruntius V)"孪生""深水月坑"(方框)及附近地形图

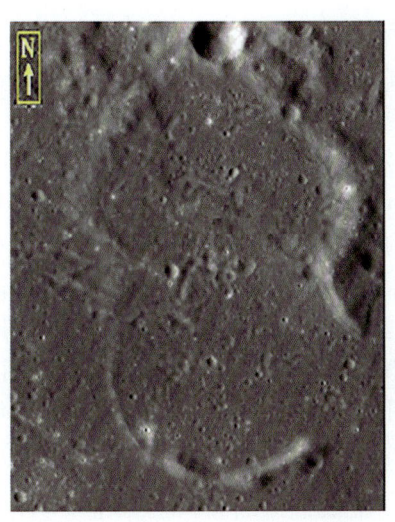

图 7.1.25 为图 7.1.23 方框局部放大示塔伦修斯 V"孪生""深水月坑"卫星影像图

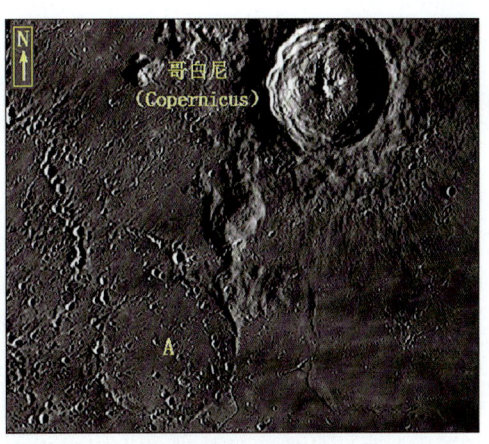

图 7.1.26 哥白尼（Copernicus）东南早期形成的"深水月坑"分布于现今的月陆区上

（图片来源：ESA/NASA）

第二节 月球"滨海月坑"地貌特征

一、月球"滨海月坑"地貌定义、分布和类型划分

1. 月球"滨海月坑"地貌定义

"滨海月坑"是指陨击作用发生在月表浅水区域形成的月坑，又被称为"浅水月坑"。"浅水月坑"坑缘多不完整。靠海中心一侧，因陨击作用时受到水的阻力大，坑缘多缺损，靠月陆一侧，因陨击作用时受到水的阻力小，坑缘保留较多较好。溅射堆积多在坑缘外侧且保存不多。坑内多满充填，环状边界断裂很少保存或残留极少。

2. 月球"滨海月坑"地貌分布

"滨海月坑"空间上主要分布于月球月海的周边浅海或滨海区，和月海周边港湾区。

3. 月球"滨海月坑"类型划分

按"滨海月坑"形成的"环"数多少，暂可划分为"单环浅水月坑"和"双环浅水月坑"。

二、月球"滨海月坑"地貌特征

1. 危海"滨海月坑"地貌特征

危海位于月球正面的北半球。纬度为 18.0°N，经度为 60.0°E（见图 7.2.1—

图7.2.3)。"滨海月坑"毫无例外均分布于危海的边缘浅水区（见图7.2.3)。分布数量少，屈指可数。而危海中部几乎不见月坑的踪迹，可能表明当时的危海中部水较深。

危海形成的"滨海月坑"各具特色。有的发育完好，但靠陆一侧坑缘高而厚，向海一侧坑缘低而薄。危海艾因马尔特 C（Eimmart C）"浅水月坑"明显切割早期形成的"液化砂垄"（见图7.2.4、图7.2.5)。有的"滨海月坑"（未名）中部受冻胀而隆起并产生冻胀裂隙（见图7.2.6)。有的"浅水月坑"具堆积型中央峰和向陆地一侧（左）坑缘比向海一侧（右）要高和厚得多（见图7.2.7)。有的"滨海月坑"中部因冻胀作用明显凸起并产生放射状冻胀裂隙（见图7.2.8)。有的"滨海月坑"（未名）坑缘南侧因受基岩阻挡而不显示（见图7.2.9、图7.2.10)。有的"滨海月坑"（未名）坑缘受液化沙垄作用产生充填或切割破坏（见图7.2.9、图7.2.11)。

2. 丰富海"滨海月坑"地貌特征

丰富海位于月球正面的南半球。纬度为 6.0°S，经度为 50.0°E（见图7.2.12、图7.2.13)。"滨海月坑"基本上环绕丰富海周边海陆交互地带分布（或滨海带）（见图7.2.14—图7.2.18、图7.2.20)。而"深水月坑"则环海中心地带发育（见图7.2.15、图7.2.19)。戈克莱纽斯（Goclenius）"浅水月坑"为后期"液化沙垄"明显所切割（见图7.2.14)。大多"滨海月坑"分布于海陆交互带（或滨海带）（见图7.2.14—图7.2.19)，"深水月坑"多发育于靠海中心一侧（见图7.2.15、图7.2.20)。"滨海月坑"和"陆地月坑"分布特征有明显区别。前者无辐射线、坑缘低而薄、坑内环状断裂不显、多无中央峰，多为平坦的坑底平原。而后者具有明显辐射线、高而厚的坑缘、坑内环状断裂发育、明显中央峰，有的局部显溅落堆积平原（见图7.2.16)。

3. 酒海"滨海月坑"地貌特征

酒海位于月球正面的南半球。纬度为 14.0°S，经度为 35.0°E（见图7.2.21、图7.2.22)。"滨海月坑"基本上环绕酒海周边海陆交互地带分布（见图7.2.23—图7.2.26)。而"深水月坑"则环海中心地带发育（见图7.2.23、图7.2.24)。"滨海月坑"和"陆地月坑"分布特征具有明显区别。前者无辐射线、坑缘低而薄、环状断裂不显、多无中央峰和具平坦的坑底平原。而后者具明显辐射线、高而厚的坑缘、环状断裂发育、明显中央峰和局部显溅落堆积平原（见图7.2.27)。

4. 界海（Mare Marginis）"滨海月坑"地貌特征

界海（Mare Marginis）位于月球正面的北半球。纬度为 13.5°N，经度为 86.0°E（见图7.2.28—图7.2.30)。形态不甚规则，属于山间盆地积水而成（见图7.2.28)。但沿海两侧海陆交互带的"滨海月坑"分布常见。向深海方向一侧，坑缘薄而低或缺损。相反，向陆一侧坑缘厚而高（见图7.2.31)。在界海之北的海陆交互带月表热融塑流残余遗迹（白色）分布广泛（见图7.2.31—图7.2.34)。"湿地月坑"坑底平原面积较小（见图7.2.36、图7.2.37)，但环状滑落堆积带发育较宽。然而在交互带分布的"陆地月坑"则完全不同，不但可见辐射线，同时环状断裂带也十分发育，中央峰完好，溅落平原也见较大面积分布（见图7.2.35)。

5. 史密斯海"滨海月坑"地貌特征

史密斯海位于月球南北半球和月球正面与背面相交互处（见图 7.2.38）。赤道 0 度线和月球正面与背面分界限将史密斯海分隔成 4 块（见图 7.2.39—图 7.2.42）。纬度为 0.0°，经度为 87.0°E。

史密斯海（Mare Smythii）北北东向断裂，东侧海中多形成"湿地月坑"，而西侧陆地多分布"陆地月坑"（见图 7.2.43）。东北一侧有少量"滨海月坑"和"湿地月坑"（见图 7.2.44）。"滨海月坑"和"陆地月坑"在形态特征上有明显不同。前者仅形成低矮和残缺不全的坑缘，后者则具辐射线、完整的坑缘、环状阶梯状断裂、中央峰和坑底溅落堆积（见图 7.2.45—图 7.2.52、图 7.2.52A）。

从"浅水月坑"东北一侧分布少，西南一侧分布多，可以作出初步判断，史密斯海东北深，深度多在 -2900 m。西南浅，深度多在 -2400 m。与该区地形图等高线分布完全一致。

6. 成功湾"滨海月坑"地貌特征

成功湾位于丰富海（Mare Fecunditails）之东北海陆交互带南侧（见图 7.2.53、图 7.2.54）。纬度为 2.0°N，经度为 58.1°E（见图 7.2.55）。成功湾"滨海月坑"多分布于海陆交互带内侧及附近（见图 7.2.54）。阿米西诺（Aumeghino）、阿波罗尼奥斯 H（Apollonius H）、韦布（Webb）等"陆地月坑"分布于更靠月陆方向一侧（见图 7.2.54）。总体"滨海月坑"分布较少。

7. 浪海（Mare Undarum）"滨海月坑"地貌特征

浪海（Mare Undarum）位于月球正面北半球。危海之东南月陆区，属于形态不甚规则的山间盆地积水而成的"海"（见图 7.2.56）。分布范围十分有限。纬度为 7.0°N，经度为 68.0°E。浪海及附近"滨海月坑"普遍规模较大、形成早，"陆地月坑"普遍规模小、形成晚（见图 7.2.57）。

8. 泡海（Mare Spumans）"滨海月坑"地貌特征

泡海（Mare Spumans）位于月球正面北半球。危海之东南月陆区属于形态不甚规则的山间盆地积水而成的"海"（见图 7.2.58）。分布范围十分有限。纬度为 1.0°N，经度为 65.0°E。泡海及附近"滨海月坑"普遍规模较大、形成早，"陆地月坑"普遍规模小、形成晚（见图 7.2.59）。

总之，浪海、泡海、成功湾三处的"浅水月坑"普遍规模较大，而"陆地月坑"普遍规模小（见图 7.2.60、图 7.2.61）。

9. 风暴洋（Oceanus Procellarum）西拉瓦锡（Lavoisier）单环"滨海月坑"和小双环"滨海月坑"地貌特征

单环"滨海月坑"和小双环"浅水月坑"见于风暴洋西岸拉瓦锡（Lavoisier）月坑之中及其东南的拉瓦锡 C（Lavoisier C）之间（见图 7.2.62、图 7.2.63）。纬度为 36°～40°N，经度为 76°～82°W。"浅水月坑"坑缘大多高低相差较大，向平坦风暴洋一侧坑缘多、较低矮且不甚完整，位于月陆一侧多呈高耸凸起且分布连续而完好。如拉瓦锡（Lavoisier）"浅水月坑"发育就十分典型（见图 7.2.64、图 7.2.65）。

小双环"滨海月坑"本区分布有两处，一处分布于拉瓦锡（Lavoisier）月坑中部平坦的平原面上。内、外两环呈同心圆状，环顶圆滑（见图7.2.64）且内环较外环保留更完整；另一处双环小月坑，实际是两个南北向紧连的双环小月坑。位于拉瓦锡（Lavoisier）月坑东南的拉瓦锡C（Lavoisier C）月坑及其北面紧连的双环小月坑（见图7.2.65）。坑缘靠北和东北侧较薄且低矮，而南和西南一侧的坑缘厚而高耸。拉瓦锡C（Lavoisier C）双环月坑坑缘分布较差，高低相差大，坑缘厚薄变化大（见图7.2.65）。

10. 风暴洋北索思B（South B）小双环"滨海月坑"地貌特征

索思B（South B）小双环"滨海月坑"分布于风暴洋之北与月陆区交界处。近圆状，直径约5.7 km。纬度为57.3°N，经度为45.1°W（见图7.2.66、图7.2.67）。内环小且低平，外环高而宽厚。与风暴洋接触界限明显清晰，未见辐射纹分布。内、外环间可见较多溅落堆积物分布，东南一侧局部见辐射纹出现（见图7.2.68）。

11. 云海南小双环"滨海月坑"地貌特征

小双环"滨海月坑"分布于月球正面南半球，云海南赫西奥德（Hesiodus）月坑西南边缘。纬度为30.1°S，经度为17.1°W（见图7.2.69、图7.2.70），近圆形，口径约15 km。外环内壁坡度略缓，内环内、外壁较陡，但环顶较圆滑。明显切割早期形成的赫西奥德（Hesiodus）"湿地月坑"（见图7.2.69）。

12. 静海东单环"滨海月坑"地貌特征

"滨海月坑"分布于静海东。纬度为6°～9°N，经度为36°～41°E。大约有9个以上"滨海月坑"分布（见图7.2.71、图7.2.72），分布深度为−500～1000 m。"浅水月坑"坑缘大多不完整，并且在较深一侧残留的坑缘多高耸凸起，向着相对较浅一侧常深埋于沉积平原面之下，但都在原始坑缘之上十分明显（见图7.2.73—图7.2.78）。而在低海拔区坑缘则呈低矮垄状特征（见图7.2.72、图7.2.78）。然而分布于同一区域的哥白尼纪形成的"陆地月坑"则完全不同，后者不但具高耸完整无缺的坑缘和较明显的辐射纹，且坑内也无沉积物充填（见图7.2.79、图7.2.80），与"浅水月坑"形成鲜明的对比。

13. 静海南单环"滨海月坑"地貌特征

"滨海月坑"分布于静海南海交界处。纬度为1.0°S，经度为31.0°E（见图7.2.81、图7.2.82）。近圆形，由大小相近的2个"孪生""滨海月坑"组成（见图7.2.83）。无中央峰有较平缓的溅落平原分布，环形阶梯状断裂不显，具较好完坑缘（见图7.2.83）。

三、月球"滨海月坑"地貌的形成和演化

"滨海月坑"是月球陨击作用发生在月海周边浅水区所形成的，由于月海周边一般较月海中心水浅，所以一旦陨击作用发生，溅射作用受到水体不同程度的阻挡，形成的月坑特征也有明显差异。因陨击作用于水下淤泥覆盖区，溅落堆积物也多为淤泥，因此产生的月坑也以坑内充填淤泥为主，形成平坦的淤泥堆积平原。坑缘向海中心一侧多低矮，靠月陆一侧多高而厚实。

四、月球"滨海月坑"地貌发现意义

"滨海月坑"产生于月海浅水区,因此它的发现证实月球曾有过大量水的分布。为研究月球水的形成、发展提供有力的佐证。

以下附第七章第二节图:

图7.2.1 危海、丰富海、界海、史密斯海和成功海、浪海、泡海等卫星影像图

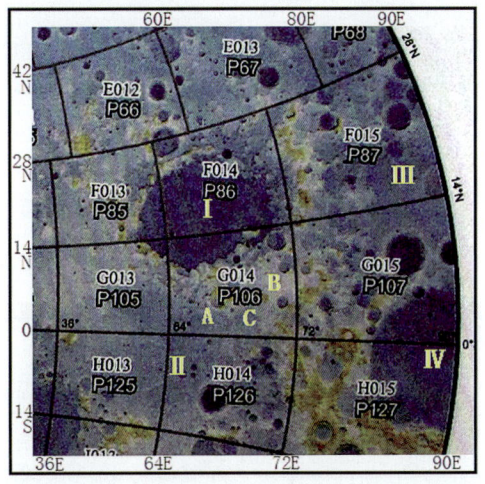

图7.2.2 危海(Ⅰ)、丰富海(Ⅱ)、界海(Ⅲ)、史密斯海(Ⅳ)和成功海(A)、浪海(B)、泡海(C)等及附近地形图

图7.2.3 危海"滨海月坑"分布于环滨海浅水区卫星影像图

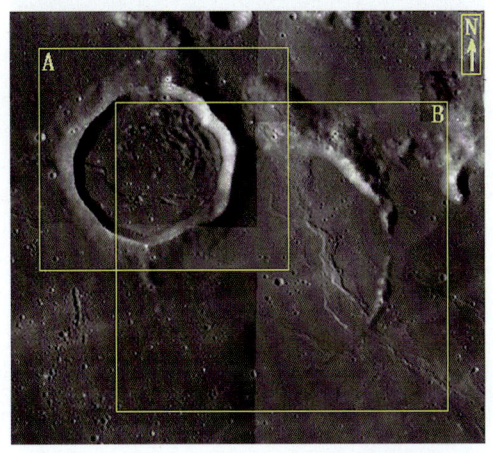

图7.2.4 为图7.2.3方框A局部放大示危海艾因马尔特C"湿地月坑"(左上)和"滨海月坑"(右下)分布特征

月球卫片分析最新发现

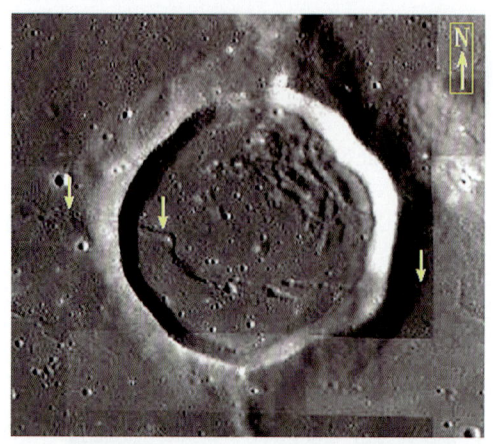

图7.2.5　为图7.2.4方框A局部放大

示"湿地月坑"陆地一侧（北东向）坑缘比向海一侧（南西向）要高和厚得多，"液化沙垄"（箭头所示）明显切割早期形成的危海艾因马尔特C

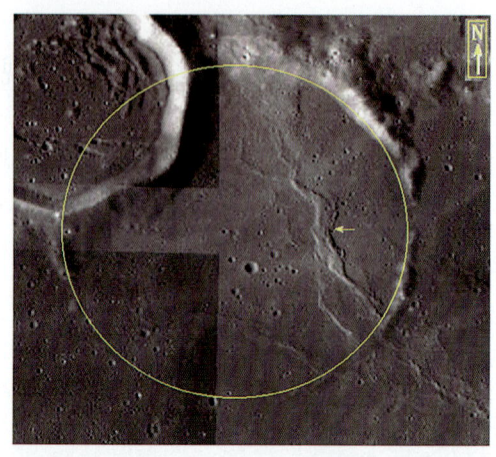

图7.2.5A　为图7.2.3方框B局部放大

示危海艾因马尔特C"滨海月坑"坑缘在月陆一侧保存高而厚，向月海中心一侧无保留。"液化沙垄"明显切割早期形成的"滨海月坑"，箭头所示

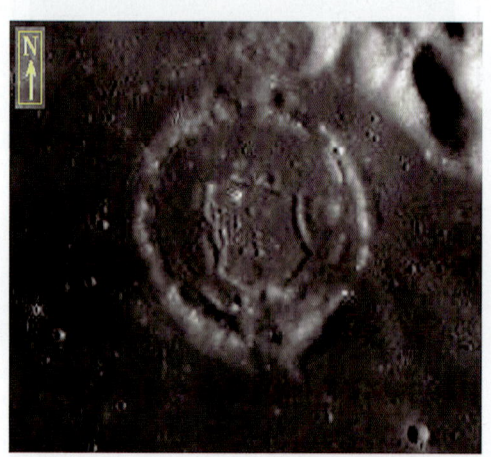

图7.2.6　为图7.2.3方框B局部放大

示危海"湿地月坑"（未名）中部受冻胀而隆起并产生冻胀裂隙

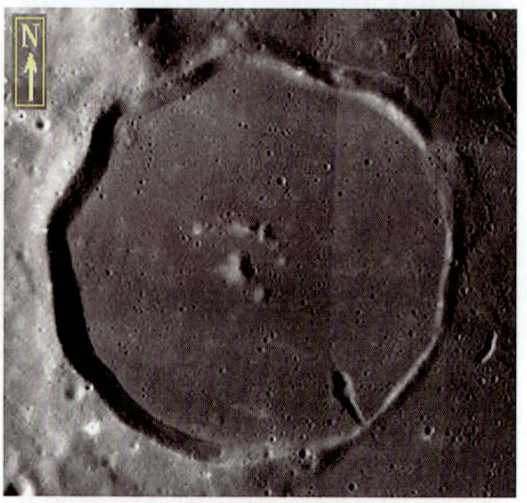

图7.2.7　为图7.2.3方框C局部放大

示危海"滨海月坑"（未名）具堆积型中央峰，陆地一侧（左）坑缘比向海一侧（右）要高和厚得多

第七章 月球"月坑地貌"(遗迹)特征

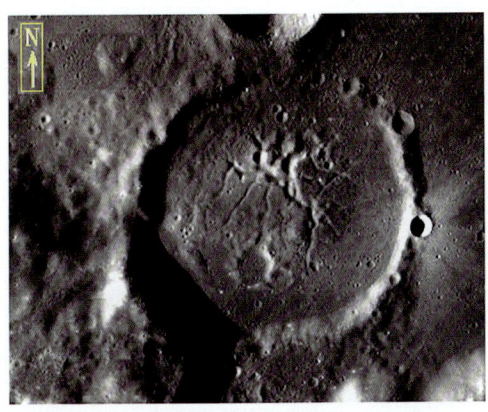

图7.2.8 为图7.2.3方框D局部放大
示危海利克"滨海月坑"陆地一侧(左下)坑缘比向海一侧(右上)要高和厚得多,中部因冻胀作用明显凸起并产生放射状冻胀裂隙

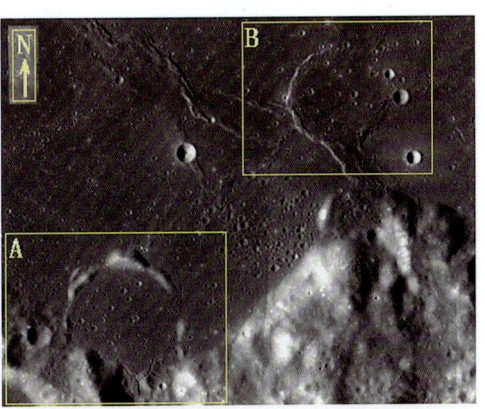

图7.2.9 为图7.2.3方框E局部放大
示危海"滨海月坑"(A、B未名)分布特征

图7.2.10 为图7.2.9方框A局部放大
示危海"滨海月坑"(未名)坑缘南侧因受基岩阻挡而不显示分布特征

图7.2.11 为图7.2.9方框B局部放大
示危海"滨海月坑"(未名)坑缘受液化沙垄作用产生充填或切割破坏分布特征

图 7.2.12 丰富海"滨海月坑"（方框）环海陆交互带浅水区分布（A、B、C、D、E、G）"深水月坑"则围绕中心周边发育（B、F）卫星影像图

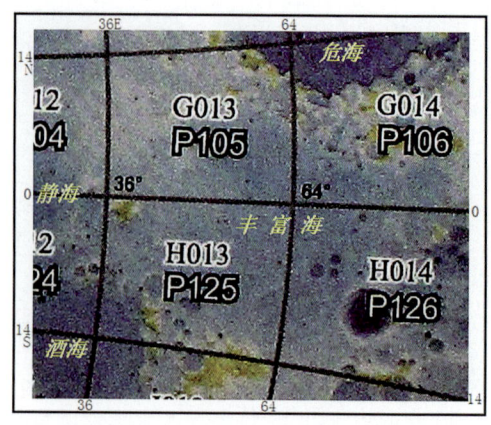

图 7.2.13 丰富海及附近危海、静海和酒海地形图

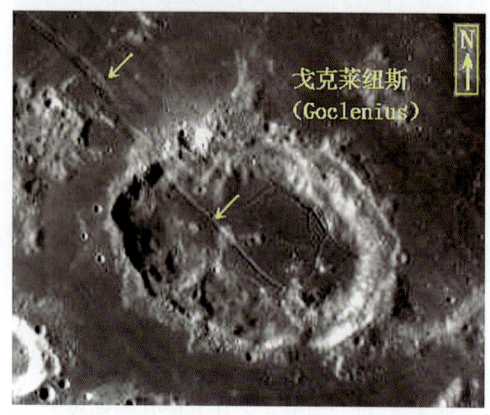

图 7.2.14 为图 7.2.12 方框 A 局部放大

示丰富海南西戈克莱纽斯"滨海月坑"或"湿地月坑"为后期"'地堑式'冰裂"（箭头所示）所切割

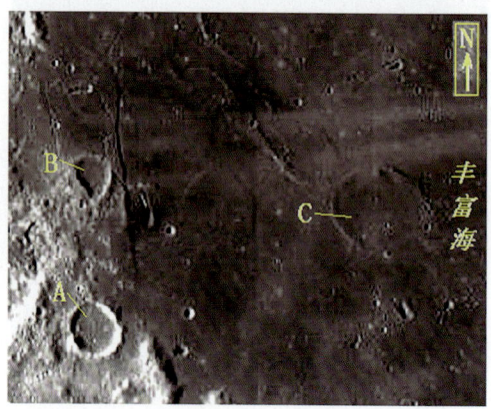

图 7.2.15 为图 7.2.12 方框 B 局部放大

示丰富海之西"滨海月坑"（未名 A、B）分布于海陆交互带，"深水月坑"（C）分布于靠海中心部分

第七章 月球"月坑地貌"（遗迹）特征

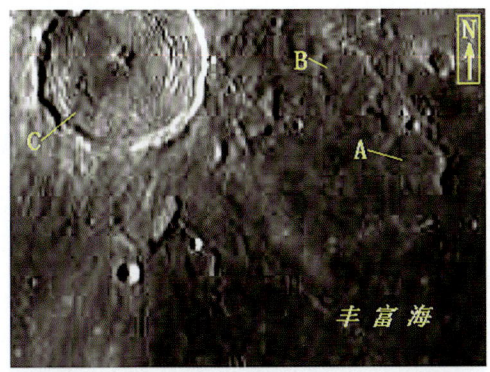

图7.2.16 为图7.2.12方框C局部放大
示丰富海东北"滨海月坑"（未名A、B）和"陆地月坑"（C）具有明显区别分布特征

图7.2.17 为图7.2.12方框D局部放大
示丰富海东北韦布和韦布H"湿地月坑"分布特征

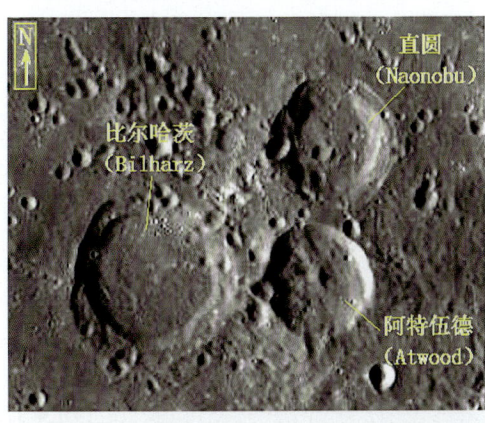

图7.2.18 为图7.2.12方框E局部放大
示丰富海之东比尔哈茨、直园和阿特伍德"湿地月坑"分布特征

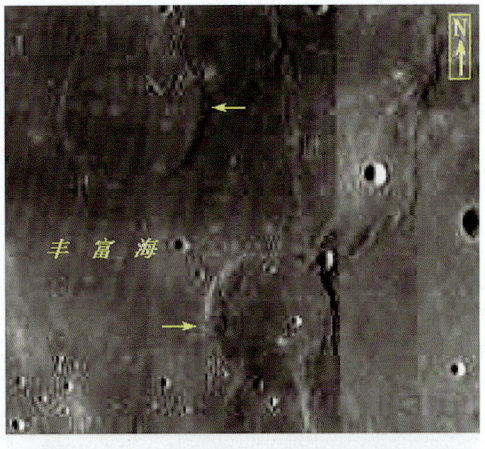

图7.2.19 为图7.2.12方框F局部放大
示丰富海中部"深水月坑"（箭头所示）分布特征

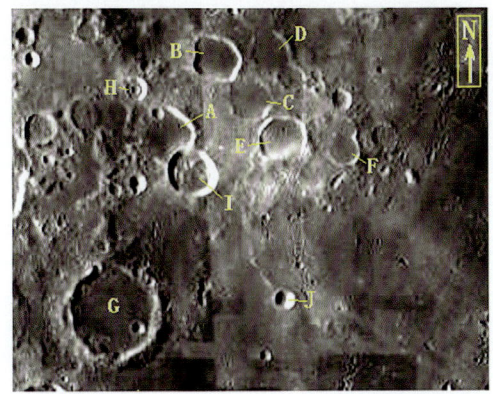

图7.2.20 为图7.2.12方框G局部放大
示丰富海之南单环"滨海月坑"（A、C、D）和"湿地月坑"（B、E、F、G）、小双环"滨海月坑"（H）及"陆地月坑"（I、J）分布特征

图7.2.21 酒海"滨海月坑"（方框）环海陆交互带浅水区分布卫星影像图

509

图7.2.22 酒海及附近地形图

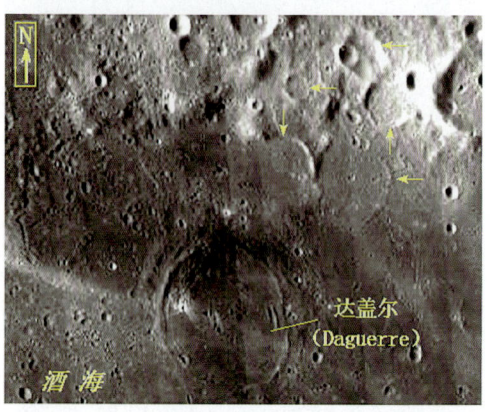

图7.2.23 为图7.2.21方框A局部放大
示酒海之北达盖尔"深水月坑"及其他"滨海月坑"（箭头所示）分布特征

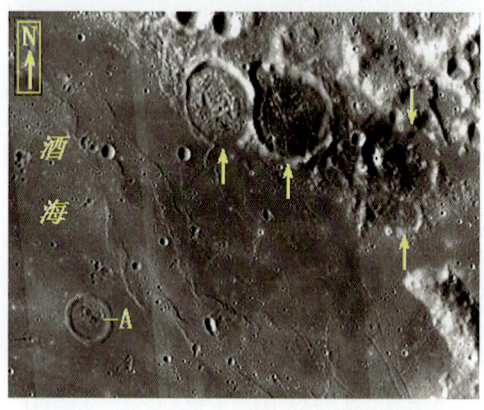

图7.2.24 为图7.2.21方框B局部放大
示酒海之东"浅水月坑"（箭头所示）陆地一侧（北东向）坑缘比向海一侧（南西向）要高和厚得多，及"深水月坑"（A）分布特征

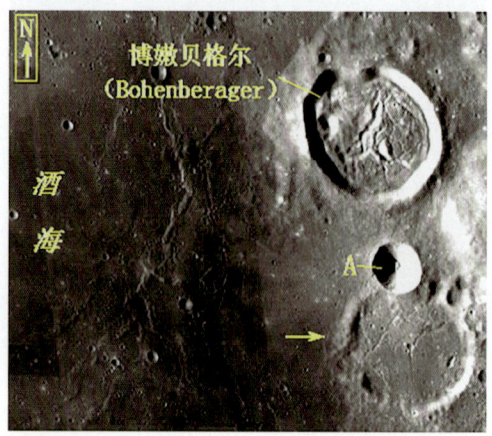

图7.2.25 为图7.2.21方框C局部放大
示酒海之东博嫩贝格尔"湿地月坑"和未名"滨海月坑"（箭头所示）及"陆地月坑"（A）分布特征

第七章 月球"月坑地貌"（遗迹）特征

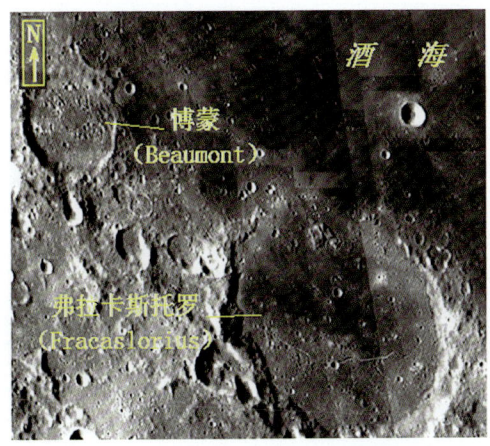

图 7.2.26 为图 7.2.21 方框 D 局部放大
示酒海之南博蒙和弗拉卡斯托罗"滨海月坑"陆地一侧（南西向）坑缘比向海一侧（北东向）要高和厚得多

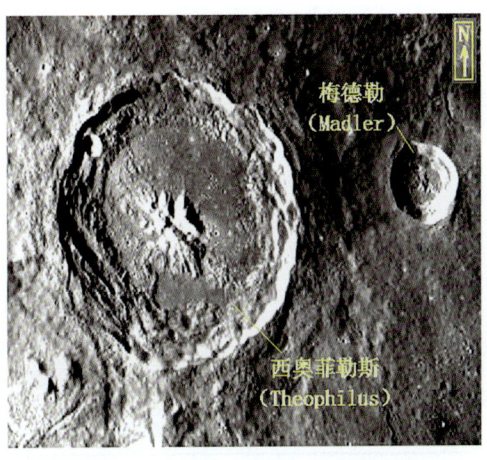

图 7.2.27 为图 7.2.21 方框 E 局部放大
示酒海西北西奥菲勒斯和梅德勒"陆地月坑"分布特征

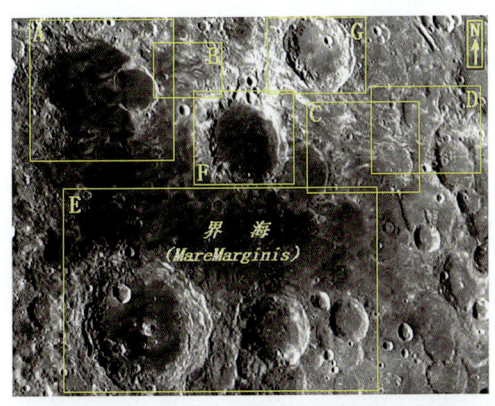

图 7.2.28 界海（Mare Marginis）南北"滨海月坑"和"陆地月坑"卫星影像图

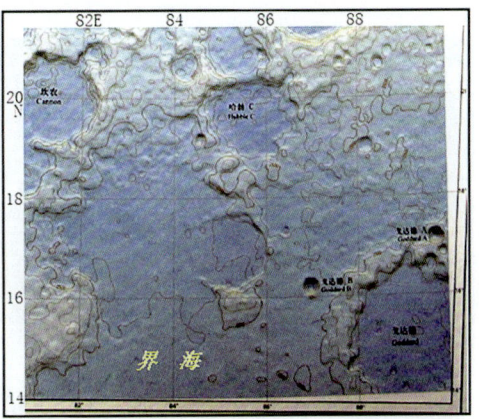

图 7.2.29 界海（Mare Marginis）北地形图

511

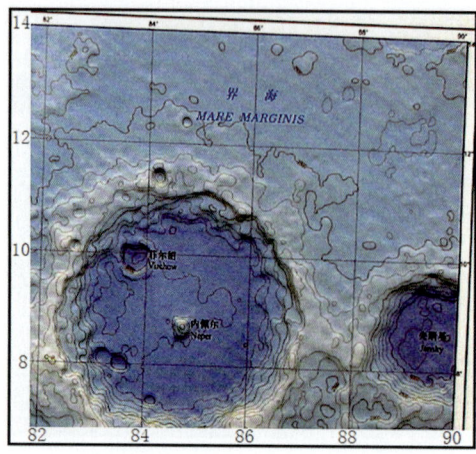

图7.2.30 南界海（Mare Marginis）南地形图

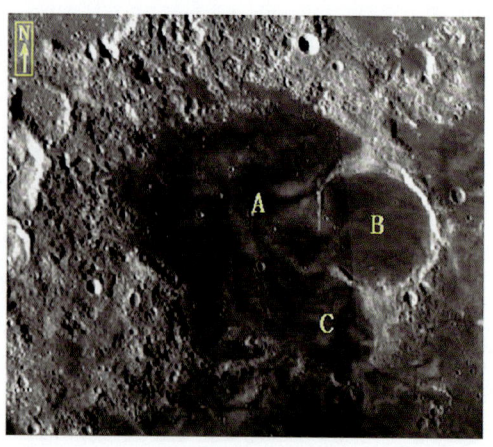

图7.2.31 为图7.2.28方框A局部放大
示界海"滨海月坑"A、B、C（未名）陆地一侧（北东向）坑缘比向海一侧（南西向）要高和厚得多，及月表热融塑流残余遗迹（白色）分布特征

图7.2.32 为图7.2.28方框B局部放大
示界海海陆交互带月表热融塑流残余遗迹（白色）分布特征

图7.2.33 为图7.2.28方框C局部放大
示界海海陆交互带月表热融塑流残余遗迹（白色）分布特征

第七章 月球"月坑地貌"(遗迹)特征

图 7.2.34 为图 7.2.28 方框 D 局部放大
示界海海陆交互带月表热融塑流残余遗迹(白色)分布特征

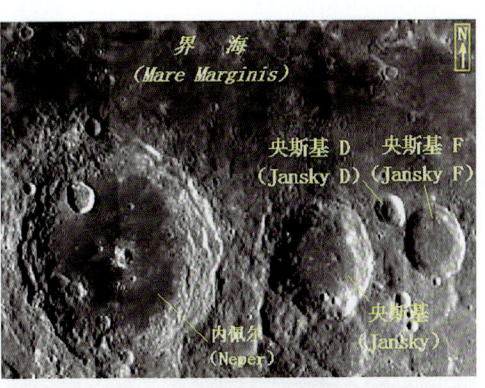

图 7.2.35 为图 7.2.28 方框 E 局部放大
示界海南海陆交互带央斯基、央斯基 D、央斯基 F 和内佩尔"陆地月坑"分布特征

图 7.2.36 为图 7.2.28 方框 F 局部放大
示界海北戈达德"湿地月坑"分布特征

图 7.2.37 为图 7.2.28 方框 G 局部放大
示界海北阿勒-比鲁尼"湿地月坑"分布特征

513

图 7.2.38 史密斯海（Mare Smythii）"深水月坑""湿地月坑""滨海月坑"及周边"陆地月坑"卫星影像图

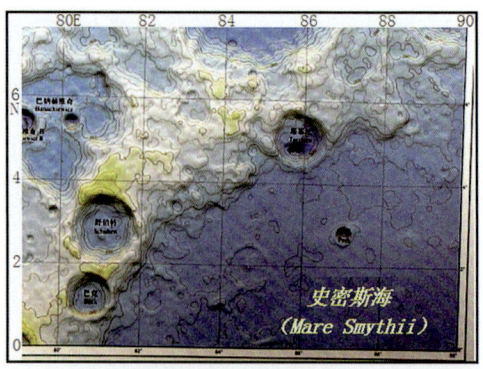

图 7.2.39 史密斯海（Mare Smythii）西北一侧"深水月坑""湿地月坑""滨海月坑"及周边"陆地月坑"地形图

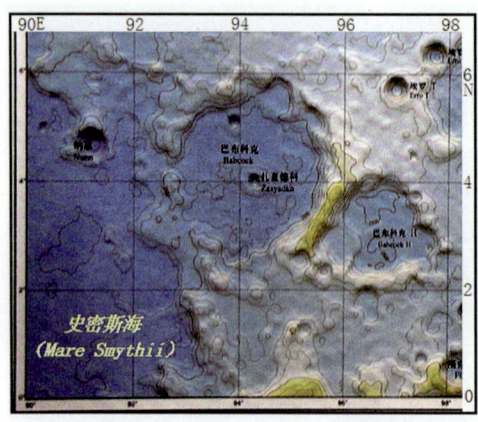

图 7.2.40 史密斯海（Mare Smythii）东北一侧地形图

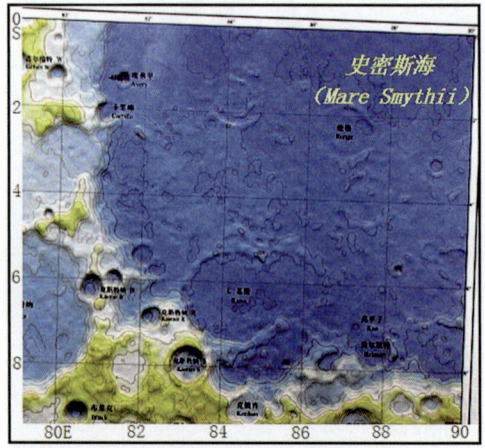

图 7.2.41 史密斯海（Mare Smythii）西南一侧"深水月坑""湿地月坑""滨海月坑"及周边"陆地月坑"地形图

第七章 月球"月坑地貌"(遗迹)特征

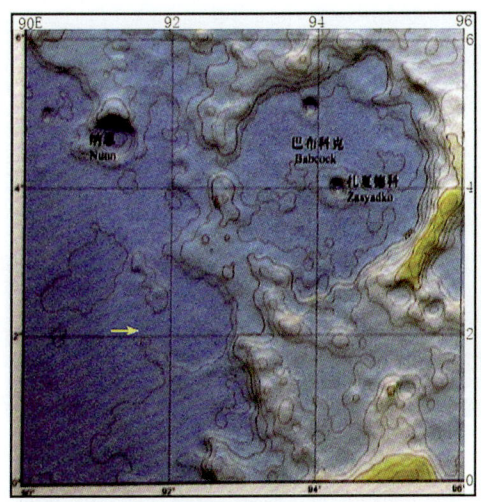

图 7.2.42 史密斯海(Mare Smythii)东南一侧箭头示未名"湿地月坑"地形图

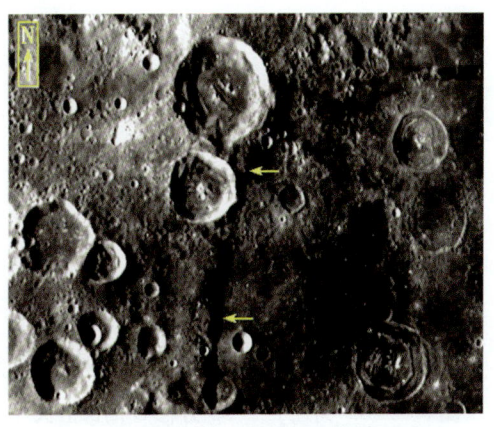

图 7.2.43 为图 7.2.38 方框 B 局部放大
示史密斯海北北东向断裂(箭头所示)东侧海中多形成"滨海月坑"或"湿地月坑",而西侧陆地多分布"陆地月坑"

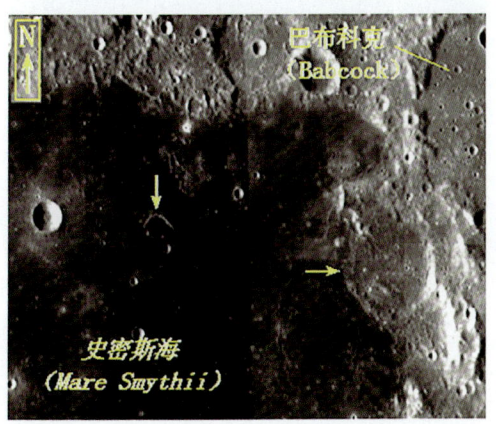

图 7.2.44 为图 7.2.38 方框 A 局部放大
示史密斯海东北一侧有少量"深水月坑"(向下箭头所示)和"湿地月坑"(水平箭头所示)

图 7.2.45 为图 7.2.38 方框 C 局部放大
示史密斯海未名"滨海月坑"A 和"陆地月坑"B 分布特征

515

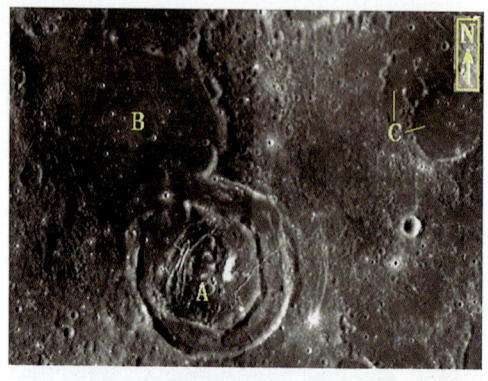

图 7.2.46　为图 7.2.38 方框 D 局部放大
示史密斯海未名"滨海月坑"A 和"深水月坑"B、C 分布特征

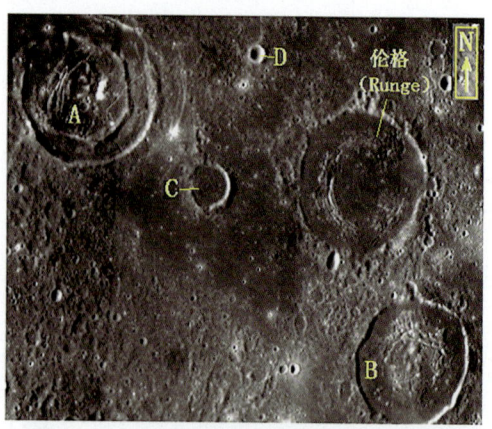

图 7.2.47　为图 7.2.38 方框 E 局部放大
示史密斯海伦格、未名"湿地月坑"A、B 和"滨海月坑"C、"陆地月坑"D 分布特征

图 7.2.48　为图 7.2.38 方框 F 局部放大
示史密斯海未名"滨海月坑"中部因冰胀作用而隆起并产生冻胀裂隙

图 7.2.49　为图 7.2.38 方框 G 局部放大
示史密斯海未名"滨海月坑"（箭头所示）和"陆地月坑"A 分布特征

第七章 月球"月坑地貌"（遗迹）特征

图 7.2.50 为图 7.2.38 方框 H 局部放大
示史密斯海未名"滨海月坑"和"陆地月坑"（箭头所示）分布特征

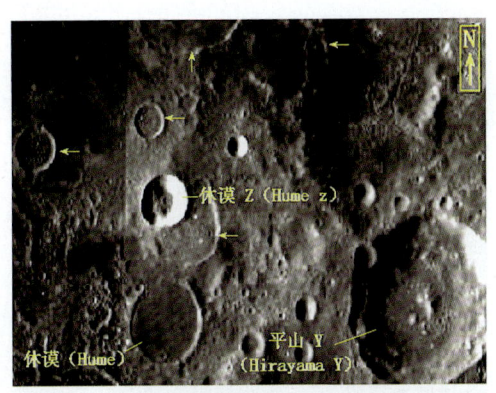

图 7.2.51 为图 7.2.38 方框 I 局部放大
示史密斯海休谟及箭头所示的"滨海月坑"和平山 Y（Hrayama Y）、休谟 Z"陆地月坑"分布特征

图 7.2.52 为图 7.2.38 方框 J 局部放大
示史密斯海普尔基涅 S 和箭头所示"滨海月坑"，普尔基涅 V 和 A、B"陆地月坑"分布特征

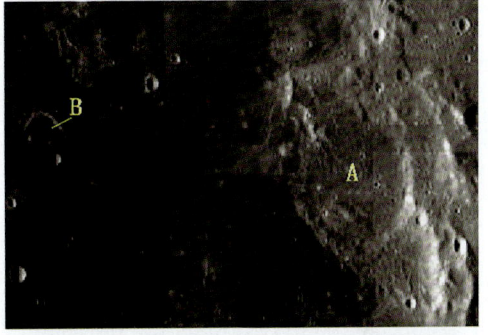

图 7.2.52A 为图 7.2.38 方框 L 局部放大
示史密斯海北东向"滨海月坑"A 分布于滨海边缘区，"深水月坑"B 分布于月海近中心区范围

517

图 7.2.53　丰富海（Mare Fecunditatis）成功湾（方框）

图 7.2.54　为图 7.2.53 方框局部放大

示丰富海成功湾"滨海月坑"（箭头所示）和阿米西诺、阿波罗尼奥斯 H、韦布等"陆地月坑"分布特征

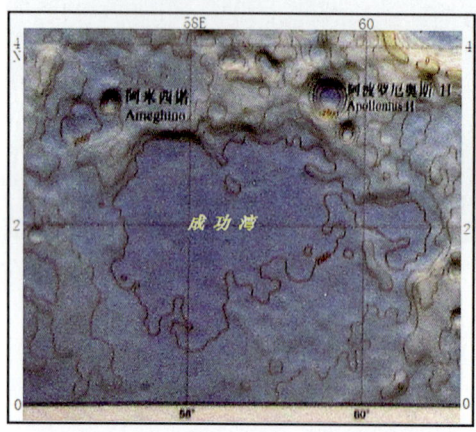

图 7.2.55　丰富海（Mare Fecunditatis）成功湾及附近地形图

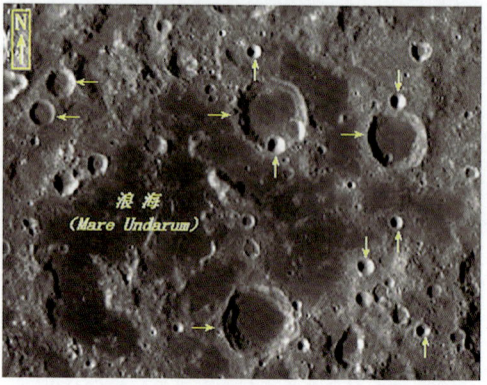

图 7.2.56　浪海（Mare Undarum）及附近"滨海月坑"或"湿地月坑"（水平箭头所示）普遍规模较大，形成早，而"陆地月坑"（垂直箭头所示）普遍规模小、形成晚

第七章 月球"月坑地貌"（遗迹）特征

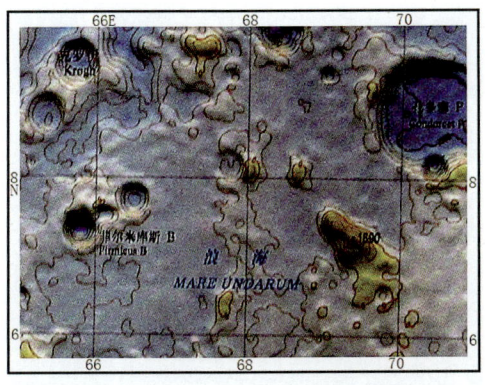

图 7.2.57 浪海及附近地形图

图 7.2.58 泡海（Mare Spumans）及附近"滨海月坑"或"湿地月坑"（水平箭头所示）普遍规模较大，形成早，而"陆地月坑"（垂直箭头所示）普遍规模小、形成晚

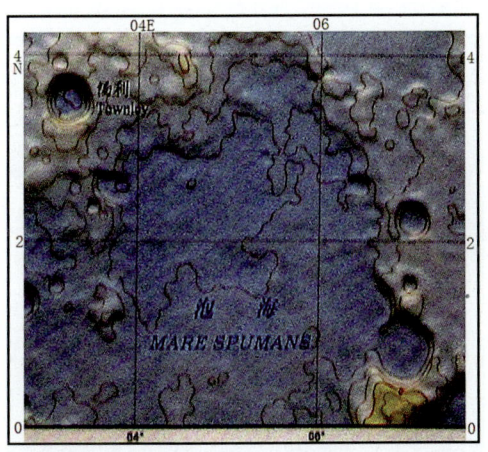

图 7.2.59 泡海中分布"浅水月坑"或"湿地月坑"及附近陆地分布"陆地月坑"地形图

图 7.2.60 浪海（A）、泡海（B）、成功湾（C）"滨海月坑"或"湿地月坑"（水平箭头所示）普遍规模较大，而"陆地月坑"（垂直箭头所示）普遍规模小

519

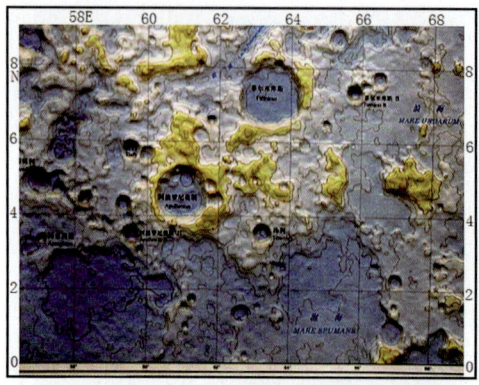

图 7.2.61 浪海、泡海和成功湾中分布"滨海月坑"或"湿地月坑"及附近陆地分布"陆地月坑"地形图

图 7.2.62 风暴洋（Oceanus Procellarum）西侧湿地中双环小月坑（A、B）与"滨海月坑"分布特征

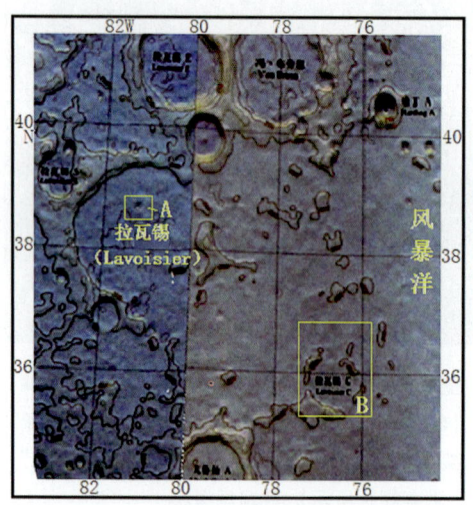

图 7.2.63 双环小月坑（A、B）分布于风暴洋西边缘地带与"湿地月坑"

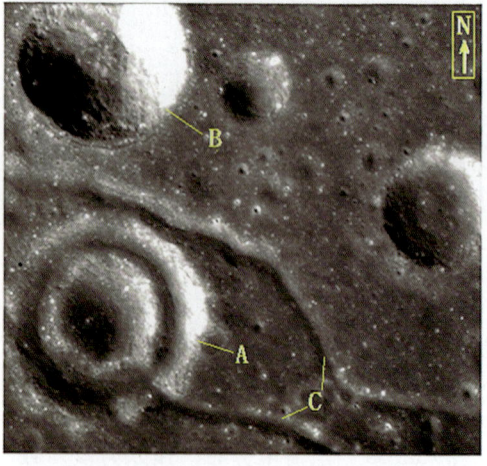

图 7.2.64 为图 7.2.62 方框 A 局部放大

示双环"湿地月坑"A、"陆地月坑"B 和线形冰裂 C 分布特征

第七章 月球"月坑地貌"（遗迹）特征

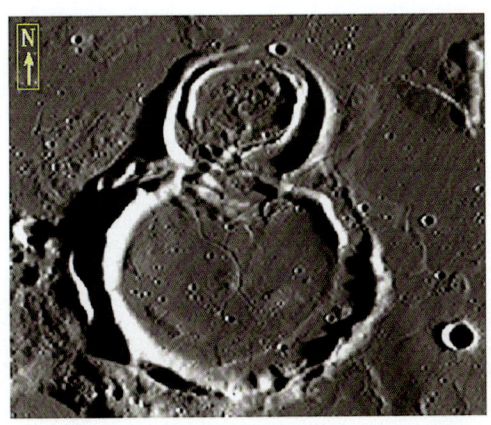

图 7.2.65　为图 7.2.62 方框 B 局部放大
示双环"滨海月坑"分布特征

图 7.2.66　风暴洋索思 B（South B）双环"滨海月坑"卫星影像图

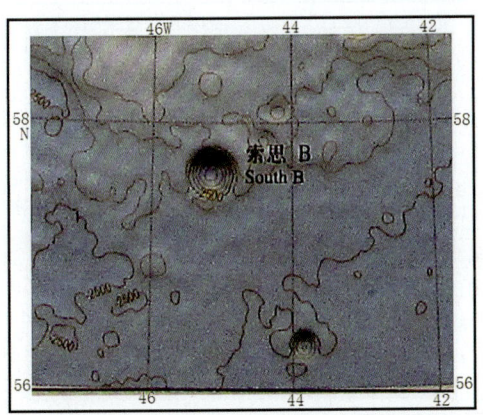

图 7.2.67　风暴洋北索思 B（South B）及附近地形图

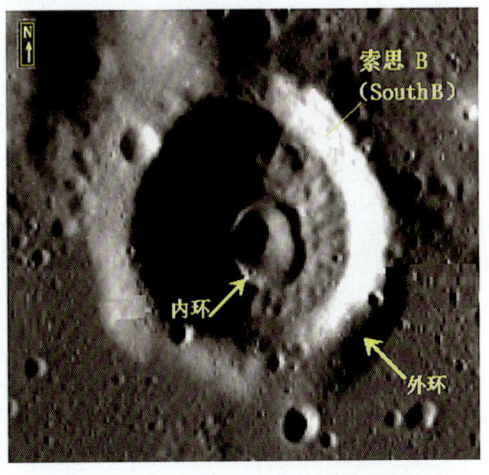

图 7.2.68　为图 7.2.66 方框局部放大
示索思 B 小双环"滨海月坑"卫星影像图

521

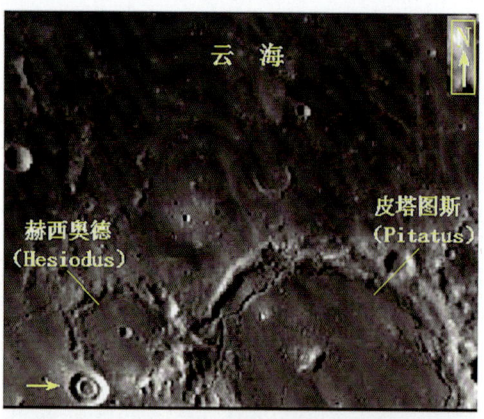

图 7.2.69 云海南赫西奥德（Hesiodus）月坑西南双"滨海月坑"（箭头所示）及明显切割早期形成的赫西奥德（Hesiodus）"湿地月坑"卫星影像图

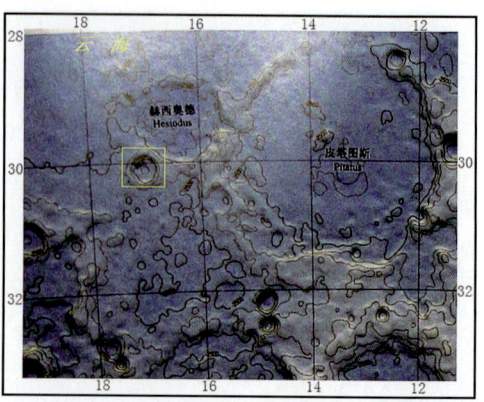

图 7.2.70 云海南赫西奥德（Hesiodus）月坑西南小双环"滨海月坑"（方框）及附近地形图

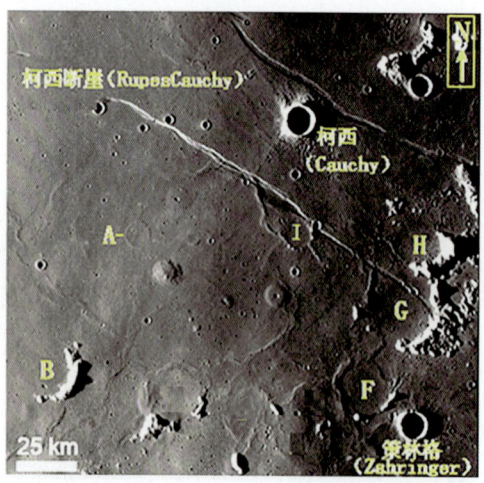

图 7.2.71 静海柯西（Cauchy）至策林格（Zahringer）一带"深水月坑"A 和"滨海月坑"（B、F、G、H、I）卫星影像图

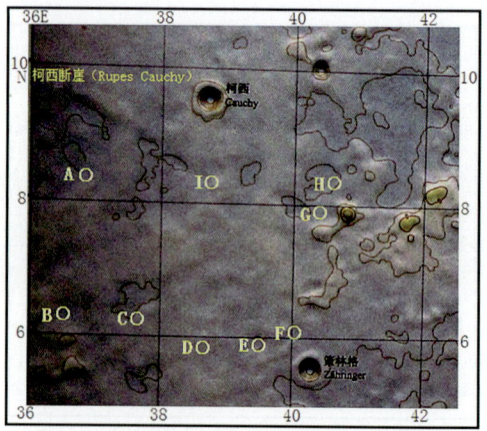

图 7.2.72 静海柯西（Cauchy）至策林格（Zahringer）一带"深水月坑"A 和"滨海月坑"（B、C、D、E、F、G、H、I）地形分布图

第七章 月球"月坑地貌"(遗迹)特征

图7.2.73 为图7.2.71"深水月坑"A局部放大

示静海"深水月坑"A原始坑缘(圆圈)与残留坑缘基本保持一致

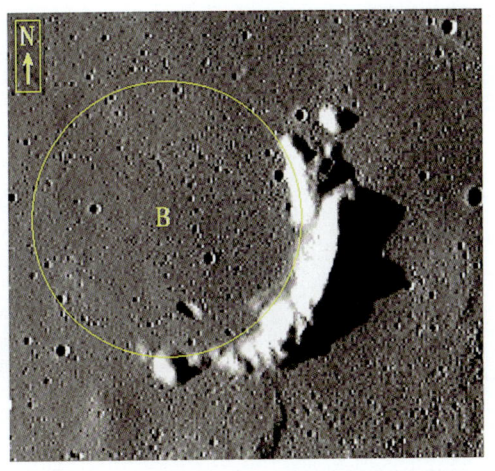

图7.2.74 为图7.2.71"浅水月坑"B局部放大

示静海"滨海月坑"B原始坑缘(圆圈)与残留坑缘基本保持一致

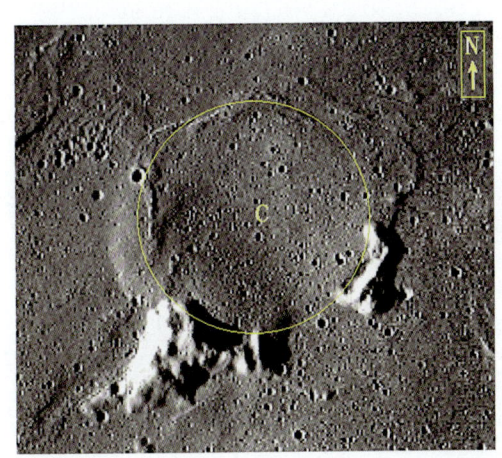

图7.2.75 为图7.2.71"浅水月坑"C局部放大

示静海"滨海月坑"C原始坑缘(圆圈)与残留坑缘基本保持一致

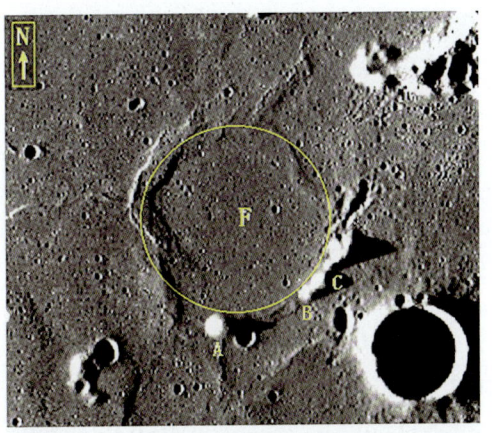

图7.2.76 为图7.2.71"浅水月坑"F局部放大

示静海"滨海月坑"F原始坑缘(圆圈)与残留坑缘基本保持一致,液化沙丘(A、B、C)明显切割"浅水月坑"

523

图 7.2.77　为图 7.2.71 "浅水月坑" G 局部放大

示静海"滨海月坑" G 原始坑缘（圆圈）与残留坑缘基本保持一致，液化沙垄和地堑式冰裂明显切割"浅水月坑"

图 7.2.78　为图 7.2.71 "浅水月坑" H 局部放大

示静海"滨海月坑" H 原始坑缘（圆圈）与残留坑缘基本保持一致

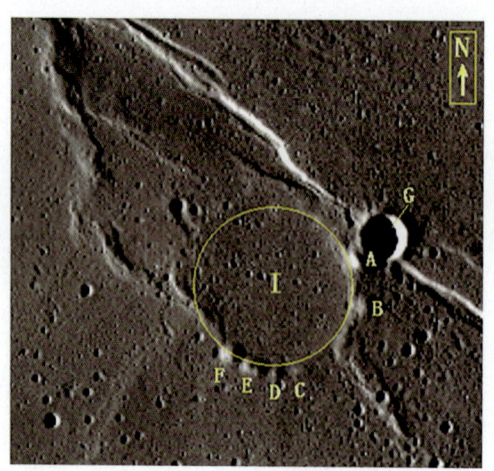

图 7.2.79　为图 7.2.71 "浅水月坑" I 局部放大

示静海"滨海月坑" I 原始坑缘（圆圈）液化沙丘（A、B、C、D、E、F）明显切割"滨海月坑"坑缘，G 为"陆地月坑"

图 7.2.80　为图 7.2.71 柯西（Cauchy）"陆地月坑"局部放大

示静海哥白尼纪形成的"陆地月坑"具高坑缘和大量辐射纹分布特征

第七章 月球"月坑地貌"(遗迹)特征

图7.2.81 静海南"滨海月坑"(方框)卫星影像图

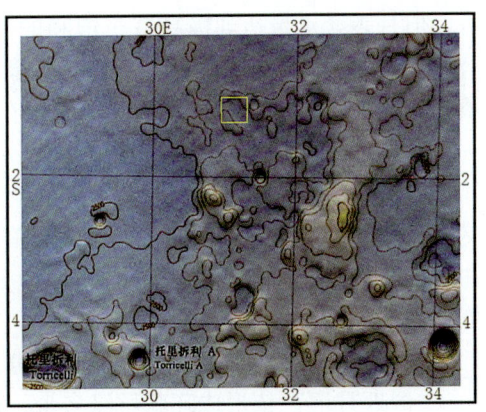

图7.2.82 静海南"滨海月坑"(方框)及附近地形图

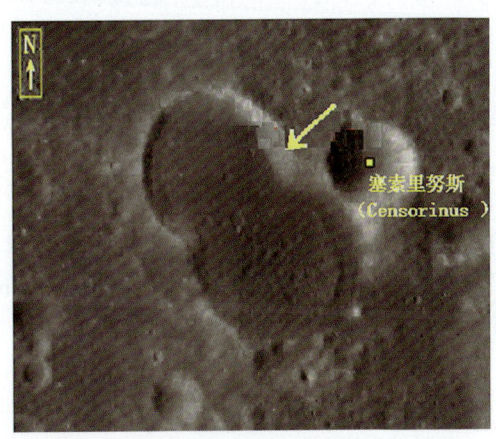

图7.2.83 为图7.2.81方框局部放大
示静海南"滨海月坑"(箭头所示)和塞索里努斯(Censorinus)"陆地月坑"卫星影像图

(图片来源:ESA/NASA)

第三节 月球"湿地月坑"(浅水—沼泽)地貌特征

一、月球"湿地月坑"地貌概念、分布和类型划分

1. 月球"湿地月坑"地貌概念

"湿地月坑"是指月表覆盖有薄层水体(浅水)介质,或月球虽无水体介质覆

525

盖，但月表含水量达到极高甚至饱和的"湿地沼泽"，被陨石撞击时所产生的月坑。"湿地月坑"以坑外溅射堆积不多，坑缘多保存完整，有的具有中央峰，坑内多全充填或满充填，环形阶梯状断裂很少或保存不多等为主要特征。

2. 月球"湿地月坑"地貌分布

"湿地月坑"在空间上分布十分广泛，除月海区之外，在月陆区、大型盆地（如艾肯盆地、南海盆地）和一些早期形成的大型月坑均可见其踪迹。"湿地月坑"的存在，说明月球曾经有过大量含水的湿地分布。为探索月球古地理、古环境提供重要依据。

3. 月球"湿地月坑"地貌类型划分

"湿地月坑"依形成环状坑缘多少，可进一步划分为"单环湿地月坑"和"双环湿地月坑"或"多环湿地月坑"。"双环湿地月坑"可进一步划分为"大型（或巨型）双环月坑"和"小型双环月坑"。前者年代早，多形成于雨海期之前；后者形成晚，多产生于哥白尼纪之后。

二、月球"湿地月坑"（浅水—沼泽）地貌特征

（一）单环"湿地月坑"特征

1. 柏拉图（Plato）单环"湿地月坑"特征

柏拉图（Plato）单环"湿地月坑"分布于月球正面北半球，纬度为51.8°N，经度为9.5°W（见图7.3.1、图7.3.2）。近圆形，口径约100 km。坑缘保留完好，环状阶梯状断裂仅少量出露。坑底满充填，为平坦的沉积平原分布（见图7.3.3）。深 $-2529 \sim -1769$ m。

2. 阿基米德（Archimedes）单环"湿地月坑"地貌特征

阿基米德（Archimedes）单环"湿地月坑"分布于月球正面北半球，纬度为29.8°N，经度为4.0°W（见图7.3.4、图7.3.5）。坑缘保留完好，与柏拉图（Plato）单环"湿地月坑"相近。环状阶梯状断裂仅少量出露。坑底满充填，为平坦的沉积平原分布（见图7.3.5、图7.3.6）。坑缘两侧对称，深约1931 m。

3. 云海西单环"湿地月坑"地貌特征

云海西单环"湿地月坑"分布于月球正面南半球，纬度为24.2°S，经度为22.7°W（见图7.3.7、图7.3.8）。坑缘保留较不完整，西部有缺口。坑底呈高低起伏丘陵状。坑缘两侧深度浅，仅数百米（$-360 \sim -292$ m）（见图7.3.9）。

4. 阿利斯塔克（Aristarchus）东南单环"湿地月坑"地貌特征

阿利斯塔克（Aristarchus）东南单环"湿地月坑"分布于月球正面北半球，纬度为21.8°N，经度为46.5°W（见图7.3.10、图7.3.11）。无环状阶梯断裂保留。坑底呈高低起伏丘陵状（见图7.3.12）。坑缘两侧深度变化大（$-541 \sim -218$ m），东侧深度约 -541 m，西侧深度仅 -218 m。

5. 雨海西单环"湿地月坑"特征

雨海西单环"湿地月坑"共见2处。一处为普林茨（Prinz）"湿地月坑"，纬度为25.7°N，经度为44.0°W（见图7.3.13、图7.3.14），规模大，东南一侧的坑缘已不存在，东北一侧坑缘保存较好，坑壁陡立，似有少量坑外堆积分布。另一处分布于普林茨（Prinz）"湿地月坑"之东北，纬度为26.9°N，经度为43.1°W（见图7.3.13、图7.3.14），规模小，其西北一侧坑缘保存好，坑壁陡峭，深度大。东南一侧坑缘深度较深，已为沉积物覆盖（见图7.3.14—图7.3.16）。"湿地月坑"坑缘与原始坑缘分布基本吻合（见图7.3.17、图7.3.18）。

（二）月球双环"湿地月坑"特征

双环"湿地月坑"按规模大小可进一步划分为"小双环湿地月坑"和"大双环（或多环）湿地月坑"。

1. "大双环湿地月坑"地貌特征

（1）东海（Mare Orientale）大三环（或多环）"湿地月坑"地貌特征。东海（Mare Orientale）三环（或多环）大月坑位于月球背面之东南，处于月球正面、背面交界附近，直径约930 km（见图7.3.19），面积约67929.5 km^2。纬度为20.0°S，经度为92.0°W（见图7.3.20）。形成于约38.5亿年前，比雨海双环盆地还年轻。三环十分明显，尤其月坑的东北部，三环特征十分突出（见图7.3.21、图7.3.22）。每一环的内壁陡峭，外壁向外呈缓倾斜坡。

（2）雨海（Mare Imbrium）大双环"湿地月坑"地貌特征。雨海（Mare Imbrium）大双环"湿地月坑"位于月球正面北半球。双环最明显处在雨海之北（见图7.3.23）。内环、外环主要由溅射堆积物组成。北"Ⅰ"环上，是目前所知月球月溪分布最多和最密集之地（详见图2.1.1、图2.1.16、图2.1.17），且多数月溪向南流入雨海，向北流入冷海。

（3）莫斯科海（Mare Moscoviense）大双环"湿地月坑"地貌特征。莫斯科海（Mare Moscoviense）大双环"湿地月坑"位于月球背面北半球，纬度为27.0°N，经度为147.0°E（见图7.3.24、图7.3.25）。莫斯科海大双环"湿地月坑"形成较早，约在酒海纪之前。因此，在内环与外环之间有大量单环"湿地月坑"分布（见图7.3.26、图7.3.27）。内环及部分外环受热融作用明显，使许多"单环湿地月坑"已不复存在，而在热融区又形成许多单环"湿地月坑"分布（见图7.3.28—图7.3.32），个别还形成不甚完好的双环"湿地月坑"（见图7.3.33）。

（4）东海西北赫茨普龙（Hertzsprung）大双环"湿地月坑"地貌特征。赫茨普龙（Hertzsprung）大双环"湿地月坑"位于月球背面北半球，纬度为2.5°N，经度为129.0°W（见图7.3.34—图7.3.37）。近圆形，双环特征明显，尤其西北一侧显示十分清晰（见图7.3.35、图7.3.37）。月坑表面受东海形成时产生的溅射次生小月坑严重切割和覆盖，充分说明赫茨普龙（Hertzsprung）大双环"湿地月坑"形成时代早，而东海形成晚。

(5) 艾肯盆地阿波罗（Apollo）大双环"湿地月坑"地貌特征。阿波罗（Apollo）大双环"湿地月坑"位于月球背面艾肯盆地之东北，纬度为35.0°S，经度为151.0°W。近圆形，内外环保留均较明显，尤其内环的北东和南西方向凸出（见图7.3.38—图7.3.41）。在阿波罗（Apollo）大双环"湿地月坑"中心部分仍保留深黑色、很少有月坑出露的"湿地"地貌特征（见图7.3.42—图7.3.44）。

月球背面的大双环"湿地月坑"分布较多，在卫星图片上有较明显图像显示的最少有5个以上（见图7.3.38）。它们是：Ⅰ-东海（Mare Orientale）（见图7.3.19—图7.3.22）、Ⅱ-莫斯科海（MareMoscoviens）（见图7.3.24—图7.3.33）、Ⅲ-赫茨普龙（Hertzsprung）（见图7.3.34—图7.3.37）、Ⅳ-阿波罗（Apollo）（见图7.3.39—图7.3.42）、Ⅴ-科罗廖夫（Korolev）（见图7.3.45—图7.3.49）等大双环"湿地月坑"。

(6) 月陆高原科罗廖夫（Korolev）大双环"湿地月坑"地貌特征。科罗廖夫（Korolev）大双环"湿地月坑"分布于月球背面的南半球。纬度为5.0°S，经度为159.0°W（见图7.3.45—图7.3.47），内外环仍保留较多较好。在整个月坑中随处可见由东海"湿地月坑"形成时所产生的溅射次生小月坑（见图7.3.48、图7.3.49），充分说明科罗廖夫（Korolev）大双环"湿地月坑"形成较东海三环"湿地月坑"要早得多。其中，科罗廖夫M（Korolev M）是具有中央峰的"湿地月坑"，央峰显示与"陆地月坑"的中央峰有明显差异。前者似显示由"泥质"组成。在坑底溅落堆积区前者显示为平坦的平原区，而后者为溅落堆积区。在环状阶梯状断裂方面，前者环状断裂界限模糊不清，而后者显示十分明显，如第谷月坑等。

2. 小双环"湿地月坑"地貌特征

(1) 阿波罗（Apollo）大双环月坑中小双环"湿地月坑"地貌特征。阿波罗（Apollo）大双环月坑分布于月球背面艾肯盆地之东北（见图7.3.50）。纬度为35.0°S，经度为151.0°W（见图7.3.54、图7.3.55）。它是一个早期形成的双环大月坑，形成于深度约-5000 m的湿地平原面。经度横跨16°，纬度横跨6°，推断口径在200 km以上。内环、外环显示十分明显（见图7.3.51）。"湿地月坑"在双环大月坑范围内分布十分普遍（见图7.3.56、图7.3.57），说明双环大月坑形成后曾经历过较长时期的湿地化阶段。

小双环"湿地月坑"位于阿波罗（Apollo）双环大月坑之北，纬度为30.7.0°S，经度为154.0°W。分布于深度约-5000 m的湿地平原面上（见图7.3.52、图7.3.53）。大小约10 km²。内环宽阔，坡度里缓外陡明显，环顶圆滑。外环壁宽大，坡度较缓（见图7.3.53）。

(2) 疫沼北小双环"湿地月坑"地貌特征。小双环月坑分布于月球背面，疫沼北沉积平原面上，纬度为-31.2°，经度为-28.5°W（见图7.3.58、图7.3.59）。近圆状，外环口径约5.3 km，内环口径约3 km，中心呈下凹的锅底状。环顶圆滑，组成物质细腻（见图7.3.60）。

(3) 丰富海朗伦努斯（Langrenus）月坑中小双环"湿地月坑"特征。丰富海朗伦努斯（Langrenus）月坑位于月球正面北半球丰富海之东边缘地带。双环"湿地月坑"分布于朗伦努斯（Langrenus）月坑之东部。纬度为8.9°S，经度为62.5°E（见图7.3.60、图7.3.61）。近圆形，规模较小，口径约0.9 km。外环内壁坡度略缓，内环内外壁较陡，但环顶较圆滑。双环小月坑明显切割地堑式冰裂（见图7.3.62）。

（4）杜比亚戈（Duhyago）西南小双环"湿地月坑"地貌特征。小双环"湿地月坑"共有2个（A、B），分布于月球正面的北半球，浪海之南，杜比亚戈（Duhyago）月坑之西和西南（见图7.3.63、图7.3.64）。A小双环"湿地月坑"纬度为3.80°N，经度为68.60°E，双环特征保存较好。B小双环"湿地月坑"纬度为4.05°N，经度为66.80°E，双环特征保存较差（见图7.3.65）。但A和B规模都较小，都分布于平坦的湿地面上。

（5）金策尔（Ginzel）月坑中小双环"湿地月坑"地貌特征。小双环"湿地月坑"位于月球背面北半球，危海之东，金策尔（Ginzel）月坑坑底的西北一侧（见图7.3.66）。纬度为14.5°N，经度为97.0°E（见图7.3.67）。外环保留较好，内环的东南保留较差（见图7.3.68）。

（三）月球其他"湿地月坑"

1. 奥本海默（Oppenheimer）单环"湿地月坑"地貌特征

奥本海默（Oppenheimer）单环"湿地月坑"位于月球背面艾肯盆地之北，其东紧邻阿波罗（Apollo）大双环"湿地月坑"。纬度为37.0°S，经度为166.0°W（见图7.3.69、图7.3.70）。近圆形，坑底中心平坦，无中央峰。沿坑底周边，发育一组北东和北西方向为主的构造裂隙（见图7.3.71）。环形边界阶梯状断裂模糊不清。

2. 艾肯盆地智海（Mare Ingenii）单环"湿地月坑"地貌特征

智海（Mare Ingenii）单环"湿地月坑"，分布于月球背面艾肯盆地的西北。纬度为34.0°S，经度为166.0°E（见图7.3.72、图7.3.73）。主要由2个单环"湿地月坑"组成。其一是汤姆孙（Thomson）单环"湿地月坑"，其二是其下紧邻的A"湿地月坑"（见图7.3.74、图7.3.75）。其最主要的特征是色调特别深，且有灰白色浮冰热融塑流残余保留（见图7.3.76—图7.3.80）。

三、月球"湿地月坑"（浅水—沼泽）地貌的形成和演化

"湿地月坑"是陨击作用于潮湿的月表（即"湿地"）时产生的，因此"湿地月坑"具有特殊的月表含水的环境意义。月球自艾肯纪开始，至爱拉托逊纪结束，"湿地月坑"在月表上有较广泛分布（详见第十一章第三节表11.3.1"月球上直径大于300 km的大型多环盆地"）。表明"湿地月坑"自月球有水出现就开始形成，并且在现今月球的高原区也有较多分布。这可能是由于爱拉托逊纪时，月表湿地分布基本不再存在，所以，自爱拉托逊纪开始再见不到"湿地月坑"出现，而代之以大量"陆地月坑"。

四、月球"湿地月坑"(浅水—沼泽)地貌发现意义

"湿地月坑"是在月表含水量相当高的条件下形成的,因此它的发现表明月球曾经有过大量水的存在和分布。为研究月球水的形成和演化、月球历史发展提供依据。

以下附第七章第三节图:

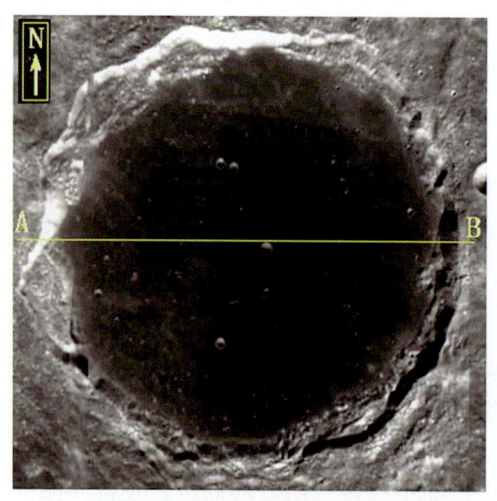

图 7.3.1 柏拉图(Plato)单环"湿地月坑"卫星影像图

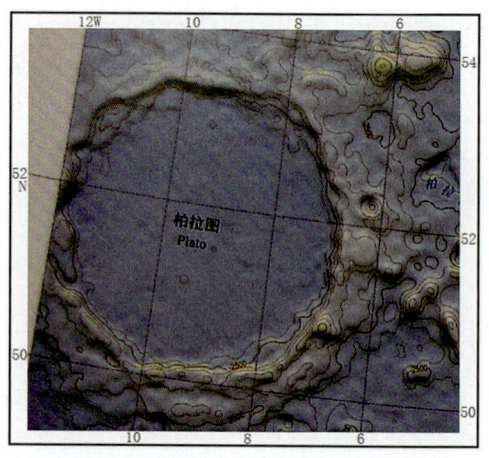

图 7.3.2 柏拉图(Plato)单环"湿地月坑"及附近地形图

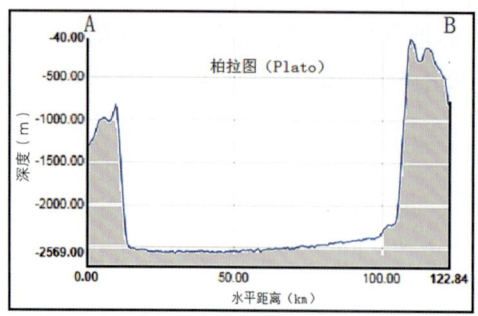

图 7.3.3 柏拉图(Plato)单环"湿地月坑"(见图 7.3.1)AB 剖面图(−2529 ～ −1769 m)

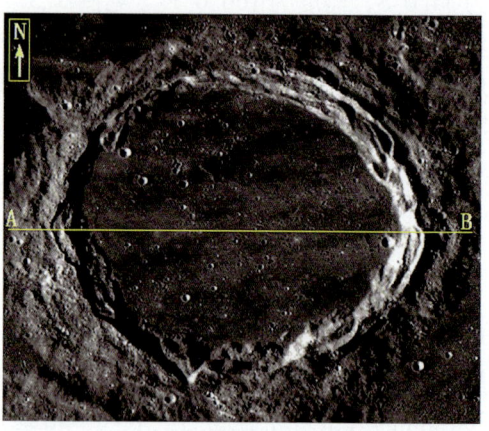

图 7.3.4 阿基米德(Archimedes)单环"湿地月坑"卫星影像图

第七章 月球"月坑地貌"（遗迹）特征

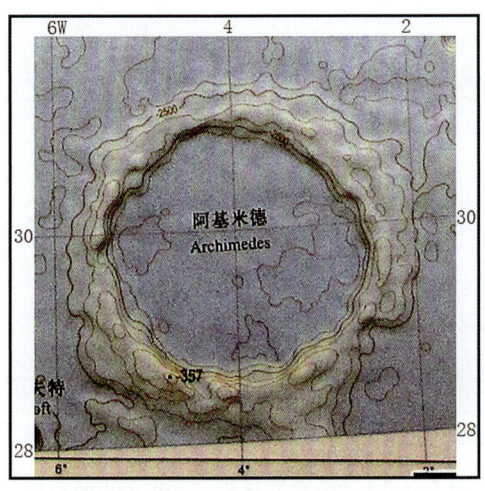

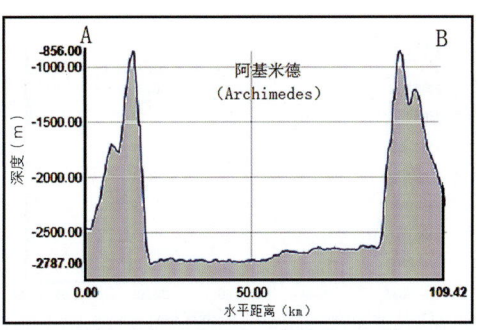

图7.3.6 阿基米德（Archimedes）单环"湿地月坑"（见图7.3.4）AB剖面图（-1931 m）

图7.3.5 阿基米德（Archimedes）单环"湿地月坑"及附近地形图

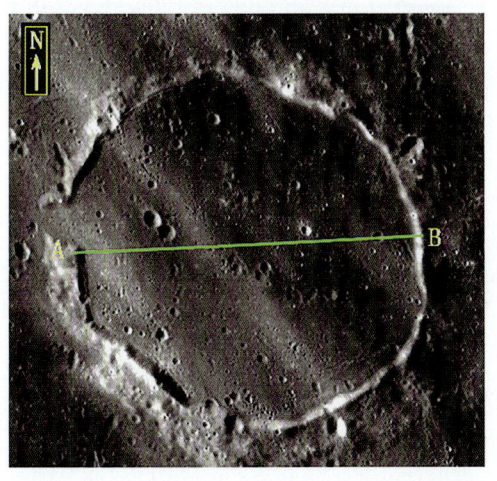

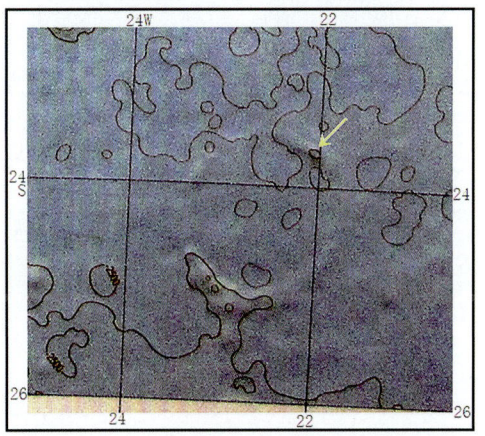

图7.3.7 云海西单环"湿地月坑"卫星影像图

图7.3.8 云海西单环"湿地月坑"（箭头所示）及附近地形图

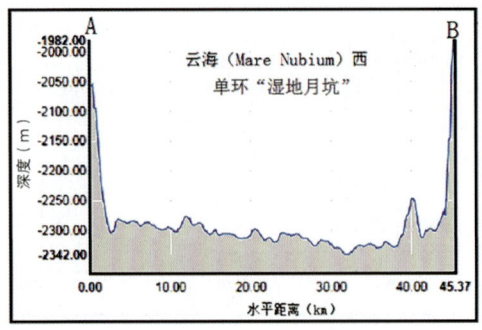

图 7.3.9 云海西单环"湿地月坑"(见图 7.3.7) AB 剖面图

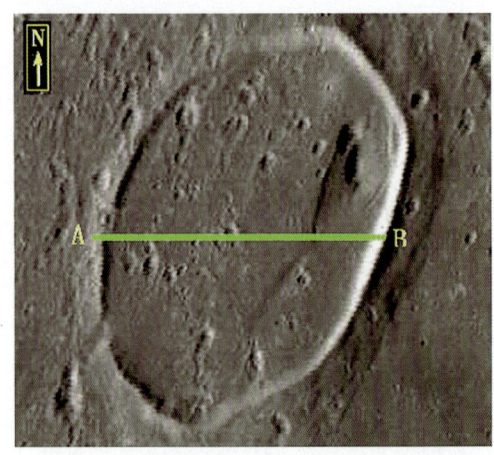

图 7.3.10 阿利斯塔克(Aristarchus)东南单环"湿地月坑"卫星影像图

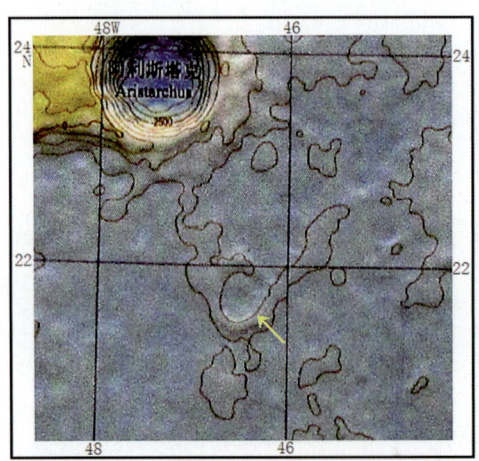

图 7.3.11 阿利斯塔克(Aristarchus)东南单环"湿地月坑"及附近地形图

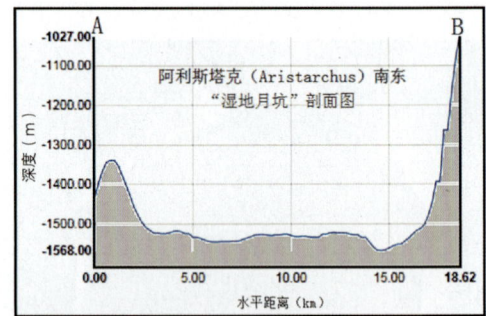

图 7.3.12 阿利斯塔克(Aristarchus)东南单环"湿地月坑"(见图 7.3.10) AB 剖面图

第七章 月球"月坑地貌"（遗迹）特征

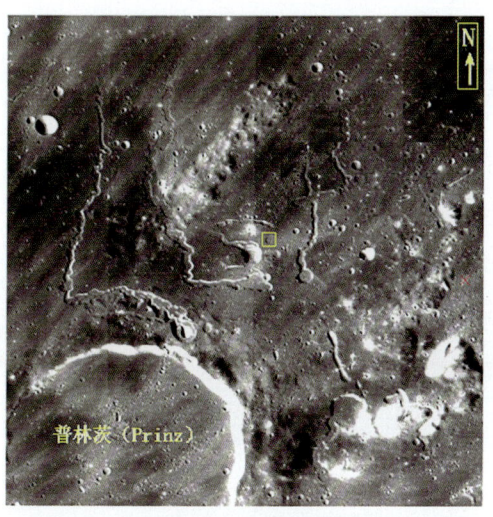

图 7.3.13 雨海西普林茨（Prinz）"湿地月坑"及以北地区卫星影像图

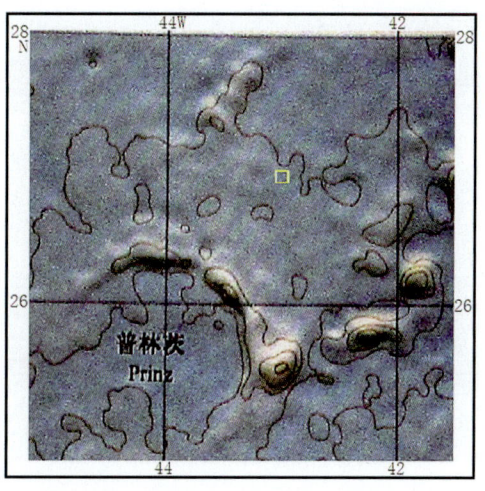

图 7.3.14 普林茨（Prinz）"湿地月坑"及以北地区地形图

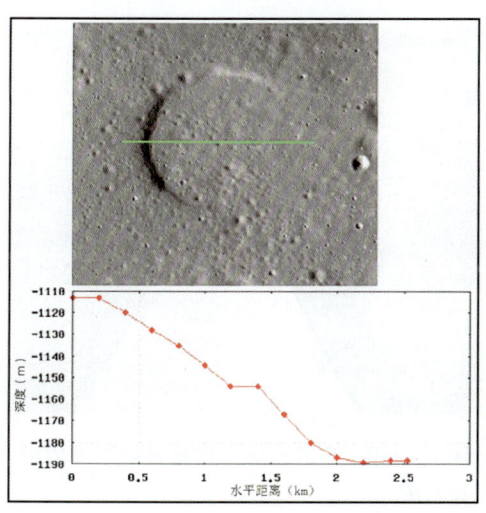

图 7.3.15 为图 7.3.13 方框局部放大
示"湿地月坑"及东西向剖面示意图

图 7.3.16 为图 7.3.13 方框局部放大
示"湿地月坑"分布特征

533

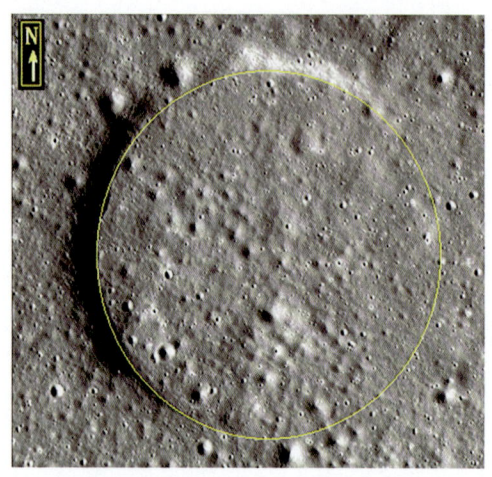

图 7.3.17 为图 7.3.13 方框局部放大

示"湿地月坑"与原始坑缘(圆圈)基本吻合

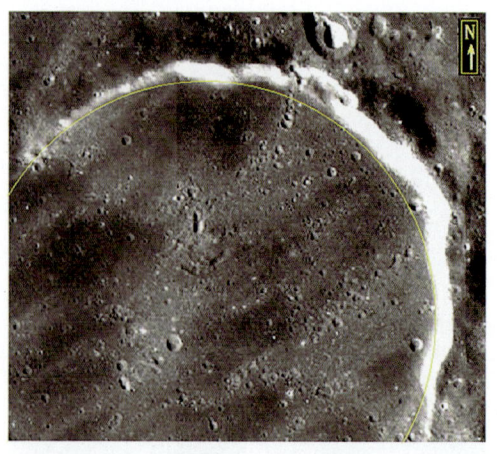

图 7.3.18 为图 7.3.13 普林茨(Prinz)"湿地月坑"局部放大

示普林茨"湿地月坑"与原始坑缘(圆圈)基本吻合

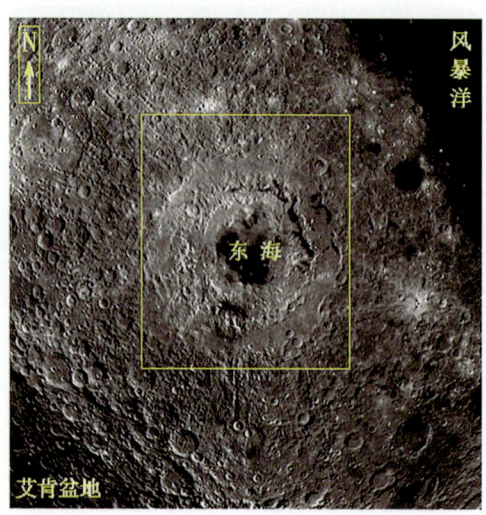

图 7.3.19 东海(Mare Orientale)三环"湿地月坑"在月球卫星影像图上的分布位置

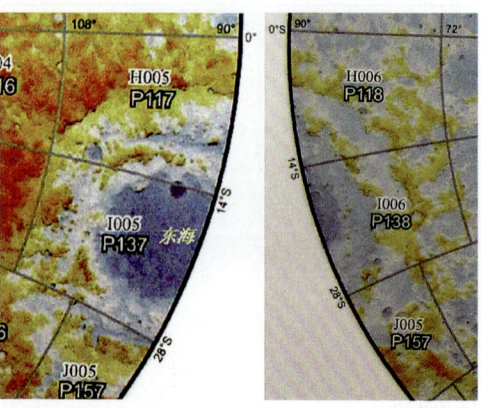

图 7.3.20 东海三环"湿地月坑"及附近地形图

第七章 月球"月坑地貌"（遗迹）特征

图 7.3.22 东海三环"湿地月坑"中心及东北部三环局部放大分布特征

图 7.32.21 为图 7.3.19 方框局部放大示东海三环"湿地月坑"卫星影像图

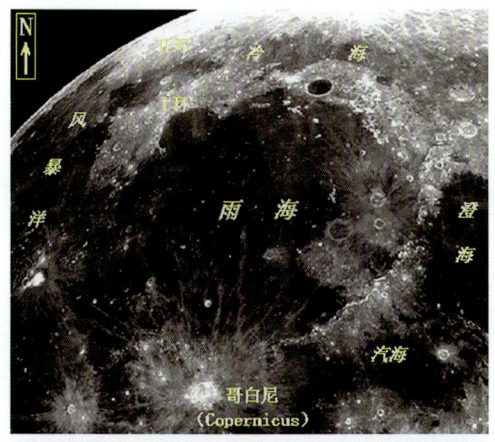

图 7.3.23 雨海（Mare Imbrium）双环"湿地月坑"卫星影像图

图 7.3.24 莫斯科海（Mare Moscoviense）双环"湿地月坑"卫星影像图

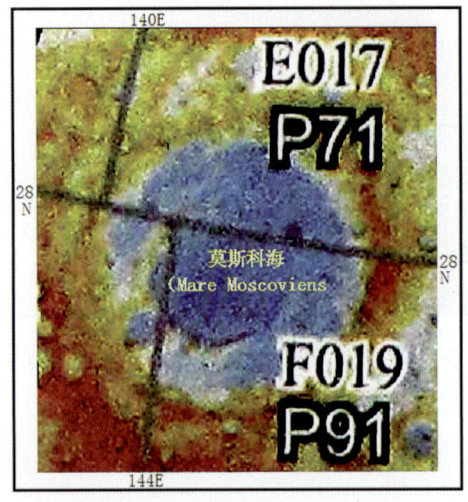

图 7.3.25　莫斯科海（Mare Moscoviense）及附近地形图

图 7.3.26　为图 7.3.24 方框局部放大
示莫斯科海双环"湿地月坑"内环分布特征

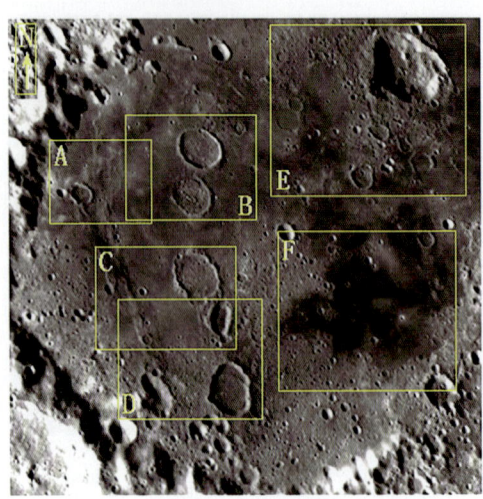

图 7.3.27　为图 7.3.26 方框局部放大
示莫斯科海双环"湿地月坑"内环沉积平原分布特征

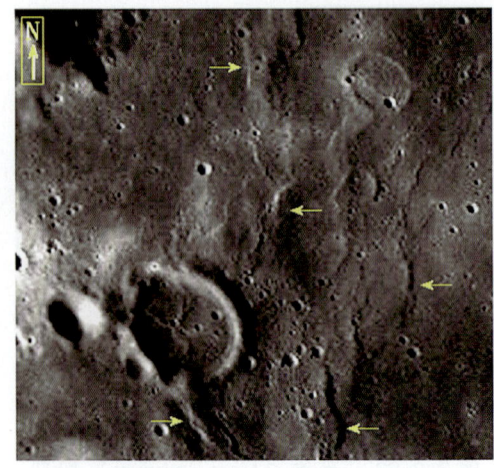

图 7.3.28　为图 7.3.27 方框 A 局部放大
示莫斯科海内环液化沙垄（箭头所示）分布特征

第七章 月球"月坑地貌"（遗迹）特征

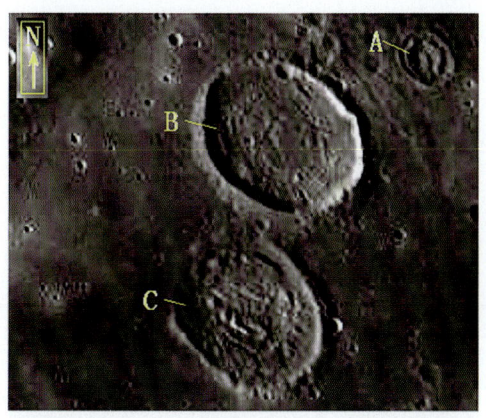

图 7.3.29　为图 7.3.27 方框 B 局部放大
示莫斯科海内环晚期形成的双环"湿地月坑"（A）和"单环湿地月坑"（B、C）分布特征

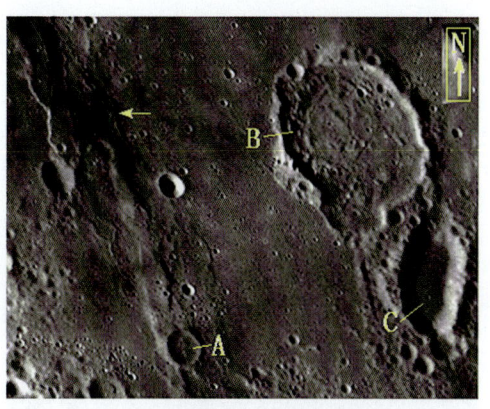

图 7.3.30　为图 7.3.27 方框 C 局部放大
示莫斯科海内环晚期形成的单环"湿地月坑"（A、B、C）和 A 单环"湿地月坑"明显切割液化沙垄（箭头所示）分布特征

图 7.3.31　为图 7.3.27 方框 D 局部放大
示莫斯科海内环晚期形成的单环"湿地月坑"（A、B、C）和 A 单环"湿地月坑"明显切割液化沙垄（箭头所示）分布特征

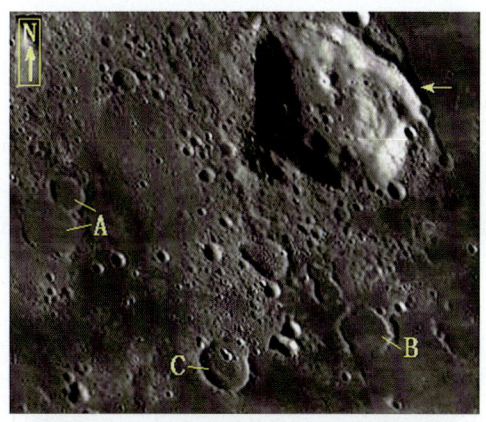

图 7.3.32　为图 7.3.27 方框 E 局部放大
示莫斯科海内环晚期形成的单环"湿地月坑"（A、B、C）和"陆地月坑"（箭头所示）分布特征

537

图 7.3.33 为图 7.3.27 方框 F 局部放大
示莫斯科海内环晚期热融（深黑色）使"湿地月坑"几乎全被"吞噬"殆尽

图 7.3.34 东海西北赫茨普龙（Hertzsprung）大双环"湿地月坑"（方框）卫星影像图

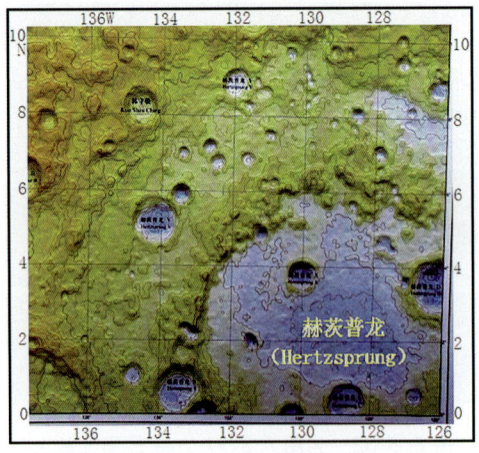

图 7.3.35 东海西北赫茨普龙（Hertzsprung）部分大双环"湿地月坑"及附近地形图

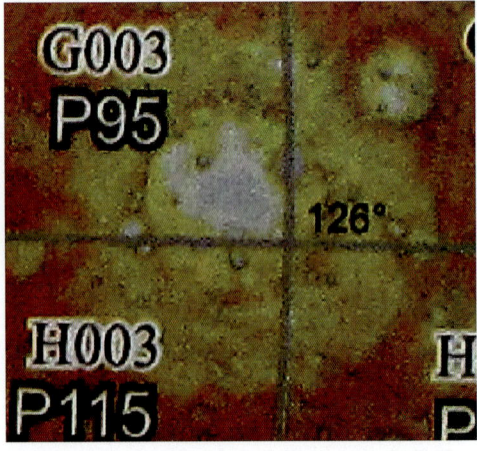

图 7.3.36 东海西北赫茨普龙（Hertzsprung）大双环"湿地月坑"及附近地形图

第七章 月球"月坑地貌"（遗迹）特征

图 7.3.37 为图 7.3.34 方框局部放大
东海西北赫茨普龙大双环"湿地月坑"卫星影像图

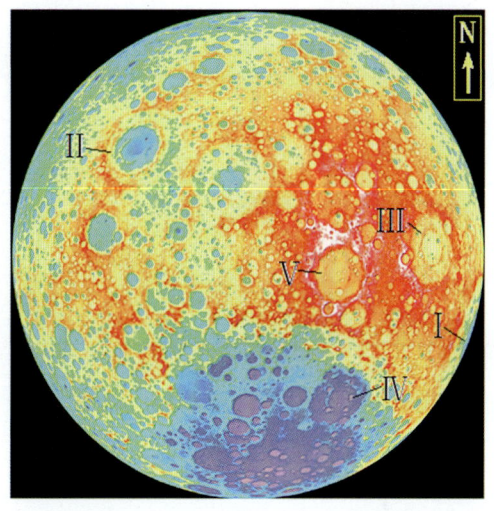

图 7.3.38 月球背面的大双环"湿地月坑"分布特征（据网上资料）
Ⅰ-东海；Ⅱ-莫斯科海（见图 7.3.24—图 7.3.33）；Ⅲ-赫茨普龙；Ⅳ-阿波罗；Ⅴ-科罗廖夫

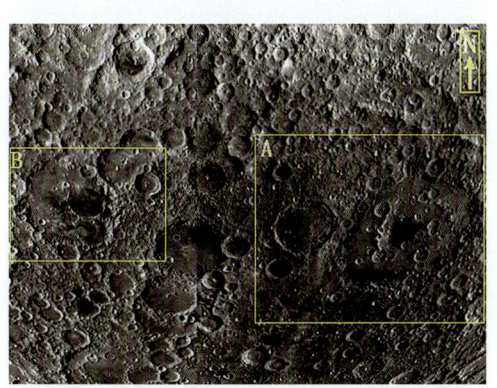

图 7.3.39 艾肯盆地"湿地月坑"分布特征

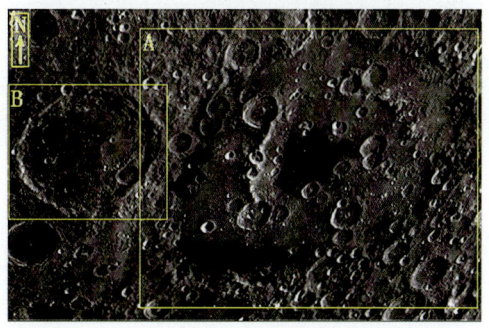

图 7.3.40 为图 7.3.39 方框 A 局部放大
示阿波罗大双环"湿地月坑"（A）和奥本海默大单环"湿地月坑"（B）分布特征

539

月球卫片分析最新发现

图7.3.41　为图7.3.40方框A局部放大
示艾肯盆地阿波罗大双环"湿地月坑"内外环分布特征

图7.3.42　为图7.3.41方框局部放大
示艾肯盆地阿波罗大双环"湿地月坑"中心残留较大的"湿地"分布特征

图7.3.43　为图7.3.40方框B局部放大
示奥本海默"湿地月坑"及坑底平原北西向分布的奥本海默U"湿地月坑"

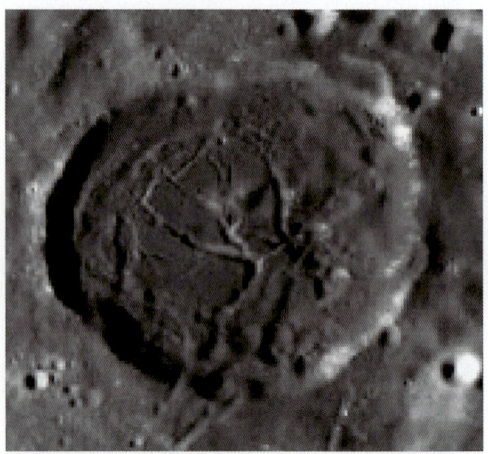

图7.3.44　为图7.3.43方框局部放大
示奥本海默U"湿地月坑"中心冻胀凸起和辐射状冻胀裂隙分布特征

第七章 月球"月坑地貌"(遗迹)特征

图 7.3.45 月陆高原科罗廖夫（Korolev）大双环"湿地月坑"卫星影像图

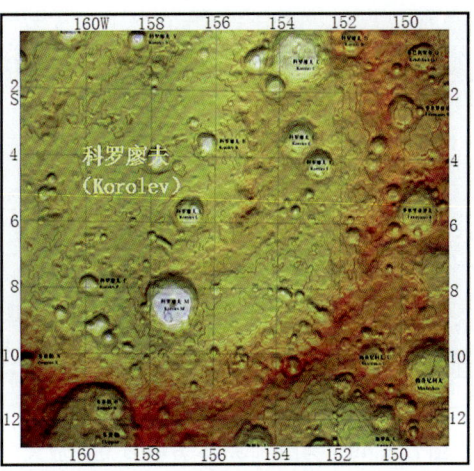

图 7.3.46 科罗廖夫（Korolev）（右侧部分）大双环"湿地月坑"及附近地形图

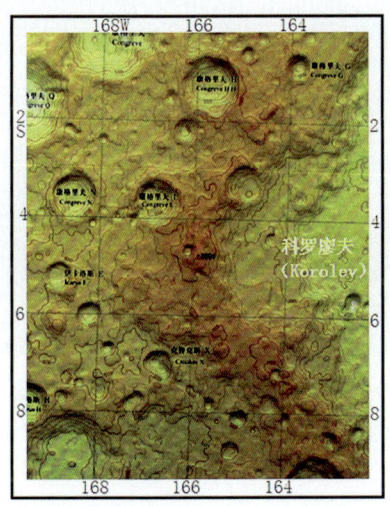

图 7.3.47 科罗廖夫（Korolev）（左侧部分）大双环"湿地月坑"及附近地形图

图 7.3.48 为图 7.3.45 方框 A 局部放大
示科罗廖夫大双环"湿地月坑"中分布的东海"湿地月坑"的溅射次生坑，箭头所示

541

图 7.3.49 为图 7.3.45 方框 B 局部放大
示科罗廖夫 M 大双环"湿地月坑"中分布的东海"湿地月坑"的溅射次生坑，箭头所示

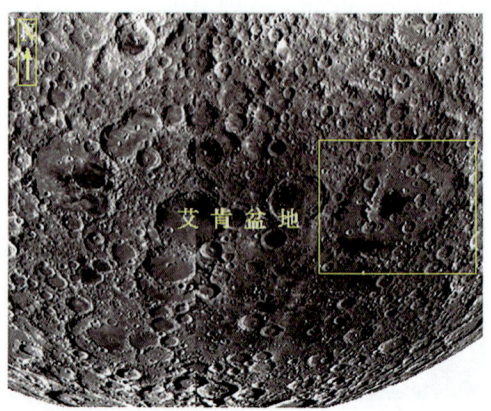

图 7.3.50 月球背面艾肯盆地阿波罗（Apollo）大双环"湿地月坑"（方框）卫星影像图

图 7.3.51 为图 7.3.50 方框局部放大
示阿波罗大双环"湿地月坑"卫星影像图分布特征

图 7.3.52 为图 7.3.51 方框 B 局部放大
示阿波罗大双环"湿地月坑"之北小双环"湿地月坑"卫星影像图分布特征

第七章 月球"月坑地貌"(遗迹)特征

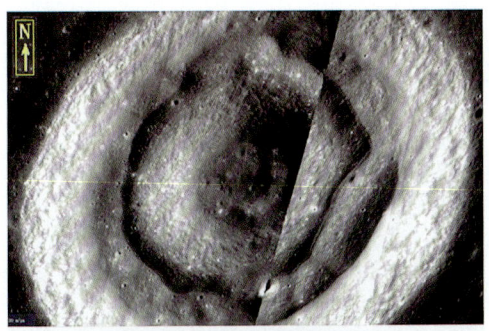

图 7.3.53　为图 7.3.52 方框局部放大
示阿波罗小双环"湿地月坑"卫星影像图分布特征

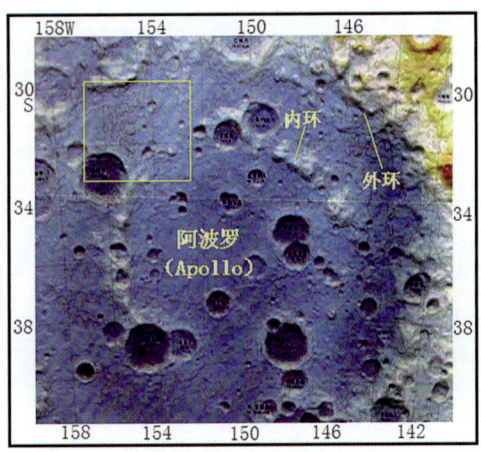

图 7.3.54　阿波罗(Apollo)大双环"湿地月坑"和小双环"湿地月坑"(方框)及附近地形图

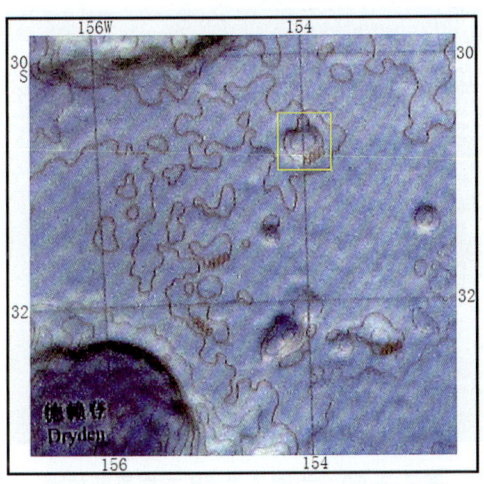

图 7.3.55　为图 7.3.54 方框局部放大
示阿波罗月坑之北小双环"湿地月坑"(方框)分布区及附近地形图

图 7.3.56　为图 7.3.51 方框 A 局部放大
示阿波罗大双环"湿地月坑"北东向坑底分布大量晚期小"湿地月坑",如史密斯、斯科比、麦考利夫、雷斯尼克、贾维斯、麦克奈尔等

543

图 7.3.57　为图 7.3.56 雷斯尼克（A）、贾维斯（B）、麦克奈尔（C）和 Onizuka（D）等为"湿地月坑"，E、F、G 为晚期小"陆地月坑"

图 7.3.58　疫沼东北马特之乐小双环"湿地月坑"卫星影像图

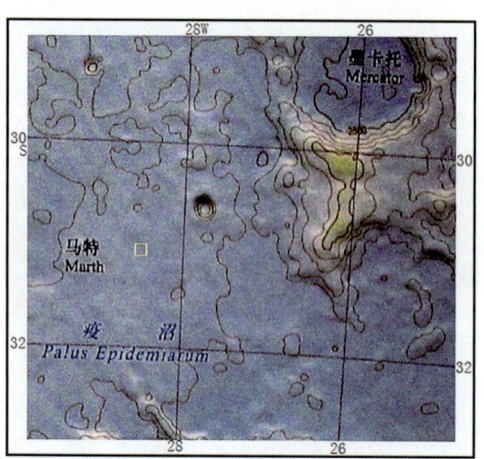

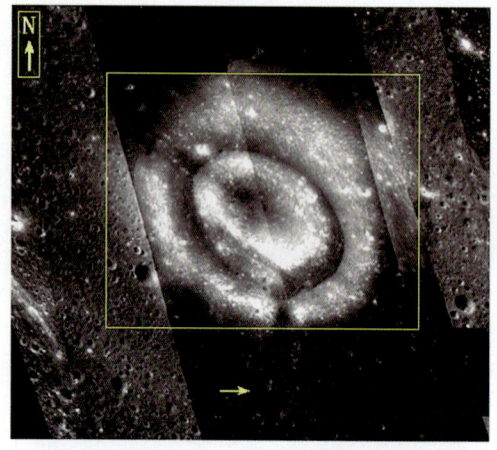

图 7.3.59　疫沼北小双环"湿地月坑"（方框）及附近地形图

图 7.3.60　为图 7.3.58 方框局部放大示疫沼北小双环"湿地月坑"明显切割地堑式冰裂（箭头所示）分布特征

第七章 月球"月坑地貌"(遗迹)特征

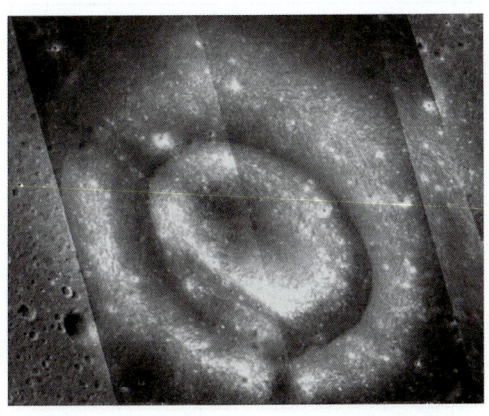

图 7.3.61 为图 7.3.60 方框局部放大
示疫沼北小双环"湿地月坑"中心呈锅底状内外环顶圆滑分布特征

图 7.3.62 丰富海东朗伦努斯(Langrenus)月坑中双环"湿地月坑"(方框)卫星影像图

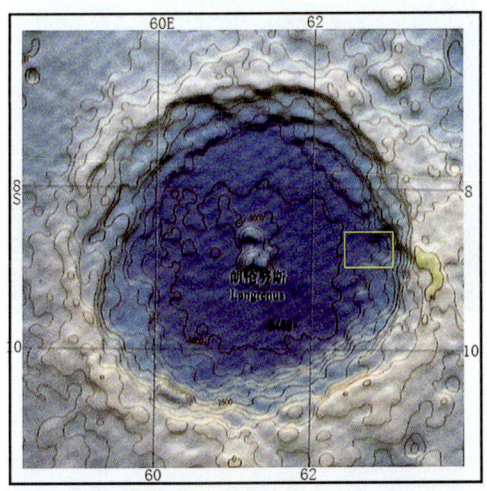

图 7.3.63 丰富海东朗伦努斯(Langrenus)月坑中双环"湿地月坑"(方框)及附近地形图

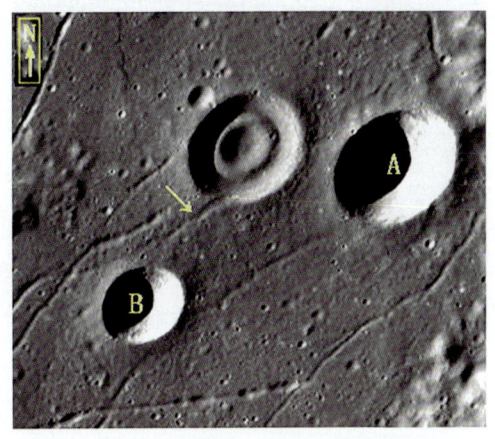

图 7.3.64 为图 7.3.62 方框局部放大
示丰富海东朗伦努斯月坑中双环"湿地月坑"分布特征及明显切割线状裂隙(箭头所示),A、B 为陆地月坑

545

图7.3.65 浪海南杜比亚戈（Duhyago）小双环"湿地月坑"卫星影像图

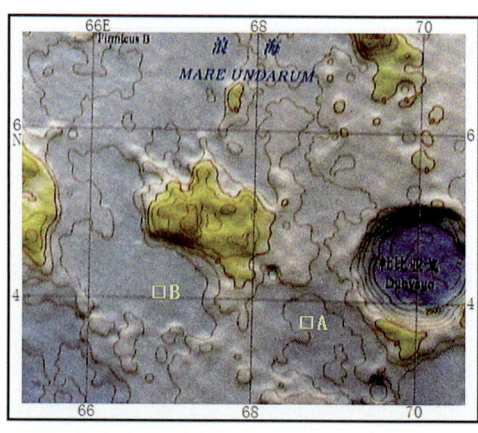

图7.3.66 杜比亚戈（Duhyago）之西南小双环"湿地月坑"（A、B）及附近地形图

图7.3.67 为图7.3.65方框局部放大
示小双环"湿地月坑"（A、B）分布特征

图7.3.68 金策尔（Ginzel）月坑西北小双环"湿地月坑"（方框）卫星影像图

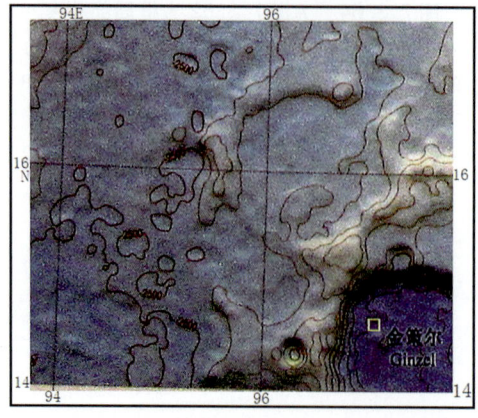

图7.3.69 金策尔（Ginzel）月坑及附近地形图

图7.3.70 为图7.3.68方框局部放大
示小双环"湿地月坑"（箭头所示）分布特征

第七章 月球"月坑地貌"（遗迹）特征

图 7.3.71 为图 7.3.40 方框 B 局部放大示艾肯盆地奥本海默大单环"湿地月坑"及其北西、南东方向各 1 个次级单环"湿地月坑"分布卫星影像图

图 7.3.72 艾肯盆地奥本海默（Oppenheimer）大单环"湿地月坑"及附近地形图

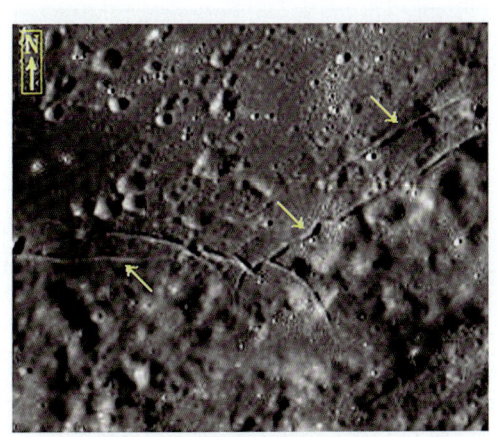

图 7.3.73 奥本海默（Oppenheimer）大单环"湿地月坑"南坑底边缘分布的北东向和北西向断裂，箭头所示

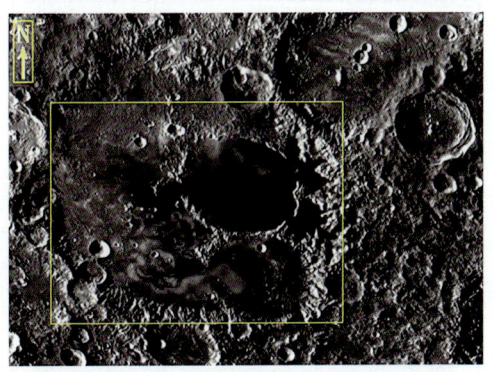

图 7.3.74 艾肯盆地智海（Mare Ingenii）及附近卫星影像图

547

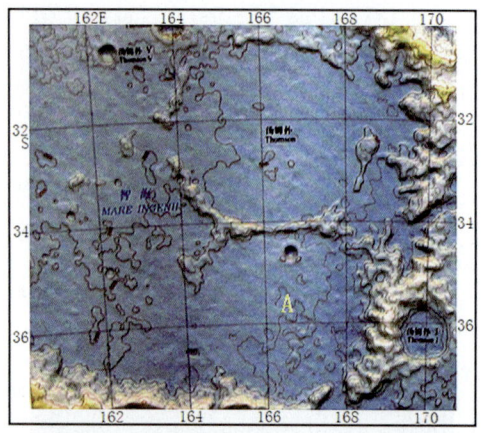

图 7.3.75 智海（Mare Ingenii）汤姆孙（Thomson）和 A 单环"湿地月坑"及附近地形图

图 7.3.76 艾肯盆地智海（Mare Ingenii）汤姆孙（Thomson）单环"湿地月坑"卫星影像图

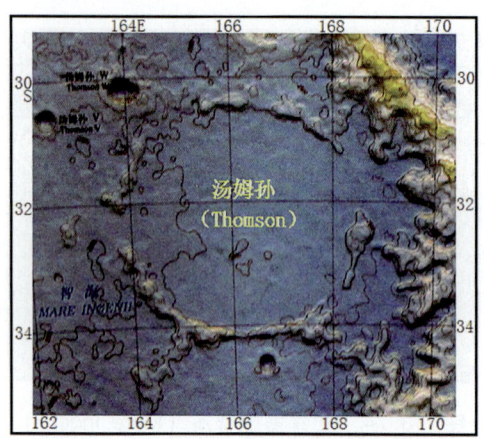

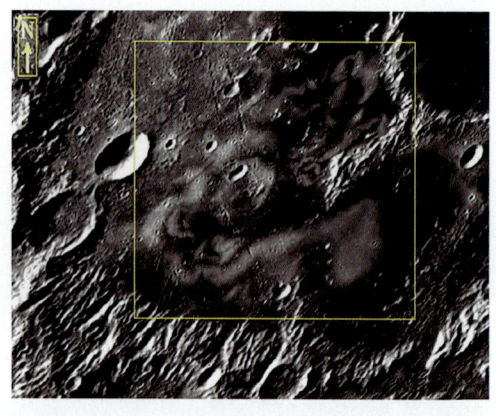

图 7.3.77 智海（Mare Ingenii）汤姆孙（Thomson）单环"湿地月坑"及附近地形图

图 7.3.78 为图 7.3.74 方框局部放大示艾肯盆地智海及其附近月表冰热融塑流残余遗迹分布特征

第七章 月球"月坑地貌"（遗迹）特征

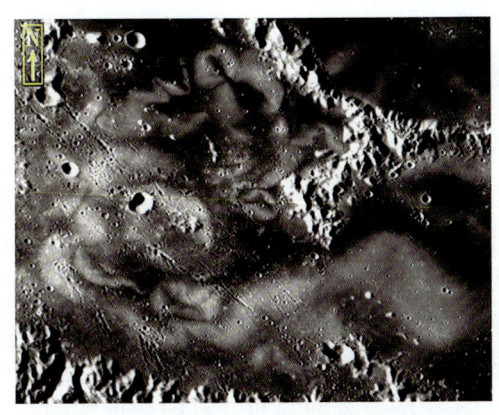

图7.3.79 为图7.3.78方框局部放大
示艾肯盆地智海及其附近月表冰热融塑流残余遗迹分布特征

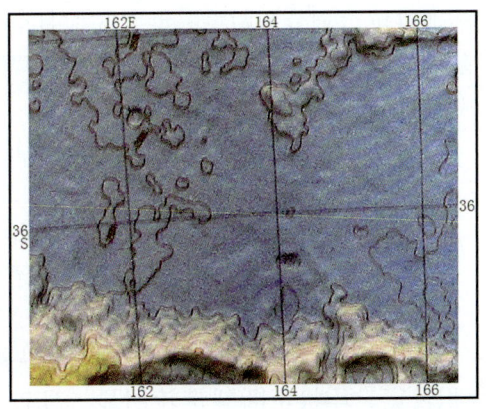

图7.3.80 智海（Mare Ingenii）南月表冰热融塑流残余遗迹分布于低海拔区域及附近地形图

（图片来源：ESA/NASA）

第四节 月球"陆地月坑"地貌特征

一、月球"陆地月坑"地貌概念、分布及类型划分

1. 月球"陆地月坑"地貌概念

月球"陆地月坑"是指陨击作用发生在月球含水量极少的月壤中所产生的月坑。因月表在无水或含水极少的条件下，陨击所受反作用力强大，坑中大多撞击碎屑物被抛出坑外，回落到坑中的撞击碎屑物不多，回填物少，坑物质"支出"远超过"收入"（回落），形成月坑深度大，坑壁环形断裂发育和保存较多辐射纹分布，具有或多或少、或高或矮的中央峰。

2. 月球"陆地月坑"地貌分布

月球"陆地月坑"在月表分布广泛，在月表各种地貌单元（月海、月陆、月坑、山间盆地等）中均有分布，尤其在月陆区有大量存在。在形态上多以碗形、碟形、锅状、漏斗状等为主，回落的充填物极少或无。

3. 月球"陆地月坑"地貌类型划分

"陆地月坑"主要形成于爱拉托逊纪之后，广泛分布于月球表面的任何地貌单元，规模大小十分复杂。以往研究者对"陆地月坑"有各种各样的划分。有的研究者按形态划分为克拉维型月坑、哥白尼型月坑、阿基米德型月坑、碗形月坑和酒窝形月坑等。最新的月坑形态划分为：①简单月坑；②复合月坑；③撞击盆地。但均未考虑到陨石撞击月表含水量的区域地质和环境条件。

目前依据"陆地月坑"辐射纹、中央峰和环形阶梯状边界断裂有无等，暂可将

549

"陆地月坑"划分为中央峰型"陆地月坑"、辐射纹"陆地月坑"和环形阶梯断裂型"陆地月坑"等。现择其中有代表性的"陆地月坑"简述如下。

二、月球"陆地月坑"地貌特征

1. 爱拉托逊（Eratosthenes）"陆地月坑"地貌特征

爱拉托逊"陆地月坑"属于中央峰型"陆地月坑"，分布于月球正面北半球。纬度为 14.6°，经度为 -11.0°。近圆形，口径约 60 km（见图 7.4.1、图 7.4.2），深 -3564～-3569 m（见图 7.4.3）。中央峰发育较好，坑底形成局部溅落堆积平原，面积较宽。环状正断裂带较明显，且较宽，环状坑缘堆积显著，有隐约的辐射纹分布。

2. 哥白尼（Copernicus）"陆地月坑"地貌特征

哥白尼"陆地月坑"属于中央峰、辐射纹和环形阶梯断裂型"陆地月坑"。分布于月球正面北半球。纬度为 9.8°，经度为 9.5°。近圆形，口径约 88 km（见图 7.4.4、图 7.4.4A、图 7.4.5）。深 -4235～-3864 m（见图 7.4.6）。中央峰发育较差，坑底形成局部溅落堆积平原面积较好较宽。环状正断裂带发育较好，且较明显。环状坑缘堆积显著，有长且十分明显的辐射纹分布（见图 7.4.4A）。

3. 第谷（Tycho）"陆地月坑"地貌特征

第谷"陆地月坑"属于中央峰、辐射纹和环形阶梯断裂型"陆地月坑"。分布于月球正面北半球。纬度为 43.2°N，经度 11.1°W。近圆形，口径约 60 km（见图 7.4.7、图 7.4.8）。深 -5164～-4555 m（见图 7.4.9）。中央峰发育高大，坑底形成局部溅落堆积平原，面积并不太大。环状正断裂带发育较宽且明显，环状坑缘堆积较差，辐射纹分布宽广，且十分显眼（见图 7.4.7A）。

4. 阿利斯塔克（Aristarchus）"陆地月坑"地貌特征

阿利斯塔克"陆地月坑"属于中央峰、辐射纹和环形阶梯断裂型"陆地月坑"，分布于月球正面北半球。纬度为 23.6°N，经度为 47.2°W。近圆形，口径约 60 km（见图 7.4.10、图 7.4.11），深 -3557～-3262 m（见图 7.4.12）。中央峰发育简单，高度较低。坑底形成局部溅落堆积平原，面较平坦。环状正断裂带较宽且明显，环状坑缘堆积较差，辐射纹分布宽广，且十分抢眼（见图 7.4.10A）。

5. 阿里斯蒂卢斯（Aristillus）"陆地月坑"地貌特征

阿里斯蒂卢斯（Aristillus）"陆地月坑"属于中央峰、辐射纹和环形阶梯断裂型"陆地月坑"。分布于月球正面北半球，雨海之东。纬度为 33.9°N，经度为 1.0°E。近圆形，口径约 53 km（见图 7.4.13、图 7.4.14），深 -3673～-2917 m（见图 7.4.15）。中央峰较大，但高度较低。坑底形成局部溅落堆积平原面较好。环状正断裂带较宽较好，坑缘堆积较多，辐射纹分布宽广（见图 7.4.15A）。

6. 赫利孔（Helicon）"陆地月坑"地貌特征

赫利孔（Helicon）"陆地月坑"分布于月球正面北半球，雨海之北（见图 7.4.22）。纬度为 40.5°N，经度为 23.1°W。形成于哥白尼纪，属于雨海干涸成陆地后产生的"陆地月坑"。近圆形，口径约 24 km（见图 7.4.16、图 7.4.17），深 $-2056 \sim -1984$ m（见图 7.4.18）。不但没有中央峰，而且在中央峰位置形成明显凹陷小坑，坑底平原面也不甚平坦。环状正断裂带发育较差（可能与沉积物质体松软有关），环状坑缘堆积较多并形成向外倾斜的斜坡面，辐射纹分布不多（见图 7.4.16）。

7. 勒韦里耶（Le Verrier）"陆地月坑"地貌特征

勒韦里耶（Le Verrier）"陆地月坑"分布于月球正面北半球，雨海之北（见图 7.4.22）。纬度为 40.5°N，经度为 20.3°W。形成于哥白尼纪，属于雨海干涸成陆地后产生的"陆地月坑"。近圆形，口径约 21 km（见图 7.4.19、图 7.4.20），深 $-2049 \sim -2001$ m（见图 7.3.21）。无中央峰，坑底呈锅底状。环状正断裂带发育较差，坑缘堆积较多并形成向外倾斜的斜坡面，辐射纹分布不多。

8. 云海之东月陆区阿韦内斯拉（Abenezra）之西"陆地月坑"地貌特征

阿韦内斯拉（Abenezra）之西"陆地月坑"（见图 7.4.26），原为"湿地区"干涸后形成现在的"陆地月坑"（见图 7.4.23）。纬度为 20.8°S，经度为 10.1°E。近圆形，口径约 13 km（见图 7.4.24），深 $-2789 \sim -2312$ m（见图 7.4.25）。无中央峰，坑底中心略向上凸起，显示坑底有较多溅落堆积物分布。无环状正断裂带发育，环状坑缘堆积不多，无明显辐射纹分布（见图 7.4.23）。

9. 酒海之西萨克罗博斯科（Sacrodnmbosco）西南"陆地月坑"地貌特征

萨克罗博斯科（Sacrodnmbosco）西南"陆地月坑"位于酒海之西，为"湿地区"干涸后形成现在的"陆地月坑"。纬度为 25.7°S，经度为 13.8°E（见图 7.4.30）。近圆形，口径约 10 km（见图 7.4.27、图 7.4.28），深 $-1859 \sim -1595$ m（见图 7.4.29）。无中央峰，坑底中心呈略向下凹的漏斗状，显示坑底无或很少有溅落堆积物分布。无环状正断裂带发育，环状坑缘堆积不多，无明显辐射纹分布（见图 7.4.28）。

三、月球"陆地月坑"地貌形成和演化

初步研究结果表明，在"陆地月坑"分布区，可见有大量古老的"湿地月坑"分布，除月海区外，绝对不可能有"月海月坑"（即包括"深水月坑"和"浅水月坑"）出现。在"深水月坑"和"湿地月坑"分布区，可见大量规模小的和形成时代晚的"陆地月坑"出现。"陆地月坑"只见于雨海纪之后，爱拉托逊纪开始才有分布。说明月表在雨海纪之前大多有水或湿地覆盖。月球自诞生开始至雨海世之前，以形成"湿地月坑"和"深水月坑"为主，自雨海纪之后的爱拉托逊纪和哥白尼纪，仅形成"陆地月坑"，因为雨海纪结束后月表再无月海和湿地分布，也就不可能有"深水月坑"和"湿地月坑"的出现，取而代之的全部为"陆地月坑"的广泛发育。

"陆地月坑"因陨击作用发生在不含或含水量极少的坚硬沉积物或岩石上，撞击反弹作用力强大，坑内物质大量被抛出，溅射回落到月坑的物质少，月坑的空间大，坑壁环形阶梯状断裂发育或呈光滑状，辐射纹发育普遍、明显（见图 7.4.4A、图

7.4.7A、图7.4.10A、图7.4.15A）。

四、月球"陆地月坑"地貌发现意义

"陆地月坑"的发现虽然与月球水的有无关系不大，但由于它的发现从反方面证明月球是从有大量水体分布演化为月表水几乎没有的事实。因此，这一发现为研究月球历史演化提供佐证具有重要科学价值。

以下附第七章第四节图：

图7.4.1 中央峰和环形阶梯断裂型爱拉托逊"陆地月坑"卫星影像图

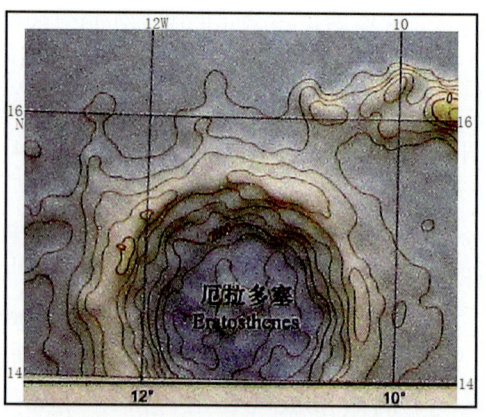

图7.4.2 爱拉托逊"陆地月坑"及附近地形图

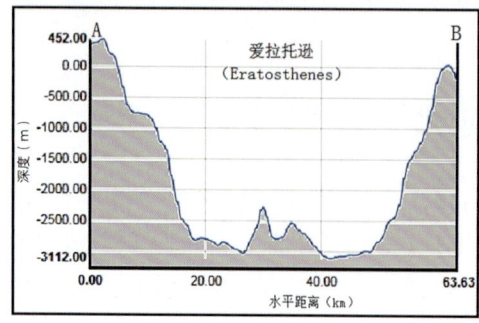

图7.4.3 爱拉托逊"陆地月坑"近东西向剖面图

示爱拉托逊"陆地月坑"坑内中央峰地形分布特征

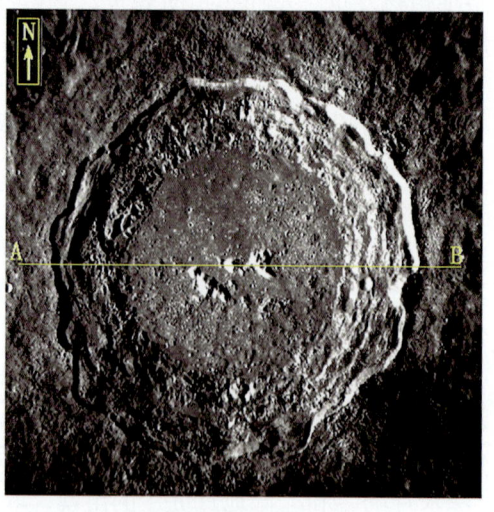

图7.4.4 中央峰、辐射纹和环形阶梯断裂型哥白尼（Copernicus）"陆地月坑"卫星影像图

第七章 月球"月坑地貌"（遗迹）特征

图7.4.4A 哥白尼（Copernicus）"陆地月坑"辐射纹卫星影像图

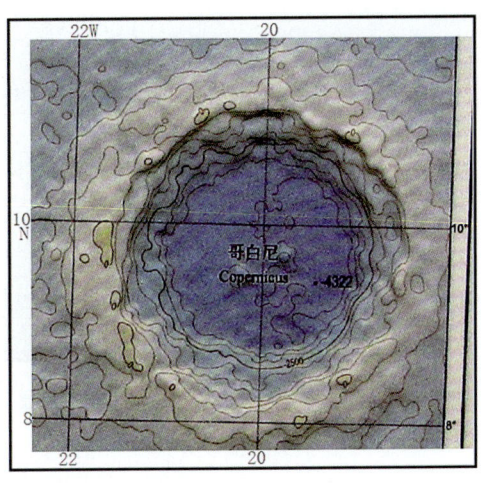

图7.4.5 哥白尼（Copernicus）"陆地月坑"及附近地形图

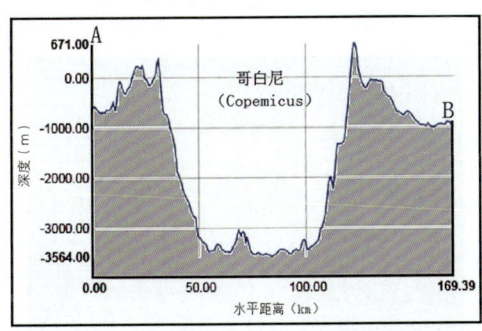

图7.4.6 哥白尼（Copernicus）"陆地月坑"近东西向剖面图

示哥白尼"陆地月坑"坑内中央峰地形分布特征

图7.4.7 中央峰、辐射纹和环形阶梯断裂型第谷（Tycho）"陆地月坑"卫星影像图

553

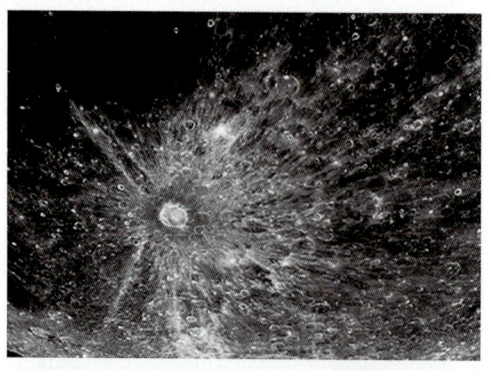

图7.4.7A 第谷（Tycho）"陆地月坑"辐射纹卫星影像图

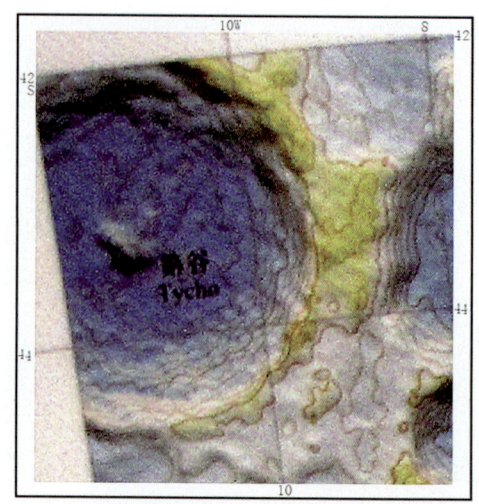

图7.4.8 第谷（Tycho）"陆地月坑"及附近地形图

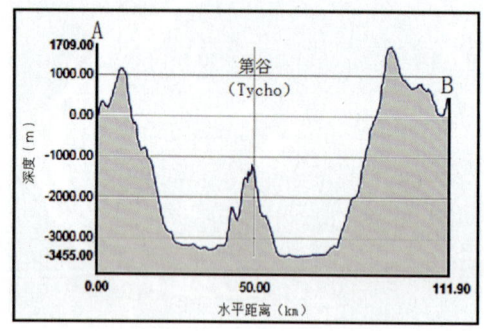

图7.4.9 第谷（Tycho）"陆地月坑"近东西向剖面图

示第谷"陆地月坑"坑内中央峰地形分布特征

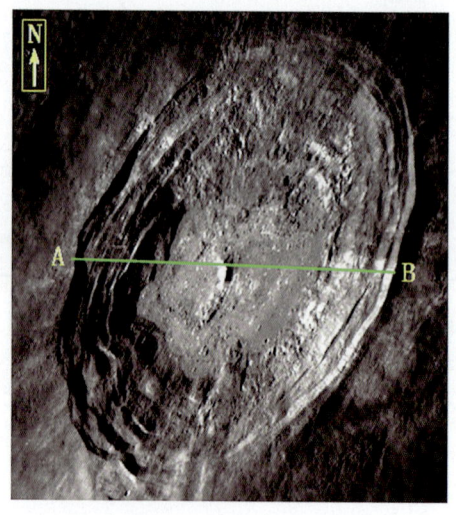

图7.4.10 中央峰、辐射纹和环形阶梯断裂型阿利斯塔克"陆地月坑"卫星影像图

第七章 月球"月坑地貌"(遗迹)特征

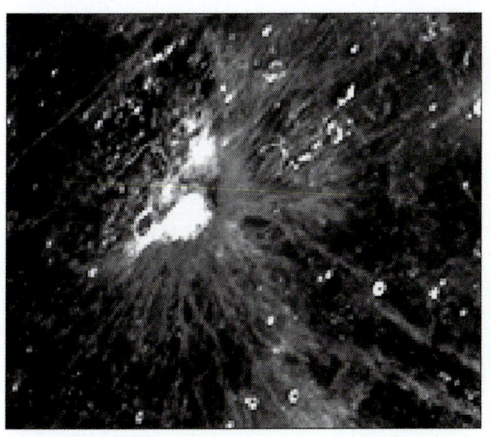

图 7.4.10A 阿利斯塔克"陆地月坑"辐射纹卫星影像图

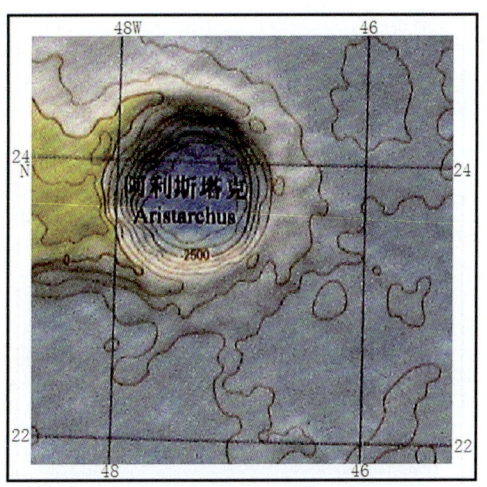

图 7.4.11 阿利斯塔克"陆地月坑"及附近地形图

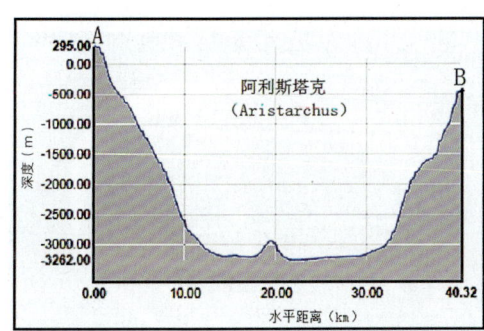

图 7.4.12 阿利斯塔克"陆地月坑"近东西向剖面图
示阿利斯塔克"陆地月坑"坑内中央峰地形分布特征

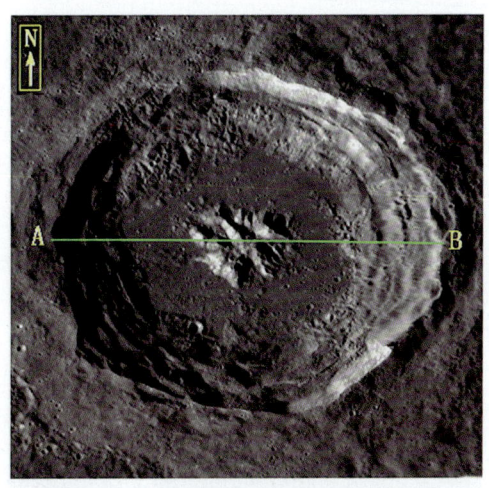

图 7.4.13 中央峰、辐射纹和环形阶梯断裂型阿里斯蒂卢斯(Aristillus)"陆地月坑"卫星影像图

555

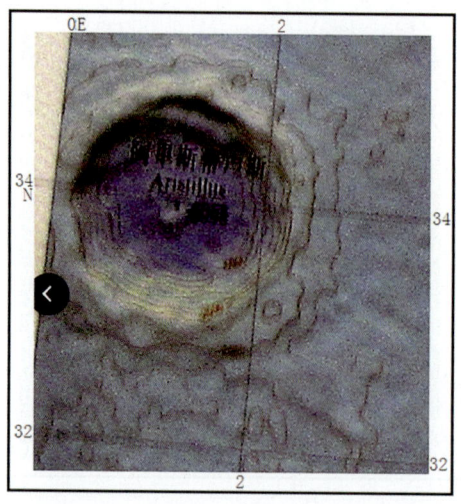
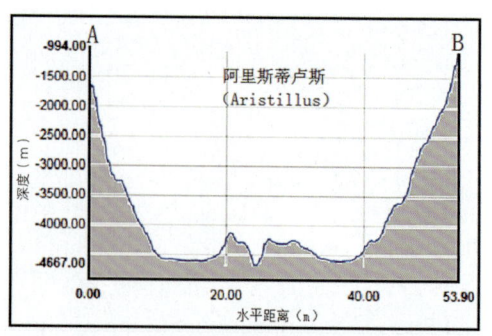

图 7.4.14 阿里斯蒂卢斯（Aristillus）"陆地月坑"及附近地形图

图 7.4.15 阿里斯蒂卢斯（Aristillus）"陆地月坑"近东西向剖面图
示阿里斯蒂卢斯"陆地月坑"坑内中央峰地形分布特征

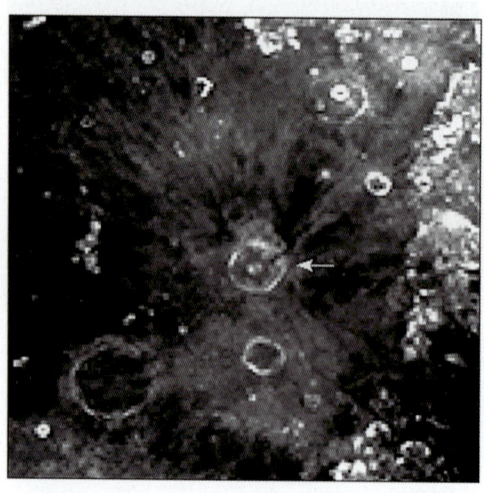
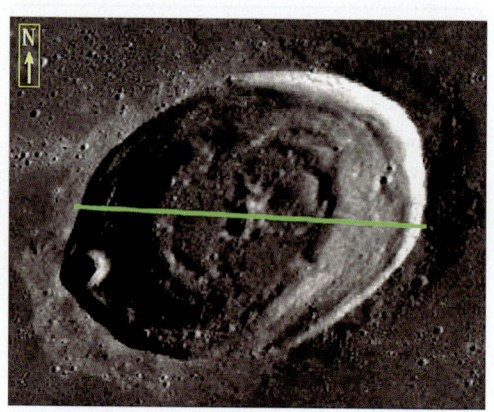

图 7.4.15A 阿里斯蒂卢斯（Aristillus）"陆地月坑"辐射纹（箭头所示）卫星影像图

图 7.4.16 赫利孔（Heljcon）"陆地月坑"卫星影像图

第七章 月球"月坑地貌"（遗迹）特征

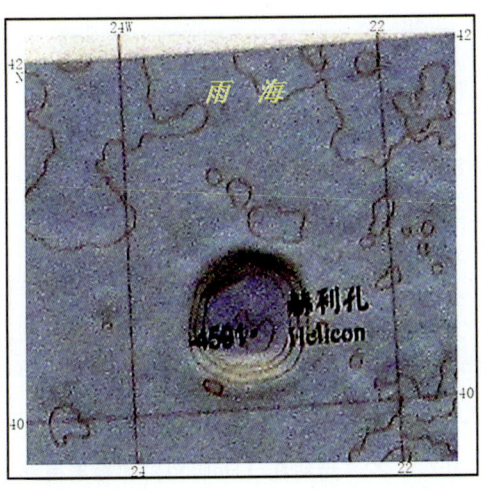

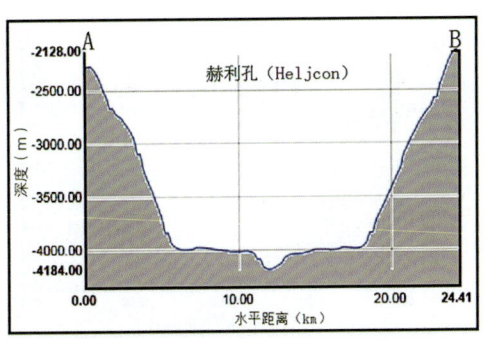

图 7.4.18 赫利孔（Heljcon）"陆地月坑"近东西向剖面图
示赫利孔"陆地月坑"坑内地形分布特征

图 7.4.17 赫利孔（Heljcon）"陆地月坑"及附近地形图

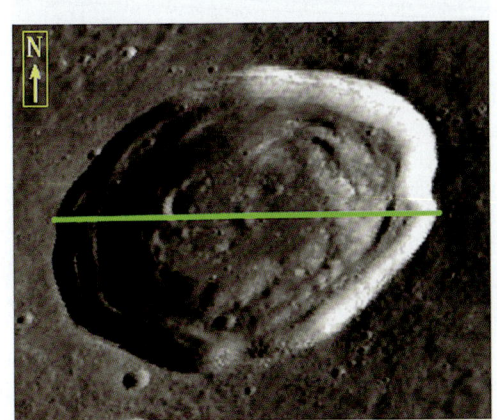

图 7.4.19 勒韦里耶（Le Verrier）"陆地月坑"卫星影像图

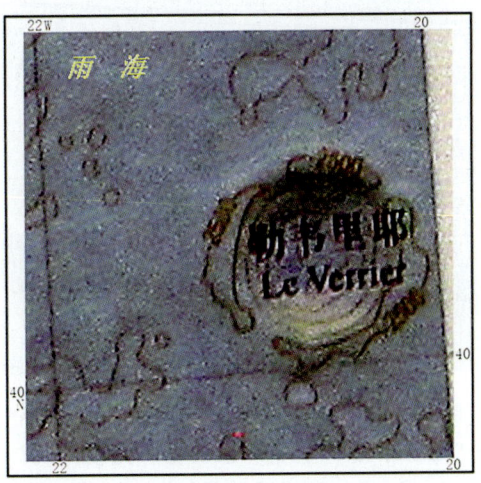

图 7.4.20 勒韦里耶（Le Verrier）"陆地月坑"及附近地形图

557

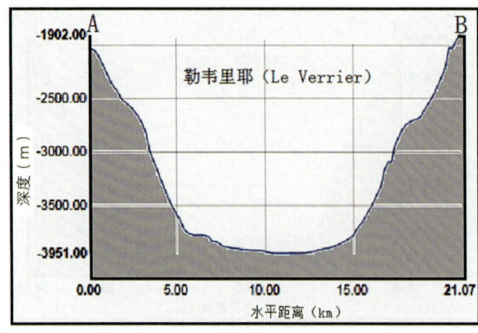

图 7.4.21 勒韦里耶（Le Verrier）"陆地月坑"近东西向剖面图

示勒韦里耶"陆地月坑"坑内地形分布特征

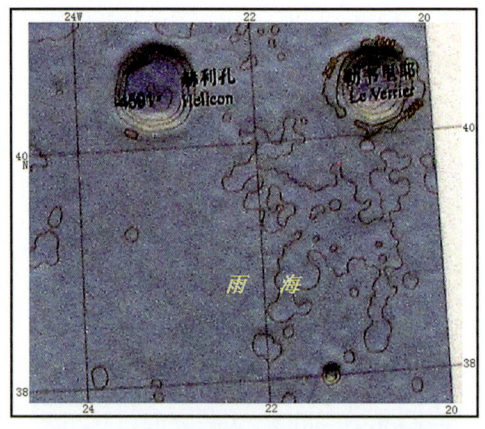

图 7.4.22 赫利孔（Heljcon）和勒韦里耶（Le Verrier）"陆地月坑"及附近地形图

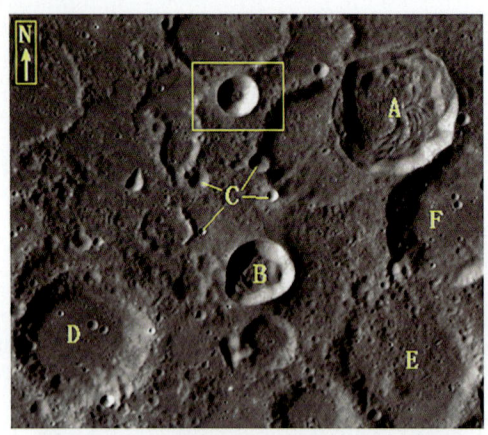

图 7.4.23 阿韦内斯拉（Abenezra）之西"陆地月坑"（方框）及其他"陆地月坑"（A、B、C）和"湿地月坑"（D、E、F）卫星影像图

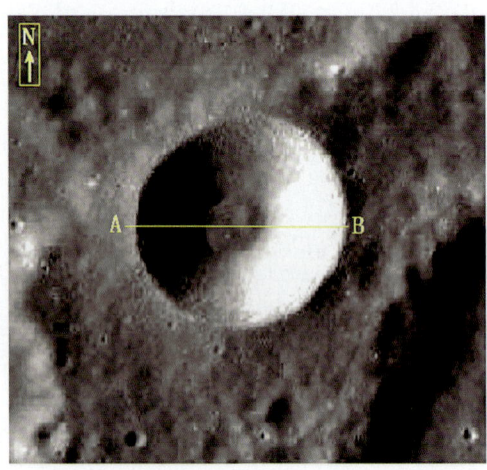

图 7.4.24 为图 7.4.23 方框局部放大

示阿韦内斯拉之西"陆地月坑"卫星影像图

第七章 月球"月坑地貌"(遗迹)特征

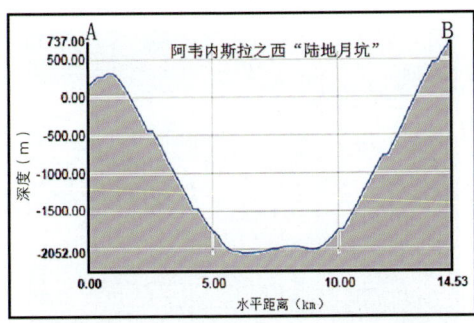

图 7.4.25 阿韦内斯拉(Abenezra)之西"陆地月坑"(见图 7.4.24)AB 剖面图

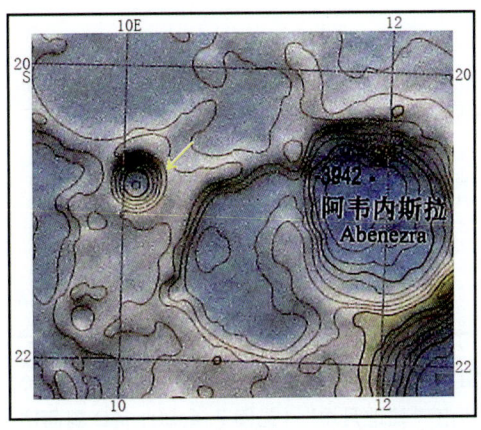

图 7.4.26 阿韦内斯拉(Abenezra)之西"陆地月坑"(箭头所示)及附近地形图

图 7.4.27 萨克罗博斯科(Sacrodnmbosco)西南"陆地月坑"(方框)卫星影像图

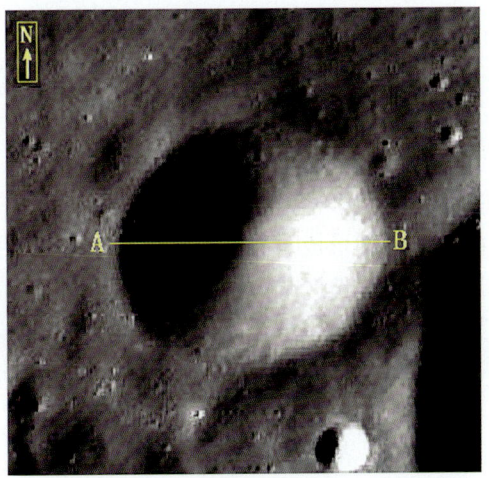

图 7.4.28 为图 7.4.27 方框局部放大示萨克罗博斯科西南"陆地月坑"卫星影像图

559

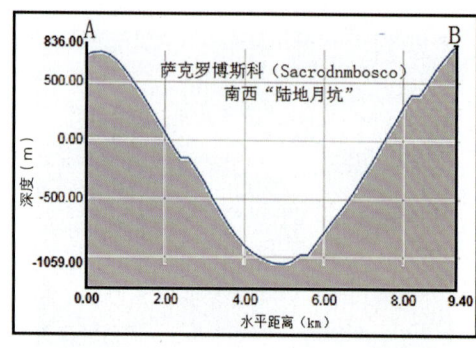

图7.4.29 萨克罗博斯科（Sacrodnmbosco）西南"陆地月坑"（见图7.4.28）AB剖面图

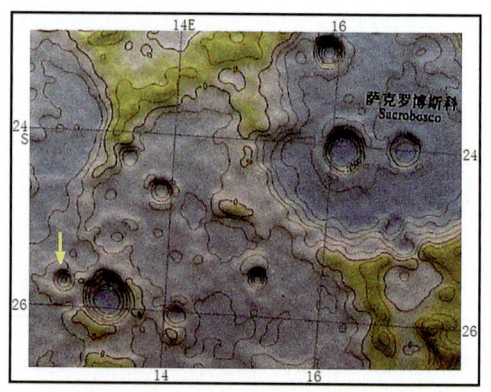

图7.4.30 萨克罗博斯科（Sacrodnmbosco）西南"陆地月坑"（箭头所示）及附近地形图

（图片来源：ESA/NASA）

第五节 月球"月坑地貌"特征对比

初步研究结果表明，月球上分布的月坑在规模大小、形态特征、空间分布等方面是十分复杂多样的，但按其形成的环境条件或月表含水多少大致可划分为四种最基本的类型，即形成于有深水覆盖的"深水月坑"，形成于有浅水覆盖的"滨海月坑"，形成于潮湿地区或沉积物含水量达到饱和或接近饱和的"湿地月坑"和形成于月表无水或含水量极少地区的"陆地月坑"。

"深水月坑""滨海月坑""湿地月坑"和"陆地月坑"特征，在辐射纹有无、坑缘堆积特征、环形阶梯状断裂发育程度、坑底溅落堆积平原的发育程度和中央峰有无等方面，都有显著差别。现简述如下。

1. 月球"深水月坑"地貌特征

主要特征：无辐射纹。坑缘低矮和狭窄，环状坑缘顶多圆滑状。坑内无环形阶梯状断裂分布，坑底属满充填，无溅落堆积物、中央峰分布。空间上多分布于月海中心附近深水区（见图7.5.1、图7.5.2）。

2. 月球"滨海月坑"地貌特征

主要特征：辐射纹或坑缘，在向月海中心一侧矮或无，在向月陆一侧高且多，但分布有限。坑内环形阶梯状断裂有的有、有的无，即便是有也是窄和不明显。属满充填或全充填，无溅落堆积物、中央峰分布。空间上多分布于月海周边滨海区或浅水区（见图7.5.1、图7.5.3、图7.5.7）。

3. 月球"湿地月坑"地貌特征

主要特征：辐射纹无或极少。坑缘形态较高和较完整。坑内环形阶梯状断裂无或局部出现。坑内溅出物少量或无。中央峰少或为泥沙质组成。充填类型属半充填或全充填。空间上多分布于月球正面月海周边月陆区和月球背面的月陆高原上、艾肯盆地和南海区、东海区等（见图 7.5.1、图 7.5.4、图 7.5.9、图 7.5.12—图 7.5.15）。

4. 月球"陆地月坑"地貌特征

主要特征：辐射纹普遍长且多，保存完好。坑缘形态多具完整环状堆积（小型），或为基岩裸露的侵蚀区（大型）。有大量坑内溅出物，溅落堆积平原不发育或分布面积极为有限。坑内环形阶梯状断裂常发育完好。中央峰常为基岩岩石组成。充填类型属无充填或极少充填。空间上分布于现今月表所有区域（见图 7.5.1、图 7.5.5—图 7.5.15）。

应当指出，"湿地月坑"自艾肯纪开始在月表有广泛分布，"深水月坑"和"滨海月坑"主要发育于酒海纪和雨海纪。"陆地月坑"自爱拉托逊纪才开始形成直至现代。

初步研究结果表明，月表水从无到有，由小到大，又由大到小，最后基本消耗殆尽，仅残留于中低纬度区极个别地区极小月坑的坑底，并以极小湖泊的形式出现。因此，陨击作用于潮湿的月表（即"湿地"）时，产生的"湿地月坑"具有特殊的月表含水的环境意义。即现今月表虽已不是"湿地"，但在过去的年代曾经有过"湿地"的过程。

目前，"湿地月坑"的分布主要见于月海区的周边区、大盆地及月陆区一些低洼地的山间盆之中，特别是在月球背面的月陆高原区有着大量分布。表明月球历史发展进程中，月球形成早期，月表水有较广泛分布。随着月球进入雨海纪晚期之后，月球水逐渐减少。自爱拉托逊纪开始再也不见"湿地月坑"踪迹。

现将月球"深水月坑""滨海月坑""湿地月坑"和"陆地月坑"特征等列表对比见表 7.5.1、图 7.5.16。

表 7.5.1　月球"深水月坑""滨海月坑""湿地月坑"和"陆地月坑"地貌特征对比

序号	地貌特征	"深水月坑"	"滨海月坑"	"湿地月坑"	"陆地月坑"
1	辐射纹	无	向海一侧常无，向陆地一侧偶见	无或极少	长且多，保存完好
2	坑缘形态	低矮和狭窄圆滑环状	深水一侧矮，浅水一侧高	较高和较完整	多具完整环状堆积
3	环形阶梯状断裂	无	无或窄，且不明显	无或局部出现	有且常发育完好
4	坑内溅出物	无或难于识别	较少	无或少量	大量或全部
5	中央峰	无	有的有，有的无	少或泥沙质	常为岩石质峰
6	充填类型	满充填	满充填或全充填	全充填或半充填	无充填或少充填
7	空间分布	月海中心深水区	月海周边浅水滨海区	月海周边浅水区、月陆区湿地	全月各种地貌区

以下附第七章第五节图：

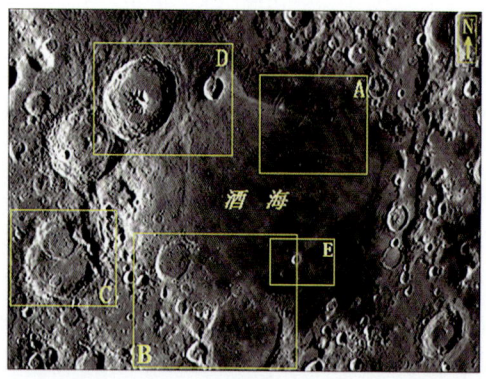

图 7.5.1　酒海"深水月坑"多分布于酒海近中心区（A）、"滨海月坑"分布于酒海滨海区（B）、"湿地月坑"分布于月陆区（C）和"陆地月坑"分布位置不定（在月陆区、月海区、滨海区均有分布，如 D、E）

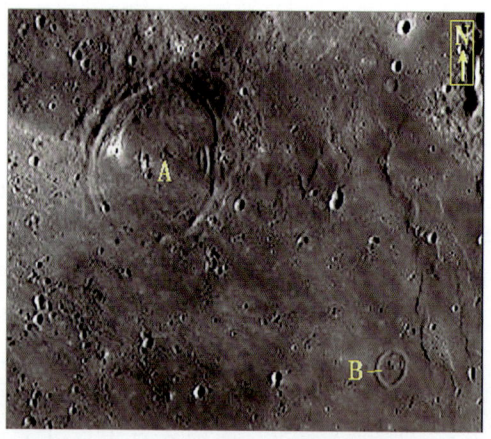

图 7.5.2　为图 7.5.1 方框 A 局部放大
示"深水月坑"A、B 分布特征

图 7.5.3　为图 7.5.1 方框 B 局部放大
示"浅水月坑"A、B 分布特征

图 7.5.4　为图 7.5.1 方框 C 局部放大
示"湿地月坑"A、B、C 分布特征

第七章 月球"月坑地貌"（遗迹）特征

图 7.5.5　为图 7.5.1 方框 D 局部放大
示"陆地月坑"分布于月陆区 A 和分布于滨海区 B 分布特征

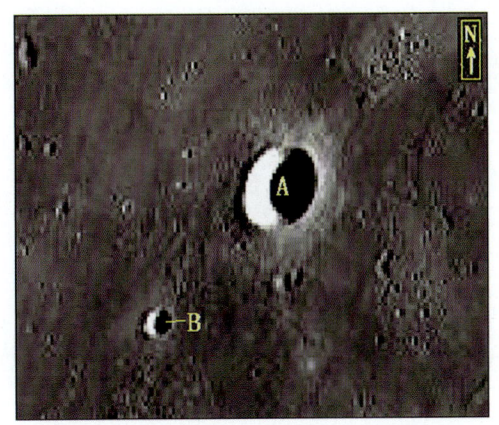

图 7.5.6　为图 7.5.1 方框 E 局部放大
示"陆地月坑"分布于月海区 A、B 分布特征

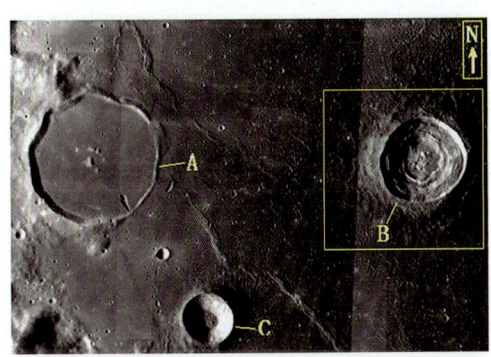

图 7.5.7　危海"浅水月坑"（A）与"陆地月坑"（B、C）分布特征

图 7.5.8　为图 7.5.7 方框局部放大
示危海"陆地月坑"辐射纹、坑缘堆积、环形阶梯形断裂、中央峰等发育齐全分布特征

563

图7.5.9 哥白尼纪朗伦努斯（Langrenus）"陆地月坑"辐射纹、坑缘堆积、环形阶梯形断裂、中央峰和坑底溅落堆积等分布特征

图7.5.10 危海"陆地月坑"（A）与"湿地月坑"（B）的对比

图7.5.11 为图7.5.10方框局部放大示危海"陆地月坑"分布特征

图7.5.12 东海与湿海之间克鲁格（Cruger）"湿地月坑"（A）与"陆地月坑"（B）分布特征

第七章 月球"月坑地貌"(遗迹)特征

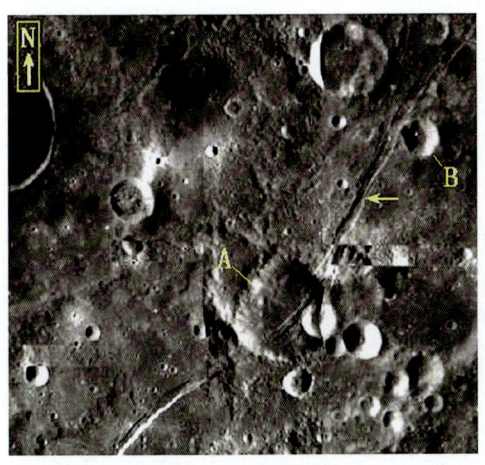

图 7.5.13 东海与湿海之间地堑式冰裂切割"湿地月坑"(A)被"陆地月坑"(B)所挤压

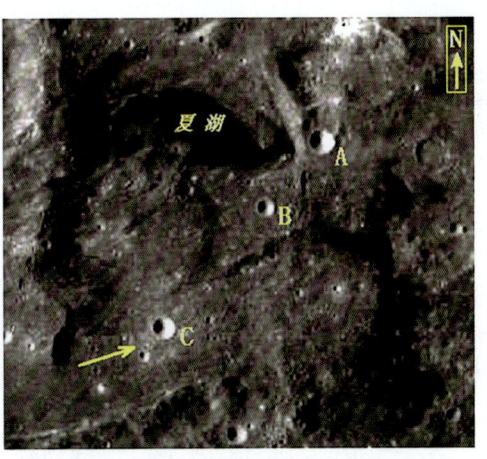

图 7.5.14 东海与湿海之间夏湖

说明夏湖"湿地月坑"形成早于东海（A、B、C为"陆地月坑"），箭头示东海形成时辐射泥流流动和充填方向

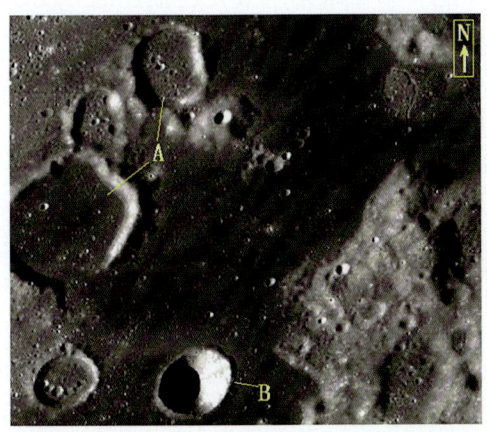

图 7.5.15 东海"湿地月坑"(A)与"陆地月坑"(B)对比

图 7.5.16 云海南半部月球月坑分布特征

"深水月坑"分布于云海近中心部；"滨海月坑"分布于云海滨海区；"湿地月坑"分布于云海周边月陆区；"陆地月坑"分布不受限制，既分布于月陆区、滨海区，也分布于云海中心区

（图片来源：ESA/NASA）

第八章 月球"线形"构造地貌（遗迹）特征

霍布斯（W H Hobbs，1944年）提出的"线形构造"，是泛指航空照片和卫星照片上呈现的"线形"影像。这里指月球所谓的"线形"构造地貌（遗迹），是月球卫片上见到的所有具"线形"特征的地貌现象。包括由月球内动力和外动力作用形成的具"线形"特征的总称。

第一节 月球区域"线形"构造概念、分布和类型划分

一、月球区域"线形"构造概念

这里所述的"月球线形构造"，是指除上述（第二章第二节）已描述的月溪以外，月球表面见到的不同规模、不同形态的所有呈线形分布的构造总称。

以往对月球线形构造的研究比较凌乱，不同研究者对同一线形构造，不但命名有很大不同，在认识上也常有较大差异。初步研究结果表明，所谓的"线形构造"中，最少可划分为"内动力线形构造"和"外动力线形构造"。

随着对月球线形构造的深入研究和新的地质事实的不断发现，已具备对月球线形构造进行全面梳理和分类的可能。

二、月球区域"线形"构造分布

月球线形构造，在空间分布上，几乎包含月球目前发现和确定的绝大多数地貌单元。如月海、月陆和月坑等均有不同程度分布。其中又以月坑及周边的线形构造分布最广、类型最多和最复杂。

三、月球区域"线形"构造类型划分

月球线形构造，按形成原因可划分为内动力线形构造和外动力线形构造。

（一）区域内动力"线形"构造

依据成因大致可划分为：①月球区域内动力"断裂"线形构造特征；②月球区域内动力"冰裂"线形构造特征；③月球区域内动力"液化沙垄"线形构造特征；④倾斜岩层、"不整合"面和陡峻的岩层产状线形构造特征。

(二) 区域外动力线形构造

依据成因可进一步划分为：①月球区域外动力"冻裂"线形构造特征；②月球区域外动力"泥裂"线形构造特征；③月球区域外动力"泥冰川"线形构造特征；④月球区域外动力"泥石流"线形构造特征。

现依次分别简述如下。

第二节 月球区域"内动力"线形构造特征

所谓月球区域"内动力线形构造"，是指月球自转形成的内力作用产生的构造地貌现象。依据成因和形态特征，还可进一步划分为：区域"内动力"断裂线形构造；区域"内动力"冰裂线形构造；区域"内动力"液化沙垄脊状线形构造；区域"内动力"倾斜岩层、"不整合"面和陡峻的岩层产状等线形构造特征。

一、月球区域内动力"断裂"线形构造特征

月球区域断裂构造是月球内动力作用下形成的，主要以正断层形式出现。规模较大，多较平直。较集中分布于月海区边缘地带。液化沙垄和冰裂也可能属于月球内动力作用产生，只是表现方式不同而已。

月球区域断裂构造目前发现不多。主要有云海东边界正断裂、静海西边界正断裂、湿海之西边界正断裂等。

(一) 月球区域内动力"断裂"线形构造特征

1. 云海东边界正断裂线形构造特征

正断裂位于云海之东边界附近，伯特月坑之东约 25 km。在伯特月坑之西约 5 km，还见一条北北西向线形冰裂出现（见图 8.2.1）。云海东边界正断裂走向北北西，倾向南西西，属正断裂性质。纬度为 −21.8300，经度为 352.2300。宽度不大，数百米，延伸较长，约 120 km（见图 8.2.2）。断层由多条较短断裂组成，在断裂交接处显示断层具右旋性质（见图 8.2.3、图 8.2.4），常可见大块断层滑塌体出现（见图 8.2.3）。沿断层形成极高的断层崖，并且在沿断崖之下，或多或少有崩塌岩块或岩屑分布，颗粒大小自下而上由粗到细（见图 8.2.7）。而伯特月坑之西的线形冰裂，两端形成明显长椭圆形或椭圆形热融塌陷坑（见图 8.2.5、图 8.2.6），在中间部分也可见近圆形热融塌陷坑出现，但多较不明显。

2. 静海西边界正断裂线形构造特征

静海西边界正断裂也称"柯西峭壁（Rupes Cauchy）"，位于柯西（Cauchy）月坑之西南附近，纬度为 9.7870，经度为 36.1860。走向北西向，倾向南西向。宽约

1～2 km，延伸长约200 km（见图8.2.8）。

边界正断裂按月表特征不同，可分为北段、中段和南段。中段具正断裂性质（见图8.2.9），沿断裂有较多热融液化沙滩沉积物分布（见图8.2.11、图8.2.12）。南、北两段，转化为地堑式冰裂和线形冰裂（见图8.2.10）。组成断裂的岩石全为浅色的岩块和岩屑物质（见图8.2.13、图8.2.14）。

地堑式柯西冰裂也称"柯西裂缝（Rima Cauchy）"，位于柯西（Cauchy）月坑之东北。规模与边界正断裂相当（见图8.2.8）。冰裂横断面明显呈"U"字形（见图8.2.15）。延长方向上，由多条同方向冰裂所组成（见图8.2.16），交接处呈右旋"多"字形排列（见图8.2.17）。

3. 湿海之西边界正断裂线形构造特征

边界正断裂位于湿海之西边界上（见图8.2.18），正好通过李比希F（Liebig F）月坑（纬度为-26.0°S，经度为45.6°W）（见图8.2.19）。边界正断裂，走向近南北向，倾向东（见图8.2.20），延伸长最少约300 km，宽数百千米，形成极高的悬崖峭壁（见图8.2.21）。边界正断裂大部分属正断层性质，但在南段有很大部分呈地堑式和线形冰裂（见图8.2.19）。

边界正断裂的东侧，分布的线形冰裂，主要呈近南北向和北西向分布，少量呈北东东向（见图8.2.20、图8.2.22）。在湿海周边的月陆区，有较多规模大的地堑式冰裂分布（见图8.2.19、图8.2.24），在湿海东部则有大量弧形热融沙垄群发育（见图8.2.23、图8.2.25）。

（二）正断裂线形构造形成和发展

区域正断裂线形构造与冰裂、液化沙垄，在同一断裂带上或附近，可以互换出现，可能表明它们是同一构造作用下，因区域地质环境不同而表现出断裂地貌上的差异。区域正断层构造通过的地区，可能月表下沉积层中很少有水冰分布，冰裂地貌分布区月表下可能有较多水冰出现，而液化沙垄分布区月表下则有较多含水冰的沉积物存在。围绕湿海中心的东北侧形成两组断裂群。其一位于湿海东侧边缘的月陆区，主要以2条大的弧形冰裂地貌，和位于湿海东侧边缘地带3条大的弧形液化沙垄为特征。其二位于湿海西侧，除形成正断裂为主边界断层外，在海、陆交互区形成2条较大弧形冰裂地貌。因此，可以认为湿海区域正断裂、冰裂和液化沙垄在空间上的分布绝不是偶然，很可能是由于在北西和南东一组巨大扭力作用下，在湿海之东产生具压扭性弧形裂隙，经下部液化沉积物的充填作用成为弧形液化沙垄条带群。在湿海的东、西海陆交互区，则形成以张性和张扭性为主的区域正断层和冰裂（见图8.2.25）。

（三）断裂线形构造发现的意义

区域断裂构造的发现表明，月球在历史发展过程中，其内动力构造作用仍然是十分重要的，是控制月球一些重要地貌单元形成和发展的重要因素，为研究月球构造运动提供实际材料。

二、月球区域内动力"冰裂"线形构造特征

（一）月球区域内动力"冰裂"线形构造概念、分布和类型划分

1. 月球区域内动力"冰裂"线形构造概念

月球区域冰裂构造是指在月球自转产生由赤道向两极挤压力的作用下，月表下面冰体（也含少量泥沙物质）产生位移形成的断裂（主要属于张裂和张扭裂隙）、断陷。规模较大，延伸较长，多较平直，属于月球内动力作用形成。可为单一裂隙，平行或相互交叉裂隙，或呈"地堑式"断陷，有的则呈多种不同几何图形出现等。有如地球上南极、北极近海区，和高原内陆冬季冰湖面产生的许多"冰裂"一样，具有"地堑"型断裂分布特征（附录Ⅰ：图24、图25）。

2. 月球区域内动力"冰裂"线形构造分布

冰裂构造多分布于月海的边缘地带，也见于规模大且古老的月坑坑底，少量可见断裂切割出露的岩块分布区。

3. 月球区域内动力"冰裂"线形构造类型划分

按形态特征暂可划分为地堑式冰裂线形构造和单一冰裂线形构造。

地堑式冰裂线形构造是指冰裂构造在横剖面上呈"U"形，两侧凸、中间下凹，状如地堑而得名。与冰面形成的地堑式冰裂原理相似，是由于冰面裂隙形成后，张口为泳下水体迅速充填，张口两侧浮冰比重轻于充填水而凸出形成地堑的特征。

单一冰裂线形构造是指冰裂构造在横剖面上呈"V"形，俯视呈线形构造特征。

（二）月球区域内动力"冰裂"线形构造特征

月球区域内动力"冰裂"线形构造特征主要指断裂性质、规模大小和延伸方向等特征。现将目前月球上确定的区域冰裂构造的主要特征简述如下。

1. 丹聂耳（Daniell）月坑坑底"冰裂"线形构造特征

丹聂耳（Daniell）月坑坑底线形冰裂位于澄海之北，纬度为35.4255，经度为31.1700。线形冰裂几乎覆盖整个丹聂耳月坑的坑底（见图8.2.26）。线形冰裂主要呈近南北向分布，少量呈北西和北东向。宽度较大，呈二级分叉特征（见图8.2.27）。

2. 卡尔平斯基（Karpinskiy Crater）月坑坑底"冰裂"线形构造特征

卡尔平斯基月坑（Karpinskiy Crater）分布于北极地区，纬度为72.6032，经度为166.5386（见图8.2.28）。形成于老月坑和新月坑之间。线形冰裂形成于卡尔平斯基月坑形成（Karpinskiy Crater）之后（见图8.2.29）。

线形冰裂较单一，沿坑底平原边界形成向北凸出的一级弧形线形冰裂。在其南侧分布的低级冰裂也不多，主要呈北北西、北西、北北东和北东走向，少量呈迎东西走向，并相互联结呈网状（见图 8.2.30）。东、西两端次级冰裂发育更少（见图 8.2.31、图 8.2.32）。

3. 断陷盆地盆底"冰裂"线形构造特征

断陷盆地分布于月球正面低纬度区，纬度为 9.7308，经度为 10.6492。盆地较小，南北向长约 9 km，东西向宽约 4.5 km。一级冰裂贯通整个盆底部分沉积平原（见图 8.2.33）。二级线形冰裂发育不多（见图 8.2.34），主要呈北东、北西和少量南北向。线形冰裂宽度由中心向边缘逐渐变小。

4. 地奥本海默（Oppenheimer）月坑坑底"冰裂"线形构造特征

奥本海默（Oppenheimer）月坑坑底线形冰裂位于月球背面南半球的艾肯盆地，纬度为 -33.11932，经度为 -166.52705。线形冰裂大多分布于坑底的边缘地带（见图 8.2.35），由多段不同方向线形冰裂所组成（见图 8.2.36—图 8.2.40）。在坑底的南北和西侧，不同方向的两组冰裂相交成"X"形（见图 8.2.35—图 8.2.38）。以坑底南北边缘地带的冰裂发育最好（8.2.35、图 8.2.36、图 8.2.38）。

5. 薛定谔（Schrodinger）月坑坑底"冰裂"线形构造特征

薛定谔（Schrodinger）月坑位于月球背面南半球艾肯盆地之南，纬度为 -75.00，经度为 -132.00，坑底具明显二环构造特征。坑底线形冰裂，发育较简单（见图 8.2.41），大部分分布于堆积平原上（见图 8.2.42、图 8.2.43）。但也见其明显切割一环堆积山体（见图 8.2.44）。主要为北北东、西北向两组裂隙，和少量近南北向，也见近东西方向裂隙出现。

6. 雷普索尔德（Repsold）月坑坑底"冰裂"线形构造特征

雷普索尔德（Repsold）月坑位于月球正面的北半球，风暴洋的西北边缘地带，纬度约为 52.00°，经度约为 79.00°。坑底线形冰裂，较集中分布于 I 期月坑的南北（见图 8.2.45）。中部分布单一。早期多发育为地堑式冰裂，晚期多形成线形冰裂（见图 8.2.46）。冰裂形成于 I、II 期月坑之后和 III 期月坑形成之前（见图 8.2.47）。地堑式冰裂与线形冰裂之间常呈过渡关系，两者之间没有明显界限。冰裂走向以北东和北西两组为主，局部可见近东西和近南北向分布。西北侧冰裂"追踪"状折线分布特征明显，可能为北西向扭张性动力作用下产生的（见图 8.2.46）。

7. 皮塔图斯（Pitatus）月坑坑底"冰裂"线形构造特征

皮塔图斯（Pitatus）月坑属于"湿地月坑"，形成于雨海纪之前，位于月球正面南半球云海之南，纬度为 -29.7713，经度为 13.8731。坑底线形冰裂呈环状，集中分布于坑底边缘地带，少量伸入坑底中部（见图 8.2.48）。冰裂以北东和北西向延伸为主，少量呈近南北和东西向。"冰裂"线形构造可能为区域北西-南东向一组顺时针方向扭力作用下形成的（见图 8.2.48）。

8. 洪堡（Humboldt）月坑坑底"冰裂"线形构造特征

洪堡（Humboldt）月坑位于月球正面的南半球的东南，纬度约为 -27.0，经度约为 81.0。坑底线形冰裂几乎覆盖整个坑底平原（见图 8.2.49）。月坑南部冰裂围绕坑底中心呈辐射状和环状叠加分布（见图 8.2.50、图 8.2.51），特征十分明显。在浅色沉积平原区特别发育（见图 8.2.50），然而当冰裂伸入暗色沉积平原区前基本消失（见图 8.2.50、图 8.2.52、图 8.2.53）。冰裂多数呈线状少量区段呈地堑式冰裂。在坑底北侧，冰裂仅少量单一出现（见图 8.2.54）。冰裂的形成，可能为一组北西-南东向扭张性动力作用下产生的。坑底浅色平原区月表下可能不含水冰或含极少水冰；相反，深色平原区可能含较多或较连续水冰分布。

9. 海因 A（Hayn A）月坑坑底"冰裂"线形构造特征

海因 A（Hayn A）月坑分布于月球正面的北极区内（见图 8.2.55），纬度为 63°N，经度约为 71°E。坑底冰裂仅发育一条，近南北走向"S"形，纵贯整个坑底（见图 8.2.56）。北段局部呈地堑式，中间及南段呈正断裂特征（见图 8.2.57）。

10. 科马罗夫（Komarov）月坑坑底"冰裂"线形构造特征

科马罗夫（Komarov）月坑位于月球背面的北半球，紧邻莫斯科海的东南（见图 8.2.58），纬度约为 25°N，经度约为 152°E。坑底冰裂几乎覆盖整个坑底平原（见图 8.2.59）。主要形成北东和北西两组相交接的"X"形或"T"形，或成折线状，相互联结、交叉成网。表明规模大的冰裂形成较晚，是在早期小冰裂的基础上，受北西-南东向挤压应力发生追踪作用产生的冰裂（见图 8.2.59）。冰裂规模较大，裂口自南向北变宽明显（见图 8.2.60）。

11. W.邦德（W.Bond）月坑坑底"冰裂"线形构造特征

W.邦德（W.Bond）月坑位于月球正面的北半球，纬度约为 65°N，经度约为 4°E（见图 8.2.61）。冰裂几乎横穿整个坑底平原，为单一冰裂，呈北东东向反"S"形分布（见图 8.2.62）。南西段可见右旋雁行状排列特征，走向逐渐转向北西向（见图 8.2.63）。

12. 阿方萨斯（Alphonsus）月坑坑底"冰裂"线形构造特征

阿方萨斯（Alphonsus）月坑分布于月球正面南半球靠赤道附近，纬度为 −12.6500，经度为 357.8100。坑底冰裂主要分布于坑底的东半部（见图 8.2.64），呈线状，为数不多，规模较小。冰裂走向主要有北北西、北西、北北东和近北东东向（见图 8.2.65）。

13. 克莱奥迈季斯（Cleomedes）月坑坑底"冰裂"线形构造特征

克莱奥迈季斯（Cleomedes）月坑位于月球正面的北半球，纬度约为 26.7000，经度约为 56.3500。月坑坑底冰裂分布不多，仅数条，走向近北西、北东向为主（见图 8.2.66），规模小，以线状为主，局部地段呈地堑式（见图 8.2.67）。

14. 静海西滨海地堑式"冰裂"线形构造特征

地堑式冰裂缝分布于静海之西滨海区，纬度为 9.2700，经度为 19.2300，主要由三条近平行南北向延伸的地堑式冰裂组成（见图 8.2.68）。剖面上呈"U"形特征，中间冰裂明显呈右旋雁行排列（见图 8.2.69），东侧冰裂南段明显为晚期热融塌陷坑所切割（见图 8.2.70）。

15. 汽海南希吉努斯月坑两侧地堑式"冰裂"线形构造特征

地堑式冰裂位于汽海之南，沿希吉努斯（Hyginus Crater）月坑的北西和西北方向分布（见图 8.2.71），即希吉努斯月坑处于北西和西北两条地堑式冰裂的交汇点上，纬度为 7.7020，经度为 6.3820。北西向地堑式冰裂中，有密集的呈串珠状热融塌陷坑分布（见图 8.2.72），塌陷坑大小基本与冰裂宽度相当，有少数坑比冰裂宽度稍小，有的则比冰裂宽度略大。西北向地堑式冰裂中塌陷坑则相对较少，塌陷坑多近圆形，少数呈长方形（见图 8.2.72、图 8.2.73）。

16. 希吉努斯 S（Hyginus S Crater）月坑之北"冰裂"线形构造特征

冰裂分布于汽海之南，希吉努斯 S（Hyginus S Crater）月坑之北，由东、中和西三段不同冰裂所组成（见图 8.2.74、图 8.2.75）。东段主要以地堑式冰裂组成（见图 8.2.75、图 8.2.77），中段发育"W"形冰裂（见图 8.2.76），西段以线形冰裂为主（见图 8.2.77）。从保存程度和切割关系看，"W"形冰裂切割地堑式冰裂和线形冰裂，因此其形成最晚。而热融塌陷坑明显切割线形冰裂，因此热融塌陷坑形成于线形冰裂之后。表明在地堑式冰裂形成的基础上，又叠加发生"W"形和线形冰裂。而热融塌陷坑在最后形成（见图 8.2.77）。冰裂两岸滑坡崩塌现象颇为发育（详见第四章第三节图 4.3.120—图 4.3.124）。

17. 雨海西亚平宁山脉北西山麓"冰裂"线形构造特征

雨海西冰裂分布于阿波罗 15（Apollo15）降落点附近（见图 8.2.78），亚平宁山脉之北西山前地带，纬度为 24.6500，经度为 2.4700。冰裂类型多种多样，十分复杂。有的线形冰裂两端，与长条形热融塌陷坑相连（见图 8.2.79）。多个单独分布的热融塌陷坑在走向上分布与地堑式冰裂完全一致（见图 8.2.79）。特宽的地堑式冰裂（见图 8.2.80）与线形冰裂分布方向上相差无几。不同方向延伸的地堑式冰裂（北西向、北东向）呈"T"形相交接，特征+非明显（见图 8.2.81 箭头所示）。早期形成的冰裂呈残余状分布（见图 8.2.81），且晚期产生的冰裂有的则明显利用改造前期冰裂，见图 8.2.81，北东向冰裂向东延伸则利用改造早期残余冰裂 C。所谓的"哈德利月溪"实质上可能是线形冰裂，因为溪流宽度也没有发现太大的变化（见图 8.2.82、图 8.2.83），且月溪中并没有发现相关溪流产生的阶地、河漫滩等地貌和河流沉积物（见图 8.2.84），只有少量滑坡崩塌分布。

18. 静海—汽海之间的地堑式"冰裂"线形构造特征

地堑式冰裂分布于月球正面的北半球，位于静海与汽海之间的月陆、月海过渡地带（见图 8.2.85），纬度约 5.5°N，经度约 12.5°E。走向西北，冰裂呈宽带状，宽 3～4 km，延长约 230 km。由两条走向基本一致的冰裂组成（见图 8.2.86），中间呈"尖灭侧显"右旋正向相接（见图 8.2.87）分布特征。

19. 梦湖（Lacus Somniorum）线状"冰裂"线形构造特征

线状"冰裂"分布于月球正面的北半球，丹聂耳月坑至梦湖（Lacus Somniorum）之间，或梦湖之东南的冰裂（见图 8.2.88），纬度为 36.7900，经度为 29.9300。冰裂主要由北东向和近南北向两组裂隙所组成（见图 8.2.89），但两组裂隙之间无明显切割关系（见图 8.2.90）。线形冰裂较不规则，延伸方向上宽度和深度变化明显。冰裂发育于浅色岩屑和岩块组成的沉积地层之中（见图 8.2.91），沉积物表面多凹凸不平，可见有较多浅热融塌陷坑分布。

20. 菲内留斯（Furnerius）月坑线状"冰裂"线形构造特征

菲内留斯（Furnerius）月坑位于月球正面南半球，纬度为 -37.07137，经度为 -60.55859。冰裂呈北北东向延伸，冰裂本身宽、窄和深、浅变化较大（见图 8.2.92）。线形冰裂切割附近分布的热融塌陷坑，组成塌陷坑的物质为浅色碎屑沉积（见图 8.2.93）。

21. 静海西边缘线状"冰裂"线形构造特征

线形冰裂位于静海之西的边缘地带，纬度为 9.7308，经度为 10.6492，走向以北东、北北东向为主（见图 8.2.94、图 8.2.95）。宽带状和线状均有出现，较小的线形冰裂常可见长椭圆形热融塌陷坑分布（见图 8.2.95）。向着静海中心方向，开始有少量小的热融沙丘出现（见图 8.2.96、图 8.2.98），越向中心，则出现规模大且连续分布的液化沙垄（见图 8.2.94、图 8.2.97）。局部晚期冰裂两侧地面落差明显（见图 8.2.98）。

22. 布尔格（Burg）月坑线状"冰裂"线形构造特征

线形冰裂以北东、北西和南北方向为主（见图 8.2.99）。北东方向的冰裂向南东似已伸入到月陆区。使月陆区表面地貌沿冰裂方向有明显变化。北东向冰裂明显为北西向冰裂呈右旋错断（见图 8.2.100 箭头所示）。其南东同方向最少约 21 个大小不同热融塌陷坑构成串珠状分布（见图 8.2.100）。

23. 澄海西北边缘"冰裂"线形构造特征

冰裂呈线状，分布于澄海西北边缘地带，高加索山脉东麓，纬度为 33.7000，经度为 12.9000。线形冰裂呈树枝状（见图 8.2.101），主干呈北东向，向南西逐渐转为近南北，然后分枝散开，分别呈北北东、北东、北东东和北西向等（见图 8.2.102）。组成树枝状冰裂的岩层主要为浅色沉积碎屑物（见图 8.2.103）。

24. 艾肯盆地奥本海默 U（Oppenheimer U）月坑坑底"冰裂"线形构造特征

冰裂位于奥本海默 U（Oppenheimer U）月坑坑底，该月坑是月球背面南半球的艾肯盆地奥本海默（Oppenheimer）月坑坑底之西北边缘的一个小月坑（见图 8.2.104）。冰裂中心在地形上凸起明显，围绕中心冰裂在东南一侧明显呈辐射状和环状分布，而西北一侧因受破坏而模糊不清（见图 8.2.105）。

25. 阿波罗（Apollo）月坑中的小月坑坑底"冰裂"线形构造特征

冰裂呈线状分布于月球背面南半球的艾肯盆地阿波罗月坑坑底之东南一个小月坑中（见图 8.2.106）。线形冰裂环绕坑底中心呈辐射状和环状分布（见图 8.2.107）。

26. 风暴洋西边缘地带月坑坑底"冰裂"线形构造特征群

冰裂在坑底呈线形冰裂群，分布于风暴洋之西边缘地带。冰裂群主要由拉瓦锡（Lavoisier）月坑、拉瓦锡 E（Lavoisier E）月坑、冯·布劳恩（Von Braun）月坑和 2 个尚未命名的月坑 Ⅰ、Ⅱ 等坑底线形冰裂所组成（见图 8.2.108）。现依次简介如下。

（1）拉瓦锡（Lavoisier）月坑坑底线状"冰裂"线形构造特征。拉瓦锡（Lavoisier）月坑分布于风暴洋之西边缘地带，纬度为 38.2360，经度为 278.7700。线形冰裂主要环坑底分布，少量横穿坑底中心，并呈折线"断裂追踪"状出现（见图

8.2.109、图8.2.110）。冰裂可能由北西、南东向一组区域右旋扭动力作用所形成。

（2）拉瓦锡E（Lavoisier E）月坑坑底线状"冰裂"线形构造特征。拉瓦锡E（Lavoisier E）月坑位于拉瓦锡（Lavoisier）月坑之北（见图8.2.108）。坑底冰裂围绕中央峰分布，走向以北东、北西和北东东、西北为主（见图8.2.111、图8.2.112），未见冰裂穿过坑底中心地区。冰裂可能由北西、南东向一组区域右旋扭动力作用所形成。

（3）冯·布劳恩（Von Braun）月坑坑底线状"冰裂"线形构造特征。冯·布劳恩（Von Braun）月坑位于拉瓦锡（Lavoisier）月坑之东北（见图8.2.108），无中央峰分布。坑底冰裂主要穿过坑底中心地区分布（见图8.2.113），少量沿坑底周边发育。以南北向冰裂最发育，其次是北西和西北向（见图8.2.114），少量呈东西向分布。冰裂可能由北西、南东向一组区域扭动力作用所形成。

（4）拉瓦锡（Lavoisier）月坑之东北Ⅰ号月坑坑底线状"冰裂"线形构造特征。Ⅰ号月坑位于拉瓦锡（Lavoisier）月坑之东北（见图8.2.108），有明显中央峰分布。坑底冰裂较集中分布于坑底的西部。冰裂发育不多，以近南北向分布为主，少量呈北西向分布（见图8.2.115）。冰裂可能由北西、南东向一组区域扭动力作用所形成。

（5）拉瓦锡（Lavoisier）月坑西Ⅱ号月坑坑底线状"冰裂"线形构造特征。Ⅱ号月坑位于拉瓦锡（Lavoisier）月坑之东（见图8.2.108），无中央峰出现，在地形上中央凸起明显。冰裂分布较多，以多角状分布为特征（见图8.2.116）。冰裂可能由北西、南东向一组区域扭动力作用所形成的。

27．波西多尼乌斯（Posidonius）月坑坑底线状"冰裂"线形构造特征

波西多尼乌斯（Posidonius）月坑属于"湿地月坑"，分布于澄海东北边缘地区，纬度为32°N，经度为30°E。坑底冰裂主要分布于坑底的东北一带（见图8.2.117），以发育北东和北西向冰裂（见图8.2.118）为主，大小差异悬殊。坑底之西有月溪分布。波西多尼乌斯（Posidonius）月坑东南可见其明显切割沙科纳克（Chacornac）月坑中地堑式冰裂（见图8.2.119）。冰裂多以北西、北东向延伸为主，少量呈北北西向，并且显示规模相对较大。

28．维泰洛（Vitello）月坑底线状"冰裂"线形构造特征

维泰洛（Vitello）月坑属于"湿地月坑"，分布于月球正面的南半球，湿海之南边缘地带，纬度约为 –30.4600，经度约为 322.3500。具明显中央峰（见图8.2.120），坑底线形冰裂，基本上围绕中央峰周边分布（见图8.2.121），坑底的北侧保留最好（见图8.2.122），冰裂两侧陡崖冻融"石油"泥流十分发育（见图8.2.123）。

29．塔伦修斯（Taruntius）月坑坑底线状"冰裂"线形构造特征

塔伦修斯（Taruntius）月坑属于"湿地月坑"，分布于月球正面北半球丰富海之西北，属满充填月坑，纬度约为5.5°N，经度约为46.5°E。月坑有明显中央峰出现（见图8.2.124），坑底线形冰裂环绕中央峰周边分布，并且在地形上略显凸起，形成张口裂隙。冰裂规模大小相差大，以坑底之东北发育最好（见图8.2.125）。

30. 佩塔维厄斯（Petavius）月坑坑底线状"冰裂"线形构造特征

佩塔维厄斯（Petavius）月坑属于"湿地月坑"，分布于月球背面南半球，纬度为25°S，经度为61°E。月坑有明显中央峰（见图8.2.126）。坑底线形冰裂走向以北东、北西为主，逐渐转向近南北向，然后再折向北西，且宽度逐渐变小（见图8.2.127），北东、北西向冰裂呈"T"形相交（见图8.2.128）。冰裂接近深色区宽度变小且很快消失，同时在冰裂谷中崩塌岩块也特别发育（见图8.2.129）。北西向冰裂明显切割中央峰岩体（见图8.2.130、图8.2.131）。冰裂可能为北西、南东向一组右旋区域扭动力作用所形成（见图8.2.126）。

31. 东海"冰裂"线形构造特征

东海位于月球背面的南半球之东（见图8.2.131），纬度为20°S，经度为90°W。具备保留较好的4环状构造（见图8.2.132、图8.2.133），但不同地段环状结构也有所不同。冰裂主要分布于近东海中心1、2、3环以内，尤其在东海之西南冰裂分布最好。以北西、北东向两组最发育，以线形冰裂为主，其次形成少量地堑式冰裂和菱形断裂盆地。现将东海划分为西北、东北、西南、东南四部分分述如下。

（1）东海西北部分"冰裂"线形构造特征。东海西北部分4环构造清晰明显（见图8.2.134）。冰裂分布不多，主要为分布于1、2环之间的地堑式冰裂（见图8.2.135、图8.2.136），呈北东向，规模较大，延伸长且较平直。

（2）东海东北部分"冰裂"线形构造特征。东海东北部分4环构造中仅3、4环构造清晰明显，而1、2环显示不明显，尤其1环显示不清（见图8.2.137）。冰裂主要分布于2、3环之间，规模小，分布零星（见图8.2.138、图8.2.139），且以北东、北西两组为主，并且与3环基岩中裂隙方向基本一致（见图8.2.140、图8.2.141），有的冰裂两侧有较多热融残丘分布（见图8.2.142）。

（3）东海西南部分"冰裂"线形构造特征。东海西南部分，4环构造均比较清晰明显（见图8.2.143），尤其是2、3环更为凸出，独特的外环从东到西约950 km。东海是冰裂中发育类型最多、最好和最复杂的地区，以地堑式冰裂分布最多（见图8.2.144）。冰裂延伸方向以北东、北西向为主（见图8.2.145），少量为北东东和近南北向（见图8.2.146）。有的线形冰裂在延伸方向上转换为凸起的液化沙垄，有的液化沙垄在延伸方向由正冰裂转变为地堑式冰裂，在断陷盆地中冰裂发育（见图8.2.147）。且有的北东、北西两组冰裂明显相交成"X"形（见图8.2.148）。在近南北向的1环堆积物上，多分布同方向的大量冰裂（见图8.2.149、图8.2.150），但冰裂多较短。产生冰裂的1环沉积物，从热融程度看明显由轻到重，即由A→B→C→D，反映在沉积物的表面糙度、色调和小坑分布特征上有明显差异（见图8.2.150）。A与B的差异主要表现为糙度和色调上，即前者糙度高和色调稍浅，后者糙度低和色调稍深。而C、D沉积物的差异，主要反映在小坑分布多少和色调上，即前者色调稍浅，小坑分布较多，而后者色调稍深，小坑分布少。

（4）东海东南部分"冰裂"线形构造特征。东海东南部分4环构造中仅3、4环构造清晰明显，而1、2环显示模糊（见图8.2.151），但冰裂发育较多，尤其小型热融塌陷分布较多（见图8.2.152）。冰裂延伸方向以北东向为主，具备较分散和断续出现特征（见图8.2.153）。少量为近南北和北西向，小热融塌陷也以北东向为主，其次是近南北向（见图8.2.154—图8.2.156）。

（5）东海中心部分"冰裂"线形构造特征。东海中心部分冰裂很少，主要见于围绕中心周边有较多冰裂分布，即1环上及附近分布的冰裂（见图8.2.157、图8.2.158）。近中心多出现热融残丘和热融沙脊分布（见图8.2.159、图8.2.160）。总的趋向是由1环越向中心，冰裂分布越少。

32. 里乔利（Riccioli）月坑坑底地堑式"冰裂"线形构造特征

里乔利（Riccioli）月坑位于风暴洋之西南与东海之间的月陆上，距东海秋湖约200 km，纬度约为3.0°S，经度约为74.0°W。地堑式冰裂除在坑底集中分布外，还部分向东南伸出月坑外（见图8.2.161）。走向以北东和北西向为主（见图8.2.162），少量近南北向，但它们进入湖底特别深色沉积区后即自行消失（见图8.2.163），可能说明深色沉积区水冰已全部融溶，不利于冰裂保存所致。

33. 酒海东月坑"冰裂"线形构造特征

酒海东月坑属于"湿地月坑"。冰裂分布于酒海之东月陆区博嫩贝格尔（Bohnenberger）月坑坑底之中，纬度为16.2°S，经度为40.2°E。冰裂大小、形态和延伸方向不甚规则，大致呈北西、北东和南北三组方向。冰裂的形成可能与月球自转产生的北西、北东向一组扭力作用有关（见图8.2.164、图8.2.165）。

34. 危海（Mare Crisium）利克（Lick）月坑"冰裂"线形构造特征

利克（Lick）月坑属于"浅水月坑"。冰裂分布于危海（Mare Crisium）之北，纬度为12.2°N，经度为52.8°E，冰裂稍凸起于月坑坑底之中。冰裂大小、形态和延伸方向不甚规则，大致呈北西、北东和南北三组方向。冰裂的形成可能与月球自转产生的北西、北东向一组扭力作用有关（见图8.2.166、图8.2.167）。

35. 危海之西边缘普罗克洛斯U（Proclus U）月坑"冰裂"线形构造特征

冰裂分布于危海之西海床之上，纬度为15.2°N，经度为50.2°E。冰裂分布区地形上稍凸起。冰裂以南北规模大，北北东方向较发育，北西方向发育较差（见图8.2.168、图8.2.169）。

36. 月球背面杰克逊（Jackson）月坑"冰裂"线形构造特征

杰克逊（Jackson）月坑属于"浅水月坑"，分布于月球背面，纬度为22°N，经度为163.5°W。冰裂以北西、北东为主，少数见近东西方向分布，北西向冰裂明显切割中央峰（见图8.2.170、图8.2.171）。

37. 澄海（Mare Serenitates）之北梦湖（Lacus Somniorum）"冰裂"线形构造特征

梦湖（Lacus Somniorum）冰裂分布于澄海（Mare Serenitates）之北，纬度为38.4800，经度为21.8700。冰裂多呈地堑式，沿冰裂可见少量液化沙丘分布，或明显切割地堑式冰裂（见图8.2.172、图8.2.173）。

（三）月球区域"冰裂"线形构造形成和发展

月球区域冰裂构造，可能是由于月球自转产生的北西、北东向一组扭张应力场形成的。由于月坑的大小、组成岩石、月表下含水冰量等因素影响，使月坑受扭力作用方向、作用力大小和受力的持久性等存在差别，故形成的冰裂的形态、方向、规模大小等均呈现出复杂多变的特征。但从力的作用场分析，冰裂的形成离不开北西、北东方向一组扭动作用力。

（四）月球区域"冰裂"线形构造发现意义

虽然月球表层因构造作用产生的裂隙多种多样、十分复杂，但其在空间分布、走向和特征等方面仍有一定的规律可循。由于月球环境差异所产生的裂隙，如冻胀裂隙、泥裂等，虽然与月球的内力构造作用关系不大，但通过研究其分布、特征及相互区别，对进一步探讨月球内力作用的形成发展，无疑能起到推动深入研究的作用。因此，月球裂隙的深入研究，对了解月球历史发展有不可替代的作用。

三、月球区域内动力"液化沙垄"线形构造特征

（一）月球区域内动力"液化沙垄"概念、分布和类型划分

1. 月球区域内动力"液化沙垄"线形构造概念

"液化沙垄"线形构造，是月球发展进入爱拉托逊纪，月海已全部干涸条件下，由于区域应力作用，在干涸的月海平原面上产生一系列构造裂隙时，裂隙下含水冰层沉积物因受区域应力产生的热量发生融溶，或含水沉积物沿业已生成的裂隙（主要属于张裂和张扭裂隙）向上侵入和充填作用，产生垄状线形，或席状地貌，又称之为"席状液化沙垄"线形构造，亦可简称为"液化沙垄"构造。有如地球地震发生时，在河漫滩或湖漫滩区形成"砂涌""泥涌"或"泥沙涌"一样。从"液化沙垄"线形构造物质组成全为略具分选和磨圆的沉积碎屑，可以肯定它与岩浆作用无关。

2. 月球区域内动力"液化沙垄"线形构造分布

"液化沙垄"构造在月海中有较广泛分布，其次在月坑坑底、山间盆地中也有少量发现。

3. 月球区域内动力"液化沙垄"线形构造类型划分

"液化沙垄"线形构造，按空间分布，暂可划分为月海"液化沙垄"构造、月坑"液化沙垄"构造和山间盆地"液化沙垄"构造。三者在特征上基本相同。

（二）月球区域内动力"液化沙垄"线形构造特征

1. 月海"液化沙垄"线形构造特征

（1）危海"液化沙垄"线形构造特征。危海"液化沙垄"线形构造以北东、北西和南北方向分布为主（见图8.2.174），并且可明显见到北东向"液化沙垄"沿北

东向线形构造裂隙侵入和充填的分布特征（见图 8.2.175—图 8.2.177、图 8.2.179）。组成"液化沙垄"的物质主要为浅色略具磨圆和分选的岩屑和岩块（见图 8.2.178）。局部地段还可见发生融溶产生新的泥石流分布（见图 8.2.180）。在危海南滨海区，"液化沙垄"线形构造呈北东、北西向和相互切割分布（见图 8.2.181）。

（2）风暴洋"液化沙垄"线形构造特征。①风暴洋"液化沙垄"线形构造之一，以北北西向分布为主。"液化沙垄"的侵入和充填作用程度在不同地区和地段有明显差别。南部比北部侵入和充填作用强，西部比东部充填多（见图 8.2.182）。东部一条线形构造基本上未见侵入和充填，仍保留北北西向延伸的向东倾斜的正断裂裂隙构造分布特征（见图 8.2.183）。呈北西向"液化沙垄"由略具磨圆和分选的浅色岩屑和岩块组成，似"斑马线"分布于向阳面一侧（见图 8.2.184）。②风暴洋之东"液化沙垄"线形构造之二，以北北西向分布为主。"液化沙垄"与"热融塌陷坑"呈链条状分布（见图 8.2.185—图 8.2.188），前者为后者所切割，说明线形构造形成后为"液化沙垄"侵入和充填，之后产生热融塌陷坑。线形构造之最北段，为巨大的热融塌陷坑占据，周边可见"正断层"式液化沙垄、热融塌陷坑"地堑"式冰裂和液化沙丘分布（见图 8.2.189）。而南段的"液化沙垄"呈北宽南窄分布明显（见图 8.2.190）。③风暴洋之东"液化沙垄"线形构造之三，位于风暴洋西南赫尔曼（Hermann）月坑和达穆瓦索（Damoiseau）月坑之间。"液化沙垄"以北东、北西和近南北向分布为主（见图 8.2.191）。④风暴洋"液化沙垄"线形构造之四，总体呈北北西方向延伸分布特征（见图 8.2.192、图 8.2.193）。早期形成平缓的"液化沙垄"，晚期形成的"液化沙垄"皱纹少，常见较多浅色岩屑和岩块呈明显岛状左旋雁行式分布。⑤风暴洋"液化沙垄"线形构造之五，总体呈近南北方向分布，向阳面浅色岩块和岩屑呈岛状断续分布，十分显眼（见图 8.2.194）。岛状岩块和岩屑呈白色，很可能因含较多水冰所致。

（3）冷海东"液化沙垄"线形构造特征。①冷海东"液化沙垄"线形构造之一，发育良好，形态变化复杂，为最少两期以上侵入和充填的结果。说明活动频繁，持续时间较长，但区域应力场基本保持一致。有的早期"液化沙垄"分布宽而平缓，皱纹较多，晚期呈麻花状右旋雁行状分布（见图 8.2.195）。有的延伸方向变化多（见图 8.2.196）。有的"液化沙垄"通过热融塌陷坑时，明显受到影响，在体形上变薄（见图 8.2.197）。有的晚期"液化沙垄"延伸方向极不稳定，显示左旋雁行状分布特征（见图 8.2.198—图 8.2.200）。有的"液化沙垄"分布区发育出众多漏斗状和锅底状塌陷坑（见图 8.2.201）。②冷海东"液化沙垄"线形构造之二，以近东西向分布为主其次是近南北、北西和北东向分布（见图 8.2.202）。局部"液化沙垄"边缘可见滑塌体和热融塌陷坑分布（见图 8.2.203、图 8.2.204）。组成"液化沙垄"的物质，主要为略具磨圆和分选的浅色岩屑和岩块（见图 8.2.205）。③冷海北"液化沙垄"线形构造之三，呈北东方向延伸，沿热融塌陷槽呈右旋扭动分布，周边分布大量热融塌陷坑发育（见图 8.2.206、图 8.2.207）。局部地段明显切割热融塌陷坑（见图 8.2.208），早期"液化沙垄"（A）明显被晚期"液化沙垄"切割（见图

8.2.209、图 8.2.210)。

(4) 澄海西"液化沙垄"线形构造特征。澄海西"液化沙垄"线形构造，呈近东西方向弯曲发育，沙垄脊上大量白色裸露岩屑和岩块分布（见图 8.2.211）。岩屑和岩块大小相差不大，略具磨圆和分选特区特征（见图 8.2.212、图 8.2.213）。裸露的岩屑和岩块呈白色，很可能因含较多水冰所致。

(5) 雨海东北"液化沙垄"线形构造特征。①雨海东北"液化沙垄"线形构造之一，呈西北和近东西向，近南北麻花状"液化沙垄"切割西北向宽带状"液化沙垄"（见图 8.2.214）。呈西北和少量近东西向分布"液化沙垄"周边，有大量热融塌陷坑分布（见图 8.2.215—图 8.2.218）。局部地段"液化沙垄"明显切割热融塌陷坑，组成塌陷坑的物质全为浅色的大小相差不大和略具分选和磨圆的岩屑、岩块（见图 8.2.219、图 8.2.220）。有的西北向"液化沙垄"为北北西向左旋所切割（见图 8.2.221）。线形构造局部地段未见有"液化沙垄"侵入和充填，有塌陷槽出现（见图 8.2.222）。"液化沙垄"局部地段分布于线形构造塌陷槽之中，有的周边有少量热融塌陷坑出现。(见图 8.2.223、图 8.2.224）。有的"液化沙垄"局部地段呈折线状分布，走向变化极大（见图 8.2.225）。有的"液化沙垄"横切早期形成的热融塌陷坑十分明显（见图 8.2.226）。有的"液化沙垄"呈北东雁行状和豆荚状分布（见图 8.2.227）。有的"液化沙垄"明显切割充填热融塌陷坑（见图 8.2.228）。②雨海东北"液化沙垄"线形构造之二，呈北北西或近南北向分布，晚期宽度窄，明显切割早期宽度宽的"液化沙垄"（见图 8.2.229、图 8.2.230）。早期"液化沙垄"呈北西向宽度大，晚期"液化沙垄"宽度窄，弯曲凸起明显在南北方向上延伸（见图 8.2.231）。"液化沙垄"之二上的热融塌陷坑组成物质以浅色略具分选和磨圆的岩屑和岩块为主（见图 8.2.232）。早期"液化沙垄"宽，凸起低，晚期"液化沙垄"凸起明显（见图 8.2.233、图 8.2.234）。呈北西向分布的"液化沙垄"早期宽、凸起低，晚期"液化沙垄"凸起明显（见图 8.2.235—图 8.2.237）。西北向"液化沙垄"呈左旋错断分布特征（见图 8.2.238、图 8.2.239）。呈北西向分布"液化沙垄"面上分布少量热融塌陷坑（见图 8.2.240）。③雨海东北"液化沙垄"线形构造之三（见图 8.2.241），近南北向分布早期"液化沙垄"宽，凸起低，晚期"液化沙垄"凸起明显（见图 8.2.242、图 8.2.243）。"液化沙垄"明显切割热融塌陷坑，在其通过塌陷坑时，明显变宽变薄，并向坑中心一侧流动，组成沙垄物质以浅色略具磨圆和分选岩屑和岩块为主（见图 8.2.244）。"液化沙垄"局部地段呈近东西向折线状弯曲分布（见图 8.2.245），并明显切割和"充填"热融塌陷坑，组成沙垄物质以浅色略具磨圆和分选岩屑、岩块为主（见图 8.2.246、图 8.2.247）。局部地段"液化沙垄"呈西北向多期相互切割分布，早期"液化沙垄"宽、凸起低，而晚期弯曲状凸起明显，并明显切割、"充填"热融塌陷坑（见图 8.2.248—图 8.2.250），也有呈右旋北东向切割北西向"液化沙垄"（见图 8.2.251），有的北西向"液化沙垄"呈右旋麻花状或雁行状分布（见图 8.2.252）。呈西北向不同期"液化沙垄"相互切割明显（见图 8.2.253），有的"液化沙垄"呈麻花状或蠕虫状右旋出现，组成沙垄物质为略具磨圆和分选特征的岩屑和岩块（见图 8.2.254、图 8.2.255）。

(6) 静海之西"液化沙垄"线形构造特征。静海西阿拉戈月坑（Arago crater）是静海之西附近"液化沙垄"之一，呈近南北向分布为主，规模大，凸起明显，明显为北东向切割（见图 8.2.256）。早期"液化沙垄"宽而低平，晚期窄而凸起（见图 8.2.257、图 8.2.258）。局部地段呈"X"连续分布（见图 8.2.259、图 8.2.263）。呈 NE 向"液化沙垄"明显切割近南北向（见图 8.2.260）。早期"液化沙垄"宽而低平，晚期窄而凸起，附近出现线形冰裂、地堑式冰裂或液化沙丘分布（见图 8.2.261、图 8.2.262）。北东、北西和近南北向"液化沙垄"西侧分布"陆地月坑"（见图 8.2.264、图 8.2.265），溅射辐射纹覆盖"液化沙垄"，表明"液化沙垄"形成在先。静海之西"液化沙垄""之二"，呈明显"X"形。NW 为 NE 向右旋错案断（见图 8.2.266）分布特征。

2. 月坑"液化沙垄"线形构造特征

(1) 卡勒月坑（Karrer crater）"液化沙垄"线形构造特征。卡勒月坑（Karrer crater）位于月球背面的南半球，艾肯盆地之东边缘地带，"液化沙垄"分布于"湿地月坑"平坦的坑底（见图 8.2.267、图 8.2.268）。早期沙垄宽而平缓，而晚期沙垄窄而凸出分布（见图 8.2.269 箭头所示）。南坑、北坑缘外已无"液化沙垄"侵入和充填转为线状分布（见图 8.2.270、图 8.2.271）。"液化沙垄"以北东、北西和近南北向网格状分布（见图 8.2.272）。"液化沙垄"通过热融塌陷坑呈薄饼状（见图 8.2.273）。有的"液化沙垄"沿"X"形、网格状或近 SN 追踪状张裂分布（见图 8.2.274）。有很多"液化沙垄"呈蠕虫状，向阳坡面和山脊上，浅色略具磨圆和分选裸露岩屑和岩块广泛分布（见图 8.2.275—图 8.2.277）。有的"液化沙垄"呈直角折线状出现（见图 8.2.278）。

(2) 艾特肯月坑（Aitken crater）"液化沙垄"线形构造特征。艾特肯月坑（Aitken crater）位于月球背面南半球的艾肯盆地北缘，"液化沙垄"分布于"陆地月坑"平坦的坑底（见图 8.2.279）。"液化沙垄"总体近北东向分布（方框分布区）（见图 8.2.280），局部地段呈近南北方向（见图 8.2.281）。有的由北东转北西向或由北西转北东向出现（见图 8.2.282）。有的近南北方向早期、晚期呈右旋"液化沙垄"分布特征（见图 8.2.283）。有些北东向已侵入和充填形成"液化沙垄"，而北西向未侵入和充填，仍保留原有的裂隙状态分布（见图 8.2.284）。有些地段近南北方向"液化沙垄"分布凌乱（见图 8.2.285）。有些地段呈北东向弯曲状"液化沙垄"分布（见图 8.2.286—图 8.2.288）。有些地段有呈北东向和近南北向凌乱分布的"液化沙垄"出现（见图 8.2.289、图 8.2.290）。艾特肯月坑坑底"湿地月坑"特征，仅具溅射环状堆积和极少量岩石分布，说明艾特肯月坑（Aitken crater）可能形成于爱拉托逊纪之前（见图 8.2.291）。

3. 山间盆地"液化沙垄"线形构造特征

湿海南端卓湖东北山间盆地"液化沙垄"，呈北东或北北东向分布于山间盆地平原上（见图 8.2.292）。当"液化沙垄"延伸到山间盆地之外时即行消失，代之为北东线状裂隙分布，无任何"液化沙垄"侵入和充填（见图 8.2.293）。"液化沙垄"呈北东向右旋"歹"字形分布明显（见图 8.2.294、图 8.2.295、图 8.2.298），局部地段有明显切割热融塌陷坑（见图8.2.296）。早期扁平"液化沙垄"为晚期窄"液化沙垄"所切割（见图8.2.297）。"液化沙垄"通过热融塌陷坑时会呈变小和变少的分布特征（见图8.2.299）。有的地段早期"液化沙垄"通过热融塌陷坑时，受到融溶作用明显变小。晚期"液化沙垄"充填热融塌陷坑和覆盖早期"液化沙垄"，组成沙垄物质主要为浅色略具磨圆和分选的岩屑和岩块（见图8.2.300）。有的地段"液化沙垄"，早期平缓规模大，而晚期规模变小，且呈弯曲状分布（见图8.2.301、图8.2.302）。

（三）月球区域"液化沙垄"线形构造形成演化

"液化沙垄"线形构造的演化形成，目前研究结果认为，可能主要是月球自转产生的区域应力场或"月震"产生的应力场（见图8.2.303），在月海沉积平原、月坑沉积平原和山间盆地沉积平原中产生的相应裂隙构造，由融溶水与沉积物一起对裂隙进行侵入和充填作用形成的。如雨海北—冷海"液化沙垄"，以北东、北西和近南北向分布为主（见图8.2.304—图8.2.306）。有的"液化沙垄"呈雁行状排列明显（见图8.2.307—图8.2.309）。有的以湿海为中心东西两侧形成一系列弧形线形构造为特征（见图8.2.310）。阿利斯塔克之西风暴洋中心地区有近南北向"液化沙垄"群出现（见图8.2.311）。"液化沙垄"总体形成时代较早，可能形成于爱拉托逊纪之前，或主要形成于雨海纪晚期。

（四）月球区域"液化沙垄"线形构造发现意义

"液化沙垄"为线形构造，是含水或水冰的沉积物，沿区域应力作用产生的裂隙进行侵入和充填作用下形成的。因此它的发现，同样是月球曾经有水或水冰存在的有力佐证。同时，为研究月球水、水冰和月球地震的形成演化提供了重要材料。

四、月球区域内动力倾斜岩层、"不整合面"和陡峻的岩层产状线形构造特征

（一）月球区域内动力倾斜岩层分布特征

1. 月球区域内动力倾斜岩层概念

月球所谓倾斜岩层，是依据阿波罗15登月点航天员实录录像资料截屏所得，即录像中分布于亚平宁山脉局部山体的岩层呈倾斜状分布特征。从质体较坚硬、成层性好、层理清晰，初步推断可能属于沉积变质岩层，是月球首次提出有岩层存在的地质事实。

2. 月球区域内动力倾斜岩层分布特征

倾斜岩层视倾角约30°，分布于雨海东亚平宁山脉的局部山体之中。为阿波罗15登月点航天员录像资料截屏图片，纬度为27.7100，经度为325.6600。从质体较坚硬、成层性好、层理清晰，初步推断倾斜岩层可能属于沉积变质岩层（见图8.2.312、图8.2.313）。所谓倾斜岩层，目前仅发现于亚平宁山脉局部山体之中。但相信随着高分辨率卫片的取得和研究的进一步深入，将会有更多相似的地质地貌现象被发现。

（二）月球区域内动力"不整合面"分布特征

1. 月球区域"不整合面"概念

"不整合面"是月球首次提出有"不整合"存在的地质事实，是指亚平宁山脉局部山体的下伏岩层产状向一侧呈倾斜状，视倾角约25°，而其上覆岩层呈近水平分布特征（见图8.2.314—图8.2.316）。

2. 月球区域"不整合面"分布特征

"不整合面"之下岩层为倾斜的互层状沉积变质岩，层厚较小，上覆岩层呈断续或岛屿状分布，近水平岩层层厚较厚，质体较软（见图8.2.314—图8.2.316）。

（三）月球区域内动力陡峻的岩层产状分布特征

1. 月球区域陡峻的岩层产状概念

陡峻的岩层产状是月球首次提出有岩层发现和产状呈陡峭分布的地质事实，是指阿利斯塔克月坑坑壁和中央峰近直立的岩层产状出露分布特征（见图8.2.317—图8.2.320）。

2. 月球区域陡峻的岩层产状分布特征

月球陡峻的岩层产状视倾角大于70°甚至近于直立，目前仅见于阿利斯塔克月坑的坑壁和中央峰（见图8.2.315—图8.2.320），纬度为23.9000，经度为312.4600。

（四）月球区域倾斜岩层、"不整合面"和陡峻的岩层产状形成和演化

倾斜岩层、"不整合面"和陡峻的岩层产状的存在，说明月球历史发展进程中，曾有过强烈的月壳运动发生。从倾斜岩层、"不整合面"和陡峻的岩层的空间分布、与雨海沉积平原之间的切割关系，可以推测大约在雨海形成之前的艾肯纪或酒海纪，古湖盆和月海开始沉积产生，并经区域变质作用和构造变动才形成今天所见到的倾斜岩层、"不整合面"和陡峻的岩层产状。依据图8.2.312和图8.2.315、图8.2.316岩层产状，倾向相反的分布特征，推断亚平宁山脉分布区可能存在一个巨大而平缓的"背斜构造"。

第八章 月球"线形"构造地貌（遗迹）特征

（五）月球区域倾斜岩层、"不整合面"和陡峻的岩层产状发现的意义

倾斜岩层、"不整合面"和陡峻的岩层产状发现表明，月球历史发展过程中，大约在雨海纪之前，月壳曾经历过较强烈的月壳构造运动。致使沉积地层发生变质作用和构造变动。可能证明月球与地球构造具有同步和相类似的历史发展特征，为研究月球的构造运动发展提供重要材料。

以下附第八章第二节图：

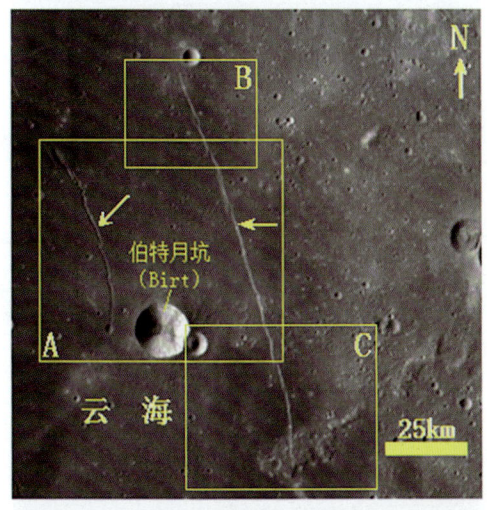

图 8.2.1 云海东伯特边界正断层（水平箭头所示）和伯特线形冰裂（倾斜箭头所示）分布特征

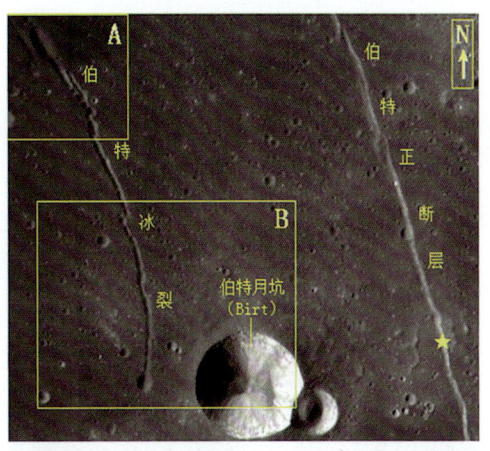

图 8.2.2 为图 8.2.1 方框 A 局部放大
示云海东伯特边界正断层（中段）和伯特线形冰裂分布特征

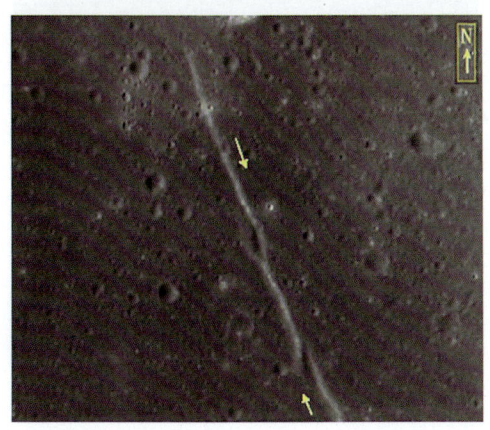

图 8.2.3 为图 8.2.1 方框 B 局部放大
示边界正断层北段"尖灭侧显"表明断层具右旋走滑性质（箭头所示）分布特征

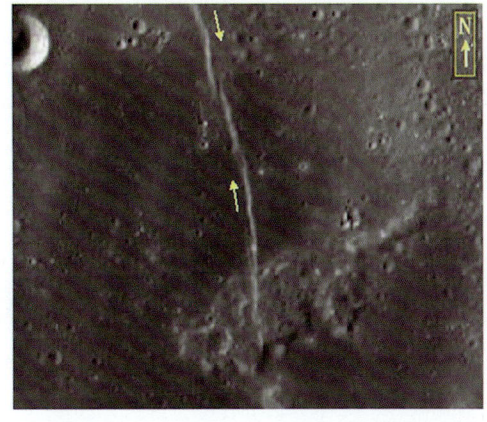

图 8.2.4 为图 8.2.1 方框 C 局部放大
示云海东伯特正断层（南段）"尖灭侧显"表明断层具右旋走滑性质（箭头所示）分布特征

583

月球卫片分析最新发现

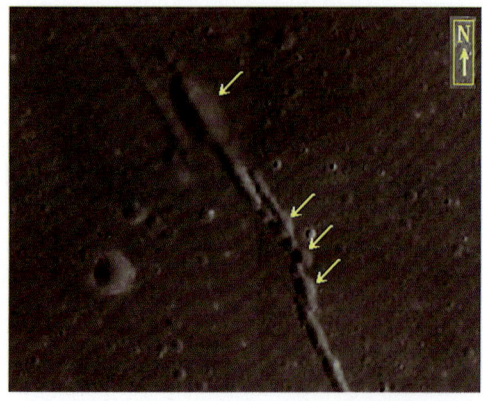

图 8.2.5 为图 8.2.2 方框 A 局部放大
示云海东伯特线形冰裂北段串珠状热融塌陷坑（箭头所示）分布特征

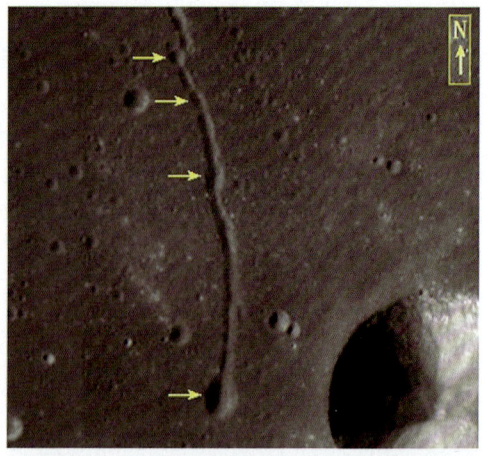

图 8.2.6 为图 8.2.2 方框 B 局部放大
示云海东伯特线形冰裂南段串珠状热融塌陷坑（箭头所示）分布特征

图 8.2.7 为图 8.2.2 五角星（★）处局部放大
示沿云海东伯特正断层崖发生崩塌堆积（A）颗粒大小自下而上、由粗到细分布特征

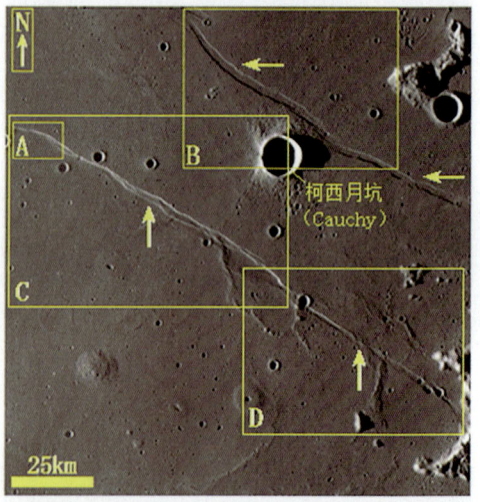

图 8.2.8 静海西柯西月坑（Cauchy）附近分布的边界正断层（垂直向上箭头所示）和地堑式冰裂（水平方向箭头所示）分布特征

第八章 月球"线形"构造地貌（遗迹）特征

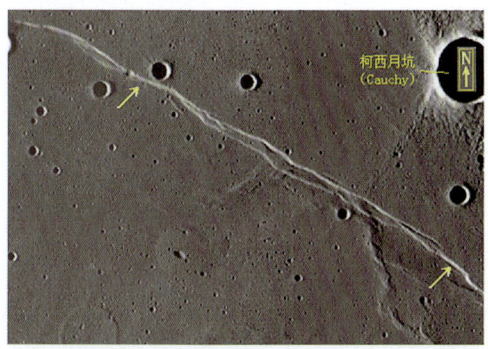

图 8.2.9　为图 8.2.8 方框 C 局部放大

示静海西柯西月坑（Cauchy）附近的边界正断层中段（箭头所示）分布特征

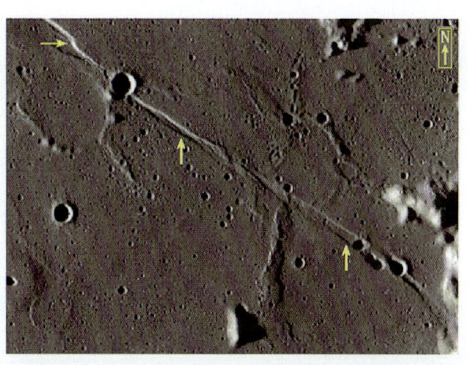

图 8.2.10　为图 8.2.8 方框 D 局部放大

示静海西柯西月坑（Cauchy）附近的边界正断层南段已由正断层（水平箭头所示）转化为地堑式冰裂（垂直向上箭头所示）分布特征

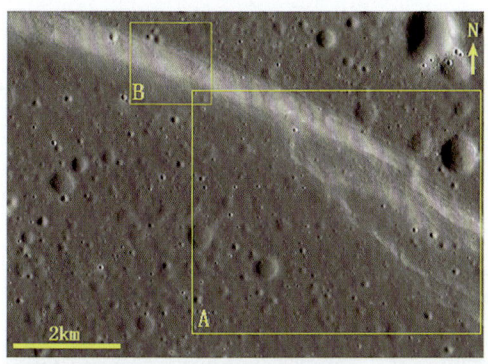

图 8.2.11　为图 8.2.8 方框 A 局部放大

示静海西柯西月坑（Cauchy）附近的边界正断层北段分布特征

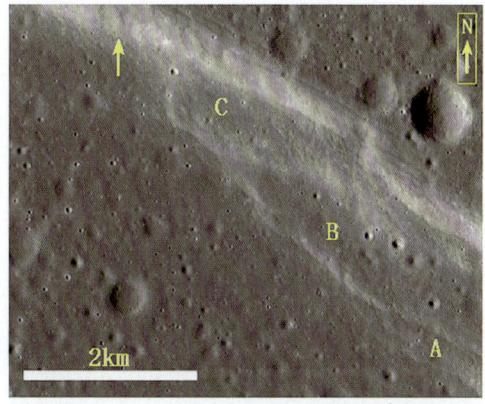

图 8.2.12　为图 8.2.11 方框 A 局部放大

示沿边界正断层产生的不同期的"液化沙滩（由 A 到 B 到 C 是由老到新）"分布特征

585

图 8.2.13　为图 8.2.11 方框 B 局部放大
示组成边界正断层的岩石全为浅色岩石碎屑物质

图 8.2.14　为图 8.2.13 方框局部放大
示组成边界正断层的岩石全为浅色岩石碎屑物质

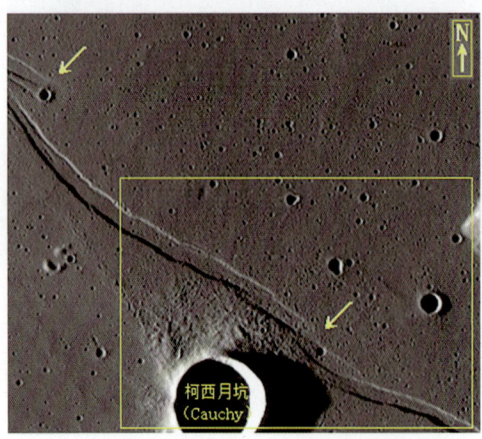

图 8.2.15　为图 8.2.8 方框 B 局部放大
示柯西月坑（Cauchy）附近的地堑式冰裂分布特征

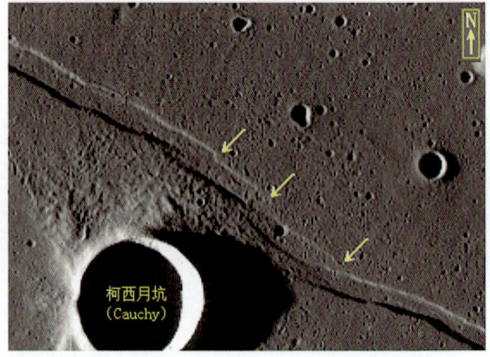

图 8.2.16　为图 8.2.15 方框局部放大
示柯西月坑（Cauchy）附近的地堑式冰裂交接处呈右旋雁行排列分布特征

第八章 月球"线形"构造地貌（遗迹）特征

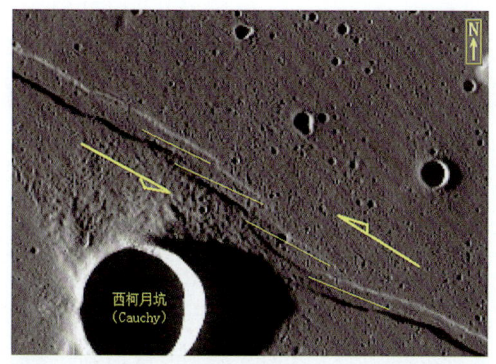

图 8.2.17 同图 8.2.16
示地堑式冰裂交接处呈右旋雁行排列分析图，箭头示形成雁行排列动力方向

图 8.2.18 湿海西边界正断裂和地堑式冰裂分布（箭头所示）

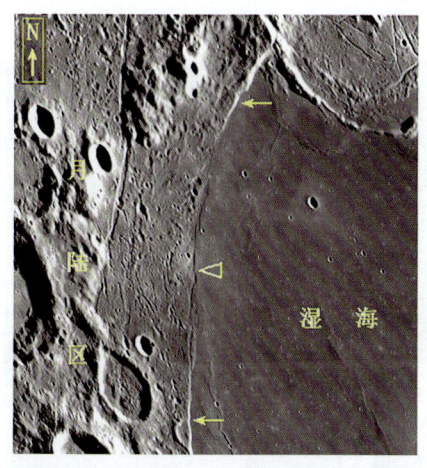

图 8.2.19 为图 8.2.18 方框 B 局部放大
示湿海西边界正断裂（上、下箭头所示）与线形冰裂（中间三角箭头所示）交换出现分布特征

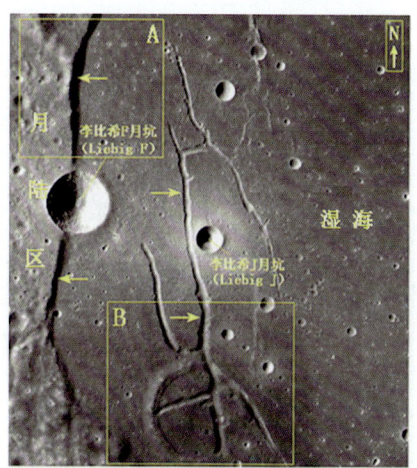

图 8.2.20 为图 8.2.18 方框 A 局部放大
示湿海西边界正断裂（向左箭头所示）和线形冰裂（向右箭头所示）分布特征

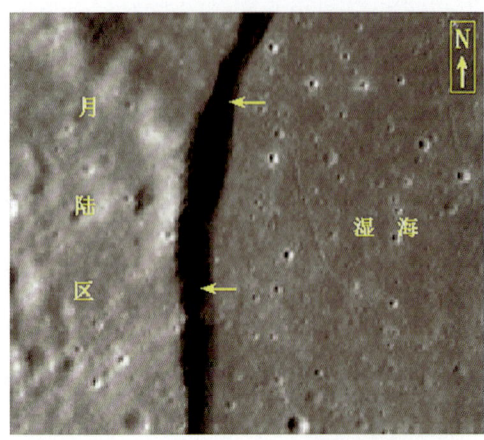

图 8.2.21　为图 8.2.20 方框 A 局部放大
示湿海西边界正断裂（箭头所示）形成陡峻的悬崖峭壁分布特征

图 8.2.22　为图 8.2.20 方框 B 局部放大
示湿海西边界正断裂附近线形冰裂分布特征

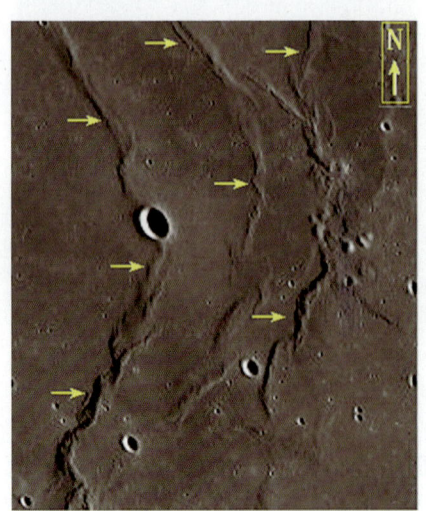

图 8.2.23　为图 8.2.18 方框 C 局部放大
示湿海东侧液化沙垄呈右旋走滑弧形分布特征

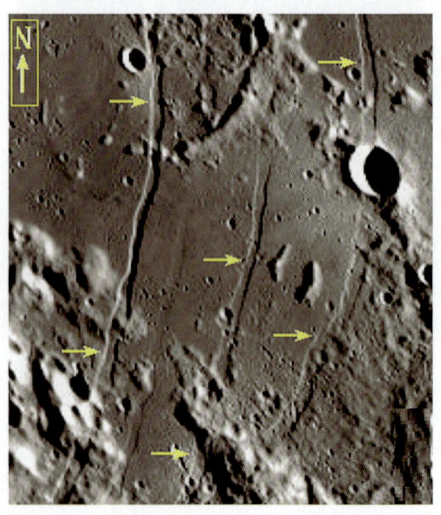

图 8.2.24　为图 8.2.18 方框 D 局部放大
示湿海东侧地堑式冰裂呈右旋走滑弧形分布特征

第八章 月球"线形"构造地貌（遗迹）特征

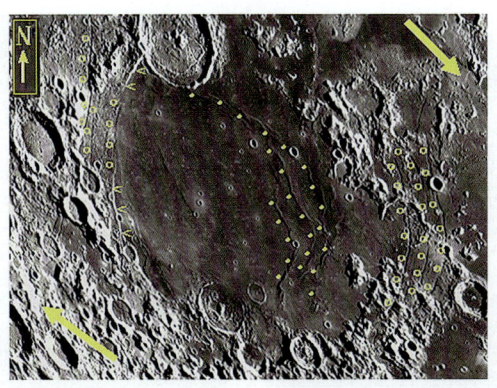

图 8.2.25　湿海区域断层（>）、冰裂（○）和液化沙垄（●）分析图
箭头示雨海区域构造动力作用方向

图 8.2.26　丹聂耳（Daniell）月坑坑底线形冰裂分布特征

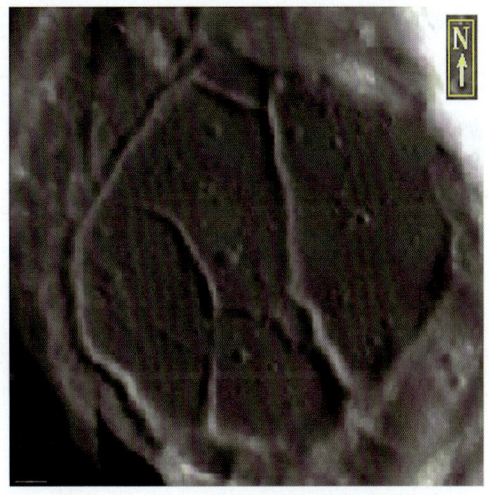

图 8.2.27　为图 8.2.26 方框局部放大
示丹聂耳（Daniell）月坑坑底线形冰裂分布特征

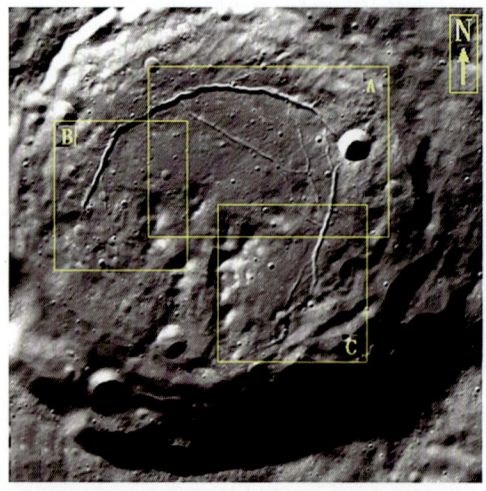

图 8.2.28 卡尔平斯基月坑（Karpinskiy Crater）坑底线形冰裂分布特征

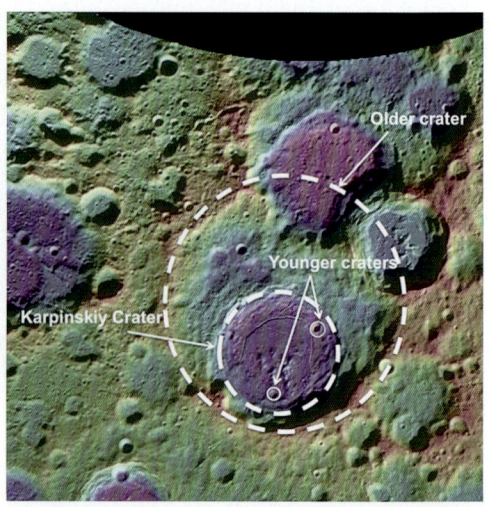

图 8.2.29 卡尔平斯基月坑形成于古老月坑与年轻月坑之间

图 8.2.30 为图 8.2.28 方框 A 局部放大
示卡尔平斯基月坑坑底线形冰裂中段（箭头所示）分布特征

图 8.2.31 为图 8.2.28 方框 B 局部放大
示卡尔平斯基月坑坑底线形冰裂东段（箭头所示）分布特征

第八章 月球"线形"构造地貌（遗迹）特征

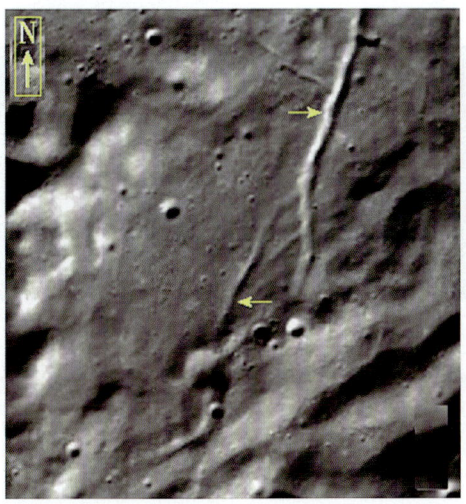

图 8.2.32　为图 8.2.28 方框 C 局部放大
示卡尔平斯基月坑坑底线形冰裂西段（箭头所示）分布特征

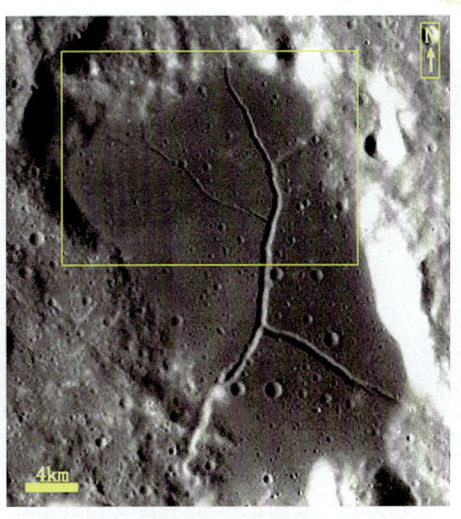

图 8.2.33　断陷盆地盆底线形冰裂由中心向边缘逐渐变小分布特征

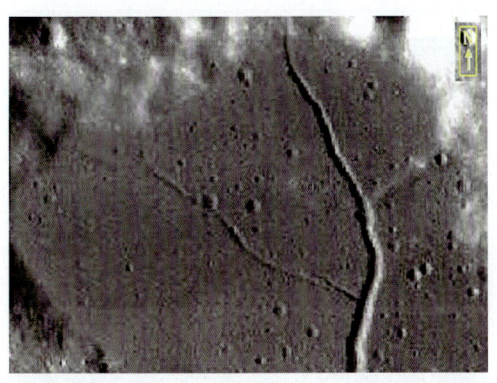

图 8.2.34　为图 8.2.33 方框局部放大
示断陷盆地盆底线形冰裂由中心向边缘逐渐变小分布特征

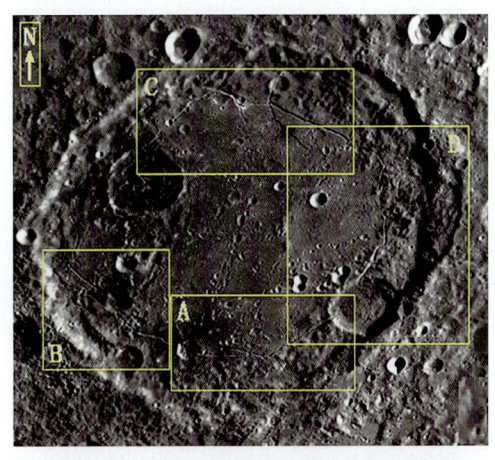

图 8.2.35　艾肯盆地奥本海默（Oppenheimer）月坑坑底边缘地带的冰裂分布特征

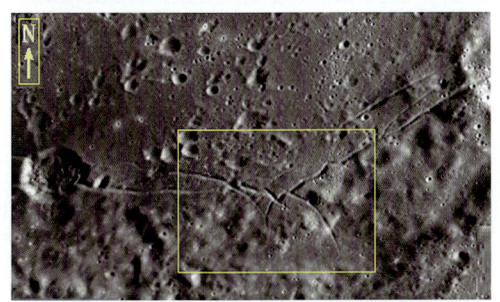

图 8.2.36　为图 8.2.35 方框 A 局部放大
示奥本海默月坑坑底南侧边缘地带北东、北西向组成的"X"形冰裂分布特征

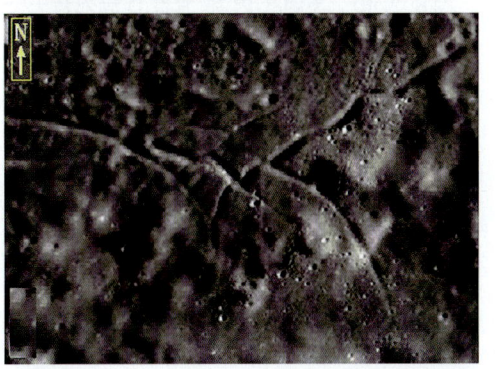

图 8.2.37　为图 8.2.36 方框局部放大
示奥本海默月坑坑底线形冰裂在坑底南侧不同方向的两组"X"形冰裂分布特征

591

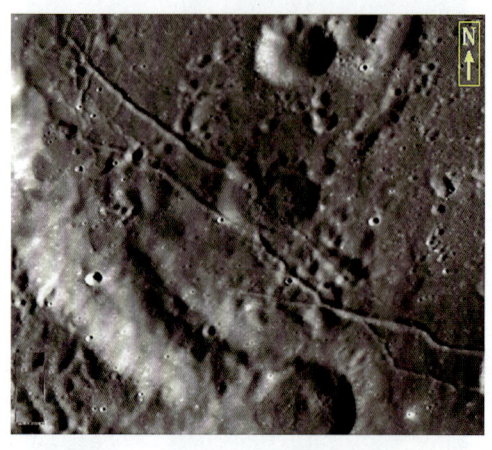

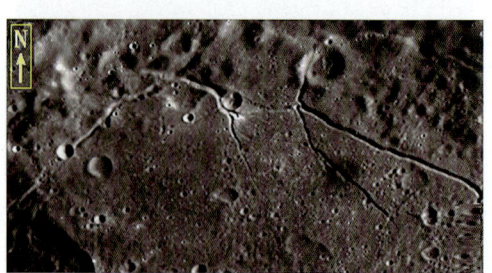

图 8.2.39　为图 8.2.35 方框 C 局部放大
示奥本海默月坑坑底线形冰裂在坑底北侧北西、北东方向形成的两组"X"形冰裂分布特征

图 8.2.38　为图 8.2.35 方框 B 局部放大
示奥本海默月坑坑底线形冰裂在坑底西侧形成北西向单一冰裂分布特征

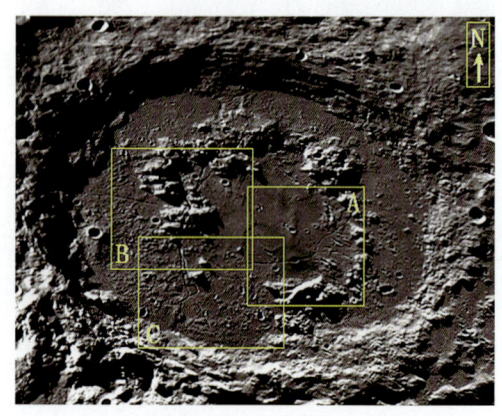

图 8.2.41　薛定谔（Schrodinger）月坑坑底冰裂分布特征

图 8.2.40　为图 8.2.35 方框 D 局部放大
示奥本海默月坑坑底东侧北西、北东方向线形冰裂分布特征

第八章 月球"线形"构造地貌（遗迹）特征

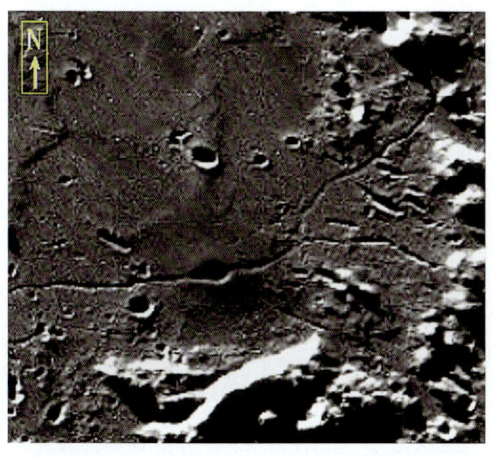

图 8.2.42　为图 8.2.41 方框 A 局部放大
示薛定谔月坑坑底线形冰裂分布于堆积平原为主，中部见一大热融塌陷坑分布特征

图 8.2.43　为图 8.2.41 方框 B 局部放大
示薛定谔月坑坑底线形冰裂明显切割岛状堆积山体（箭头所示）分布特征

图 8.2.44　为图 8.2.41 方框 C 局部放大
示薛定谔月坑坑底线形冰裂主要分布于堆积平原上

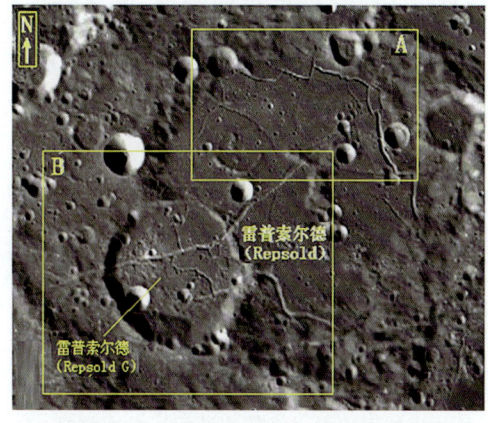

图 8.2.45　雷普索尔德（Repsold）月坑坑底冰裂分布特征

593

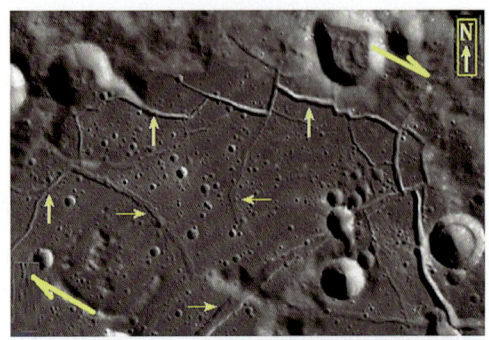

图 8.2.46　为图 8.2.45 方框 A 局部放大
示雷普索尔德坑底早期发育地堑式冰裂（水平箭头所示），晚期多形成追踪线形冰裂（垂向箭头所示），冰裂可能为北西向扭张性动力作用下产生的（倾斜箭头所示）

图 8.2.47　为图 8.2.45 方框 B 局部放大
示雷普索尔德坑底线形冰裂明显切割Ⅰ、Ⅱ期，并为Ⅲ期"陆地月坑"所切割的特征

图 8.2.48　云海南皮塔图斯（Pitatus）月坑坑底线形冰裂（细箭头所示）分布特征
粗箭头示区域应力作用方向

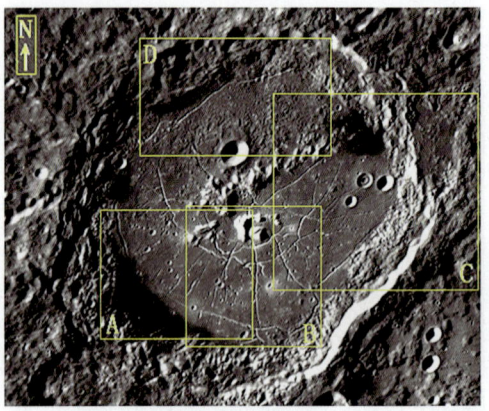

图 8.2.49　洪堡（Humboldt）月坑冰裂围绕坑底中心呈辐射状和环状分布特征

第八章 月球"线形"构造地貌（遗迹）特征

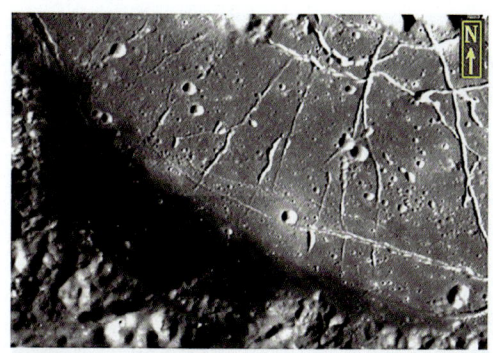

图8.2.50 为图8.2.49方框A局部放大
示洪堡月坑南西部冰裂呈辐射状和环状分布特征，在浅色沉积平原区十分发育，在伸入暗色沉积平原区即行消失

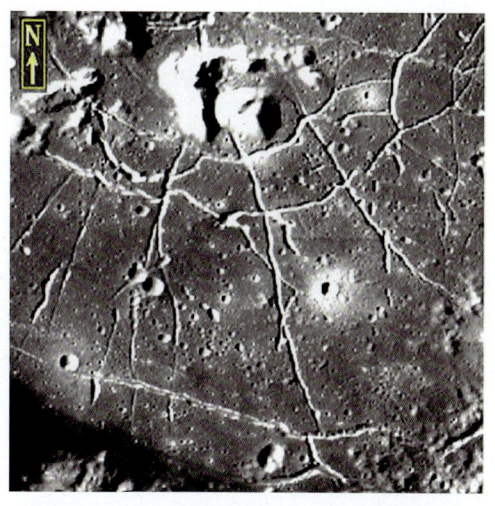

图8.2.51 为图8.2.49方框B局部放大
示洪堡月坑南部冰裂呈辐射状和环状分布特征

图8.2.52 为图8.2.49方框C局部放大
示洪堡月坑东部冰裂在浅色沉积平原区十分发育，伸入暗色沉积平原区前即行消失

图8.2.53 为图8.2.52方框局部放大
示洪堡月坑冰裂（箭头所示）由浅色沉积平原区（A）伸入暗色沉积平原区（B）前消失

图 8.2.54 为图 8.2.49 方框 D 局部放大
示洪堡月坑冰裂在坑底北边缘呈单一左旋雁行排列分布特征

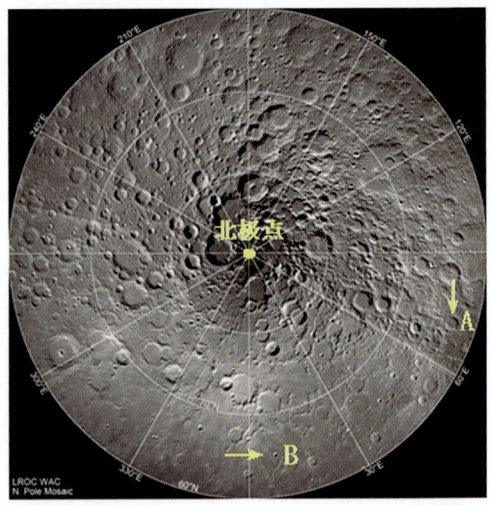

图 8.2.55 海因 A（Hayn A）月坑（垂直箭头所示 A）和 W. 邦德（W. Bond）月坑（水平箭头所示 B）在北极区分布位置

图 8.2.56 为图 8.2.50 垂直箭头所示（A）局部放大
示海因 A 月坑坑底冰裂呈单一正断裂为主，局部呈地堑式冰裂特征

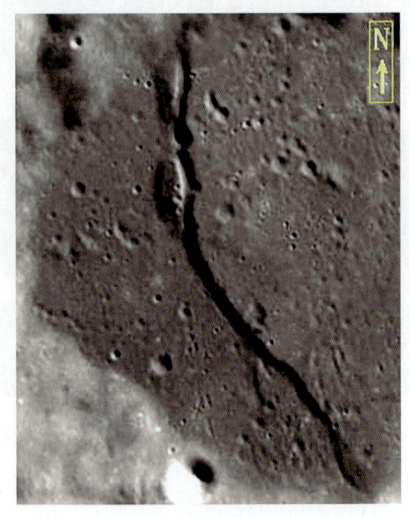

图 8.2.57 为图 8.2.56 方框局部放大
示海因 A 月坑坑底同一冰裂西北向为单一正断层，近南北向为地堑式冰裂

第八章 月球"线形"构造地貌（遗迹）特征

图 8.2.58 莫斯科海（Mare Moscoviense）之东南科马罗夫（Komarov）月坑分布位置

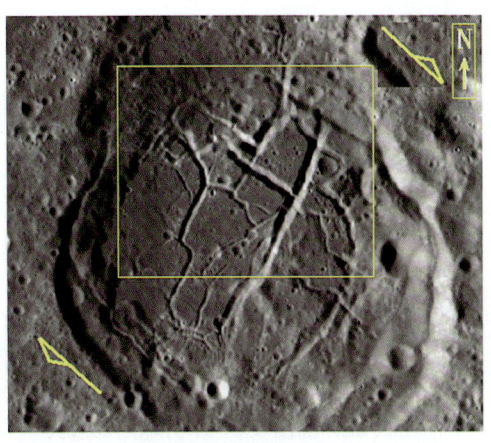

图 8.2.59 科马罗夫（Komarov）月坑坑底北西、北东向两组冰裂分布特征
箭头示区域动力扭动方向

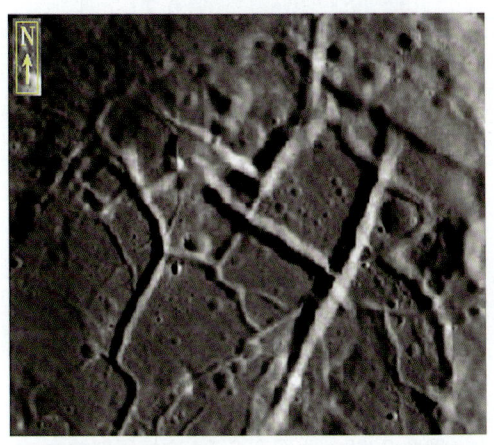

图 8.2.60 为图 8.2.59 方框局部放大
示莫斯科海南东科马罗夫月坑坑底北西、北东两组冰裂联结呈网状分布特征

图 8.2.61 为图 8.2.55 水平箭头所示（B 局部放大）
示 W.邦德月坑坑底单一冰裂分布特征

597

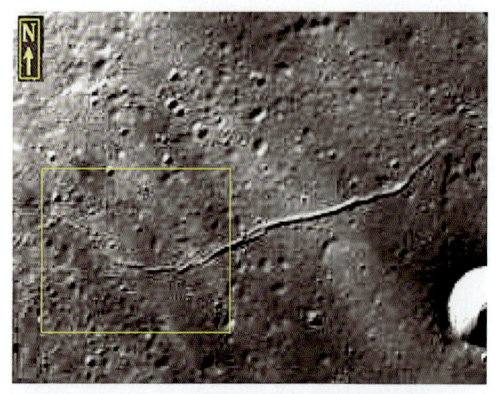

图 8.2.62　为图 8.2.61 方框局部放大
示 W.邦德月坑坑底单一冰裂分布特征

图 8.2.63　为图 8.2.62 方框局部放大
示 W.邦德月坑坑底西段单一冰裂分布特征

图 8.2.64　阿方萨斯（Alphonsus）月坑坑底冰裂分布特征

图 8.2.65　为图 8.2.64 方框局部放大
示阿方萨斯月坑坑底冰裂于坑底东侧呈北北西、西北向为主，北东、北东东向次之分布特征

第八章 月球"线形"构造地貌（遗迹）特征

图 8.2.66 克莱奥迈季斯（Cleomedes）月坑坑底冰裂分布特征

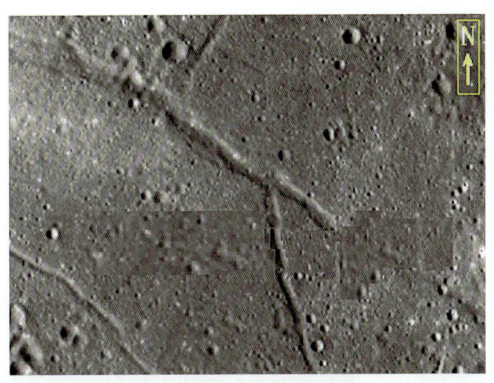

图 8.2.67 为图 8.2.66 方框局部放大
示克莱奥迈季斯月坑坑底地堑式冰裂与线形冰裂分布特征

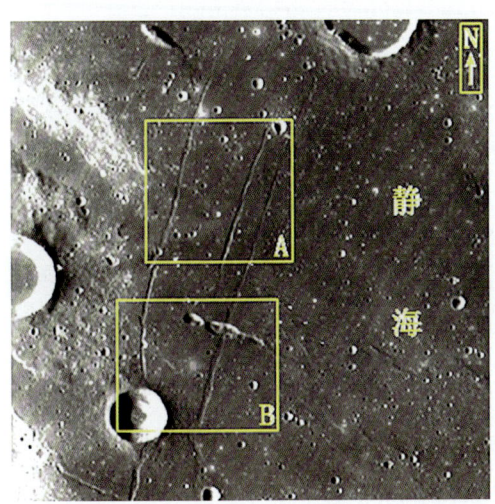

图 8.2.68 静海西滨海地区 3 条近平行地堑式冰裂缝分布特征

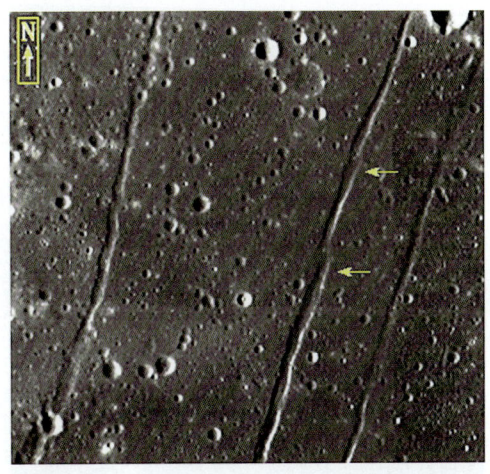

图 8.2.69 为图 8.2.68 方框 A 局部放大
示地堑式冰裂缝形成右旋雁行排列（箭头所示）特征

599

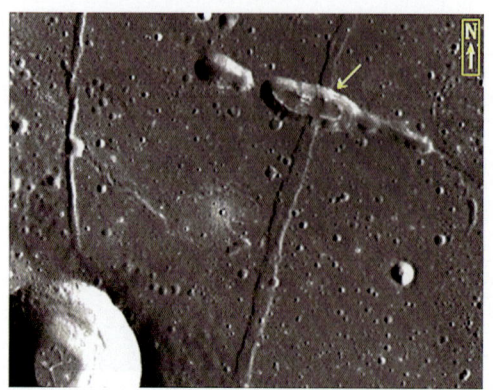

图 8.2.70　为图 8.2.68 方框 B 局部放大示东侧南段地堑式冰裂缝为后期长条状塌陷坑所切割（箭头所示）特征

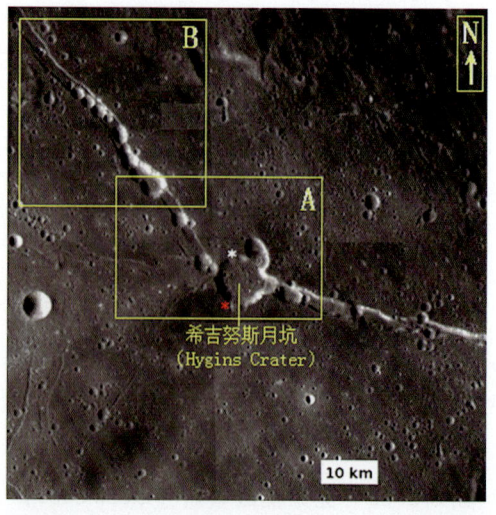

图 8.2.71　汽海南希吉努斯（Hyginus Crater）月坑两侧地堑式冰裂分布特征

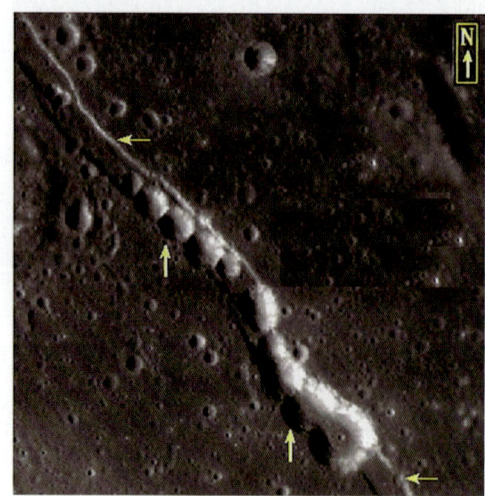

图 8.2.72　为图 8.2.71 方框 B 局部放大示希吉努斯月坑西北侧串珠状热融塌陷坑（垂直箭头所示）沿地堑式冰裂缝（水平箭头所示）密集分布特征

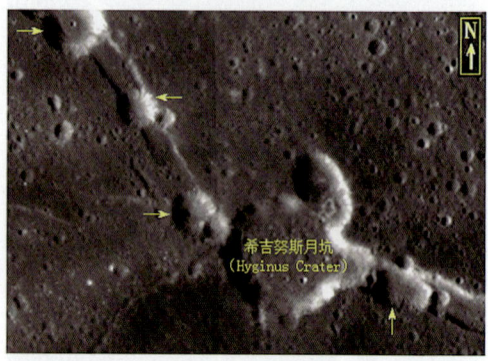

图 8.2.73　为图 8.2.71 方框 A 局部放大示希吉努斯月坑两侧地堑式冰裂缝中发育的热融塌陷坑（箭头所示）特征

第八章 月球"线形"构造地貌（遗迹）特征

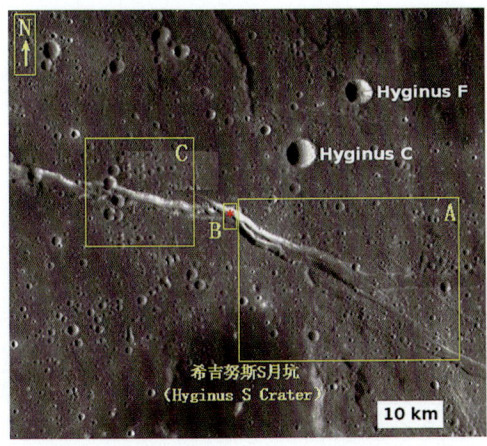

图 8.2.74　希吉努斯 S 月坑（Hyginus S Crater）之北冰裂分布特征

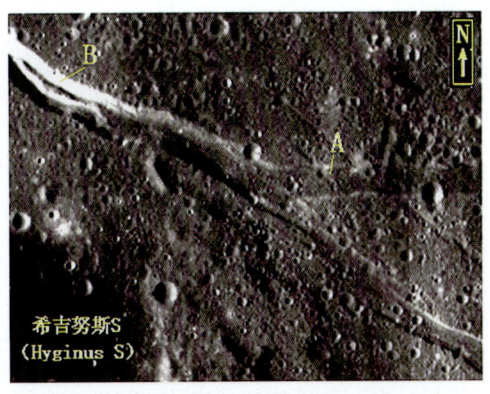

图 8.2.75　为图 8.2.74 方框 A 局部放大
示希吉努斯 S 月坑东段地堑式冰裂（A）与中段"W"形冰裂（B）分布特征

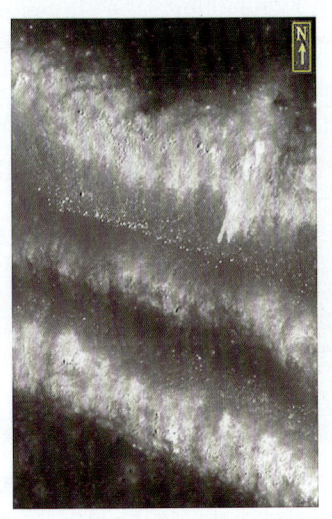

图 8.2.76　为图 8.2.74 方框 B 局部放大
示中段剖面呈"W"式冰裂缝放大特征

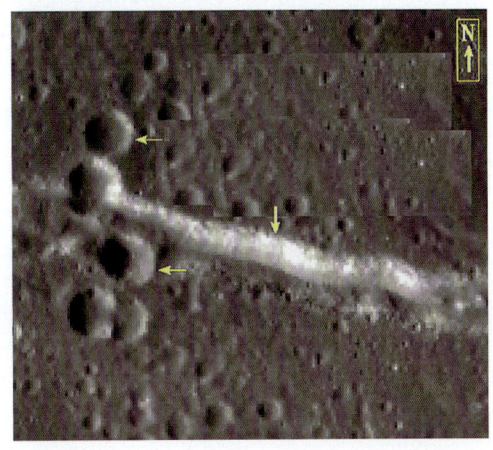

图 8.2.77　为图 8.2.74 方框 C 局部放大
示西段线形冰裂缝（垂直箭头所示）和热融塌陷坑（水平箭头所示）放大特征

601

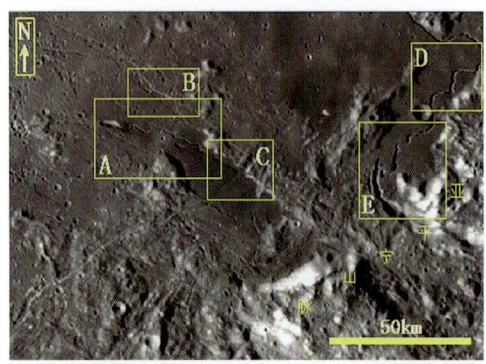

图 8.2.78 雨海西阿波罗 15（Apollo15）降落点附近冰裂分布特征

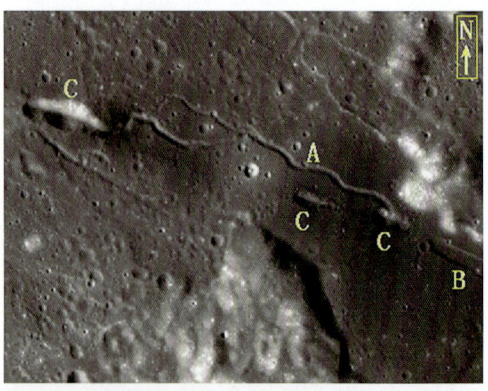

图 8.2.79 为图 8.2.78 方框 A 局部放大

示阿波罗 15 降落点附近线形冰裂（A）和热融塌陷坑（C）、地堑式冰裂（B）分布特征

图 8.2.80 为图 8.2.78 方框 B 局部放大

示阿波罗 15 降落点附近特宽的地堑式冰裂（箭头所示）分布特征

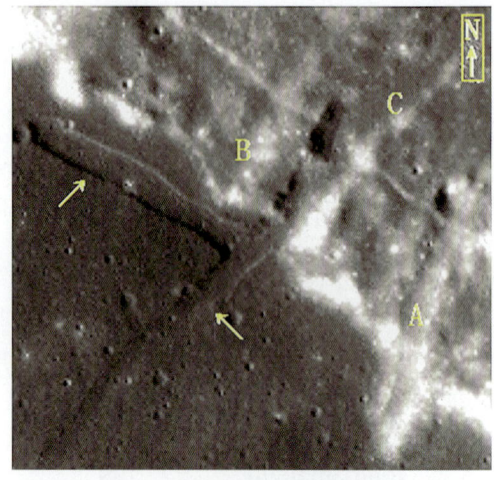

图 8.2.81 为图 8.2.78 方框 C 局部放大

示阿波罗 15 降落点附近地堑式冰裂呈"T"形相交接（箭头所示）及早期冻裂残余（A、B、C）分布特征

第八章 月球"线形"构造地貌（遗迹）特征

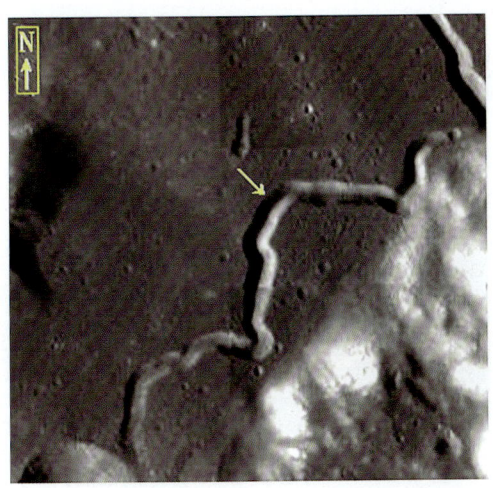

图 8.2.82　为图 8.2.78 方框 D 局部放大
示阿波罗 15 降落点附近线形冰裂（箭头所示）宽度变化不大，无任何溪流形成的地貌、沉积物分布特征

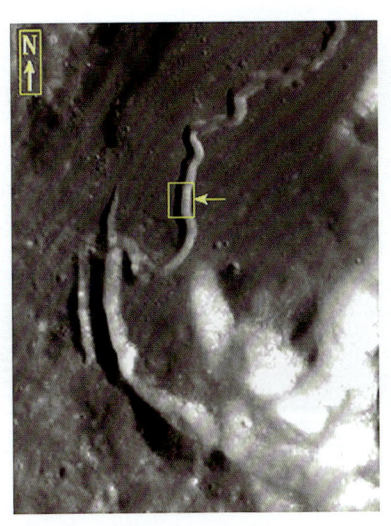

图 8.2.83　为图 8.2.78 方框 E 局部放大
示阿波罗 15 降落点附近线形冰裂（箭头所示）宽度变化不大，无任何溪流形成的地貌、沉积物分布特征

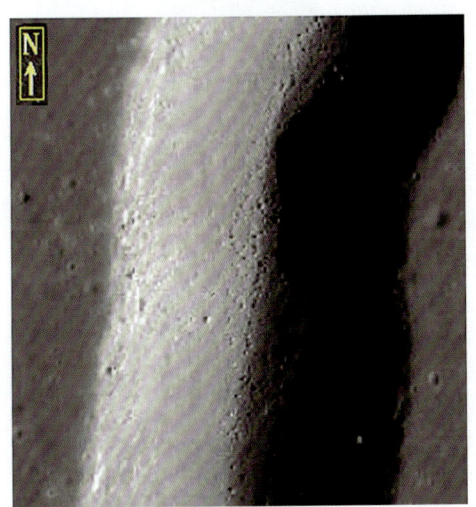

图 8.2.84　为图 8.2.83 方框局部放大
示阿波罗 15 降落点附近线形冰裂中无任何溪流形成的地貌和沉积物分布特征

图 8.2.85　静海－汽海之间的地堑式冰裂（方框）分布特征

603

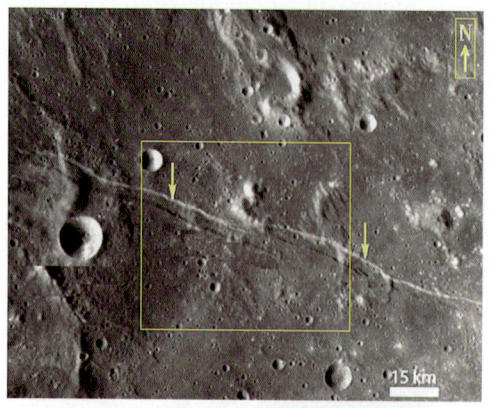

图 8.2.86　为图 8.2.85 方框局部放大示静海－汽海之间的地堑式冰裂分布特征

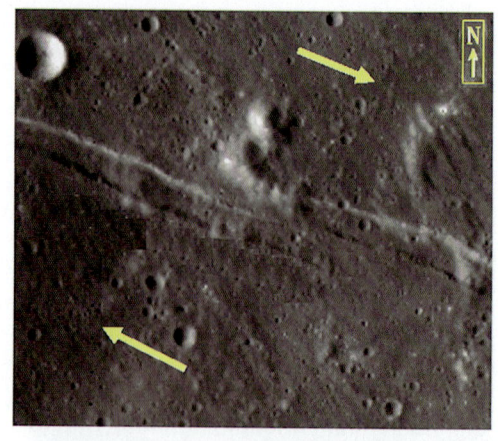

图 8.2.87　为图 8.2.86 方框局部放大示静海－汽海之间的地堑式冰裂"尖灭侧显"右旋分布特征

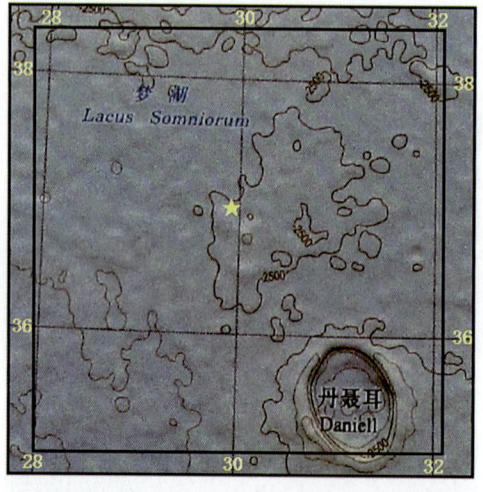

图 8.2.88　丹聂耳－梦湖之间冰裂（五角星）分布位置

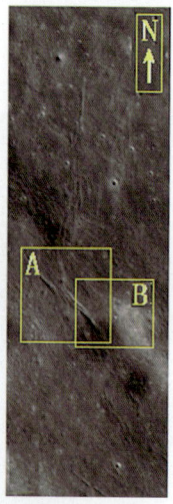

图 8.2.89　丹聂耳－梦湖（Lacus Somniorum）之间冰裂分布特征

第八章 月球"线形"构造地貌（遗迹）特征

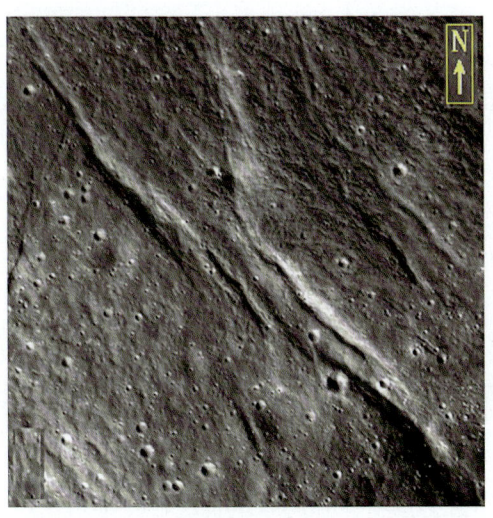

图 8.2.91 为图 8.2.89 方框 B 局部放大
示冰裂东侧凹坑中出露的浅色岩石碎屑、岩块分布特征

图 8.2.90 为图 8.2.89 方框 A 局部放大
示丹聂耳－梦湖之间冰裂分布特征

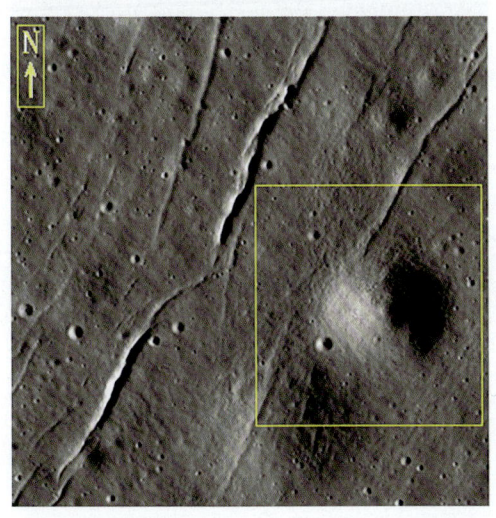

图 8.2.92 菲内留斯（Furnerius）月坑线形冰裂分布特征

图 8.2.93 为图 8.2.92 方框局部放大
示菲内留斯月坑附近分布的线形冰裂切割热融塌陷坑和组成塌陷坑的物质为浅色碎屑沉积

605

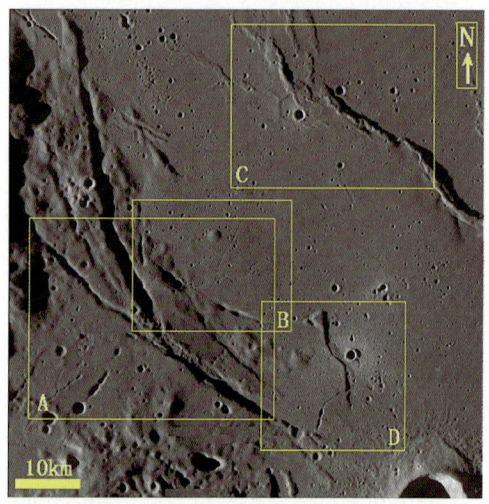

图 8.2.94 静海西边缘线形冰裂分布特征

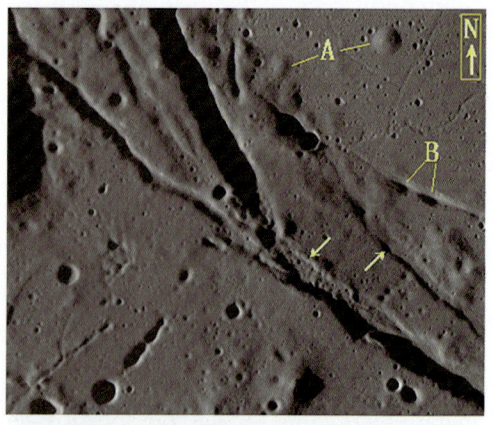

图 8.2.95 为图 8.2.94 方框 A 局部放大
示静海西边缘线形冰裂和地堑式冰裂（箭头所示）及少量液化沙丘（A）和热融塌陷坑（B）分布特征

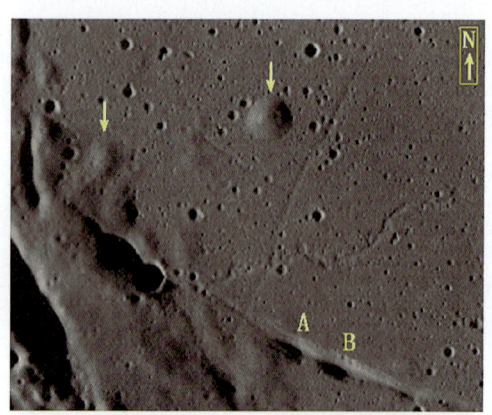

图 8.2.96 为图 8.2.94 方框 B 局部放大
示线形冰裂附近分布的液化沙丘（箭头所示）和沿冰裂分布的热融塌陷坑（A、B）分布特征

图 8.2.97 为图 8.2.94 方框 C 局部放大
示线形冰裂附近分布的液化沙垄（箭头所示）具右旋分布特征

第八章 月球"线形"构造地貌（遗迹）特征

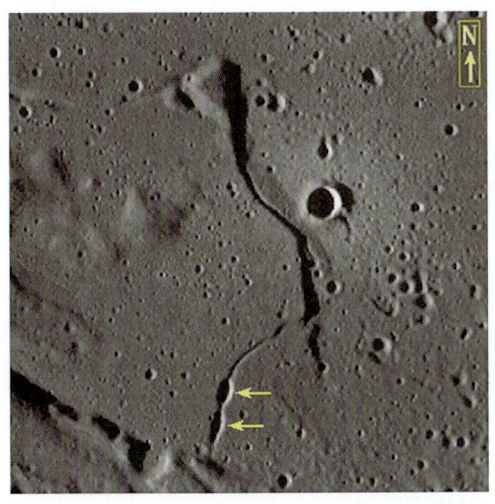

图 8.2.98　为图 8.2.94 方框 D 局部放大示北北东向线形冰裂分布的热融塌陷坑（箭头所示）分布特征

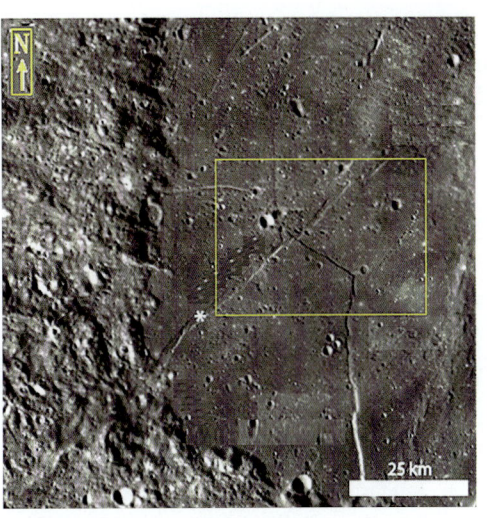

图 8.2.99　布尔格（Burg）月坑附近的北东、北西和近南北向线形冰裂分布特征

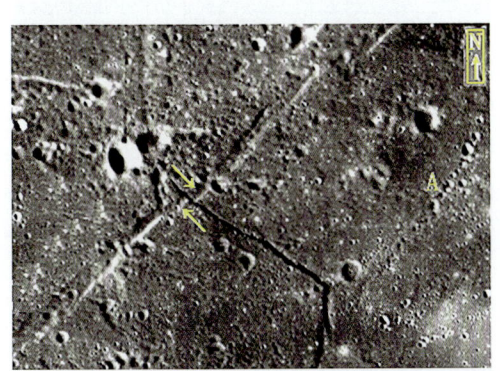

图 8.2.100　为图 8.2.99 方框局部放大示北东向线形冰裂为北西向线形冰裂右旋方向错断（箭头所示），A 为串珠状热融塌陷坑

图 8.2.101　澄海西北高加索山脉东麓树枝状线形冰裂（箭头所示）分布位置

607

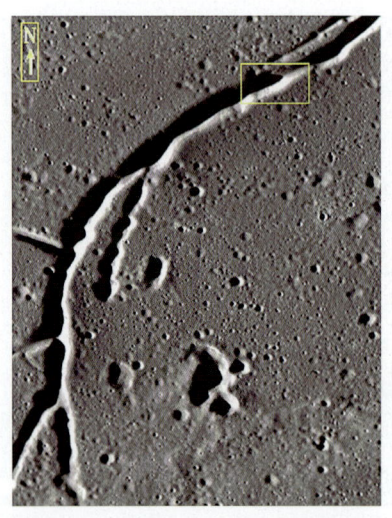

图 8.2.103　为图 8.2.102 方框局部放大
示树枝状线形冰裂组成岩石为浅色沉积碎屑

图 8.2.102　为图 8.2.101 方框局部放大
示树枝状线形冰裂分布特征

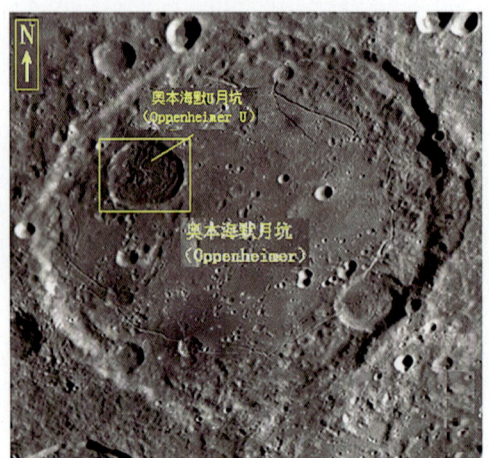

图 8.2.104　艾肯盆地奥本海默 U（Oppenheimer U）月坑分布位置

图 8.2.105　为图 8.2.104 方框局部放大
示奥本海默 U 月坑坑底冰裂呈辐射状和环状分布特征

第八章 月球"线形"构造地貌（遗迹）特征

图 8.2.106 阿波罗（Apollo）月坑中东南一侧小月坑坑底冰裂（方框）分布位置

图 8.2.107 为图 8.2.106 方框局部放大
示阿波罗月坑中小月坑坑底冰裂环绕坑底中心呈辐射状和环状分布特征

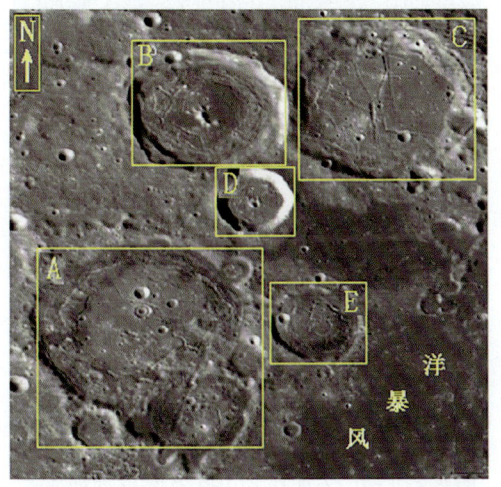

图 8.2.108 风暴洋西边缘地带月坑坑底线形冰裂群（A、B、C、D、E）分布特征

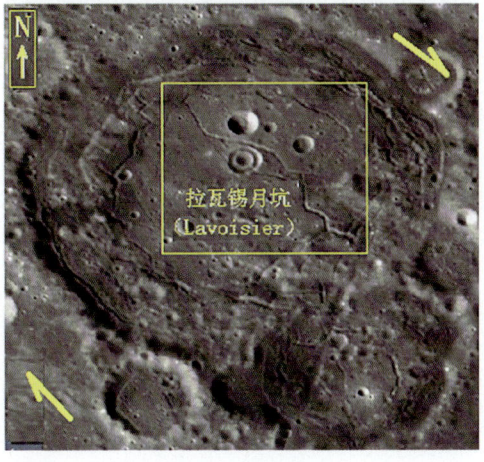

图 8.2.109 为图 8.2.108 方框 A 局部放大
示拉瓦锡月坑坑底线形冰裂分布特征，箭头示冰裂形成的区域右旋扭动力作用方向

609

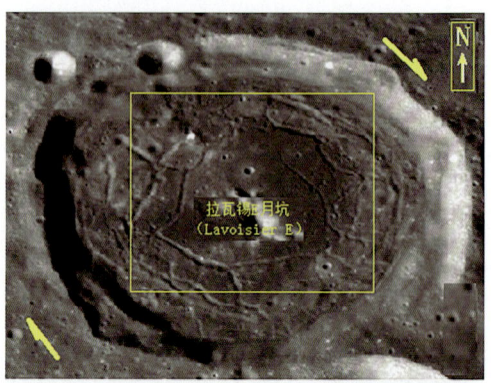

图 8.2.110　为图 8.2.109 方框局部放大
示拉瓦锡月坑坑底线形冰裂分布特征，箭头示冰裂形成的区域右旋扭动力作用方向

图 8.2.111　为图 8.2.108 方框 B 局部放大
示拉瓦锡 E 月坑坑底线形冰裂分布特征，箭头示冰裂形成的区域右旋扭动力作用方向

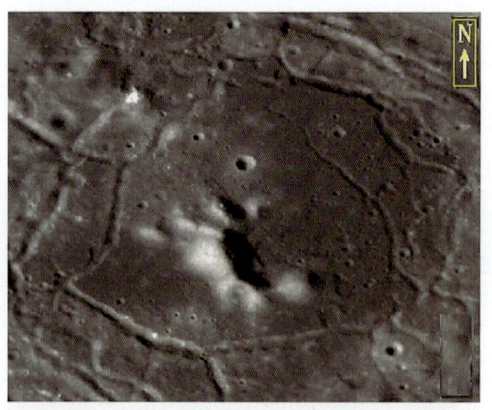

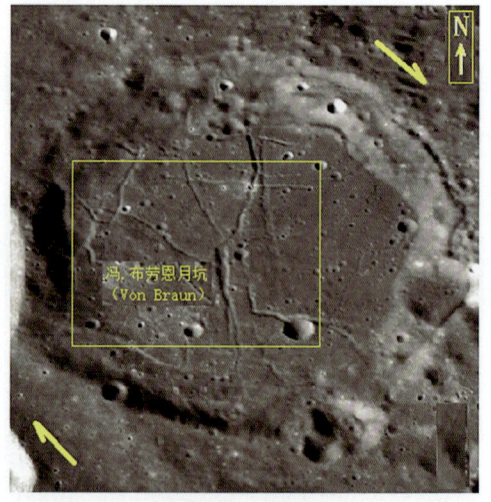

图 8.2.112　为图 8.2.111 方框局部放大
示拉瓦锡 E 月坑坑底线形冰裂分布特征

图 8.2.113　为图 8.2.108 方框 C 局部放大
示冯·布劳恩月坑坑底线形冰裂分布特征，箭头示冰裂形成的区域右旋扭动力作用方向

第八章 月球"线形"构造地貌（遗迹）特征

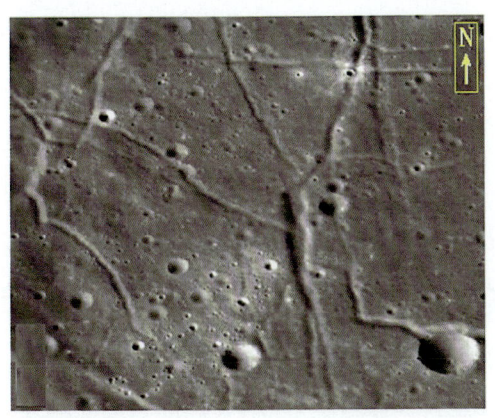

图 8.2.114　为图 8.2.113 方框局部放大
示冯·布劳恩月坑坑底线形冰裂分布特征

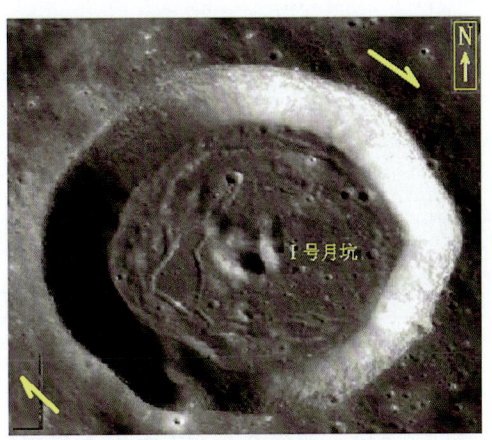

图 8.2.115　为图 8.2.108 方框 D 局部放大
示拉瓦锡月坑之东北 I 号月坑坑底线形冰裂分布特征，箭头示冰裂形成的区域右旋扭动力作用方向

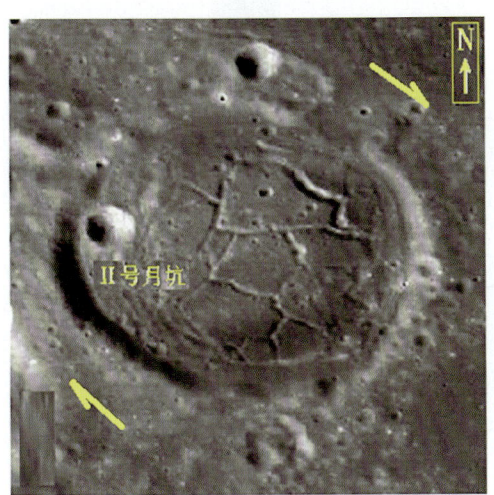

图 8.2.116　为图 8.2.108 方框 E 局部放大
示拉瓦锡月坑之东 II 号月坑坑底线形冰裂分布特征，箭头示冰裂形成的区域右旋扭动力作用方向

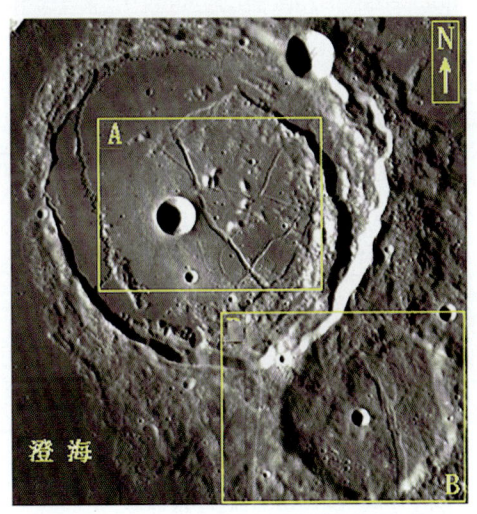

图 8.2.117　澄海东波西多尼乌斯（Posidonius）月坑（A）和沙科纳克月坑（B）一带线形冰裂分布特征

611

图 8.2.118　为图 8.2.117 方框 A 局部放大

示波西多尼乌斯月坑坑底线形冰裂分布特征

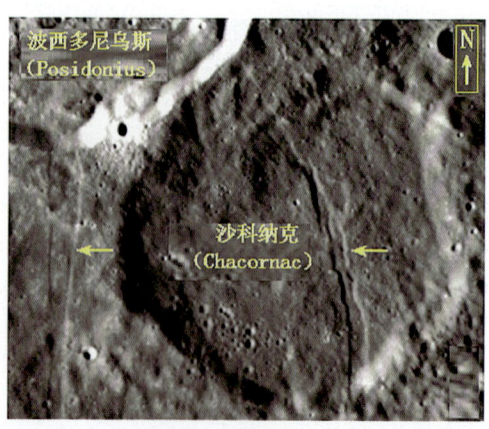

图 8.2.119　为图 8.2.117 方框 B 局部放大

示澄海东地堑式冰裂（箭头所示）明显切割沙科纳克月坑，又为波西多尼乌斯月坑所切割分布特征

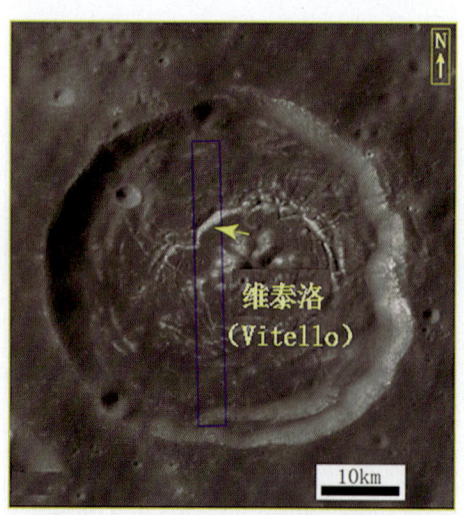

图 8.2.120　维泰洛（Vitello）月坑坑底线形冰裂（箭头所示）分布特征

图 8.2.121　为图 8.2.120 蓝色长方框局部放大

示维泰洛月坑坑底线形冰裂分布特征

第八章 月球"线形"构造地貌（遗迹）特征

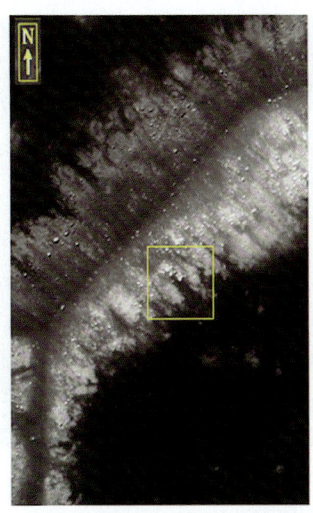

图 8.2.122　为图 8.2.121 方框局部放大
示维泰洛月坑坑底冰裂两侧陡崖梳状冻融"石油"泥流分布特征

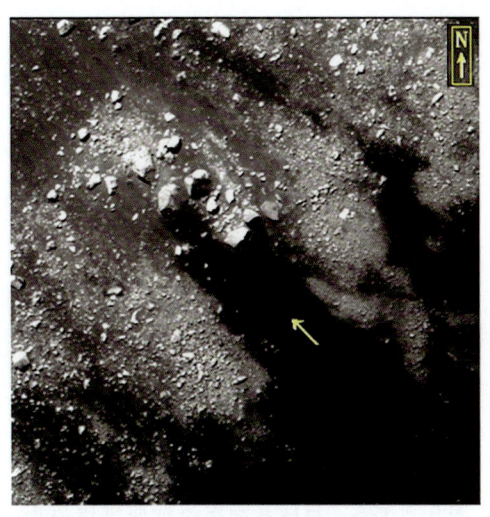

图 8.2.123　为图 8.2.122 方框局部放大
示冰裂两侧陡崖冻融"石油"泥流分布特征，箭头示"石油"泥流流动方向

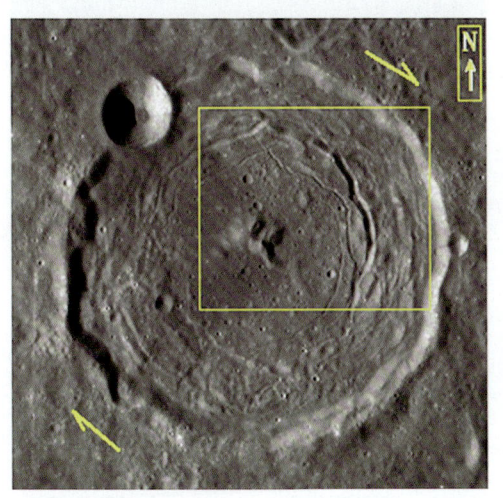

图 8.2.124　丰富海之北西塔伦修斯（Taruntius）月坑坑底线形冰裂分布特征
箭头示冰裂形成的区域扭动力作用方向

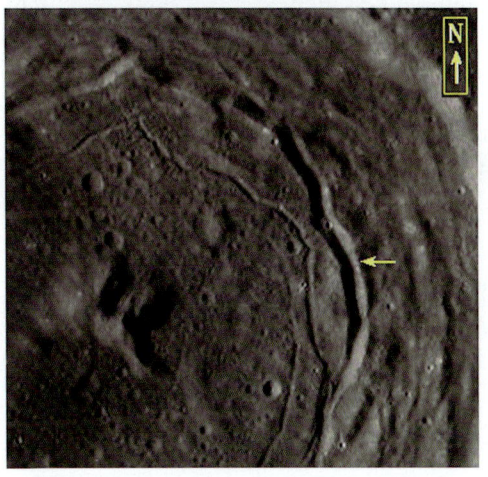

图 8.2.125　为图 8.2.124 方框局部放大
示丰富海之北西塔伦修斯月坑坑底东北线形冰裂形成张口裂隙（箭头所示）分布特征

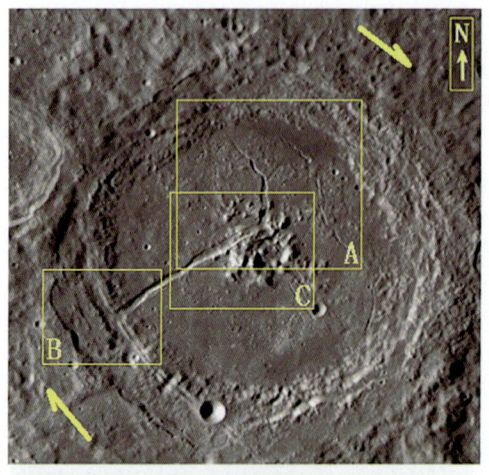

图 8.2.126 月球背面南半球佩塔维厄斯（Petavius）月坑坑底线形冰裂分布特征

箭头示冰裂形成的区域右旋扭动力作用方向

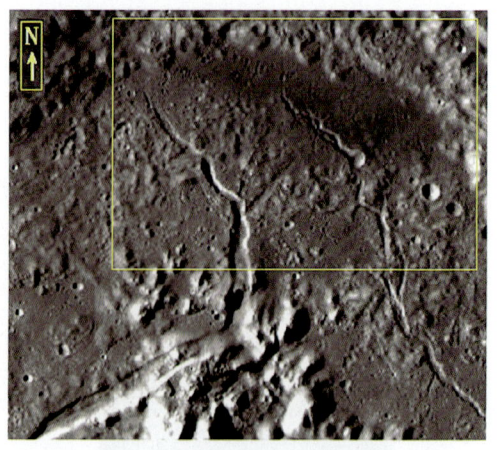

图 8.2.127 为图 8.2.126 方框 A 局部放大

示佩塔维厄斯月坑坑底线形冰裂分布特征

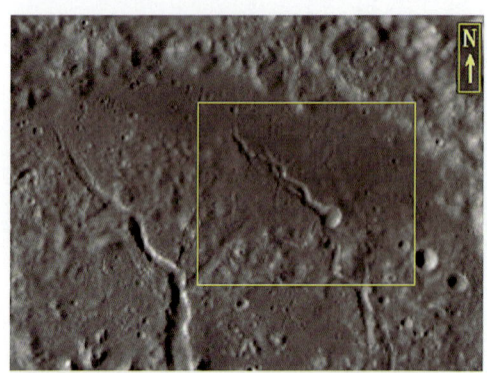

图 8.2.128 为图 8.2.127 方框局部放大

示佩塔维厄斯月坑坑底线形冰裂分布特征

图 8.2.129 为图 8.2.128 方框局部放大

示佩塔维厄斯月坑坑底线形冰裂在色调深度大的地区宽度变小并很快消失且崩塌岩块多（箭头所示）特征

第八章 月球"线形"构造地貌（遗迹）特征

图 8.2.130　为图 8.2.126 方框 B 局部放大
示佩塔维厄斯月坑坑底北东与北西向线形冰裂呈"T"形相交接分布特征

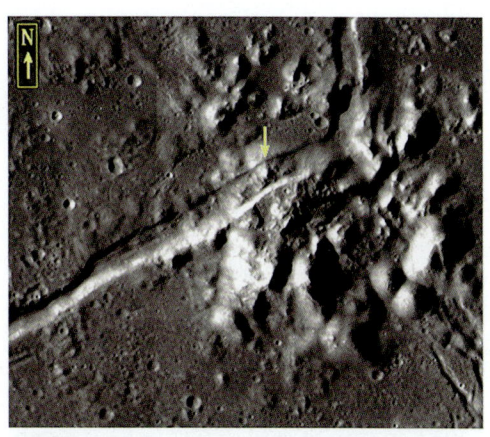

图 8.2.131　为图 8.2.126 方框 C 局部放大
示佩塔维厄斯月坑坑底"X"形地堑式冰裂明显切割中央峰岩体（箭头所示）分布特征

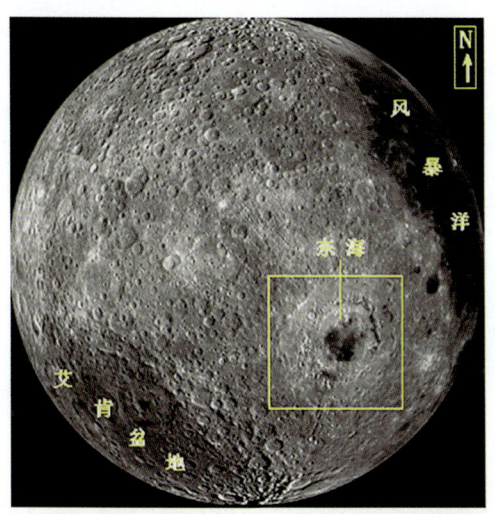

图 8.2.132　东海在月球上的位置（方框）

图 8.2.133　为图 8.2.132 方框局部放大
示东海多环构造地貌特征

615

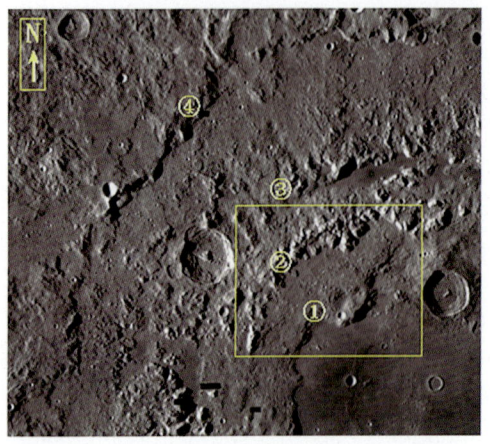

图 8.2.134　为图 8.2.133 方框 A 局部放大
示东海西北部形成的 4 个环状堆积带（①、②、③、④）地貌特征

图 8.2.135　为图 8.2.134 方框局部放大
示东海北西部①、②环状堆积带地貌特征

图 8.2.136　为图 8.2.135 方框局部放大
示东海西北部②环状堆积带前面的地堑式冰裂（箭头所示）地貌特征

图 8.2.137　为图 8.2.133 方框 B 局部放大
示东海东北部形成的 4 个环状堆积（①、②、③、④）地貌特征

第八章 月球"线形"构造地貌（遗迹）特征

图 8.2.138　为图 8.2.137 方框 A 局部放大
示东海东北部②、③环状堆积带冰裂（箭头所示）地貌特征

图 8.2.139　为图 8.2.137 方框 B 局部放大
示东海东北部②、③、④环状堆积带地貌特征

图 8.2.140　为图 8.2.139 方框 A 局部放大
示东海东北部②、③环状堆积带附近北东、北西两组冰裂地貌与基岩北东、北西两组裂隙（箭头所示）方向基本一致特征

图 8.2.141　为图 8.2.139 方框 B 局部放大
示东海东北部②、③环状堆积带附近冰裂地貌（箭头所示）与基岩裂隙③方向基本一致特征

617

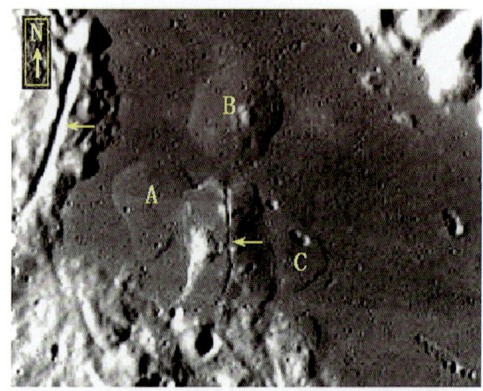

图 8.2.142　为图 8.2.141 方框局部放大

示东海东北部②、③环状堆积带附近冰裂地貌（箭头所示）与附近分布的热融残余沙丘 A、B、C 分布特征

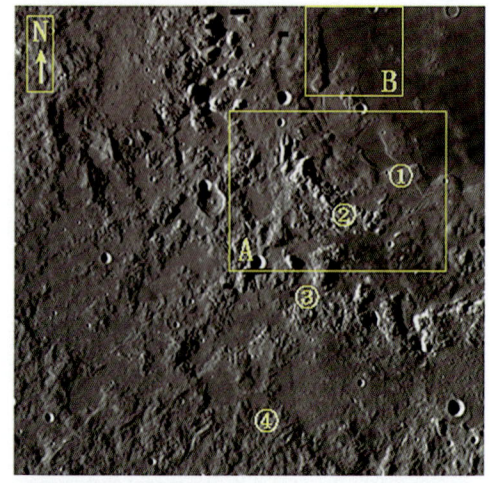

图 8.2.143　为图 8.2.133 方框 C 局部放大

示东海西南部形成的 4 个环状堆积带（①、②、③、④）地貌特征

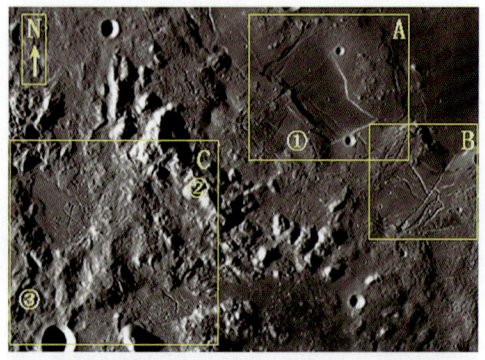

图 8.2.144　为图 8.2.143 方框 A 局部放大

示东海西南部形成的①、②、③环之间冰裂地貌分布特征

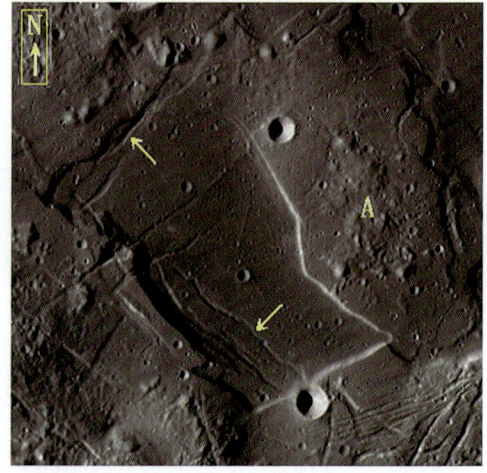

图 8.2.145　为图 8.2.144 方框 A 局部放大

示东海西部①环附近形成的北东、北西两组冰裂（箭头所示）地貌和热融残丘（A）分布特征

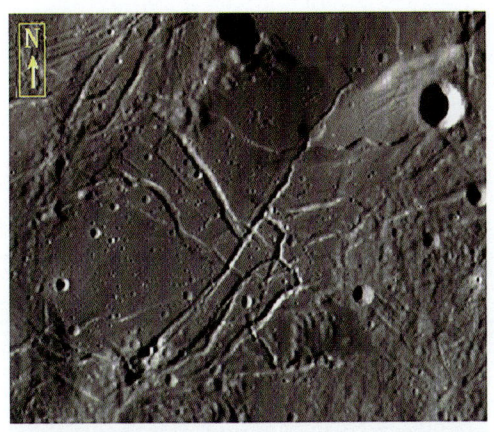

图 8.2.146 为图 8.2.144 方框 B 局部放大
示东海西南部①环附近形成的北东、北西两组冰裂地貌分布特征

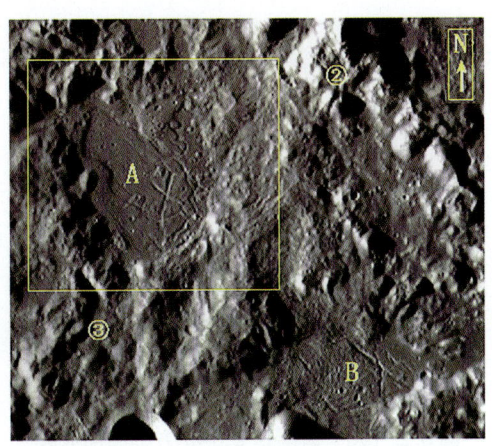

图 8.2.147 为图 8.2.144 方框 C 局部放大
示东海西南部②、③环之间形成的北东向小盆地中冰裂地貌分（A、B）布特征

图 8.2.148 为图 8.2.147 方框局部放大
示东海西南部②、③之间北东向 A 小盆地中形成的"X"形冰裂地貌（箭头所示）分布特征

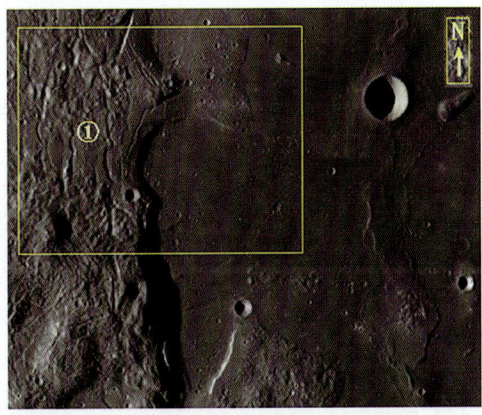

图 8.2.149 为图 8.2.143 方框 B 局部放大
示东海西部①环附近形成的冰裂地貌分布特征

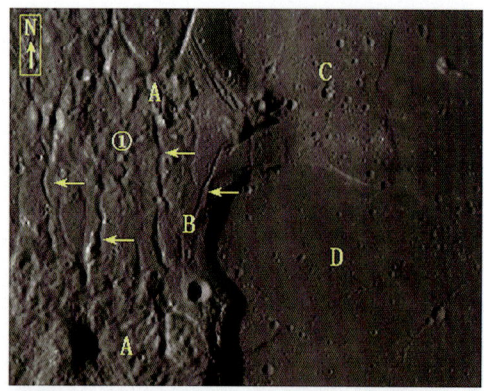

图 8.2.150　为图 8.2.149 方框局部放大
示东海西南部①环附近形成的冰裂地貌（箭头所示）分布特征，A、B、C、D 示沉积物受热融程度由轻到重变化

图 8.2.151　为图 8.2.133 方框 D 局部放大
示东海东南部 4 个环状堆积（①、②、③、④）形成的地貌特征

图 8.2.152　为图 8.2.151 方框 A 局部放大
示东海东南部①、②环状堆积之间冰裂地貌（箭头所示）小热融塌陷坑（C、D、E）分布特征

图 8.2.153　为图 8.2.152 方框 A 局部放大
示东海东南部①、②环状堆积之间冰裂地貌（箭头所示）和小热融断陷坑（C、D）分布特征

第八章 月球"线形"构造地貌（遗迹）特征

图 8.2.154　为图 8.2.152 方框 B 局部放大
示东海东南部①、②环状堆积之间冰裂地貌（箭头所示）和小热融断陷坑（D、E）分布特征

图 8.2.155　为图 8.2.151 方框 B 局部放大
示东海东南部①环状堆积冰裂地貌分布特征

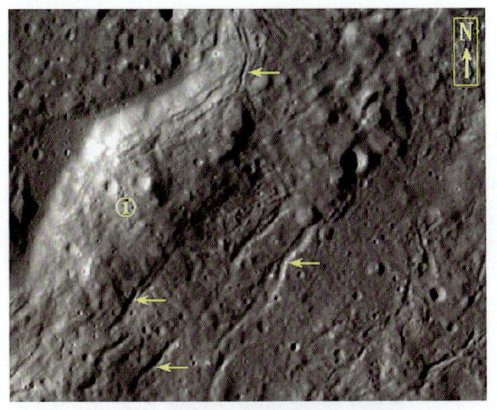

图 8.2.156　为图 8.2.155 方框局部放大
示东海东南部①环状堆积冰裂地貌（箭头所示）分布特征

图 8.2.157　为图 8.2.133 方框 E 局部放大
示东海中部①环附近冰裂分布特征

621

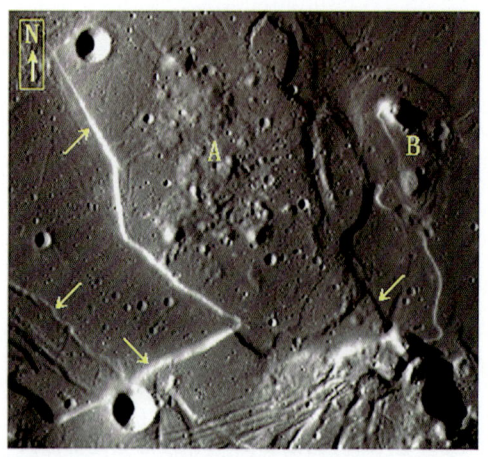

图 8.2.158　为图 8.2.157 方框 A 局部放大

示东海中部①环附近冰裂（箭头所示）和热融残丘（A、B）分布特征

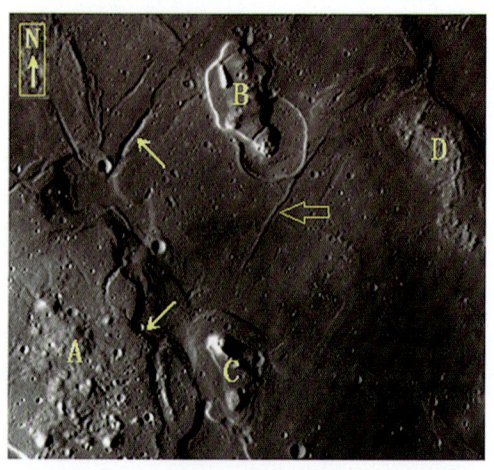

图 8.2.159　为图 8.2.157 方框 B 局部放大

示东海中部①环附近冰裂（箭头所示）、热融残丘（A、B、C、D）和热融沙脊（宽箭头所示）分布特征

图 8.2.160　为图 8.2.157 方框 C 局部放大

示东海中部热融沙垄（A）和热融残丘（B、C）（D、E 为"陆地月坑"）分布特征

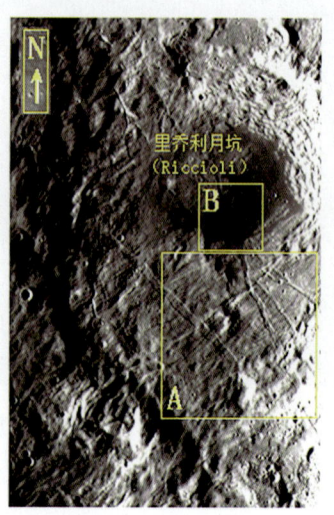

图 8.2.161　里乔利（Riccioli）月坑坑底地堑式冰裂分布特征

第八章 月球"线形"构造地貌（遗迹）特征

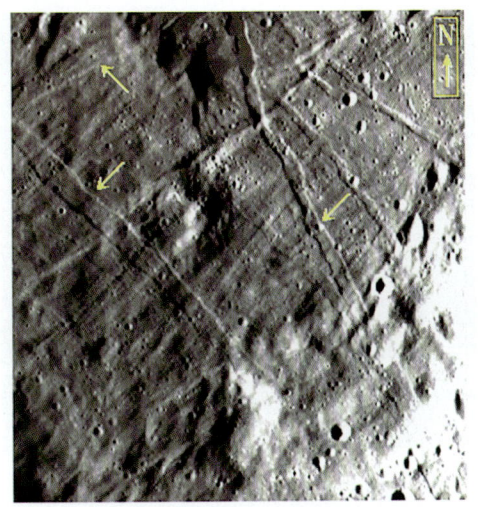

图 8.2.162　为图 8.2.161 方框 A 局部放大
示里乔利月坑坑底地堑式冰裂（箭头所示）分布特征

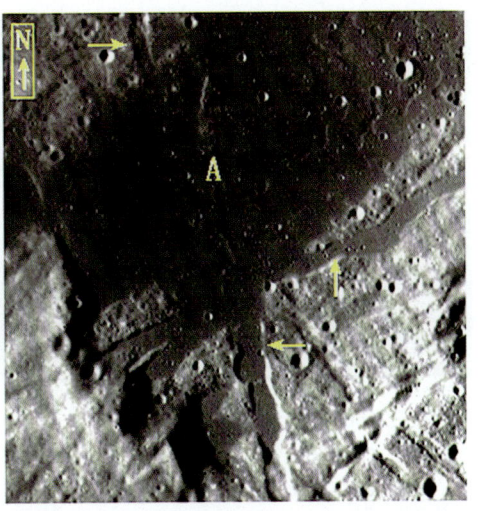

图 8.2.163　为图 8.2.161 方框 B 局部放大
示里乔利月坑坑底地堑式冰裂（箭头所示）在深色沉积物区（A）自行消失特征

图 8.2.164　酒海（Mare Nectaris）博嫩贝格尔（Bohnenberger）月坑冰裂分布特征

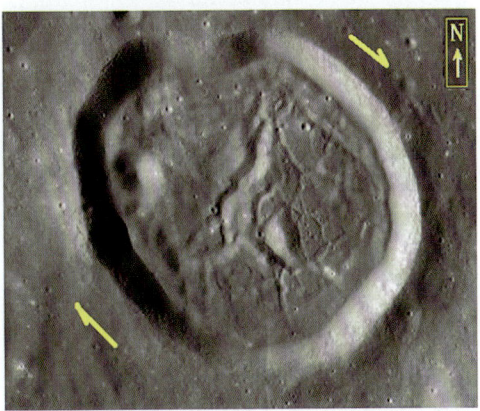

图 8.2.165　为图 8.2.164 方框局部放大
示酒海博嫩贝格尔"浅水月坑"冰裂分布特征，箭头示冰裂形成的区域扭动力作用方向

623

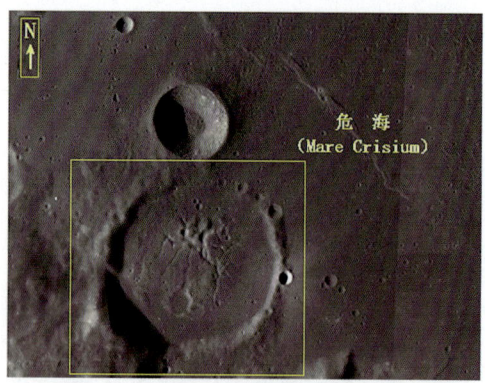

图 8.2.166 危海（Mare Crisium）利克（Lick）月坑冰裂分布特征

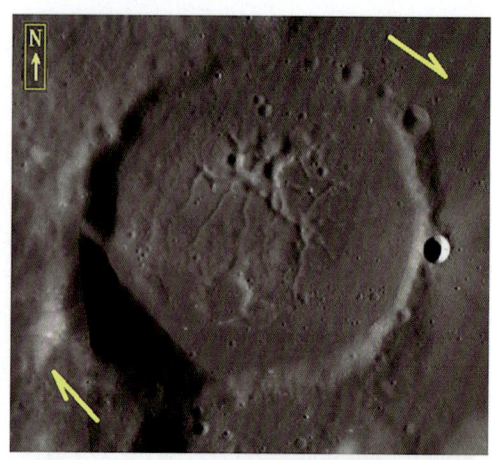

图 8.2.167 为图 8.2.166 方框局部放大

示利克"浅水月坑"中部冰裂分布特征，箭头示冰裂形成的区域扭动力作用方向

图 8.2.168 危海之西边缘普罗克洛斯 U（Proclus U）之东冰裂分布特征

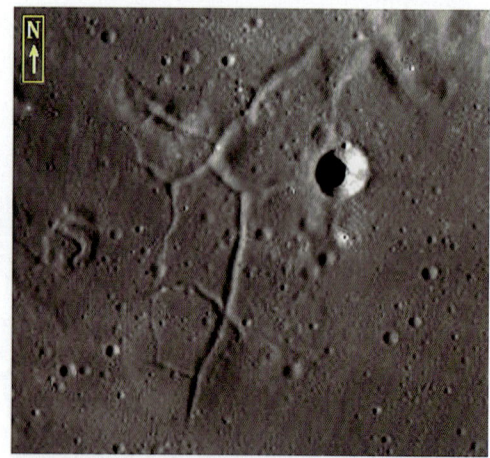

图 8.2.169 为图 8.2.168 方框局部放大

示危海之西边缘普罗克洛斯 U 之东约 50 km

第八章 月球"线形"构造地貌（遗迹）特征

图 8.2.170 杰克逊（Jackson）月坑冰裂分布特征
箭头示冰裂形成的区域扭动力作用方向

图 8.2.171 为图 8.2.170 方框局部放大
示杰克逊月坑冰裂分布特征

图 8.2.172 澄海梦湖（Lacus Somniorum）之西冰裂分布特征

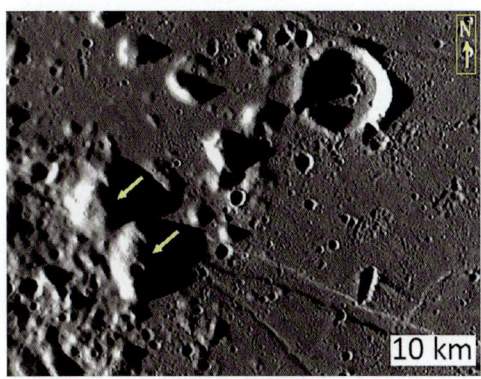

图 8.2.173 为图 8.2.172 方框局部放大
示梦湖之西"液化沙丘"（箭头所示）切割地堑式冰裂分布特征

625

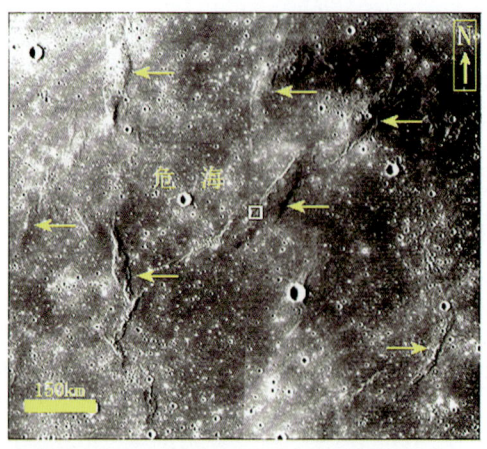

图 8.2.174 危海液化沙垄线形构造之一（箭头所示）呈北东、北西和南北方向分布特征

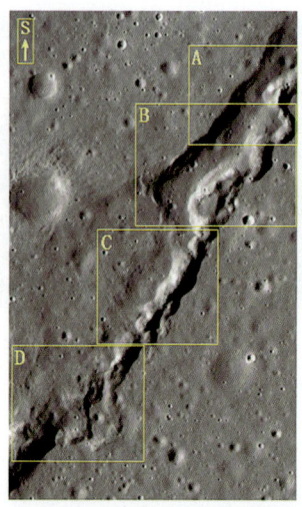

图 8.2.175 为图 8.2.174 方框局部放大
示危海"液化沙垄"沿北东向线形构造裂隙侵入和充填分布特征

图 8.2.176 为图 8.2.175 方框 A 局部放大
示危海"S"形"液化沙垄"沿北东向线形构造裂隙侵入和充填分布特征

图 8.2.177 为图 8.2.175 方框 B 局部放大
示危海"液化沙垄"沿北东向线形构造裂隙侵入和充填分布特征

第八章 月球"线形"构造地貌（遗迹）特征

图 8.2.178　为图 8.2.177 方框局部放大
示危海"液化沙垄"由略具磨圆和分选的浅色岩屑和岩块组成分布特征

图 8.2.179　为图 8.2.175 方框 C 局部放大
示危海"液化沙垄"沿北东向线形构造裂隙侵入和充填分布特征

图 8.2.180　为图 8.2.175 方框 D 局部放大
示危海"液化沙垄"热融产生新的泥石流 A 和泥石流 B 分布特征，箭头示泥石流流动方向

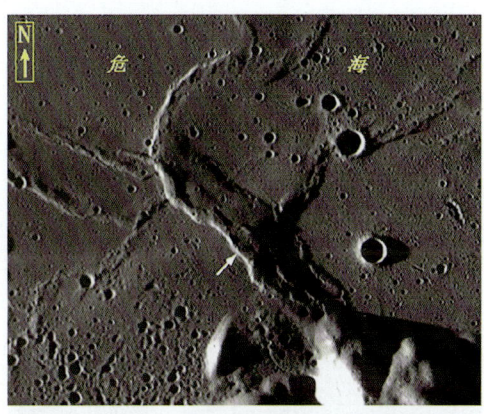

图 8.2.181　危海南滨海区"液化沙垄"线形构造之二呈北东、北西向和相互切割分布特征

627

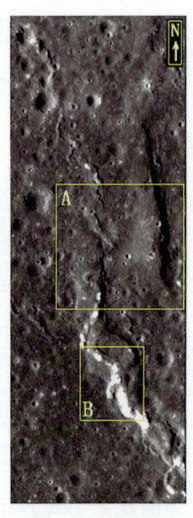

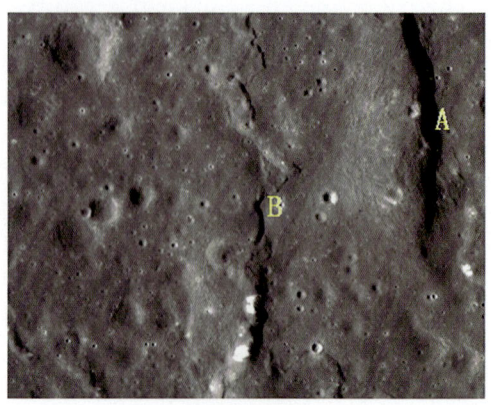

图 8.2.183 为图 8.2.182 方框 A 局部放大
示风暴洋脊状液化沙垄之一由正断层状（A）、"歹"字形条状（B）等分布特征

图 8.2.182 风暴洋东南呈北北西走向的"液化沙垄"线形构造之一分布特征

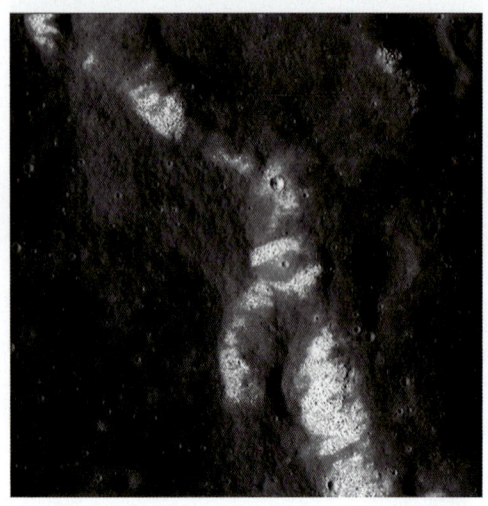

图 8.2.184 为图 8.2.182 方框 B 局部放大
示风暴洋呈北西向"液化沙垄"线形构造之一由略具磨圆和分选的浅色岩屑和岩块组成，似"斑马线"分布于向阳面特征

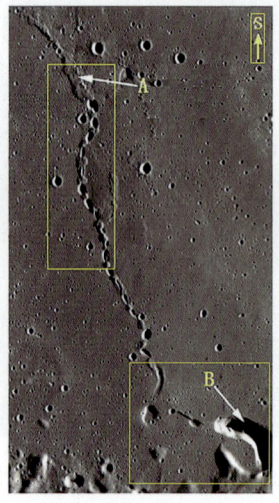

图 8.2.185 风暴洋之东"液化沙垄"线形构造之二与热融塌陷坑呈链条状分布特征
A 为早期"液化沙垄"，B 为晚期热融塌陷坑

第八章 月球"线形"构造地貌(遗迹)特征

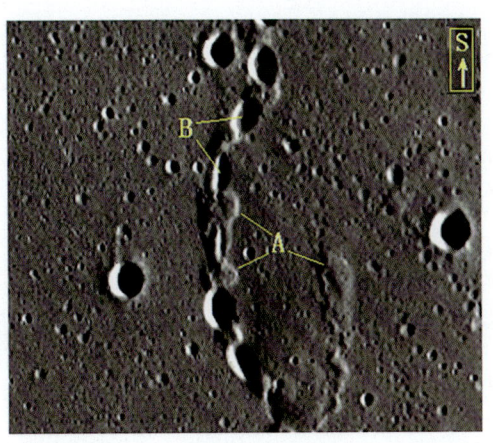

图8.2.186 为图8.2.185方框A局部放大
示风暴洋之东"液化沙垄"线形构造之二南段与热融塌陷坑呈链条状分布特征

图8.2.187 风暴洋液化沙垄之二"液化沙垄"(A)与"热融塌陷坑"(B)呈链条状分布特征

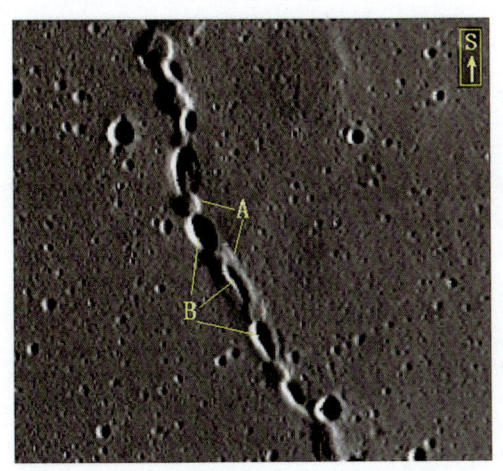

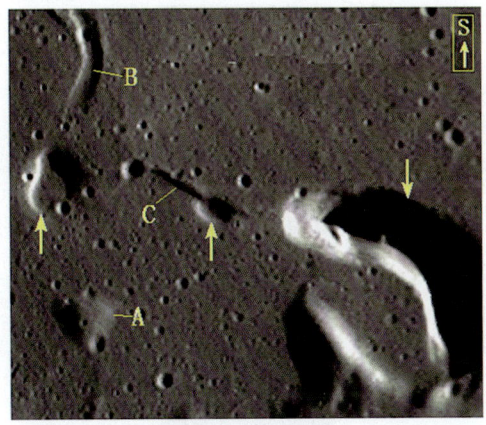

图8.2.188 风暴洋液化沙垄之二"液化沙垄"(A)与"热融塌陷坑"(B)呈链条状分布特征

图8.2.189 为图8.2.185方框B局部放大
示风暴洋"液化沙垄"线形构造之二"链条"北段的"正断层式"液化沙垄(C)、热融塌陷坑(箭头所示)和"地堑"式冰裂(B)分布特征,A为液化沙丘

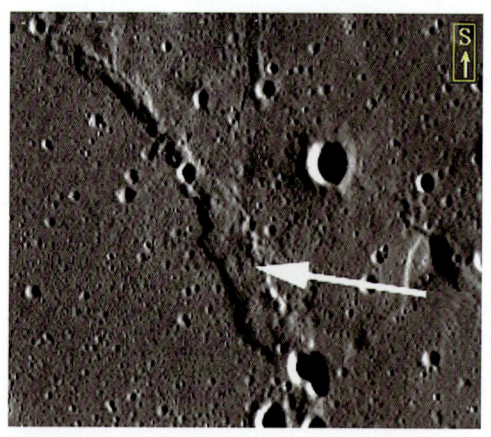

图 8.2.190 风暴洋"液化沙垄"线形构造之二南段"液化沙垄"北宽南窄分布特征（箭头所示）

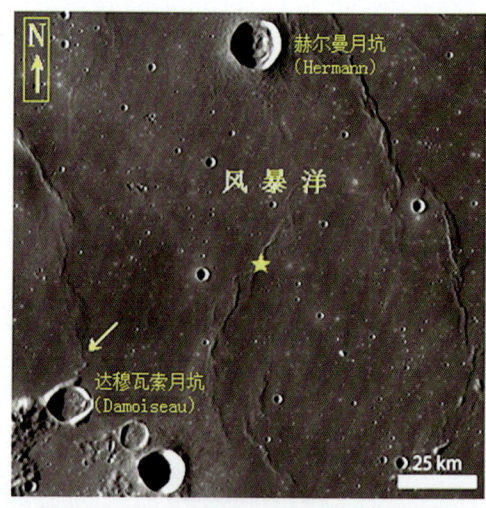

图 8.2.191 风暴洋南西赫尔曼（Hermann）月坑和达穆瓦索（Damoiseau）月坑之间"液化沙垄"线形构造之三呈北东、北西和近南北向分布特征

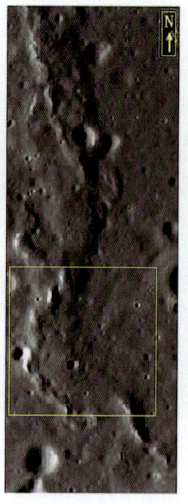

图 8.2.192 为图 8.2.191 箭头所示处局部放大
示风暴洋"液化沙垄"线形构造之四总体呈北北西方向延伸分布特征

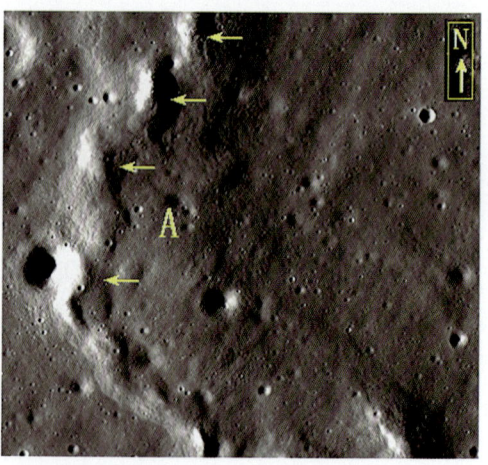

图 8.2.193 为图 8.2.192 方框局部放大
示风暴洋"液化沙垄"之四，早期形成的平缓的液化沙垄（A），浅的热融塌陷坑多，晚期形成的液化沙垄（箭头所示）明显呈左旋"雁行式"分布，皱纹少，常见较多浅色岩屑和岩块分布

第八章 月球"线形"构造地貌（遗迹）特征

图 8.2.194 风暴洋"液化沙垄"线形构造之五分布特征

图 8.2.195 冷海东液化沙垄之一，早期"液化沙垄"（A），线形构造分布宽而平缓、皱纹较多，晚期（B）呈麻花状或右旋雁行状分布

图 8.2.196 冷海东液化沙垄之一早期"液化沙垄"（A）分布宽而平缓、皱纹较多，晚期（B）呈麻花状，方向变化无常分布特征

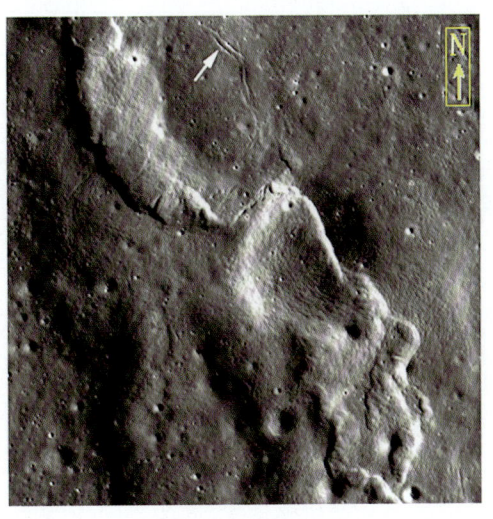

图 8.2.197 冷海东"液化沙垄"线形构造之一通过热融塌陷坑时分布特征

631

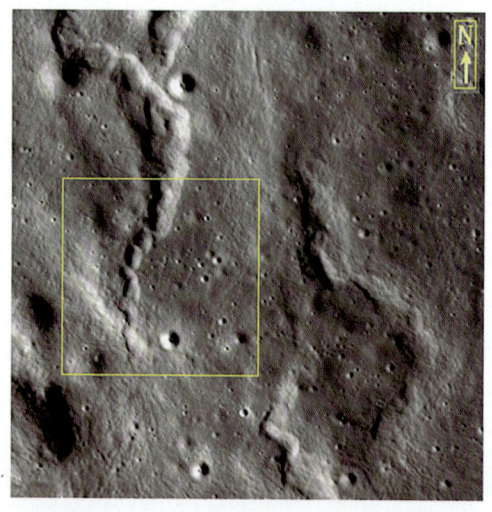

图 8.2.198 冷海东液化沙垄之一,晚期"液化沙垄"延伸方向极不稳定左旋雁行状分布特征

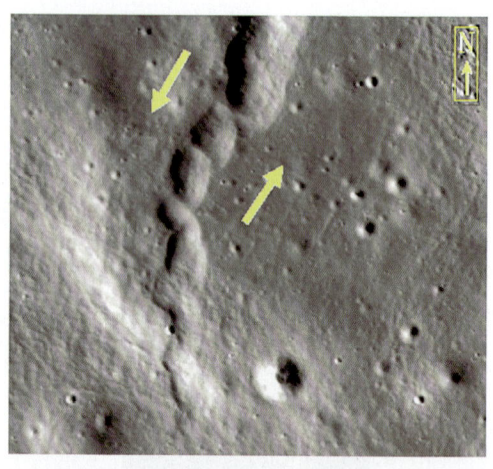

图 8.2.199 为图 8.2.198 方框局部放大
示冷海东液化沙垄之一,晚期"液化沙垄"呈麻花状或左旋雁行状分布特征,箭头示"液化沙垄"应力扭动方向

图 8.2.200 冷海东"液化沙垄"之一左旋雁行状液化沙垄分布特征

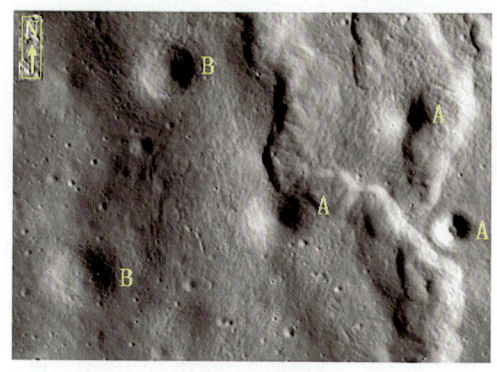

图 8.2.201 为图 8.2.200 方框局部放大
示冷海东"液化沙垄"之一分布区发育众多漏斗状(A)和锅底状(B)塌陷坑特征

第八章 月球"线形"构造地貌（遗迹）特征

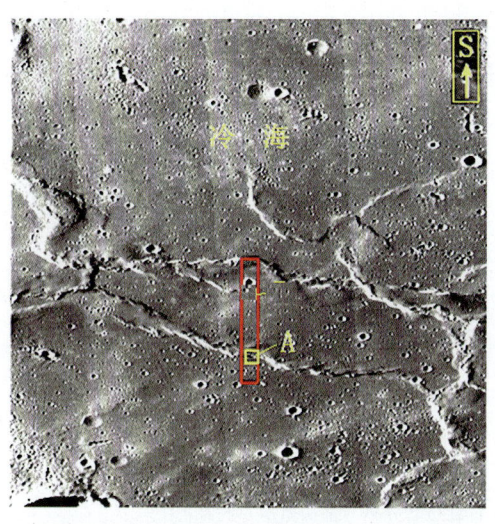

图 8.2.202 冷海东"液化沙垄"之二以近东西向分布为主，其次是近南北、北西和北东向分布特征

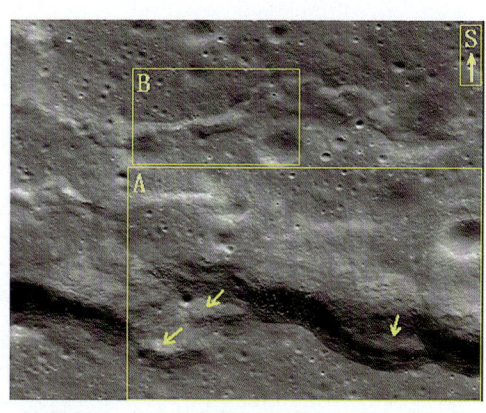

图 8.2.203 为图 8.2.202 方框 A 局部放大
示冷海东"液化沙垄"之二及边缘分布的滑塌体，箭头所示

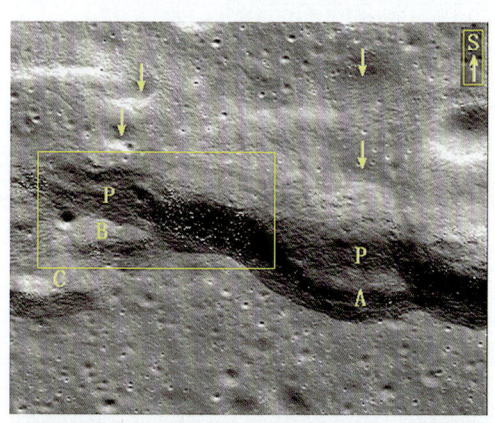

图 8.2.204 为图 8.2.203 方框 A 局部放大
示冷海东"液化沙垄"之二边缘分布的滑塌体（A、B、C）、滑塌壁（P）和热融塌陷坑，箭头所示

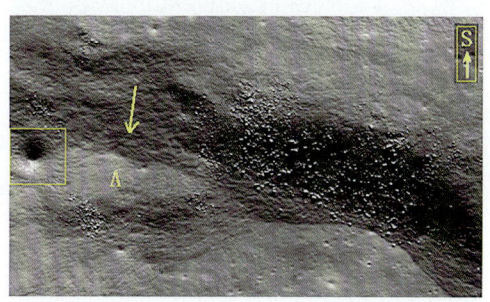

图 8.2.205 为图 8.2.204 方框局部放大
示冷海东"液化沙垄"之二边缘分布的滑塌体（A）、滑塌壁（箭头所示）和略具磨圆与分选特征的浅色岩屑和岩块

633

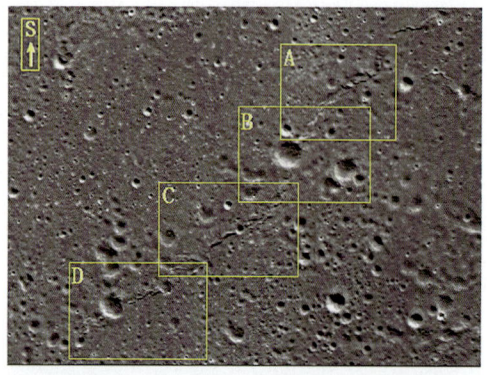

图8.2.206 冷海北"液化沙垄"之三呈右旋扭动周边分布大量热融塌陷坑分布特征

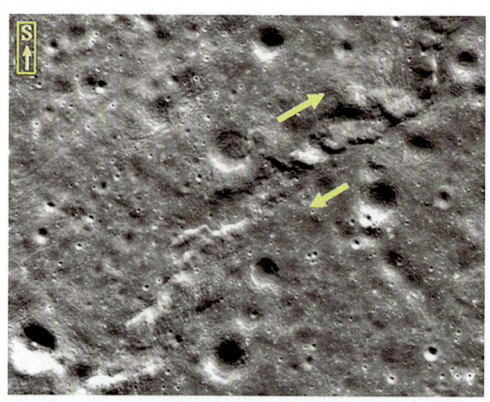

图8.2.207 为图8.2.206方框A局部放大示冷海北"液化沙垄"和沙丘之三沿热融塌陷槽呈右旋扭动分布（箭头所示）特征

图8.2.208 为图8.2.206方框B局部放大示冷海北"液化沙垄"之三明显切割热融塌陷坑分布特征

图8.2.209 为图8.2.206方框C局部放大示冷海北"液化沙垄"之三早期"液化沙垄"（A）明显被晚期"液化沙垄"（箭头所示）切割分布特征

图8.2.210 为图8.2.206方框D局部放大示冷海北"液化沙垄"之三明显切割和热融塌陷坑分布特征

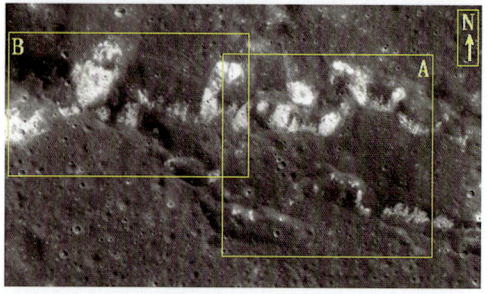

图8.2.211 澄海西"液化沙垄"呈近东西方向极度弯曲沙垄脊上大量白色裸露岩屑和岩块大小相差不大，略具磨圆和分选分布特征

第八章 月球"线形"构造地貌（遗迹）特征

图 8.2.213　为图 8.2.211 方框 B 局部放大
示澄海西"液化沙垄"脊上大量白色裸露岩屑和岩块，大小相差不大，略具磨圆和分选分布特征

图 8.2.212　为图 8.2.211 方框 A 局部放大
示澄海西"液化沙垄"脊上大量白色裸露岩屑和岩块，大小相差不大，略具磨圆和分选分布特征

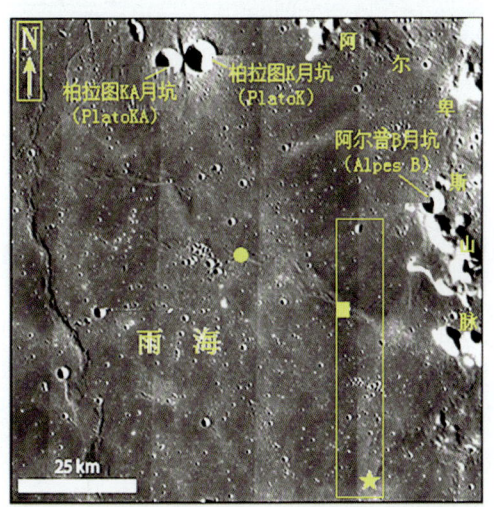

图 8.2.215　为图 8.2.214 圆点处附近局部放大
示雨海东北"液化沙垄"之一呈西北和少量近东西向周边有大量热融塌陷坑分布特征

图 8.2.214　雨海东北"液化沙垄"之一（圆点）、之二（方块）、之三（五星）和之四（左下）分布特征

635

图 8.2.216　为图 8.2.215 方框 A 局部放大

示雨海东北"液化沙垄"之一呈近东西向弯曲状分布特征

图 8.2.217　为图 8.2.216 方框局部放大

示雨海东"液化沙垄"之一上的漏斗状热融塌陷坑分布特征

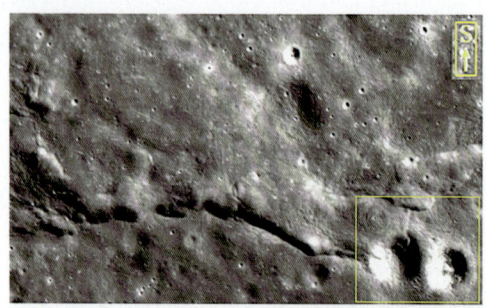

图 8.2.218　为图 8.2.215 方框 B 局部放大

示雨海北东"液化沙垄"之一近东西向分布特征

图 8.2.219　为图 8.2.218 方框局部放大

示雨海东北"液化沙垄"之一明显切割热融塌陷坑，组成塌陷坑的物质全为浅色的大小相差不大和略具分选和磨圆的岩屑、岩块

图 8.2.220　为图 8.2.215 方框 C 局部放大

示雨海东北"液化沙垄"之一西北向为北北西向左旋所切割分布特征

图 8.2.221　为图 8.2.220 方框局部放大

示雨海东北"液化沙垄"之一西北向为北北西向左旋所切割分布特征

第八章 月球"线形"构造地貌（遗迹）特征

图 8.2.222　为图 8.2.215 方框 D 局部放大
示雨海东北"液化沙垄"线形构造之一局部地段未见有"液化沙垄"侵入和充填，有塌陷槽出现

图 8.2.223　为图 8.2.215 方框 E 局部放大
示雨海东北"液化沙垄"之一局部地段分布于热融塌陷槽之中

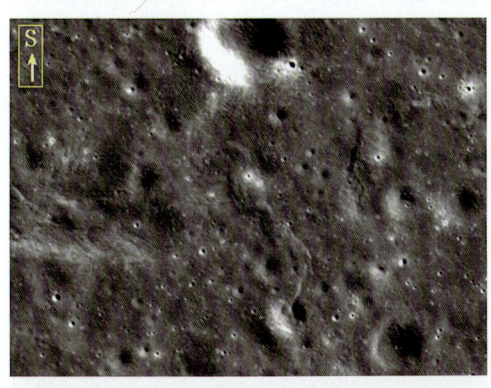

图 8.2.224　为图 8.2.215 方框 F 局部放大
示雨海东北"液化沙垄"之一局部地段分布于热融塌陷槽之中，周边有大量热融塌陷坑分布

图 8.2.225　为图 8.2.215 方框 G 局部放大
示雨海东北"液化沙垄"之一局部地段走向呈"折线"分布，走向变化极大

图 8.2.226　为图 8.2.225 方框局部放大
示雨海东北"液化沙垄"之一横切早期形成的热融塌陷坑分布特征

图 8.2.227　雨海东北"液化沙垄"之一呈北东向雁行状和豆荚状分布特征

637

图 8.2.228　为图 8.2.227 方框局部放大
示雨海东北"液化沙垄"之一明显切割充填热融塌陷坑分布特征

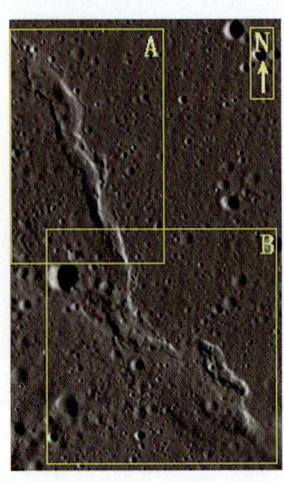

图 8.2.229　为图 8.2.214 方块处附近局部放大
示雨海东北"液化沙垄"之二呈北北西或近南北向分布，晚期宽度窄，明显切割早期宽度宽的"液化沙垄"特征

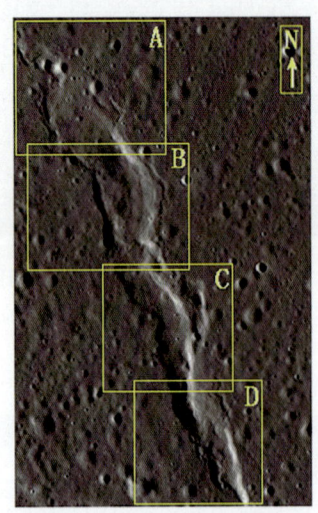

图 8.2.230　为图 8.2.229 方框 A 局部放大
示雨海东北"液化沙垄"之二呈北北西或近南北向分布，晚期宽度窄，明显切割早期宽度宽的"液化沙垄"特征

图 8.2.231　为图 8.2.230 方框 A 局部放大
示雨海东北"液化沙垄"之二早期"液化沙垄"（A）呈北西向宽度大与晚期"液化沙垄"（B）宽度窄并弯曲凸起明显在南北方向上延伸分布特征

第八章 月球"线形"构造地貌（遗迹）特征

图 8.2.232　为图 8.2.231 方框局部放大
示雨海东北"液化沙垄"之二上的热融塌陷坑组成物质以浅色略具分选和磨圆的岩屑和岩块为主

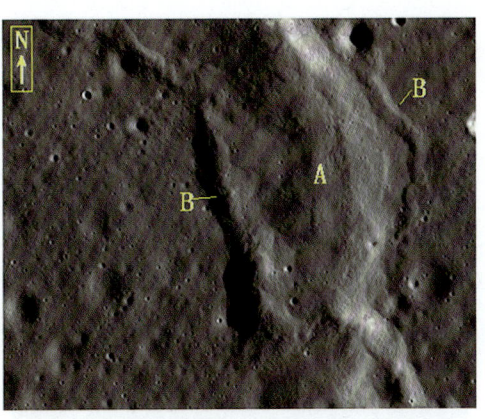

图 8.2.233　为图 8.2.230 方框 B 局部放大
示雨海北东"液化沙垄"之二，早期"液化沙垄"（A）宽、凸起低，与晚期"液化沙垄"（B）凸起明显分布特征

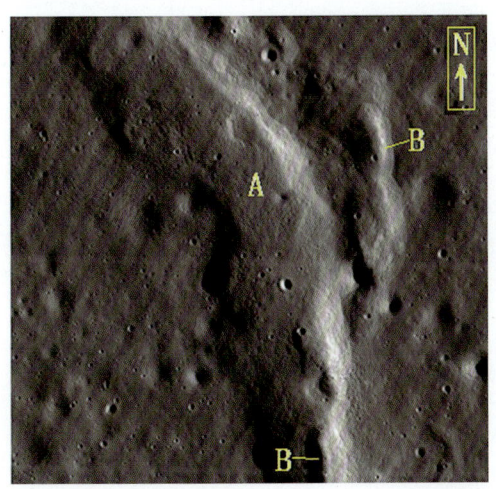

图 8.2.234　为图 8.2.230 方框 C 局部放大
示雨海东北"液化沙垄"之二，早期"液化沙垄"（A）宽、凸起低，与晚期"液化沙垄"（B）凸起明显分布特征

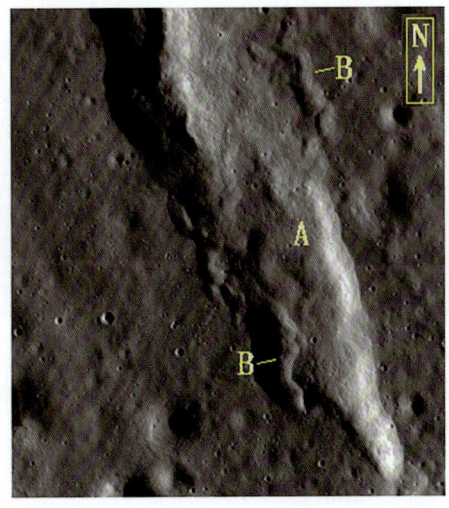

图 8.2.235　为图 8.2.230 方框 D 局部放大
示雨海东北"液化沙垄"之二，早期"液化沙垄"（A）宽、凸起低，与晚期"液化沙垄"（B）凸起明显分布特征

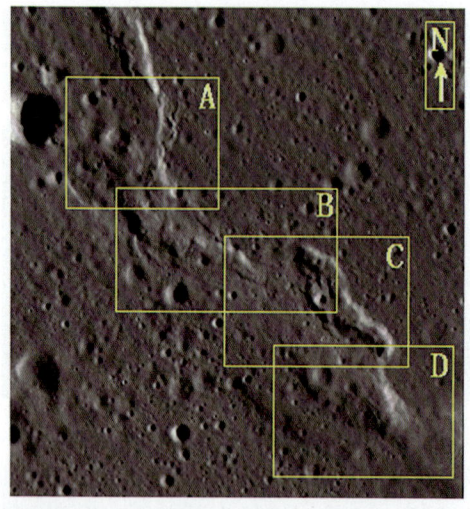

图 8.2.236　为图 8.2.229 方框 B 局部放大
示雨海东北"液化沙垄"之二呈北西向分布特征

图 8.2.237　为图 8.2.236 方框 A 局部放大
示雨海东北"液化沙垄"之二，早期"液化沙垄"（A）宽、凸起低，与晚期"液化沙垄"（B）凸起明显分布特征

图 8.2.238　为图 8.2.236 方框 B 局部放大
示雨海东北"液化沙垄"之二呈西北左旋错断分布特征

图 8.2.239　为图 8.2.236 方框 C 局部放大
示雨海东北"液化沙垄"之二呈西北左旋错断分布特征

第八章 月球"线形"构造地貌（遗迹）特征

图 8.2.240　为图 8.2.236 方框 D 局部放大
示雨海东北"液化沙垄"之二面上分布少量热融塌陷坑特征

图 8.2.241　为图 8.2.214 方框局部放大
示雨海东北"液化沙垄"之三（五星处及附近）分布特征

图 8.2.242　为图 8.2.241 五星处局部放大
示雨海东北"液化沙垄"之三，早期"液化沙垄"宽、凸起低，与晚期"液化沙垄"凸起明显分布特征

图 8.2.243　为图 8.2.241 五星处局部放大
示雨海东北"液化沙垄"之三，呈近南北向早期"液化沙垄"宽、凸起低，与晚期"液化沙垄"弯曲状凸起明显分布特征

641

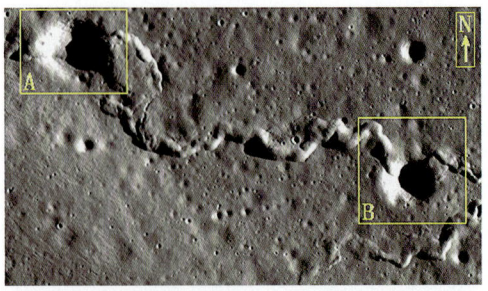

图 8.2.245　为图 8.2.241 五星处局部放大

示雨海北东"液化沙垄"之三呈近东西向折线状弯曲分布特征

图 8.2.244　为图 8.2.243 方框局部放大

示雨海东北"液化沙垄"之三通过热融塌陷坑时变宽变薄并向坑中心一侧流动，组成沙垄物质以浅色略具磨圆和分选岩屑和岩块为主

图 8.2.246　为图 8.2.245 方框 A 局部放大

示雨海东北"液化沙垄"之三明显切割"充填"热融塌陷坑，组成沙垄物质以浅色略具磨圆和分选岩屑、岩块为主

图 8.2.247　为图 8.2.245 方框 B 局部放大

示雨海东北"液化沙垄"之三通过热融塌陷坑时呈充填状，组成沙垄物质以浅色略具磨圆和分选岩屑、岩块为主

第八章 月球"线形"构造地貌（遗迹）特征

图 8.2.248　为图 8.2.241 五星处局部放大
示雨海东北"液化沙垄"之三呈西北向多期相互切割分布特征

图 8.2.249　为图 8.2.248 方框 A 局部放大
示雨海东北"液化沙垄"之三明显切割"充填"热融塌陷坑分布特征

图 8.2.250　为图 8.2.248 方框 B 局部放大
示雨海东北"液化沙垄"之三呈西北向多期相互切割，早期宽、凸起低，与晚期弯曲状凸起明显分布特征

图 8.2.251　为图 8.2.250 方框 A 局部放大
示雨海东北"液化沙垄"之三呈右旋北东向切割北西向分布特征

643

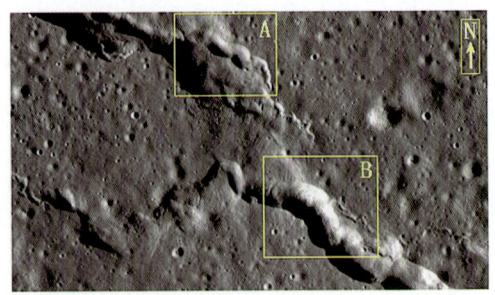

图 8.2.252　为图 8.2.250 方框 B 局部放大
示雨海东北"液化沙垄"之三呈右旋麻花状或雁行状分布特征

图 8.2.253　为图 8.2.241 五星处局部放大
示雨海东北"液化沙垄"之三呈西北向不同期沙垄相互切割分布特征

图 8.2.254　为图 8.2.253 方框 A 局部放大
示雨海东北"液化沙垄"之三呈麻花状右旋分布特征

图 8.2.255　为图 8.2.253 方框 B 局部放大
示雨海东北"液化沙垄"之三呈右旋蠕虫状，组成沙垄物质以浅色略具磨圆和分选特征的岩屑、岩块为主

第八章 月球"线形"构造地貌（遗迹）特征

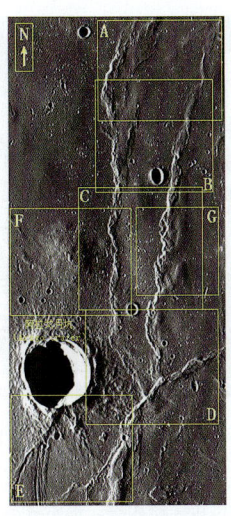

图 8.2.256 静海西阿拉戈月坑（Arago crater）附近
"液化沙垄"之一近南北向分布为主，明显为北东向切割特征

图 8.2.257 为图 8.2.256 方框 A 局部放大
示静海之西"液化沙垄"之一早期（A）宽而低平与晚期（B）窄而凸起分布特征

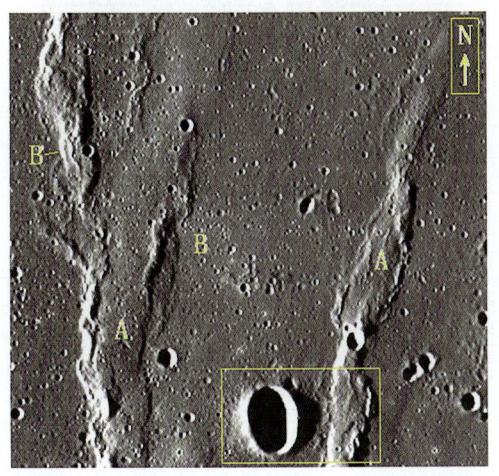

图 8.2.258 为图 8.2.256 方框 B 局部放大
示静海之西"液化沙垄"之一，早期（A）宽而低平与晚期（B）窄而凸起分布特征

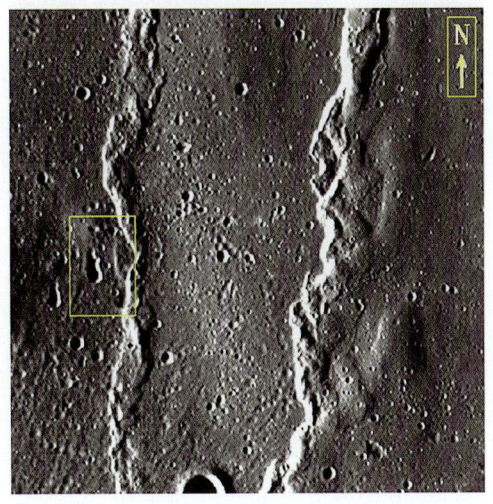

图 8.2.259 为图 8.2.256 方框 C 局部放大
示静海之西近南北向"液化沙垄"之一呈"X"形连续分布（右侧）特征

645

图 8.2.260　为图 8.2.256 方框 D 局部放大
示静海之西"液化沙垄"之一呈北东向明显切割近南北向分布特征

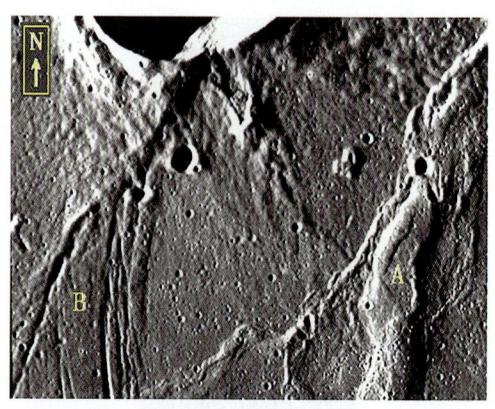

图 8.2.261　为图 8.2.256 方框 E 局部放大
示静海之西"液化沙垄"之一，早期（A）宽而低平与晚期窄而凸起和线形冰裂、地堑式冰裂（B）分布特征

图 8.2.262　为图 8.2.256 方框 F 局部放大
示静海之西南北向"液化沙垄"之一西侧出现凸起明显的液化沙丘分布特征

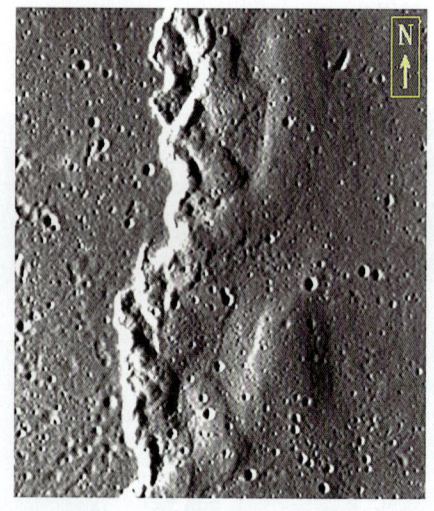

图 8.2.263　为图 8.2.256 方框 G 局部放大
示静海之西南北向"液化沙垄"之一呈"X"形连续分布东侧液化沙丘分布特征

第八章 月球"线形"构造地貌（遗迹）特征

图 8.2.264 为图 8.2.258 方框局部放大
示静海之西近南北向"液化沙垄"之一西侧分布"陆地月坑"特征

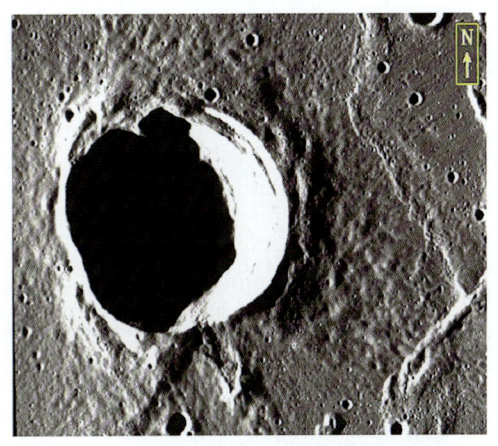

图 8.2.265 阿拉戈月坑（Arago crater）附近局部放大
示静海之西北东、北西和近南北向"液化沙垄"之一西侧分布"陆地月坑"特征

图 8.2.266 静海之西液化沙垄之二呈明显"X"形，北西为北东向右旋错案断分布特征

图 8.2.267 艾肯盆地之东边缘卡勒月坑（Karrer crater）中的"液化沙垄"分布于"湿地月坑"平坦的坑底

647

月球卫片分析最新发现

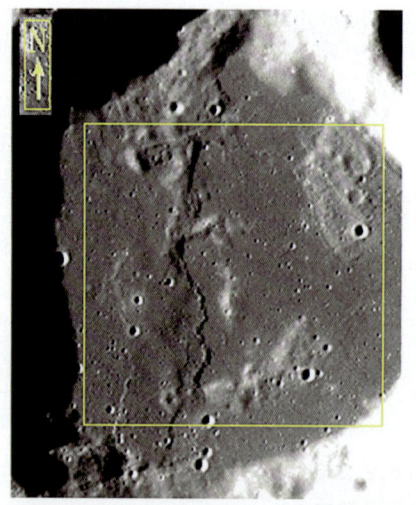

图 8.2.268　为图 8.2.267 方框 A 局部放大
示"液化沙垄"分布于平缓的卡勒"湿地月坑"坑底特征

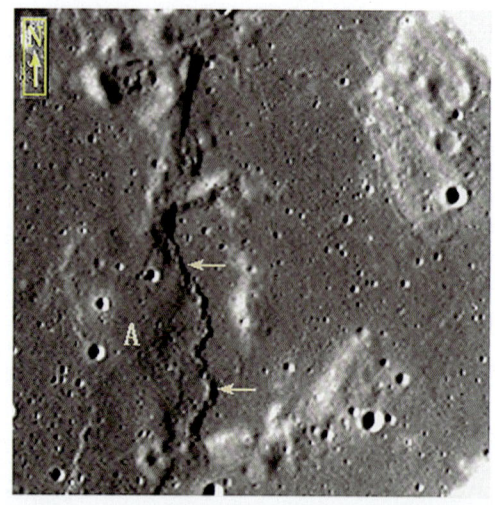

图 8.2.269　为图 8.2.268 方框局部放大
示卡勒月坑坑底早期沙垄（A）宽而平缓和晚期沙垄（箭头所示）窄而凸出分布特征

图 8.2.270　为图 8.2.267 方框 B 局部放大
示卡勒月坑南坑缘外（箭头所示）已无"液化沙垄"侵入和充填转为线状分布特征

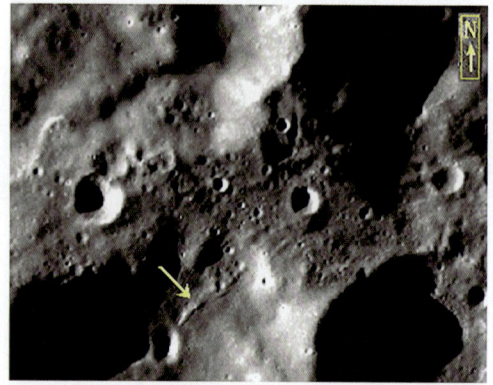

图 8.2.271　为图 8.2.267 方框 C 局部放大
示卡勒月坑北坑缘（箭头所示）已无"液化沙垄"侵入和充填转为线状分布特征

第八章 月球"线形"构造地貌（遗迹）特征

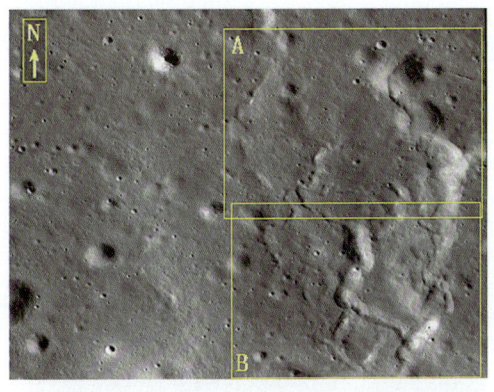

图 8.2.272　为图 8.2.269 液化沙垄局部放大（具体位置不详）

示卡勒月坑坑底"液化沙垄"以北东、北西和近南北向分布特征

图 8.2.273　为图 8.2.272 方框 A 局部放大

示卡勒月坑近南北向"液化沙垄"通过热融塌陷坑呈薄饼状分布特征

图 8.2.274　为图 8.2.272 方框 B 局部放大

示卡勒月坑"液化沙垄"沿 X 状、网格状或近南北向追踪状张裂分布特征

图 8.2.275　为图 8.2.269 局部放大（具体位置不详）

示卡勒月坑"液化沙垄"呈蠕虫状向阳坡面和山脊浅色略具磨圆和分选裸露岩屑、岩块广泛分布特征

649

图 8.2.276　为图 8.2.269 局部放大（具体位置不详）

示卡勒月坑"液化沙垄"呈蠕虫状向阳坡面和山脊浅色略具磨圆和分选裸露岩屑、岩块广泛分布特征

图 8.2.277　为图 8.2.269 局部放大（具体位置不详）

示卡勒月坑"液化沙垄"呈蠕虫状向阳坡面和山脊浅色略具磨圆和分选裸露岩屑、岩块广泛分布特征

图 8.2.278　为图 8.2.269 局部放大（具体位置不详）

示卡勒月坑"液化沙垄"呈直角折线状分布特征

图 8.2.279　月球背面的南半球艾肯盆地北缘外艾特肯月坑（Aitken crater）坑底"液化沙垄"（箭头所示方框）分布位置

第八章 月球"线形"构造地貌（遗迹）特征

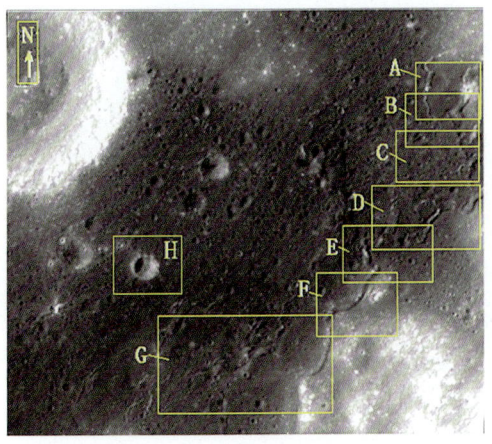

图 8.2.280　为图 8.2.279 方框局部放大
示艾特肯月坑坑底近北东向"液化沙垄"（方框处）分布特征

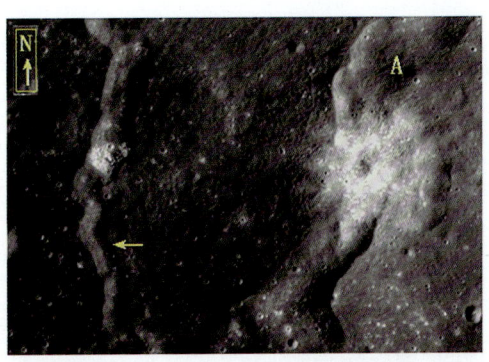

图 8.2.281　为图 8.2.280 方框 A 局部放大
示艾特肯月坑坑底近南北方向"液化沙垄"分布特征

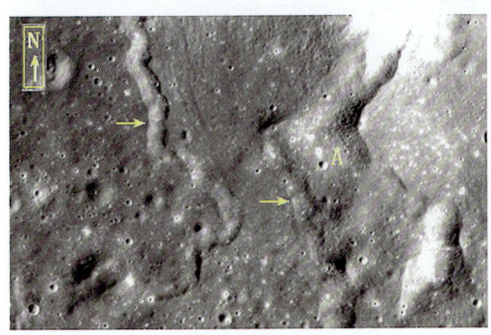

图 8.2.282　为图 8.2.280 方框 B 局部放大
示艾特肯月坑坑底由北东转北西向或由北西转北东向"液化沙垄"分布特征

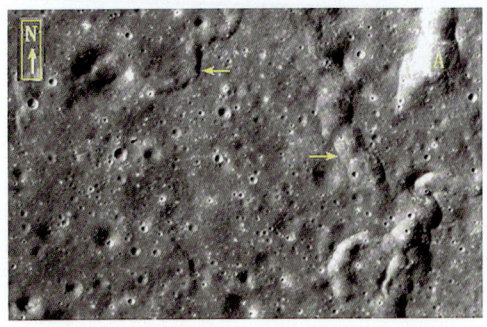

图 8.2.283　为图 8.2.280 方框 C 局部放大
示坑底近南北方向早期（A）、晚期（箭头所示）右旋"液化沙垄"分布特征

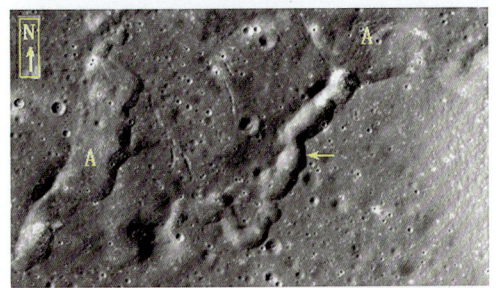

图 8.2.284　为图 8.2.280 方框 D 局部放大
示艾特肯月坑坑底北东向已侵入和充填形成"液化沙垄"（A）（箭头所示），北西向未侵入和充填仍保留原有的裂隙状态分布特征

图 8.2.285　为图 8.2.280 方框 E 局部放大
示艾特肯月坑坑底近南北方向"液化沙垄"凌乱分布特征

651

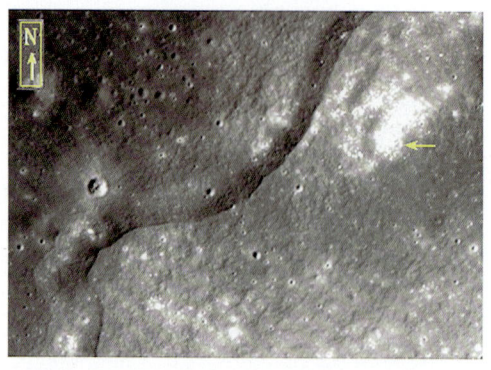

图 8.2.286　为图 8.2.280 方框 F 局部放大
示北东向弯曲状"液化沙垄"分布特征

图 8.2.287　为图 8.2.280 方框 G 局部放大
示艾特肯月坑坑底北东向"液化沙垄"分布特征

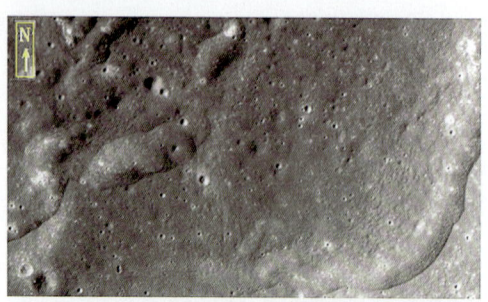

图 8.2.288　为图 8.2.287 方框 A 局部放大
示艾特肯月坑坑底北东向"液化沙垄"分布特征

图 8.2.289　为图 8.2.287 方框 B 局部放大
示艾特肯月坑坑底北东向凌乱分布的"液化沙垄"
分布特征

图 8.2.290　为图 8.2.287 方框 C 局部放大
示坑底北东向（A）和近南北向（箭头所示）"液化沙垄"凌乱分布的分布特征

图 8.2.291　为图 8.2.280 方框 H 局部放大
示艾特肯月坑坑底"陆地月坑"具溅射环状堆积和岩石分布特征

第八章 月球"线形"构造地貌（遗迹）特征

图 8.2.292　湿海南端卓湖东北山间盆地"液化沙垄"分布位置

黑色箭头区段为液化沙垄分布区

图 8.2.293　为图 8.2.292 方框 A 局部放大

示湿海南端卓湖东北"液化沙垄"延伸到山间盆地之外为北东向线状裂隙分布，无"液化沙垄"侵入和充填特征

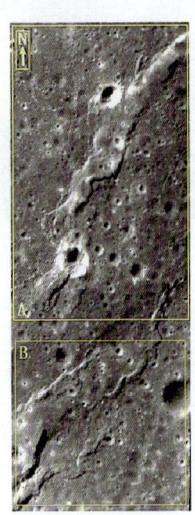

图 8.2.294　为图 8.2.292 方框 B 局部放大

示湿海南端卓湖东北"液化沙垄"呈北东向右旋"歹"字形分布特征

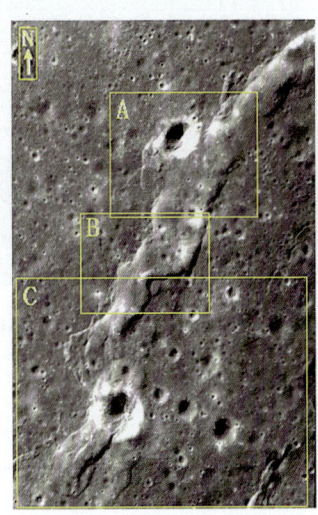

图 8.2.295　为图 8.2.294 方框 A 局部放大

示湿海南端卓湖北东向"液化沙垄"右旋"歹"字形分布特征

图8.2.296 为图8.2.295方框A局部放大
示湿海南端卓湖北东向"液化沙垄"明显切割热融塌陷坑

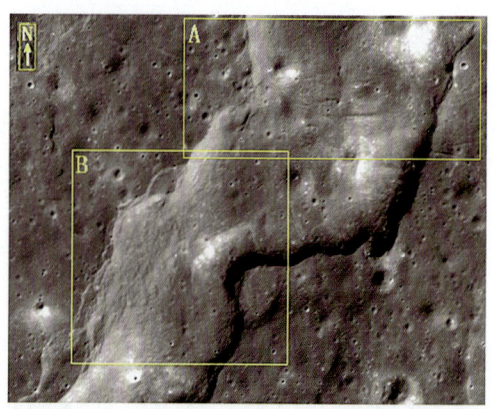

图8.2.297 为图8.2.295方框B局部放大
示湿海南端卓湖北东向早期扁平"液化沙垄"为晚期窄"液化沙垄"所切割分布特征

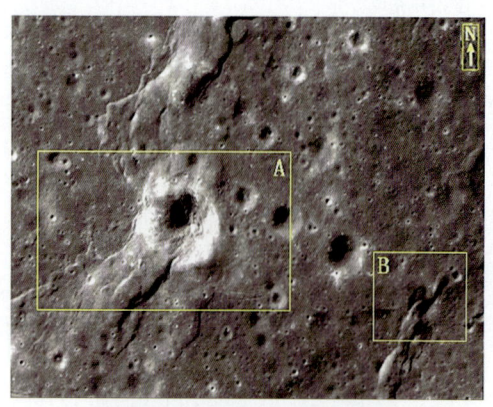

图8.2.298 为图8.2.295方框C局部放大
示湿海南端卓湖北东向"液化沙垄""歹"字形分布特征

图8.2.299 为图8.2.298方框A局部放大
示"液化沙垄"通过热融塌陷坑变小和变少分布特征

第八章 月球"线形"构造地貌（遗迹）特征

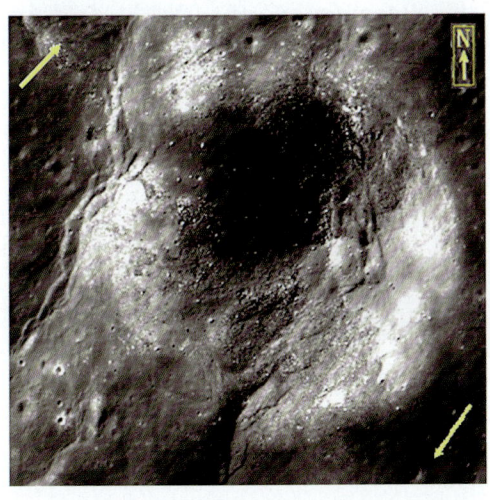

图 8.2.300　为图 8.2.299 方框局部放大
示"液化沙垄"通过热融塌陷坑发生轻微变形，沙垄变小和变少，组成沙垄物质主要为浅色略具磨圆和分选的岩屑和岩块，箭头示右旋扭力使热融塌陷坑轻微变形

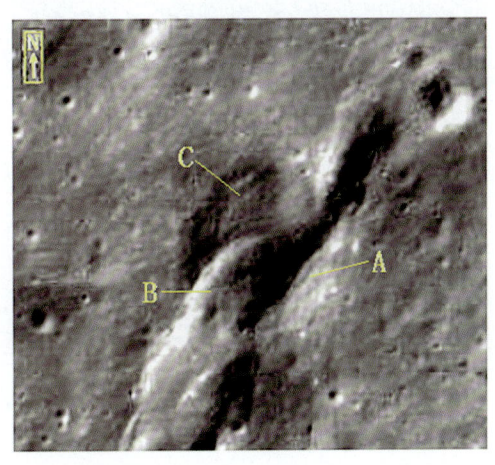

图 8.2.301　为图 8.2.298 方框 B 局部放大
示湿海南端卓湖北东向"液化沙垄"早期（B）通过热融塌陷坑（A）时受到融溶作用明显变小，晚期液化沙垄（C）充填热融塌陷坑（A）和覆盖早期液化沙垄（B）特征

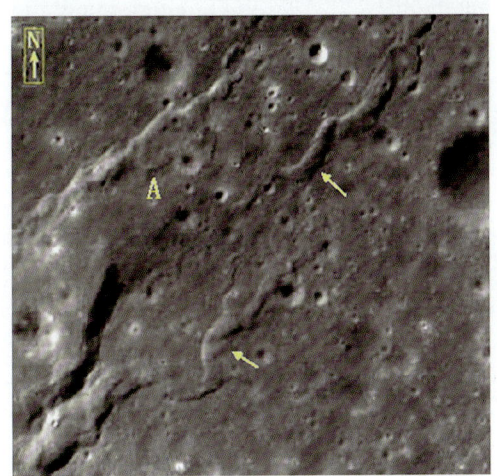

图 8.2.302　为图 8.2.294 方框 B 局部放大
示湿海南端卓湖北东向"液化沙垄"早期（A）平缓和晚期（箭头所示）规模小呈弯曲状分布特征

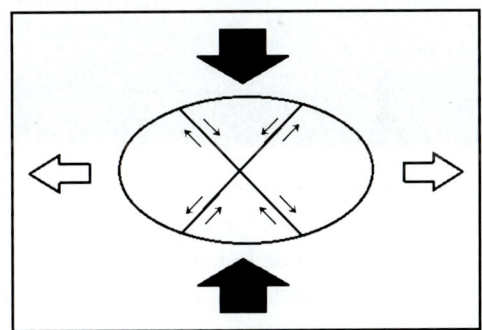

图 8.2.303　月球区域内动力"液化沙垄""冰裂""断裂"线形构造应力场分析剖视图
实心箭头示区域应力挤压作用方向，空心箭头示区域应力拉张方向，小箭头示线形构造形成时的扭动力方向

655

月球卫片分析最新发现

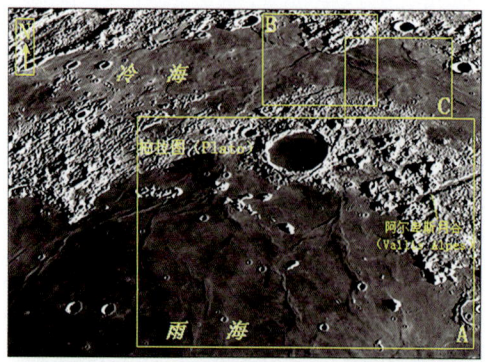

图 8.2.304 雨海北—冷海 "液化沙垄" 分布特征

图 8.2.305 为图 8.2.304 方框 A 局部放大

示雨海之北柏拉图月坑之南 "液化沙垄" 呈网状分布特征

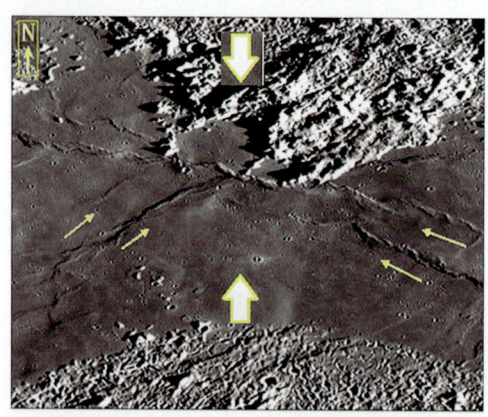

图 8.2.306 为图 8.2.304 方框 B 局部放大

示柏拉图月坑之北冷海 "液化沙垄" 分布特征，粗箭头示区域应力作用方向，细箭头示 "液化沙垄" 形成时应力扭动方向

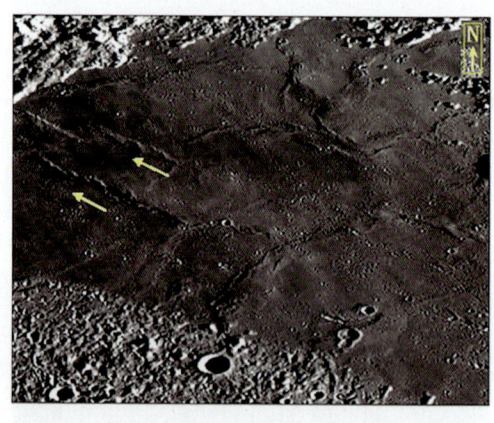

图 8.2.307 为图 8.2.304 方框 C 局部放大

示冷海 "液化沙垄" 呈网状分布特征，箭头示 "液化沙垄" 形成时应力扭动方向

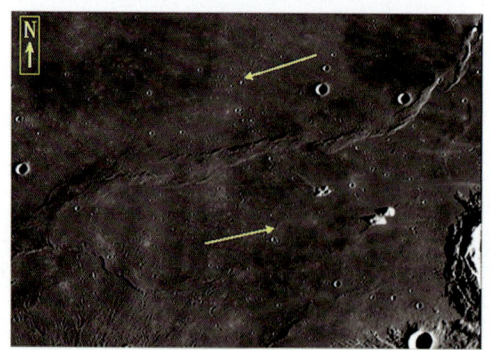

图 8.2.308 阿基米德月坑北西向 "液化沙垄" 分布特征

箭头示 "液化沙垄" 形成时区域应力扭动方向

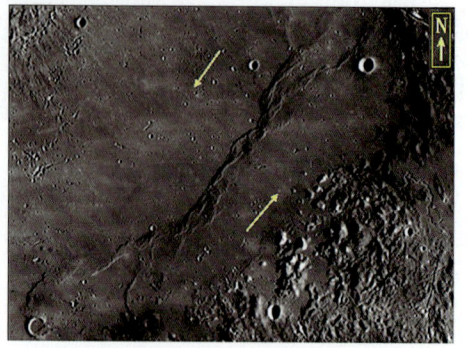

图 8.2.309 哥白尼月坑之东南北东走向 "液化沙垄" 分布特征

箭头示 "液化沙垄" 形成时区域应力扭动方向

第八章 月球"线形"构造地貌（遗迹）特征

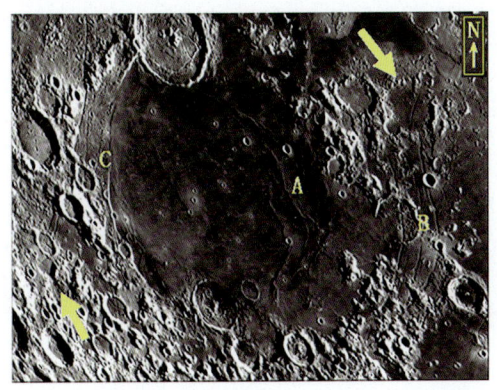

图 8.2.310 湿海（Mare Humorum）东西两侧"液化沙垄"（A）、"冰裂"（B）及断裂（C）分布特征

箭头示"液化沙垄"、"冰裂"及断裂形成时区域应力扭动方向

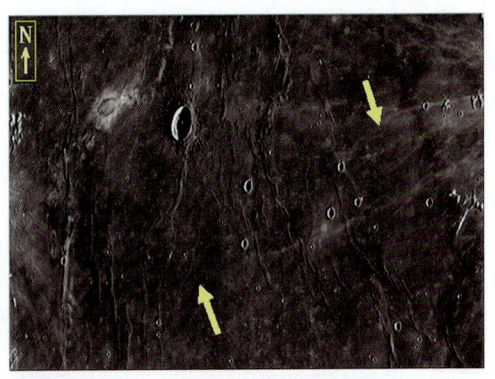

图 8.2.311 阿利斯塔克之西风暴洋中心呈近南北向"液化沙垄"分布特征

箭头示"液化沙垄"形成时区域应力扭动方向

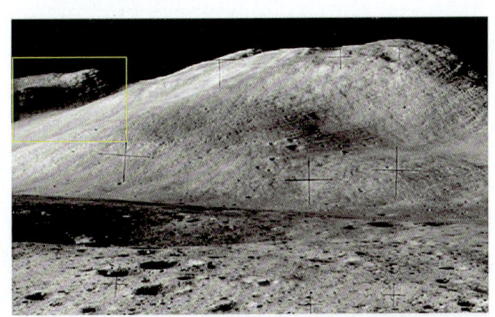

图 8.2.312 阿波罗 15 登月点亚平宁山脉中分布的倾斜岩层（阿波罗 15 航天员实地录像资料截屏图片）

图 8.2.313 为图 8.2.312 方框局部放大

示倾斜岩层层理分布特征，阿波罗 15 航天员实地录像资料截屏图片

图 8.2.314 阿波罗 15 登月点亚平宁山脉中分布的"不整合"面（点线所示）

阿波罗 15 航天员实地录像资料截屏图片

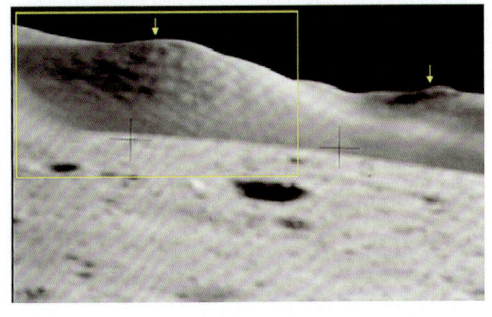

图 8.2.315 为图 8.2.314 方框局部放大

示阿波罗 15 登月点亚平宁山脉中分布的"不整合"面上覆近水平岩层（箭头所示），下伏岩层视倾角约 30°分布特征，阿波罗 15 航天员实地录像资料截屏图片

657

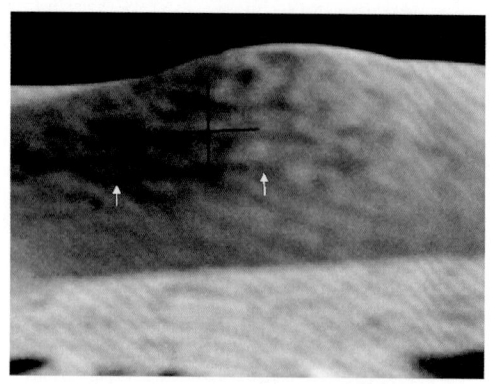

图 8.2.317 阿利斯塔克月坑坑壁"黑白相间"近直立的岩层产状分布特征

图 8.2.316 为图 8.2.315 方框局部放大
示阿波罗 15 登月点亚平宁山脉中"不整合"面分布特征（箭头所示），上覆近水平岩层，下伏岩层视倾角约 30°，阿波罗 15 航天员实地录像资料截屏图片

图 8.2.319 阿利斯塔克月坑坑底中央峰（基岩侧视）"黑白相间"近直立、层厚薄变化和色调不同的岩层分布特征

图 8.2.318 为图 8.2.317 方框局部放大
示阿利斯塔克月坑坑壁"黑白相间"近直立的岩层产状分布特征，黑色岩层中有的可能为"石煤"，黄色点线视不同色调岩层分界限

第八章 月球"线形"构造地貌（遗迹）特征

图 8.2.320　阿利斯塔克月坑坑底中央峰（基岩俯视）"黑白相间"近直立、层厚薄变化和色调不同的岩层分布特征

黑色岩层中有的可能为"石煤"，黄色点线视不同色调岩层分界限

（图片来源：ESA/NASA）

第三节　月球区域"外动力"线形构造特征

月球区域"外动力"线形构造是指月球外动力作用形成的构造地貌现象。依据成因和形态特征，还可进一步划分为"冻胀裂隙""泥裂""泥冰川"和"泥石流"线形构造等。依次简述如下。

一、月球区域外动力"冻胀裂隙"线形构造特征

（一）"冻胀裂隙"线形构造的概念、分布和类型初步划分

1. 月球区域外动力"冻胀裂隙"线形构造概念

冰胀裂隙或冻裂，是指含水泥沙物质（即泥沙物质中含少量水），在月球表层因发生冻胀作用产生的张性裂隙，称之为"冻胀裂隙"线形构造，属于月球的外动力作用。月球上从低纬度到高纬度均有发生，并且以中低纬度居多，常与冻胀丘相伴出现。

2. 月球区域外动力"冻胀裂隙"线形构造分布

冻裂主要分布于月球月坑坑底，少量分布于月坑坑外泥塘地区。并且月坑均以哥白尼纪及以后形成的月坑为主。冻裂在古老月坑冰裂中可能有部分分布。

3. 月球区域外动力"冻胀裂隙"线形构造类型初步划分

按冻胀裂隙构造的形态特征,可进一步划分为多边形冻胀裂隙构造、辐射状冻胀裂隙构造、网格状冻胀裂隙构造和不规则冻胀裂隙构造等。

坑底多边形冻胀裂隙群构造,规模较大,由不同方向、多条近平行分布的冻裂组成的多边形为特征,以第谷月坑的中部堆积平原发育最为典型。

网格状冻胀裂隙构造是指冻胀丘发生时,因冻胀作用在丘的顶部产生的一系列不规则张性断裂组和丘的周边形成的环状裂隙及辐射状裂隙。张性断裂分布多不规则,延伸短,多局限于丘顶及周边范围之内。冰胀丘顶冻裂和边缘冻裂并非都同等发育良好,有的丘顶发育好,而边缘的冻裂发育差;相反,有的丘顶冻裂发育差,而边缘冻裂发育好。情况十分复杂多变。

按产生冻胀裂隙沉积物成分不同,可划分为沉积型冻胀裂隙和堆积型冻胀裂隙。前者是指冻胀裂隙形成于局部,经过水的较充分垂直方向分异作用,形成泥质为主的沉积层经冻胀作用产生的冻胀裂隙,表面多光滑,以较平直的冻胀裂隙为特征。后者则由形成月坑时的溅落堆积物直接形成冻胀裂隙,表面多较粗糙,冻胀裂隙多以曲折断续为特征。

(二)月球区域外动力"冻胀裂隙"构造特征

1. 第谷月坑"冻胀裂隙"线形构造特征

第谷月坑属典型的"陆地月坑",位于月球正面的南半球,纬度为 -42.1445,经度为 -13.9014。第谷月坑冻胀裂隙主要分布于月坑坑底的南东,冻胀丘和冻胀脊广泛分布区域。在平坦广阔的坑底堆积平原区,以发育规模大的多边形和近平行冻胀裂隙群为主(见图 8.3.1、图 8.3.2、图 8.3.3、图 8.3.5),其次是冻丘的顶部呈网格状的冻胀裂隙,也见无任何裂隙分布的和尚头状的冻胀裂隙(见图 8.3.4、图 8.3.13、图 8.3.15)。有的在冻胀丘的顶部多形成不规则冻胀裂隙(见图 8.3.6—图 8.3.12、图 8.3.14、图 8.3.16、图 8.3.17),而其周边多分布规模较大的辐射状冻胀裂隙(见图 8.3.6—图 8.3.9)。然而也有例外,个别小丘顶为辐射状裂隙所覆盖(见图 8.3.16),有的则是小丘周边分布辐射状冻胀裂隙(见图 8.3.9)。总之,冻胀裂隙在空间上的分布与冻胀作用息息相关。坑底北西走向"泥塘"周边发育冻胀脊和冻胀裂隙(见图 8.3.18、图 8.3.19)。在第谷(Tycoh)月坑外的"泥塘"中,可见冻胀丘沿冻胀裂隙分布(见图 8.3.20)。有的仅发育冻胀裂隙出现(见图 8.3.21)。

2. 季霍米罗夫 K(Tikhomirov K)月坑"冻胀裂隙"线形构造特征

季霍米罗夫 K(Tikhomirov K)月坑属典型的"陆地月坑",位于月球背面的北半球,海拔约 2500 m 的月陆高原上(见图 8.3.22),纬度为 21.76,经度为 -163.90。冻胀裂隙构造发育典型(见图 8.3.23—图 8.3.36),从刚刚上拱到月表产生典型辐射状裂隙(见图 8.3.24、图 8.3.25),到形成完好的冻胀丘(见图 8.3.23、图 8.3.25),直到冻胀丘开始融溶呈光头状(见图 8.3.23、图 8.3.24、图 8.3.29、

图8.3.31、图8.3.34—图8.3.36)都有分布,尤以刚刚上拱到月表产生辐射状裂隙分布最为广泛(见图8.3.23—图8.3.25)。

3. 泰利斯月坑(Thales crater)"冻胀裂隙"线形构造特征

泰利斯月坑(Thales crater)位于月球正面的北半球高纬度区,纬度为61.732°N,经度为50.284°E(见图8.3.37、图8.3.38)。冻胀裂隙因发生时间先后的差异,受月球昼夜温差的影响程度不同,形成的冻胀裂隙类型多种多样,致使产生的冻胀丘顶形态有光头状、顶盖状、馒头状和坟头状等(见图8.3.39、图8.3.43、图8.3.47—图8.3.61)。冻胀裂隙有辐射状、网状、碎裂状等,冻胀裂隙口宽由中心向外由宽逐渐变窄明显(见图8.3.40—图8.3.42、图8.3.44—图8.3.46)。

4. 杰克逊(Jackson)月坑"冻胀裂隙"线形构造特征

杰克逊(Jackson)月坑位于月球背面,纬度为22.53°N,经度为195.59°E,近圆形,直径72 km(见图8.3.62)。冻胀丘和冻胀裂隙分布于坑底极细的泥质沉积层。凸起的冻胀丘常将细粒沉积层拱起并产生瓦片状脆裂,似"刚出锅的开花馒头"(见图8.3.63—图8.3.67),裂口不多,并向外扩散呈辐射状,裂口自中心向外逐渐变窄。

5. 焦尔达诺·布鲁诺(Giordano Bruno)月坑"冻胀裂隙"线形构造特征

焦尔达诺·布鲁诺(Giordano Bruno)月坑位于月球正面的北半球,呈近圆形,直径约25 km(见图8.3.68),纬度为36.1°N,经度为102.8°E。冻胀丘和冻胀裂隙分布于坑底三个小沉积盆地中(见图8.3.69)。A小盆地属溅落堆积组成,冻胀丘多呈馒头状,丘顶很少见冻胀裂隙分布(见图8.3.70)。B小盆地属沉积型,冻胀丘呈馒头状,丘顶很少见冻胀裂隙分布;但大多似"刚出锅的开花馒头",丘顶辐射状冻胀裂隙多呈瓦片状脆裂,裂隙多呈直线状,十分发育(见图8.3.71)。C小盆地属沉积型冻胀丘,多呈瓦片状脆裂,大多似"刚出锅的开花馒头",丘顶辐射状冻胀裂隙大量分布(见图8.3.72、图8.3.73)。在A小盆地中可以分出形成初期的冻胀丘似"刚出锅的开花馒头"(见图8.3.74—图8.3.76),形成中期的冻胀丘丘顶冻胀裂隙开始扩大,有少量岩屑和岩块出露(见图8.3.74),成熟的冻胀丘丘顶布满岩屑、岩块(见图8.3.76)和再次产生的冻胀丘色调浅,为白—灰色为主,分布的岩屑和岩块不多(见图8.3.74—图8.3.76)。

6. 阿那克萨哥拉(Anaxagoras)月坑"冻胀裂隙"线形构造特征

阿那克萨哥拉(Anaxagoras)月坑位于月球正面的北半球高纬度区(见图8.3.77、图8.3.78),纬度为73.50°N,经度为349.70°E。坑底分布较多椭圆形冻胀丘,但丘顶无冻胀裂隙出现(见图8.3.79、图8.3.80),坑底冻胀裂隙也分布极少。只有少数丘顶分布辐射状冻胀裂隙(见图8.3.81)和网状冻胀裂隙十分明显(见图8.3.82)。可能表明处于高纬度区的冻胀作用发育较差。组成丘底的岩石多以浅色为主。

7. 南极区牛顿A西北月坑"冻胀裂隙"线形构造特征

南极区牛顿A月坑位于月球正面的南半球高纬度区,纬度为−78.84250,经度为23.27071(见图8.3.83)。冻胀丘分布于牛顿A坑底之西北小月坑坑底原平缓沉积区，形态多近圆形，丘顶多呈粗糙状，见有大量岩屑和岩块分布（见图8.3.84）。冻胀裂隙大多分布于坑底溅落堆积平原上，在冻胀丘顶冻胀裂隙分布不多。冻胀丘切割冻胀裂隙（见图8.3.85—图8.3.87），也有冻胀裂隙明显切割冻胀丘的（见图8.3.88）。

（三）月球区域"冻胀裂隙"线形构造形成和发展

冻胀裂隙构造是月球月表冻胀作用的产物，在空间分布上与冻胀丘、冻胀脊密不可分。它是由于月球昼夜温差大，月表下含水层的存在和流通，产生冻胀作用形成向上拱的动力，使上覆盖层产生向外张力形成的。

（四）月球区域"冻胀裂隙"线形构造发现的意义

由于冻胀裂隙构造是在有水的参与作用下产生的，因此它的大量发现表明，月球表层之下曾有过大量的水存在。对于研究月球水的形成和发展提供了有力的证据和材料。

二、月球区域外动力"泥裂"线形构造特征

（一）月球区域外动力"泥裂"线形构造概念、空间分布和初步划分

1. 月球区域外动力"泥裂"线形构造概念

泥裂在地球上又称干裂或龟裂纹，属于外动力作用形成，指含水泥质或泥沙质、灰泥质沉积物暴露地表后，表面因蒸发干涸收缩而产生的张性裂隙。在月球上也是指含水泥质或泥沙质、灰泥质沉积物，因月表暴露后干涸收缩而产生的张性裂隙，形态上多呈网格状和树枝状、多角形或网状龟裂纹，裂隙横断面多呈"V"字形。

2. 月球区域外动力"泥裂"线形构造的空间分布

月球上泥裂主要分布于月坑坑底及月表一些"泥塘"表面，最大的特点是两条裂隙多呈"丁"字形相交。

泥裂的实验结果同样表明，两泥裂之间以多呈"丁"字形相交为特征。月球泥裂大多发育于小月坑或泥塘中。就单一泥裂而言，中间稍宽向两端逐渐变细。泥裂大小相差甚大，一般长数十至数百米，宽数米至数十米居多。次级泥裂多由"丁"字形接触处向外由宽变细，呈楔形。实验结果表明，早形成的泥裂比晚形成的泥裂规模大（见图8.3.119）。

3. 月球区域外动力"泥裂"线形构造类型初步划分

泥裂按空间分布可分为坑底泥裂和坑缘外泥裂。

（1）坑底泥裂。指分布于月坑底部的泥裂。一般规模较小，多局限于坑底泥质

沉积分布区。

(2) 坑缘外泥裂。指月坑形成时溅射泥沙物质在月坑缘外的山间盆地堆积后经垂直分异作用表层泥质沉积产生的泥裂。

(二) 月球区域外动力"泥裂"线形构造特征

1. 月坑坑底"泥裂"线形构造特征

(1) 李四光 (Li Si Guang) 月坑底"泥裂"线形构造特征。李四光小月坑位于第谷月坑东南约 380 km，纬度为 -49.67189，经度为 4.13885。近圆形，直径约 3 km，深约 1 km，东西长约 0.6 km，南北宽约 0.5 km，分布面积约 0.3 km^2，是目前月球发现有水分布的最重要小月坑之一 (见图 8.3.89、图 8.3.90)。坑底泥裂即分布于湖底之中 (见图 8.3.60)，泥裂呈线状、树枝状，两条泥裂呈"丁"字形或"X"形交接为主，泥裂边缘呈锯齿状 (见图 8.3.91、图 8.3.92)。

(2) 科普夫 (Kopfl) 月坑坑底"泥裂"线形构造特征。科普夫 (Kopfl) 月坑位于东海之东北，距东海中心约 44.5 km (见图 8.3.93)，月坑直径约 36.40 km，纬度为 -17.4400，经度为 270.6900 (见图 8.3.94)。泥裂主要分布于坑底的周边，呈短而粗的树枝状 (见图 8.3.95)。

(3) 利希滕贝格 B (Lichtenberg B) 月坑坑底"泥裂"线形构造特征。利希滕贝格 B (Lichtenberg B) 月坑位于月球正面北半球的风暴洋中，纬度为 33.2320，经度为 -61.4950，近圆形，直径约 38 km (见图 8.3.96)。在月坑底部树枝状泥裂分布泥沙较多 (见图 8.3.97)，并且于坑底中部泥沙较集中分布的沉积区发育较多、较好 (见图 8.3.98、图 8.3.99)。

2. 月坑坑外"泥裂"线形构造特征

(1) 第谷月坑坑外山间盆地"泥裂"线形构造特征之一。山间盆地泥裂地貌之一，分布于第谷月坑之东坑外约 3 km (见图 8.3.100)，纬度为 -42.9968，经度为 -9.2724 (见图 8.3.101)。盆地之北碎块状冰裂十分发育，近盆地中心冰裂碎块多融溶成泥塘。泥裂即发育于泥塘分布区域 (见图 8.3.102)。泥裂呈较简单微弯曲线状，剖面呈"V"字形。次级泥裂与主泥裂多呈"丁"字形相交叉 (见图 8.3.102)。Ⅰ级泥裂呈中间稍宽向两端逐渐变窄，Ⅱ级泥裂规模稍小，Ⅲ级泥裂更小但数量较多 (见图 8.3.102)。泥裂是该山间盆地最晚形成的裂隙，呈细锯齿状，断面呈"V"形。可见部分泥裂为月尘月壤所充填，组成泥裂沉积物主要为浅色的和较细的小淤泥、岩屑物质。

(2) 第谷月坑坑外山间盆地"泥裂"线形构造特征之二。山间盆地的泥裂地貌之二，分布于第谷月坑之东坑外约 6 km，纬度为 -44.4018，经度为 -9.4129。泥裂内侧由稀疏的圈层状和近垂直于圈层的辐射状裂隙所组成 (见图 8.3.103、图 8.3.104)。泥裂呈细锯齿状，断面呈"V"形。可见部分泥裂为月尘月壤所充填。

(3) 第谷月坑坑外山间盆地"泥裂"线形构造特征之三。第谷月坑之东坑缘外山间盆地的泥裂地貌之三呈分散的树枝状 (见图 8.3.105—图 8.3.107)，断面呈

"V"形。可见部分泥裂为月尘月壤所充填。局部见北东向为北西向泥裂所切割和左旋错断（见图8.3.107）。泥裂呈细锯齿状，断面呈"V"形。可见部分泥裂为月尘月壤所充填。

（4）第谷月坑坑外山间盆地"泥裂"线形构造特征之四。山间盆地的泥裂地貌之四分布于第谷月坑之东坑外。除盆地西南一侧较少见泥裂分布外，泥裂基本与盆地边缘形态平行发育（见图8.3.108—图8.3.110）。泥裂呈细锯齿状，断面呈"V"形。可见部分泥裂为月尘月壤所充填。

（5）第谷月坑坑外山间盆地"泥裂"线形构造特征之五。山间盆地泥裂之五分布于第谷月坑之东坑外，盆地及泥裂形态不甚规则（见图8.3.111）。泥裂有的呈树枝状分布，不同期次相互切割泥裂分布普遍（见图8.3.112）。有的西北向月尘和月壤充填较多的泥裂，呈平行状。有的充填较少的泥裂，呈近南北向（或北北东向）平行成群出现（见图8.3.113）。有的分布则基本与盆地边界形态相似（见图8.3.114），泥裂呈细锯齿状，断面呈"V"形，可见部分泥裂为月尘月壤所充填。

（6）第谷月坑坑外山间盆地"泥裂"线形构造特征之六。山间盆地泥裂之六分布于第谷月坑之东坑外，盆地形态近圆形。泥裂较单一，占据盆地中心部分，呈不规则树枝状。后期月尘和月壤覆盖和充填明显（见图8.3.115、图8.3.116）。

（7）第谷月坑坑外山间盆地"泥裂"线形构造特征之七。山间盆地泥裂之七分布于第谷月坑之东坑外，盆地形态近圆形。泥裂主要呈树枝状分布，盆地北侧有较多平行状泥裂分布。泥裂本身见较多月尘和月壤充填（见图8.3.117、图8.3.118）。

目前尚未发现第谷月坑坑底泥裂分布。

（三）月球区域"泥裂"线形构造形成和发展

通过实验，即利用一个圆盆盛满泥沙物质用水充分搅匀，让其自然干燥以观察其产生的泥裂的特征，从图8.3.119可以看出，泥裂主要特征是：

（1）单条泥裂（或最先形成的泥裂），中间宽，向两端逐渐变小至尖灭。
（2）次级泥裂向接触点方向明显较宽。
（3）两条泥裂相交接，多呈"丁"字形。
（4）泥裂按形成先后可划分：最先形成的为一级泥裂，与其直接相交的为二级泥裂，与二级泥裂相接的为三级泥裂，依次类推。

泥裂又称干裂、龟裂纹，是指泥质沉积物或灰泥沉积物暴露干涸、收缩而产生的裂隙，在层面上呈多角形或网状龟裂纹，裂隙呈"V"形断面，也可呈"U"形，可指示顶底面。裂隙被上覆层的砂质、粉砂质充填。

（四）月球区域"泥裂"线形构造发现的意义

由于泥裂是含水沉积物暴露干涸、收缩而产生的裂隙，因此它的发现证明月球上曾经有过水的存在，为研究月球历史发展提供有力佐证和材料，具有重要意义。

三、月球区域外动力"泥冰川"线形构造特征

(一) 月球区域外动力"泥冰川"线形构造概念、分布和类型划分

1. 月球区域外动力"泥冰川"线形构造概念

月球区域泥冰川线形构造,是属于月球外动力作用下形成的构造,是月表因昼夜温差引起冰、泥沙混合物质的地形变化时产生的动力(挤压力、拉张力、扭力)形成类似地球冰川运动的线形构造。与地球现代冰川表面产生的裂隙构造相似(附录Ⅰ:图17),如第谷月坑泥冰川形成和流动过程中表层产生的"扇形脊""推覆"构造、羽状张裂构造和"滑脱"张裂构造等。

2. 月球区域外动力"泥冰川"线形构造分布

目前初步研究结果,月球区域泥冰川线形构造主要分布于第谷月坑坑壁下部及周边山间盆地之中。

3. 月球区域外动力"泥冰川"线形构造类型划分

依据区域线形构造力学性质、形态特征初步可划分为:"扇形脊"线形构造、挤压推覆构造、雁行张裂构造和滑脱张裂构造等。目前以第谷月坑坑底和坑外山间盆地中分布的类型最多和最好。

(二) 月球区域外动力"泥冰川"线形构造特征

1. 第谷月坑坑底"泥冰川"线形构造特征

(1) 第谷月坑坑底"泥冰川"线形 羽状张裂构造特征。主要分布于第谷月坑坑底的东南一侧(见图 8.3.120 方框 B),纬度为 -43.7871,经度为 -10.1010。线形羽状张裂构造十分发育,有的呈"人"字形(见图 8.3.121—图 8.3.125),有的呈"雁行"(见图 8.3.124—图 8.3.127)和"滑脱"的弧形构造,变化十分复杂多样。可明显见到由"滑脱"的弧形张裂构造向前转变为泥石流形成的挤压"扇状脊"构造(见图 8.3.128—图 8.3.130)出现,表明随着温度上升,由泥冰川转变为泥石流的变化过程。

(2) 第谷月坑坑底"泥冰川"线形"滑脱"张裂构造特征。泥冰川"滑脱"张裂线形构造与羽状张裂线形构造分布范围基本相当,也主要分布于第谷月坑坑底的东南一侧,但位置多在泥冰川的上游段源区,纬度约为 -43.9275,经度约为 -10.2093。源区张裂分布密度小,弧呈向上游凸出,裂口宽度狭窄,向下游张口逐渐扩大,弧度变大(见图 8.3.131—图 8.3.134)。

2. 第谷月坑坑外山间盆地"泥冰川"线形构造特征

第谷月坑坑外山间盆地"泥冰川"线形构造最为发育,纬度为 -44.3730,经度为 -9.0296。共三个,呈串珠状分布,自北而南分别命名为盆地"A""B""C"。盆

地延伸方向变化颇大,盆地 A 呈北北东向,到盆地 B 转为北北西向,随后进入一条近东西向狭窄的流通通道后,方向急转直下,盆地 C 转为近南北方向延伸(见图 8.3.135)。泥冰川自北而南流动,并且在各盆地中部表现凸出。盆地 A、B 与盆地 B、C 之间的连接通道和盆地 C 北段中部,因泥冰川流动岩屑和岩块之间产生的强烈挤压、摩擦,温度升高,泥冰川融溶而成为泥石流产出,并形成特有的"扇状脊"地貌。而在泥冰川主流线两侧,多形成张扭裂隙或压扭裂隙分布,局部也见"滑脱"张裂构造发育。现按盆地 A、B、C 和连接通道形成的泥冰川次生构造,依次简述如下。

(1)第谷月坑坑外山间盆地 A"泥冰川"线形构造特征。第谷月坑坑外山间盆地 A 呈北北东向,纬度为 -44.1147,经度为 -9.2672。泥冰川次生构造分布较多。盆地北中部多分布弧顶向北的弧形"滑脱"张裂线形构造(见图 8.3.136—图 8.3.143),盆地南多发育张扭裂隙或压扭裂隙线形构造,形成挤压脊状线形构造、"滑脱"裂隙线形构造等(见图 8.3.141、图 8.3.142、图 8.3.144—图 8.3.146)。与月陆接触的边缘地带,也常分布压性或压扭性裂隙线形构造(见图 8.3.26、图 8.3.27)。情况十分复杂多样。

(2)第谷月坑坑外山间盆地 B"泥冰川"线形构造特征。第谷月坑坑外山间盆地 B 纬度为 -44.2194,经度为 -9.3233,呈北西向延伸。主流线在盆地中部,多形成挤压"扇状脊"线形构造地貌(见图 8.3.147—图 8.3.151、图 8.3.156、图 8.3.157、图 8.3.159、图 8.3.160)。在盆地两侧边缘地带以"滑脱"型张裂线形构造、"张扭裂"线形构造或"压扭裂"线形构造分布为主(见图 8.3.152—图 8.3.155、图 8.3.158、图 8.3.161—图 8.3.171)。

(3)第谷月坑坑外山间盆地 B 与 C 之间连接通道泥"泥冰川"线形构造特征。山间盆地 B 与 C 之间连接通道泥冰川线形构造,呈近东西方向分布,长约 4.8 km,宽度变化较大,平均宽约 400 m(见图 8.3.172),纬度为 -44.2390,经度为 -9.0562。连接通道除西部局部地段出现"泥塘"地貌外(见图 8.3.172、图 8.3.173、图 8.3.178、图 8.3.179),几乎都发育出脊状线形构造(见图 8.3.172—图 8.3.175、图 8.3.178、图 8.3.180—图 8.3.182)。连接通道中部有一个晚期"陆地月坑"切割通道,并在月坑周边原有的冰川堆积物形成融溶地形和融沟地貌。连接通道与两侧盆地接触地段也以挤压脊分布为主(见图 8.3.172、图 8.3.176—图 8.3.178)。

(4)第谷月坑坑外山间盆地 C"泥冰川"线形构造特征。第谷月坑坑外山间盆地 C 呈近南北向分布,纬度为 -44.2863,经度为 -8.9623(见图 8.3.183)。泥冰川主流线在盆地北段发育最好,形成的挤压"扇状脊"线形构造地貌十分典型(见图 8.3.184)。泥冰川西南一侧形成弧形挤压脊线形构造(见图 8.3.185)、侧向形成"推覆"线形构造(见图 8.3.186)、北东向走滑断裂及其产生的次级张裂隙线形构造(见图 8.3.187)、北东向走滑断裂线形构造(见图 8.3.188)和泥冰川表面挤压脊状线形构造、挤压走滑线形构造和张扭线形构造(见图 8.3.189)分布特征。

综上,第谷月坑坑外山间盆地 A、B 和 C 泥冰川表面裂隙构造分布特征如图 8.3.190 所示,三个盆地中部主要分布挤压脊状线形构造或挤压扭裂线形构造,两侧以分布张裂或张扭裂线形构造为主。

(三) 月球区域"泥冰川"线形构造形成和演化

泥冰川线形构造,目前仅发现于第谷月坑坑底及坑外的三个山间盆地之中。形成泥冰川的物质为形成第谷月坑时产生的溅射堆积物,由于月表昼夜温差使含水或含水冰溅射堆积物反复发生冻、融和流动过程所形成的,属于月球外动力线形构造之一。

(四) 月球区域"泥冰川"线形构造发现意义

泥冰川线形构造,属于月球区域外动力构造,是泥冰川形成后,由于月球昼夜气温的急剧变化,使已冻结的泥冰川在月昼时发生融溶,并从高海拔向低海拔盆地流动过程中致使已干涸的表层成为"硬壳"发生变形,并在主流线及其两侧形成相适合的应力构造变形,产生一系列线形构造地貌。它的发现,完全纠正了以往研究者认为是"熔塘"的错误认识,为研究月球构造变形提供了新思路和新认识。

四、月球区域外动力"泥石流"线形构造的特征

(一) 月球区域外动力"泥石流"线形构造的概念、分布和类型划分

1. 月球区域外动力"泥石流"线形构造的概念

"泥石流"线形构造是指泥石流形成发展过程中,相互挤压、流动过程产生的线形构造地貌特征。

2. 月球区域外动力"泥石流"线形构造的分布

"泥石流"线形构造,在月球上主要分布于陡峭的月坑坑壁之上,其次是月坑坑底,少量分布于山间盆地之中的泥石流分布区。

3. 月球区域外动力"泥石流"线形构造类型划分

"泥石流"线形构造,按形态特征暂可划分为扇形脊、线形脊和舌形脊"泥石流"线形构造等。

(二) 月球区域外动力"泥石流"线形构造的特征

1. 第谷月坑坑底泥石流扇形脊线形构造特征

泥石流主要分布于第谷月坑坑底的东南,为众多小泥石流组成的群体,自山坡而下流入一较宽的泥石流河(见图8.3.191),少量见于月坑的东南和东北。

(1) 第谷月坑坑底东北"泥石流"群"扇形脊"线形构造特征。泥石流 A 位于接近坑底的坑壁上,"扇状脊"发育十分典型。总体上是上宽下窄,对于每条"扇状

脊"而言，前方宽后方变窄（见图8.3.192）。组成泥石流成分以浅色岩屑和岩块为主（见图8.3.193）。早期研究者曾认为是火山喷发的"绳状熔岩"，而实际上是"热融泥石流"，在泥石流分类中属"稠泥石流"。

泥石流B位于泥石流A下部，主要由两条小泥石流组成。泥石流产生的"扇状脊"构造颇多（见图8.3.194），但规模较小和凌乱。在泥石流分类中属"稠泥石流"。

泥石流C位于泥石流B西侧，主要由三条小泥石流组成，自东北流向东南。"扇状脊"和不甚规则脊状构造分布较多和较密集（见图8.3.195）。在泥石流分类中属"稠泥石流"。

泥石流D位于泥石流C西侧，由多条规模较小的泥石流组成。"扇状脊"发育较差，规模小（见图8.3.196）。在泥石流分类中属"稠泥石流"。

泥石流E位于泥石流群之最西端。"扇状脊"分布较少，主要为长短不一、形态各异脊状构造分布（见图8.3.197）。在泥石流分类中属"稠泥石流"。

（2）第谷月坑坑底东南泥石流扇形脊线形构造特征。第谷月坑坑底东南泥石流次生构造主要属于"热融泥石流"线形构造，以形成大小不同的"扇形脊"和长短不一的"条状脊"等为特征（见图8.3.198—图8.3.203）。组成泥石流成分以浅色岩屑和岩块为主（见图8.3.202），绝不是黑色块状的玄武岩。泥石流即将到达坑底前结束，并形成明显分界限，然后进入以冻胀作用形成的冻胀丘和冻胀裂隙分布区（见图8.3.204）。在泥石流分类中属"稠泥石流"。

（3）第谷月坑坑底西南泥石流扇形脊线形构造特征。第谷月坑坑底西南泥石流线型构造形成较早，属于坑内溅射堆积物"热融泥石流"线形构造。以形成大量分散或群状分布的"扇状泥石流"为特征，并且顶部多平坦光滑，前端多形成较粗犷的"扇状脊"（见图8.3.205—图8.3.211）。泥石流延伸很长且弯曲弧度也很大，不同期次泥石流相互叠覆和切割明显（见图8.3.212、图8.3.213），大量泥石流形成后为晚期裂隙所切割也十分普遍（见图8.3.214、图8.3.215）。分布于东侧坑壁上的泥石流呈长舌状，且在同一方向上叠盘分布（见图8.3.216—图8.3.221）。在第谷月坑北坑缘外可见巨大的由溅射堆积物融溶产生的脊状构造（见图8.3.222），在坑内壁上分布由扇状泥流形成简单平行的"线状脊"构造（见图8.3.223），月坑坑底可见由羽状裂隙泥石流向前转化为"扇状脊"泥石流（见图8.3.224），当"扇状脊"泥石流向坑底中心方向流动时，逐渐由冻胀作用形成的"冻胀丘和冻胀裂隙"所代替（见图8.3.225、图8.3.226）。有些泥石流"扇状脊"表面发生轻微融溶使得"扇状脊"模糊不清（见图8.3.227）。在泥石流分类中属"稠泥石流"。

2. 英戈尔斯G（Ingalls G）月坑之东南约45 km小月坑泥石流扇形脊线形构造特征

"扇形脊"线形构造位于月球背面的北半球，英戈尔斯G（Ingalls G）月坑东南约45 km的一个小月坑（见图8.3.228）溅射堆积附近，纬度为25.50°N，经度为150.40°W。泥石流属于月夜冰冻的溅射堆积物经多次月昼融溶产生的泥石流"扇形脊"线形构造（见图8.3.229、图8.3.230）。小月坑直径约2.5 km，泥石流是最少经历过 5 次月昼融溶产生的（见图 8.3.231）。在泥石流分类中属"中泥石流"或"水泥石流"。

（三）月球区域"泥石流"线形构造形成和演化

泥石流线型构造是月表有水或水冰参与作用下形成的重要地貌之一，是月表含水松散堆积物在自身重力作用下自高处向低处流动和堆积的产物。

（四）月球区域"泥石流"线形构造发现意义

泥石流线型构造是泥石流形成和发展的结果，是认识和确定泥石流存在的重要标志之一，是月表有水或水冰存在的又一重要证据。因此，它的发现为进一步研究月球水和水冰的形成与演化提供了新的材料，为泥石流研究提供了重要依据。

以下附第八章第三节图：

图 8.3.1　第谷月坑坑底堆积平原上呈多边形冻胀裂隙群（左侧）和冻胀小丘（右侧）分布特征

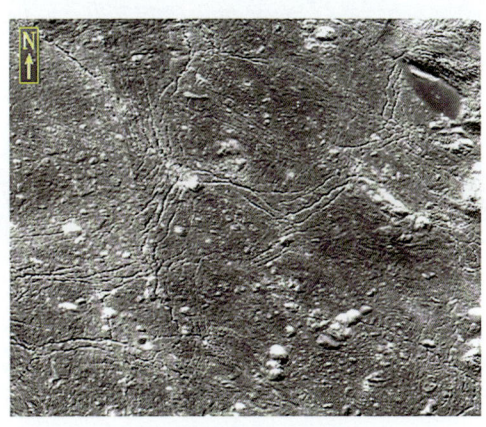

图 8.3.2　第谷月坑坑底中部堆积平原上形成的多边形冻胀裂隙群分布特征

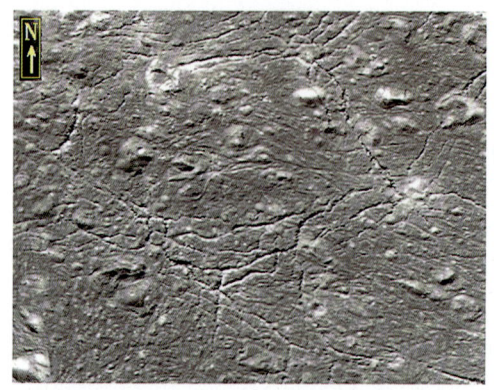

图8.3.3 第谷月坑坑底平原呈多边形冻胀裂隙和少量冻胀小丘分布特征

图8.3.4 第谷月坑近平行分布的坑边缘冻胀裂隙（箭头所示）为后期冻胀丘（A、B）所切割分布特征

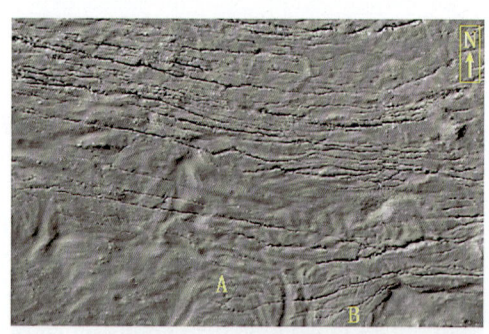

图8.3.5 第谷月坑坑底边缘近平行分布的冻胀裂隙切割早先形成的泥流扇（A、B）分布特征

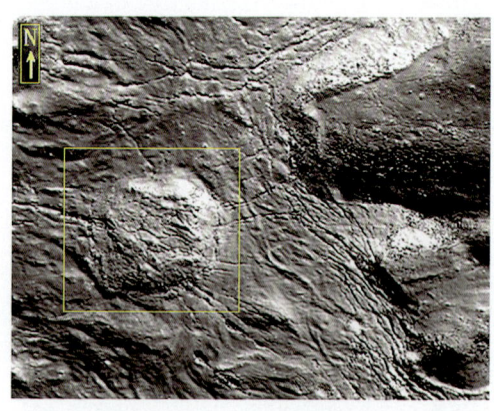

图8.3.6 第谷月坑坑底冻胀脊、冻胀丘和冻胀裂隙分布特征

图8.3.7 为图8.3.6方框局部放大示第谷月坑坑底冻胀丘顶裂隙（A）、环状裂隙（B）和辐射状裂隙（C）分布特征

图8.3.8 第谷月坑坑底冻胀丘及其周边分布的辐射状冻胀裂隙

第八章 月球"线形"构造地貌(遗迹)特征

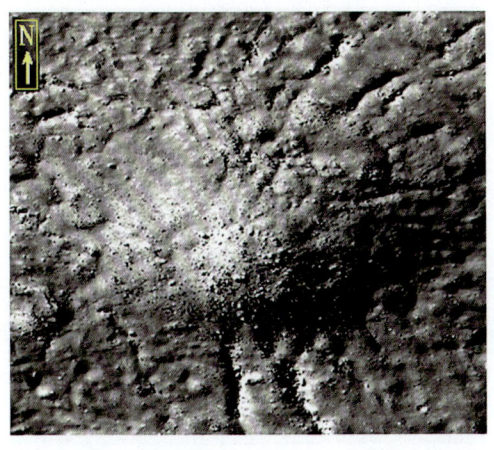

图8.3.9 第谷月坑坑底冻胀丘及其周边形成辐射状冻胀裂隙分布特征

图8.3.10 第谷月坑坑底冻胀脊和纵贯冻胀顶的冻胀裂隙分布特征

图8.3.11 第谷月坑坑底冻胀脊、冻胀丘和冻胀裂隙分布特征

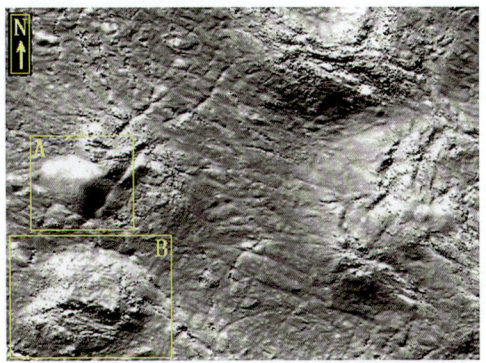

图8.3.12 第谷月坑坑底冻胀丘和冻胀裂隙分布特征

671

月球卫片分析最新发现

图 8.3.13　为图 8.3.12 方框 A 局部放大示第谷月坑坑底晚表层融化呈光滑光头状冻胀丘分布特征

图 8.3.14　为图 8.3.12 方框 B 局部放大示第谷月坑坑底冻胀丘顶冻胀裂隙分布特征

图 8.3.15　第谷月坑坑底局部融化后呈光头状冻胀丘（A）比原冻胀丘（B）体积明显缩小

图 8.3.16　第谷月坑坑底冻胀丘顶部辐射状冻胀裂隙分布特征

第八章 月球"线形"构造地貌（遗迹）特征

图 8.3.17 第谷月坑坑底冻胀丘顶部为网格状冻胀裂隙覆盖分布特征

图 8.3.18 第谷（Tycoh）月坑坑底北西走向"泥塘"及周边分布的冻胀脊和冻胀裂隙分布特征

图 8.3.19 为图 8.3.18 方框局部放大示第谷月坑坑底北西走向的冻胀脊和冻胀裂隙分布特征

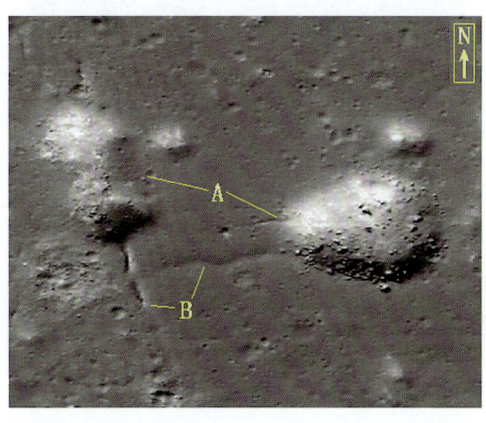

图 8.3.20 第谷（Tycoh）冻胀丘（A）沿冻胀裂隙（B）分布

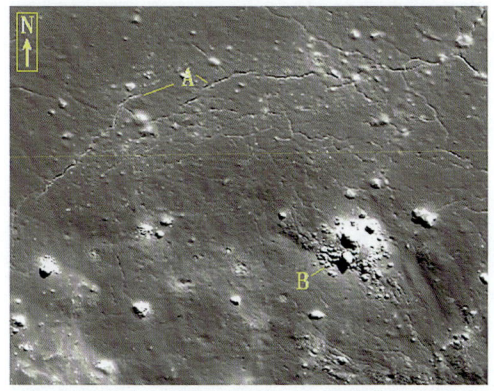

图 8.3.21 第谷（Tycoh）冻胀裂隙（A）和冻胀岩屑堆（B）分布特征

图 8.3.22 季霍米罗夫 K（Tikhomirov K）月坑卫片影像图

673

图8.3.23 季霍米罗夫K（Tikhomirov K）月坑坑底冻胀丘和冻胀裂隙分布特征

①为冻胀丘形成初期；②为冻胀丘成熟期；③为冻胀丘融化期

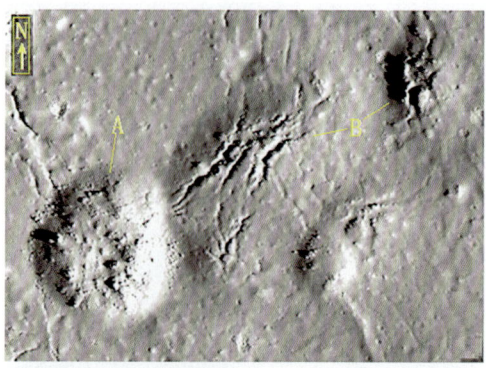

图8.3.24 为图8.3.23方框A局部放大

季霍米罗夫K月坑坑底冻胀丘顶部受热融作用开始融溶（A），有的冻胀丘刚刚上拱丘顶形成辐射状裂隙（B）分布特征

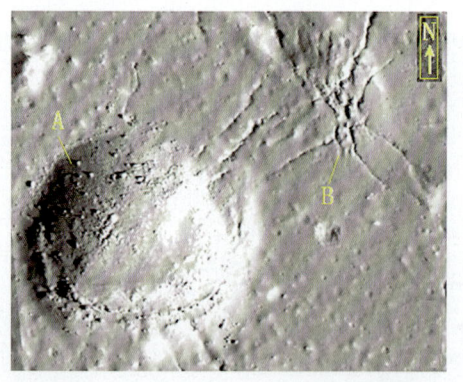

图8.3.25 为图8.3.23方框B局部放大

示季霍米罗夫K月坑坑底"发育成熟"的冻胀丘（A）和即将冒出的冻胀丘（B）顶部产生辐射状冻胀裂隙分布特征

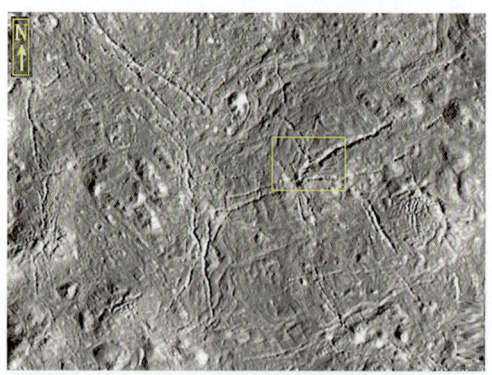

图8.3.26 季霍米罗夫K月坑坑底平原多边形冻胀裂隙群和冻胀小丘分布特征

图8.3.27 为图8.3.26方框局部放大

示季霍米罗夫K月坑坑底冻胀裂隙剖面呈"V"形分布特征

图8.3.28 季霍米罗夫K（Tikhomirov K）月坑坑底冻胀丘和冻胀裂隙分布特征

第八章 月球"线形"构造地貌（遗迹）特征

图 8.3.29　为图 8.3.28 方框局部放大
示季霍米罗夫 K 月坑坑底冻胀丘和冻胀裂隙局部融溶形成光头状冻胀丘分布特征

图 8.3.30　季霍米罗夫 K（Tikhomirov K）月坑坑底冻胀丘和冻胀裂隙分布特征

图 8.3.31　为图 8.3.30 方框局部放大
示冻胀丘局部融溶形成光头状冻胀丘分布特征

图 8.3.32　季霍米罗夫 K（Tikhomirov K）月坑坑底冻胀丘和冻胀裂隙分布特征

图 8.3.33　为图 8.3.32 方框 A 局部放大
示坑底冻胀丘顶部早期细小的网格状冻胀裂隙为晚期粗大冻胀裂隙所切割分布特征

图 8.3.34　为图 8.3.32 方框 B 局部放大
示季霍米罗夫 K 月坑坑底冻胀丘局部融溶分布特征

675

图 8.3.35　为图 8.3.34 方框 A 局部放大
示月坑坑底冻胀丘局部融溶和残留以浅色和深色岩屑、岩块为主的分布特征

图 8.3.36　为图 8.3.34 方框 B 局部放大
示月坑坑底冻胀丘局部融溶和残留以浅色岩屑和岩块为主的分布特征

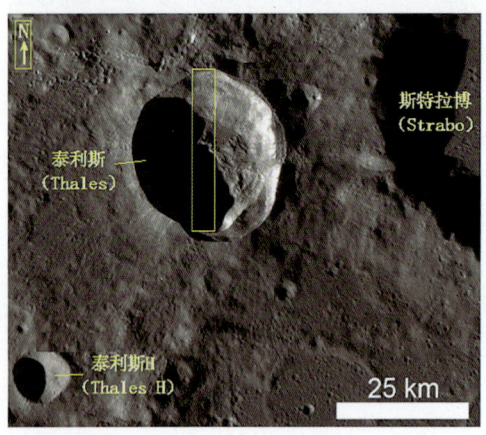

图 8.3.37　泰利斯月坑（Thales crater）卫片

图 8.3.38　为图 8.3.37 方框局部放大
示泰利斯月坑（局部）分布特征

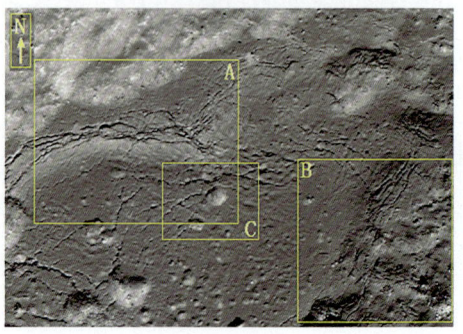

图 8.3.39　为图 8.3.38 方框局部放大
示泰利斯月坑坑底密集光头状冻胀丘群和少量融溶后残余浅色岩屑和岩块分布特征

图 8.3.40　泰利斯月坑（Thales crater）坑底冻胀脊、冻胀丘和冻胀裂隙分布特征

第八章 月球"线形"构造地貌(遗迹)特征

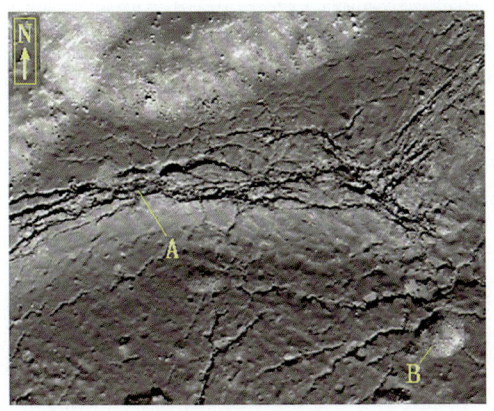

图8.3.41 为图8.3.40方框A局部放大
示泰利斯月坑坑底冻胀脊、冻胀丘(B)和冻胀裂隙(A)分布特征

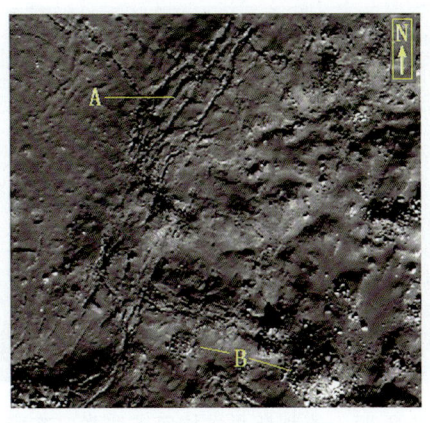

图8.3.42 为图8.3.40方框B局部放大
示泰利斯月坑坑底最近形成的冻胀脊、冻胀裂隙(A)和冻胀丘(B)分布特征

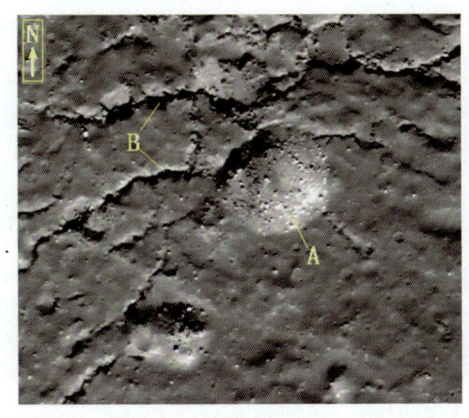

图8.3.43 为图8.3.40方框C局部放大
示泰利斯月坑坑底最近形成的冻胀丘(A)和明显被切割的冻胀裂隙(B)分布特征

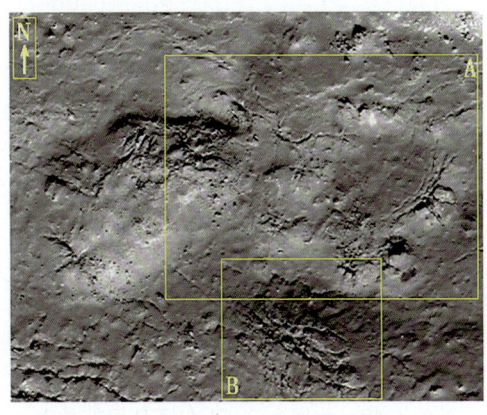

图8.3.44 泰利斯(Thales crater)月坑冻胀丘顶辐射状冻胀裂隙

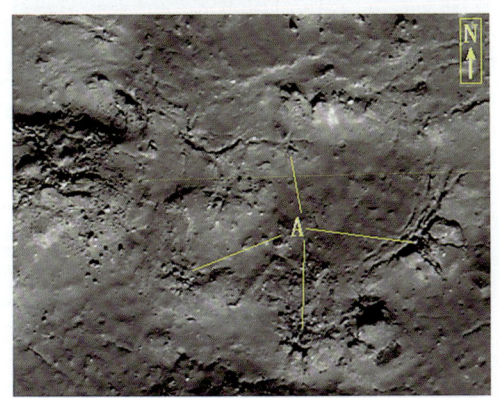

图8.3.45 为图8.3.44方框A局部放大
示泰利斯月坑冻胀丘顶大量初期辐射状冻胀裂隙(A)分布特征

图8.3.46 为图8.3.44方框B局部放大
示泰利斯月坑冻胀丘顶为辐射状冻胀裂隙覆盖分布特征

677

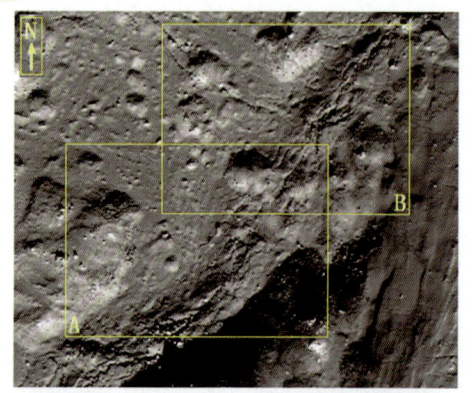

图 8.3.47 泰利斯月坑坑底冻胀脊、冻胀丘和冻胀裂隙分布特征

图 8.3.48 为图 8.3.47 方框 A 局部放大
示泰利斯月坑坑底早期形成的岩块和岩屑冻胀丘（A）冻胀脊（B）和晚期形成的光头状冻胀丘（C）分布特征

图 8.3.49 为图 8.3.47 方框 B 局部放大
示泰利斯月坑坑底冻胀丘（A）冻胀脊、冻胀裂隙（B）分布特征

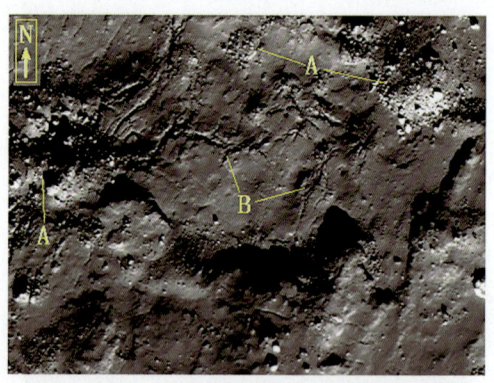

图 8.3.50 泰利斯月坑（Thales crater）坑底冻胀丘（A）、冻胀裂隙（B）分布特征

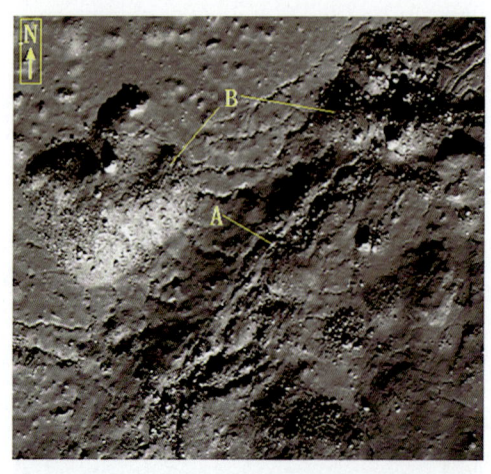

图 8.3.51 图 8.3.47 方框 B 局部放大
示泰利斯月坑坑底冻胀脊、冻胀裂隙（A）和冻胀丘（B）分布特征

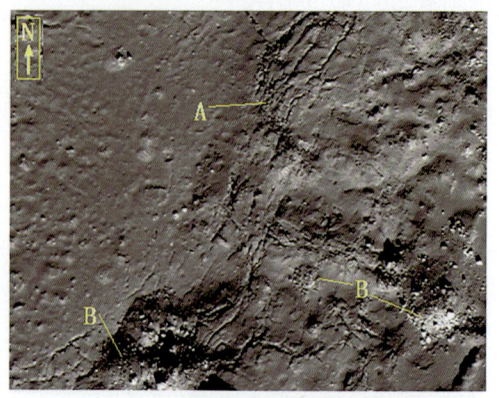

图 8.3.52 泰利斯月坑坑底冻胀脊、冻胀裂隙（A）和冻胀丘（B）分布特征

678

图 8.3.53 泰利斯月坑坑底形成的复杂冻胀丘群体（A）及其周边分布的冻胀裂隙（B）

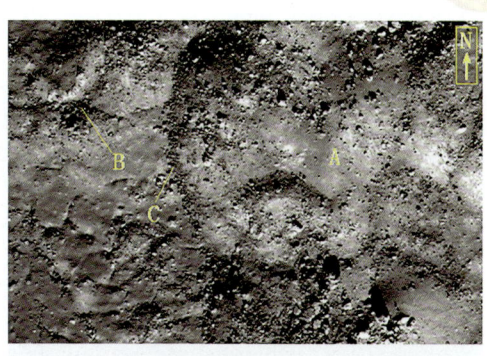

图 8.3.54 泰利斯月坑坑底复杂冻胀丘群体（A）、辐射状冻胀裂隙（B）和冻胀丘群体边缘形成的岩屑和岩块带（C）分布特征

图 8.3.55 泰利斯月坑坑底丘顶呈岩块和岩屑状冻胀丘（下）和丘顶呈辐射状冻胀裂隙（上）分布特征

图 8.3.56 泰利斯月坑坑底光头状冻胀丘（A）、岩屑和岩块状冻胀丘（B）和晚期形成的脊状冻胀裂隙（C）

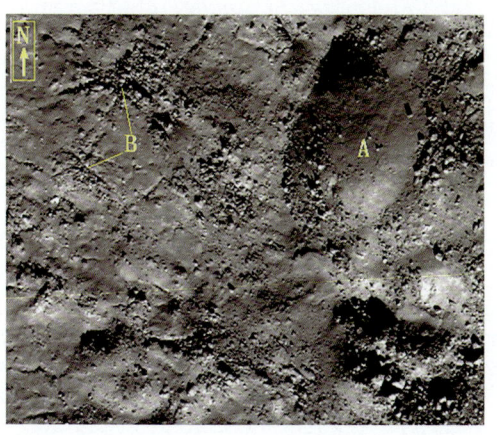

图 8.3.57 泰利斯月坑坑底晚形成的光头状冻胀丘（A）和丘顶呈辐射状冻胀裂隙（B）分布特征

图 8.3.58 泰利斯月坑坑底晚形成的光滑状冻胀丘和辐射状冻胀裂隙分布特征

图 8.3.59　为图 8.3.58 方框 A 局部放大
示泰利斯月坑坑底早期形成的冻胀裂隙为后期形成的岩块和岩屑冻胀丘切割分布特征

图 8.3.60　为图 8.3.58 方框 B 局部放大
示泰利斯月坑坑底早期形成的冻胀裂隙为后期形成的岩块和岩屑冻胀丘切割分布特征

图 8.3.61　泰利斯月坑坑底冻胀丘及其周边辐射状冻胀裂隙分布特征

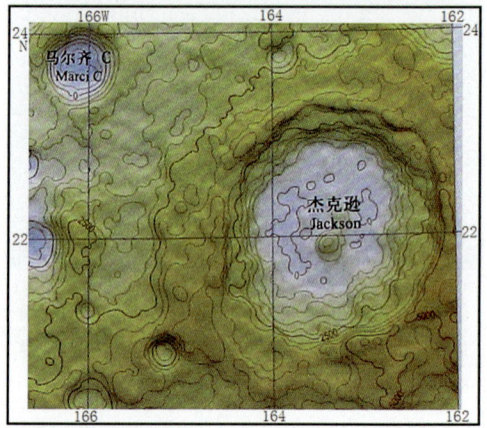

图 8.3.62　杰克逊（Jackson）月坑及附近地形图

第八章 月球"线形"构造地貌（遗迹）特征

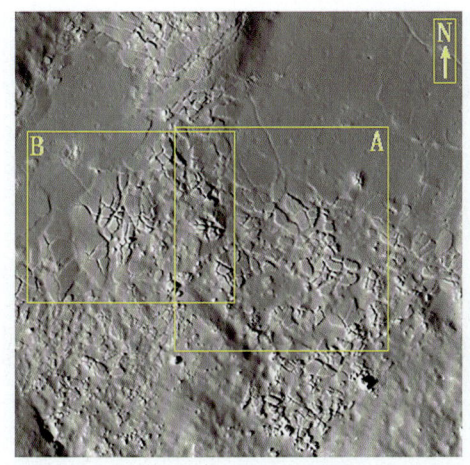

图 8.3.63 杰克逊（Jackson）月坑坑底西部泥质沉积层形成的冻胀丘似"刚出锅的开花馒头"，呈辐射状冻胀裂隙分布特征

图 8.3.64 为图 8.3.63 方框 A 局部放大
示杰克逊月坑坑底西部泥质沉积层形成的冻胀丘似"刚出锅的开花馒头"，冻胀裂隙呈辐射状分布特征

图 8.3.65 为图 8.3.64 方框局部放大
示杰克逊月坑坑底西部泥质沉积层形成的冻胀丘（箭头所示）似"刚出锅的开花馒头"，冻胀裂隙呈辐射状分布特征

图 8.3.66 为图 8.3.63 方框 B 局部放大
示杰克逊月坑坑底西部泥质沉积层形成的冻胀丘大多似"刚出锅的开花馒头"，冻胀裂隙呈辐射状分布特征

681

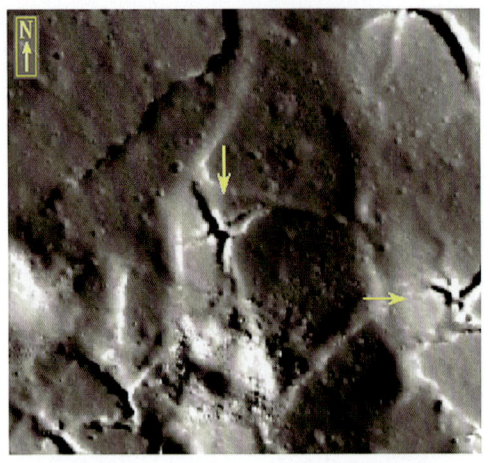

图 8.3.67　为图 8.3.66 方框局部放大
示杰克逊月坑坑底西部泥质沉积层形成的冻胀丘（箭头所示）似"刚出锅的开花馒头"，冻胀裂隙呈辐射状分布特征

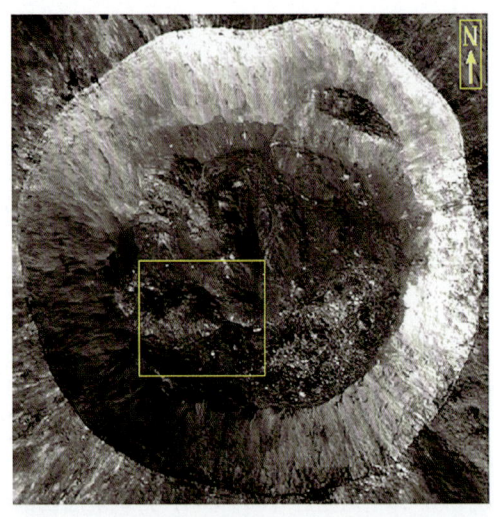

图 8.3.68　焦尔达诺·布鲁诺（Giordano Bruno）月坑卫星影像图

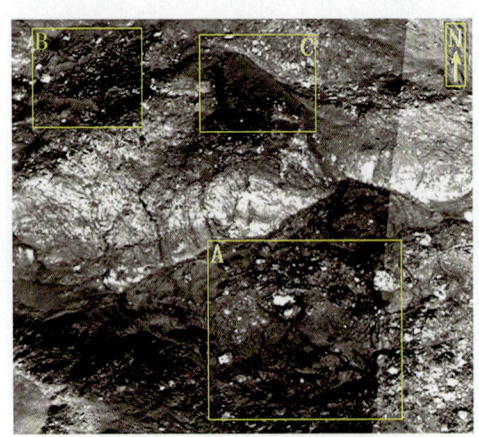

图 8.3.69　为图 8.3.68 方框局部放大
示焦尔达诺·布鲁诺月坑泥质沉积层形成的冻胀丘和辐射状冻胀裂隙分布于坑底小沉积盆地（A、B、C）特征

图 8.3.70　为图 8.3.69 小沉积盆地 A 局部放大
示焦尔达诺·布鲁诺月坑坑底小沉积盆地冻胀丘多呈馒头状，丘顶很少见冻胀裂隙分布

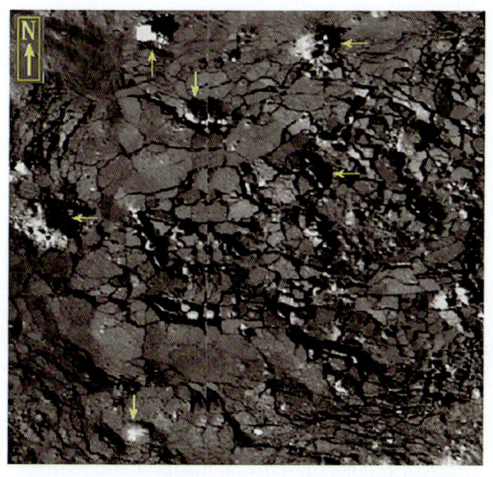

图 8.3.71　为图 8.3.69 小沉积盆地 B 局部放大

示焦尔达诺·布鲁诺月坑坑底小沉积盆地 B 泥质沉积层形成的冻胀丘似"刚出锅的开花馒头"和辐射状冻胀裂隙（箭头所示）大量分布

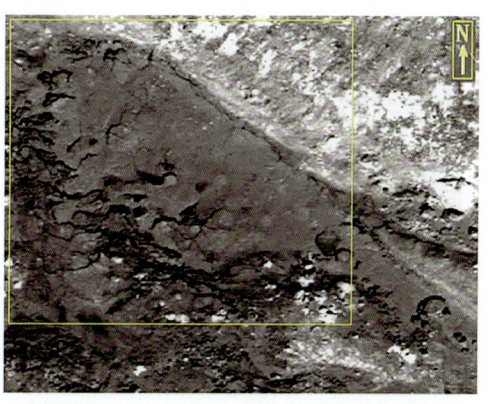

图 8.3.72　为图 8.3.69 小沉积盆地 C 局部放大

示焦尔达诺·布鲁诺月坑坑底小沉积盆地 C 泥质沉积层形成的冻胀丘似"刚出锅的开花馒头"和辐射状冻胀裂隙大量分布

图 8.3.73　为图 8.3.72 方框局部放大

示焦尔达诺·布鲁诺月坑坑底小沉积盆地 C 泥质沉积层形成的冻胀丘似"刚出锅的开花馒头"和辐射状冻胀裂隙大量分布

图 8.3.74　为图 8.3.70 方框 A 局部放大

示焦尔达诺·布鲁诺月坑坑底小溅落沉积盆地冻胀丘多呈馒头状，丘顶很少见冻胀裂隙分布

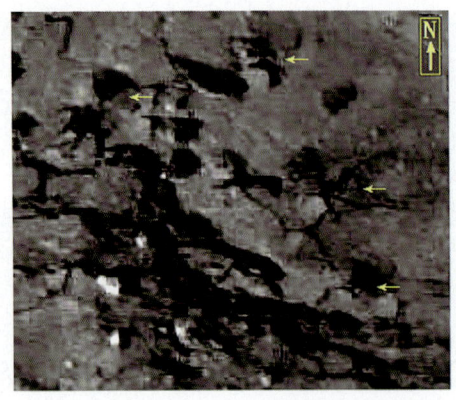

图 8.3.75　为图 8.3.73 方框局部放大

示焦尔达诺·布鲁诺月坑坑底小沉积盆地 C 泥质沉积层形成的冻胀丘似"刚出锅的开花馒头"和平直的辐射状冻胀裂隙（箭头所示）大量分布

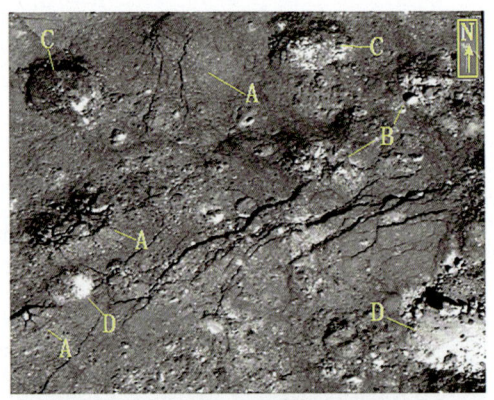

图 8.3.76　为图 8.3.70 方框 B 局部放大

示焦尔达诺·布鲁诺月坑坑底小溅落沉积盆地开始形成的冻胀丘（A）似"刚出锅的开花馒头"、初期发育的冻胀丘（B）、成熟的冻胀丘（C）和晚期形成的冻胀丘（D）

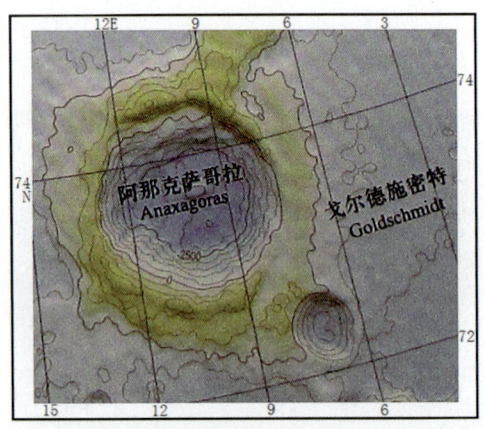

图 8.3.77　阿那克萨哥拉（Anaxagoras）月坑及附近地形图

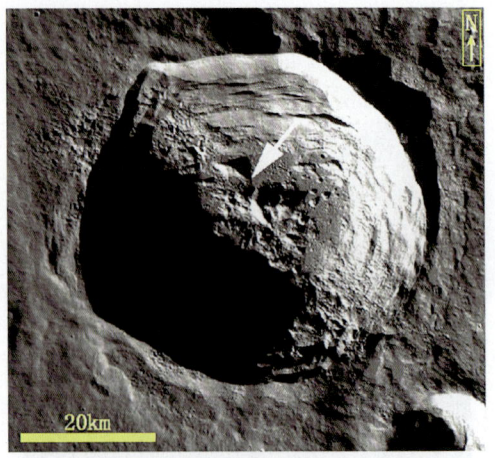

图 8.3.78　阿那克萨哥拉（Anaxagoras）月坑卫星影像图

第八章 月球"线形"构造地貌（遗迹）特征

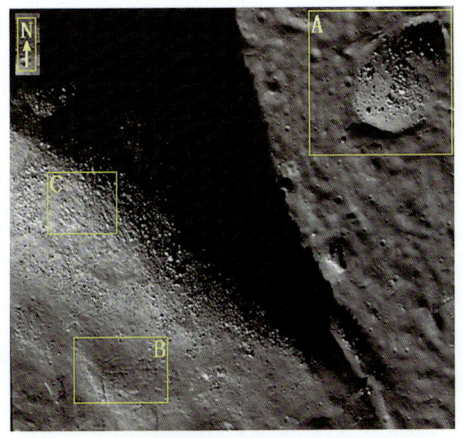

图 8.3.79 阿那克萨哥拉月坑坑底冻胀丘（A、B、C）及冻胀裂隙分布特征

图 8.3.80 为图 8.3.79 方框 A 局部放大示阿那克萨哥拉月坑坑底椭圆形冻胀丘布满岩屑和岩块分布特征

图 8.3.81 为图 8.3.79 方框 B 局部放大示阿那克萨哥拉月坑坑底冻胀丘顶辐射状冻胀裂隙分布特征

图 8.3.82 为图 8.3.79 方框 C 局部放大示阿那克萨哥拉月坑坑底冻胀丘顶大量网格状冻胀裂隙分布特征

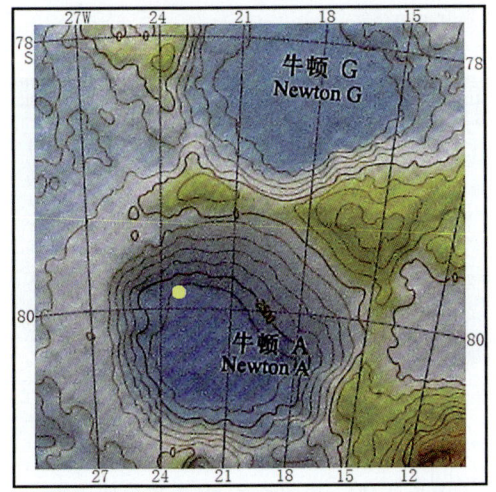

图 8.3.83 南极区牛顿 A 西北小月坑及附近地形图

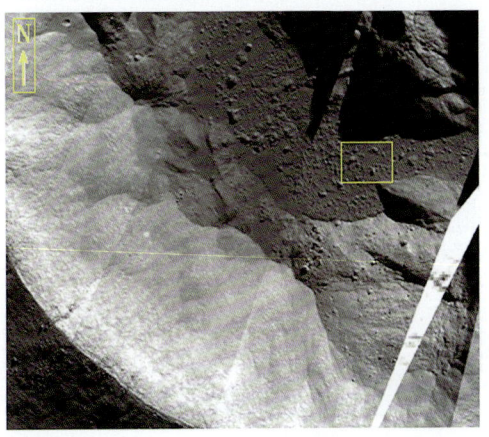

图 8.3.84 南极区牛顿 A 西北小月坑部分卫星影像图

685

图 8.3.85　为图 8.3.84 方框局部放大

示南极区牛顿 A 西北小月坑坑底冻胀丘和冻胀裂隙分布特征

图 8.3.86　为图 8.3.85 方框局部放大

示南极区牛顿 A 西北小月坑坑底冻胀丘切割冻胀裂隙分布特征

图 8.3.87　为图 8.3.85 方框局部放大

示南极区牛顿 A 西北小月坑坑底冻胀丘切割冻胀裂隙分布特征

图 8.3.88　为图 8.3.84 方框局部放大

示南极区牛顿 A 西北小月坑坑底冻胀裂隙切割冻胀丘分布特征

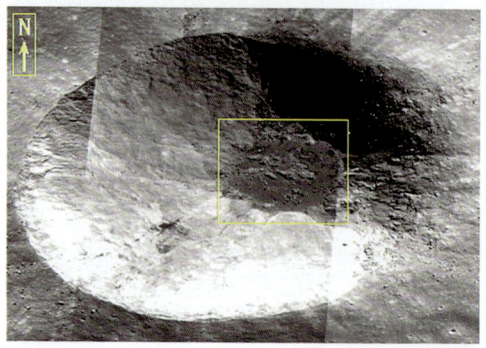

图 8.3.89　李四光（Li Si Guang）月坑和李四光湖（方框内）分布特征

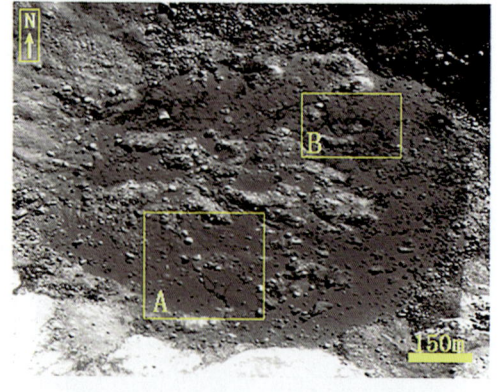

图 8.3.90　为图 8.3.89 方框局部放大

示马蹄形李四光（Li Si Guang）湖分布特征

第八章 月球"线形"构造地貌（遗迹）特征

图 8.3.91　为图 8.3.90 方框 A 局部放大
示淹没在湖水下面的泥裂（箭头所示）分布特征

图 8.3.92　为图 8.3.90 方框 B 局部放大
示淹没在湖水下面的泥裂（箭头所示）分布特征

图 8.3.93　科普夫（Kopfl）月坑（方框）在东海分布位置

图 8.3.94　为图 8.3.93 方框局部放大
示科普夫月坑分布特征

687

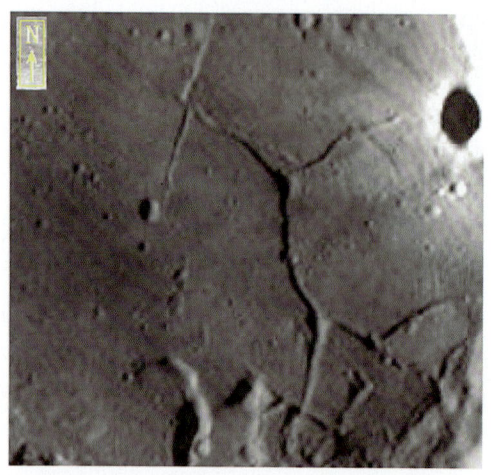

图 8.3.95 为图 8.3.94 方框局部放大
示科普夫月坑南东泥裂中间宽尾部细分布特征

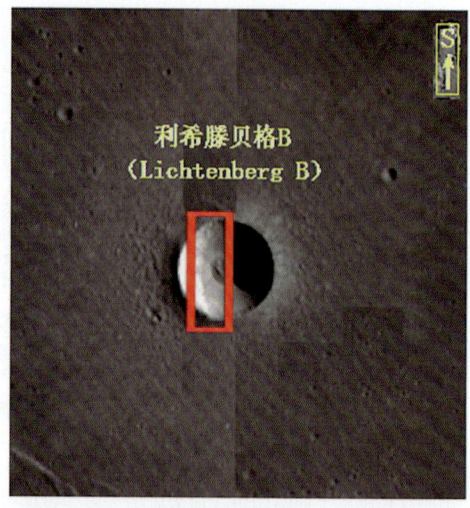

图 8.3.96 利希滕贝格 B（Lichtenberg B）月坑分布特征

图 8.3.97 为图 8.3.96 方框局部放大
示利希滕贝格 B 月坑坑壁和坑底局部特征

图 8.3.98 为图 8.3.97 方框局部放大
示利希滕贝格 B 月坑坑底泥裂呈树枝状分布特征

第八章 月球"线形"构造地貌（遗迹）特征

图 8.3.99　为图 8.3.98 方框局部放大
示利希滕贝格 B 月坑坑底泥裂呈树枝状分布特征，箭头所示

图 8.3.100　第谷（Tycho）月坑坑外山间盆地泥裂（A、B）分布图

图 8.3.101　为图 8.3.100 方框 A 局部放大
示第谷月坑东坑外"A"山间盆地泥裂分布特征之一

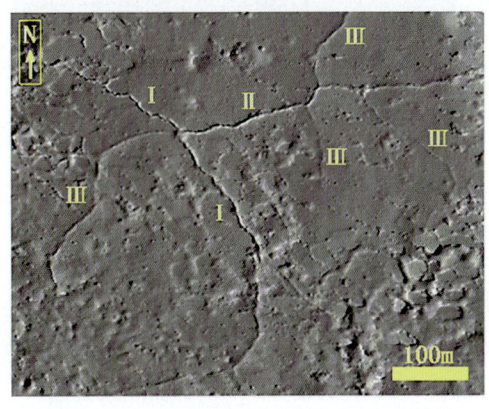

图 8.3.102　为图 8.3.101 方框局部放大
示第谷月坑东坑外"A"间盆地泥裂分布特征，Ⅰ、Ⅱ、Ⅲ为泥裂级别

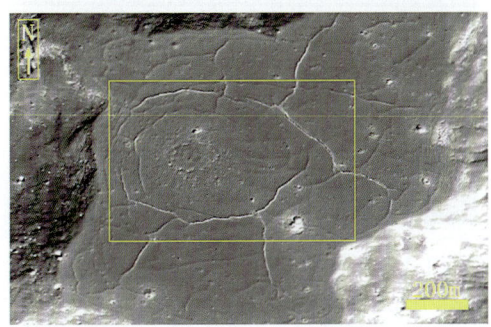

图 8.3.103　为图 8.3.100 方框 B 局部放大
示第谷月坑东坑外"B"山间盆地泥裂呈车轮状分布特征之二

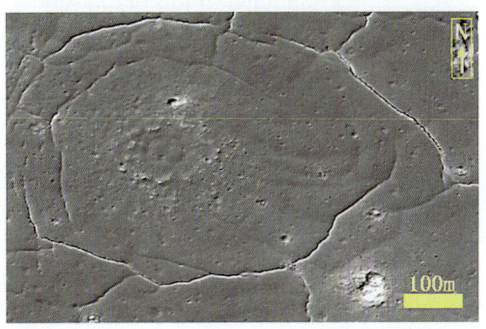

图 8.3.104　为图 8.3.103 方框局部放大
示第谷月坑东坑外"B"山间盆地泥裂呈车轮状分布特征之二

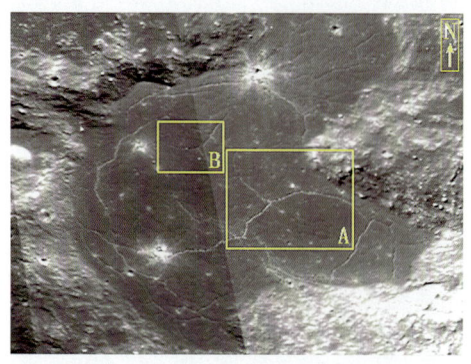

图 8.3.105　第谷（Tycho）月坑东坑外山间盆地泥裂呈分散树枝状特征之三

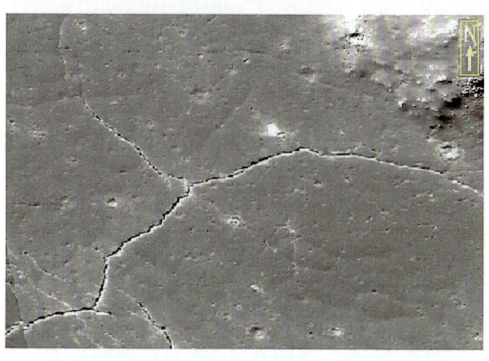

图 8.3.106　为图 8.3.105 方框 A 局部放大

示第谷月坑东坑外山间盆地泥裂之三呈分散树枝状分布特征

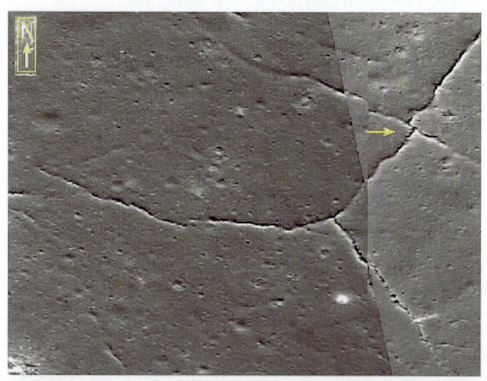

图 8.3.107　为图 8.3.105 方框 B 局部放大

示第谷月坑东坑外山间盆地泥裂之三呈树枝状，局部见北东向为北西向泥裂所切割和左旋错断，箭头所示

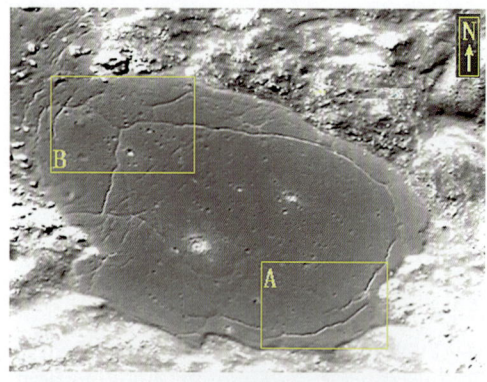

图 8.3.108　第谷（Tycho）月坑东坑外泥裂沿山间盆地边缘分布特征之四

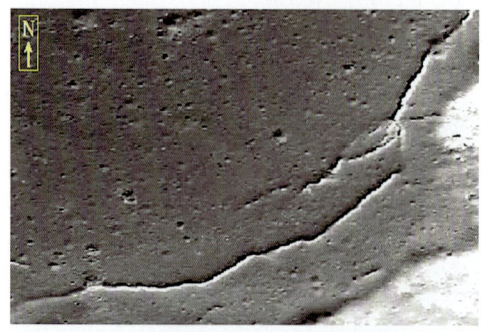

图 8.3.109　为图 8.3.108 方框 A 局部放大

示第谷月坑东坑外山间盆地泥裂之四沿山间盆地边缘分布特征

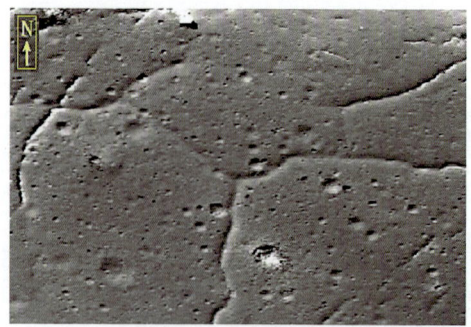

图 8.3.110　为图 8.3.108 方框 B 局部放大

示第谷月坑东坑外山间盆地泥裂之四沿山间盆地边缘分散树枝状分布特征

第八章 月球"线形"构造地貌（遗迹）特征

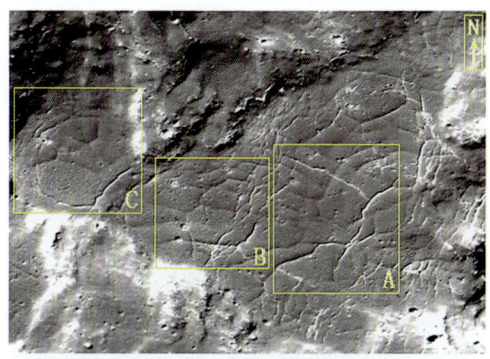

图8.3.111 第谷（Tycho）月坑东坑外山间盆地泥裂分布特征之五

图8.3.112 为图8.3.111方框A局部放大
示第谷（Tycho）月坑东坑外山间盆地泥裂之五不同期次相互切割分布特征

图8.3.113 为图8.3.111方框B局部放大
示第谷月坑东坑外山间盆地泥裂之五树枝状和雁行状分布特征

图8.3.114 为图8.3.111方框C局部放大
示第谷月坑东坑外山间盆地泥裂之五呈圈层状分布特征

图 8.3.115 第谷（Tycho）月坑东坑外山间盆地泥裂之六树枝状分布特征

图 8.3.116 为图 8.3.115 方框局部放大
示第谷月坑东坑外山间盆地树枝状泥裂后期覆盖和充填分布特征

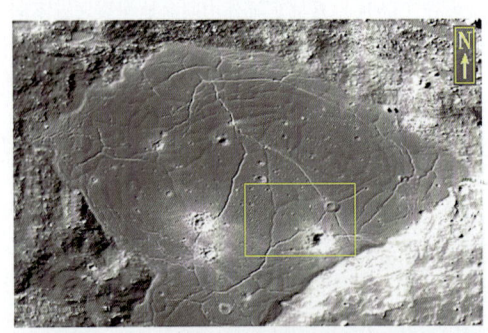

图 8.3.117 第谷（Tycho）月坑东坑外山间盆地泥裂之七树枝状分布特征

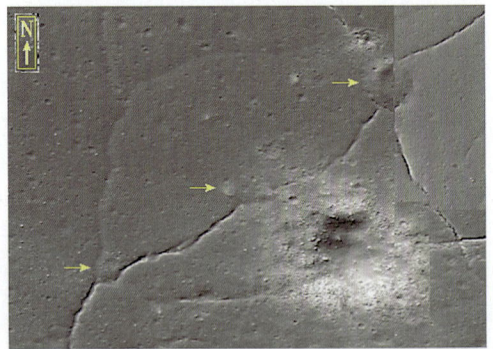

图 8.3.118 为图 8.3.117 方框局部放大
示第谷月坑东坑外山间盆地泥裂形成后沿泥裂及交叉处产生的热融沙丘（箭头所示）分布特征

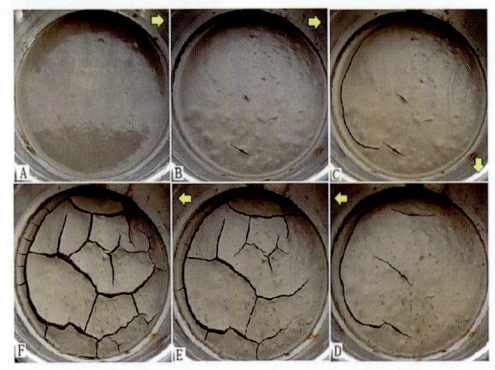

图 8.3.119 泥裂实验：A→B→C→D→E→F 示从实验开始到结束不同阶段形成的泥裂，最大特点是两裂隙之间呈"丁"字形相交，早形成比晚形成的泥裂规模大

第八章 月球"线形"构造地貌（遗迹）特征

图 8.3.120　第谷月坑裂隙构造分布
A、D 为泥冰川挤压脊状线形构造分布区，B 为泥冰川"雁行"型张裂线形构造分布区，C 为泥冰川"走滑"型张裂线形构造、"推覆"型挤压线形构造、脊状挤压线形构造分布区

图 8.3.121　第谷月坑坑底泥冰川表面"人"字行和"雁行"张裂线形构造分布特征
箭头示泥冰川流动方向

图 8.3.122　第谷月坑坑底泥冰川表面"人"字行和"雁行"张裂线形构造分布特征
箭头示泥冰川流动方向

图 8.3.123　第谷月坑坑底泥冰川表面"人"字行和"雁行"张裂线形构造分布特征
箭头示泥冰川流动方向

693

图 8.3.124　第谷月坑坑底泥冰川表面"人"字行"雁行"和"滑脱"型张裂线形构造分布特征

箭头示泥冰川流动方向

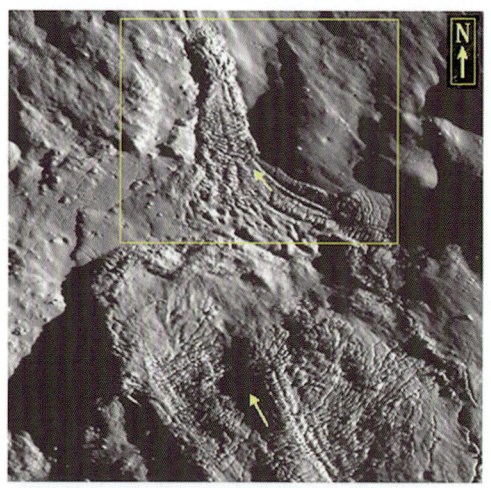

图 8.3.125　为图 8.3.124 方框局部放大

示第谷月坑坑底泥冰川表面"人字行""雁行"和"滑脱"型张裂线形构造分布特征，箭头示泥冰川流动方向

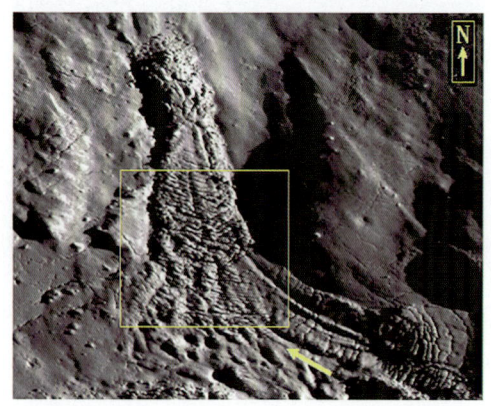

图 8.3.126　为图 8.3.125 方框局部放大

示第谷月坑坑底泥冰川表面"人"字行"雁行"和"滑脱"型张裂线形构造分布特征，箭头示泥冰川流动方向

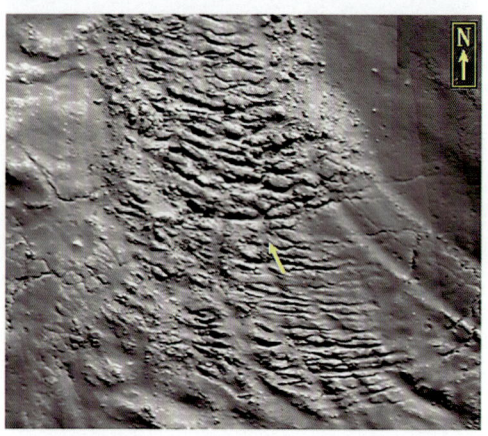

图 8.3.127　为图 8.3.126 方框局部放大

示第谷月坑坑底泥冰川表面"人"字行"雁行"和"滑脱"型张裂线形构造分布特征，箭头示泥冰川流动方向

第八章 月球"线形"构造地貌（遗迹）特征

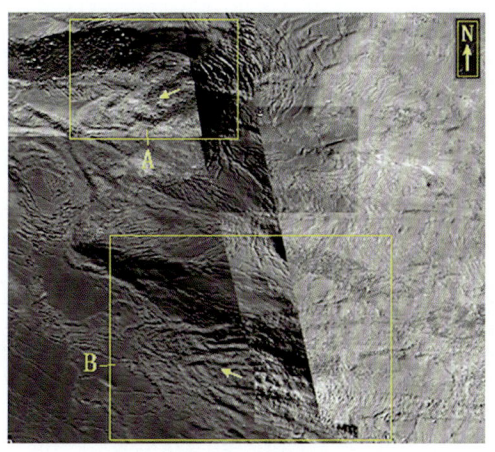

图 8.3.128 第谷月坑坑底由泥冰川"雁行"张裂线形构造转变为冰川挤压"扇状脊"线形构造特征

箭头示泥石流流动方向

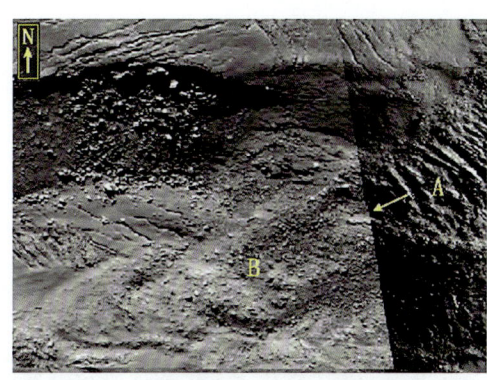

图 8.3.129 为图 8.3.128 方框 A 局部放大

示第谷月坑坑底由泥冰川"滑脱"弧形张裂线形构造（A）转变为冰川挤压"扇状脊"线形构造（B）特征，箭头示泥石流流动方向

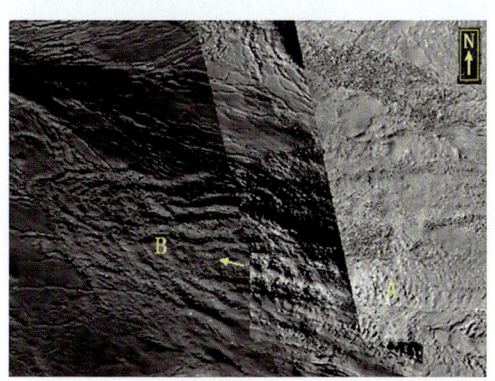

图 8.3.130 为图 8.3.128 方框 B 局部放大

示第谷月坑坑底由泥冰川"滑脱"弧形张裂线形构造（A）转变为冰川挤压"扇状脊"线形构造（B）特征，箭头示泥石流流动方向

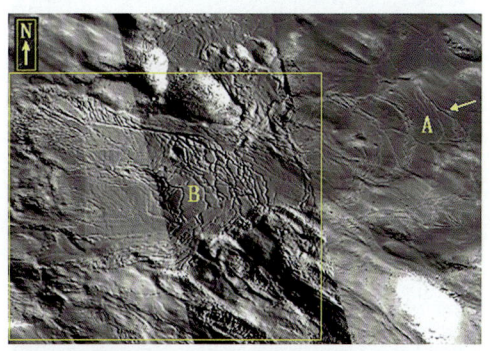

图 8.3.131 第谷月坑坑底泥冰川"滑脱"弧形张裂线形构造分布特征

上游弧形裂隙分布密度小，裂隙宽度窄（A），向下游分布密度变大，裂隙宽度明显加大（B），箭头示泥冰川流动方向

695

图8.3.132 为图8.3.131方框局部放大
示泥冰川"滑脱"弧形张裂线形构造（A）向上游凸出分布特征，箭头示泥冰川流动方向

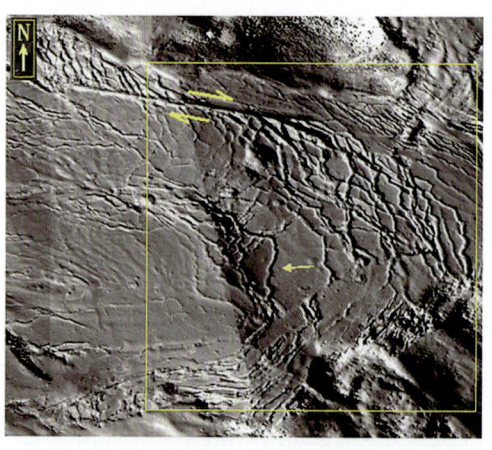

图8.3.133 为图8.3.132方框局部放大
示泥冰川"滑脱"弧形张裂线形构造向上游凸出分布特征，全箭头示泥冰川"滑脱"方向，单边箭头示因"滑脱"产生扭裂运动方向

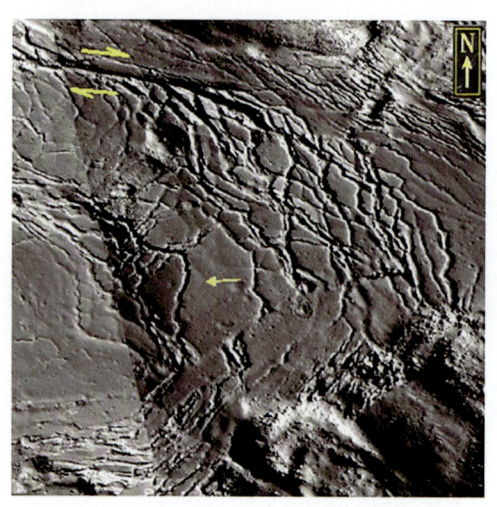

图8.3.134 为图8.3.133方框局部放大
示泥冰川"滑脱"弧形张裂线形构造向上游凸出分布特征，全箭头示泥冰川"滑脱"方向，单边箭头示因"滑脱"产生扭裂运动方向

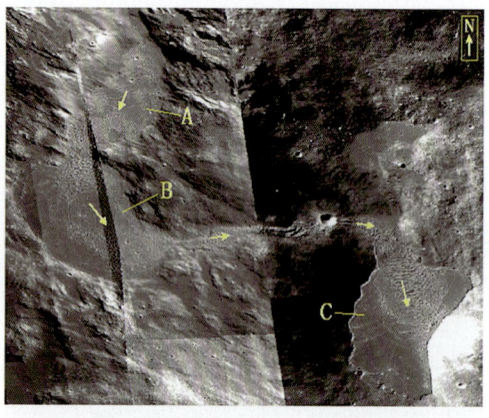

图8.3.135 第谷月坑坑外山间盆地A、B、C和连接通道D
示泥冰川表面裂隙线形构造分布特征，箭头示泥冰川流动方向

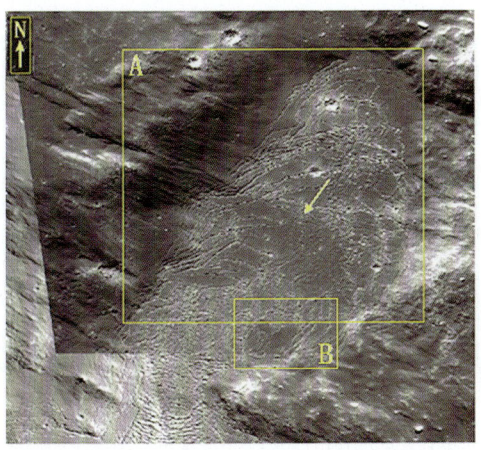

图 8.3.136　为图 8.3.135 山间盆地 A 局部放大

示泥冰川裂隙线形构造分布特征，箭头示泥冰川主流线流动方向

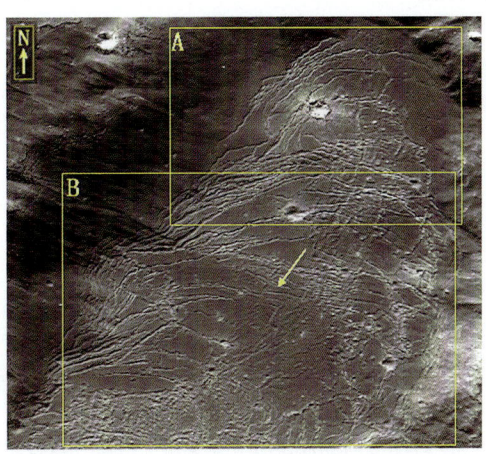

图 8.3.137　为图 8.3.136 方框 A 局部放大

示第谷月坑坑外山间盆地 A 泥冰川裂隙线形构造分布特征，箭头示泥冰川主流线流动方向

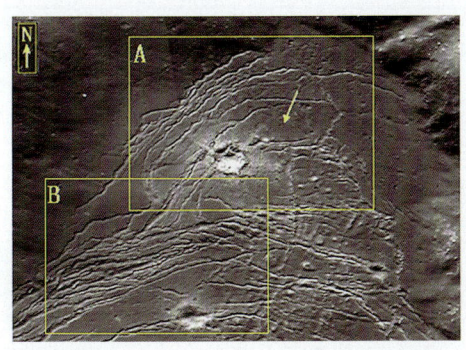

图 8.3.138　为图 8.3.137 方框 A 局部放大

示第谷月坑坑外山间盆地 A 泥冰川"滑脱"裂隙线形构造分布特征，箭头示泥冰川主流线流动方向

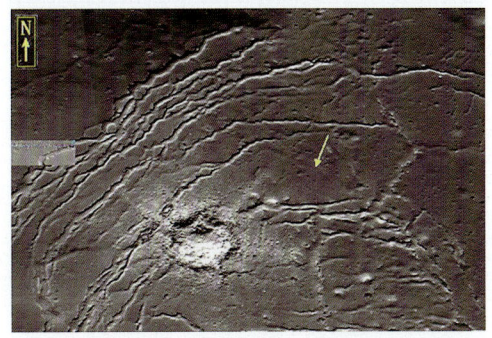

图 8.3.139　为图 8.3.138 方框 A 局部放大

示第谷月坑坑外山间盆地 A 泥冰川次生"滑脱"裂隙线形构造分布特征，箭头示泥冰川主流线流动方向

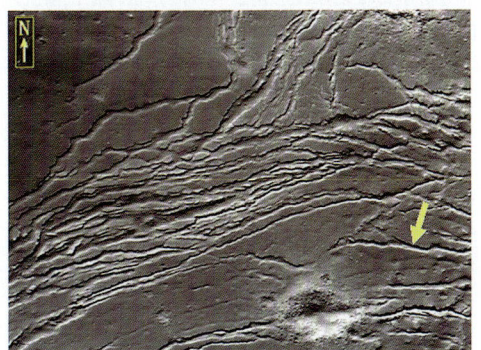

图 8.3.140　为图 8.3.138 方框 B 局部放大

示第谷月坑坑外山间盆地 A 泥冰川"滑脱"裂隙线形构造分布特征，箭头示泥冰川主流线流动方向

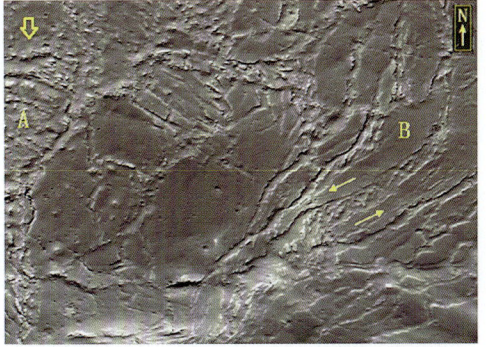

图 8.3.141　为图 8.3.136 方框 B 局部放大

示第谷月坑坑外山间盆地 A 泥冰川挤压脊状构造（A）和走滑线形构造（B）分布特征，空心箭头示泥冰川主流线流动方向

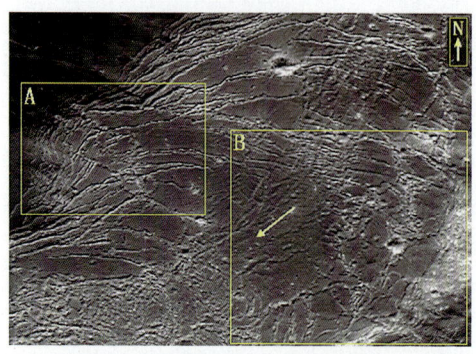

图 8.3.142 为图 8.3.137 方框 B 局部放大
示第谷月坑坑外山间盆地 A 泥冰川"滑脱"裂隙线形构造（A）和挤压脊状线形构造（B），箭头示泥冰川主流线流动方向

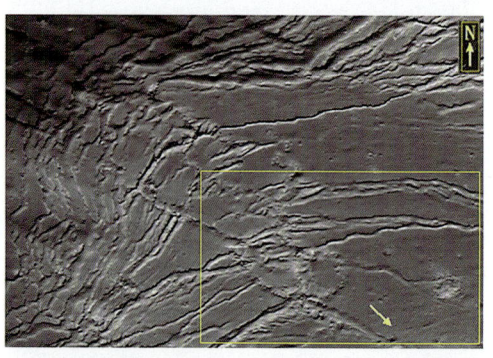

图 8.3.143 为图 8.3.142 方框 A 局部放大
示第谷月坑坑外山间盆地 A 泥冰川"滑脱"裂隙线形构造分布特征，箭头示泥冰川主流线流动方向

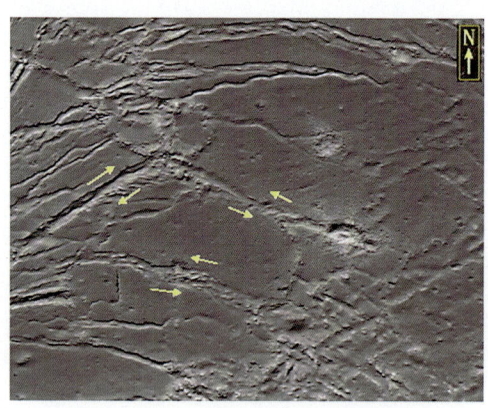

图 8.3.144 为图 8.3.143 方框局部放大
示第谷月坑坑外山间盆地 A 泥冰川北东和北西方向走滑裂隙交叉处线形构造分布特征

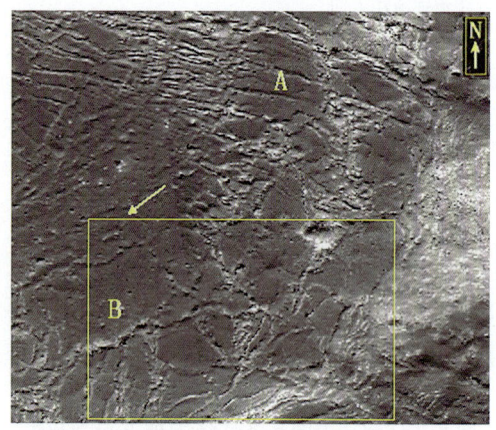

图 8.3.145 为图 8.3.142 方框 B 局部放大
示第谷月坑坑外山间盆地 A 泥冰川"滑脱"（A）和部分挤压脊状裂隙线形构造（B）分布特征，箭头示泥冰川主流线流动方向

第八章 月球"线形"构造地貌（遗迹）特征

图 8.3.146 为图 8.3.145 方框局部放大
示第谷月坑坑外山间盆地 A 泥冰川次生"滑脱"和部分挤压脊状裂隙线形构造分布特征，箭头示泥冰川主流线流动方向

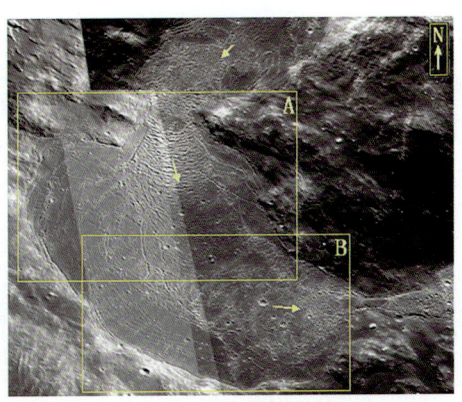

图 8.3.147 为图 8.3.135 盆地 B 局部放大
示第谷月坑坑外山间盆地 B 泥冰川表面裂隙线形构造分布特征，箭头示泥冰川主流线流动方向

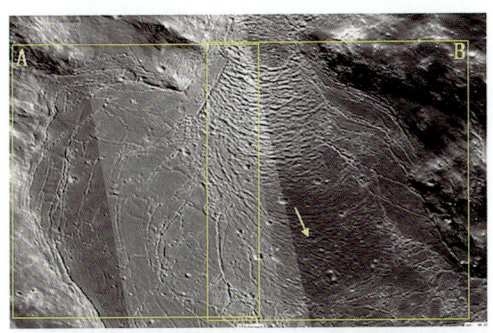

图 8.3.148 为图 8.3.147 方框 A 局部放大
示山间盆地 B 泥冰川表面裂隙线形构造分布特征，箭头示泥冰川主流线流动方向

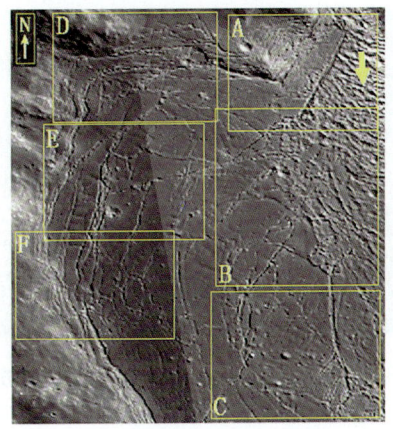

图 8.3.149 为图 8.3.148 方框 A 局部放大
示山间盆地 B 上半部左侧泥冰川表面裂隙线形构造分布特征，箭头示泥冰川主流线流动方向

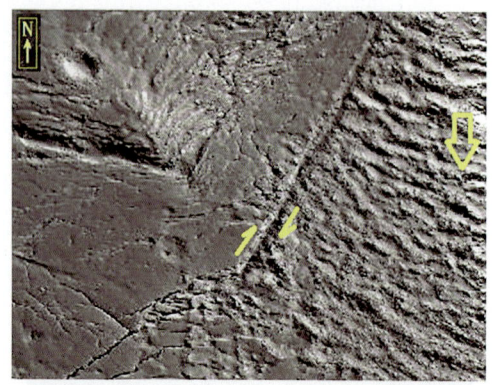

图 8.3.150　为图 8.3.149 方框 A 局部放大
示泥冰川主流线左侧形成的挤压走滑线形构造（单边箭头所示）和"滑脱"构造（左上）分布特征，空心箭头示泥冰川主流线流动方向

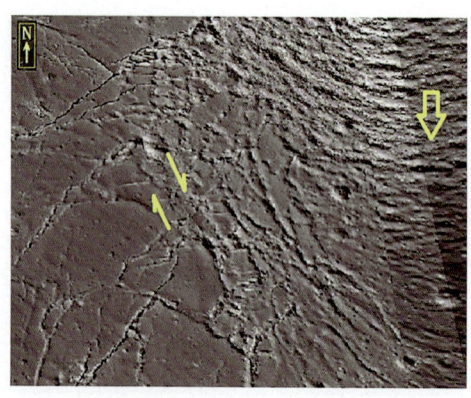

图 8.3.151　为图 8.3.149 方框 B 局部放大
示泥冰川主流线左侧形成的挤压走滑线形构造（单边箭头所示）和"雁行"张裂线形构造（左）分布特征，空心箭头示泥冰川主流线流动方向

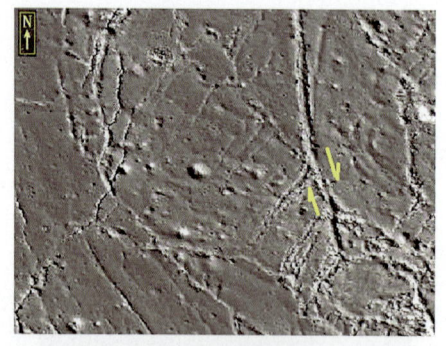

图 8.3.152　为图 8.3.149 方框 C 局部放大
示山间盆地 B 上半部左侧泥冰川表面"走滑张裂"（箭头所示）裂隙线形构造分布特征

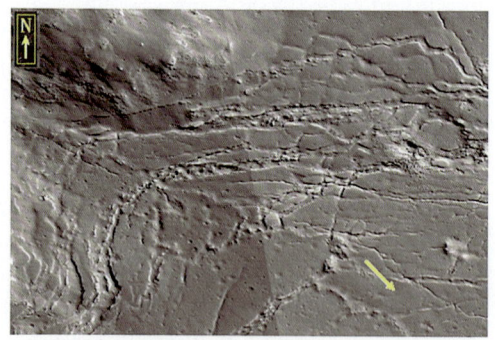

图 8.3.153　为图 8.3.149 方框 D 局部放大
示山间盆地 B 上半部左侧泥冰川表面"滑脱"线形构造（左）分布特征，箭头示泥冰川主流线流动方向

第八章 月球"线形"构造地貌（遗迹）特征

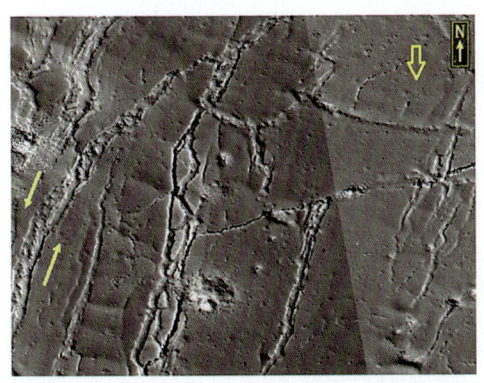

图 8.3.154　为图 8.3.149 方框 E 局部放大
示山间盆地 B 上半部左侧泥冰川表面"雁行"张裂线形构造（左）和局部"挤压脊"线形构造（右上）分布特征，空心箭头示泥冰川主流线流动方向

图 8.3.155　为图 8.3.149 方框 F 局部放大
示山间盆地 B 下半部左侧泥冰川表面"雁行"张扭线形构造（左）分布特征，空心箭头示泥冰川主流线流动方向

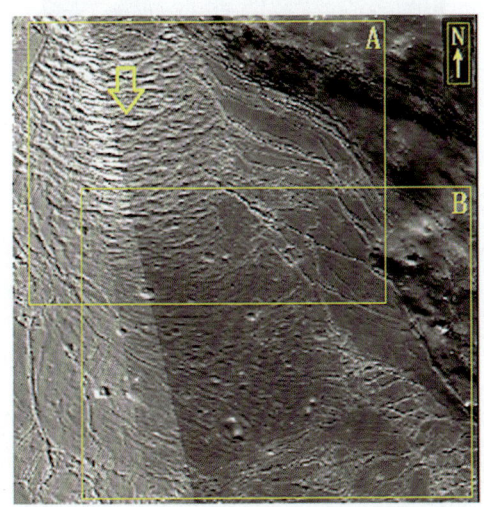

图 8.3.156　为图 8.3.148 方框 B 局部放大
示第谷月坑坑外山间盆地 B 上半部右侧泥冰川表面裂隙线形构造分布特征，空心箭头示泥冰川主流线流动方向

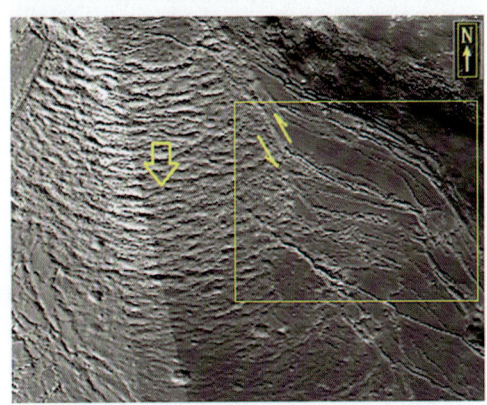

图 8.3.157　为图 8.3.156 方框 A 局部放大
示山间盆地泥 B 上半部右侧泥冰川表面裂隙线形构造分布特征，空心箭头示泥冰川主流线流动方向

701

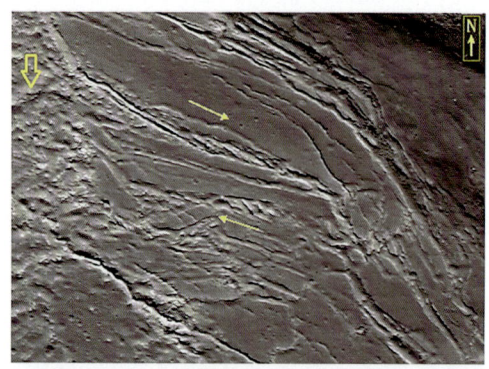
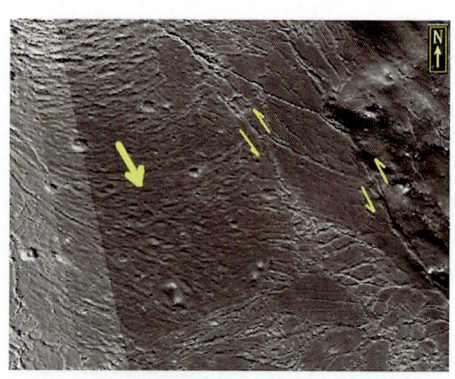

图 8.3.158　为图 8.3.157 方框局部放大
示山间盆地 B 东侧泥冰川表面挤压型线形构造和张裂线形构造分布特征，空心箭头示泥冰川主流线流动方向

图 8.3.159　为图 8.3.156 方框 B 局部放大
示山间盆地泥 B 上半部右侧泥冰川表面裂隙线形构造分布特征，粗箭头示泥冰川主流线流动方向

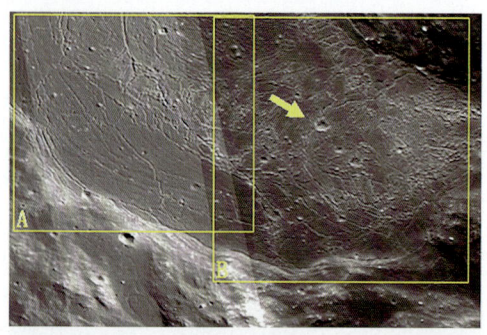
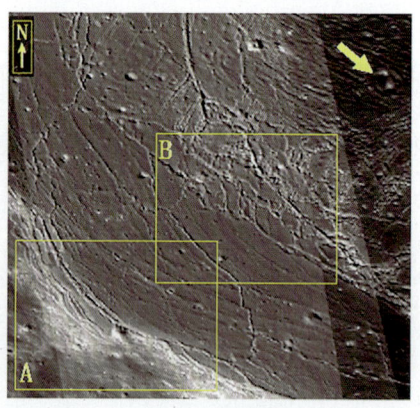

图 8.3.160　为图 8.3.147 方框 B 局部放大
示山间盆地 B 下半部泥冰川表面裂隙线形构造分布特征，箭头示泥冰川主流线流动方向

图 8.3.161　为图 8.3.160 方框 A 局部放大
示山间盆地 B 下半部左侧泥冰川表面裂隙线形构造分布特征，箭头示泥冰川主流线流动方向

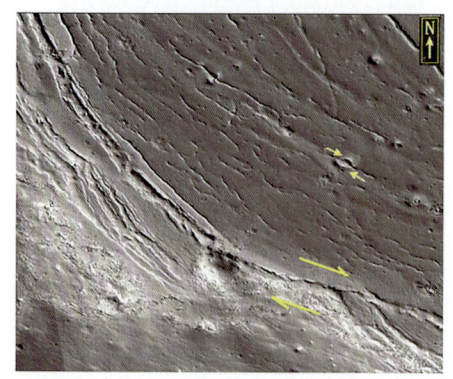
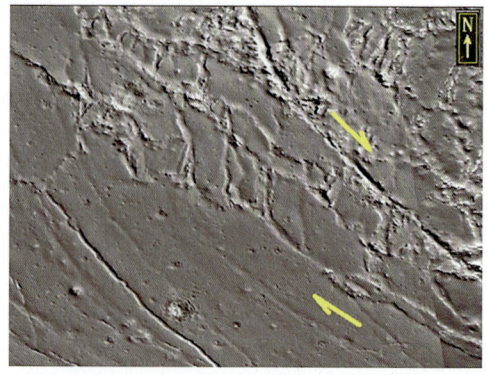

图 8.3.162　为图 8.3.161 方框 A 局部放大
示山间盆地 B 下半部左侧泥冰川表面"走滑"张裂线形构造分布特征

图 8.3.163　为图 8.3.161 方框 B 局部放大
示山间盆地 B 下半部左侧泥冰川表面"走滑"张裂线形构造分布特征

第八章 月球"线形"构造地貌（遗迹）特征

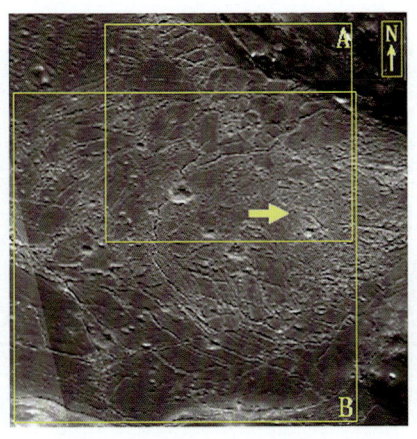

图 8.3.164　为图 8.3.160 方框 B 局部放大
示山间盆地 B 下半部右侧泥冰川表面裂隙线形构造分布特征，箭头示泥冰川主流线流动方向

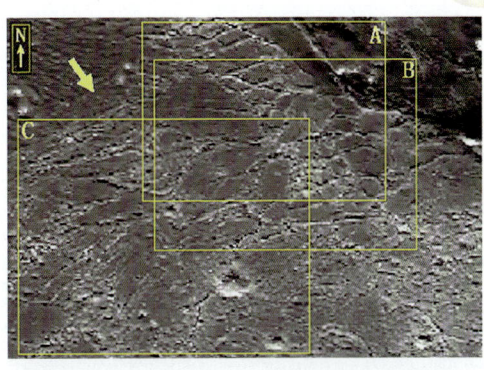

图 8.3.165　为图 8.3.164 方框 A 局部放大
示山间盆地 B 下半部右侧泥冰川表面裂隙线形构造分布特征，箭头示泥冰川主流线流动方向

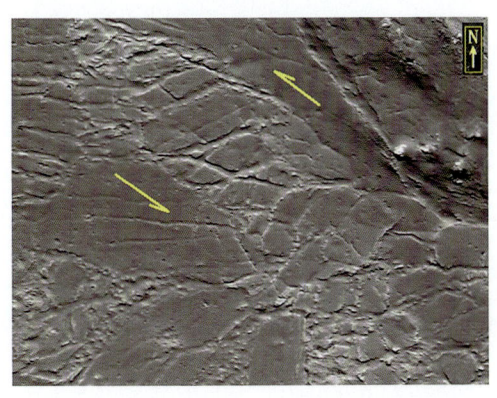

图 8.3.166　为图 8.3.165 方框 A 局部放大
示山间盆地 B 下半部右侧泥冰川表面裂隙线形构造分布特征

图 8.3.167　为图 8.3.165 方框 B 局部放大
示山间盆地 B 下半部右侧泥冰川表面裂隙构造分布特征

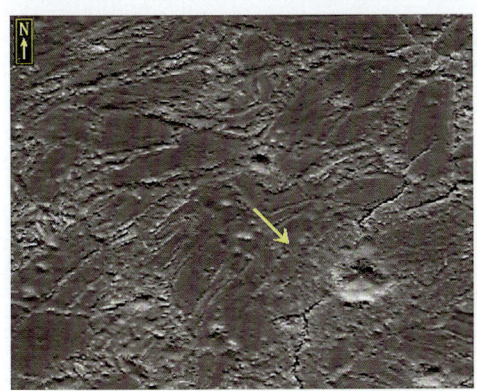

图 8.3.168　为图 8.3.165 方框 C 局部放大
示山间盆地 B 下半部右侧泥冰川表面裂隙线形构造挤压脊状线形构造频频出显分布特征，箭头示泥冰川主流线流动方向

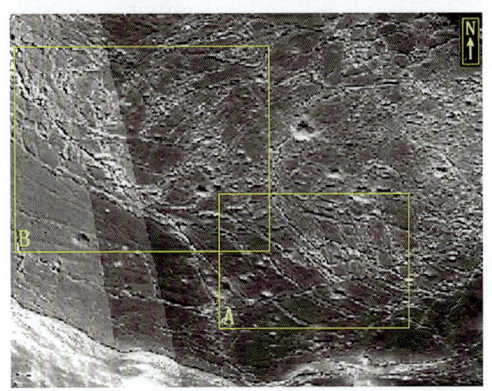

图 8.3.169　为图 8.3.164 方框 B 局部放大
示山间盆地 B 下半部右侧泥冰川表面裂隙线形构造分布特征

703

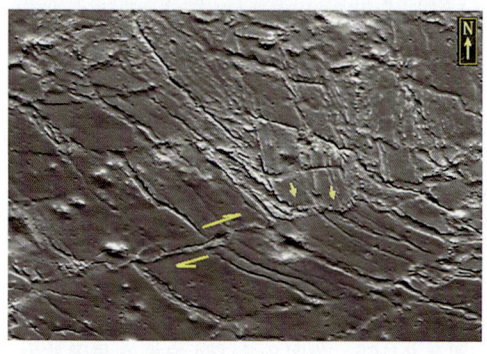

图8.3.170 为图8.3.169方框A局部放大

示山间盆地B下半部右侧泥冰川表面"挤压走滑"脊状和"推覆"线形构造分布特征

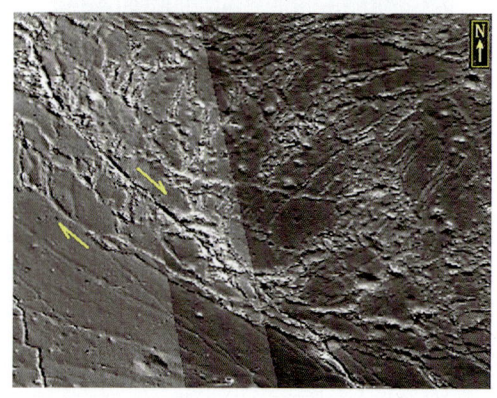

图8.3.171 为图8.3.169方框B局部放大

示山间盆地B下半部右侧泥冰川表面次生压扭性和张扭性线形构造分布特征

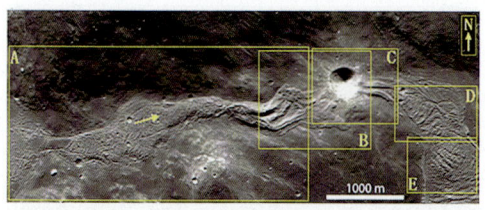

图8.3.172 第谷月坑坑外山间盆地B与C之间泥冰川连接通道形成挤压脊线形构造为主分布特征

箭头示泥冰川主流线流动方向

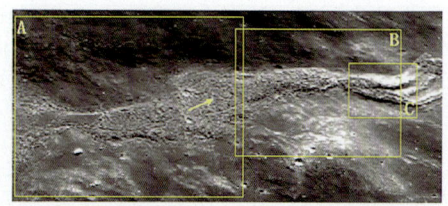

图8.3.173 为图8.3.172方框A局部放大

示泥冰川连接通道形成挤压脊线形构造为主分布特征，箭头示泥冰川主流线流动方向

图8.3.174 为图8.3.172方框B局部放大

示泥冰川连接通道形成挤压脊线形构造为晚期"陆地月坑"切割和融溶分布特征，箭头示泥冰川主流线流动方向

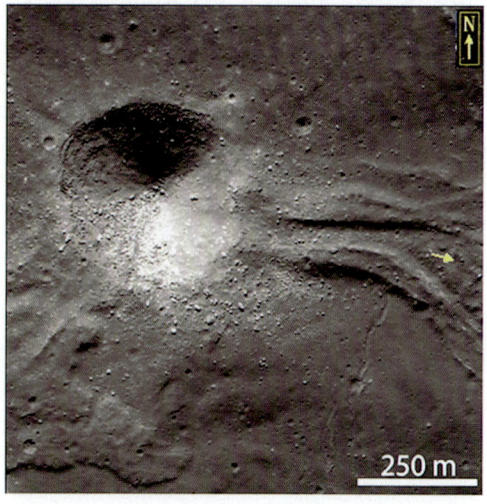

图8.3.175 为图8.3.172方框C局部放大

示泥冰川连接通道形成挤压脊线形构造为晚期"陆地月坑"切割和原有泥冰川物质发生融溶分布特征，箭头示泥冰川主流线流动方向

第八章 月球"线形"构造地貌（遗迹）特征

图 8.3.176　为图 8.3.172 方框 D 局部放大（反像）
示泥冰川进入盆地 C 前仍以挤压脊线形构造分布为主，箭头示泥冰川主流线流动方向

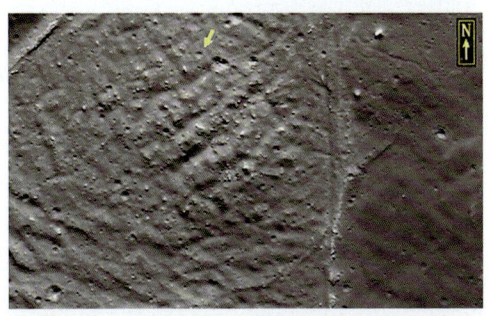

图 8.3.177　为图 8.3.172 方框 E 局部放大（反像）
示泥冰川进入盆地 C 前仍以挤压脊线形构造分布为主，箭头示泥冰川主流线流动方向

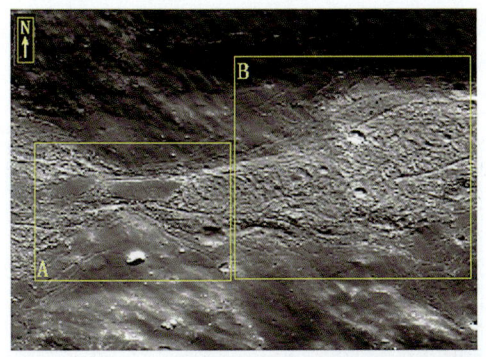

图 8.3.178　为图 8.3.173 方框 A 局部放大
示泥冰川连接通道形成以挤压脊线形构造为主和产生局部"泥塘"分布特征，箭头示泥冰川主流线流动方向

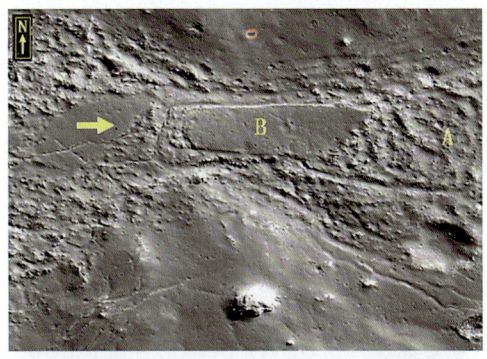

图 8.3.179　为图 8.3.178 方框 A 局部放大
示泥冰川连接通道形成以挤压脊线形构造（A）为主和产生局部"泥塘"（B）分布特征，箭头示泥冰川主流线流动方向

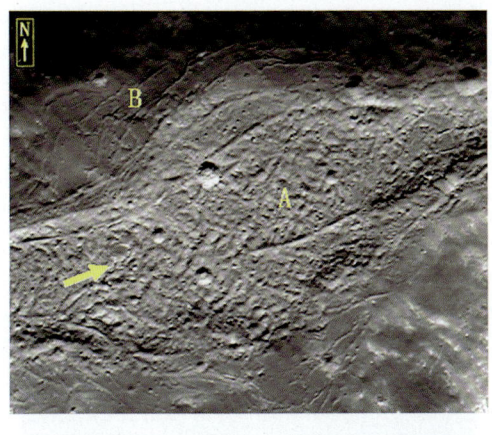

图 8.3.180　为图 8.3.180 方框 B 局部放大
示泥冰川连接通道形成以挤压脊线形构造为主（A），两侧多分布走滑张裂隙或压扭裂隙线形构造（B），箭头示泥冰川主流线流动方向

图 8.3.181　为图 8.3.173 方框 B 局部放大
示泥冰川连接通道形成以挤压脊线形构造为主分布特征，箭头示泥冰川主流线流动方向

705

月球卫片分析最新发现

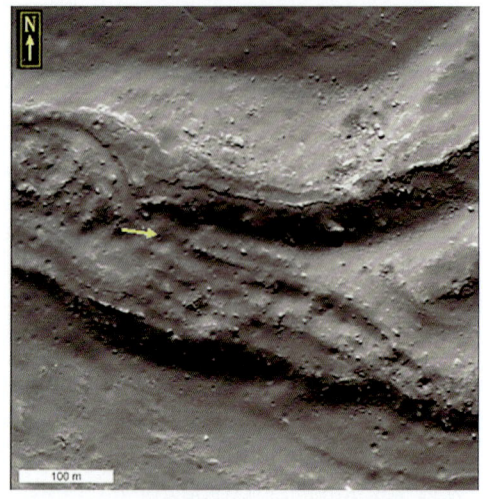

图 8.3.182　为图 8.3.173 方框 C 局部放大
示泥冰川连接通道因受晚期月坑撞击产生融溶泥石流形成脊状线形构造分布特征，箭头示泥冰川主流线流动方向

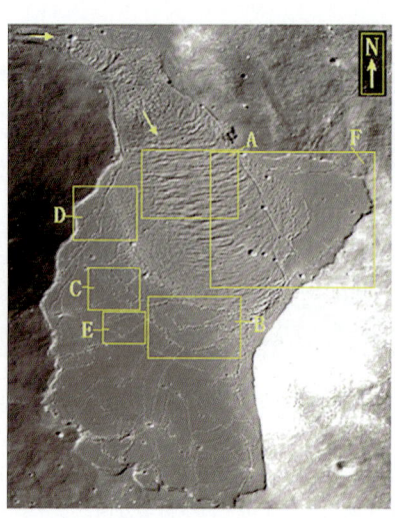

图 8.3.183　为图 8.3.135 盆地 C 局部放大
示第谷月坑坑外山间盆地 C 泥冰川线形构造分布特征，箭头示泥冰川主流线流动方向

图 8.3.184　为图 8.3.183 方框 A 局部放大
示泥冰川形成以挤压脊线形构造为主分布特征，箭头示泥冰川主流线流动方向

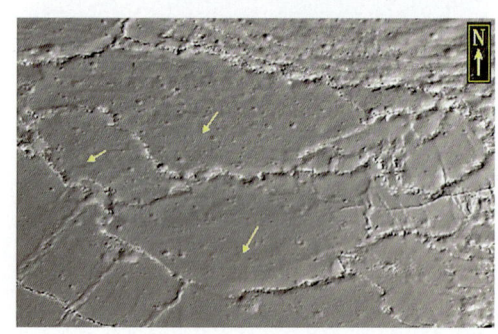

图 8.3.185　为图 8.3.183 方框 B 局部放大
示泥冰川形成侧向弧形挤压脊线形构造分布特征，箭头示泥冰川形成的侧向挤压力方向

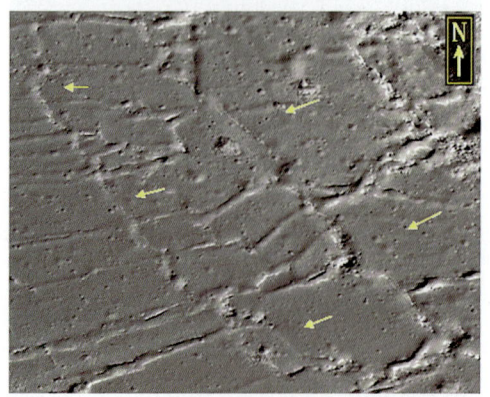

图 8.3.186　为图 8.3.183 方框 C 局部放大
示泥冰川形成侧向"推覆"线形构造分布特征，箭头示泥冰川形成的侧向推覆力方向

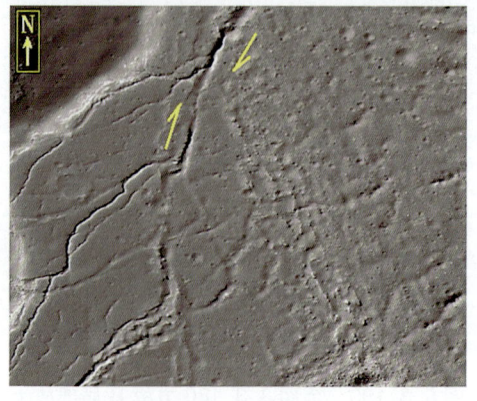

图 8.3.187　为图 8.3.183 方框 D 局部放大
示泥冰川形成西侧北东向走滑断裂线形构造及其产生的次级张裂隙构造分布特征，箭头示形成西侧 NE 向走滑断裂错动方向

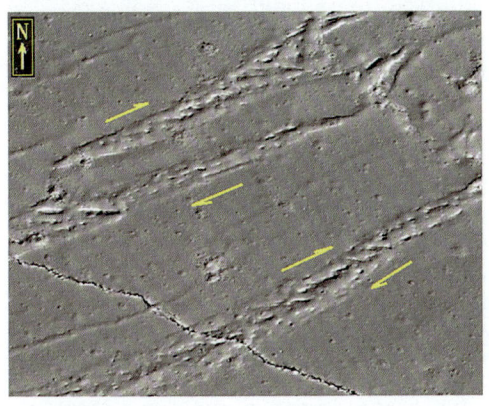

图 8.3.188　为图 8.3.183 方框 E 局部放大
示泥冰川形成西侧北东向走滑断裂线形构造分布特征，箭头示北东向走滑断裂错动方向

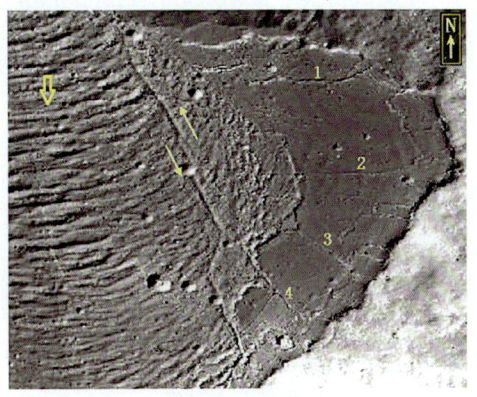

图 8.3.189　为图 8.3.183 方框 F 局部放大
示盆地 C 泥冰川表面挤压脊状线形构造、挤压走滑构造和张扭线形构造分布特征（空心箭头示泥冰川流动方向，小箭头示北西向挤压走滑断裂滑动方向及其产生的 1、2、3、4 次级张裂隙

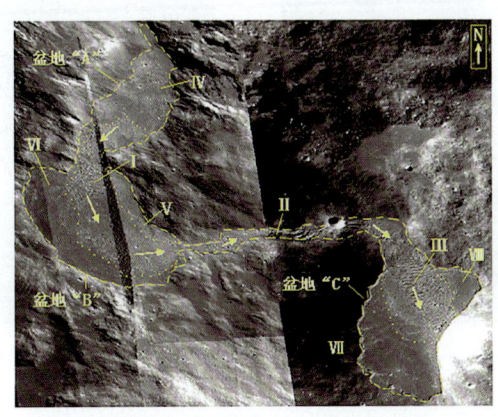

图 8.3.190　第谷月坑坑外山间盆地 A、B 和 C 泥冰川表面裂隙构造分布特征
断线示盆地 A、B、C 分布范围，点线示泥冰川主流线范围。Ⅰ 为挤压脊状和压扭裂隙线形构造分布区，Ⅱ 为滑脱张裂隙线形构造分布区，Ⅲ 为压扭裂隙线形构造分布区，Ⅳ、Ⅴ、Ⅵ 为张扭裂隙线形构造分布区，箭头示泥冰川主流线流动方向

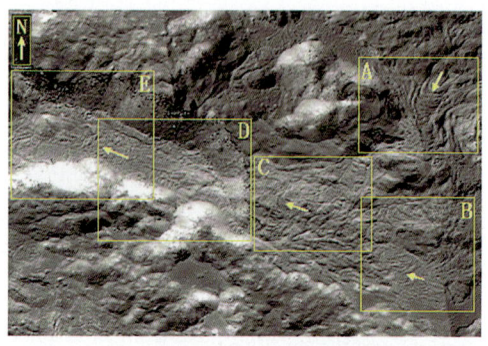

图 8.3.191　第谷月坑坑底东侧泥石流及其形成的次生脊状构造分布特征

箭头示泥石流流动方向

图 8.3.192　为图 8.3.191 方框 A 局部放大

示第谷月坑坑底东侧坑壁底部泥石流（早期研究者曾错识为"绳状熔岩"）及其形成的次生"扇状脊""线形脊"分布特征，箭头示泥石流流动方向

图 8.3.193　为图 8.3.192 方框局部放大

示第谷月坑坑底东侧泥石流组成物质为浅色岩屑和岩块，而非深色的块状玄武岩，箭头示泥石流流动方向

图 8.3.194　为图 8.3.191 方框 B 局部放大

示第谷月坑坑底东侧泥石流及其形成的次生脊状构造分布特征，箭头示泥石流流动方向

图 8.3.195　为图 8.3.191 方框 C 局部放大

示第谷月坑坑底东侧泥石流及其形成的次生脊状构造分布特征，箭头示泥石流流动方向

图 8.3.196　为图 8.3.191 方框 D 局部放大

示第谷月坑坑底东侧泥石流及其形成的次生脊状构造分布特征，箭头示泥石流流动方向

第八章 月球"线形"构造地貌（遗迹）特征

图 8.3.197 为图 8.3.191 方框 E 局部放大
示第谷月坑坑底东侧泥石流及其形成的次生脊状构造分布特征，箭头示泥石流流动方向

图 8.3.198 第谷月坑坑底东侧泥石流及其形成的次生脊状构造分布特征
箭头示泥石流流动方向

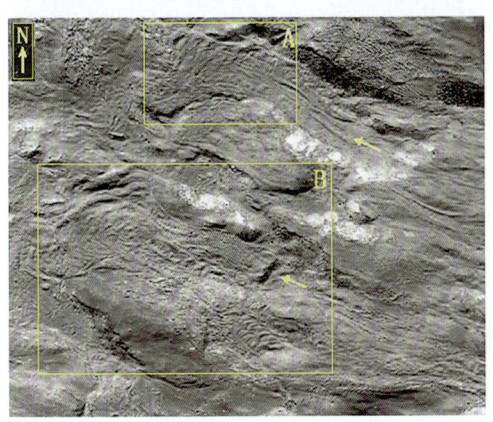

图 8.3.199 第谷月坑坑底东侧泥石流及其形成的次生脊状构造分布特征
箭头示泥石流流动方向

图 8.3.200 为图 8.3.199 方框 A 局部放大
示第谷月坑坑底东侧泥石流及其形成的次生脊状构造分布特征，箭头示泥石流流动方向

图 8.3.201 为图 8.3.199 方框 B 局部放大
示第谷月坑坑底东侧泥石流及其形成的次生脊状构造分布特征，箭头示泥石流流动方向

图 8.3.202 为图 8.3.201 方框局部放大
示第谷月坑坑底东侧泥石流及其形成的次生脊状构造分布特征，箭头示泥石流流动方向

709

图 8.3.203 第谷月坑坑底东侧泥石流及其形成的次生脊状构造分布特征
箭头示泥石流流动方向

图 8.3.204 第谷月坑坑底东侧形成冻胀丘和冻胀裂隙（A）右侧产生泥石流及其形成的脊状构造（B）分布特征
虚线为冻胀丘和冻胀裂隙与泥石流分布界限

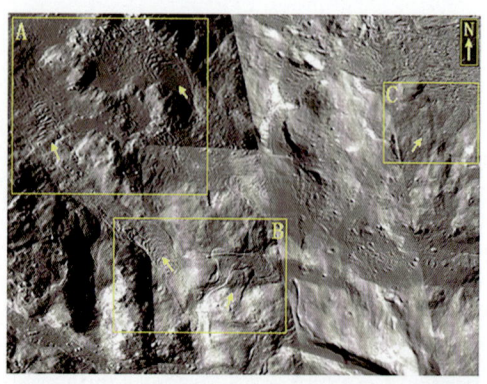

图 8.3.205 第谷月坑坑底泥石流及其形成的"扇状脊"分布特征
箭头示泥石流流动方向

图 8.3.206 为图 8.3.205 方框 A 局部放大
示泥石流及其形成的"扇状脊"分布特征，箭头示泥石流流动方向

图 8.3.207 为图 8.3.206 方框局部放大
示泥石流及其形成的"扇状脊"分布特征，箭头示泥石流流动方向

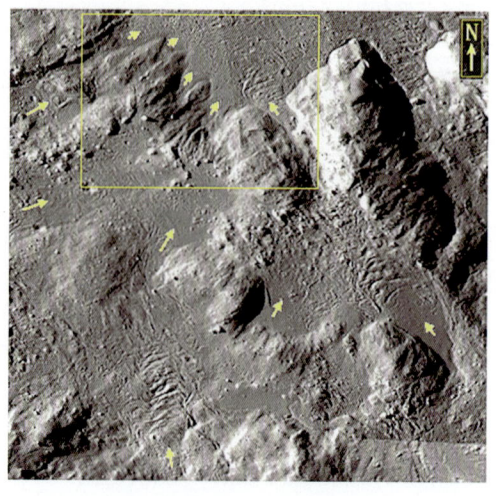

图 8.3.208 第谷月坑坑底南南西向泥石流群及其形成的"扇状脊"分布特征
箭头示泥石流流动方向

第八章 月球"线形"构造地貌（遗迹）特征

图 8.3.209　为图 8.3.208 方框局部放大
示扇状泥石流群及其形成分布特征，箭头示泥石流流动方向

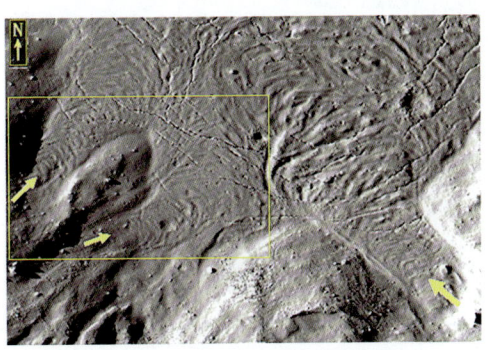

图 8.3.210　为图 8.3.209 方框局部放大
示扇状泥石流群及其形成分布特征，箭头示泥石流流动方向

图 8.3.211　为图 8.3.210 方框局部放大
示扇状泥石流群及其形成分布特征，箭头示泥石流流动方向

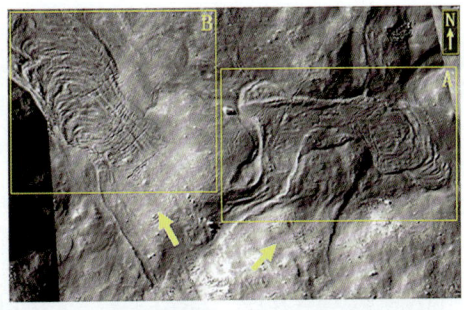

图 8.3.212　为图 8.3.205 方框 B 局部放大
示溅射物质直接产生的泥石流及其形成的"扇状脊"分布特征，箭头示泥石流流动方向

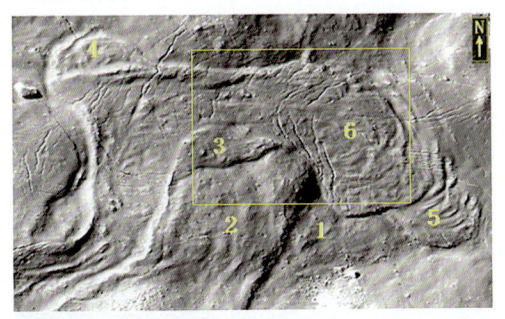

图 8.3.213　为图 8.3.212 方框 A 局部放大
示溅射物质直接形成的泥石流及其形成的"扇状脊"分布特征，1、2、3、4、5、6 为泥石流形成的先后次数

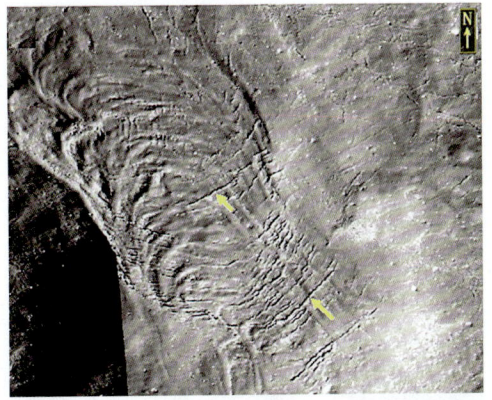

图 8.3.214　为图 8.3.212 方框 B 局部放大
示溅射物质直接由泥石流及其形成的"扇状脊"分布特征，箭头示泥石流形成后再次产生的"滑脱"张裂隙构造

711

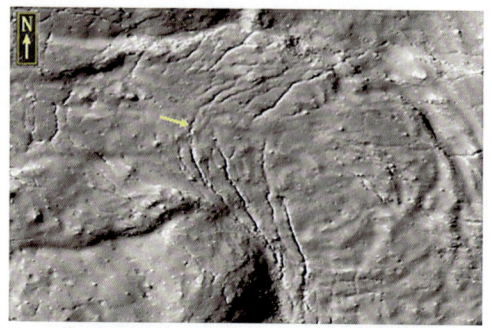

图 8.3.215　为图 8.3.213 方框局部放大

示泥石流"扇状脊"之后产生的"滑脱"型羽状裂隙（箭头所示）分布特征

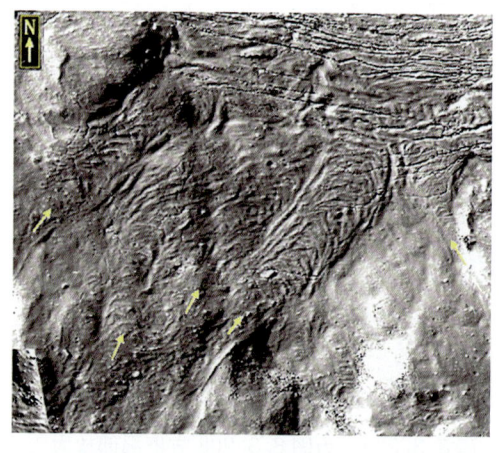

图 8.3.216　为图 8.3.205 方框 C 局部放大

示扇状泥石流群及其形成和分布特征，箭头示泥石流流动方向

图 8.3.217　扇状泥石流群及其形成的"扇状脊"分布特征

箭头示泥石流流动方向

图 8.3.218　为图 8.3.217 方框 A 局部放大

示第谷月坑坑底泥石流及其形成的"扇状脊"分布特征，箭头示泥石流流动方向

图 8.3.219　为图 8.3.217 方框 B 局部放大

示第谷月坑坑底泥石流及其形成的"扇状脊"分布特征，箭头示泥石流流动方向

图 8.3.220　第谷月坑西侧坑壁长舌状泥石流及其形成的"舌形脊"分布特征

箭头示泥石流流动方向

第八章 月球"线形"构造地貌（遗迹）特征

图 8.3.221　为图 8.3.220 方框局部放大
示第谷月坑西侧坑壁长舌状泥石流及其形成的"舌形脊"分布特征，箭头示泥石流流动方向

图 8.3.222　第谷月坑坑缘北侧溅射泥石流及其形成的脊状构造分布特征
箭头示泥石流流动方向

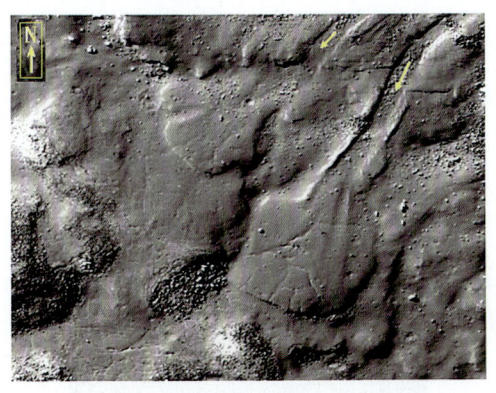

图 8.3.223　第谷月坑坑缘北侧溅射泥石流及其形成的脊状构造分布特征
箭头示泥石流流动方向

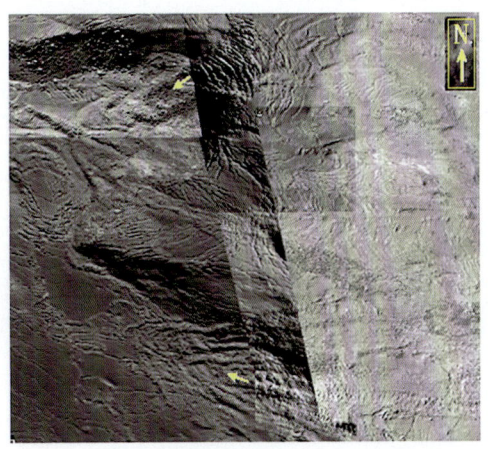

图 8.3.224　第谷月坑坑底羽状裂隙泥石流向前转化为"扇状脊"泥石流分布特征
箭头示泥石流流动方向

713

图8.3.225 第谷月坑坑底泥石流及其形成的"扇状脊"（A）之前方为冻胀丘分布特征

箭头示泥石流流动方向

图8.3.226 为图8.3.225 局部放大

示第谷月坑坑底泥石流及其形成的"扇状脊"分布特征，箭头示泥石流流动方向

图8.3.227 第谷月坑坑底扇状泥石流分布特征

箭头示泥石流流动方向

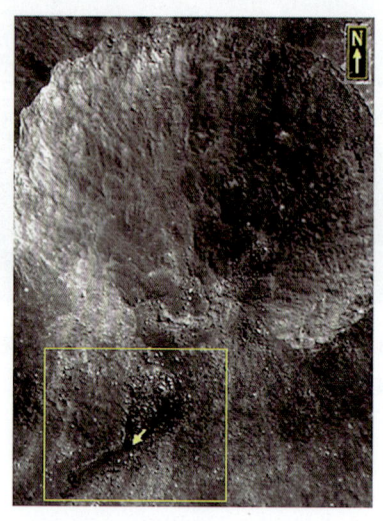

图8.3.228 月球背面英戈尔斯G（Ingalls G）月坑之东南约45 km 小月坑泥石流"扇形脊"次生构造

箭头示泥石流流动方向

第八章 月球"线形"构造地貌（遗迹）特征

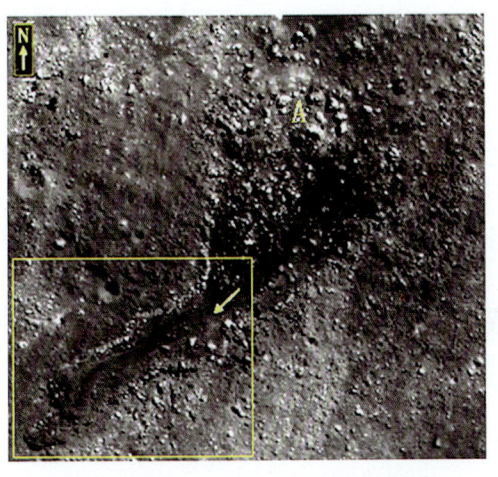

图 8.3.229　为图 8.3.228 局部放大
示泥石流"扇形脊"次生构造分布于小月坑坑外之东南一侧由溅射堆积（A）物融溶产生，箭头示泥石流流动方向

图 8.3.230　为图 8.3.229 局部放大
示泥石流"扇形脊"流通区一侧或两侧形成近平行巨砾组成的堤坝状（A、B）堆积，箭头示泥石流流动方向

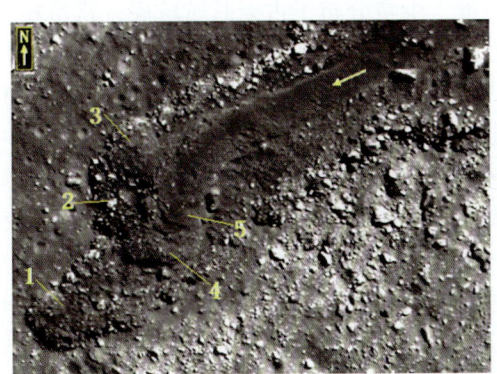

图 8.3.231　为图 8.3.230 局部放大
示泥石流"扇形脊"最少经历过最少 5 次（1、2、3、4、5）月昼、月夜融溶产生的，箭头示泥石流流动方向

（图片来源：ESA/NASA）

第四节　月球"线形"构造的特征对比

现将月球区域内动力"断裂"线形构造、"冰裂"线形构造、"液化沙垄"线形构造和区域外动力"冻裂"线形构造、"泥裂"（或龟裂）线形构造、"泥冰川"线形构造、"泥石流"线形构造等主要类型和特征简介如下。

一、月球区域线形构造主要类型特征

1. 月球区域"断裂"线形构造特征

主要特征是：规模巨大，形态呈直线状、雁列状出现为主。分布于月海区边界附近，相互间很少交切。沿断裂无或局部可见多次充填，向两端延伸变小至消失。剖面上呈台阶状，附近所见伴生地貌多为液化沙垄、沙丘和热融塌陷槽、塌陷坑等。为月球区域应力作用下，月海与月陆之间发生断陷作用过程中产生的。

2. 月球区域"冰裂"线形构造特征

主要特征是：规模大或巨大，含水量多，形态呈地堑式和线状断裂，或呈直线带状。分布于月海边缘地带、少量分布于古老月坑坑底，常呈相互切割关系。充填或溢出物无或少见，延伸方向上可见由冰裂直接转化液化垄。剖面特征呈"地堑"形或"U"形。伴生地貌多见液化沙垄、沙丘和热融塌陷槽、塌陷坑。为月球区域应力作用下冰层或含泥沙冰层因拉张作用产生。

3. 月球区域"液化沙垄"线形构造特征

主要特征是：规模大或巨大，含水量较多，呈直线带状或不甚规则脊状。分布于月海边缘地带，少量分布于月坑坑底和山间盆地中。常充填或溢出。常见剖面特征呈凸起垄状。伴生地貌热融塌陷槽、塌陷坑。由区域裂隙充填作用形成。

4. 月球区域"冻裂"线形构造特征

主要特征是：规模小或极小，含水量多，属小型张性裂隙。多分布于月坑底，常呈平行或辐射状、圈层状。充填或溢出物无或少见，常延伸不长即消失。剖面呈上宽下窄"V"字形。伴生地貌多见冻胀丘。为含水或含水冰月坑溅射堆积物发生冻胀作用过程中产生的。

5. 月球区域"泥裂"（或龟裂）线形构造特征

主要特征是：规模小或极小，含水量多，属小型张性裂隙。多分布于月坑坑底或坑外山间盆地之中，形态多呈树枝状或分散状，以"丁"字形相交叉为特征。充填或溢出物无或少见，常延伸不长即消失。剖面呈上宽下窄"V"字形。伴生地貌多为泥塘或水塘和山间盆地。为含水或含水冰月坑溅射堆积物干涸收缩过程中产生的。

6. 月球区域"泥冰川"线形构造特征

主要特征是：规模中到小，含水量不多，属中小型张性裂隙，少量属张扭性。多呈直线，少量呈弧形，延伸不长。剖面呈上宽下窄"V"字形。伴生地貌多为泥石流。为月表昼夜气温差异导致泥冰川融溶和流动过程中产生的。

7. 月球区域"泥石流"线形构造特征

主要特征是：规模中到小，含水量不多，属中小型张性裂隙、张扭性、压性或压扭性裂隙，也常见挤压性脊状"推覆"构造。多分布于月坑坑底、坑壁和坑外山间盆地之中，形态多呈曲线或直线、成群分布，交叉方式以相互平行或辐射、相互切割为主。充填或溢出物少见，多延伸不长即消失。剖面呈上宽下窄"V"字形。伴生地貌为泥冰川。为泥石流形成和发展过程中产生。

二、月球区域线形构造—"断裂""冰裂""液化沙垄""冻裂""泥裂""泥冰川"和"泥石流"线形构造等特征的对比

依据目前月球发现的所有线状地貌特征，除已描述过的月溪外，剩余的线状地貌，依据形态特征、空间分布和成因，大致可归纳并划分为断裂、冰裂、液化沙垄、冻裂、泥裂、泥冰川和泥石流七大类构造，它们的主要特征对比见表8.4.1。

表8.4.1 月球区域"断裂""冰裂""液化沙垄""冻裂""泥裂""泥冰川"和"泥石流"线形构造等特征的对比

备注	断裂线形构造	冰裂线形构造	液化沙垄线形构造	冻裂线形构造	泥裂线形构造	泥冰川线形构造	泥石流线型构造
规模	巨大	大或巨大	大或巨大	小	小	中或小	中或小
含水量	可有可无	多	较多	少	极少	较多	少
性质	边界正断层、液化沙垄逆掩或走滑断层	地堑式和线状断裂	脊状	小型张口裂隙	小型张口裂隙	张口裂隙	压性、压扭性、张裂、张扭裂
形态	直线状、雁列状	直线带状	直线带状或不甚规则状	曲线或直线、成群	树枝状、分散	雁行状弧形	曲线或直线、成群
分布区域	月海区边界附近	月海边缘地带、少量古老月坑坑底	月海边缘地带少量月坑坑底和山间盆地中	坑底区	坑底、坑壁、坑外山间盆地	坑底、坑壁、坑外山间盆地	坑底、坑壁、坑外
交叉方式	少见交切	呈相互切割关系	相互切割常见	平行或辐射状、圈层状	呈"丁"字形相交叉	多平行或相互切割	平行或辐射、相互切割

续上表

备注	断裂线形构造	冰裂线形构造	液化沙垄线形构造	冻裂线形构造	泥裂线形构造	泥冰川线形构造	泥石流线型构造
充填或溢出物	无或可见多次溢出	无或少见	充填或溢出	无或少见	无或少见	无或少见	少见
延伸变化	变小至消失	变化小或直接转化液化沙垄	变化较小	变小至消失	变小至消失	变小至消失	变小至消失
剖面特征	台阶形	"地堑"形或"U"形	呈"凸"起垄状	"V"字形	"V"字形	"V"字形	"V"字形
伴生地貌	液化沙垄、沙丘和热融塌陷槽、塌陷坑	液化沙垄、沙丘和热融塌陷槽、坑	热融塌陷槽、塌陷坑	冻胀丘	泥塘、水塘、沉积平原	泥冰川、泥石流	泥冰川、泥石流
成因	由月球表层内动力作用产生	冰层或含泥沙冰层内动力拉张作用产生	区域内动力裂隙充填作用形成	外动力冻胀作用	外动力干涸作用产生	外动力泥冰川流动过程产生	外动力泥冰川、泥石流形成和发展过程中产生

第九章　月球矿产资源

月球矿产资源属首次提出，目前发现的月球可疑矿产，主要有"石油""石煤"和盐湖沉积矿产，现分别简介如下。

第一节　月球"石油"

一、关于月球"石油"的发现

地球上的石油，目前大多认为是古代海洋或湖泊中的生物经过漫长的演化形成的，呈黑褐色或暗绿色的可燃性、黏稠和能流动的液体。目前最新研究结果表明，月球水与地球水的形成演化具有很大的相似性，因此月球在演化过程中完全有可能存在过大量低等生物，它们死亡后形成石油。月球上目前发现的位于沉积层之间或月球表层的黑色、黏稠和能流动的液体，最好的解释，认为它应该是"石油"。可以肯定，它不可能是熔岩流的产物，因为这些黑色能流动的物质，表面糙度低、流动性较强和明显形成"负地貌"。而熔岩流表面糙度高、流动性较差，与地表呈覆盖关系形成"正地貌"。区域也未发现火山口分布。现将目前发现的可疑"石油"分布和特征简介如下。

二、月球"石油"特征

1. 雨海（Mare Imbrium）丢番图（Diophantus）月坑坑壁"石油"

丢番图（Diophantus）月坑分布于雨海西南，月坑大小约 17.5 km，纬度为 27.7100，经度为 325.6600（见图 9.1.1）。黑色"石油"沿较细沉积层水平分布，"石油"色调以黑、深黑为主，表面光滑，流动性较差。污染和吞噬沿途分布的岩屑和岩块，并致碎屑和岩块变黑（见图 9.1.2—图 9.1.5）。

2. 酒海（Mare Nectaris）达盖尔（Daquerre）月坑月表和坑壁"石油"

酒海（Mare Nectaris）达盖尔（Daquerre）月坑月表和坑壁"石油"，分布于酒海之北"深水月坑"中一个小月坑，纬度为 −11.67，经度为 33.1200（见图 9.1.6）。"石油"色调呈黑、深黑，污染和吞噬沿途分布的岩屑和岩块，并致碎屑和岩块变黑（见图 9.1.7—图 9.1.10）。月表"石油"从小月坑坑壁流出，污染碎屑和岩块呈黑色（见图 9.1.11、图 9.1.12）。

3. 浪海（Mare Undarum）菲尔米库斯 B（Pirmicus B）月坑东南月表"石油"

浪海（Mare Undarum）菲尔米库斯 B（Pirmicus B）月坑东南月表"石油"，分布于浪海中部的一个小月坑附近（见图9.1.13、图9.1.14），纬度为6.790，经度为66.9500。月表"石油"呈漏斗状从月表流入小月坑，并将沿途碎屑和岩块物质"污染"和"吞噬"，致使碎屑和岩块变黑（见图9.1.15）。因"石油"黏稠度大致使流动时推挤前端碎屑和岩块形成堤坝状堆积（见图9.1.16），十分明显。

4. 史密斯海（Mare Smythii）西卡里略（Carrillo）月坑东侧月表"石油"露头

"石油"露头分布于史密斯海（Mare Smythii）西卡里略（Carrillo）月坑东侧，纬度为－2.3000，经度为81.6600（见图9.1.17）。"石油"呈漏斗状从月表流入小月坑，污染和吞噬碎屑和岩块，并致使碎屑和岩块变黑（见图9.1.18—图9.1.20）。

5. 云海（Mare Nubium）拉塞尔（Lassell）月坑西北高地"石油"露头

拉塞尔（Lassell）月坑西北高地"石油"露头，位于拉塞尔G（Lassell G）月坑与拉塞尔K（Lassell K）月坑之间的高地上（见图9.1.21、图9.1.22），纬度为－14.5400，经度为351.0500。露头剖面均显示，上部为"石油"，露头下部为白色岩层。白色砂岩风化碎屑滚动距离长，"石油"可能因黏稠流动距离很短，"石油"流动污染和吞噬并致使碎屑和岩块变黑（见图9.1.23—图9.1.27）。

6. 云海（Mare Nubium）阿方萨斯（Alphonsus）月坑线形断裂"石油"

线形断裂"石油"分布于云海（Mare Nubium）阿方萨斯（Alphonsus）月坑线形断裂上（见图9.1.28），纬度为－12.6500，经度为357.8100。"石油"出露规模均较小和分散，剖面显示上部为黑色"石油"层，下部为白色碎屑岩层。"石油"流动污染和吞噬碎屑和岩块，并致使碎屑和岩块变黑（见图9.1.29—图9.1.31）。

7. 湿海（Mare Horum）多佩尔迈尔J（Doppelmayer J）月坑月表"石油"

月表"石油"分布于湿海（Mare Horum）多佩尔迈尔J（Doppelmayer J）月坑南侧月表（见图9.1.32），纬度为－24.5900，经度为318.8100。"石油"以漏斗状流入小月坑，污染和吞噬并致使碎屑和岩块变黑（见图9.1.33—图9.1.36）。

8. 湿海（Mare Horum）西侧边界断裂附近李比希J（Liebig J）小月坑之北溅射"石油"（黑晕环形山）

小月坑溅射"石油"分布于湿海（Mare Horum）西侧边界断裂附近李比希J（Liebig J）小月坑之北（见图9.1.37），纬度为－24.8200，经度为314.9200。为小陨石撞击月表"石油"分布区产生的辐射状溅射"石油"，原称"黑晕环形山"（见图9.1.38—图9.1.40）。

9. 湿海（Mare Horum）小月坑辐射纹状"石油"露头

辐射纹状"石油"露头分布于湿海（Mare Horum）中部（见图9.1.41），纬度为－25.1400，经度为320.4800。"石油"露头从小月坑周边月表向小月坑坑壁断续或连续流动形成辐射状分布特征。辐射状溅射"石油"形态各异、规模变化较大。辐射状溅射"石油"吞噬原分布的碎屑和岩块，并将其"污染"成黑色（见图9.1.42—图9.1.44）。

10. 湿海（Mare Horum）南维泰洛（Vitello）月坑坑底"冰裂"线形构造"石油"露头

"冰裂"线形构造"石油"露头位于湿海（Mare Horum）南维泰洛（Vitello）月

坑坑底线形构造裂隙两侧陡崖上（见图9.1.45），纬度为-30.4600，经度为322.3500。月坑坑底月面上分布的"石油"向裂隙崖壁流动形成似梳子状分布（见图9.1.46）。"石油"沿裂隙崖壁流动，"吞噬"崖壁分布的大多碎屑和岩块，并将其污染成光亮的黑色（见图9.1.47、图9.1.48）。有的"石油"流动的前端推挤原崖壁上巨大岩块，堆积呈丘状（见图9.1.47）分布特征。在月坑的中心月表还可见"石油"形成的"多边土"（见图9.1.49）。

11. 哥白尼（Copernicus）月坑西侧坑壁"石油"露头

"石油"露头位于哥白尼（Copernicus）月坑西侧坑壁上（见图9.1.50），纬度为9.6000，经度为338.5000。"石油"露头分布零散、规模小，大多与水冰冰川同时出现。"石油"沿坑壁流动，"吞噬"坑壁大多碎屑和岩块，并将碎屑和岩块"污染"成光亮的黑色（见图9.1.51—图9.1.55）。"石油"与正在融化的水冰冰川并存，形成的冰水砂砾堆积，颗粒具上粗下细特征（见图9.1.56、图9.1.57）。

12. 哥白尼（Copernicus）月坑外月表"石油"露头

"石油""露头"分布于哥白尼（Copernicus）月坑外广阔平坦的月表上，纬度为12.6900，经度为356.5900，并形成似"黑盖层沉积"（见图9.1.58）。其中伯德C（Bode C）月坑（见图9.1.59）坑壁"石油"分布较多，并在层位上显示"石油"在上，白色碎屑和岩块在下的分布特征。"石油"沿坑壁向下流动吞噬坑壁大多碎屑和岩块，并将碎屑和岩块污染成光亮的黑色（见图9.1.60、图9.1.61）。

13. 哥白尼（Copernicus）月坑东南月表"石油"露头

月表"石油"露头，分布于哥白尼（Copernicus）月坑外溅射堆积区，纬度为4.5900，经度为344.3700。"石油"露头点广泛分布，具明显辐射纹特征，并且在哥白尼月坑坑壁上也有显示（见图9.1.62、图9.1.63）。在这片溅射堆积区的"石油"露头形态各异，规模大小悬殊。大多"石油"露头分散、零星出现，有的呈斑块状（见图9.1.64—图9.1.72），有的以小月坑为中心呈辐射状分布（见图9.1.73）。这片"石油"露头分布区，实际有可能像第谷月坑一样属于辐射状侵蚀区，原有的"石油"覆盖层表面在形成哥白尼月坑时遭受强烈冲击波侵蚀后，"石油"才以不同大小和形态露于月表。

14. 哥白尼（Copernicus）月坑东南月表"石油"露头

月表"石油"露头分布于哥白尼（Copernicus）月坑外溅射堆积区（见图9.1.74），纬度为5.5600，经度为351.2600。小月坑坑壁流出的"石油"不多，向下流动"吞噬"坑壁大多碎屑和岩块，并将碎屑和岩块污染成光亮的黑色（见图9.1.75、图9.1.76）。

15. 哥白尼（Copernicus）月坑东南撞击小月坑辐射纹"石油"

月坑辐射纹"石油"分布于哥白尼（Copernicus）月坑外溅射堆积区，"石油"呈较大面积片状分布（见图9.1.77）。小陨石撞击月表"石油"层产生的"石油"辐射纹状分布特征（见图9.1.78）。

16. 哥白尼月坑东南佐默林P（Sommering P）月坑之西撞击小月坑辐射纹"石油"

小月坑辐射纹"石油"分布于哥白尼月坑东南佐默林P（Sommering P）月坑之

西一带（见图9.1.79）。在成片分布的"石油"层面上，小陨石撞击月表产生的"石油"辐射纹颇多（见图9.1.80—图9.1.84），辐射纹状的"石油""污染"和"吞噬"致使碎屑和岩块变黑。

三、月球"石油"形成与演化

月球"石油"空间分布主要与月球海拔较低的月海区和原湿地区关系最为密切，如目前已发现的16个"石油"露头点中，就有10个分布于不同的月海，占总数的62.5%，其他6个"石油"露头点，也都出现在大量分布有"湿地月坑"的地区（见图9.1.85、图9.1.86）。说明目前确定的"石油"，在时空上完全符合在月球历史发展进程中，大约雨海纪及其以前时期（相当于地球历史发展的志留纪及以前时期），月海滨海区及沼泽湿地区曾有过大量低等级生物繁殖，死亡之后堆积产生现今确定的"石油"。在雨海之南的署湾和汽海之南的滨海区，可能是"石油"分布的重要场所（见图9.2.87—图9.1.91）。

四、月球"石油"发现意义

月球"石油"因其色深，以往大多被认为是"岩浆"喷发形成的玄武岩。但从质感、色调和分布来看，都不像是玄武岩。从其能流动、多分布于沉积岩层之间或月表上、其分布附近未发现任何相关火山作用证据等方面看，确定为"石油"是完全可能的。这一猜想如果最后被证实，"石油"的发现将完全改变月球发展历史，建立全新的月球历史发展观，也是确定地球之外存在生物的重要线索，具有十分重要的科学价值和学术意义。

以下附第九章第一节图：

第九章　月球矿产资源

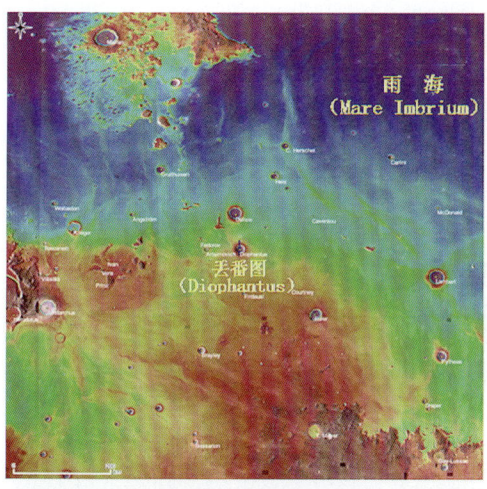

图 9.1.1　雨海（Mare Imbrium）丢番图（Diophantus）月坑分布位置

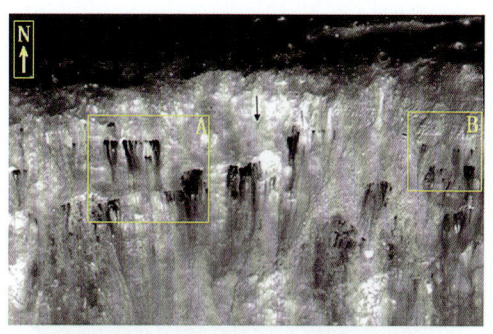

图 9.1.2　雨海（Mare Imbrium）丢番图（Diophantus）月坑坑壁"石油"沿水平沉积岩层层面向下流动，污染和吞噬并致碎屑和岩块变黑分布特征

箭头示"石油"泥流流动方向

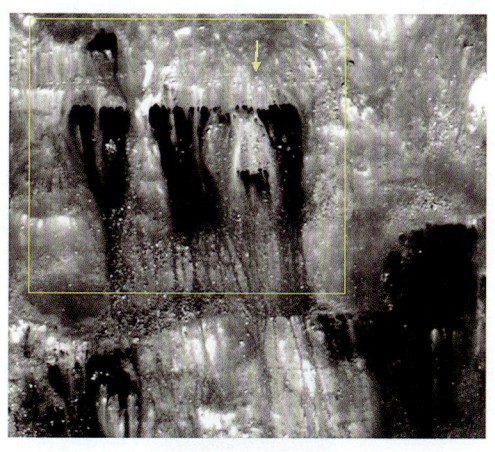

图 9.1.3　为图 9.1.2 方框 A 局部放大

示雨海丢番图月坑坑壁"石油"沿水平细碎屑沉积岩层层面向下流动，污染和吞噬并致碎屑和岩块变黑分布特征，箭头示"石油"泥流流动方向

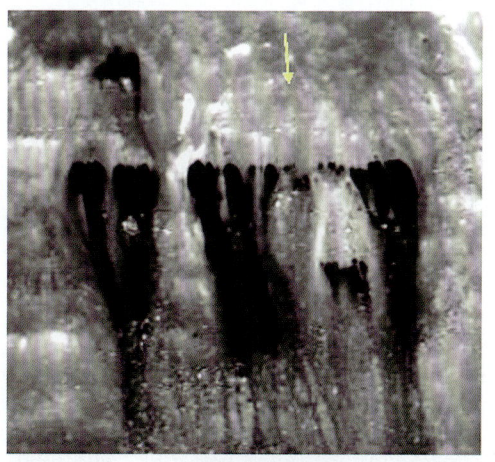

图 9.1.4　为图 9.1.3 方框局部放大

示雨海丢番图月坑坑壁"石油"沿水平细碎屑沉积岩层层面向下流动，污染和吞噬并致碎屑和岩块变黑分布特征，箭头示"石油"泥流流动方向

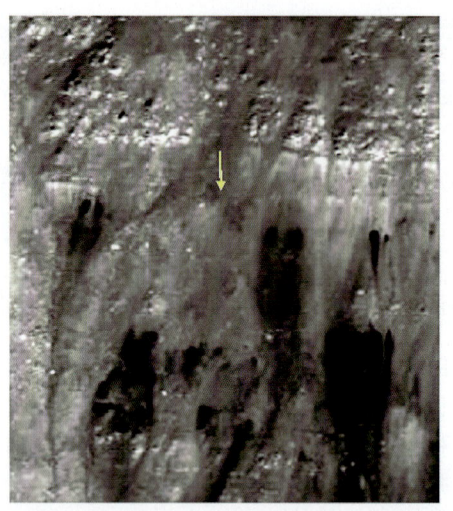

图9.1.5 为图9.1.2方框B局部放大

示雨海丢番图月坑坑壁"石油"沿水平细碎屑沉积岩层层面向下流动,污染和吞噬并致碎屑和岩块变黑分布特征,箭头示"石油"泥流流动方向

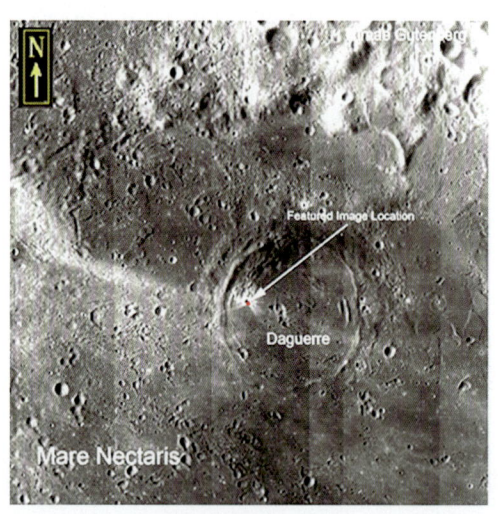

图9.1.6 酒海(Mare Nectaris)达盖尔(Daquerre)"深水月坑"中一个"石油"出露的小月坑分布位置

箭头所示

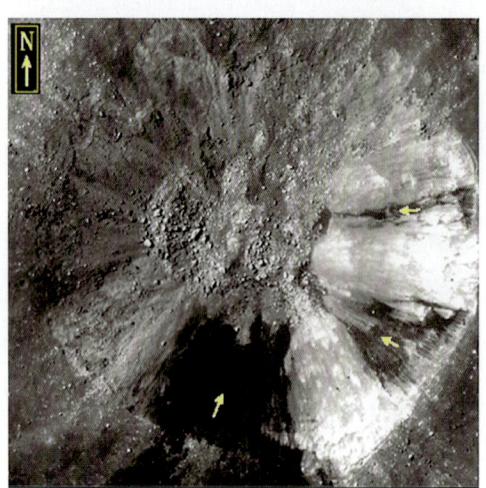

图9.1.7 为图9.1.6箭头所示局部放大

示酒海达盖尔"深水月坑"中一个小月坑坑壁"石油"浸润并致碎屑和岩块变黑分布特征,箭头示"石油"泥流流动方向

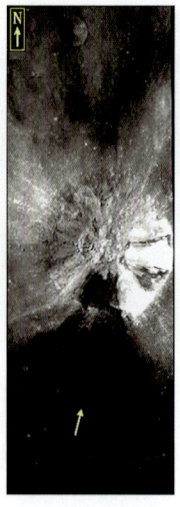

图9.1.8 酒海达盖尔"深水月坑"月表"石油"向北以"浸润"的方式流向小月坑并致碎屑和岩块变黑分布特征

箭头示"石油"泥流流动方向

第九章 月球矿产资源

图9.1.9 酒海达盖尔"深水月坑"月表"石油"以浸润的方式流动并致碎屑和岩块变黑,使月表面光滑平坦分布特征
箭头示"石油"泥流流动方向

图9.1.10 酒海达盖尔"深水月坑"月表"石油"流动过程中以浸润的方式致碎屑和岩块变黑,并使月表面光滑平坦分布特征
箭头示"石油"泥流流动方向

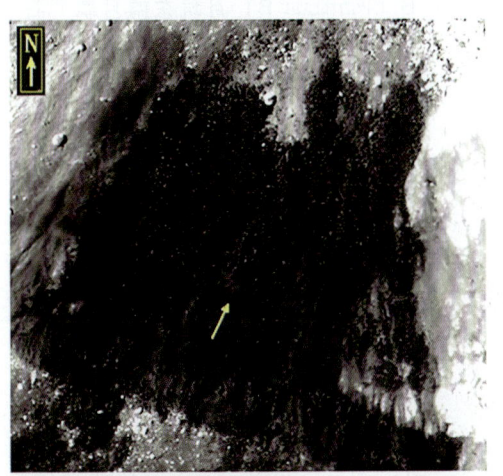

图9.1.11 酒海达盖尔"深水月坑"月表"石油"从小月坑坑壁以浸润的方式流出,"污染"碎屑和岩块成黑色分布特征
箭头示"石油"泥流流动方向

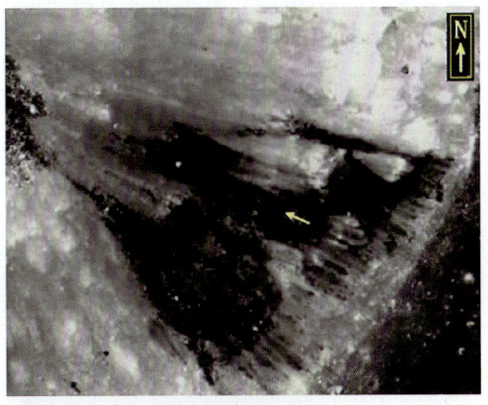

图9.1.12 酒海达盖尔"深水月坑"月表"石油"从小月坑坑壁以浸润的方式流出,"污染"碎屑和岩块成黑色分布特征
箭头示"石油"泥流流动方向

月球卫片分析最新发现

图9.1.13　浪海（Mare Undarum）菲尔米库斯 B（Pirmicus B）月坑东南月表"石油"分布区（箭头所示）

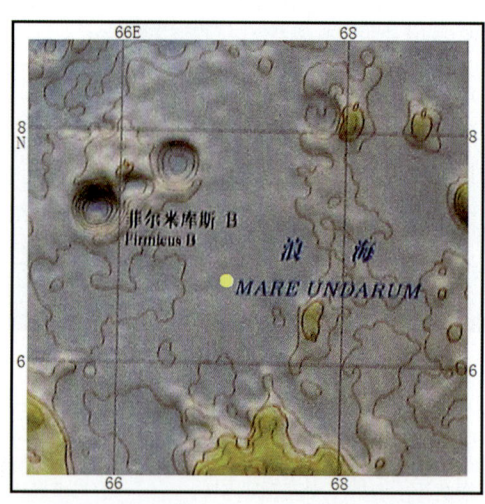

图9.1.14　浪海（Mare Undarum）菲尔米库斯 B（Pirmicus B）月坑东南月表"石油"分布区（圆点）及附近地形图

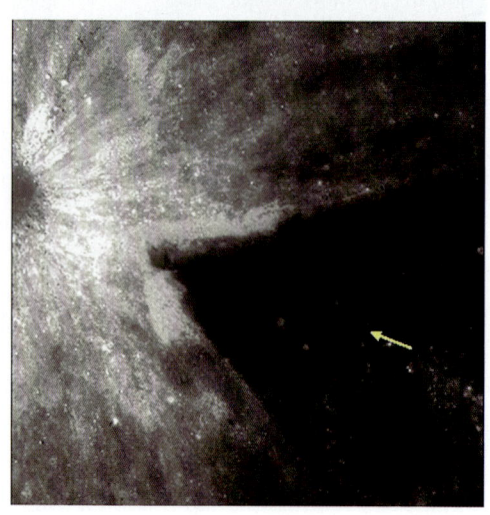

图9.1.15　浪海菲尔米库斯 B 月坑东南月表"石油"呈漏斗状浸润方式流入小月坑并致使碎屑和岩块变黑分布特征

箭头示"石油"泥流流动方向

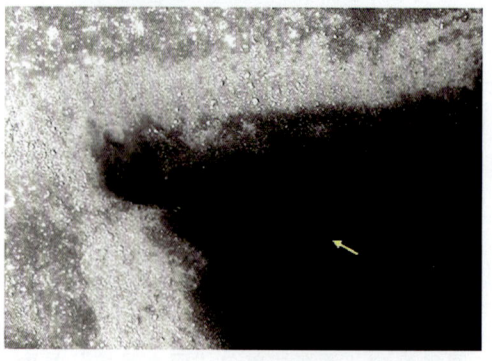

图9.1.16　浪海菲尔米库斯 B 月坑东南月表"石油"呈漏斗状浸润方式流入小月坑，前端使原月表碎屑和岩块堆积呈堤坝状，并致使碎屑和岩块变黑，因"石油"黏稠度大，流动推挤前端碎屑和岩块形成堤坝状堆积分布特征

箭头示"石油"泥流流动方向

第九章 月球矿产资源

图9.1.17 史密斯海（Mare Smythii）西卡里略（Carrillo）月坑东侧月表"石油"露头（箭头所示）

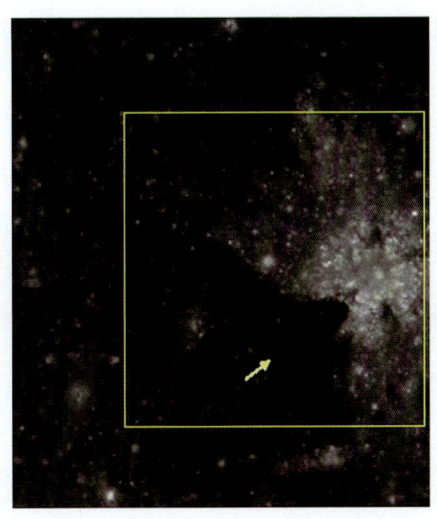

图9.1.18 为图9.1.17箭头所示局部放大示史密斯海西卡里略月坑东侧月表"石油"露头呈漏斗状从月表浸润流入小月坑，并致使碎屑和岩块变黑分布特征，箭头示"石油"泥流流动方向

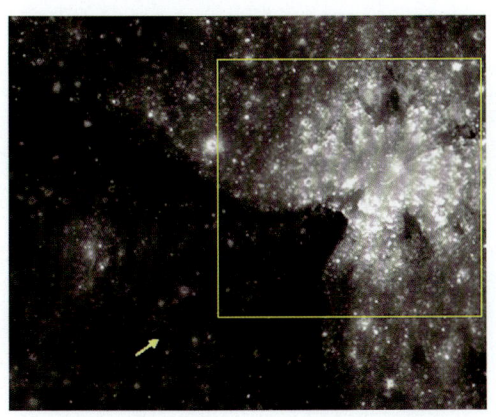

图9.1.19 为图9.1.18方框局部放大示史密斯海西卡里略月坑东侧月表"石油"露头呈漏斗状从月表浸润流入小月坑，并致使碎屑和岩块变黑分布特征，箭头示"石油"泥流流动方向

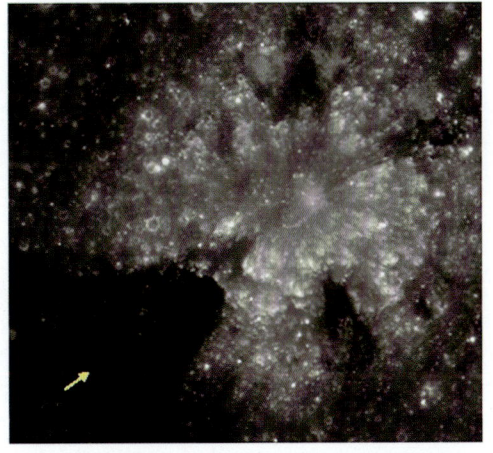

图9.1.20 为图9.1.19方框局部放大示史密斯海西卡里略月坑东侧月表"石油"呈漏斗状浸润方式流入小月坑，并致使碎屑和岩块变黑分布特征，箭头示"石油"泥流流动方向

727

月球卫片分析最新发现

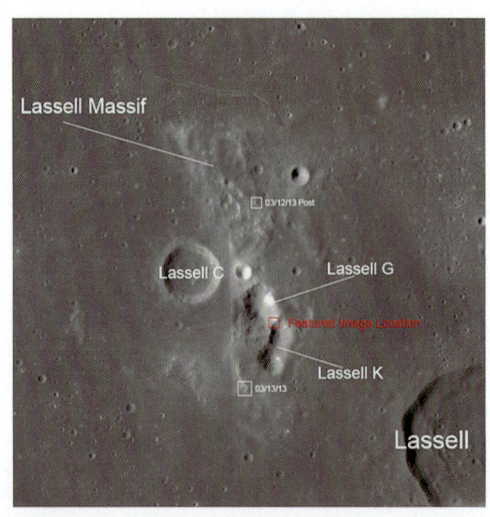

图9.1.21 云海（Mare Nubium）拉塞尔（Lassell）月坑西北高地"石油"露头（红框）分布特征

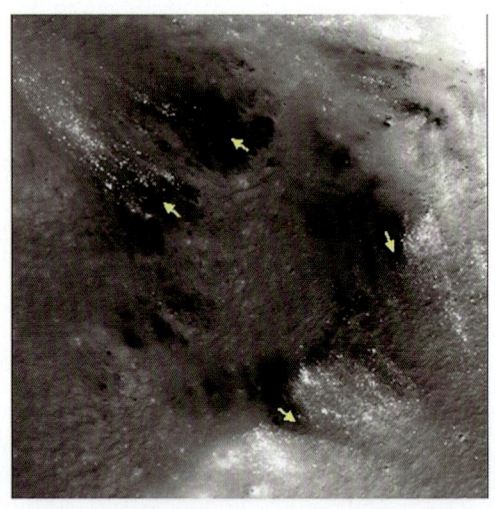

图9.1.22 为图9.1.21方框局部放大

示云海拉塞尔月坑西北高地上"石油"露头，上部"石油"下部为白色岩层（砂岩层?）分布特征，箭头示"石油"泥流流动方向

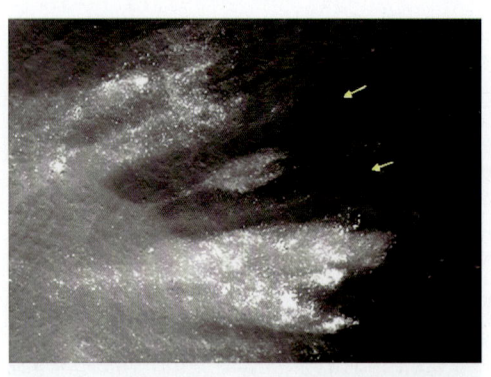

图9.1.23 云海拉塞尔月坑西北高地上"石油"以浸润方式流动并致使碎屑和岩块变黑，上部"石油"下部为白色岩层（砂岩层?）分布特征

箭头示"石油"泥流流动方向

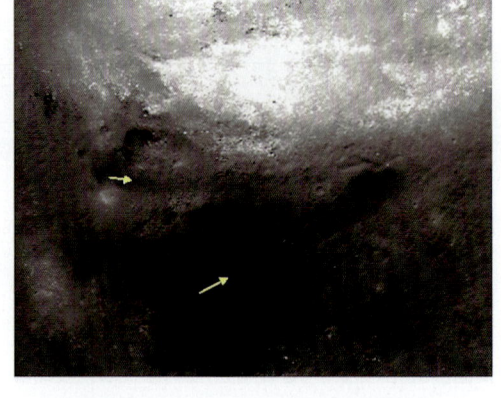

图9.1.24 为图9.1.22局部放大

示云海拉塞尔月坑西北高地上小月坑坑壁上部为黑色"石油"下部为白色岩层（砂岩层?）分布特征，箭头示"石油"泥流流动方向

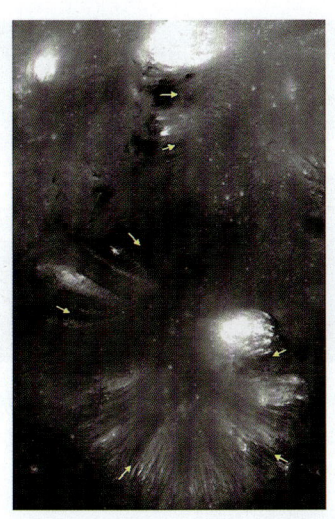

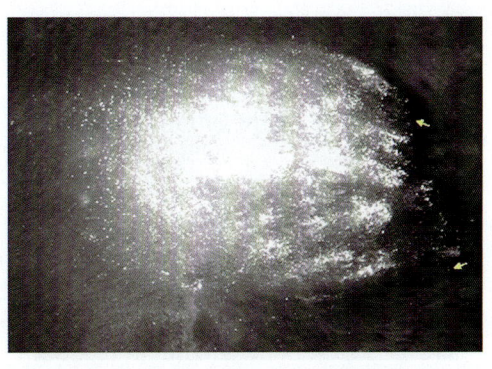

图9.1.26 为图9.1.25局部放大
示云海拉塞尔月坑西北高地上小月坑坑壁上部为黑色"石油",下部为白色岩层(砂岩层?)分布特征,箭头示"石油"泥流流动方向

图9.1.25 云海拉塞尔月坑西北高地上小月坑坑壁上部"石油",下部为白色岩层(砂岩层?)分布特征
箭头示"石油"泥流流动方向

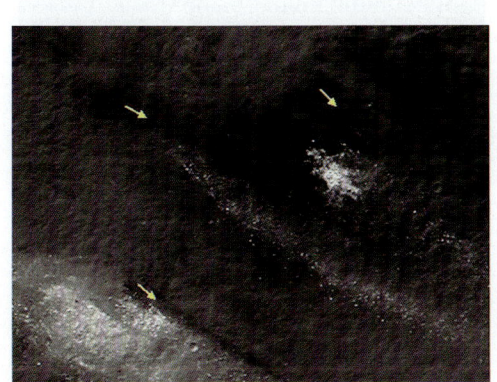

图9.1.27 为图9.1.25局部放大
示云海拉塞尔月坑西北高地上小月坑坑壁上部为黑色"石油",下部为白色岩层(砂岩层?)分布特征,箭头示"石油"泥流流动方向

图9.1.28 云海(Mare Nubium)阿方萨斯(Alphonsus)"湿地月坑"坑底线形断裂"石油"露头分布特征
箭头所示

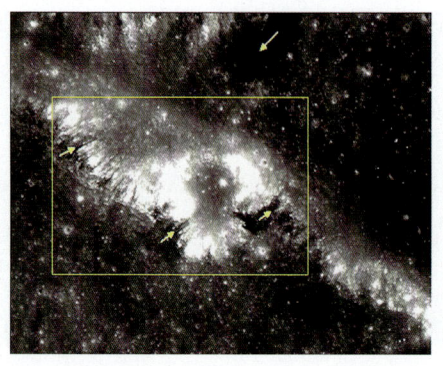

图9.1.29 云海阿方萨斯月坑线形断裂"石油"露头局部放大

示上部为黑色"石油"层,下部为白色碎屑岩层,箭头示"石油"泥流流动方向

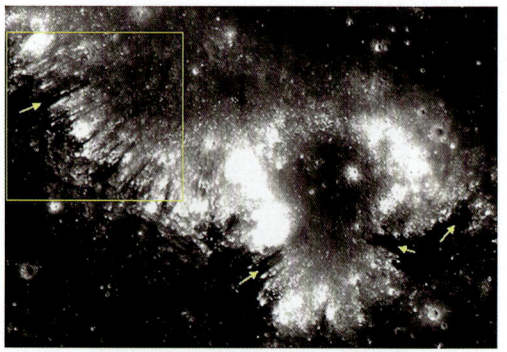

图9.1.30 为图9.1.29方框局部放大

示云海阿方萨斯月坑线形断裂"石油"露头,上部为黑色"石油"层,下部为白色碎屑岩层,箭头示"石油"泥流流动方向

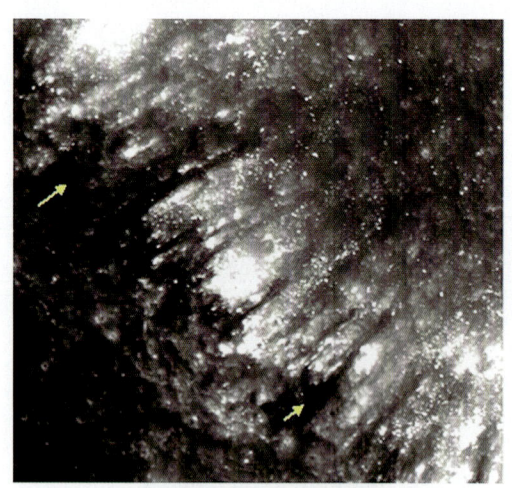

图9.1.31 为图9.1.30方框局部放大

示云海阿方萨斯月坑线形断裂"石油"露头,上部为黑色"石油"层,下部为白色碎屑岩层,箭头示"石油"泥流流动方向

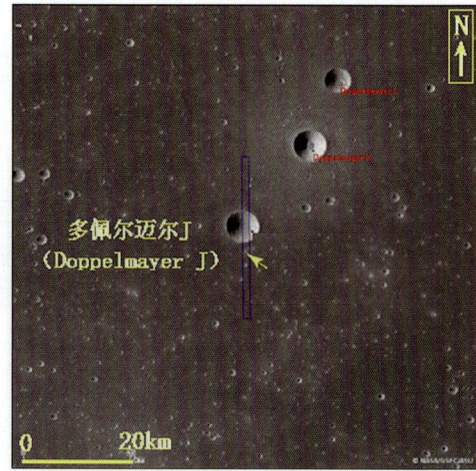

图9.1.32 湿海(Mare Horum)多佩尔迈尔J(Doppelmayer J)月坑月表"石油"箭头所示

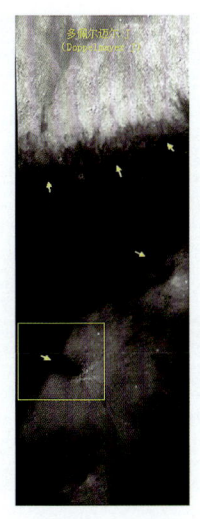
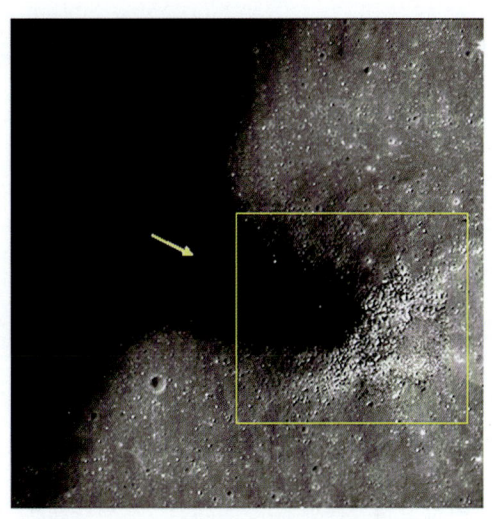

图9.1.33　湿海多佩尔迈尔 J 月坑附近月表"石油"以漏斗状"浸润"方式流入小月坑并致使碎屑和岩块变黑分布特征
箭头示"石油"泥流流动方向

图9.1.34　为图9.1.33方框局部放大
示湿海多佩尔迈尔 J 月坑附近月表"石油"以漏斗状"浸润"方式流入小月坑并致使碎屑和岩块变黑，箭头示"石油"泥流流动方向

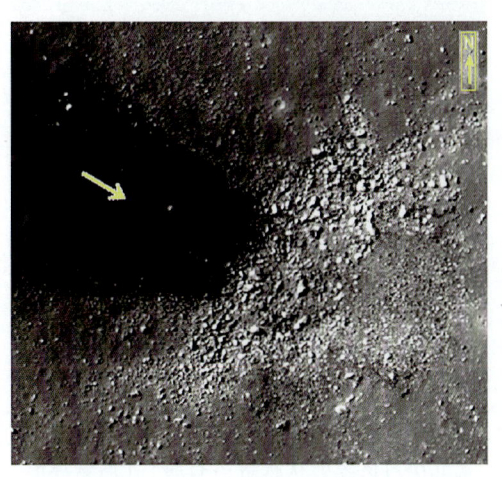
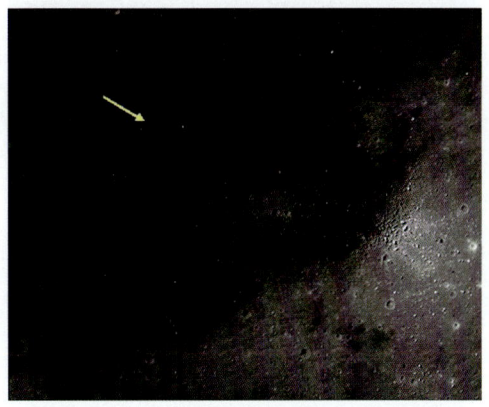

图9.1.35　为图9.1.33方框局部放大
示湿海多佩尔迈尔 J 月坑附近月表"石油"以漏斗状"浸润"方式流入小月坑并致使碎屑和岩块变黑，箭头示"石油"泥流流动方向

图9.1.36　湿海多佩尔迈尔 J 月坑附近月表"石油"以分散状"浸润"方式流入小月坑并致使碎屑和岩块变黑，箭头示"石油"泥流流动方向

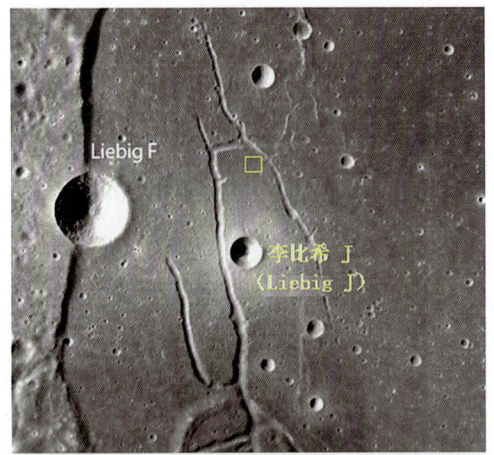

图 9.1.37 湿海（Mare Horum）西侧边界断裂附近李比希 J（Liebig J）之北小月坑（方框）溅射"石油"分布位置

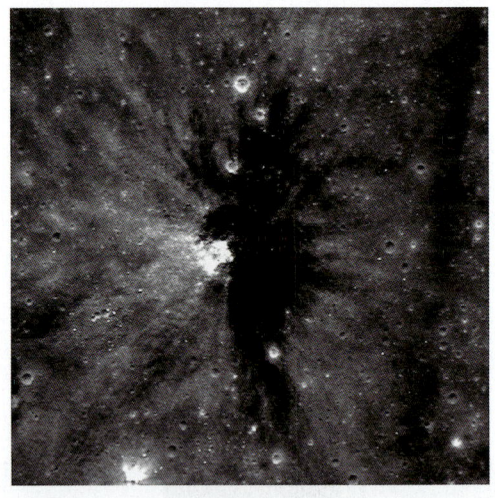

图 9.1.38 为图 9.1.37 方框局部放大
示湿海西侧边界断裂附近李比希 J 之北小月坑辐射状溅射"石油"（黑晕环形山）分布特征

图 9.1.39 湿海西侧边界断裂附近李比希 J 之北小月坑辐射状溅射"石油"（黑晕环形山）（左上、右下）分布特征

图 9.1.40 湿海西侧边界断裂附近李比希 J 之北小月坑辐射状溅射"石油"（黑晕环形山）（左下）分布特征

图 9.1.41 湿海（Mare Horum）小月坑辐射纹状"石油"露头分布位置（方框）

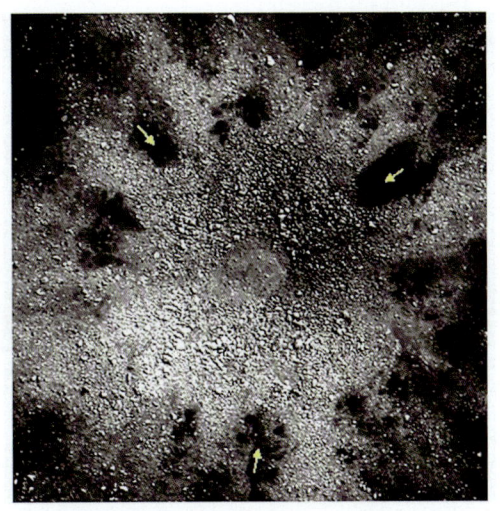

图 9.1.42 为图 9.1.41 方框局部放大

示湿海小月坑辐射纹状"石油"露头从小月坑周边月表，向小月坑坑壁断续或连续"浸润"方式流动，形成辐射状分布特征，箭头示"石油"泥流流动方向

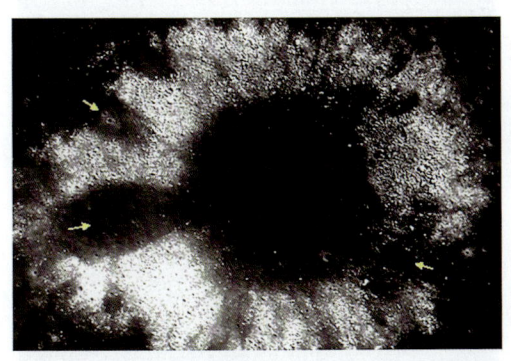

图 9.1.43 湿海（Mare Horum）小月坑辐射纹状"石油"露头从小月坑周边月表，向小月坑坑壁断续或连续"浸润"方式流动，形成辐射状分布特征

箭头示"石油"流动方向

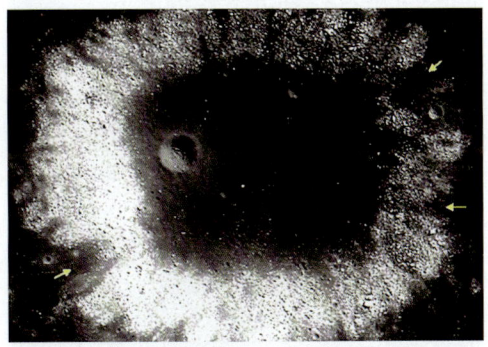

图 9.1.44 湿海（Mare Horum）小月坑辐射纹状"石油"露头从小月坑周边月表，向小月坑坑壁断续或连续"浸润"方式流动，形成辐射状分布特征

箭头示"石油"泥流流动方向

月球卫片分析最新发现

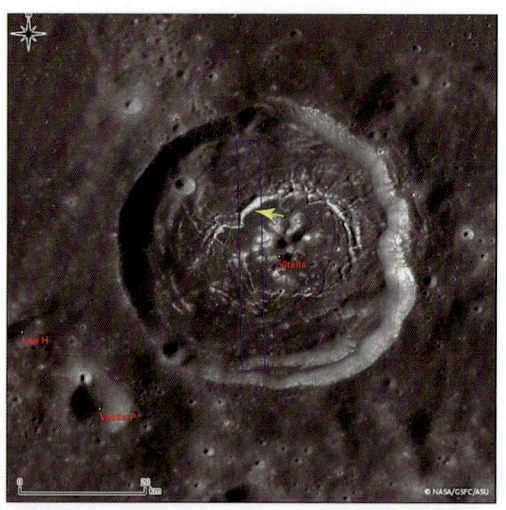

图9.1.45 湿海（Mare Horum）南维泰洛（Vitello）月坑坑底"冰裂""石油"分布位置（箭头所示）

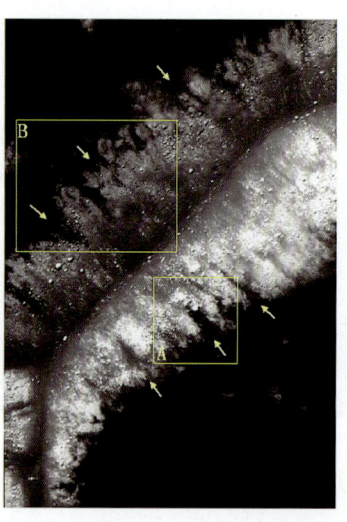

图9.1.46 为图9.1.45箭头所示局部放大

示湿海南维泰洛月坑坑底"冰裂"梳状"石油""浸润"方式流动分布特征，箭头示"石油"泥流流动方向

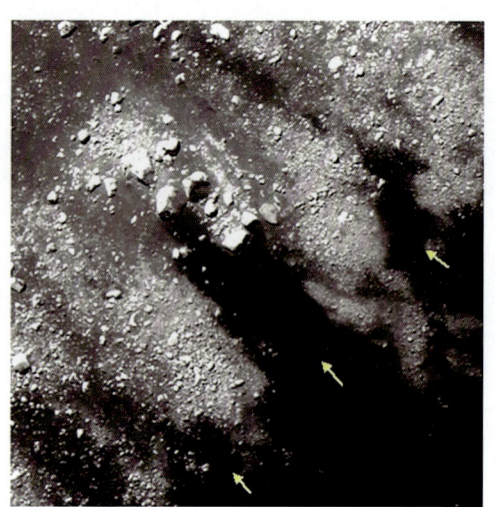

图9.1.47 为图9.1.46方框A局部放大

示湿海南维泰洛月坑坑底"冰裂"梳状黏稠的"石油"泥流把巨石沿坡面向下推挤和堆积，箭头示"石油"泥流流动方向

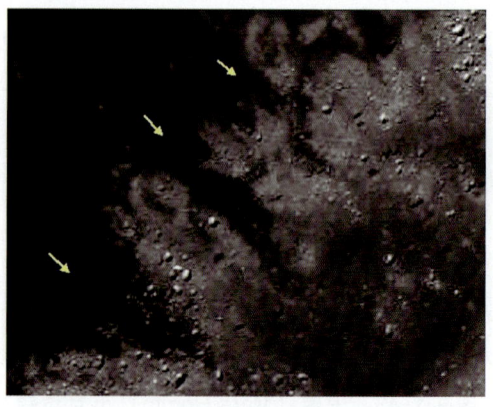

图9.1.48 为图9.1.46方框B局部放大

示湿海南维泰洛月坑坑底"冰裂"梳状"石油"浸润方式流动，箭头示"石油"泥流流动方向

第九章 月球矿产资源

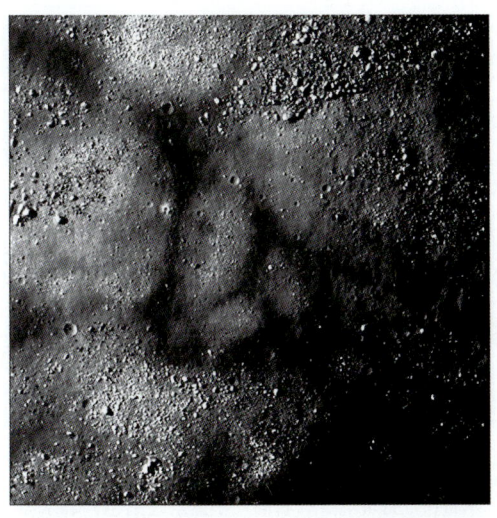

图 9.1.49 为图 9.1.45 中心局部放大
示湿海南维泰洛月坑坑底"冰裂""石油""多边土"浸润方式流动

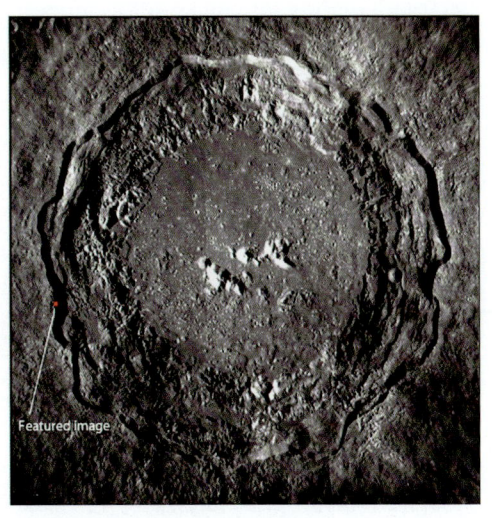

图 9.1.50 哥白尼（Copernicus）月坑坑壁"石油"出露点（红点）位置

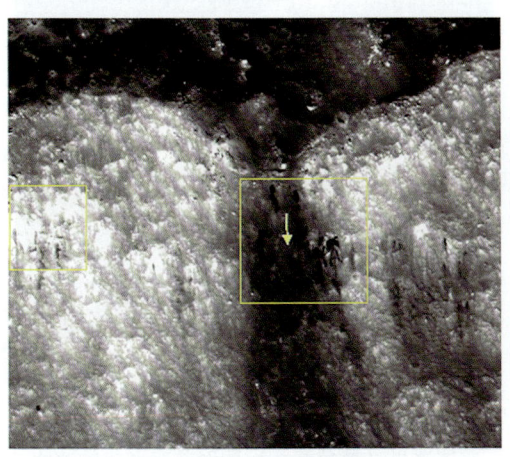

图 9.1.51 为图 9.1.50 红点处局部放大
示哥白尼月坑"石油"出露点（黑色）分布特征，箭头示"石油"泥流流动方向

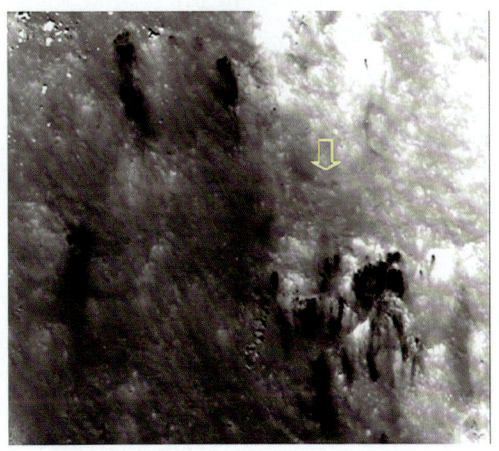

图 9.1.52 为图 9.1.51 方框局部放大
示哥白尼月坑坑壁"石油"出露点（黑色）分布特征，箭头示"石油"泥流流动方向

735

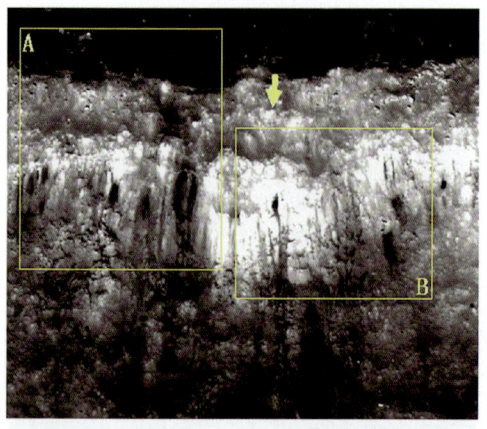

图 9.1.53　为图 9.1.50 红点处局部放大

示哥白尼月坑坑壁"石油"出露点（黑色）和水冰冰川（白色）分布特征，箭头示"石油"泥流和水冰冰川流动方向

图 9.1.54　为图 9.1.53 方框 A 局部放大

示哥白尼月坑坑壁"石油"出露点（黑色）和水冰冰川（白色）分布特征，箭头示"石油"泥流和水冰冰川流动方向

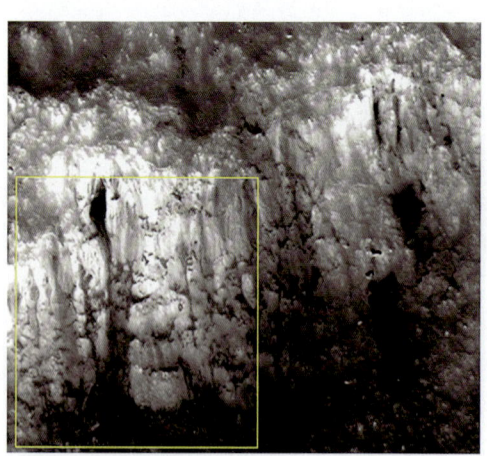

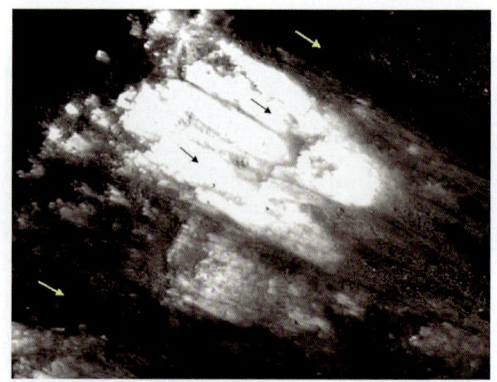

图 9.1.55　为图 9.1.53 方框 B 局部放大

示哥白尼月坑坑壁"石油"出露点（黑色）和水冰冰川（白色）分布特征，箭头示"石油"泥流和水冰冰川流动方向

图 9.1.56　哥白尼 H（Copernicus H）月坑坑壁"石油"（黄色箭头）与正在融化的水冰冰川（黑色箭头）同时并存形成的冰水砂砾堆积颗粒分布具上粗下细特征

箭头示"石油"泥流与水冰冰川流动方向

第九章 月球矿产资源

图 9.1.57 为图 9.1.55 方框局部放大
示哥白尼月坑坑壁"石油"出露点（黑色）水冰冰川（白色）和"石油"冰水砂砾堆积分布特征，箭头示"石油"泥流和水冰冰川流动方向

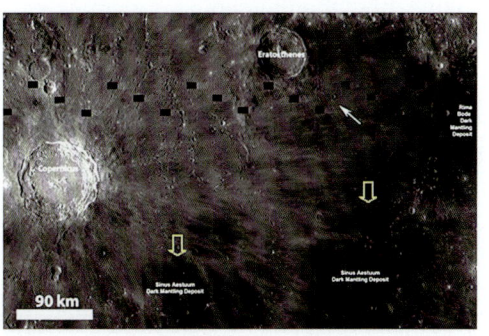

图 9.1.58 哥白尼（Copernicus）月坑（左侧）之东溅射区"石油"出露点（斜箭头所示）和"黑盖层沉积"（垂直箭头所示）分布特征

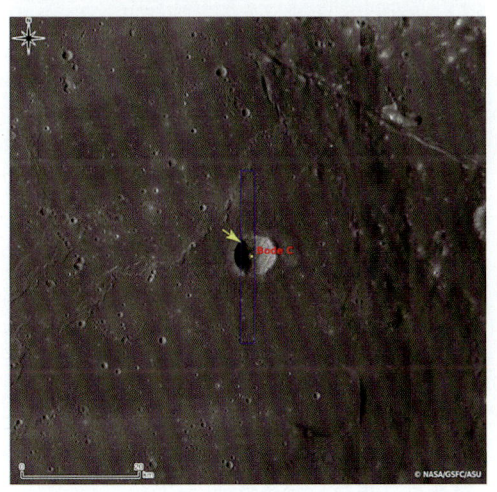

图 9.1.59 哥白尼月坑之东溅射区伯德 C（Bode C）月坑分布特征

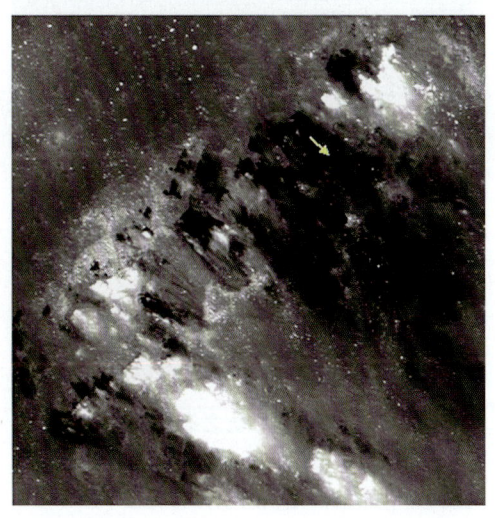

图 9.1.60 为图 9.1.59 箭头所示局部放大
示哥白尼月坑之东溅射区伯德 C 月坑坑壁"石油"（黑色）从层位上看，"石油"在上、白色碎屑和岩块在下分布特征，箭头示"石油"泥流流动方向

737

月球卫片分析最新发现

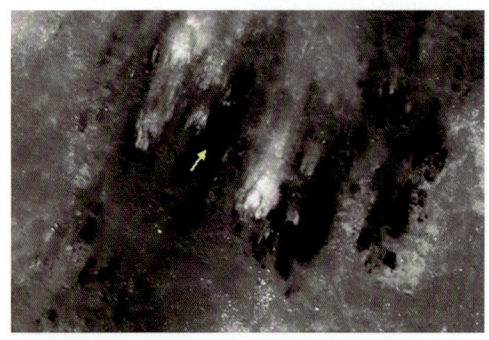

图9.1.61　为图9.1.59箭头所示局部放大示哥白尼月坑之东溅射区伯德C月坑坑壁"石油"（黑色）从层位上看，"石油"在上、白色碎屑和岩块在下分布特征，箭头示"石油"泥流流动方向

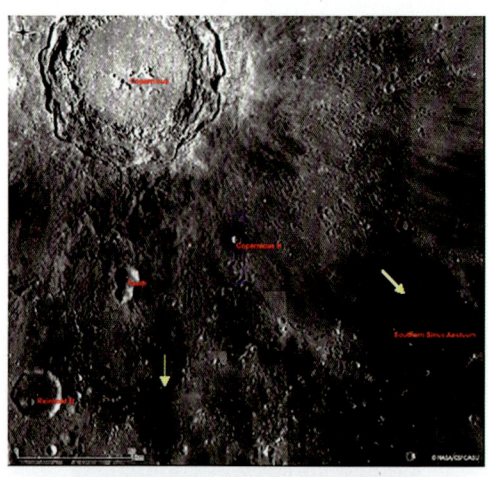

图9.1.62　哥白尼月坑之东南溅射区哥白尼H（Copernicus H）月坑及附近"石油"露头点（黑色）呈辐射状（箭头所示）分布特征

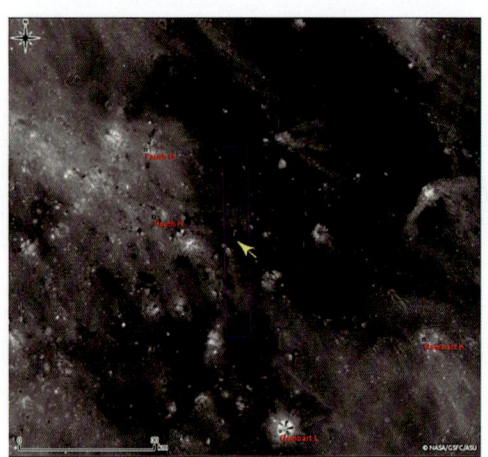

图9.1.63　哥白尼月坑之东南溅射区哥白尼H（Copernicus H）月坑及附近"石油"露头点（黑色）呈辐射状分布特征

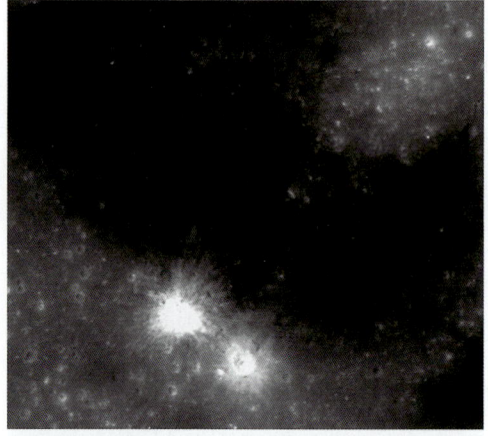

图9.1.64　哥白尼月坑之东南溅射区哥白尼H（Copernicus H）月坑及附近"石油"露头点（黑色）分布特征

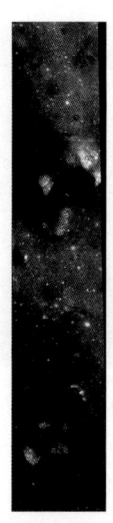
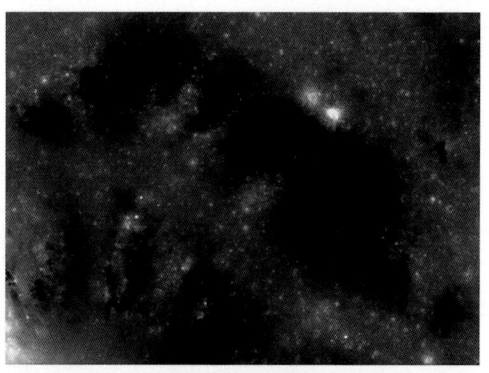

图9.1.66 哥白尼月坑之东南溅射区哥白尼H（Copernicus H）月坑及附近"石油"露头点（黑色）分布特征

图9.1.65 哥白尼月坑之东南溅射区哥白尼H（Copernicus H）月坑及附近"石油"露头点（黑色）分布特征

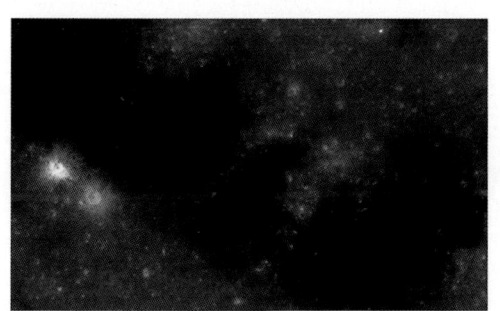
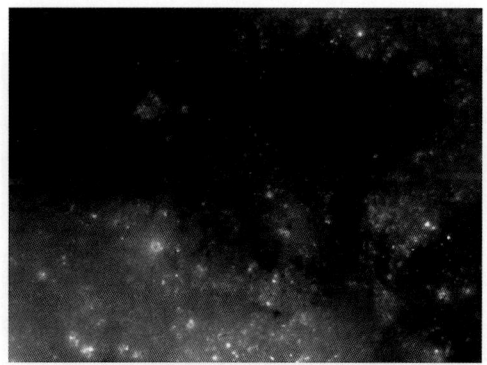

图9.1.67 哥白尼月坑之东南溅射区哥白尼H（Copernicus H）月坑及附近"石油"露头点（黑色）分布特征

图9.1.68 哥白尼月坑之东南溅射区哥白尼H（Copernicus H）月坑及附近"石油"露头点（黑色）分布特征

月球卫片分析最新发现

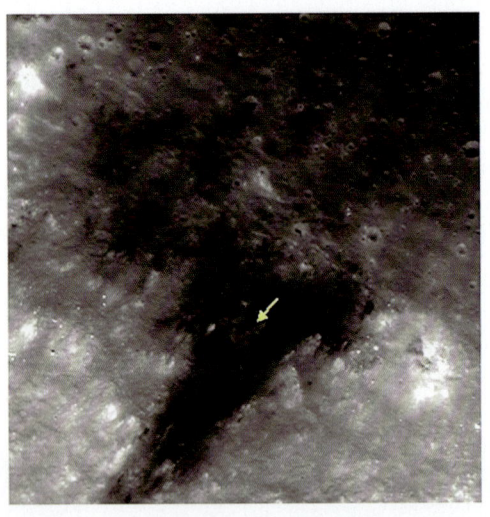

图 9.1.69　哥白尼月坑之东南溅射区哥白尼 H（Copernicus H）月坑及附近"石油"露头点（黑色）分布特征
箭头示"石油"泥流流动方向

图 9.1.70　哥白尼月坑之东南溅射区哥白尼 H（Copernicus H）月坑及附近"石油"露头点（黑色）分布特征

图 9.1.71　哥白尼月坑之东南溅射区哥白尼 H（Copernicus H）月坑及附近"石油"露头点（黑色）分布特征
箭头示"石油"泥流流动方向

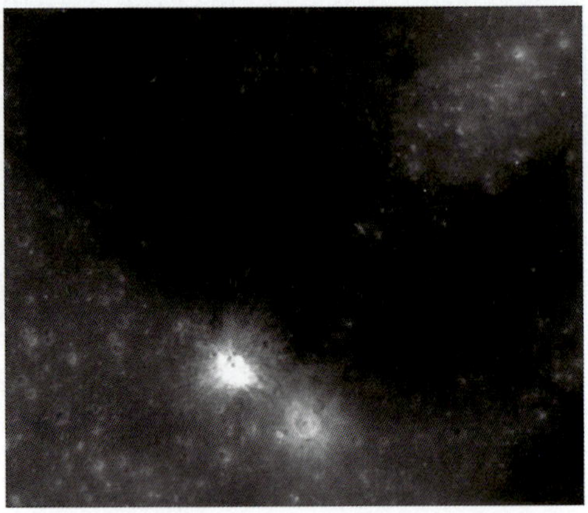

图 9.1.72　哥白尼月坑之东南溅射区哥白尼 H（Copernicus H）月坑及附近"石油"露头点（黑色）分布特征

第九章 月球矿产资源

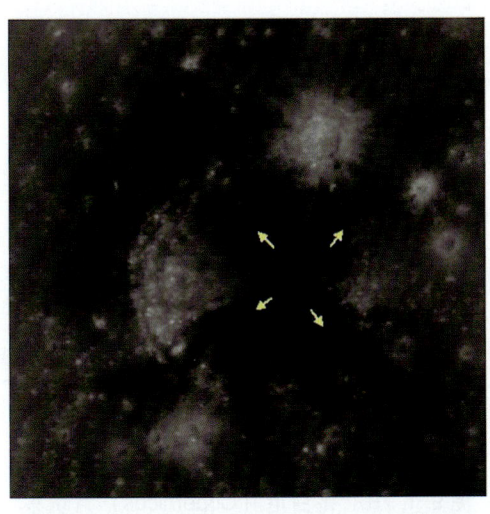

图 9.1.73 哥白尼月坑之东南溅射区哥白尼 H（Copernicus H）月坑及附近"石油"露头点（黑色）分布特征

箭头示"石油"溅射方向

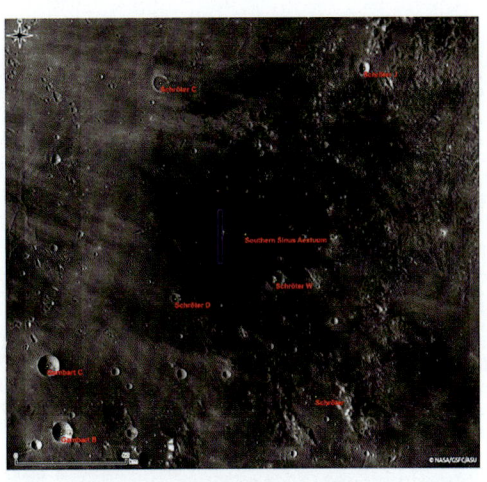

图 9.1.74 哥白尼月坑之东南溅射区哥白尼 H（Copernicus H）月坑及附近"石油"露头点（黑色）分布特征

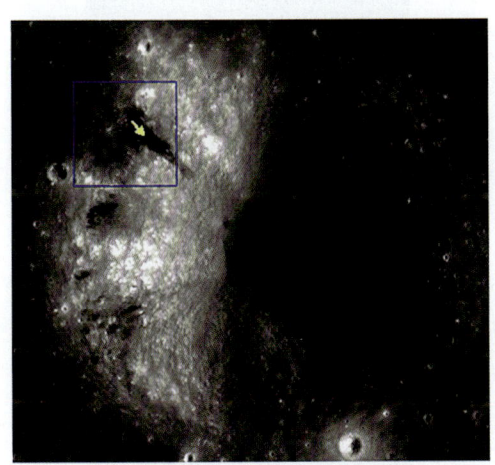

图 9.1.75 哥白尼月坑之东南溅射区哥白尼 H（Copernicus H）月坑"石油"露头点（黑色）分布特征

箭头示"石油"泥流流动方向

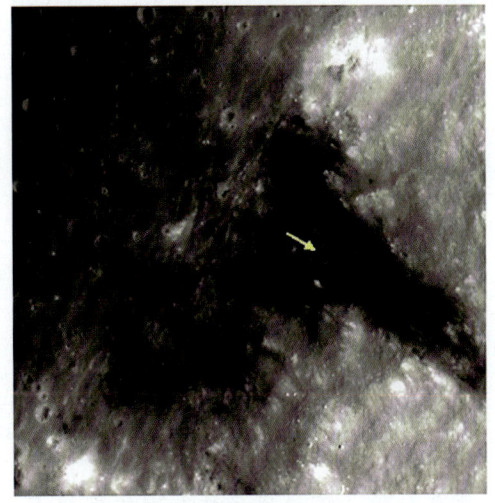

图 9.1.76 为图 9.1.75 方框局部放大

示哥白尼月坑之东南溅射区哥白尼 H 月坑"石油"露头点（黑色）分布特征，箭头示"石油"泥流流动方向

741

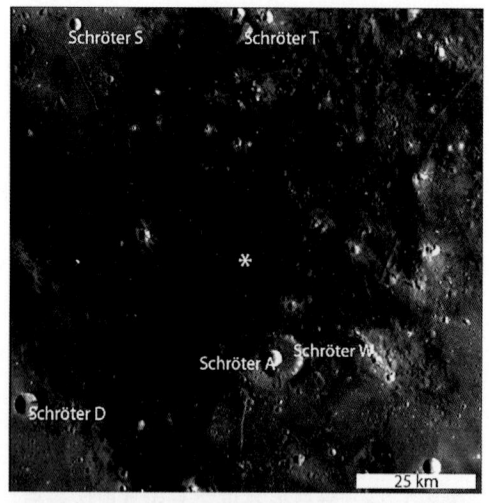

图 9.1.77　哥白尼月坑之东南溅射区"石油"露头点（六角星）及附近施罗特 W（Schroter W）"湿地月坑"分布特征

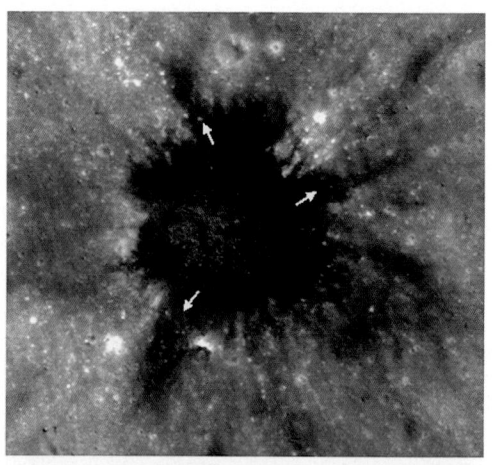

图 9.1.78　哥白尼（Copernicus）月坑东南撞击小月坑辐射纹"石油"分布特征

箭头示"石油"溅射方向

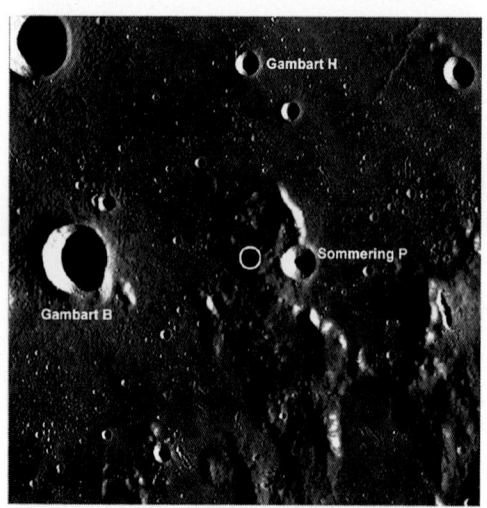

图 9.1.79　哥白尼月坑东南佐默林 P（Sommering P）月坑之西撞击小月坑辐射纹"石油"分布位置（圆圈）

图 9.1.80　哥白尼月坑东南佐默林 P（Sommering P）月坑之西撞击小月坑辐射纹"石油"及附近"石油"露头（黑色）分布特征

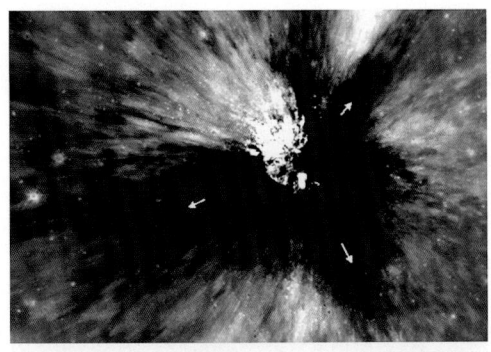

图 9.1.81　为图 9.1.80 方框局部放大示哥白尼月坑东南佐默林 P 月坑之西撞击小月坑辐射纹"石油"(黑色)分布特征，箭头示"石油"溅射方向

图 9.1.82　哥白尼月坑东南佐默林 P (Sommering P) 月坑之西撞击小月坑辐射纹"石油"(黑色)分布特征

图 9.1.83　哥白尼月坑东南佐默林 P (Sommering P) 月坑之西月表"石油"露头（黑色）分布特征

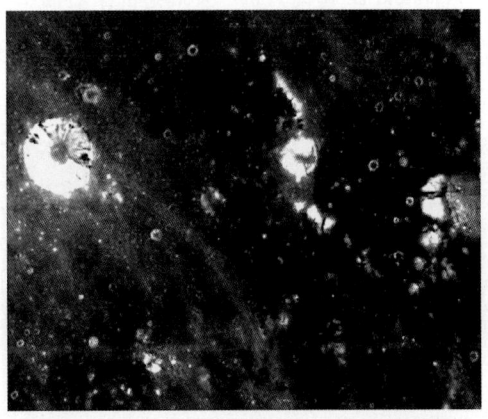

图 9.1.84　哥白尼月坑东南佐默林 P (Sommering P) 月坑之西月表"石油"露头（黑色）分布特征

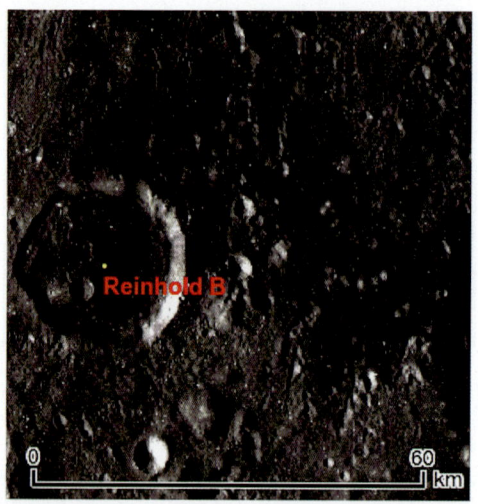

图9.1.85 哥白尼月坑东南溅射堆积区Reinhold B"湿地月坑"及周边的"石油"露头分布特征

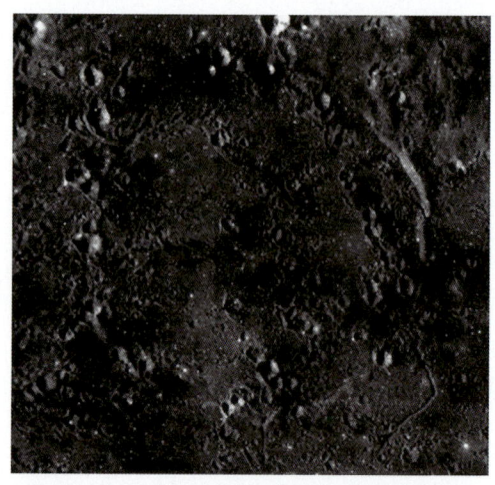

图9.1.86 哥白尼月坑东南溅射堆积区"湿地月坑"分布特征

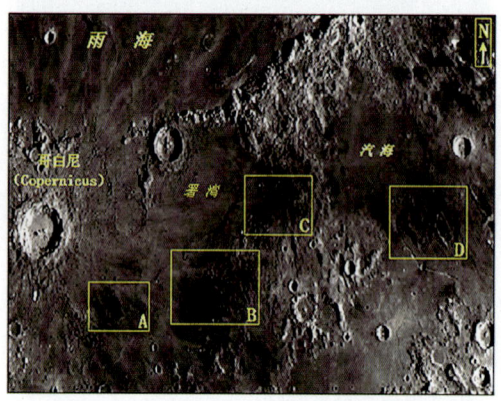

图9.1.87 雨海南哥白尼月坑东南黑色"石油"露头（A、B、C、D）分布特征

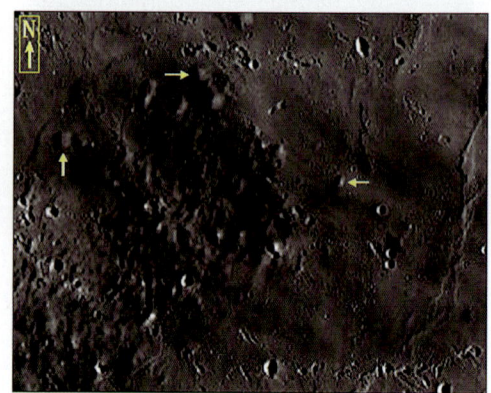

图9.1.88 为图9.1.87方框A局部放大示黑色"石油"大多呈液化沙丘形式出露于月表之上，箭头所示

第九章 月球矿产资源

图9.1.89　为图9.1.87方框B局部放大
示黑色"石油"大多呈液化沙丘形式出露于月表之上，箭头所示

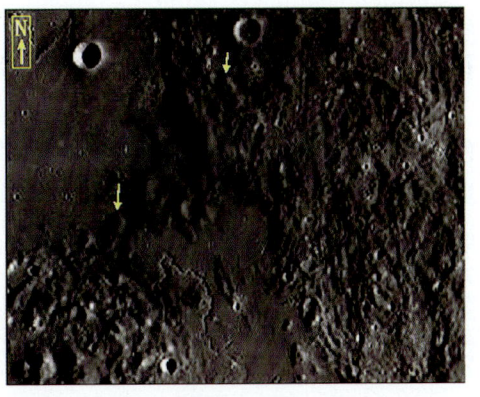

图9.1.90　为图9.1.87方框C局部放大
示黑色"石油"大多呈液化沙丘形式出露于月表之上，箭头所示

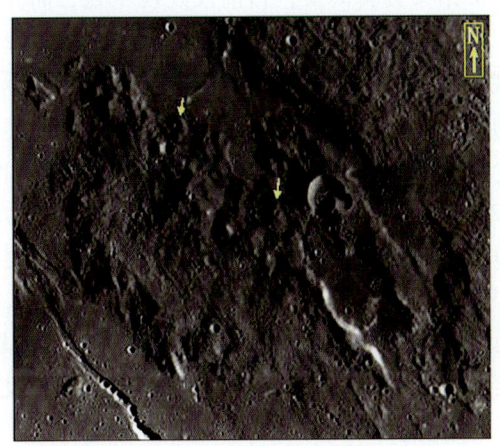

图9.1.91　为图9.1.87方框D局部放大
示黑色"石油"大多呈液化沙丘形式出露于月表之上，箭头所示

（图片来源：ESA/NASA）

第二节　月球"石煤"

一、月球"石煤"确定依据和分布

1. 月球"石煤"确定依据

地球上的煤炭，简称"煤"，是远古植物遗骸埋在地层下，经过地壳下隔绝空气和高温高压作用产生的碳化化石矿物，主要被人类开采用作燃料和工业原料。在陕西南部，还有一种特殊的"煤"，据研究发现，这种"煤"是距今约5.7亿年前的寒武

745

纪，由低等生物死亡后，在隔绝空气和高温高压作用下形成的含有机炭的一种"岩石"，被当地老乡作为日常烧水、做饭和冬季取暖的燃料，当地人称其为"石炭"。"石炭"呈黑色或黑褐色，致密块状，坚硬如岩石，有如煤矿区的"煤矸石"，不过色调一般比"煤矸石"深。月球上目前发现的黑色或黑褐色岩块，与地球上的"石炭"极为相似，也呈黑色或黑褐色，坚硬如岩石。因此，笔者认为它也是"石炭"，或称"石煤"。

2. 月球"石煤"的分布

月球上目前发现4处"石煤"，主要是月坑形成时溅射出来堆积物岩块和碎屑物质，仅有1处为月坑坑底露头，在月表尚未发现真正意义上的"石煤"露头分布。

二、月球"石煤"特征

月球"石煤"，由于相关资料太少，目前仅发现4处，简介如下。

1. 阿利斯塔克（Aristarchus）月坑沉积变质岩层与溅射"石煤"堆积

溅射"石煤"堆积分布于阿利斯塔克（Aristarchus）月坑坑壁溅落堆积区，纬度约为23.9100，经度约为312.7600（见图9.2.1）。溅射"石煤"堆积呈黑色或深灰黑色，常与白色的"大理岩"（或砂岩？）同时堆积分布（见图9.2.2—图9.2.4），或单一出现（见图9.2.5、图9.2.6）。阿利斯塔克（Aristarchus）月坑坑底分布的中央峰为凸出的基岩露头，由产状陡峻的黑色"石煤"层与互层状沉积变质岩层组成（见图9.2.7—图9.2.9）。阿利斯塔克（Aristarchus）月坑属于"陆地月坑"，坑壁可见由产状陡峻的黑色"石煤"层与白色、灰色碎屑岩层互层状产出（见图9.2.10、图9.2.11）。陡峭的岩层产状出现，可能说明月球在酒海纪或艾肯纪之前，构造变动十分强烈。

2. 冷海东阿特拉斯（Atlas）月坑东约70 km 小月坑坑底"石煤"基岩露头

坑底黑色"石煤"基岩露头分布于冷海东阿特拉斯（Atlas）月坑东约70 km，为一规模极小的"陆地月坑"，纬度约为46.7700，经度约为49.8700（见图9.2.12—图9.2.14）。坑底出露黑色"石煤"，呈长条状基岩露头（见图9.2.15），基岩露头分布的裂隙颇多（见图9.2.16）。在小"陆地月坑"的坑底和坑外，均可见受到"石煤"粉尘、碎屑"污染"的黑色泥石流分布（见图9.2.17、图9.2.18）。

3. 月坑外溅射"石煤"堆积岩块

黑色"石煤"堆积岩块分布于一较大月坑坑缘外，纬度、经度暂不详。来自同一个陨石坑的两条高反射率和低反射率的块状喷射物，黑、白两条分布十分明显（见图9.2.19）。在低反射率黑色溅射堆积物中有一块黑色巨石，长约116.3 m，宽约78 m。在极强的溅射作用力下仅见中间部分有一裂隙分布，足以说明原岩石胶结十分紧密坚固（见图9.2.20、图9.2.21），有人猜测黑色"石煤"可能为火山熔岩"玄武岩"，但从色调、表面结构以及周边并未发现相关的火山喷发机制来看，这些"石煤"不可能与火山活动有关（见图9.2.20—图9.2.23）。

4. 斯蒂文 A（Stevinus A）月坑东北（星）溅射"石煤"堆积

斯蒂文 A（Stevinus A）月坑位于月球正面南半球，纬度为 -31.7500，经度为 51.5500（见图 9.2.24、图 9.2.25）。溅射"石煤"堆积，分布于斯蒂文 A（Stevinus A）月坑西侧坑缘外一带，为形成斯蒂文 A（Stevinus A）月坑时陨石撞击月表的溅射堆积物，由不同大小黑色碎屑和岩块组成（见图 9.2.26—图 9.2.34）。

三、月球"石煤"形成和发展演化

月球"石煤"，目前虽说发现不多，可能与卫片的信息量太少和解释程度太低有关，但从现有发现的资料看，它们与地球上寒武纪时期由低等生物死亡后经过高温高压环境下形成的"石煤"十分相似，呈黑色、反照率极低和质体坚硬。可以预料随着高分辨率卫片的取得和详细解释，月球"石煤"一定会有更多的发现。

四、月球"石煤"发现意义

月球"石煤"，因其色深，以往研究者大多认为是"岩浆"喷发形成的玄武岩。从质感、色调和分布来看，都不像是玄武岩。从其与沉积岩层互层出现和本身就具有明显层理特征来看，将其与地球上寒武纪时期由低等生物死亡后形成的"石煤"相对比是可以的，因此，它的发现为研究月球生命起源提供重要线索。

以下附第九章第二节图：

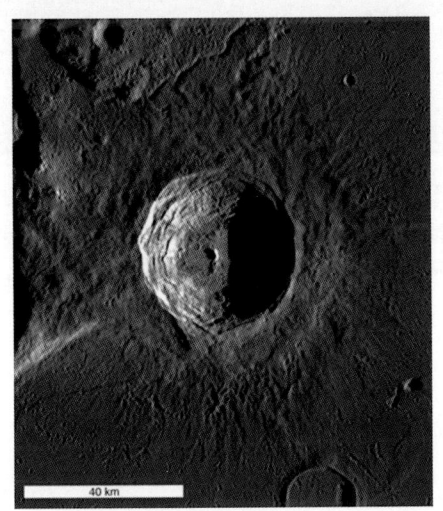

图 9.2.1 阿利斯塔克（Aristarchus）"陆地月坑"卫星影像图

图 9.2.2 阿利斯塔克（Aristarchus）"陆地月坑"坑壁溅落的黑色"石煤"与白色的"大理岩"（或砂岩?）分布特征

图9.2.3 阿利斯塔克（Aristarchus）"陆地月坑"坑壁溅落的黑色"石煤"与白色的"大理岩"（或砂岩）分布特征

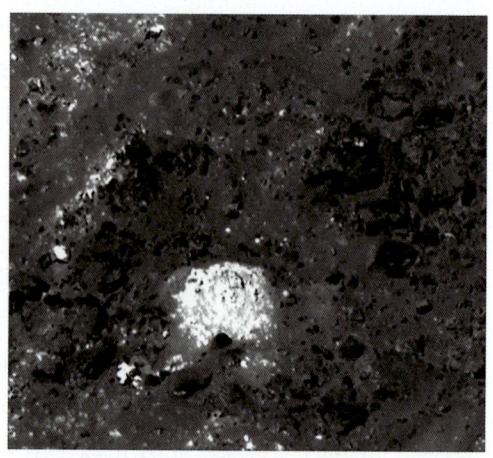

图9.2.4 阿利斯塔克（Aristarchus）"陆地月坑"坑壁溅落的黑色"石煤"与白色的"大理岩"（或砂岩?）分布特征

图9.2.5 阿利斯塔克（Aristarchus）"陆地月坑"坑壁溅落的"石煤"呈黑色层状分布特征

图9.2.6 阿利斯塔克（Aristarchus）"陆地月坑"坑壁溅落的"石煤"呈黑色层状及碎屑岩块状分布特征

第九章　月球矿产资源

图 9.2.7　为图 9.2.1 中央峰分布特征
示阿利斯塔克"陆地月坑"中央峰由产状陡峻的黑色"石煤"层与互层状沉积变质岩层组成

图 9.2.8　为图 9.2.1 中央峰局部放大
示阿利斯塔克"陆地月坑"中央峰由产状陡峻的黑色"石煤"层与互层状沉积变质岩层组成分布特征

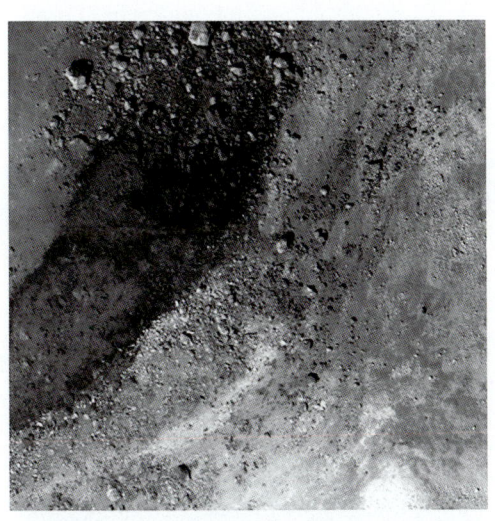

图 9.2.9　为图 9.2.8 方框局部放大
示阿利斯塔克"陆地月坑"中央峰由产状陡峻的黑色"石煤"层与灰色、灰白色碎屑岩层互层状产出分布特征

图 9.2.10　为图 9.2.1 坑壁局部放大
示阿利斯塔克"陆地月坑"坑壁局部产状陡峻的黑色"石煤"层与白色、灰色碎屑岩层互层状产出分布特征

749

图 9.2.11　为图 9.2.1 坑壁局部放大

示阿利斯塔克"陆地月坑"坑壁局部产状陡峻的黑色"石煤"层与白色、灰色碎屑岩层互层状产出分布特征

图 9.2.12　冷海阿特拉斯（Atlas）月坑东约 70 km 小"陆地月坑"分布位置（箭头所示）

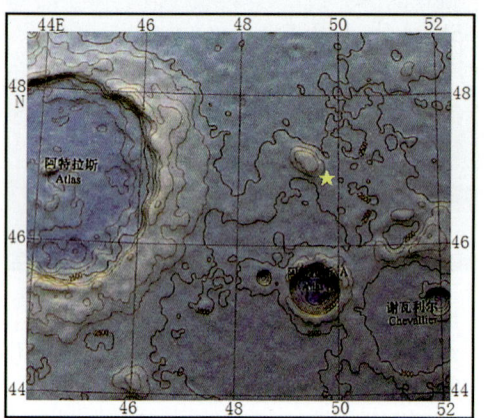

图 9.2.13　冷海阿特拉斯（Atlas）月坑东约 70 km 小月坑（五星）及附近地形图

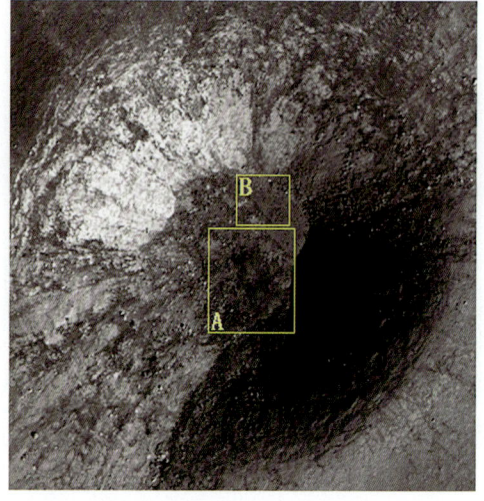

图 9.2.14　冷海阿特拉斯（Atlas）月坑东约 70 km 小"陆地月坑"卫星影像图

图 9.2.15 为图 9.2.14 方框 A 局部放大
示冷海阿特拉斯月坑东约 70 km 小"陆地月坑"坑底黑色基岩"石煤"层分布特征

图 9.2.16 为图 9.2.15 方框局部放大
示冷海阿特拉斯月坑东约 70 km 小"陆地月坑"坑底黑色基岩"石煤"层分布特征

图 9.2.17 为图 9.2.14 方框 B 局部放大
示冷海阿特拉斯月坑东约 70 km 小"陆地月坑"坑底黑色基岩"石煤"层附近分布的被"石煤"污染的黑色泥石流分布特征,箭头示泥石流流动方向

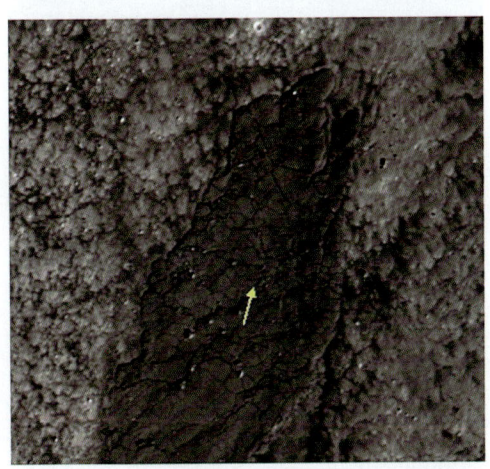

图 9.2.18 冷海阿特拉斯月坑东约 70 km 小"陆地月坑"坑外被"石煤"污染的黑色泥石流分布特征(箭头示泥石流流动方向)

月球卫片分析最新发现

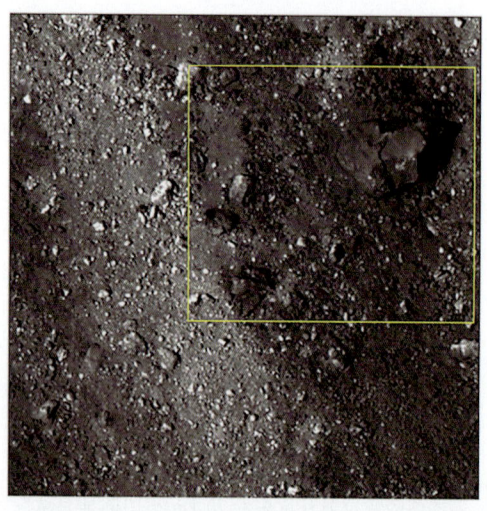

图9.2.19 月坑坑缘外两条黑、白不同色调的溅射堆积"石煤"岩块分布特征

图9.2.20 为图9.2.19方框局部放大
示黑色巨石溅射"石煤"堆积岩块分布特征

图9.2.21 为图9.2.20方框局部放大
示黑色巨石溅射"石煤"堆积岩块质体致密坚硬，仅见中部一条裂隙分布

图9.2.22 月坑坑缘外溅射黑色"石煤"堆积岩块分布特征

第九章 月球矿产资源

图9.2.23 月坑坑缘外溅射黑色"石煤"堆积岩块分布特征

图9.2.24 斯蒂文A（Stevinus A）月坑及东北（六角星）月坑溅射"石煤"堆积岩块位置图

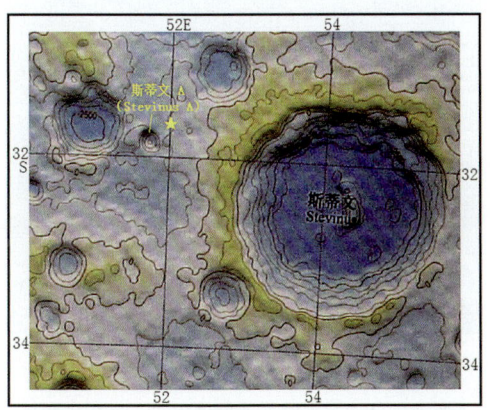

图9.2.25 斯蒂文A（Stevinus A）月坑及溅射"石煤"堆积岩块（五星）附近地形图

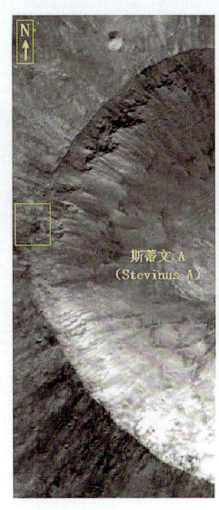

图9.2.26 斯蒂文A（Stevinus A）月坑缘外溅射黑色"石煤"堆积碎屑和岩块（方框）分布位置图

753

图9.2.27　为图9.2.26方框局部放大
示斯蒂文A月坑坑缘外溅射黑色"石煤"堆积碎屑和岩块分布特征

图9.2.28　为图9.2.26方框局部放大
示斯蒂文A月坑坑缘外溅射黑色"石煤"堆积碎屑和岩块分布特征

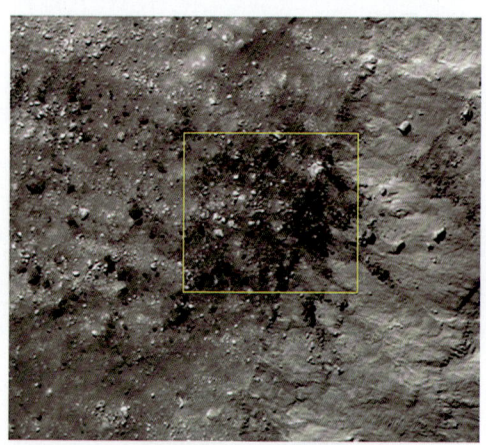

图9.2.29　为图9.2.26方框局部放大
示斯蒂文A月坑坑缘外溅射黑色"石煤"堆积碎屑和岩块分布特征

图9.2.30　为图9.2.29方框局部放大
示斯蒂文A月坑坑缘外溅射黑色"石煤"堆积碎屑和岩块分布特征

图 9.2.31 斯蒂文 A（Stevinus A）月坑坑缘外溅射黑色"石煤"堆积碎屑和岩块分布特征

图 9.2.32 斯蒂文 A（Stevinus A）月坑坑缘外溅射黑色"石煤"堆积碎屑和岩块分布特征

图 9.2.33 为图 9.2.24 六角星处局部放大

示斯蒂文 A 月坑东北溅射黑色"石煤"堆积碎屑和岩块分布特征

图 9.2.34 为图 9.2.24 六角星处局部放大

示斯蒂文 A 月坑东北溅射黑色"石煤"堆积碎屑和岩块分布特征

（图片来源：ESA/NASA）

第三节　月球盐湖沉积矿产

一、关于月球盐湖沉积矿产

地球上的盐湖沉积矿产包括食盐、钾镁盐、硼、锂、芒硝、天然碱、钠硝石及水菱矿等，主要是由潟湖演化产生。这里提出的月球盐湖沉积矿产，是指处于潟湖环境的一些湖泊，许多巨大的白色矿物晶体分布于已干涸的潟湖之中。晶体的生长，像地球盐湖沉积晶体析出时一样，大多都沿边界分布（或近垂直生长）。析出晶体的"母液"具有球体收缩和凸起的特性，似地球上过饱和液体置于地面的分布特征。

二、月球盐湖沉积矿产特征

月球盐湖沉积矿产目前发现不多，主要以福湖盐湖沉积盆地和希吉努斯（Hyginus）月坑的盐湖沉积比较典型，现简介如下。

1. 福湖盐湖沉积矿产

福湖盐湖位于雨海、澄海和汽海之间，地貌上属于诚湾、福湖、恨湖、悲湖和悦湖等广阔古潟湖区的一部分（见图9.3.1）。纬度为 18.5°N ～ 19.9°N，经度为 3.5°E ～4.5°E。盐湖位于福湖西北边缘部分（见图9.3.2），近圆形，主要由灰黑色光滑和呈球面状凸起大小不同、形态各异的斑块、灰色粗糙面和白色盐类沉积组成（见图9.3.3）。盐湖沉积矿产晶体以白色和浅灰白色为主，近垂直分布于线形沉积向阳沟槽壁上，阴暗面一侧的沉积沟槽壁上很少见有发育（见图9.3.4、图9.3.5）。盐类沉积晶体有很多呈长方形板状或柱状（见图9.3.6、图9.3.7），晶体最长可达数米，如此巨晶，初步推断在地球上多属硫酸钙矿物的石膏晶体（见图9.3.8）。

2. 马斯基林（Maskelyne）月坑东北盐湖沉积矿产

马斯基林（Maskelyne）月坑分布于静海之南，盐湖沉积矿产位于马斯基林（Maskelyne）月坑东北附近沉积平原上，纬度约为4.33°N，经度约为33.75°E。盐湖沉积矿产地呈环形分布特征（见图9.3.9）。白色盐湖沉积矿物分布不多，仅局部出现，且晶体均较细小（见图9.3.10、图9.3.11）。

三、月球盐湖沉积矿产形成和发展演化

月球盐湖沉积矿产与地球上盐湖矿产的形成演化是基本一致的，都是由潟湖的形成和演化产生的，绝不可能是不规则月海斑块是月球表面具有特殊的"水泡"外观的火山活动特征。

四、月球盐湖沉积矿产发现意义

月球盐湖沉积矿产的发现，证实月球的历史演化过程中曾有过大量水的分布，为研究月球历史发展提供重要线索。

以下附第九章第三节图：

第九章 月球矿产资源

图9.3.1 福湖盐湖沉积矿产（箭头所示）位于雨海、澄海和汽海之间的潟湖群——诚湾、福湖、恨湖、悲湖和悦湖之中分布特征

图9.3.2 为图9.3.1方框局部放大
示福湖盐湖沉积矿产（箭头所示方框）的卫星影像分布特征

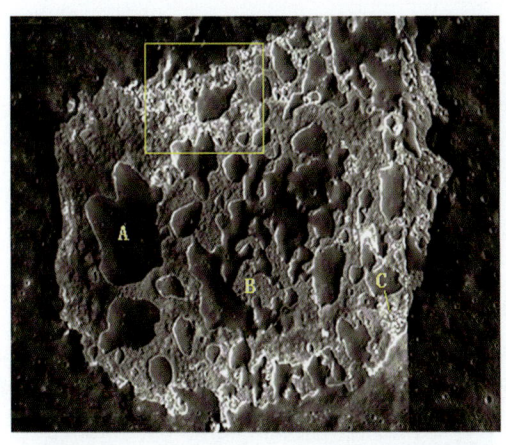

图9.3.3 为图9.3.2箭头所示方框局部放大
示福湖盐湖沉积矿产分布区主要由灰黑色光滑和呈球面状凸起大小不同、形态各异的斑块（A）、灰色粗糙面（B）和白色盐类沉积（C）组成卫星影像分布特征

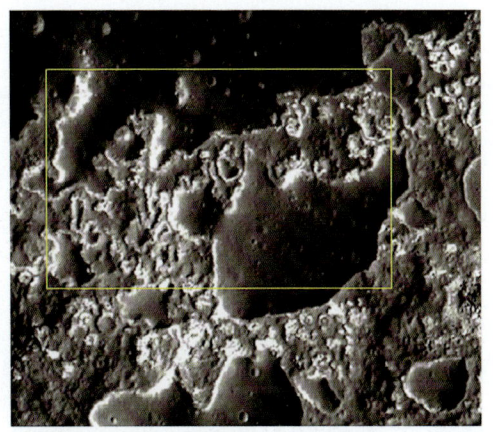

图9.3.4 为图9.3.3方框局部放大
示福湖盐湖沉积矿产晶体（白色）分布特征

757

图9.3.5 为图9.3.4方框局部放大

示盐湖沉积矿物晶体（白色）近垂直分布于线形沉积向阳沟槽壁上，阴暗面一侧的沉积沟槽壁上很少见有发育

图9.3.6 为图9.3.3东北角局部放大

示盐湖沉积矿物呈长方体板状或柱状晶体（白色）分布特征

图9.3.7 为图9.3.6方框局部放大

示盐湖沉积矿物呈巨大的长方形板状或柱状白色晶体（箭头所示）分布特征

图9.3.8 地球上的巨型石膏晶体分布特征（网上下载）

第九章　月球矿产资源

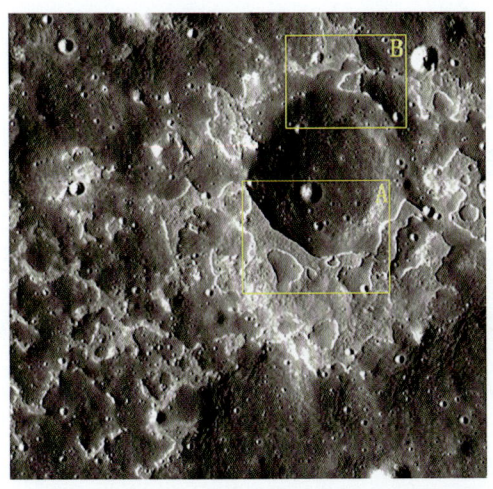

图9.3.9　希吉努斯（Hyginus）月坑及周边环形盐湖沉积矿产（白色）卫星影像分布特征

图9.3.10　为图9.3.9方框A局部放大
示希吉努斯月坑局部分布的白色盐湖沉积矿物（箭头所示）分布特征

图9.3.11　为图9.3.9方框B局部放大
示马斯基林盐湖沉积盆地析出物质是白色的晶体（箭头所示）分布特征

759

第十章 月球"亮温度"分布与月球"水"和"水冰"形成的地貌关系

第一节 全月球"亮温度"概念和分布特征

一、"亮温度"的定义

"亮温度",是指"如果实际物体在某一波长的光谱辐射度与某一温度的绝对黑体在同一波长的光谱辐射度相等,则黑体的温度称为该物体在该波长的亮温度"。由于一般物体都不是黑体,其发射率总是小于1的正数,故物体的亮温度总是小于物体的实际温度。如果已知物体的光谱发射率,则可由其亮温度求得其实际温度。对于同一物体,不同波长的亮温度一般是不同的,因此物体的亮温度必须注明相应的波长数值才有意义。高温计测得的就是实际物体在确定波长下(常用的如 $0.66\ \mu m$)的亮温度。也可以简单理解为通过测量物质(或物体)的亮度了解其温度的变化特征。

目前进行了全月球黑夜和白昼两项"亮温度"的测量(见图 10.1.1、图 10.1.2),现将全月球黑夜"亮温度"测量结果和全月球白昼"亮温度"测量结果简介如下。

二、全月球"亮温度"分布特征

按"亮温度"高低,全月球黑夜、白昼"亮温度"大致可划分出四级,由赤道向两极依次由蓝→浅蓝→黄→桔黄,并沿纬度方向呈带状或断续带状分布(见图 10.1.1、图 10.1.2)。

全月球黑夜和白昼的"亮温度"分布,与全月球沿赤道南(30°S)北(30°N)分布范围基本一致(见图 10.1.1、图 10.1.2)。最宽为"浅蓝带",最窄为"桔黄带",其次是"黄带""蓝带"。"桔黄带"带宽仅为"浅蓝带"带宽的1/10,约为"黄带"带宽的1/7,约为"蓝带"带宽的2/5。

1. 全月球黑夜"亮温度"分布特征

全月球黑夜"亮温度",自两极向赤道方向逐渐升高,至赤道南北30°左右最强,为"蓝带"分布区。两极"亮温度"为最低值,为"桔黄带"分布区,黑夜最低值为65。赤道南北30°左右的"亮温度",沿纬度方向高低变化较明显,黑夜最高值达到238。"亮温度"高低可能与月表水或水冰含量有关,即月表水或水冰含量越多,"亮温度"就越高,反之就低。

2. 全月球白昼"亮温度"分布特征

全月球白昼"亮温度"高低分布与全月球黑夜"亮温度"分布特征基本一致。有所差异的是"黄色亮温度"带稍宽一些,"蓝色亮温度"分布面积较少,且色调总体比黑夜"亮温度"浅(见图10.1.2),但局部地域增强明显。如在经度20°~40°E,与纬度10°S~20°N区域内,全月球黑夜"亮温度"只以浅蓝色为主"亮温度"区(见图10.1.3),而白昼"亮温度"则形成明显"菱形"状蓝色高密集"亮温度"区块(见图10.1.4)。

然而,在0~60W,与10N~10S及其南北附近地区,情况正好相反。全月球黑夜"亮温度"在这两处区域范围蓝色"亮温度"普遍明显高于全月球白昼"亮温度"(见图10.1.5)。在风暴洋、汽海、湿海和云海等分布区蓝色白昼"亮温度"明显降低(见图10.1.6),并且黑夜"亮温度"比白昼"亮温度"变化更强。白昼最高值为269,黑夜最高值为238,而最低值白昼与黑夜相等均为65。月陆高原区黑夜"亮温度"略低于白昼。而月陆区比月海区,不论是黑夜还是白昼,"亮温度"都要低。在澄海和静海区,白昼的"亮温度"突显特别强烈,然而到了黑夜,澄海和静海区的"亮温度"反而变弱。在雨海区白昼的"亮温度",较风暴洋区明显要弱得多,然而在黑夜两者的"亮温度"则差别不大。低海拔月坑分布区,黑夜的"亮温度"明显比白昼时要高得多(见图10.1.1、图10.1.2)。造成月球"亮温度"变化的原因,除上述与月表水或水冰因素有关外,很可能与黑色"石油"和"石煤"在该区广泛分布有关。

以下附第十章第一节图:

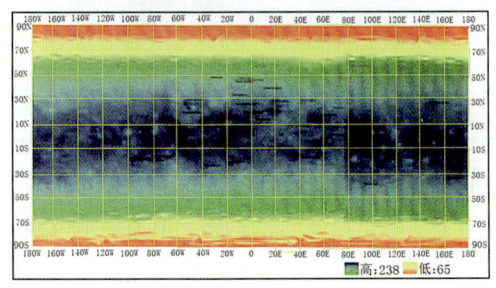

图10.1.1 全月球黑夜"亮温度"分布图
高"亮温度"区可能与黑色"石油"和"石煤"的空间分布有关

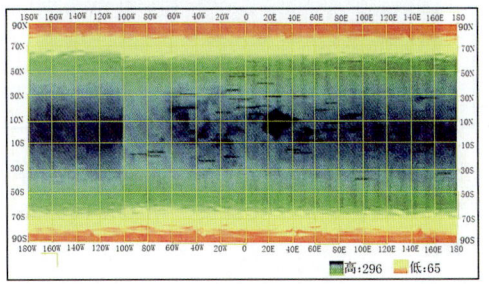

图10.1.2 全月球白昼"亮温度"分布图
高"亮温度"区可能与黑色"石油"和"石煤"的空间分布有关

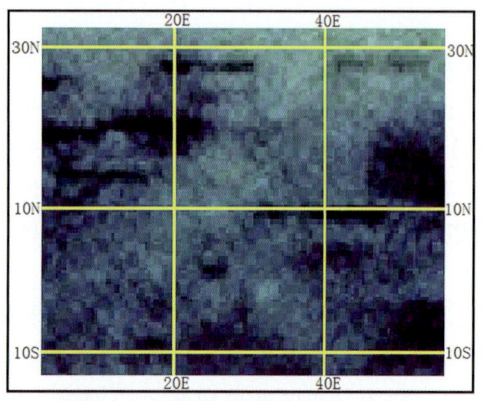

图10.1.3 全月球黑夜在静海区一带形成浅蓝色"亮温度"分布图

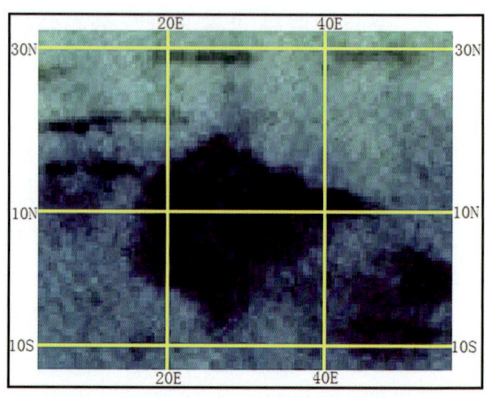

图10.1.4 全月球白昼在静海区一带形成明显"菱形"状蓝色高密集"亮温度"区块分布特征

蓝色高密集"亮温度"区块是否与该区存在"石油"和"石煤"黑色物质分布有关需做进一步研究

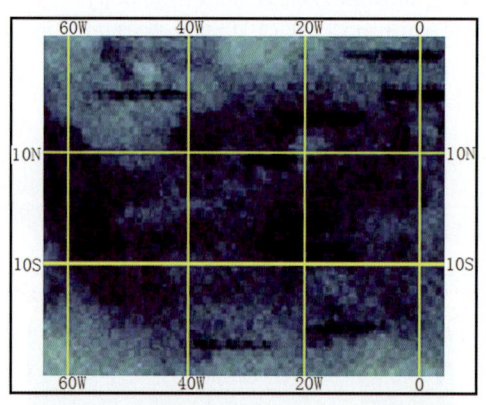

图10.1.5 风暴洋、汽海、湿海和云海等分布区蓝色黑夜"亮温度"明显增高分布特征

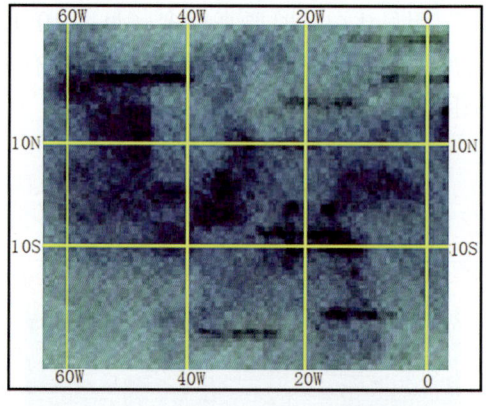

图10.1-6 风暴洋、汽海、湿海和云海等分布区蓝色白昼"亮温度"明显降低分布特征

第二节 全月球"亮温度"与月球"水""水冰"形成的地貌、沉积和盐湖沉积地貌、"石油""石煤"的关系

现对已搜集到的资料进行初步，结果研究表明，全月球黑夜"亮温度"和全月球白昼"亮温度"的高低变化，与水和水冰形成的地貌在空间分布上存在着一定的相关性。总体上表现出水和水冰形成的地貌，主要分布于全月球高"亮温度"地区，即集中分布于中、低纬度的高"亮温度"区（见表10.2.1）。并且随着全月球高"亮温度"的赤道向低"亮温度"的两极逐渐变化，水和水冰形成的地貌也随之变

少，但具体到某一地貌类型则略有不同。主要表现如下。

表 10.2.1 月球水和水冰形成的区域地貌数量与全月球亮温带分布关系

分布位置		现代湖泊	月溪	泥石流	沉积平原	现代水冰冰川	泥冰川	液化沙垄	冻胀丘和冻胀裂隙	岩屑堆、石笋、石环、滚石	塌陷坑、槽、漏斗	冰裂、泥裂、断裂	盐湖沉积	石油、石煤
90 N	90N								2					
	80N								2					
	70N			1				1	7		1			
60 N	60N			1	3			2	11	1				
	50N		19	1	7			5	5					1
	40N		9	2	9	2		3	12		1	4		
30 N	30N		15		10	1		3	12		6			2
	20N		6	2	11	2		4	15		6			1
	10N		11	1	9	6	2	12	17	1	14	2	1	1
10 N～10 S			4	2	20	11		19	27	3	13	3	4	7
	10S	1	4		9	1		4	15	2	3	1		
30 S	20S	4		2	8	2	1	2	12		4	3		5
	30S	2		1	4				14	3				
	40S	1		1	3		3	1	7	4				1
60 S	50S	1			2		1		2	2	1			
	60S							1	10	3	1			
90 S	70S					1		2	1	1				
	80S													
	90S													

湖泊：月陆 7 个，知海 1 个。沉积平原按月海分布面积 15×15 度划分。赫尔曼（Hermann）【H007】

一、现代湖泊地貌与全月球"亮温度"分布关系

现代湖泊地貌集中分布于月球正面南半球的中低纬度地区 [表 10.2.1；图

10.2.1（Ⅰ）]，而北半球尚未发现。形成时代最新，属哥白尼纪晚期到现代，并且主要分布于规模小到极小的月坑坑底之中，即大多为月坑口径只有数千米的小型月坑的坑底之中。

二、月溪地貌与全月球"亮温度"分布关系

月溪地貌集中分布于月球正面北半球的中低纬度地区［表 10.2.1；图 10.2.1（Ⅱ）]。尤其集中分布于雨海月坑的周边溅射堆积地区，其次是风暴洋和湿海的西南一带。

三、泥石流地貌与全月球"亮温度"分布关系

泥石流地貌集中分布于月球正面北半球的中低纬度地区［表 10.2.1；图 10.2.1（Ⅲ）]。以低纬度区最发育，少量分布于北半球的高纬度区，并且月坑时代主要属哥白尼纪和规模大的月坑中最多、最好。

四、沉积平原地貌与全月球"亮温度"分布关系

沉积平原地貌，按月海沉积平原面积（15°×15°）区块在纬度方向上所占的格数计算（见图 10.2.7），在月球正面的分布，以低纬度区分布最多，向南北两极方向逐渐减少［表 10.2.1；图 10.2.2（Ⅳ）]。

五、现代水冰冰川地貌与全月球"亮温度"分布关系

现代水冰冰川地貌，集中分布于月球正面赤道南北的中低纬度地区［表 10.2.1；图 10.2.2（Ⅴ）]，以赤道附近分布最多。

六、泥冰川地貌与全月球"亮温度"分布关系

泥冰川地貌，集中分布于月球正面赤道南的中低纬度地区［表 10.2.1；图 10.2.2（Ⅵ）]，在赤道之北中低纬度区发现不多。

七、液化沙垄地貌与全月球"亮温度"分布关系

液化沙垄地貌，分布范围较大。主要分布于赤道南北的中低纬度区［表 10.2.1；图 10.2.3（Ⅶ）]，在高纬度区也有少量分布。

八、冻胀丘和冻胀裂隙地貌与全月球"亮温度"分布关系

冻胀丘和冻胀裂隙地貌，分布范围较大。主要分布于赤道南北的中低纬度区，在高纬度区也开始发现较多分布［表10.2.1；图10.2.3（Ⅷ）］。一般在中低纬度区，冻胀丘与冻胀裂隙多同时出现，个体较矮。在高纬度区冻胀裂隙则很少出现，但冻胀丘个体较高，且表面多较光滑。

九、岩屑堆、石笋、石环、滚石地貌与全月球"亮温度"分布关系

岩屑堆、石笋、石环、滚石地貌，集中分布于月球正面赤道南的中低纬度地区［表10.2.1；图10.2.3（Ⅸ）］。在高纬度区开始也见少量分布。

十、塌陷坑、槽、漏斗地貌与全月球"亮温度"分布关系

塌陷坑、槽、漏斗地貌，集中分布于月球正面赤道南的中低纬度地区［表10.2.1；图10.2.4（Ⅹ）］。在高纬度区也开始发现少量分布。

十一、冰裂、泥裂、断裂地貌与全月球"亮温度"分布关系

冰裂、泥裂、断裂地貌，目前发现不多。集中分布于赤道南北低纬度区［表10.2.1；图10.2.4（Ⅺ）］。在高纬度区未见分布。

十二、盐湖沉积地貌与全月球"亮温度"分布关系

盐湖沉积地貌，目前发现很少。仅在赤道北附近有少量发现［表10.2.1；图10.2.4（Ⅻ）］。

十三、"石油"和"石煤"分布与全月球"亮温度"分布关系

月球"石油"和"石煤"，以现有资料来看，在空间上集中分布于赤道线南北的低纬度区（表10.2.1、图10.2.5）。

综上所述，月球水和水冰形成的地貌和沉积物，和"石油""石煤"与盐湖沉积矿产，总体上以赤道南北的中低纬度区分布最多，向高纬度区的南北两极方向逐渐减少（见图10.2.1—图10.2.6）。即在全月球"亮温度"上，向着赤道南北"亮温度"逐渐升高，水和水冰形成的地貌类型和数量，和"石油""石煤"与"盐湖沉积矿产"逐渐增多。随着"亮温度"向两极逐渐降低，水和水冰形成的地貌类型和数量，和"石油""石煤"与"盐湖沉积矿产"逐渐减少（见图10.2.6）。

也就是说，月表水和水冰形成的地貌和沉积物，和"石油""石煤"盐湖沉积矿产的多少，与月表"亮温度"的高低呈正比，即"亮温度"越高，水和水冰形成的地貌和沉积物，和"石油""石煤"盐湖沉积矿产越多；"亮温度"越低，水和水冰形成的地貌和沉积物，和"石油""石煤"盐湖沉积矿产越少。相反，月表水和水冰形成的地貌和沉积物，和"石油""石煤"盐湖沉积矿产的多少，与月表色调成正比，即月表色调越深，水和水冰形成的地貌和沉积物，和"石油""石煤"盐湖沉积矿产越多；月表色调越浅，水和水冰形成的地貌和沉积物，和"石油""石煤"盐湖沉积矿产越少。以上可能表明，月球与地球一样，反照率与月表含水量的多少成正比，与色调成反比，即月表与地表一样，色调越深，含水量就越多；色调越浅，含水量越少（见图10.2.7）。

以下附第十章第二节图：

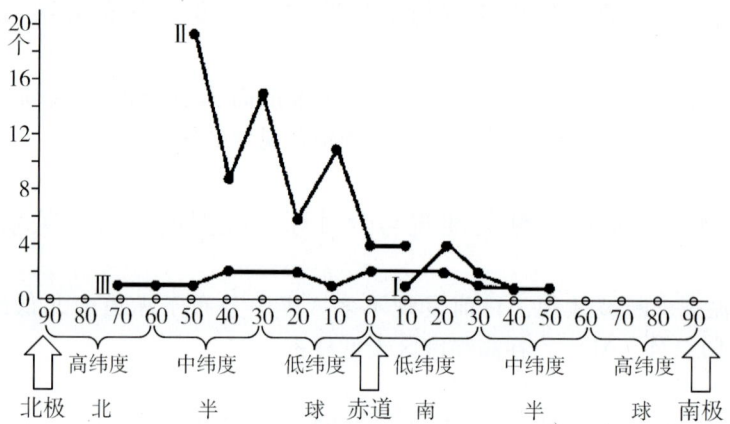

图 10.2.1　月球现代湖泊（Ⅰ）、月溪（Ⅱ）和泥石流（Ⅲ）地貌与全月球"亮温度"分布特征

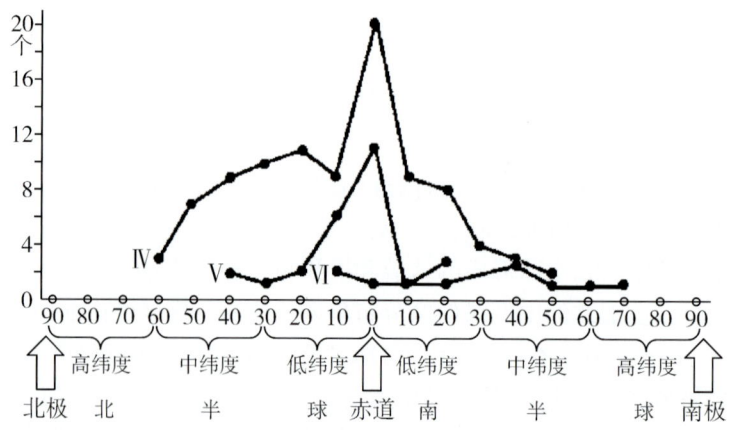

图 10.2.2　月球沉积平原（Ⅳ）、现代水冰冰川（Ⅴ）和泥冰川（Ⅵ）地貌与全月球"亮温度"分布特征

第十章 月球"亮温度"分布与月球"水"和"水冰"形成的地貌关系

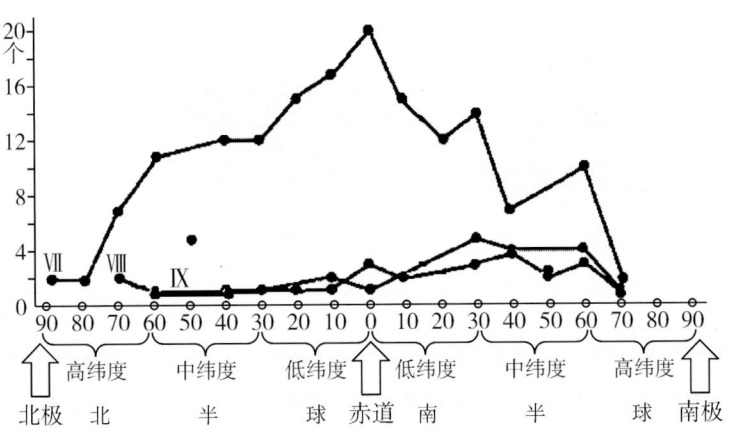

图 10.2.3 月球液化沙垄（Ⅶ），冻胀丘和冻胀裂隙（Ⅷ）和岩屑堆、石笋、石环、滚石（Ⅸ）地貌与全月球"亮温度"分布特征

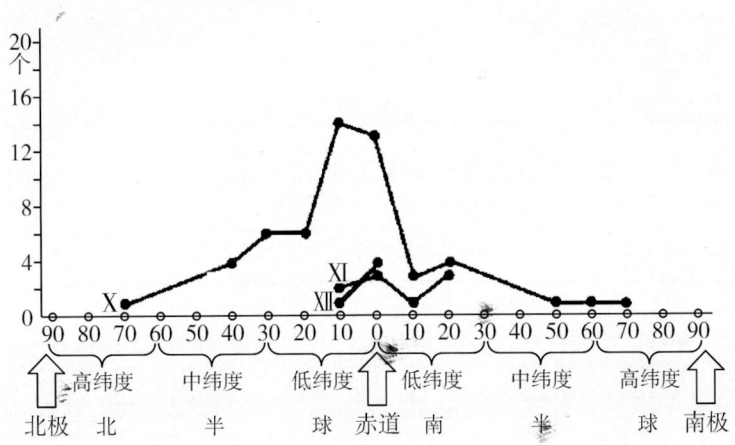

图 10.2.4 月球塌陷坑、槽、漏斗（Ⅹ），冰裂、泥裂、断裂（Ⅺ）和盐湖沉积（Ⅻ）地貌与全月球"亮温度"分布特征

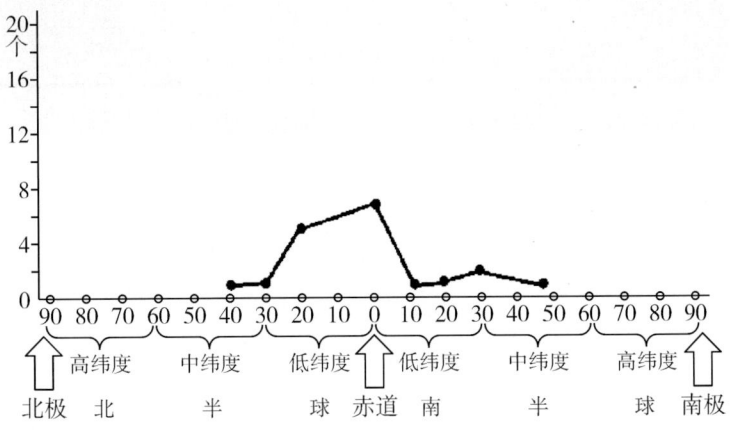

图 10.2.5 月球"石油""石煤"与全月球"亮温度"分布特征
"石油"和"石煤"集中分布于赤道南北低纬度区

767

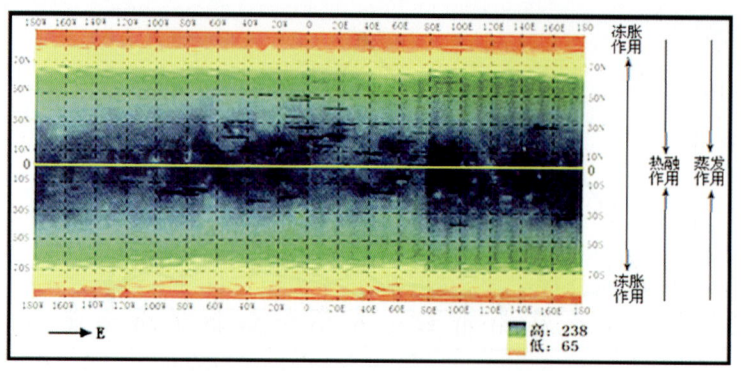

图 10.2.6 热融、蒸发和冻胀作用与全月球"亮温度"分布关系图

[全月"亮温度"分布图(白昼),由两极→赤道方向,由弱→强。热融作用和蒸发作用,由两极→赤道,由弱→强。冻胀作用则相反,由两极→赤道方向,由强→弱]

图 10.2.7 按月海沉积平原面积(15°×15°)区块在纬度方向上,色调越深,含水量就越多;色调越浅,含水量就越少分布特征

(图片来源:ESA/NASA)

第十一章　月球地质年代的初步划分

第一节　月球"水""水冰"的形成和演化及月球地质年代划分

一、早期研究者对月球月史和年代划分方案

关于月球年代划分，不同研究者有着不同的划分依据、方法和方案。一些国外早期月球研究者，如 A.B.哈巴科夫（1960），F.M.休迈克和 R.J.哈克曼（1962），B.B.科兹洛夫和 A.B.阿尔捷莫夫（1965），D.F.威廉斯和 J.F 麦库利（1971）等，就各自提出自己的划分方案（见表 11.1.1）。

表 11.1.1　早期研究者对月球月史和年代划分（据《地球科学大辞典》2006 年，第 55 页）

A.B.哈巴科夫（1960）	F.M.休迈克和R.J.哈克曼（1962）	B.B.科兹洛夫夫和A.B.阿尔捷莫夫（1965）	未知		未知		D.F.威廉斯和J.F麦库利（1971）
纪和亚纪			系	月海群和亚群	月坑群和亚群		系
现代纪（M）	哥白尼 / 阿里亚代斯（A）	阿里亚代斯（A）	上系	最新的月海岩石（M）	哥白尼（Kp）		哥白尼
哥白尼（K）	哥白尼（C）	哥白尼（C）					
	爱拉托逊 / 爱拉托逊（E）	爱拉托逊（E）			爱拉托逊（Er）	真爱拉托逊（Er）	爱拉托逊
海洋（O）	风暴洋	风暴洋（Pr）		风暴洋（Pr）		阿基米德（Ar）	
托勒玫（P）	雨海 / 阿基米德	托勒玫（Pt）	中系	阿尔泰（A）	中央（Md）	托勒玫（Pt）	雨海
何尔泰（A）	亚平宁	雨海（I）				真阿尔泰（A）	

续上表

A. B. 哈巴科夫（1960）	F. M. 休迈克和 R. J. 哈克曼（1962）	B. B. 科兹洛夫和 A. B. 阿尔捷莫夫（1965）	未知		未知	D. F. 威廉斯和 J. F 麦库利（1971）
纪和亚纪			系	月海群和亚群	月坑群和亚群	系
依巴勒（H）	前雨海	邦普兰（B）	下系		依巴勒（H）	前雨海
				云海（Nb）		
最古				最古（Ant）	最古 前依巴勒（Pho）	

二、按月球主要地质事件年代划分方案

2013 年，我国刘敬稳依据月球发生的主要地质事件，对月球年代提出自己的划分方案，如表 11.1.2 所示。

表 11.1.2 按月球主要地质事件年代划分（据刘敬稳"月球与行星研究中心"资料略有修订）

地质年代单元			主要地质事件	绝对年龄（Ga）
新月宙/界 Neolunarisian/NL	哥白尼纪/系 Copernican/C		形成具有辐射纹的新撞击坑	0.8Ga 至现在
	爱拉托逊纪/系 Neolunarisian/NL	晚/上爱拉托逊世/统（E_2）	形成无辐射纹的非放射状撞击坑	0.8—2.8
		早/下爱拉托逊世/统（E_1）	高钛月海玄武岩喷发	2.8—3.16

续上表

地质年代单元			主要地质事件	绝对年龄（Ga）
古月宙/界 Paleolunarisian/PL	雨海宙/界 Imbrian/I	晚/上雨海世/统（I_2）	大规模月海玄武岩泛滥（中低钛月海玄武岩）	3.16—3.8
		早/下雨海世/统（I_1）	Heviliuse 建造（东海盆地/事件） Fra Mauro 建造（雨海盆地/事件）	3.8—3.85
	酒海纪/系 Nectarian/N		Janssen 建造（酒海盆地）（形成12个大型盆地以及严重退化的撞击坑）	3.85–3.92
	艾肯纪/系 Aitkenian/A		形成包括南极艾肯盆地（SPA）在内的可识别的30个大型盆地以及严重退化的撞击坑	3.92—4.2（?）
冥月宙/界 Eolunarisian/EL	前艾肯纪 Fre-Aitkenian/PA		月表固化，形成斜长质月壳	4.2（?）—4.52

三、按月球水或水冰形成的地貌类型顺序与月球年代对比划分

众所周知，目前大多数月球研究者都比较认同月球和地球年龄接近"46亿年"这一论断，说明两者形成、发展和演化，在时间上是基本相同的。因此，笔者认为月球水和地球水的形成演化也应该是基本一致的。

本书从目前已取得的大量高分辨率月球卫片入手，进行全面和详细解释，并在取得大量关于月球水和水冰形成的各种微地貌类型认识和有关"石油""石煤"和盐湖沉积矿产分析的基础上，依据各种地貌类之间存在的相互切割和覆盖关系，首先建立起月球众多地貌类型由老到新的空间联系。然后与地球水从无到有，从少到多，又由多到少的形成和演化过程进行对比，对月球年代进行初步划分，如表11.1.3所示。

地球自5.7亿年前的寒武纪产生广阔浅海形成"生物大爆炸"后，到距今约5.1亿年的奥陶纪，海洋面积进一步迅速扩大。到了距今约4.39亿年的志留纪已成为被浮游生物"笔石"占据着的整个大洋，地球水分布面积达到最大峰值。然而到了距今约4.09亿年的泥盆纪，开始出现陆生植物，说明地球陆地已生成。而从距今约3.62亿年的石炭纪开始，历经2.9亿年前的二叠纪、2.5亿年前的三叠纪、2.08亿年前的侏罗纪，到1.35亿年前的白垩纪，地球水一直在不断减少，海洋面积大幅缩小。地球陆地面积大大扩张，陆生植物日趋繁盛，直至现今，地球水仍然在减少。

而月球水（或水冰），自前艾肯纪的"泛岩浆洋形成期"开始，经艾肯纪的"古湖盆形成和沉积期"酒海纪的"月海形成期"后，到了雨海纪的"泛月海形成期""月海月坑沉积平原形成期"和"深水月坑、浅水月坑与湿地月坑形成期"，月球水分布面积可能达到最大，即相当于地球志留纪的广阔大洋产生时期。此后，到了爱拉托逊纪，月球海水基本消失，月球进入"陆地月坑"和"盐湖沉积"形成期，相当于地球进入泥盆纪陆地开始形成、扩张的阶段。"断裂、冰裂、泥裂形成期""液化沙垄和沙丘形成期""冻胀丘冻胀裂隙形成期"，相当于地球石炭纪、二叠纪，地球的第二次大冰川发育阶段。当月球进入哥白尼纪以后，历经泥石流形成期和热融塌陷坑（或槽）形成期，相当于地球三叠纪、侏罗纪、白垩纪，海洋不断退缩，陆地面积再次迅速扩大阶段。此后的月球进入已"精力基本耗尽"，只有少量小规模陨击作用和相应小坑形成并伴随着极少、极小地貌产生以及"现代湖泊""现代水冰冰川"的产生时期。为此，本书按水（或水冰）形成的地貌和沉积顺序将月球年代划分见表11.1.3。

表11.1.3 按月球水或水冰形成的地貌类型年代划分（本文）

月球年代			
宙	纪/系	主要地质事实	
新月宙/界	现代纪/系	现代湖泊形成期 陆地月坑形成期	
		现代水冰冰川形成期 陆地月坑形成期	
	哥白尼纪/系	热融塌陷坑（或槽）、热融塌陷漏斗形成期、陆地月坑形成期	
		泥石流、泥冰川形成期 陆地月坑形成期	
	爱拉托逊纪/系	冻胀丘冻胀裂隙、冻融地貌、滑坡崩塌和堆积形成期，陆地月坑形成期	
		液化沙垄和沙丘形成期，陆地月坑形成期	
		断裂、冰裂、泥裂形成期	
		陆地月坑和盐湖沉积形成期	
古月宙/界	雨海纪/系	深水月坑、浅水月坑和湿地月坑形成期	
		月海、月坑沉积平原形成期	
		泛月海形成期（低等生物开始大量繁殖和"石油""石煤"开始形成）	
	酒海纪/系	月海开始形成期（低等生物开始出现）	
	艾肯纪/系	古湖盆形成和沉积形成期	

续上表

宙	纪/系	月球年代
		主要地质事实
冥月宙/界	前艾肯纪/系	泛岩浆洋形成期

第二节　月球地质年代与地球地质年代划分对比

一、月球地质年代与地球地质年代划分对比条件

关于月球年代与地球年代划分对比，早期月球研究者根据各时代的月坑数与陨击撞击密度间的关系，推定月史各时代的古老程度，编制月球与地球年代划分比较表（见表 11.2.1）。限于当时的科学手段和方法，未能提供划分对比的更多证据。

表 11.2.1　早期研究者对月球地质年代与地球地质年代划分比较

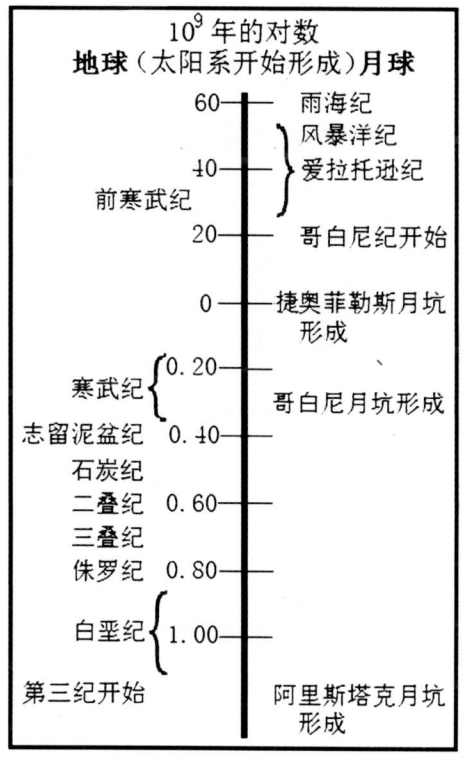

注：据《地球科学大辞典》，2006 年，第 63 页。

绝对年龄的测定结果表明，月球和地球最老年龄均接近46亿年。可能说明两者形成发展演化，在时间上是基本相同的。月球是地球唯一的天然卫星，其形成和发展变化，应与地球息息相关。因此，笔者认为月球水和地球水的形成演化也应该是基本一致的。

目前研究结果表明，月球水和地球水的形成、演化，都经历了从无到有，从少到多，再由多到少的过程。通过对月球水和地球水的形成、演化过程的分析，为两者相同或相似的演化特征进行对比提供可能，也将对月球时代划分提供重要依据。

二、月球"水"（或"水冰"）形成的各种微地貌类型垂向演化的特征

本书从目前已取得的大量高分辨率月球卫片中，获取大量关于月球水和水冰形成的各种微地貌类型的特征、分布和相互切割、覆盖的信息，并加以全面和详细的解释，首先建立起众多地貌类型由老到新在空间上的联系，或者说月球水或水冰形成的地貌类型由老并新的"柱状图"。初步确定月球已取得的地貌类型由老并新的顺序为：艾肯纪"古湖盆形成和沉积"→酒海纪"月海形成期"→雨海纪"泛月海形成期"、"月海、月坑沉积平原形成期"、"深水月坑""浅水月坑"和湿地月坑形成期→爱拉托逊纪"陆地月坑"和"盐湖沉积"形成期、"断裂、冰裂、泥裂形成期""液化沙垄和沙丘形成期"、"冻胀丘、冻胀裂隙形成期"→哥白尼纪"泥石流形成期""热融塌陷坑（或槽）形成期"→现代纪"现代水冰冰川形成期""现代湖泊形成期"（见表11.2.2）。

表 11.2.2　月球地质年代划分及与地球地质年代对比

月球年代			地球年代				
宙	纪/系	主要地质事实	宙	代	纪/系	代号	距今年代（亿年）
新月宙/界	现代纪/系	现代湖泊、陆地月坑形成期	显生宙/界	新生代 Kz	第四纪/系	Q	0.35
新月宙/界	现代纪/系	现代水冰冰川、陆地月坑形成期	显生宙/界	新生代 Kz	第三纪/系	R	0.66
新月宙/界	哥白尼纪/系	热融塌陷坑（或槽）、热融塌陷漏斗、陆地月坑形成期	显生宙/界	中生代 Mz	白垩纪/系	K	1.35
新月宙/界	哥白尼纪/系	泥石流、泥冰川、陆地月坑形成期	显生宙/界	中生代 Mz	侏罗纪/系	J	2.08
新月宙/界	哥白尼纪/系		显生宙/界	中生代 Mz	三叠纪	T	2.50
新月宙/界	爱拉托逊纪/系	冻胀丘、冻胀裂隙、冻融地貌、滑坡崩塌堆积、陆地月坑形成期	显生宙/界	古生代 Pz 上古生代 Pz	二叠纪/系	P	2.90
新月宙/界	爱拉托逊纪/系	液化沙垄和沙丘形成期	显生宙/界	古生代 Pz 上古生代 Pz	石炭纪/系	C	3.62
新月宙/界	爱拉托逊纪/系	断裂、冰裂、泥裂形成期	显生宙/界	古生代 Pz 上古生代 Pz			
新月宙/界	爱拉托逊纪/系	陆地月坑和盐湖沉积开始形成期	显生宙/界	古生代 Pz 上古生代 Pz	泥盆纪/系	D	4.09
古月宙/界	雨海纪/系	深水月坑、浅水月坑和湿地月坑形成期	显生宙/界	古生代 Pz 下古生代 Pz	志留纪/系	S	4.39
古月宙/界	雨海纪/系	月海、月坑沉积平原形成期	显生宙/界	古生代 Pz 下古生代 Pz	奥陶纪/系	O	5.10
古月宙/界	雨海纪/系	泛月海形成和沉积期（低等生物开始大量繁殖和"石油""石煤"开始形成）	显生宙/界	古生代 Pz 下古生代 Pz	寒武纪/系		5.70
古月宙/界	酒海纪/系	月海开始形成和沉积期					
古月宙/界	艾肯纪/系	古湖盆形成和沉积期	元古宙/界	新元古代	震旦纪/系	Z	6.50
冥月宙/界	前艾肯纪/系	泛岩浆洋形成期	元古宙/界	中元古代	前震旦纪/系	Pt	10.00
冥月宙/界	前艾肯纪/系	泛岩浆洋形成期	元古宙/界	古元古代	前震旦纪/系	Pt	18.00
冥月宙/界	前艾肯纪/系	泛岩浆洋形成期	冥古宙/界	新太古代		Ar	25.00
冥月宙/界	前艾肯纪/系	泛岩浆洋形成期	冥古宙/界	中太古代		Ar	28.00
冥月宙/界	前艾肯纪/系	泛岩浆洋形成期	冥古宙/界	古太古代		Ar	32.00
冥月宙/界	前艾肯纪/系	泛岩浆洋形成期	冥古宙/界	始太古代		Ar	36.00—46.00

三、月球地质年代与地球地质年代对比

1. 地球"水"形成和演化

地球自 5.7 亿年前的寒武纪产生广阔浅海形成"生物大爆炸"以后,到了距今约 5.1 亿年奥陶纪海洋面积进一步迅速扩大。到了距今约 4.39 亿年的志留纪已成为被浮游生物"笔石"占据着的整个大洋,地球水分布面积已达到最大峰值。到了距今约 4.09 亿年的泥盆纪,开始出现陆生植物,说明地球陆地已开始生成。而从距今约 3.62 亿年到 1.35 亿年前的白垩纪,随着地球水的不断减少,海洋迅速退缩,地球陆地面积大大扩张,陆生植物形成的煤炭广泛分布,直至现今,地球水仍然在减少中。

2. 月球"水"(或"水冰")形成和演化

月球水或水冰,自前艾肯纪的"泛岩浆洋形成期"开始,经艾肯纪的"古湖盆形成和沉积期"、酒海纪的"月海形成期"后,到了雨海纪的"泛月海形成期"(低等生物开始大量繁殖和"石油""石煤"开始形成)、月海月坑沉积平原形成期和"深水月坑""浅水月坑"和"湿地月坑"形成期,月球水分布面积可能达到最大,即相当于地球志留纪的广阔的大洋产生时期。此后,月球到了爱拉托逊纪海水基本消失,历经"陆地月坑"和"盐湖沉积"形成期,相当于地球进入陆地开始形成、扩张的泥盆纪。"断裂、冰裂、泥裂形成期""液化沙垄和沙丘形成期""冻胀丘冻胀裂隙形成期",相当于地球进入石炭纪、二叠纪的第二次大冰川发育阶段。当月球进入哥白尼纪以后,历经泥石流形成期和热融塌陷坑(或槽)形成期,相当于地球三叠纪、侏罗纪、白垩纪海洋不断缩小,陆地面积再次迅速扩大阶段。此后的月球进入"精力基本耗尽",只有少量小规模陨击作用和相应小坑形成并伴随着极少、极小地貌产生,进入"现代水冰冰川形成期"和"现代湖泊形成期"。现将月球地质年代划分与地球地质年代划分对比见表 11.2.2。

第三节 月球形成和历史演化

根据月球和地球假说,月球物质和内部结构的形成和演化过程,以及新发现的月面水、水冰形成的微地貌和"石油""石煤"与盐湖沉积矿产在空间上的演化,再结合与地球年代划分对比结果,可将月球的形成和演化历史简述如下。

一、4600 Ma—570 Ma

月球和地球同样由太阳星云凝聚形成。早期在高温条件下产生分异作用,形成月壳、月幔和月核。

二、约 570 Ma

前艾肯纪泛岩浆洋期。那时的月表发生大规模的玄武岩浆喷发，形成全月表层大量玄武岩覆盖。随岩浆喷发，表层产生的大量挥发组分进入月球大气，形成降水（即所谓的"岩浆水"），在月表洼地形成最原始湖泊和沉积。

三、约 510 Ma

艾肯纪古湖盆沉积期。泛岩浆洋后，月表低洼处形成巨大的湖泊沉积盆地，产生大的沉积平原，如艾肯盆地、南海盆地、洪堡海和史密斯海等（见图 11.3.1—图 11.3.4），并产生大量直径大于 300 km 的大型多环盆地（见表 11.3.1）。它们与月海沉积平原所不同的是，这些沉积平原中分布大量后期形成的陨击坑，形成的沉积物经长期的区域变质作用，成为"沉积变质岩层"。这些"沉积变质岩层"现今仍在阿波罗 15 号降落地附近的宁静山脉中广泛分布（详见第二章第二节图 2.2.259—图 2.2.262），有的则经陨击作用从月表下的深处来到月表上，现今在阿利斯塔克月坑见到的具互层状的沉积变质岩块，可能就是这一时期形成的（详见第二章第二节图 2.2.57—图 2.2.59A）。

表 11.3.1　月球上直径大于 300 km 的大型多环盆地

盆地名称	直径/km	相对年龄	盆地名称	直径/km	相对年龄
1. Orientale	930	雨海期	25. Keeler-Heaviside（基勤－亥维赛）	800	雨海期
2. Imbrium	1500		26. Poincare（普安卡雷）	340	
3. Schrodinger（薛定谔）	320		27. Ingenii	650	
4. Sikorsky-Rittenhouse（西科尔斯基－里腾毫斯）	310		28. Lomosov-Fleming	620	
5. Bailly（巴伊）	300		29. Nibium	690	
6. Hertsprung（赫茨普龙）	570		30. Fecunditatis	690	
7. Serenitatis	880		31. Mutus-Vlacq（穆图斯－弗拉克）	700	
8. Grissiurn	1060		32. Tranquillitatis	775	
9. Hurnorum	820		33. Australe	880	
10. Hurnboldtianurn	700		34. Al Khwarizmi-King	590	
11. Mendeleeev（门捷列夫）	330		35. Pingre-Hausen（潘格雷－豪森）	300	前雨海期
12. Mendel-Rydberg（门德尔－里德伯）	630		36. Wemer-Airy	500	
13. Korolev（科罗廖夫）	400		37. Flamsteed-Billy（弗拉姆斯蒂德－比伊）	570	
14. Moscoviense	445				
15. Nectaris	860				
16. Apollo（阿波罗）	505	前雨海期	38. Marginis	580	
17. Grimaldi（格里马尔迪）	430		39. Insularun	600	
18. Freundlich-Sharonov（弗罗因德利希－沙罗诺夫）	600		40. Grissom-White（格里索姆－怀特）	600	
19. Birkhoff（伯克霍夫）	330		41. Tsiolkovskiy-Stark（齐奥尔科夫斯基－施塔克）	700	
20. Planck（普朗克）	325		42. South Pole-Aitken（南极艾肯特）	2500	
21. Schiller-Zunchius	325				
22. Amundsen（阿蒙森）	355				
23. Smythii	840		43. Procellarum	3200	
24. Coulomb-Sarton（库仑－萨尔顿）	530		44. Lorentz（洛伦兹）	360	

注：据《地球科学大辞典》，2006 年，第 54 页 "月球上直径大于 300 km 的大型多环盆地"，略有修改。

四、439 Ma—408.5 Ma

1. 约 439 Ma

雨海纪月海形成期。随着太阳系的进一步发展，月球发生规模巨大的撞击事件，在月球正面形成大量月海。月球不但因巨大的撞击使月表下的水冰层溶化释放出大量水，而且也捕获和截留从水星、金星逃逸到宇宙空间的水，因此月表水量大大增加，即形成月球正面所谓的"泛月海形成期"，如风暴洋、雨海、澄海、静海、酒海、丰富海、湿海、知海和东海等，都是这一时期产生的。同时，低等生物开始大量繁殖，"石油""石煤"开始形成。

2. 约 408.5 Ma

进入"月海沉积平原形成期"。"泛月海形成期"产生的众多月海，并在其周边产生大量月溪，侵蚀和搬运碎屑物进入月海开始沉积，至约 408.5 Ma 基本形成了月球正面广阔的"月海沉积平原"。

五、362.5 Ma—290.0 Ma

随着太阳系发展日趋成熟，月球陨击作用逐渐减少，进入所谓的爱拉托逊纪。月表水已几乎全部消耗殆尽，形成中小型陆地月坑。同时在干涸平坦的月海沉积平原上，可能因受月球自转产生的离心力影响，在月海的浅海、滨海区及一些较大月坑的底部，产生规模巨大的断裂、冰裂和泥裂。而月海底下部分布的水冰层，因受挤压融溶，或含水沉积物沿裂隙上侵和充填，形成大量以北东、北西和南北方向为主的液化沙垄。在月海附近分布的少数月坑坑底形成的断裂，也有简单的液化沙垄分布，在月海的滨海区，可见少量液化沙丘分布。

六、245.1 Ma—145.6 Ma

太阳系进入发展的新时期，月球产生的月坑，不论规模、大小，大部分都具有显著的辐射纹，但规模明显变小，数量大大减少。水的活动，只有在月坑壁及周边发育出泥石流，在坑底形成冻胀丘、冻胀脊和冻胀裂隙，以及热融塌陷地貌。表明月球水一减再减，现今只能通过中小型陨击作用，从月表下的水冰层释放出来，进行极为有限的月质作用。

七、65.0 Ma—0.01 Ma

月球活动已非常微弱，即进入所谓的"休眠期"，产生的月坑大多为不足 1 km 或 10 余千米，分布的数量不多。水和水冰形成的地貌仅有局部的水冰冰川和湖泊。泥石流、冲积扇分布规模极小，数量也极为有限。从月球色调上看，现今的月海区比月陆区要深得多，可能表明前者比后者的月表平均含水量要高。

因此，月球的地质构造发展历程，按年代由老到新，大致可划分为 7 个发展阶段：

1. "前艾肯纪"发展阶段（4600 Ma—10.0 Ma，相当于地球的"元古宙－冥古宙"）

月球和地球同样由太阳星云凝聚形成。早期在高温条件下产生分异作用，形成月壳、月幔和月核。后期形成泛岩浆洋，那时的月表发生大规模的玄武岩浆喷发（即"岩浆洋"阶段），形成全月表层大量玄武岩覆盖。

2. "艾肯纪"发展阶段（10.0 Ma—6.5 Ma，相当于地球"震旦纪"）

随岩浆喷发表层产生的大量挥发组分进入月球大气，形成降水（即所谓的"岩浆水"），在月表洼地形成最原始湖泊和沉积。构造和变质作用异常强烈和频繁。

3 "酒海纪"发展阶段（6.5 Ma—510.0 Ma，相当于地球"寒武纪早期"）

古湖盆沉积期。泛岩浆洋后，月表低洼处形成巨大的湖泊沉积盆地，产生大沉积平原（如艾肯盆地、南海盆地、洪堡海和史密斯海等）并产生大量直径大于 300 km 的大型多环盆地。

4. "雨海纪"发展阶段（510.0 Ma—4.39 Ma，相当于地球"下古生代"）

泛月海形成和沉积期的"月海形成期"，低等生物开始大量繁殖，"石油""石煤"开始形成。进入"月海沉积平原形成期"。

5. "爱拉托逊纪"发展阶段（4.09 Ma—2.90 Ma，相当于地球"上古生代"）

随着太阳系发展日趋成熟，月球陨击作用逐渐减少。月表水已几乎全部消耗殆尽，形成中小型"陆地月坑"。

6. "哥白尼纪"发展阶段（2.50 Ma—1.35 Ma，相当于地球"中生代"）

水的活动，只有在月坑壁及周边发育出泥石流，在坑底形成冻胀丘、冻胀脊和冻胀裂隙，以及热融塌陷地貌。表明月球水一减再减，现今只能通过中小型陨击作用，从月表下的水冰层释放出来，进行极为有限的月质作用。

7. "现代纪"发展阶段（0.65 Ma—0.35 Ma，相当于地球"新生代"）

水和水冰形成的地貌仅有局部的水冰冰川和湖泊分布。泥石流、冲积扇分布规模极小，数量也极为有限。

以下附第十一章第三节图：

第十一章 月球地质年代的初步划分

图 11.3.1 艾肯沉积盆地中密集分布"湿地月坑"

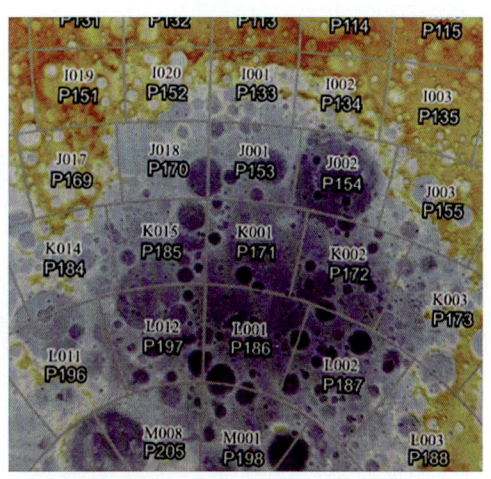

图 11.3.2 艾肯沉积盆地中密集分布"湿地月坑"的地形图

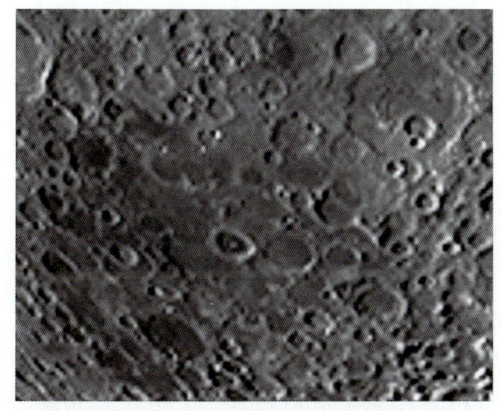

图 11.3.3 南海沉积盆地中密集分布"湿地月坑"

图 11.3.4 史密斯海中以"湿地月坑"为主

（图片来源：ESA/NASA）

781

第十二章 月球"水""水冰""石油""石煤"的初步预测、寻找和几点初步认识

第一节 月球"水"和"水冰"的初步预测与寻找

一、月球"水"形成的地貌和沉积分布特征

月球水形成的地貌和沉积物主要包括现代湖泊（遗迹）、月溪（遗迹）、泥石流（遗迹）、沉积平原（遗迹）和盐湖沉积（遗迹）等，这些地貌和沉积物是判断月球现在或过去曾有水存在的重要证据。

（一）月球现代湖泊地貌和沉积分布特征

目前，月球上仅发现 6 处现代湖泊（遗迹），均分布于月球正面南半球的中低纬度区（纬度范围 10°S～50°S），并且均位于小型至极小型"陆地月坑"的坑底。这些湖泊形成于哥白尼纪晚期至现代，大多发育于早期溅射堆积物或大型月坑的坑壁之上。湖泊水体厚薄不等，但反照率均极高，表面光滑，水下淤积沉积大多清晰可见。"湖心岛"特征明显、轮廓清晰。湖泊周边常见小型冲洪积扇和发育的冲沟，有的还分布较多"冻融泥流"。这些现象充分表明湖泊水体是来源于早期溅射堆积物和月表下可能存在的局部水冰层，也说明现今月表下仍有局部水冰层存在。（详见本书第一章第一节）

（二）月溪（遗迹）地貌和沉积分布特征

所谓的月球月溪，实质上是月溪的遗迹，即为干河谷或干河床，溪中已无液态水存在。月溪主要分布于月球正面北半球的中低纬度区和南半球的低纬度区，尤其围绕雨海周边分布最多，并且大多流入雨海的滨海区即终止，而在风暴洋、湿海，则多发育于海底区。这可能说明，风暴洋和湿海的月溪形成于这些海洋干涸之后，而雨海周边月溪，则大多形成于雨海仍然有大量海水存在之时。从月溪的分布特征看，风暴洋和湿海从形成到海水干涸均早于雨海，而澄海晚于雨海产生。月溪水的来源主要与形成月坑时巨大撞击作用使月表下水冰层大量释放成为月表水有关。其次是与由于热融作用以高温"热泉"方式出露月表后进行流动、侵蚀、搬运和堆积作用有关，月溪水来源也说明月表下有大量水冰存在。（详见本书第二章第一节）

(三) 沉积平原（遗迹）地貌和沉积分布特征

目前资料研究表明，月球水平沉积岩层的分布，可划分为两大类。其一，全月岩浆洋形成过程中产生的沉积变质岩层，呈溅射堆积的巨大岩块，分布于月坑坑壁之上，或覆于一些山顶上。其二，泛海洋期月海形成的水平沉积岩层，见于广阔的月海平原区，由一些中、小月坑的坑壁上部显露出来。（详见本书第二章第二节）

按胶结程度、沉积结构和分布等特征，沉积岩层暂可划分出4种类型：

1. 松散"水平沉积岩层"（遗迹）地貌和沉积分布特征

目前仅发现分布于月海之中，是沉积岩层中分布最多的一种，月球正面的月海中均有不同程度的水平沉积岩层分布（见图2.2.5、图2.2.10、图2.2.11、图2.2.16、图2.2.17、图2.2.23、图2.2.28、图2.2.30、图2.2.44、图2.2.51、图2.2.58、图2.2.62、图2.2.63、图2.2.68、图2.2.69、图2.2.75、图2.2.76、图2.2.131、图2.2.142、图2.2.202、图2.2.259、图2.2.260），是组成月海沉积平原最重要的部分。说明月海曾经为大量水体充填，曾是巨大的沉积盆地。从雨海周边溅射堆积物发育的大量月溪流入雨海，且多数止于雨海滨海区。可能说明雨海海水，是雨海形成时因撞击月表下水或水冰释放出来的。（详见本书第二章第二节）

2. 胶结"水平沉积岩层"（遗迹）地貌和沉积分布特征

目前仅发现分布于雨海东南的所谓"哈德利"月溪的南段，岩层胶结紧密，呈致密块状，产状水平，色调浅，以灰白色为主（见图2.2.28—图2.2.32）。所谓"哈德利"月溪的南段，水平沉积岩层是属于雨海东部，也应属于雨海沉积平原的一部分，只是沉积物较细和胶结较紧而已。（详见本书第二章第二节）

3. 互层状"沉积变质岩层"（遗迹）地貌和沉积分布特征

仅见于阿利斯塔克月坑（Aristarchus crater）坑壁溅射堆积岩块中，呈灰白色与浅灰色薄层状互层。胶结紧密，即使经过产生月坑时的强烈撞击，一些较大岩块中仍能保持完好的互层状的沉积特征，因此推断这些岩层应为沉积变质岩层（见图2.2.57—图2.2.59、图2.2.59A）。

阿利斯塔克月坑位于雨海和风暴洋之间的月陆区。互层状沉积变质岩层，显然说明当时的月壳很不稳定，升降频繁，这正符合月球在"岩浆洋"后月壳频繁升降状况下形成粗、细相间沉积层的判断。随着月壳下沉，在高温、高压下产生区域变质作用。在形成阿利斯塔克月坑时才被强烈撞击成溅落岩块，才得以显露其"庐山真面目"。

阿利斯塔克月坑坑壁大量白色岩块存在，由此推断它们可能是石灰岩经区域变质作用产生的大理岩，深黑色岩块可能是"石煤"类岩石。

4. 山脊"倾斜状沉积变质岩层"（遗迹）地貌和沉积分布特征

分布于雨海东部亚平宁山脉之中，为阿波罗15登月者实地影像资料。可能为形成雨海前的艾肯纪古湖盆形成的，呈倾斜状沉积变质岩层。从其色调偏暗、风化表面极不平整，初步判断可能为火山碎屑沉积岩层（见图2.2.259—图2.2.262）。说明

"火山碎屑沉积岩层"是在雨海形成前形成的,即月球在雨海纪前已存在巨大的沉积盆地。(详见本书第二章第二节)

(四) 泥石流(遗迹)地貌和沉积分布特征

月球上分布的泥石流,也是遗迹,是月球曾经存在过水的有力证据之一。主要分布于一些月坑的坑壁上,由溅落堆积物形成,或坑缘月表下含冰泥沙物质融溶产生。有少量分布于月坑外的山间盆地之中,或月坑溅射堆积物通过热融作用产生的泥石流。产生泥石流水的来源是月表下存在冰层经撞击释放到月表上,或因受热融溶通过坑缘内流出形成泥石流。(详见本书第二章第三节)

(五) 盐湖沉积(遗迹)地貌和沉积分布特征

盐湖沉积(遗迹),目前仅发现于汽海周边,属汽海的"潟湖"盐湖沉积(见图2.6.2、图2.6.4、图2.6.23、图2.6.24、图2.6.31、图2.6.35),分布不多,如汽海周边分布的福湖、诚湖、恨湖、悲湖、悦湖、冬湖和希吉努斯热融塌陷坑,静海之南马斯基林(Maskelyne)月坑东北附近等,都可能存在"潟湖"盐湖沉积。(详见本书第二章第六节)

总之,月球水形成的地貌和沉积物分布,总体上以赤道南北的中低纬度区分布最多,向高纬度区的南北两极方向逐渐减少。月表水和水冰形成的地貌和沉积物的多少,与月表色调成正比,即月表色调越深,水和水冰形成的地貌和沉积物越多,月表色调越浅,水和水冰形成的地貌和沉积物越少。这可能表明,月球与地球一样,反照率与月表、地表含水量的多少成正比。与色调成反比,即月表与地表一样,色调越深含水量越多,色调越浅含水量越少。

二、月球"水冰"形成的地貌和沉积分布特征

月球水冰形成的地貌和沉积物主要有现代水冰冰川、泥冰川、冻胀丘和冻胀裂隙(遗迹)、热融塌陷等,它们是月球现今或过去曾有水冰存在的重要证据。

(一) 月球现代水冰冰川地貌和沉积分布特征

月球现代水冰冰川较集中分布于月球正面的中低纬度区,尤其集中分布于赤道南北地带,可能与这一地区处于月球赤道附近,平均气温高有关。水冰冰川均位于一些较大月坑的坑缘内侧,分布零星,基本都局限于月坑坑壁上部,至今未见延伸到坑底的水冰冰川。水的来源是坑缘月表下含水冰冰层和含水冰泥沙物质融溶和不断渗出、汇集向坑底方向流动产生的。水冰冰川源头多见各种因月表下水冰热融而塌陷的凹地和小丘分布。(详见本书第一章第二节)。

（二）月球泥冰川（遗迹）地貌和沉积分布特征

月球泥冰川较集中分布于月球正面的中低纬度区，尤其集中分布于赤道南的中低纬度区，个别可跨越高纬度地带，大多分布于中等规模月坑的局部坑壁。泥冰的产生，显然与坑壁局部含冰泥沙发生热融作用，并在自身重力作用下沿陡峭的坑壁向下缓慢滑动有关。产生泥冰川时代，大多属于哥白尼纪晚期至现代。（详见本书第三章第二节）

（三）月球冻胀丘和冻胀裂隙（遗迹）地貌和沉积分布特征

月球的冻胀丘和冻胀裂隙分布广泛，在月球赤道向两极不同纬度均有分布。在全月的中低纬度区，冻胀丘和冻胀裂隙常同时分布，相伴而生。在南北极区，多仅见冻胀丘分布，冻胀裂隙出现很少。

月球的冻胀丘和冻胀裂隙，绝大多数分布于较大月坑的坑底，少量分布于月坑外的一些山间盆地形成的泥塘之中。冻胀丘水的来源与陨击作用使月表下的含冰层发生融溶释放到月表有关。（详见本书第四章第一节）

（四）月球热融塌陷（遗迹）地貌和沉积分布特征

月球热融塌陷地貌和沉积分布比较广泛，自赤道南北到高纬度地区均有所发现，但还是以赤道南北低纬度区分布最多。并且多分布于月坑的坑底，少量分布于月海的滨海区。发生热融塌陷的原因，目前认为可能是月表下存在的冰层发生局部融溶所致。（详见本书第五章）

（五）月球液化沙垄和液化沙丘（遗迹）分布特征

月球液化沙垄和液化沙丘分布比较广泛，自赤道南北到高纬度地区均有所发现，但还是以赤道南北低纬度的月海区分布最多、规模最大，在一些较大的湿地月坑坑底偶见有少量分布。从空间分布看，液化沙垄多围绕月海中心，或靠近滨海区附近分布。它们可能是由于月球自转产生的向外离心力，在月海区沉积岩层的区域水平应力作用下，已干涸的月海平原表层产生区域裂隙，使月海月表下的水冰层发生融溶，并沿裂隙上侵、充填和外溢的结果。而液化沙丘，则多出现在靠近海岸线附近。它们可能是由于月表下的融溶冰层，沿月表一些孔隙上侵、充填的结果。应当指出，月球液化沙垄和液化沙丘，两者很少同时出现。（详见本书第二章第四、五节）

总之，月球水冰形成的地貌和沉积物，在空间上主要分布于月球的中低纬度区。这可能说明，月球中低纬度区，是月球水和水冰分布的主要区域，应该是未来寻找月球水冰的主要目的地之一。

三、月球"水"和"水冰"的起源和演化假说

依据目前月球年代划分和与地球年代的对比，关于月球水或水冰的起源和演化，大致可划分为七个大的发展阶段。由老至新为：前艾肯纪发展阶段、艾肯纪发展阶段、酒海纪发展阶段、雨海纪发展阶段、爱拉托逊纪发展阶段、哥白尼纪发展阶段和现代纪发展阶段（详见表 11.2.2）。水和水冰在月球内部分布状况推断，如图 12.1.1、图 12.1.2 所示，现分别简述如下。

（一）前艾肯纪——月球泛岩浆洋形成和发展阶段

月球前艾肯纪相当于地球的元古宙中元古代、古元古代和冥古宙的新太古代、中太古代、古太古代、始太古代发展阶段，46 亿年—6.5 亿年。

前艾肯纪是月球开始形成时期，相当于地球历史年代的前震旦纪时期。全月表面开始形成广泛的火山喷发，也可能是月球最大规模的火山活动唯一时期。大量的火山活动，释放出大量挥发性气体，上升到当时的月球上空，并不断凝聚成水，降落到炽热的月表，使月表温度急促下降的同时，很快凝聚形成月表流。这些月表水在流动过程中强烈侵蚀着凸起的原始月表，到达低洼处产生湖泊的同时，将搬运的泥沙、岩屑和岩块物质进行沉积作用，为形成最古老的沉积变质岩层（相当于地球前震旦纪元古宙、太古宙形成的深度变质岩层），准备了雄厚的物质基础。大量滚烫的热水，沿月表岩石缝隙向下浸透，为月表下深层热水的储备和近月表水冰层的形成，提供了重要物质条件。为今后月球水或水冰形成各种地貌类型，提供了十分重要的物质来源。

（二）艾肯纪——月球古湖盆形成和沉积发展阶段

月球艾肯纪相当于地球的新元古代震旦纪发展阶段，6.5 亿年—5.7 亿年。

月球艾肯纪古湖盆沉积期是继月球经过泛岩浆洋形成和发展阶段后，月表低洼处形成巨大的湖泊沉积盆地的时期，如艾肯盆地、南海盆地、洪堡海和史密斯海等一系列巨大盆地，可能就是这一时期产生的。尽管这一时期已无岩浆喷发，天降冷凝水已停止，但由于月表下早期储备的热水不断涌出，促使月表水从高处向低处流动、侵蚀、搬运和堆积，在巨大盆地中产生沉积平原。陨击作用从小到大已经开始，月表含水量几乎达到饱和，那时的陨击作用形成直径大于 300 km 的大型多环盆地十分普遍（见表 11.3.1）。它们与最古老的月海沉积平原有所不同的是，这些沉积平原中分布大量后期形成的陨击坑，形成的沉积物经长期的区域变质作用，成为"沉积变质岩层"。这些"沉积变质岩层"现今仍在阿波罗 15 号降落地附近的宁静山脉中广泛分布，有的则经陨击作用从月表下的深处来到月表上。现今在阿利斯塔克月坑见到的具互层状的沉积变质岩块，可能就是这一时期形成的。

（三）酒海纪——月球月海开始形成和沉积发展阶段

月球酒海纪相当于地球的下古生代的寒武纪发展阶段，5.7亿年—5.1亿年。

由于艾肯纪月球已开始古湖盆沉积，在此基础上，直径达数百千米的陨石在月球正面产生巨大的撞击作用，这就开启了酒海纪月海开始形成期。那时产生的月海规模还属于中小型，但已使月表下存储的水及水冰得到了极大释放，覆盖月表的水的面积得到进一步扩大。但应着重指出的是，这一时期产生的月海，有很大可能为晚期巨大月海所破坏和覆盖，致使现今与酒海同一时期形成的"满充填型"完整月海很少。月球酒海纪，也是月球低等生物开始出现的时期。

（四）雨海纪——月球泛月海，沉积平原，深水月坑、浅水月坑与湿地月坑形成和发展阶段

月球雨海纪相当于地球的下古生代奥陶纪和志留纪发展阶段，5.1亿年—4.09亿年。

到了雨海纪的"泛月海形成期"，直径达数百上千千米的陨石，在月球正面产生巨大撞击作用（如雨海、风暴洋、澄海、静海、丰富海、湿海、智海等），使月表下存储的水及水冰大量涌出月表。水充满了新产生的巨型月坑，并直接漫过月表众多低洼处成为海洋（如成功海、介海等）。这就是"泛海洋阶段"。那时的整个月球像是一个"水球"。在月海中心附近的深水区，因受水体的阻挡，陨击作用只能形成特有"深水月坑"，周边的浅水区域则产生"浅水月坑"。在月表水覆盖的"沼泽"地或饱和水分布的湿地区，则发育大量巨大的"湿地月坑"。月球现今见到的"直径大于300 km的大型多环盆地"很可能就是这一时期形成的。泛月海周边溅射堆积物形成的高地，成为众多月溪的发源地。月溪侵蚀的大量泥沙物质，被携带流入海洋之中，进行沉积作用，并产生广阔和平坦的月海沉积平原。环绕海洋周边的月坑，也因"泛海洋"而被淹没，形成大量近滨海月坑沉积平原，如雨海北分布的"柏拉图月坑沉积平原"、雨海南东分布的"阿基米德月坑堆积平原"等。月球正面海洋先后形成过程中，水或水冰也波及月球两极地区，使这里早期产生的月坑坑底大多属全充填，均形成平坦的坑底沉积平原。那时的月球水分布面积可能达到最大，随后月球水逐步减少，水分布面积不断紧缩，月表出现大面积"沼泽"，随后的陨击作用开始产生规模巨大的"湿地月坑"。月球泛月海形成期，也是月球低等生物开始大量繁殖和"石油""石煤"形成期。

（五）爱拉托逊纪——月球盐湖沉积、冰裂、泥裂、液化沙垄和沙丘、冻胀丘冻胀裂隙、冻融地貌、滑坡崩塌堆积、陆地月坑形成和发展阶段

月球爱拉托逊纪相当于地球上古生代的泥盆纪、石炭纪和二叠纪发展阶段，4.09

亿年—2.9亿年。

以往确定的所谓的与火山活动有关"事实""火山口"等，都不是真正的"火山活动"，而是与月表下存在的水冰层融溶和深部热水向上"侵入"有关。有的则因月昼和月夜交替，月表气温发生极大变化，使月表下冰层的融溶受到制约。因此，形成与水活动有关的盐湖沉积、冰裂、泥裂、液化沙垄和沙丘、冻胀丘冻胀裂隙、冻融地貌、滑坡崩塌堆积等。

（六）哥白尼纪——月球泥石流、泥冰川、热融塌陷坑（或槽）、热融塌陷漏斗、陆地月坑形成和发展阶段

月球哥白尼纪相当于地球中生代（Mz）的三叠纪、侏罗纪和白垩纪发展阶段，2.9亿年—0.65亿年。

随着月球陨击作用由小到大，然后又由大到小，月表水和水冰也由少到多，再由多到少。晚哥白尼纪到现代纪，月球陨击作用产生的月表水和水冰极为有限。主要为一些较大月坑坑壁上部，由于月球白昼强烈的高温产生热融作用，促使泥石流、泥冰川、热融塌陷坑（或槽）、热融塌陷漏斗等地貌开始形成，但它们的规模都很小，并且大多都分布于早期溅射堆积物分布区，有的则分布于一些早期月坑的坑壁之上。

（七）现代纪——月球现代水冰冰川、现代湖泊、陆地月坑形成和发展阶段

月球现代纪相当于地球新生代的第三纪和第四纪发展阶段，0.65亿年—0.35亿年。

以往一些研究者认为，月球昼夜温差如此之大，月球现代纪的月表不可能有水分布。实际研究发现，虽然月表昼夜温差对月表水或水冰的保存极为不利，就像地球一样，虽然年平均气温达到12℃，对于冰的保存条件不佳，但在极地区域及特殊条件地区，同样可见大面积冰川分布。月球也与地球相似，尽管昼夜温差大对月表水或水冰的保存极为不利，但在一些特殊地域或地区仍有所保存。目前研究结果表明，虽然月表水或水冰，几乎已全为太阳风吹蚀殆尽，但在一些特别地区仍有所残留。在一些新形成的小月坑坑底，和小规模的月坑坑壁上部局地段，现代湖泊和水冰冰川，仍有些分布，不过分布数量极为有限。

上述可初步推断月球水和水冰分布如图12.1.1所示，月球内部构造如图12.1.2所示。

四、月球"水"和"水冰"初步预测和寻找

依据月球水或水冰的分布状况和特点，对在月球上寻找水或水冰提出如下建议：
（1）首先对已发现的所谓"现代湖泊"和"现代水冰冰川"进行仪器的实际探

测,进一步确定是否与月球卫片解释结果一致。建议首先对月球正面南半球李四光月坑分布的"现代湖泊"(即"李四光湖")、皮西亚斯(Pytheas)月坑和丢尼修(Dionysius)月坑分布的"现代水冰冰川"进行仪器的实际探测。

(2)如果初步确认在月球上建立实验站,建议站址选在月球正面南半球,纬度为49.6°S,经度为4.2°E,李四光月坑的"李四光湖"分布区附近;或月球正面北半球,纬度为20.6640,经度为-22.1697,雨海沉积平原南西的皮西亚斯(Pytheas)月坑的附近;或静海西边缘丢尼修(Dionysius)月坑分布区的附近,纬度为2.7248,经度为17.5143。(详见第一章第一、二节)

(3)对月球南北极月坑阴影区水或水冰的探测可暂缓,待对月球"现代湖泊"和"现代水冰冰川"进行实际仪器探测后再做进一步探索。

以下附第十二章第一节图:

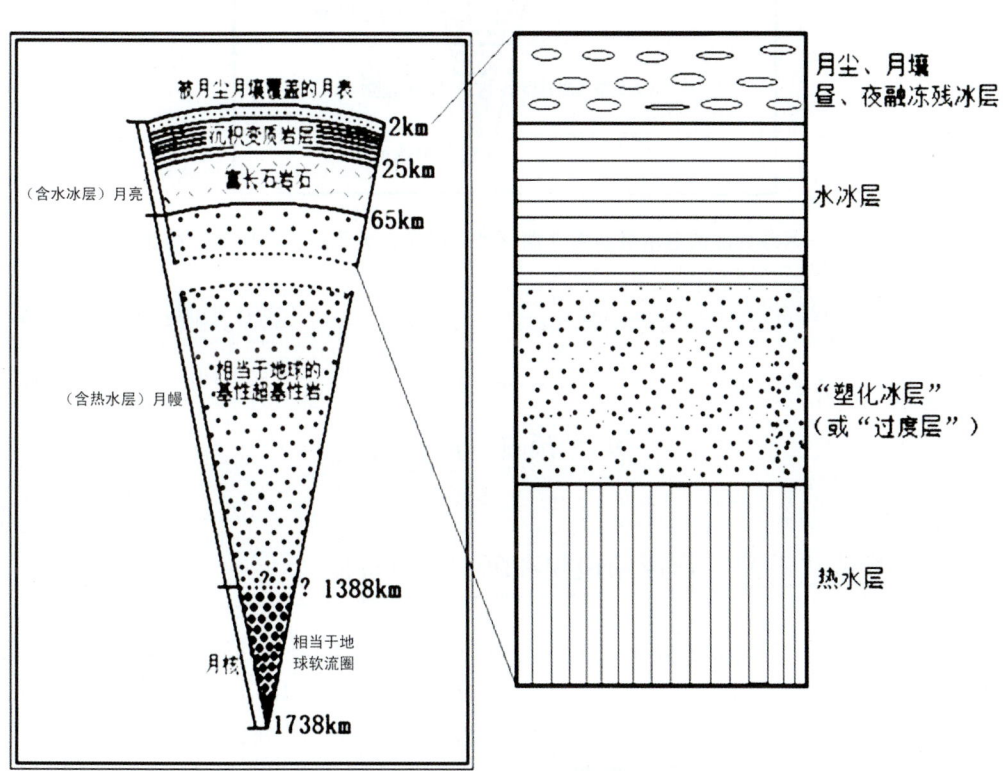

图12.1.1 月球水和水冰分布示意剖面(据《地球科学大辞典》(2006年)修改而成)

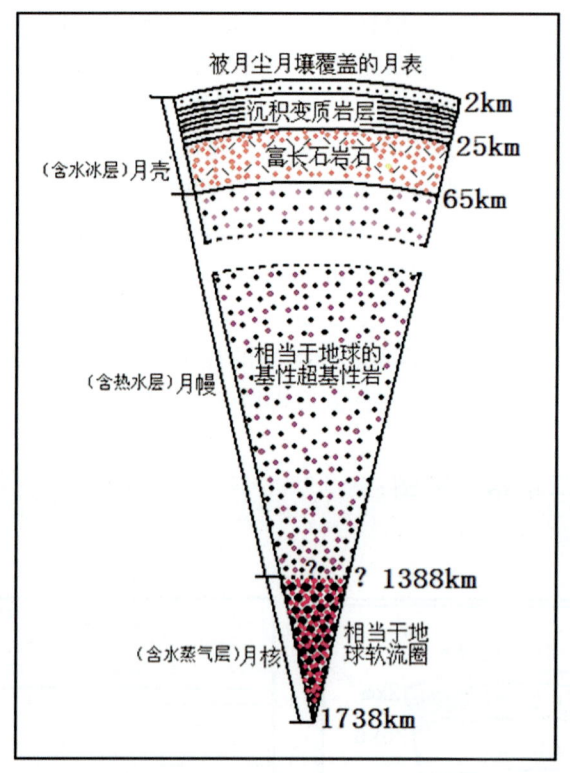

图 12.1.2　月球内部构造示意剖面（据《地球科学大辞典》（2006 年）修改而成）

（图片来源：ESA/NASA）

第二节　月球"石油"和"石煤"与"盐湖沉积矿产"的初步预测与寻找

一、月球"石油"形成的地貌和沉积分布特征

月球"石油"空间上的分布，主要与月球海拔较低的月海区和原湿地区关系最为密切。如目前已发现的"石油"露头点的 16 个中，就有 10 个分布于月海中，占总数的 62.5%，其他 6 个也都分布于含水量高的"湿地月坑"地区。这说明"石油"与月球古代水分布区密切相关（见图 12.2.1）。

二、月球"石煤"形成的地貌和沉积分布特征

月球"石煤"目前发现的有 4 处，主要是月陆月坑形成时溅射出来的岩块和碎屑堆积物，仅有 1 处为月坑坑底"石煤"露头。从现有资料分析，"石煤"分布可能

主要与月陆近海或滨海区有关（见图 12.2.1）。

三、月球盐湖沉积矿产形成的地貌和沉积分布特征

月球盐湖沉积矿产目前发现的有 2 处，其中福海盐湖沉积矿产分布于古"潟湖"区，马斯基林（Maskelyne crater）月坑东北盐湖沉积矿产则分布于静海南边缘区潟湖区中（见图 12.2.1）。说明盐湖沉积矿产与潟湖的形成和发展密切相关。

四、月球"石油"和"石煤"与盐湖沉积矿产的起源和演化假说

"石油"空间上分布主要与月海关系密切，因此初步分析认为大约雨海纪及其以前时期，相当于地球历史发展的志留纪及以前时期，月海区及沼泽湿地区，曾有过大量低等级生物繁殖，死亡之后堆积产生现今确定的"石油"。

"石煤"空间上分布主要与月陆近海或滨海区关系密切，因此初步推断，"石煤"的形成可能与"泛海洋"期浅水区域低等生物大量繁殖和沉积作用同时进行，在隔绝空气和高温高压下，随成岩作用产生的。

盐湖沉积矿产，显然也与泛海洋形成和退去过程中产生的潟湖有关，海水不断蒸发，含盐度不断升高，最终达到饱和，结晶体不断析出。

五、月球"石油""石煤"与盐湖沉积矿产初步预测和寻找

月球"石油""石煤"与"盐湖沉积矿产"，从空间上分布与月海和"泛海洋"期的月陆浅水区有关。这是从古地理、古环境分析入手寻找和预测。从"石油"和"石煤"为含大量有机物质，色调深，在"亮温度"中显示高"亮温度"的特点出发，在月球高"亮温度"区寻找和预测，是可能收到良好效果的。

盐湖沉积矿产，从分析月海古地理、古环境演化分析入手，古潟湖分布区应为首选寻找地。

以下附第十二章第二节图：

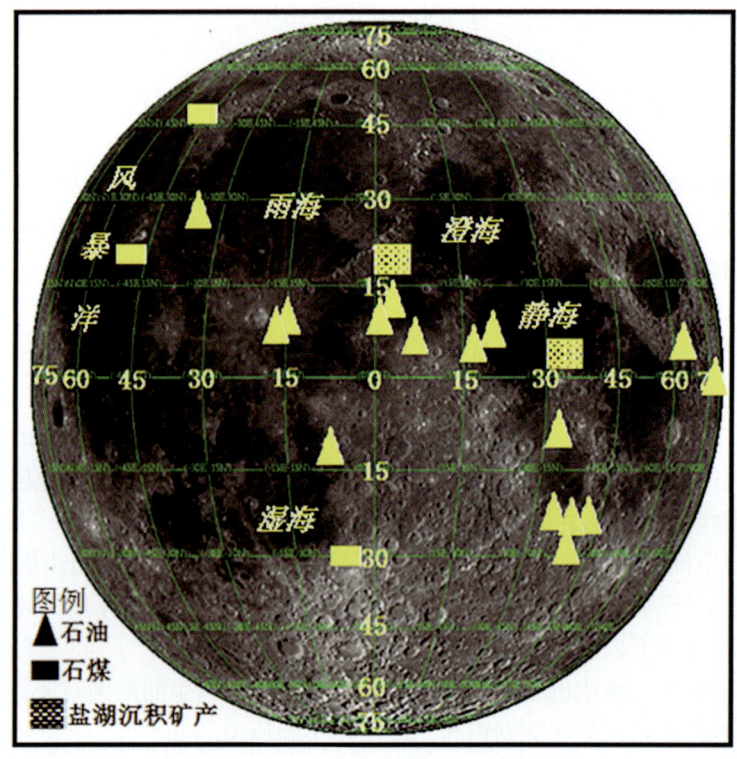

图 12.2.1　月球正面"石油"和"石煤"与"盐湖沉积矿产"分布图

（图片来源：ESA/NASA）

第三节　《月球卫片分析最新发现》研究的几点初步认识

从上述月球"现代湖泊"和"现代水冰冰川"地貌和沉积特征、月球"水"形成的地貌和沉积（遗迹）、"水冰"形成的地貌和沉积（遗迹）、"冻胀作用形成的地貌"（遗迹）、月球"热融作用形成的地貌"（遗迹）、月球"冻融作用形成的地貌"（遗迹）、月球陨石撞击作用形成的"月坑地貌"（遗迹）、月球矿产资源和月球地质年代初步划分等的研究，可以初步得出如下八点认识。

（1）空间分布、色调、糙度、形态、反照率、物质组成和伴生地质、地貌类型等特征表明，月球确实存在"现代湖泊""现代水冰冰川""石油""石煤"和"盐湖沉积矿产"等。

（2）周边分布大量月溪源，溪流最终大部流入雨海。雨海中小月坑所揭露的水平原沉积岩层、组成物质大多为浅色调，略具磨圆和分选的沉积碎屑，少量属侵入岩块和岩屑，而未见任何火山机制和熔岩层分布，因此可以肯定"雨海不是熔岩盆地，而是沉积平原"。其他月海具有类似特征。

（3）分布于月海周边潟湖，在向阳一侧白色晶簇集合体大量出现，或呈巨大（数米以上）零星白色板状或柱状单个晶体出现，它们应该是"盐湖沉积"矿产。而

第十二章　月球"水""水冰""石油""石煤"的初步预测、寻找和几点初步认识

绝不可能是"不规则月海斑块是月球表面具有特殊的"水泡"外观的火山活动特征"。

（4）月球现今发现的"陡峻岩层"、互层状倾斜岩层组成的亚平宁山体和"角度不整合"及"液化沙垄""液化沙丘"的存在，可能表明雨海纪前后，月球构造运动十分频繁而强烈。

（5）目前大多认为月球与地球年龄在45亿年左右。从月球水与地球水都是从无到有、由少到多、又由多到少的形成发展变化来看，具有相似性和同步性，可能表明月球与地球具有基本相同或相似的地质构造发展阶段。

（6）如果本书的"现代湖泊""现代水冰冰川""石油""石煤"和"盐湖沉积矿产"等最终被证实，与以往认为"月球是一个无风、无水、无生命、无声响、冷热剧变和非常干旱的寂静世界"相比，将是"石破天惊"的重大发现。也可以这么说，这是"实事求是"的中国思维，是世界月球研究取得突破性进展的历史见证，是研究月球发展历史一次里程碑性质的突破。为人类进一步研究月球，在月球建立实验站、进行深空探测，提供重要实际依据和材料。

（7）嫦娥5号降落地首次发现天然形成的石墨烯，证明月球风暴洋地区完全可能存在沉积的"石煤"和"石油"。

（8）嫦娥6号成功登陆月球背面艾肯盆地阿波罗月坑西南的查菲（Chaffee）月坑之南（纬度为40S—42S，经度为154W—156W，阿波罗月坑2环），那里月表彩色相片呈黄褐色，而采样坑呈灰黑—黑色，两者明显不同。月表除见较多浅色大岩块分布外，还见有少量黑色的岩屑和岩块分布。可以预测，这些呈黑色的岩块和岩屑很可能是"石煤"，是低等动物、植物遗体，是月球有机碳的重要发现之一。

（9）嫦娥6号采集的样品，探月工程嫦娥6号任务新闻发言人葛平接受央视采访时说："从外观上看，我们发现，嫦娥6号样品相对其他样品，比较黏稠和还有结块现象。"可能表明，嫦娥6号样品中可能会含有适量的"水""水冰""石煤"和"石油"等物质。样品中有机碳的大量发现，将成为月球研究历史的里程碑，首次证明地外生命的存在。结果如何，拭目以待。

第十三章　关于嫦娥六号降落地及附近地质地貌和采集样品的预判

依据前述月球"现代湖泊""现代水冰冰川",月球"水""水冰"形成的地貌和沉积物,月球冻胀、热融、冻融、月坑地貌,和月球矿产资源特征等,在已取得有关资料和初步认识的基础上,对嫦娥六号降落地及附近的少量卫片进行地质地貌初步分析,结合"官方"公布的所采集样品有关信息,作初步预测和判断,这也是对本书所进行的"卫片分析结果"的首次检验。可信度如何,有待样品最终分析结果给予验证。

第一节　嫦娥六号降落地及附近地质地貌特征

依据网上下载的相关资料和照片,嫦娥六号降落地位于月球背面艾肯盆地的东北,阿波罗月坑中心之西南—环外的查菲(Chaffee)月坑之南,纬度为40S—42S,经度为154W—156W(见图13.1.1—图13.1.4)。

嫦娥六号降落相机刚开机时拍摄的图像(见图13.1.5)上部中间暗色部分,被官方资料认定为玄武岩。但从全月玄武岩分布特征和结合月球正面"石油"泥流分布状况图像上部中间暗色部分,笔者初步推断其可能为"冻融石油泥流"(详见第九章第一节),下部及右侧有较多早期形成的"陆地月坑"分布。从月坑坑壁白色部分与月球正面分布的"水冰冰川"极为相似,暗色部分与热融泥流相当来推断,很可能存在坑壁"水冰冰川"和坑壁热融泥流(见图13.1.6)。

嫦娥六号降落相机在降落过程中拍摄到月表有大量灰白色小型月坑(见图13.1.7),可能说明该区域存在较多水冰分布。降落相机在着陆器安全着陆后拍摄照片显示,月表有大小不同浅色岩屑和岩块出现,和少量黑色—灰黑色岩屑和岩块分布(见图13.1.8),可能表明降落地及附近组成月表的岩石类型以沉积变质岩类为主。

从嫦娥六号降落地区域地质构造分析,嫦娥六号降落地组成物质应为黑色"石煤"和浅灰白色岩块与岩屑,推断它们可能属于"艾肯纪"与"前艾肯纪"沉积变质和深变质一类物质。而浅色的斜长岩块和岩屑,可能出露很少。因为自艾肯盆地和阿波罗月坑形成后,嫦娥六号降落地及附近区域,即进入长时间在浅水—沼泽环境条件下沉积时期,低等生物大量繁殖并与沉积同时进行。这些含低等生物遗体的沉积物,在区域高温高压环境条件下产生"石煤"和"石油"。

而月球正面所有阿波罗降落地常见的灰绿色的玄武质岩块和岩屑,在嫦娥六号降落地可能分布不多。从嫦娥六号砧采采样时,砧杆周围月表明显凸起(见图13.1.9),可能表明月壤中含较多"蛭石"云母类矿物("蛭石"受热膨胀使体积可达自身体积的18~25倍),因砧进发热膨胀致使砧杆周边月表快速凸起。"蛭石"是云母类矿物风化或热液蚀变的产物,而云母类矿物是煤层沉积和变质岩类最常见的矿物。因此,笔者推断嫦娥六号降落区的岩块和岩屑物质主要为沉积变质岩,玄武岩岩块和岩屑物质不会太多。

为什么月球正面阿波罗登月点所取得的样品,绝大多数为玄武岩?可能是由于月球正面大量的月海形成时,巨大的冲击力把深埋于月表下的"岩浆洋"阶段形成的玄武岩层大量挖掘、抛射到月表,并几乎覆盖整个月球正面所致。而处于月球背面的艾肯盆地因距月海遥远,受溅射的玄武岩覆盖极少。

以下附第十三章第一节图:

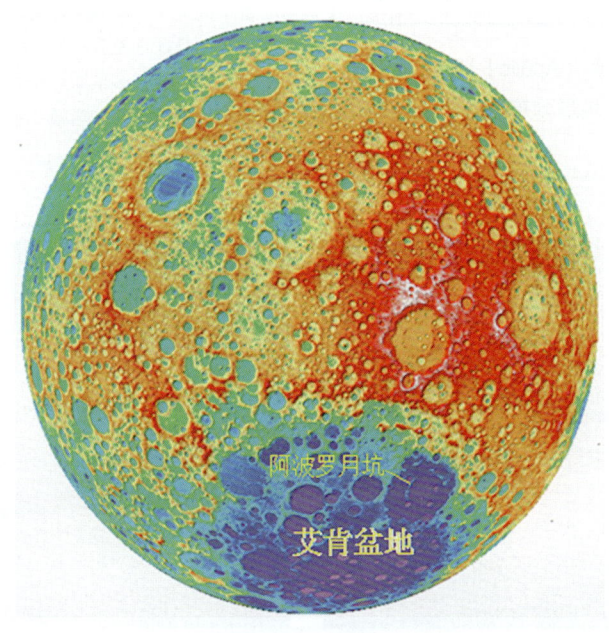

图13.1.1 嫦娥六号成功登陆月球背面艾肯盆地阿波罗月坑

图13.1.2 阿波罗(Apollo)月坑卫星影像图

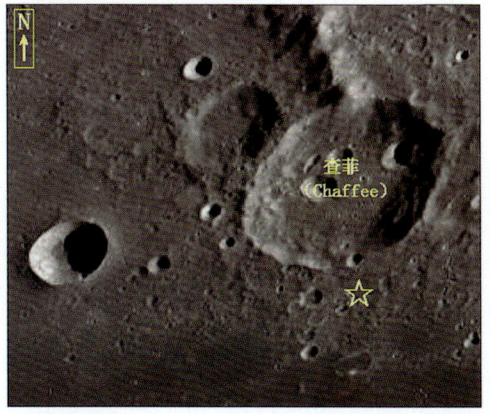

图13.1.3 为图13.1.2局部放大
示嫦娥六号登陆地(五星附近)位于查菲之南丘陵区

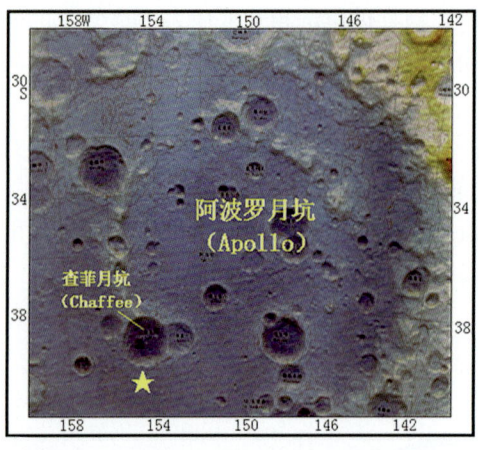

图13.1.4 阿波罗（Apollo）月坑及降落地点（五星）周边地形分布特征

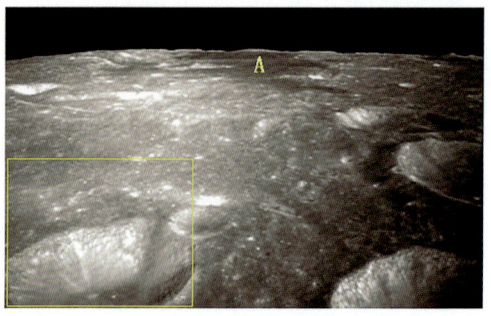

图13.1.5 由嫦娥六号降落相机刚开机时拍摄的图像

上部中间（A）暗色部分被认为是"玄武岩"，实际可能与月球正面分布的冻融"石油"泥流相当；下部及右侧有较多早期形成的"陆地月坑"，坑壁白色部分很可能存在热融"水冰冰川"，暗色部分可能为热融泥流

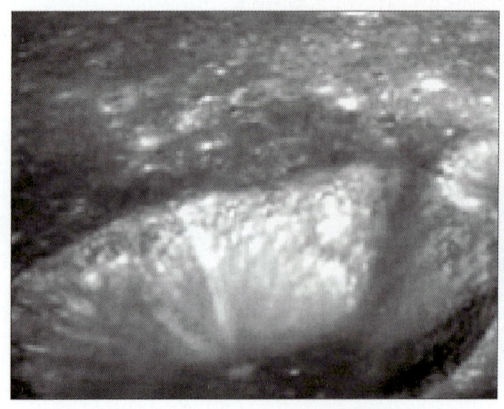

图13.1.6 为图13.1.5方框局部放大
示月坑坑壁白色部分很可能存在热融"水冰冰川"，暗色部分为热融泥流分布特征

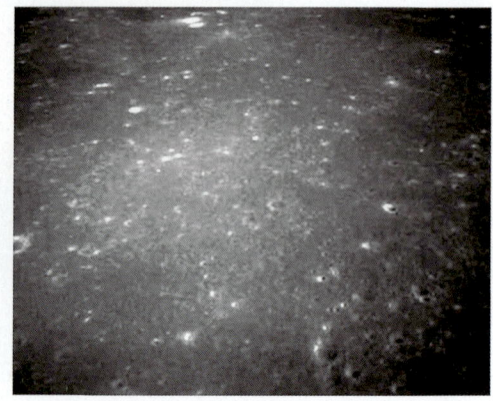

图13.1.7 由嫦娥六号降落相机在降落过程中拍摄到月表有较多含水冰灰白色小型月坑分布特征

 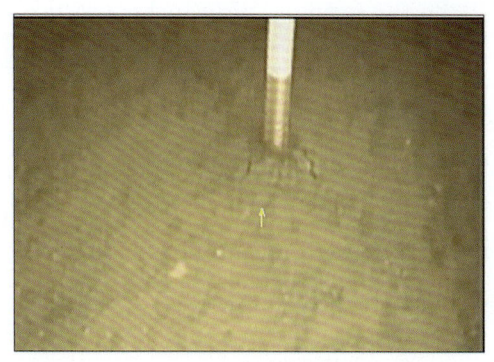

图13.1.8 由嫦娥六号降落相机在着陆器安全着陆后拍摄显示月表有大小不同浅色岩屑和岩块分布特征

图13.1.9 嫦娥六号降落地砧取样品时砧杆周围明显凸起（箭头所示），可能表明砧杆下部存在较多"蛭石"矿物，因砧进产生的热量致使"蛭石"产生热膨胀所致

第二节　嫦娥六号降落地采集样品初步预测

嫦娥六号样品采集，据网上资料是以多点采集，以其中一点为主采集方式。

嫦娥六号降落地，月表除见较多浅色大岩块分布外，还见有少量黑色的岩屑和岩块分布（见图13.2.1—图13.2.5），并且在一些缓坡面上还见由黑色"石煤"形成的冻融泥流分布（见图13.2.6）。可以预测，这些呈黑色的岩块和岩屑，很可能与月球正面分布的"石煤"相当，是低等动植物遗体与泥沙物质混杂沉积产生的"石煤"（见图13.2.2—图13.2.5）。嫦娥六号样品采集区域，月表彩色相片呈浅黄褐色，而采样坑呈灰黑—黑色，两者明显不同（见图13.2.7—图13.2.9）。并随采样坑深度增加，色调变深，这可能表明样品的黑色"石煤"和"石油"量随深度而增加。

嫦娥六号降落地，砧取样品时砧杆周围的月表明显凸起（见图13.2.10），可能表明砧杆下部存在较多"蛭石"矿物分布。因此，嫦娥六号砧取样品中，"蛭石"含量会较高。

以下附第十三章第二节图：

图 13.2.1　嫦娥六号登陆地月表地质地貌分布特征

图 13.2.2　为图 13.2.1 方框局部放大

示由全景相机在嫦娥六号采样前，对着陆点北侧月面拍摄的彩色图，上方边缘北靠近查菲月坑坑缘，下方为着陆腿和着陆时冲击挤压隆起的月壤。着陆腿西北一侧月表可见较多黑色斑点分布（箭头所示），推断可能是黑色"石煤"岩块和岩屑物质

图 13.2.3　嫦娥六号登陆地西北一侧黑色"石煤"岩块和岩屑（箭头所示）分布特征

图 13.2.4　嫦娥六号登陆地西北一侧黑色"石煤"岩块和岩屑（箭头所示）分布特征

第十三章 关于嫦娥六号降落地及附近地质地貌和采集样品的预判

图 13.2.5 嫦娥六号登陆地西北一侧黑色"石煤"岩块和岩屑(箭头所示)分布特征

图 13.2.6 嫦娥六号登陆地西北一侧黑色"石煤"岩块和岩屑形成的冻融"石煤泥流"或"石海"(箭头所示)分布特征

图 13.2.7 嫦娥六号登陆地最初采样坑和周边零散分布的"石煤"岩块和岩屑(箭头所示)分布特征

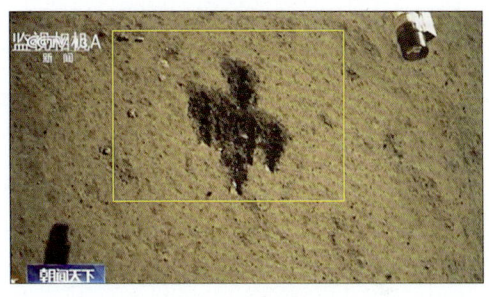

图 13.2.8 嫦娥六号登陆地月表"中"字采样坑分布特征

图 13.2.9 为图 13.2.8 方框局部放大示嫦娥六号登陆地"中"字采样坑呈灰黑—黑色并随采样深度增加而色调加深特征

图 13.2.10 嫦娥六号降落地砧取样品时砧杆周围明显凸起(箭头所示)可能表明砧杆下部存在较多"蛭石"矿物因砧进产生热膨胀所致

799

参考文献

［1］《嫦娥一号全月球影像图集》编辑委员会. 嫦娥一号全月影像图集［M］. 北京：中国地图出版社，2010.

［2］《地球科学大辞典》编委会. 地球科学大辞典［M］. 北京：地质出版社，2006.

［3］《地球科学大辞典》编委会. 地球科学大辞典［M］. 北京：地质出版社，2006.

［4］陈思，孟治国，张吉栋，等. Tycho 撞击坑地区微波热辐射特性研究［J］. 中国科学：物理学 力学 天文学，2016，46：029608.

［5］丁孝忠，韩坤英，韩同林，等. 月球虹湾幅（LQ－4）地质图的编制［J］. 地学前缘，2012，19（6）：15－27.

［6］丁孝忠，王梁，郭弟均. 月球哥白尼纪地层特征与地质演化研究［J］. 岩石学报，2016，32（1）：10－18.

［7］国土资源部探月研究小组. 月球新观［M］. 北京：地质出版社，2012.

［8］韩同林. 发现冰臼［M］. 北京：华夏出版社，2004.

［9］韩同林. 青藏大冰盖［M］. 北京：地质出版社，1991.

［10］韩同林. 西藏活动构造［M］. 北京：地质出版社，1987.

［11］李泳泉，刘建忠，欧阳自远，等，月球表面岩石类型的分布特征：基于 Lunar Prospec（LP）伽马射线谱议探测数据的反演［J］. 岩石学报，2007，23（5）：1169－117.

［12］孟治国，陈圣波，Edward Matthew Osei Jnr，等. 基于嫦娥一号卫星微波辐射计数据的月球 Cabeus 撞击坑水冰含量研究［J］. 中国科学：物理学 力学 天文学，2010，40：1363－1369.

［13］欧阳自远. 我国月球探测的总体科学目标与发展战略［J］. 地球科学进展，2004，19（3）：351－357.

［14］欧阳自远. 月球科学概论［M］. 北京：中国宇航出版社，2005.

［15］平劲松. 嫦娥一号获得的月球综合科学成果［J］. 中国科学：物理学 力学 天文学，2010，40（11）：1315.

［16］王丹. 月球第谷撞击坑"冻融地貌"的发现［J］. 地球学报，1917，38（6）：971－980.

［17］王梁，丁孝忠，韩同林，等. 月球第谷撞击坑区域数字地质填图及地质地貌特征［J］. 地学前缘，2015，22（2）：251－262.

［18］吴吉春，盛煜，曹元兵，等. 青藏高原发现大型冻胀丘群［J］. 冰川冻土，2015，37（5）：1217－1228.

[19] 肖龙，乔乐，肖智勇，等. 月球着陆探测值得关注的主要科学问题及着陆区选址建议 [J]. 中国科学：物理学 力学 天文学，2016，46：029602.

[20] 肖智勇，曾佐勋，肖龙. 月球哥白尼纪撞击坑底部链状坑的成因 [J]. 中国科学：物理学 力学 天文学，2010，40（11）：1326-1342.

[21] 张健，缪秉魁，廖庆园，等. 月球南极艾特肯盆地的地质特征：探索月球深部的窗口 [J]. 矿物岩石地球化学通报，2011，30（2）：234-240.

[22] 赵文津. 探月与地学研究会议文集 [M]. 北京：地质出版社，2011.

[23] 赵文津. 月球与火星探测科技高层论坛文集 [M]. 北京：地质出版社，2011.

[24] 郑镝. 青藏高原腹地多年冻土区典型地质灾害研究 [D]. 北京：中国地质大学，2009.

[25] 郑永春，王世杰，刘春茹，等. 月球水冰探测进展 [J]. 地学前缘，2004，11（2）：573-578.

[26] 周琴，吴福元，刘传周. 月球同位素地质年代学与月球演化 [J]. 地球化学，2010，39（1）：37-49.

[27] "Earth science dictionary" Editorial Committee. Earth science dictionary [M]. Beijing：Geological Publishing House（in Chinese），2006.

[28] BARNES J J, FRANCHI I A, ANAND M, et al. Accurate and precise measurements of the D/H ratio and hydroxyl content in lunar apatites using NanoSIMS [J]. Chemical geology，2013，337：48-55.

[29] BARNES J J, TARTÈSE R, ANAND M, et al. The origin of water in the primitive moon as revealed by the lunar highlands samples [J]. Earth and planetary science letters，2014，390：244-252.

[30] BOYCE J W, LIU Y, ROSSMAN G R, et al. Lunar apatite with terrestrial volatile abundances [J]. Nature，2010，466：469.

[31] CHEN S I, MENG Z G, ZHANG J D, et al. Research on microwave radiation characteristics at Tycho crater area. [J] Sinica physica mechanica astronomica，2016，46：029608（in Chinese with English abstract）.

[32] COLAPRETE A, SCHULTZ P, HELDMANN J. Detection of water in the LCROSS ejecta plume [J]. Science，2010，330（6003）：463-468.

[33] Compiling Committee（eds）. Dictionary of earth sciences [M]. Beijing：Geological Publishing House，2006.

[34] CRIDER D H, VONDRAK R R. The solar wind as a possible source of lunar polar hydrogen deposits [J]. Journal of geophysical research：planets，2000，105（E11）：26773-26782.

[35] DING X Z, HAN K Y, HAN T L, et al. Compilation of geological map of sinus iridum quadrangle of the moon（LQ-4） [J]. Earth science frontiers，2012，19（6）：15-27（in Chinese with English abstract）.

[36] DING X Z, WANG L, GUO D J, et al. Study on geological evolution and stratigraphic features of the copernican period of the moon [J]. Acta petrologica sinica, 2016, 32 (1): 10 – 18 (in Chinese with English abstract).

[37] DROZD R J, HOHENBERG C M, MORGAN C J, et al. Cosmic-ray exposure history at Taurus-Littrow [C] //Lunar and Planetary Science Conference Proceedings, 1977, 8: 3027 – 3043.

[38] FELDMAN W C, MAURICE S, BINDER A B, et al. Fluxes of fast and epithermal neutrons from lunar prospector: evidence for water ice at the lunar poles [J]. Science, 1998, 281 (5382): 1496 – 1500.

[39] FÜRI E, DELOULE E, GURENKO A, et al. New evidence for chondritic lunar water from combined D/H and noble gas analyses of single Apollo 17 volcanic glasses [J]. Icarus, 2014, 229, 109 – 120.

[40] GREENWOOD J P, ITOH S, SAKAMOTO N, et al. Hydrogen isotope ratios in lunar rocks indicate delivery of cometary water to the moon [J]. Nature geoscience, 2011, 4: 79 – 82.

[41] HAN T L, YU C G, CHEN P, et al. Possible water and ice on the moon revealed by discovery of a congeliturbated fan [J]. Acta geologica sinica (English Edition), 2016, 90 (4): 1535 – 1536.

[42] HAN TONGLIN, YU CHANGQING, et al. There has been some water on the moon revealed by discovery of lakes [J]. Acta geologica sinica (English Edition), 2019, 93 (4): 1160 – 1161.

[43] HAURI E H, GAETANI G A, GREEN T H. Partitioning of water during melting of the earth's upper mantle at H_2O undersaturated conditions [J]. Earth and planetary science letters, 2006, 248 (3): 715 – 734.

[44] HAURI E H, SAAL A E, RUTHERFORD M J, et al. Water in the moon's interior: truth and consequences [J]. Earth and planetary science letters, 2015, 409: 252 – 264.

[45] HAURI E H, WEINREICH T, SAAL A E, et al. High pre-eruptive water contents preserved in lunar melt inclusions [J]. Science, 2011, 333 (6039): 213 – 215.

[46] HUI H, GUAN Y, CHEN Y, et al. SIMS analysis of water abundance and hydrogen isotope in lunar highland plagioclase [C] //Lunar and Planetary Science Conference, 1927.

[47] HUI H, PESLIER A H, ZHANG Y, et al. Water in lunar anorthosites and evidence for a wet early moon [J]. Nature geoscience, 2013, 6 (3): 177.

[48] KAUR P, CHAUHAN P, BHATTACHARYA S. Compositional diversity at tycho crater: mg-spinel exposures detected from moon mineralogical mapper (M3) data [J]. Lunar Planet Sci Conf, 2012, 43: 1434

[49] LI S, MILLIKEN R E. Heterogeneous water content in the lunar interior: insights from orbital detection of water in pyroclastic deposits and silicic domes [C] //Lunar and Planetary Science Conference, 2016, 47: 1568.

[50] MCCUBBIN F M, STEELE A, HAURI E H, et al. Nominally hydrous magmatism on the moon [J]. Proceedings of the national academy of sciences, 2010, 107: 11223 – 11228.

[51] MENG Z G, CHEN S B, et al. Water ice content research of the Cabeus crater based on the microwave radiometer data of Chang'E 1 [J]. Scientia Sinica Phys, Mech & Astron, 2010, 40: 1363 – 1369 (in Chinese).

[52] MILLIKEN R E, LI S. Remote detection of widespread indigenous water in lunar pyroclastic deposits [J]. Nature geoscience, 2017, 10: 561 – 565.

[53] MITROFANOV I G, SANIN A B, BOYNTON W V, et al. Hydrogen mapping of the lunar south pole using the LRO neutron detect or experiment LEND [J]. Science, 2010, 330 (6003): 483 – 486.

[54] NOZETTE S, LICHTENBERG C L, SPUDIS P, et al. The clementine bistatic radar experiment [J]. NASA, 1996, 274: 1495 – 1498.

[55] OUYANG Z Y. Introduction to lunar science [M]. Beijing: Space Navigation Press, 2005.

[56] OUYANG Z Y. China's lunar exploration scientific goal and development strategy [J]. Advance in earth sciences, 2004, 19 (3): 351 – 357 (in Chinese).

[57] OUYANG Z Y. Introduction to lunar science [M]. Beijing: Aerospace Press (in Chinese), 2005.

[58] PIETERS C M, GOSWAMI J N, CLARK R N, et al. Character and spatial distribution of OH/H_2O on the surface of the Moon seen by M3 on Chandrayaan – 1 [J]. Science, 2009, 326: 568 – 572.

[59] PING J S. The moon comprehensive scientific results of Chang'E 1 [J]. Scientia Sinica Phys, Mech & Astron, 2010, 40 (11): 1315 (in Chinese).

[60] SAAL A E, HAURI E H, CASCIO M L, et al. Volatile content of lunar volcanic glasses and the presence of water in the moon's interior [J]. Nature, 2008, 454: 192 – 196.

[61] SAAL A E, HAURI E H, VAN ORMAN J A, et al. Hydrogen isotopes in lunar volcanic glasses and melt inclusions reveal a carbonaceous chondrite heritage [J]. Science, 2013, 340: 1317 – 1320.

[62] TARTÈSE R, ANADN M, MCCUBBIN F M, et al. Apatites in lunar kreep basalts: the missing link to understanding the H isotope systematics of the moon [J]. Geology, 2014, 42: 363 – 366.

[63] TARTÈSE R, ANAND M, BARNES J J, et al. The abundance, distribution, and isotopic composition of hydrogen in the moon as revealed by basaltic lunar samples: im-

plications for the volatile inventory of the moon [J]. Geochimica et cosmochimica acta, 2013, 22: 58-74.

[64] VASAVADA A R, PAIGE D A, WOOD S E. Near-surface temperature on mercury and the moon and the stability of polar ice deposits [J]. Icarus, 1999, 141: 179-193.

[65] WANG C K. The Chang E-1 topographic atlas of the moon [M]. Beijing: Sino Maps Press, 2010.

[66] WANG L, DING X Z, HAN T L, et al. The digital geological mapping and geological and geomorphic features of tycho crater of the moon [J]. Earth science frontiers, 2015, 22 (2): 251-262 (in Chinese with English abstract).

[67] WATSON K, Murray B C, BROWN H. The behavior of volatiles on the lunar surface [J]. J Geophys Res 1961, 66: 3033.

[68] WATSON K, MURRAY B, BROWN H. On the possible presence of ice on the moon [J]. Journal of geophsical research, 1961, 66: 1598-1600.

[69] WU J C, SHENG Y, CAO Y B, et al. Discovery of large frost mound clusters in the source regions of the Yellow River on the Tibetan Plateau [J]. Journal of glaciology and geocryology, 2015, 37 (5): 1217-1228 (in Chinese with English abstract).

[70] XIAO Z Y, ZENG Z X, XIAO L, et al. Origin of pit chains in the floor of lunar copernican craters [J]. Scientia Sinica Phys, Mech & Astron, 2010, 40: 1326-1342 (in Chinese).

[71] ZHENG D. The study on the typic geological hazards at permafrost areas in the center of Qinghai-Yibet plateau [D]. Beijing: China University of Geosciences. (in Chinese with English abstract), 2009.

附录Ⅰ 月球和地球典型地貌类型卫片影像对比汇集

一、月球典型地貌类型卫片影像目录

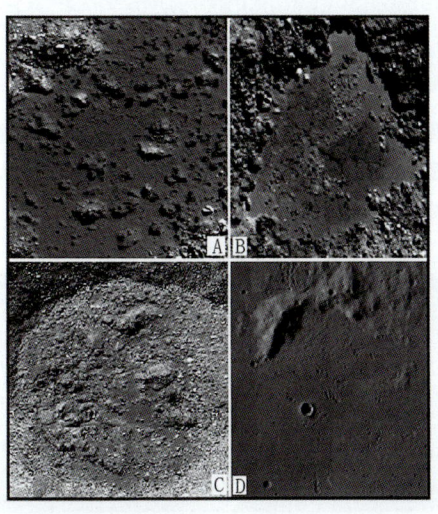 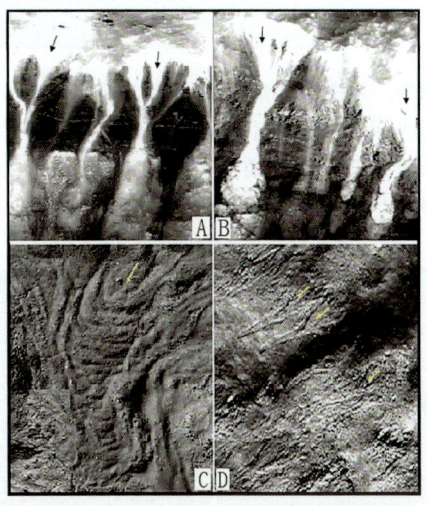

图1 月球有水覆盖月坑坑底（A、B）与无水覆盖月坑坑底（C、D）卫片影像对比图

前者湖底存在大量淤积沉积，后者则无任何淤积分布

图2 月坑坑壁水冰冰川（A、B 白色）与稠泥石流（C）、水泥石流（D）卫片影像对比图

箭头示水冰冰川和泥石流流动方向

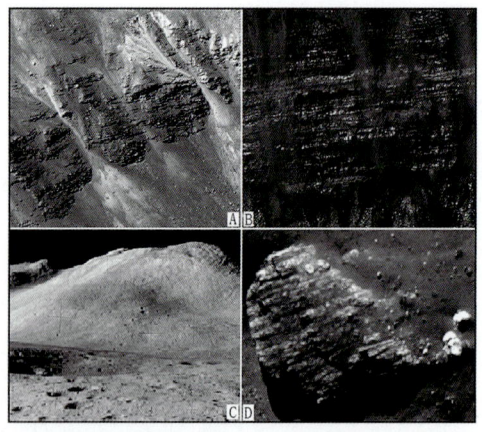

图3 月球月海松散水平沉积岩层（A）、胶结水平沉积岩层（B）与月表基岩倾斜沉积变质岩层（C）、月坑溅射沉积变质岩层岩块（D）卫片影像对比图

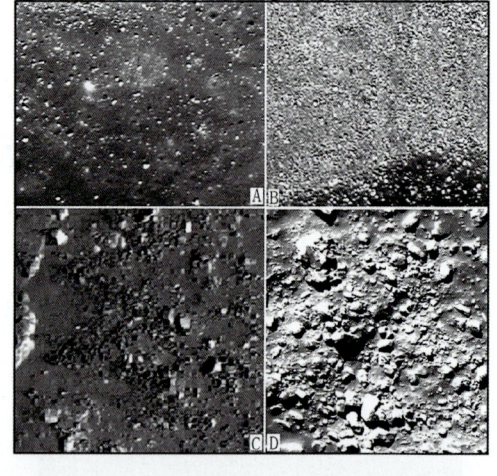

图4 月球沉积岩层风化碎屑略具分选和磨圆（A、B）与岩石风化碎屑呈棱角状和大小悬殊（C、D）卫片影像对比图

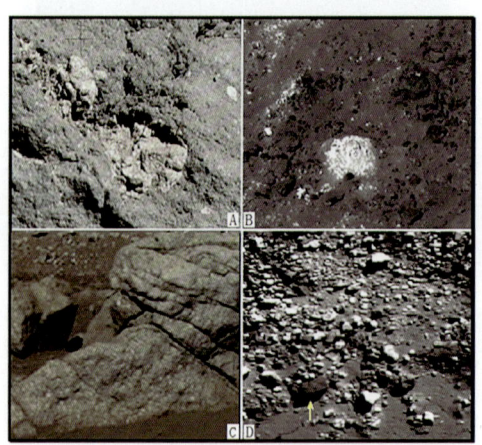

图5 月球岩石色调卫片影像对比图

A为青灰色中基性火山角砾岩中角砾为浅色酸性岩块，B为黑色"石煤"岩块与白色"大理石？"岩块混合产出，C为嫦娥三号降落地青灰色变质斑状闪长岩（侵入岩？），D为李四光湖边黑色"石煤"岩块（箭头所示）与白—灰色碎屑岩块混合产出卫片影像对比图

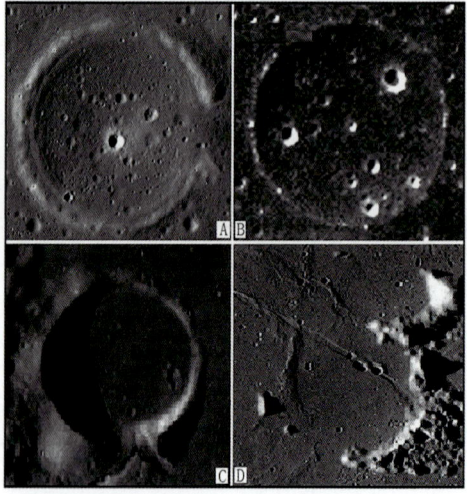

图6 月球满充填"深水月坑"（A、B）与全充填"浅水月坑"（C、D）卫片影像对比图

附录 I 月球和地球典型地貌类型卫片影像对比汇集

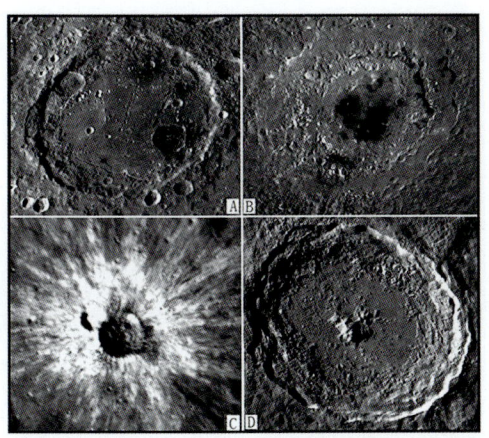

图 7 月球半充填单环"湿地月坑"（A）、半充填多环"湿地月坑"（B）小型少充填"陆地月坑"（C）、大型少充填"陆地月坑"（D）卫片影像对比图

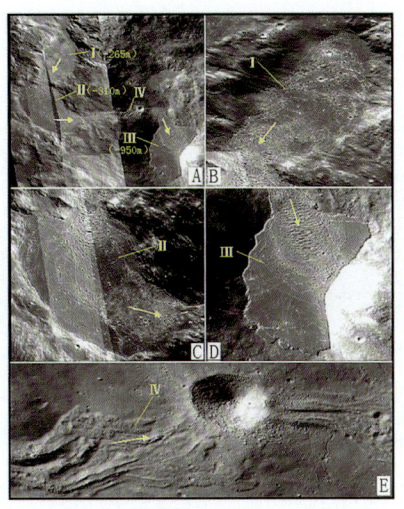

图 8 月球山间盆地泥冰川（A）分别由北东向盆地（B）（Ⅰ深度为 −265 m）、北西向盆地（C）（Ⅱ深度为 −310 m）、近南北向盆地（D）（Ⅲ深度为 −950 m）和一条连接通道（Ⅳ）组成地貌卫片影像分布图

箭头示泥冰川主流动方向

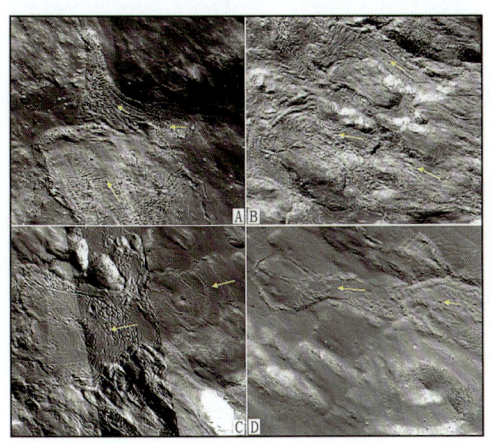

图 9 月球坑壁泥冰川地貌类型（A、B、C、D）卫片影像对比图

箭头示泥冰川流动方向

图 10 月球牛舌状泥石流（A）、叠层长扇状泥石流（B）、叠层短扇状泥石流（C）、泥石流群（D）地貌卫片影像分布图

箭头示泥石流流动方向

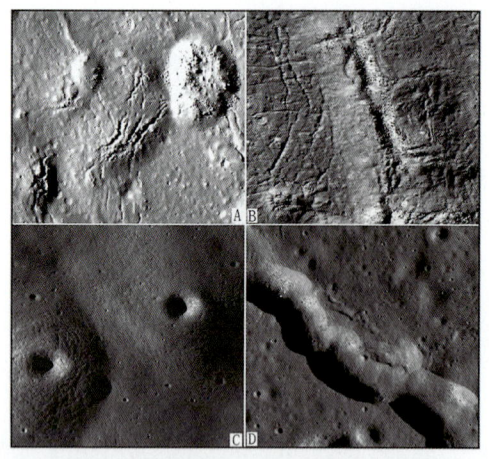

图11 月球冻胀丘（A）、冻胀脊（B）与液化丘（C）、液化砂垄（D）地貌卫片影像对比图

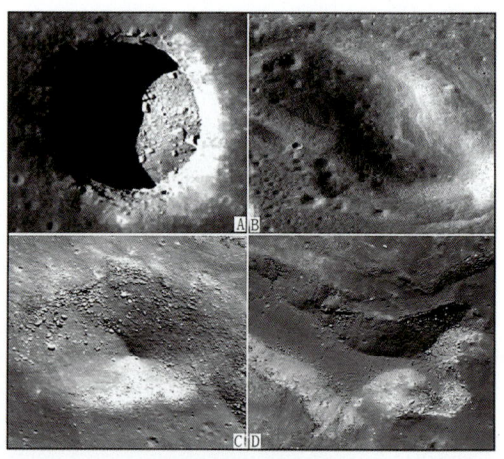

图12 月球脆性变形热融塌陷坑（A）、塑性变形热融塌陷坑（B）与塑性变形热融塌陷漏斗（C）、脆性变形热融塌陷槽（D）地貌卫片影像对比图

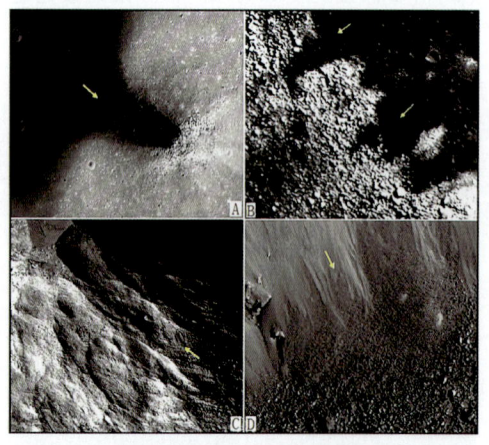

图13 月球月表漏斗状冻融"石油"泥流（A）、塌陷槽岸梳状冻融"石油"泥流（B）、坑壁"棒槌状冻融泥流"（C）与"滑坡崩塌泥流"（即所谓"干泥流"）（D）卫片影像对比图

箭头示冻融"石油"泥石流、"棒槌状冻融泥流"、"干泥流"流动方向

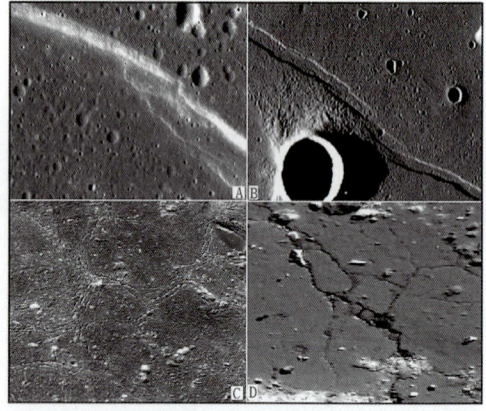

图14 月球内动力"断裂"（A）、"冰裂"（B）与外动力"冻胀裂隙"（C）、"泥裂"（D）等线形构造卫片影像对比图

附录 I 月球和地球典型地貌类型卫片影像对比汇集

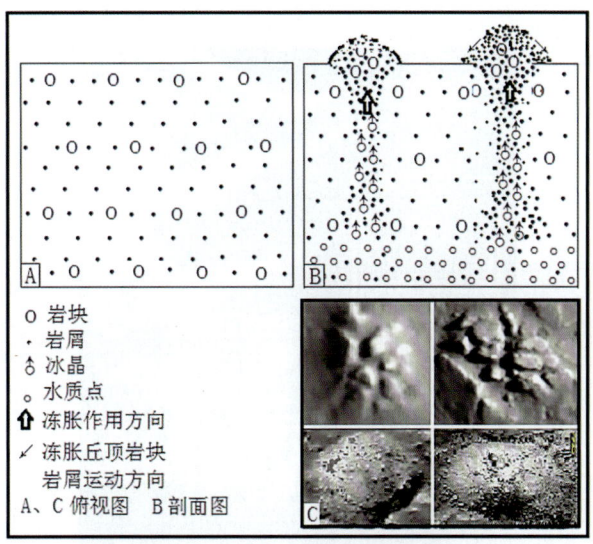

图15 冻胀丘形成过程示意图

A 为月球表面冻胀丘形成区原始俯视图，B 为月球表面冻胀丘形成区侧视图，C 为月球表面冻胀丘俯视卫星影像图

二、地球典型地貌类型卫片影像及实验图目录

图16 上图：火山口呈正地貌的山体，与溢出的熔岩流保持连续不断分布的正地貌类型（A），与下覆基岩呈覆盖关系（向上箭头所示），与沟谷呈充填关系（水平箭头所示）特征（美国加莱罗伊火山锥，加米·麦克吉姆塞 摄）

中图：熔岩流正从高处火山口连续不间断溢出和保存很好的连续覆盖的正地貌类型特征

下图：绳状熔岩流冷却后表面粗糙、色调深和呈正地貌类型特征（与月表热融泥石流地貌绝缘不同）

809

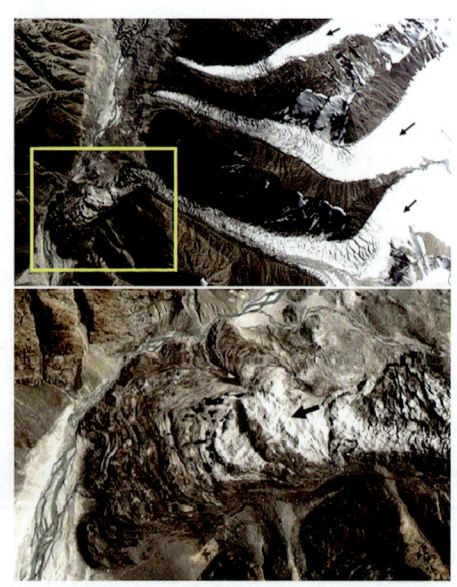

图17　上图：帕米尔高原现代冰川（白色）分布特征（箭头示现代冰川流动方向）
　　　下图：为上图方框局部放大，示帕米尔高原现代冰川前沿形成的热融泥石流地貌（箭头示泥石流流动方向）

图18　上图：加拿大不列颠哥伦比亚省热融泥石流地貌
　　　下图：阿拉斯加现代冰川前沿区形成的热融泥石流地貌

箭头示泥石流流动方向

图19　上图：昆仑山口附近分布的冻胀丘群分布特征（箭头所示是我国已知最大的冻胀丘在青藏公路62道班，它底部直径40～50 m，高达20 m）

　　　下图：昆仑山口"冻胀丘"和"冰裂隙"分布特征

图20　上图：冻胀丘及其下面的大块冰核（白色）分布特征

　　　下图：河漫滩区分布的冻胀丘和冻胀裂隙分布特征

图21 青藏高原冻土区巨大的热融塌陷坑，坑中有热融水残留分布特征

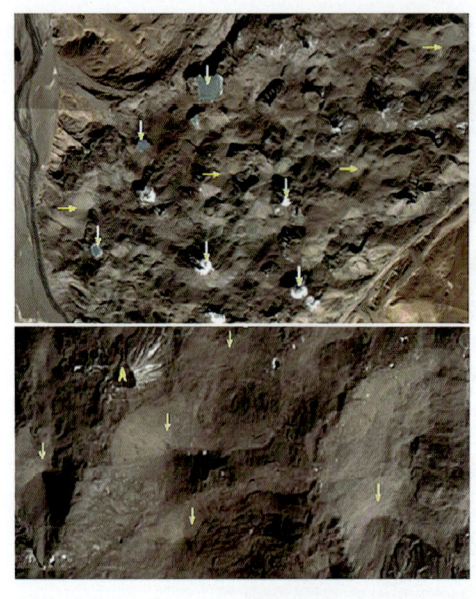

图22 上图：帕米尔高原冰川前沿堆积物形成的热融塌陷坑群（垂直箭头所示）和残余小丘群（水平箭头所示）分布特征
下图：为上图局部放大部分，示残余小丘群（箭头所示）和热融塌陷坑（A）分布特征

图23 泥石流实验的结果形成的扇状泥石流地貌
箭头示泥石流流动方向

附录 I　月球和地球典型地貌类型卫片影像对比汇集

图 24　地球南极滨海区"冰裂"剖面呈"地堑"式分布特征

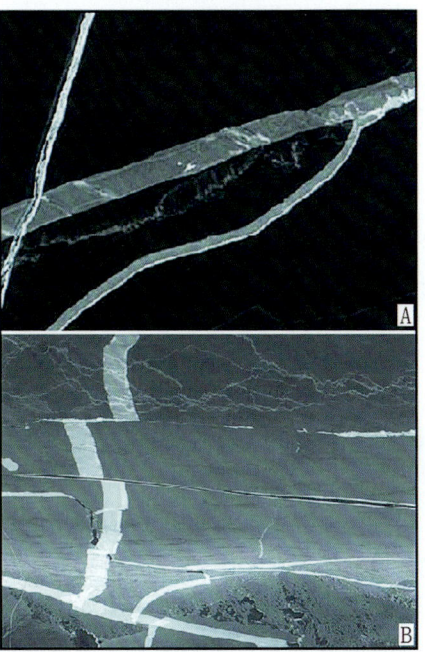

图 25　中国西藏奇林错冬季冰面地堑式"冰裂"分布特征

附录 II 月球"雨海不是熔岩盆地,是沉积平原"（讨论稿）

一、月球雨海简况

雨海位于月球正面的北半球,纬度为 15°～50°N,经度为 10°E～40°W 之间。近圆形,直径约 1200 km,总面积约 887000 km²,比我国青海省的面积稍大一点。全月 22 个月海中,雨海面积仅次于风暴洋,居第二位（见图1、图2）。

雨海被群山环抱,是一个典型的盆地结构。它的东北部有阿尔卑斯山脉；东边有高加索山脉和亚平宁山脉；南面有喀尔巴阡山脉；西部虽然与风暴洋连成一片,但是有较小的前驱山脉；目前已知整个月球上 15 条山脉中,雨海周围就占了 9 条,这在月海中是独一无二的。亚平宁山脉实地拍摄影像显示,它们是月球古地貌和古地质构造的残存,推断环雨海众多山脉也完全有可能与亚平宁山脉一样,是月球最古老地质构造与地貌保留和分布最多的地方。

早期月球研究者,通过望远镜观察到雨海是一个充满水的"大海"。但自人类登上月球,采集到月球样品并进行研究后,就认定雨海不再是"大海",而是为玄武熔岩全覆盖的熔岩盆地。时至今日,这仍然是最流行的看法和认知。

目前认为月球岩石主要有两大类。其一是斜长岩类岩石,主要分布于月陆区。其二是玄武岩类岩石,主要分布于月海区。从色调上看,斜长岩类岩石,多为浅色的岩石,或偏酸性的岩石。玄武岩类多为深色的岩石,或偏基性岩石。在月球上,黑、白岩石同在一处地质单元的情况也是屡见不鲜的（见图3、图4）。为利用岩石色调初步鉴别月球上不同岩类提供重要线索,为确认雨海是黑色玄武熔岩盆地,还是沉积平原,提供重要依据。

月球的岩石风化作用十分强烈,月表大多有厚薄不同的月壤覆盖,色调多黑色—灰黑色。在月海区,只有通过小月坑、热融塌陷槽和液化沙垄等不同地貌单元局部,去除月壤后,才有可能暴露出下覆不同岩石类型的特征。

月球岩石风化碎屑和岩块与沉积碎屑和岩块,在大小、色调、分选性和磨圆度等方面有明显差别。直接由岩石风化的碎屑和岩块,大小不均、色调单一、多具棱角状。然而,由沉积岩层风化的碎屑和岩块,则略具分选和磨圆特征,大小差别小、色调混杂,两者有明显差别（见图5）。月球上是否存在沉积岩层,争议较大。目前研究结果表明,在月球正面的海洋中,除雨海有大量水平沉积岩层发现之外,其他海洋也有大量分布（见图6—图8）。

月球上称为"月溪"的地貌比较多,由于目前没有统一的标准,我们认为只有源头具备"热泉坑"、具上宽下窄线形结构、海拔上游高下游低的、沉积物上游颗粒粗向下游逐渐变细，并均流入月海区或分布于月海区的才能算是月溪。雨海月溪源头集中分布于雨海周边的高山区，大多蜿蜒曲折，最后流入雨海，止于雨海海滨区域（见图9、图10）。

2014 年，我们在进行 1∶250 万虹湾幅（LQ - 4）《月球地质图》编图时，在资料搜集过程中，已注意到雨海地区的有关地质情况。依据雨海月表小月坑、热融塌陷槽、"液化沙垄"等不同地貌单元岩石的色调、性质、岩石结构等特征来看，雨海在形成之初确实是一个浩瀚的"大海"，周边月溪携带大量泥沙物质沉积于雨海之中，海水干涸后成为沉积平原。迄今未发现任何由玄武熔岩充满的迹象。现依据雨海月表不同地貌岩石分布和岩石结构特征，探讨"月球雨海不是熔岩盆地，是沉积平原"这一设想，不妥之处，敬请批评指正。

二、雨海月表不同地貌岩石组成特征

雨海月表地貌类型多种多样，目前盆地中暴露出的地貌类型主要为小月坑、热融塌陷槽、"深水月坑""液化沙垄"（即有的研究者称"皱褶"）和嫦娥三号降落点等。现简述如下。

（一）雨海小月坑岩石组成特征

分布于雨海小月坑的岩石组成共 12 个。它们的共同特征是：绝大多数都以浅色的岩屑和岩块组成为主，色调深的岩屑和岩块分布极少，岩屑和岩块大多略具磨圆和分选的沉积特征。

(1) 小月坑位于雨海北，纬度为 48.1700，经度为 -15.7200（见图 2 中数字 1）。其溅射堆积物基本都是由略具分选和磨圆浅色的沉积岩屑和岩块所组成，深色的沉积岩屑和岩块分布较少（见图 11）。

(2) 小月坑位于雨海北，纬度为 46.0730，经度为 338.9420（见图 2 中数字 2）。溅射堆积物全由略具分选和磨圆浅色的岩屑和岩块所组成（见图 12）。

(3) 雨海北虹湾（见图 2 中数字 3）。①小月坑纬度为 45.0000，经度为 330.0000。溅射堆积物主要由略具分选和磨圆浅色的岩屑和岩块所组成（见图 13）。②小月坑纬度为 48.0300，经度为 328.2900。溅射堆积物全由略具分选和磨圆的浅色岩屑和岩块所组成（见图 14）。③雨海北，拉普拉斯 A（Laplace A）月坑，纬度为 44.0100，经度为 333.0700，北坑壁上部主要由略具分选和磨圆的浅色岩屑和岩块所组成（见图 15）。

(4) 雨海东北，纬度为 44.4100，经度为 357.1900（见图 2 中数字 4），一组液化沙丘附近小月坑的溅射堆积主要由略具分选和磨圆的浅色岩屑和岩块所组成（见图 16）。

(5) 雨海中部，麦克唐纳（McDonald）月坑东南小月坑，纬度为 30.2520，经度为 339.4900（见图 2 中数字 5）。撞击溅射堆积物主要由略具分选和磨圆浅色的偏暗岩屑和岩块所组成（见图17）。

（6）雨海中部附近的一个小月坑，纬度为30.8960，经度为335.2820（见图2中数字6），撞击溅射堆积物主要由略具分选和磨圆的浅色偏暗岩屑和岩块所组成（见图18）。

（7）雨海东部边缘，阿波罗15降落地附近，纬度为26.1324，经度为3.6333（见图2中数字7），小月坑坑缘出露的为沉积碎屑物，除少量为深色岩屑物质外，其余主要由略具分选和磨圆浅色的偏暗岩屑和岩块所组成（见图19）。

（8）雨海东部边缘，阿波罗15降落地附近，纬度为24.1500，经度为359.4000（见图2中数字8），小月坑撞击溅射堆积物主要由略具分选和磨圆的浅色少量偏暗岩屑和岩块所组成（见图20）。

（9）雨海东中部，布雷尔G（Brayley G）月坑（实际是属于"热融塌陷坑"）附近的一个小月坑（见图2中数字9），除少量为深色岩屑物质外，其余主要由略具分选和磨圆的浅色偏暗岩屑和岩块所组成（见图21）。

（10）雨海西南边缘的一个小月坑，纬度为18.7300，经度为327.0450（见图2中数字10），坑缘分布的沉积碎屑主要由略具分选和磨圆的浅色岩屑和岩块所组成（见图22）。

（11）雨海西南边缘的一个小月坑，纬度为17.4410，经度为326.5820（见图2中数字11），坑缘分布的沉积碎屑主要由略具分选和磨圆由的浅色岩屑和岩块所组成（见图23）。

（12）阿基米德（Archimedes）月坑，纬度为30.4310，经度为357.1060（见图2中数字12），坑壁分布的是浅色沉积碎屑和岩块（见图24）。

（二）雨海热融塌陷槽岩石组成特征

分布于雨海的热融塌陷槽，共有2处，分别位于雨海东北和雨海西南。组成塌陷槽的物质，也以略具磨圆和分选的浅色沉积岩屑和岩块组成为主。

（1）雨海东北的一个小热融塌陷槽，纬度为41.1700，经度为326.5300（见图2中数字13）。岸边分布堆积物主要由略具分选和磨圆的浅色岩屑和岩块所组成（见图25）。其岩屑和岩块，具有色调多样、大小较匀一和磨圆度较好的沉积碎屑物特征。

（2）雨海西南，"热融塌陷槽"，纬度为17.7380，经度为331.2040（见图2中数字14"）。在塌陷槽之北槽壁上，也主要由浅色的岩屑和岩块所组成（见图26）。岩屑和岩块，具有色调多样、大小较匀一和磨圆度较好的沉积碎屑物特征。

（三）雨海"深水月坑"岩石组成特征

（1）雨海东北，纬度为32.1500，经度为334.2000（见图2中数字15），被称为"月球熔岩原孤丘（Lunar Kipuka）"，实际上是泛海洋期形成的"深水月坑"（详见正文第七章第一节）坑缘残迹的边缘，主要由略具分选和磨圆的浅色岩屑和岩块所组成（见图 27）。岩屑和岩块具有色调多样、大小较匀一和磨圆度较好的特征。

（四）雨海"液化沙垄"（即皱褶）岩石组成特征

（1）雨海东北附近的一条"液化沙垄"，纬度为 48.1590，经度为 -20.5100（见图 2 中数字 16），"液化沙垄"主要由略具分选和磨圆的浅色岩屑和岩块所组成（见图 28）。岩屑和岩块具有色调多样、大小较匀一和磨圆度较好的特征。

（2）雨海东北，阿尔卑斯 B（Alpes B）月坑西南约 30 km 处的液化沙垄（见图 2 中数字 17），其表面主要由浅色的岩屑和岩块所组成（见图 29）。岩屑和岩块具有色调多样、大小较匀一和磨圆度较好的特征。

（五）嫦娥三号降落点岩石组成特征

嫦娥三号降落点，位于雨海北部，纬度为 20.0000，经度为 330.0000（见图 2 中数字 18）。

（1）嫦娥三号降落点附近小月坑岩屑和岩块色调显示均为浅色特征（见图 30）。
（2）嫦娥三号降落点附近实拍"龙岩"边上的一个小月坑分布的岩屑和岩块，色调为浅色（见图 31）。
（3）嫦娥三号降落点附近实拍"龙岩"的色调是以偏浅色为主（见图 32）。
（4）嫦娥三号降落点附近实拍"龙岩"边上的岩石色调是以偏浅色为主（见图 33）。

上述不难看出，雨海不同地貌月表目前已暴露的岩石，绝大多数是由略具分选和磨圆的浅色岩屑和岩块物质所组成，至今未见雨海盆地中成片深色玄武块状熔岩及其风化产物分布，也未发现与熔岩有关的任何火山口分布。

三、雨海月表沉积水平岩层分布特征

岩石结构是判断岩石类型的重要标志之一，沉积岩层多以层状结构为主，玄武类熔岩岩石则多以块状结构为主要特征。

雨海月表的岩石结构，在有月壤覆盖的情况下很难见到。目前所见到的沉积岩层结构特征，主要通过一些小月坑或热融塌陷坑的边缘暴露出来的部分进行观察。

1. 雨海东北皮东 B（Piton B）月坑（纬度为 39.3500，经度为 359.8800）（见图 2 中 A）

东北坑壁露出很好的沉积水平岩层。岩层风化产物色调大多为浅色的沉积碎屑和岩块（见图 34）。风化碎屑物质，具有沉积碎屑物，色调较复杂、大小较匀一和磨圆度较好的特征。（见图 35）。

2. 雨海西北小热融塌陷槽（纬度为 41.1700，经度为 326.5300）（见图 2 中 B）

小热融塌陷槽北岸出露水平沉积岩层。风化产物也以浅色岩屑和岩块为主（见图 36）。风化碎屑物质，具有沉积碎屑物，色调多样、大小较均一和磨圆度较好的特征（见图 37）。

3. 雨海西卡罗琳·赫歇尔月坑（Caroline Herschel Crater）（纬度为 34.3600，经度为 328.6100）（见图 2 中 C）。

西北坑壁上出露很好的沉积水平岩层。岩层风化产物，色调大多为浅色的沉积碎屑和岩块（见图 38）。风化碎屑物质，具有沉积碎屑物，色调多样、大小较均一和磨圆度较好的特征（见图 39）。

4. 雨海西南边缘，丢番图月坑（Diophantus Crater）（纬度为 27.7100，经度为 325.6600）（见图 2 中 D）

北坑壁上出露很好的沉积水平岩层。岩层风化产物，略具分选和磨圆的浅色沉积碎屑和岩块与深色沉积碎屑和岩块共存（见图 40）。风化碎屑物质，具有沉积碎屑物，色调多样、大小较均一和磨圆度较好的特征（见图 41）。

5. 雨海西南欧拉月坑（Euler Crater）（纬度为 22.1300，经度为 330.930）（见图 2 中 E）

北坑壁上水平沉积岩层分布连续。岩层风化产物，色调大多为略具分选和磨圆的浅色沉积碎屑和岩块（见图 42）。风化碎屑物质，具有沉积碎屑物，色调多样、大小较均一和磨圆度较好的特征（见图 43）。

6. 雨海南皮西亚斯（Pytheas）月坑（纬度为 20.5270，经度为 339.2950）（见图 2 中 F）

水平沉积岩层分布连续。岩层风化产物，色调大多为浅色的沉积碎屑和岩块（见图 44）。风化碎屑物质，具有沉积碎屑物，色调多样、大小较均一和磨圆度较好的特征（见图 45）。

7. 阿波罗 15 降落点附近哈德利"月溪"北岸（纬度为 26.1324，经度为 3.6333）（见图 2 中 G）

胶结紧的层凝灰角砾岩基岩露头，具明显水平层理特征（见图 46）。风化产物为浅色具棱角状岩屑和岩块（见图 47）。

8. 阿波罗 15 降落点哈德利"月溪"南段北岸（纬度为 24.6500，经度为 2.4700）（见图 2 中 H）

胶结紧的浅色水平泥质为主的沉积岩层分布连续，延长数十千米以上（见图 48）。岩层风化产物，为浅色的棱角状岩屑和岩块（见图 49），与雨海中小月坑、热融塌陷槽壁、液化沙垄等组成岩块和岩屑物质略具分选和磨圆特征完全不同。前者未经水的搬运、分选和磨圆，后者则经水的搬运、分选和磨圆。

四、雨海成因讨论

地球岩石色调，基本上可以反映岩石的性质。即从基性岩石到酸性岩石，色调由深到浅。由基性岩石灰—灰黑，到酸性岩石浅灰—灰白色。月球岩石也同样具有从基性玄武岩石到中酸性的斜长岩，色调由灰黑色到灰白或白色特性。地球上有水参与侵蚀、搬运和沉积的沉积岩，岩块、岩屑颗粒，或多或少具有分选性和磨圆度。初步研究结果表明，月球上分布的沉积岩，同样略具分选和磨圆特征（见图11、图12、图13、图18、图25、图27、图37、图39、图43、图45）。相反，未经水的侵蚀、搬运和沉积的基岩岩石经风化侵蚀形成的岩块和岩屑物质，则呈棱角状和大小悬殊、混杂堆放的特征（见图46—图49）。这为鉴别雨海是熔岩盆地还是沉积平原，提供了重要标准。

雨海，在887000 km^2 分布范围内，目前取得的高分辨率、不同地貌类型岩石和沉积岩层图像，其中包括有岩石分布的12个小月坑（见图2中数字1—12）、2个热融塌陷槽（见图25、图26）、1个"泛海洋"阶段形成的"深水月坑"坑缘（见图27）、2个"液化沙垄"（或称"皱褶"）（见图28、图29），和嫦娥三号降落点（见图2-18）4张实拍的岩石照片（见图30—图33），其中有8个小月坑发现沉积水平岩层分布（见图2中A、B、C、D、E、F、G、H）。不同地貌的岩石和沉积水平岩层分布的共同特征是，岩石碎屑和岩块在色调上，几乎毫无例外都是以浅色为主（见图2中数字1—12）。偶见浅色和深色碎屑和岩块共存（见图41、图45）。碎屑和岩块或多或少受到一定程度磨圆，多具次棱角状。胶结较差的沉积岩层成层性较差，但水平层理仍明显可见（见图34、图36、图38、图40、图42、图44、图46）。胶结较好的沉积岩层，成层性好，层理十分清晰（见图48）。很明显，雨海盆地岩石分布，均以略具分选和磨圆的浅色碎屑和岩块为主，水平沉积岩层广泛发育，迄今未发现以深色为主的玄武熔岩分布，也未见到有真正的火山喷发作用的机制存在，更没有发现陨石撞击坚硬熔岩形成的月坑及其溅射堆积物分布，以及雨海周边分布的月溪大量流入雨海（见图9、图10），另外，由于雨海海水覆盖时期，海水和水下淤泥沉积，使陨击作用产生的陨石坑很多无法保留，致使雨海沉积平原上的陨石坑，在数量上比周边月陆区要少得多，规模上比周边月陆区要小得多。以上事实充分说明雨海曾经是一个广阔和浩瀚的沉积盆地，因海水覆盖已无法形成像月陆区那样多的月坑，干涸后成为今天所见的"雨海沉积平原"。

雨海沉积平原大致历经如下发展过程：大约距今5.7亿年的雨海纪初期（相当于地球年代的"寒武纪"），巨大的陨石撞击月球形成直径约1200 km的雨海后，月球进入"全月泛海洋"期，那时雨海周边月溪纵横分布，流入雨海的月溪携带的大量浅色岩屑和岩块物质充填于雨海之中，形成明显的沉积水平层理，覆盖在雨海形成时凹凸不平的溅射堆积物之上。岩屑和岩块物质具备沉积碎屑物所特有的——磨圆度较好、大小差别不大和色调复杂的特征，成为现今见到的广阔平坦的雨海沉积平原上随处可见的水平沉积岩层分布。嫦娥三号着陆点地质地球物理综合解译剖面（据肖龙等，2016）显示的"层状玄武岩"（见图50），实际上应该是水平沉积碎屑岩岩层。因为附近见到的岩石并不是"玄武岩"，而是浅色调的沉积岩块和岩屑物质。

五、初步结论

雨海，以往研究者一直认为是熔岩盆地。但时至今日从未发现由喷发作用产生的黑色块状熔岩分布，也未见到由喷发的玄武岩浆充填作用形成的所谓"熔岩盆地"。然而组成雨海盆地的岩石为具水平层理的沉积岩层和略具分选与磨圆的碎屑物质，这两个特征是由雨海盆地周边大量月溪，通过侵蚀、搬运和沉积作用形成的，因此，可以肯定"雨海不是熔岩盆地，是沉积平原"。

围绕雨海周边分布的众多山脉，如亚平宁山脉、加索山脉、喀尔巴阡山脉和阿尔卑斯山脉等，它们应该是由古老沉积变质岩石组成的，是产生月海时形成的月球最原始"侵蚀山系"的"残留"，而不是形成月海时的溅射堆积物。

至于大量登月区所取得的资料，为何绝大部分都是与火山喷发岩石有关，而很少涉及沉积或沉积变质作用岩石，可能是由于目前登月区大多都在月球正面，巨大的陨石撞击形成月海时所挖掘深部艾肯纪"月球岩浆海"时期形成的火山喷发岩溅射分布结果。"酒海纪"及其以后并未发现任何火山喷发活动的迹象。相反，在月球背面，没有大量"月海"分布，火山喷发岩石在月表分布要少得多，可能就是很好的见证。

以下为附录Ⅱ的图：

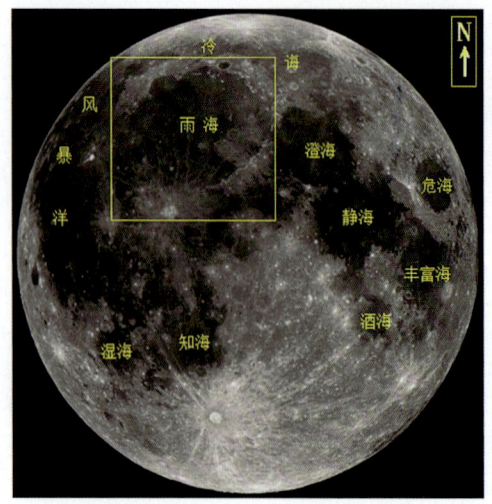

图1 雨海在月球正面位置

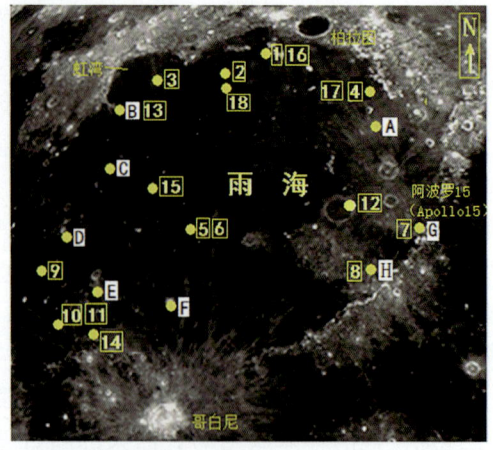

图2 为图1方框局部放大

示雨海盆地岩石出露点（1—18）和沉积岩层出露点（A、B、C、D、E、F、G、H）分布图

附录 II 月球"雨海不是熔岩盆地，是沉积平原"

 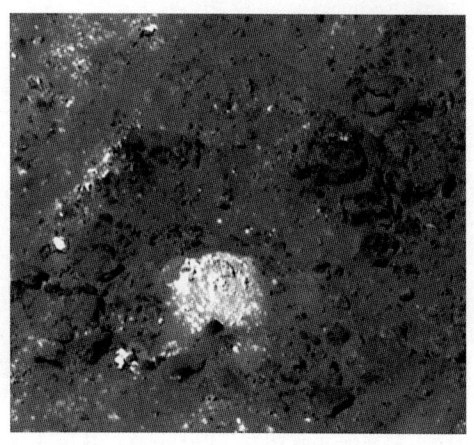

图3 月坑溅射堆积物中白色大理石（或斜长岩类岩石）岩类岩块和碎屑与黑色"石煤"岩块和碎屑色调上完全不同分布特征

图4 阿利斯塔克月坑溅射堆积物中白色大理石（或斜长岩类岩石）岩类岩块和碎屑与黑色"石煤"岩块和碎屑色调上完全不同分布特征

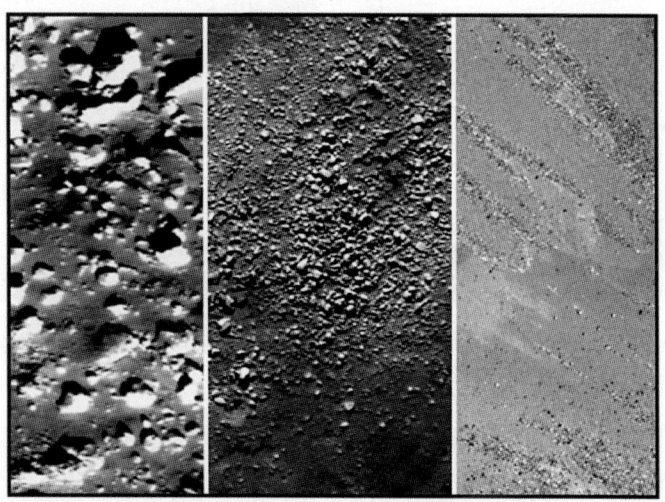

图5 月球岩石风化产物与沉积碎屑特征对比

岩石风化产物（左）：大小不均、色调单一、多具棱角状（第谷月坑）

沉积岩层风化碎屑（中、右）：大小差别小、色调混杂、略具分选和磨圆特征（虹湾、狄奥尼修斯月坑）

821

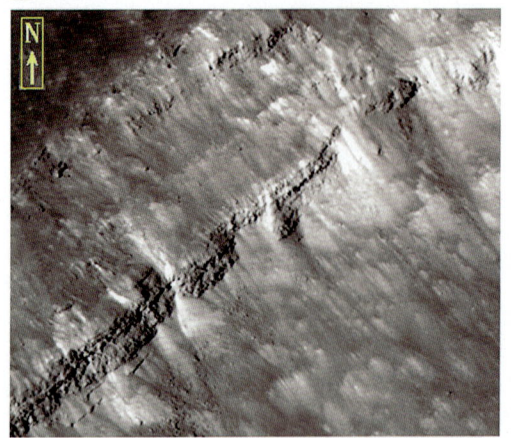

图6 风暴洋开普勒 B（Kepler B）月坑水平岩层分布特征

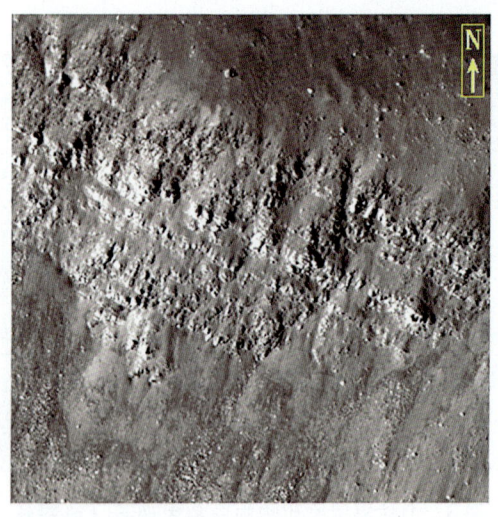

图7 澄海贝塞尔（Bessel）月坑水平沉积岩层分布特征

图8 丰富海西奇 X（Secchi X）月坑水平沉积岩层分布特征

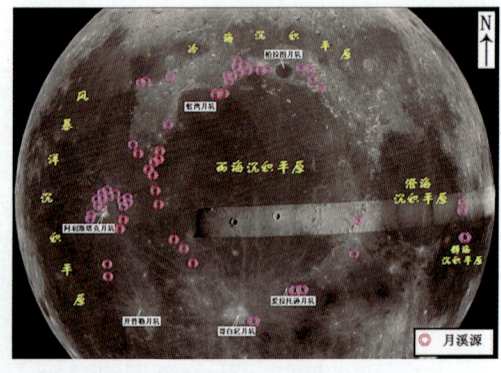

图9 月球正面月溪源分布图

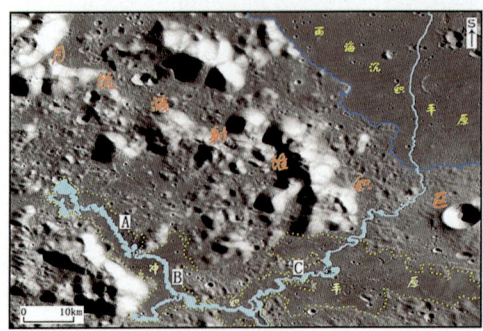

图10 月溪发源于雨海之北的月坑溅射堆积区并流入雨海沉积平原之中

月溪自源区向下游，溪的宽度逐步变窄，海拔高度逐渐降低，自上游（A）→中游（B）→下游（C），沉积物颗粒由粗至细（详见图2.1.18）

图11 雨海东北小月坑溅射堆积物主要由略具分选和磨圆沉积的浅色岩屑和岩块组成

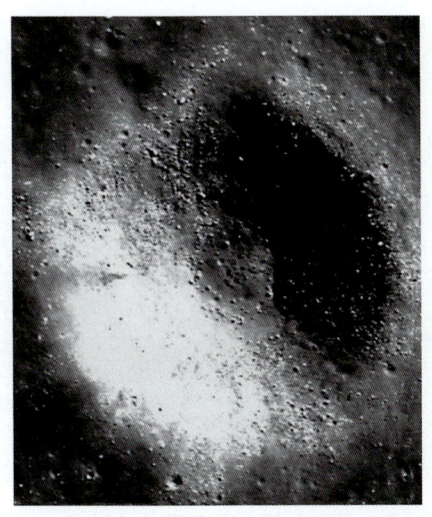

图12 雨海东北小月坑溅射堆积物主要由略具分选和磨圆沉积的浅色岩屑和岩块组成

图13 雨海东北小月坑溅射堆积物主要由略具分选和磨圆沉积的浅色岩屑和岩块组成

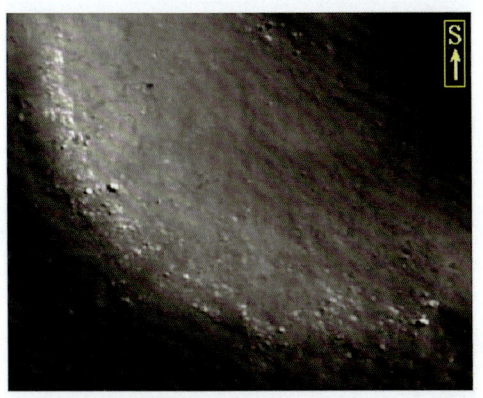

图14 雨海东北小月坑溅射堆积物主要由略具分选和磨圆沉积的浅色岩屑和岩块组成

图15 雨海北拉普拉斯A（Laplace A）月坑北坑壁上部主要由略具分选和磨圆浅色沉积的岩屑和岩块组成

图 16 雨海东北小月坑的溅射堆积主要由略具分选和磨圆的浅色岩屑和岩块所组成

图 17 雨海中部,麦克唐纳(McDonald)月坑东南小月坑撞击溅射堆积物主要由略具分选和磨圆的浅色偏暗岩屑和岩块所组成

图 18 雨海中部的一个小月坑,撞击溅射堆积物,也主要由略具分选和磨圆的浅色偏暗岩屑和岩块所组成

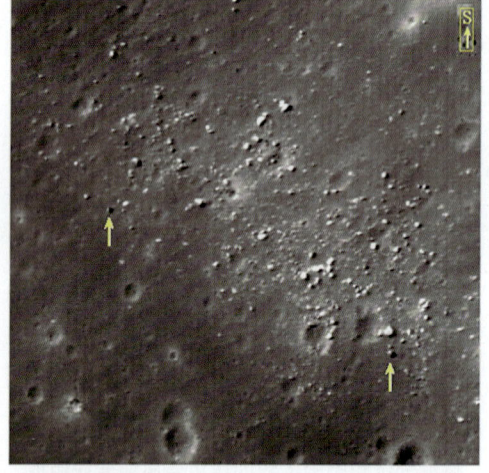

图 19 雨海东部边缘阿波罗 15 降落地附近小月坑坑缘出露的为沉积碎屑物,除少量为深色岩屑物质外,其余主要由略具分选和磨圆的浅色偏暗岩屑和岩块所组成

附录 II　月球"雨海不是熔岩盆地，是沉积平原"

图20　雨海东部边缘阿波罗15降落地附近小月坑撞击溅射堆积物主要由略具分选和磨圆的浅色少量偏暗岩屑和岩块所组成

图21　雨海东中部布雷尔G（Brayley G）月坑（实际是属于"热融塌陷坑"）附近的一个小月坑，除少量为深色岩屑物质外（箭头所示），主要由略具分选和磨圆浅色的岩屑和岩块所组成

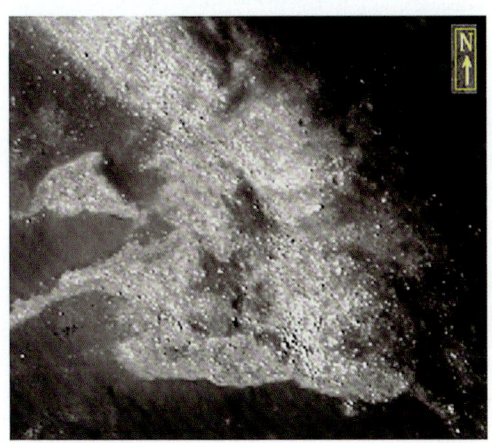

图22　雨海南西边缘的一个小月坑坑缘分布的沉积碎屑主要由略具分选和磨圆浅色的岩屑和岩块所组成

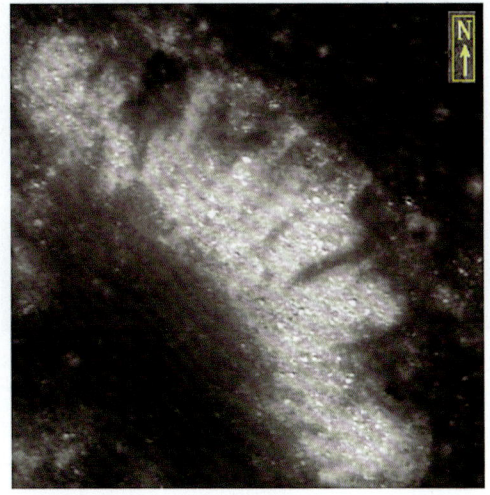

图23　雨海南西边缘的一个小月坑坑缘分布的沉积碎屑主要由略具分选和磨圆浅色的岩屑和岩块所组成

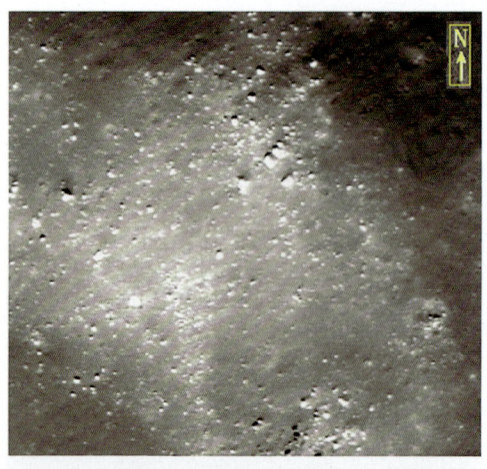

图24 阿基米德（Archimedes）月坑东北坑壁分布的是略具分选和磨圆浅色沉积碎屑和岩块

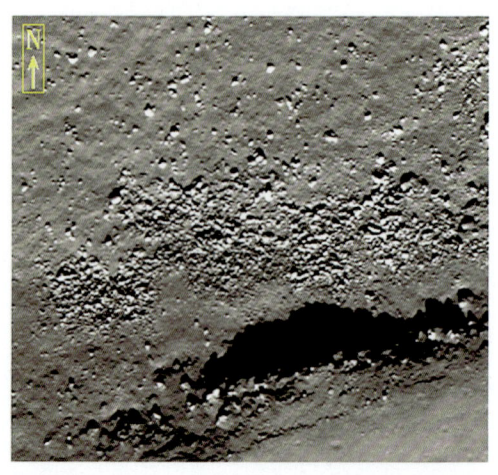

图25 雨海东北的一个小热融塌陷槽岸边分布堆积物全由略具分选和磨圆的浅色岩屑和岩块所组成

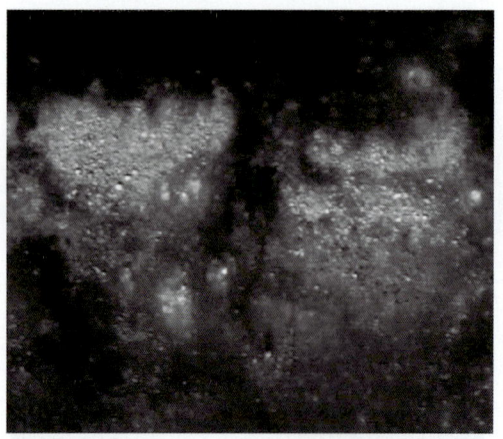

图26 雨海西南热融塌陷槽之北槽壁上主要由略具分选和磨圆的浅色岩屑和岩块所组成

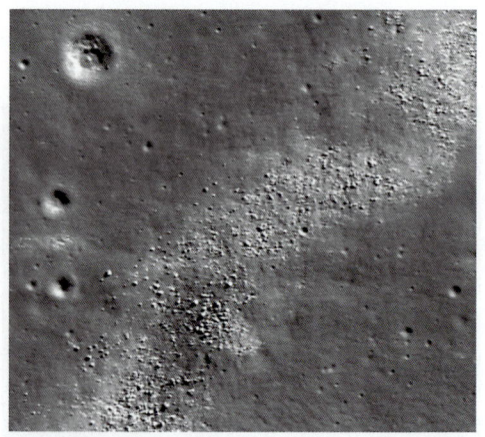

图27 月球"泛海洋期"形成的"深水月坑"坑缘残迹主要由略具分选和磨圆的浅色岩屑和岩块所组成

附录 II　月球"雨海不是熔岩盆地，是沉积平原"

图 28　雨海东北附近的一条"液化沙垄"主要由略具分选和磨圆的浅色岩屑和岩块所组成

图 29　雨海东北阿尔卑斯 B（Alpes B）月坑西南约 30 km 处液化沙垄表面主要由浅色的岩屑和岩块所组成

图 30　嫦娥三号降落点附近的小月坑（右上方）溅射堆积岩石主要为浅色岩屑和岩块组成（图片来源：嫦娥三号）

图 31　嫦娥三号降落点附近的所谓"龙岩"可能是浅变质斜长斑岩（B），色调以浅色为主，不可能是深色的玄武熔岩，A 为沉积碎屑物质（图片来源：嫦娥三号）

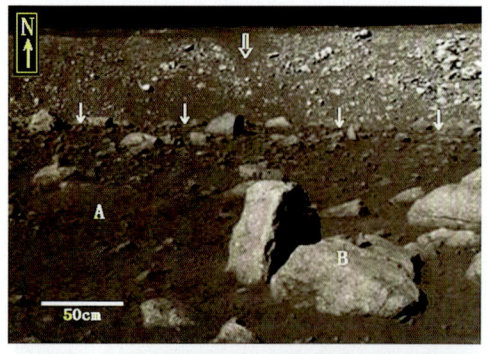

图 32 嫦娥三号降落点附近分布的岩石与"龙岩"大致相同,可能是浅变质斜长斑岩(B),色调以浅色为主,不可能是深色的玄武熔岩,A 为沉积碎屑物质(图片来源:嫦娥三号)

图 33 嫦娥三号降落点附近分布的岩石与"龙岩"大致相同,可能是浅变质斜长斑岩(B),色调以浅色为主,不可能是深色的玄武熔岩,A 为沉积碎屑物质(图片来源:嫦娥三号)

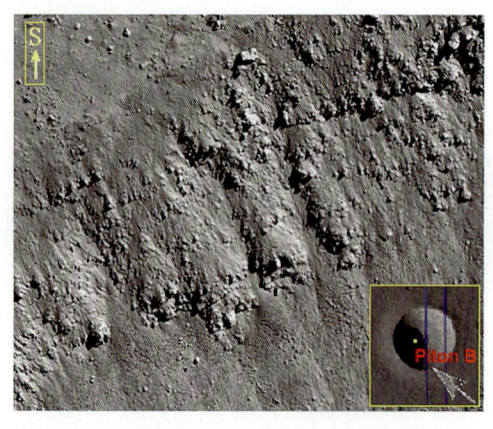

图 34 雨海东北皮东 B(Piton B)月坑东北坑壁露出很好的沉积水平岩层

图 35 雨海东北皮东 B(Piton B)月坑东北坑壁露出的沉积水平岩层风化产物中,略具分选和磨圆的浅色与深色岩屑、岩块共存

附录 II 月球"雨海不是熔岩盆地,是沉积平原"

图 36 雨海西北小热融塌陷槽北岸出露水平沉积岩层

图 37 雨海西北小热融塌陷槽北岸出露水平沉积岩层风化产物以沉积略具分选和磨圆浅色岩屑和岩块为主

图 38 雨海西卡罗琳·赫歇尔月坑（Caroline Herschel Crater）水平沉积岩层

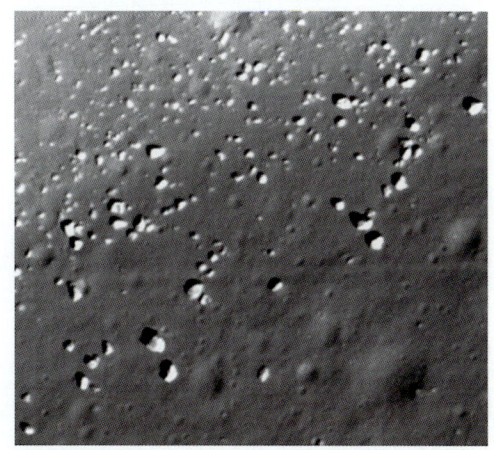

图 39 雨海西卡罗琳·赫歇尔月坑水平沉积岩层风化产物以略具分选和磨圆浅色岩屑和岩块为主

图40 雨海西南边缘，丢番图月坑水平沉积岩层（箭头所示）

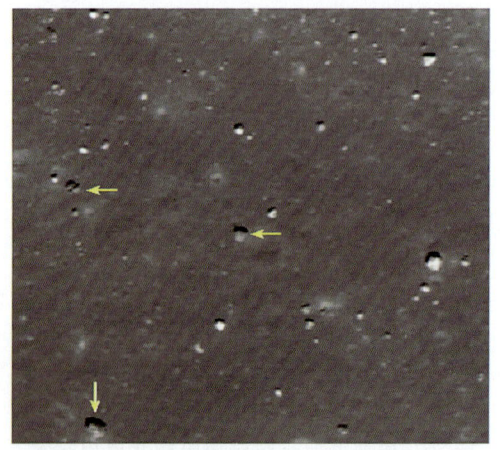

图41 雨海西南边缘丢番图月坑水平沉积岩层风化产物中沉积略具分选和磨圆浅色岩屑和岩块与深色岩屑和岩块（箭头所示）共存

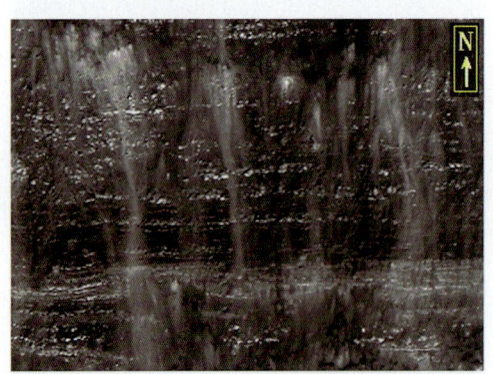

图42 雨海西南，欧拉月坑水平沉积岩层

图43 雨海西南，欧拉月坑水平沉积岩层风化产物以沉积略具分选和磨圆浅色岩屑和岩块为主

附录 II　月球"雨海不是熔岩盆地，是沉积平原"

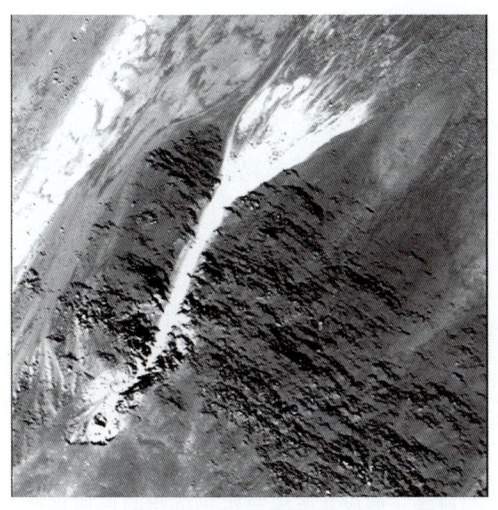

图 44　雨海南皮西亚斯（Pytheas）月坑水平沉积岩层

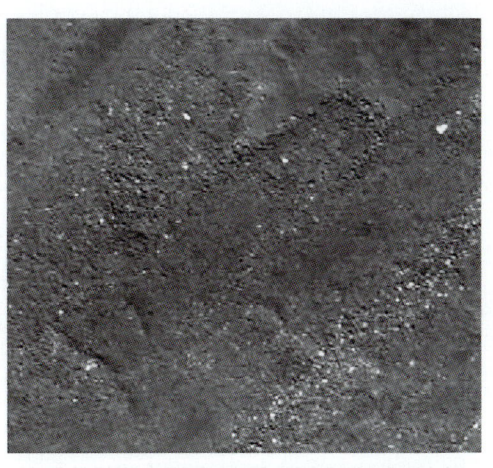

图 45　皮西亚斯月坑水平沉积岩层风化产物中沉积略具分选和磨圆浅色岩屑和岩块与深色岩屑和岩块共存

图 46　雨海东阿波罗 15 降落点附近哈德利"月溪"北岸层凝灰角砾岩基岩露头风化产物呈大小不同棱的角砾特征

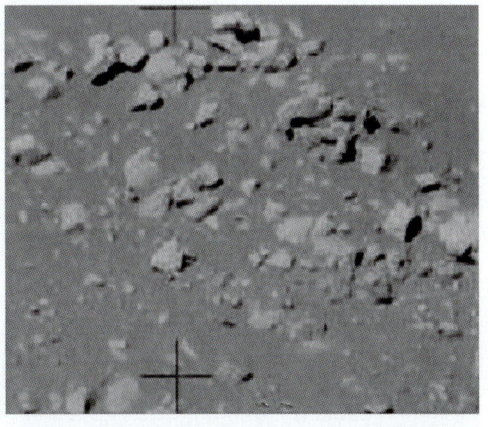

图 47　雨海东阿波罗 15 降落点附近哈德利"月溪"北岸层凝灰角砾岩基岩露头风化产物呈角砾状分布特征

图48 雨海东阿波罗15降落点附近哈德利"月溪"南段北岸浅色水平沉积岩层分布连续，延长数十千米

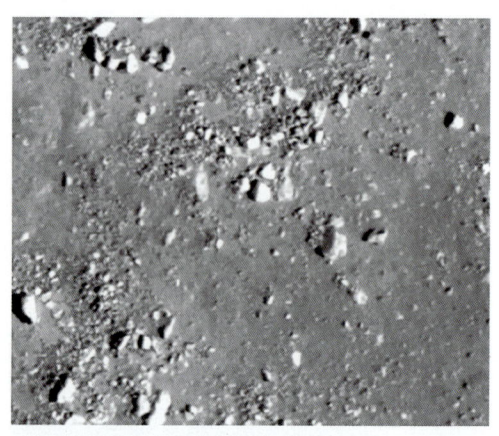

图49 雨海东阿波罗15降落点附近哈德利"月溪"南段北岸浅色水平沉积岩层风化产物呈大小不同棱的角砾特征

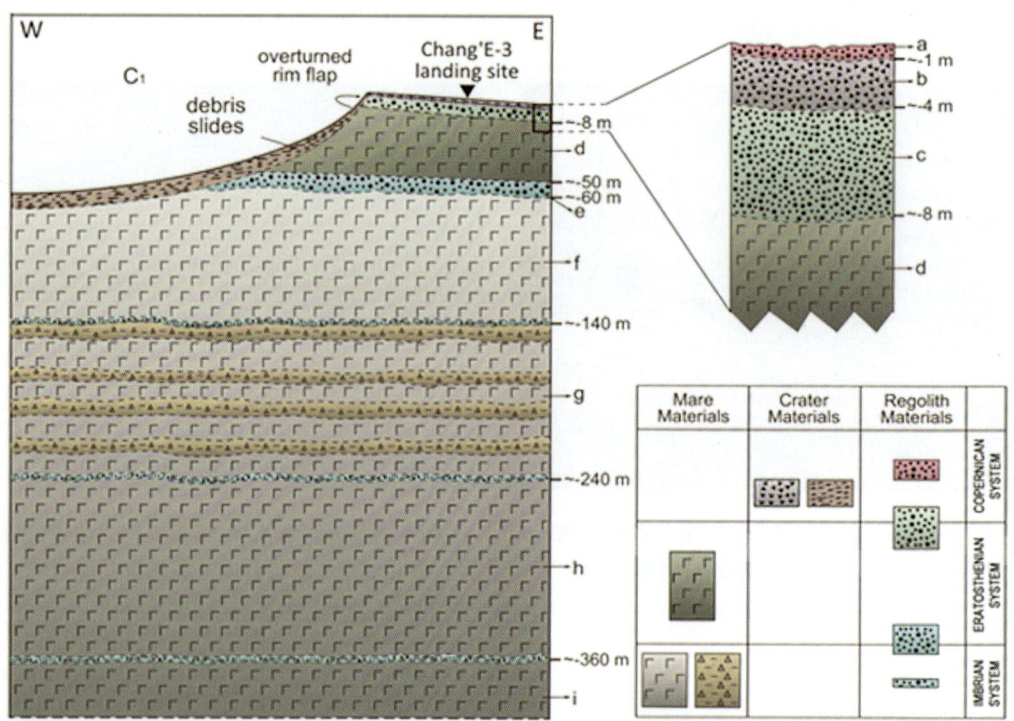

图50 嫦娥三号着陆点地质地球物理综合解译剖面（肖龙等，2016）显示所谓"层状玄武岩"，实际上应该是水平沉积碎屑岩岩层

（图片来源：ESA/NASA）

参考文献

[1]《嫦娥一号全月球影像图集》编辑委员会. 嫦娥一号全月影像图集［M］. 北京：中国地图出版社，2010.

[2]《地球科学大辞典》编委会. 地球科学大辞典［M］. 北京：地质出版社，2006.

[3] 陈思，孟治国，张吉栋，等. Tycho 撞击坑地区微波热辐射特性研究［J］. 中国科学：物理学 力学 天文学，2016，46：029608.

[4] 丁孝忠，韩坤英，韩同林，等. 月球虹湾幅（LQ-4）地质图的编制［J］. 地学前缘，2012，19（6）：15-27.

[5] 丁孝忠，王梁，郭弟均，等. 月球哥白尼纪地层特征与地质演化研究［J］. 岩石学报，2016，32（1）：10-18.

[6] 国土资源部探月研究小组. 月球新观［M］. 北京：地质出版社，2012.

[7] 孟治国，陈圣波，Edward Matthew Osei Jnr. 基于嫦娥一号卫星微波辐射计数据的月球 Cabeus 撞击坑水冰含量研究［J］. 中国科学：物理学 力学 天文学，2010，40：1363-1369.

[8] 欧阳自远. 我国月球探测的总体科学目标与发展战略［J］. 地球科学进展，2004，19（3）：351-357.

[9] 欧阳自远. 月球科学概论［M］. 北京：中国宇航出版社，2005.

[10] 平劲松. 嫦娥一号获得的月球综合科学成果［J］. 中国科学：物理学 力学 天文学，2010，40（11）：1315.

[11] 王梁，丁孝忠，韩同林，等. 月球第谷撞击坑区域数字地质填图及地质地貌特征［J］. 地学前缘，2015，22（2）：251-262.

[12] 吴吉春，盛煜，曹元兵，等. 青藏高原发现大型冻胀丘群［J］. 冰川冻土，2015，37（5）：1217-1228.

[13] 肖智勇，曾佐勋，肖龙，等. 月球哥白尼纪撞击坑底部链状坑的成因［J］. 中国科学：物理学 力学 天文学，2010，40（11）：1326-1342.

[14] 郑镝. 青藏高原腹地多年冻土区典型地质灾害研究［D］. 北京：中国地质大学，2009.

[15] "Earth Science Dictionary" Editorial Committee. Earth science dictionary［M］. Beijing: Geological Publishing House (in Chinese)，2006.

[16] BARNES J J, FRANCHI I A, ANAND M, et al. Accurate and precise measurements of the D/H ratio and hydroxyl content in lunar apatites using NanoSIMS［J］. Chemical geology，2013，337：48-55.

[17] BARNES J J, TARTÈSE R, ANAND M, et al. The origin of water in the primitive moon as revealed by the lunar highlands samples［J］. Earth and planetary science letters，2014，390：244-252.

[18] BOYCE J W, LIU Y, ROSSMAN G R. et al. Lunar apatite with terrestrial volatile abundances [J]. Nature, 2010, 466: 469.

[19] CHEN S I, MENG Z G, ZHANG J D, et al. Research on microwave radiation characteristics at Tycho crater area [J]. Sinica physica mechanica astronomica, 2016, 46: 029608 (in Chinese with English abstract).

[20] COLAPRETE A, SCHULTZ P, HELDMANN J, et al. Detection of water in the LCROSS ejecta plume [J]. Science, 2010, 330 (6003): 463-468.

[21] Compiling Committee (eds). Dictionary of earth sciences [M]. Beijing: Geological Publishing House, 2006: 62.

[22] CRIDER D H, VONDRAK R R. The solar wind as a possible source of lunar polar hydrogen deposits [J]. Journal of geophysical research: planets, 2000, 105 (E11): 26773-26782.

[23] DING X Z, HAN K Y, HAN T L, et al. Compilation of geological map of sinus iridum quadrangle of the moon (LQ-4) [J]. Earth science frontiers, 2012, 19 (6): 15-27 (in Chinese with English abstract).

[24] DING X Z, WANG L, GUO D J, et al. Study on geological evolution and stratigraphic features of the copernican period of the moon [J]. Acta petrologica sinica, 2016, 32 (1): 10-18 (in Chinese with English abstract).

[25] DROZD R J, HOHENBERG C M, MORGAN C J, et al. Cosmic-ray exposure history at taurus-littrow [C] //Lunar and Planetary Science Conference Proceedings, 1977, 8: 3027-3043.

[26] FELDMAN W C, MAURICE S, BINDER A B, et al. Fluxes of fast and epithermal neutrons from lunar prospector: evidence for water ice at the lunar poles [J]. Science, 1998, 281 (5382): 1496-1500.

[27] FÜRI E, DELOULE E, GURENKO A, et al. New evidence for chondritic lunar water from combined D/H and noble gas analyses of single Apollo 17 volcanic glasses [J]. Icarus, 2014, 229, 109-120.

[28] GREENWOOD J P, ITOH S, SAKAMOTO N, et al. Hydrogen isotope ratios in lunar rocks indicate delivery of cometary water to the moon [J]. Nature geoscience, 2011, 4: 79-82.

[29] HAN T L, YU C Q, CHEN P, et al. Possible water and ice on the moon revealed by discovery of a congeliturbated fan [J]. Acta geologica sinica (English Edition), 2016, 90 (4): 1535-1536.

[30] HAURI E H, GAETANI G A, GREEN T H. Partitioning of water during melting of the earth's upper mantle at H_2O undersaturated conditions [J]. Earth and planetary science letters, 2006, 248 (3): 715-734.

[31] HAURI E H, SAAL A E, RUTHERFORD M J, et al. Water in the moon's interior: truth and consequences [J]. Earth and planetary science letters, 2015, 409:

252-264.

[32] HAURI E H, WEINREICH T, SAAL A E, et al. High pre-eruptive water contents preserved in lunar melt inclusions [J]. Science, 2011, 333 (6039): 213-215.

[33] HUI H, GUAN Y, CHEN Y. SIMS analysis of water abundance and hydrogen isotope in lunar highland plagioclase [C] //Lunar and Planetary Science Conference, 1927

[34] HUI H, PESLIER A H, ZHANG Y. Water in lunar anorthosites and evidence for a wet early moon [J]. Nature geoscience, 2013, 6 (3): 177.

[35] KAUR P, CHAUHAN P, BHATTACHARYA S. Compositional diversity at tycho crater: mg-spinel exposures detected from moon mineralogical mapper (M3) data [J]. Lunar Planet Sci Conf, 2012, 43: 1434

[36] LI S, MILLIKEN R E. Heterogeneous water content in the lunar interior: insights from orbital detection of water in pyroclastic deposits and silicic domes [C] //Lunar and Planetary Science Conference, 2016, 47: 1568.

[37] MCCUBBIN F M, STEELE A, HAURI E H, et al. Nominally hydrous magmatism on the moon [J]. Proceedings of the national academy of sciences, 2010, 107: 11223-11228.

[38] MENG Z G, CHEN S B, et al. Water ice content research of the Cabeus crater based on the microwave radiometer data of Chang'E 1 [J]. Scientia Sinica Phys, Mech & Astron, 2010, 40: 1363-1369 (in Chinese).

[39] MILLIKEN R E, LI S. Remote detection of widespread indigenous water in lunar pyroclastic deposits [J]. Nature geoscience, 2017, 10: 561-565.

[40] MITROFANOV I G, SANIN A B, BOYNTON W V, et al. Hydrogen mapping of the lunar south pole using the LRO neutron detect or experiment LEND [J]. Science, 2010, 330 (6003): 483-486.

[41] NOZETTE S, LICHTENBERG C L, SPUDIS P, et al. The clementine bistatic radar experiment [J]. NASA, 1996, 274: 1495-1498.

[42] OUYANG Z Y, Introduction to lunar science [M]. Beijing: Space Navigation Press, 2005: 1-362.

[43] OUYANG Z Y. China's Lunar exploration scientific goal and development strategy [J]. Advance in earth sciences, 2004, 19 (3): 351-357 (in Chinese).

[44] OUYANG Z Y. Introduction to lunar science [M]. Beijing: Aerospace Press (in Chinese), 2005.

[45] PIETERS C M, GOSWAMI J N, CLARK R N, et al. Character and spatial distribution of OH/H_2O on the surface of the Moon seen by M3 on Chandrayaan-1 [J]. Science, 2009, 326: 568-572.

[46] PING J S. The moon comprehensive scientific results of Chang'E 1 [J]. Scientia Sinica Phys, Mech & Astron, 2010, 40 (11): 1315 (in Chinese).

[47] SAAL A E, HAURI E H, CASCIO M L, et al. Volatile content of lunar vol-

canic glasses and the presence of water in the moon's interior [J]. Nature, 2008, 454: 192-196.

[48] SAAL A E, HAURI E H, VAN ORMAN J A, et al. Hydrogen isotopes in lunar volcanic glasses and melt inclusions reveal a carbonaceous chondrite heritage [J]. Science, 2013, 340: 1317-1320.

[49] TARTÈSE R, ANAND M, BARNES J J, et al. The abundance, distribution, and isotopic composition of hydrogen in the moon as revealed by basaltic lunar samples: implications for the volatile inventory of the moon [J]. Geochimica et cosmochimica acta, 2013, 22: 58-74.

[50] TARTÈSE R, ANAND M, MCCUBBIN F M, et al. Apatites in lunar kreep basalts: the missing link to understanding the H isotope systematics of the moon [J]. Geology, 2014, 42: 363-366.

[51] VASAVADA A R, PAIGE D A, WOOD S E. Near-surface temperature on mercury and the moon and the stability of polar ice deposits [J]. Icarus, 1999, 141: 179-193.

[52] WANG C K. The Chang E-1 topographic atlas of the moon [M]. Beijing: Sino Maps Press, 2010: 1-216.

[53] WANG L, DING X Z, HAN T L, et al. The digital geological mapping and geological and geomorphic features of tycho crater of the moon [J]. Earth science frontiers, 2015, 22 (2): 251-262 (in Chinese with English abstract).

[54] WATSON K, MURRAY B C, BROWN H. The behavior of volatiles on the lunar surface [J]. J Geophys Res, 1961, 66: 3033.

[55] WATSON K, MURRAY B, BROWN H. On the possible presence of ice on the moon [J]. Journal of geophsical research, 1961, 66: 1598-1600.

[56] WU J C, SHENG Y, CAO Y B, et al. Discovery of large frost mound clusters in the source regions of the Yellow River on the Tibetan Plateau [J]. Journal of glaciology and geocryology, 2015, 37 (5): 1217-1228 (in Chinese with English abstract).

[57] XIAO Z Y, ZENG Z X, XIAO L, et al. Origin of pit chains in the floor of lunar Copernican craters [J]. Scientia Sinica Phys, Mech & Astron, 2010, 40: 1326-1342 (in Chinese).

[58] ZHENG D. The study on the typic geological hazards at permafrost areas in the center of Qinghai-Yibet plateau [D]. Beijing: China University of Geosciences. (in Chinese with English abstract), 2009.

附录Ⅲ 月球概况

一、月球的基本特征（据《地球科学大辞典》2006年摘录）

（一）月球主要物理参数

月球又称"月亮""太阴"等，英语为"moon"，是地球唯一的一颗天然卫星。距地球平均距离约384401 km，为地球赤道半径的60.3倍。月球直径为3476 km，约为地球直径的1/4。体积为2.12×10^{10} km³，相当于地球体积的1/14（见图1）。

月球密度，在标准温度压力下，月海玄武岩测得的密度为$3.3 \sim 3.4$ g/cm³，月陆高地斜长岩的密度为2.76 g/cm³，月球物质的平均密度为3.341 g/cm³，为地球物质平均密度（5.52 g/cm³）的0.6倍。上月壳的密度为3.0 g/cm³，下月壳的密度为$3.1 \sim 3.2$ g/cm³；一般认为上月幔的密度约小于3.5 g/cm³，下月幔密度约大于3.5 g/cm³，月幔平均密度约3.42 g/cm³。一般认为月球不存在月核，或仅是一个很小的Fe–FeS组的核。现今多数人认为月核主要由榴辉岩成分和少量的Fe–Ni–S物质组成。月核温度在1600 ℃，压力学30 kB的情况下，月核的密度约为6 g/cm³。月球的质量为7.35×10^{22} kg，约为地球质量的1/81.30。月球表面的重力加速度为162 cm/s²，为地球重力加速度的1/6。根据重力加速度推定月球内部压力，其中心约为45000个大气压，为地球中心大气压的1/90。月球的引力为3.7，是地球引力的1/4。月球上没有显著的磁场，在风暴洋中测得的静磁场和月岩标本的剩余磁场强度均为36伽马左右，约为地球磁场的1/1000。

月球本身不发光，而是反射太阳的光，其反照率为7/100。表面温度变化极大，白天月球上受太阳光照射的部分，温度高达$130 \sim 150$ ℃，午夜可降至$-180 \sim -160$ ℃，并且温度变化很大，在1小时内可升高或降低180 ℃。月食时，月球表面的迅速冷却（2小时内温度可降250 ℃之多），表明月球表面具有极小的导热性，其导热率约为花岗岩或玄武岩的1/1000，热容量极小。因此，有人认为月表昼夜温度变化影响的深度一般不超过1米。

月球和地球的物理参数一般相差较大，具体数据如表1所示。

表 1 月球和地球的物理参数对比（据《地球科学大辞典》略有修改）

类别	月球	地球	月/地比值
1. 赤道直径	3476 km	12756 km	0.2725
2. 体积	211.9×10^8 km	10831.6×10^8 km	0.0196
3. 面积	0.38×10^8 km^2	5.101×10^8 km^2	0.0745
4. 质量	7.35×10^{22} kg	5.98×10^{24} kg	0.0123
5. 密度	3.341 g/cm^3	5.517 g/cm^3	0.6056
6. 重力	162.2 伽	980.7 伽	0.1654
7. 磁力	数十伽马	50000 伽马	<0.001
8. 自转周期	27.32 日	23 时 56 分	27.40
9. 公转周期	27.32 日	365.26 日	0.0748
10. 自转速度	0.005 km/s	0.465 km/s	0.0108
11. 公转速度	1.0 km/s	29.79 km/s	0.0336
12. 核心压力	0.8×10^6 atm	3.5×10^6 atm	0.2286
13. 核心温度	1600 ℃ 左右	5000 ℃ 左右	0.3200
14. 表面压力	0	1 个大气压	—
15. 表面温度	白天 127 ℃	白天 22 ℃	5.7727
	夜间 -183 ℃	夜间 2 ℃	—
16. 月球与地球的平均距离为 384402 km			

（二）月球月表特别现象

1. 月球月表"热流"

在阿波罗 15 号登月点附近测定的月表热流值为 33±5 尔格/厘米^2·秒，约为地球表面平均热流值的一半，说明月球内部温度比地球内部温度低得多，一般计算月球内部温度不超过 1600 ℃。

2. 月球的"热斑"

月球的"热斑"是指月球表面不断发射出远红外热辐射，可用红外扫描辐射计测得。在红外扫描图像上表现为亮区，称为"热斑"。热斑多出现在年轻的陨石坑或几个月海内较陡峻的边缘区。月球背面的热斑比月球正面少，有人认为与月球的现代火山活动有关，而实际研究结果可能与月球构造活动相关。

3. 月球的"冷斑"

月球的"冷斑"是指月球表面用红外扫描辐射时，发现有的地区辐射温度比月面平均温度低 5°~10 ℃，这些地区称"冷斑"。有人认为可能是在孔隙度较高的表土区因热损失率较大所致。实际研究结果表明,很可能是由于月表下局部水冰存在的原因。

4. 月球的"暂现现象"

月球的"暂现现象"又称"暂现事件",经长期观察,发现有些月面亮区(热斑)时明时暗且颜色也有变化,从淡红到深红再从紫到蓝等。对100多个亮区曾报道过1200多次暂现现象的观测,其中有300多次发生在阿里斯塔克(Aristarchus)月坑,75次发生在柏拉图(Plato)月坑,25次发生在阿尔芬萨斯(Alphonsus)月坑。这种月面暂现现象的产生,可能是气体放电或者是现代火山活动的信号。有的观测者认为是火山或裂缝发射出包括双原子碳(C_2)的气体分子的结果。但多数人认为可能是月面硅酸盐和气体在太阳辐射作用下发光的缘故,与火山活动无必然联系。现今研究结果,认为可能是月表水蒸发水汽,经太阳光照折射产生的彩虹现象。

5. 月球的"月海玄武岩"

月球的"月海玄武岩"是指月海盆形成后充填其中的玄武岩。比月陆玄武岩年轻,含斜长石较少,含铁、镁质矿物较多。岩浆洋阶段形成后,月球内部熔浆进入重力分异阶段,月陆玄武岩(或非月海玄武岩)分布上部,而月海玄武岩处于下层位,实际上是形成雨海时的溅落物质。只有巨大的陨石撞击下才有可能以溅落物的形式出露月表,而不是月海形成后火山喷发后产生的。所以,月陆玄武岩含斜长石量高于所谓的"月海玄武岩",前者(月陆玄武岩)理应比后者(月海玄武岩)年轻一些。所谓的"弗拉磨洛建造",实际上是形成雨海时的溅射堆积物,是岩浆分异的产物,在层位上应处于月陆、月海玄武岩之间(见表2)。

表2 月球不同地貌单元玄武岩年龄对比

岩石	内部等时线年龄(亿年)	模式年龄(亿年)
静海区玄武岩	35.9~37.1	38~45.2
风暴洋玄武岩	31.6~33.6	43.3~49.8
腐沼区玄武岩	32.8~34.4	40.6~42.3
高地玄武岩	38.7~39.6	42.8~46

6. 月球"月壤或月土"

月球"月壤或月土"指月面上凝聚性较弱的细小碎片物质组成的混合物,为具玻璃外壳的颗粒,晶质岩石或矿物和微角砾岩或石屑碎块,各种玻璃碎块等组成。岩石碎块的成分主要是玄武岩,其次是斜长岩和苏长岩。矿物碎屑有斜长石、辉石、钛铁矿、橄榄石、陨硫铁、自然铁、球形镍铁及其他副矿物。微角砾岩主要由玄武岩岩屑组成,胶结物为玻璃质;有时玻璃中含有苏长岩和玄武岩包体。此外,还有2%的碳质球粒陨石。玻璃本身也常呈球形和椭球形,也有一些不规则的玻璃,粒径大多在1~10 mm。月壤与月岩成分大致相近。但略有差别,前者铁、镁元素含量较低。一般认为,月壤是由于陨石撞击作用在高温下使基岩熔融、粉碎和岩化作用形成。另外，月岩的温度变化大，月岩热导率很低，其矿物组成和结构不均一，因热胀冷缩使月岩发生崩解，产生岩屑。太阳风和银河宇宙射线对月岩的辐射，降低了月岩的矿物强度，使晶格变形，也可能间接地促进了月壤的形成。月壤年龄一般为42亿～46亿年，一般大于当地基岩年龄。

7. 月球"克里普岩"

在月壤和角砾岩中见有一种富含钾、稀土和磷的玄武质岩石类型。克里普岩块包括有绳状、刻蚀状的玻璃、玻璃质充填角砾岩等，和斜方辉石—斜长石—（钾钡）长石—白磷钙矿组合的退火角砾岩等，是弗拉磨洛建造中常见的岩石类型。克里普岩中的铀、钍等放射性元素含量较一般月海玄武岩为高，大量分布在雨海周围。因而也可能是雨海事件中，大陨石或小天体轰击月球表层，使深部物质溅出表面形成的，因而克里普岩的年龄较大，均在40亿年以上。

月球表面，目前大多认为没有大气和生命，没有云雾和水分，接近真空状态。因而受到陨石的猛烈轰击、宇宙射线和太阳辐射的强烈照射，使表面凹凸不平，为一层厚度不等的月尘、月壤岩屑和岩块物质所覆盖。

月球一直被认为不仅没有动物和植物，细菌也难于生存。由于没有大气，不会发生光的折射和反射，也不能传播声波。所以月球是一个"无风、无水、无生命、无声响、冷热剧变和非常干旱的寂静世界"。月球的公转周期和自转周期相等，均为27.32日，具体为27日7小时43分11.5秒，所以总是以同一面朝着地球，另一面背着地球。从别的行星与其卫星的比较来看，月球和地球的质量和直径相差不大，它们好像是一对孪生行星。所以在探讨太阳系起源时，有人把它当成行星看待。

人类在20世纪50年代以前主要通过望远镜对月球进行各种观测，并将搜集到的各种资料编制成月球表面的地质图、构造图等。

（三）月球内部构造

月球的演化结果是形成层状构造特征，通常认为月球内部由四个部分所组成，即表层、月壳、月幔和月核。

1. 表层

表层厚0～2 km，由斜长岩、玄武岩、角砾岩、岩屑、月尘等组成月壤层。

2. 月壳层

月壳层分上月壳和下月壳。上月壳厚2～25 km，月海区主要由月海玄武岩组成，月陆区主要由斜长岩质岩石组成。下月壳厚25～65 km，由富含斜长石的辉长岩、富铝玄武岩、斜长苏长岩等组成。

3. 月幔层

月幔层分上、下月幔层，厚65～1388 km，其中上幔层厚65～250 km，下幔层厚250～1388 km。相对于地球的基性岩、超基性岩（橄榄岩、辉石岩、榴辉岩等）组成。

4. 月核

厚度大于 1388 km，相当于地球软流圈（由 Fe-Ni-S 及榴辉岩的物质组成），如图 2 所示。

二、月球"水"和"水冰"研究简要历史回顾

月球上是否存在水（或水冰）的问题，是月球研究工作者长期以来十分关心和瞩目的问题，目前仍存在较大争议的重大基础科学课题。我国科学家郑永春曾详细介绍了目前世界月球研究者对月球水冰探测的情况。

1961 年，美国科学家 Watson 等，最早提出关于月球有无水（或水冰）存在的讨论。认为月球极地处于永久阴影区的一些月坑因长期保持低温状态，可能有水冰存在。此后 30 多年，陆续有不少科学家提出不同意见，但均没有找到令人信服的证据。致使这一时期的绝大多数研究者认为"月球是一个无风、无水、无生命、无声响、冷热剧变和非常干旱的寂静世界"。

1992 年，美国康纳尔大学（Cornell University）的 Staacy 利用 Arecibo 天文台的地基合成孔径雷达进行月表面制图，搜寻月球极地永久阴影区的水冰，仅发现极小面积可能存在水冰的特殊回波。

1994 年，美国向月球发射双基地雷达"克莱门汀"号探测器，在绕月 71 天的运行中，除获得大量高精度图片外，还利用双基地雷达回波能量和极化方式对极地地区有无水冰进行了测量，第一次取得了月球两极可能存在水冰的直接证据。

1998 年，美国向月球发射了"月球勘探者"号中子探测仪，获得大量月表高分辨率的化学成分、磁场、重力场、地形等数据。其中中子探测仪在两极 H 的中子流数据显示十分丰富，可能表明在月表下 40 cm 处存在丰富的水冰等。尽管这些研究者认为目前取得的证据足以说明月球极地阴影区可能存在大量水冰，但也有不少反对者提出所谓的证据存在着多解性，并不能完全肯定是水冰的存在。完全有可能是由于"克莱门汀"号双基地雷达，因极地观测采用的入射角过大产生的散射会因遮蔽、衍射、多次散射效应而产生异常，存在水冰的观点并未被大多数研究者所认可。

2008 年，在阿波罗采月采回样品的火山玻璃中，首次分析到有水的证据。

2017 年，美国布朗大学的拉尔夫·米利肯等，通过分析印度"月船 1 号"月球矿物测绘仪的测量数据，发现月球表面分布的火山沉积中，存在大量水的证据。

2021 年，中国的嫦娥 5 号在月球正面的风暴洋，吕姆克山附近取得的月壤样品，经中国科学院地球化学研究所科研团队，通过红外光谱和纳米离子探针分析，发现嫦娥 5 号所采集的矿物表层中存在大量太阳风成因水，估算出太阳风质子注入为嫦娥 5 号所采月壤贡献的水含量至少为 170 mL。

2023 年，嫦娥 5 号探测器系统副总设计师彭兢认为，"水、水冰、水分子，乃至于氢氧基团，是全世界都关注的热点科学问题"，"以人类目前的技术水平，从这样的月壤中提取水，代价过于昂贵"。

综观月球是否存在水的问题的研究和探索方法，绝大多数都是采用仪器的探测和

样品的分析，到目前为止尚未见到采用其他有效的方法。

卫星图片解释是对获得和研究月表地形地貌和沉积的最有效的方法之一，并取得许多重要成果。但是，由于过去卫星图片的分辨率过低，许多重要的地形、地貌特征，岩石的类型、特征等，都无法辨别，致使解释的结果无法令人满意，甚至得出完全错误的结论。自从通过 http://target.lroc.asu.edu/q3# 网站取得月球正面高分辨率图像后，情况就完全不同。许多分辨率 0.5 m 的地质体都能得到识别，为研究月球表面水和水冰形成的地形、地貌和"石油""石煤"及"盐湖沉积矿产"的识别，提供了极大的方便和可能。

本文就是借助于月球高分辨率图片进行详细的解释、分析，并与地球上同类地形、地貌和沉积矿产进行对比，目前确认月球上水和冰形成的地貌和沉积物类型最少有 20 种之多。如"现代湖泊""现代水冰冰川"和"石油""石煤""盐湖沉积矿产"，及大量由水和水冰形成的地貌和沉积遗迹。又如"月溪""沉积平原""泥石流""冲积扇""泥裂""泥冰川""冻胀丘""冻胀裂隙"和"热融塌陷"等地貌类型和沉积，进行深入分析研究和对比，取得前所未有的新发现、新认识。

月球表面大量水和水冰形成的地貌和沉积物，及"石油""石煤""盐湖沉积矿产"的发现，为研究和确定月球"水"和"水冰"的存在原因和方式，提供新的思路和方法，突破长期认为由太阳风所致的认识。为人类在月球上建立永久基地的找水和供水问题提供强有力的实际依据。"石油"和"石煤"的发现，为人类寻找地外生命，研究月球历史发展和深空探测提供重要材料。

以下为附录Ⅲ的图：

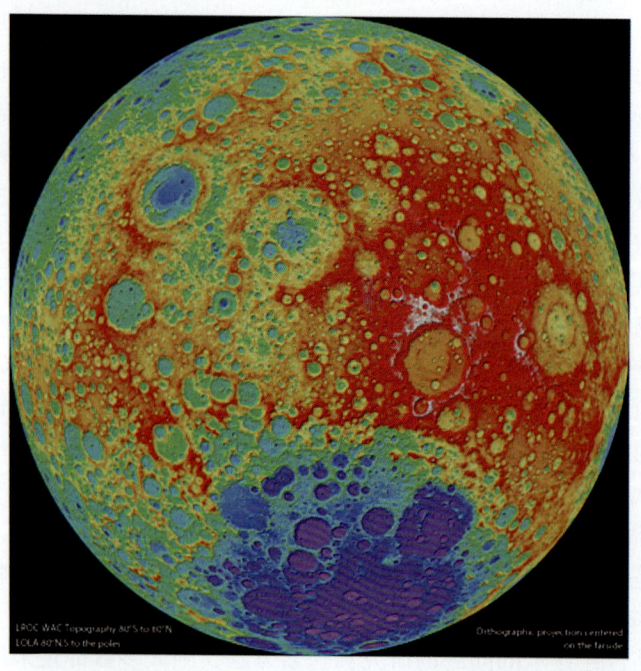

图1　月球背面彩色图（据 http://target.lroc.asu.edu/q3/#网站上下载）

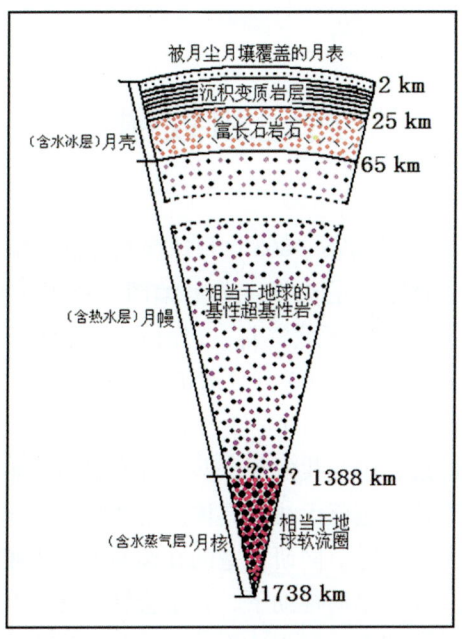

图2　月球内部构造示意剖面（据《地球科学大辞典》2006年修改而成）

（图片来源：ESA/NASA）

后记和致谢

2013—2015 年,我参与了国家"863"月球探测计划,负责嫦娥三号降落区域虹湾幅(LQ-4)"月球地质图"的编撰工作。编图,首先是解决编图区域的底图问题,搜集编图区域资料。而编图区域资料,当时在我国的纪录几乎为零,美国则在20 世纪的六七十年代就已完成 1:100 万月球正面 100 多幅"地质图"的编制和出版工作,显然我国在这方面已大大落后了。

在编图和搜集资料的过程中,我发现一些不寻常的月球地质、地貌现象,但限于比例尺,一些细节无法看清,也就无法对具体的地质事实做出进一步的判断。但事有凑巧,正在我为此愁眉苦脸之际,同研究室的在读研究生王梁从一些专业网站上下载了很多大比例尺的图片。在王梁的帮助下,我学会并掌握了从这些网站下载卫星图片的技巧,下载了大量有关月球上水和水冰形成的地貌和沉积物证据——这约数万张高清晰度的图片,为研究和撰写本书提供了重要和关键的基础材料。

《月球卫片分析最新发现》得以面世,除利用我国现有的大量卫片和资料外,还从"谷歌地球"上及相关研究的专著和论文中,特别是"http://target.lroc.asu.edu/q3/#"网站上取得了大量高分辨率和清晰的图片。王梁帮助我从该网站下载了部分照片和资料,庞健峰帮忙拼接有关照片和及时打印,同研究室其他人员在搜集资料的过程中给予大力支持,下载大量外文资料。刘心铸教授为许多外文资料给予了及时翻译,并提供咨询等。同一研究室的林景星博士为我发表月球有水或水冰的文章努力。在此向他们表示感谢。

《月球卫片分析最新发现》得以成书,还得感谢 1979 年在李廷栋院士的极力推荐和坚持下,让我获得到澳大利亚参加关于遥感的学习、考察,从而取得遥感方面基础知识的机会。感谢大学毕业后进入地质研究所,我在李廷栋研究员、李永森研究员、伍家善研究员和张庆贵研究员等的带领下,从此走上坚持"实事求是"原则、研究地质科学的正确道路。

在月球研究过程中,我一直得到赵文津院士的关心、支持和帮助,同研究室的乔秀夫教授、同所的高林志教授也一直给予我极大的支持和鼓励。在长达八年多旷久的月球研究和本书撰写过程中,儿子韩东、女儿韩燕为我的日常生活必需提供了及时保障,妻子董效静和她的姐妹弟弟们在力所能及的事务上给予了我积极的支持和帮助,在此一并表示衷心的感谢!

历经八年的艰辛和坚持,《月球卫片分析最新发现》最终成书。我最终能取得一些粗浅认识,献给敬爱的曾经受尽苦难的祖国和人民!祝愿祖国日新月异、繁荣昌盛、人民幸福!

谨以此书为国家、民族和人类月球科学研究与深空探测事业贡献微薄的力量。

韩同林

2024 年 7 月 1 日于北京